Nr. 12
S. 4217–4580

1963
20. März

Chemisches Zentralblatt

Vollständiges Repertorium für alle Zweige der reinen und angewandten Chemie

1830 gegründet. 1897—1945 von der Deutschen Chemischen Gesellschaft fortgeführt. Im Auftrage der Deutschen Akademie der Wissenschaften zu Berlin, der Chemischen Gesellschaft in der DDR, der Akademie der Wissenschaften zu Göttingen und der Gesellschaft Deutscher Chemiker (in der BRD)

herausgegeben von Prof. Dr. **Heinrich Bertsch** und Prof. Dr. Dr. h. c. **Wilhelm Klemm**

134. Jahrgang

1 9 6 3

Chefredakteure: Dr. Eugen Klever und Prof. Dr.-Ing. Eberhard Leibnitz

Akademie-Verlag GmbH., Berlin — Verlag Chemie, GmbH., Weinheim/Bergstr.

Inhalt

CHEMISCHES ZENTRALBLATT

VOLLSTÄNDIGES REPERTORIUM FÜR ALLE ZWEIGE DER REINEN UND ANGEWANDTEN CHEMIE

1830 gegründet
1897—1945 von der Deutschen Chemischen Gesellschaft fortgeführt

Im Auftrage der Deutschen Akademie der Wissenschaften zu Berlin,
der Chemischen Gesellschaft in der DDR,
der Akademie der Wissenschaften zu Göttingen
und der Gesellschaft Deutscher Chemiker (in der BRD)
herausgegeben von

Prof. Dr. **Heinrich Bertsch** und Prof. Dr. Dr. h. c. **Wilhelm Klemm**

134. JAHRGANG

1963

SEITE 3077—4580

Chefredakteure: Dr. Eugen Klever und Prof. Dr.-Ing. Eberhard Leibnitz

1963

AKADEMIE-VERLAG GMBH · BERLIN
VERLAG CHEMIE · GMBH · WEINHEIM/BERGSTR.

Heft-Nr.	Seitenzahl	Ausgabedatum
9	3077—3460	27. Februar 1963
10	3461—3836	6. März 1963
11	3837—4216*	13. März 1963
12	4217—4580	20. März 1963

Herausgeber: Prof. Dr. Heinrich Bertsch, Berlin, u. Prof. Dr. Dr. h. c. Wilhelm Klemm, Münster. Chefredakteure und verantwortlich für den Inhalt: Dr. Eugen Klever, Berlin 30, Geisbergstr. 39, Fernsprecher: 249541, und Prof. Dr.-Ing. Eberhard Leibnitz, Berlin N 4, Schiffbauerdamm 19, Fernsprecher: 425571.

Verlag: Akademie-Verlag GmbH, Berlin W 8, Leipziger Str. 3—4 (Fernsprecher: 220441, Telex-Nr. 011773 Postscheckkonto Berlin 35021), und Verlag Chemie, GmbH, Weinheim/Bergstr. (Fernsprecher: Weinheim 3635 [Sammelnummer]; Fernschreiber: 0465516 chemieverl wnh; Postscheckkonten: Frankfurt/M. 145314 u. Berlin [West] 7430). Bestellnummer: 1007/134. Das Chemische Zentralblatt erscheint wöchentlich. Preis des Jahrganges einschl. Autoren-, Patent-, Sach- u. Formelregister: DM 1200,—; einseitig bedruckte Ausgabe: DM 1350,—. Abgabe der Zeitschrift nur mit sämtlichen Registern. Abbestellungen nur bis spätestens 6 Wochen vor Ablauf des Kalenderjahres.

Satz u. Druck: VEB Leipziger Druckhaus, Leipzig, III/18/203. 2/63.
Veröffentlicht unter der Lizenznummer 1273 des Presseamtes beim Vorsitzenden des Ministerrates.
Printed in Germany.

Abkürzungsverzeichnis

A	Ampère
A.	Äthylalkohol
Å	Ångström
a	Jahr (nur für Dimensionen)
Abb.	Abbildung(en)
abs.	absolut(e)
Ae.	Diäthyläther
akt.	aktiv(e)
allg.	allgemein(e)
App.	Apparat(e), Apparatur(en)
asymm.	asymmetrisch(e)
at	Atmosphäre, technisch
atm	Atmosphäre, physikalisch
Atomgew.	Atomgewicht
ausg.	ausgegeben
AZ.	Acetylzahl
bar	Bar
bes.	besonders, besondere, insbesondere
Best.	Bestimmung(en)
Bibl.	Bibliographie(n)
bin.	binär
Bldg.	Bildung(en)
bzgl.	bezüglich
Bzl.	Benzol
Bzn.	Benzin
bzw.	beziehungsweise
C.	Chem. Zentralblatt (nur bei Zitaten)
c	Curie
ca.	zirka
cal	Calorie (Grammcalorie)
Chlf.	Chloroform
const	constans
cP	Centipoise
cSt	Centistokes
D_4^{20}	Dichte (bei 20° gemessen u. bezogen auf Wasser von 4°)
D	Debye
d	Tag (nur für Dimensionen)
DAB.	Deutsches Arzneibuch
dad.gek.	dadurch gekennzeichnet
Darst.	Darstellung(en)
Deriv.	Derivat
Derivv.	Derivate
Dest.	Destillation(en)
dest.	destillieren, destilliert(e)
d.h.	das heißt
DK	Dielektrizitätskonstante
DL	Dosis letalis
DTA	Differentielle Thermoanalyse
$E^{1\%}_{1\,cm}$	Extinktion (1%ige Lsg.; 1 cm Schichtdicke)
Eig.	Eigenschaft
Eigg.	Eigenschaften
Einfl.	Einfluß, Einflüsse
Einw.	Einwirkung(en)
EMK	Elektromotorische Kraft
Entw.	Entwicklung(en)
Ep.	Erstarrungspunkt
Epp.	Erstarrungspunkte
eV	Elektronenvolt
evtl.	eventuell
EZ.	Esterzahl
°F	Grad Fahrenheit
F.	Schmelzpunkt
FF.	Schmelzpunkte
Fl.	Flüssigkeit
Fll.	Flüssigkeiten
fl.	flüssig(e)
g	Gramm
Geh.	Gehalt(e)
gek.	gekennzeichnet(e)
gesätt.	gesättigt(e)
Geschw.	Geschwindigkeit(en)
Gew.	Gewicht(e)
ggf.	gegebenenfalls
Ggw.	Gegenwart
h	Stunde (nur für Dimensionen)
Herst.	Herstellung(en)
Hz	Hertz
I E.	Internationale Einheit
i.m.	intramuskulär(e)
inakt.	inaktiv(e)
I.P.	Isoelektrischer Punkt
IR	Infrarot (Ultrarot)
i.v.	intravenös(e)
J	Joule
JZ.	Jodzahl
°K	Grad Kelvin
kcal	Kilogrammcalorie
Koeff.	Koeffizient(en)
Koll.	Kolloid(e)
koll.	kolloid(e), kolloidal(e)
Kondens.	Kondensation(en)
Konst.	Konstante(n)
konst.	konstant(e)
Konstit.	Konstitution(en)
Konz.	Konzentration
Konzz.	Konzentrationen
konz.	konzentriert(e)
korr.	korrigiert(e)
Kp.	Siedepunkt
Kpp.	Siedepunkte
krist.	kristallisiert(e)
KW-Stoff	Kohlenwasserstoff
KW-Stoffe	Kohlenwasserstoffe
Labor.	Laboratorium, Laboratorien
l.c.	loco citato
Leg.	Legierung
Legg.	Legierungen
lösl.	löslich(e)
log	Logarithmus (allgemein)
Lsg.	Lösung
Lsgg.	Lösungen
Lsgm.	Lösungsmittel (Ein- u. Mehrzahl)
m	Meter
m	molar (Konzentrationsangabe)
Meth.	Methode(n)
Min.	Minute(n) (allgemein)
min	Minute (nur für Dimensionen)
Mitt.	Mitteilung(en)
mkr.	mikroskopisch(e)
ml	Milliliter
$m\mu$	Millimikron
Mol	Grammolekül(e)
Mol.	Molekül
Moll.	Moleküle
mol.	molekular(e)
Molgew.	Molekulargewicht(e)
Mol.-Refr.	Molekularrefraktion(en)
n	normal (Konzentrationsangabe)
n-	normal (Isomerieangabe)
n_D^{20}	Brechungsindex (bei 20° u. D-Linie)
nachst.	nachstehend(e)
Nachw.	Nachweis(e)
Nd.	Niederschlag
Ndd.	Niederschläge
Oe	Oerstedt
opt.-akt.	optisch-aktiv(e)
p	Pond
PAe.	Petroläther
pH	Wasserstoffionenkonzentration (negativer dekad. Logarithmus)
pK	Dissoziationskonstante (negativer Logarithmus)
ppm	parts per million
Präp.	Präparat
Präpp.	Präparate
prim.	primär(e)
Prior.	Priorität(en), Unionspriorität(en)
Prod.	Produkt
Prodd.	Produkte
qual.	qualitativ(e)
quant.	quantitativ(e)

quart.	quartär(e) (Bindigkeit)
quatern.	quaternär(e)
°R	Grad Réaumur
r	Internationale Röntgeneinheit
rac.	racemisch(e)
rad	Einheit der absorbierten Strahlendosis
°Rank.	Grad Rankine
Red.	Reduktion
Redd.	Reduktionen
red.	reduziert(e)
Ref.	Referat
Reff.	Referate
rem	roentgen-equivalent-men
rep	roentgen-equivalent-physical
R_F	Retentionsfaktor (anteilmäßige Steighöhe)
RhZ.	Rhodanzahl
Rk.	Reaktion
Rkk.	Reaktionen
S	Sedimentationskonstante
s	Sekunde (nur für Dimensionen)
s.	siehe
schm.	schmelzend(e)
sd.	siedend(e)
Sek.	Sekunde(n), allgemein
sek.	sekundär(e)
sog.	sogenannt(e)
spezif. Gew.	Spezifisches Gewicht
Std.	Stunde(n) (allgemein)

std.	stündig(e)
symm.	symmetrisch(e)
Synth.	Synthese(n)
Syst.	System(e)
SZ.	Säurezahl
t	Tonne, metrisch
Temp.	Temperatur(en)
tern.	ternär(e)
tert.	tertiär(e)
u.	und
u.a.	und andere, unter anderem
u.dgl.	und dergleichen
U/min	Umdrehungen pro Minute
ungesätt.	ungesättigt(e)
unlösl.	unlöslich(e)
unsymm.	unsymmetrisch(e)
Unters.	Untersuchung
Unterss.	Untersuchungen
USP.	United States Pharmacopeia
usw.	und so weiter
UV	Ultraviolett
V	Volt
Val	Grammäquivalent
Verb.	Verbindung
Verbb.	Verbindungen
verd.	verdünnt(e)
Verf.	Verfahren (Einzahl)
Verff.	Verfahren (Mehrzahl)
Verh.	Verhalten
Vers.	Versuch
Verss.	Versuche
Verw.	Verwendung(en)
Vf.	Verfasser(in) (Einzahl)
Vff.	Verfasser(innen) (Mehrzahl)

Vgl.	Vergleich(e)
vgl.	vergleiche
Vol.	Volumen, Volumina
Vork.	Vorkommen (Ein- u. Mehrzahl)
vorl. Mitt.	vorläufige Mitteilung(en)
Vorr.	Vorrichtung(en)
vorst.	vorstehend(e)
VZ.	Verseifungszahl
W	Watt
W.	Wasser
Wrkg.	Wirkung(en)
wss.	wässerig(e)
X	X-Einheit
z.B.	zum Beispiel
Zers.	Zersetzung(en)
z.T.	zum Teil
Zus.	Zusammensetzung(en)
♂	männlich (im biolog. Sinne)
♀	weiblich im biolog. Sinne
°	Grad Celsius
%ig.	prozentig
‰ig.	promillig
~	angenähert, etwa gleich mit, rund
≧	gleich oder größer als
≦	gleich oder kleiner als
>	größer als
<	kleiner als
≙	entspricht
∞	unendlich
∅	Durchmesser

Griech. Abkürzungen

$[\alpha]_D^{20}$	Opt. Drehung, spezifische (gemessen mit D-Linie bei 20°)
λ	Wellenlänge
λ_{max}	maximale Wellenlänge
λ_{min}	minimale Wellenlänge
μ	Mikrometer (auch Mikron genannt)
μg	Mikrogramm (auch Gamma genannt)
Ω	Ohm

Kurzzeichen der Vorsätze für Einheiten

T	Tera-	10^{12} Einheiten
G	Giga-	10^{9} Einheiten
M	Mega-	10^{6} Einheiten
k	Kilo-	10^{3} Einheiten
h	Hekto-	10^{2} Einheiten
da	Deka-	10^{1} Einheiten
d	Dezi-	10^{-1} Einheiten
c	Zenti-	10^{-2} Einheiten
m	Milli-	10^{-3} Einheiten
μ	Mikro-	10^{-6} Einheiten
n	Nano-	10^{-9} Einheiten
p	Pico-	10^{-12} Einheiten

Patent-Abkürzungen

D. A. S.	Deutsche Auslegeschrift
D. B. P.	Deutsches Bundes-Pat.
D. P. [DDR]	Deutsches [DDR] Patent
D. R. P.	Deutsches Reichs-Pat.
A. P.	Amerikanisches Patent
Aust. P.	Australisches Patent
Belg. P.	Belgisches Patent
Can. P.	Canadisches Patent
Dän. P.	Dänisches Patent
E. P.	Englisches Patent
Finn. P.	Finnisches Patent
F. P.	Französisches Patent
Ind. P.	Indisches Patent
It. P.	Italienisches Patent
Jap. A. S.	Japan. Auslegeschrift
Jug. P.	Jugoslawisches Patent
Niederl. P.	Niederländ. Patent
Norw. P.	Norwegisches Patent
Oe. P.	Österreichisch. Patent
Poln. P.	Polnisches Patent
Schwed. P.	Schwedisches Patent
Schwz. P.	Schweizer Patent
Tschech. P.	Tschechoslowakisches Patent
UdSSR. P.	Sowjetisches Patent
Ung. P.	Ungarisches Patent

Für die fachliche Rechtschreibung in den Referaten und Registern des Chemischen Zentralblattes ist die 2. Auflage (Verlag Chemie GmbH Weinheim/Bergstr. u. VDI-Verlag GmbH Düsseldorf; 1959) der „Rechtschreibung der technischen und chemischen Fremdwörter" von Jansen-Mackensen bestimmend.

Dr. Eugen Klever und Prof. Dr.-Ing. Eberhard Leibnitz, Chefredakteure

Chemisches Zentralblatt

1963 Bibliographien Nr. 12

Neue Bücher

B. Allgemeine und theoretische organische Chemie

Gerhard Geiseler, Hrsg., Ausgewählte physikalische Methoden der organischen Chemie. Bd 1. Berlin: Akademie-Verl. 1962. (VIII + 590 S. m. 252 Abb. u. 86 Tab.) 8°. etwa DM 44.—.

C. Präparative organische Chemie. Naturstoffe

Milos Hudlický, Ivan Ernest a Jan Kovář, Molekulární přesmyky. Preparativni reakce v organické chemii VIII. (Molekulare Umwandlungen. Präparative Reaktionen in der organischen Chemie, Bd. VIII). In tschechisch. Praha: Verl. der Tschechoslowakischen Akademie der Wissenschaften. 1962. (544 S.) Kčs 60,—.

Jaroslav Staněk, Monosaccharides. In englisch. Praha: Verl. der Tschechoslowakischen Akademie der Wissenschaften. 1962. (620 S.) Kčs 68,—.

D. Makromolekulare Chemie

George Grosvenor Freeman, Silicones: an introduction to their chemistry and applications. Revised edit. London: Iliffe. 1962. (119 S. m. 8 Taf., Tab. u. Diagr.) 27s. 6 d.

G. Kersaint, ed., Desoxyribonucleic acid. London: Pergamon Pr. 1962. 60 s.

Ch. Sadron, La physicochimie macromoléculaire. Paris: Libr. du Palais de la Découverte. 1962. 2.70 NF.

E_1. Allgemeine Biologie und Biochemie

Arthur Charles Giese, Cell physiology, 2nd edit. Philadelphia: Saunders. 1962. (592 S. m. Abb.) $ 11.50.

Donald J. Hanahan, Chemie lipidů. (Chemie der Lipoiden). Praha: Verl. der Tschechoslowakischen Akademie der Wissenschaften. 1962. (282 S.) Kčs 35,—.

Edgar Howard Mercer, Cells and cell structure. Garden City (New York): Doubleday. 1962. (134 S. m. Abb.) $ —.95.

—, Fondation Edmond de Rothschild pour le développement de la recherche scientifique. Institut de biologie physicochimique. Rapports sur les travaux effectués au cours de l'année 1961. Paris: l'Institut. 1962. (59 S.) 8°.

E_3. Mikrobiologie. Bakteriologie. Immunologie

F. S. Stewart, Bigger's handbook of bacteriology. London: Bailliere, Tindall & Co. 1962. 45 s.

S. A. Waksman and H. A. Lechevalier, Actinomycetes. London: Bailliere, Tindall & Co. 1962. 144 s.

E_4. Pflanzenchemie. Pflanzenphysiologie. Pflanzenpathologie

Arthur Jacob, La magnésie. Traduit de l'allemand. Paris: Dangles. 1961. (244 S.) 8°. 24 NF.
N. S. Parivar, Hormonal control of plant growth. London: Asia Publng. House. 1962. 9 s. 6 d.

E_5. Tierchemie. Tierphysiologie. Tierpathologie

Walter Morton Grant, Toxicology of the eye. Springfield (Illinois): Thomas. 1962. (641 S.) $ 16.50.

Alexander Marble, The chemistry and chemotherapy of diabetes mellitus. Springfield (Illinois): Thomas 1962. (204 S. m. Abb.) = Amer. lect. ser., pubn. no. 464. $ 7.57.

James M. Moss, Fundamentals of diabetic management. Springfield (Illinois): Thomas. 1962. (70 S. m. Abb.) $ 4.75.

Corbet Page Stewart, Clinical chemistry in practical medicine. 6th edit. Baltimore: Williams & Wilkins. 1962. (359 S. m. Abb.) $ 6.75.

E_6. Pharmakologie. Therapie. Toxikologie. Hygiene

Ervin Harold Epstein, Radiodermatitis. Springfield (Illinois): Thomas. 1962. (178 S. m. Abb.) = Amer. lect. ser., pubn. no. 487. $ 7.78.

George James, ed., Tobacco and health. Springfield (Illinois): Thomas. 1962. (408 S. m. Abb.) $ 13.75.

—, Smoking and health. New York: Pitman. 1962. (70 S. m. Abb.) $ 1.—.

G. Analyse. Laboratorium

Izaak Maurits Kolthoff and **Philip Juliber Elving,** eds., Treatise on analytical chemistry. Part 2: Analytical chemistry of the elements. Vol. 9. New York, London: Interscience. 1962. (XVI + 491 S. m. Abb., Tab. u. Diagr.) 6 £. 15 s.

E. A. Ostroumov, The application of organic bases in analytical chemistry; translated from the Russian. Oxford, London: Pergamon Press. 1962. (XXV + 159 S. m. Tab. u. Diagr.) 50 s.

—, Congress of Analytical Chemistry. Vols 26, 27 and 28. Papers translated into English, German, French and Russian. London: Collet's. 1962. 1: (518 S. m. Abb. u. Tab.) 2: (480 S. m. Abb. u. Tab.) 3: (309 S. m. Abb. u. Tab.) set 190 s.

—, Méthodes (Les) analytiques des lipides simples. Paris: Centre national de la recherche scientifique. 1962. (281 S. m. Abb.) 8°. 18 NF.

H_8. Metallurgie. Korrosion

N. Ss. Alferowa, M. L. Bernstein, M. Je. Blanter u. a., Metallkunde u. therm. Behandlung des Stahls. Bd. 2. 2. überarb. u. vervollst. Ausg. (1. Ausg. erschien unter dem Titel: „Metallkunde und thermische Behandlung des Stahls und Gußeisens"). Moskau: Metallurgisdat. 1962. (S. 753—1656 m. Abb.) 5 Rbl. 3 Kop. [russ.]

Arne Apold, Carbon oxidation in the weld pool during the metal-arc welding of plain carbon steels: an investigation based on measurement of the mixing ratio of base metal to metal from the electrode. Oxford, London: Pergamon Press. 1962. (VI + 136 S. m. 4 Taf., Tab. u. Diagr.) 35 s.

F. N. Belasch, Die Flotation von Eisenerz. Moskau: Gosgortechisdat. 1962. (211 S. m. Abb.) 75 Kop. [russ.]

Je. I. Belski, A. M. Dmitrowitsch, N. G. Intjakow u. a., Die Technologie der Warmbehandlung der Metalle. Minsk: Verl. der Hochschule der mittleren, spezif. u. Berufsausbildung der BelorussSSR. 1962. (296 S. m. Abb.) 90 Kop. [russ.]

Konrad Bohnenkamp und **Hans-Jürgen Engell,** Ablauf der Oxydation von Eisen u. Kohlenstoff bei der Verzunderung von Eisen–Kohlenstoff-Legierungen. Düsseldorf: Verl. Stahleisen. 1962. (9 S. m. Abb.) 4° = Gruppe E, Nr. 2296 = Mitteilung aus dem Max-Planck-Institut für Eisenforschung. Abh. 914. Aus: Archiv für das Eisenhüttenwesen. Jahrgang 33. 1962, Heft 6. DM 1,80.

Karl Bungardt und **Wolfgang Spyra**, Zustandsänderungen in titanhaltigen Eisen–Nickel–Chrom- u. Nickel-Chrom-Legierungen. Düsseldorf: Verl. Stahleisen. 1962. (10 S. m. Abb.) 4⁰ = Gruppe E, Nr. 2289 = Bericht des Werkstoffausschusses des Vereins deutscher Eisenhüttenleute. Nr. 1319. Aus: Archiv für das Eisenhüttenwesen. Jahrgang 33. 1962, Heft 5. DM 2,—.

G. Collette, C. Roederer et **C. Crussard**, Publications de l'Institut de recherches de la sidérurgie. Série A. No. 253. Étude par frottement intérieur et par traction de la précipitation de l'azote dans les alliages fer-azote purs. Application au vieillissement des aciers extradoux. Saint-Germain-en-Laye: I.R.S.I.D. 1961. (12 S. m. Abb.)

W. W. Drushinin, Die magnetischen Eigenschaften elektrotechnischen Stahls. Moskau-Leningrad: 1962. (320 S. m. Abb.) 95 Kop. [russ.]

Hans-Jürgen Engell, Konrad Bohnenkamp und **Anton Bäumel**, Rißausbreitung u. Standzeit bei der Spannungsrißkorrosion von Weicheisen. Düsseldorf: Verl. Stahleisen. 1962. (6 S. m. Abb.) 4⁰ = Gruppe B, Nr. 2287 = Mitteilung aus dem Max-Planck-Institut für Eisenforschung. Abh. 911. Aus: Archiv für das Eisenhüttenwesen. Jahrgang 33. 1962, Heft 5. DM 1,20.

David Fishlock, Metal colouring. Teddington (Middlesex): Draper. 1962. (XII + 393 S. m. Abb., Taf. u. Diagr.)

H_{16}. Nahrungs-, Genuß- und Futtermittel

Max Erich Schulz, Die Technologie der kontinuierlichen Sauerrahmbutter-Herstellung nach dem Separierverfahren. Nürnberg: Carl. 1962. (32 S.) 8⁰ = Bibliotheca lactis 45. DM 3,10.

H_{17}. Fette. Seifen. Wasch- und Reinigungsmittel. Wachse. Bohnermassen usw.

Aage Jorgen Christian Andersen, Refining of oils and fats for edible purposes; 2nd revised edit. Oxford, London: Pergamon Press. 1962. (XV + 247 S. m. Abb., Taf., Tab. u. Diagr.) 60 s.

Ausgewertete Bibliographie-Fachzeitschriften

Belgien	Bibliographie de Belgique — Belgische Bibliographie
ČSSR	Bibliography of Publications Dealing with the Polarography Method [Praha] Bulletin — Die Neuesten Forschungsergebnisse der Tschechoslowakischen Wissenschaft Nové Knihy (Neue Bücher) Novinky (Neuheiten)
Dänemark	Danske Bogmarked
Deutschland	Börsenblatt für den Deutschen Buchhandel — Frankfurter Ausgabe Börsenblatt für den Deutschen Buchhandel — Leipziger Ausgabe Deutsche Bibliographie. Wöchentliches Verzeichnis. Ausgabe II. [Frankfurt/Main] Deutsche Nationalbibliographie. Reihe A: Neuerscheinungen des Buchhandels [Leipzig]
England	British National Bibliography
Frankreich	Bibliographie de la France
Griechenland	Greek Bibliography [Athen]
Italien	Bibliografia Nazionale Italiana
Niederlande	Nieuwsblad voor de Boekhandel
Österreich	Österreichische Bibliographie
Schweiz	Schweizer Buch. Serie A und Serie B
UdSSR	Bücherverzeichnis des Jahres (Книжная летопись) Neue Bücher (Новые книги)
USA	Publishers' Weekly

Namenregister

Patentregister

	Nr.	Seite
Can.P.	560022	4575
Can.P.	560023	4575
Can.P.	560024	4575
Can.P.	560031*	4536
Can.P.	560032*	4536
Can.P.	560033*	4536
Can.P.	560061*	4571
Can.P.	560071	4572
Can.P.	560074	4451
Can.P.	560083*	4457
Can.P.	560095*	4460
Can.P.	560096*	4460
Can.P.	560108*	4459
Can.P.	560117	4571
Can.P.	560118*	4571
Can.P.	560122*	4571
Can.P.	560134	4566
Can.P.	560141	4574
Can.P.	560149	4572
Can.P.	560164*	4458
Can.P.	560216*	4527
Can.P.	560233	4572
Can.P.	560276	4559
Can.P.	560278*	4571
Can.P.	560299*	4563
Can.P.	560300*	4526
Can.P.	560337	4574
Can.P.	560338	4572
Can.P.	560418	4574
Can.P.	560442	4577
Can.P.	560481	4451
Can.P.	560482	4451
Can.P.	560515	4559
Can.P.	560574	4564
Can.P.	560576	4452
Can.P.	560670	4576
Can.P.	560671	4575
Can.P.	560673	4575
Can.P.	560716	4448
Can.P.	560883	4450
Can.P.	561016	4561
Can.P.	561120	4452
Can.P.	561274	4576
Can.P.	561344	4536
Can.P.	561353	4572
Can.P.	561411	4570
Can.P.	561413	4571
Can.P.	561461	4450
Can.P.	561492	4576
Can.P.	561532	4565
Can.P.	561579	4571
Can.P.	561642*	4522
Can.P.	561648*	4522
Can.P.	561668*	4536
Can.P.	561684*	4526
Can.P.	561697*	4526
Can.P.	561701*	4571
Can.P.	561715*	4526
Can.P.	561724*	4536
Can.P.	561745	4574
Can.P.	561748*	4526
Can.P.	561750*	4526
Can.P.	561756*	4563
Can.P.	561767*	4526
Can.P.	561785*	4526
Can.P.	561804*	4526
Can.P.	561808*	4525
Can.P.	561841*	4526
Can.P.	561842*	4526
Can.P.	561843*	4526
Can.P.	561858*	4527
Can.P.	561860	4450
Can.P.	561908*	4457
Can.P.	561935*	4458
Can.P.	562010*	4525
Can.P.	562019*	4526
Can.P.	562020*	4526
Can.P.	562027*	4536
Can.P.	562028	4534
Can.P.	562031	4573
Can.P.	562034*	4526
Can.P.	562039*	4522
Can.P.	562040*	4522
Can.P.	562044*	4526
Can.P.	562045*	4526
Can.P.	562046*	4526
Can.P.	562048	4534
Can.P.	562049	4534
Can.P.	562050	4534
Can.P.	562103	4573
Can.P.	562115*	4571
Can.P.	562250	4559
Can.P.	562264*	4563
Can.P.	562268*	4460
Can.P.	562269*	4459
Can.P.	562289	4567
Can.P.	562290*	4457
Can.P.	562291*	4457
Can.P.	562295*	4457
Can.P.	562353*	4536
Can.P.	562359	4577
Can.P.	562375	4573
Can.P.	562389*	4536
Can.P.	562440*	4459
Can.P.	562469*	4457
Can.P.	562472	4573
Can.P.	562514*	4460
Can.P.	562738	4455
Can.P.	562897	4450
Can.P.	562898	4450
Can.P.	562987	4572
Can.P.	563008	4452
Can.P.	563032	4572
Can.P.	563087	4560
Can.P.	563100	4534
Can.P.	563182	4574
Can.P.	563183	4576
Can.P.	563261	4451
Can.P.	563306	4562

Englische Patente (E.P.)

	Nr.	Seite
E.P.	808959	4449
E.P.	830847*	4536
E.P.	838481	4520
E.P.	840187	4542
E.P.	845045	4540
E.P.	852535	4521
E.P.	852536	4521
E.P.	855547	4564
E.P.	860913	4552
E.P.	861892	4521
E.P.	862114	4551
E.P.	864026*	4492
E.P.	864099	4541
E.P.	864562	4554
E.P.	864669	4551
E.P.	865015	4552
E.P.	865284	4540
E.P.	865304	4541
E.P.	866479	4551
E.P.	867243	4542
E.P.	867279	4565
E.P.	867509	4551
E.P.	867996	4550
E.P.	868108	4550
E.P.	869278*	4499
E.P.	869387	4567
E.P.	869501	4563
E.P.	870675	4541
E.P.	870761	4575
E.P.	873230	4543
E.P.	873800	4489
E.P.	873876	4540
E.P.	873994*	4492
E.P.	874326	4542
E.P.	874945	4542
E.P.	875949	4538
E.P.	877232*	4492
E.P.	877458*	4492
E.P.	877967	4570
E.P.	878736*	4553
E.P.	879193	4568
E.P.	879240	4535
E.P.	879408*	4554
E.P.	879959	4540
E.P.	880421*	4553
E.P.	880457	4576
E.P.	880706*	4523
E.P.	881500*	4553
E.P.	881630	4577
E.P.	881900*	4492
E.P.	882649	4539
E.P.	882763	4578
E.P.	883427	4576
E.P.	883524*	4553
E.P.	884035*	4523
E.P.	884036*	4523
E.P.	884208	4541
E.P.	884246	4577
E.P.	884613*	4504
E.P.	884633	4574
E.P.	884764*	4457
E.P.	884765*	4457
E.P.	885727*	4522
E.P.	886442*	4523
E.P.	889311*	4459
E.P.	891735*	4504
E.P.	891910*	4523
E.P.	892340*	4499
E.P.	892708*	4499

Französische Patente (F.P.)

	Nr.	Seite
F.P.	71455*	4553
F.P.	72373	4519
F.P.	73731	4529
F.P.	73952	4562
F.P.	74210	4530
F.P.	74346	4533
F.P.	825561	4450
F.P.	1172221*	4547
F.P.	1174205*	4547
F.P.	1174406*	4548
F.P.	1179529*	4547
F.P.	1180178*	4547
F.P.	1186455*	4547
F.P.	1187980*	4547
F.P.	1189989*	4548
F.P.	1197987*	4548
F.P.	1202919*	4548
F.P.	1204612*	4553
F.P.	1204852*	4548
F.P.	1205214	4535
F.P.	1206152*	4553
F.P.	1206570	4568
F.P.	1209471*	4553
F.P.	1210161*	4547
F.P.	1211589	4567
F.P.	1212106	4491
F.P.	1212779	4491
F.P.	1213183*	4547
F.P.	1213533*	4547
F.P.	1215551*	4547
F.P.	1216043*	4547
F.P.	1217476*	4547
F.P.	1218697*	4547
F.P.	1219985*	4547
F.P.	1220191	4518
F.P.	1221347	4485
F.P.	1222944*	4547
F.P.	1222949	4518
F.P.	1223010	4550
F.P.	1223837*	4548
F.P.	1224696	4569
F.P.	1224889	4569
F.P.	1225073	4566
F.P.	1225461	4538
F.P.	1226159	4570
F.P.	1226160	4570
F.P.	1227039*	4547
F.P.	1227617*	4547
F.P.	1227740*	4547
F.P.	1227962	4534
F.P.	1228630*	4547
F.P.	1228829*	4547
F.P.	1228858*	4548
F.P.	1229071	4568
F.P.	1229205*	4548
F.P.	1229760	4561
F.P.	1230988*	4536
F.P.	1231317*	4554
F.P.	1231467	4561
F.P.	1231969	4560
F.P.	1235419	4456
F.P.	1235470	4446
F.P.	1236269	4520
F.P.	1236393	4562
F.P.	1237082*	4548
F.P.	1237232	4561
F.P.	1237416	4536
F.P.	1237633	4561
F.P.	1237782	4558
F.P.	1237785	4560
F.P.	1237921	4563
F.P.	1237948	4551
F.P.	1237957	4530
F.P.	1238083	4562
F.P.	1238125*	4492
F.P.	1239016	4445
F.P.	1239049	4566
F.P.	1239851	4560
F.P.	1240103	4527
F.P.	1240237	4529
F.P.	1240494	4531
F.P.	1240628	4528
F.P.	1240633	4450
F.P.	1240889	4562
F.P.	1241606	4443
F.P.	1241642	4519
F.P.	1241678	4566
F.P.	1241942	4528
F.P.	1242434	4561
F.P.	1242601	4532
F.P.	1242900	4530
F.P.	1243145	4538
F.P.	1143374*	4522
F.P.	1243948	4562
F.P.	1244253	4444
F.P.	1244583	4532
F.P.	1244810	4532
F.P.	1245081	4538
F.P.	1245504	4456
F.P.	1247519*	4563
F.P.	1247796	4531
F.P.	1248178	4443
F.P.	1248415	4449
F.P.	1248587	4521
F.P.	1248765	4568
F.P.	1248796	4443
F.P.	1249644	4444
F.P.	1249879	4457
F.P.	1249932	4445
F.P.	1259954*	4458
F.P.	1261153*	4459
F.P.	1261161*	4458
F.P.	1261180*	4459
F.P.	1261222	4552
F.P.	1261491*	4459
F.P.	1261863*	4458
F.P.	1261864*	4458
F.P.	1262566*	4459
F.P.	1264016	4451
F.P.	1265153*	4459
F.P.	1265734	4445
F.P.	1266047	4537
F.P.	1267102*	4458
F.P.	1267753*	4459
F.P.	1267754*	4459
F.P.	1267755*	4459
F.P.	1267779*	4459
F.P.	1267780*	4459
F.P.	1267781*	4458
F.P.	1268418*	4459
F.P.	1268422*	4459
F.P.	1268447*	4459
F.P.	1269066*	4458
F.P.	1269557*	4459
F.P.	1269576*	4458

Chemisches Zentralblatt

1963 Nr. 12 20. März

A. Allgemeine, physikalische und anorganische Chemie

Bericht der Atomgewichtskommission 1961. Anonym. (Pure appl. Chem. **5**, 255—304, 1962; engl.) — Sitzungsbericht der Atomgew.-Kommision der I.U.P.A.C. (Montreal, 2/8.—4/8. 1961): Annahme der neuen Einheit $^{12}_{6}C = 12$; Tabelle der relativen Atomgew. 1961 ($^{12}C = 12$); Tabelle der radioakt. Elemente; Übersicht über Nuclidmassen u. Isotopenhäufigkeiten; Übersicht über die chem. Best. von Atomgew.; Übersicht nach Elementen geordnet (H—U). — 208 Literaturangaben. A. Blaschette. 10□

Die neue Atomgewichtseinheit ^{12}C = 12. D. H. Whiffen. (J. Roy. Inst. Chem. **84**, 133—35, April 1960; Teddington, Nat. Phys. Labor.; engl. — C. **1961**, 1793.) A. Blaschette. 10□

A$_1$. Kernphysik und Kernchemie

Streuung von Höhenstrahl-Myonen mit Impulsen zwischen 165 und 1020 MeV/c in Blei. M. A. Meyer, J. A. de Villiers, N. S. Wolmarans und J. W. Koen. (Nuclear Physics [Amsterdam] **30**, 353—72, Febr. 1962; Potchefstroom Univ. for CHE, South Africa, Cosmic Ray Res. Unit; engl.) — Mittels eines Zählerhodoskops wurde die Streuung von Höhenstrahlmyonen in den Bereichen 165—312, 298—539, 533—773 u. 773—1020 MeV/c an 10^4 Teilchen für Pb untersucht. Die Streuung läßt sich durch elektromagnet. Kräfte zwischen den Myonen u. den endlichen Kernen deuten, anomale Streuung kommt in diesem Bereich nicht vor. Der Kernradius ergibt sich zu 1,2 $A^{1/3}$ f. M. Wiedemann. 90□

Theorie der Kernanregungen durch Myonen in schweren mesonischen Atomen. D. F. Zaretski und V. M. Novikov. (Nuclear Physics [Amsterdam] **28**, 177—91, Dez. 1961; Moskau, I. W. Kurchatow-Atomenergie-Inst. der Akad. der Wiss der UdSSR; engl.) — Die elektromagnet. (strahlenlose) Anregung eines Kerns beim Übergang des Myons vom 2p- in den 1s-Zustand wird behandelt. M. Wiedemann. 90□

Beobachtungen über neutrale π-Mesonen, die bei Kernwechselwirkungen von 24-GeV-Protonen mit Kohlenstoffkernen erzeugt werden. Yash Pal und T. N. Rengarajan. (Physic. Rev. [2] **124**, 1575—76, 1/12. 1961; Bombay, India, Tata Inst. of Fundamental Res.; engl.) — Energie-Winkel-Charakteristika von π^0 aus p-C-Wechselwrkg. bei 24 GeV wurden durch Nachw. der γ-Strahlen aus dem π^0-Zerfall in einem kleinen Emulsionsstapel untersucht. Die mittlere Energie der π^0 im Schwerpunkts-Syst. ergab sich zu 470 $\pm$ 35 MeV. Herbert Weber. 90□

Multiple Pionenerzeugung im sub-GeV-Bereich. S. K. Srinivasan und K. Venkatesan. (Nuclear Physics [Amsterdam] **29**, 335—40, Jan. 1962; Madras, Indian Inst. of Technol., Dep. of Appl. Math.; engl.) — Es wird gezeigt, daß eine Cut-off-Theorie die Photoerzeugung von Pionenpaaren bis 600 MeV erklären kann, daß aber für höhere Energien die Pion-Pion-Wechselwrkg. eingeführt werden muß, ebenso zur Deutung der Pionenerzeugung in Pion-Nucleon-Stößen u. der 3fachen Pionenerzeugung durch Photonen. M. Wiedemann. 90□

Integralgleichungen für die energiearme Pion-Pion-Streuung. A. Q. Sarker. (Nuclear Physics [Amsterdam] **29**, 318—25, Jan. Erratum: **36**, 352, Juli 1962; Birmingham, Univ., Dep. of Math. Phys.; engl.) — Aus einer Einzeldispersionsgleichung werden Integralgleichungen für die S- u. P-Amplituden bei der Pion-Pion-Streuung abgeleitet. Dieselben Gleichungen erhält man aus der Dispersionsbeziehung für fixierte Partialwellen. M. Wiedemann. 90□

Über das Hochenergieverhalten der elastischen Pion-Nucleon-Streuamplitude. G. Domokos. (Acta physica Acad. Sci. hung. **13**, 89—97, 1961; Budapest, Central Res. Inst. for Phys.; engl.) — Theoret. Behandlung der Kinematik der elast. π-N-Streuung mit einer quasiklass. Näherung. J.-M. Spaeth. 90□

Ein Modell für die $K_{\mu 3}$ und K_{e3}-Zerfallsarten. N. Brene, L. Egardt, B. Qvist und D. A. Geffen. (Nuclear Physics [Amsterdam] **30**, 399—404, Febr. 1962; Copenhagen, Nordita; Minneapolis, Univ. of Minnesota, Physics Dep.; engl.) — Vgl. C. **1962**, 5916.

— Es wird ein Modell für diese Zerfälle vorgeschlagen, das auf den analyt. Eigg. der invarianten Formfaktoren u. dem Begriff eines teilweise erhaltenen, die Strangeness ändernden Stroms beruht. Man könnte an Hand dieses Modells die Hypothese des intermediären Vektorbosons prüfen. M. Wiedemann. 90□

Dispersionsanalyse der Ξ-Erzeugung bei $\bar{K}$N-Stößen. Alladi Ramakrishnan, R. Thunga, T. K. Radha, G. Bhamathi und S. Indumathi. (Nuclear Physics [Amsterdam] **37,** 585—93, Sept. 1962; Madras, Inst. of Mathemat. Sci.; engl.) — Vff. analysieren nach der Dispersionstheorie den Erzeugungsprozeß $\bar{K} + N \rightarrow \Xi + K$ für verschiedene Kombinationen der relativen Paritäten der beteiligten seltsamen Teilchen. Gerhard Schmidt. 90□

Suche nach leptonischen und strahlenden Zerfällen geladener Σ-Hyperonen. G. Quareni, A. Quareni Vignudelli, K. Gottstein, I. Laboragine und A. Salandin. (Nuovo Cimento [10] **21,** 177—81, 1/7. 1961; Bologna, Univ., Ist. di Fis., Ist. Naz. di Fis. Nucl., Sez. di Bologna; München, MPI für Phys. u. Astrophys.; Padova, Univ., Ist. di Fis., Ist. Naz. di Fis. Nucl., Sez. di Padova; engl.) — Vff. beobachten keine Prozesse $\Sigma^+ \rightarrow \pi^+ + \gamma + n$ mit π^+-Energien < 75 MeV. Das Verhältnis $(\pi^+ + \gamma + n)/\pi^+ + n)$ liegt wahrscheinlich zwischen 1 u. 2% im Einklang mit den theoret. Vorhersagen. Gerhard Schmidt. 90□

Innere Freiheitsgrade und Elementarteilchen. 1. Mitt. Takehiko Takabayasi. (Progr. theoret. Physics [Kyoto] **25,** 901—38, Juni 1961; Nagoya, Univ., Physic. Inst.; engl.) — Berechnungen zur Quantentheorie punktförmiger Systeme. H. Schroeder. 90□

Eine Integralgleichung für hochenergetische Wirkungsquerschnitte. C. Ceolin, F. Duimio, R. Stroffolini und S. Fubini. (Nuovo Cimento [10] **26,** 247—60, 16/10. 1962; Padova, Univ., Ist. di Fis.; Geneva, CERN; Torino, Univ., Ist. di Fis.; engl.) — Diskussion der mathemat. Struktur u. der Eigg. der Lösungen einer linearen Integralgleichung nach dem allg. Modell für das Verh. stark wechselwirkender Teilchen bei hoher Energie. Gerhard Schmidt. 90□

Analytische Eigenschaften der Streuamplitude zweier geladener Teilchen, die über ein Potential vom Yukawa-Typ in Wechselwirkung stehen. H. Cornille und A. Martin. (Nuovo Cimento [10] **26,** 298—327, 16/10. 1962; Orsay, Labor. Joliot-Curie de Phys. Nucl.; Genève, CERN; franz.) — Ableitung der analyt. Eigg. der S-Wellen-Streuamplitude bei Ggw. von Coulomb-Wechselwirkung. Gerhard Schmidt. 90□

Exakt lösbare Fälle der Regge-Pole aus der Mandelstam-Darstellung. R. Acharya und A. Bhattacharjie. (Nuovo Cimento [10] **26,** 369—78, 16/10. 1962; Rochester, N.Y., Univ., Dep. of Phys. and Astronom. and Inst. of Opt.; engl.) — Anwendung der theoret. Ableitung auf die nichtrelativist. Potentialstreuung. Gerhard Schmidt. 90□

Absolute Messung der Intensität der γ-Strahlung hoher Energie durch die Methode der Paardifferenz. I. N. Ussowa. (Журнал Технической Физики [J. techn. Physik] **30,** 665—71, Juni 1960; Moskau, Physik. Lebedew-Inst.; russ.) — Die abs. Intensität der Bremsstrahlung des Synchrotrons mit 260 MeV Maximalenergie wurde mittels einer dickwandigen Graphitkammer bestimmt, ferner aus dem Unterschied in der Zahl der Ionenpaare, die in der Kammer durch Sekundärelektronen erzeugt werden, die ihrerseits in dünnen Konvertern mit verschiedenem Z aber gleicher Elektronenzahl je cm^2 ausgelöst werden. Es wurden Al, Cu u. Pb benutzt. Bei dem 2. Verf. muß der Einfl. des Photoeffektes u. der Mehrfachstreuung der Elektronen im Konverter berücksichtigt werden, dann ist die Übereinstimmung befriedigend. M. Wiedemann. 90□

Resonanzabsorption von γ-Strahlung in Supraleitern. P. P. Craig, D. E. Nagle und R. D. Reiswig. (Physics Chem. Solids **17,** 168—70, Dez. 1960; Los Alamos, N. Mex., Univ. of California, Los Alamos Sci. Labor.; engl.) — Vff. untersuchen die Resonanzabsorption der 77-keV-γ-Strahlung von ^{197}Au in pulverförmigem Au_2Bi bzw. $AuNb_3$ (Mössbauer-Effekt) bei 1,6—4°K; die Sprung-Temp. der Supraleitung sind für Au_2Bi 1,76 ± 0,1°K, für $AuNb_3$ 11,5°K. Die Absorptionsmessungen erfolgen bei Geschw. der Doppler-Verschiebung von 1,34 cm/s; damit werden für die Änderungen der Impulszählung Δ bei Au_2Bi ober- u. unterhalb der Sprung-Temp. 5,5 ± 0,1%, während bei $AuNb_3$ unterhalb 4°K $\Delta = 0{,}74 \pm 0{,}2$%, oberhalb der Sprung-Temp. $\Delta = 0{,}50 \pm 0{,}26$% beträgt. Demnach ist in beiden Legg. mit dem Übergang in den supraleitenden Zustand keine Änderung der kernmagnet. Resonanz verbunden. Herbert Müller. 90□

Messungen des Mössbauer-Effekts an supraleitendem Indium. P. P. Craig, R. D. Taylor und D. E. Nagle. (Nuovo Cimento [10] **22,** 402—05, 16/10. 1961; engl.) — Vgl. vorst. Referat. — An metall. *In* mit sehr geringer Beimengung von ^{57}*Fe* wurden

Amplitude u. Breite der Mössbauer-Resonanz in ^{57}Fe gemessen u. gefunden, daß die Resonanzamplitude im Temp.-Bereich von 0,35—4° K unverändert bleibt, was ein Ansteigen der Debye-Temp. um weniger als 3° K in diesem Bereich anzeigt u. zu Messungen der spezif. Wärme im Widerspruch steht, wonach Θ um 12° K steigen soll. Ebenso erhöht sich die Resonanzamplitude bei Abkühlung von 300—4° K nur um 50% u. nicht um 500%, wie nach dem Debye-Waller-Faktor berechnet wurde. — Das anomale Verh. der spezif. Gitterwärme von *In* u. *Nb* wird nach den Theorien von Daunt-Olson u. Ferrell diskutiert. W. Sobieski. 90

Untersuchung von Konversionselektronen beim Mössbauer-Effekt am Wolfram-182 mit einem magnetischen Spektrometer. Egbert Kankeleit. (Z. Physik **164,** 442—55, 4/9. 1961; München, TH, Labor. für Techn. Phys.; dt.) — Vf. weist die rückstoßfreie Resonanzabsorption von γ-Quanten durch Messung der beim Zerfall der angeregten Absorberkerne auftretenden Konversionselektronen in einem β-Spektrometer nach. Der 100-keV-Übergang in ^{182}W mit metall. *Ta* als Quelle u. angereichertem W-Metall als Resonanzabsorber wurde untersucht. Die L-Konversionslinie der 100-keV-Strahlung überragte den Untergrund bei 22° K um 44%. Aus Doppler-Effekt-Messungen ergab sich die Halbwertszeit des ersten angeregten Zustandes von ^{182}W zu $t_{1/2} = (1{,}34 \pm 0{,}13) \cdot 10^{-9}$ s. Aus der Temp.-Abhängigkeit des Effektes wurde die Debye-Temp. von Ta zu 280 ± 10° K bestimmt. H. Schroeder. 90□

Energieverteilung der Bremsstrahlung eines longitudinal polarisierten Elektrons. B. K. Kerimow. (Доклады Академии Наук СССР [Ber. Akad. Wiss. UdSSR] **135,** 1111—13, 11/12. 1960; Moskau, Lomonossow-Univ.; russ.) — Es wird ein Ausdruck für die Energieverteilung der Bremsstrahlung eines longitudinal polarisierten Elektrons abgeleitet, der außer dem Bethe-Heitler-Querschnitt noch eine Korrektur enthält, die von der Berücksichtigung der Polarisationszustände des ursprünglichen Elektrons u. des ausgestrahlten Photons herrührt. F. Lenz. 90□

Das hochenergetische Ende des Elektron-Bremsstrahlungsspektrums. M. V. Mihailović. (Nuovo Cimento [10] **9,** 331—33, 16/7. 1958; Ljubljana, Inst. „J. Stefan"; engl.) — Die Berechnungen des Vf. basieren auf der Sommerfeld-Maue-Näherung. B. Stein. 90□

Zirkularpolarisation der durch β-Strahlen erzeugten äußeren Bremsstrahlung. S. Galster und H. Schopper. (Physic. Rev. Letters **1,** 330—32, 1/11. 1958; Mainz, Univ., Inst. für Kernphys.; engl.) — Messungen der Polarisation der äußeren Bremsstrahlung (PB), die durch β^--Strahlen einer (^{90}Sr + ^{90}Y)-Quelle in Absorbern verschiedener Ordnungszahl erzeugt wurde, zeigen keine Abhängigkeit der PB von Z. B. Stein. 90□

Zirkularpolarisation der äußeren Bremsstrahlung. A. Bisi und L. Zappa. (Physic. Rev. Letters **1,** 332—33, 1/11. 1958; Milano, Politecn., Ist. di Fis.; engl.) — Vgl. C. **1963,** 769. — Vff. beschreiben die Messung der Zirkularpolarisation der äußeren Bremsstrahlung unter Verw. einer (^{90}Sr + ^{90}Y)-Quelle. Die unter Berücksichtigung von Korrekturen erhaltene Polarisation folgt der Gleichung $P = 1{,}06\ (1 - e^{-0{,}90\,E})$ für $0{,}5 < E < 2{,}26$ MeV. B. Stein. 90□

Abhängigkeit der Zirkularpolarisation der äußeren Bremsstrahlung von elektrischen und magnetischen Feldern. A. Bisi, A. Cattoni, A. Fasana und L. Zappa. (Nuclear Physics [Amsterdam] **36,** 320—27, Juli 1962; engl.) — Vgl. vorst. Referat. — Die mit ^{90}Y u. ^{32}P als Quellen sowie Ag u. PbO als Targets durchgeführten Verss. zeigen, daß der Grad der Zirkularpolarisation der äußeren Bremsstrahlung nicht vom Magnetfeld abhängt, wenn es dem Impuls der strahlenden Elektronen entgegengerichtet ist, jedoch mit wachsendem Feld abnimmt (um ca. 35% bei 20000 Gauß), wenn es in Impulsrichtung weist. Die Zirkularpolarisation nimmt in PbO mit steigendem elektr. Feld ab, u. zwar unabhängig davon, ob das Feld nach vorwärts oder rückwärts gerichtet ist. Bei 20 keV/cm wurde eine Abnahme von ca. 15% beobachtet. D. Jörchel. 90□

Winkelkorrelation von β-γ-Koinzidenzen beim Compton-Effekt. F. W. Van Name jun. und John W. Koch. (Canad. J. Physics **39,** 1212—15, Aug. 1961; Newark, Del., Univ. of Delaware, Dep. of Phys.; engl.) — Vff. bestimmten die Winkelkorrelation beim Compton-Effekt mit einer ^{60}Co-Quelle an C- bzw. Be-Targets u. erhielten folgende Ergebnisse: für *C* (Θ = Winkel des gestreuten Photons; Φ = Winkel des Rückstoßelektrons) 100° 14 ± 2°, 80° 18 ± 2°, 65° 24 ± 2°, 57° 28 ± 2°, 46,5° 34 ± 2°; für *Be* 90° 16 ± 1°, 70° 22 ± 1°, 60° 27 ± 2°, 53° 30 ± 2°. H. Schroeder. 90□

Komplexe Phasenverschiebungen und periphere Prozesse bei der N-N-Streuung. R. J. N. Phillips. (Nuclear Physics [Amsterdam] **30,** 148—53, Febr. 1962; Harwell, A.E.R.E.; engl.) — Die imaginären Teile höherer Phasenverschiebungen werden mit unelast. peripheren Stößen in Beziehung gebracht. Eine Abschätzung bei 660 MeV zeigt, daß die Phasenverschiebungen real für $I > 5$ sind. H. Schroeder. 90□

Direkte und Compound-Prozesse bei Kernreaktionen. M. Sano, S. Yoshida und T. Terasawa. (Nuclear Physics [Amsterdam] **6**, 20—33, März 1958; Tokyo, Univ., Inst. for Nucl. Study and Inst. of Sci. and Technol.; engl.) — Theoret. Unters. der elast. u. unelast. Streuung von Nucleonen an Kernen. J.-M. Spaeth. 90□

Analyse der „s"-Neutronenresonanzen in Flugzeit-Transmissionsversuchen. C. Corge, J. Julien und F. Netter. (J. Physique Radium **21**, 759—60, Okt. 1960; Saclay, C.E.N., Sect. de Phys. Nucl. à Basse Energie; franz.) — Der Gesamtwirkungsquerschnitt gegenüber Neutronen der s-Welle wird behandelt. Er ist durch Transmissionsmessungen zugänglich. Bei der Deformation der Resonanzen spielt die Auflösung der App. eine Rolle. M. Wiedemann. 90□

Wechselwirkung von 3,7-MeV-Neutronen mit mittelschweren Kernen. D. W. Kent, S. P. Puri, S. C. Snowdon und W. P. Bucher. (Physic. Rev. [2] **125**, 331—35, 1/1. 1962; Swarthmore, Pa., Bartol Res. Found. of the Franklin Inst.; engl.) — Ein Bündel von 3,7-MeV-Neutronen mit einer Energiestreuung von 400 keV wird zur Messung der differentiellen Querschnitte von *Ca*, *K*, *Ge*, *Se* u. *Sr* verwendet. Durch Subtraktion der integralen elast. Querschnitte von den totalen Querschnitten werden die unelast. Querschnitte erhalten. Sämtliche Querschnitte sind tabelliert. Zusätzlich werden Durchlässigkeitsmessungen für 10 weitere Elemente bei dieser Energie als Teil eines Vgl. der totalen Querschnitte mit den Vorhersagen des opt. Modells für mittelschwere Kerne durchgeführt. Gerhard Schmidt. 90□

Streuung von Neutronen kurzer Wellenlänge an einem Hartkugelgas. G. H. A. Cole. (Physic. Rev. [2] **126**, 383—88, 15/4. 1962; Durham, Clarke, Chapman and Co. Ltd., Phys. Div.; engl.) — Anwendung der modernen Theorie der klass. Fll. auf die Unters. des Gesamtquerschnittes für die elast. Streuung hochenerget. Neutronen an schweren, als Hartkugeln betrachteten Kernen im Grenzfall geringer Dichte. D. Jörchel. 90□

Einfluß der Rotationsniveaus auf die Streuung von langsamen Neutronen an gasförmigem Methan. George W. Griffing. (Physic. Rev. [2] **124**, 1489—93, 1/12. 1961; Idaho Falls, Idaho, Phillips Petroleum Comp., Atom. Energy Div.; engl.) — Der partielle differentielle Querschnitt für CH_4 wurde für $E_n = 0{,}015$ eV u. 0,0252 eV bei Streuwinkeln von 16,3 u. 26,0° berechnet. Es ergibt sich ein bemerkenswerter Einfl. der Quantennatur der Rotationsniveaus auf die Streuung. Herbert Weber. 90□

Flüssigkeitsdynamik und unelastische Streuung von Neutronen. P. G. de Gennes. (Physica [Utrecht] **25**, 825—39, Sept. 1959; Gif-sur-Yvette, CEN de Saclay; engl.) — Vf. berechnet die Energieübertragungen bei einem einzelnen Stoß eines Neutrons mit einer monoatomaren Fl. mit Hilfe einer Meth. der Momente der auftreffenden u. abgehenden Neutronen. Es werden die verschiedenen experimentellen Möglichkeiten für Fll. diskutiert, bei denen Rückstoß- u. Quanteneffekte vernachlässigbar sind. Numer. Ergebnisse werden für *Ar* gegeben. C. Gottfried. 90

Über die exakte Theorie der Verlangsamung von Neutronen in einem unendlichen homogenen Medium. V. C. Boffi. (Nuovo Cimento [10] **21**, 935—57, 16/9. 1961. San Diego, Calif., General Dynamics Corp.; engl.) — Vgl. C. **1961**, 4582. — Die Unters. der stationären Energieverteilung von Neutronen in einem unendlichen, homogenen u. absorbierenden Medium zeigt, daß die von Raum u. Zeit unabhängige Boltzmann-Gleichung für die Verlangsamung von Neutronen für beliebige Streu- u. Einfanggesetze eine exakte Lösung hat. M. Wiedemann. 90□

Der thermische Neutronenfluß in einer Zelle mit Temperaturdiskontinuitäten. D. S. Selengut. (Nuclear Sci. Engng. **9**, 94—96, Jan. 1961; Richland, Wash., General Electr. Co., Hanford Labor. Operat.; engl.) — Das Neutronen-Verh. im Inneren eines Reaktors mit den dort herrschenden Temp.-Differenzen bei den Spaltstoffelementen u. im Moderator wird rechner. behandelt. Die berechneten Beziehungen erlauben Schlüsse auf die spektrale Verteilung der den Reaktor verlassenden Neutronen als Funktion der räumlichen Verteilung der Elemente im Moderator. W. Reusse. 90□

Phänomenologische Analyse von elastischer Photon–Proton-Streuung. K. Berkelman. (Nuovo Cimento [10] **21**, 633—47, 16/8. 1961; Roma, Istituto Superiore di Sanità, Labor. di Fisica; engl.) — Es wird von einem neuen Modell für die phänomenolog. Beschreibung von elast. Photon–Proton-Streuung berichtet, um neue Verss. im Energiebereich 300—800 MeV zu beschreiben. Das Modell berücksichtigt Thompson-Streuung u. Streuung des magnet. Momentes, elektr. Dipolstreuung am virtuellen Pionenstrom u. das „Low-Diagramm", das von der mittleren Lebensdauer des π^0 abhängt. Der sich so ergebende differentielle Wrkg.-Querschnitt stimmt qual. mit den Daten überein. Oberhalb von 500 MeV werden die Wrkg.-Querschnitte für polarisierte u. unpolarisierte Photonen u. die Polarisation der Rückstoßprotonen ziemlich empfindlich gegenüber der Lebensdauer von π^0. H. Laue. 90□

Elektromagnetische Formfaktoren des Protons. F. Bumiller, M. Croissiaux, E. Dally und R. Hofstadter. (Physic. Rev. [2] **124**, 1623—31, 1/12. 1961; Stanford, Calif., Stanford Univ., Dep. of Phys. and High Energy Phys. Labor.; engl.) — Vgl. C. **1962**, 4414. — Messung experimenteller Daten (Querschnitte) zu den Dirac (F_1)- u Pauli (F_2)-Formfaktoren durch elast. e–p-Streuung (Polyäthylen- u. Graphittargets) bei $E_e = 200—1000$ MeV. Herbert Weber. 90□

Elektrisches Quadrupolmoment des Deuterons. J. P. Auffray. (Physic. Rev. Letters **6**, 120, 1/2. 1961; New York, N.Y., New York Univ., Inst. of Math. Sci.; engl.) — Vf. berechnete mittels einer neuen Vers.-Funktion den elektr. Feldgradienten q längs der mol. Achse eines Deuterons u. erhielt unter Verw. des experimentellen e Qq-Wertes von D_2 ein elektr. Quadrupolmoment für das Deuteron von $Q = 2{,}82 \cdot 10^{-27}$ cm². D. Jörchel. 90□

Über den Ladungsaustauschstoß bei Nucleon-Deuteron. Yoshiyuki Sakamoto. (Progr. theoret. Physics [Kyoto] **25**, 259—76, Febr. 1961; Kyoto, Kyoto Univ., Yoshida Coll.; engl.) — Wiedergabe der Ausdrücke für die Polarisation u. Dreifachstreuungsparameter für das bei dem Ladungsaustausch-Nucleon–Deuteron-Stoß ausgesandte Nucleon. Gerhard Schmidt. 90□

Paarung und Quadrupolwechselwirkungen bei j^n-Konfigurationen. S. I. Drozdov. (Nuclear Physics [Amsterdam] **37**, 652—62, Sept. 1962; Moscow, Acad. of Sci., I. V. Kurchatov Inst. for Atom. Energy; Copenhagen, Univ., Inst. for Theoret. Phys.; engl.) — Die Ergebnisse der Berechnungen der Energieniveaus, Übergangswahrscheinlichkeiten usw. werden mit den Vorhersagen der Rotations- u. Schwingungsmodelle verglichen. Gerhard Schmidt. 95□

Über die Niveaudichte deformierter Kerne. Torleif Ericson. (Nuclear Physics [Amsterdam] **6**, 62—81, März 1958; Copenhagen, Univ.; Lund, Univ.; engl.) — Ein vereinfachtes vereinheitlichtes Modell wird auf die statist. Berechnung von Niveaudichten deformierter Kerne angewandt. J.-M. Spaeth. 95□

Kernmagnetische Dipol- und elektrische Quadrupolmomente von radioaktiven Wismutisotopen. I. Lindgren und C. M. Johansson. (Ark. Fysik **15**, 445—62, 1959; Uppsala, Univ., Inst. of Phys.; engl.) — Mit Hilfe der von Lemonick u. Mitarbeitern (vgl. C. **1957**, 11501) beschriebenen fokussierenden Atomstrahlresonanz-Meth. u. der von Lindgren (vgl. C. **1959**, 13998) näher beschriebenen App. wurde die Hyperfeinstruktur der Isotope ^{203}Bi, ^{204}Bi, ^{205}Bi u. ^{206}Bi, die alle Neutronenunterschuß haben, untersucht. Die tabellar. angegebenen magnet. Dipolmomente werden aus den magnet. Dipolwechselwrkg.-Konst. berechnet. Zur Berechnung der elektr. Quadrupolmomente aus den elektr. Quadrupolwechselwrkg.-Konst. wurde der intermediäre Zustand aus den opt. gemessenen Energieniveaus u. dem bekannten g_s-Wert des Grundzustandes bestimmt. Die erhaltenen Ergebnisse wurden mit theoret., aus dem Kernschalenmodell erhaltenen Werten verglichen. C. Gottfried. 95

Bildung von metastabilen Isomeren durch Photoaktivierung mit dem Van de Graaff-Beschleuniger. H. R. Lukens jun., J. W. Otvos und C. D. Wagner. (Int. J. appl. Radiat. Isotopes **11**, 30—37, Aug. 1961; Emeryville, Calif., Shell Dev. Comp.; engl.) — Die durch Absorption einer Elektronenstrahlung von 3 MeV u. 1 mA in Au entstehende Bremsstrahlung mit einem Photonenfluß von $3 \cdot 10^{14}$ Photonen/cm² s wurde zur Unters. der Photoaktivierung aller Elemente verwendet, mit Ausnahme von H, Li u. den Inertgasen. Es wurden Mengen von 1—250 g 3—60 Min. lang bestrahlt u. nach 0,75—1,5 Min. die Aktivität mit einem 3-in.-Bohrloch-Scintillationszähler bestimmt. Folgende Isomere wurden identifiziert: ^{77m}Se, ^{87m}Sr, ^{103m}Rh, ^{107m}Ag, ^{111m}Cd, ^{115m}In, ^{167m}Lu, ^{197m}Au, ^{199m}Hg, ^{89m}Y, ^{137m}Ba, ^{179m}Hf, ^{191m}Ir u. ^{195m}Pt, davon sind die 6 zuletzt genannten erstmalig durch Photoaktivierung erhalten worden. Von Er wurde ein Isomer mit einer Halbwertszeit von 1—5 Sek. gefunden, das wahrscheinlich ^{167m} Er ist. Von As, Br, J u. Mo wurden die radioakt. Nuclide ^{76}As, ^{80m}Br, ^{80}Br, ^{82}Br, ^{127}J u. ^{101}Mo durch Neutroneneinfang erhalten; die Neutronen entstammten den Rkk. $^2H(\gamma, n)^1H$ bzw. $^9Be(\gamma, n)2\,^4He$. In einer Tabelle sind die durch Photoaktivierung analyt. nachweisbaren Mengen (10—10000 ppm) der genannten Elemente zusammengestellt. Die Standardabweichung beträgt ca. 10%. Bei Pt stellt die Photoaktivierung eine empfindlichere Nachw.-Meth. als die Neutronenaktivierung dar. Mit Hilfe von In-Folien ist es möglich, die Energie des Elektronenstrahles u. die Dosis der Bremsstrahlung zu ermitteln. E. Schiewer. 103□

Photodissoziation von komplexen Kernen bei Energien zwischen der Mesonenschwelle und 1150 MeV. Charles E. Roos und Vincent Z. Peterson. (Physic. Rev. [2] **124**, 1610—22, 1/12. 1961; Nashville, Tenn., Vanderbilt Univ.; Pasadena, Calif., California Inst. of Technol.; engl.) — Mit Bremsstrahlung des CalTech-Elektronensynchrotrons (16 E_{max}-Werte zwischen 250 u. 1150 MeV) wurden die in Kernemulsionen erzeugten „Photosterne" untersucht. Herbert Weber. 103□

Reaktionsmechanismen und Schaleneffekte bei der Wechselwirkung von 14,6-MeV-Neutronen mit Kernen. P. Strohal, N. Cindro und B. Eman. (Nuclear Physics [Amsterdam] **30,** 49–67, Febr. 1962; Zagreb, Inst. „Rudjev Bošković"; engl.) — Die totalen Wrkg.-Querschnitte mit Neutronen von 14,5 MeV wurden mittels der Aktivierungs-Meth. für folgende Rkk. u. Nuclide bestimmt (Wrkg.-Querschnitt in mbarn): (n, 2n): ^{81}Br, 1047 ± 98, ^{85}Rb, 687 ± 74, ^{87}Rb, 838 ± 136, ^{84}Sr, 380, ^{86}Sr, 592 ± 51, ^{88}Sr, 215 ± 24, ^{89}Y, 542 ± 58, ^{90}Zr, 502 ± 36, ^{93}Nb, 318 ± 18, ^{92}Mo, 315 ± 35, ^{100}Mo, 2039 ± 210; (n, p): ^{81}Br, 57 ± 10, ^{86}Sr, 64 ± 7, ^{88}Sr, 30 ± 2, ^{90}Zr, 233 ± 29, ^{91}Zr, 180 ± 43, ^{92}Zr, 76 ± 16, ^{94}Zr, 48 ± 12, ^{92}Mo, 14,5(?), ^{96}Mo, 21 ± 7, ^{97}Mo, 68 ± 14; (n, α): ^{27}Al, 115 ± 2, ^{81}Br, 107 ± 20, ^{85}Rb, 142 ± 9, ^{87}Rb, 59 ± 12, ^{88}Sr, 87 ± 31, ^{89}Y, 96 ± 24, ^{100}Mo, 14 ± 6. Als Standard-Rkk. dienten $^{27}Al(n, \alpha)\,^{24}Na$ u. $^{56}Fe(n, p)\,^{56}Mn$. Die Ergebnisse wurden mit den Voraussagen der Compoundkerntheorie, unter Einbeziehung von Paarungs- u. Schalenkorrekturen, verglichen. Im Gegensatz zu den Wrkg.-Querschnitten der (n, p)- u. (n, α)-Rkk. stimmen die der (n, 2n)-Rkk. gut mit den Voraussagen des statist. Modells überein. Ein direkter Beweis für eine starke Korrelation zwischen Schaleneffekten u. totalem Wrkg.-Querschnitt wurde für Kerne mit N = 50 erhalten. Die Wrkg.-Querschnitte der (n, 2n)-Rkk. zeigen, im Gegensatz zu den (n, p)-Rkk., die ein Maximum bei N = 50 haben, ein Minimum. Die Wrkg.-Querschnitte der (n, p)- u. (n, α)-Rkk. zeigen für verschiedene Isotope des gleichen Elements die allg. Tendenz, mit steigender Neutronenzahl kleiner zu werden. H. Schroeder. 103□

Optisches Modell und Analyse von (p,n)-Querschnitten nach der Methode der verzerrten Welle. P. E. Hodgson und J. R. Rook. (Nuclear Physics [Amsterdam] **37,** 632–46, Sept. 1962; Oxford, Clarendon Labor.; engl.) — Vff. formulieren die allg. Theorie der (p,n)-Rk. u. untersuchen 2 Näherungs-Meth. zur Lösung der sich ergebenden gekoppelten Differentialgleichungen. Gerhard Schmidt. 103□

Stripping bei niedrigen Energien. D. H. Wilkinson. (Philos. Mag. [8] **34,** 1185 bis 1188, Okt. 1958; Oxford, Clarendon Labor.; engl.) — Vf. diskutiert das Stripping-Modell für (d,p)-Rkk. mit niedrigen Q-Werten. B. Stein. 103□

Antisymmetrische Behandlung der Deuteron-Stripping-Reaktion. — Stripping und Schwerteilchen-Stripping-Reaktionen. Tsuyoshi Honda und Haruo Ui. (Progr. theoret. Physics [Kyoto] **25,** 613–34, April 1961; Tokyo, Rikkyo Univ., Dep. of Phys.; Tokyo, Univ. of Tokyo, Inst. for Solid State Phys.; engl.) — Unterss. unter Verw. völlig antisymmetr. Wellenfunktionen. J.-M. Spaeth. 103□

Deuteron-Stripping- und Schwerteilchen-Stripping-Reaktionen. Tsuyoshi Honda und Haruo Ui. (Progr. theoret. Physics [Kyoto] **25,** 635–45, April 1961; engl.) — Vgl. vorst. Referat. — Der l. c. entwickelte Formalismus wird auf die Analyse experimenteller differentielle Wrkg.-Querschnitte von (d,n)-Rkk. angewandt. Die (d,n)-Rkk. an ^{11}B, ^{9}Be u. ^{12}C werden herangezogen. J.-M. Spaeth. 103□

Compoundkernprozesse bei den Reaktionen zwischen komplexen Kernen. Tetsuo Kammuri. (Progr. theoret. Physics [Kyoto] **25,** 235–46, Febr. 1961; Osaka, Osaka Univ., Dep. of Phys.; engl.) — Modifizierung der statist. Theorie von Kern-Rkk. unter Berücksichtigung der Drehimpulse der beteiligten Kernzustände. Gerhard Schmidt. 103□

Experimentelle Reichweite-Energie-Beziehungen für leichte Ionen geringer Energie in Kernemulsionen. Cao Xuan Chuan. (J. Physique Radium **21,** 757–59, Okt. 1960; Saïgon, Office de l'Energie Atom.; franz.) — Die Rkk. $^{16}O(n, \alpha)^{13}C$ u. $^{14}N(n,\alpha)\cdot{}^{11}B$ wurden durchgeführt u. für die gebildeten Ionen mit einigen MeV Energie die Reichweite-Energie-Beziehungen ermittelt. Verwendet wurden Ilford-C_2-Emulsionen. M. Wiedemann. 103□

Durch Neutronen hervorgerufene Zertrümmerung von ^{6}Li und ^{7}Li. L. Rosen und L. Stewart. (Physic. Rev. [2] **126,** 1150–51, 1/5. 1962; Los Alamos, N. Mex., Univ. of California, Los Alamos Scient. Labor.; engl.) — Abgetrennte Li-Isotope werden in Ilford-C2-Emulsionen eingelagert, die mit bekannten Flüssen monoenerget. Neutronen exponiert werden. Untersucht werden die Rkk. $^{6}Li(n, dn)^{4}He$ u. $^{7}Li(n, tn)^{4}He$ über den Energiebereich von 5–14 MeV. Die Querschnitte sind sehr groß, daher können LiH u. normales Li mit Vorteil als Abschirmmaterial für Spaltungs- u. Fusions-Reaktoren dienen. Gerhard Schmidt. 103□

Neutronen von Po–Be-Quellen. S. Notarrigo, R. Parisi, R. Ricamo und A. Rubbino. (Nuclear Physics [Amsterdam] **29,** 507–14, Jan. 1962; Catania, Centro Siciliano di Fis. Nucl., Sez. Siciliana dell' INFN, Ist. di Fis. dell' Univ.; engl.) — Vff. führten eine erneute Best. des Neutronenenergiespektrums einer Po–Be-Quelle mittels Photoplatten durch. Die Ergebnisse stehen in Übereinstimmung mit dem berechneten Spektrum. H. Schroeder. 103□

Die Elektron-Neutrino-Winkelkorrelation beim Zerfall von ^{23}Ne. B. W. Ridley. (Nuclear Physics [Amsterdam] **6**, 34—49, März 1958; Harwell, Berks., AERE; engl.) — Der Winkelkorrelationsparameter α wurde zu $-0{,}05 \pm 0{,}10$ gefunden.
J.-M. Spaeth. 103☐

Obere Grenzen für die Strahlungseinfangquerschnitte von ^{27}Al und ^{31}P für ^{16}O-Ionen. R. F. Coleman, D. N. Herbert und J. L. Perkin. (Proc. physic. Soc. **77**, 526—30, 1/2. 1961; Aldermaston, Berks., AWRE; engl.) — Die Strahlungseinfangquerschnitte von ^{27}Al u. ^{31}P für ^{16}O-Ionen mit Energien von einigen MeV über den erwarteten Schwellen für diese Rkk. (ca. 30 MeV) wurden als nicht größer als 0,2 bzw. 18 μbarn gefunden.
J.-M. Spaeth. 103☐

Präzisionsmessungen der Halbwertszeiten der Positronenstrahler ^{25}Al, ^{26m}Al und ^{33}Cl. Th. Muller, E. S. Gelsema und P. M. Endt. (Physica [Utrecht] **24**, 577—83, Juli 1958; Utrecht, Rijksuniv., Fys. Labor.; engl.) — Die Halbwertszeiten von ^{25}Al, ^{26m}Al u. ^{33}Cl wurden mit einem 70-Kanal-Impulshöhenanalysator u. einem angepaßten Zeit–Impulshöhen-Konverter zu $7{,}24 \pm 0{,}03$ s, $6{,}28 \pm 0{,}04$ s bzw. $2{,}53 \pm 0{,}02$ s bestimmt. Die Isotope wurden durch (p,γ)-Rkk. unter Verw. der Resonanzabsorption zur Trennung hergestellt.
B. Stein. 103☐

Innere Konversion des 1119-keV-Übergangs in ^{65}Cu. Sakae Shimizu und Yasuyuki Nakayama. (Nuclear Physics [Amsterdam] **31**, 600—10, April 1962; Kyoto, Univ., Inst. of Chem. Res.; engl.) — Der innere K-Konversions-Koeff. des 1119-keV-Überganges in ^{65}Cu (^{65}Zn-Quelle) wurde mit einem fokussierenden Spektrometer nach Siegbahn-Slätis u. durch Vgl. mit den 1173-keV-γ-Quanten von ^{60}Co zu $\alpha_K = (1{,}70 \pm 0{,}19) \cdot 10^{-4}$ bestimmt. Eine Mischung von 59% M1 +41% E2 wurde nachgewiesen.
H. Schroeder. 103☐

Verzweigung beim Zerfall von ^{97}Ru zu ^{97m}Tc und ^{97}Tc. S. Katcoff und D. C. Williams. (J. inorg. nuclear Chem. **7**, 189—93, Okt. 1958; Upton, Long Island, N.Y., B.N.L., Chem. Dep.; engl.) — Durch Vgl. der Intensität der K-Röntgen-Strahlung von ^{97}Ru ($T_{1/2}$ = 2,88 d) mit der von ^{97m}Tc ($T_{1/2}$ = 90 d) wurde gefunden, daß ^{97}Ru zu $0{,}041 \pm 0{,}005$% in ^{97m}Tc u. zu 99,96% in ^{97}Tc zerfällt. Ein Zerfallsschema für ^{97}Ru wird angegeben. Aus Abklingkurven wird die Halbwertszeit von ^{97}Ru zu $2{,}88 \pm 0{,}04$ Tagen bestimmt. Reines ^{97}Ru wird durch mehrfache Dest. von RuO_4 mit $HClO_4$ aus ^{97}Rh hergestellt, das durch Bestrahlung von Ru-Metallpulver mit 11-MeV-Deuteronen erzeugt wird.
B. Stein. 103☐

Neutronenaktivierungsquerschnitte von ^{96}Ru und ^{102}Ru. S. Katcoff und D. C. Williams. (J. inorg. nuclear Chem. **7**, 194—96, Okt. 1958; engl.) — Vgl. vorst. Referat. — Messungen der Aktivitäten von ^{97}Ru ($T_{1/2}$ = 2,88 d) u. ^{103}Ru ($T_{1/2}$ = 39,7 d) nach der Bestrahlung von natürlichem Ru mit Neutronen zeigen, daß die Aktivierungsquerschnitte für therm. Neutronen von ^{96}Ru u. ^{102}Ru 0,210 bzw. 1,50 barn betragen. Messungen mit Cd-abgedeckten Ru-Proben ergeben, daß ^{96}Ru mindestens eine starke Resonanzstelle im epitherm. Gebiet besitzt. Der abs. Fehler wird auf ± 15% geschätzt.
B. Stein. 103☐

Die Kernausrichtung von Promethiumisotopen und das Zerfallsschema des ^{149}Pm. C. J. S. Chapman, M. A. Grace, J. M. Gregory und C. V. Sowter. (Proc. Roy. Soc. [London], Ser. A **259**, 377—85, 29/12. 1960; Oxford, Clarendon Labor.; engl.) — In die Kristallgitter des $Ce_2Mg_3(NO_3)_{12} \cdot 24\ H_2O$ u. $Nd(C_2H_5SO_4)_3 \cdot 9\ H_2O$ werden mit Hilfe der Tieftemp.-Meth. ^{149}Pm u. ^{151}Pm nuclear ausgerichtet. Eine Anisotropie in der Winkelverteilung der γ-Strahlung wurde festgestellt. Die Ergebnisse weisen darauf hin, daß der niedrigste ion. Zustand des Pm^{3+} im Doppelnitratgitter ein Singulett ist u. daß die Ausrichtung über einen Pseudo-Quadrupol-Mechanismus stattfindet. Spektroskop. Messungen der β- u. γ-Strahlung zeigten, daß die 0,285-MeV-γ-Strahlung von einer schwachen (1,8%) β-Strahlung der maximalen Energie 0,77 MeV begleitet ist. Es ergab sich für die 0,285-MeV-γ-Strahlung ein M1-Charakter, wobei der Spin des angeregten Zustandes 5/2 oder 9/2 ist.
T. Tamberg. 103☐

Zum Schema des ^{149}Eu → ^{149}Sm-Zerfalls. B. S. Džhelepov, K. Gromov, A. Kudryavtseva, Van Fu-Tsin, I. Vizi, Yu. Yazvitsky und Zh. Zhelev. (Nuclear Physics [Amsterdam] **30**, 110—19, Febr. 1962; Dubna, Joint Inst. for Nucl. Res.; engl.) — Der Zerfall von ^{149}Eu wurde mittels dreifach fokussierenden β-Spektrometers u. γ-γ-Koinzidenzmeßeinrichtung untersucht. Das Eu-Präparat war durch mehrmonatiges Bestrahlen von Ta mit 660-MeV-Protonen erhalten worden. 5 neue γ-Übergänge wurden bei 22, 178, 352, 508 u. 530 keV gefunden. Das Zerfallsschema von ^{149}Eu wird angegeben.
H. Schroeder. 103☐

Zum Zerfallsschema von ^{147}Eu. B. S. Džhelepov, K. Gromov, I. Vizi, Yu. Yazvitsky und Zh. Zhelev. (Nuclear Physics [Amsterdam] **30,** 120—25, Febr. 1962; engl.) — Vgl. vorst. Referat. — Das beim Zerfall von ^{147}Eu auftretende Konversionselektronenspektrum u. die γ-γ-Koinzidenzen wurden gemessen. 3 neue γ-Übergänge mit Energien bei 700, 780 u. 880 keV u. ein direkter Übergang von 900 keV konnten nachgewiesen werden. Das Zerfallsschema von ^{147}Eu wurde vervollständigt.
H. Schroeder. 103□

Untersuchung des Positronen- und Konversionselektronenspektrums von ^{152}Tb. B. S. Džhelepov, K. Gromov, A. V. Kudryavtseva und Zh. Zhelev. (Nuclear Physics [Amsterdam] **30,** 126—30, Febr. 1962; engl.) — Vgl. vorst. Referate. — β^+- u. Konversionselektronenspektrum von ^{152}Tb wurden mittels eines dreifach fokussierenden β-Spektrometers untersucht. 12 Konversionslinien zwischen 539 u. 1530 keV wurden gefunden. Die Endpunktenergien der β^+-Gruppen ergaben sich zu 980 $\pm$ 120, 1840 $\pm$ 100 u. 2820 $\pm$ 40 keV mit relativen Intensitäten von 0,15 : 0,25 : 1. H. Schroeder. 103□

Mögliche Kernstruktureffekte in ^{175}Lu. J. E. Thun, Z. Grabowski, M. S. El-Nesr und G. Bruce. (Nuclear Physics [Amsterdam] **29,** 1—12, Jan. 1962; Uppsala, Univ., Inst. of Phys.; Gothenburg, Chalmers Inst. of Technol.; engl.) — e-γ-, γ-e- u. γ-γ-Winkelkorrelationen beim ^{175}Lu (aus Zerfall von ^{175}Yb) wurden gemessen u. ergaben folgende Werte: A_2 (282 γ—114 γ) = 0,240 $\pm$ 0,004, A_2 (282 γ—114 K) = 0,02 $\pm$ 0,01, A_2 (282 K—114 γ) = 0,015 $\pm$ 0,030. Die Konversions-Koeff. wurden zu α_k (114) = 1,6 $\pm$ 3 u. α_k(282) = 0,030 $\pm$ 0,007 bestimmt. Das Ergebnis der Winkelkorrelationsmessungen von 282 K—114 γ ist anomal. Dies versuchen Vff. mit der Anwesenheit von Durchdringungsmatrixelementen beim Konversionsprozeß des verzögerten 282-keV-(El + M2)-Überganges zu erklären. H. Schroeder. 103□

Winkelkorrelationsmessungen beim ^{177}Hf. J. E. Thun, Z. Grabowski, W. D. Hamilton und M. S. El-Nesr. (Nuclear Physics [Amsterdam] **29,** 13—20, Jan. 1962; Uppsala, Univ., Inst. of Phys.; engl.) — Die γ-γ-, e-γ- u. γ-e-Winkelkorrelationen der 208—113-KeV-Kaskade in ^{177}Hf wurden mit einer ^{177}Lu-Quelle gemessen. Es ergaben sich folgende Werte: A_2 (208 γ — 113 γ) = —0,143 $\pm$ 0,003, A_2 (208 γ — 113 K) = 0,000 $\pm$ 0,008, A_2 (208 K — 113 γ) = 0,200 $\pm$ 0,035. Die Winkelkorrelation zwischen den K-Konversionselektronen des verzögerten 208-keV-El-Überganges u. den 113-keV-γ-Quanten ist normal. H. Schroeder. 103□

Winkelkorrelation und Resonanzstreuung beim ^{117}Sn. W. D. Hamilton, Z. Grabowski und J. E. Thun. (Nuclear Physics [Amsterdam] **29,** 21—32, Jan. 1962; engl.) — Vgl. vorst. Referate. — Elektron-γ- u. γ-γ-Korrelationsmessungen der Zerfallskaskade in ^{117m}Sn wurden durchgeführt u. ergaben die Werte: A_2 (159 γ — 161 γ) = —0,146 $\pm$ 0,010 u. A_2 (159 K — 161 γ) = —0,160 $\pm$ 0,008. Diese bestätigen die Zuweisung der Multipolaritäten M4 (159 keV) u. Ml (161 keV). Beide Übergänge sind prakt. rein. Die totale mittlere Lebensdauer des 161-keV-Zustandes ist $\tau = (1,6 \pm 0,5)\cdot 10^{-10}$ s u. entspricht einem Hinderungsfaktor von 24 $\pm$ 8 für den l-verbotenen Ml-Übergang.
H. Schroeder. 103□

Angeregte Zustände von ^{192}Pt. Mitsuhiro Kawamura, Atsushi Aoki und Takeo Hayashi. (J. physic. Soc. Japan **13,** 1071—76, Okt. 1958; Kyoto, Saikyo Univ., Dep. of Phys.; engl.) — Die Richtungskorrelationen der 300—300-, 468—316- u. 300—600-keV-γ-γ-Kaskaden von ^{192}Pt wurden mit Hilfe eines Koinzidenzspektrometers gemessen. Es wurde gefunden, daß die Spinwerte der 784- u. 920-keV-Niveaus 4 bzw. 3 betragen B. Stein. 103□

Mischung des γ-Schwingungsbandes und des Rotationsbandes des Grundzustandes von ^{238}Pu. J. Borggreen, O. B. Nielsen und H. Nordby. (Nuclear Physics [Amsterdam] **29,** 515—21, Jan. 1962; Copenhagen, Univ., Inst. of theoret. Phys.; engl.) — Die dem β-Zerfall von ^{238}Np folgenden Konversionslinien von ^{238}Pu wurden erneut gemessen. Die Verzweigungsverhältnisse der γ-Quanten aus der Abklingung des γ-Schwingungsbandes bei 1030 keV wurden untersucht; es ergab sich ein Mischungsparameter von $z \approx 0,025$. H. Schroeder. 103□

Elektrostatische Beschleuniger für die Kernforschung. D. R. Chick und S. E. Hunt. (Res. appl. in Ind. **12,** 340—47, Aug./Sept. 1959; Aldermaston Court, Assoc. Electr. Ind. Ltd., Res. Labor.; engl.) — Bericht über Verbesserungen u. Neuentwicklungen. — 25 Literaturangaben. A. Blaschette. 112□

Das 157-MeV-Synchrocyclotron. C. Bergamaschi, J. C. Brun, A. Cabrespine, R. Gayraud, J. Génin, H. Langevin-Joliot, N. Marty, A. Michalowicz, P. Radvanyi, M. Riou, J. Teillac und C. Victor. (J. Physique Radium **21,** 305—14,

Mai 1960; Orsay, Fac. des Sci., Labor. de Phys. Nucl.; franz.) — Beschreibung der allg. Charakteristika u. der Konstruktion des Synchrocyclotrons für 157-MeV-Protonen. Gerhard Schmidt. 112□

Theorie des Einfangs von Teilchen unter synchronen Beschleunigungsbedingungen unter Berücksichtigung der Nichterhaltung der Bewegungsgleichung. Ju. Ss. Ssajassow und W. K. Melnikow. (Журнал Технической Физики [J. techn. Physik] **30,** 656—64, Juni 1960; Moskau, Inst. für chem. Phys. der Akad. der Wiss. der UdSSR; russ.) — Bei der Best. des Bereichs des Einfangs wird beachtet, daß die Gleichung für die Phasenbewegung von Teilchen in allen Resonanzbeschleunigern nicht konservativ ist. Die langsame zeitliche Änderung wird eingeführt. M. Wiedemann. 112□

Die Bildung von positiven Heliumionen durch Injektion eines neutralen Heliumatomstrahles in einen Tandembeschleuniger. P. H. Rose, A. B. Wittkower, R. P. Bastide und A. J. Gale. (Rev. sci. Instruments **32,** 568—71, Mai 1961; Burlington, Mass., High Voltage Engng. Corp.; engl.) — Zur Erzeugung hoch beschleunigter He^+-Ionen werden in einem Hochfrequenzoscillator erzeugte He-Ionen mittels einer Quadrupollinse fokussiert u. durch einen mit Gas gefüllten Kanal geführt. Durch einen darauf folgenden Transversalmagneten werden die dabei geladen gebliebenen Ionen ausgeschieden. Die entladenen Atome treten dann durch einen 2. Gaskanal in einen Tandembeschleuniger, wo die im Gaskanal entstandenen He^+- u. He^{2+}-Ionen beschleunigt werden. Diese werden durch einen 90°-Magneten monochromatisiert. Bei einer Energie der Injektionsionen von 450 keV wurden 1,6 μA He^+- u. 1,0 μA He^{2+}-Ionen von 5 bzw. 10 MeV erhalten. Die App. wird beschrieben u. Meßergebnisse werden mitgeteilt. W. Reusse. 112□

Anwendung einer Quadrupollinse in der Massenspektrographie. H. Lenz César und J. M. Delfosse. (Ann. Soc. sci. Bruxelles, Sér. I **74,** 69—74, 15/3. 1960; franz.) A. Blaschette. 112□

Berechnung der Ionenbahnen in einer Ionenquelle nach Nier in Gegenwart einer magnetischen Hilfsinduktion. Jean Chantreau. (C. R. hebd. Séances Acad. Sci. **252,** 695—97, 30/1. 1961; Poitiers, Fac. des Sci., Labor. de Spectrographie de Masse; franz.) — Berechnung nach der von Vauthier u. Chantreau (vgl. C. R. hebd. Séances Acad. Sci. **251,** [1960], 1744) angegebenen Methode. C. Gottfried. 112

Einflüsse der Diskriminierung der kinetischen Anfangsenergie bei Ionenquellen mit gekreuzten Feldern. Norman D. Coggeshall. (J. chem. Physics **36,** 1640—47, 15/3. 1962; Pittsburgh, Pa., Gulf Res. and Developm. Comp.; engl.) — Vf. untersucht Differentialgleichungen für Trajektoren in orthogonal gekreuzten Feldern im Hinblick auf die Best. der Charakteristiken der Bahnen in Ionenquellen bei Massenspektrometern. Die durch cycl. Bahnen bedingte starke Diskriminierung der kinet. Anfangsenergie der Ionen am ersten Spalt kann durch genügend hohe Bremsspannungen aufgehoben werden, wovon auch die Winkelverteilung der Ionen abhängig ist. Ein durch weitere Operationen erhaltener Ausdruck für den Ionenfluß kann zur Unters. von kinet. Anfangsenergien verwendet werden. W. Sobieski. 112□

Eine Molekularstrahl-Ionenquelle für die massenspektrometrische Häufigkeitsbestimmung der Uranisotope. W. Bulang und K. H. Welge. (Z. Instrumentenkunde **69,** 176—80, Juni 1961; Bonn, Univ., Inst. für Physik. Chem.; Jülich, Kernforschungsanlage, Arbeitsgruppe für Isotopentrennung; dt.) — Vff. entwickeln eine Ionenquellenanordnung mit einem Molekularstrahl-Einlaß-Syst., die bei prakt. unbegrenzter Betriebsdauer einen um den Faktor 100 verkleinerten Memoryeffekt hat. W. Betcke. 112□

Eine Methode zur massenspektrometrischen Isotopenanalyse von Mg, Zn und Cd, wobei die Oxide mit Holzkohle im Heizraum der Ionenquelle reduziert werden. Dragutin D. Gvozdanović. (Bull. Inst. Nuclear Sci. „Boris Kidrich" **8,** 151—55, 1958; engl.) — Vf. beschreibt eine neue massenspektrometr. Meth. zur Isotopenanalyse von Mg, Zn u. Cd. Anstatt das Metall oder eine entsprechende Verb. zu verdampfen, erhält man den Metalldampf durch Red. der Metalloxide mit Holzkohle im Heizraum der Ionenquelle. Nach dieser Meth. wird ein stabiler u. starker Ionenstrom erhalten. Außerdem wird die Handhabung der Probe vereinfacht. Die Analysen erfordern nur Bruchteile eines μg. Gerhard Schulze. 112□

Registriergerät mit Ziffernanzeige nach dem Kompensationsprinzip in der Anwendung am Massenspektrometer. K. Kronenberger. (Instruments Measurements Conf. [Stockholm **1956,** 1—8, Bremen, Atlaswerke A. G.; dt.) A. Blaschette. 112□

Über die Energie- und Impulsspektren einer schnellen Ionisationskammer. C. Cernigoi und G. Pauli. (Nuovo Cimento [10] **8,** 754—61, 1/6. 1958; Trieste, Univ.,

Ist. di Fis., Ist. Naz. di Fis. Nucl., Sez. di Trieste; engl.) — Vgl. C. **1959,** 16909. — Der Einfl. geometr. Faktoren einer Ionisationskammer auf die Beziehung zwischen Energie- u. Impulsspektren wurde untersucht. Es werden allg. Formeln für ebene, zylindr. u. kugelförmige Kammern sowie prakt. Beispiele angegeben. B. Stein. 112□

Zwei Diffusionskammern für Versuche mit den Synchrotrons zu 1100 MeV von Frascati und zu 100 MeV von Turin. P. E. Argan, A. Gigli, E. Picasso, V. Bisi, G. Piragino, G. Bendiscioli und A. Piazzoli. (Suppl. nuovo Cimento Nr. 2 (zu [10] **17**), 215—40, 1960; Genova, Univ., Ist. di Fis., Ist. Naz. di Fis. Nucl.; Turin, Univ., Ist. di Fis., Ist. Naz. di Fis. Nucl. e Pavia, Univ., Ist. di Fis.; ital.) — Vff. beschreiben Konstruktion u. Betrieb von 2 großen Hochdruck-Diffusionsnebelkammern; eine Kammer ist mit einem Magneten für Intensitätsbereiche bis 18000 Gauß ausgestattet. G. Platzer. 112□

Absolutmessung von γ-Quanten. Teruo Nakamura, Kiyoji Fukunaga, Kunio Takamatsu und Shinjiro Yasumi. (Mem. Coll. Sci., Univ. Kyoto, Ser. A **29,** 141—51, Sept. 1959; engl.) — Es wurden Absolutmessungen der γ-Quanten aus der Li + p-Rk. nach der Meth. von Hough (C. **1952,** 1278) durchgeführt, um die Wirksamkeit von γ-Monitoren u. mit dicken Pb-Abschirmungen versehenen Geiger-Müller-Zählrohren zu bestimmen. Best. der Wrkg.-Querschnitte von ^{63}Cu, ^{64}Zn u. ^{109}Ag für (γ, n)-Rkk. mit γ-Strahlen, die durch Bestrahlen von 0,5 mm dicken Li-Folien mit 500-ke V-Protonen erhalten wurden, ergaben σ_{Cu} = 37,7 mbarn ± 15%, σ_{Zn} = 20,7 mbarn ± 18% u. σ_{Ag} = 54,6 mbarn ± 16%. E. Schiewer. 112□

Wirksames Zählsystem für niedrige ^{11}C-Aktivitäten. J. B. Cumming und R. Hoffmann. (Rev. sci. Instruments **29,** 1104—07, Dez. 1958; Upton, Long Island, N.Y., Brookhaven Nat. Labor., Chem. Dep.; engl.) — Zur abs. Messung des Querschnitts der Rk. ^{12}C(p, pn)^{11}C werden geringe ^{11}C-Aktivitäten in einem Plastescintillator auf Polystyrol-Basis durch energiereiche Protonen gebildet u. in 4π-Anordnung gezählt. Zur Verminderung des Nulleffekts dient eine Abschirmung aus 12 in. Fe u. 1 in. Hg sowie ein Kranz von Geiger-Müller-Zählrohren in Antikoinzidenzschaltung. Für einen Scintillator von 1,5 in. ∅ u. 1 in. Dicke mit einer ^{11}C-Zählausbeute von 90% ergab sich der Nulleffekt zu 8 cpm. Die Zählausbeute kann durch Positronenannihilierung in Koinzidenz ermittelt werden. Die Anordnung eignet sich zur Messung von energiereichen Protonen- bzw. Neutronenstrahlen. A. Blaschette. 112□

Ein Silicium-Halbleiter-α-Spektrometer. Tibor Fényes und Imre Mahunka. (Magyar fizik. Folyóirat [Ung. physik. Z.] **10,** 21—32, Jan. 1962; Debrecen, Univ., Lehrst. für exp. Phys.; ung.) — Vff. beschreiben ein mit einer Si–n–p-Übergangsschicht versehenes Spektrometer für schwere Teilchen u. dessen Eichung mit α-Teilchen von ^{210}Po, ^{212}Bi u. ^{212}Po. J. Plank. 112

Die Empfindlichkeitsuntersuchung der Agfa-K_2-Kernspuremulsionen mit dem Isotop ^{131}J. E. Bujdosó und L. Medveczky. (Acta physica Acad. Sci. hung. **7,** 135—40, 1957; Debrecen, Inst. für Atomkernforsch. der ungar. Akad. der Wiss.; dt.) — Die Empfindlichkeitsgrenze der Kernspuremulsion-Agfa K 2, ermittelt aus dem Energieverlust des sich fortbewegenden Teilchens, dessen Spur sich gerade noch vom Emulsionsschleier abhebt, wird mit Hilfe von ^{131}J-Lsg. zu 80—90 keV bestimmt. G. Pankow. 112□

Verpackung von Flüssigkeiten zur Bestrahlung in Kernreaktoren. J. F. W. Tertoolen und C. Buijze. (Nature [London] **194,** 1168—69, 23/6. 1962; Rijswijk, Netherlands, Inst. for Analyt. Chem. T.N.O.; engl.) — Tischtennisbälle als Verpackungsmaterial für Fll. zur Bestrahlung im Reaktor zeichneten sich durch große Stoßfestigkeit u. keine Kontamination der Fll. aus. Die Fll. wurden durch feine Bohrungen in die Bälle gebracht, die Bohrungen verkittet u. die Bälle mit Polythenschalen abgedichtet. E. Schiewer. 112□

Technik zur Handhabung von radioaktivem rotem Phosphor. T. J. Clark, J. S. Louloudes und C. C. Roan. (Chemist-Analyst **46,** 72—73, Sept. 1957; Manhattan, Kans., Kansas State Coll., Dep. of Chem. and Entomol.; engl.) — Verw. eines Polyäthylenbeutels zur Verhinderung der Kontaminierung. A. Blaschette. 112□

Umgebungsmessungen mit Monitoren nach unfallbedingter Ablagerung von Radioaktivität. A. C. Chamberlain, R. J. Garner und D. Williams. (Reactor Sci. Technol. **14,** 155—67, Juli 1961; Harwell, Berks., A.E.R.E.; engl.) — Unters.-Ergebnisse über die Verteilung der Radioaktivität in der Umgebung nach dem Windscale-Unfall im Oktober 1957. Die Radioaktivität in Kuhmilch wurde durch ^{137}Cs, ^{131}J, ^{133}J, ^{89}Sr, ^{90}Sr u. ^{132}Te verursacht. Aus den höchstzulässigen Grenzwerten dieser Nuclide für den Menschen wurden hieraus die höchstzulässigen Abscheidungsmengen dieser Nuclide auf Gras ermittelt. Unter der Annahme verschiedener Möglichkeiten bei dem

Austritt radioakt. Substanzen aus Kernreaktoren ergibt sich in jedem Fall ^{131}J als der begrenzende Faktor für die höchstzulässige Aktivität von 0,4 $\mu c/m^2$. Ergebnisse der Abschätzung der abgeschiedenen ^{131}J-Menge durch Messungen der γ-Dosisleistung werden erörtert. Die γ-Dosisleistung wurde 3 u. 500 ft über dem Erdboden mit Monitoren, die an Autos oder Flugzeugen befestigt waren, gemessen. Falls nur ^{131}J die Aktivität bedingt, beträgt die höchstzulässige Dosisleistung 3,3 $\mu r/h$ bei 3 ft u. 0,3 $\mu r/h$ bei 500 ft. Die Wirksamkeit verschiedener Monitore für diese Messungen wird diskutiert. E. Schiewer. 112□

Untersuchungen über radioaktive Niederschläge. 2. Mitt. Walther Gerlach und Klaus Stierstadt. (Atomkernenergie **2,** 161—67, Mai 1957; München, Univ., I. Physik. Inst.; dt.) — 1. vgl. C. **1959,** 11509. — Bericht über die l. c. begonnenen Messungen. Die Ergebnisse sind in zahlreichen Diagrammen wiedergegeben. C. Gottfried. 112

Abschätzung der zukünftig zu erwartenden Mengen radioaktiven Fallouts. K. G. Vohra und U. C. Mishra. (Nuovo Cimento [10] **18,** 1076—85, 16/12. 1960; Bombay, Atomic Energy Establ. Trombay; engl.) — Vff. schätzen die in Zukunft zu erwartenden ^{90}Sr-Ndd. ab, u. zwar für die Fälle, daß ab Oktober 1958 keine Kernwaffen-Verss. mehr durchgeführt werden, daß die Verss. in dem gleichen Tempo wie in der Vergangenheit gemacht werden u. daß schließlich die Verss. in derselben schnellen Reihenfolge wie während des Jahres 1958 weitergeführt werden. C. Gottfried. 112

A$_2$. Optisches Verhalten der Materie

Hβ- und [O III]-Strahlungen von planetarischen Nebeln. 2. Mitt. G. W. Collins II, C. T. Daub und C. R. O'Dell. (Astrophysic. J. **133,** 471—78, März 1961; Univ. of Wisconsin, Washburn Observatory; engl.) — 1. vgl. Astrophysic. J. **132,** [1960], 677. — Mit Hilfe der l. c. beschriebenen Meth. maßen Vff. photoelektr. die Strahlungen der Hβ- u. [O III] N_1- u. N_2-Linien von 11 planetar. Nebeln mit kleinen Winkeldurchmessern. Die Meßergebnisse zusammen mit Meßergebnissen von anderen Nebeln aus der Literatur sind tabellar. wiedergegeben. C. Gottfried. 113

Die Lyman-Alpha-Emissionslinie der Sonne. Donald C. Morton und Kenneth G. Widing. (Astrophysic. J. **133,** 596—605, März 1961; Washington, D.C., U.S. Naval Res. Labor.; engl.) — Vff. wandten die von Jefferies u. Thomas (vgl. Astrophysic. J. **131,** [1960], 695) aufgestellte Theorie der Linien-Bldg. durch nicht kohärente Streuung in einer sich nicht im Gleichgewicht befindlichen Chromosphäre auf die Profile der Lyman-α-Linie der Sonne an, die von Purcell u. Tousey (vgl. C. **1961,** 13) bei Raketenflügen in Höhen von 133—116 km u. 97—87 km erhalten worden waren. Die Spektren zeigten eine Emissionslinie, die bei halber Intensität ca. 1 Å breit war mit einer tiefen, schmalen u. zentralen Absorption, die einem schwachen u. breiten Minimum überlagert war. Die Maxima auf beiden Seiten waren von verschiedenen Intensitäten, wobei das auf der kurzwelligen Seite gewöhnlich das stärkere Maximum war. Aus den Berechnungen ergab sich, daß die schmale Absorption nicht in der Sonne gebildet sein kann, sondern von einer Absorption durch kalten Wasserstoff, entweder in der oberen Erdatmosphäre oder der Atmosphäre zwischen Erde u. Sonne herrührt. Die Theorie fand ihre Bestätigung für die Kerne der beobachteten Profile mit ihren beiden Maxima zu beiden Seiten. C. Gottfried. 113

Bemerkung zu den solaren Lyman-Alpha-Ergebnissen des NRL. J. T. Jefferies und R. N. Thomas. (Astrophysic. J. **133,** 606, März 1961; Washington, D.C., Nat. Bur. of Stand., Boulder Labor.; engl.) — Vgl. vorst. Referat. — Zusätzliche Bemerkungen zu den l. c. gebrachten Berechnungen von Morton u. Widing. C. Gottfried. 113

Physikalische Struktur von Gliederfackeln. Tadashi Hirayama. (Publ. astronom. Soc. Japan **13,** 152—65, 1961; Tokyo, Univ., Dep. of Astronomy; engl.) — Zwei Gliederfackeln wurden genau analysiert, nicht nur Balmer-Serien von H_α bis H_8, sondern auch Metallinien u. sonstige Linien wurden registriert. Es ergaben sich kinet. Temp. im Bereich der H-Emissionslinie von 6800—11000° u. Elektronendichten von $10^{12,5}$ bis 10^{13}. Die Fackel dürfte aus unauflösbaren, fadenähnlichen Kondens. zusammengesetzt sein. Die Turbulenz-Geschw. lagen zwischen 12 u. 20 km/s, sie sind höher in den Bereichen der Emission mit höheren Anregungspotentialen. M. Wiedemann. 113□

Relativistische Berechnung des K-LL-Auger-Spektrums. W. N. Asaad. (Proc. Roy. Soc. [London], Ser. A **249,** 555—73, 10/2. 1959; London, Univ. Coll.; engl.) — Vgl. C. **1962,** 11087. — Vf. berichtet über relativist. Berechnungen des K—LL-Auger-Spektrums von Hg mit Hilfe der halbklass. Meth. von Møller für die Wechselwrkg.

zwischen Strahlung u. Elektronen. Die numer. Berechnungen mit elektron. Rechenmaschinen ergeben für die relativen Intensitäten u. die Lage der einzelnen Spektrallinien Werte, die mit den experimentellen Beobachtungen gut übereinstimmen. Es zeigt sich, daß durch den relativist. Effekt die Auger-Übergänge um ca. 84% vergrößert werden, während die Strahlungsübergänge um 75% abnehmen. Eine näherungsweise Abschätzung ergibt für die Fluorescenzausbeute der K-Serie einen Wert von 0,961. Frühere Diskrepanzen werden hiermit beseitigt. G. M. Neumann. 116□

Die Spektren der Elektronen niedriger Energie der aktiven Niederschläge von Thoron und Radon. 1. Mitt. **Energien und Intensitäten der Auger-L-Elektronen.** José Sant'Ana Dionisio. (J. Rech. Centre nat. Rech. sci. **1959,** 231—75, Sept.; franz.) — Wiedergabe der theoret. u. experimentellen Daten für die Auger-L-Elektronen der schweren Atome (Z = 81—84). Gerhardt Schmidt. 116□

Stark-Effekt-Verbreiterung der Kryptonlinien und Emission des Kr_2^+-Moleküls. L. Herman und R. Herman. (Nature [London] **195,** 1086—88, 15/9. 1962; Meudon, Seine-et-Oise, Observ. de Paris; engl.) — Vff. untersuchten das Kryptonspektrum in einer Entladungsröhre von 2 cm ∅ mit W-Elektroden von 2 mm ∅ in einem Abstand von 5 mm; der Kr-Druck betrug 10 atm. Die KrI-Linie λ 7601,55 Å ist mit Satellitenbanden zum Roten hin verbreitert. Aus dem Fehlen von violetten Banden schließen Vff., daß es sich um Kr_2^+-Übergänge handelt. Es wird allg. angenommen, daß bei hohen Ionen-Konzz. u. niedrigen Gas-Temp. eine Emission von Mol.-Ionen nachweisbar sein sollte. H. Liepack. 118□

Die Beziehung zwischen lyotropen und spektroskopischen Eigenschaften von Anionen in Lösung. Dan Meyerstein und Avner Treinin. (J. physic. Chem. **66,** 446—50, März 1962; Jerusalem, Hebrew Univ., Dep. of Phys. Chem.; engl.) — Die Wrkg. von Anionen auf die durch Ladungsübergang bedingte Absorptionsbande von J^- wurde eingehend untersucht. Die Ergebnisse zeigen, daß die spektroskop. Effekte der zugefügten Anionen (als KF, NaCl, NaBr, KJ, KOH, NaOH, $NaClO_4$, $NaClO_3$, CH_3COONa, HCOONa, NaCN, $NaHSO_4$, Na_2SO_4, NaH_2PO_4, Na_2HPO_4, Na_3PO_4, KNa-Tartrat, Na-Citrat) hauptsächlich auf ihre desolvatisierende Wrkg. auf das J^--Ion zurückgehen. Es wird eine Beziehung zwischen den spektroskop. u. lyotropen Reihen, in der die Halogenide eine bes. Gruppe bilden, dargelegt. Der Mechanismus des Anioneneffektes auf diesen Typ von Spektren, die auf Ladungsübergänge zum Lsgm. zurückgehen, wird besprochen. Es wird ein Teilbeweis für die näherungsweise Betrachtung als kontinuierliches Medium gegeben, bei der der ion. Solvatationsradius als Variable eingeht. P. Kurzmann. 118□

Einfluß von Ba^{2+}, Sr^{2+}, Ca^{2+}, Mg^{2+}, La^{3+} und Y^{3+} auf das Ultraviolettspektrum des NO_3^- in Ionenschmelzen. G. Pedro Smith und Charles R. Boston. (Discuss. Faraday Soc. **1961,** Nr. 32, 14—21; Oak Ridge, Tenn., Oak. Ridge Nat. Labor., Metallurgy Div.; engl.) — Die Erscheinung, daß systemat. Veränderungen in der kation. Zus. von Nitratschmelzen systemat. Verschiebungen der Energie des $n \rightarrow \pi^*$-Überganges (300 mμ-Bereich) verursachen, wird zur direkten Messung der interion. Wechselwrkg. ausgenutzt. Es wird festgestellt, daß die Energie des Absorptionsbandenmaximums, E_{max} (eV), bei 360° sich für Nitratmischungen angenähert gemäß $E_{max} = 0{,}34\ \Sigma_i\ (z_i/r_i)\overline{N}_i + 3{,}81$ ändert wobei z_i die Ladung, r_i der Radius u. N_i der Anteil des elektr. Äquivalents der i-ten Kationart, sind. Diese Beziehung gilt, wie bereits früher gezeigt (vgl. Ahrens, C. **1956,** 2670), für die Alkalinitrate u. nach den Unterss. der Vff. auch für die Nitrate des Ba^{2+}, Sr^{2+}, Ca^{2+} u. La^{3+}; sie versagt jedoch bei Ionen mit sehr großem z_i/r_i-Verhältnis wie Mg^{2+} u. Y^{3+}. Die Ergebnisse werden im Hinblick auf ein früher von Vff. vorgeschlagenes Modell (C. **1962,** 8869) für den $n \rightarrow \pi^*$-Übergang in Nitratschmelzen diskutiert. U. Skurnia. 118□

Numerische Tabellen für das Reflexionsvermögen fester Oberflächen. Kozo Ishiguro, Taizo Sasaki und Sadao Nomura. (Sci. Pap. Coll. gen. Educat., Univ. Tokyo **10,** 207—15, Dez. 1960; Tokyo, Univ., Coll. of Gen. Educ., Inst. of Phys.; engl.) — Die Tabellen von Simon (C. **1951,** II. 3638) werden ergänzt durch Darst. der Ergebnisse in der (r—r)-Ebene u. durch Berechnung des Reflexionsvermögens für natürliches Licht im Bereich n = 0,0—4,9 u. k = 0,0—4,9, wobei n u. k in Schritten von 0,1 variiert werden. J. Heinze. 119□

Refraktion von flüssigem HF. Ss. Ss. Batzanow und Ju. I. Wessnin. (Оптика и Спектроскопия [Optik u. Spektroskopie] **10,** 808—09, Juni 1961; russ.) — Der Brechungsindex n von fl. HF wurde mit einer Spezial-App. bestimmt: Durch therm. Zers. von KHF_2 in einer Pt-Retorte erzeugtes gasförmiges HF wurde durch Teflonschläuche durch den oberen Teil eines hohlen Prismas aus opt. Fluorit (Winkel 32°30') geleitet. Im unteren Teil des Prismas zirkulierte W. von 10°, das zur Verflüssigung von

HF diente. Die Best. von n wurde im gelben (Na-Lampe, 589 mμ) u. roten Licht (674 mμ, Interferenzfilter) durchgeführt. 4 aufeinanderfolgende Füllungen u. Messungen führten in beiden Fällen zum gleichen Wert $\alpha = 5^0 39' \pm 2'$ u. daraus berechnet n = 1,168 ±0,002. Aus dem Winkelabstand zwischen rotem u. blauem Rand des Spektrums von 4' (n-Differenz 0,002) bei Beleuchtung mit weißem Licht ergibt sich für den roten n = 1,167, gelben 1,168 u. blauen Teil 1,169. Die Mol.-Refr. R_D wurde zu 2,21 cm³ berechnet, für $\lambda \to \infty$ ist n = 1,167 einzusetzen u. ergibt R_∞ = 2,20 cm³. Die Differenz zwischen dem für gasförmiges HF berechneten Wert 1,76 cm³ u. 2,20 cm³ von 0,44 cm³ ist die Refraktion der in fl. HF vorliegenden H-Bindung. U.-L. Rau. 119□

Einfluß der Radien und der Kernladungen der Ionen auf die Dispersion der Lichtbrechung der Alkalihalogenide. Ernst Kordes. (Fortschr. Mineralog. **39,** 79–81, 1961; dt.) — Die Dispersion der Lichtbrechung der meisten farblosen Substanzen kann nach Unters. des Vf. vom UV bis zum nahen IR durch eine einfache lineare Gleichung beschrieben werden (C. **1959,** 5024). In dieser sind 2 Konst. n_∞ u. λ_s enthalten. (n_∞ bedeutet die Lichtbrechung bei der Wellenlänge $\lambda = \infty$ ohne Berücksichtigung der IR-Absorptionen, λ_s stimmt prakt. überein mit der Wellenlänge der längstwelligen UV-Bande.) Vf. zeigt, daß die Berechnung von n_∞ u. λ_s vermittels der Radien u. Kernladungen von Anionen u. Kationen im Falle der Alkalihalogenide u. Erdalkalichalkogenide möglich ist. Die Kenntnis von Bezugsradien ist nicht erforderlich.

H. Moenke. 119□

Das Infrarotspektrum von Li I. Ingmar Johansson. (Ark. Fysik **15,** 169–79, 1959; Lund, Sweden, Univ., Dep. of Phys.; engl.) — Das Bogenspektrum des Li wurde in einer Hohlkathode angeregt u. photograph. (700–12000 Å) bzw. mit einer PbS-Photoleitfähigkeitszelle (12000–27000 Å) registriert. In Verbindung mit den interferometr. Messungen von Meissner, Mundie u. Stelson (Physic. Rev. [2] **74,** [1948], 932) ergeben sich neue Formeln für die verschiedenen Termserien.

A. Blaschette. 120□

Einfluß der gelösten Komponente auf die Lage der Bande des flüssigen Wassers bei 3412 cm⁻¹·Kaliumhalogenide. Gianfranco Fabbri und Sergio Roffia. (Ann. Chimica **50,** 3–13, Jan./Febr. 1960; Bologna, C.N.R., Centro Studi di Chim. fis. e idologica; ital.) — Vff. untersuchten im Bereich zwischen 3700 u. 3200 cm^{-1} die IR-Absorptionsspektren wss. *KF-*, *KCl-*, *KBr-* u. *KJ*-Lsgg. verschiedener Konz. sowie Lsgg. äquimol. Gemische von KBr u. KJ. Ganz allg. wurde eine regelmäßige Verschiebung der Bande des fl. W. bei 3412 cm^{-1} nach höheren Frequenzen bei Ansteigen der Konz. der Alkalihalogenid-Lsgg. beobachtet. Die Beobachtungen lassen sich deuten, wenn man die Hydratation der Ionen in Lsg. u. die Ionisationspotentiale der Halogenionen berücksichtigt. C. Gottfried. 120

Infrarotabsorptionsspektren von konzentrierten wässerigen Schwefelsäurelösungen. 2. Mitt. **Grundschwingungen von H_2SO_4 und HSO_4^- und Abschätzung von $(G^0_{298,15} - H^0_0)/T$ und $S^0_{298,15}$- für gasförmiges H_2SO_4.** G. E. Walrafen und D. M. Dodd. (Trans. Faraday Soc. **57,** 1286–96, Aug. 1961; Murray Hill, N.J., Bell Telephone, Inc.; engl.) — Vgl. C. **1961,** 7124. — Die IR-Spektren (290–4000 cm^{-1}) von 80–99% ig. wss. H_2SO_4-Lsgg. werden mitgeteilt, einzelne Banden dem HSO_4^- bzw. dem H_2SO_4 zugeschrieben u. eine teilweise Schwingungszuordnung für diese Teilchen durchgeführt. Mehrere der Absorptionsmaxima stimmen mit bekannten Raman-Frequenzen überein. Im IR-Spektrum von konz. D_2SO_4 sind die H–O-Schwingungen um einen Faktor von ca. $\sqrt{2}$ zu niedrigeren Frequenzen verschoben. Für ideal gasförmiges H_2SO_4 bei 298,15° u. 1 atm ergibt sich $(G^0 - H^0_0)/T = 56{,}9_4$, $S^0 = 65{,}4_8$ cal/Mol·Grad.

A. Blaschette. 120□

Die Struktur der Verbindung Diphosphortrioxidtetrachlorid, $P_2O_3Cl_4$. H. Gerding, H. Gijben, B. Nieuwenhuijse und J. G. van Raaphorst. (Recueil Trav. chim. Pays-Bas **79,** 41–45, Jan. 1960; Amsterdam, Univ., Labor. of Inorg. Chem.; engl.) — Aus P_4O_{10} u. $POCl_3$ erhaltenes $P_2O_3Cl_4$, Kp.$_{12}$ 90°, besitzt nach der Diskussion seines Raman-Spektrums (166–1312 cm^{-1}) die Struktur $Cl_2(O)P-O-P(O)Cl_2$. Die Polarisationsmessungen lassen erkennen, daß das Mol. zumindest noch ein Symmetrieelement aufweist. A. Blaschette. 120□

IR-Intensitätsmessungen an C–O-Valenzschwingungen von Metallcarbonylen. Wolfgang Beck und Robert E. Nitzschmann. (Z. Naturforsch. **17b,** 577–81, Sept. 1962; München, TH, Anorg.-Chem. Labor.; dt.) — Vff. ermittelten die IR-Intensitäten der C–O-Valenzschwingungen folgender isosterer Metallcarbonyl-Verbb.: $[Mn(CO)_6][FeCl_4]$, $Cr(CO)_6$, $V(CO)_6$, $[V(CO)_6]K$, $[Re(CO)_6][FeCl_4]$, $W(CO)_6$, $Ni(CO)_4$, $[Co(CO)_4]Na$, $Co(CO)_3NO$ u. $[Fe(CO)_3NO]Na$. Es zeigte sich, daß die Intensität von der Polarität des Lsgm. sowie von der Ladung des Gesamtkomplexes abhängt. In den Reihen $[Mn(CO)_6]^+$, $Cr(CO)_6$, $V(CO)_6$, $[V(CO)_6]^-$; $[Re(CO)_6]^+$, $W(CO)_6$; $Ni(CO)_4$, $[Co(CO)_4]^-$

u. $Co(CO)_6NO$, $[Fe(CO)_3NO]^-$ nimmt die Intensität vom Carbonylmetallkation über den Neutralkomplex zum Carbonylmetallat zu, was Vff. mit der in gleicher Richtung steigenden Tendenz zum Übergang von π-Elektronen des Metalls in antibindende Zustände der C—O-Gruppen erklären. Gerhard Schulze. 120□

Schwingungsspektren einiger metallorganischer Verbindungen von Elementen der IV. Gruppe. N. N. Wyschinski und N. K. Rudnewski. (Оптика и Спектроскопия [Optik u. Spektroskopie] **10,** 797—99, Juni 1961; russ.) — Die IR-Spektren im Bereich 1600—400 cm^{-1} von $(C_2H_5)_4Sn$, $(C_2H_5)_3SnSn(C_2H_5)_3$, $[(C_2H_5)_3Sn]_2O$ (I), $(C_2H_5)_3 \cdot SnOCH_3$, $(C_2H_5)_2Sn(OCH_3)_2$, $(C_2H_5)_4Pb$, $(C_2H_5)_3PbPb(C_2H_5)_3$ (II) u. $[(C_2H_5)_3Pb]_2O$ (III) sowie das Raman-Spektrum von **II** wurden untersucht. Den ν(Sn—C) u. ν(Pb—C) entspricht eine Bande bei 480 bzw. 440 cm^{-1}. Die intensiven Banden 778 von **I** u. 625 cm^{-1} von **III** werden den ν(Sn—O—Sn) bzw. ν(Pb—O—Pb) zugeordnet. Mit diesen Werten u. der Annahme, daß der Winkel Sn(Pb)—O—Sn(Pb) in den Grenzen von 150—180° liegt, werden nach dem Valenzschema für 3atomige Modelle X—O—X näherungsweise die Kraft-Konst. von Sn—O ($2,7 \cdot 10^5$ bis $2,9 \cdot 10^5$ dyn/cm) u. Pb—O ($1,8 \cdot 10^5$ bis $2,0 \cdot 10^5$) berechnet. U.-L. Rau. 120□

Eine neue Methode zur Modulation der molekularen Absorption in der Mikrowellenspektroskopie, untersucht an dem Übergang J=0 → 1 des OCS. A. Battaglia, A. Gozzini und E. Polacco. (Arch. Sci. [Genève] **13 (165),** Sonderh. 171—77, 16/9. 1960; Pisa, Ist. di Fis. dell'Univ.; franz.) — Vgl. C. **1961,** 10068. — Behandlung der theoret. Grundlagen u. der experimentellen Meth. einer Doppelresonanz-Meth. zur Erhöhung der Empfindlichkeit von Mikrowellenspektrometern, welche anwendbar ist, wenn die ungefähre Lage benachbarter Resonanzstellen bekannt ist. Für OCS wird die Resonanzfrequenz des Übergangs $J = 0 \rightarrow 1$ zu $\nu_{01} = 12162{,}97$ MHz u. dessen Intensität zu $\alpha_{01} = (6{,}7 \pm 0{,}4)\ 10^{-6}\ cm^{-1}$ gemessen. H.-J. Eichhoff. 121□

Nachweis von Doppelresonanz durch Frequenzänderung: Anwendung auf ^{201}Hg. Robert H. Kohler. (Physic. Rev. [2] **121,** 1104—11, 15/2. 1961; Cambridge, Mass., MIT, Dep. of Phys. and Res. Labor. of Electron.; engl.) — Es wird ein Doppelresonanz-Vers. beschrieben, der auf Wellenlängeneffekten beruht u. davon ausgeht, daß die mittlere der 3 $^3P_1$-Komponenten von ^{201}Hg mit der einzigen Komponente von ^{198}Hg zusammenfällt, u. ihre Abstände größer sind als die opt. Doppler-Breiten. Durch ^{198}Hg wird die $F = 3/2$-Komponente von ^{201}Hg angeregt. Aus der Resonanzzelle gelangt das Licht in eine ^{198}Hg enthaltende Absorptionszelle, deren Ausgangsintensität zunimmt, wenn das Mikrowellenfeld eine Resonanzfrequenz durchläuft. Es wurden folgende Hyperfeinstruktur (Hfs)-Intervalle gefunden: $f(1/2 \longleftrightarrow 3/2) = 7551{,}613 \pm 0{,}013$ (MHz) u. $f(3/2 \longleftrightarrow 5/2) = 13986{,}557 \pm 0{,}008$. Die magnet. Dipol- u. elektr. Dipol-Wechselwrkg.-Konst. wurden ohne quadrat. Korrekturen zu $a = -5454{,}569 \pm 0{,}003$ u. $b = -280{,}107 \pm 0{,}005$ MHz berechnet. Die Meth. läßt sich auch anwenden, wenn keine natürliche Koinzidenz zwischen Isotopen vorliegt. Hier kann eine künstliche Koinzidenz z. B. durch Zeeman-Effekt hervorgerufen werden. Während die Polarisations-Meth. ein Signal: Untergrund–Verhältnis < 5 liefert, beträgt dieses nach der neuen Meth. ca. 5000. H. Liepack. 121□

Kernquadrupol-Spin-Gitter-Relaxation in Festkörpern. M. J. Weber. (Physics Chem. Solids **17,** 267—77, Jan. 1961; Berkeley, Calif., Univ. of California, Dep. of Phys.; engl.) — Die Spin–Gitter-Relaxationszeiten T_1 u. die Übergangswahrscheinlichkeiten W_1 u. W_2 für die Übergänge $\Delta m = \pm 1$ bzw. ± 2 bei der Relaxation wurden für ^{35}Cl an Einkristallen von *p-Dichlorbenzol* (**I**), $KClO_3$ (**II**) u. $NaClO_3$ (**III**) zwischen 77 u. 300° K unter Verw. der Impuls–Kernquadrupol-Technik bestimmt. Durch Anbringen eines schwachen Zeeman-Feldes konnten W_1 u. W_2 getrennt ermittelt werden. Für **I** ergab sich bei Zimmer-Temp.: (34,26 MHz) $T_1 = 22$ ms; $W_1 = 4{,}8 \pm 3$ u. $W_2 = 17{,}9 \pm 3\ s^{-1}$. T_1, W_1 u. W_2 waren temperaturabhängig (W_2/W_1 ca. 1 bei 77° K). Durch Kombination der Meßwerte von W_1 u. W_2 mit der Theorie von Bayer (vgl. Z. Physik **130,** [1951], 227) konnten Aussagen über die Lebensdauer τ_a der angeregten Torsionszustände ($\tau_a = 6{,}7 \cdot 10^{-12}$ s) u. über die Torsionsfrequenz (27 cm^{-1}), die den wesentlichen Beitrag zur Relaxation liefert, gewonnen werden. Für **II** ergab sich: (28,1 MHz) $T_1 = 21$ ms (300° K); 26 (273° K); 50 (195° K); 455 (77° K). $W_1 = 18{,}5 \pm 2$ u. $W_2 = 5{,}4 \pm 2\ s^{-1}$ bei Zimmer-Temp.; W_2/W_1 war annähernd konst. zwischen 77 u. 300° K. Für **III** wurde gefunden: (29,93 MHz) $T_1 = 0{,}017$ ms (373° K); 0,025 (340); 0,032 (324); 0,045 (297); 0,065 (273); 0,130 (194); 0,96 (77). $W_1 = 8{,}5 \pm 1\ s^{-1}$ (297° K); $0{,}28 \pm 0{,}15$ (77° K). $W_2 = 2{,}7 \pm 0{,}1\ s^{-1}$ (297° K); $0{,}24 \pm 0{,}15$ (77). W_1/W_2 war etwa konst. ~ 3 über den untersuchten Temp.-Bereich. Es zeigte sich, daß das von Chang verwendete Modell für die Cl-Relaxation nicht anwendbar ist. G. Winkhaus. 121□

Quadrupolresonanz des ^7Li in Li_2SO_4–D_2O. E. Brun und B. Derighetti. (Helv. physica Acta **34**, 383—87, 15/8. 1961; Zürich, Univ., Phys. Inst.; franz.) — An einem $Li_2SO_4 \cdot D_2O$-Einkristall untersuchten Vff. die Quadrupolresonanz des ^7Li mit Hilfe der von Volkoff beschriebenen Meth. der drei Rotationen. Der Abstand zwischen den Satelliten als Funktion der Orientierung für die drei Rotationen ist wiedergegeben. Das Quadrupolmoment des ^7Li beträgt $4{,}2 \cdot 10^{-26}$ cm². Die maximalen Werte des Gradienten des kristallinen elektr. Feldes sind $12{,}53 \cdot 10^{12}$ cgs für die eine u. $18{,}71 \cdot 10^{12}$ cgs für die andere Li-Punktlage in der monoklinen Elementarzelle (C_2^2 $P2_1$) des $Li_2SO_4 \cdot H_2O$.
C. Gottfried. 121

Neuere Ergebnisse der Luminescenzforschung. 1. Mitt. H. Witzmann und J. Buhrow. (Wiss. Z. Ernst Moritz Arndt-Univ. Greifswald, math.-naturwiss. R. **8**, 51—72, 1958/59; Inst. für phys. Chem.; dt.) — Ausführliche Übersicht über die physikal. Chemie der anorgan. Kristallphosphore, bes. der Phosphatluminophore sowie über Fortschritte der Theorie der Thermoluminescenz. — 98 Literaturangaben.
A. Blaschette. 125□

Gruppenübergänge in kristallinen Phosphoren. T. I. Kakushadze. (Acta physica polon. **20**, 857—68, 1961; Tbilissi, UdSSR, Pedag. A. S. Pushkin-Inst.; engl.) — Vf. berichtet über den Vers., die Gruppenübergangstheorie auf Probleme der Luminescenz kristalliner Phosphore anzuwenden. — 24 Literaturangaben. H. Moenke. 125□

Besonderheiten der Lichtabsorption und der Luminescenz in festen binären Lösungen niedriger Konzentration. A. F. Lubtschenko. (Оптика и Спектроскопия [Optik u. Spektroskopie] **10**, 727—36, Juni 1961; russ.) — Vf. entwickelt eine Theorie der Lichtabsorption u. Luminescenz in festen Lsgg., in denen die beigemischten Moll. (von gleicher oder verschiedener chem. Zus.) sich zu Paaren zusammenlagern. Der Abstand zwischen den Paaren wird als sehr groß im Vgl. zum Abstand zwischen den Moll. eines Paares angenommen. Folglich kann die Wechselwrkg. zwischen den Paaren im Vgl. zur Wechselwrkg. innerhalb eines Paares vernachlässigt werden. Alle Berechnungen werden ohne genaue Vorstellungen über die Natur der beigemischten Moll. u. des Lsgm. durchgeführt. U.-L. Rau. 125□

Thermoausleuchten und die lokalisierten Niveaus von ZnS–Mn-Phosphoren. W. L. Lewschin und W. F. Tunitzkaja. (Оптика и Спектроскопия [Optik u. Spektroskopie] **8**, 663—71, Mai 1960; russ.) — Vgl. C. **1962**, 12921. — Die Unters. der Thermoausleuchtung der kub. Modifikation von ZnS–Mn-Phosphoren (I) in Abhängigkeit vom Mn-Geh. ($3 \cdot 10^{-6}$ bis $3 \cdot 10^{-2}$ g/g) u. der Zus. des Erregerlichtes führt zu nachst. Resultaten: 1. Die Einführung des Aktivators Mn in ZnS schafft keine neuen Lokalisationszentren. Nur ein geringer Teil der Mn-Ionen ist an den Stellen lokalisierter Elektronen anzutreffen u. führt zu einer Vertiefung der entsprechenden Niveaus. Als Folge erscheint auf der Thermoausleuchtungskurve ein neues Maximum bei -30^0 unter Verringerung des O-Maximums bei -90^0. 2. Die Quantenlichtsumme von **I** hängt bis zu einem Mn-Geh. $6 \cdot 10^{-3}$ g/g wenig von der Mn-Konz. ab. 3. Licht der Wellenlängen 312 u. 366 mμ hat keinen Einfl. auf die lokalisierten Elektronen u. führt zu einer einheitlichen Lichtsumme der Thermoausleuchtung. Licht mit λ 436 mμ verringert die Lichtsumme auf ca. $^1/_3$, dabei ist die Verringerung des blauen Leuchtens stärker als des orangenen. 4. Mit zunehmendem Mn-Geh. verringert sich die Tiefe der Niveaus lokalisierter Elektronen. 5. Die Form des Hochtemp.-Maximums der Thermoausleuchtungskurve von **I** zeigt das Fehlen einer größeren Zahl wiederholter Lokalisationen der Elektronen bei der Thermoausleuchtung. U.-L. Rau. 125□

Untersuchung der Strahlungszusammensetzung nichtaktivierter ZnS–CdS-Phosphore bei Temperaturänderung. L. Drosd und W. L. Lewschin. (Оптика и Спектроскопия [Optik u. Spektroskopie] **10**, 773—79, Juni 1961; russ.) — Das Strahlungsspektrum eines Phosphors aus ZnS—CdS mit 2% NaCl als Flußmittel wird unter Variierung der Zus. von 100% ZnS bis 100% CdS u. der Temp. von —195 bis 180⁰ untersucht. Von den beobachteten 3 Banden (I, II, III) tritt I im gesamten Temp.- u. Konz.-Bereich auf. II erscheint unterhalb —120⁰ u. bei CdS-Konzz. von 5—95%, ihre größte Intensität erreicht II bei gleichem Geh. beider Komponenten. III tritt ab 35% CdS auf u. wird mit zunehmendem CdS-Geh. intensiver. Mit zunehmendem CdS-Geh. werden alle 3 Banden längerwellig verschoben, I zeigt eine analoge Verschiebung bei Temp.-Erniedrigung. Die I-Zentren werden von ZnS gebildet. Das Auftreten von II u. III erst nach Einführung von CdS in das Gitter ist durch die Entstehung 2 neuer Arten von Zentren zu erklären. An der Bldg. der II-Zentren nehmen Zn u. Cd in einem bestimmten Verhältnis teil, die III-Zentren bestehen nur aus Cd. Oberhalb 50% CdS verringert sich die Zahl der II-Zentren bei gleichzeitiger Zunahme der Anzahl der III-Zentren. U.-L. Rau. 125□

Fluorescenz und Photoleitfähigkeit in Zink-Cadmiumsulfiden, aktiviert mit Silber. W. v. Gool. (Halbleiter u. Phosphore, Kolloquium **1956**, 602–09, 1958; Eindhoven, Niederlande, N. V. Philips' Gloeilampenfabrieken, Philips Forsch.-Labor.; dt.) — Vgl. C. **1959**, 5027. H. Roschkowski. 125□

Einige Resultate der Untersuchung des Entartungsprozesses eines Luminophors bei der Elektroluminescenz. N. N. Grigorjew und Ju. A. Kuljupin. (Оптика и Спектроскопия [Optik u. Spektroskopie] **10**, 780–86, Juni 1961; russ.) — Der Entartungsprozeß des Elektroluminophors *ZnS–ZnO–Cu, Al, Cl* wird untersucht. Die gleichzeitige Messung der Helligkeit von Photo- u. Elektroluminescenz, des Intensitätsverhältnisses von „hellblauer" u. „grüner" Bande u. der Elemente der Wellenhelligkeit bei verschiedenen Anordnungen wird bei verschiedenen Stadien des Entartungsprozesses durchgeführt. Die Ergebnisse zeigen, daß die Entartung im großen Maße auf der Oberfläche lokalisiert u. nicht mit einer Verringerung der Luminescenzzentrenzahl verbunden ist. Es konnten Änderungen in der Frequenzcharakteristik u. der Abhängigkeit der Helligkeit von der Spannung beobachtet werden. Die erhaltenen Resultate werden befriedigend durch die Abschwächung der Wirksamkeit des Elektroluminescenzmechanismus erklärt, die durch eine Verbreiterung des Raumladungsbereiches hervorgerufen wird. Die Verbreiterung des Raumladungsbereiches ist wahrscheinlich mit dem Auftreten neuer lokaler Haftterme verbunden, deren Tiefe geringer als die der kleinsten Donatorniveaus des Kristalls ist. Die Bldg. dieser neuen Niveaus kann das umgebende Medium beeinflussen. U.-L. Rau. 125□

Luminescenz von KJ unter Röntgenbestrahlung. R. Fieschi und G. Spinolo. (Nuovo Cimento [10] **23**, 738–50, 16/2. 1962; Milano, Univ., Ist. di Fis., Ist. Naz. di Fis. Nucl.; engl.) — Die Luminescenz von KJ wurde im Bereich von 200–600 nm bei Temp. von -180 bis 80^0 untersucht. Der Einfl. von Bestrahlungszeit, plast. Deformation, additiver Verfärbung u. Hitzebehandlung auf Intensität u. spektrale Verteilung wird gezeigt. Die bisherigen Berichte über die Tieftemp.-Bande bei 376 nm werden bestätigt. Eine Bande bei 515 nm tritt ab ca. -100^0 in Erscheinung. Ihre geringe Intensität wird durch plast. Deformation u. Erhitzen in Luft gesteigert. Die Abhängigkeit der Induktionsperiode von der vorherigen Bestrahlung mit weißem u. Röntgenlicht legt Farbzentrenemission nahe. Der Einfl. von additiver Verfärbung u. Hitzebehandlung weist auf O_2-Verunreinigungszentren hin. Erhitzen im Vakuum erzeugt eine sonst nicht beobachtete Bande bei 400 nm. U. Siggel. 125□

Die Luminescenz nichtaktivierter CsJ-Kristalle. 2. Mitt. S. L. Morgenstern. (Оптика и Спектроскопия [Optik u. Spektroskopie] **8**, 672–77, Mai 1960; russ.) — 1. vgl. Оптика и Спектроскопия [Optik u. Spektroskopie] **7**, [1959], 231. — Die Luminescenz von nichtaktivierten (**I b**) u. mit Tl aktivierten CsJ-Kristallen (**I a**) bei Anregung durch γ-Strahlen wird bei Raum-Temp. (T_R) u. Temp. von fl. N_2 (T_N) untersucht. Im T_N-Bereich zeigen **I b** u. **I a** eine UV-Bande (UV) bei 340 mμ u. eine blaue (B) bei 405 mμ, **I a** zusätzlich längerwellig die Aktivatorbande (A; 500–600 mμ). Bei hohen Tl-Konzz. (ca. 10^{-3}) zeigt **I a** nur noch A. Bei T_R ist in prakt. allen Fällen UV verschwunden, während B u. A unverändert auftreten. Die Lichtausbeute von UV u. B steigt mit abnehmender Temp. (300–100° K) an, während die von A anomal abfällt. Erst **I a** mit hohen Tl-Konzz., bei denen nur A auftritt, zeigen einen normalen Anstieg der Lichtausbeute von A mit Temp.-Verringerung. Aus den erhaltenen Resultaten folgt, daß UV, B u. A von 3 verschiedenen Zentren hervorgerufen werden. Für die UV-Zentren kann Vf. noch kein Modell angeben, sie sind jedoch nicht mit unbesetzten Gitterstellen verbunden. Die B-Zentren sind dagegen mit freien Gitterplätzen verbunden. Bei **I a** wirkt Tl nicht unmittelbar als Aktivator sondern stabilisiert durch Komplex-Bldg. freie J-Plätze im Gitter. U.-L. Rau. 125□

Untersuchung der N- und O-Farbzentren in KCl–Tl-Kristallphosphoren. P. A. Chellenurme. (Оптика и Спектроскопия [Optik u. Spektroskopie] **8**, 729–31, Mai 1960; russ.) — Vf. registrierte photoelektr. das opt. Aufleuchten von *KCl–Tl* (I) bei Anregung mit kürzerwelliger Strahlung. Die Resultate zeigen, daß die N- u. O-Banden opt. angeregten, aber nicht opt. ionisierten Zentren entsprechen. Der Beweis, daß es sich bei den N- u. O-Zentren um einfache Assoziationen von freien Gitterplätzen handelt u. die folglich anisotrop sein müssen, wurde durch Beobachtung von Dichroismus bei Bestrahlung von I mit polarisiertem Licht der Wellenlänge der N- (1120 mμ) u. O-Bande (1530 mμ) erbracht. U.-L. Rau. 125□

Zur Theorie der Luminescenzauslöschung in flüssigen Lösungen. Ju. A. Kurski und A. Ss. Sseliwanenko. (Оптика и Спектроскопия [Optik u. Spektroskopie] **8**, 643–50, Mai 1960; russ.) — Vff. erhalten Ausdrücke für die Gesetze der Luminescenzauslöschung in Lsgg. unter Berücksichtigung der Brownschen Bewegung der Moll. u. der Resonanzauslöschung. U.-L. Rau. 125□

A_3. Elektrizität. Magnetismus. Elektrochemie

Ionisationserscheinungen in Gasen. L. Pekárek. (Českoslov. Časopis Fysiku **10,** 379, 1960; Praha, Fys. ústav Českoslov. akad. věd; tschech.) J. Tůmová. 131□

Über Mikrowellenleitfähigkeit, Rauschen und Schwingung eines Gasentladungsplasmas. Paavo Jääskelainen. (Valtion tekn. Tutkimuslaitos, Julkaisu [State Inst. techn. Res., Publ.] **1960,** Nr. 56, 1—24; engl. — C. **1962,** 8514.) L. Roth. 131□

Die Kopplungsmechanismen zwischen longitudinalen und transversalen Wellen in einem Plasma. G. Burkhardt, Ch. Fahl und R. W. Larenz. (Z. Physik **161,** 380—87, 1961; Hannover, TH, Inst. für Theoret. Phys.; dt.) — Aus Messungen radiofrequenter Strahlungen kosm. Objekte ist bekannt, daß ein wesentlicher Teil dieser Strahlung nicht therm. Usprungs ist, sondern von Elektronen-Plasmaschwingungen hervorgerufen wird. Dabei spielt der Kopplungsmechanismus zwischen longitudinalen u. transversalen Plasmawellen eine bedeutende Rolle. Vff. behandeln deshalb die Ableitungen aller möglichen Kopplungen. Außer den bisher bekannten Kopplungsmechanismen, wie das Einwirken eines äußeren stat. Magnetfeldes, eines Druckgradienten oder eines Driftfeldes, wird ein neuer nichtlinearer „innerer Kopplungseffekt" entwickelt. Weiterhin erfolgt die Ableitung der Driftkopplung aus einer Lorentz-Transformation. H. Schirrwitz. 131□

Möglichkeit einer nichtmaxwellschen Verteilung der Elektronengeschwindigkeiten. Suzanne Souffrin. (C. R. hebd. Séances Acad. Sci. **255,** 1496—98, 24/9. 1962; Paris, Inst. d'Astrophys.; franz.) — Bei einer mittleren Energie von ca. 1 eV muß der Ionisationsgrad in einem ionisierten Gas $<0,1$ sein, damit als Folge der inelast. Stöße eine merkliche Abweichung von der Maxwell-Verteilung auftritt. A. Blaschette. 131□

Bestimmung von Elektronen-Wanderungsgeschwindigkeiten in Gasmischungen. A. Comunetti und P. Huber. (Helv. physica Acta **33,** 911—32, 15/11. 1960; Basel, Univ., Physik. Anstalt; dt.) — Zur direkten Laufzeitmessung von Elektronen in einer Ionisationskammer wird dicht vor der einen Elektrode ein gut kollimierter α-Strahl aus einer Po-Quelle parallel zur Elektrode eingeschossen, der nach Durchlaufen der Ionisierungsstrecke auf einen Scintillator trifft u. dort das zeitliche Startsignal für die erzeugten Elektronen gibt. Die Elektronen wandern im elektr. Feld der Kammer von 0,1—1 kV/cm zur anderen Elektrode, die als Sieb ausgebildet ist u. an die sich ein 1,0 mm tiefes elektr. Feld von 12 kV/cm anschließt. Bei dem meist verwendeten Gasdruck von 800 Torr regen die Elektronen hier die Gas-Moll. an u. das erzeugte Licht wird über einen Photomultiplier als Stoppsignal registriert. Der mechan. u. elektr. Aufbau der App. wird eingehend beschrieben. Wie einleitende theoret. Überlegungen zeigen, gestattet das Verf. auch die Best. der Diffusions-Konst. u. daraus die Berechnung des Verhältnisses von Gas-Temp. zur kinet. Elektronentemperatur. Die Ergebnisse werden in Form von Kurven dargestellt, die die Elektronenwanderungs-Geschw. als Funktion von E/p im Bereich von 0,1—1 V/cm·Torr darstellen. Untersucht wurde *Ar* sowie die Gemische Ar–N_2 u. Ar–CO_2. Das Verf. ist wegen seiner photoelektr. Registrierung des Stoppsignals nicht für beliebige Gasarten einsetzbar. Eine Erweiterung des Verf. mit direktem elektr. Nachw. der ankommenden Elektronenlawine ist im Gange. L. Roth. 131□

Zeitabhängigkeit einiger Parameter der Wechselstromentladung. G. Lakatos und J. Bitó. (Acta physica Acad. Sci. hung. **13,** 271—79, 1961; Budapest, Ind. Res. Inst. for Telecommun. Techn.; engl.) — Es wird die Zeitabhängigkeit der verschiedenen Entladungsparameter in einer Wechselstrom-Niederdruck-Entladungsröhre, die mit einem Hg–Ar-Gasgemisch gefüllt ist u. deren Glühkathode nicht durch eine äußere Quelle geheizt wird, untersucht. Als Wechselstrom-Meßmeth. dient das Verf. von Fajt u. Koncz, das auf der Theorie der Langmuir-Sonde basiert. Die Messungen ergeben die Zeitabhängigkeit der achsialen Feldstärke, der Elektronen-Temp., der Elektronen-Konz., der Rekombinations-Geschw. u. des Kathoden- u. Anodenfalls. Die Ergebnisse beziehen sich auf den Zeitraum von 0 bis ca. 20 ms u. auf eine Umgebungs-Temp. von 22,5—24°. H. Schibilla. 131□

Über den zeitlichen Verlauf des Stromes einer Gasentladung in Wasserstoff. R. Kluckow. (Z. Physik **161,** 353—69, 1961; Hamburg, Univ., Inst. für Angew. Phys.; dt.) — Vf. untersucht experimentell u. theoret. den zeitlichen Stromanstieg in einer H_2-Entladung im homogenen Feld einer ebenen Entladungsstrecke. Die Entladung wird durch 10^3—10^6 Elektronen eingeleitet, die in einer Zeit von ca. 10^{-7}s durch einen intensitätsstarken UV-Blitz an der Kathode ausgelöst werden. Die einzelnen durch Photonachlieferung an der Kathode entstandenen Entladungsgenerationen lassen sich durch Oscillationen des Stromes nachweisen; diese klingen allmählich ab u. gehen in einen Stromanstieg über, der von der Bewegung der positiven Ionen herrührt. Beim

Eintritt der Ionen in die Kathode wird der Strom im Falle des Nachlieferungsparameters $\mu_0 = 1$ (stat. Durchbruch) konst., bei $\mu_0 < 1$ fällt er, u. im Fall $\mu_0 > 1$ steigt der Strom weiter an. Diese zeitlichen Änderungen des Stromes werden in Abhängigkeit von der Primärelektronenzahl untersucht. Außerdem werden theoret. Beziehungen für das zeitliche Verh. des Stromes angegeben, mit deren Hilfe die Drift-Geschw. der Elektronen u. positiven Ionen berechnet werden kann. Die bei hohen Primärelektronenzahlen erhaltenen Kurven mit steilem Stromanstieg bis zum Durchschlag lassen sich dahingehend deuten, daß die Raumladung der positiven Ionen zu einer Verzerrung des angelegten Feldes u. damit zur Erhöhung der mittleren Gasverstärkung führt.
H. Schirrwitz. 131 □

Beweis für die Gegenwart sehr geringer Prozentsätze von Neon in Helium. H. J. Oskam. (Philips Res. Rep. **14**, 98–100, Febr. 1959; Minneapolis, Minn., Univ. of Minnesota, Dep. of Electr. Engng.; engl.) — Der bei Messungen der Elektronendichte in einem abklingenden Gasentladungsplasma in He mit $1{,}7 \cdot 10^{-6}$ bzw. 10^{-5}% Ne beobachtete Einfl. des Ne auf die Abklingkurve steht im Einklang mit dem von Oskam (Dissertation, Utrecht 1957) gefundenen Querschnitt der Rk. $He_2^+ + Ne \rightarrow Ne^+ + 2\,He$.
A. Blaschette. 131 □

Ionisation und Dissoziation von H_2, N_2 und CO in Umladungsstößen mit positiven Ionen. E. Gustafsson und E. Lindholm. (Ark. Fysik **18**, 219–39, 1960; Stockholm, Roy. Inst. of Technol., Dep. of Phys.; engl.) — Die positiven Ionen werden in einer Quelle vom Heilschen Typ erzeugt, massenspektrometr. getrennt u. dann, nach Bremsung auf die gewünschte Energie, in einem Stoßraum mit den zu untersuchenden Mol.-Gasen zum Stoß gebracht. Die dabei erzeugten Stoß-Prodd. werden in einem zweiten Massenspektrometer analysiert. Es werden 19 verschiedene Atomionen (Ar^{2+}, Kr^{2+}, He^+, Ne^+, F^+, Ar^+, Kr^+, N^+, H^+, O^+, C^+, S^+, Cl^+, B^+, Br^+, H_2^+, CO^+, N_2^+, P^+) zum Beschuß der Gase H_2, N_2 u. CO verwendet u. die Umladungsquerschnitte für die Bldg. von H_2^+, H^+, N_2^+, N^+, CO^+, C^+ u. O^+ als Funktion der Ionenenergie im Bereich von 900–25 eV gemessen. Die Prozesse in der Stoßkammer werden mit Hilfe der bekannten Werte für die Rekombinationsenergien der Atomionen u. der Erscheinungspotentiale der betrachteten Mol.-Bruchstücke diskutiert. L. Roth. 131 □

Bestimmung der Elektronendichte des Entladungsplasmas mit Hilfe des Toroidresonators. Miloš Šícha und Vítězslav Veselý. (Českoslov. Časopis Fysiku **8**, 263–64, 1958; Praha, Katedra vys. frekvence a vakuové techn. Karl. univ.; tschech. — C. **1959**, 15251.) J. Tůmová. 131 □

Elektrisch implodierte und explodierte Aluminiumröhre. Eugene C. Cnare. (J. appl. Physics **32**, 1275–78, Juli 1961; Albuquerque, N. Mex., Sandia Corp.; engl.) — Unter Verw. einer Hochenergie-Explosionsdraht-Vorr. wurden Pinch-Effekte in dünnwandigen Al-Röhren untersucht. Es wurde gefunden, daß jede Röhre zuerst gleichförmig implodierte u. dann in einer Bogenentladung zusammenbrach, in ähnlicher Weise wie feste explodierende Drähte. Die Implosions- oder Pinch-Phase wird durch die magnet. Kraft der Entladung einer 141 kJ Kondensatorbatterie durch die Röhre erklärt, die zuerst gegen die Röhrenwand u. nach dem Schmelzen gegen die Wandträgheit u. die hemmende Kraft der in der Röhre komprimierten Luft wirkte.
J.-M. Spaeth. 131 □

Die Zerstäubung von Graphit in Niederdruckentladungen in Quecksilberdämpfen. S. Láska. (Českoslov. Časopis Fysiku **10**, 404–06, 1960; Běchovice, Stát. výzk. ústav silnoproudé elektrotechn.; tschech.) — Die Verss. wurden mit einer Entladungsröhre mit einer glühenden W-Kathode, Hilfsanode, Blende an Graphitblättchen (40 mm Ø, 1 mm Stärke, 3,5 g Gew.) unter konst. Bedingungen (6 kV, 6 mA Ionenstrom, 20°) durchgeführt. — Die effektive Zerstäubung hängt unter den angeführten Bedingungen nicht von der Graphitsorte u. dessen Oberflächenbearbeitung ab u. beträgt ca. 0,15 mg/As im ausgeglichenen Zustand u. 0,2 mg/As zu Beginn der Prüfung, bzw. 1,2 oder 1,6 C-Atom/Hg^+-Ion. J. Tůmová. 131 □

Elektrische Aufladung von Hagelkörnern in einem polarisierenden elektrischen Feld. J. Latham und B. J. Mason. (Proc. Roy. Soc. [London], Ser. A **266**, 387–401, 20/3. 1962; London, Imp. Coll., Phys. Dep.; engl.) — Der Einfl. polarisierender elektr. Felder (Größenordnung: 1 kV/cm) auf die Aufladung von Hagelkörnern ist gering u. überwiegt den durch Rückstoß bzw. Ausfrieren von unterkühlten Tröpfchen auf den Hagelkörnern bedingten Einfl. um nicht mehr als 10%. D. Forst. 132 □

Über die Dielektrizitätskonstante von einigen wässerigen Lösungen. A. Carrelli und L. Della Caggia. (Nuovo Cimento [10] **14**, 161–67, 1/10. 1959; Napoli, Univ., Ist. di Fis. Sperim.; engl.) — Vff. bestimmten bei einer Frequenz von 8 MHz die DK von wss. Lsgg. (Konz.: $1-5\cdot10^{-3}$ Mol/Liter) nachst. Verbb.: *KF*, *KCl*, *KBr*, *KJ*, $CuSO_4$, $MnSO_4$, $MgSO_4$, K_2CO_3, K_2SO_4, K_3PO_4, $K_4Fe(CN)_6$; mit steigender Konz. nimmt die DK ab. Aus der Änderung der DK mit der Konz. wird in Verbindung mit den Ionenradien die Anzahl der von den Ionen in wss. Lsg. gebundenen H_2O-Dipole berechnet: F^- 13, Cl^- 5, Br^- 1, J^- 1, Li^+ 30, Na^+ 20, K^+ 13, Mg^{2+} 40, Sr^{2+} 20, Ba^{2+} 13, Zn^{2+} 15 u. Cd 2 Dipole pro Ion. G. Gattow. 132□

Das Verhalten binärer flüssiger Mischphasen. 4. Mitt. Über das dielektrische Verhalten der flüssigen Mischphasen aus Tetrachloriden. Horst Sackmann und Horst Kehlen. (Z. Elektrochem., Ber. Bunsenges. physik. Chem. **66**, **446**—52, 1962; Halle/Saale, Martin-Luther-Univ., Inst. für Phys. Chem. mit Metall- u. Werkstoff-Labor.; dt.) — 3. vgl. C. **1963, 3118**. — In einem mit Bzl. u. Cyclohexan geeichten kommerziellen Gerät wurden nach der Schwebungs-Meth. bei 20° die DK von CCl_4 (I), $SiCl_4$ (II), $SnCl_4$ (III) u. $TiCl_4$ (**IV**) bestimmt u. die Molpolarisationen P berechnet: **I**, $\varepsilon_{20} = 2{,}2365 \pm 0{,}0002$, $P_{20} = 28{,}16$ (cm³); **II**, 2,2377 ± 0,0002, 33,49; **III**, 2,881 ± 0,005, 45,06; **IV**, 2,814 ± 0,0004, 41,37. Analoge Messungen wurden in den bin. fl. Syst. **I–II**, **I–III**, **I–IV**, **II–III**, **II–IV**, **III–IV** im ganzen Konz.-Bereich durchgeführt. Die nach Debye errechneten P-Werte ergeben für die Syst. **I–III**, **I–IV** u. **II–IV** Abweichungen von der primitiven Mischungsregel $P_{12} = x_1P_1 + x_2P_2$ (x = Molenbruch), während die restlichen Syst. dieselbe befolgen. An Hand des Debyeschen Verf. zur Best. von Dipolmomenten werden die z. T. sich widersprechenden Unters.-Ergebnisse anderer Autoren an den Syst. **I–III** u. **I–IV** diskutiert. Es wird vermutet, daß die aufgefundenen Effekte mit der besonderen Verzahnungsstruktur der Moll. in den fl. Phasen dieser Stoffklassen zusammenhängen. — Unter Zugrundelegung der neuen DK-Werte von Bzl. u. Cyclohexan nach Mecke u. Joeckle (C. **1963, 623**) ergeben sich folgende Werte für die reinen Substanzen: **I** $\varepsilon = 2{,}2366$, **II** 2,9378, **III** 2,888 u. **IV** 2,820. G. Gattow. 132□

Die dielektrischen Eigenschaften von Bariumtitanateinkristallen bei einer Frequenz von 1000 MHz. Jan Fousek. (Českoslov. Časopis Fysiku **8**, **264**—65; tschech.; Czechoslov. J. Physics **8**, **254**—55, 1958; engl.; Praha, Fys. ústav Českoslov. akad. věd.) — Die Best. der Permeabilität ε' an mehreren $BaTiO_3$-Einkristallen mit mehreren Domänen bei Zimmer-Temp. u. einer Frequenz von 10^9 Hz zeigt einen Abfall von ε'. Obwohl die verschiedenen Proben abweichende Werte zeigen, bleibt das Verhältnis $\varepsilon'_{10^9}/\varepsilon'_{10^3}$ konst. in den Grenzen 0,7—0,8. Die ε'-Dispersion wird auch bei den Einkristallen beobachtet u. ist also nicht nur eine Eig. des Keramikmaterials. — Als entscheidend für ε' erweist sich die Steilheit der Hystereseschleife: bei 10^3 Hz erreicht ε' bis 700% des Sättigungsteils der Schleife, während bei 10^9 Hz maximal 160% erreicht werden. J. Tůmová. 132□

Die Oberflächenschicht von $BaTiO_3$-Einkristallen. Ennio Fatuzzo und Walter J. Merz. (J. appl. Physics **32**, **1685**—87, Sept. 1961; Zürich, Labor. RCA Ltd.; engl.) — Zur Deutung der experimentellen Ergebnisse von Messungen der Schaltzeit u. des Koerzitivfeldes an $BaTiO_3$-Einkristallen wird ein Modell entwickelt, das folgende Eigg. besitzt: auf der Kristalloberfläche befindet sich eine dünne Schicht, die elektr. vorgespannt u. mechan. beansprucht worden ist u. die eine wesentlich kleinere DK hat als der innere Kristall. Die elektr. Vorspannung u. die mechan. Spannungen werden vermutlich von einer Schottkyschen Fehlstellenschicht verursacht. Dieses Modell u. dasjenige von Drougard u. Landauer (vgl. C. **1962, 2260**) werden diskutiert u. ihre Aussagen mit den experimentellen Ergebnissen verglichen. H. Schibilla. 132□

Nicht-Isomorphie der ferroelektrischen Phasen von Ammoniumsulfat und Ammoniumfluoroberyllat. Y. Okaya, K. Vedam und R. Pepinsky. (Acta crystallogr. [Copenhagen] **11**, **307**, 10/4. 1958; University Park, Pa., Pennsylvania State Univ., Dep. of Phys., X-Ray and Crystal Analysis Labor.; engl.) — $(NH_4)_2SO_4$ (**I**) wird unterhalb −49,5° ferroelektr., $(NH_4)_2BeF_4$ (**II**) unterhalb −97° untersucht. Röntgenaufnahmen an **II** bei Zimmer-Temp. ergaben, daß die Verb. eine Überstruktur bildet mit gegenüber den von Mukherjee (vgl. Indian J. Physics Proc. Indian Assoc. Cultivat. Sci. **18**, [1944], **148**) angegebenen Zelldimensionen verdoppelten b- u. c-Parametern. **I** zeigt bei Zimmer-Temp. auch Überstruktur, jedoch nicht immer. Unterhalb des Curie-Punktes hat die wahre ferroelektr. Zelle von **II** eine Überstruktur mit $a_f \approx 2a$, $b_f \sim 2b$ u. $c_f \sim 2c$ u. die Symmetrie $Pn2_1a$. Aus dielektr. Messungen folgt, daß b die polare, ferroelektr. Achse ist. **I** zeigt beim Übergang in die ferroelektr. Phase keinerlei Änderungen in den Achsenlängen, die Raumgruppe wird $Pna2_1$, d. h. die Spiegelsymmetrie der Raum-Temp.-Form besteht nicht mehr. Hier ist c die polare Achse. Die Richtung der ferroelektr. Achse in **I** liegt um 90° gedreht von der in **II**. C. Gottfried. 133

Feldemission von Whiskern. A. J. Melmed und R. Gomer. (J. chem. Physics **34**, **1802**—12, Mai 1961; Chicago, Ill., Univ. of Chicago, Inst. for Study of Metals; engl.) — Vff. untersuchten die Feldemission von Whiskern, die durch Bedampfen eines rauhen

Trägers in einem Feldelektronenmikroskop bei einem Restgasdruck $<10^{-9}$mm Hg hergestellt wurden. Für *Ni, Cu, Fe, Pt, Ti, Au, Al, Ba, Ge, V* u. *Ag* lag das Verhältnis von Träger- zu Schmelz-Temp. beim Bedampfen zwischen 0,5 u. 0,7, die Temp. der Aufdampfquelle entsprach einem Gleichgewichtsdampfdruck von 10^{-5} bis 10^{-6}mm Hg. Die Whisker kub. flächenzentrierten Materials sind vorwiegend 1 1 0- u. die kub. raumzentrierten Materials vorwiegend 1 0 0-orientiert. Von Fe u. Ti wurden bei 300°K neben den bei diesen Temp. normalen Phasen auch die Hochtemp.-Phasen beobachtet. Anomalien in der Struktur, wie 5fache Symmetrie, werden auf den hohen Oberflächenanteil zur Gesamtenergie zurückgeführt. Es wird eine quant. Beziehung zwischen Whiskerlänge u. Feldstärke an der Spitze angegeben, aus der für Ni u. Au eine exponentielle Abhängigkeit des Wachstums von der Zeit folgt. Der Wachstumsmechanismus scheint also in der Diffusion auftreffender Atome über die Seiten u. Einbau am Wachstumsende zu bestehen. Die Aktivierungsenergie für die Oberflächendiffusion von Au auf Au wurde zu 23 ± 5 kcal abgeschätzt. Eine Adsorption von H_2 auf Au bei 10^{-5}mm Hg bewirkte weder Bild- noch Austrittsarbeitsänderungen. O_2 von 1 mm Hg erhöhte die Austrittsarbeit um ca. 0,2 eV. Al-Whisker wurden bei 300 u. 77°K verschiedenen O_2-Drücken ausgesetzt. Es wurde zunächst eine Abnahme der Emission bes. auf den Vicinalen von 100 beobachtet. Auffallende Oberflächenänderungen, wahrscheinlich infolge von Oxydation, wurden selbst bei niedrigen Drücken (10^{-5}mm Hg) beobachtet. Diese sind am stärksten in der Nähe der Würfelflächen ausgeprägt.
H. Liepack. 134□

Über die Felddesorption von Magnesium, Rubidium und Silber. Herbert Kirchner. (Ann. Physik [7] **6,** 279—92, 1960; Köln, I. Physikal. Inst.; dt.) — Im Feldelektronenmikroskop wurden die Mindestfeldstärken zur Desorption von auf W-Einkristallspitzen aufgedampftem Mg, Rb u. Ag bestimmt. Die für dünne Schichten gemessenen Abreißfeldstärken F betragen für Rb 1,2, Mg 8,9 u. Ag 10,9·10^7V/cm. Bei Desorption bei der Temp. der fl. Luft war F für Rb um 5—10%, für Mg um ca. 15% größer. Aus gemessenen Abreißfeldstärken werden folgende Bindungsenergien berechnet Rb 0,80 (eV), Mg 1,54, Ag 1,57, Ba 3,15 u. W 7,05. Sie sind damit erheblich kleiner als die aus dem Kreisprozeß nach Langmuir u. Kingdon berechneten Verdampfungswärmen der Ionen, die in derselben Reihenfolge 3,02 (eV), 5,51, 5,9, 4,47 u. 12,37 betragen. Auf oxydierte W-Spitzen aufgedampfte dünne Mg-Schichten desorbieren bereits bei niedrigeren Feldstärken (4·10^7V/cm), wobei der Abreißvorgang in der Mitte der (1 1 1)-Fläche beginnt u. nicht in der Nähe von (0 1 1) wie bei reinem W. Diese Beobachtung wird auf die Struktur u. das Eindringen des elektr. Feldes in die Oxidschicht zurückgeführt. H. Liepack. 134□

Die Austrittsarbeit von Uran. J. C. Rivière. (Proc. physic. Soc. **80,** 116—23, 1/7. 1962; Harwell, A.E.R.E., Metallurg. Div.; engl.) — Die durchschnittlichen Austritts arbeiten Φ von Vakuum-niedergeschlagenen U-Filmen u. Folien wurden nach der Kelvinschen Kontaktdifferential-Meth. unter ultrahohen Vakuumbedingungen gemessen. Die Bezugsfläche war polykristallines, gut gealtertes W. Für Φ des U-Films wurde ein reproduzierbarer Wert von 3,203 ± 0,013 eV gefunden, für die U-Folie stieg Φ mit dem Elektronenbeschuß an u. erreichte nach 33 Std. einen Grenzwert von 3,080 ± 0,005 eV. Als Ursache wird angenommen, daß die Folie nicht aus reinem U, sondern aus U u. Uranmonoxid bestand. R. Esenwein. 134□

Die Austrittsarbeit von Thorium. J. C. Rivière. (Proc. physic. Soc. **80,** 124—29, 1/7. 1962; engl.) — Vgl. vorst. Referat. — Nach der l. c. beschriebenen Meth. wurde ein reproduzierbarer Wert für die Austrittsarbeit (Φ) des Th-Films zu 3,455 ± 0,012 eV gefunden, für die Th-Folie stieg Φ mit dem Elektronenbeschuß an u. erreichte nach 97 Std. einen Grenzwert von 3,728 ± 0,010 eV. Gründe für die Übereinstimmung dieses Wertes mit der durchschnittlichen Austrittsarbeit von gut gealtertem, polykristallinem Th werden diskutiert. R. Esenwein. 134□

Zur Plasmatheorie elektronischer Halbleiter. E. Groschwitz. (Halbleiter u. Phosphore, Kolloquium **1956,** 501—10, 1958; München, Siemens & Halske A.G., Wernerwerk für Bauelemente; dt.) — Es werden hochfrequente Trägerbewegungen in elektron. Halbleitern an Hand eines einfachen Plasmamodells untersucht. Im ruhenden Plasma ergeben sich Plasmaeffekte bei Berücksichtigung der dielektr. Polarisation des Halbleiters. Die beiden Teilchenkollektive der Elektronen u. Löcher bilden ein schwingungsfähiges, gekoppeltes System. Außerdem wird gezeigt, daß ein elektron. Halbleiter unter bestimmten Bedingungen ähnlich wie eine Lauffeldröhre wirkt.
H. Roschkowski. 135□

Riesentraps. Melvin Lax. (Physics Chem. Solids **8,** 66—73, Jan. 1959; Murray Hill, N.J., Bell Telephone Labor., Inc.; engl.) — Enorm große Einfang-Querschnitte werden im Bereich von 10^{-15} bis 10^{-13} cm^2 bei einer großen Mannigfaltigkeit von „traps" in *Si* u. *Ge* beobachtet; einige weisen Bindungsenergien auf, die ein Vielfaches der Debye-Energie betragen. Direkte Übergänge zu den Grundzuständen dieser traps erfordern die gleichzeitige Emission vieler Phononen. Solche Multiphononenemission ist ein höchst unwahrscheinlicher Vorgang in diesen Materialien, bei denen die Elektronen-Gitter-Wechselwrkg. schwach ist u. Einfang-Querschnitte resultieren, die um 5—10 Größenordnungen zu klein sind. Mit den beobachteten Querschnitten vergleichbare Werte errechnen sich auf der Grundlage eines Einfangs in hoch angeregten Zuständen der Coulomb-Anziehungszentren u. eines nachfolgenden Kaskadenprozesses, bei dem sukzessiv Emission u. Absorption einzelner Phononen stattfindet, bis das Elektron den Grundzustand erreicht oder verläßt. Der anfängliche Einfangprozeß schließt wahrscheinlich im Zimmer-Temp.-Bereich einen Zusammenstoß opt. Phononen ein, aber der akust. Phononenbeitrag wird bei tiefen Temp. vorherrschen. — Die für neutrale Zentren gefundenen großen Einfang-Querschnitte von 10^{-17} bis 10^{-15} cm^2 lassen sich auf derselben Grundlage erklären; in diesem Falle wird das Anziehungspotential durch die große Polarisierbarkeit der neutralen Zentren bestimmt. G. Ruban. 135□

Rekombination, „trapping" und optische Erscheinungen. L. Apker. (Physics Chem. Solids **8**, 538—41, Jan. 1959; engl.) — Allg. Überblick unter besonderer Berücksichtigung der Auger-Rekombination, Strahlungsrekombination mit u. ohne Fehler, Rolle der chem. Verunreinigungen bzw. Versetzungen u. der Phononen. Als prakt. Beispiele werden bes. *Ge* u. *CdS* behandelt. G. Ruban. 135□

Oberflächenstrukturen und Eigenschaften von Halbleitern mit Diamantstruktur. D. Haneman. (Physic. Rev. [2] **121**, 1093—1100, 15/2. 1961; Providence, Rhode Island, Brown Univ., Barus Phys. Labor.; engl.) — Für (1 1 1) u. $(1\,1\,\bar{1})$ von GaSb u. (1 0 0) von InSb wurden die Sekundärelektronenemission sowie die Beugung langsamer Elektronen untersucht. Für (1 1 1)-Flächen von Halbleitern mit Diamantstruktur wird ein Modell entwickelt. Für $(1\,1\,\bar{1})$ von GaSb (Ga-Fläche) werden maximale Haftkoeff. für O_2 u. CO_2 von 10^{-5} u. 10^{-4} ermittelt, die damit 10mal größer als für (1 1 1) (Sb-Fläche) sind. Eine Sauerstoffadsorption in mehreren Schichten wurde auf allen untersuchten Flächen beobachtet. Der Sauerstoff kann nur durch Heizen entfernt werden, wobei zur Widerherstellung einer sauberen Oberfläche nach Adsorption mehrerer Schichten eine längere Zeit benötigt wird als nach Adsorption einer Monoschicht. Vf. schließt, daß bei der Reinigung der Oberflächen durch Heizen bei relativ niedrigen Temp. (350—400°) eine Diffusion des adsorbierten Sauerstoffs ins Innere des Kristalls beteiligt ist. CO_2 adsorbiert ohne zu dissoziieren, wobei der Abstand der Teilchen in der Adschicht dem der Atome in den (1 1 1)-Ebenen von GaSb entspricht. H. Liepack. 135□

Oberflächen. Walter H. Brattain. (Physics Chem. Solids **8**, 541—43, Jan. 1959; Murray Hill, N.J., Bell Telephone Labor., Inc.; engl.) — Allg. Überblick über die Rolle der Oberflächen, bes. Oxidschichten u. reine Oberflächen, in der Theorie der Halbleiter, wobei bes. *Ge* behandelt wird. G. Ruban. 135□

Anodische Oxidbildung auf Silicium. Paul F. Schmidt. (Halbleiter u. Phosphore, Kolloquium **1956**, 570—75, 1958; Philadelphia, Pa., Philco Corp.; engl.) — Die Bldg. dünner, dichter Oxidschichten auf p- u. n-Si in einer Lsg. von 0,04n KNO_3 in N-Methylacetamid durch anod. Abscheidung wurde untersucht. Vf. berichtet über das unterschiedliche Verhalten der beiden Si-Typen. H. Roschkowski. 135□

Ein Nachweis für die Existenz einer Diffusionsschicht beim Schmelzprozeß von Halbleitern. Shoji Tauchi. (J. physic. Soc. Japan **16**, **1792—93**, Sept. 1961; Kokubunji, Tokyo, Hitachi Ltd., Central Res. Labor.; engl.) — Nachw. einer Diffusionsschicht in Halbleiterschmelzen durch Best. der Konz. der Verunreinigungen in Schmelze u. Kristall bei Si u. Ge. W. Franke. 135□

Die Diffusion der Beimengungen im Silicium. D. A. Petrow, J. M. Schaschkow und A. S. Belanovski. (Halbleiter u. Phosphore, Kolloquium **1956**, 652—55, 1958; Moskau, Akad. der Wiss. der UdSSR, Inst. für Metallurg.; dt.) — Die Diffusion von *Sb* in Si wurde durch vorheriges Auftragen einer einige μ starken Schicht des Isotops ^{124}Sb, Abschleifen der Si-Probe nach Diffusion u. Messung der Aktivität der abgetragenen Schicht untersucht. Die Temp.-Abhängigkeit des Diffusions-Koeff. D von Sb in Si-Proben verschiedener Reinheit wird mitgeteilt. Außerdem sind die bekannten Werte für D u. die Aktivierungsenergie der Diffusion von *Li, Cu, Au, B, Al, Ca, In, Tl, Ge, P, As* u. *Bi* in Si zusammengestellt. H. Roschkowski. 135□

Diffusion von Silber, Kobalt und Eisen in Germanium. Ling Y. Wei. (Physics Chem. Solids **18**, 162—74, Febr. 1961; Urbana, Ill., Univ. of Illinois, Electric. Engng. Dep.; engl.) — An Ge-Einkristallen mit spezif. Widerständen von 40 $\Omega\cdot$cm u. (a) 10^5, (b) 10^3 bzw. (c) $<10^2$ Ätzgrübchen/cm^2 wird die Diffusion von ^{111}Ag bei 710°, von

^{59}Fe bei 800° bzw. von ^{58}Co zwischen 750 u. 850° autoradiograph. untersucht. In den meisten Fällen wird die Zeitabhängigkeit der Eindringtiefe x mit $\exp(-x/L)$ (L = Diffusionslänge) beschrieben. In a-Ge steigt die Konz. in der Nähe der Oberfläche mit der Zeit bis zu einer Grenzzeit an; bei der Ag- u. Fe-Diffusion werden dagegen starke Unregelmäßigkeiten beobachtet. Die scheinbaren Diffusions-Koeff. D_a liegen für Ag, Fe u. Co bei ca. 800° zwischen 10^{-6} u. 10^{-7} cm²/s, außerdem ist D_a in c-Ge größer als in a-Ge. Die Löslichkeiten für Ag, Fe u. Co liegen im untersuchten Temp.-Bereich zwischen 10^{-8} u. 10^{-9} (in Molenbrüchen). Aus der Temp.-Abhängigkeit von D_a für ^{58}Co folgt eine Aktivierungsenergie von ca. 1 eV; dieser Wert liegt in der Nähe der Literaturdaten für die Diffusion von Ag, Ni u. Fe in Ge. Die Vers.-Ergebnisse, die eine ausgeprägte Abweichung vom Fickschen Diffusionsgesetz zeigen, sind mit der Theorie eines Zweistromprozesses in Übereinstimmung; die Theorie enthält das Einfangen von über Zwischengitterplätze diffundierenden freien Teilchen in mehr oder weniger tiefen Traps. Aus dieser Theorie folgen außerdem die geringe Löslichkeit u. Aktivierungsenergie der Diffusion, die Diffusions-Geschw. sowie der Einfl. von Strukturfehlern u. Verunreinigungen auf die Diffusion. Herbert Müller. 135□

Übergang von Material von radioaktiven Punktkontakten auf Germanium. D. Haneman und A. J. Mortlock. (Halbleiter u. Phosphore, Kolloquium **1956**, 576, 1958; Berkshire, England, Univ. of Reading, Phys. Res. Labor.; engl.) — Vff. stellten fest, daß bei der Verw. radioakt. Kollektorpunkte aus Sb an Ge ca. $3 \cdot 10^{13}$ Sb-Atome zur Oberfläche des Ge übergegangen waren. Ätzzeiten von 10 Sek. oder mehr mußten je nach Formung der Sb-Stellen zu ihrer Entfernung aufgewandt werden. Ätzmittel war CP 4. H. Roschkowski. 135□

Epitaktisches Wachstum von GaAs auf Ge-Einkristallen aus der Dampfphase. Takasi Okada, Takao Kano und Sozo Sakaki. (J. physic. Soc. Japan **16**, 2591, Dez. 1961; Tokyo, Nippon Electric Comp., Res. Labor.; engl.) — In einem Quarzgefäß wurde bei 700° u. Anwesenheit geringer Mengen von J_2 ein epitakt. Aufwachsen von *GaAs* auf *Ge*-Einkristallen aus der Dampfphase beobachtet. Das auf die kristallograph. in (1 1 1) orientierte *Ge*-Unterlage mit einer Wachstums-Geschw. von 6 μ/Std. aufgewachsene Substrat war vom n-Typ u. hatte die gleiche elektr. Leitfähigkeit wie normales *GaAs*. W. Sobieski. 135□

Infrarotabsorption durch Leitungselektronen in Germanium. H. J. G. Meyer. (Physic. Rev. [2] **112**, 298—308, 15/10. 1958; Eindhoven, N. V. Philips' Gloeilampenfabrieken, Philips Res. Labor.; engl.) — Quantentheoret. Behandlung der Absorption im IR durch Leitungselektronen infolge Gitterstreuung. Die Rechnung kann für alle interessierenden Temp. u. Wellenlängen im Rahmen der Deformationspotentialtheorie ohne allzu weitgehende Näherungen durchgeführt werden. Die für die Absorption erhaltene Formel enthält zwei Deformationspotentialkonstanten. Ein Vgl. mit Experimenten von Fan u. Mitarbeitern (C. **1957**, 2111) ergibt, daß die theoret. Werte für $\lambda = 10^{-3}$ cm u. T = 78° K zu niedrig liegen. Dies kann auf die Streuung an opt. Gitterwellen zurückgeführt werden. Ferner wird die Störstellenstreuung behandelt u. angegeben, in welchen Bereichen der Störstellen-Konz., der Wellenlänge u. der Temp. sie vernachlässigt werden kann. Außer zur Best. der Deformationspotential-Konst. kann die Theorie auch für die Unters. der Bandstruktur u. der verschiedenen Streumechanismen sowie der Störstellen–Band-Leitungserscheinungen von Nutzen sein. Die Gültigkeitsgrenzen der Theorie werden diskutiert. F. Lenz. 135□

Infrarotuntersuchung der Acceptorniveaus, die von Kupfer in Germanium gebildet werden. D. L. Greenaway. (Proc. physic. Soc. **76**, 900—08, 1/12. 1960; Univ. of Reading, Phys. Res. Labor.; engl.) — Es werden IR-Absorptionsmessungen von 1 bis 34 μm an Ge mit verschiedenen Sb- u. Cu-Geh. bei Temp. bis herunter zu 20° K angestellt. Danach können die drei Acceptorniveaus, die vom Cu im Ge gebildet werden, durch ihren Einfl. auf die Tieftemp.-Absorptionsspektren geeignet dotierter Proben identifiziert werden. Das Erscheinen der Niveaus steht in guter Übereinstimmung mit der bestehenden Theorie. Zusätzlich konnte ein angeregter Zustand des untersten Acceptorniveaus nachgewiesen werden, der bisher noch nicht bekannt war. L. Roth. 135□

Die magnetische Widerstandsänderung von Germanium im Temperaturbereich von 10—20° K. Hermann Schultz. (Halbleiter u. Phosphore, Kolloquium **1956**, 451—52, 1958; Augsburg, Osram-Studienges.; dt.) — Unters. über die longitudinale u. transversale Widerstandsänderung von n- u. p-Ge zwischen 10 u. 20° K u. bei 78° K bei Feldstärken bis zu 24 kG mit dem Ziel, das von Lautz u. Ruppel (C. **1956**, 7142) beobachtete starke Anwachsen der galvanomagnet. Effekte bei tiefen Temp. näher zu prüfen u. den möglichen Einfl. von Quantisierungseffekten im Zusammenhang mit den theoret. Unterss. von Appel (C. **1957**, 5472) zu diskutieren. H. Roschkowski. 135□

Oberflächenbeweglichkeit von Kupferionen auf Kupfer(I)-oxid. Rudolf Frerichs und Irving Liberman. (Physic. Rev. [2] **121,** 991—96, 15/2. 1961; Evanston, Ill., Northwestern Univ.; engl.) — Die Beweglichkeit μ von Cu^+-Leerstellen unter dem Einfl. eines elektr. Feldes wurde nach einer Flugzeit-Meth. gemessen. Die direkte Beobachtung von Cu^+-Leerstellen ist lediglich durch die Bldg. von Luminescenzzentren möglich. Bei Raum-Temp. ist $\mu \approx 10^{-11}$ cm²/Vs. Aus der Änderung von μ zwischen 28 u. 55° wurden die Konst. der Diffusionsgleichung $D = D_0 \exp(\Delta H/RT)$ zu $D_0 = 5 \cdot 10^{-7}$ cm²s u. $\Delta H = 8100$ cal berechnet. Aus den niedrigen Werten dieser Konst. ist zu ersehen, daß der Ionenstrom Wegen niedrigen Widerstands folgt, die durch Korngrenzen gebildet werden, oder über die Oberfläche des Kristalls. H. Liepack. 135□

Das Grundreflektionsspektrum von Halbleitern mit Zinkblendestruktur. Manuel Cardona. (J. appl. Physics, Suppl. zu **32,** Nr. 10, 2151—55, Okt. 1961; Zürich, RCA Ltd. Labor.; engl.) — Reflexionsspektren von Halbleitern des III–V- u. II–VI-Typs wurden aufgenommen u. mit Reflektionsspektren von Halbleitern der IV. Gruppe verglichen. Alle Spektren zeigen im Grundabsorptionsgebiet zwei Peaks, von denen der Peak mit der niedrigeren Energie einem Maximum des Brechungsindex entspricht u. eine Dublettstruktur zeigt. Dieser Peak entspricht wahrscheinlich den Übergängen zwischen dem Valenzband-Extremum in der [1 1 1]-Richtung an der Kante der Brillouin-Zone u. dem Leitungsband-Minimum. Die Spaltung des Peaks entspricht der spin-orbit-Aufspaltung der L_3-Valenzband-Extrema. Die Temp.-Abhängigkeit des Peaks wird diskutiert. Harro Zimmer. 135□

Bänderstruktur von Kristallen vom Wurtzittyp. Spezifische optische Übergänge in CdS. M. Balkanski und J. des Cloizeaux. (J. Physique Radium **21,** 825—34, Dez. 1960; Paris, École Normale Supérieure, Labor. de Phys.; Saclay, Centre d'Études Nucléaires; franz.) — Auf Grund gruppentheoret. Betrachtungen wurde die Bandstruktur für Kristalle vom Wurtzittyp in der Nähe des Mittelpunktes der Brillouin-Zone hergeleitet. Die für CdS erhaltenen theoret. Schlußfolgerungen wurden mit einigen experimentellen Ergebnissen verglichen. Die Einführung von Spin–Bahn-Kopplung führt zu 3 komplexen Valenzbändern, die von den 3p-Niveaus des S herrühren. Das Maximum des obersten Valenzbandes liegt am Mittelpunkt der Brillouin-Zone, u. die zwei niedrigeren Valenzbänder haben 6 Maxima nahe $K = 0$. Das von den 5s-Niveaus des Cd herrührende Leitungsband hat ebenfalls 6 Maxima nahe $K = 0$. Die opt. Übergänge nahe der Absorptionskante schließen die Übergänge Band–Band ein u. auch die Erzeugung von Excitonen. C. Gottfried. 135

Bänderstruktur des CdS. M. Balkanski und J. des Cloizeaux. (Abh. dtsch. Akad. Wiss. Berlin, Kl. Math., Physik Techn. **1960,** Nr. 7, 76—83; franz.) — Vgl. vorst. Referat. C. Gottfried. 135

Untersuchung des Abfalls des Photostroms in CdS-Einkristallen bei verschiedenen Temperaturen und Bestrahlungen. A. P. Trofimenko und G. A. Fedoruss. (Україн-ський Фізичний Журнал [Ukrain. physik. J.] **5,** 12—24, Jan./Febr. 1960; Physik. Inst. der Akad. der Wiss. der UkrainSSR; ukrain., Auszug: engl.) — Die Zeit τ des Abfallens der Photoleitfähigkeit in CdS-Einkristallen nach Ausschalten der Belichtung entspricht unter quasistationären Bedingungen nach starker Belichtung (10^{18} Quanten Q/cm²s) der Lebensdauer der Photoelektronen in freiem Zustand u. ist von der Temp. wenig abhängig. Nach schwacher Belichtung (10^{13}—10^{14} Q/cm²s) hängt τ meist mit der Rekombination der aus Haftstellen freigesetzten Photoelektronen zusammen. Bei genügend hoher Haftstellen-Konz. kann die Haftstellentiefe aus der Temp.-Abhängigkeit von τ bestimmt werden. Der Einfl. einer therm. Austreibung von Elektronen aus der Haftstelle läßt sich durch Messung von τ unter Impulsbedingungen ausschalten. R. K. Müller. 135□

Kontaktspannungsmessungen an CdS-Einkristallen. F. Eckart und H. Schulz. (Z. Physik **164,** 83—92, 1961; Berlin, Akad. der Wiss., Phys. Techn. Inst.; dt.) — Durch Kontaktspannungsmessungen an zwei CdS-Proben (2. Probe mit Cd angereichert) unter verschiedenen Gasen (trockenes oder feuchtes N_2, trockenes H_2 u. trockenes O_2), wobei die Kristalle in einer zweiten Vers.-Reihe einer Glimmentladung ausgesetzt werden, wird die Änderung der Austrittsarbeit festgestellt. Bei der Beglimmung entstehen an der Oberfläche zusätzliche Donatoren. O_2 erhöht die Austrittsarbeit um 0,15 eV, H_2 hat keinen Einfl. auf sie ebenso wie trockenes N_2. Wasserdampf (feuchtes N_2) setzt die Austrittsarbeit beglimmter u. unbeglimmter CdS-Kristalle herab. Mit der Annahme einer Anreicherungsrandschicht wird versucht, diese Änderungen zu deuten. H. Schibilla. 135□

Die Lebensdauer der Ladungsträger in PbS. Wayne W. Scanlon. (Halbleiter u. Phosphore, Kolloquium **1956,** 399, 1958; White Oak, Md., U.S. Naval Ordnance Labor.;

engl.) — Die Lebensdauer eines Trägers auf einer nahezu ideal reinen Oberfläche, die durch Spalten eines *PbS*-Kristalls entlang [1 0 0] in Ar-Atmosphäre gewonnen wurde, wird mit 8 ms angegeben. Bei Zutritt von Luft bzw. Wasserdampf erhöht sich die Lebensdauer auf 150 bzw. 30 ns. H. Roschkowski. 135☐

Optische Eigenschaften von Bleisalz- und III—V-Halbleitern. Frank Stern. (J. appl. Physics, Suppl. zu **32**, Nr. 10, 2166—73, Okt. 1961; White Oak and Silver Spring, Md., U.S. Naval Ordnance Labor.; engl.) — Die Anwendung der Dispersionsbeziehungen auf das opt. Verh. von Festkörpern sowie einer Summenregel auf den Imaginärteil der DK von Halbleitern, wie *PbS*, *PbTe*, *PbSe*, u. *InAs*, *InSb*, *GaAs* wird beschrieben. Plasmafrequenzen, für welche der Realteil der DK verschwindet, sind mit Gitterschwingungen, freien Trägern u. Valenzelektronen assoziiert. Reflexionsmessungen über einen weiten Spektralbereich in Verbindung mit den Dispersionsbeziehungen werden zur Ableitung der opt. Konst. herangezogen. Aus den opt. Konst. von p-PbTe im IR ergibt sich eine effektive Masse von 0,1—0,3m bei Raum-Temp., wenn die Träger-Konz. von $3 \cdot 10^{18}$ auf 10^{20} cm^{-3} ansteigt. Harro Zimmer. 135☐

Ermittlung der kongruent schmelzenden Zusammensetzung binärer Halbleiter durch Differentialthermoanalyse. Anwendung auf Bi_2Te_3, Sb_2Te_3 und Bi_2Se_3. G. Offergeld und J. van Cakenberghe. (Physics Chem. Solids **11**, 310—14, Okt. 1959; Bruxelles, Europ. Res. Assoc.; franz.) — Im Phasendiagramm einer bin. Verb. tritt im allg. ein Maximum der Liquiduskurve in der Nähe der stöchiometr. Zus. auf; weiter erscheinen isotherme Übergänge, die dem Schmelzen eutekt. Phasen oder peritekt. Rkk. entsprechen. Die an diesen Übergängen beteiligte Wärmemenge ist eine lineare Funktion der Differenz zwischen der entsprechenden Zus. u. der Zus. der kongruent schm. Phase. Durch DTA läßt sich die Zus., bei der die therm. Effekte verschwinden, u. damit die Differenz zwischen stöchiometr. u. kongruent schm. Zus. ermitteln.
A. Blaschette. 135☐

Glasartige Halbleiter. N. A. Gorjunova und B. T. Kolomijez. (Halbleiter u. Phosphore, Kolloquium **1956**, 678—84, 1958; Leningrad, Akad. der Wiss. der UdSSR, Phys.-Techn. Inst.; dt.) — Vgl. C. **1959**, 3394. — Vff. berichten über die Bldg. glasartiger, amorpher Verbb. mit Halbleiter-Eigg. in den Syst. As_2Se_3–Sb_2Se_3 (**I**); As_2Se_3–Tl_2Se (**II**); As_2Se_3–As_2Te_3 (**III**); As_2Se_3–As_2S_3 (**IV**); $As_2Se_3 \cdot Tl_2Se$–$Sb_2Se_3 \cdot Tl_2Se$ (**V**); As_2S_3–Sb_2S_3 (**VI**). Verbb. dieser Syst. wurden im evakuierten Quarzröhrchen während ca. 2 Std. beim F. der schwerst schm. Komponente aus den Elementen gewonnen. Die Menge der krist. u. der amorphen Phase in den Syst. ist unterschiedlich u. hängt von der Führung der Bldg.-Rk. ab. In einem Diagramm ist die Glas-Bldg.-Grenze angegeben. Die Grenzwerte der Leitfähigkeit (L) u. die Maximalwerte der spektralen Photoempfindlichkeit der Syst. **I, II, III, V** u. $Tl_2Se \cdot As_2Se_3$–$Tl_2Te \cdot As_2Te_3$ (**VII**) wurden festgestellt. L liegt zwischen 10^{-3} u. 10^{-13} Ω^{-1} cm^{-1}, die Lage der Maxima der Empfindlichkeit zwischen 0,6 u. 1,25 μm. Die Veränderung der elektr. u. photoelektr. L in Abhängigkeit von der Zus. der Gläser des Syst. **V** ist angegeben, der innere Photoeffekt einiger Vertreter dieses Syst. (As_2Se_3; 5 $As_2Se_3 \cdot Tl_2Se$; 2 $As_2Se_3 \cdot Tl_2Se$; $As_2Se_3 \cdot Tl_2Se$; $As_2Se_3 \cdot$ 2 Tl_2Se) dargestellt. Die elektr. L einiger Verbb., die durch Veränderung der Rk.-Bedingungen in krist. u. in amorphem Zustand erhalten wurden, ist für beide Fälle angegeben, sie ist um einige Zehnerpotenzen erhöht oder vermindert. Für die Zus. 2 $As_2Se_3 \cdot Sb_2Se_3$ ist für den krist. u. glasigen Zustand die Photoleitfähigkeit aufgenommen. An einigen Proben wurden auch die opt. Eigg. untersucht. Die Transmissionskurven der Zus. $Tl_2Se \cdot As_2Se_{2,5} \cdot Te_{0,5}$ u. $Tl_2Se \cdot As_2Te_3$ sind dargestellt. Vff. bezeichnen die neuen Verbb. als Chalcogenidgläser. Ihr Erweichungsintervall liegt zwischen 100 u. 300°. Auf die Bldg. von Zweiphasen-Syst. Kristall/Glas wird hingewiesen. Als Beispiele werden Syst. des kristallinen As_2S_3 mit PbS, PbSe, Cu_2Se, InAs u. Sb_2S_3 angeführt.
H. Roschkowski. 135☐

Einige Gesetzmäßigkeiten der elektrischen Eigenschaften der Boride, Carbide und Nitride der Übergangsmetalle der IV. bis VI. Gruppe des Periodensystems. Ss. N. Lwow, W. F. Nemtschenko und G. W. Ssamssonow. (Доклады Академии Наук СССР [Ber. Akad. Wiss. UdSSR] **135**, 577—80, 21/11. 1960; Inst. für Metallkeram. u. Spez.-Legg. der Akad. der Wiss. der UdSSR; Chersson, Pädagog. Krupski-Inst.; russ.) — Der Hall-Koeff. R ist bei allen Übergangsmetallen der IV., V. u. VI. Gruppe positiv (Ausnahme Ti). Bei ihren Verbb. nimmt R in der Reihenfolge Boride $>$ Carbide $>$ Nitride u. IV. $>$ V. $>$ VI. Gruppe ab. Das Vorzeichen des Koeff. der Thermo-EMK α stimmt meist mit dem von R überein; Unterschiede des Vorzeichens werden bei kleinen α (außer bei WC) gefunden. Der spezif. elektr. Widerstand ϱ ist bei den meisten Diboriden sowie den Nitriden der IV. Gruppe kleiner u. bei den Nitriden der V. Gruppe größer als bei den Carbiden. Bei den meisten dieser Metalle ist $\delta = R/e\varrho^2$ positiv. Der Anteil der

Lochleitfähigkeit (LL) ist bei der IV. Gruppe etwa gleich dem der Elektronenleitfähigkeit, er nimmt von der IV. zur VI. Gruppe zu. Bei den Diboriden der Metalle der IV. Gruppe ist die Beweglichkeit der Leitfähigkeitselektronen größer als bei den Metallen. Die kleineren Unterschiede von δ bei den Carbiden im Vgl. mit den Boriden werden damit erklärt, daß bei den Carbiden die d-Bänder nicht aufgefüllt sind u. damit die Beweglichkeit der Elektronen gering ist (weshalb auch ϱ hoch ist), immerhin aber größer als bei den Metallen. Die weitere Verminderung der Unterschiede von δ beim Übergang von den Carbiden zu den Nitriden (bis zu negativem Wert bei VN) wird mit der Verbreiterung des d-Bandes beim Eintritt von N in das Gitter in Zusammenhang gebracht. Der zunehmenden Rolle der LL beim Übergang von Carbiden zu Nitriden entspricht die Abnahme von α, ihrer Zunahme von der IV. zur VI. Gruppe entspricht ihre Zunahme bei allen Phasen, allerdings unter Erhaltung der Elektronenleitfähigkeit. Damit wird der Einfl. der Elektronenstruktur der Metalle, aber auch der Metalloide auf die elektr. Eigg. der metallähnlichen Verbb. bestätigt. R. K. Müller. 135□

Elektrische Leitfähigkeit des Systems NiO–Li_2O im Temperaturintervall von 20 bis 900°. G. K. Stepanow und A. M. Trunow. (Известия Сибирского Отделения Академии Наук СССР [Nachr. sibir. Abt. Akad. Wiss. UdSSR] **1961**, Nr. 6, 67—70; Swerdlowsk, Ural-Zweigstelle der Akad. der Wiss. der UdSSR; russ.) — Die Messungen wurden an zylindr. Proben (10 mm Ø, 10 mm Höhe) bei Temp. zwischen 20 u. 900° durchgeführt; die Proben wurden pulvermetallurg. durch Pressen (1000 kg/cm²) u. Sintern (1 Std. bei 1200°) aus reinem NiO u. Li_2O hergestellt. Bei allen Gew.-Verhältnissen u. Temp. besitzt der Temp.-Koeff. einen positiven Wert. Die Leitfähigkeit steigt anfangs bei Li_2O-Zusatz zu NiO rasch an (bis zu 20 Mol-% Li_2O um das 10_6fache bei 20° u. das 10^3fache bei 700°) u. ändert sich beim Überschreiten von 20 Mol-% Li_2O nur noch wenig. Der spezif. elektr. Widerstand der Proben liegt bei 20° bei ca. 0,1 u. bei 700—900° bei 0,01 $\Omega\cdot$cm. J. Tůmová. 135□

Ionen-Halleffekt in Natriumchlorid. P. L. Read und E. Katz. (Physic. Rev. Letters **5**, 466—68, 15/11. 1960; Ann Arbor, Mich., Univ. of Michigan, Dep. of Phys.; engl.) — Es wird über Hall-Effektmessungen an Ionen in NaCl-Einkristallen bei Temp. zwischen 610 u. 780° berichtet. Es sind dies die ersten Messungen des Ionen-Hall-Effektes an Festkörpern überhaupt. Die Ergebnisse werden in Kurven- u. Tabellenform mitgeteilt. L. Roth. 135□

Einige physikalisch-chemische Eigenschaften von Schmelzen des Systems K_2TiF_6–NaCl–TiO_2. W. D. Ponomarew und Ju. M. Putilin. (Известия Высших Учебных Заведений [Орджоникидзе], Цветная Металлургия [Hochschulnachr. (Ordshonikidse), Nichteisenmetallurgie] **3**, Nr. 3, 78—80, 1960; Kasach. Bergbau- u. Metallurg. Inst., Lehrstuhl für Metallurgie der Leicht- u. seltenen Metalle; russ.) — Es wurden die elektr. Leitfähigkeit u. die Dichten dieses Syst. K_2TiF_6–NaCl–TiO_2 untersucht. Die elektr. Leitfähigkeit wurde nach Kohlrausch geprüft, während die Dichte der Schmelzen nach der Meth. des hydrostat. Wägens bestimmt wurde. Hierbei wurde ein Pt-Schwimmer (Kugel), der an einem dünnen Pt-Faden aufgehängt war, verwendet. Die Schmelze befand sich in einem Pt-Tiegel. In Tabellen werden Leitfähigkeit u. Dichte u. ihre Abhängigkeit von Zus. u. Temp. aufgeführt. H. Treumann. 135□

Transversaler galvanomagnetischer Effekt von Wismuteinkristallen in einem starken Magnetfeld. Kunihide Tanaka, Seiichi Tanuma und Tadao Fukuroi. (Sci. Rep. Res. Inst. Tôhoku Univ., Ser. A **13**, 67—81, April 1961; Res. Inst. for Iron, Steel and Other Metals; engl.) — Bei Temp. von 1,8, 3,0 u. 4,2° K u. bei Magnetfeldern bis zu ca. 100 kOe werden an Bi-Einkristallen die transversalen galvanomagnet. Effekte gemessen. Dabei konnten die Magnetfeldabhängigkeiten der 12 Komponenten des galvanomagnet. Tensors bestimmt werden. Außerdem wurde das Verh. dieser Tensorkomponenten an der Grenze der magnet. Quantisierung untersucht, um die Energiebänderstruktur analysieren zu können. In einem starken Magnetfeld zeigte sich der oscillierende Anteil des galvanomagnet. Tensors nahezu temperaturunabhängig. Das Verh. des Hall-Effekts scheint anders zu sein, als es von der klass. Theorie des Zweibändermodells erwartet wird. H. Fahlenbrach. 135□

Über die Stromschwankungen in einem Leiter. Maurice Surdin. (C. R. hebd. Séances Acad. Sci. **255**, 1499—1501, 24/9. 1962; Saclay, Commissariat à l'Énergie nucl.; franz.) — Die auf den Fluktuationen der Zahl freier Leitungselektronen beruhenden Stromschwankungen in einem metall. Leiter werden nach der Maxwell-Boltzmann- u. der Fermi-Dirac-Statistik untersucht. Im zweiten Fall ergibt sich eine Ableitung des Jouleschen Gesetzes. A. Blaschette. 136□

Die Quantentheorie der Hochfrequenz-Oberflächenimpedanz eines Metalls. M. Ya. Azbel. (Physics Chem. Solids **7**, 105—17, Nov. 1958; Ukrainian Acad. of Sci., Phys. Techn. Inst.; engl.) — Vf. leitete eine quantenmechan. Formel für die Hochfrequenz-Oberflächenimpedanz eines Metalls in einem magnet. Feld willkürlicher Richtung ab, wobei keine besonderen Annahmen über das Dispersionsgesetz der Leitungselektronen gemacht wurden. Es konnte gezeigt werden, daß im allg. die relative Amplitude der quantisierten Widerstandsschwingungen beträchtlich größer ist als bei einer Frequenz Null. Es wird darauf hingewiesen, daß im Prinzip eine experimentelle Best. der Magnetfeldabhängigkeit der Impedanz ausreichen würde, um die Form der Fermi-Oberfläche u. die Geschw. der Elektronen auf ihr zu bestimmen. C. Gottfried. 136

Experimentelle Grundlagen zur BCS-Theorie der Supraleitfähigkeit. D. M. Ginsberg. (Amer. J. Physics **30,** 433—38, Juni 1962; Urbana, Ill., Univ. of Illinois, Phys. Dep.; engl.) — Vf. untersucht die bekannten experimentellen Daten zur Supraleitfähigkeit in Hinblick auf die Theorie von Bardeen, Cooper und Schrieffer (BCS-Theorie). Es ergibt sich, daß ein Teil der Ergebnisse die Theorie unterstützt, während andere Ergebnisse dazu im Widerspruch stehen u. eine Verfeinerung der Theorie erfordern. G. M. Neumann. 136□

$PdTe_2$, ein Supraleiter mit CdJ_2-Struktur. J. Guggenheim, F. Hulliger und J. Müller. (Helv. physica Acta **34,** 408—10, 15/8. 1961; Zürich, ETH, Labor. für Festkörper-Phys.; dt.) — $PdTe_2$ wird durch Zusammenschmelzen der Elemente im evakuierten Quarzröhrchen mit 99,99% Reinheit hergestellt, F. ca. 730°, gute Spaltbarkeit nach (0 0 1). An Probeplättchen ($10 \times 10 \times 0{,}05$ mm) wird die Leitfähigkeit untersucht. Bei 4,1° K beträgt der Restwiderstand $2 \cdot 10^{-6}$ Ωcm (ca. 7% des Widerstandes bei Raum-Temp.). Die Hall-Konst. ergibt sich bei Raum-Temp. zu $-2 \cdot 10^{-4}$ cm³ Coulomb^{-1}. Bei reiner Elektronenleitung ist die Elektronen-Konz. ca. 0,5 Elektron/Atom. Bei 1,7° K wird der Übergang zur Supraleitfähigkeit festgestellt. Proben mit Auffüllung der 2. Kationenschicht mit 5, 25, 50 u. 75% ($PdTe_2$–$PdTe$) bleiben einphasig. Die Sprungpunkte für die getemperten u. ungetemperten Proben liegen bei größerer Auffüllung bei höheren Temperaturen. Mischkristallproben von $PdTe_2$ mit $NiTe_2$, $RhTe_2$ u. $PtTe_2$ mit CdJ_2-Struktur weisen Sprungpunkte von 1,30—1,71° K auf, während bei den reinen Verbb. β-$RhTe_2$, $NiTe_2$ u. $PtTe_2$ bis zu 1 bzw. 1,2° K keine Supraleitung festgestellt werden konnte. H. Schibilla. 136□

Supraleitung in hexagonalen Ti–V- und Ti–Nb-Legierungen. E. Bucher und Jean Müller. (Helv. physica Acta **34,** 410—13, 15/8. 1961; Zürich, ETH, Labor. für Festkörperphys.; dt.) — Die Konz.-Abhängigkeit der krit. Temp. der Supraleitung von Ti-reichen Mischkristallen mit V u. Nb wird untersucht. Es wird festgestellt, daß der magnet. Charakter der Elemente Cr, Mn, Fe u. Co für den steilen Anstieg der krit. Temp. der Ti-Legg. nicht ausschlaggebend ist, da sie die krit. Temp. ähnlich beeinflussen wie V. Die Gitter-Konst. der Legg. mit bis zu 10 Atom-% V oder Nb erweisen sich mit $a = 2{,}94$ Å als nahezu konzentrationsunabhängig. Zusätze von Nb u. V beeinflussen die Supraleitung in fast gleicher Weise. Tempern der Proben bei 680° führt häufig zur Entmischung. Der hexagonale Anteil der Proben mit V u. Nb ist oberhalb von 1,25° K nicht supraleitend. Es wird geschlossen, daß der Ti-reiche Grenzmischkristall bei einer Konz. <1% liegt. H. Schibilla. 136□

Einige weitere Ergebnisse über den Ferromagnetismus in Beziehung zur Supraleitung. H. Suhl, B. T. Matthias und E. Corenzwit. (Physics Chem. Solids **11,** 346—48, Okt. 1959; Murray Hill, N.J., Bell Telephone Labor.; engl.) — Unterss. an intermetall. Verbb., die bei tiefen Temp. gleichzeitig supraleitend u. ferromagnet. sind, lassen vermuten, daß nicht nur die Supraleitung nach Matthias (vgl. Progress in Low Temperature Physics Bd. **2, 1957**) vom Valenzzustand abhängt, sondern daß auch die ferromagnet. Curie-Temp. darauf ähnlich anspricht. Es wurden Unterss. der Supraleitung u. des Ferromagnetismus an den Syst. $Y_{1-x}Gd_xOs_2$ u. $Ce_{1-x}Gd_xRu_2$ durchgeführt. Ferner wurden auch einige Laves-Phasen AB_2 untersucht, wobei $A = Nd$ u. Y u. $B = Re, Os, Ir$ u. Pt ist. H. Fahlenbrach. 137□

Bloch- und Néel-Wände in dünnen ferromagnetischen Schichten. H.-D. Dietze und H. Thomas. (Z. Physik **163,** 523—34, **1961;** Jülich, Kernforsch.-Anlage, Inst. für Reaktorwerkstoffe; Zürich, IBM-Forschungslabor.; dt.) — Die in dünnen ferromagnet. Schichten auftretenden Wände zwischen den Elementarbereichen müssen wegen der stärkeren Wirksamkeit der Streufelder dieser Wände andere Strukturen u. Energien besitzen als die Bloch-Wände in kompakten Werkstoffen. Dieses Ergebnis geht auf theoret. Unterss. von Néel zurück. Da das Néelsche Verf. zur Abschätzung der Streufeldenergie zu roh erscheint, wird es durch ein konsequenteres Variations-Verf. ersetzt, mit dem für die 180°-Wand bei dünnen Schichten mit einachsiger Anisotropie Energie u. Struktur berechnet wird. Die Unterschiede der Rechnung sind gegenüber der Néelschen Theorie bes. im Hinblick auf die Wandstruktur recht beträchtlich. Die krit.

Dicke (Bloch-Wand/Néel-Wand) nach der vorliegenden Theorie stimmt besser mit dem Experiment überein als der Néelsche Rechenwert. H. Fahlenbrach. 137 □

Beobachtungen von kreuzförmigen Elementarbereich-Wänden mit Hilfe des Faraday-Effektes. A. L. Houde. (J. appl. Physics **32,** 1234—37, Juli 1961; Newport Beach, Calif., Ford Motor Comp., Aeroneutronic Div.; engl.) — Für die Unters. der Feinstruktur von Domänenanordnungen in dünnen ferromagnet. Schichten wurde eine mkr. Faraday-Effekt-Meßeinrichtung entwickelt. Mit diesem Gerät werden die Magnetisierungsrichtungen in kreuzförmigen Elementarbereichwänden u. anderen Domänenkonfigurationen dünner Permalloyschichten untersucht. Solche Angaben erhält man bei bekannten Polarisationswinkeln aus den Hell-, Dunkel- u. Graufeldbildern. Da bei Schichten mit starker einachsiger Anisotropie die Bereichswände unter 45° zur Richtung leichtester Magnetisierbarkeit einen intermediären unmagnet. Zustand besitzen, konnten mit dem Faraday-Effekt auch Hystereseschleifen an diesen Schichten gemessen werden. H. Fahlenbrach. 137 □

Die Theorie der Spinwellen. M. A. Gintsburg. (Physics Chem. Solids **11,** 336—38, Okt. 1959; engl.) — In Ergänzung zu früheren Unterss. (C. **1961,** 9304) wird gezeigt, daß ein einziges Dispersionsgesetz, das sowohl für Spinwellen als auch für elektromagnet. Wellen gilt, besteht. Es wird gezeigt, wie bei diesem Gesetz mit abnehmender Wellenlänge die elektromagnet. Wellen in die Spinwellen übergehen. Diese Betrachtungen werden für die beiden Fälle durchgeführt, daß die Ausbreitung der Wellen in Richtung des Magnetfeldes erfolgt u. daß beliebige Winkel zwischen der Wellenausbreitungsrichtung u. der Richtung des Magnetfeldes bestehen. Dabei zeigt sich, daß die Spinwellen im allg. nicht durch ein Eindringen des Magnetfeldes von der Oberfläche her erzeugt werden, sondern daß sie infolge von Inhomogenitäten im Werkstoff über das ganze Werkstoff-Vol. hinweg angeregt werden. H. Fahlenbrach. 137 □

Bemerkungen zum vorstehenden Bericht von Dr. M. A. Gintsburg. A. M. Clogston, H. Suhl und L. R. Walker. (Physics Chem. Solids **11,** 338—39, Okt. 1959; Murray Hill, N.J., Bell Telephone Labor.; engl.) — Die vorst. referierte Theorie von Gintsburg wird zwar anerkannt. Bei ebenen Wellen sind bes. auch die geforderten Abwandlungen infolge der Verluste u. der Ausbreitung der Wellen nach Gintsburg durchzuführen. Vff. zeigen aber, daß diese Abwandlungen entgegen der Ansicht Gintsburgs bei ihren eigenen Vers.-Ergebnissen bes. am $Y_3Fe_2(FeO_4)_3$ (C. **1959,** 6033) so belanglos sind, daß sie nicht berücksichtigt zu werden brauchen. H. Fahlenbrach. 137 □

Exakte Grundlagen der Theorie der Spinwellen. F. Bopp und E. Werner. (Z. Physik **151,** 10—15, 1958; München, Univ., Inst. für Theoret. Phys.; dt.) — Vff. beweisen den Satz, daß es beim Mehrelektronenproblem in Strenge Gleichungen vom Typ der Spinwellengleichungen von Bloch gibt, wenn man von Spin-Bahn- u. Spin-Spin-Wechselwrkg. absieht. Der Satz kann nicht nur auf Elektronen im festen Körper, sondern auch auf die von Atomen u. Moll. angewandt werden. Die unmittelbare Anwendung auf Atomkerne ist wegen der in diesem Falle nicht zu vernachlässigenden Spin-Wechselwrkg. nicht möglich. D. Jörchel. 137 □

Spannungseinflüsse auf thermoremanente Magnetisierung. P. M. Stott und F. D. Stacey. (Nature [London] **191,** 585—86, 5/8. 1961; Canberra, Nat. Univ., Inst. of Advanced Studies, Dep. of Geophys.; engl.) — Vff. nehmen Bezug auf Messungen von Hall u. Neale (vgl. C. **1961,** 12356) über die Richtungen der von Steinen angenommenen thermoremanenten Magnetisierung, wenn sie unter Spannung in einem schwachen magnet. Feld abgekühlt worden waren u. die nach Meinung von Hall u. Neale (vgl. l. c.) mit analogen Messungen von Stacey (vgl. C. **1961,** 13439 u. früher) bzw. von Stott u. Stacey (vgl. C. **1961, 13438**) in Widerspruch standen. Vff. führen dagegen aus, daß bei Verss. an Eruptivgesteinen, die unter Druckspannung in einem kleinen magnet. Feld abgekühlt worden waren, die Richtung der thermoremanenten Magnetisierung von der Feldrichtung um einen Winkel abweicht, der von der Druckspannung u. der spezif. Anisotropie des Gesteins bestimmt wird. Ist diese spezif. Anisotropie sehr klein, dann ist auch die winkelmäßige Differenz klein ohne Rücksicht auf die angewandte Druckspannung. Es folgt eine kurze Erwiderung von Hall. C. Gottfried. 137

Der Einfluß der plastischen Deformation auf die Magnetostriktionskonstante von Eisen-Nickel-Legierungen. P. Šuda und J. Pačes. (Czechoslov. J. Physics, Sect. B **11,** 602—08, 1961; Prague, Czechoslov. Acad. Sci., Inst. of Phys.; engl.) — An bin. Fe-Ni-Legg. mit Ni-Geh. von ca. 36, 64 u. 77% u. an einem Perminvar der Zus. von ca. 28 (%) Ni, 54 Fe, 17,5 Co, 0,5 Mn werden die Magnetostriktions-Konst. in Abhängigkeit vom Betrag der plast. Verlängerung bis zu 25% gemessen. In allen Fällen nehmen die Beträge der Magnetostriktions-Konst. mit zunehmender plast. Verformung ab. Beim Perminvar nimmt dabei auch die Vol.-Magnetostriktion ab. Der Einfl. der Kristalltextur ist unbedeutend. Zur Erklärung der Ergebnisse wird der Einfl. der Gitterdeformation auf die Spin-Bahnmoment-Wechselwrkg. herangezogen. H. Fahlenbrach. 137☐

Magnetische Eigenschaften von Nickel. G. C. Fletcher. (Proc. physic. Soc. **78,** 145, 1/7. 1961; Sydney, N.S.W., Australia, Univ. of Sydney, Dep. of Appl. Math.; engl.) — Berichtigung früherer Arbeiten (C. **1955,** 5964 u. C. **1957,** 2120). Nach der Berichtigung ergeben sich für Ni folgende Werte: $K_1 = -2{,}8 \cdot 10^6$ erg/cm³, $g = 2{,}09$; $g' = 1{,}92$; $\lambda_{100} = 46{,}7 \cdot 10^{-6}$; $\lambda_{111} = -11{,}1 \cdot 10^{-6}$. H. Fahlenbrach. 137☐

Die zusätzliche magnetische Anisotropie durch Magnetfeldglühen bei kubisch-flächenzentrierten ferromagnetischen festen Lösungen. 1. Mitt. **Abhängigkeit der induzierten magnetischen Anisotropie von der Temperatur und der Dauer der Magnetfeldglühung, der Meßtemperatur und der Legierungszusammensetzung bei kubisch flächenzentrierten Nickel-Kobalt-Legierungen.** Mikio Yamamoto, Satoshi Taniguchi und Keizô Aoyagi. (Sci. Rep. Res. Inst. Tôhoku Univ., Ser. A **13,** 117—36, Juni 1961; Res. Inst. for Iron, Steel and Other Metals; engl.) — Mit einer speziell für höhere Temp. konstruierten Drehmagnet-Vorr. werden Unterss. an polykristallinen Proben von Co-Ni-Legg. mit Co-Geh. von 10,57; 20,78; 30,84; 40,67; 50,17 u. 60,20% u. an $(1\bar{1}0)$-Einkristallscheiben mit 12% Co durchgeführt. Durch die Magnetfeldwärmebehandlung wird in allen Fällen eine einachsige Anisotropie E_u erzeugt, wobei E_u mit der Behandlungsdauer fast exponentiell zunimmt. Mit zunehmender Behandlungs-Temp. steigt E_u mit der Behandlungsdauer schneller an, der Sättigungswert nimmt aber ab. Die Ausbldg. von E_u ist nicht mit einer einzigen Relaxationszeit zu beschreiben. Mit zunehmender Behandlungsdauer werden die zusätzlichen Relaxationszeiten größer. E_u läßt sich in Abhängigkeit von der Temp. Θ der Magnetfeldglühung u. von der Meß-Temp. T in der Form ausdrücken: $E_u = \text{const.} \{(I_\Theta/I_0)^2/\Theta\} (I_T/I_0)^2$ (I_Θ, I_T u. I_0 = Sättigungsmagnetisierungen bei Θ bzw. T bzw. 0° K). Damit wird die Orientierungsüberstrukturtheorie von Yamamoto u. Taniguchi bestätigt. Aus der E_u-Abhängigkeit von der Leg.-Zus. kann geschlossen werden, daß die Ordnungsenergie bei den Ni-Co-Legg. negativ ist u. diese Legg. zum Ausscheidungstyp gehören. An den Einkristallproben (12% Co) wird die Temp.-Abhängigkeit der Konst. K_1 u. K_2 der Kristallanisotropie gemessen. Bei 150° wird K_1 negativ, während K_2 für alle Temp. positiv bleibt. Bei Ni wird K_1 über 200° positiv, K_2 bei ca. 100° negativ. H. Fahlenbrach. 137☐

Elementarbereichstruktur der geordneten Platin-Kobalt-Legierung. D. J. Craik und Felica Nuñez. (Proc. physic. Soc. **78,** 225—32, 1/8. 1961; Nottingham, Univ., Dep. of Phys.; engl.) — An der Dauermagnetüberstruktur PtCo mit einer Koerzitivkraft von 4000 Oe wird im geordneten Zustand (Langzeittempern bei 600°) die Elementarbereichstruktur mit der Meth. der Bitterschen Streifen untersucht. Dabei werden Bilder erhalten, die denen an anderen Stoffen (z. B. $BaO \cdot 6\,Fe_2O_3$) mit hoher einachsiger Anisotropie u. niedriger Sättigungsmagnetisierung ähneln. Die Verteilung der Richtungen leichter Magnetisierbarkeit in den gut geordneten Raumgebieten steht mit den heutigen Auffassungen über den Ordnungsvorgang in Übereinstimmung. Die Breite der Elementarbereiche kann mit anderen Eigg. des Werkstoffes angenähert ermittelt erden. Das Verh. der Elementarbereiche in äußeren Magnetfeldern entspricht demjenigen anderer Werkstoffe mit einachsiger Anisotropie. H. Fahlenbrach. 137☐

Über die Quantentheorie der Antiferrimagnetika. Leon Kowalewski. (Acta physica polon. **20,** 545—51, 1961; Poznań, Adam Mickiewicz Univ., Inst. für Theoret. Phys.; dt.) — Mit Hilfe der Meth. von Holstein u. Primakoff [1940] wird die Dispersionsformel für Ferrite mit inverser Spinellstruktur hergeleitet. Wegen der magnet. Überstruktur ist sie anisotrop. Für gleich große Spins auf den Oktaederplätzen ist $E \sim K^2$. Ferner wird gezeigt, daß die Ergebnisse der korrigierten Arbeiten von Wonssowski u. Sseidow (C. **1955,** 7846) u. von Kondorski, Pachomow u. Schiklosch (C. **1957,** 11495) einander gleichwertig sind u. mit den Ergebnissen der vorliegenden Arbeit übereinstimmen. H. Fahlenbrach. 137☐

Die Abschätzung der Bloch-Wand-Geschwindigkeit bei einem Rechteck-Ferrit und einige Beobachtungen über den Ummagnetisierungsvorgang. J. E. Knowles. (Proc. physic. Soc. **78,** 233—38, 1/8. 1961; Salfords, Surrey, Mullard Res. Labor.; engl.) — Bei einem polykristallinen Mn-Mg-Ferrit mit rechteckiger Hystereseschleife wird mit der Meth. der Bitterschen Streifen die Beziehung zwischen dem äußeren Magnetfeld u. der Bloch-Wand-Geschw. v untersucht. v liegt zwischen 500 u. 1000 cm s⁻¹ Oe⁻¹ (effektiv). Die Wandbewegung wird durch Néelsche Spieße an den Poren des Werkstoffes gehemmt. Ferner wird die quasi-stat. Bldg. von Ummagnetisierungskeimen u. der Ummagnetisierungsvorgang untersucht. Nach der Magnetisierung zur Sättigung bilden sich die ersten Ummagnetisierungskeime an den Poren der Korngrenzen. Diese Keime weiten sich dann trapezförmig aus. Bei den kleinen Feldern (±3 Oe) spielen Keim-Bldg. keine Rolle. H. Fahlenbrach. 137☐

Eine Neutronenbeugungsuntersuchung der Spinschwankungen in α-Fe_2O_3. T. Riste und A. Wanic. (Physics Chem. Solids **17,** 318—33, Jan. 1961; Kjeller, Norway, Inst. for Atomenergi; engl.) — Vgl. kurze Mitt., C. **1961,** 1462. — Neutronenbeugungs-Verss. wurden im Spinwellen- u. im paramagnet. Bereich an natürlichem Hämatit, α-Fe_2O_3, durchgeführt. Die Theorie der antiferromagnet. Spinwellen (Magnonen) wurde diskutiert u. auf die Meßergebnisse angewendet. Die Magnonen-Geschw. ergab sich zu $3{,}8 \cdot 10^6$ cm/s (ca. 5mal größer als die Phononen-Geschw. im gleichen Stoff). Der Wert des Austauschintegrals für die wahrscheinlich größte Wechselwrkg. ergab sich daraus zu $3{,}5 \cdot 10^{-3}$ eV u. der diffuse Beugungsquerschnitt zu 1,86 mbarn; letzterer ist unabhängig von der Magnonenenergie. Bis etwa zur halben Néel-Temp. ließ sich die magnet. unelast. Beugung an α-Fe_2O_3 gut durch die Spinwellentheorie beschreiben. Die Spinschwankungen oberhalb dieser Temp. stimmten mit Berechnungen nach einer lokalen Form der Mol.-Orbitaltheorie überein. G. Winkhaus. 137☐

Der schwache Ferromagnetismus bei β-$NaFeO_2$. Hiroshi Watanabe und Masahiro Fukase. (J. physic. Soc. Japan **16,** 1181—84, Juni 1961; Sendai, Tohoku Univ., Res. Inst. for Iron, Steel and Other Metals; Hino-machi, Tokyo, Konishiroku Photo-Ind. Co., Ltd.; engl.) — Durch Sintern von Na_2CO_3- u. α-Fe_2O_3-Pulvergemischen bei Temp. von 900 u. 1000° wird die Hochtemp.-Modifikation von Na-Ferrit, β-$NaFeO_2$, hergestellt. Thermomagnet. Unterss. an solchen Proben ergaben einen Parasitenferromagnetismus mit einer Curie-Temp. von ungefähr 450°. Die magnet. Eigg. von β-$NaFeO_2$ zeigten große Ähnlichkeit mit denen von $LaFeO_3$. Die Ursache des schwachen Ferromagnetismus von β-$NaFeO_2$ wird auf eine Wechselwrkg. vom Dzyaloskinsky-Typus zurückgeführt. H. Fahlenbrach. 137☐

Magnetisierungsprozeß von kleinen Teilchen aus CrO_2. F. J. Darnell. (J. appl. Physics **32,** 1269—74, Juli 1961; Wilmington, Del., E.I. du Pont de Nemours & Co., Central Res. Dep.; engl.) — An kleinen CrO_2-Teilchen werden Magnetisierungskurven, Remanenz, Koerzitivkraft, reversible Susceptibilität u. Rotationshysterese gemessen. Daneben wurden die Teilchenabmessungen elektronenmkr. bestimmt. Aus den Meßwerten gelingt eine Unterteilung der CrO_2-Teilchen in 3, durch die Elementarbereichkonfiguration unterschiedene Gruppen. Teilchen in der Größe von ca. 100 μ waren Mehrbereichteilchen. Solche mit Abmessungen zwischen 1 u. 10 μ bestanden nur aus wenigen Elementarbereichen. Ein Einbereich-Verh. zeigte sich an Teilchen mit einem Ø $\leqq 0{,}2\,\mu$ u. ca. 10 μ Länge. Die kleineren untersuchten Teilchen waren nadelförmig u. zeigten eine von der Formanisotropie beeinflußte Koerzitivkraft. H. Fahlenbrach. 137☐

Magnetische Eigenschaften von Chrom zwischen 0 und 350°. E. W. Collings, F. T. Hedgcock und A. Siddiqi. (Philos. Mag. [8] **6,** 155—58, Jan. 1961; Ottawa, Canada, Univ. of Ottawa, Dep. of Phys.; engl.) — An Cr-Proben verschiedener Teilchengröße u. verschiedenen Reinheitsgrades wird die Temp.-Abhängigkeit der Susceptibilität gemessen, um die unterschiedlichen Literaturangaben über ein Maximum der Susceptibilität zwischen 35 u. 40° aufzuklären. Außerdem wurden an einer Probe hohen Reinheitsgrades Messungen der Elektronenspinresonanz durchgeführt. Alle Proben zeigten das Maximum der Susceptibilität bei $39 \pm 0{,}5°$. Die Susceptibilität war in allen Fällen von der magnet. Feldstärke bis zu 8000 Oe abhängig, wobei diese Abhängigkeit mit dem Reinheitsgrad abnahm. Die Spinresonanz-Unterss. ergaben aber eindeutig, daß das Susceptibilitätsmaximum nicht mit dem Néel-Punkt von Cr_2O_3 in Zusammenhang gebracht werden kann. H. Fahlenbrach. 137☐

Magnetische Susceptibilitätswerte von titanreichen Titan-Aluminium-Legierungen. Y. L. Yao. (Trans. Amer. Soc. Metals **54,** 241—46; Diskussion: 779—81, März/Dez. 1961; Ottawa, Canada, Dep. of Mines and Techn. Surv.; engl.) — Die Werte der magnet. Susceptibilität einer Reihe von Ti-Al-Legg. mit 3—26 Gew.-% Al, die von 400, 550, 700, 900, 1000 u. 1100° abgeschreckt waren, wurden bei Raum-Temp. gemessen. Die Ergebnisse wurden unter Verw. der beiden Versionen des partiellen Ti-Al-Plasmadiagramms, wie sie durch Sagel, Schulz u. Zwicker sowie Ence u. Margolin vorgeschlagen worden waren, erörtert. H. Hochstein. 137☐

Die magnetische Susceptibilität von eisen- und zinkdotiertem Germanium. D. Geist. (Z. Physik **158,** 123—32, 1960; Köln, Univ., II. Phys. Inst.; dt.) — Vgl. C. **1961,** 14921. — Beim Kristallzuchtprozeß in Ge gelöstes Fe scheidet sich beim Abkühlen in „ferromagnet." Teilchen aus, welche die diamagnet. Susceptibilität verringern, ohne jedoch eine Feldabhängigkeit zu ergeben. Der Entmischungs-Koeff. von Fe in Ge beträgt 10^{-4}. Größere Fe-Mengen in InAs liefern eine feldabhängige Zusatzsusceptibilität. Ni in Ge beeinflußt die Susceptibilität überhaupt nicht. Zn wirkt in Ge als Acceptor mit 2 Ionisierungsstufen u. sollte auf Grund des Spins seiner Außenelektronen eine eigentümliche

Temp.-Abhängigkeit der Zusatzsuseptibilität verursachen. Die Löslichkeit von Zn erwies sich jedoch als sehr klein, so daß die Effekte nicht nachweisbar waren. Nur der Beitrag der vom Zn gelieferten freien Löcher wurde beobachtet. D. Jörchel. 137□

Einige physikalische Eigenschaften der γ- und δ-Phasen im System U–Zr. R. D. Barnard. (Proc. physic. Soc. **78,** 722–27, 1/11. 1961; Nottingham, Univ.; engl.) – Zur Vervollständigung des Phasendiagramms des Syst. *U–Zr* wurden der spezif. elektr. Widerstand u. die magnet. Susceptibilitäten der Legg. *U-70 (Atom-%)Zr* (I) u. *U-74Zr* (II) in der γ- u. δ-Phase gemessen u. bei der metastabilen γ-Phase von I u. der δ-Phase beider Legg. zwischen 90 u. 870° K ein negativer Temp.-Koeff. des spezif. elektr. Widerstands festgestellt. Der in I u. II vorhandene schwache Pauli-Spinparamagnetismus nimmt mit der Temp. zu. – Die Vers.-Ergebnisse deuten darauf hin, daß die δ-Phase des Syst. keine geordnete Form der kub.-raumzentrierten γ-Phase ist, sondern primitiv hexagonale Struktur hat. Das anomale Verh. der elektr. Leitfähigkeit wird mit der Bänderstruktur der Legg. gedeutet. W. Sobieski. 137□

Die magnetischen Eigenschaften von drei karbonischen Schwellen. C. W. F. Everitt. (Philos. Mag. [8] **6,** 689–99, Mai 1961; London, Imp. Coll., Phys. Dep.; engl.) – Vgl. C. **1961,** 12356. – Es wird über paläomagnet. Unterss. an Bohrlochproben dreier Doleritschwellen aus dem Karbon berichtet. Nur bei einer Probe hatte die Magnetisierung eine einigermaßen definierte Richtung, während bei den beiden anderen Proben starke Streuungen der Magnetisierungsrichtungen zu verzeichnen waren, die den paläomagnet. Aussagewert von Untergrundproben in Frage stellen. An Rändern dieser Schwellen wurden ferner sehr geringe Magnetisierungsintensitäten gemessen, die durch genaue Unterss. einer Probe auf die Bldg. von unmagnet. Carbonat beim Einführen der Schwelle in den Kalkstein zurückgeführt werden. H. Fahlenbrach. 137□

Magnetische Resonanz von Atomniveaus, die durch Elektronenbeschuß angeregt wurden. J. C. Pébay. (Arch. des Sci. **11,** 298–301, 12/7. 1958; Paris, École normale supérieure, Labor. de Phys.; franz.) – Vgl. C. **1959,** 6034. – Die Meth. der Doppelresonanz von Brossel u. Kastler (C. **1950,** II. 138) wird auf die Unters. von Atomniveaus unter starker Elektronenbestrahlung angewandt. Untersucht wurden die magnet. Resonanzen der Niveaus 6 $^3F_4$, 7 $^3P_2$ u. 5 D_2 von *Hg*. Dabei konnten durch die Resonanzmessungen die Lebensdauer der 3 Niveaus, ihre g-Faktoren u. für 6 $^3F_4$ auch die Hyperfeinstrukturen der beiden Hg-Isotope 199 u. 201 ermittelt werden. Ähnliche Unterss. wurden auch für die Niveaus 5 $D_{5/2}$; 4 $D_{3/2}$ u. 4 $D_{5/2}$ von *Na* durchgeführt, wobei bisher die Lebensdauern u. die Hyperfeinstrukturen ermittelt wurden. H. Fahlenbrach. 137□

Druckabhängigkeit der Aufspaltung durch kubische Kristallfelder bei Ionen im S-Zustand. Walter M. Walsh jun. (Physic. Rev. Letters **4,** 507–09, Mai 1960; Cambridge, Mass., Harvard Univ., Gordon McKay Labor.; engl.) – Vgl. Watanabe, C. **1961,** 11985. – Vf. untersucht in Abhängigkeit vom hydrostat. Druck p_w bis zu 10000 kg/cm² die paramagnet. Resonanzspektren von Mn^{2+} u. Fe^{3+} ($3d^5$, ^6S) als Spurenverunreinigung (< ca. 0,01%) in einem MgO-Kristall u. teilt graph. die p_w-abhängige Änderung des a-Parameters im Hamilton-Spinterm mit. Das Verhältnis $a_{Fe}/a_{Mn} = 10{,}70 \pm 0{,}02$ ist innerhalb der Fehlergrenzen unabhängig von p_w. Weiterhin wird die p_w-Abhängigkeit von a für Mn^{2+} in kub. ZnS gemessen. Vf. erörtert die erhaltenen Daten u. vergleicht sie mit Literaturwerten. P. Frenzel. 137□

Paramagnetische Resonanz des Antimorphen des F-Zentrums. Werner Känzig. (Physics Chem. Solids **17,** 80–87, Dez. 1960; Schenectady, N.Y., Gen. Electr. Res. Labor.; engl.) – Werden LiF-Einkristalle bei 77° K mit Röntgenstrahlen bestrahlt u. auf 130–220° K angelassen, so wird im paramagnet. Resonanzspektrum bei 77° K die Resonanz für eine neue Fehlstellenart beobachtet; dieses V_F-Zentrum, das Antimorphe des F-Zentrums, besteht aus einem von einer Ni-Leerstelle eingefangenen Loch. Der Elektronenunterschuß ist jedoch nur über 2 der benachbarten F^- verteilt, so daß die Symmetrie des V_F kleiner als die des F-Zentrums ist. Aus den Hyperfeintensoren folgt, daß V_F eng mit dem Loch einer Eigenhaftstelle verwandt ist u. als F_2^- beschrieben werden kann. Die Mol.-Bindung von F_2^- ist jedoch infolge der Nachbarschaft einer Li-Leerstelle gebogen; die Symmetrie von V_F folgt demnach einem in (0 0 1) liegenden, gleichschenkligen Dreieck mit der Basis entlang der [1 1 0]-Achse. V_F weist infolge des Coulomb-Feldes der Leerstelle eine größere therm. Stabilität als das Loch einer Eigenhaftstelle auf. Herbert Müller. 137□

Untersuchung der paramagnetischen Resonanz der Strahlungsschäden in Lithiumfluorid. Werner Känzig. (Physics Chem. Solids **17,** 88–92, Dez. 1960; engl.) – Vgl. vorst. Referat. – LiF-Einkristalle werden bei 77° K in einem Mikrowellenhohlleiter 100 Std. mit 70 kV-Röntgenstrahlen bestrahlt u. die paramagnet. Resonanzabsorption mit einem X-Bandspektrometer sofort nach der Bestrahlung zwischen 2 u. 230° K untersucht. Die Absorptionsbanden können mit dem Vorliegen von 4 V-Zentren gedeutet werden. Das Loch einer Eigenhaftstelle liegt zwischen 2 F^-, so daß ein F_2^- mit einer Achse parallel zur [1 1 0]-Achse entsteht; seine Konz. fällt bei ca. 120° K scharf ab. Das H-Zentrum ist chem. einem F^- auf Zwischengitterplätzen äquivalent u. kann mit F_2^- auf einem F^--Platz beschrieben werden; die Konz. nimmt bei 105° K schon in wenigen Min. stark ab. Das V_F-Zentrum ist als Antimorphes eines F-Zentrums als ein von einer Li^+-Leerstelle eingefangenes Defektelektron aufzufassen; die Konz. des gebogenen F_2^- fällt erst oberhalb 220° K ab. Eine abweichende Struktur besitzt das V_t-Zentrum. Das ungepaarte Elektron ist in einem $p\pi$-ähnlichen Zustand über 3 F^- verteilt. Seine paramagnet. Resonanz kann nur bei der Temp. des fl. H_2 beobachtet werden, obwohl seine Konz. erst oberhalb 175° K scharf abfällt. Die charakterist. Änderungen der Resonanzabsorption in 4 Temp.-Bereichen werden diskutiert. Herbert Müller. 137☐

Paramagnetische Resonanz von Gadolinium (III) in Strontiumtitanat. Jérôme Sierro. (Helv. physica Acta **34,** 404—06, 15/8. 1961; Genève, Univ., Inst. de Phys. théor.; franz.) — Die EMR von Gd(III) in $SrTiO_3$ wurde an 2 $SrTiO_3$-Einkristallen von 0,1% Gd_2O_3 (I) bzw. 0,04% Gd_2O_3 + 0,02% Al_2O_3 (II) bei Zimmer-Temp. u. 9,2 GHz untersucht. I war blau gefärbt u. ergab kein Spektrum, was durch Red. des Ti(IV) zu Ti(III) erklärt wird. II war farblos u. ergab ein komplexes Spektrum. Eine Gruppe von 7 Linien mit kub. Symmetrie u. 4 Gruppen mit je 7 schwachen Linien trigonaler Symmetrie wurden zugeordnet u. analysiert. Die Ergebnisse zeigen, daß bei Ggw. von Al(III) für die meisten Gd(III)-Ionen, die Sr(II) ersetzen, die kub. Symmetrie erhalten bleibt. G. Winkhaus. 137☐

Sättigung und Relaxationszeit bei der paramagnetischen Elektronenresonanz von Zuckerkohle. Jean Uebersfeld und Edmond Erb. (C. R. hebd. Séances Acad. Sci. **243,** 2043—44, 17/12. 1956; franz.) — Vgl. C. **1957,** 5475. — Frühere Beobachtungen über die Abhängigkeit der paramagnet. Resonanz von Kohle vom Sauerstoffdruck werden erweitert durch Abhängigkeiten von der Intensität des Feldes u. Beobachtung der Dispersion, welche Sättigungseffekte erkennen läßt. Das Verhältnis T_2/T_1 der beiden Relaxationszeiten ist bei tiefer Temp. $\ll 1$, bei höherer Temp. u. nicht zu kleinem Druck $\cong 1$. Die Zeit T_1 variiert mit dem Druck. K. L. Wolf. 137☐

Die Knightsche Verschiebung in Legierungen. W. G. Henry. (Proc. physic. Soc. **76,** 989—93, 1/12. 1960; Ottawa, Nat. Res. Council, Div. of Appl. Chem.; engl.) — Vf. nimmt Bezug auf die von Bladin u. Daniel (vgl. C. **1962,** 12944) gegebene Erklärung der Knightschen Verschiebung in Ag-Legg. u. behandelt zunächst in Fortsetzung früherer Unterss. (vgl. C. **1959, 7037**) die Ladungsverteilung in Legg. u. zeigt hierauf nach Diskussion von Daten aus der Literatur, daß die Verschiebung mit der Konz. linear sein sollte, auch bei unendlicher Verdünnung. C. Gottfried. 137

Über den Widerstand und die Knightsche Verschiebung flüssiger Natriumlegierungen. E. Daniel. (Physics Chem. Solids **13,** 353—55, Juni 1960; Erratum: **20,** 324, Aug. 1961; Paris, Phys. des Solides; franz.) — Vf. nimmt Bezug auf ein von ihm vorgeschlagenes Modell (vgl. C. **1962, 12944**), mit dem in guter Übereinstimmung mit experimentellen Ergebnissen von Blandin u. Daniel (vgl. C. **1962, 12944**) u. von Blandin u. Mitarbeitern (vgl. C. **1960, 1766**) die Restwiderstände u. die Knightschen Verschiebungen von verd. festen Lsgg. berechnet werden konnten u. berichtet, daß man mit dem Modell auch die Widerstände u. Knightschen Verschiebungen der *Na–Li-*, *Na–K*, *Na–Rb* u. *NaCs*-Legg. berechnen kann. Für Legg., in denen die Elektronegativität des gelösten Metalls (*Ag*, *Au*, *Hg*) deutlich von der des Na abweicht, ist die Übereinstimmung zwischen berechneten u. experimentellen Werten nicht befriedigend. C. Gottfried. 137

Knight-Verschiebungen und Quadrupoleffekte bei Al-Legierungen. M. B. Webb. (Physics Chem. Solids **20,** 127—33, Juni 1961; Schenectady, N.Y., Gen. Electr. Res. Labor.; engl.) — Die magnet. Kernresonanz von ^{27}Al wird in den Zweistoff-Syst. AlZn u. AlMg in Abhängigkeit von der Zus., der Temp. u. dem angelegten Magnetfeld untersucht. Bei Temp., wo die Dipollinienbreite, aber nicht die Quadrupolaufspaltung verengt sind, wird die Quadrupolverschiebung (2. Ordnung) des zentralen Übergangs meßbar. Damit wird dann auch eine direkte Messung des mittleren Gradienten der elektr. Feldstärke am ^{27}Al-Kern u. der mittleren Knight-Verschiebung möglich. Da diese gemessenen Gradienten bei den AlMg- u. den AlZn-Legg. gleich sind, wird der Schluß gezogen, daß die Gradienten durch die Elektronenladungsverteilungen um die Al-Kerne zustande kommen u. keine Spannungseffekte sind. Die mittleren Gradienten sind von der Größenordnung 10^{23} cm^{-3}. Die Knight-Verschiebungen der Al-Resonanzlinien waren bei den Legg. innerhalb der Meßgenauigkeit vom gleichen Betrage wie bei reinem Al. H. Fahlenbrach. 137☐

Strukturempfindlichkeit der magnetischen Hochfrequenzkernresonanz bei gepulvertem antiferromagnetischen MnF_2. J. L. Davis, G. E. Devlin, V. Jaccarino und A. L. Schawlow. (Physics Chem. Solids **10**, 106–09, Juli 1959; Murray Hill, N.J., Bell Telephone Labor.; engl.) — Die Hochfrequenzkernresonanz von ^{19}F im gepulverten MnF_2 tritt nicht auf, wenn MnF_2 durch Fällung (z. B. aus $MnCO_3$-Lsgg. mit HF) gewonnen wird, auch wenn das Material unter HF-Atmosphäre einige Grade über seinem F. gesintert wird. Eine gut ausgeprägte Resonanz zeigt sich dagegen bei bis zum Pulver zerkleinerten Einkristallen. Die Resonanz-Eigg. lassen sich im letzteren Falle durch Anwendung starker Drücke verändern. Zur Erklärung dieser Ergebnisse konnte durch Elektronenmikroskop-, Röntgenstrahlbeugung- u. Elektronenspinresonanz-Unterss. gezeigt werden, daß die bei der Keim-Bldg. von gefällten Pulvern induzierten Spannungen die Kernresonanz so stark verbreitern, daß sie unsichtbar wird. An einem MnF_2-Einkristall wird senkrecht zur antiferromagnet. Vorzugsrichtung ein einachsiger Druck angelegt. Dabei wird für kleine Drücke dp in kg/cm^2 eine lineare Frequenzverschiebung $d\nu$ in kHz entsprechend der Beziehung: $d\nu/dp = 9{,}2 \cdot 10^{-2}$ $kHz/kgcm^{-2}$ beobachtet. H. Fahlenbrach. 137□

Kernmagnetische Resonanzuntersuchungen an antiferromagnetischem $LiCuCl_3 \cdot 2\,H_2O$. R. D. Spence und C. R. K. Murty. (Physica [Utrecht] **27**, 850–56, Sept. 1961; East Lansing, Mich., Michigan State Univ., Dep. of Phys. and Astron.; engl.) — Die magnet. Resonanzspektren von H u. ^7Li in $LiCuCl_3 \cdot 2\,H_2O$ wurden bei tiefer Temp. aufgenommen u. die Neel-Temp. zu $4{,}46 \pm 0{,}02^0$ K bestimmt. Die Li-Resonanz besteht aus 4 Komponenten, von denen jede Quadrupolfeinstruktur aufweist. Die Quadrupol-Kopplungs-Konst. ist ca. 28,7 kHz. Die Protonenresonanz zeigt 16 Komponenten, die bei gewissen Orientierungen Dublettstruktur infolge Dipol–Dipol-Wechselwrkg. zeigen. Für die magnet. Raumgruppe ergeben sich aus den Spektren die Möglichkeiten: $P2_1/c'$, $P2_1'/c$ u. P_a2_1/c auf der Basis einer Zelle mit den Dimensionen 2a, b, c (a, b, c = Dimensionen der chem. Elementarzelle). G. Winkhaus. 137□

Die kernmagnetische Resonanz und ihre Anwendung in der Chemie. M. Van Meerssche und J. J. Capart. (Ind. chim. belge **24**, 1189–1206, Okt.; 1471–85, Dez. 1959; Louvain, Univ., Labor. de chim.-phys.; franz.) — Übersicht: Grundlagen, Apparatives, Messungen an Festkörpern u. Flüssigkeiten. — 55 Literaturangaben. A. Blaschette. 137□

Anomale Leitfähigkeit von Elektrolyten und die Solvatation von Ionen. A. M. Schkodin. (Украинский Химический Журнал [Ukrain. chem. J.] **26**, 565–72, 1960; Charkow, Gorki-Univ., Lehrstuhl für phys. Chem.; russ.) — Vf. untersucht die Lage des Minimums der elektr. Leitfähigkeit von Elektrolyt-Lsgg. in Abhängigkeit von der DK des Mediums. Für die Verdünnung am Minimum der Äquivalentleitfähigkeit gilt nach Walden die empir. Beziehung $V_{min} = B/D^3$ (V = Verdünnung, D = DK des Mediums, B = Konst.), wenn für die Dissoziations-Konst. die Beziehung $K_3^{-1} = A/D^3$ nach Fuoß u. Kraus verwendet wird. Die Abhängigkeit log V_{min} von 1/D für $AgNO_3$ u. KJ in W., Acetonitril, Pyridin, Methylamin u. Anilin sowie für $(C_5H_{11})_4NJ$ in Essigsäure, Äthylbromid, Ameisensäureäthylester, Äthylchlorid, Tetrabromäthylen, Methylanilin u. Chlf. werden graph. dargestellt. In beiden Fällen wird festgestellt, daß log V_{min} proportional 1/D ist. Die exponentielle Abhängigkeit V_{min} von 1/D wird auch für Säuren festgestellt ($HClO_4$ in Mischungen mit Essigsäure u. Ameisensäure). Für Lsgg. von $N(C_5H_{11})_4NO_3$ in Wasser–Dioxan-Gemischen wurden bei DK-Werten < 3 Abweichungen von den festgestellten Gesetzmäßigkeiten gefunden. Vf. vermutet, daß bei niedrigen Wasser-Geh. ein Einbau des Dioxans in die Solvathülle der Ionen erfolgt. Die dadurch eintretende Veränderung der Ionenenergie führt zu einer Verschiebung des Minimums nach geringeren Konzentrationen. Bei gleichem Lsgm. gilt für verschiedene Elektrolyte die Regel: Je stärker der Elektrolyt, um so niedriger ist die Konz., bei der das Minimum der Leitfähigkeit auftritt. Ganz allg. gilt für alle Lsgm. u. Elektrolyte $\log C_{min} = a + b \cdot pK$. E. Winkler. 138□

Konduktometrische Bestimmung des Diffusionskoeffizienten von Pertechnetat-Ionen in wässeriger Lösung. K. Schwochau und L. Astheimer. (Z. Naturforsch. **17a**, 820, Sept. 1962; Jülich, Kernforsch.-Anlage, Arbeitsgr. „Inst. für Radiochem.“; Köln, Univ., Inst. für Kernchem.; dt.) — Leitfähigkeitsmessungen an wss. $KTcO_4$-Lsgg. bei 25^0 ergeben eine molare Leitfähigkeit des $KTcO_4$ bei 25^0 u. unendlicher Verdünnung von $129{,}0 \pm 0{,}5\ \Omega^{-1} \cdot cm^2 \cdot Mol^{-1}$, die Äquivalentleitfähigkeit des $^{99}TcO_4^-$-Ions bei 25^0 u. unendlicher Verdünnung beträgt $55{,}5 \pm 0{,}5\ \Omega^{-1} \cdot cm^2 \cdot Val^{-1}$. Hieraus wird der Diffusions-Koeff. für $^{99}TcO_4^-$ unter gleichen Bedingungen zu $(1{,}48 \pm 0{,}01) \cdot 10^{-5}\ cm^2 \cdot s^{-1}$ berechnet. P. Frenzel. 138□

Puffereigenschaften von Mangan(II)-sulfat-Ammoniumsulfat-Galvanisierungsbädern. B. V. K. S. R. A. Tilak, S. R. Rajagopalan und A. K. N. Reddy. (Trans. Faraday Soc. **58**, 795—804, April 1962; Karaikudi, India, Central Electrochem. Res. Inst.; engl.) — Die Puffer-Eigg. von wss. $MnSO_4$-$(NH_4)_2SO_4$-Lsgg. wurden mittels pH-Titration mit 4,680n NaOH u. 4,805n H_2SO_4 in Ggw. u. Abwesenheit von SO_2 untersucht, u. durch Messung der opt. Dichte bei 500 mμ der Einfl. der $(NH_4)_2SO_4$-Konz. auf die Fällung von $Mn(OH)_2$ verfolgt. Im Konz.-Bereich von 0,2—1,0m $MnSO_4$ u. 0,2—2,9m $(NH_4)_2SO_4$ bei wechselnden molalen Verhältnissen der beiden Komponenten ergab sich, daß $MnSO_4$ allein nur bei pH 2—3 puffert; eine Mischung von $MnSO_4$ u. $(NH_4)_2SO_4$ puffert bei pH 7—8 stärker als $(NH_4)_2SO_4$ allein, die Pufferkapazität steigt mit wachsender $MnSO_4$- bzw. $(NH_4)_2SO_4$-Konz. bei konst. Konz. des 2. Partners. Der pH-Wert, bei dem $Mn(OH)_2$-Fällung auftritt, wird durch Zusatz von $(NH_4)_2SO_4$ erhöht, wobei sich die Konzz. von $MnSO_4$ u. $(NH_4)_2SO_4$ wechselseitig beeinflussen. Im Gegensatz zu Agladze (C. **1954**, 2559) werden zur Deutung des Puffer-Verh. die Gleichgewichte $NH_3 + H_2O \rightleftharpoons NH_4^+ + OH^-$ u. $[Mn(H_2O)_n]^{2+} + xNH_3 \rightleftharpoons [Mn(NH_3)_x(H_2O)_{n-x}]^{2+} + xH_2O$ ($n < x < 4$) herangezogen. Die Stabilitäts-Konst. des Komplexes $[Mn(NH_3)_x(H_2O)_{n-x}]^{2+}$ ergibt sich aus den Messungen zu ca. 3. P. Sartori. 139□

Lösungsmittel mit hohen Dielektrizitätskonstanten. 11. Mitt. Messungen der elektromotorischen Kraft der Kette Pt, H_2|HCl (m)|AgCl, Ag in N-Methylacetamid bei 40°. Lyle R. Dawson, Richard C. Sheridan und Hartley C. Eckstrom. (J. physic. Chem. **65**, 1829—31, Okt. 1961; Lexington, Ky., Univ. of Kentucky, Dep. of Chem.; engl.) — 10. vgl. J. physic. Chem. **66**, [1962], 2684; 9. vgl. C. **1960**, 3121. — Die EMK der Kette Pt, H_2|HCl|AgCl, Ag in N-Methylacetamid (I, DK = 165,5) wurde bei 40° bei HCl-Molaritäten zwischen 0,03 u. 0,1 gemessen. Das Normalpotential der Ag/AgCl-Elektrode wurde zu $E_0 = 0{,}2057_3 \pm 0{,}0003_5$ gefunden. Unter Verw. dieses E_0-Wertes wurden die mittleren mol. Aktivitäts-Koeff. von HCl in I berechnet. Die Ergebnisse sind tabellar. aufgeführt. W. Betcke. 140□

Über die elektrolytische Abscheidung von α- und β-Modifikationen des Kobalts. N. Pangarov und S. Rashkov. (Доклады Болгарской Академии Наук [C. R. Acad. bulg. Sci.] **13**, 439—42, Juli/Aug. 1960; engl., Auszug: russ.) — Vff. untersuchen den Einfl. von Temp., Stromdichte u. capillarakt. Substanzen auf die Abscheidung von α- u. β-Co. Eine 500 g $CoSO_4 \cdot 7\,H_2O$, 45 g H_3BO_3 u. 17 g NaCl pro Liter enthaltende Lsg. wurde zwischen eine Pt-Kathode u. 2 Co-Platten als Anoden elektrolysiert. Das abgeschiedene Co wurde röntgenograph. mit CoK_α-Strahlung untersucht. α-Co wurde nach Okuno (Bull. Univ. Osaka Prefect., Ser. A **4**, [1956], 89) erhalten bei 30° u. pH 5,41, β-Co aus einer Lsg., die noch zusätzlich 70 g konz. H_2SO_4/Liter enthielt. Änderung der Stromdichte von 0,008 auf 0,5 A/cm² bei gleicher Temp. u. Konz. hatte keinen Einfl. auf die bevorzugte Abscheidung einer Modifikation. Temp. >45° begünstigen die Abscheidung von α-Co, <45° die von β-Co. Durch Rühren konnte eine verstärkte Abscheidung erreicht werden. Glycerin bewirkte die Abscheidung von überwiegend kub. Co aus einer Lsg., aus der sonst nur hexagonales Co abgeschieden wurde. β-Co wird abgeschieden, wenn das Verhältnis der Geschw. der H_2-Entw. zu der der Metallabscheidung einen krit. Wert überschreitet. D. Hoene. 141□

Über die Impedanz galvanischer Elemente. 4. Mitt. Bestimmung der Geschwindigkeitskonstanten schneller Elektrodenreaktionen aus Messungen der Elektrodenimpedanz. M. Rehbach und J. H. Sluyters. (Recueil Trav. chim. Pays-bas **81**, 301—06, April 1962; Utrecht, State Univ., Labor. for Anal. Chem.; engl.) — 3. vgl. Recueil Trav. chim. Pays-Bas **80**, [1961], 469. — Trägt man für eine bestimmte Frequenz die Elektrodenimpedanz (EI) in der komplexen Impedanzebene bei variierenden Konzz. C^*_{Ox} u. $C^*_{red.}$ im Innern der Lsg. auf u. hält $C^*_{Ox} = C^*_{red.}$ ein, so ergibt sich ein Kreis. Durch einen der Meßpunkte kann ein Halbkreis gezogen werden, dessen Mittelpunkt auf der realen Achse liegt. Aus den Koordinaten dieser Mittelpunkte kann auf die Geschw.-Konst. k der Elektroden-Rk. geschlossen werden. Ohmscher Widerstand, Doppelschichtkapazität, Diffusions- u. Aktivierungspolarisation können zur EI beitragen. Der obere Grenzwert für k, der noch meßbar ist, liegt bei 0,65 cm·s⁻¹. Ein Nachteil des Verf. besteht darin, daß Messungen für mindestens 3 verschiedene Konzz. notwendig sind. P. Frenzel. 142□

Die Bedeutung von Oberflächenfilmen für die Kinetik der Sauerstoffentwicklung an Pd + Au-Legierungselektroden. J. J. MacDonald und B. E. Conway. (Proc. Roy. Soc. [London], Ser. A **269**, 419—40, 25/9. 1962; Ottawa, Ont., Univ. of Ottawa, Dep. of Chem.; Antigonish, N. S., St. Francis Xavier Univ., Dep. of Chem.; engl.) — Vff. untersuchen die Kinetik der anod. O_2-Entw. an spektroskop. reinen Proben aus Pd, Au u. Pd—Au-Legg. (21; 35,1; 40; 45,1; 60 u. 75 Atom-% Pd) in ultrareinen H_2SO_4- (0,99—1,05m) u. KOH-Lsgg. (0,82—1,14m) u. zeigen den bestimmenden Einfl. der als

Sperrschicht wirkenden Oberflächenfilme, was durch eine Erörterung der beobachteten Tafel-Neigungen u. des Abklingens der EMK im offenen Stromkreis bestätigt wird. Bei Änderung des Polarisationsstromes werden für die Sperrschicht-Wrkg. charakterist. Übergangseffekte festgestellt. An Au u. Au-reichen Legg. in alkal. Lsg. entspricht der Übergangsbereich wahrscheinlich einem oberen Grenzwert der Bedeckung elektrochem. akt. Bereiche mit adsorbierten Zwischenprodukten. Allg. entspricht der Übergangsbereich der einsetzenden Passivierung. In saurer Lsg. wird ein Tafel-Bereich mit den gleichen Konst. wie für die Tafel-Gerade in alkal. Lsg. beobachtet. Vff. nehmen an, daß der Entladevorgang eher über W. als über OH^--Ionen u. unabhängig vom pH-Wert abläuft, u. erörtern die Abhängigkeit der Austauschstromdichten von der Zus. der Legierungen. P. Frenzel. 142□

Mechanismus der Wasserstoffbildungsreaktionen an Palladium. 5. Mitt. **Das System Deuterium-Palladium.** Sigmund Schuldiner und James P. Hoare. (J. electrochem. Soc. **105**, 278—84, Mai 1958; Washington, D. C., US Naval Res. Labor.; franz.) — 4. vgl. C. **1959**, 15588. — Vff. bestimmen anod. u. kathod. Polarisationskurven des Syst. α-Pd–D an einer Pd-Bielektrode. Das Gleichgewichtspotential der $(Pd{-}D)_\alpha/D^+$-Elektrode beträgt $+0{,}029 \pm 0{,}001$ V gegen die Pt/D_2, D^+-Bezugselektrode. Die Geschw.-Konst. $di/d\eta$ der summar. D-Bldg.-Rk. an einer α-Pd–D-Elektrodenoberfläche im linearen η–i-Bereich beträgt etwa die Hälfte der Geschw. der H-Bldg.-Rk. an der α-Pd–H-Elektrode. In diesem Bereich u. bei konst. Überspannung ist die Protonentransport-Geschw. durch die Bielektrode 1,7 mal größer als die der Deuteronen. Bei niedrigen Stromdichten wandern 90% des an der Kathodenseite gebildeten D durch die Bielektrode u. werden an der anod. Seite ionisiert. Vff. zeigen, daß an einem β-Pd–D-Kathodendiaphragma der gleiche Rk.-Mechanismus herrscht wie an einem β-Pd–H-Diaphragma. Bei gegebenen Konz.-Gradienten ist die Diffusions-Geschw. des H durch ein β-Pd-Diaphragma 2,5 mal größer als die von D. An einer einfachen β-Pd–D-Kathode beträgt die D-Bldg.-Geschw. $^1/_4$ der der H-Bldg. an einer β-Pd–H-Elektrode. G. Krien. 142□

Mechanismus der Wasserstoffbildungsreaktionen an Palladium. 6. Mitt. **Überspannung von atomarem Wasserstoff an einer α-Pd–H-Bielektrode.** Sigmund Schuldiner. (J. electrochem. Soc. **106**, 440—44, Mai 1959; engl.) — 5. vgl. vorst. Referat. — Vf. entwickelt ein elektrochem. Syst., bei dem die einzigen Rkk., die an der Kathoden- u. Anodenoberfläche einer α-Pd–H-Bielektrode stattfinden, die Bldg. u. die Ionisation von atomarem H sind. Die Überspannung des atomaren H an der Bielektrode wird bestimmt u. eine kinet. Analyse des Syst. durch experimentelle Daten gestützt. G. Krien. 142□

Einfluß von Alkalikationen auf die Wasserstoffüberspannung an Quecksilber in sauren Lösungen. E. A. Masnitschenko, B. B. Damasskin und S. A. Iofa. (Доклады Академии Наук СССР [Ber. Akad. Wiss. UdSSR] **138**, 1377—80, 21/6. 1961; Moskau, Lomonossow-Univ.; russ.) — Unters. des Einfl. von Alkalikationen auf die Wasserstoffüberspannung an der Quecksilber-Tropfelektrode in folgenden Lsgg.: Reines 0,01 n HCl, 0,01 n HCl mit Zusätzen von LiCl, NaCl, KCl, RbCl u. CsCl in Konzz. von 0,1; 0,33 u. 1 n sowie in 0,001 n HCl mit Zusätzen von LiCl, KCl u. CsCl in Konzz. von 0,001; 0,01 u. 0,033 n. In 0,001 n HCl wurden die Polarisationskurven wegen der Konz.-Polarisation korr., während der in 0,1 n HCl gemessene Strom I erheblich unter dem Grenzstrom lag, so daß die Konz.-Polarisation vernachlässigt werden konnte. Die erhaltenen Überspannungs–Stromdichte-Kurven stimmen mit den Kurven überein, die an der stationären Quecksilberelektrode erhalten werden. Im untersuchten Stromdichtebereich ($10^{-4,8}$ bis $10^{-3,5}$ A/cm^2) ergab sich ein linearer Zusammenhang zwischen Überspannung u. log i (i = Stromdichte) mit einer Neigung der Geraden von 0,110 bis 0,111 V bei Salz-Konzz. bis 0,33 n u. von 0,116 V in der normalen Lösung. Die Meßwerte bei log i = −4 u. 22° werden in einer Tabelle zusammengestellt. Sie zeigen, daß sich die Überspannung für Lsgg. gleicher Konz. von Li^+ zu Cs^+ erhöht. Für eine Lsg. der HCl-Konz. 0,01 n u. der Salz-Konz. 0,1 n ergaben sich für Li^+, Na^+, K^+, Rb^+ u. Cs^+ die Meßwerte 0,999; 1,009; 1,011; 1,025 u. 1,036 V. Nach der Theorie einer gehemmten Entladung entspricht der Erhöhung der Überspannung eine Verschiebung des ψ-Potentials nach positiveren Werten. Bei konst. Elektrolyt-Konz. ist die Verschiebung des ψ-Potentials möglicherweise auf eine mit steigendem Ionenradius eintretende Erhöhung der Adsorption von Kationen zurückzuführen. Vff. untersuchen die Änderung der Überspannung in der Reihe der Alkaliionen im Zusammenhang mit den von Brodowsky u. Strehlow (C. **1962**, 31) entwickelten Vorstellungen u. stellen fest, daß die von diesen Autoren gemachten Annahmen für die Deutung der Vers.-Ergebnisse nicht ausreichend sind. Vff. nehmen an, daß möglicherweise der Einfl. der spezif. Adsorption berücksichtigt werden muß. Eberhard Winkler. 142□

Fortschritte in den Methoden und den Anordnungen zur Messung der Elektrodenüberspannungen. Roberto Piontelli, Giovanni Serravalle und Guido Poli. (Atti Accad. naz. Lincei, Rend., Cl. Sci. fisiche, mat. natur. [8] **25, 431**—**34,** Dez. 1958; ital.) — Vff. beschreiben einen neu konstruierten App. zur Messung von Elektrodenüberspannungen u. die Vers.-Technik. C. Gottfried. 142

Ladungsstrom in der Polarographie mit diskontinuierlich veränderlicher Spannung. M. Heyrovský. (Collect. czechoslov. chem. Commun. **26,** 3164—67, Dez. 1961; Prague, Czechosl. Acad. Sci., Polarograph. Inst.; engl.) — Für den Ladungsstrom einer Elektrode, die durch eine period. Rechteckspannung der Frequenz f vom Hilfspotential E_A bis zu dem Potential E aufgeladen wird, ergibt sich die Gleichung $i = 0{,}51 \cdot f \cdot \Delta E \cdot C_1 - m^{2/3} \cdot t_1^{2/3}$, wo $\Delta E = E - E_A$, C_1 spezif. Kapazität, m Hg-Tropf-Geschw. u. t_1 die Tropfzeit ist. Die lineare Abhängigkeit von der Frequenz der Polarisationsspannung u. die Unabhängigkeit vom Hg-Druck wurden bewiesen. Der Ladungsstrom wird Null wenn $\Delta E = 0$ ist. P. Zuman/Prag. 142

Über den Einfluß des Leitsalzes und grenzflächenaktiver Stoffe auf das Wechselstrompolarogramm. Untersuchungen an einem Wechselstrompolarographen mit Tintenschreiber. Mitsugi Senda, Mitsuko Senda und Isamu Tachi. (J. electrochem. Soc. Japan **27,** E 21—E 24, 1959; Kyoto Univ.; engl.) — Vff. untersuchten den Einfl. der Art des Leitsalzes u. eines Zusatzes oberflächenakt. Verbb. auf die Höhe des wechselstrompolarograph. Stroms bei der Red. von Tl^+, Pb^{2+}, Cd^{2+} u. Zn^{2+}.
E. Moisar. 142□

Polarographisches Verhalten von Indium in Gegenwart von Chlorid. Edward D. Moorhead und William M. MacNevin. (Analytic. Chem. **34,** 269—71, Febr. 1962; Columbus, Ohio, Ohio State Univ., McPherson Chem. Labor.; engl.) — Vff. stellen Strom–Spannungs-Diagramme für In^{3+} unter Ausschluß von Chlorid auf. In 0,1m KNO_3 bei pH 1,35 findet überhaupt keine In-Red. statt. In 0,1m $NaClO_4$ bei pH 1 erscheint bei —0,95 V (SCE) Halbstufenpotential eine irreversible In(III)-Stufe, die schon früher von Lingane [1939] beschrieben wurde. Die Unters. der In-Red. ($5 \cdot 10^{-4}$m In^{3+}) in Ggw. äquivalenter Cl^--Mengen ($15 \cdot 10^{-4}$m Cl^-) ergeben einen korr. Wert für das Halbstufenpotential, das in 0,1m KNO_3 bei $-0{,}531 \pm 0{,}003$ V (SCE) festgestellt wird. Dieser Wert ist um 42 mV positiver als das von Schufle u. Mitarbeitern (C. **1951,** I, 3425) für die „reversible" Red. von In in Ggw. des nichtkomplexbildenden Perchlorats gemessene Halbstufenpotential. E. Beyerle. 142□

Polarographische Depolarisationswirkungen der Scandium(III)-Ionen. L. Treindl. (Collect. czechoslov. chem. Commun. **26,** 3003—08, Dez. 1961; Bratislava, Komenský-Univ., Inst. anorg.-phys. Chem.; dt.) — Die polarograph. Depolarisations-Wrkg. der Sc(III)-Ionen ähneln denen der Al(III)-Ionen (C. **1962,** 5566). Der Charakter der Sc-Stufen in ungepufferten Lsgg., die Abhängigkeit des Halbstufenpotentials vom pH-Wert, von der Gelatine-, der Depolarisator- u. der Leitelektrolyt-Konz. können dadurch erklärt werden, daß die Stufe der Abscheidung der H^+-Ionen aus dem Hexaquokomplex des Sc (als Protonendonator) entspricht u. nicht durch die 3- oder 1-elektronische Red. der Sc(III)-Ionen verursacht wird, d. h. $Sc(H_2O)_6^{3+} + 3e \rightarrow Sc(OH)_3 + 3\,H_2O + 3\,H$. Das gebildete $Sc(OH)_3$ bildet auf der Elektrode einen Oberflächenfilm aus, der bei krit. OH^--Ionen-Konz. eine teilweise Hemmung des Elektrodenvorgangs verursacht, die sich durch Minima auf den i–E-Kurven u. durch den Verlauf der i–t-Kurven äußert. Der Einfl. der Sc(III)-Ionen auf die Stufen organ. Verbb. (des Benzaldehyds, Azobenzols u. Acetophenons) in ungepufferten Lsgg. wird durch Wrkg. des $Sc(H_2O)_6^{3+}$ als Protondonator erklärt. P. Zuman/Prag. 142

Untersuchungen über den kathodischen Grenzstrom in Salzschmelzen. 2. Mitt. **Polarographie von $ZnCl_2$ in einer Na_3AlF_6-CaF_2-Schmelze unter Verwendung einer vertikal vibrierenden Platinmikrokathode.** Hidehiko Kido, Tsunesato Rokujo und Yasumasa Hayakawa. (J. electrochem. Soc. Japan **27,** E12—E14, 1959; Urawa, Saitama Univ., Coll. of Liberal Arts, Dep. of Chem.; engl.) — Vgl. C. **1959,** 3383. — Vff. berichten über die Polarographie von $ZnCl_2$ in einer eutekt. Na_3AlF_6/CaF_2-Schmelze. Eine vertikal vibrierende Pt-Elektrode diente als Kathode, während als Anode der die Schmelze enthaltende Pt-Tiegel verwendet wurde. Die Stufenhöhe steigt mit der $ZnCl_2$-Konz., mit der Vibrationsfrequenz u. mit der Temp. linear an. Ein Einfl. der Vibrationsamplitude auf die bei ca. —1 V liegende Red.-Stufe ließ sich nicht erkennen.
E. Moisar. 142□

Elektrochemische Untersuchung über die Passivität von Titan. 2. Mitt. **Anodische Polarisation und anodische Korrosionsverhütung von Titan in Salzsäure und Schwefelsäure.** Rikuro Otsuka. (J. electrochem. Soc. Japan **27,** E 41—E 43, 1959; Tokyo, Inst. of Phys. and Chem. Res., Hongo; engl.) — 1. vgl. C. **1962,** 12564. — Anod. Potential-Stromdichte-Kurven wurden für *Ti* in Lsgg. von HCl oder H_2SO_4 verschiedener Konz.

aufgenommen. Das Passivierungspotential (E_p) von ca. $-0{,}52$ V (gegen gesätt. Kalomelelektrode) erwies sich in HCl u. in H_2SO_4 bis zu einer Konz. von 70% als unabhängig von der Säurekonzentration. Eine beständige Passivierung wird bei Potentialwerten E_a (E_a um 0,25—0,55 V edler als E_p) erreicht; die erforderliche Differenz $E_p - E_a$ ist von der Oberflächenbeschaffenheit abhängig. Die Anwendung dieser Befunde zum anod. Korrosionsschutz von Ti in HCl oder H_2SO_4 wird diskutiert. E. Moisar. 143□

Gemeinsames und Besonderheiten in der Inhibition verschiedener Vorgänge an einer Metallelektrode (Nickel). 2. Mitt. O. Volk und H. Fischer. (Electrochim. Acta [London] **5**, 112—44, Okt. 1961; Karlsruhe, TH, Inst. für Phys. Chem. u. Elektrochem.; dt.) — 1. vgl. C. **1962**, 13670. — Die Inhibitor-Wrkg. (IW) auf die kathod. Abscheidung (a) u. anod. Auflösung (b) von Ni sowie die kathod. H_2-Abscheidung an Ni (c) werden unter stationären Bedingungen untersucht. Die IW, gek. durch eine Zunahme der Überspannung $\Delta g'$, verringern sich vor allem auf Grund der zunehmenden Abweichung des Bedeckungsgrades Θ vom Sorptionsgleichgewicht mit erhöhter Stromdichte i. $\Delta g'$ für c dagegen nimmt durch Einstellung des Sorptionsgleichgewichts auf Grund der unter diesen Bedingungen prakt. unveränderlichen Ni-Oberfläche mit i zu. Die beträchtliche Zunahme von $\Delta g'$ in Ggw. von β-Naphthochinon, Acridin u. N-Äthylchinolinium-jodid mit i entspricht der i-Abhängigkeit der differentiellen Doppelschichtkapazität (vgl. l. c.). In bestimmten Konz.-Bereichen tritt eine chem. Veränderung der Inhibitoren ein. $\Delta g'$ nimmt mit der Inhibitor-Konz., bes. ausgeprägt bei a gegenüber c, exponentiell zu. Die höhere Empfindlichkeit bei a für zunehmendes Θ ist offenbar auf einen stärkeren Einfl. der Inhibitoren auf Kristallisationsteilschnitte im Vgl. zum Ionendurchtritt durch die Doppelschicht zurückzuführen. Die hierauf hinweisende verringerte Neigung der Tafel-Geraden dürfte Änderungen des geschwindigkeitsbestimmenden Schritts entsprechen. Noch stärker ändert sich die Abscheidungsform der Ni-Ndd. mit zunehmendem Θ: Stark vermehrte Keimzahl → hochglänzende Ndd. → unzusammenhängende pulverige Niederschläge. P. Frenzel. 143□

Konvektion und Filminstabilität. Kupferanoden in Chlorwasserstoffsäure. R. S. Cooper und J. H. Bartlett. (J. electrochem. Soc. **105**, 109—16, März 1958; Urbana, Ill., Univ. of Illinois, Dep. of Phys.; engl.) — Im Syst. Cu/2n HCl werden beim Auftreten natürlicher Konvektion zwei Plateaus für stationären Strom beobachtet. Im Bereich von $-0{,}28$ bis $-0{,}05$ V löst sich Cu als Cu^+-Ion (Bldg. von CuCl u. sek. $CuCl_2^-$-Ionen), der Strom erreicht den von der Theorie der Stoffübertragung der natürlichen Konvektion nach Wilke u. Mitarbeitern (C. **1950/54**, 6426 S u. 6611 S) vorausgesagten Wert. Im Bereich des zweiten Plateaus ($> -0{,}05$ V) lösen sich bis zu 30% Cu (bei $+0{,}1$ V) in Form von Cu^{2+}-Ionen. Bei Stromunterbrechung fällt anfangs der Widerstand der CuCl-Schicht, was Vff. auf das Öffnen der Poren in der Schicht zurückführen. Die Porengröße nimmt linear mit der Zeit zu. In dem Bereich der Anodenspannung, unterhalb dessen keine Schicht existiert u. oberhalb dessen die Schicht unbeschränkt erhalten bleibt, werden Oscillationen beobachtet, für die Vff. eine kinet. Erklärung vorschlagen. Diese stimmt mit den experimentellen Beobachtungen überein. Oberschwingungserscheinungen werden erörtert. P. Frenzel. 143□

A$_4$. Thermodynamik. Thermochemie

Die Diskontinuitäten in den Lösungen der Transportgleichung und das Variationsprinzip. R. Englman. (Proc. physic. Soc. **76**, 909—13, 1/12. 1960; engl.) — Theoret. Unters., mit der Vf. einen strengen Beweis für das Ergebnis von Garcia-Moliner u. Simons (vgl. Proc. Cambridge philos. Soc. **53**, [1957], 848) führt, die die Äquivalenz der Variationsformulierung u. der Boltzmannschen Transportgleichung für den Fall eines angelegten magnet. Feldes u. effektiver Kristallgrenzen aufgezeigt hatten. C. Gottfried. 146

Über die thermodynamische Theorie der Diffusion. S. R. de Groot. (XVIe Congr. int. Chim. pure appl., Paris **1957**, 134—43; Leyden, Pays-Bas, Univ., Inst. Lorentz; franz.) — Ableitung eines allg. Ausdrucks für die Entropieerzeugung bei Diffusionsvorgängen in einem Syst. geladener oder ungeladener chem. Komponenten; Definition der Diffusionsflüsse u. -koeff.; Beziehungen zwischen den Diffusions-Koeff. auf Grund der Onsagerschen Beziehung; Anwendung auf Sedimentationsvorgänge u. auf Syst. mit inneren Freiheitsgraden. — 11 Literaturangaben. A. Blaschette. 146□

Diffusion in binären Gemischen mit Volumenänderung. F. Sauer und V. Freise. (Z. Elektrochem., Ber. Bunsenges. physik. Chem. **66**, 353—63, Juni 1962; Göttingen, MPI für Phys. Chem.; dt.) — Mengenstromdichte u. Diffusions-Koeff. werden im Sinne der Thermodynamik irreversibler Prozesse definiert. So gelangt man ohne die speziellen kinet. Annahmen von Prager (C. **1956**, 6306) zu einer Verallgemeinerung des 1. u.

2. Fickschen Gesetzes für isobare u. isotherme Diffusion in Gemischen mit Vol.-Änderung. Die Ansätze gelten für Gase, Fll. u. mit gewissen Modifikationen auch für isotrope Festkörper, solange die Voraussetzungen der Thermodynamik irreversibler Prozesse erfüllt sind. Für den Spezialfall der Diffusion zwischen zwei unendlichen Halbräumen mit einem Konz.-Sprung als Anfangsbedingung wird eine Erweiterung der Boltzmann-Matano-Auswertung angegeben, die auch bei Vol.-Änderung anwendbar ist. Die Formeln für den Diffusions-Koeff. sind nicht mehr vom Ursprung des Koordinaten-Syst. abhängig. Unterss. über das Verh. der Matano-Ebene zeigen, daß es bei Diffusion mit Vol.-Änderung zwei Matano-Ebenen gibt, die sich proportional zur Quadratwurzel aus der Zeit zueinander bewegen. Für kleine Konz.-Differenzen wird der Einfl. der Vol.-Änderung auf die Diffusion abgeschätzt. A. Blaschette. 146□

Diffusion und Gleichgewicht in binären Flüssigkeitssystemen mit zwei Phasen. K. J. Reid. (J. chem. Physics **36,** 559—60, 15/1. 1962; Berkeley, Calif., Univ. of California, Dep. of Chem. Engng.; engl.) — Vf. diskutiert die Anwendung der statist. thermodynam. Betrachtungen von Mazur u. Alfrey (Ann. New York Acad. Sci. **84,** [1960], 251) auf Zweiphasen-Syst. u. zeigt, daß die Anschauungen über das Diffusions-Verh. in diesem Syst. modifiziert werden müssen. G. M. Neumann. 146□

Zur statistischen Begründung der Theorie des „freien Volumens". L. A. Rott. (Журнал Физической Химии [J. physik. Chem.] **31,** 1468—73, Juli 1957; Minsk; russ., Auszug: engl.) — Beschreibung eines Syst. von Verteilungsfunktionen, die sich auf individuelle „Zellen" des Konfigurationsraums beziehen. Die neuen Verteilungsfunktionen erlauben den Vorschlag eines Schemas zur Unters. kondensierter Syst. ohne Benutzung künstlicher Modellvorstellungen der allg. Theorie des „freien Volumens".
H. Roschkowski. 146□

Ein Gittermodell von flüssigem Helium. 2. Mitt. Hirotsugu Matsuda und Takeo Matsubara. (Progr. theoret. Physics [Kyoto] **17,** 19—29, Jan. 1957; Kyoto, Univ., Chem. Dep., Quantum Chem. Labor.; Res. Inst. for Fundament. Phys.; engl.) — 1. vgl. C. **1960,** 730; 3. vgl. C. **1960,** 16669. — Die l. c. aufgestellte Verteilungsfunktion für das Gittermodell des fl. He wird mit Hilfe der Kikuchi-Näherung berechnet. Mit 2 Parametern, der effektiven Masse $m = (1/7)\ m_0$ (m_0 = Masse des He-Atoms). u. dem Gitterabstand $d = 1{,}3$ Å, ergibt sich eine ausgezeichnete Übereinstimmung der Dichteabhängigkeit der Temp. des λ-Übergangs im Vgl. zu den Beobachtungen.
G. Ruban. 149□

Reguläre Modelle für festen Wasserstoff. 1. Mitt. G. M. Bell und W. M. Fairbairn. (Molecular Physics **4,** 481—88, Nov. 1961; Manchester, Univ., Fac. of Math., Math. Dep.; engl.) — Vff. untersuchen unsymm. reguläre Modelle für festes H_2 mit für Paare gleicher nächstnaher Nachbarn verschiedenen Entartungen u. Energien u. zeigen, daß die Gitterverteilungsmöglichkeiten gleich denen des Ising-Modells in einem temperaturabhängigen äußeren Feld sind. Bei positiver Bldg.-Energie eines Paares verschiedener nächster Nachbarn zeigen die Modelle ein vom Isingschen Ferromagneten verschiedenes Verh., da die spezif. Konfigurationswärme eine kontinuierliche Funktion der Temp. ist, oder ein Übergang erster Ordnung mit latenter Wärme vor sich geht. Bei Quadrupol—Quadrupol-Wechselwrkg. entspricht eines der unsymm. regulären Modelle in etwa *Ortho*-Wasserstoff, die daraus erhaltenen Energien nächstbenachbarter Paare sind abhängig von der Orientierung der Verbindungslinie der betreffenden Gitterplätze. Für einfache kub.-raumzentrierte Gitter tritt diese Abhängigkeit jedoch nicht auf. In solchen Fällen findet kein Übergang statt. W. Sobieski. 149□

Theorie der anomalen Wärmekapazität in festem Wasserstoff und Deuterium bei niedrigen o-Wasserstoff- und p-Deuteriumkonzentrationen. William H. Orttung. (J. chem. Physics **36,** 652—60, 1/2. 1962; Berkeley, Calif., Univ. of California, Dep. of Chem.; Lawrence Radiat. Labor.; engl.) — Vf. erweitert die Theorie durch Berechnungen auf der Grundlage der Winkelpotentialenergie zwischen aneinandergrenzenden Moll. u. unter Einbeziehung der chem. oder Valenzenergie, der elektrostat. Quadrupol—Quadrupol-Energie sowie der Dispersionsenergie, die proportional r^{-6} ist. Es zeigt sich, daß bei Drücken von 1 atm nur die zweitgenannte Energie berücksichtigt zu werden braucht, bei höheren Drücken spielen die Valenzkräfte eine Rolle. Die Wärmekapazität für ein aus 3 o-H_2-Moll. in einer Reihe bestehendes Modell ist von der isolierter o—o-Paare verschieden. Vgl. mit dem Experiment zeigen, daß die Ergebnisse nicht nur von der Gesamt-o-Konz., sondern auch von der relativen Konz. isolierter o-Moll. u. isolierter Paare von o-Moll. sowie komplizierterer Konfigurationen abhängen u. unterstützen die Vermutung von Nakamura (Progr. theoret. Physics [Kyoto] **14,** [1955], 135), daß zur Deutung der Daten der anomalen Wärmekapazität ein zusätzlicher, zur o-Konz. proportionaler Term erforderlicher ist. D. Jörchel. 149□

Wahrscheinlichkeit des Gefrierens. A. E. Carte. (Proc. physic. Soc. **73**, 324, 1/2. 1959; Pretoria, South Africa, S. A. Council for Sci. and Ind. Res., Nation. Phys. Res. Labor.; engl.) — Vf. leitet die Ergebnisse von Bigg (C. **1954**, **3401**) über die Beziehung zwischen Wasser-Vol., Dauer u. Tiefe der Unterkühlung sowie über die von diesen Größen abhängige Wahrscheinlichkeit des Gefrierens auf direktere Weise ab. D. Jörchel. 150□

Untersuchung der chemischen Potentiale und der Aktivitätskoeffizienten von binären festen Lösungen durch die Methode der dritten Komponenten. M. M. Schulz, A. W. Storonkin und T. P. Markowa. (Журнал Физической Химии [J. physik. Chem.] **32**, 2518—24, Nov. 1958; Leningrad, Shdanow-Univ.; russ.) — Vff. zeigen die Möglichkeit zur Best. der Änderungen der chem. Potentiale u. Aktivitäts-Koeff. von den Komponenten fester, bin. Lsgg. nach den Angaben über ihre Löslichkeit in einem fl. Lsgm. u. über die Änderungen des chem. Potentials von letzterem. Experimentell wird die Zus. koexistierender Phasen u. der Wasserdampfdruck über gesätt. Lsgg. im Syst. $K_2SO_4-(NH_4)_2SO_4-H_2O$ bei 25° bestimmt. Mit diesen Angaben werden nach der vorgeschlagenen Meth. die Aktivitäts-Koeff. der Komponenten u. die Änderung der chem. Potentiale fester Lsgg. K_2SO_4-$(NH_4)_2SO_4$ berechnet. U.-L. Rau. 150□

Untersuchung der thermodynamischen Eigenschaften des binären Systems Eisen-Mangan in festem Zustande. A. P. Ljubimow, A. A. Granowskaja und L. Je. Berenstein. (Журнал Физической Химии [J. physik. Chem.] **32**, 1591—96, Juli 1958; Moskau, Stalin-Inst. für Stahl; russ., Auszug: engl.) — Meth. zur Best. des Partialdampfdrucks der Komponenten aus bin. Syst. durch Oberflächenverdampfung u. nachfolgende Analyse der Dampfphase. Durch Transformationen u. graph. Integration der Gibbs-Dahemschen Gleichung konnte der Partialdruck bestimmt werden, ohne daß die abs. Menge der Komponenten u. die Größe der verdampfenden Oberfläche bekannt war. Das Fe–Mn-Syst. wurde bei 1213, 1363 u. 1447° K u. Mn-Geh. von 0,0004—0,506 m untersucht. Die gewonnenen Partialdrücke u. Aktivitäts-Koeff. zeigen, daß sich das Syst. dem Zustand idealer Lsgg. nähert. H. Roschkowski. 150□

Die Verdampfung von Metallen im Vakuum in Abhängigkeit von ihrer Verteilung auf der Verdampfungsunterlage. 3. Mitt. Experimentelle Ergebnisse mittels Autoradiographie und Destillations-Kamera-Aufnahmen. L. E. Preuß und C. E. Alt. (Vakuum-Techn. **9**, 155—63, Sept. 1960; dt.) — 2. vgl. Vakuum-Techn. **9**, [1960], 121; vgl. C. **1961**, **3922**. — Mit Hilfe der Autoradiographie u. Dest.-Kameraufnahmen wird die Dest. von ^{198}Au (von einem kon. geformten W-Faden) u. von Cr verfolgt u. wiedergegeben. Mehrere Möglichkeiten der Anwendung des Verf. werden angegeben. W. Wesly. 150□

Einfluß der Teilchengröße auf die Wärmekapazität bei tiefen Temperaturen. Andrew C. Victor. (J. chem. Physics **36**, 2812—13, 15/5. 1962; Washington, D. C., Nat. Bur. of Standards; engl.) — Unterhalb Raum-Temp. sind die Wärmeinhalte (WI) von mikrokristallinen Substanzen kleiner als die makrokristallinen derselben Verbindung. Mit einem einfachen Modell, in dem einerseits die Atome an der Oberfläche u. andererseits die Atome innerhalb des Festkörpers getrennt behandelt werden, wurden die WI von *MgO* (angenommene Oberfläche: 95 m²/g), *NaCl* (39 m²/g) u. *BeO* (70 m²/g) berechnet. Die auf theoret. Wege erhaltenen Werte stimmen mit den experimentellen für MgO u. NaCl im Temp.-Bereich von 0 bis ca. 80° K relativ gut überein, während für BeO die Abweichungen beträchtlich sind. G. Gattow. 151□

Thermodynamische Funktionen von gasförmigem LiCl, LiBr und LiJ. D. Papoušek und M. Valentová. (Collect. czechoslov. chem. Commun. **26**, 3157—60, Dez. 1961; Brno, Purkyně-Univ., Inst. der theoret. u. physikal. Chem.; dt.) — Die thermodynam. Funktionen des idealen Gases bei 1 atm Druck wurden für LiCl, LiBr u. LiJ mit Hilfe der Meth. der statist. Thermodynamik berechnet. Die berechneten Werte der thermodynam. Funktionen sind für LiCl u. LiJ im Temp.-Intervall 100—3500° u. für LiBr 100—6000° K tabelliert. I. Frič/Prag. 151

Thermodynamische Eigenschaften von Trifluorphosphin zwischen 12° K und dem Siedepunkt. Entropie aus molekularen und spektroskopischen Daten. E. L. Pace und R. V. Petrella. (J. chem. Physics **36**, 2991—94, 1/6. 1962; Cleveland, Ohio, Western Reserve Univ., Morley Chem. Labor.; engl.) — PF_3 (I) wurde durch Fluorierung von PCl_3 mit SbF_3 hergestellt u. durch Dest. bis auf 99,7 Mol-% I gereinigt (Verunreinigung: PF_2Cl). Wärmeinhaltsmessungen von I zwischen 12 u. 170° K zeigten 2 Umwandlungspunkte bei 83,75° K u. 110,56° K; die Umwandlungswärmen wurden zu 59,9 ± 0,2 u. 552,3 ± 0,9 cal/Mol bestimmt. Die Schmelzwärme beträgt bei der Temp. des Tripelpunktes (121,85° K) L_f = 223,9 ± 0,2 kcal/Mol. Die Dampfdrücke (in mm Hg) von fl. I lassen sich zwischen 121,7 u. 172,5° K durch die Gleichung $\log p = -606{,}1714/T$

+2,98575·log T − 0,26322 beschreiben; Verdampfungswärme am Kp. (171,77° K) L_e = 3485 ± 3 cal/Mol, Verdampfungsentropie ΔS_e = 20,289 cal/Grad·Mol. Aus den calorimetr. Daten errechnet sich die Normalentropie von gasförmigem I für den idealen Gaszustand bei 171,77° K u. 1 atm Druck zu 58,48 ± 0,15 cal/Grad·Mol; dieser Wert steht in bester Übereinstimmung zu dem aus spektroskop. u. mol. Daten errechneten von 58,49 cal/Grad·Mol. Die Dichte (in g/cm³) von fl. I wird durch die Temp.-Funktion D = 2,332 − 0,004407 T wiedergegeben. G. Gattow. 155□

Die Energiebilanz bei der glasigen und der kristallinen Erstarrung. Aniuta Winter. (C. R. hebd. Séances Acad. Sci. **250**, 3000—02, 2/5. 1960; franz.) — Nach Berechnungen der Enthalpieänderung ist die Energiebilanz beider Phänomene von vergleichbarer Größenordnung. Numer. behandelte Beispiele: *$CaSiO_3$, $MgSiO_3$, $CaO \cdot MgO \cdot 2\,SiO_2$, $CaO \cdot Al_2O_3 \cdot 2\,SiO_2$, $K_2O \cdot Al_2O_3 \cdot 6\,SiO_2$, $CaO \cdot MgO \cdot 3\,SiO_2$, $PbCl_2$. $Na_2HPO_4 \cdot 12\,H_2O$, A., Glycerin.* A. Blaschette. 155□

Thermodynamische Eigenschaften von Wasserstoff in Benzollösungen. J. F. Connolly. (J. chem. Physics **36**, 2897—2904, 1/6. 1962; Whiting, Ind., Amer. Oil Co., Res. and Dev. Dep.; engl.) — Nach der Blasen-Meth. wurden zwischen 130 u. 270° u. bis zu Drücken von 150 atm die partiellen molalen Enthalpien, Entropien u. inneren Energien von H_2 in fl. Benzol-Lsgg. bis zu Konzz. von 13 Mol-% H_2 bestimmt; die Werte sind graph. u. tabellar. wiedergegeben. Durch Vgl. mit den analogen thermodynam. Daten in den Syst. von H_2 mit Toluol, n-Octan, Isooctan u. n-Heptan folgt, daß sowohl das Verhältnis der Energiedichten a_{12}/a_{11} als auch der Druck, bei dem die Mischungsentropie ideal wird, in erster Näherung unabhängig von der Temp. u. der Art des KW-Stoffes sind. G. Gattow. 156□

Bildungsenthalpie von Sauerstoffleerstellen in Bariumoxid. H. Holloway. (J. chem. Physics **36**, 2820—23, 1/6. 1962; London, Dollis Hill, Post Office Res. Stat.; engl.) — Unter Verw. bekannter thermochem. Kenngrößen, publizierter Werte über Fehlstellengleichgewichte u. der elektron. Austrittsarbeit wurde die Bldg.-Enthalpie von Sauerstoffleerstellen in BaO berechnet. Die Enthalpieänderung beim Entfernen eines O^{2-}-Ions aus dem BaO-Gitter beträgt +430 ± 38 kcal/g-Atom. G. Gattow. 156□

Thermodynamische Eigenschaften der Boride von Tantal und Wolfram. James M. Leitnaker, Melvin G. Bowman und Paul W. Gilles. (J. electrochem. Soc. **109**, 441—43, Mai 1962; Los Alamos, N.Mex., Univ. of California, Los Alamos Sci. Labor.; Lawrence, Kans., Univ. of Kansas, Dep. of Chem.; engl.) — Unter Zugrundelegung von Unters.-Ergebnissen der Vff. (C. **1962**, 57) werden die von Brewer u. Haraldsen (J. electrochem. Soc. **102**, [1955], 399) mitgeteilten thermochem. Daten der Boride von Ta u. W diskutiert, wobei für die thermochem. Abschätzung als Standardwert eine Bldg.-Wärme von −76,7 kcal/Mol für ZrB_2 verwendet wird. Die Grenzen der Bldg.-Enthalpien, innerhalb der die tatsächlichen Werte zu erwarten sind, werden für $Ta_{2,4}B$, $Ta_{1,6}B$ u. TaB mit −64,9 bis −38,4, die von ½ TaB_2 mit −51,7 bis −22,7 u. die von W_2B mit −26,0 bis −20,0 kcal/Mol angegeben. G. Gattow. 156□

Untersuchung der thermodynamischen Eigenschaften binärer metallischer Systeme durch Bestimmung der elektromotorischen Kräfte. 4. Mitt. System Kupfer-Antimon im festen Zustand. A. A. Wetscher und Ja. I. Gerassimow. (Журнал Физической Химии [J. physik. Chem.] **32**, 2835—40, Dez. 1958; Moskau, Lomonossow-Univ.; russ., Auszug: engl.) — 3. vgl. C. **1958**, 12318. — Die thermodynam. Eigg. von Legg. des Syst. Cu–Sb wurden mit Hilfe des galvan. Elementes Cu_{fest}/KCl + LiCl + $CuCl_{(Schmelze)}$/$N_{Cu}Cu$ + $N_{Sb}Sb_{(fest)}$ im Temp.-Bereich von 370—610° durch Messungen der EMK ermittelt. Für die Verb. *Cu_2Sb* gelten für 775° K die Bldg.-Wärme ΔH = −1,1 ± 0,2 kcal/g-Atom u. die Bldg.-Entropie ΔS = 1,0 ± 0,25 cal/Grad·g-Atom. Der mögliche Einfl. von Veränderungen der Atomschwingungen u. der Vol. auf die Entropie der Legg. bei der Bldg. von Cu_2Sb u. *Cu_3Sb* wird besprochen. H. Roschkowski. 156□

Über die thermodynamische Untersuchung von Molybdänhalogeniden. 5. Mitt. Die Bestimmung der Bildungsenthalpie von Molybdäntetrabromid. Ss. A. Schtschukarew. I. W. Wassilkowa und N. D. Saitzewa. (Вестник Ленинградского Университета, Серия Физики и Химии [Nachr. Leningrader Univ.] **16**, Nr. 22 [Ser. Physik Chem.] Nr. 4, 127—29, 1961; russ., Auszug: engl.) — 4. vgl. Вестник Ленинградского Университета, Серия Физики и Химии [Nachr. Leningrader Univ.] **15**, Nr. 10 [Ser. Physik Chem.] Nr. 2, [1960], 112; 1. vgl. C. **1960**, 16672. — Vff. bestimmen die Bldg.-Enthalpie von $MoBr_4$ aus der Rk. von $MoBr_4$ mit HCl-haltigen $FeCl_3$-Lsgg. zu −74,5 kcal/Mol. D. Hoene. 156□

Über die Untersuchung von Molybdänhalogeniden. 6. Mitt. Thermodynamik von MoO_2Cl_2 und $MoO_2Cl_2 \cdot H_2O$. Ss. A. Schtschukarew, I. W. Wassilkowa und B. N. Scharupin. (Вестник Ленинградского Университета, Серия Физики и Химии [Nachr. Leningrader Univ.] **16**, Nr. 22, [Ser. Physik Chem.] Nr. 4, 130—34, 1961;

russ., Auszug: engl.) — MoO_2Cl_2 (I) schmilzt bei 170 ± 2°, $MoO_2Cl_2 \cdot H_2O$ (II) zersetzt sich bei 250 ± 10°. Die Bldg.-Enthalpie von II beträgt −247,6 ± 1,0 kcal/Mol, die Lsg.-Wärme −12,6 ± 0,2. Die Bldg.-Enthalpie des Ions $(MoO_2^{2+})_{aq}$ wird zu −111,0 ± 2,0 kcal/Mol berechnet. Der Dampfdruck p wurde von I im Bereich 60—150° gemessen: log p = 9,84 — 4270/T. Die Freie Sublimationsenergie ist für den untersuchten Temp.-Bereich gegeben durch ΔF = 19500 — 45 T; die Sublimationsenthalpie beträgt −19,5 kcal/Mol. Die Bldg.-Enthalpie von gasförmigem I ist −153,0 ± 4 kcal/Mol. Die Freie Rk.-Energie für die Rk. $[MoO_2Cl_2 \cdot H_2O] \rightleftharpoons (H_2O) + [MoO_2Cl_2]$ ist in Abhängigkeit von der Temp. ΔF_T = 16,8 — 35,6 T, für die Rk. $[MoO_2Cl_2 \cdot H_2O] \rightleftarrows (MoO_2Cl_2) + (H_2O)$ ist ΔF_T = 36,3— 80,6·T. Der Wasserdampfdruck im Gleichgewicht zwischen festem I u. II wird durch die Gleichung wiedergegeben: log p_{H_2O} = 7,78 — 3670/T. Die Gleichgewichts-Konst. für die Dissoziations-Rk. von II im Bereich von gesätt. I-Dampf ist log Kp. = 17,62 — 7940/T. Die Freie Rk.-Energie für die Rk. $[MoO_2Cl_2 \cdot H_2O] \rightleftarrows [MoO_3] + 2\,(HCl)$ ist ΔF_T = 25,4 — 69,4 T. log p_{HCl} = 7,62 — 2780/T. Die Gleichgewichts-Konst. der Rk. $[MoO_3] + 2\,(HCl) \rightleftarrows (MoO_2Cl_2) + (H_2O)$ ist log K_p = 2,82 — 2480/T. Die Freie Rk.-Energie dieser Rk. ist ΔF_T = 11,4 — 13,0·T.

D. Hoene. 156□

Die Instabilität einiger Dihalogenide von Kupfer und Silber. D. F. C. Morris. (Physics Chem. Solids **7**, 214—17, Nov. 1958; London, Brunel Coll. of Technol., Dep. of Chem.; engl.) — Die Instabilität von CuJ_2, $AgCl_2$, $AgBr_2$ u. AgJ_2 wird im Licht der Ionisationspotentiale u. der Polarisierbarkeiten betrachtet. Auf Grund einer Abschätzung der freien Bldg.-Energien dieser Dihalogenide ergibt sich, daß die Nichtexistenz dieser festen Verbb. bei 25° in Übereinstimmung mit thermodynam. Daten ist.

C. Gottfried. 156

Die Thermodynamik der Bildung von Chelatanionen. 2. Mitt. **Einfluß der Temperatur auf die Brenzchelatbildung zwischen Borsäure und Catechin.** P. J. Antikainen und Asko Kauppila. (Suomen Kemistilehti B **32**, 141—45, 1959; Helsinki, Univ., Inst. of Chem.; engl.) — 1. vgl. C. **1959**, 4702. — Nach der potentiometr. Pufferkapazitäts-Meth. wurde die Chelat-Bldg. zwischen Borsäure u. Brenzcatechin in 0,1 m NaCl-Lsg. bei 0,0, 25,0, 30,0, 35,0, 40,0 u. 45,0° untersucht; es treten dabei die Chelatsäuren Monobrenzcatechinoborsäure (I) u. Dibrenzcatechinoborsäure (II) in Ionenform auf. Die Temp.-Funktionen der Bldg.-Konst. von I u. II werden durch die Gleichungen (t in °C) log k' = 4,360 — $1,45 \cdot 10^{-2}$ t u. log k' = 4,610 — $1,40 \cdot 10^{-2}$ t wiedergegeben. Bldg.-Enthalpien, Freien Energien u. Bldg.-Entropien der Chelatisierungs-Rk. von I u. II bei 20°: ΔH = −56 cal/Mol, ΔG^0 = −5,4 kcal/Mol u. ΔS^0 = 19 cal/Grad · Mol für I; −56, −5,7 u. 20 für II.

G. Gattow. 156□

Thermochemie der Komplexverbindungen. 5. Mitt. **Mikrocalorimetrische Untersuchung zur Thermochemie der Rheniumverbindungen.** A. F. Kapusstinski und K. I. Wassiljewski. (Журнал Неорганической Химии [J. anorg. Chem.] **2**, 2031 bis 2038, Sept. 1957; Moskau, Chem.-Technol. Mendelejew-Inst.; russ.) — 4. vgl. Известия Зектора Платины и Других Благородных Металлов, Институт Общей и Неорганической Химии [Nachr. Gebiet Platin andere Edelmetalle, Inst. allg. anorg. Chem.] **30**, [1955], 39. — Das dilatometr. Mikrocalorimeter von Schottky wurde so weit verbessert, daß die Empfindlichkeit im Bereich 1,5—25 cal bis zu 0,006 cal u. die Genauigkeit bis auf 0,2—0,5% anstiegen. Mit dieser App. wurden folgende Rk.-Wärmen gemessen: H_2ReCl_4 (krist.) + H_2O_2 (verd.) = 149,5 (kcal/Mol); $HReO_4$ (wss. Lsg.) + Ammoniak = 59,2; Re (Metall) + HNO_3 (wss. Lsg.) = 92,2; $(NH_4)_2ReCl_6$ (krist.) + H_2O = −4,4; $(NH_4)_2ReCl_6$ (wss. Lsg.) + $AgNO_3$ (wss. Lsg.) = 14,5 (2 Messungen); $(NH_4)_2ReCl_6$ (wss. Lsg.) + CsCl (wss. Lsg.) = 17,6 kcal/Mol. Daraus wurden die Bildungswärmen für H_2ReCl_4 (krist.) zu −152,1, für NH_4ReO_4 (wss. Lsg.) — 218 4, für $HReO_4$ (wss. Lsg) — 161,7 kcal/Mol ermittelt sowie die Bildungswärmen für $H_2ReCl_6 \cdot aq$ zu −282,1, $(NH_4)_2ReCl_6 \cdot aq$ −330,4, Ag_2ReCl_6 (krist) zu −231,5 u. CsReCl (krist) zu −409,1 kcal/Mol errechnet. Sämtliche Werte beziehen sich auf 25°.

A. v. Wilpert. 156□

Die Theorie der Fortpflanzung der stetigen laminaren sphärischen Flammen: Analytische Lösungen. D. B. Spalding und V. K. Jain. (Combust. and Flame **5**, 11—18, März 1961; London, Imp. Coll. of Sci. and Technol., Mech. Engng. Dep.; engl.) — Analyt. Lösungen werden für die Stufenfunktions-Rk.-Geschw.-Gleichungen u. für die Rk.-Geschw.-Gleichungen nach Adams gegeben. Die Lösung der Differentialgleichung erfolgt für die Stufenfunktion unter der Annahme, daß die Wärmeleitfähigkeit der Gase konst. ist, über die Transformation der Differentialgleichung in eine dimensionslose Form. Für die Lösung der Funktion nach Adams wurden die von Adams gemachten Annahmen beibehalten u. rückwärts die Rk.-Geschw.-Funktion ermittelt. Es wird gezeigt, daß der effektive Radius einer sphär. Flamme immer größer ist als der nach der Näherung für dünne Flammen berechnete. Die Differenz zwischen beiden

Werten nimmt aber mit steigender injizierter Menge des Gasgemisches u. mit steigender Geschw. der laminaren Flamme ab. Numer. u. von einem Analogierechner stammende Lösungen der Rk.-Geschw.-Gleichungen werden graph. verglichen. An Hand der mitgeteilten Kurven läßt sich jede reale Rk.-Geschw.-Funktion mit guter Genauigkeit ermitteln. K. Ross. 157□

Die Theorie der Fortpflanzung der stetigen laminaren sphärischen Flammen: Lösungen mit Hilfe eines Analogierechners. D. B. Spalding, V. K. Jain und M. D. Samain. (Combust. and Flame **5**, 19—25, März 1961; engl.) — Vgl. vorst. Referat. — Die Flammenfortpflanzung wird in Gasen mit temperatureindeutigen Rk.-Geschw.-Kurven betrachtet, wobei die Temp.-Verteilung in der Flamme mit einem Widerstandsanalogierechner berechnet wird. Der Analogierechner u. seine Arbeitsweise werden kurz beschrieben. Ein Vgl. der numer. Werte mit den Werten des Analogierechners zeigt gute Übereinstimmung. K. Ross. 157□

Das Rückschlagen laminarer und turbulenter Brennerflammen bei vermindertem Druck. B. Fine. (Combust. and Flame **2**, 253—66, Sept. 1958; Cleveland, Ohio, NACA Lewis Flight Propulsion Labor.; engl.) — Vgl. C. **1961**, 28. — An Flammen von *H_2*- oder *Propan* (**I**)-Gemischen mit unterschiedlichen O_2-Mengen wurden die krit. Grenz-Geschw.-Gradienten für laminare (g_{lf}) u. turbulente Flammen (g_{tf}), die ein Maß für die mittlere Rk.-Geschw. in der Flamme u. von allen Transportvorgängen unabhängig sind, experimentell in ihrer Abhängigkeit von der krit. Gas-Geschw. u_{lf} bzw. u_{ft} u. vom Brennerdurchmesser D untersucht. Die Verss. wurden in der Weise durchgeführt, daß bei den zunächst beständig brennenden Flammen bei konst. u der über der Flamme lastende Druck p so lange erhöht wurde, bis die Flamme zurückschlug. Die Brennstoffgemische bestanden außer aus H_2 u./oder **I** aus unterschiedlichen Äquivalentverhältnissen V von Luft oder O_2 oder den Gemischen a) 50% O_2 + 50% N_2, b) 20,6% O_2 + 79,4% Ar oder c) 20,6% O_2 + 79,4% He. Es ergab sich die Beziehung $g_{lf} = 8 \cdot \bar{u}_{fl}/D$ bzw. $g_{tf} = 0{,}23 \cdot Re^{0{,}8} \cdot \bar{u}_{ft}/D$, wobei Re die Reynoldssche Zahl ist. Der Übergang von laminarer zu turbulenter Strömung hängt nur von D ab u. lag bei den benutzten Brennertypen mit D = 1,89—0,928 cm u. dem Verhältnis D/Brennerlänge = 1:50 bis 1:125 zwischen Re = 1500—2500, bei D = 0,546 cm war Re > 6000. Beim Auftragen von p in Torr gegen g_f in s^{-1} ergaben sich für $g_f >$ ca. 3,10 s^{-1} gerade Linien bis zum Übergang von laminarer zu turbulenter Strömung; im darunterliegenden Bereich sind die Kurven gekrümmt. Bei laminaren H_2/Luft-Flammen ergab sich bei V = 0,95—2,25 der Exponent $K = d \log g_{lf}/d \log p = 1{,}35$, bei turbulenten Flammen ergab sich K = 1,31 für V = 0,80 bis 3,00, d. h., es ist $d \log g_{lf}/d \log p = d \log g_{tf}/d \log p$. Diese Beziehungen wurden auch an den anderen Gemischen festgestellt. Bei c) betrug K = 1,51, bei b) 1,52. Bei **I**-Flammen nach a) betrug K = 1,13. Über die sich hieraus ergebenden Folgerungen werden eingehende mathemat. Überlegungen angestellt. E. Roeder. 157□

Die Beziehung zwischen der Flammengeschwindigkeit und der Ausbreitungsgeschwindigkeit einer sphärischen Verbrennungswelle im geschlossenen sphärischen Raum. S. D. Raezer. (Combust. and Flame **5**, 77—80, März 1961; Silver Spring, Md., Johns Hopkins Univ., Appl. Phys. Labor.; engl.) — Eine Beziehung zwischen der Flammen-Geschw. v_f u. der Geschw. der Flammenfront v_s einer zentral gezündeten Verbrennungswelle, deren Rk.-Zone die Dicke Null besitzt, wird für die Ausbreitung in einem geschlossenen sphär. Raum abgeleitet. Dabei wird angenommen, daß die Gas-Geschw. genügend klein ist gegenüber der Schall-Geschw., daß sich der Druck im Raum gleichförmig verteilt, im kalten u. im heißen Gas Temp.-Gleichgewicht herrscht, u. daß außerdem die spezif. Wärmen u. das mittlere Molgew. konst. bleiben. Unter diesen Voraussetzungen kann das Verhältnis v_s/v_f als Funktion des Flammenradius ausgedrückt werden. K. Ross. 157□

Weitere Messungen der Stärke der Turbulenz in Flammenzonen. A. A. Westenberg und J. L. Rice. (Combust. and Flame **3**, 459—65, Dez. 1959; Silver Spring, Md., Johns Hopkins Univ., Appl. Phys. Labor.; engl.) — Ähnlich dem früher beschriebenen Verf. (C. **1955**, 1680), die Stärke von Turbulenzen in Flammen durch Diffusionsmessungen an dem den Verbrennungsgasen zugesetztem He zu bestimmen, untersuchen Vff. die Stärke der Turbulenz in den vorgemischten Flammen von *n-Pentan* (**I**)/Luft (wobei das Äquivalentverhältnis 70% des stöchiometr. betrug) senkrecht zur Strömungsrichtung bei 0,85 atm. Durch Vgl. der He-Konz. bei brennender Flamme u. bei Durchströmen des kalten Gasgemisches ergab sich, daß die Turbulenz im Bereich des brennenden Gases stärker ist als im kalten Gasstrom, daß aber da, wo vollständig verbrannte Gase vorhanden sind, die Strömung fast laminar wird. Die kalten Gase um den Bereich der brennenden Flamme werden durch diese fast gar nicht beeinflußt. E. Roeder. 157□

Flammengeschwindigkeiten von Wasserstoff-Luft- und Wasserstoff-Sauerstoff-Mischungen. Bestimmung nach der Brennermethode mit Schlierenphotographie.

D. A. Senior. (Combust. and Flame **5**, 7—10, März 1961; London, Imp. Coll. of Sci. and Technol., Dep. of Chem. Engng.; engl.) — Es wird ein Schlieren-Syst. zum Photographieren des inneren Konus von Bunsenflammen beschrieben. Die erreichbare 20- bis 25fache lineare Vergrößerung gestattet die Verw. von kleinen Brennern. Die Fläche des Konus wurde auf der Photoplatte graph. integriert. Die Flammen-Geschw. sind nur wenig vom inneren Brennerdurchmesser abhängig. Für magere Mischungen sind die Geschw.-Werte nur wenig von denen von Jahn [1959] gemessenen verschieden, während im allg. die von Bartholomé (Z. Elektrochem. angew. physik. Chem. **53**, [1949], 191) gemessenen höheren Werte für die H_2–O_2-Flamme bestätigt wurden. K. Ross. 157□

Der Löschdurchmesser für Ozonflammen. A. G. Streng und A. v. Grosse. (Combust. and Flame **5**, 81—86, März 1961; Philadelphia, Pa., Temple Univ., Res. Inst.; engl.) — In eine App., bestehend aus zwei durch eine Capillare verbundenen Glaszylindern, wurde das O_3-Gemisch eingefüllt u. mit einem glühenden Pt-Draht gezündet. Durch Beobachtung, ob die Flammenfront die Capillare passierte oder an dieser gelöscht wurde, konnte der Löschdurchmesser in Abhängigkeit von Gasgemisch, Temp. u. Druck bestimmt werden. Für reines O_3 beträgt der Löschdurchmesser bei 298° K u. 1 atm 90 μ. Außerdem wurde die Abhängigkeit der Mindestzündenergie vom Löschdurchmesser, von der Wärmeleitfähigkeit, Flammen-Geschw. u. Temp. für verschiedene O_3-Gemische bestimmt. Ferner wurde der Grenz-Geschw.-Gradient für den Rückschlag der Flamme, d. h. der Mindestgasstrom für eine stabile Flamme, in Abhängigkeit von der Flammen-Geschw. u. dem Löschdurchmesser für verschiedene O_3-Mischungen bestimmt. K. Ross. 157□

Wärmestrahlung von Fluor-Ammoniak-Flammen. R. Eulner, J. Mertens und R. L. Potter. (Combust. and Flame **5**, 1—5, März 1961; Buffalo, N.Y., Bell Aircraft Corp.; engl.) — In einem Diffusionsbrenner wurden unter N_2-Atmosphäre stöchiometr. Mengen F_2 u. NH_3 bei 1 atm zur Rk. gebracht, u. die Wärmestrahlung der 3835° K heißen Flammengase bei der opt. Dichte von 1,885 u. 2,798 cm·atm gemessen. Die Flammengase enthalten sehr wenig F_2, aber merkliche Mengen F, das durch Dissoziation von HF gebildet wird. Der mittlere Absorptions-Koeff. k_F wurde zu 0,00816 cm^{-1} atm^{-1} u. die effektive Ladung des HF zu 0,244 e bestimmt. K. Ross. 157□

Bemerkungen über die Flammen von Gemischen gasförmiger Salpetersäure mit Kohlenwasserstoffen. J. Mertens und R. L. Potter. (Combust. and Flame **3**, 525—27, 1 Tafel, Dez. 1959; engl.) — Vgl. C. **1963**, 415; vgl. vorst. Referat. — Bei ihren Verss. ersetzten Vff. den N_2-Strom im äußeren Rohr durch Ar u. beobachteten, daß keine Änderungen in den Spektren der CN- u. NH-Radikale auftraten. An Hand von Farbenphotographien werden die unterschiedlichen Flammenerscheinungen bei niedrigeren u. höheren Temp. T_g der eintretenden Gasgemische erklärt. Bei höherem T_g zeigen die Flammen eine bedeutend stärker ausgebildete Struktur, d. h. hier treten mehr verschiedene Verbrennungsvorgänge nebeneinander auf als bei niedrigem T_g. E. Roeder. 157□

Lichtstreuungsmessungen an Partikeln, die aus borhaltigen Flammen kondensieren. W. E. Kaskan. (Combust. and Flame **5**, 93—98, März 1961; Schenectady, N.Y., Gen. Electr. Co., Res. Labor.; engl.) — Vgl. C. **1962**, 6293. — Lichtstreuungsmessungen an Partikeln von fl. B_2O_3 in den Flammengasen einer Trimethylborat–Luft-Flamme wurden bei 4 Wellenlängen zwischen 2500 u. 6000 Å in Abhängigkeit von der Höhe über dem Brenner durchgeführt. Vermutlich wird zunächst eine große Anzahl kleiner Partikel gebildet, welche dann durch Kollision u. weitere Kondens. wachsen. Als Endgröße wurden Durchmesser von ca. 0,2 μ bestimmt. K. Ross. 157□

Ultraschallabsorption in einer Elektrolytlösung mit Lösungsmittelgemischen. S. S. Yun, R. T. Beyer und M. W. Dill. (J. chem. Physics **36**, 2737—43, 15/5. 1962; Providence, R.I., Brown Univ., Dep. of Phys.; engl.) — Vff. bestimmten den Absorptions-Koeff. von Ultraschallwellen (Frequenz: 10 bis ca. 150 MHz) bei 20,0° in 0,02 u. 0,05 m Lsgg. von $MgSO_4$ in W. u. in W.–Methanol-Mischungen verschiedener Konz. bis zu 70 Gew.-% Methanol (**I**). Die Frequenz des Hochfrequenzrelaxationspeaks nimmt gleichmäßig mit zunehmenden Geh. an **I** in der Lsg. ab, während die Peak-Höhe bis zu einem Maximum ansteigt u. dann wieder abfällt. Aus den Vers.-Ergebnissen wird der Dissoziationsvorgang diskutiert. G. Gattow. 159□

A_5. Kolloidchemie. Grenzschichtforschung

Untersuchung des Zustands von Protactinium in wässerigen Lösungen. 5. Mitt. **Existenzbereich von Pseudokolloiden.** I. Je. Starik, L. D. Scheidina und L. I. Ilmenkowa. (Радиохимия [Radiochemie] **3**, 690—93, 1961; russ.) — 4. vgl. Радиохимия [Radiochemie] **3**, [1961], 150. — Durch Zentrifugation, Ultrafiltration, Adsorption an

Quarz u. Elektromigration wurde festgestellt, daß Pa (Isotop ^{233}Pa) in HNO_3-Lsgg. bei pH 4—6 Pseudo-Koll. bildet, die im Gleichgewicht mit Ionen vorliegen. Im pH-Bereich 7—11 kommen echte Koll. vor, die im Gegensatz zu den Pseudo-Koll. negativ geladen sind. Bei pH 12—14 bilden sich infolge Umladungen der echten Koll. wieder Pseudokolloide. Bestimmt wurde der Verlust bei der Zentrifugation, der bei pH 5 u. 6 ein Maximum mit 60—80% erreichte, bei pH 9 auf 1% absank u. bis 14 wieder auf fast 70% anstieg. M. Wiedemann. 162□

Untersuchung der Stabilität einiger metallorganischer Sole. 2. Mitt. R. P. Agarwal und S. P. Mushran. (J. Indian chem. Soc. **39**, 343—46, Mai 1962; Allahabad, Allahabad Univ., Chem. Dep.; engl.) — 1. vgl. Upadhya u. Mushran, C. **1963**, 3878. — Vff. bestimmten die Stabilität gelbildender, metallorgan. Sole des Fe(III)- u. Zr-Adipats unterschiedlicher Korngröße u. diskutieren die Anwendbarkeit der Gleichung von Bhattacharya (C. **1952**, 2303) auf die langsame Gelbildung. Aus den a-Werten dieser Gleichung wurden die Stabilitäten der Sole ermittelt; Sole mit durchschnittlich feineren Partikeln sind danach stabiler als solche mit gröberen Partikeln. Die Werte der Konst. m u. n sind für einwertige, die Gel-Bldg. bewirkende Ionen größer als für 2wertige (m/30 KCl m 1,000; n 16,25; —m/300 K_2SO_4 m 0,635; n 14,60). Diese Konst. beschreiben daher die spezif. Natur der die Gel-Bldg. bewirkenden Ionen. P. Scharner. 162□

Über Stabilität und wahres Zeta-Potential von Chromhydroxidsol. Arun Kumar Gangopadhyay. (Kolloid-Z. **178**, 108—12, Okt. 1961; Calcutta, Univ. Coll. of Sci.; engl.) — Ein sauberes u. stabiles Chromhydroxidsol wurde nach der leicht abgewandelten Meth. von Neidle u. Barab [1916/1917] hergestellt. Der Einfl. des pH auf das wahre ζ-Potential wurde untersucht u. dieses bei rascher Koagulation (K; 15 Min. K-Zeit) für kontrollierte wie unkontrollierte pH-Bedingungen zu 32,2 mV gefunden, während es bei 20 Std. langer K-Zeit aus elektroosmot. Messungen 39,2 mV, aus elektrophoret. 39,1 mV beträgt. Die nach $1/\zeta_a = 1/\zeta + m/S$ anzubringende Korrektur für die Oberflächenleitfähigkeit S ist beträchtlich. Die K-Zeit des Sols hängt nicht von der Wertigkeit der verwendeten Gegenionen ab. P. Olschinka. 162□

Ladung und Stabilität von Kolloiden. 27. Mitt. **Einfluß der Temperatur auf die Koagulationskonstanten von Eisen(III)-hydroxidsol.** B. P. Yadava und Rupendra Kumar Verma. (J. Indian chem. Soc. **39**, 325—28, Mai 1962; Lucknow, Lucknow Univ., Chem. Dep.; engl.) — 24. vgl. J. Indian chem. Soc. **39**, [1962], 518. — Bei der langsamen Koagulation von Fe(III)-Hydroxidsol durch K_2SO_4 wurde der Temp.-Einfl. auf die Konst. a (krit. Stabilitäts-Konz.), m (Konz. oberhalb a) u. n in der Gleichung von Bhattacharya u. Mitarbeitern (C. **1958**, 6748) bei 31, 40, 45 u. 50° untersucht. Temp.-Anstieg verursacht ein Abnehmen der Werte für die Konstanten. Die Ergebnisse lassen sich gut auf der Grundlage der kinet. Theorie für die Koagulation von Freundlich, nach der nur die Partikel koaguliert werden, deren kinet. Energie größer als der krit. Wert ist, erklären. Ein ähnliches Resultat kann aus der theoret. Ableitung für die obige Gleichung von Ghosh u. Gangopadhyay (J. Indian chem. Soc. **36**, [1959], 811) abgeleitet werden, wenn man die Temp. als Variable ansieht. P. Scharner. 162□

Versuche mit sich schnell absetzenden ammoniakalischen Silicagelen. Sankaranarayana Giresan und Arcot Viswanathan. (School Sci. Rev. **61**, 304—05, März 1960; Madras, South India, Loyola Coll., Chem. Dep.; engl.) — Mit Silicagel, hergestellt aus 20 ml einer Na-Silicat-Lsg. u. 30 ml einer 5%ig. NH_4CH_3COO-Lsg. unter Schütteln, werden Diffusions-Verss. mit Farbstoffen u. die Darst. Liesegangscher Ringe [Na-Hexacyanoferrat(III) u. $Co(NO_3)_2$] durchgeführt. Ch. Weiske. 164□

Messung der spezifischen Oberfläche poröser Körper und Pulver mit der Strömungsmethode bei niedrigem Druck. Ss. G. Enteliss, M. A. Zikulin, L. W. Wolkow und N. M. Tschirkow. (Журнал Физической Химии [J. physik. Chem.] **32**, 2187 bis 2191, Sept. 1958; Moskau, Akad. der Wiss. der UdSSR, Inst. für chem. Phys.; russ., Auszug: engl.) — Eine neue Meth. zur Schnell-Best. der spezif. Oberfläche poröser Teile u. Pulver durch Messung der zum Druckausgleich auf beiden Seiten einer porösen Membrane erforderlichen Zeit wird vorgeschlagen. Die spezif. Oberfläche von porösem Glas, Porzellan, Kohle, Alumosilicat, Kaolin, Quarz u. Schamotte wird mit Hilfe dieses Verf. ermittelt. H. Roschkowski. 165□

Korrigierte Werte der Oberflächenspannung nach der Methode des schwingenden Strahles. R. Defay und G. Pétré. (J. Colloid Sci. **17**. 565—69, Aug. 1962; Brussels, Univ. Libre; engl.) — Die Anwendung der Bohrschen Formel zur Berechnung der Oberflächenspannung auf die ersten Wellen eines schwingenden Strahls ergibt zu hohe Werte, da die Geschw. an der Oberfläche geringer ist als die im Zentrum. Die von Hansen u. Mitarbeitern (C. **1958**, 11030) angegebene Korrektur ist nur auf reine Fll. anzuwenden, während bei Lsgg. Fehler auftreten. Vff. untersuchen die Meth. von Defay u. Hommelen (C. **1960**, 6412), die mit ausgewählten Capillaren arbeitet. Man erhält bereits von der 4. Welle an mit der Bohrschen Formel brauchbare Werte der Oberflächenspannung. Harro Zimmer. 166□

Neue experimentelle Untersuchungen der Oberflächenspannung bewegter Flüssigkeiten. Marius Borneas und Ervin Kalman. (C. R. hebd. Séances Acad. Sci. **246**, 944—47, 10/2. 1958; franz.) — Vgl. C. **1959**, 14331. — Ergänzend zur Unters. über die Zunahme der Oberflächenspannung infolge Rotation der Fl. (C. **1962**, 11512) untersuchen Vff. die Abhängigkeit dieser Zunahme von der Rotationsfrequenz (0 bis 2,47 U/min) u. dem Durchmesser des Ringes (1,30—2,31 cm) am *W.* u. *Cyclohexan*; unter den Vers.-Bedingungen ist die Oberflächenspannung abhängig von der Tangential-Geschw. der Flüssigkeit. M. Schenk. 166□

Einige Grenzflächenphänomene zwischen flüssigem Schwefel, Wasser, Feststoff und Gas. Tomoo Matsushima und Kenji Ono. (Sci. Rep. Res. Inst. Tôhoku Univ., Ser. A **10**, 375—87, Okt. 1958; Sendai, Tôhoku Univ., Res. Inst. of Mineral Dressing and Metallurgy; engl.) — Vff. berichten über Best. der Kontaktwinkel zwischen fl. S u. Quarzglas (I) bzw. Pyrit in Gasatmosphäre sowie zwischen fl. S u. I in Ggw. von Wasser. Im Temp.-Bereich von 120—160° beträgt dieser Winkel im ersten Fall 60,0 u. 58,4°, während er in Ggw. von W. auf einen Wert von 130,3° bei 120° ansteigt. Mit Hilfe dieser Werte erörtern Vff. den Mechanismus der S-Extraktion aus der Gangart nach dem Autoklaven-Verf. in Ggw. von Wasser. G. M. Neumann. 166□

Tracer, Transport durch Membranen und Transportkoeffizienten. Leslie F. Nims. (Science [Washington] **137**, 130—31, 13/7. 1962; Upton, N.Y., Brookhaven Nat. Labor., Biol. Dep.; engl.) — Quant. Unters. der Verhältnisse beim Transport von markierten u. nichtmarkierten Substanzen durch eine Membran. Die Durchflußrate der markierten Substanz durch die Membran ist nur dann proportional der Durchflußrate der nichtmarkierten Substanz, wenn der Molenbruch der Substanz auf beiden Seiten der Membran gleich ist. Bei Verss. mit einer besonderen Membran ist das Verhältnis des osmot. Transport-Koeff. einer Substanz zum Austausch-Koeff., der mit Tracerzusatz bestimmt wird, >1. E. Schiewer. 170□

Über die Diffusion von Natrium in flüssiges Blei. A. G. Moratschewski, Je. A. Tscherepanowa und A. F. Alabyschew. (Известия Высших Учебных Заведений [Орджоникидзе], Цветная Металлургия [Hochschulnachr. (Ordshonikidse), Nichteisenmetallurgie] **3**, Nr. 3, 70—73, 1960; Leningrad, Polytechn. Inst., Lehrstuhl für allg. Chemie; russ.) — Es wird nachgewiesen, daß die Capillar-Meth. für Unterss. der Diffusions-Geschw. von Na aus einer Pb–Na-Leg. in fl. Pb geeignet ist. Es wurden die Werte des Diffusions-Koeff. von Na in Pb bei 400, 500 u. 600° bestimmt. Bei einem Na-Geh. von 1,6 Gew.-% in der ursprünglichen Leg. beträgt der Diffusions-Koeff. bei 500° 1,32. H. Treumann. 171□

Die Bestimmung der Teilchengröße von Thoriumoxid im Bereich 5—0,1 μ durch das radiometrische Sedimentometer. P. Connor, W. H. Hardwick und B. J. Laundy. (J. appl. Chem. **8**, 716—23, Nov. 1958; Harwell, Berks., Atomic Energy Res. Establ.; engl.) — Die opt. Zweischicht-Zentrifugen-Meth. von Whitby [1955] wurde in eine Radioaktivierungs-Meth. abgewandelt. Für diese ergeben sich zur relativ raschen u. einfachen Best. der Korngrößenverteilung von Thoriumoxid (I) von 5—0,1 μ folgende optimale Bedingungen: Höchstens 8 mg I-Pulver werden in einer Polyäthylenflasche ca. 1 Std. lang unter Rühren in einer 0,2%ig. wss. Calgon-Lsg. suspendiert u. danach einige Sek. im Reaktor ($1{,}47 \cdot 10^{12}$ Neutronen/cm^2 s) zur Erzeugung von ^{233}Th bestrahlt. Nach nochmaligem Rühren bringt man eine aliquote Menge mit der von Whitby entwickelten Pipette in die Sedimentationszelle, die aus Perspex gedreht (9 cm Sedimentationshöhe, 1,75 cm Innendurchmesser, Dicke des Bodens $^{15}/_{1000}$ in.) u. mit 50% ig. wss. Rohrzucker-Lsg. gefüllt ist. Die nach Zentrifugieren nach jeweils bestimmten Zeiten durch den Perspex-Boden gemessenen β-Aktivitäten sind der Masse der sedimentierten Teilchen proportional. Die nach Korrektur für die Zerfallszeit erhaltenen Kornverteilungskurven stimmen mit Kurven nach zwei anderen Meth. gut überein. Fehlerquellen werden diskutiert. I-Teilchen $>5\,\mu$ verursachen in allen untersuchten Fll. Strömungserscheinungen. Die für reines SiO_2 in 0,2%ig. Calgon- u. 40%ig. Zucker-Lsg. erhaltene Verteilungskurve umfaßt wegen der geringeren Dichte von SiO_2 einen größeren Bereich (ca. 1—50 μ). R. Junge. 175□

Gefrierwirkung auf die Eigenschaften koagulierter Metallhydroxide. 3. Mitt. **Einfluß von Elektrolyten auf die Änderung der Teilchendimensionen von Eisen-**

hydroxid und die Filtrationsgeschwindigkeit. W. L. Solotawin und W. W. Wolchin. (Коллоидный Журнал [Kolloid-J.] **23**, 276—80, Mai/Juni 1961; Baku, Energet. Inst. der Akad. der Wiss. der AserbeidshanSSR; russ., Auszug: engl.) — 2. vgl. Журнал Прикладной Химии [J. angew. Chem.] **34**, [1961], 1218. — Konz.-Erhöhung von Elektrolyten, die Kryohydrate bei höherer als der Gefrier-Temp. (—10°) bilden, erniedrigt die Teilchengröße von $Fe(OH)_3$ u. die Filtrationsgeschwindigkeit. Elektrolyte, die Kryohydrate unter —10° bilden, haben bei Konzz. unter 0,5 Mol schwächere Wrkg., erniedrigen die Filtrations-Geschw. stark u. erhöhen die Dispersität des Nd. bei höheren Konzentrationen. Mehrwertige Kationen können bei Zugabe von geringen Mengen vor dem Gefrieren die Filtrations-Geschw. durch den $Fe(OH)_3$-Nd. um das 3—4fache erhöhen. J. v. Schroeder. 175□

Bemerkung zu der Veröffentlichung von T. B. Grimley „Die Molekular-Orbital-Theorie der Wechselwirkung zwischen einem Atom und einer Kristallfläche". J. Koutecký. (Proc. physic. Soc. **73**, 323, 1/2. 1959; Prague, Czechoslov. Acad. of Sci., Inst. of Physic. Chem.; engl.) — Vgl. Proc. physic. Soc. **72**. [1958]. 103. — Vf. zitiert eine Reihe von Veröffentlichungen über die quantenmechan. Theorie der Chemisorption, in denen die gleichen Probleme wie l. c. behandelt u. die gleichen Meth. angewandt werden. D. Jörchel. 176□

Über physikalische Adsorption. 12. Mitt. **Die Adsorptionsisotherme und die Verteilung der Adsorptionsenergie von Festkörpern.** Sydney Ross und James P. Olivier. (J. physic. Chem. **65**, 608—15, April 1961; Troy, N.Y., Rensselaer Polytechn. Inst., Dep. of Chem.; engl.) — 10. vgl. C. **1960**, 5738. — Vff. betrachten eine Oberfläche, die aus einzelnen Bereichen besteht, für die eine gleichförmige, homogene Struktur vorausgesetzt wird. Für verschiedene Gauß-Verteilungen der Adsorptionsenergien auf diesen Bereichen werden Adsorptionsisothermen berechnet, wobei die adsorbierte Phase als ein 2dimensionales, nichtideales Gas betrachtet wird. Die berechneten Kurven haben Formen vom σ-förmigen bis zum der Langmuir-Gleichung entsprechenden konvexen Typ. Es werden experimentell ermittelte Isothermen, bes. für *Ar* u. *Stickstoff* mit den Adsorbentien *Ruß*, graphitisiert bei 3100, 2700, 2000, 1500 u. 1000°, *BN*, einen synthet. *Zeolith*, *Diamant*, *Rutil* u. *Anatas* für 77,5 u. 90,1° K mit den berechneten verglichen u. die Parameter für die beste Annäherung bestimmt. Das Modell eines beweglichen, adsorbierten Films entspricht den Beobachtungen u. ergibt die richtige Abhängigkeit der Adsorption von der Temperatur. Die verschiedenen Adsorbentien lassen sich durch eine Gauß-Verteilung der Adsorptionsenergien beschreiben. Die von Vff. angegebene Meth. ermöglicht neben dem Nachw. der Heterogenität einer Festkörperoberfläche auch die Best. des Inhalts einer Monoschicht. H. Liepack. 176□

Infrarotspektren chemisorbierter Moleküle. R. P. Eischens. (J. chem. Educat. **35**, 385—91, Aug. 1958; Beacon, N.Y., Texaco Res. Center; engl.) — Übersicht über neuere Ergebnisse u. ihre Bedeutung für die heterogene Katalyse (*CO* auf *Pt*-Schichten u. auf Pt–SiO_2-, Pt–Al_2O_3- u. Pd–SiO_2-Trägerkatalysatoren; Einfl. von H_2 auf chemisorbiertes *CO*; C_2H_2 auf *Ni*; Doppelbindungsisomerisierung bei chemisorbierten Olefinen, z. B. *Buten* oder *Hexen* auf *Ni*; Hydrierung von sorbiertem *Äthylen*, *Buten* u. *Hexen*). — 14 Literaturangaben. A. Blaschette. 176□

Die Chemisorption von Wasserstoff an Nickel. Eric Rideal und F. Sweett. (Proc. Roy. Soc. [London], Ser. A **257**, 291—301, 20/9. 1960; London, Imp. Coll., Dep. of Chem.; Stevenage, Hertfordshire, Warren Spring Labor., Dep. of Sci. and Ind. Res.; engl.) — Aus Unterss. des Chemisorptionsgleichgewichts des Syst. Wasserstoff an Ni über Druckmessungen mit einem Ionisationsmanometer bis hinauf zu 200° u. bei Bedeckungsgraden zwischen $\Theta = 1$ u. $\Theta = 0,005$ wurde die molare Entropie, die Adsorptionswärme u. die Aktivierungsenergie der Oberflächenwanderung in Abhängigkeit von Θ ermittelt. Zwischen $\Theta = 0$ u. $\Theta = 0,4$ bestehen neben der überwiegenden Zahl von energet. einheitlichen Bindungsplätzen ca. 1,5% der Oberfläche aus Orten höheren Adsorptionspotentials. Bei weiterer Zunahme von Θ wird ein stufenweiser Zuwachs der molaren Entropie beobachtet u. bei Erreichen der vollständigen Monoschichtbedeckung zeigt der adsorbierte Wasserstoff das Verh. eines 2dimensionalen Gases. G. Pankow. 176□

Adsorption von Äthylenglykol und Glycerin durch Montmorillonit. 5. Mitt. **über Untersuchungen von organischen Verbindungen an Ton.** Reinhard W. Hoffmann und G. W. Brindley. (Amer. Mineralogist **46**, 450—52, März/April 1961; University Park, Pa., Pennsylvania State Univ., Dep. of Ceram. Technol.; engl.) — 4. vgl. C. **1963**, 4302; 2. vgl. C. **1962**, 13307. — Der vermutete Rk.-Mechanismus bei der

der Komplex-Bldg. von Montmorillonit mit W. u. mehrwertigen Alkoholen konnte bestätigt werden. Es wurden beide Lsgm. adsorbiert, obwohl die Schichtgitterabstände für 1- u. 2-Schichtkomplexe betrugen: für $C_2H_4(OH)_2$ 13,9 ± 0,1 bzw. 16,8 ± 0,1 Å, für $C_3H_5(OH)_3$ 13,95 ± 0,1 bzw. 17,75 ± 0,1 Å, gegen 11,95 ± 0,05 Å für eine einzelne H_2O-Schicht. Beim Trocknen stellte sich ein Gleichgewicht auf Grund der verschiedenen Flüchtigkeiten ein. R. G. Kaiser. 176□

Untersuchung der Umsetzung wässeriger Lösungen von Elektrolyten mit Aluminiumoxid und Zinkoxid durch die Methode der Frontalanalyse. A. M. Gurwitsch. (Журнал Физической Химии [J. physik. Chem.] **32**, 1597—1604, Juli 1958; Moskau, Akad. der Wiss. der UdSSR, Inst. für phys. Chem.; russ., Auszug: engl.) — Die Rkk. zwischen wss. $CuSO_4$-, $CuCl_2$-, $ZnSO_4$- u. $CoCl_2$-Lsgg. u. Al_2O_3 sowie ZnO wurden chromatograph. untersucht. Während Schwermetallsalze an ZnO chemisorbiert werden u. die Sorption von Cu(II) durch den Übergang von Zn^{2+} in Lsg. begleitet wird, wird die Sorption an Al_2O_3 durch physikal. Adsorption u. eine mit der Bldg. schwerlösl. Hydrolyse-Prodd. verlaufende Oberflächen-Rk. erklärt. H. Roschkowski. 176□

Frontale Gaschromatographie, unter Berücksichtigung der Veränderlichkeit der Strömungsgeschwindigkeit während der Sorption. 1. Mitt. Bestimmung von Adsorptionsisothermen aus stationären Frontgestalten im Diffusionsgebiet. Pál Fejes, Lászlóné Czárán und Géza Schay. (Magyar Kémiai Folyóirat [Ung. Chem.] Z. **68**, 11—19, Jan. 1962; Budapest, Zentralforsch.-Inst. für Chem.; ung.) — Die früher entwickelte Theorie der stationären Sorptionsfronten im Diffusionsgebiet wird zur Best. von Sorptionsisothermen herangezogen u. gezeigt, daß die Meth. zuverlässige Ergebnisse liefert, was als Bestätigung der Theorie angesehen werden darf. Von dem Gesichtspunkt der prakt. Isothermen-Best. aus ist diese Meth. wie die von Gregg u. Stock vorgeschlagene zu bewerten. Der Bereich der Anwendbarkeit ist jedoch nicht auf die kleinsten Adsorptions-Konzz. beschränkt, da die durch die Sorption verursachte Veränderlichkeit der Strömungs-Geschw. in der Theorie mitberücksichtigt ist.
I. Náray-Szabó. 177

Wechselwirkung von Ionenaustauscherharzen mit Wasser. L. K. Archangelski, A. A. Wojewodina und Je. A. Materowa. (Вестник Ленинградского Университета, Серия Физики и Химии [Nachr. Leningrader Univ.] **16**, Nr. 22 [Ser. Physik Chem.] Nr. 4, 102—10, 1961; russ.; Auszug: engl.) — Vff. beschreiben eine Abänderung der isopiest. Meth. zur Best. der Wasserdampfadsorption (WA) von Ionenaustauscherharzen, mit der eine schnellere Einstellung des Adsorptionsgleichgewichtes erreicht wird. Die WA wurde an Polystyrolsulfonsäureharzen (KU-2) in der Li-, Ag-, Mg- u. Ba-Form u. an Carboxylharz (KB-4) in der Li- u. Mg-Form bei 25° untersucht. Die adsorbierte Wassermenge nimmt in der Reihenfolge Mg $\geqq$ Li > Ba > Ag ab. Dies entspricht auch der Reihenfolge in der Größe der Hydratationszahlen dieser Ionen. Es werden die Harz-Vol./g in Abhängigkeit von der sorbierten H_2O-Menge ermittelt, sowie die spezif. Partial-Vol. des W. in den Harzen berechnet. Die Form der Isothermen (S-Form) wird diskutiert. Die Ergebnisse werden mit Messungen von Gregor u. Mitarbeitern (C. **1950/54**, 1472 S) an Dowex-50 verglichen. D. Hoene. 177□

Das Ionenaustauschverhalten von Vermiculit-Biotit-Mischungen. Galen R. Frysinger und Henry C. Thomas. (Soil Sci. **91**, 400—05, Juni 1961; Chapel Hill, N.C., Inst. of Nat. Sci.; engl.) — Die Austauschkapazität einer Vermiculit-Biotit-Probe aus Carclina für Sr, Ca, Ba, Na u. Cs wurde untersucht. Vff. beschreiben dazu eine Meth., die durch folgende Schwierigkeiten nicht beeinflußt wird: Langsame Umwandlung des Biotits (I) in Vermiculit (II) in Ggw. höherer Ionen-Konzz. u. Temperaturen. Cs-Ionen bewirken dagegen durch den Austausch der ursprünglich vorhandenen Ca- u. Mg-Ionen eine Umwandlung der II- in die I-Struktur. Durch Isotopenaustausch konnte festgestellt werden, daß ca. 97% des sorbierten Cs nicht mehr austauschbar („fixed") war. Dabei sind ca. 85% der Austauschstellen mit Cs, die restlichen ca. 15% durch ursprünglich vorhandene divalente Ionen, die ebenfalls nicht mehr ausgetauscht („trapped") werden, besetzt. Die Cs-Sorption wird durch größere Na-Mengen nicht, durch größere Al-Mengen dagegen vollkommen unterbunden. H.-P. Rettig. 177□

Die Kinetik des Kationenaustausches in Vermiculit. J. Keay unf A. Wild. (Soil Sci. **92**, 54—60, Juli 1961; Reading, Univ.; engl.) — Die Geschw. des Kationenaustausches in Vermiculit wurde untersucht. Der die Geschw. bestimmende Schritt war die Diffusion ins Innere der Partikeln. Die Austausch-Geschw. wurde bei pH 4—9 durch zugefügtes Salz im Konz.-Bereich 1,0—2,0 n bei 18° nicht, durch Rührung nur anfänglich u. durch Anionen lediglich dann beeinflußt, wenn diese die freie Kationen-Konz. in größerem Maße beeinträchtigten. Die Austausch-Geschw. von Na durch Mn,

Fe, Co, Ni, Cu, Zn, Cd, Tl u. Erdalkalimetalle ist umgekehrt proportional zur Größe des Radius des hydratisierten Ions Ba > Sr ≥ Ca > Mg u. $NH_4^+ > NH_3CH_3^+ > NH_2(CH_3)_2^+ > NH(CH_3)_3^+ > NH_3C_6H_5^+$. Die Rk. $X^{2+} \rightarrow Na$ (X^{2+} = Erdalkaliion, ausgetauschtes Ion zuerst angeführt) ist exotherm ($\Delta H = -4,6 \pm 2$ Kcal/Mol. Die Aktivierungsenergien für $X^{2+} \rightarrow Na$ u. $Na \rightarrow X^{2+}$ betrugen 13,4 ± 1 u. 8,8 ± 1 Kcal/Mol. Die in beiden Fällen gefundenen gleichen Austausch-Geschw. werden durch die höhere Aktivierungsentropie der Rk. $X^{2+} \rightarrow Na$ erklärt. Die Ergebnisse stimmen mit denen überein, die an stark sauren Austauschharzen mit Alkalien erhalten wurden, da sie die gleiche umgekehrte Beziehung zwischen Austausch-Geschw. u. Größe der hydratisierten Ionen, gleiche Diffusions-Koeff. u. gleiche Größe der Aktivierungsenergie ergaben.
H.-P. Rettig. 177☐

A_6. Strukturforschung

Ein einheitliches System der Nomenklatur in der Mikro- und Makrokristallographie für Punkte, Reihen, Flächen, Ebenen und für durch Symmetriebeziehungen verknüpfte Kombinationen dieser Elemente. V. A. Frank-Kameneckij. (Acta crystallogr. [Copenhagen] **15,** 803—04, 10/8. 1962; Leningrad, State Univ., Dep. of Crystallogr.; engl.) G. Ruban. 181☐

Anwendung der Abdruckmethode bei der Fraktographie. A. N. Piljankewitsch. (Заводская Лаборатория [Betriebs-Lab.] **24,** 839, 1958; Inst. für Metallkeramik u. Spezial-Legg. der Akad. der Wiss. der UdSSR; russ.) — Die Meth. besteht darin, daß ein emulsionsfreier Röntgenfilm mit einigen Tropfen Aceton zum Quellen gebracht wird. Auf den gequollenen Film drückt man die zu untersuchende Oberfläche des mit Aceton angefeuchteten Objekts. Nach 10—15 Min. ist der Film fest u. läßt sich leicht u. ohne Verformung abheben. Der Abdruck wird ausgeschnitten u. auf einem Objektglas im durchfallenden Licht untersucht. H. Leune. 181☐

Ein Röntgenkryostat mit möglicher Temperaturkontrolle im Bereich von 4—300° K. Floyd A. Mauer und Leonard H. Bolz. (J. Res. nat. Bur. Standards, C **65,** 225—29, Okt./Dez. 1961; engl.) — Vff. geben eine genaue Beschreibung eines Röntgenkryostats mit Temp.-Kontrolle u. der Möglichkeit, leichtflüchtige Proben bis zu 1 atm Dampfdruck im Dampfdruckgleichgewicht zu messen. Die erreichte Temp.-Einstellgenauigkeit beträgt ±0,1°K zwischen 4 u. 20°K u. sinkt auf ±1,0°K bei 300°K, die Genauigkeit bei der Best. von Gitter-Konst. beträgt ±0,001 Å. — Am Beispiel des *Ne* wird die Anwendbarkeit u. Reproduzierbarkeit der App. demonstriert.
W. Sobieski. 181☐

Eine Elektronenbeugungsapparatur zur Untersuchung dünner Schichten im Ultra-Hochvakuum. C. Schüler. (Helv. physica Acta **34,** 397—98, 15/8. 1961; Adlisvil-Zürich, IBM Forschungslabor.; dt.) — Kurze Beschreibung einer App., in der Drücke von $<10^{-9}$ Torr erreicht u. aufrechterhalten werden können. Es wurden auf Glas niedergeschlagene Gd-Schichten in Reflexion untersucht. Oxydation der Oberflächen setzte bereits bei $5 \cdot 10^{-8}$ Torr ein, wenn die Schicht auf 150° erwärmt wurde.
C. Gottfried. 181

Die Richtungsverteilung bei der Mehrfachstreuung mittelschneller Elektronen in dünnen Kohlenstoffschichten. R. A. Haefer. (Optik **17,** 213—27, April 1960; Berlin-Dahlem, MPG, Fritz-Haber-Inst.; Graz, TH, Inst. für Elektronenmikrosk.; dt.) — Unters. der Winkelverteilung bei Mehrfachstreuung u. der Abhängigkeit des elektronenmkr. Bildkontrastes von der Massendicke des Objekts, der Elektronenenergie u. der Größe der Aperturblende. Die Übereinstimmung der Vers.-Ergebnisse mit theoret. Vorhersagen von Lenz (C. **1954,** 10659) ist gut. Als prakt. Anwendungen werden die Best. der effektiven Objektivapertur auf Grund gemessener Gradationskurven u. die Best. der Massendicke dünner Schichten aus dem elektronenmkr. Bildkonstrast diskutiert.
F. Lenz. 181☐

Energieanalyse von Elektronenbeugungsdiagrammen. Hiroshi Watanabe. (J. physic. Soc. Japan **15,** 2368—69, Dez. 1960; Tokyo, Hitachi Central Res. Labor. Kokubunji; engl.) — Unter Bezugnahme auf eine frühere Unters. (vgl. C. **1956,** 12767) berichtet Vf. über die Energieanalyse von Elektronenbeugungsdiagrammen, die bei Transmissions- u. Reflexionsaufnahmen an Einkristallen von *Molybdänit, Ge, CdS, Si,* Rauchteilchen von *ZnO* u. *MgO* sowie an aufgedampften *Al-* u. *Au*-Filmen erhalten wurden. Es wurde beobachtet, daß in den Einkristallen die nichtelast. Streuung hauptsächlich in den Richtungen des gebeugten u. des einfallenden Strahls auftritt. Die elast. diffuse Streuung tritt nicht stark auf. Bei den Rauchteilchen dagegen tritt der größte

Teil der inelast. Streuung nur in der Richtung des einfallenden Strahls auf. Merklich tritt elast. diffuse Streuung auf. Bei den Metallfilmen tritt die inelast. Streuung wie bei den Einkristallen auf; hier ist jedoch auch die elast. diffuse Streuung bemerkenswert. C. Gottfried. 181

Energiebänder in periodischen Gittern — Methode der Greenschen Funktion. F. S. Ham und B. Segall. (Physic. Rev. [2] **124**, 1786—96, 15/12. 1961; Schenectady, N.Y., Gen. Electr. Res. Labor.; engl.) — Die Meth. von Kohn u. Rostocker für die Berechnung von Energiebändern nach der Greenschen Funktion wurde modifiziert, um eine sehr genaue Best. der Struktur-Konst. mit Hilfe von Symmetrieüberlegungen u. der vollständigen Ewaldschen Summierung zu erreichen u. die Wellenfunktion sowohl innerhalb als auch außerhalb der Elementarzelle zu berechnen. Die Formel wird auf das dreidimensionale Mathieu-Potential angewendet. H. Newesely. 182□

Auswirkungen des „Orbitalkraftfeldes" in tetraedrischen Molekülen. Lesser Blum und Norah V. Cohan. (Canad. J. Physics **37**, 1002—07, Sept. 1959; Buenos Aires, Fac. de Cien. Exact. y Natur.; engl.) — Vff. demonstrieren das von Heath u. Linnett (Trans. Faraday Soc. **44**, [1948], 556, 873; **46**, [1950], 147) angegebene Verf. zur Berechnung von Kraft-Konst. an Hand tetraedr. Moleküle. Der angulare Anteil der Potentialfunktion wird für die Symmetrien C_{3v} u. T_d mit Hilfe eines Näherungs-Verf. berechnet u. die resultierenden Kraft-Konst. für NH_3, ND_3, PH_3, PD_3, AsH_3, AsD_3, SbH_3, SbD_3 u. NH_4^+ werden mit den aus IR-Frequenzen ermittelten Werten verglichen. W. Haberditzl. 182□

Über die Berechnung des Ionencharakters von Bindungen in binären Verbindungen. W. Ss. Urussow. (Журнал Неорганической Химии [J. anorg. Chem.] **6**, 2436—39, Nov. 1961; russ.) — Vf. berechnet mit der von Sanderson (C. **1954**, 8523) angegebenen Meth. den Ionencharakter von Verbb. des Typs $A_m^{+n}B_n^{-m}$ u. vergleicht die erhaltenen Werte mit experimentellen Werten oder Angaben anderer Autoren. Es werden behandelt: HCl, HBr, HJ, HF, BF_3, CF_4, SiF_4, PF_5, SF_6, SeF_6, TeF_6, BeO, MgO, CaO, BaO, ZnO, Al_2O_3, MgS, CaS, BaS, ZnS, HgS, CaSe, BaSe. Für folgende Ionen werden die Elektronegativitäten berechnet: F^-, Cl^-, Br^-, J^-, O^{2-}, S^{2-}, Se^{2-}, Te^{2-}, H^-, N^{3-}, C^{4-}. Für HCl, $GeBr_4$, GeH_4 u. $ZnBr_2$ werden die Ladungen der einzelnen Komponenten angegeben. Der berechnete Ionisationsgrad von SiO_2 stimmt gut mit dem experimentellen Wert aus Röntgen-Unters. überein. D. Hoene. 182□

Elektronegativitäten von Kohlenstoff, Silicium, Germanium, Zinn und Blei. 2. Mitt. A. L. Allred und E. G. Rochow. (J. inorg. nuclear Chem. **20**, 167—70, Nov. 1961; Evanston, Ill., Northwestern Univ., Dep. of Chem.; Cambridge, Mass., Harvard Univ., Dep. of Chem.; engl.) — 1. vgl. J. inorg. nuclear Chem. **5**, [1958], 269. — Erwiderung auf eine Mitt. von Drago (C. **1963**, 4988). A. Blaschette. 182□

Die π-Elektroneneigenschaften des Graphits. T. E. Peacock. (J. Chim. physique Physico-Chim. biol. **57**, 844—47, Okt. 1960; London, Univ. College; engl.) — Vf. diskutiert früher (C. **1961**, 8940) erhaltene Ergebnisse in bezug auf das Ionisationspotential, die Bandbreite, die Bindungsenergie u. die Atomisierungswärme. C. Gottfried. 182

Die Metall-Kohlenstoff-Bindung in Metallalkylen. Colin T. Mortimer. (J. chem. Educat. **35**, 381—84, Aug. 1958; Univ. Coll. of North Staffordshire, England; engl.) — Übersicht über experimentelle Ergebnisse; Deutung der Stabilität von Metallalkylen als Folge der Stärke der sp-Hybridbindungen zwischen Metall u. C. — 32 Literaturangaben. A. Blaschette. 182□

Die koordinative Bindung und die Natur der anorganischen Komplexverbindungen. 1. Mitt. **Die Bildung kovalenter Einfachbindungen.** Daryle H. Busch. (J. chem. Educat. **33**, 376—86, Aug. 1956; Columbus, Ohio, Ohio State Univ.; engl.) — Einführende Übersicht. — 33 Literaturangaben. A. Blaschette. 182□

Die koordinative Bindung und die Natur der anorganischen Komplexverbindungen. 2. Mitt. **Doppelbindungen, Übergang von Elektronen in höhere Zustände und kinetische Wirkungen der Bindungsart.** Daryle H. Busch. (J. chem. Educat. **33**, 498—506, Okt. 1956; engl.) — 1. vgl. vorst. Referat. — 40 Literaturangaben. A. Blaschette. 182□

Theorie der Bindungen in Metallkomplexen. Leslie E. Sutton. (J. inorg. nuclear Chem. **8**, 23—32, 1958; Oxford, Univ.; engl.) — Übersicht über neuere Ergebnisse der Ligandenfeldtheorie von Übergangsmetallkomplexen, bes. die Anwendung des Jahn-Teller-Theorems auf Cu-Komplexe u. die Analyse von Ni-Komplexen. A. Blaschette. 182□

Wasserstoffbindungen in Ionenkristallen. Maurice Maurin. (Bull. Soc. chim. France **1962**, 1497—1511, Juli; Montpellier, Fac. des Sci., Labor. de Chim. min.; franz.) — Übersicht: Klassifizierung u. Beispiele; Unters.-Meth. (Röntgen- u. Neutronenbeugung, IR- u. Raman-Spektroskopie; KMR; Messung der Restentropie; Isotopieeffekte). — 160 Literaturangaben. A. Blaschette. 182□

Die Natur der Wasserstoffbindung. Ein Überblick über die veröffentlichten Arbeiten und Diskussion. C. G. Cannon. (Spectrochim. Acta [London] **10**, 341—68, Febr. 1958; Pontypool, Mon., British Nylon Spinners Ltd., Res. Dep.; engl.) — Übersicht. — 80 Literaturangaben. K. Lange. 182

Molekülstoßmodelle und Übergangswahrscheinlichkeiten in Flüssigkeiten. R. E. Nettleton. (J. chem. Physics **36**, 2226—27, 15/4. 1962; Washington, D.C., Nat. Bur. of Stand.; engl.) — Vf. nimmt Stellung zu einer Arbeit von Zwanzig (C. **1961**, 18614) u. kommt an Hand eines neuen Zellenmodells für die Stoß-Rkk. der Moll. in Fll. zu einer neuen Bedingung für die Übergangswahrscheinlichkeit pro Ereignis. Damit zeigt sich eine extreme Empfindlichkeit des Ergebnisses gegenüber Annahmen über die Stoßzahl; derartige Aussagen sind sowohl vom Zellmodell als auch vom Gasmodell ausgehend unbefriedigend. Als Beispiele werden CCl_4, C_6H_6, C_3H_6O u. $CHCl_3$ behandelt. G. M. Neumann. 186□

Bemerkungen zur Zuschrift von Nettleton. R. Zwanzig. (J. chem. Physics **36**, 2227, 15/4. 1962; Washington, D.C., Nat. Bur. of Stand.; engl.) — Vf. weist daraufhin, daß die Modellvorstellungen von Nettleton nicht mit seinen eigenen übereinstimmen u. in realen Fällen meistens nicht vorliegen. Ferner ist die Vernachlässigung der Interferenzen zwischen einzelnen Zusammenstößen, wie Berechnungen von Herzfeld zeigen, durchaus berechtigt, da die Übergangswahrscheinlichkeiten stark geschwindigkeitsabhängig sind. G. M. Neumann. 186□

Porenstruktur der Ätzfilme und chemische Stabilität optischer Gläser. D. P. Dobytschin und A. K. Pogodajew. (Журнал Прикладной Химии [J. angew. Chem.] **34**, 1477—85, Juli 1961; russ.) — Vff. untersuchen die Porenstrukturen von 500 bis 1500 Å starken Ätzfilmen auf Krongläsern (K 8 mit 74 Mol.-% SiO_2, BK 10 mit 62 u. Tk 16 mit 52) mit verschiedener chem. Beständigkeit. Die Ätzfilme wurden durch Behandlung mit HNO_3 (K 8) oder Essigsäure (BK 10, Tk 16) erzeugt. Die Porengröße wurde durch Aufnahme der Adsorptionsisothermen p/ps 0—1 von W. (17°), CH_3OH u. A. (0°) bei p/ps =1 ermittelt. Die Porosität nimmt bei Abnahme des SiO_2-Geh. der Gläser zu (K 8 bei 1000 Å Filmstärke 11—12%, Bk 10 13—15%, Tk 16 35%). Der Porendurchmesser ist für Tk 16 größer als für die beiden anderen Gläser. Für die Gläser TK 12 (57% SiO_2), TF 5 (61,3), Lk 5 (82,3), BF 16 (43,2) u. Tk 2 (66) werden Adsorptionsisothermen für W. aufgenommen u. die Porenradienverteilung ermittelt. Die Porosität der Filme ist nicht nur von der chem. Beständigkeit, sondern vielmehr von der Riß-Bldg. beim Polieren der Gläser abhängig. D. Hoene. 186□

Die Berechnungsmethoden der effektiven Verteilungskoeffizienten bei gerichteter Kristallisation. W. N. Wigdorowitsch, Ju. P. Adler und W. W. Marytschew. (Известия Высших Учебных Заведений [Орджоникидзе], Цветная Металлургия [Hochschulnachr. (Ordshonikidse), Nichteisenmetalle] **4**, 108—14, 1961; Krasnojarsk, Inst. für Buntmetalle, Forschungslabor. für reine Metalle, Metallverb. u. Halbleiter; russ.) — Vff. entwickeln eine Reihe von Formeln für die Berechnung des Verteilungs-Koeff. bei gerichteter Kristallisation. H. Treumann. 190□

Die Physik von Wasser und Eis. F. A. Vick. (Sci. Progr. **46**, 646—53, Okt. 1958; Keele, Univ., Coll. of North Staffordshire; engl.) — Zusammenfassung bes. über Struktur u. Eigg. von Eis. H. Liepack. 190□

Eiskeimbildung durch monodisperse Silberjodidteilchen. G. R. Edwards, L. E. Evans und V. K. La Mer. (J. Colloid Sci. **17**, 749—58, Okt. 1962; Melbourne, C.S.I.R.O., Div. of Phys. Chem.; engl.) — Vff. berichten über Unterss., die zeigen, daß AgJ-Teilchen derselben Größe nicht dieselbe Aktivität zur Bldg. von Eiskeimen zeigen, sondern daß die Keim-Bldg. proportional zur Oberfläche der Teilchen ist. Dadurch wird es möglich, die Wahrscheinlichkeit zu berechnen, daß ein AgJ-Teilchen bestimmter Größe wenigstens eine bei vorgegebener Temp. akt. Keimbildungsstelle enthält. G. M. Neumann. 190□

Apparatur zum Ziehen von Einkristallen von Verbindungen mit leichtflüchtigen Komponenten. A. Beck und E. Mooser. (Helv. physica Acta **34**, 370—73, 15/8. 1961; Ottawa, Canada, Nat. Res. Council, Div. of Pure Phys.; dt.) — Beschreibung einer App., die u. a. zum Ziehen von Einkristallen von *GaS*, *GaSe* u. *GaTe* nach der Czochralski-Meth. Verw. gefunden hat. C. Gottfried. 190

Beziehung zwischen Strukturen und Versetzungen in GaS und GaSe. Z. S. Basinski, D. B. Dove und E. Mooser. (Helv. physica Acta **34**, 373—78, 15/8. 1961; engl.) — Vgl. vorst. Referat. — Zur Deutung der elektr. u. opt. Eigg. von GaS, GaSe u. GaTe werden die Kristallstrukturen betrachtet. GaS u. GaSe sind aus dichtgepackten Ga- u. Anionschichten, in der Folge Anion—Ga—Ga—Anion aufgebaut. Es werden drei verschiedene Aufstapelungen der Vierfachschichten in Betracht gezogen. Es zeigt sich, daß die

Packungsfehlerenergie in GaS relativ groß, in GaSe jedoch klein ist. Dieser Unterschied wurde durch elektronenmkr. Unterss. der Versetzungsnetzwerke bestätigt. In GaS-Kristallen, die aus der Schmelze gezogen u. während des Spaltens verformt waren, bestand dieses Netzwerk hauptsächlich aus Gesamtversetzungen, wobei eine beträchtliche Aufspaltung in Partialversetzungen beobachtet wurde. In GaSe treten große Flächen von Stapelfehlern auf, die durch gerade Teilversetzungen gebunden sind, was auf eine niedrige Stapelfehlerenergie hinweist. C. Gottfried. 190

Gleitfiguren auf mit Bor dotierten Silicium-Oberflächen. H. J. Queisser. (J. appl. Physics **32,** 1776—80, Sept. 1961; Palo Alto, Calif., Unit of Clevite Transistor, Shockley Transistor; engl.) — Die Diffusion von hoch konz. B-Verunreinigungen in eine dünne Oberflächenschicht von Si bei hohen Temp. ergibt Versetzungen, die in regelmäßigen Anordnungen entlang allg. Gleitebenen auftreten. Diese, durch Ätzen sichtbar gemachten, Gleitlinien entstehen durch den Druck der ungleichmäßig verteilten B-Verunreinigungen im Si-Gitter. Die Folgerungen daraus für den Bau von Transistoren werden diskutiert. H. Schibilla. 190□

Symmetrie und Verzwillingung von Einkristallen primären Ammoniumphosphats. Josef Šmid. (Chemie [Praha] **10,** 859—63, Nov. 1958; Turnov, Výzk. úst. pro. miner.; tschech.) — Vf. beschreibt den Grundkristall von $NH_4H_2PO_4$ u. Zwillingskristalle nach [1 1 2], [1 0 1], [2 0 1] u. [3 0 1], die bei der Kristallzüchtung in Form von Durchwachsungen auftreten. Messungen an diesen Kristallen werden tabellar. wiedergegeben. R. K. Müller. 190□

Verzwillingung von kleinen AgBr-Würfeln. C. R. Berry und D. C. Skillman. (J. appl. Physics **33,** 1900—01, Mai 1962; Rochester, N.Y., Eastman Kodak Co., Res., Labor.; engl.) — Vff. berichten über nach {1 1 1} verzwillingte kub. Mikrokristalle von AgBr. Berechnungen der Durchschnitts-Vol. der regulären u. der verzwillingten Würfel ergaben nur eine geringe Differenz, womit eine Wachstumsbeschleunigung in den Zwillingen ausgeschlossen werden kann. Diese Beobachtungen stehen im Gegensatz zu früheren Beobachtungen von Berriman u. Herz (C. **1957,** 13578), die bei tafelförmigen AgBr-Kristallen eine Wachstumsbeschleunigung bei nach {1 1 1} verzwillingten Kristallen festgestellt hatten. Die Beobachtungen werden dadurch gedeutet, daß bei den verzwillingten Würfeln nur Einzelverzwillingungen vorkommen u. durch die Verzwillingung keine Versetzungen gebildet werden, die ein beschleunigtes Wachstum hervorrufen würden. D. Noack. 190□

Zwillingsbildung bei einer Spinellstruktur mit Kationenleerstellen. J. Goodyear und G. A. Steigmann. (Proc. physic. Soc. **78,** 491—95, 1/10. 1961; Hull, Univ., Phys. Dep.; engl.) — Einkristalle von β-In_2S_3 zeigten polarisationsmkr. Zwillingsbildung. Die relative Orientierung der Zwillingskomponenten wurde röntgenograph. durch Drehkristall- u. Oscillationsaufnahmen bestimmt. Die Röntgendaten bestätigen eine raumzentrierte tetragonale Zelle. Besitzt die Substanz eine Spinellstruktur mit Kationenleerstellen, so tritt Zwillings-Bldg. ein, wenn eine Umordnung der tetraedr. besetzten Gitterplätze stattfindet. W. Franke. 190□

Dynamische Effekte der Röntgeninterferenz in natürlichen NaCl-Kristallen aus Wieliczka. J. Auleytner und M. Pawłowska. (Acta physica polon. **20,** 795—99, 1961; Warsaw, Univ., Inst. of Exper. Phys.; engl.) — Eine Unters. der (2 0 0)- u. (1 1 1)-Reflexe von NaCl-Einkristallen aus Wieliczka ergab dynam. Effekte der Röntgeninterferenz. Die verwendeten Kristalle zeigten eine geringe Versetzungsdichte (ca. 300 cm^{-2}). Aus Erhitzungs-Verss. folgte eine erhebliche Strukturstabilität. H. Moenke. 190□

Grübchenätzung in Uranmonosulfid. J. P. Hugo und P. D. Shalek. (J. Inst. Metals **90,** 215—16, Febr. 1962; Argonne, Ill., Nat. Labor., South African Atom. Energy Board; engl.) — Ätzgrübchen wurden bei der Behandlung von relativ hochreinen, gesinterten US-Teilchen durch ein 10:1 H_2O_2/H_2SO_4-Gemisch oder durch 6 Vol.-%ig. wss. H_2SO_4-Lsg. erhalten. Die Grundmasse des US ist grobkörnig u. enthält eine graue interkristalline Phase UOS. Die Ätzstruktur besteht aus einer Reihe von Grübchen von verschiedener Tiefe u. Länge. Der Widmanstättensche Charakter des Ätzbildes zeigt an, daß wahrscheinlich die (1 1 1)-Ebenen des kub. flächenzentrierten US bevorzugt angegriffen wurden. H. Hochstein. 190□

Beiträge zum Aufbau einiger Metall-Carbamat-Verbindungen. H. Malissa und H. Kolbe-Rohde. (Talanta [London] **8,** 841—45, Dez. 1961; Wien, TH, Inst. für analyt. Chem.; Düsseldorf, MPI für Eisenforsch.; dt.) — Es werden die Netzebenenabstände, die Bruttoformeln, der Kristallhabitus u. die entsprechenden Debye-Scherrer-Diagramme der Diäthyldithiocarbamate von Na, NH_4^+, Ag, Cu, Zn, Cr(III), Mn(III), Fe(III), U(VI) u. der Pyrrolidindithiocarbamate von Na, NH_4^+, Cu, Zn, Cd, Ni, Bi, Mn(III), Fe(III), Mo(III) u. Nb(III) angegeben. P. Kurzmann. 190□

Die Bestimmung von Versetzungsdichten in dünnen Filmen. R. K. Ham. (Philos. Mag. [8] **6,** 1183–84, Sept. 1961; Melbourne, Univ. of Melbourne, C.S.I.R.O., Div. of Tribophys.; engl.) — Vf. beschreibt eine Meth., die Dichte von Versetzungen auf Grund von elektronenmkr. Beobachtungen an dünnen Metallfilmen abzuschätzen. Fehlerquellen bei derartigen Abschätzungen werden untersucht. B. Krebs. 190□

Elektronenmikroskopische Beobachtungen der Strukturen in dünnen Kohleschnitten. H. R. Brown und G. H. Taylor. (Nature [London] **193,** 1146–48, 24/3. 1962; Sydney, C.S.I.R.O., Div. of Coal Res.; engl.) — Elektronenmikrographien von *Vitrinit* in austral. Kohlen beweisen, daß es sich um Artefakte handelt. Die hierfür charakterist. Streifen zeigten sich bes. in den härteren, *Mikrinit* u. *Fusinit* enthaltenden Kohlen. G. Ruban. 190□

Diffusion von Thallium(I)-Ionen in Kaliumbromid-Einkristallen. Tokumichi Tamai. (J. physic. Soc. Japan **16,** 2459–63, Dez. 1961; Takatsuki, Osaka, Matsushita Electronics Corp., Res. Labor.; engl.) — Die Diffusion von Tl^+-Ionen in *KBr*-Einkristallen wurde als Funktion der Temp. bestimmt, wobei die Einführung von Tl^+ in die Kristalle durch Erhitzen in Tl-Metalldampf erfolgte. Die Tl^+-Konzz. konnten durch die Größe der charakterist. Absorptionsbanden gemessen werden, die sich linear mit der Konz. verändern. Die Aktivierungsenergie der Diffusion beträgt 1,98 eV.
W. Sobieski. 190□

Der Polymorphismus von Thallium- und anderen Halogeniden bei tiefen Temperaturen. M. Blackman und I. H. Khan. (Proc. physic. Soc. **77,** 471–75, 1/2. 1961; London, Imp. Coll., Phys. Dep.; engl.) — Vff. untersuchten durch Elektronenbeugung auf Formvar aufgedampfte Schichten von *CsCl, CsBr, CsJ, TlCl, TlBr, TlJ, RbCl, RbBr* u. *RbJ*, wobei das Substrat bis auf -160^0 abgekühlt wurde. Alle Cäsiumhalogenide sowie TlCl u. TlBr zeigten bei tiefen Temp. die Interferenzen der anomalen NaCl- u. die der normalen CsCl-Struktur, wobei jedoch stets die Interferenzen der anomalen Struktur schwächer waren; ihre Intensitäten nahmen beim Erwärmen der Schicht allmählich ab, u. sie verschwanden, bevor Zimmer-Temp. erreicht war. Bei tiefen Temp. zeigte TlJ eine CsCl-Struktur, die sich in der Nähe der Zimmer-Temp. in die normale rhomb. Struktur umwandelte. Die Rubidiumhalogenide lieferten bei tiefen Temp. ein Diagramm mit breiten Interferenzringen sowie die Interferenzen der normalen NaCl-Struktur. Die diffusen Banden konnten als Interferenzen der CsCl-Struktur gedeutet werden. Die Gitter-Konst. der anomalen Formen sind zusammengestellt.
C. Gottfried. 190

Untersuchungen über synthetischen Glimmer. 6. Mitt. **Röntgenographische und optische Daten über synthetischen Fluorphlogopit.** J. A. Kohn und R. A. Hatch. (Amer. Mineralogist **40,** 10–21, Jan./Febr. 1955; Norris, Tenn., U. S. Bur. of Miner., Electrotechn. Labor.; engl.) — 5. vgl. C. **1950/54, 4945** S. — Vff. berichten über eine halbindustrielle Darst. von Fluorphlogopit. Im elektr. Widerstandsofen wurden ca. 3 t eines Gemisches von 23,5 (Gew.-%) K_2SiF_6, 28,0 MgO, 11,8 Al_2O_3 u. 34,7 SiO_2 geschmolzen. Die Abkühlungs-Geschw. betrug ca. 5^0 pro Stunde. Gut ausgebildete Einkristallplättchen wurden von einer porösen Zone nahe der Oberfläche der Schmelze aufgesammelt. Chem. Analysen von der oberen Zone u. der Mittelzone zeigten, daß die Zus. nahe der theoret. Zus. des Fluorphlogopits, $KMg_3AlSi_3O_{10}F_2$ war. Die an ausgesuchten Einkristallplättchen gemessenen Brechungsindices (Na-Licht) waren $\alpha = 1{,}522 \pm 0{,}001$; $\beta = 1{,}548_5 \pm 0{,}0005$; $\gamma = 1{,}549 \pm 0{,}001$; $2\,v = 14 \pm 5^0$; opt. negativ. Die röntgenograph. Unterss. ergaben für die monokline Zelle die Abmessungen $a = 5{,}299 \pm 0{,}004$ (Å); $b = 9{,}188 \pm 0{,}002$; $c = 10{,}135 \pm 0{,}002$; $\beta = 99^0\,55' \pm 3'$; Raumgruppe $C_s^3-C\,m$; $Z = 2$. C. Gottfried. 190

Anorganische Verbindungen. J. M. Bijvoet (unter Mitarbeit von G. A. Bootsma, Crystallijne A. Copier, H. J. Endeman, F. Jellinek, Gezina Kerssen, H. Krabbendam, Carolyn B. Knobler, Emmy L. M. van Laere, J. C. Schoone und A. de Vries). (Struct. Rep. [Utrecht] **18, 333**–628, 1961; engl.) — Vgl. Wyart, C. **1960,** 17041. — Ausführliche krit. Zusammenstellung der 1954 erschienenen Arbeiten über die Kristallstruktur anorgan. Verbindungen. E. Klever. 195□

Kristallographischer Beweis für die Existenz von B_7O. R. A. Pasternak. (Acta crystallogr. [Copenhagen] **12,** 612–13, 10/8. 1959; Menlo Park, Calif., Stanford Res. Inst.; engl.) — Ein braunes mikrokristallines Material der Zus. $B_{6,6}O$ (Spuren von N_2 u. Mg) wurde röntgenograph. untersucht. Es wurde durch Vgl. der beobachteten u. berechneten Dichte als B_7O mit ca. 2% B_2O_3 identifiziert. B_7O ist orthorhomb., mit $a = 8{,}20_4$ (Å); $b = 5{,}35_4$, $c = 5{,}13_0$; $Z = 4$; $D._{beob.} = 2{,}64_4\ g\cdot cm^{-3}$. Die Struktur ist ähnlich der des B.
E. Schulte. 195□

Strukturprinzipien der hydratisierten Polyborate. J. O. Edwards und V. Ross. (J. inorg. nuclear Chem. **15**, 329—37, Okt. 1960; Providence, R. I., Brown Univ., Dep. of Chem.; engl.) — Vff. diskutieren den Aufbau der hydratisierten Polyborate (HPB) an Hand von Literaturangaben u. postulieren folgende Bauprinzipien: In den festen HPB wird B trigonal u. tetraedr. durch O koordiniert, wobei das Verhältnis tetraedr. B zu Gesamt-B dem von Kationenladungen zu Gesamt-B entspricht. B u. O bilden alternierend miteinander 6-Ringe, deren Stabilität mit der Ggw. von 1 oder 2 tetraedr. B-Atomen verknüpft ist. Zwei Ringe können über das tetraedr. B zu anderen Anionen zusammentreten; bei wiederholter Dehydratation entstehen aus den Ringen kettenförmige Polyanionen. H. Bürger. 195□

Molekülanordnung von linearem Polyphosphornitridchlorid. E. Giglio, F. Pompa und A. Ripamonti. (J. Polymer Sci. **59**, 293—300, Juni 1962; Napoli, Univ., Ist. di Chim., Centro Studi di Chim. Fis. del Consiglio Naz. delle Ric.; Bari, Univ., Ist. di Chim. Gen.; engl.) — An gestrecktem polymerem $PNCl_2$ (I) wurde mittels Fourier-Transformationen aus Röntgendiagrammen unter der Annahme, daß I in einer Helixstruktur vorliegt, die wahrscheinlichste Mol.-Anordnung berechnet. Vff. bestätigen für das wohl cis-planare Helixmodell eine Sequenz der 2 Moll. enthaltenden orthorhomb. Einheitszelle von 4,92 Å u. finden P—N = N—P = 1.60 Å, NPN = 119, PNP = 127, ψ_1 = 156, ψ_2 = 14° (Rotationswinkel um P—N u. N—P). H. Bürger. 195□

Verfeinerung der Kristallstruktur von Dolomit. H. Steinfink und F. J. Sans. (Amer. Mineralogist **44**, 679—82, Mai/Juni 1959; Houston, Tex., Shell Developm. Co., Exploration and Production Res. Div.; engl.) — Vff. verfeinerten die für Dolomit von Bradley u. Mitarbeitern (vgl. Amer. Mineralogist **38**, [1953], 207) bestimmte Struktur durch neue Intensitätsmessungen von Weißenbach-Aufnahmen, Anwendung der Meth. der kleinsten Quadrate u. unter Berücksichtigung von isotopen u. anisotropen Temperaturfaktoren. Die neuen Parameter sind für O (x =) 0,2374; (y =) —0,0347; (z =) 0,2440 u. für C: 0; 0; 0,2435. Mit diesen Parametern ergeben sich die folgenden Atomabstände: C—O = 1,283 (Å); Mg—O = 2,095 u. Ca—O = 2,390. Aus den Temp.-Faktoren folgt, daß die Kationen isotrop schwingen, während die Atome der CO_3-Gruppe eine beträchtliche Anisotropie in ihrer Wärmebewegung haben. Das an die 3 O-Atome gebundene C-Atom schwingt mit einer kleineren Amplitude parallel zu der C-Achse als in der (0 0 1)-Ebene, wo die Schwingungsamplitude dieselbe ist wie für die 3 O-Atome. Die CO_3-Gruppe als Ganzes schwingt demnach in der Ebene senkrecht zur c-Achse. Die O-Atome sind weniger gehemmt u. ihre Schwingungen parallel zur c-Achse sind größer als die in der (0 0 1)-Ebene. C. Gottfried. 195

Die Identität einiger Dicalciumsilicathydrate. L. S. Dent Glasser, H. Funk, W. Hilmer und H. F. W. Taylor. (J. appl. Chem. **11**, 186—90, Mai 1961; Aberdeen, Univ., Dep. of Chem.; Berlin, Dt. Akad. der Wiss., Inst. für Anorg. Chem.; engl.) — Die Verbb., die von Flint u. Mitarbeitern (1938) als $6\,CaO\cdot3\,SiO_2\cdot2\,H_2O$, von Jander u. Franke (1941) bzw. Funk (C. **1959**, 5062) als $2\,CaO\cdot SiO_2\cdot0{,}5\,H_2O$ u. von Roy (C. **1960**, 5754) als „Phase Y" beschrieben wurden, sind offensichtlich identisch. Die richtige Formel ist vermutlich, wie von Roy angegeben, $6\,CaO\cdot3\,SiO_2\cdot H_2O$. Aus den Röntgendaten ergibt sich für die Elementarzelle a = 6,82, b = 6,94, c = 12,88 Å, α = 90°40′, β = 97°28′, γ = 98°10′. Die Elementarzelle enthält $12\,CaO\cdot6\,SiO_2\cdot2\,H_2O$. Die Röntgendichte beträgt 2,97 gcm^{-3}. Beim Erhitzen gibt die Verb. zwischen 630—700° H_2O ab, wodurch die endotherme Spitze zwischen 690—700° erklärt wird. Die Deutung der endothermen Spitze bei 980° ist unklar. K. Ross. 195□

Darstellung und Untersuchung der Mischkristallreihen $La(Sr)CoO_3$ und $La(Th)CoO_3$. J. Schröder. (Z. Naturforsch. **17b**, 285—86, April 1962; Aachen, Philips Zentral-Labor. GmbH; dt.) — Bei dem im Perowskittyp kristallisierenden $LaCoO_3$ besetzt La(III) die Ecken der Elementarzelle. Es läßt sich durch Sr(II) ersetzen, wobei Co(III) in Co(IV) übergeht. Dieser Übergang verläuft in der Reihe $La_{1-x}Sr_xCoO_3$ bis x = 0,35 streng linear zur Strontiumdotierung. Bei höherer Sr(II)-Zugabe tritt Sauerstoffmangel u. Zurückbleiben des Co(IV)-Geh. auf. Bei 60% Sr(II) liegt das Maximum des Co(IV)-Geh. mit 45%. Die Mischkristalle sind Halbleiter vom p-Typ, das leicht rhomboedr. verzerrte Gitter des reinen $LaCoO_3$ (a = 3,82) geht bei 60% Sr(II) in ein kub. Gitter (a = 3,84) über. Der Ersatz von La(III) durch Th(IV) bewirkt einen Übergang von Co(III) nach Co(II) u. Halbleiter-Eigg. (n-Typ). Es konnten nur bei Dotierungen mit maximal 4% Th(IV) einphasige Mischkristalle erhalten werden. Als Ausgangssubstanzen dienten La_2O_3, $SrCO_3$, ThO_2 u. $CoCO_3$, die sorgfältig getrocknet im gewünschten Verhältnis in A. aufgeschlämmt, feingemahlen, abfiltriert, bei 1000° vorgeglüht u. nach erneuter Aufschlämmung in A. nochmals feingemahlen u. darauf bei 1250—1400° zusammengesintert wurden. F. Aubke. 195□

Über die Kristallstruktur von $TiOSO_4 \cdot H_2O$. Georg Lundgren. (Ark. Kemi **10,** Nr. 28, 397—413, 1957; Stockholm, Univ., Inst. of Inorg. and Phys. Chem.; Sundbyberg, Res. Inst. of Nat. Def., Dep. 1; Stockholm, Roy. Inst. of Technol., Dep. of Inorg. Chem.; engl.) — Nach Drehkristall- u. Weissenberg-Aufnahmen ist $TiOSO_4 \cdot H_2O$ rhomb. mit $a = 9,788 \pm 0,005$, $b = 5,120 \pm 0,003$, $c = 8,598 \pm 0,005$ Å; $P\,2_1\,2_1\,2_1$ (Pseudosymmetrie Pnma oder $Pn2_1a$); Z = 4. Die durch Patterson- u. Fourier-Meth. erhaltenen Atomparameter entsprechen einer idealisierten Struktur, die durch geringe Verzerrung die tatsächliche Symmetrie annimmt. Das Kristallgitter besteht aus $(TiO)_n^{2n+}$-Ketten, die untereinander durch SO_4^{2-}-Gruppen verbunden sind. Die Wasser-Moll. befinden sich in der Nähe der Ti-Atome. Auf diese Weise ergibt sich eine sechsfache Ti-O-Koordinierung in der Form eines geringfügig verzerrten Oktaeders. A. Blaschette. 195□

Wasserstoffbindung in Zirkoniumsulfattetrahydrat. David H. Templeton. (Acta crystallogr. [Copenhagen] **13, 684,** 10/8. 1960; Berkeley, Calif., Univ., Dep. of Chem., and Lawrence Radiation Labor.; engl.) — Eine Nachprüfung der von Singer u. Cromer (C. **1963, 4994**) mitgeteilten Struktur von $Zr(SO_4)_2 \cdot 4\,H_2O$ führte zu einer abweichenden Konfiguration der H-Bindungen. Danach hat jedes Wasser-O ($O_{(3)}$) 4 nächste Nachbarn in dem gleichen quadrat. Antiprisma, u. zwar $O_{(2)}$ in 2,53; 2,62 u. 2,86, sowie $O_{(3)}$ in 2,72 Å. Außerdem hat es noch 3 andere Nachbarn: $O_{(1)}$ in 2,69; 2,75 u. 2,93 Å. Es wird vorgeschlagen, die H-Bindungen den Abständen 2,69 u. 2,75 Å zuzuordnen. C. Gottfried. 195

Zur Untersuchung des Phasendiagrammes im System Zirkonium–Bor. 2. Mitt. **Über die Bildung der Phase mit der Zusammensetzung ZrB_2.** W. A. Epelbaum und M. A. Gurewitsch. (Журнал Физической Химии [J. physik. Chem.] **32,** 2274—81, Okt. 1958; Moskau, Phys. Chem. Karpow-Inst.; russ., Auszug: engl.) — 1. vgl. C. **1958,** 12331. — Die Bldg. der hexagonalen ZrB_2-Phase im Bereich Zr–$ZrB_{2,68}$ wurde chem. u. röntgenograph. untersucht. Die Synth. wurde bei 1900—2100° aus den Elementen unter Ar oder im Vakuum durchgeführt. Die Unterss. ergeben, daß die Bldg. der ZrB_2-Phase schon bei geringen B-Geh., etwa entsprechend der Zus. $ZrB_{0,02-0,05}$ beginnt. Die Gitter-Konst. ändern sich innerhalb des gesamten Konz.-Bereichs nicht, $a = 3,162_5$; $c = 3,522_5$ (beide $\pm 0,0003$ **kX**). Die ZrB_2-Phase hat einen engen Homogenitätsbereich. H. Roschkowski. 195□

Die Kristallstruktur der Zirkoniumarsenide ZrAs und $ZrAs_2$. Włodzimierz Trzebiatowski, Stanisław Węglowski und Kazimierz Łukaszewicz. (Roczniki Chem. [Ann. Soc. chim. Polonorum] **32,** 189—201, 1958; Wrocław, Polsk. Akad. Nauk, Inst. Chem. fiz., Zakł. Badań strukt.; Politechn., Kat. Chem. nieorg.; pol.) — Vgl. C. **1956, 6596.** — Die Röntgen-Unters. des Syst. Zr–As im Bereich von 30—70 Atom-% As zeigt das Vorhandensein von 2 Phasen, ZrAs u. $ZrAs_2$. ZrAs zeigt im Pulverdiagramm denselben Strukturtyp wie TiAs; die Dimensionen der hexagonalen Einheitszelle sind $a = 3,80_4$, $c = 12,87$ Å, $c/a = 3,38$; Raumgruppe D_{6h}^4-$P6_3/mmc$. Die Struktur von $ZrAs_2$ wird an einem Einkristall untersucht. Die Dimensionen der orthorhomb. Elementarzelle sind: $a = 6,80_1$, $b = 9,02_7$, $c = 3,68_9$ Å; Raumgruppe D_{2h}-mmm; Typ $PbCl_2$ (C-23). Die Lage der **4** Zr- u. 8 As-Atome von $ZrAs_2$ wird angegeben. R. K. Müller. 195□

Darstellung, Struktur und Eigenschaften von K_2NbO_3F. Francis Galasso und Wilda Darby. (J. physic. Chem. **66,** 1318—20, Juli 1962; East Hartford, Conn., United Aircraft Corp., Res. Labor.; engl.) — K_2NbO_3F (I) wurde durch 24std. Erhitzen eines Gemisches von K_2CO_3 u. Nb_2O_5 (1 : 1) mit überschüssigem KF in einem Pt-Tiegel auf 1000°, langsames Abkühlen auf 600° mit einer Geschw. von 30°/Std. u. Waschen mit W. in Form von dünnen rechtwinkligen Plättchen dargestellt, es hat K_2NiF_4-Struktur. Das c/a-Verhältnis von I ist mit 3,46 (tetragonal, Raumgruppe I — 4/mmm, Nr. 139, $a = 3,96_5$, $c = 13,67_0$) größer als der berechnete Wert von 3,41. Durch Unters. der interatomaren Abstände mittels Röntgenaufnahmen an Einkristallen wurde gefunden, daß das hohe c/a-Verhältnis von einer Verlängerung des Anionoktaeders in der „c-Richtung" herrührt. Der therm. Ausdehnungs-Koeff. von I ist in der „c-Richtung" mehr als doppelt so groß wie in der „a-Richtung"; dies mag für den positiven Temp.-Koeff. des elektr. Widerstands bei diesem Material verantwortlich sein. G. Heller. 195□

Eine Neubestimmung der Kristallstruktur von Galenobismutit, $PbBi_2S_4$. Y. Iitaka und W. Nowacki. (Acta crystallogr. [Copenhagen] **15,** 691—98, 10/7. 1962; Bern, Univ., Mineralog. Inst., Abt. für Kristallogr. u. Strukturlehre; engl.) — Auf Grund neu bestimmter Intensitätswerte wurde mit Hilfe von Fourier-Synth. u. nach der Meth. der kleinsten Quadrate die Kristallstruktur von *$PbBi_2S_4$* neu bestimmt. D_{2h}^{16}—Pnam. Die neuen Gitter-Konst. sind: $a = 11,79 \pm 0,007$ (Å); $b = 14,59 \pm 0,008$; $c = 4,10 \pm 0,005$.

Die Struktur enthält BiS_2-Ketten, die zu Bi_4S_8-Ketten verbunden sind. Tabelle der Atomparameter u. Atomabstände. Die Struktur von $PbBi_2S_4$ ist ähnlich der von Berthierit $FeSb_2S_4$. Ernst Schulte. 195□

Die Kristallstruktur von Chrom(II)-bromid. J. W. Tracy, N. W. Gregory und E. C. Lingafelter. (Acta crystallogr. [Copenhagen] **15,** 672–74, 10/7. 1962; Seattle, Wash., Univ. of Washington, Dep. of Chem.; engl.) — $CrBr_2$ ist monoklin; a = 7,114 (Å), b = 3,649, c = 6,217 (alle Werte ±0,005), β = 93°53′. C2/m. Z = 2. $D_{beob.}$ = 4,356 (g/cm³); $D_{ber.}$ = 4,370. Die beobachteten u. errechneten Strukturfaktoren, die Atomabstände u. Bindungswinkel sowie ein Vgl. mit den Strukturen von CrF_2, $CrCl_2$ u. CrJ_2 sind angegeben. Die Br-Ionen bilden um Cr^{2+} etwas verschobene Oktaeder, deren kürzeste Kanten mit den benachbarten Oktaedern planare Ketten bilden u. deren längere Kanten diese Ketten zu Schichten verbinden. Ernst Schulte. 195□

Hochtemperatur-Hochdruck-Untersuchungen im System Uran–Sauerstoff. W. B. Wilson. (J. inorg. nuclear Chem. **19,** 212–22, Okt. 1961; Columbus, Ohio, Battelle Mem. Inst.; engl.) — Vf. untersucht das Syst. bei Temp. bis zu 1800° u. Drücken bis zu 10^5 atm. Über 400° u. 16000 atm bildet sich eine neue Modifikation, γ-U_3O_8. Über 800° u. 20000 atm geht die γ-Modifikation in die α-Modifikation über. Über 60000 atm u. 400° koexistiert γ-U_3O_8 mit kub. U_4O_9 bis 100000 atm u. 500°. Röntgenstrukturaufnahmen des γ-U_3O_8 ergeben, daß es hexagonal mit a = 8,78 u. c = 9,18 Å kristallisiert. $D_{(berechnet)}$ = 9,15; $D_{(beobachtet)}$ = 9,2 g/cm³. H.-G. Moslé. 195□

Die Kristallchemie des Kupfers. Josef Zemann. (Fortschr. Mineralog. **39,** 59–68, 3 Beilagen, 1961; Göttingen; dt.) — Umfassender Überblick über den gegenwärtigen Stand der Kristallchemie des Cu unter bes. Berücksichtigung der Mineralien u. anorgan. Verbindungen. Angaben über den Zusammenhang zwischen Struktur u. Farbe bei Cu(II)-Salzen. H. Moenke. 195□

Analyse der Bandenprofile der zweidimensionalen Beugung im Montmorillonit. Einfluß der austauschbaren Kationen. Jacqueline Longuet-Escard, Jacques Mering und Georges W. Brindley. (C. R. hebd. Séances Acad. Sci. **251,** 106–08, 4/7. 1960; Paris, Inst. Nat. de Rech. chim. appl.; Pennsylvania State Univ.; franz.) — Vff. berechneten für 4 (hk)-Beugungsbanden des Montmorillonits sowie des Na-, Cs- u. Ba-Montmorillonits die Strukturfaktoren sowie mit Hilfe der Meth. von Brindley u. Mering (vgl. C. **1953,** 656) die Profile zweier dieser Banden. Ein Vgl. der berechneten u. röntgenograph. bestimmten Profile bestätigt das angenommene Strukturschema. Der mittlere Durchmesser der Elementarschichten wurde zu ca. 100 Å abgeschätzt. C. Gottfried. 195

Die Elektronentheorie der Metalle. B. L. Mordike. (Res. appl. in Ind. **13,** 179–86, Mai 1960; Göttingen, Univ., Inst. für Metallphys.; engl.) — Kurze Übersicht. A. Blaschette. 197□

Metalle. W. B. Pearson (unter Mitarbeit von T. H. K. Barron, Z. S. Basinski, L. D. Calvert, J. W. Christian, E. Mooser, S. Ogawa, K. Schubert, Joan C. Spong und J. Spreadborough. (Struct. Rep. [Utrecht] **18,** 1–332, 1961; engl.) — Vgl. C. **1960,** 17043. — Ausführliche krit. Zusammenstellung der 1954 erschienenen Arbeiten über die Kristallstruktur von Metallen u. Legierungen. E. Klever. 197□

Bildung von Gleitbändern periodisch sich ändernder Dichte auf der Oberfläche eines günstig orientierten Aluminium-Einkristalles. H. J. Latière und R. Michaud. (Mém. sci. Rev. Métallurgie **58,** 948–56, Dez. 1961; Marseille, Centre de Rech. sci., ind. et marit.; franz.) — Mikrograph. u. Röntgen-Unterss. von Zug-Verss. unterworfenen Al-Einkristallen ergaben das Auftreten eines neuen Gleitbandtyps. Zwischen den Vertiefungen u. Erhöhungen der auf beiden Seiten auftretenden Wellenlinien bestand Übereinstimmung. Entlang der Zugachse änderte sich die Dichte der Verformungsbänder periodisch. Eingeschlossene Kristallite hatten keinen Einfl. auf die Bänder. Nach starkem Zug beträgt ihre Drehung zum Grundgitter 8° um eine Achse [1 1 0], die in der akt. Gleitebene liegt. Die Struktur der Bänder war deutlich unterschieden von der der früher untersuchten multiplen Gleitbänder. F. Vier. 197□

Untersuchung einiger an der Oberfläche kristalliner Körper bei hoher Temperatur verlaufender physikalischer Prozesse. 5. Mitt. Über die Selbstausheilung von absichtlich auf der Oberfläche von polykristallinem Kupfer hervorgerufenen Defekten. Ja. Je. Gegusin und N. N. Owtscharenko. (Физика Металлов и Металловедение [Metallphysik u. Metallkunde] **9,** 569–77, April 1960; Charkow, Gorki-Univ.; russ.) — 4. vgl. C. **1963,** 4995. — Auf der Oberfläche von O-freiem polykristallinem Cu wurden mit Hilfe eines Diamanten Kratzer angebracht u. interferometr. die Veränderungen der Defekte beim Glühen auf 670, 750 oder 950° verfolgt. Aus der Kinetik der „Selbstausheilung" wurde der Koeff. der Oberflächenselbstdiffusion ermittelt. Es zeigte sich, daß die Profiländerungen der Defekte von der Art der Oberflächenbehandlung u. von der Orientierung des Korns gegenüber der Oberfläche des Schliffes abhängig sind. Vff. nehmen an, daß die durch den Schleif- u. Polierprozeß entartete Oberflächenschicht feinkristallin u. beständig gegen hohe Temp. ist. O. Lebtag. 197□

Reaktionskinetische Analyse der Erholung von kaltverformtem Nickel im Temperaturgebiet 0—300°C. P. Simson und R. Sizmann. (Z. Naturforsch. **17a**, 596 bis 603, Juli 1962; München, TH, Labor. für Techn. Phys.; dt.) — An plast. verformten Ni-Drähten mit den Reinheitsgraden 99,8 u. 99,999% wurde im Temp.-Bereich zwischen 0—300° die Rk.-Kinetik untersucht. Es ergab sich: Bei 99,8% Ni tritt von den allg. beobachteten 5 Erholungsstufen um 100° die Stufe 3, um 240° die Stufe 4 auf. Bei Reinst-Ni keine Stufe 4. In Stufe 3 ist die Aktivierungsenergie geringfügig vom Reinheitsgrad abhängig; sie beträgt im Reinst-Ni 0,92 ± 0,04 (eV), in 99,8%ig. Ni 1,09 ± 0,04. Die Aktivierungsenergie in Stufe 4 (99,8% Ni) wurde zu 1,50 ± 0,05 eV gefunden. Der Rk.-Ablauf in Stufe 3 (vermutlich auch in 4) ist diffusionsbedingt. Der Erholungsablauf in beiden Stufen läßt sich als eine durch Fremdatome beeinflußte bimol. Rk. von Atomen auf Zwischengitterplätzen u. Leerstellen deuten. R. Esenwein. 197□

Der Einfluß einer Vibration der Schmelze auf die Struktur von Silumin. D. P. Lowzow und G. D. Ljungersgausen. (Известия Высших Учебных Заведений (Орджоникидзе), Цветная Металлургия [Hochschulnachr. (Ordshonikidse), Nichteisenmetallurgie] **3**, Nr. 3, 148—50, 1960; Krasnojarsk, Inst. für Nichteisenmetalle, Lehrst. für Gießereiwesen; russ.) — Die Vibration der Schmelze bewirkt eine Veränderung der inneren Struktur einer fl. Leg. u. verfeinert die Makrokörnung. Durch Vibration der Schmelze läßt sich eine modifizierte Struktur des Silumins erzielen. Die Struktur des modifizierten Silumins ist als normale Struktur der Leg. anzusehen; dagegen wird die Struktur des nichtmodifizierten Silumins von zusätzlichen Faktoren beeinflußt, die in der fl. Phase eine Ansammlung von Si-Atomen hervorrufen, wodurch eine vorzeitige Kristallisation in Form von lamellaren großen Körnern stattfindet. Die Ansammlung von Si-Atomen wird durch nichtmetall. Einschlüsse, Mischkristalle u. andere Suspensionen verursacht. H. Treumann. 197□

Untersuchung der Kinetik des Zerfalls einer übersättigten festen Lösung in einer Legierung von Aluminium mit 4% Kupfer. W. A. Ssmalschtschenko und G. M. Kusnetzow. (Известия Высших Учебных Заведений (Орджоникидзе), Цветная Металлургия [Hochschulnachr. (Ordshonikidse), Nichteisenmetallurgie] **3**, Nr. 3, 136 bis 138, 1960; Krasnojarsk, Inst. für Nichteisenmetalle, Lehrst. für Metallkunde; russ.) — Aus den auf Grund von Unterss. aufgenommenen Diagrammen ist ersichtlich, daß die übersättigte feste Lsg. die geringste Stabilität bei 350° besitzt. Bei 250—175° findet vor Beginn des Ausscheidens der Θ'-Phase die Bldg. der 2. Guinier-Preston (GP)-Zone statt, wodurch ein plötzliches Ansteigen der Festigkeit der Lsg. bewirkt wird. Die maximale Festigkeit wird vor Beginn der Bldg. der Θ'-Phase erreicht. Bei niedrigen Anlaß-Temp. (150—100°) bilden sich offenbar zuerst die Zonen GP 1 u. dann erst die Zonen GP 2. H. Treumann. 197□

Der Einfluß legierter Beimengungen auf die Atombindung und die Verzerrung des Gitters in festen Lösungen auf Grundlage des Aluminiums. G. P. Kuschta und I. P. Michailjuk. (Известия Высших Учебных Заведений (Орджоникидзе), Цветная Металлургия [Hochschulnachr. (Ordshonikidse), Nichteisenmetallurgie] **3**, Nr. 3, 139—42, 1960; Tschernowzy, Univ., Lehrst. für Röntgen-Metallphys.; russ.) — Es wurde festgestellt, daß die charakterist. Temp. u. entsprechend die Intensität der Atombindung beim Legieren von Al mit Cu steigt u. Werte erreicht, die um fast 100% die charakterist. Temp. für reines Al übertreffen. Andere Zusätze zu Al haben eine entgegengesetzte Wirkung. Im Syst. Al-Mg-Zn-Cu ist die Steigerung der charakterist. Temp. nur auf die Ggw. von Cu zurückzuführen. H. Treumann. 197□

Die Diffusion von Bor in Germanium. M. D. Sturge. (Proc. physic. Soc. **73**, 320—22. 1/2. 1959; Salfords, Surrey, Mullard Res. Labor.; engl.) — Vf. bestimmte den Diffusions-Koeff. von B in Ge bei 890 bzw. 846 bzw. 790° zu D = (12 ± 2) bzw. (3 ± 1) bzw. (0,9 ± 0,3)·10^{-13} cm² sec⁻¹, was etwa den Werten für Ga entspricht. Dunlap (C. **1955**, 7150) hatte um einen Faktor 10 höhere Werte für B gefunden. D. Jörchel. 197□

Die Kristallstruktur von zwei Thoriumgermanid-Phasen der angenäherten Zusammensetzung $Th_{0,9}Ge_2$ und $ThGe_2$. Allan Brown. (Acta crystallogr. [Copenhagen] **15**, 652—56, 10/7. 1962; Uppsala, Univ., Inst. of Chem.; engl.) — Die Darst. der Phase $Th_{0,9}Ge_2$ erfolgte durch Bogenschmelzen von 10 g einer Th-Leg. mit ca. 60 Atom-% Ge

u. 40 g Bi bei 700° in 48 Stunden. Die Reaktanden wurden in einer SiO_2-Kapsel unter Vakuum eingeschlossen u. während des Erhitzens geschüttelt. Nach dem Abkühlen wurde das Prod. zerkleinert, in einen Al_2O_3-Tiegel gegeben u. der Tiegel mit Inhalt in der SiO_2-Kapsel 1 Monat lang unter Vakuum bei 700° gehalten. Es wurden Kristalle von 50—200 μ Größe zusammen mit freiem Ge durch Lösen mit 50%ig. HNO_3 aus der Bi-Matrix erhalten. Nach der gleichen Meth., jedoch bei 600°, wurden Kristalle von $ThGe_2$ neben einer Phase der Zus. *$ThGe_{1,6}$* erhalten. $Th_{0,9}Ge_2$ ist orthorhomb., a = 16,642 ± 0,006 (Å); b = 4,023 ± 0,002; c = 4,160 ± 0,002; D_{2h}^{19} — C m m m. $ThGe_2$ ist orthorhomb., a = 4,223 ± 0,002; b = 16,911 ± 0,006; c = 4,052 ± 0,002. D_{2h}^{17} — C m c m. $ThGe_2$ ist isostrukturell mit *UGe_2*. Für beide Phasen sind die indizierten $\sin^2 \Theta$-Werte u. die nächsten Atomabstände tabellar. angegeben. Die Strukturen werden auf Grund ihrer nahen Verwandtschaft zu den Phasen *$ThAs_2$*, *$ThSb_2$* u. *$ThBi_2$* diskutiert.
Ernst Schulte. 197□

Ordnungs-Unordnungs-Erscheinungen in α-Messing. 3. Mitt. Einfluß der plastischen Deformation. L. M. Clarebrough, M. E. Hargreaves und M. H. Loretto. (Proc. Roy. Soc. [London], Ser. A **257**, 363—85, 20/9. 1960; Melbourne, Univ., C.S.I.R.O., Div. of Tribophys.; engl.) — 2. vgl. C. **1961**, 13834. — An durch Verdrehung u. durch Zug unter verschiedenen Bedingungen deformiertem α-Messing wurde der Einfl. der plast. Deformation auf die Ordnungs-Unordnungs-Vorgänge mit Hilfe nachst. Meth. zwischen Raum-Temp. u. maximal 450° untersucht: Energiedifferenz, elektr. Widerstandsmessungen u. Best. der Dichte u. Härte. Die Ergebnisse sind graph. wiedergegeben u. werden ausführlich diskutiert. G. Gattow. 197□

Diffusion von Nickel in Silber. Tokutaro Hirone, Shigeta Miura und Toshiro Suzuoka. (J. physic. Soc. Japan **16**, 2456—59, Dez. 1961; Sendai, Tohoku Univ., Res. Inst. for Iron, Steel and Other Metals; engl.) — Der Diffusions-Koeff. von *Ni* in *Ag*-Einkristallen wurde als Funktion der Temp. im Bereich von 750—950° unter Verw. von ^{63}*Ni* als Indicator bestimmt. Die erhaltenen Werte D = 21,9 exp (—54800/RT) · cm^2/s stimmen gut mit den durch Fremddiffusion erhaltenen Ergebnissen überein.
W. Sobieski. 197□

Netzebenenabstände in silberreichen festen Lösungen im System Ag–Sn–Mn. B. Henderson und G. V. Raynor. (Trans. Faraday Soc. **58**, 1573—78, Aug. 1962; Edgbaston, Birmingham, Univ., Dep. of Phys. Metallurgy; engl.) — Für 29 Ag–Sn–Mn-Legg., die im tern. silberreichen Gebiet der festen Lsg. des Phasendiagramms liegen, wurden die Netzebenenabstände gemessen. Zwischen 0—10% Sn dehnt Mn anfangs das Gitter der Ag–Sn-Legierungen. Netzebenenabstand gegen Mn-Geh. aufgetragen, zeigt bei konst. Sn-Geh. ein flaches Maximum der Kurve bei annähernd 5 Atom-% Mn; eine weitere Mn-Zugabe bewirkt eine leichte Kontraktion. R. Esenwein. 197□

Allotropische und magnetische Umwandlungen in Kobalt–Chrom–Titan-Legierungen. Je. K. Sacharow und B. G. Liwschitz. (Известия Высших Учебных Заведений, Черная Металлургия [Hochschulnachr., Eisenmetallurgie] **1960**, Nr. 3, 125—30; Moskau, Inst. für Stahl; russ.) — Durch Analyse der Abhängigkeit des Curie-Punktes u. der Temp. der allotropen Umwandlung von der Zus. wurde festgestellt, daß die Löslichkeit des Ti im Co bei 850° ca. 8% beträgt u. bei niedrigeren Temp. sinkt. Im Gefüge einer Probe mit 9% Ti macht sich eine Heterogenität bemerkbar u. in einer solchen mit 12% Ti eine deutliche eutektoide Komponente. Bei einem Ti-Geh. der Legg. Co–Ti von weniger als 4% haben die Proben ein Martensitgefüge, das α- u. β-Co enthält. Proben von Legg. mit mehr als 8% Ti sind dem eutektoiden Zerfall unterworfen. Für tern. Legg. ist bei einem Verhältnis der Konzz. Cr : Ti = 1 ein analoges Gefüge charakterist., während die Löslichkeit von Cr u. Ti bei 720° 8% entspricht (4% Cr u. 4% Ti).
H. Treumann. 197□

Untersuchung des Boreinflusses auf den Zerfall einer übersättigten festen Lösung an den Korngrenzen von austenitischen Stählen. W. W. Lewitin. (Физика Металлов и Металловедение [Metallphysik u. Metallkunde] **11**, 392—99, März 1961; Uraler Forsch.-Inst. für Fe-Legg.; russ.) — Vgl. C. **1962**, 760. — Mit den Meth. der quant. Metallographie, der Elektronenmikroskopie u. der Elektronographie wird der Einfl. von B auf die Kinetik des Zerfallsprozesses eines übersättigten Mischkristalles an den Korngrenzen austenit. nichtrostender Stähle (1Ch18N9 u. Ch17N4G8A) auf die Morphologie u. die Phasen-Zus. der Zerfalls-Prodd. untersucht. Dabei wurde gefunden, daß die B-Zusätze den durch die überschüssige Phase eingenommenen Korngrenzenanteil verändern u. die Bldg. dentrit. Formen der Zerfalls-Prodd. verhindern, indem sie den Dispersionsgrad der letzten erhöhen. Der Mechanismus des B-Einfl. wird erläutert, der einerseits durch eine Erniedrigung der Überschußenergie der Interkristallitübergangszonen, die den Zerfall verlangsamen, u. andererseits durch eine Erhöhung des den Zerfall beschleunigenden Übersättigungsgrades, bestimmt wird. H. Hochstein. 197□

Die Bindungsenergie von Stickstoff in einer Versetzung. H. A. Wriedt und J. C. Swartz. (Proc. physic. Soc. **72**, 673—75, 1/10. 1958; Monroeville, Pa., U. S. Steel Corp. Res. Center, Edgar C. Bain Labor. for Fundament. Res.; engl.) — Vgl. Thomas u. Leak, C. **1957**, 11803. — Vff. machen auf einen mathemat. Fehler (l. c.) bei der Best. der „Bindungsenergie" von N an Versetzungen in *Fe* auf Grund experimenteller Daten aufmerksam. Die Autoren der kritisierten Veröffentlichung stimmen diesen Richtigstellungen zu. D. Jörchel. 197□

Untersuchung der Kinetik des Kornwachstums in α-Eisen von hohem Reinheitsgrad. W. I. Iwanow und K. A. Ossipow. (Доклады Академии Наук СССР [Ber. Akad. Wiss. UdSSR] **138**, 338—41, 11/5. 1961; Akad. der Wiss. der UdSSR, Metallurg. Baikow-Inst.- russ.) — Unters. des Kornwachstums in Abhängigkeit von der Temp. u. der Dauer bei isothermem u. nichtisothermem Glühen mit einer Erwärmungs-Geschw. von 200°/s im Temp.-Bereich von 700—900°. Um eine hinreichend kleine Ausgangskorngröße (im Mittel 30 μ) zu erhalten, wurde der kalt bearbeitete (geschmiedete u. gezogene) Eisendraht hoher Reinheit 0,001% O; 0,001% C; 0,002% S, weniger als 0,002% N, Spuren von Cu, Ni, Si) durch rasche elektr. Erhitzung (2800°/s) auf 720—735° rekristallisiert. Die Wachstums-Geschw. sind in den ersten Sek. relativ hoch (ca. $\pm 2 \cdot 10^{-3}$ cm/s) u. nehmen dann allmählich um mehrere Zehnerpotenzen ab, was durch die Zunahme des Krümmungsradius an der Oberfläche u. die Erhöhung der Konz. an Verunreinigungen an den Korngrenzen während des Wachsens erklärt wird. Die Abhängigkeit der mittleren Korngröße von Temp. u. Dauer des isothermen Glühens läßt sich gut durch die Gleichung von Feltham (C. **1958**, 4119) beschreiben, wenn man für die darin vorkommende Aktivierungsenergie 25,3 kcal/g-Atom einsetzt. F. Lenz. 197□

Apparat zur Messung der inneren Reibung und der Moduländerungen von Metallen bei niedrigen Frequenzen. J. C. Swartz. (Rev. sci. Instruments **32**, 335—38, März 1961; Monroeville, Pa., U. S. Steel Corp., Res. Center; engl.) — Vf. beschreibt ein neu entwickeltes Torsionspendel, das speziell verwendet werden sollte zur Messung der inneren Reibung u. der Moduländerungen, die mit der Bewegung von Versetzungen in Zusammenhang stehen. Das Pendel ist in einer evakuierten Kammer untergebracht. Verwendet wurden 2 Kammern, eine für Temp. zwischen 80 u. 400°K u. die andere zwischen 290 u. 1000°K. Beobachtet werden mit dem Pendel Dekremente oberhalb $4 \cdot 10^{-5}$ bei maximalen Verformungsamplituden zwischen $2 \cdot 10^{-7}$ u. $2 \cdot 10^{-4}$. Die Moduländerungen können mit 1‰ gemessen werden. Ein Vorteil des App. besteht darin, daß die Proben in situ bei der gewünschten Temp. plast. verformt werden können. Beobachtet wurde mit dem App. die Alterung einer übersättigten Lsg. von *C* in α-*Fe*. Die bei 126° durch die Alterung bedingten Änderungen des Dekrements u. des Moduls sind graph. wiedergegeben. Die Größe der Moduländerung stimmt mit der überein, die man aus der Verminderung des vor u. nach der Alterung gemessenen Snoekschen Dämpfungsmaximums erwarten muß. Der Modul bei einer Temp. unterhalb des Snoekschen Maximums wird durch die Alterung nicht beeinflußt. C. Gottfried. 200

Der Einfluß der Korngröße auf die Spannungs-Dehnungs-Kurve von α-Eisen und ihr Zusammenhang mit der plastischen Verformung der Korngrenzen. H. H. Tjerkstra. (Acta metallurg. [New York] **9**, 259—63, April 1961; Ijmuiden, Holland, Kon. Nederl. Hoogovens en Staalfabriken, N. V.; engl., Auszug: dt.) — Es wird allg. angenommen, daß die Abhängigkeit der Korngröße der unteren Streckgrenze von niedriglegiertem Stahl durch die Relaxation der Schubspannung längs der Gleitbänder verursacht wird sowie durch die sich hieraus ergebende Konz. dieser Spannung an den Korngrenzen, welche die Gleitung hemmen. Die Korngröße beeinflußt nicht nur die untere Streckgrenze, sondern auch die gesamte Spannungsdehnungskurve, d. h. die Fließspannung des verfestigten Stahles. Es ist wahrscheinlich, daß auch beim verfestigten Stahl der Effekt von dem Einfl. der Gleitbänder u. der Korngrenzen herrührt. Experimentelle Ergebnisse über die Korngrößenabhängigkeit der Fließspannung von niedriglegiertem Stahl, dem C u. N entzogen worden war, unter einachsiger Belastung werden mitgeteilt. Hieraus u. mit Hilfe der Versetzungstheorie werden die Korngrenzenspannungen geschätzt. Die Größe dieser Spannungen führt zu der Vermutung, daß die Versetzungen während der plast. Verformung nicht an den Korngrenzen anhalten, sondern weiter in das angrenzende Korn gleiten. Ein Vgl. der Korngrenzenspannung, die bei niedrigen Dehnungswerten in entkohltem α-Fe auftritt, mit der unteren Streckgrenze von niedriglegiertem Stahl führt zu der Annahme, daß die Ggw. von C u. N die Festigkeit der Korngrenzen beträchtlich verstärken kann. H. Hochstein. 200□

Untersuchung der Form und der Ausmaße der Röntgeninterferenzflecken von elastisch deformiertem Transformatorenstahl. W. M. Finkel und W. N. Beresowski. (Кристаллография [Kristallographie] **5**, 896—903, 1 Tafel, Nov./Dez. 1960; Sibir.

metallurg. Ordshonikidse-Inst.; russ.) — Untersucht wird eine Reihe von Reflexen auf den Röntgenogrammen gespannter u. entlasteter Proben aus polykristallinem Transformatorenstahl. Eine reversible Veränderung einer Reihe von Reflexen bis zur Erreichung der Elastizitätsgrenze u. Umkehr einzelner Röntgeninterferenzflecken werden nachgewiesen u. diskutiert. H. Hochstein. 200□

Spannungsrelaxation beim Anlassen von Schnelldrehstahl. W. Ja. Subow, Ss. W. Gratschew und A. M. Zeitlin. (Физика Металлов и Металловедение [Metallphysik u. Metallkunde] **11**, 465—67, März 1961; Uraler Polytechn. Kirow-Inst.; russ.) — Untersucht wird das Formänderungsvermögen von Schnelldrehstahl R18 in Abhängigkeit vom Stabilitätsgrad des Gefüges. Zu diesem Zweck wurden blechförmige, auf 1100° u. auf 1250° erhitzte Proben in Öl abgeschreckt u. bei Temp. von 350—600° mit 1 std. Dauer angelassen. Die Vers.-Ergebnisse lassen einen starken Einfl. des Anlassens auf ein hohes Formänderungsvermögen des Schnelldrehstahles R18 erkennen, u. das Anlassen führt zur Verminderung der beim Abschrecken hervorgerufenen Verformungsfähigkeit durch Spannungsrelaxation. H. Hochstein. 200□

Härte- und Strukturumwandlungen in eutektoiden Kupfer–Aluminium- und Kupfer–Beryllium-Legierungen. E. R. Petty und H. O'Neill. (J. Inst. Metals **89**, 281—86, April 1961; Swansea, Univ. Coll.; Banbury, Aluminium Labor.; engl.) — Es wurde festgestellt, daß das abgeschreckte Cu–Al-Eutektoid in 2 Stufen härtet, wenn es bei verschiedenen Temp. angelassen wird. Hitzehärteprüfungen, die während der isotherm. Umwandlung der Leg. gemacht wurden, zeigten die gleiche Wirkung. Zeit–Temp.-Umwandlungsdiagramme (TTT-Diagramme) wurden aus Härtewerten bestimmt, die bei den beiden Härtevorgängen erhalten wurden; die Umwandlung durch Anlassen ist die schnellere. Abgeschrecktes Cu–Be-Eutektoid wird beim Anlassen weich; das Zeit–Temp.-Umwandlungsdiagramm dieser Leg. wird unter Bezugnahme auf Fillnow u. Mack (Trans. Amer. Inst. Mining metallurg. **188**, [1950], 1229) besprochen. Härte/Temp.-Kurven für die Legg. u. für verschiedene Phasen werden in dem Cu–Al-Syst. bestimmt. H. Hochstein. 200□

Der Bauschinger-Effekt und remanente Mikrospannungen in α-Messing. Clarence J. Newton. (J. Res. nat. Bur. Standards, C **65**, 265—70, Okt./Dez. 1961; engl.) — Durch Messungen der Zug- u. Druckelastizitätsgrenzen in Viertelcyclen einer uniaxialen plast. Deformation wurde der Bauschinger-Effekt an *α-Messing* untersucht. Die im 1. Viertel des Zyklus senkrecht zur Verformung gemessenen Elastizitätsgrenzen werden durch die röntgenograph. nachgewiesenen axial gerichteten remanenten Mikrospannungen angezeigt. Nach 3 Viertelzyklen sind nur noch Zugspannungen unabhängig von der Richtung der vorangegangenen Verformung, während die Elastizitätsgrenzen auch dann streng richtungsgebunden bleiben. W. Sobieski. 200□

Innere Reibung von Kupfer und Kupferlegierungen. Daniel N. Beshers. (J. appl. Physics **30**, 252—58, Febr. 1959; Urbana, Ill., Univ. of Illinois; engl.) — Der Einfl. geringer *Au*-Zusätze auf die Dämpfung in Cu, die auf Versetzungen zurückzuführen ist, wird bei 37 kHz in longitudinaler Resonanz untersucht u. die Abhängigkeit der Dämpfung von Spannungsamplitude u. Zeit bzgl. Temp. u. Zus. ermittelt. Im Bereich von 10^{-4} bis 10^{-3} Atom-% Au werden die theoret. Ergebnisse von Granato u. Lücke für die Amplitudenabhängigkeit bestätigt. $>$ 150° u. bei Spannungen, die für eine Änderung der Dämpfung mit der Spannungsamplitude ausreichend hoch sind, kann die Dämpfung bei konst. Amplitude reversibel von der Zeit abhängig sein. Vf. führt das auf eine Wechselwrkg. zwischen Fehlstellen u. Versetzungen zurück. Bei ca. 280° steigt die Dämpfung unabhängig von der Au-Konz. steil an, wobei wenigstens ein therm. aktivierter Vorgang sowie möglicherweise ebenfalls Fehlstellen wirksam sind. Die durch Au bewirkte Erhöhung des spezif. elektr. Widerstands von Cu beträgt $0{,}47_2\ \mu\ \Omega\cdot$cm/Atom-% Au. P. Frenzel. 200□

Untersuchungen von durch geformte Ladungen angegriffenen Kupfertargets. Sampooran Singh und A. Soundraraj. (Acta metallurg. [New York] **7**, 752—54, Nov. 1959; New Delhi, Ministry of Defence, Res. and Dev. Org., Defence Sci. Labor.; Ambarnath, India, Mach. Tool Prototyp Factory; engl.) — Ein angelassener Cu-Stab (Korngröße 0,3 mm) wurde mit einem Metallstrahl beschossen, der von einer geformten Ladung (Kaliber 3,8 cm) herrührte (wegen der Meth. vgl. Soundraray u. Singh, C. **1957**, **6685**). Zur metallograph. Unters. wurden ca. 2 cm dicke Segmente mit der Ebene senkrecht zur Achse des gebildeten Kraters geschnitten, poliert u. mit $FeCl_3$-Lsg. angeätzt. Nahe der Krateroberfläche wurden rekrist. polygonale Cu-Körner mit mittleren Größen von 2,5—5 μ beobachtet; Anlaßzwillinge konnten nicht festgestellt werden. Die Tiefe dieses Gebietes war ca. 0,1 mm. Anschließend an dieses Gebiet bis zu ca. 1,5 mm von der Kraterkante befand sich ein stark verformter Bereich; die verformten u. in die

Länge gezogenen Körner zeigten Ätz- oder Verformungsmarkierungen parallel zur Kontur des Kraters. Von 1,5—5,5 mm Abstand von der Kraterkante befanden sich große polygonale Körner mit Ätzmarkierungen, gebogenen Anlaß- u. Verformungszwillingen. Von einem Abstand von 7 mm von der Kraterkante an war die Struktur unverändert. Bei Verss. an einem auf —75° abgekühlten Stab war der Kraterdurchmesser kleiner als bei Zimmertemperatur. Die Mikrostruktur war in beiden Fällen gleich. Mikrohärtemessungen zeigten eine große Streuung; die Härte nimmt jedoch mit zunehmendem Abstand vom Kraterprofil ab. C. Gottfried. 200

Kritische Schubspannung neutronenbestrahlter Kupfer- und Gold-Einkristalle. Jörg Fischer. (Z. Naturforsch. **17a,** 603—14, Juli 1962, 2 Tafeln; München, Univ., II. Phys. Inst.; dt.) — Durch eine genauere Betrachtung des Gleitvorganges gelang es, eine Meßmeth. der krit. Schubspannung (KSS) bestrahlter Kristalle im Dehnungs-Vers. anzugeben, durch die die Meßgenauigkeit verbessert wird. Die Temp.- u. Geschw.-Abhängigkeit der KSS schließen eine Deutung der Bestrahlungshärtung nach der von Holmes vorgeschlagenen Formel aus. Anlaß-Verss. legen ein Spektrum von Aktivierungsenergien nahe, wodurch die Abweichung in der Temp.-Abhängigkeit der KSS von der Seegerschen Gleichung qual. erklärt werden kann. Die Geschw.-Abhängigkeit wird mit Seegers Ansatz quant. bestätigt. Aus der Temp.-Abhängigkeit angelassener Cu-Proben u. aus der Geschw.-Abhängigkeit der KSS ergeben sich für die Aktivierungsenergie für Cu übereinstimmend $U_0 \approx 1{,}4$ eV bei 10^{18} nvt u. für die Zonengröße ca. 50 Å. Aus der Geschw.-Abhängigkeit allein folgt für Au, das mit $7{,}6 \cdot 10^{17}$ nvt bestrahlt worden war, $U_0 \approx 1{,}8$—$1{,}9$ eV. Die Dosisabhängigkeit bringt keine neuen Ergebnisse gegenüber anderen Autoren. R. Esenwein. 200□

Die Reibung von erhitztem Wismut. C. D. Niven. (Canad. J. Physics **39,** 1264—72, Sept. 1961; Ottawa, Canada, Nat. Res. Council, Div. of Appl. Phys.; engl.) — Eine App. wird beschrieben, mit der die Reibung von Bi bei Temp. um 270° u. Belastungen bis zu 640 lbs./sq.in. gemessen wird. Für den Reibungs-Koeff. für *Pyrexglas* auf Bi in der Nähe des F von Bi wird ein durchschnittlicher Wert von 0,13, auf geschmolzenem Bi von 0,06 festgestellt. Bis zu einem bestimmten Punkt besitzt Bi ähnliche Reibungs-Eigg. wie Eis. Die Kristall-Eigg. von Bi u. *Eis* werden verglichen sowie die Gültigkeit des Gesetzes von Amonton diskutiert. H. Schibilla. 200□

Über die mechanische Anisotropie von Zirkoniumblechen. Henri Demars und Pierre Lehr. (C. R. hebd. Séances Acad. Sci. **254,** 1630—32, 26/2. 1962; franz.) — Vff. untersuchen die mechan. Eigg. von Zr-Blechen mit $3 \cdot 10^{-2}$ (%) O; $1{,}5 \cdot 10^{-3}$ N, $5 \cdot 10^{-4}$ H, $1{,}5 \cdot 10^{-2}$ C u. $< 5 \cdot 10^{-2}$ metall. Verunreinigungen, die durch Kaltwalzen (Verformungsgrad 80%) u. 1std. Anlassen auf 800° hergestellt werden. Für nur gewalzte Proben werden in Walzrichtung die wahre Elastizitätsgrenze E = 48 (kg/mm²), Bruchlast R = 90 u. die R entsprechende plast. Verformung A_s = 5,5%, in Zugrichtung E = 40, R = 94 u. A_s = 2% beobachtet, während die Werte für rekristallisierte Proben in Walzrichtung E = 8, R = 23 u. A_s = 30, in Zugrichtung E = 13, R = 21 u. A_s = 18% sind. Mit Hilfe der in C. **1963,** 2366) angegebenen Walz- u. Rekristallisationstexturen wird eine quantitative Deutung der beobachteten Anisotropie von E gegeben. Herbert Müller. 200□

Der Einfluß von Korngröße und Oberflächeneigenschaften auf das Kriechen von polykristallinem Metall bei Zugbeanspruchung. E. N. Da C. Andrade und W. J. D. Jones. (Proc. Roy. Soc. [London], Ser. A **269,** 1—20, 21/8. 1962; London, Imp. Coll. of Sci. and Technol.; engl.) — Der Einfl. der Korngröße (Kg) auf das Kriechen von Pb unter Zug wurde über einen größeren Bereich untersucht. Relativ kleiner mechan. Widerstand durch Oberflächenkorn wird ermittelt. Das β-Kriechen ist bei großen Beanspruchungen unabhängig von der Korngröße u. zeigt für verschiedene Kg fast dieselben Werte, jedoch für kleine Kg geringere als für grobe. Bei kleinen Kg wird das $\varkappa$-Kriechen bei Beanspruchung sehr schnell größer, bei großem Korn u. starker Beanspruchung nimmt $\varkappa$ mit zunehmender Beanspruchung ab. Oberflächenüberzüge eines fremden Metalls, das durch längeres Erhitzen in das Hauptmetall hineindiffundiert ist, vermindern das β-Kriechen. Mit Sn als Überzug nimmt der Effekt mit der Diffusionsdauer bis zu dem Punkt zu, an dem das Metall völlig hineindiffundiert ist. Die Verhältnisse sind beim $\varkappa$-Kriechen in grobkörnigem Metall verwickelter. R. Esenwein. 200□

Untersuchung der Anfangsbedingungen bei Schlagversuchen konstanter Geschwindigkeit. James F. Bell. (J. appl. Physics **31,** 2188—95, Dez. 1960; Baltimore, Md., Johns Hopkins Univ.; engl.) — Vgl. C. **1961,** 11638. — Vf. untersuchte die dynam. plast. Verformung angelassener Al-Proben bei Schlägen konst. Geschw. durch Beugungsgittermessungen innerhalb einiger Tausendstel in. von der Aufschlagfläche von 1 in. Ø. Schlag-Geschw. waren **44**; **44,5**; **46**; 66,5 u. 80 ft/s. Auf Grund der Meßergebnisse konnten durch Betrachtung der anfänglichen nichtdispersiven Stoßfronten u. Deutung des Oberflächenwinkels in einem großen Abstand vom Aufschlagpunkt für beide Metalle die dynam. Zug–Spannungs-Kurven bestimmt werden. Eine Anzahl von Beugungsgittermessungen in dem ersten $^1/_4$-Durchmesser zeigte, daß sich eine plast. Wellenfront zwischen der Aufschlagfläche u. einem Maximum bei $^1/_4$-Durchmesser entwickelte. Das Maximum dieser plast. Welle nimmt dann bis zum theoret. Wert zwischen $1\frac{1}{2}$ u. 2 Durchmessern ab. Mehrere Messungen bei $^3/_4$ Durchmessern ließen ein Minimum an dieser Stelle erkennen. C. Gottfried. 200

Einfluß der Amplitude der Verformung auf die innere Reibung von Metallprüfkörpern. G. Saada. (Métaux **36**, **320**—**23**, Sept. 1961; franz.) — An polykristallinen *Fe*- u. *Cu*-Proben bei Raum-Temp. ausgeführte Unterss. über den Einfl. der Verformung (ca. 10^{-5}) durch Oscillation (ca. 0,6 Hz) auf die innere Reibung zeigen, daß diese mit der Verformungsamplitude um so stärker schwankt, je reiner das Metall ist.
W. Wesly. 200□

Untersuchung der Oberflächenverformung. L. Grunberg, D. Scott und K. H. R. Wright. (Brit. J. appl. Physics **12**, 134—40, April 1961; Glasgow, Nat. Engng. Labor., Lubrication and Wear Div.; engl.) — Vff. beschreiben an Hand von Beispielen, die in dem obigen Labor. angewandten Meth. zur Unters. von verformten Metalloberflächen. C. Gottfried. 200

Strahlungseinflüsse auf die mechanischen Eigenschaften von Festkörpern. M. J. Makin. (Progr. nuclear Energy, Ser. V **2**, 500—30, 1959; Harwell, A.E.R.E., Metallurg. Div.; engl.) — Vf. gibt einen Überblick über die Natur der Einfl. von Strahlung auf die mechan. Eigg. von Festkörpern, bes. von Metallen, wobei die Kriech-Geschw. der Metall-Einkristalle, ihre krit. Scherspannung, die Fließbelastung, Streckgrenze, die Dehnungskurven, das Temper-Verh., die Übergangs-Temp., die innere Reibung u. die Elastizitäts-Konst. unter Berücksichtigung der Strahlungs-Einwrkg. behandelt werden. Vgl. zu analogen Eigg. bei Ionenkristallen (bes. Erholung der Strahlungshärte) u. langkettigen Polymeren werden gezogen. W. Sobieski. 200□

Elastische Konstanten von Rutil. Eine Berichtigung zu einer Arbeit von R. K. Verma „Elastizität einiger Kristalle mit hoher Dichte". Francis Birch. (J. geophys. Res. **65**, 3855—56, Nov. 1960; Cambridge, Mass., Harvard Univ., Div. of Geol. Sci.; engl.) — Vf. stellte bei einer Gegenüberstellung der von Verma (C. **1961**, 7144) erhaltenen elast. Konst. von synthet. Rutil mit von anderen Seiten erhaltenen Konst. beträchtliche Diskrepanzen fest. Es wird gezeigt, daß diese Diskrepanzen zum größten Teil verschwinden, wenn man die Messungen von Verma unter der Annahme erneut berechnet, daß die von ihm angenommene [1 0 0]-Richtung in Wirklichkeit die [1 1 0]-Richtung war u. umgekehrt. In diesem Fall ist die Übereinstimmung der neu erhaltenen Konst. mit den von anderen Seiten erhaltenen Konst. befriedigend. C. Gottfried. 200

Zerreißfestigkeitsmessungen an NaCl-Nadelkristallen (Whiskern). Z. Gyulai, E. Hartmann und B. Jeszenszky. (Physica Status solidi [Berlin] **1**, 726—29, 1961; Budapest, TH für Bautechn. u. Verkehrswesen, Inst. für exper. Phys.; dt.) — Die Zerreißfestigkeiten von *NaCl*-Whiskern verschiedener Herst.-Arten wurden gemessen u. unter Berücksichtigung der genauen Querschnitte untereinander verglichen. Es werden die bedeutenden Unterschiede in den Festigkeiten durch die verschiedenen Herst.-Arten erklärt u. ihre Bedeutung für Baustoffmaterialien hervorgehoben. W. Sobieski. 200□

Elastizitätsmodul von Glasfasern aus schwarzem Natronglas. O. S. Heavens. (Amer. J. Physics **27**, 670, Dez. 1959; Englefield Green, Surrey, Univ. of London, Roy. Holloway Coll.; engl.) — Bei der Best. des Elastizitätsmoduls (M) von Glasfasern in Abhängigkeit von der Faserdicke wurden nach der stat. Biege-Meth. u. nach der Schwingungs-Meth. von Searle übereinstimmende Ergebnisse erhalten. Der steile Anstieg von M bei Faserdurchmessern $< 0{,}2$ mm kann bei dem verwendeten Glas nicht durch eine Veränderung der Oberflächenspannung erklärt werden. W. Betcke. 200□

Vorschlag eines Mechanismus für die Reibung in Eis. C. D. Niven. (Canad. J. Physics **37**, **247**—**55**, März 1959; Ottawa, Canada, Nat. Res. Council, Div. of Appl. Phys.; engl.) — Unter Verw. früherer Messungen (C. **1961**, 18156 u. früher) entwickelt Vf. eine Reibungstheorie für Eis auf der Basis der Adhäsionstheorie der Reibung in Metallen. Die Adhäsionsbindung zwischen Eis u. verschiedenen Materialien (nichtrostender Stahl, Teflon, Gummi) wird mit einer Neuordnung der teilweise geknickten oder gestörten Molekularstruktur beim Abkühlen in Verbindung gebracht, nachdem an den Unebenheiten plast. Fließen aufgetreten ist. P. Frenzel. 200□

Gleitrichtung und Härtung der Oberfläche. W. D. Jewdokimow. (Доклады Академии Наук СССР [Ber. Akad. Wiss. UdSSR] **136**, **74**—**76**, 1/1. 1961; Odessa,

Polytechn. Inst.; russ.) — Bei Gleitreibung erfolgt in den Ebenen, die außerhalb des Berührungsbereiches liegen, eine Oberflächenverfestigung, die sich durch allmähliche Verringerung der plast. Verformungen im Übergangsabschnitt bemerkbar macht. Das Ausmaß der Verfestigung hängt von der Angriffsrichtung der Tangentialkraft ab. Die Druckzone erfährt eine stärkere u. ausgedehntere Verfestigung als die Dehnungszone. Das Umkehren beim Gleiten ergibt eine über die Berührungsstelle gleichmäßiger verteilte Verfestigung, die geringer ist als die maximale Verfestigung beim Gleiten in einer Richtung. H. Treumann. 200□

A_7. Gleichgewichte. Kinetik

Reaktionskinetische Probleme der chemischen Technik. 2. Mitt. **Das Massenwirkungsgesetz in kinetischer und thermodynamischer Sicht.** A. Franck. (Chemiker-Ztg./Chem. Apparatur **84**, 485—90, 5/8. 1960; München, Metzeler Gummiwerke AG, Chem. Labor.; dt.) — 1. vgl. Chemiker-Ztg./Chem. Apparatur **84**, [1960], 205.
A. Blaschette. 221□

Schnelle Berechnung bester Werte von aufeinanderfolgenden Bildungskonstanten von Metallionkomplexen nach der Methode der kleinsten Quadrate mit Hilfe eines elektronischen Rechners. Donald L. McMasters und Ward B. Schaap. (Proc. Indiana Acad. Sci. **67**, 111—16, 1957; Indiana Univ.; engl.) — Vgl. C. **1963**, 3112.
A. Blaschette. 223□

Stabilitätskonstanten. Lars Gunnar Sillén. (J. inorg. nuclear Chem. **8**, 176—95, 1958; Stockholm, Royal Inst. of Technol.; engl.) — Krit. Diskussion der Meth. zur Best. von Bldg.-Konst. von Komplexen. — 52 Literaturangaben.
A. Blaschette. 223□

Die Verwendung von Werten der elektrischen Leitfähigkeit bei der Methode von Job. J. F. Tate und M. M. Jones. (J. inorg. nuclear Chem. **12**, 241—51, Febr. 1960; Nashville, Tenn., Vanderbilt Univ., Dep. of Chem.; engl.) — Vff. untersuchen die Syst. $LiCl-CoCl_2$, $LiCl-BaCl_2$, $MgCl_2-CoCl_2$, $MnCl_2-Cu(NO_3)_2$ u. $Fe(NO_3)_3-KSCN$ bei verschiedenen Konzz. nach der Meth. der kontinuierlichen Variation unter Verw. der spezif. elektr. Leitfähigkeit als physikal. Eig. des Systems. Es zeigt sich, daß die Ergebnisse oft nicht mit den Ergebnissen von Unterss. übereinstimmen, bei denen andere Eigg. des Syst. oder andere Meth. benutzt werden. Die Ursachen dieser Diskrepanz werden theoret. untersucht. Danach läßt sich ableiten, daß die Verw. von Werten der elektr. Leitfähigkeit zur Annahme von Komplex-Bldg.-Vorgängen in prakt. jedem beliebigen Syst. führt. Gerhard Schulze. 223□

Über die Stabilität einiger Komplexe mit der Koordinationszahl 4. Włodzimierz Kołos. (Roczniki Chem. [Ann. Soc. chim. Polonorum] **32**, 393—95, 1958; Warszawa, Polsk. Akad. Nauk, Inst. Chem. fiz., Zakł. Elektrochemii; pol.) — Auf Grund der Kristallfeldtheorie (für starke Felder) können die relativen Stabilitäten der quadrat. u. der tetraedr. Komplexe berechnet werden. Für die 4fachkoordinierten Komplexe von Ni^{2+}, Cu^{2+} u. Co^{2+} ergibt sich das Verhältnis der Energiedifferenzen zwischen tetraedr. u. quadrat. Komplex zu 1,44: 1,00 : 0,74. Die stabilsten Tetraederkomplexe bildet Co^{2+}, die stabilsten Quadratkomplexe Ni^{2+}. R. K. Müller. 223□

Über die Protonisierung von Komplexen. M. T. Beck und S. Görög. (J. inorg. nuclear Chem. **12**, 353—55, Febr. 1960; Szeged, Univ., Inst. of Inorg. and Analyt. Chem.; engl.) — Vff. untersuchen den Einfl. von Säuren auf die Zers. von Komplexen in Lsg. auf Grund theoret. Betrachtungen für 1 : 1-Chelate. Es sind drei Fälle zu unterscheiden: 1. Die Aufnahme eines Protons führt zur Abspaltung des Liganden, die Bldg. eines protonisierten Komplexes in nachweisbarer Menge ist ausgeschlossen. 2. Neben der Existenz eines normalen Komplexes ist die eines protonisierten in Betracht zu ziehen; die Aufnahme eines zweiten Protons würde jedoch zur vollständigen Zerstörung des Chelats führen, so daß die Konz. eines weiteren protonisierten Komplexes vernachlässigbar ist. 3. Es ist die Existenz mehrerer protonisierter Komplexe zu berücksichtigen. Meth. zur Ermittlung der Stabilitäts-Konst. werden angegeben u. Werte für den Fe(III)-EDTA- u. Fe(III)-1.2-Diaminocyclohexantetraessigsäure-Komplex mitgeteilt.
Gerhard Schulze. 223□

Colorimetrische Untersuchung der Reaktion zwischen Quecksilber(II)-Ionen und Diphenylcarbazon. Wiktor Kemula und Andrzej Janowski. (Chem. analit. [Warszawa] **3**, 587—91, 1958; Warszawa, Uniw., Kat. Chem. nieorgan.; pol., Auszug: engl.) — Nach der Meth. von Job u. aus der Abhängigkeit der opt. Dichte des Syst. Hg^{2+}-Diphenylcarbazon (H_2DcO) vom pH läßt sich für die Zus. des Hg-Komplexes die Formel $[HgHDcO]^+$ ableiten. F. Urban. 223□

Die Komplexbildung zwischen Scandium(III) beziehungsweise Yttrium(III) und Chlorid beziehungsweise Bromid in wässeriger Lösung. Armine D. Paul. (J. physic. Chem. **66,** 1248—52, Juli 1962; Morgantown, W.Va., West Virginia Univ., Dep. of Chem.; engl.) — Die Komplexbindung zwischen Sc^{3+} bzw. Y^{3+} u. Cl^- bzw. Br^- in $HClO_4$-Lsg. wurde potentiometr. unter Benutzung von Konz.-Ketten mit Ag–Ag-Halogenid-Elektroden untersucht. Bei 25° u. einer Ionenstärke von 0,5m sind die Gleichgewichtsquotienten für die Rkk. $Sc^{3+} + Cl^- \rightleftharpoons ScCl^{2+}$ 11,7; $ScCl^{2+} + Cl^- \rightleftharpoons ScCl_2^+$ 10,9; $Sc^{3+} + Br^- \rightleftharpoons ScBr^{2+}$ 16,1; $ScBr^{2+} + Br^- \rightleftharpoons ScBr_2^+$ 3,3; $Y^{3+} + Cl^- \rightleftharpoons YCl^{2+}$ 2,3 u. $Y^{3+} + Br^- \rightleftharpoons YBr^{2+}$ 2,8. Auch für 15 u. 35° werden die Gleichgewichtsquotienten gegeben. Die Beständigkeit dieser Komplexe wird mit denen anderer dreiwertiger Ionen verglichen. Die Komplexe $ScCl^{2+}$ u. YCl^{2+} sind weniger stabil als die korrespondierenden F^-- u. Br^--Komplexe. Gert Heller. 223□

Koordinationsverbindungen. 2. Mitt. **Tendenzen in der Stabilität von Chelaten einiger Seltenerdmetalle.** M. Cefola, A. S. Tompa, V. A. Celiano und P. S. Gentile. (Inorg. Chem. [Washington] **1,** 290—93, Mai 1962; New York, N.Y., Fordham Univ., Dep. of Chem.; engl.) — 1. vgl. C. **1962,** 8903; 3. vgl. C. **1962,** 18389. — Durch potentiometr. Titration wird die Chelat-Bldg. von *$LaCl_3$*, *$CeCl_3$*, *$PrCl_3$* u. *$NdCl_3$* mit den Amino-, Hydroxy- u. -Mercapto-Derivv. der Essigsäure, Propionsäure, Benzoesäure u. Bernsteinsäure verfolgt; die Dissoziations-Konst. der Säuren u. die Stabilitäts-Konst. der Chelate werden bestimmt. Bezogen auf die Liganden nimmt die Stabilität von *Asparaginsäure, Äpfelsäure, Glycin, Thioäpfelsäure, Anthranilsäure, Glykolsäure, β-Alanin, Salicylsäure, β-Hydroxypropionsäure, β-Mercaptopropionsäure* bis *Thioglykolsäure* ab. Die Stabilitätsabnahme folgt generell dem Übergang von NH_2- über OH- zu SH-Derivv. der zugrundeliegenden unsubstituierten Säuren. Bei gleichem Substituent (NH_2-, OH- oder SH-) nimmt die Stabilität in der Reihenfolge der substituierten Bernsteinsäuren, Essigsäuren, Benzoesäuren u. Propionsäuren ab; die einzige Ausnahme stellt die Thioglykolsäure dar, die die schwächsten Chelate bildet. Strukturfragen werden diskutiert. F. Huber. 223□

Die Chemie des vierwertigen Germaniums. 8. Mitt. **Komplexe des Germaniums mit Wein-, Milch- und Schleimsäure.** D. A. Everest und J. C. Harrison. (J. chem. Soc. [London] **1960,** 3752—58, Okt.; London, Battersea Coll. of Technol.; engl.) — 7. vgl. C. **1961,** 8229. — Mit Hilfe von Ionenaustauschmessungen (Amberlite IRA 400) wird die Komplex-Bldg. zwischen Germaniumsäure u. Tartrat (I), Lactat (II) bzw. Mucat (III) untersucht. Bei Mol-Verhältnissen I : Ge von 2 : 1—5 : 1 wird ein 1 : 1-Komplex, bei 15 : 1—100 : 1 ein Komplex mit einem I : Ge-Verhältnis von 3 : 2 ermittelt. In Lsgg. hoher Ge- u. I-Konz. wird die Bldg. polynuclearer Komplexe des Typs $Ge_xI_{x-1}^{x-}$ mit x ca. 5 festgestellt. In Ggw. von Milchsäure werden Komplexe mit II : Ge-Verhältnissen von 3 : 1, 2 : 1 u. 1 : 1, in Ggw. von Schleimsäure solche mit III : Ge-Verhältnissen von 3 : 1 bei niedrigen u. von 1 : 1 bei mittleren pH-Werten (2—10) erhalten. Bei pH > 10 wird ein dreifach geladener 1 : 1-Komplex von III u. Ge gebildet, in dem das Ge nur durch die Hydroxylgruppen der Schleimsäure gebunden ist. Es werden eingehende Strukturbetrachtungen durchgeführt. U. Skurnia. 223□

Metallkomplexbildung in hydroxylgruppenfreien Lösungsmitteln. 4. Mitt. **Thermodynamik der Wechselwirkung zwischen primären, sekundären und tertiären Alkylaminen und Diacetyl-bis-[benzoylhydrazinato]-nickel(II) in Benzol.** Luigi Sacconi und Guido Lombardo. (J. Amer. chem. Soc. **82,** 6266—69, 20/12. 1960; Palermo, Univ. of Palermo, Inst. of Gen. Chem.; engl.) — 3. vgl. C. **1962,** 5242. — Vff. bestimmten die Komplex-Bldg.-Konst. K von *Diacetyl-bis-[benzoylhydrazinato]-nickel(II)* (I) mit folgenden sek. Aminen in Bzl. zwischen 10 u. 45°, sowie die thermodynam. Funktionen der Rk. I + 2 Amin ⇌ I·2 Amin bei 25° in Bzl.: R_2NH, R = *Methyl* (—ΔF in kcal/Mol) 8,82, (—ΔH in kcal/Mol) 14,4, (—ΔS in Entropieeinheiten) 19,1, *Äthyl* 5,07, 13,5, 28,4, *n-Propyl* 4,58, 13,3, 29,3, *Isopropyl* 2,45, 12,6, 34,5, *n-Butyl* 4,13, 13,1, 30,0, *Isobutyl* 2,31, 13,2, 36,6 u. *sek.-Butyl* 0,76, 12,6, 39,7. Die Werte dieser Funktionen ergeben beim Auftragen gegen die Summe der induktiven Substituenten-Konst. σ* (Σσ*-Werte) gerade Linien jeweils für prim., sek. u. tert. Amine. Während die Geraden mit wachsender Alkylgruppe bei den prim. Aminen ansteigen, zeigen sie bei den sek. u. stärker bei den tert. Aminen eine fallende Tendenz. Dies wird einem ster. Effekt zugeschrieben, der mit zunehmendem Raumerfüllungsvermögen der Amine an Bedeutung gewinnt u. dem induktiven Effekt entgegenwirkt. Während für die von ster. Effekten freien prim. Amine die Beziehung $-\Delta H = -7{,}69\,\Sigma\sigma^* + 23{,}45$ gilt, zeigen verzweigte prim., n-sek. u. tert. Amine kleinere —ΔH-Werte, als sie aus dieser Gleichung zu erwarten sind. Diese Abweichung wird in Übereinstimmung mit Taft (C. **1954,** 739) als Maß für den ster. Druck oder die Spannung in der Additions-Verb. gewertet. Es ergibt sich aus diesen Daten, daß die ster. Hinderung von den Di- zu den Trialkylaminen zunimmt, die ster. Spannungen entsprechen bei den n-sek. bzw. tert.-Alkylaminen $\Delta(\Delta H)$-Werten von 5,3—8,6 bzw. 9,5—13,3 (kcal/Mol). Verzweigte Alkylamine sind stärker ster. gehindert als normale. Die $\Delta(\Delta H)$-Werte für prim., sek.- u. tert.-Butylamin betragen erwartungsgemäß 0, 1,2 bzw. 2, dagegen für verzweigte sek. Amine 10—10,2. Die durch diese Werte wiedergegebene Spannung wird hauptsächlich der Wechselwrkg. zwischen dem ebenen I-Mol. u. den CH_3-Gruppen zugeschrieben, die jenseits des N-Atoms hervortreten (F-Spannung). Der größte Zuwachs an ster. Spannung ist jeweils beim Übergang von den Methyl- zu den Äthylaminen zu verzeichnen. Vff. vermuten, daß von den sek.- u. tert.-Äthylaminen ab auch die B-Spannung aufzutreten beginnt, wie schon Spitzer u. Pitzer (J. Amer. chem. Soc. **70,** [1948], 1261) angenommen haben. Die Stabilitätsabnahme der Addukte der sek. u. tert. Amine ist sowohl auf eine Abnahme der $-\Delta H$-Werte als auch auf eine Zunahme der $-\Delta S$-Werte zurückzuführen. Da die Solvatisierung zwischen Lsgm. u. den „Köpfen" der Amine unbedeutend im untersuchten Medium ist, kann das Verh. der Amine mit den strukturellen u. elektron. Eigg. der Amin-Reihen erklärt werden. Beim Vgl. der thermodynam. Daten für die 3 Aminreihen ergibt sich, daß die Ni–N-Bindungsstärke für die Komplexe mit Methyl-, Äthyl-, Propyl- u. Butylaminen nach den ΔH-Werten der Folge $NH_3 < H_2NR > HNR_2 \geqslant NR_3$ entspricht. Beim Vgl. mit anderen Komplexbildnern ergibt sich die Folge für die ster. Beanspruchung $H^+ < B(CH_3)_3 < I <$ B (tert.-$C_4H_9)_3$. B. Gnauck. 223□

Die Komplexbildung zwischen Kupfer(II)-Ionen und Methoxyacetat-, Äthoxyacetat-, Äthylthioacetat- und Thiodiacetationen. Arvid Sandell. (Acta chem. scand. **15,** 190—210, 1961; Lund, Sweden, Univ. of Lund, Dep. of Inorg. and Phys. Chem., Chem. Inst.; engl.) — Die Komplex-Konst. der Syst.: $CH_3OCH_2COO^-$, $C_2H_5OCH_2COO^-$, $C_2H_5SCH_2COO^-$ u. $S(CH_2COO)^{2-}$ mit Cu(II)-Ionen wurden durch potentiometr. Meth. bei 20,0° in ClO_4^--Lsgg. bei einer Ionenstärke $J = 1,0$ (m) untersucht. Die Komplex-Konst. sind entsprechend der Gleichungen $Me + n \cdot A \rightleftharpoons MeA_n$ definiert: $\beta_n = [MeA_n]/[Me][A]^n$. Ergebnisse: Cu(II)/$CH_3OCH_2COO^-$: β_1 (66 ± 3) Mol^{-1}, $\beta_2 = (640 \pm 50)\ Mol^{-2}$, $\beta_3 = (13 \pm 3) \cdot 10^2\ Mol^{-3}$, $\beta_4 = (6 \pm 3) \cdot 10^2\ Mol^{-4}$. — Cu(II)/$C_2H_5OCH_2COO^-$: $\beta_1 = (62 \pm 3)\ Mol^{-1}$, $\beta_2 = (740 \pm 50)\ Mol^{-2}$, $\beta_3 = (13 \pm 3) \cdot 10^2\ Mol^{-3}$, $\beta_4 = (6 \pm 3) \cdot 10^2\ Mol^{-4}$. — Cu(II)/$C_2H_5SCH_2COO^-$: $\beta_1 = (365 \pm 10)\ Mol^{-1}$, $\beta_2 = (58 \pm 2) \cdot 10^3\ Mol^{-2}$, $\beta_3 = (70 \pm 5) \cdot 10^3\ Mol^{-3}$. — Cu(II)/$S(CH_2COO)_2^{2-}$: $\beta_1 = (1,5 \pm 0,1) \cdot 10^4\ Mol^{-1}$, $\beta_2 = (1,2 \pm 0,2) \cdot 10^7\ Mol^{-2}$, $\beta_3 = (4 \pm 2) \cdot 10^8\ Mol^{-3}$, $\beta_4 = (8 \pm 3) \cdot 10^{11}\ Mol^{-4}$.
L. Holzhey. 223□

Citrat-Komplexe des Kupfers. R. Das, R. K. Pattanaik und S. Pani. (J. Indian chem. Soc. **37,** 59—68, Jan. 1960; Orissa, Univ. Coll. of Engng., Dep. of Chem.; engl.) — Cu(II) reagiert mit Citronensäure gemäß $Cu^{2+} + H_3Cit \rightleftharpoons A^{(2-n)+} + nH^+$ zu Komplexen, deren Zus. vom pH-Wert des Mediums abhängt: $n < 1$ bei pH 2,5—2,6; $1 < n < 2$ bei pH 2,7—3,2; $n > 2$ bei pH 3,3—4; $n > 3$ bei pH > 4; $n = 4$ bei pH 5,75—8. Im neutralen Komplex A ($n = 2$) fungiert das Citrat als dreizähniger Ligand; die vierte Koordinationsstelle ist wahrscheinlich durch ein Wassermol. besetzt. Bei der pH-Titration erweist sich A als zweibasige Säure: (a) $A \rightleftharpoons A_1^- + H^+$; (b) $A_1^- \rightleftharpoons A^{2-} + H^+$. Konduktometr. Titration einer $Cu(NO_3)_2$/Citronensäure-Lsg. mit NaOH führt zum gleichen Ergebnis. Die Gleichgewichts-Konst. der Rkk. (a), (b) u. $Cu^{2+} + H_3Cit \rightleftharpoons A + 2H^+$ werden ermittelt, die Strukturen der Komplexe diskutiert. A. Blaschette. 223□

Einige Citratometallkomplexe. 2. Mitt. **Anionenaustauschuntersuchungen.** N. C. Li und J. M. White. (J. inorg. nuclear Chem. **16,** 131—37, Nov. 1960; Pittsburgh, Pa., Duquesne Univ.; engl.) — 1. vgl. C. **1963,** 1589. — Die Verteilung von Co^{2+}, Zn^{2+}, UO_2^{2+} u. Th^{4+} zwischen wss., Na-Citrat haltigen, gepufferten (pH 7,2) Lsgg. u. der Citrat-Form des stark bas. Anionenaustauschers Dowex-1 wurde radiometr. untersucht. Bei Co^{2+}, Zn^{2+} u. Th^{4+} nimmt log D (D = Verteilungs-Koeff. Harzphase/wss. Lsg.) linear mit der Na-Citrat-Konz. in der wss. Phase ab. Die adsorbierten Citrat-Komplexe sind vom 1 : 1- bis 1 : 2-Typ. Die Gleichgewichte werden diskutiert. UO_2^{2+} bildet einen 1 : 1-Komplex, der auch bei Fehlen von Citrat in der wss. Phase prakt. quant. adsorbiert wird, so daß kein D meßbar ist. Dagegen wird UO_2Cl_2 aus NaCl-haltiger Lsg. an die Chlorid-Form des Austauschers nur zum kleineren Teil adsorbiert. W. Betcke. 223□

Einige Gleichgewichtszustände in wässerigen Systemen mit Silber und Glycin. D. J. Alner. (J. chem. Soc. [London] **1962,** 3282—84, Aug.; London, Northampton Coll.; engl.) — Die Beständigkeits-Konst. des Komplexions AgG_2^-, wobei HG $NH_2—CH_2—COOH$ ist, wurde aus Löslichkeitsmessungen, potentiometr. Titrationen u. pH-Messungen mit der Kette Ag/$AgNO_3$ + NaG (Überschuß)/gesätt. KNO_3-Brücke/gesätt. Kalomel bei 20° zu $10^{7,26}$ bestimmt. Die Bldg.-Konst. der gemäß $AgOH + G^- \rightleftharpoons AgG + OH^-$ u. $AgG + G^- \rightleftharpoons AgG_2^-$ gebildeten Prodd. AgG u. AgG_2^- betragen 10^4 u. $10^{3,29}$.
G. Heller. 223□

Gleichgewichtsuntersuchungen an Polyanionen. 8. Mitt. **Über die erste Gleichgewichtsstufe bei der Hydrolyse von Borsäure, ein Vergleich zwischen den Gleichgewichten in 0,1m und 3,0m $NaClO_4$-Lösung.** Nils Ingri. (Acta chem. scand. **16,** 438—48, 1962; Stockholm, Roy. Inst. of Technol., Dep. of Inorg. Chem.; engl.) — 6. vgl. C. **1961,** 9721. — Vf. untersucht die erste Gleichgewichtsstufe der Hydrolyse von $B(OH)_3$ in 0,1m u. 3,0m $NaClO_4$-Lsg. bei 25° mit Hilfe potentiometr. Messungen unter Verw. einer Wasserstoffelektrode. Die Werte, die zwischen 0,010m u. 0,200m liegen, deuten für beide Lsgg. auf die Bldg. von $[B(OH)_4]^-$ u. $[B_3O_3(OH)_4]^-$ hin. Für $B(OH)_3$-Konzz. von 0,4m u. 0,6m zeigen die Meßwerte die Bldg. von höheren Komplexionen der Form $[B_4O_5(OH)_3]^-$ oder $[B_5O_6(OH)_4]^-$ an, wobei das Auftreten von $[B_5 \cdot O_6(OH)_4]^-$ wahrscheinlicher ist, da dieses Ion auch als Einheit für sich in Kristallen gefunden wurde. Folgende Bldg.-Konst. werden angegeben: $\log^* \beta_1 = -9{,}00 \pm 0{,}02$; $\log^* \beta_{13} = -6{,}91 \pm 0{,}03$ u. $\log^* \beta_{15} = -6{,}62 \pm 0{,}16$ für 3,0m $NaClO_4$-Lsg., sowie $\log^* \beta_1 = -8{,}98 \pm 0{,}01$; $\log^* \beta_{13} = -7{,}29 \pm 0{,}02$ u. $\log^* \beta_{15} = -6{,}77 \pm 0{,}10$ für 0,1m $NaClO_4$-Lösung. K. Ohls. 224□

Der Einfluß der Art des organischen Lösungsmittels auf die Extraktion von Chelatverbindungen. I. P. Alimarin und Yu. A. Zolotov. (Talanta [London] **9,** 891—99, Nov. 1962; Moscow, Acad. of Sci., V. I. Vernadsky Inst. of Geochem. and Analyt. Chem.; engl.) — Vff. untersuchen den Einfl. des organ. Lsgm. auf die Extraktion der Thenoyltrifluoracetonate von Np(V), Co(II) u. Ce(III), der Hydroxychinolinate von Np(V), W(VI), Tl(I), Tl(III), La u. Ba, der Acetylacetonate von Co(II) u. Fe(III) sowie der 1-Nitroso-2-naphthol-Komplexe von Co(II), Np(V) u. U(VI). Als Lsgm. wurden Methyläthylketon, n-Butanol, Bzl., Chlf., Isobutanol, Cyclohexanon, Essigsäureäthylester, Essigsäureamylester, CCl_4, Ae. u. Heptan verwendet. In der Regel werden „koordinationsungesätt." Chelate (d. h. solche, bei denen die Koordinationszahl des Zentralatoms größer als dessen doppelte Ladung ist) mit zweizähnigen Liganden besser durch Ketone, Ester u. bes. Alkohole, schlechter dagegen durch Ae., KW-Stoffe u. halogenierte KW-Stoffe extrahiert. In einigen Fällen wird die Extraktion dieser Chelate durch einen Reagensüberschuß begünstigt. „Koordinationsgesätt." Chelate (d. h. solche, bei denen die Koordinationszahl kleiner als die doppelte Ladung des Zentralatoms ist) mit zweizähnigen Liganden lassen sich dagegen durch Lsgm. der verschiedenen Arten einschließlich O-freier, schwach polarer Lsgm. extrahieren. Auf die Möglichkeit, „koordinationsgesätt." Chelate von „koordinationsungesätt." zu trennen, wird hingewiesen. Gerhard Schulze. 224□

Die Kinetik von konkurrierenden, aufeinanderfolgenden Reaktionen 2. Ordnung, die von nur einem primär reagierenden Teilchen ausgehen. H. J. G. Hayman und B. Perlmutter-Hayman. (Bull. Res. Council Israel, Sect. A **8A,** 95—109, Sept. 1959; Hebrew Univ. of Jerusalem, Dep. of Phys. Chem.; engl.) — Vff. teilen eine einfache Meth. mit, die die Ermittlung der Rk.-Geschw. von konkurrierenden aufeinanderfolgenden Rkk. 2. Ordnung mit nur einem Ausgangsstoff, wie z. B. die Zers. von NaOBr in BrO_3^- u. Br^-, ermöglicht. Das Rk.-Schema $A + A \xrightarrow{k_1} B + D$ u. nachfolgend $A + B \xrightarrow{k_2} C + D$ wird über einen weiten Bereich von $R = k_1/k_2$ behandelt. Der Wert von R läßt sich am besten durch Vgl. der relativen Konz. der Zwischenverb. B während des Rk.-Verlaufes mit einer Reihe von Standardkurven, die für die verschiedenen R-Werte dargestellt werden, bestimmen. Die Rk.-Geschw. werden graph. ermittelt unter Anwendung von Korrekturen, die von der Größe der R-Werte abhängig sind u. graph. mitgeteilt werden. Weiterhin wird eine Abänderung der Meth. für den Fall gegeben, daß die Konz. der Zwischenverb. B nicht gemessen werden kann, u. ein Vgl. mit der Meth. von Frost u. Schwemer (C. **1953,** 6456) durchgeführt. U. Skurnia. 225□

Trennung und Anwendung stabiler Isotope. 4. Mitt. **Anwendung des stabilen Isotops ^{15}N in der anorganischen Chemie.** Ingeborg Maaß. (Chem. Techn. **11,** 98—103, Febr. 1959; Leipzig, Inst. für physikal. Stofftrennung; dt.) — 3. vgl. Chem. Techn. **10,** [1958], 699; 2. vgl. C. **1962,** 18714. — Übersicht über die Aufklärung anorgan. Rk.-Mechanismen mit Hilfe von ^{15}N. — 22 Literaturangaben. A. Blaschette. 225□

Über den Mechanismus des intermolekularen Energieaustausches bei der Dissoziation eines zweiatomigen Gases. Je. Je. Nikitin. (Доклады Академии Наук СССР [Ber. Akad. Wiss. UdSSR] **132,** 395—98, 11/5. 1960; Inst. für chem. Phys. der Akad. der Wiss. der UdSSR; russ.) — Vgl. C. **1959,** 11829; C. **1960,** 8794. — Wenn ε ein Schwingungsquant des O_2-Mol. ist, ΔE die mittlere Energie der Schwingungsanregung bei einem Zusammenstoß, dann ist der Grenzwert von ε, bei dem ΔE von den sehr kleinen Werten bei großen ε zu der Größenordnung k T bei sehr kleinen ε übergeht, gegeben durch $\varepsilon^*/h\,\bar{v}\,\alpha \simeq 1$ ($\bar{v}$ = mittlere Geschw. der zusammenstoßenden Moll., α^{-1} = charakterist. Wrkg.-Radius der Austauschkräfte). Wenn ein nichtdissoziierendes

O_2-Mol. mit größerer Wahrscheinlichkeit bei jedem Zusammenstoß einen Teil seiner inneren Energie ε_1 an ein schwingungsangeregtes Mol. abgeben kann, ist $(\varepsilon^* - \varepsilon_1)/h\,\bar{v}\,\alpha \simeq 1$. Bei der Dissoziation von O_2 in Ggw. von Ar ist $\varepsilon_1 = 0$ u. man kann bei linearer Abhängigkeit von ε von der Schwingungsquantenzahl v (Morse-Oscillator) $D - E(\varepsilon) = D\,\varepsilon^2/\varepsilon_0^2$ setzen. Ohne Ggw. von Inertgas ist ε_1 0, entspricht 2 mittleren Rotationsquanten von O_2 u. kann ohne Schwierigkeiten an ein schwingungsangeregtes O_2-Mol. abgegeben werden. Bei einer Zeit τ der Rotationsrelaxation des O_2 von der Größenordnung 1/10 Z (Z = Stoßzahl) besteht zur Wahrscheinlichkeit P des Zweiquantenüberganges die Beziehung $\tau \simeq (Z\,P\,\varepsilon_1/k\,T)^{-1}$. Wenn ε_1 = ca. $4 \cdot \sqrt{1{,}4 \cdot k\,T}$ u. $T = 2000^0$ K ist, ist $P \simeq 1$. Unter Berücksichtigung der Rotation ist in diesem Falle $E(\varepsilon^*) = D - 9/4\,\gamma^2\,k\,T$. Die effektive Dissoziationsenergie ist also um 9/4 k T kleiner u. das die Zerfalls-Geschw. begrenzende Schwingungsquant ca. 3mal so groß wie in Ggw. von Ar. Der summar. Einfl. der 2 Effekte führt zu einer Zunahme der Dissoziations-Geschw. in Abwesenheit von Fremdgas auf $3\,\gamma\,\exp(2\,\gamma^2) = 20$fach ($\gamma$ = dimensionslose Größe). Andere Verhältnisse liegen vor, wenn ein von Ar in der Masse verschiedenes Mol. wie Br_2 dissoziiert. In diesem Falle nimmt ε^* beim Übergang von der Dissoziation in Ggw. von Ar zu der ohne Ar nur um das $\sqrt{2}$-fache zu. γ ist annähernd 1.

R. K. Müller. 225□

Kinetik der thermischen Zersetzung von Wasserstoffperoxiddampf. Paul A. Giguère und I. D. Liu. (Canad. J. Chem. **35,** 283—93, April 1957; Quebec, Canada, Laval Univ., Dep. of Chem.; engl.) — Die therm. Zers. von H_2O_2-Dampf im stat. Syst. bei 0,2—20 Torr u. 300—600° in peinlich sauberen Glasgefäßen führt in einer Rk. erster Ordnung zu H_2O u. O_2. Bei ca. 400° geht der heterogene Rk.-Bereich (Oberflächeneffekte, niedrige Aktivierungsenergie) kontinuierlich in den homogenen über (reproduzierbare Geschw. in verschiedenen Gefäßen). Bei einem Anfangsdruck von ca. 10 Torr ergibt sich oberhalb 400° aus der experimentellen Rk.-Geschw. die scheinbare Aktivierungsenergie zu 43 kcal, der Häufigkeitsexponent zu $10^{10,7}$. Die bzgl. heterogener Restanteile korr. Geschw.-Gleichung lautet dann: $k = 10^{13}\exp(-48000/R\,T)\,s^{-1}$, in guter Übereinstimmung mit der Dissoziationsenergie der O—O-Bindung (48,5 kcal/Mol). Die Geschw. nimmt gleichmäßig mit dem Druck zu. Vergrößerung der Oberfläche durch Füllen des Gefäßes mit Glasstäben oder Zumischung verschiedener Gase (Luft, H_2, Ar, O_2, He, Propylen, NO) blieben prakt. ohne Einfl. auf die Rk.-Geschwindigkeit. Die therm. Zers. von D_2O_2-Dampf erfolgt mit gleicher Geschw. wie die des H_2O_2. Für die nichtkatalysierte Rk. wird nachst. Mechanismus vorgeschlagen: $H_2O_2 \rightarrow 2\,OH$, $OH + H_2O_2 \rightarrow H_2O + HO_2$, $HO_2 + HO_2 \rightarrow H_2O_2 + O_2$, $HO_2 + OH \rightarrow H_2O + O_2$.

A. Blaschette. 225□

Die Kinetik des thermischen Zerfalls von gasförmigem Chlorylfluorid ($FClO_2$). M. J. Heras, P. J. Aymonino und H. J. Schumacher. (An. Asoc. quím. argent. **47,** 157—79, Sept. 1960; La Plata, Univ. Nac., Inst. Superior de Investigaciones, Fac. de Quím. y Farm.; span. — C. **1960,** 9827.) K. Huste. 225□

Untersuchung über den Abbau von Polyphosphaten in wässerigen Lösungen. E. Thilo und W. Wieker. (J. Polymer Sci. **53,** 55—59, Aug. 1961; Berlin, Inst. für anorgan. Chem. der Dt. Akad. der Wiss.; engl.) — Es wurde bestätigt, daß beim Abbau von kettenartigen Polyphosphaten cycl. Trimetaphosphat neben Monophosphat gebildet wird. Gleichzeitig entstehen geringe Mengen Di-, Tri- u. Tetrametaphosphate. Abbaugeschw., Art u. Menge der Abbauprodd. sind streng pH- u. temperaturabhängig. Bei pH 8 u. 60° entstehen Mono- u. Trimetaphosphat im Verhältnis 1 : 1. Dieser Abbau wird durch viele Metallsalze katalyt. beschleunigt. Die kinet. Unters. der Zers.-Rk. in Ggw. einiger ausgewählter Metallsalze zeigt, daß der katalyt. Effekt in engem Zusammenhang mit der Ionenaustauschfähigkeit der Polyphosphate steht. Je größer die Affinität des Metallkations zu dem Polyphosphat ist, um so höher ist seine katalyt. Wirksamkeit. Diese steigt in der Reihenfolge $K < Na < Li < Ba < Sr < Ca < Mg < Al$ an. Aus der Kinetik der Abbau-Rk. folgt, daß der Abbau nicht nur an den Kettenenden, sondern statist. über das gesamte Polymere verteilt verläuft u. daß die Bldg. des Trimetaphosphats nicht mit der Bldg. des Monophosphats verknüpft ist. Ein Rk.-Schema für die Bldg. des cycl. Trimetaphosphats aus den Polyphosphatketten wird angegeben. Danach besteht der prim. Schritt beim Abbau in einer intramol. „Phosphorylierung" des Polyphosphats, auf welche dann die Hydrolyse des Trimetaphosphats folgt.

E. Weber. 225□

Perjodatoxydation von Glycerin in Gegenwart von Borsäure. Jean Ploquin und Claude Neau. (C. R. hebd. Séances Acad. Sci. **250,** 2211—12, 21/3. 1960; Nantes, Fac. de Méd., Labor. de Chim.; franz.) — Die Geschw. der Perjodatoxydation von Glycerin wurde für eine Reihe von Lsgg. bestimmt, bei denen die molaren Verhältnisse von H_3BO_3 (I) zu Glycerin (II) 0, ½, 1 u. 2 betrugen; die Oxydations-Geschw. wurde bei jedem Glied dieser Reihe als Funktion des pH-Wertes (1,6, 6,3, 8,2 u. 13,5) gemessen. Obgleich die Oxydations-Geschw. bei pH 1,6 scheinbar vom I/II-Verhältnis unabhängig ist, steigt sie in Lsgg. vom pH 6,3 u. einem I/II-Verhältnis von ½ u. 1 leicht an. Für Lsgg. von höherem pH ergaben sich nichtreproduzierbare Werte, da ein nicht näher untersuchter Nd. ausfällt. Die Ergebnisse werden mit einer Verdrängung des B in einem Glycerinboratchelat-Fünfring durch das J der Perjodsäure erklärt. Der Verdrängungsschritt wird von einer Aufspaltung der C—C-Einfachbindung in dem Chelatring begleitet. W. Hein. 225□

Die Isotopenaustauschreaktion des cis-[Carbonatodiamminäthylendiamin]-kobalt(III)-Ions und Carbonations in wässeriger Lösung. R. A. W. Pratt, E. Sherwin und G. J. Weston. (J. chem. Soc. [London] **1962,** 476—80, Febr.; Bradford, Inst. of Technol., Dep. of Chem. Technol.; engl.) — Vff. untersuchen unter Verw. von ^{14}C den Einfl. der Änderung des pH, der Temp. u. der Konz. der Reaktanten auf den Austausch des CO_3-Liganden von cis-$[CoCO_3(NH_3)_2\,en]^+$ (I). Der Austauschmechanismus von I entspricht im wesentlichen dem von Boyle u. Harris (C. **1958,** 9995) für $[CoCO_3(NH_3)_4]^+$ (II) u. $[CoCO_3\,en_2]^+$ (III) angegebenen Mechanismus. Die Gesamt-Rk. wird im pH-Bereich von 9,33—9,91 durch das Geschw.-Gesetz $R = k'ab + k''ah$ mit $k' = 2{,}9 \cdot 10^{-2}$ (Liter·Mol^{-1}·min^{-1}) u. $k'' = 3{,}76 \cdot 10^5$ bei 25,8° beschrieben; es herrscht somit eine Abhängigkeit 1. Ordnung bzgl. der Konz. des Komplexes u. eine von teilweise nullter oder 1. Ordnung bzgl. der CO_3^{2-}- u. H^+-Konzentration. Die Aktivierungsenergien für den direkt (E') bzw. über eine Hydratisierung (E'') verlaufenden Austausch u. die Aktivierungsentropien (ΔS) für den direkten Austausch werden wie folgt berechnet: I E' 18,7 (kcal·Grad^{-1}), E'' 26,1, ΔS —18 (Entropieeinheiten); II E' 16,7, E'' 20,6, ΔS —25 u. III E' ca. 15, ΔS —32. Für I, II u. III wird somit ein ähnlicher Mechanismus für den direkt erfolgenden Austausch festgestellt.

Versuche: *cis-$[CoCO_3(NH_3)_2\,en]Cl \cdot ½\,H_2O$,* a) durch Lösen von cis-$[CoCO_3 \cdot (NH_3)_2\,en]_2CO_3$ in wenig kaltem H_2O u. Zugabe einer Lsg. der berechneten Menge $BaCl_2$, Stehenlassen über Nacht, Filtrieren, Eindunsten des Filtrats bis zur Trockne im Exsikkator (H_2SO_4), 2maliges Umkristallisieren aus heißem H_2O, karminrote Kristalle; b) durch Schütteln des vorst. Carbonats mit einem Anionenaustauscher (Amberlite CG-45, Cl^--Form) in H_2O, Filtrieren der Suspension u. Aufarbeitung wie vorstehend. U. Skurnia. 225□

Die Kinetik der Reaktion von Eisen(II), aq und Kobalt(III), aq. Larry E. Bennett und John C. Sheppard. (J. physic. Chem. **66,** 1275—79, Juli 1962; San Diego, Calif., San Diego State Coll., Dep. of Chem.; engl.) — Die Oxydations-Rk. von Fe(II) durch Co(III) in $HClO_4$-Lsg. gehorcht dem Geschw.-Gesetz: Geschw. = $k_0[Co^{3+}][Fe^{2+}] + k_1[CoOH^{2+}][Fe^{2+}]$. Bei 0° (auch bei 7 u. 14° wurden die Werte gemessen) u. bei $\mu = 1{,}0$ haben k_0 u. k_1 die Werte 10 u. 6500 Mol^{-1}·s^{-1}; die Aktivierungs-Energien betragen unter der Annahme der Rk. von Fe^{2+} mit unhydrolysiertem Co^{3+} 9,1 u. bei Rk. von Fe^{2+} mit hydrolysiertem Co^{2+} ($CoOH^{2+}$) 7,9 kcal/Mol, die entsprechenden Aktivierungsentropien sind —23 u. —14 Entropieeinheiten. Die große Geschw. der Co^{3+}–Fe^{2+}-Rk. wird an Hand von Mechanismen unter der Annahme von Elektronenübergängen diskutiert. G. Heller. 225□

Die Oxydation von Chrom(II)-perchlorat mit Natriumazid. Michael Ardon und Bracha E. Mayer. (J. chem. Soc. [London] **1962,** 2816—17, Juli; Jerusalem, Hebrew Univ., Dep. of Inorg. and Analyt. Chem.; engl.) — Die Oxydation von $Cr(ClO_4)_2$ mit NaN_3 in wss. $HClO_4$ ergibt 3 Komplexionen: $[Cr(H_2O)_6]^{3+}$, $[CrNH_3(H_2O)_5]^{3+}$ u. ein binucleares Chrom(III)-ammin, welches als Sulfat isoliert wurde u. die wahrscheinliche Struktur $[(H_2O)_5Cr{-}NH{-}Cr(H_2O)_5]^{4+}$ hat. In Ggw. von Cl^- entstehen $[Cr(H_2O)_5Cl]^{2+}$ u. $[CrNH_3(H_2O)_5]^{3+}$. Die Rk. soll in Abwesenheit von Cl^- auf folgenden 2 konkurrierenden Wegen verlaufen: $2\,Cr^{2+} + HN_3 + 2\,H^+ \rightarrow$ (1) $[CrNH_3(H_2O)_5]^{3+} + Cr(H_2O)_6^{3+} + N_2$; (2) $[(H_2O)_5Cr{-}NH{-}Cr(H_2O)_5]^{4+} + N_2 + 2\,H^+$. Das Cl^--Ion soll den Weg (1) durch einen Brückenmechanismus beschleunigen: $2\,Cr^{2+} + Cl^- + HN_3 + 2\,H^+ \rightarrow [Cr(H_2O)_5 \cdot Cl]^{2+} + [CrNH_3(H_2O)_5]^{3+} + N_2$. G. Heller. 225□

Die Oxydation niederer Titanchloride durch Tetrachlorkohlenstoff über ein Carboniumion. C. Eden und H. Feilchenfeld. (J. chem. Soc. [London] **1962,** 2066—67, Mai; Jerusalem, Hebrew Univ., Nat. Council for Res. and Dev. and Dep. of Phys. Chem., Petrochem. Labor.; engl.) — Bei Einw. von CCl_4 auf $TiCl_3$ unter Rühren mit einem Magnetrührer bei 25—30° trat auch in einer Woche keine Oxydation ein; wurde das CCl_4 mit $AlCl_3$ gesätt., so waren nach 3 Std. 2% oxydiert. Bei $TiCl_2$ waren in 3 Std. 3% oxydiert. Wurde bei $TiCl_3$ außerdem noch n-Butylbromid zugegeben, so waren nach 3 Std. 14% u. nach 3 Tagen 50% oxydiert. Der Rk.-Mechanismus verläuft über ein Carboniumion: (1) $C_4H_9X + AlX_3 \rightleftharpoons C_4H_9^+[AlX_4]^-$; (2) $C_4H_9^+[AlX_4]^- +$

$TiCl_3 \rightleftharpoons C_4H_9\cdot + [TiCl_3]^+[AlX_4]^- \rightarrow TiCl_3X + AlX_3$; (3) $C_4H_9\cdot + CCl_4 \rightarrow C_4H_9Cl + CCl_3\cdot$. Das im Schritt (3) gebildete C_4H_9Cl u. das in (2) gebildete AlX_3 treten wieder in (1) in Rk.; die $CCl_3\cdot$-Radikale geben C_2Cl_6. Der Oxydationsschritt (2) zeigt die Katalyse durch das Carboniumion. Als Nebenprodd. entstehen Butan u. Isobutan. G. Heller. 225□

Metallcarbonyle. 4. Mitt. Kinetik der Reaktion von Manganpentacarbonylhalogeniden mit einer Reihe von Liganden. Robert J. Angelici und Fred Basolo. (J. Amer. chem. Soc. **84**, 2495—99, 5/7. 1962; Evanston, Ill., Northwestern Univ., Chem. Labor.; engl.) — 3. vgl. C. **1961**, 10099. — Bei der Rk. von $Mn(CO)_5X$ [X = Cl, Br, J] mit verschiedenen Liganden L in Lsg. [L = $P(C_6H_5)_3$, $As(C_6H_5)_3$, $Sb(C_6H_5)_3$, C_2H_5NC, $P(C_6H_5)Cl_2$, $P(OC_4H_9)_3$, $P(OCH_2)_3CCH_3$ u. $P(OC_6H_5)_3$] entsteht *$Mn(CO)_4LX$*, unter ähnlichen Bedingungen mit L = $P(C_4H_9)_3$, C_5H_5N, $C_6H_5NH_2$, o- u. p-$CH_3C_6H_4NH_2$ erhält man die disubstituierten Derivv. *$Mn(CO)_3L_2X$*. Die Rk.-Geschw. ist unabhängig von Art u. Konz. von L u. nimmt mit steigender Ordnungszahl von X sowie leicht mit zunehmender Polarität des Lsgm. ab. Die Aktivierungsenergie u. -entropie der Rk. von $As(C_6H_5)_3$ mit $Mn(CO)_5Cl$ in Chlf. beträgt 27,5 ± 0,4 (kcal/Mol) bzw. 15,7 (Entropieeinheiten), mit $Mn(CO)_5Br$ 29,8 ± 0,4 bzw. 18,9 u. mit $Mn(CO)_5J$ 32,2 ± 0,4 bzw. 20,7. $Mn(CO)_5Br$ zersetzt sich in Nitromethan u. o-Nitrotoluol sowie in Aceton, Butanon-(2) u. Pentanon-(3) unter Bldg. instabiler Prodd., die nicht isoliert werden konnten. In letzterem ist kein Anzeichen für die Bldg. eines CO enthaltenden Prod. festzustellen. Vff. nehmen einen Dissoziationsmechanismus an, bei dem die Dissoziation von CO aus $Mn(CO)_5X$ u. der Übergang in ein 5fach koordiniertes Zwischenprod. der geschwindigkeitsbestimmende Schritt ist u. anschließend L schnell angelagert wird, erörtern die Struktur der Verbb. u. teilen die Wellenzahlen der IR-Absorptionsbanden der CO-Gruppen mit.

Versuche: *$Mn(CO)_4P(C_6H_5)_3Cl$*, aus 0,094 g $Mo(CO)_5Cl$ u. 0,11 g $P(C_6H_5)_3$ in 5 ml Chlf. durch 24std. Stehen bei Raum-Temp., Abdunsten des Chlf. im Luftstrom, 2maliges Umkristallisieren mit n-Hexan; gelb. — *$Mn(CO)_4As(C_6H_5)_3Cl$*, wie vorst. aus 0,057 g $Mn(CO_5)Cl$ u. 0,079 g $As(C_6H_5)_3$. — *$Mn(CO)_4Sb(C_6H_5)_3Br$*, aus 0,11 g $Sb(C_6H_5)_3$ u. 0,094 g $Mn(CO)_5Br$ in Chlf. u. 24std. Stehen bei 40°. P. Frenzel. 225□

Austausch zwischen Metallen und ihren Ionen in Lösung. Cecil V. King und Nancy E. McKinney. (Canad. J. Chem. **37**, 205—12, Jan. 1959; New York, N.Y., Univ., Dep. of Chem.; engl.) — Die Aufnahme von Radioaktivität aus einer Tracer-Lsg. durch ein Metall wird diskutiert. Ihre Geschw. v steht nur in einfacher Beziehung zur Austauschstromdichte i_0, wenn Korrosion, Adsorption von Salz, Doppelschicht-Bldg., Lokalzellenelektrolyse u. Verarmung der Lsg. an Tracer nahe der Metalloberfläche keine Rolle spielen. i_0 ist gleich v, wenn Ionenaustausch u. Selbstdiffusion innerhalb des Metalls auftreten bzw. gleich dem auf die Zeit 0 extrapolierten Wert von v, falls nur Ionenaustausch erfolgt. Durch Verss. an Ag in $AgNO_3$ wird die Bedeutung der inneren Diffusion gezeigt. Die Zeitabhängigkeit der Gesamtaktivität der Ag-Plättchen wird gemessen. Sie folgt etwa der Formel von Gerischer u. Vielstich (C. **1954**, 2775). Ein additives Glied muß den starken Anfangsanstieg berücksichtigen. Kaltgewalzte Platten haben wegen der größeren Zahl von Korngrenzen an der Oberfläche einen größeren scheinbaren Diffusions-Koeff. D als getemperte. Korngrenzendiffusion erfolgt viel leichter als Gitterdiffusion. Längs der Korngrenzen gelangen Ag-Teilchen leicht ins Innere u. können sich durch Gitterdiffusion weiter ausbreiten. So erscheint der Einfl. der Vorbehandlung auch bei der Verfolgung der Eindringtiefe der Aktivität. Eine $KCN-H_2O_2$-Lsg. ätzt gleichmäßig 840 Lagen Ag-Atome ab. Die Restaktivität wird gemessen. Bei den kaltgewalzten Plättchen folgen die Ergebnisse nicht der Formel für homogene Diffusion, sondern der Fisherschen Formel für gleichzeitige Korngrenzendiffusion mit logarithm. Abhängigkeit der Aktivität von der Eindringtiefe. Bei den getemperten Plättchen ist der Aktivitätsabfall zuerst viel stärker (unterschiedlicher Mechanismus). Berechnet man den Gitterdiffusions-Koeff. D_v nach $D_v = 0{,}724 \cdot \exp \cdot (-45500/RT)\ cm^2/s$, so ergeben sich für den Korngrenzendiffusions-Koeff. D_b Werte, die um 4—5 Zehnerpotenzen kleiner sind als die durch Extrapolation von Hochtemp.-Experimenten nach $D_b = 0{,}03 \cdot \exp(-20200/RT)\ cm^2/s$ erhaltenen. Unterbricht man die Einw. der Tracer-Lsg. u. spült das Metall mit heißem H_2O, so erhöht sich wegen verstärkter Diffusion (größere Eindringtiefe) die aufgenommene Gesamtaktivität.
U. Siggel. 225□

Werte für anfängliche Reaktionsgeschwindigkeiten aus DTA-Messungen. H. J. Borchardt. (J. inorg. nuclear Chem. **12**, 252—54, Febr. 1960; Schenectady, N.Y., Gen. Electr. Co., Gen. Engng. Labor.; engl.) — Vf. beschreibt, auf welche Weise aus einer kinet. Analyse von DTA-Kurven anfängliche Rk.-Geschw. berechnet werden können. Die Meth. wird auf die therm. Zers. von $MgCO_3$, $CaCO_3$ (Calcit) u. Kaolinit angewendet. Gerhard Schulze. 225□

Oxydation von Metallegierungen bei hohen Temperaturen. Stanisław Mrowec, Dominik Wajszel und Teodor Werber. (Wiadomósci chem. **12,** 709—36, Nov. 1958; pol.) — Vgl. C. **1961,** 11641 u. C. **1962,** 7073. — Mechanismus der Oxydation von Bikomponentensystemen (Übersicht). — 55 Literaturangaben. P. Gregorzewski. 225□

Umsetzung von Calciumsulfat mit Kohlenstoff in Gegenwart von Natriumchlorid. 2. Mitt. **Über die thermische Zersetzung von Calciumsulfat.** A. M. Ginstling und A. D. Wolkow. (Журнал Прикладной Химии [J. angew. Chem.] **33,** 274—79, Febr. 1960; russ.) — 1. vgl. C. **1963, 3904.** — Untersucht wird der Einfl. des Zusatzes von NaCl auf die Umsetzung von $CaSO_4$ mit C im N_2-Strom bei 1000 u. 1050°; es wird festgestellt, daß der Prozeß aus 2 Stufen besteht: 1. Red. von $CaSO_4$ zu CaS. 2. Umsetzung des Sulfids mit dem Sulfat. Die 2. Stufe verläuft langsamer als die erste. Ferner wird die inhibierende Wrkg. von NaCl auf die Red. von $CaSO_4$ zu CaS festgestellt. Bei Zusatz von 0,5 u. 1% NaCl erhöht sich jedoch die Geschw. der 2. Rk.-Stufe u. beschleunigt dadurch den gesamten Prozeß. Die Wirksamkeit des Zusatzes sinkt bei Temp.-Erhöhung. H. Treumann. 225□

Umsetzung von Calciumsulfat mit Kohlenstoff und Kieselsäure. 3. Mitt. **Über die Untersuchung der thermochemischen Zersetzung von Calciumsulfat.** A. M. Ginstling und A. D. Wolkow. (Журнал Прикладной Химии [J. angew. Chem.] **33,** 736—39, März 1960; russ.) — 2. vgl. vorst. Referat. — Untersucht wird die Kinetik der chem. Umsetzung in einem Gemisch von $CaSO_4$ mit SiO_2 u. C in Ggw. von CaF_2 bei 1200°. Ein Zusatz von 0,5 u. 1% CaF_2 katalysiert die SO_2-Bldg. beträchtlich. H. Treumann. 227□

Kinetik der Dissoziation von Manganoxiden. W. G. Wlassow und W. A. Koslow. (Журнал Физической Химии [J. physik. Chem.] **32,** 2608—13, Nov. 1958; Swerdlowsk, Polytechn. Ural-Inst.; russ., Auszug: engl.) — Die Temp.-Abhängigkeit des Dissoziationsdrucks von *MnO_2* u. *Mn_2O_3* kann durch die Gleichungen log P_{O_2} (MnO_2) $-6602/T + 8{,}21$ bzw. log P_{O_2} (Mn_2O_3) $= -11040/T + 8{,}57$ beschrieben werden. Unterss. der Kinetik der Dissoziation von MnO_2 u. Mn_2O_3 zeigen, daß bei niedrigen Temp. die Dissoziations-Geschw. unabhängig vom Dissoziationsgrad ist. Bei erhöhten Temp. werden die Rkk. durch die Diffusionsgleichung $g^2 = k \cdot t$ (g = % Dissoziation des entsprechenden Oxids, t = Zeit, k = Konst.) beschrieben u. lassen den überwiegenden Einfl. der Diffusion erkennen. Im Bereich fester Lsgg. wird die Rk. durch ln (a/a — g) = k t (a = % Sauerstoff) beschrieben. Berechnung der Wärmeeffekte u. Aktivierungsenergien der beiden Reaktionen. H. Roschkowski. 225□

Die thermische Stabilität von Metallamminen. 1. Mitt. **Chloropentamminchrom(III)-chlorid.** N. D. Peschko und B. P. Block. (J. inorg. nuclear Chem. **15,** 71—75, Sept. 1960; Wyndmoor, Pa., Pennsalt Chem. Corp., Res. and Dev. Dep.; engl.) — Erhitzt man $[Cr(NH_3)_5Cl]Cl_2$ (**I**) mit einer Erwärmungs-Geschw. von 150°/h auf der Thermowaage u. an der Luft, so verliert es bei ca. 250° 2 Moll. NH_3, bei weiterem Erwärmen verliert es die restlichen NH_3-Moll. u. wandelt sich über CrOCl bei 440° in Cr_2O_3 um. Bei konst. Temp. von 150, 200 u. 300° geschieht die Zers. ohne Zwischenstufen. Bei 30 Min. langem Erhitzen von **I** auf 200° an der Luft bildet sich ein Prod., das nach Waschen mit W., HCl u. Aceton etwa der Zus. $Cr(NH_3)_3Cl_3$ (**II**) entspricht. **II** unterscheidet sich röntgenograph. von dem durch therm. Behandlung von **I** unter HCl gebildeten Prod. gleicher Zusammensetzung. Bei 200° erfolgt die Abgabe der 3 letzten NH_3-Moll. nach einer Rk. nullter Ordnung. Heinz Schultz. 225□

Die thermische Stabilität von Metallamminen. 2. Mitt. **Kobalt(II)- und Kobalt-(III)-Verbindungen.** L. R. Ocone, J. R. Soulen und B. P. Block. (J. inorg. nuclear Chem. **15,** 76—81, Sept. 1960; engl.) — 1. vgl. vorst. Referat. — *$Co(py)_2Cl_2$* (**I**), *$Co(dipy)Cl_2$* (**II**), *$Co(2.2'$-iminodipyridin$)Cl_2$* (**III**), $[Co(NH_3)_6]Cl_3$, *cis-$[Co(NH_3)_4Cl_2]Cl$* (**IV**), *trans-$[Co(NH_3)_4Cl_2]Cl$* (**V**) u. *$Co(NH_3)_4PO_4$* (py = Pyridin, dipy = 2.2'-Dipyridin) wurden auf einer Thermowaage unter N_2 erhitzt. Die therm. Stabilität nimmt in der Reihenfolge **I, II, III** zu, was durch den Chelateffekt bzw. durch die Ringgröße u. durch die von **I**—**III** steigende Basizität der Liganden-N-Atome erklärt wird. Alle untersuchten Amine beginnen sich unter den angewandten Bedingungen bei ca. 180° zu zersetzen. Zwischen dem therm. Verh. von **IV** u. **V** konnte kein Unterschied festgestellt werden.

Versuche: *Dichloro-bis-[pyridin]-kobalt(II)*, durch langsame Zugabe von 90 g wasserfreiem Pyridin zu 70 g wasserfreiem $CoCl_2$ in 500 ml abs. A., Umkristallisation aus Aceton; violetter Nd.; 72% (Ausbeute). — *Dichloro-2.2'-dipyridinkobalt(II)*, in Analogie der Meth. von Bailar u. Kirschner (C. **1960,** 8126); hellblaues Pulver. — *cis-$[Co(NH_3)_4Cl_2]Cl \cdot 0{,}5\ H_2O$*, durch Behandeln von $[Co(NH_3)_4CO_3]_2SO_4 \cdot 3\ H_2O$ mit konz. HCl, Extraktion des purpurfarbenen Rohprod. mit H_2O u. Zugabe von konz. HCl zum Filtrat. Heinz Schultz. 225□

Erscheinungen der chemischen Umwandlungen in der festen Phase unter einem Druck von 50000 kg/cm² bei gleichzeitiger Schubwirkung. Je. W. Subowa und L. A. Korotajewa. (Журнал Физической Химии [J. physik. Chem.] **32,** 1576—79, Juli 1958; Moskau, Lomonossow-Univ., Labor. für Phys. u. Chem. bei hohen Drücken; russ., Auszug: engl.) — Die Druckabhängigkeit der Schubkraft wurde während der Bldg. der Sulfide von Cu, Ni, Co u. Fe, der Phosphide von Mn u. Zn aus den Elementen u. des Zerfalls von MnO_3 u. Pb_2O ermittelt. Die zuerst von Bridgman beobachtete Explosion von S unter überhöhtem Druck wird auf eine Rk. mit adsorbiertem Sauerstoff zurückgeführt. H. Roschkowski. 225 □

Der Einfluß radioaktiver Beimengungen markierter Atome auf Reaktionsmechanismen. Victor I. Spicin. (Abh. dtsch. Akad. Wiss. Berlin, Kl. Chem. Geol. Biol. **1960,** 27—41; dt.) — Übersicht über einige Arbeiten des Vf. (Geschw. des Isotopenaustausches des S bei hoher Temp. im Syst. $K_2{}^{35}SO_4–SO_3$ u. des O im Syst. $Na_2{}^{35}SO_4–O_2$ als Funktion der spezif. Aktivität; Einw. der spezif. Aktivität von ^{35}S- oder Ra-haltigem $BaSO_4$ auf den Adsorptionsgrad wss. Farbstoff-Lsgg. [*Methylenblau, Brilliantgrün, Säureorange*]; positive Einw. der ^{35}S-Aktivität von $MgSO_4–Na_2SO_4$-Katalysatoren auf die Kinetik der *Cyclohexanol*-Dehydrierung). — 27 Literaturangaben. A. Blaschette. 226 □

Chemische Wirkungen der Kernumwandlung. F. Baumgärtner. (Kerntechn., Isotopentechn. u. -chem. **3,** 297—301, Juli 1961; München, TH, Inst. für Radiochem.; dt.) — Übersicht über Szilard-Chalmers-Rkk. u. chem. Vorgänge beim radioakt. Zerfall. — 74 Literaturangaben. A. Blaschette. 226 □

Hartecks Versuche zur Ausnutzung der Kernenergie für chemische Prozesse. Hans Teggers. (Kerntechn., Isotopentechn. u. -chem. **3,** 312—16, Juli 1961; Wesseling; dt.) — Beschreibung von Verss. zur Ausnutzung der kinet. Energie von Kernbruchstücken für den Ablauf chem. Rkk., bes. zur Gewinnung von NO_2 aus Luft. — 13 Literaturangaben. A. Blaschette. 226 □

Die primäre Retention beim P(n, γ)-Prozeß in Phosphortrichlorid. H. Drawe und A. Henglein. (Z. Naturforsch. **17b,** 486—87, Juli 1962; Berlin-Wannsee, Hahn-Meitner-Inst. für Kernforsch.; dt.) — Die Retentionen (R) in O_2-freien, fl. u. gasförmigen Gemischen von PCl_3 mit KW-Stoffen wurden nach 7 Std. langer Bestrahlung bei einem therm. Neutronenfluß von $5 \cdot 10^{10}$ Neutronen/cm²·s bestimmt. Die R in reinem, gasförmigem PCl_3 beträgt 78%, in fl. 86%. Mit zunehmendem KW-Stoff-Geh. nimmt die R ab; in der Gasphase erreicht sie unterhalb von 3% PCl_3 einen Grenzwert von 0,1—0,2%, der unabhängig vom Radikalfänger bzw. Verdünnungsmittel ist. Dieser Grenzwert wird als prim. R im PCl_3 gedeutet. In der fl. Phase liegen die beobachteten Grenzwerte beträchtlich höher; dies wird auf die Käfig-Wrkg. der umgebenden Lsgm.-Moll. zurückgeführt. L. Lindner. 226 □

Chemische Auswirkungen durch den Einfang von thermischen Neutronenstrahlen. 8. Mitt. **Retention in Chromatmischkristallen.** A. G. Maddock und J. I. Vargas. (Trans. Faraday Soc. **57,** 992—98, Juni 1961; Cambridge, Univ., Chem. Labor.; engl.) — 7. vgl. Trans. Faraday Soc. **56,** [1960], 509. — Vff. zeigen, daß die Retention von mit therm. Neutronen bestrahlten Mischkristallen von K_2CrO_4 u. K_2BeF_4 eine lineare Funktion der Zus. der Mischkristalle ist. Die Empfindlichkeit einer Reihe von Chromaten u. Dichromaten gegenüber einer Wärme- u. Strahlungsbehandlung wird bestimmt u. das Verh. von $(NH_4)_2Cr_2O_7$ u. Li_2CrO_4 näher untersucht. Weiterhin wird über Unterss. von Mischkristallen aus Chromaten u. Sulfaten berichtet. J. Peters. 226 □

Peroxidbildung von Ti(IV) in mit γ-Strahlen von ^{60}Co bestrahlten schwefelsauren Lösungen. Odette Bagno und Jacques Pucheault. (J. Chim. physique Physico-Chim. biol. **58,** 465—66, April 1961; Jory, Labor. de Synth. Atom.; Paris, Inst. du Radium, Labor. Curie; franz.) — Vff. bestrahlten schwefelsaure (0,8n H_2SO_4) u. durchlüftete Ti(IV)-Lsgg. mit γ-Strahlen von 600 c ^{60}Co, die eine Intensität von 5,8 eV/cm³ hatten, u. bestimmten photometr. die Peroxo-Ti-Verbb. bei 410 mμ. Die Anfangsausbeute beträgt $1{,}30 \pm 0{,}10$ Mol/100 eV. Der stationäre Zustand entspricht ca. $30 \cdot 10^{16}$ Mol H_2O_2/cm³. C. Gottfried. 226

Kinetik und Mechanismus der Ammoniaksynthese. A. Ozaki, Hugh Taylor und M. Boudart. (Proc. Roy. Soc. [London], Ser. A **258,** 47—62, 4/10. 1960; Princeton, N.J., Univ., Dep. of Chem.; Dep. of Chem. Engng.; engl.) — Die Geschw. der NH_3-Bldg. aus stöchiometr. $N_2–H_2$- bzw. $N_2–D_2$-Mischungen an zwei verschiedenen $Fe–K_2O–Al_2O_3–SiO_2$-Katalysatoren wurde bei 218 u. 302°, $^1/_3$ u. 1 atm u. über einen 300fachen Ausbeutebereich untersucht u. nach einer modifizierten Temkin-Meth. diskutiert. Die kinet. Daten u. die Isotopieeffekte zeigen, daß als geschwindigkeitsbestimmender Schritt die Chemisorption von N_2 an einer mit NH-Radikalen bedeckten Oberfläche angenommen werden muß. A. Blaschette. 227 □

A_8. Präparative anorganische Chemie. Komplexverbindungen. Metallorganische Verbindungen

Neue Wege auf dem Gebiet der anorganischen Polymeren. J. H. S. Green. (Res. appl. in Ind. **13,** 136—40, April 1960; engl.) — Übersicht über Darst. u. Eigg. von Siliconen, Polyorganosiloxanen, Polyorganometallsiloxanen (Al, Ti) mit besonderer Berücksichtigung der Arbeiten von Andrianow u. Mitarbeitern. — 13 Literaturangaben. A. Blaschette. 228□

Oxide und Hydroxoionen der Nichtmetalle. 1. Mitt. **Jodheptoxid.** H. C. Mishra und M. C. R. Symons. (J. chem. Soc. [London] **1962,** 1194—97, April; Leicester, Univ., Dep. of Chem.; engl.) — Auf Grund spektrophotometr. Befunde nehmen Vff. im Gegensatz zu Crouthamel, Hayes u. Martin (C. **1952,** 1617) an, daß dem Perjodation in neutraler wss. Lsg. die oktaedr. $H_4JO_6^-$-Konstit. zuzuschreiben ist. Deshalb kann p_K von H_5JO_6 nur größenordnungsmäßig zu +2 bis +3 abgeschätzt werden. In 10m $HClO_4$-Lsg. scheint weitere Protonenanlagerung zu $J(OH)_6^+$ einzutreten, der p_K-Wert von $J(OH)_6^+$ beträgt ca. —0,8. Die Spektren des oktaedr. $J(OH)_6^+$ u. $Te(OH)_6$ sind einander in den Gebieten ähnlich, in denen die oktaedr. Symmetrie von Einfl. ist. Lsgg. von Perjodaten in 100%ig. H_2SO_4 zersetzen sich rasch unter Bldg. von O_2, O_3 u. Verbb. des J(V). In 65%ig. Oleum unterbleibt die Bldg. von J(V); es bildet sich vielmehr ein orange gefärbter Festkörper, der in Oleum mit gelber Farbe etwas lösl. ist u. als J_2O_7 identifiziert wurde.

Versuche: *J_2O_7*, durch Behandeln von Perjodsäure mit 65%ig. Oleum, wiederholtes Waschen des Nd. mit fl. SO_3 u. Entfernen des restlichen SO_3 im Vakuum; Waschen mit Nitromethan oder Ae. kann zu explosionsartiger Zers. führen. P. Sartori. 249□

Komplexe zwischen Substanzen mit Schichtgitterstruktur und Brom, Jodchlorid und Chromylchlorid. J. G. Hooley. (Canad. J. Chem. **40,** 745—64, April 1962; Vancouver, B.C., Univ. of Brit. Columbia, Dep. of Chem.; engl.) — Vf. nahm die vollständigen Isothermen der Addukte (mit Schichtstruktur) von Br_2, JCl u. CrO_2Cl_2 an natürlichen *Graphit*-Kristallen 4 verschiedener Größen (0,002—2 mm) auf. Er findet eine Abhängigkeit der Addukt-Bldg. von der Korngröße des Graphits u. gibt zur eindeutigen Addukt-Bldg. eine Mindestgröße der Kristalle von 0,02 mm als größten Durchmesser an. Je kleiner die Kristalle werden, um so geringer wird die Addukt-Bldg., um so größer die Oberflächenadsorption u. Capillarkondensation. Die Addukte $C_{16}Br_2$, $C_{16}JCl$, C_8JCl u. $C_{40}CrO_2Cl_2$ wurden festgestellt. Die Isothermen des CrO_2Cl_2 sind deutlich zeitabhängig, so daß eine Polymerisation des eingelagerten CrO_2Cl_2 denkbar ist. Schwellenpartialdrücke, unterhalb derer keine Addukt-Bldg. stattfindet, wurden gefunden (für 20°): 0,05 für Br_2; 0,03 für JCl; 0,25 für CrO_2Cl_2. Eine Deutung der Schwellenwerte konnte noch nicht gegeben werden. Die Isothermen der Addukte von Br_2, JCl u. CrO_2Cl_2 an *BN* u. *MoS_2* ließen unter allen Vers.-Bedingungen den Schluß auf Addukt-Bldg. mit Schichtstruktur nicht zu. K. Jäger. 249□

Die Phosphornitridderivate — aromatische Verbindungen ohne Kohlenstoff. N. L. Paddock. (Res. appl. in Ind. **13,** 94—100, März 1960; Albright & Wilson Mfg. Ltd., Res. Dep.; engl.) — Übersicht. — 45 Literaturangaben. A. Blaschette. 264□

₽ **Alkaliverbindungen des Dichinolyl-(2)-methans. Chelatkomplexe mit Dichinolyl-(2)-methan.** 3. Mitt. H. J. Friedrich und G. Hohlneicher. (Angew. Chem. **74,** 466, 7/7. 1962; München, TH, Phys.-Chem. Inst.; dt.) — 2. vgl. C. **1961,** 12761. — Das mit dem farblosen Dichinolyl-(2)-methan im tautomeren Gleichgewicht stehende rote Wasserstoffbrückenchelat (Protonenwanderung vom Methan zu den beiden N-Atomen unter Bldg. eines Carbeniations u. der Wasserstoffbrücke) kann das Proton gegen Alkaliionen (Na^+ bis Cs^+) austauschen, wobei λ_{max} bathochrom von 510 (H^+) nach 572 nm (Cs) mit zunehmender Größe des Alkaliions verschoben wird. Die Beziehung $\lambda_{max} = f(r_K)$, wo r_K = Ionenradius ist, gibt eine Gerade. Ch. Weiske. 272□

Untersuchung des Chemismus der im System Na_2O–Al_2O_3–SiO_2 bei der Sintertemperatur verlaufenden Prozesse. 1. Mitt. **Umsetzung von Cyanit mit Soda.** L. K. Jakowlew und I. Ss. Lilejew. (Известия Сибирского Отделения Академии Наук СССР [Nachr. sibir. Abt. Akad. Wiss. UdSSR] **1959,** Nr. 5, 64—74; Chem.-Metallurg. Inst. der Sibir. Abt. der Akad. der Wiss. der UdSSR; russ.) — 2. vgl. C. **1962,** 10768. — *Cyanit* (**I**) geht mit Soda bei 800—850° leicht eine Rk. ein. Diese Rk. hat eine starke Vergrößerung des Vol. zur Folge. Für den Chemismus der Rk. werden zwei schemat. Formeln entwickelt. Nach der einen Formel kommt es zur Rk., wenn die Sodamenge gleich 1 Mol (oder weniger) je 1 Mol **I** beträgt, nach der zweiten Formel, wenn 1—1,5 Mol Soda je 1 Mol **I** genommen werden. Die Ergebnisse der Analyse berechtigen zur Annahme, daß $Na_2O \cdot Al_2O_3 \cdot SiO_2$ eine bei Temp. über 890° stabile polymorphe

Modifikation besitzt, die sich durch verringerte Fähigkeit der Na-Aluminatauflösung im Vgl. mit der bei niedrigen Temp. bestehenden Modifikation auszeichnet.
H. Treumann. 294☐

Invarianten und Eutektika im System $CaO–C_2S–C_5A_3$. Merkmale der Reaktionen und der entsprechenden Gleichgewichte. Gazioso Goggi. (Silicates ind. **25**, 347–51, Juli/Aug. 1960; Bergamo, S. A. Italcementi, Labor. de Rech.; franz.) — Im Rankinschen Phasendiagramm der Zementkomponenten CaO, SiO_2, Al_2O_3 treten in dem durch die 4 Punkte 2 CaO·SiO_2, 3 CaO·SiO_2, 3 CaO·Al_2O_3 u. 5 CaO·3 Al_2O_3 begrenzten Abschnitt bei langsamer Abkühlung 5 Ausscheidungsfelder auf, von denen jeweils 3 an ihren Schnittpunkten chem. Gleichgewichte darstellen. Der Verlauf der Rkk. wird mathemat. wiedergegeben u. der Zustand der Schmelze-Kristallgemische an den 4 Invarianten bei 1900, 1470, 1455 u. 1335° (= Endeutektikum) beschrieben.
R. Kaiser. 294☐

Die Darstellung von Aluminium-tert.-alkanolaten. M. S. Bains. (Canad. J. Chem. **40**, 381–83, Febr. 1962; London, Ontario, Univ. of Western Ontario, Chem. Dep.; engl.) — Im Gegensatz zu Angaben von Mehrotra (C. **1950/54**, 8318 S) gelang Vff. die Darst. von *Al-Tri-tert.-butylat* (I), *Al-Tri-tert.-amylat* (sublimierbar bei 0,02–0,03 Torr u. 130–135° Bad-Temp.) u. *Al-Tris-[diäthylmethylcarbinolat]* (0,02–0,03 Torr, 155°) durch Austausch zwischen *Al-Tri-isopropylat* u. dem entsprechenden Alkohol unter peinlichstem Ausschluß von Säurespuren u. Vermeiden lokaler Überhitzung. Bei *Al-Isopropylatdi-tert.-butylat*, das ebenso wie I dimer ist, deutet das kernmagnet. Protonenresonanzspektrum darauf hin, daß beide Arten der Alkoxygruppen an der Brückenbindung beteiligt sind.
P. Sartori. 294☐

Physikalisch-chemische Untersuchung der Reaktion von Praseodymhydroxid mit Wasserstoffperoxid. Ss. S. Makarow, L. W. Ladeinowa-Ssobolewa und A. M. Tschernyschowa. (Известия Академии Наук СССР, Отделение Химических Наук [Nachr. Akad. Wiss. UdSSR, Abt. chem. Wiss.] **1961**, 2109–15, Dez.; Kurnakow-Inst. für allg. u. anorg. Chem. der Akad. der Wiss. der UdSSR; russ.) — Durch Umsetzen von $Pr(NO_3)_3$ mit Ammoniak gebildetes $Pr(OH)_3$ (I) wird differentialthermoanalyt. untersucht sowie das Zustandsdiagramm des Syst. I–H_2O–H_2O_2 (0–95%) bei –20° u. 0° bestimmt. Bei 0° bildet sich als feste Phase Pr_2O_4·2 H_2O (II), bei –20° Pr_2O_4·H_2O (III). Bei Vorliegen von mehr als 92 (49,3) Gew.-% H_2O_2 in der fl. Phase zerfällt II (III). Bis zu einem Geh. von 26% H_2O_2 entsteht bei –20° als feste Phase Eis. Durch Behandeln von II u. III mit A. oder Ae. oder Aufbewahren über P_2O_5 bei 4° werden *Pr_2O_4·6 H_2O*, *$Pr_2O_{4,9}$·5 H_2O* oder *Pr_2O_4·4 H_2O* gebildet (so im Original). Beim Erhitzen von II auf 62 (100, 200)° entstehen *Pr_2O_4·14 H_2O* (*Pr_2O_4·10 H_2O*, *Pr_2O_3·4 H_2O*). Die DTA-Kurven von II (III) zeigen exothermen Effekt bei 25–47,5 u. 95–97,5° (10–25,5 u. 70–82°) sowie einen endothermen Effekt bei 100°. II u. III sind Peroxo-Verbb. $(HO)_2Pr–O–Pr(OH)(OOH)$ u. $O{=}Pr–O–Pr(OH)(OOH)$.
D. Hoene. 305☐

Titan(III)-chlorid. T. R. Ingraham, K. W. Downes und P. Marier. (Inorg. Syntheses **6**, 52–56, 1960; Ottawa, Mines Branch, Dep. of Mines and Techn. Surv.; engl.) — *$TiCl_3$*, durch Red. von $TiCl_4$ mit nascierendem H (Lichtbogen) u. Rk. des überschüssigen $TiCl_4$ mit Ti bei 460 ± 10°; Aufbewahren unter He; 90% Ausbeute.
P. Golinske. 321☐

Titan(III)-chlorid und Titan(III)-bromid. J. M. Sherfey. (Inorg. Syntheses **6**, 57–61, 1960; Washington, D.C., Nat. Bur. of Stand., Electrodeposition Sect.; engl.) — Durch Überleiten von $TiCl_4$ unter H_2 über eine auf Rotglut erhitzte W-Spirale u. Abdestillieren des überschüssigen $TiCl_4$ entsteht *$TiCl_3$* (10% Ausbeute). Analog läßt sich *$TiBr_3$* darstellen.
P. Golinske. 321☐

Cäsiumtitan(III)-sulfat-12-Wasser. Burl E. Bryant und Edward Paul. (Inorg. Syntheses **6**, 50–51, 1960; Salt Lake City, Utah, Univ. of Utah; engl.) — *$CsTi(SO_4)_2$·12 H_2O* entsteht durch Zugabe von *$TiOSO_4$* u. *$CsNO_3$* zu H_2SO_4 (1 : 1), Erhitzen bis zur Entw. von SO_3, Kühlen, Versetzen mit konz. H_2SO_4, Erhitzen, Kühlen, Verdünnen mit W., Filtrieren durch einen Jones-Reduktor u. zweitägiges Stehen im Eisschrank.
P. Golinske. 321☐

Thermographische und röntgenographische Untersuchung der aus Titanchlorid und Alkalimetall- sowie Ammoniumchloriden gebildeten Verbindungen. I. Ss. Morosow, G. M. Toptygina und N. P. Lipatowa. (Журнал Неорганической Химии [J. anorg. Chem.] **6**, 2536–44, Nov. 1961; Kurnakow-Inst. für allg. u. anorg. Chem. der Akad. der Wiss. der UdSSR; russ.) — Vff. stellen *Cs_2TiCl_5·H_2O* (I), *Rb_2TiCl_5·H_2O* (II), *$(NH_4)_2TiCl_5$·H_2O* (III) u. *K_2TiCl_5·H_2O* (IV) dar. IV wird durch Sättigung einer *$TiCl_3$*-Lsg. (2 : 1) mit HCl unter Kühlen erhalten. Durch 6–8std. Erhitzen im HCl-Strom werden die wasserfreien Verbb. erhalten: *Cs_2TiCl_5* (V; bei 250–350°), *Rb_2TiCl_5* (VI;

bei 200—300°) u. *$(NH_4)_2TiCl_5$* u. K_2*$TiCl_5$* (**VII** u. **VIII**; bei 100—150°). Von **I**—**VIII** sowie $TiCl_3 \cdot 6 H_2O$ (**IX**) u. $TiCl_3$ werden die Debye-Diagramme angegeben, von **I**—**IV** u. **IX** die Intensitäts- u. d-Werte mitgeteilt. Die Röntgendiagramme unterscheiden sich nur wenig. Sie deuten auf Isomorphie der Pentachlorotitanate hin. Das Röntgendiagramm für **VIII** stimmt nicht mit dem von Ehrlich u. Mitarbeitern (C. **1959,** 16972) erhaltenen überein. Ferner werden die Verbb. thermogravimetr. untersucht. Die Entwässerungs-Temp. sind: **I** 270°, **II** 212°, **III** 116° u. **IV** 112°. Bei der Erhitzung von **IV** wurde die Bldg. von Ti-Nitrid beobachtet. Die wasserfreien Verbb. sind in Abwesenheit von O_2 u. Luft beständig. In Ggw. von Feuchtigkeit gehen sie in $TiCl_3 \cdot 6 H_2O$ u. die Chloride der Alkalimetalle über. Bei Vorliegen von sehr geringen Mengen Wasserdampf werden die Pentachloroaquotitanate gebildet. Diese lösen sich in W. unter Zers. auf. Beim Erhitzen der wasserfreien Verbb. wird $TiCl_4$ abgespalten: **V** 540°, **VI** 515° u. **VIII** 280°. Neben $TiCl_4$ wird durch Disproportionierung $TiCl_2$ gebildet. Aus den Unterss. wird geschlossen, daß Ti in den Pentachloroaquo-Verbb. die Koordinationszahl 6 besitzt.

D. Hoene. 321□

Einige Eigenschaften von Cyclopentadienyltitantrichlorid. Carol L. Sloan und William A. Barber. (Chim. e Ind. [Milano] **42,** 877, Aug. 1960; Stamford, Conn., Amer. Cyanamid Co., Central Res. Div.; ital.) — Entgegnung auf eine Arbeit von Porri u. Mitarbeitern (vgl. C. **1961,** 4632). C. Gottfried. 321

Untersuchungen an Zirkoniumverbindungen niedriger Wertigkeitsstufen. 1. Mitt. **Zur Darstellung von reinem Zirkoniumtribromid.** H. L. Schläfer und H. Skoludek. (Z. anorg. allg. Chem. **316,** 15—24, Juni 1962; Frankfurt/M., Univ., Inst. für phys. Chem.; dt.) — Analysenreines $ZrBr_3$ (**I**) wurde nach der Rk. $3 ZrBr_4 + Zr \rightleftharpoons 4 ZrBr_3$ in einer Spezial-App. mit einem Vol. des Bombenrohres von 55 cm^3 bei 485° u. 37—40 atm Druck aus 0,4 g feingepulvertem Zr-Metall u. überschüssigem $ZrBr_4$ (12—20 g) in einer Ausbeute von ca. 100% dargestellt. **I** fällt in goldgrünen Nadeln mit metall. Oberflächenglanz an; an der Luft zerfließen diese unter anfänglicher Braunfärbung u. Bldg. von rotem Zirkonylbromid. Unter Luft- u. Feuchtigkeitsausschluß ist **I** längere Zeit haltbar; in W. löst es sich unter Wärme- u. H_2-Entw., wobei die Farbe von Gelb über Orange nach Farblos geht. Oberhalb von 300° disproportioniert **I** in $ZrBr_2$ u. $ZrBr_4$. Strichdiagramme der Debye-Scherrer-Aufnahmen von Zr, ZrO_2, $ZrBr_4$ u. $ZrBr_3$ werden abgebildet.

G. Heller. 322□

Untersuchungen an Organozinnverbindungen. 10. Mitt. **Addition von Organozinnhydriden an C–C-ungesättigte Verbindungen.** G. J. M. van der Kerk und J. C. Noltes. (J. appl. Chem. **9,** 106—13, Febr. 1959; Utrecht, Organ.-Chem. Inst. T.N.O.; engl.) — 9. vgl. C. **1963,** 1205. — Triphenyl- (**I**) u. Tri-n-propylstannan (**II**) werden an Olefine, Diolefine u. Acetylen-Derivv., sowie n-Butyl- (**III**), Diphenyl- (**V**), n-Propyl- (**VI**) u. Di-n-propylstannan (**IV**) an Olefine unter Bldg. der entsprechenden *quart. Stannane* addiert.

Versuche: Stannane: *Triphenylallyl-*, F. 73,8—74,2°, durch Suspendieren von Triphenyl-SnCl in fl. NH_3, portionsweises Eintragen von Na, $^1/_2$std. Rühren, Eintropfen von Allylbromid, Abdunsten des NH_3 u. Extraktion mit PAe.; aus A. glänzende Prismen; 57% (Ausbeute). — Nachst. Verbb. werden durch Erhitzen von **I** bzw. **II** mit überschüssigen ungesätt. Komponenten auf 100° erhalten: *[2-Methoxycarbonylpropyl]-triphenyl-*, $Kp._{0,0002}$ 173—176°, 6 Std.; 56%. — *[2-Methyl-3-hydroxypropyl]-triphenyl-*, F. 100—102° (PAe.), 5 Std.; 41%. — *[3-Acetoxypropyl]-triphenyl-*, F. 65—66° (A.), durch 4std. Erhitzen von **I** u. Allylacetat; 42%. — *[3-(2'-Cyanäthoxy)-propyl]-triphenyl-*, F. 59 bis 61° (PAe.), 12 Std.; 50%. — *[3-Acetamidopropyl]-triphenyl-*, F. 95—98° (Ligroin), 4 Std.; 35%. — *[5-Ketohexyl]-triphenyl-*, F. 70—71° (Methanol), 9 Std.; 39%. *2.4-Dinitrophenylhydrazon,* $C_{30}H_{30}N_4O_4Sn$, F. 108—110°; gelbe Plättchen aus Aceton. — *[2-(p-Acetamidophenyl)-äthyl]-triphenyl-*, F. 154—155° (A.); 2 Std. in Bzl.; 98%. — *{2-[Pyridyl-(4)]-äthyl}-triphenyl-*, F. 112—113° (PAe.), $^1/_2$ Std.; 83%. *Pikrat,* $C_{31}H_{26}N_4O_7Sn$, F. 149—150° (Methanol). — *[1-Methyl-2-äthoxycarbonyläthyl]-tri-n-propyl-*, $Kp._{0,6}$ 111—112°, 8 Std.; 40%. — *[3-Äthoxycarbonylpropyl]-tri-n-propyl-*, $Kp._{0,7}$ 117—119°, durch 6std. Erhitzen von **II** u. Vinylessigsäureäthylester; 30%. — *[3-Cyanpropyl]-tri-n-propyl-*, $Kp._{0,001}$ 78—79°, 15 Std.; 53%. — *[2-Phenyläthyl]-tri-n-propyl-*, $Kp._{0,007}$ 118 bis 121°, 4 Std.; 86%. — *[1-Cyan-2-phenyläthyl]-tri-n-propyl-*, $Kp._{0,0003}$ 130—141°, 15 Std.; 83%. — *{2-[Pyridyl-(4)]-äthyl}-tri-n-propyl-*, $Kp._{0,0009}$ 121—125°, 8 Std.; 64%. *Pikrat,* $C_{22}H_{32}N_4O_7Sn$, F. 147—148°; gelbe Nadeln aus Methanol. — *Triphenylstyryl-*, F. 119—120° (PAe.), durch Mischen äquimol. Mengen **I** u. Phenylacetylen bei Raum-Temp.; 94%. — *[3-Hydroxypropen-(1)-yl]-triphenyl-*, F. 115—125° (PAe.), durch 2std. Erhitzen von **I** u. Propargylalkohol auf 60°; 51%. — *Tri-n-propylstyryl-*, $Kp._{0,0001}$ 119 bis 120°, bei Raum-Temp.; 75%. — *[Hexen-(1)-yl]-tri-n-propyl-*, $Kp._{0,1}$ 75—80°, durch Mischen von 0,035 Mol **II** u. 0,06 Mol Hexin-(1) u. 6std. Erhitzen auf 90°; 82%. —

[3-Hydroxypropen-(1)-yl]-tri-n-propyl-, $Kp._{0,006}$ 120—122°, 6 Std.; 34%. — Nachst. Verb. durch Erhitzen von **III**, **IV**, **V** bzw. **VI** mit überschüssigen Olefinen auf 80°: *Bis-[phenyläthyl]-di-n-propyl-*, $Kp._{0,015}$ 172°, 4 Std.; 82%. — *Bis-[2-methoxycarbonyläthyl]-di-n-propyl-*, $Kp._{0,001}$ 119—121°, durch 6std. Erhitzen von 0,07 Mol **IV** u. 0,21 Mol Acrylsäuremethylester (**VII**) in Ggw. von Hydrochinon auf 90°; 60%. — *Bis-[2-cyanäthyl]-di-n-propyl-*, $Kp._{0,0004}$ 113—117°, 6 Std.; 43%. — *Bis-[2-methoxycarbonyläthyl]-diphenyl-*, $Kp._{0,003}$ 191 bis 194°, 5 Std.; 34%. — *Tris-[2-methoxycarbonyläthyl]-n-propyl-*, $Kp._{0,0008}$ 136—140°, 5 Std.; 11%. — *Tris-[2-methoxycarbonyläthyl]-n-butylzinn*, $Kp._{0,0004}$ 139—141°, durch Zutropfen von 0,15 Mol **VII** zu 0,05 Mol **III** u. wenig Hydrochinon u. 2std. Erhitzen auf 80°; 82%. — *1.3-Bis-[triphenylstannyl]-propan*, F. 182—185° (Ligroin); 12 Std. in Bzl.; 18%. — *N-[2-(Triphenylstannyl)-äthyl]-carbazol*, F. 207° (Chlf.), 1/4 Std. bei 100°; 93%. — *1.4-Bis-[2-(triphenylstannyl)-äthyl]-benzol*, F. 136—142° (PAe.), 6 Std. bei 100°; 40%. — *1.6-Bis-[triphenylstannyl]-2.5-dimethylhexan*, F. 93—94° (A.), 10 Std. bei 100°; 30%. — *β.β'-Bis-[triphenylstannyl]-propionsäureanhydrid*, F. 182—186° (PAe.), durch 2std. Erhitzen von 0,02 Mol **I** u. 0,01 Mol Acrylsäureanhydrid auf 100°; 60%. — *Äthylenglykol-bis-[β-triphenylstannylpropionat]* (im Original irrtümlich $(C_6H_5)_3Sn\cdot CH_2\cdot CH_2\cdot CO$ $O\cdot CH_2\cdot O\cdot CO\cdot CH_2\cdot CH_2\cdot Sn(C_6H_5)_3$; der Referent], F. 93—96° (Methanol), 1 Std. bei 100°; 91%. — *Bis-[3-triphenylstannylpropyl]-äther*, F. 105—108° (PAe.), durch 8std. Erhitzen von 1 Mol **I** u. 2 Mol Diallyläther auf 100°; 33%. — *1.2-Bis-[triphenylstannyl]-äthan*, F. 206 bis 207° (Aceton), 3 Std.; 42%. — *1-Phenyl-1.2-bis-[triphenylstannyl]-äthan*, F. 139—140° (Aceton), 5 Std.; 49%. — *1-Methoxycarbonyl-1.2-bis-[triphenylstannyl]-äthan*, F. 111 bis 112° (PAe.), durch 8std. Erhitzen von 0,025 Mol **I** u. 0,012 Mol Propiolsäuremethylester auf 75°; 52%. — *1-Methoxycarbonyl-1.2-bis-[tri-n-propylstannyl]-äthan*, $Kp._{0,0002}$ 120 bis 123°, 10 Std.; 69%. L. Lamza. 327

Untersuchungen an Organozinnverbindungen. 11. Mitt. **Die alkalische Hydrolyse von Organozinnestern und -nitrilen.** G. J. M. van der Kerk und J. G. Noltes. (J. appl. Chem. **9**, 113—20, Febr. 1959; engl.) — 10. vgl. vorst. Referat. — Cyanmethyl- u. Äthoxycarbonylmethyl-Sn-Verbb. erleiden bei Einw. von Alkali Sn–C-Spaltung, z. B. entsteht aus Tri-n-propyläthoxycarbonylmethyl-Sn (**I**) u. NaOH *Tri-n-propyl-SnOH*, *A.* u. *Na-Acetat.* Aus β-Cyan- bzw. β-Alkoxycarbonylalkyl-Sn-Verbb. werden dagegen die Alkalisalze der entsprechenden Carbonsäuren gebildet. Die freien 2-Carboxyäthyl-Sn-Verbb. zersetzen sich rasch unter Bldg. innerer Salze; z. B. wird aus dem Na-Salz (**II**) von 2-Carboxyäthyltriphenyl-Sn beim Ansäuern unter Eliminierung von *Bzl.* *Diphenyl-[2-carboxyäthyl]-zinnbetain*, aus Tri-n-butyl-[2-carboxyäthyl]-Sn beim Dest.-Vers. *Di-n-butyl-[2-carboxyäthyl]-zinnbetain* neben *Butan* erhalten. Das aus Triphenylstannan (**III**) u. α-Allylacetessigsäureäthylester (**IV**) erhaltene *[4-Acetyl-4-äthoxycarbonylbutyl]-triphenylstannan* ließ sich nicht kristallisieren. Bei seiner Ketonspaltung wurde *5-Ketohexyltriphenylstannan* erhalten. Die Rk.-Mechanismen werden diskutiert.

Versuche: *2-Carboxyäthyltriphenyl-Sn, Na-Salz* (**II**), $C_{21}H_{19}NaO_2Sn$, a) durch 6std. Kochen von 0,01 Mol 2-Cyanäthyltriphenyl-Sn mit 0,03 Mol NaOH in 75%ig. A., Eindampfen, Extraktion mit heißem W. u. Eindampfen; 0,26 g (Ausbeute); b) durch 2tägiges Stehen von 2-Methoxycarbonyltriphenyl-Sn u. NaOH in 75%ig. A. bei Raum-Temp.; 74%. — *Diphenyl-[2-carboxyäthyl]-zinnbetain*, $C_{15}H_{14}O_2Sn$, durch Ansäuern der wss. **II**-Lsg. mit 1n HCl (Kongorot) u. Trocknen des Nd. über H_2SO_4; 63%. — *3-Carboxypropyltriphenyl-Sn*, $C_{22}H_{22}O_2Sn$, F. 130—131° (nach Sintern ab 125°), durch 20std. Kochen von 0,02 Mol 3-Cyanpropyltriphenylzinn mit wss.-alkohol. NaOH (0,06 Mol), Eindampfen, Lösen in heißem W. u. Ansäuern; aus PAe. glänzende Nadeln; 88%. *Methylester*, $C_{23}H_{24}O_2Sn$, durch Rk. mit äther. Diazomethan-Lsg.; Öl. — *4-Carboxybutyltriphenyl-Sn*, $C_{23}H_{24}O_2Sn$, F. 100—102° (PAe.), durch 10std. Erhitzen von **III** u. Allylessigsäureäthylester auf 100°, Lösen des Öls in NaOH/85%ig. A., 10std. Kochen, Eindampfen, Zugabe von W., Ansäuern mit verd. HCl u. Extraktion mit Ae.; 41%. *Methylester* (im Original irrtümlich [4-Äthoxycarbonylbutyl]-triphenyl-Sn, $C_{25}H_{28}O_2Sn$; der Referent), $C_{24}H_{26}O_2Sn$, F. 58—59°, durch Rk. mit äther. Diazomethan-Lsg.; aus A. glänzende Plättchen. — *2-Carboxyäthyltri-n-butyl-Sn*, $C_{15}H_{32}O_2Sn$, durch 2tägiges Stehen von 2-Methoxycarbonyläthyltri-n-butyl-Sn u. NaOH in 75%ig. A. bei Raum-Temp., Eindampfen im Vakuum, Lösen in W., Ausschütteln mit Ae., Ansäuern der alkal. Lsg. u. Extraktion mit Ae.; Öl; 68%. — *Di-n-butyl-[2-carboxyäthyl]-zinnbetain*, $C_{11}H_{22}O_2Sn$, F. 110—113° (nach vorherigem Erweichen ab 107°), a) durch Erhitzen vorst. Verb. bei 0,1 Torr auf 180°; glänzende Nadeln aus A./Essigsäure (20 : 1); 56%; b) durch 2tägige Rk. von 0,04 Mol Di-n-butyl-[2-methoxycarbonyläthyl]-SnBr u. 0,08 Mol wss. alkohol. KOH bei Raum-Temp., Ansäuern mit 1n HCl u. Umfällen aus NaOH; 43%. — *2-Carboxyäthyltri-n-propyl-Sn, Na-Salz*, $C_{12}H_{25}NaO_2Sn$, durch 2tägige Rk. von 2-Methoxycarbonyläthyltri-n-propyl-Sn mit wss.-alkohol. NaOH bei Raum-Temp. u. Eindampfen;

hygroskopisch. — *Bis-[2-carboxyäthyl]-di-n-propyl-Sn, Di-Na-Salz*, $C_{12}H_{22}Na_2O_4Sn$, analog vorst. Verb. durch 3tägige Verseifung des Dimethylesters; hygroskopisch. — *Tris-[2-carboxyäthyl]-n-propyl-Sn, Tri-Na-Salz*, analog vorst. Salz; hygroskop., analyt. unrein. — *Tri-n-propyl-SnOH*, durch 3tägige Rk. von **I** mit wss.-alkohol. NaOH bei Raum-Temp., Eindampfen im Vakuum, Lösen in Ae. (Rückstand: *Na-Acetat*) u. Eindampfen; Öl; 92%; liefert mit Essigsäure *Tri-n-propyl-Sn-acetat* (F. 95—97°). — *5-Keto-hexyltriphenyl-Sn*, F. 70—71° (Methanol), durch 15std. Erhitzen von 0,06 Mol **III** u. 0,1 Mol **IV** auf 100°, Eindampfen im Vakuum, 3std. Kochen mit 3 g NaOH in 90%ig. A., Eindampfen, Zugabe von W., Ansäuern, Extraktion mit Ae. u. Äthylacetat; 21%. — *2-Hydroxyäthyltriphenyl-Sn*, $C_{20}H_{20}OSn$, F. 68—69° (PAe.), durch 5std. Kochen von 0,0008 Mol 2-Acetoxyäthyltriphenylzinn mit 100 ml 0,08n alkohol. KOH, Einengen, Kühlen auf 0°, Abfiltrieren von glitzernden Nadeln u. Verdünnen der Mutterlauge mit W.; 25%; daneben durch Kristallisieren der Nadeln aus A. 1,74 g (60%) *Triphenyl-SnOH* (F. 119—121°). L. Lamza. 327

p-Dichlorbenzol- und p-Difluorbenzolchromtricarbonyl. W. Strohmeier. (Z. Naturforsch. **17b**, 626—27, Sept. 1962; Würzburg, Univ., Inst. für Phys. Chem.; dt.) — Vgl. C. **1962**, 2296 u. 8549. — Durch Umsetzung von p-Dichlor- bzw. p-Difluorbenzol mit $Cr(CO)_6$ bei 120—130° im offenen Syst. in Ggw. eines geeigneten Lsgm. erhält man die entsprechenden Aromatenchromtricarbonyle als tiefgelbe, sublimierbare, luftbeständige Substanzen, die in Heptan mäßig, in Bzl. u. Chlf. sehr gut lösl. sind. Die Lsgg. zersetzen sich langsam an der Luft.

Versuche: *p-Dichlorbenzoltricarbonylchrom*, $Cl_2C_6H_4Cr(CO)_3$, F. 88°, Zers. bei ca. 135°, durch 110std. Erhitzen von 1,5 g $Cr(CO)_6$, 10 g $C_6H_4Cl_2$, 40 ml Heptan u. 10 ml Tetrahydrofuran (THF) bei 120° Bad-Temp. unter Rückfluß, Abziehen des Lsgm. bei 40°, Absublimieren der Hauptmenge des Dichlorbenzols bei 1 Torr u. 45° u. der Reste im Hochvakuum bei 30°, Sublimieren bei 50° im Hochvakuum; tiefgelbe Kristalle; 46,5% (Ausbeute). — *p-Difluorbenzoltricarbonylchrom*, $F_2C_6H_4Cr(CO)_3$, F. 111° (Zers.), durch 40std. Erhitzen von 1,5 g $Cr(CO)_6$, 10 ml $C_6H_4F_2$, 23 ml n-Butyläther u. 7 ml THF (beide Äther trocken u. peroxidfrei) bei 125° Bad-Temp. unter Rückfluß, Dekantieren, Kondensieren der Lsgm. bei 55° Bad-Temp. im Ölpumpenvakuum in einer Falle (—180°), Absublimieren des restlichen $Cr(CO)_6$ im Hochvakuum bei 30°, Heraussublimieren der Verb. aus dem Rückstand bei 50° u. Resublimieren; tiefgelbe Substanz; 25%.

Gerhard Schulze. 335□

Die Struktur von Cäsiumwolframatoaluminat. D. H. Brown. (J. chem. Soc. [London] **1962**, 3281—82, Aug.; Glasgow, Royal Coll. of Sci. and Technol., Chem. Dep.; engl.) — Die auf Grund analyt. Unterss. (C. **1950/54**, 7275 S) als 1 : 11-Säure beschriebene Wolframatoaluminiumsäure ist nach Pulveraufnahmen u. Vgl. mit der Wolframatokieselsäure sowie auf Grund ihrer Eigg. (Bldg. einer Ätheradditions-Verb., Stabilität des Anions, gute Löslichkeit der freien Säure, Darst.-Meth.) eine 1 : 12-Säure. Cäsiumwolframatoaluminat hat kub. Struktur mit a = 11,80 Å. Beim Erhitzen in wss. Lsg. hydrolysiert die Säure etwas u. gibt Spuren von unlösl. Aluminiumparawolframat; dies erklärt den 1 : 11 Wert. Neue Analysen ergeben für Wolframatoaluminiumsäure die Formel $H_5AlW_{12}O_{40}\cdot xH_2O$. G. Heller. 337□

Die Darstellung und Eigenschaften von Wolframatoarsen(III)-säure. D. H. Brown und A. J. Hyde. (J. chem. Soc. [London] **1962**, 3186—89, Aug.; engl.) — Vgl. vorst. Referat. — As(III) bildet mit W(VI) eine Heteropolysäure mit dem komplexen Anion $(As_2O_3\cdot 6\ WO_3)_x$ u. einem Molgew. von ca. 7000 in verschiedenen Lsgm.; die Säure bildet eine Ae.-Additions-Verb. (**I**), die in wss. Lsg. instabil, in stark saurer Lsg. aber augenscheinlich stabil ist. In 2n Säure bildet diese Säure ein Cinchoninsalz mit dem As : W-Verhältnis 1 : 3. **I** wurde thermogravimetr. untersucht: es verliert zwischen 60 u. 150° 5 Mole Ae. pro As u. zwischen 260 u. 320° 2 Mole Wasser.

Versuche: *Wolframatoarsen(III)-säure*, durch Lösen von As_2O_3 (15 g) in einer kochenden wss. Lsg. von Na_2WO_4 (30 g/Liter), Abkühlen, Sättigen mit Ae., langsames Ansäuern mit 12n H_2SO_4 unter Rühren, bis sich **I** bildet; Dekantieren, 12std. Stehenlassen u. Filtration ergibt reines **I**; Lsgg. der Säure wurden durch Zugabe von **I** zum erforderlichen Lsgm. unter leichtem Erwärmen hergestellt. G. Heller. 337□

Die thermische Zersetzung einiger 12-Heteropolywolframate und ihrer Ätheradditionsverbindungen. D. H. Brown. (J. chem. Soc. [London] **1962**, 3189—93, Aug.; engl.) — Vgl. vorst. Referate. — Therm. zersetzt wurden *12-Wolframatozink(II)-säure* (**I**), *12-Wolframatoeisen(III)-säure* (**I**), *12-Wolframatokobalt(II)-säure* (**III**), *12-Wolframatoborsäure* (**IV**), *12-Wolframatokieselsäure* (**V**) u. *12-Wolframatophosphorsäure* (**VI**), die alle 27—29 Mole W. enthalten, ihre K-Salze u. ihre Ae.-Additionsverbindungen.

Alle 6 Säuren verlieren bei 120° 19—22 Mole W., wobei eine Umwandlung der offenen in dicht gepackte Strukturen auftritt. Die Säuren I—III verlieren weitere 5 Mole W. bei 240°, wobei die Aktivierungsenergien dieser Stufe (21—23 kcal/Mol) höher als die der 1. Stufe (6—7 kcal/Mol) sind. Bei I—III können die wasserfreien Säuren isoliert werden; der Zusammenbruch des Oxidgitters erscheint als 3. Dehydrationsstufe mit Aktivierungsenergien von 56—60 kcal/Mol bei den 29-Hydraten u. von 55—57 kcal/Mol bei den Ae.-Additions-Verbb.; bei diesen werden die Ae.-Moll. bis 80° abgegeben. Bei den K-Salzen ändert sich die Kristallform bei der Dehydration kaum. Die Säuren I—III sind therm. stabiler als die anderen, weil die größeren Zentralionen dem Oxidgitter größere Beständigkeit verleihen. G. Heller. 337☐

Die Darstellung, Aufbewahrung und Trennung von Urantetrachlorid und Uranylchlorid in Wasser, Äthanol und Wasser-Äthanol als Lösungsmittel. J. D. Hefley, D. M. Mathews und E. S. Amis. (J. inorg. nuclear Chem. **12,** 84—89, 1959; Fayetteville, Ark., Univ. of Arkansas, Chem. Dep.; engl.) — Vff. untersuchten die Sublimation von *UCl_4* (I) in Ar u. N_2. Unter Ar wurde 99,42%ig. I erhalten; dieses ergab stabile wss. u. äthanol. Lsgg., die frei von koll. Anteilen waren. Unter N_2 wurde ein braunrotes Material mit der Brennbarkeit u. Löslichkeit von Urannitrid erhalten, durch Röntgen-Unters. jedoch als *UO_2* identifiziert. Die Best. von U in den Lsgg. von I durch Cupferron wird diskutiert. Die Darst. von *Uranylchlorid*-Lsgg. u. *Uranylchloridmonohydrat* aus Uranylnitrathexahydrat wird beschrieben. Die Stabilität von Uranylchlorid-Lsgg. in W. ist unbegrenzt, die äthanol. u. äthanol.-wss. Lsgg. werden im Laufe einiger Tage zersetzt. Die Cupferron-Meth. zur Trennung von U(IV) u. U(VI) erwies sich als brauchbar. D. Hoene. 339☐

Untersuchungen über Reaktionen von Uranverbindungen. H. J. Borchardt. (J. inorg. nuclear Chem. **12,** 113—21, 1959; Schenectady, N.Y., Gen. Electr. Co., Gen. Engng. Labor.; engl.) — Vf. untersuchte röntgen- u. thermoanalyt. die Rkk. von *U_3O_8* (I), *U-Carbid* (II) u. *U-Borid* (III) mit Fe, Ni, Cr u. Nb. Es wurden die Oxydation von II u. III an der Luft u. die Rkk. zwischen UO_2, I u. Cr_2O_3 untersucht. Alle genannten Metalle reduzieren I unterhalb 1000° verhältnismäßig schnell. Zwischen II u. den Metallen konnte keine Rk. festgestellt werden. Lediglich Ni reagierte mit III unter Bldg. einer nichtidentifizierten Phase. Cr_2O_3 reagiert nicht mit UO_2, jedoch mit I unter Bldg. einer neuen Phase. Die Luftoxydation (L) von II liefert zuerst UO_2 u. C, danach werden II u. C oxydiert. I wird erst gebildet, wenn alles C oxydiert ist. L von III ist bis 500° langsam, über 500° sehr schnell, zwischen 500 u. 800° wird eine neue Phase gebildet. Oberhalb 800° führt die Oxydation zur Bldg. von I, UO_2 u. B_2O_3. D. Hoene. 339☐

Reaktion von Plutoniumdioxid mit Ammoniumfluorid in Abwesenheit von Wasser. Ja. Maly, I. Peka, M. Talasch und M. Tympl. (Радиохимия [Radiochemie] **3,** 195 bis 198, 1961; russ.) — Vff. untersuchen thermogravimetr. u. röntgenograph. das Verh. von PuO_2–NH_4F-Mischungen mit 20—50% Überschuß an NH_4F bei Temp. zwischen 70 bis 350°. Bei 110—125° bildet sich dunkelgrünes *$NH_4PuF_5 \cdot 2\,H_2O$*; zwischen 160—200° entsteht hellgrünes *NH_4PuF_5*, das bei 250—270° in hellbraunes *PuF_4* umgewandelt wird. Oberhalb 280° existiert PuO_2. Für PuF_4 wurden die von Dawson u. Elliot (Rep. A.E.R.E. [C/R 1207], Harwell [1957]) ermittelten Gitterparameter bestätigt. PuO_2 krist. kub. mit $a = 5{,}368 \pm 0{,}001$ kX. NH_4PuF_5 wurde aus Debye-Scherrer-Aufnahmen als orthorhomb. mit $a = 9{,}81$, $b = 6{,}97$ u. $c = 6{,}26$ kX identifiziert. Die Röntgenogramme von NH_4PuF_5 unterscheiden sich von denen des $NH_4PuF_5 \cdot 2\,H_2O$. D. Hoene. 343☐

Die Darstellung und Eigenschaften von TcF_6. Henry Selig, Cedric L. Chernick und John G. Malm. (J. inorg. nuclear Chem. **19,** 377, Okt. 1961; Argonne, Ill., Argonne Nat. Labor.; engl.) — Bei 2std. Rk. von Tc-Pulver mit überschüssigem F_2 in einem geschlossenen Ni-Gefäß bei 400° entsteht in über 90%ig. Ausbeute *TcF_6*, goldgelber Festkörper, F. 33°, Dampfdrücke: 59 (Torr) bei 0°, 78 bei 4,9°, 100 bei 9,3°, 115 bei 12,0°, 140 bei 15,7°, Phasenumwandlung im festen Zustand bei —3,5°. Die beiden Formen sind isomorph mit den entsprechenden anderen Übergangsmetallhexafluoriden. TcF_6 hat eine starke IR-Absorption bei 745 cm^{-1}, das IR-Spektrum ähnelt dem der analogen Hexafluoride. Bei der Hydrolyse mit NaOH entsteht ein schwarzer Nd., der mit H_2O_2 wieder in Lsg. geht. P. Sartori. 351☐

Alkali- und Erdalkalihydridorhenate. J. G. Floss und A. v. Grosse. (J. inorg. nuclear Chem. **16,** 36—43, Nov. 1960; Philadelphia, Pa., Temple Univ., Res. Inst.; engl.) — Die früher (vgl. C. **1961,** 13117) als Rhenide beschriebenen Verbb. können nach quant. Best. der H_2-Entw. während der therm. Zers. als komplexe Hydridorhenate *$K[ReH_4] \cdot 2-4\text{-}H_2O$* (I) u. *$Ba[ReH_4]_2 \cdot 4-8\ H_2O$* (II) formuliert werden. Der H_2O-Geh. ist von den Trocknungs-Meth. abhängig. In IR-Spektren konnten keine Spuren von Perrhenaten gefunden werden. Die therm. Zers. folgt den Gleichungen: $K[ReH_4] \cdot 2\,H_2O \rightarrow Re + {}^5/_2H_2 + KOH + H_2O$ u. $Ba[ReH_4]_2 \cdot 4\,H_2O \rightarrow 2\,Re + 5\,H_2 + BaO + 3\,H_2O$. Die Oxydation erfolgt in saurem Medium gemäß: $ReH_4^- + 4\,H_2O \rightarrow ReO_4^- + 2\,H_2 + 8\,H^+ + 8e^-$.

Versuche: *K[ReH]*$_4$ · *2 H*$_2$*O* (I) durch tropfenweise Zugabe einer warmen wss. NH_4ReO_4-Lsg. zu einer Lsg. von ca. 1 g K in 100 ml abs. Äthylendiamin bei 70° unter N_2 bis zum Verschwinden der blauen Farbe, erneute Zugabe von ca. 1 g K u. Entfärbung mit NH_4ReO_4-Lsg., bis die Red. von insgesamt 0,70 g NH_4ReO_4 erreicht ist. Zugabe von einigen Tropfen W., Abkühlen, Abfiltrieren, Waschen mit Ae., Trocknen im Vakuum, Extraktion mit abs. Isopropanol, Waschen des Rückstandes mit Ae., Lösen in wenig eiskaltem W., Austauschen gegen NH_4^+ im Ionenaustauscher Amberlite IR-120 bei 0°, analyt. Best. des Re-Geh. u. Zugabe stöchiometr. Mengen von KOH, Verdampfen bei 0° im Hochvakuum zur Trockne; weiße Kristalle; 77 % (Ausbeute). — *Ba[ReH*$_4$*]*$_2$ · *4 H*$_2$*O* (II) durch Zugabe von $Ba(OH)_2$ zur ausgetauschten Lsg.; weiße Kristalle. G. Heller. 352□

Technetiumanaloge der Hydridorhenatverbindungen. J. G. Floss und A. v. Grosse. (J. inorg. nuclear Chem. **16**, 44—47, Nov. 1960; engl.) — Vgl. vorst. Referat. — Das Tc-Analoge des $K[ReH_4] \cdot 2\,H_2O$ kann durch Red. von NH_4ReO_4-Lsgg. (vgl. l. c.), die mit $NH_4{}^{99}TcO_4$ versetzt wurden, mit K in Äthylendiamin erhalten werden. Die Unters. der Verteilung des Tc unter den Rk.-Prodd. zeigt, daß das komplexe Hydridotechnetat instabiler als das Hydridorhenat ist, daß aber bis zu 90 % des Tc zu wasserlösl. $K[TcH_4] \cdot x\,H_2O$ reagiert haben. G. Heller. 352□

Die Bromide und Oxidbromide des Rheniums. R. Colton. (J. chem. Soc. [London] **1962**, 2078—80, Mai; Harwell, Berks., A.E.R.E., Chem. Div.; engl.) — Vf. stellt *ReBr*$_5$ (I), *ReBr*$_3$ (II) u. *ReOBr*$_4$ (III) dar; I ist ein blaugrüner Feststoff, der leicht schmilzt; sein Dampf ist tiefblau u. die Verb. dest. mit etwas Zers. bei sanftem Erhitzen im Br_2-Strom. Beim Destillieren im Vakuum oder N_2-Strom erfolgt Zers. zu II. I raucht an der Luft u. ist hydrolyseempfindlich unter Disproportionierung zu Re^{IV} u. Re^{VII}. Beim Lösen von I in organ. Lsgm. erfolgt Zers. unter Bldg. von Br_2. II wird aus I in Form von dunkelbraunen Kristallen erhalten u. ist nicht sehr flüchtig; starkes Erhitzen gibt gelblich grünen Dampf; II ist an der Luft stabil, gibt rote Lsgg. in Aceton, A., Ae., wird aber in W. hydrolysiert; seine Absorptionsmaxima in Aceton liegen bei 750 u. 440 mμ. III ist Haupt-Prod. der Rkk. von ReO_2, Re_2O_7 u. ReO_3 mit Br_2-Dampf oder von $ReBr_5$, $ReBr_3$ u. $K_2[ReBr_6]$ mit O_2. III sublimiert mit wenig Zers. bei sanftem Erhitzen im Br_2-Strom; bei starkem Erhitzen zersetzt es sich zu $ReBr_3$; es ist stabil an trockener Luft, aber hydrolysiert sofort durch W. unter Disproportionierung zu Re^{IV} u. Re^{VII}.

Versuche: *ReBr*$_5$ (I), durch Überleiten von N_2, das durch Br_2 u. konz. H_2SO_4 geleitet wird, über metall. Re, das auf 650° erhitzt wird; Wegsublimieren von entstandenem Oxidbromid, vorsichtiges Dest. des Pentabromids in einem dünnen Rohr unter Br_2-Dampf, zuletzt Überleiten von N_2 u. Einschmelzen . — *ReBr*$_3$ (II), durch Erhitzen von $ReBr_3$ im Vakuum oder N_2-Strom u. Sublimation im Vakuum bei ca. 350°. — *ReOBr*$_4$ (III), durch Überleiten von Br_2-Dampf in N_2 über trockenes ReO_2 bei 150° u. Sublimieren des blauen festen Prod. im Br_2-Strom. G. Heller. 352□

Stabilitätsbeziehungen des eisenhaltigen Biotits Annit. Hans P. Eugster und David R. Wones. (J. Petrology **3**, 82—125, 1 Tafel, Febr. 1962; Baltimore, Md., Johns Hopkins Univ.; Washington, D.C., U. S. Geol. Surv.; engl.) — Die Synth. von Annit (I), $KFe_3^{2+}AlSi_3O_{10}(OH)_2$, neben Oxannit, $KFe_{3-x}^{2+}Fe_x^{3+}AlSi_3O_{10+x}(OH)_{2-x}$, erfolgte durch 48 std. Erhitzen von $K_2O \cdot 6\,SiO_2$ mit $6\,(FeC_2O_4 \cdot 2\,H_2O) + \gamma\text{-}Al_2O_3$ auf 500° unter Druck. Die Reinheit der ausgesuchten I-Kristalle wurde durch Röntgen-Reflexionsmessungen geprüft. Die Phasenbeziehungen von I zu Sanidin, Magnetit, Haematit, Kalsilit, Leucit, Fayalit u. Fe bei $H_2 + O_2 + H_2O$ = 517, 1035 u. 2070 bar wurden untersucht. Zwischen 425 u. 825° ist I neben Sanidin u. Magnetit beständig; Quarzzusatz vermindert die Stabilität. Die Bldg.-Enthalpie von I im Gleichgew. mit Sanidin, Magnetit u. H_2 betrug ca. —1235 kcal/Mol. R. Kaiser. 354□

Pentadienyl- und Hexadienylcarbeniumionen als Liganden in stabilen Komplexkationen. J. E. Mahler und R. Pettit. (J. Amer. chem. Soc. **84**, 1511—12, 20/4. 1962; Austin, Tex., Univ. of Texas, Dep. of Chem.; engl.) — Vff. versuchen, die bei cycl. ungesätt. Carbeniumionen (z. B. Cyclopentadienylkation) u. einigen Metallcarbonylgruppen beobachtete Bldg. stabiler Komplexkationen auch mit linearen ungesätt. Carbeniumionen zu erhalten. Das trans-Pentadienyltricarbonyleisenkation (I) konnte nicht durch direkte Dehydrierung aus Tricarbonyl-trans-1.3-pentadieneisen mit Triphenylmethylperchlorat dargestellt werden. Dagegen konnte *Tricarbonyl-trans.trans-2.4-hexadienol-(1)-eisen* (II), $C_9H_{10}FeO_4$, aus trans.trans-2.4-Hexadienol-(1) u. $Fe(CO)_5$ erhalten werden; beim Behandeln von II mit $HClO_4$ in Essigsäureanhydrid entsteht *Hexadienylitumtricarbonyleisenperchlorat* (III), $C_9H_9ClFeO_7$; gelbe Kristalle. III reagiert mit $NaBH_4$ zu Tricarbonylhexadieneisen, mit W. zu *Tricarbonyl-cis-1.3-hexadienol-(5)-eisen* (IV),

$C_9H_{10}FeO_4$, einem Alkohol, der zu **II** isomer ist. **IV** erzeugt in $HClO_4$ auch **III**, zersetzt sich mit $FeCl_3$ in alkohol. $NaCH_3COO$-Lsg. zu einem Hexadienol, das durch katalyt. Hydrierung Hexanol-(2) gibt. Die Rk. von trans-1.3-Pentadienol-(5) mit $Fe(CO)_5$ liefert *Tricarbonyl-trans-1.3-pentadienol-(5)-eisen*, $C_8H_8FeO_4$, das mit $HClO_4$ das *Pentadienylium-tricarbonyleisenperchlorat*, $C_8H_7ClFeO_7$, bildet, das Kation dieser Verb. besitzt all-cis-Struktur (Analogie zu **III**), ist also ein Isomeres von I. G. Heller. 354□

Einfluß der Strömungsgeschwindigkeit der reduzierenden Gase auf die allotrope Umwandlung von Kobalt. Michel Figlarz. (C. R. hebd. Séances Acad. Sci. **253,** 111–13, 1 Tafel, 3/7. 1961; Paris, Sorbonne, Labor. de Chim. des Solides; franz.) — Durch Pyrolyse bei 350° von $[Co(NH_3)_5CO_3]NO_3$ werden Co-Oxide hergestellt (C. **1961,** 7518) u. ihre Red. in H_2 u. H_2–N_2-Gemischen (25% H_2) bei verschiedenen Gasströmungs-Geschw. (850–30000 bzw. 2800–14200 ml/Std.) untersucht; von den erhaltenen Prodd. werden die Röntgendiagramme mit FeK_α-Strahlung aufgenommen. Die Co-Pulver enthalten von der kub. β-Phase um so größere Mengen, je geringer die Strömungs-Geschw. der Red.-Gase ist. Nach der Red. mit H_2–N_2-Gemischen sind die Pulver unterhalb der Strömungs-Geschw. 5000 ml/Std. (>41% β-Co) pyrophor. Herbert Müller. 355□

Divalente Kobaltkomplexe mit N-substituierten Salicylaldiminen. H. Nishikawa, S. Yamada und R. Tsuchida. (Z. anorg. allg. Chem. **316,** 278–81, Aug. 1962; Nakanoshima, Osaka, Univ. Osaka, Naturwiss. Fak., Chem. Inst.; dt.) — Vff. stellten Komplexe der Zus. $Co[OC_6H_4CH = NR]_2$ (R = *Methyl, Äthyl, n-Propyl, n-Butyl*) durch Zugabe eines geringen Überschusses des betreffenden Amins zu einer Suspension von Bis-[salicylaldehydato]-kobalt(II)-2-Wasser in sd., eine geringe Menge Formaldehyd enthaltendem Methanol unter gelegentlichem Umschütteln als orange oder rot gefärbte Kristalle dar. Nach dem UV-Spektrum besitzt das Methyl-Deriv. eine von den anderen Derivv. abweichende, wahrscheinlich ebene Konfiguration um das Co(II)-Ion. Die UV-Spektren (in Bzl. oder A. als Lsgm.) der anderen Komplexe sowie der entsprechenden Co(II)-Komplexe mit R = Cyclohexyl, Benzyl, m- bzw. p-Tolyl u. Phenyl gleichen denen der Isopropyl- u. sek.-Butyl-Derivv., die die Konfiguration eines verzerrten Tetraeders besitzen. P. Scharner. 355□

Untersuchung des durch Einwirkung von Natriumcarbonat auf ein Nickelsalz erhaltenen Niederschlages. Thérèse Dupuis. (Mikrochim. Acta [Wien] **1962,** 803–06, Paris, E.N.S.C.P., Labor. de Rech. microanalyt.; franz.) — Das IR-Spektrum zeigt, daß der von Gibbs (1867) durch Fällung mit Na_2CO_3 aus Ni-Salz-Lsg. erhaltene Nd. im wesentlichen aus $Ni(OH)_2$ besteht. Dieter Heinrich. 356□

Untersuchungen an ternären Fluoriden. 1. Mitt. **Struktur, Magnetismus und Reflexionsspektren von Alkali-, Ammonium- und Thallium-Nickel(II)-fluoriden.** Walter Rüdorff, Joachim Kändler und Dietrich Babel. (Z. anorg. allg. Chem. **317,** 261–87, 1962; Tübingen, Univ., Chem. Inst.; dt.) — Durch Erhitzen von Me^IF (Me^I = Alkali, NH_4^+ oder Tl^+) mit wasserfreiem NiF_2 in stöchiometr. Verhältnissen konnten außer den schon bekannten Verbb. $KNiF_3$ (**I**) u. K_2NiF_4 (**II**) folgende tern. Doppelfluoride dargestellt werden: Li_2NiF_4 (**III**), $NaNiF_3$ (**IV**), $RbNiF_3$ (**V**), Rb_2NiF_4 (**VI**), NH_4NiF_3 (**VII**), $(NH_4)_2NiF_4$ (**VIII**) u. Tl_2NiF_4 (**IX**). Durch Debyeogramme wurden indiziert: **III** kub. (inverses Spinellgitter), O_h^7, a = 8,31$_3$ (Å); Z = 8; Abstand Li-F (Tetraederlagen) 1,88 Å, Li-F bzw. Ni-F (Oktaederlagen) 2,02 Å; **IV** rhomb., D_{2h}^{16}; a = 5,36$_0$; b = 5,53$_5$; c = 7,71$_5$; **I** kub., O_h^1; a = 4,01$_1$; Z = 1; **II** tetragonal, D_{4h}^{17}; a = 4,00$_6$; c = 13,07$_6$; **V** hexagonal (Perowskit), D_{6h}^4; a = 5,84$_3$; c = 14,3$_1$; Z = 6; **VI** tetragonal, D_{4h}^{17}; a = 4,08$_7$; c = 13,7$_1$; **VII** pseudokub. (?), a = 8,14$_5$; Z = 8; **VIII** tetragonal, D_{4h}^{17}; a = 4,08$_4$; c = 13,7$_9$; **IX** tetragonal, D_{4h}^{17}; a = 4,05$_1$; c = 14,2$_2$. Bei der Fällung von NiF_2-Lsgg. mit KF-Lsgg. entstehen $KNiF_3$–KF-Mischkristalle. Alle Verb. sind hellgrün-gelbgrün; **VII, VIII** u. **IX** sind in W., die übrigen in Säuren lösl.; die 2:1-Verbb. sind besser lösl. als die 1:1-Verbindungen. Die magnet. Messungen an den Ni(II)-Fluoriden sind tabelliert: $NiF_2 \cdot 4\,H_2O$, $(NH_4)_2NiF_4 \cdot 2\,H_2O$ u. **III** befolgen das Curie-Weissche Gesetz mit sehr kleinen Θ-Werten u. zeigen den normalen Paramagnetismus des Ni^{2+}-Ions (3,18 BM); **I, II, VI, VIII** u. **IX** sind antiferromagnet.; **IV, V** u. **VII** zeigen Susceptibilitäten, die bei tiefen Temp. stark feldstärkenabhängig werden. Das verschiedenartige magnet. Verh. wird im Zusammenhang mit der Struktur der Verbb., dem Winkel Ni–F–Ni u. dem Ni–F-Abstand im Gitter diskutiert. Es werden die Reflexionsspektren von NiF_2, **I, II, III, IV** u. **VI** mitgeteilt; eine Zuordnung der Banden gelingt mit Hilfe des Termschemas des Ni^{2+}-Ions.

Versuche: Li_2NiF_4 (**III**), durch 20std. Erhitzen von 2 LiF + 1 NiF_2 bei 680° im Hochvakuum. — $NaNiF_3$ (**IV**), durch Erhitzen von 1 NaF + 1 NiF_2 auf 700–800° im Hochvakuum. — Rb_2NiF_3 (**V**) u. Rb_2NiF_4 (**VI**), analog dem Syst. KF–NiF_2. — $(NH_4)_2$·NiF_4 (**VIII**), durch Erhitzen von NiF_2 mit überschüssigem NH_4HF_2 bei 150–190°; vor-

sichtiges Erhitzen in inerter Atmosphäre u. mehrfache Extraktion des überschüssigen NH_4HF_2 mit Formamid; hellgelb. — *NH_4NiF_3* (**VII**), aus **VIII** durch Erhitzen auf 190 bis 250° oder durch Umsetzung von $NiF_2 \cdot 4\,H_2O$ mit NH_4HF_2 bei 120—200° u. längeres Erhitzen auf 200° im trockenen N_2-Strom. — *Tl_2NiF_4* (**IX**); analog **IV**.
G. Heller. 356□

Das System Ni–S und die zugehörigen Minerale. G. Kullerud und R. A. Yund. (J. Petrology **3**, 126—75, 1 Tafel, Febr. 1962; Washington, D.C., Carnegie Inst. of Washington, Geophys. Labor.; engl.) — Vgl. C. **1962**, 6706. — Unters. des Syst. Ni–S zwischen 200 u. 1030°. Die in der Natur vorkommenden Ni–S-Verbb., wie *Heazlewoodit* (Ni_3S_2), *Millerit* ($Ni_{1-x}S$), *Polydymit* (Ni_3S_4) u. *Vaesit* (NiS_2) wurden durch Erhitzen von reinem Ni-Pulver u. S in evakuierten Quarzröhren synthetisiert u. opt., physikal. u. röntgenograph. untersucht. Die Beständigkeitsbereiche der gewonnenen Verbb. wurden tabellar. u. in einem Diagramm % S/Temp. wiedergegeben. R. Kaiser. 356□

Tris-[äthylendiamin]-nickel(II)-chloriddihydrat. Tris-[propylendiamin]-nickel-(II)-chloriddihydrat. Harold M. State. (Inorg. Syntheses **6**, 200—01, 1960; Meadville, Pa., Allegheny Coll., Chem. Dep.; engl.) — Tris-[äthylendiamin]-nickel(II)-chloriddihydrat, $[Ni(C_2H_8N_2)_3]Cl_2 \cdot 2\,H_2O$, durch Zugabe von 70%ig. wss. Äthylendiamin zu $NiCl_2 \cdot 6\,H_2O$ in W., Filtrieren, Einengen u. Filtrieren; 80% (Ausbeute). — Tris-[propylendiamin]-nickel(II)-chloriddihydrat, $[Ni(C_3H_{10}N_2)_3]Cl_2 \cdot 2\,H_2O$, analog vorst. Verb.; 84%.
P. Golinske. 356□

Bis-[äthylendiamin]-nickel(II)-chlorid. Harold M. State. (Inorg. Syntheses **6**, 198—99, 1960; engl.) — Vgl. vorst. Referat. — *Bis-[äthylendiamin]-nickel(II)-chlorid*, $[Ni(C_2H_8N_2)_2]Cl_2$, durch 5 Min. langes Kochen von Tris-[äthylendiamin]-nickel (II)-chloriddihydrat (vgl. vorst. Ref.) mit einer 5%ig. wss. Methanol-Lsg., Filtrieren, Versetzen mit Aceton u. Filtrieren; blaßblaue Prismen; 84% (Ausbeute). P. Golinske. 356□

Reaktionen koordinierter Liganden. 2. Mitt. Nickel(II)-Komplexe einiger neuer, vierzähniger Liganden. Major C. Thompson und Daryle H. Busch. (J. Amer. chem. Soc. **84**, 1762—63, 5/5. 1962; Columbus, Ohio, Ohio State Univ., Evans and McPherson Chem. Labors.; engl.) — Vgl. C. **1960**, 12957 u. C. **1962**, 10352. — Bei den Rkk. von α-Diketonen mit 2 Moll. β-Mercaptoäthylamin in Ggw. von Ni(II)-Ionen entstehen mit mehr als 70%ig. Ausbeute Komplexe Schiffscher Basen der Struktur **I**: *Diacetyl-bis-[mercaptoäthyliminato]-nickel(II)* (**II**); *2.3-Pentandion-bis-[mercaptoäthyliminato]-nickel(II)*; *2.3-Octandion-bis-[mercaptoäthyliminato]-nickel(II)* u. *1-Phenyl-1.2-propandion-bis-[mercaptoäthyliminato]-nickel(II)*. Die IR-Spektren der Komplexe beweisen die Abwesenheit der starken N–H- u. Carbonylabsorptionen u. die Ggw. einer schwachen Absorptionsbande der Streckschwingung für die C=N-Doppelbindung. Die Komplexe sind diamagnet. u. besitzen vermutlich eine ebene Form. Sie sind in vielen Lsgm., wie Bzl., substituiertem Bzl., Halogenkohlenstoff-Verbb., Alkoholen u. W. wenig lösl.; Molgew.-Best. deuten auf monomere Teilchengröße. Die sichtbaren Spektren zeigen die für cis-planare Ni(II)-Komplexe üblichen Ligandenfeldübergänge bei ca. 430 mμ u. ein noch intensiveres Absorptionsmaximum, das sich bei einem Wechsel des Lsgm. verschiebt, z. B. bei **II** von 486 mμ in H_2O nach 580 mμ in CS_2. Die Verschiebung der Bande steht offenbar nicht mit der Koordinationsfähigkeit des Lsgm. in Zusammenhang. P. Scharner. 356□

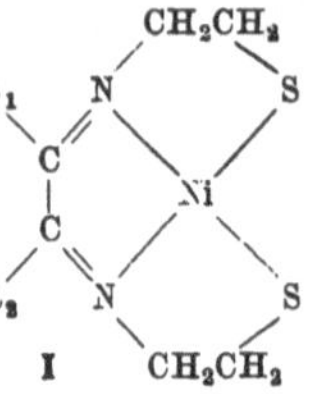

I

Oxotrifluoroborate und ihre chemische Analogie mit den Sulfaten. 2. Mitt. Oxotrifluoroborate von Cu, Zn, Cd, Co und Ni. Asimbikash Ray und Grihapati Mitra. (J. Indian chem. Soc. **35**, 690—92, Sept. 1958; Calcutta, City Coll., Chem. Dep.; engl.) — 1. vgl. C. **1963**, 441. — Von Cu, Zn, Co, Cd u. Ni konnten die Oxotrifluoroborate $Me[BF_3O]$ mit verschiedenem Hydratisierungsgrad hergestellt werden. Die Verbb. sind in W. leicht lösl., teilweise auch in 60%ig. Alkohol u. bilden Mischkristalle mit den entsprechenden Sulfaten. Die z. T. hygroskop. Verbb. zerfallen bei höheren Temp. unter Abgabe von BF_3.

Versuche: *$Cu[BF_3O] \cdot 5\,H_2O$*, zu 5,5 g Cu-Carbonat, mit W. angerührt, wird in einer Pt-Schale 40%ig. HF zugegeben bis zur vollständigen Zers. des Carbonates erwärmt. Danach erfolgt Zugabe von 25 ml W. u. 3,1 g Borsäure, weitere Zugabe von 2,5 ml 40%ig. HF, 15 Min. langes Erwärmen auf dem Wasserbad, tropfenweise Zugabe von 12n HNO_3 unter Rühren bis zur klaren Lsg. u. von 25 ml W. mit einigen Tropfen HF; nach 1 std. Stehenlassen auf dem Wasserbad Abkühlen auf Zimmer-Temp., Filtrieren u. Einengen der Lsg. im Vakuum; nach mehreren Tagen durchsichtig blaue Kristalle. — Analog werden dargestellt: *$Ni[BF_3O] \cdot 7\,H_2O$*, grüne Kristalle, beim Konzentrieren der Lsg. bei niedriger Temp., bzw. *$Ni[BF_3O] \cdot 6\,H_2O$*, beim Konzentrieren auf dem Wasserbad; *$Co[BF_3O] \cdot 7\,H_2O$*, rosafarben, bzw. *$Co[BF_3O] \cdot 6\,H_2O$*, beim Konzentrieren bei 75°; *$Zn[BF_3O] \cdot 7\,H_2O$*, weiß; *$Cd[BF_3O] \cdot 8/3\,H_2O$*, weiß. Gerhard Wolff. 358□

Dikaliumdioxalatocuprat(II)-dihydrat. Stanley Kirschner. (Inorg. Syntheses **6**, 1—2, 1960; Detroit, Mich., Wayne State Univ.; engl.) — Durch Zusammengeben zweier auf 90° erwärmten wss. Lsgg. von $CuSO_4 \cdot 5\ H_2O$ u. $K_2C_2O_4 \cdot H_2O$, Kühlen auf 10° u. Filtrieren entsteht Dikaliumdioxalatocuprat(II)-dihydrat, $K_2[Cu(C_2O_4)_2] \cdot 2\ H_2O$; 97% Ausbeute. P. Golinske. 358 □

Austauschuntersuchungen an gewissen Chelatverbindungen der Übergangsmetalle. 8. Mitt. 2.2′.2″-Terpyridinkomplexe. R. Hogg und R. G. Wilkins. (J. chem. Soc. [London] **1962**, 341—50, Jan.; Sheffield, Univ.; engl.) — 7. vgl. C. **1961**, 774. — Vff. beschreiben die Herst. von Bis- u. Monoterpyridinkomplexen des *Mn(II)*, *Fe(II)*, *Co(II)*, *Ni(II)*, *Cu(II)* u. *Zn(II)* sowie von ^3H-markiertem *Terpyridin* (terpy). Die Spektren u. die magnet. Suszeptibilitäten (nach der Meth. von Gouy) wurden von einigen Verbb. bestimmt. Die Disproportionierung der Monokomplexe wurde an Hand der Spektren verfolgt. [Mn terpy] Br_2 disproportioniert schnell in kaltem W., der Fe-Komplex langsamer u. die Ni- u. Co-Komplexe disproportionieren sehr langsam u. unvollständig. Die Geschw.-Konst. für die Dissoziation der Terpyridinkomplexe wurden bestimmt u. mit den früher ermittelten für die Bipyridinkomplexe verglichen. Die Aktivierungsenergien werden im Hinblick auf die Kristallfeldtheorie diskutiert.

Versuche: *Bis-[terpyridin]-mangan(II)-bromidmonohydrat*, $C_{30}H_{24}Br_2MnN_6O$, aus 10 ml wss. Lsg. von $MnCl_2 \cdot 4\ H_2O$ (1,0 mMol) u. Terpyridin (**I**; 20 mMol), Zusatz von gesätt. KBr-Lsg., gelbe Kristalle aus heißem Wasser. — *Bis-[terpyridin]-kobalt(II)-chloridpentahydrat*, $C_{30}H_{32}Cl_2CoN_6O_5$, aus wss. Lsg. von $CoCl_2 \cdot 6\ H_2O$ u. **I** nach dem Einengen u. Eiskühlung, braune Kristalle. — *Bis-[terpyridin]-kupfer(II)-perchloratmonohydrat*, $C_{30}H_{24}Cl_2CuN_6O_9$, aus wss. Lsg. von $Cu(NO_3)_2 \cdot 3\ H_2O$ u. **I** bei Zusatz von $NaClO_4$-Lsg., grüne Kristalle. — *Bis-[terpyridin]-zink(II)-perchloratmonohydrat*, $C_{30}H_{24}Cl_2N_6O_9Zn$, aus wss. Lsg. von $Zn(CH_3COO)_2$ u. **I** nach dem Einengen bei Zusatz von $NaClO_4$-Lsg., weiße Kristalle. — *Bis-[terpyridin]-nickel(II)-chloridpentahydrat*, $C_{30}H_{32}Cl_2NiN_6O_5$, analog der Meth. von Morgan u. Burstall [1937]. — Die entsprechenden Mono-[terpyridin]-Verbb. wurden durch Erhitzen der Bis-[terpyridin]-Verbb. im Vakuum erhalten: *Terpyridinmangan(II)-bromid*, $C_{15}H_{11}Br_2MnN_3$ (1½ Std. bei 80°), hellgelb; *Terpyridineisen(II)-bromid*, $C_{15}H_{11}Br_2FeN_3$ (6 Std. bei 170°), rötlich-purpurfarben; *Terpyridinkobalt(II)-bromid*, $C_{15}H_{11}Br_2CoN_3$ (3 Std. bei 100°), grasgrün; *Terpyridinkobalt(II)-chlorid*, $C_{15}H_{11}Cl_2CoN_3$ (2 Std. bei 180°), etwas stärker grün als vorst. Verb.; *Terpyridinnickel(II)-bromid*, $C_{15}H_{11}Br_2NiN_3$, 9 Std. bei 200°, grünlich-gelb; *Terpyridinnickel(II)-chlorid*, $C_{15}H_{11}Cl_2 \cdot NiN_3$, analog vorst. Verbindung. — *Terpyridinkupfer(II)-perchloratmonohydrat*, $C_{15}H_{13} \cdot Cl_2CuN_3O_9$, durch Kochen einer wss. Lsg. (50 ml) von 0,5 mMol $CuCl_2 \cdot 2\ H_2O$ u. 0,5 mMol **I**, Abkühlen u. Zugabe einer gesätt. $NaClO_4$-Lsg., dunkelblaue Kristalle.

M. Laser. 358 □

Komplexchemisches Verhalten von funktionellen Derivaten des 2-Äthylpyridins. 1. Mitt. Das 2-(β-Hydroxyäthyl)-pyridin. E. Uhlig und H. Schön. (Z. anorg. allg. Chem. **316**, 25—33, Juni 1962; Jena, Friedrich-Schiller-Univ., Inst. für Anorg. Chem.; dt.) — Das 2-(β-Hydroxyäthyl)-pyridin (HÄP) bildet mit *Cu(II)*-, *Zn(II)*-, Co(II) u. *Ni(II)*-Ionen 2:1-Komplexe. Vom Zn(II) wird auch ein 1:1-Komplex beschrieben. In keinem Fall gelang die Isolierung von 3:1-Komplexen. Der Komplexbildner fungiert in den meisten Fällen als zweizähniger Ligand. Bei der Umsetzung mit Co(II)- bzw. Ni(II)-Chlorid entstehen jedoch Komplex-Verbb., in denen nur das Pyridin-N als Donator wirkt. Von allen Komplexen werden die Koordinationszahl u. die Struktur angegeben.

Versuche: *Bis-[2-(β-hydroxyäthyl)-pyridin]-kupfer(II)-nitrat*, durch Lösen von 1,21 g $Cu(NO_3)_2 \cdot 3\ H_2O$ in 20 ml A. u. Zugabe von 1,23 g HÄP; dunkelblaue Kristalle, die aus A. umkristallisiert werden. — *Bis-[2-(β-hydroxyäthyl)-pyridin]-kupfer(II)-sulfat*, durch Zugabe einer Lsg. von 1,23 g $CuSO_4 \cdot 5\ H_2O$ in 50 ml Methanol zu 1,23 g HÄP, Stehenlassen über Nacht u. Umkrist. der blaßblauen Kristalle aus Methanol. — *Dichloro-di-μ-[β-pyridyl-(2)-äthanolato]-dikupfer(II)*, $C_{14}H_{16}Cl_2Cu_2N_2O_2$, durch Zugabe von 1,23 g HÄP zu einer Lsg. von 0,68 g $CuCl_2$ in 20 ml A.; tiefgrüne Kristalle, unlösl. in kaltem W., A. u. Aceton. — *Bis-[2-(β-hydroxyäthyl)-pyridin]-zink(II)-nitratdihydrat*, durch Zugabe von 1,23 g HÄP zu einer Lsg. von 1,49 g $Zn(NO_3)_2 \cdot 6\ H_2O$ in warmem A. u. Abkühlen; farblose Kristalle; Kristallwasserabgabe bei 80°, Zers. oberhalb 100°. — *2-(β-Hydroxyäthyl)-pyridinzink(II)-sulfatdihydrat*, durch Zugabe von 1,23 g HÄP zu einer Lsg. von 1,44 g $ZnSO_4 \cdot 7\ H_2O$ in 50 ml Methanol, Stehenlassen über Nacht u. Umkristallisieren der farblosen Verb. aus viel Methanol; Kristallwasserabgabe bei 100°, Zers. oberhalb 120°. — *Bis-[2-(β-hydroxyäthyl)-pyridin]-kobalt(II)-nitratdihydrat*, durch Zugabe von 1,23 g HÄP u. einigen ml W. zu einer Lsg. von 1,45 g $Co(NO_3)_2 \cdot 6\ H_2O$ in 20 ml A., Vertreibung des A. im N_2-Strom u. Waschen der rosafarbenen Kristalle mit Aceton; Kristallwasserabgabe bei 120°, Zers. oberhalb 120°. — *Bis-[2-(β-hydroxyäthyl)-pyridin]-kobalt(II)-sulfatdihydrat*, durch Zugabe von 1,23 g HÄP zu einer Lsg. von 1,4 g $CoSO_4 \cdot 7 H_2O$ in 50 ml wss. Methanol u. Vertreibung des Methanols im N_2-Strom; rote Kristalle; Kristallwasserabgabe bei 100°. — *Bis-[2-(β-hydroxyäthyl)-pyridin]-kobalt(II)-chloridtetrahydrat*, durch Versetzen einer Lsg. von 1,19 g $CoCl_2 \cdot 6 H_2O$ in 15 ml A. bis zum Farbumschlag nach Rosa mit W., Zugabe von 1,23 HÄP u. Vertreiben des A. im N_2-Strom; hellrosafarbene Kristalle; Kristallwasserabgabe bei 100° unter Bldg. einer blauen Schmelze, die im Exsikkator erstarrt u. erst an der Luft unter Rosafärbung langsam wieder W. aufnimmt. — *Bis-[2-(β-hydroxyäthyl)-pyridin]-nickel(II)-sulfatmonohydrat*, durch Zugabe von 1,23 g HÄP zu einer Lsg. von 1,4 g $NiSO_4 \cdot 7 H_2O$ in 50 ml Methanol, Einengen der Lsg. bis zur beginnenden Kristallisation, Stehenlassen über Nacht u. Umkristallisation der blaßblauen Kristalle aus Methanol; Kristallwasserabgabe bei 100°. — *Bis-[2-(β-hydroxyäthyl)-pyridin]-nickel(II)-nitrattrihydrat*, durch Zugabe von 1,23 g HÄP zu einer Lsg. von 1,45 g $Ni(NO_3)_2 \cdot 6 H_2O$ in 20 ml A., Eindampfen u. Umkristallisieren der blaßblauen Kristalle aus A., Kristallwasserabgabe: $2H_2O$ bei 80°, das letzte oberhalb 110° unter Zers. mit Braunfärbung. — *Bis-[2-(β-hydroxyäthyl)-pyridin]-nickel(II)-chloridpentahydrat*, durch Zugabe von 1,23 g HÄP zu einer Lsg. von 1,19 g $NiCl_2 \cdot 6 H_2O$ in 20 ml A. u. wenig W., Eindampfen u. Umkristallisieren der leuchtend blauen Kristalle aus A.; Kristallwasserabgabe: 4 H_2O bei 80° unter Farbwechsel von Blau nach Grün, das letzte bei 120°. Das grüne *Monohydrat* entsteht auch, wenn man bei der Darst. kein W. hinzufügt. G. Heller. 358□

A₉. Mineralogische und geologische Chemie

Die Struktur der Erde und ihre Zusammensetzung. K. S. Heier. (Tidsskr. Kjemi, Bergves. Metallurgi **21**, 1—8, 31/1. 1961; Houston, Texas, Rice Univ., Dep. of Geol.; norw.) — Vf. zeigt mit Hilfe moderner geophysikal. u. geochem. Daten die wahrscheinlichste Struktur u. Zus. der Erde auf. Die seismograph. Daten führten zu einer Einteilung der Erdkruste, des Erdmantels u. des Erdkerns in eine Anzahl von konzentr. Schalen. Einige Theorien, für die die Temp. u. Temp.-Verteilung in der Erde signifikant sind, werden ausführlich diskutiert. Als wahrscheinlichste Temp. des Erdmittelpunktes werden 3900° angegeben. Eine schemat. Darst. zeigt die Konstit. für die verschiedenen Schichten der Erde von der Oberfläche bis zum Zentrum. Der äußere Erdkern enthält ca. 20% metall. Si mit hauptsächlich Fe u. Ni, der innere Erdkern besteht hauptsächlich aus Fe u. Ni. F. Miksch. 378□

Natürliche Häufigkeiten von ^{172}Er und ^{167}Yb. P. S. Baker und T. L. Collins. (Nuclear Sci. Engng. **9**, 98—99, Jan. 1961; Oak Ridge, Tenn., Oak Ridge Nat. Labor.; Schenectady, N.Y., Knolls Atom. Power Labor.; engl.) — Bei elektromagnet. Trennungen von Er- u. Yb-Isotopen konnten Vff. die Grenzen der natürlichen Häufigkeit der Isotope ^{172}Er u. ^{167}Yb auf $< 8 \cdot 10^{-7}$ bzw. $< 1 \cdot 10^{-6}$ Atom-% festlegen. H. Schroeder. 378□

Cadmium in Gesteinen und Mineralen der Skaergaard-Intrusion, Ost-Grönland. E. A. Vincent und L. I. Bilefield. (Geochim. cosmochim. Acta [London] **19**, 63—69, März 1960; Oxford, Univ. Mus., Dep. of Geol. and Miner.; engl.) — Cd wurde in Spuren durch Neutronenaktivierung in einer Anzahl von Gesteinen u. Mineralen der Skaergaard-Intrusion bestimmt. Das ursprünglich bas. Magma enthält 0,13 ppm Cd; bei fortschreitender Kristallisation steigt der Geh. auf das Doppelte in den Ferrogabbros u. um das Vierfache in den Granophyren der magmat. Restfraktion. Trotz der Ähnlichkeit von Ionenradius u. Ladung wird Ca^{2+} im Plagioklas u. Apatit nicht von Cd^{2+} begleitet. Geringe Cd-Geh. finden sich in Fe-reichen Pyroxenen, Olivin u. Ti-haltigen Magnetiten. Die größten Cd-Konzz. sind auch hier in den magmat. Rest-Lsgg. enthalten. Nach der Neutronenaktivierungs-Meth. beträgt der Cd-Geh. in den Gesteinen 0,06—0,33 ppm. H. Noack. 378

Vergleich von Altersbestimmungen von Rotem Granit aus dem Bushveldkomplex an vollem Gesteinsmaterial und an abgetrennten Mineralkomponenten mit Hilfe der ^{87}Rb–^{87}Sr-Methode. G. D. L. Schreiner. (Proc. Roy. Soc. [London], Ser. A **245**, 112—17, 6/5. 1958; Johannesburg, Univ. of the Witwatersrand, B. Price Inst. of Geophys. Res.; engl.) — Nach der sog. Verdünnungs-Meth. wurde der Vers. gemacht, das Alter des Roten Granits vom Bushveld-Komplex zu bestimmen. Mit einem Massenspektrometer für ^{87}Sr wurden sowohl volles Gesteinsmaterial, gebrochen u. feingemahlen, als auch mit $CHBr_3$ daraus gewonnene Leichtanteile (Fsp) zur Alters-Best. herangezogen. Die Meth. bestand darin, daß die von Fe vollständig befreite Nitrat-Lsg. mit einer bekannten ^{87}Sr-Lsg. markiert u. im Spektrographen der ^{87}Rb-Prozentabfall gemessen wurde. Unter Zugrundelegung des Wertes von $6,3 \cdot 10^{10}$ Jahren für die ^{87}Rb-Atomumwandlung (an Stelle der üblicheren Halbwertszeit $5,0 \cdot 10^{10}$ a) ergab sich ein mittleres Alter aus den Vollgesteinmessungen von $2,32 \cdot 10^{9}$ a, aus den Fsp von $2,51 \cdot 10^{9}$ a. R. Kaiser. 378□

Untersuchungen über die Verteilung der Radioaktivität und des Bleis in einem Zirkonkristall. Marcel Roubault und René Coppens. (C. R. hebd. Séances Acad. Sci. **246,** 137—40, 6/1. 1958; franz.) — U- u. Pb-Analysen von verschiedenen Teilen eines großen Zirkonkristalls aus dem Pegmatit von Betroka (Madagaskar) lassen die heterogene Verteilung der beiden Elemente im Kristall erkennen. Alters-Best. mit Hilfe der Pb- bzw. U–Pb-Meth. ergeben deshalb von 373—605 Mill. Jahre schwankende Werte. C. Gottfried. 378

Mit Hilfe der Bleimethode bestimmte absolute Alter verschiedener französischer Uranmineralien. Marcel Roubault und Georges L. Durand. (C. R. hebd. Séances Acad. Sci. **252,** 367—70, 16/1. 1961; Nancy, Centre de Rech. radiogéol.; franz.) — Vgl. vorst. Referat. — Vff. berichten über Alters-Best. von *Uranothorianit, Pechblenden* verschiedener Fundorte, *Samiresit* u. *Gummit* aus dem Verhältnis $^{207}Pb/^{206}Pb$. Die unterschiedlichen Alter, die sich aus der hier angewandten Meth. u. aus den Verhältnissen $^{206}Pb/^{238}U$ u. $^{207}Pb/^{235}U$ ergaben, sind nur scheinbar. Mit der Meth. von Wetherill lassen sich vom geolog. Gesichtspunkt aus die erhaltenen Ergebnisse gut erklären. C. Gottfried. 378

Messungen des Alters von Monaziten von Madagaskar. L. H. Ahrens, H. Besairie und A. J. Burger. (C. R. hebd. Séances Acad. Sci. **248,** 3088—90, 1/6. 1959; franz.) — Angegeben sind die Konzz. an *U, Th* u. *Pb* in Gew.-%, die isotop. Zus. $^{206}Pb/^{204}Pb$, $^{207}Pb/^{204}Pb$, $^{208}Pb/^{204}Pb$ sowie die aus den Verhältnissen $^{207}Pb/^{206}Pb$, $^{207}Pb/^{235}U$, $^{206}Pb/^{238}U$ u. $^{208}Pb/^{232}Th$ berechneten Alter. C. Gottfried. 378

Sulfidische Erze aus ungesättigten Sulfidlösungen. T. S. Lovering. (Econ. Geol. **56,** 68—99, Jan./Febr. 1961; Denver, Colo., U. S. Geol. Surv.; engl.) — Es wird die Frage erörtert, wie aus tiefliegenden Magmen stammende H_2S-, SO_2-, CO_2- oder CO-Ausströmungen unter bestimmten Temp.- u. Druckbedingungen an der Bldg. hydrothermaler Erzlagerstätten aus ebensolchen Magmen beteiligt sein können. R. Kaiser. 378□

Drusenminerale aus den tertiären Laven von Irland. 4. Mitt. Der Kristallhabitus von Calcit. G. P. L. Walker. (Mineralog. Mag. J. mineralog. Soc. **32,** 609—18, Dez. 1960; London, Imp. Coll., Dep. of Geol.; engl.) — 3. vgl. Mineralog. Mag. J. mineralog. Soc. **32,** [1960], 503. — Calcit ist in Drusen in Assoziation mit Zeolithen weit verbreitet. Als charakterist. Formen treten $(0\,2\,\bar{2}\,1)$ u. als steile Skalenoeder in der Zone $[\bar{1}\,1\,0\,1]$ gewöhnlich {13.11.24.2} auf. Die lokal vorkommende Form {16.1.17.0} ist neu für Calcit. H. Noack. 380

Chromit und andere Mineralien bei Red Lodge, Montana. Helen Stobbe. (Rocks and Minerals **37,** 117—24, März/April 1962; Northampton, Mass., Smith Coll.; engl.) — Der Chromit kommt in Serpentinlinsen in Amphibolit vor u. bildet 3 Erzkörper, in denen das Mineral in sandiger bis grobstückiger Form auftritt. Es wurde gelegentlich abgebaut, die vorkommenden Mengen sind aber nicht groß. Weitere Mineralien sind außer dem Hauptmineral Antigorit noch Diopsid, Tremolit, Talk, Chlorit, Muskovit, Magnetit u. selten Olivin, Granat, Enstatit, Pyrit u. Garnierit. F. Ensslin. 380□

Cobaltin in den Magnesit- und Talklagerstätten bei Hnúště im Zips-Gömörer-Erzgebirge. Zdeněk Trdlička und Jiří Losert. (Věstník ústředního Ústavu geologického **36,** 199—202, 1 Tafel, 1961; Praha, Katedra nerostných surovin Přírodovědecké fak. Karlovy univ.; tschech.) — Cobaltin kommt in den Talk-Magnesitlagerstätten Mútnik u. Samo in Form von Würfeln, Oktaedern, Pentagonaldodekaedern u. körnigen Aggregaten in einer sulfid. Assoziation vor (Pyrit, Chalkopyrit, Pyrrhotin, Tetraedrit, Boulangerit, Arsenopyrit, Galenit). Das Cobaltin wurde mineralog., spektrograph. u. röntgenograph. untersucht u. stimmt mit einem ähnlichen Vork. in der Lagerstätte Millstätten Alpe bei Radenthein überein. Chem. Analyse: Mútnik 34,65% Co; 44,92% As u. 20,43% S. Gitter-Konst.: Mútnik 5,57 ± 0,010 Å; Samo 5,58 ± 0,004 Å. J. Tůmová. 380□

Diamanten. F. C. Champion. (Sci. Progr. **45,** 447—61, Juli 1957; London, King's Coll.; engl.) — Zusammenfassender Überblick über die physikal. Eigg. der verschiedenen Diamanttypen u. ihre theoret. Deutung. C. Gottfried. 380

Angaben über das Vorkommen von Dickit in Mád (Ungarn). J. Mezösi. (Acta Univ. Szegediensis, Acta mineralog.-petrogr. **10,** 67—75, 1957; Szeged, Univ., Inst. for Miner. and Petrography; engl.) — Die sarmat. Rhyolithtuffe wurden unter dem Einfl. hydrothermaler Lsgg. kaolinisiert, so daß die Hohlräume mit Dickit (I) u. Kaolinit (II) angefüllt sind. I bildet 15—20 μ lange u. 3—8 μ breite Kristalle, welche mit II gemischt auftreten. Der Grund des gemeinsamen Vork. konnte nicht geklärt werden. F. Ensslin. 380□

Henwoodit, ein Glied der Türkis-Chalkosideritreihe. E. Fischer. (Chem. d. Erde **21,** 97–100, 1 Tafel, 1961; Berlin; dt.) — Henwoodit gehört zwischen Türkis u. Rashleighit in die Coeruleolaktit-Türkis-Chalkosideritreihe. Th. Meier. 380 □

Huréaulith von Kobokobo (Maniema, Belgisch-Kongo). J. Thoreau. (Bull. Cl. Sci., Acad. roy. Belgique [5] **43,** 364–68, 1957; franz.) — Goniometr. Messungen an einem Huréaulith ergaben monokline Symmetrie mit dem Achsenverhältnis a : b : c = 1,918 : 1 : 1,046, $\beta = 96^0 49'$. Es treten vorwiegend auf {1 0 0}-, {1 1 0}- u. {1 1 1}-Flächen; an einer kleinen Anzahl von Kristallen wurde die Fläche ($\bar{2}$ 0 1) u. in einem Fall die Fläche ($\bar{5}$ 1 2) festgestellt. Pulver- u. Weißenberg-Aufnahmen ergaben, in Übereinstimmung mit Literaturdaten die Zelldimensionen a = 17,40 (Å); b = 9,06; c = 9,49. Die chem. Analyse lieferte folgende Werte: FeO 9,63 (%); MnO 34,68; P_2O_5 43,98; H_2O 11,14; unlösl. 1,62. Die Berechnungsindices für Na-Licht sind X = 1,652 ± 0,001 u. Z = 1,664. 2 V ist sehr groß, opt. negativ mit r > V. C. Gottfried. 380

Ordnung-Unordnung in natürlichen festen Lösungen von Nephelin. Th. G. Sahama. (J. Petrology **3,** 65–81, Febr. 1962; Helsinki, Finland, Univ.; engl.) — An Nephelinen verschiedener Herkunft mit bekanntem Mol-Verhältnis K/K + Na + Ca = Ks wurde die Doppelbrechung bei Raum- u. erhöhter Temp. (bis 900°) gemessen, ebenso die Temp.-Abhängigkeit der Gitterparameter u. des Zellvolumens. Nepheline pluton. Herkunft (I) unterschieden sich von Nephelinen vulkan. Herkommens (II) nicht nur durch ein kleines Ks, sondern auch durch den Verlauf der Doppelbrechung u. des Gittervolumens mit der Temperatur. Bei I hatte Ks den Wert < 25 Mol-%, bei II bis zu 43%; entsprechend war der opt. Wert $\Delta = (\omega - \varepsilon)_{900^0} - (\omega - \varepsilon)_{20^0}$ für I stark negativ, stets positiv bei II. Der Unterschied der beiden Typen weist auf einen Übergang Ordnung —Unordnung in den Kristallgittern hin. R. Kaiser. 380 □

Eine Bemerkung über Zwillingsgesetze in Plagioklasfeldspaten von einigen granitischen und verwandten Gesteinstypen von Nandi. A. Achutha Rao. (Current Sci. **28,** 330, Aug. 1959; Bangalore, Central Coll., Univ. of Mysore, Dep. of Geol.; engl.) — Die Gesteine sind grob-, mittel- u. feinkörnige graue *Granite, Granodiorite, Gneisgranite* u. *Amphibolite.* In den Graniten u. Granodioriten treten hauptsächlich Albit-Ala B-Zwillinge, in den Gneisen hauptsächlich Albit-Zwillinge auf. Der Anorthit-Geh. der Albit-Ala B-Zwillinge lag zwischen 22 u. 26%; das Aussehen der Zwillinge ist abhängig von Schwankungen in der chem. Zusammensetzung. C. Gottfried. 380

Einige Ansichten zur Geochemie des Sphalerits, Central City-Gebiet, Colorado. P. K. Sims, P. B. Barton jun. und P. R. Barnett. (Econ. Geol. **56,** 1211–37, Nov. 1961; Washington, D.C., U. S. Geol. Surv.; engl.) — Sphalerit (I) ist in den Au- u. Agreichen Gang-Syst. des Central-City-Gebietes weitverbreitet. Unterschieden werden 3 Paragenesen: I, Pyrit (II), Chalcopyrit (III), Tennantit (IV), Bleiglanz (V); I, II, III, V u. I, II, Enargit, IV, V. Chem. u. spektrochem. Unterss. ergeben für I 12–0,05% Fe u. geringe Mengen Mn, Cd, Cu u. Pb. Mit abnehmender Fe- nimmt auch die Mn-Konz. ab. Der Cd-Geh. beträgt ziemlich konst. 0,3 Gew.-%. Der Fe-Geh. soll bes. stark von der S-Aktivität u. von der Temp., dagegen kaum vom Gesamtdruck oder vom Geh. an Spurenelementen beeinflußt worden sein. Die Mineralisation fand im Bereich 620–150° statt. H. Moenke. 380 □

Titanomaghaemit in Ergußgesteinen. Takashi Katsura und Ikuo Kushiro. (Amer. Mineralogist **46,** 134–45, Jan./Febr. 1961; Tokyo, Univ., Inst. of Technol.; Geol. Inst.; engl.) — Ein Vork. von Titanomaghaemit (I) in japan. Ergußgesteinen war zumeist an Olivin u. Hypersthen, die teilweise in Chlorit oder Serpentin umgewandelt waren, gebunden. Mikrokristallin fand sich I auch in unveränderter Lava. Röntgenspektrograph. Messungen sowie chem. Analysen ließen den Schluß zu, daß I durch Oxydation von den Rändern oder Feinrissen ausgehend aus Titanomagnetit entstanden ist. I besitzt 2 oder 3 Metallatomleerstellen pro Elementarzelle. Die Gitterparameter ändern sich mit den Verhältnissen Fe/(Fe + Ti) u. 32 (Fe + Ti)/O u. gehen von 8,359 bis 8,419 Å. R. Kaiser. 380 □

Beiträge zur Kenntnis der portugiesischen Uranmineralien. 4. Mitt. **Der Sabugalit von Castelejo.** Francisco J. Mendes und A. F. A. Sanches Furtado. (Rev. Fac. Ci. Lisboa, 2.ª Sér., Secç. C **8,** 97–108, 3 Tafeln, 1960, Sep.; port.) — Der untersuchte Sabugalit ist ein aus Uraninit u. anderen U-haltigen Mineralien entstandenes sek. Mineral der Zus. $H(UO_2)_4Al(PO_4)_4 \cdot 16\ H_2O$. Vff. bestimmen die opt. Eigg. u. die Fluorescenz. Die Röntgen-Unters. ergibt die Gitterparameter $a_0 = 6{,}98$, $b_0 = 6{,}96$, $c_0 = 19{,}2$ Å. Die Raumgruppe ist I 4/m m m. R. K. Müller. 380 □

Die Zinn-Niob-Tantal-Lagerstätten des Bezirks von Nord-Lugulu in Belgisch-Kongo. Nicolas de Kun. (Neues Jb. Mineralog., Abh. **95,** 106–40, 10 Tafeln, Juni 1960; Lulingu, Belg.-Kongo; dt.) — Beschreibung der prim. u. sek. Sn-Lagerstätten.

von Nord-Lugulu (Zentralafrikan. Sn-Provinz) unter Berücksichtigung der regionalen Erzzonen, der Seifen-Bldg., des Habitus, der Färbung u. des Magnetismus des Zinnsteins, der Radioaktivität u. der Zus. des Niobit–Tantalits, des Hf-Geh. der Zirkone sowie eines neuen Bi-Carbonates. H. Noack. 380

Mineralogie und Genese der Wolframit-Erzlagerstätten, Needle Hill Mine, New Territories, Hongkong. S. G. Davis. (Econ. Geol. **56**, 1238—49, Nov. 1961; Hongkong, Univ.; engl.) — Geolog.-petrograph. Beschreibung der Wolframit-Vork. von Hongkong. Wolframithaltige Quarzadern durchziehen die Randpartie eines spätkretazäischen Granites, der einen Quarzporphyr des frühen Jura kontaktmetamorph verändert hat. In den Quarzgängen u. in pegmatit. Partien kommen außerdem Molybdänit, Galenit, Sphalerit, Wismutit, Cassiterit, Magnetit, Pyrit, Fluorit, Muskovit u. Serpentin vor. Während der Granitdifferentiation kam es zu hydrothermaler Sericitisierung u. Chloritisierung. Greisen-Bldg. in der Granitrandzone erklärt Vf. durch metasomat. Ersatz. Zus. des Wolframits: 75,2 (%) WO_3, 3,8 MnO, 21,0 FeO. H. Moenke. 380□

Petrographische und chemische Eigenschaften der „Kersantite" der Reede von Brest. Danielle Métais. (C. R. hebd. Séances Acad. Sci. **251**, 2202—03, 14/11. 1960; Paris, Sorbonne, Labor. de Petrograph.; franz.) — Der Ausdruck „Kersantite" ist wegen der Ähnlichkeit zum Kersantongestein der Bretagne gebildet worden. Zwei in der Farbe (hell u. dunkel) unterschiedliche Kersantite wurden petrograph. untersucht. Ihre chem. Zus. sind in %: 54,7 (50,1) SiO_2; 14,65 (14,5) Al_2O_3; 0,8 (1,1) Fe_2O_3; 5,05 (6,00) FeO; 7,30 (8,45) MgO; 5,05 (6,20) CaO; 3,75 (2,15) Na_2O; 3,95 (3,10) K_2O; 1,05 (1,05) TiO_2; 0,59 (0,56) P_2O_5; 0,34 (2,90) CO_2; 0,15 (0,13) MnO; 3,21 (3,50) H_2O^+; 0,30 (0,40) H_2O^-. H. Fahlenbrach. 385□

Über den sedimentären Ursprung der Porphyroide von Belle-Ile (Morbihan). Jean Cogné. (C. R. hebd. Séances Acad. Sci. **250**, 3350—52, 16/5. 1960; Strasbourg, Labor. de Géol., Fac. des Sci.; franz.) — Eine stratigraph. Unters. über die Porphyroidablagerungen der Insel. R. Kaiser. 385□

Über die Existenz einer hydrothermalen Endphase in der Kontaktmetamorphose der Serra de Sintra (Portugal). Carlos Alberto de Matos Alves. (C. R. hebd. Séances Acad. Sci. **250**, 3342—44, 16/5. 1960; franz.) — Geolog. Betrachtungen über die hydrothermale Bldg. der in der Serra de Sintra vorkommenden kontaktmetamorphen Granitkalkgesteine. R. Kaiser. 385□

Untersuchung der Struktur von Anhydritmassiven. Bernard Thenoz. (C. R. hebd. Séances Acad. Sci. **252**, 426—28, 16/1. 1961; franz.) — Vf. zeigt experimentell an einer Reihe von Anhydritproben verschiedener Herkunft, daß das Zirkulieren von W. durch den Anhydrit eng mit der Porosität, der Permeabilität u. der Verteilung von *Gips* u. NaCl in der Gesteinsmasse, zusammenhängt. C. Gottfried. 385

Kohlenwasserstoffgase der Intrusivmassive im zentralen Teil der Halbinsel Kola. I. A. Peterssilje. (Доклады Академии Наук СССР [Ber. Akad. Wiss. UdSSR] **122**, 1086—89, 21/10. 1958; russ.) — Vgl. C. **1962**, 6712. — Gesteinsspalten des Chibiner Massivs enthalten ein vorwiegend CH_4-haltiges Gas; außerdem konnten Äthan, Propan u. Butan sowie H_2 nachgewiesen werden. Der Höchstgeh. an KW-Stoffen beträgt 18, an H_2 0,7%. Das Chibiner Massiv enthält auch merkliche Mengen Bitumen. Auch im Massiv von Lowosero wurden dieselben KW-Stoffe u. H_2 gefunden, während das Massiv Montschegor nur geringe CH_4-Mengen u. etwas H_2, jedoch keine schweren KW-Stoffe enthält. A. v. Wilpert. 390□

Gebiete heißer Quellen mit säure-, sulfat- und chloridhaltigen Wässern. A. J. Ellis und S. H. Wilson. (Nature [London] **191**, 696—97, 12/8. 1961; Wellington, New Zealand, Dep. of Sci. and Ind. Res., Dominion Labor. and Inst. of Nuclear Sci.; engl.) — Vff. nehmen Bezug auf eine Unters. von White (vgl. C. **1959**, 13107) über Thermalwässer vulkan. Ursprungs, wobei speziell das Problem der Quellen mit Säure–Sulfat-Chloridwässern angeschnitten worden war. Vff. diskutieren Möglichkeiten für das Auftreten solcher Quellen, wobei sie sich auf neuere Analysen des Thermalbezirkes von Rotokawa beziehen. Sie schlagen 2 mögliche Mechanismen für die Bldg. von Chloridwasser mit hohem Sulfat-Geh. vor. Für den ersten Mechanismus wird eine Rk. von hydrothermalen Lsgg. mit alten S-Lagerstätten angenommen, die durch Oxydation von H_2S nahe der Oberfläche gebildet u. durch spätere vulkan. Aktivität wieder verschüttet wurden. Der zweite Mechanismus besteht darin, daß H_2S in den Gesteinen durch Fe^{3+} zu Sulfat oxydiert wird. Für diesen Prozeß sind H_2S-Drücke von ca. 10^{-3} atm u. Temp. von mehr als 300 notwendig. C. Gottfried. 393

Über die Schwebestoffe in den Wassern des östlichen Teiles des mittleren Kaspischen Meeres. I. A. Alexina. (Доклады Академии Наук СССР [Ber. Akad. Wiss. UdSSR] **121**, 257—59, 1 Tafel, 11/7. 1958; Ozeanolog. Inst. der Akad. der Wiss. der

UdSSR; russ.) — Die mineralog. Unters. der Schwebestoffe ergab mkr. 3 Typen der Schwebestoffe: 1. Mineral.-carbonat.; 2. Carbonat.-mineral. u. 3. Biogenmineral.-carbonat. Schwebestoffe. Alle 3 Formen enthalten Splitter verschiedener Quarz- u. Erzmineralien sowie einzelne organ. Bestandteile (Diatomeen, Algen, Mikroflora).
A. v. Wilpert. 393□

Die Anlagerung radioaktiver Atome an Aerosole (Schwebestoffe). Lars Lassen und Günter Rau. (Z. Physik **160,** 504—19, 1960; Heidelberg, Univ., II. Physik. Inst.; dt.) — Vgl. C. **1962,** 1499. — Die Anlagerung der Zerfalls-Prodd. von Tn an Aerosolpartikel wird untersucht. Die Abhängigkeit der angelagerten Aktivität der Teilchengröße wird theoret. u. experimentell für kugelförmige Teilchen mit Radien zwischen 0,04 u. 0,6 μm bestimmt. Aus reinen Diffusionsüberlegungen ergibt sich Proportionalität der angelagerten Aktivität zu $R^2/(1 + h R)$ (R = Kugelradius; h = Konst.).
L. Roth. 396□

B. Allgemeine und theoretische organische Chemie

Der $^1A'' \leftarrow {}^1A'$-Übergang von Propinal bei 3820 Å. J. C. D. Brand, J. H. Callomon und J. K. G. Watson. (Canad. J. Physics **39,** 1508—10, Okt. 1961; Glasgow, Univ., Dep. of Chem.; London, Univ. Coll., Dep. of Chem.; engl.) — Vff. untersuchen mit einem Ebert-Gitterspektrographen das Absorptions-Syst. bei 3820 Å von *Propinal* u. seinen isotopen Moll. *DC ≡ CCHO* u. *HC≡CCDO* u. führen eine Schwingungsanalyse durch. Aus der im Spektrum erkennbaren Prädissoziationsgrenze wird ein oberer Wert für die Dissoziationsenergie im Grundzustand D_0 (D—COC_2H) von **3,545** eV errechnet.
W. Schramm. B 118□

Die Ultraviolettspektren von Phloroglucin und seinen Äthern. Howard Burkett und Richard Murphy. (Proc. Indiana Acad. Sci. **69,** 140—42, 1959, herausgeg. 1960; Greencastle, Ind., DePauw Univ.; engl.) — In 0—42%ig. $HClO_4$ haben *Phloroglucin* (I) u. *1.3.5-Trimethoxybenzol* (II) ident. UV-Spektren, in 48—55%ig. $HClO_4$ lassen sich die Spektren von I, seinem *Mono-* u. *Dimethyläther* u. II unterscheiden. In mehr als 55%ig. $HClO_4$ sind die Spektren von I u. II wieder ident. u. entsprechen dem von I, da hier schnelle Hydrolyse von II erfolgt. W. Schramm. B 118□

Ultraviolettspektren von 1.2.3-trisubstituierten aromatischen Verbindungen. James M. Shackelford. (J. org. Chemistry **26,** 4908—11, Dez. 1961; Falls Church, Va., Phys. Sci. Labor., Melpar, Inc.; engl.) — Die UV-Spektren folgender Verbb. wurden aufgenommen: *2-Hydroxy-3-methoxy-*, *2-Hydroxy-3-nitro-*, *2-Hydroxy-3-methyl-*, *2-Hydroxy-3-chlor-*, *2-Hydroxy-3-brom-*, *2.6-Dimethoxy-*, *2.3-Dimethoxy-*, *2.6-Dihydroxy-*, *2-Nitro-3-methyl-*, *2-Nitro-3-methoxy-*, *2-Amino-3-methyl-*, *2-Hydroxy-3-phenyl-*, *2-Nitro-*, *2-Amino-*, *3-Nitrobenzoesäure*, *o-Toluidin*, *2-Hydroxy-3-methoxy-*, *2.3-Dimethoxybenzaldehyd*, *2-Nitro-3-methyl-*, *2-Nitro-3-hydroxyphenol* u. mit bekannten Daten von Bezugs-Verbb. verglichen.

Versuche: *3-Methoxysalicylsäure*, F. 151—152° (Bzl., W.), 30 g 3-Methoxy-2-hydroxybenzaldehyd zu 55° warmer Suspension von 0,4 m Ag_2O u. 1 m NaOH in 500 ml W. geben, 5 Min. lang rühren, heiß filtrieren; gelbe Kristalle; 12 g (Ausbeute). — *2.3-Dimethoxybenzaldehyd*, F. 50—51°, durch 48 std. Rühren von 3-Methoxysalicylaldehyd, Dimethylsulfat, K_2CO_3 u. A., extrem exotherme Rk.; 65%. — *2.3-Dimethoxybenzoesäure*, F. 125—126° (CH_3OH), durch Oxydation von 5 g vorst. Verb. mit Ag_2O; 9 g. — *3-Chlorsalicylsäure*, F. 183—183,5° (W./CH_3OH 50 : 50), zu Salicylsäure (I) in W., das Spuren $FeSO_4$ enthält, unter Rühren tert.-Butylhypochlorit geben, 10 Min. im Dunkeln rühren, stark exotherme Reaktion. — *3-Bromsalicylsäure*, F. 181—181,5° (W./CH_3OH), heiße Lsg. von I in W. zu kochender Lsg. von $Hg(NO_3)_2$ in W. geben, weißen Nd. nach Trocknung in Eisessig mit Br_2 in Eisessig bromieren. U. Uhlich. B 118□

Das polarisierte Ladungsübertragungsspektrum des kristallinen Anthracen-TNB-Komplexes. Stephen K. Lower, Robin M. Hochstrasser und C. Reid. (Molecular Physics **4,** 161—68, März 1961; Vancouver, B. C., Univ. of Brit. Columbia; engl.) — Das Ladungsübertragungsspektrum des krist. *Anthracen-Trinitrobenzol-Komplexes* wurde unter Verw. von polarisiertem Licht bei der Temp. des fl. N_2 untersucht. Das Kristallspektrum unterscheidet sich stark von dem des Komplexes in Lösung. Die Ladungsübertragungsabsorption ist erwartungsgemäß für polarisiertes Licht parallel zur c-Achse am größten. Das Spektrum zeigt im Bereich von ca. 20000—25000 cm^{-1} drei ausgeprägte Peaks in Abständen von 1300—1500 cm^{-1}, wobei eine Schwingung mit sehr niedriger Frequenz (ca. 250 cm^{-1}) überlagert ist. Die Messungen ergaben eine

Dawydow-Aufspaltung von ca. 200 cm^{-1} in guter Übereinstimmung mit der bekannten Kristallstruktur u. der Symmetriezuordnung des Überganges (A ← A).
Harro Zimmer. B 118□

Die Protonierung von Indolen: Stellung der Protonierung. R. L. Hinman und E. B. Whipple. (J. Amer. chem. Soc. **84,** 2534—39, 5/7. 1962; Tarrytown, N.Y., Union Carbide Corp., Union Carbide Res. Inst.; engl.) — Durch Vgl. der UV- u. Kernresonanzspektren von *2-* (*Perchlorat,* $C_9H_{10}ClNO_4$, F. 129—131°, Zers.) u. *3-Methyl-, 1.2-Dimethyl-* (*Perchlorat,* $C_{10}H_{12}ClNO_4$, F. 112—114°, Zers.), *1.2.3-Trimethylindol* (*Perchlorat,* $C_{11}H_{14}ClNO_4$, F. 123—125°, Zers.), *2.3.3-Trimethylindolenin* u. *-methojodid* in W. u. in starken wss. Säuren wurde bewiesen, daß die Verbb. in 3-Stellung protoniert werden. D-Austausch mittels D_2SO_4 zeigt, daß ein Austausch in 1- oder 3-Stellung, in einigen Fällen auch in 2-Stellung möglich ist. Der Austausch in 1- u. 2-Stellung kann durch Protonierung dieser Stellungen erfolgen. In den konjugierten Säuren erfolgt der Austausch in 2-Stellung durch Konkurrenzprotonierung mit der 3-Stellung, in 1-Stellung durch Konkurrenzprotonverlust mit der 3-Stellung. Die IR-Spektren der festen Sulfate sprechen für das Vorliegen von 1- oder 3-protonierten Formen, die der Perchlorate für die 3-protonierte Form.
Versuche: *2.3.3-Trimethylindolenin,* $Kp._{0,45}$ 58°, aus Methylisopropylketon-phenylhydrazon durch 2,5 std. Kochen in Eisessig; blaßgelb; n_C^{22} 1,5440; *Pikrat,* F. 158—159° (A.); *Hydrochlorid,* $C_{11}H_{14}ClN$, F. 185—187° (A./Ae.). *Methojodid,* $C_{12}H_{16}JN$, F. 256—258° (Zers., A.), mit CH_3J in Bzl. durch 30 std. Stehen bei 5°; schwachgelbe, sich an der Luft rot färbende Kristalle. Rudolf Albrecht. B 118□

Ultraviolettspektren und Säuredissoziationskonstanten einiger Pyrazinylmethylketone. Naseem Naqvi, E. L. Amma, Quintus Fernando und Robert Levine. (J. physic. Chem. **65,** 218—24, Febr. 1961; Pittsburgh, Pa., Univ., Dep. of Chem.; engl.) — Es wurden die UV-Spektren von *Phenyl-* (**I,** *2-Phenacylpyrazin,* F. 82—83°) u. *Pyridyl-(2)-* (**II,** F. 87—88°), *-(3)-* (**III,** F. 129—130°) u. *-(4)-[pyrazinyl-(2)-methyl]-keton* (**IV,** F. 142—143°) in wss. Lsgg. bei verschiedenen pH-Werten u. in Methanol aufgenommen. Es wurde eine empir. Zuordnung der Elektronenübergänge vorgenommen u. zur Best. der Keto–Enol-Gleichgewichts-Konst. dieser Verbb. benutzt. Die Säuredissoziations-Konst. der Verbb. wurden potentiometr. (bei **I** in 50 Vol.-% Dioxan-W.) u. spektralphotometr. bestimmt. Ferner wurden die Geschw.-Konst. k_1 u. k_2 (s^{-1}) der Keto–Enol-Tautomerisierung $B_e \underset{k_2}{\overset{k_1}{\rightleftarrows}} B_k$ in wss. Lsg. bei pH 7 u. 27 ± 0,5° von **II,** k_1 $3{,}8 \cdot 10^{-3}$, k_2 $8{,}8 \cdot 10^{-4}$, **III,** $4{,}8 \cdot 10^{-3}$, $4{,}4 \cdot 10^{-3}$ u. **IV,** $3{,}5 \cdot 10^{-3}$, $1{,}1 \cdot 10^{-3}$, bestimmt. Qual. Farbtests mit Metallionen [Ag(I), Cu(II), Mg(II), Ca(II), Sr(II), Ba(II), Zn(II), Cd(II), Hg(II), Al(III), In(III), Tl(III), Pb(II), As(III), Ti(IV), Cr(III), Mn(II), Fe(II), Fe(III), Co(II), Ni(II), Ce(III), La(III), U(VI), Zr(IV) u. V(IV)] wurden mit ungefähr 1%ig. alkohol. Puffer-Lsg. zwischen pH 2 u. 5 durchgeführt. H. G. Henkel. B 118□

Untersuchungen auf dem Gebiet des Furfurols. 5. Mitt. **Einfluß einiger Säuren auf die mit Furfurol und Anilin erhaltene Färbung.** Dimitrie A. Isăcescu und Sigrid Biller. (Studii Cercetări Biochim. [București] **1,** 193—203, 1958; Acad. R.P.R., Centr. de cerc. chim., sect. schimbători de ioni; rum.) — 4. vgl. C. **1962,** 11312. — Die bei der üblichen colorimetr. Best. von *Furfurol* (**I**) mit Anilin (**II**) in Ggw. von Eisessig erhaltene Rotfärbung ist unbeständig. Verss. mit anderen Säuren (HCl, H_2SO_4, H_3PO_4, Oxalsäure) zeigen, daß die zeitliche Änderung der Färbung von der verwendeten Säure, ihrer Konz. u. der Menge unabhängig ist. Die Extinktion (E) bei 530 u. 570 mμ ist von den Konzz. von **I** u. **II** u. vom Verhältnis **I** : **II** unabhängig. Durch Erhitzen in sd. W. wird die Färbung stabilisiert. E ändert sich dann linear mit der I-Konz. im Bereich 0,001—0,05 (Gew.-%) in Ggw. von H_3PO_4, 0,5—3% in Ggw. von HCl u. 1—3% in Ggw. von H_2SO_4. Bei I-Konzz. >3% wird das Beersche Gesetz in keiner der Säuren befolgt. Die optimale Schichtdicke für die Unters. von E ist 0,5—1 cm. R. K. Müller. B 119□

Schwingungsspektren homologer und stellungsisomerer n-Alkanderivate. 3. Mitt. **Infrarotspektren stellungsisomerer Substitutionsprodukte des n-Decans und n-Octadecans.** G. Geiseler, P. Richter und K. Schmiedel. (Z. Elektrochem., Ber. Bunsenges. physik. Chem. **65,** 750—62, Nov. 1961; Leipzig, Univ., phys.-chem. Inst.; Leuna, Merseburg, organ. Abt. der Leuna Werke; dt.) — 2. vgl. C. **1961,** 6436. — Es wurden die IR-Spektren zwischen 5000 u. 400 cm^{-1} (LiF-, NaCl- u. KBr-Prisma) von stellungsisomeren geradkettigen Octadecanolen, Octadecanonen, Octadecanonoximen, Octadecylacetaten, Decanolen, Chlordecanen u. Äthoxydecanen aufgenommen. Die Bandenlagen der in festen u. fl. Zustand (heizbare Küvette) aufgenommenen Verbb. werden mitgeteilt u. die Abhängigkeit der Bandenlage von der Stellung der funktionellen Gruppe innerhalb der C-Kette untersucht. Alle Verbb. zeigen zwischen 1300 u. 700 cm^{-1}

spezif. Züge im Spektrum, die Unterschiede werden jedoch beim Übergang fest→fl. durch das Auftreten von Rotationsisomeren verwischt. Im einzelnen wurden untersucht: *1-, 2-, 3-, 4-, 5-, 6-, 7-, 8-* u. *9-Hydroxyoctadecan, Octadecan, Octadecanon-(2), -(3), -(4), -(5), -(6), -(7), -(8)* u. *-(9), Octadecyl-(1)-benzoat, Octadecyl-(1)-, -(2)-, -(3)-, -(4)-, -(5)-, -(6)-, -(7)-, -(8)-* u. *-(9)-acetat, 1-, 2-, 3-, 4-* u. *5-Hydroxy-* u. *-Äthoxydecan, Octadecanon-(2)-, -(3)-, -(4)-, -(5)-, -(6)-, -(7)-, -(8)-* u. *-(9)-oxim, 1-, 2-, 3-, 4-* u. *5-Chlordecan.*

U. Uhlich. B 120□

Infrarotextinktionskoeffizienten von an Ca-Montmorillonit adsorbierten Ketonen in Abhängigkeit von der Oberflächenbedeckung. 4. Mitt. **über Untersuchungen von organischen Verbindungen an Ton.** Reinhard W. Hoffmann und G. W. Brindley. (J. physic. Chem. **65**, 443–48, März 1961; University Park, Pa., Pennsylvania State Univ., Coll. of Mineral Ind., Dep. of Ceramic Technol.; engl.) — 3. vgl. C. **1962**, 11810; 2. vgl. C. **1962**, 13307. — Durch Zusatz wss. Lsgg. von *Hexandion-(2.5)* (**I**, Kp.$_{17}$ 82,2–82,7°) bzw. von *Nonantrion-(2.5.8)* (**II**, F. 55°) zu Suspensionen von Ca-Montmorillonit (**III**) u. Eintrocknen aliquoter Teile auf Glasplatten wurden Tonschichten mit ein- oder zweischichtiger organ. Bedeckung erhalten. Die IR-Extinktions-Koeff. wurden durch folgende Differential-Meth. bestimmt: Da der Extinktions-Koeff. der symm. CH_2-Valenzfrequenz bei 2913 cm^{-1} weitgehend unabhängig vom Bedeckungsgrad Θ des **III** oder von der Art der Komplexe zu sein scheint, wurde bei 2913 cm^{-1} die Abnahme der Absorption nach Erhitzen gemessen (verbunden jeweils mit einer Messung bei 1625 cm^{-1} für die Wasseradsorption) u. mit dem Gewichtsverlust der Probe in Beziehung gesetzt. Die ε-Werte für 1404, 1365, 1312 (1325) cm^{-1} sowie der C=O-Valenzschwingung nehmen mit wachsendem Θ ab, wobei sich der Grad der Abnahme vermindert, wenn die 2. Schicht aufgebaut wird, was bei **II** ab $\Theta = 40\%$, bei **I** ab 50–60% der Fall ist. Die Ergebnisse von Röntgenbeugungsaufnahmen stehen damit im Einklang, wenn man die untere Beobachtungsgrenze berücksichtigt. — Die Ergebnisse werden im Hinblick auf Beweglichkeit der adsorbierten Moll. u. auf Wechselwrkg. zwischen **III** u. Keton diskutiert. Die Brauchbarkeit des Verf. zur Ableitung einer Verteilung der Energie der bei Adsorption akt. Stellen (site energy distribution), wie sie sonst durch Messungen der Benetzungswärme erhalten werden kann, wird besprochen.

R. Junge. B 120□

Die Infrarotabsorptionsspektren deuterierter Ester. 3. Mitt. **Laurinsäuremethylester.** R. Norman Jones. (Canad. J. Chem. **40**, 301–20, Febr. 1962; Ottawa, Nat. Res. Council of Canada, Div. of Pure Chem.; engl.) — Durch Aufteilung langkettiger Fettsäureester in 4 „Schwingungszonen“ [ω-CH_3-Gruppe, α-CH_2-Gruppe, $COOCH_3$-Gruppe u. $(CH_2)_n$-Gruppierung] u. selektive Deuterierung der 3 erstgenannten Gruppen können die durch diese Gruppen hervorgerufenen Banden im IR-Spektrum lokalisiert werden. In einer ausführlichen Diskussion werden alle im Spektrum des *Laurinsäuremethylesters* (**I**) zwischen 3020 u. 721 cm^{-1} auftretenden Banden — vorbehaltlich der Bewegungsart der Atome — den 4 Schwingungszonen zugeordnet. Außer I wurden die Spektren folgender Verbb. aufgenommen: $D_{3(\omega.\omega.\omega)}$-, $D_{2(\alpha.\alpha)}$-, $D_{3(CH_3O)}$-, $D_{5(\alpha.\alpha.\omega.\omega.\omega)}$-, $D_{6(\omega.\omega.\omega.CH_3O)}$-, $D_{5(\alpha.\alpha.CH_3O)}$- u. $D_{8(\alpha.\alpha.\omega.\omega.\omega.CH_3O)}$-**I**, *n-Dodecan* (**II**), $D_{3(\alpha.\alpha.\alpha,}$-, $D_{6(\alpha.\alpha.\alpha.\omega.\omega.\omega)}$-**II**, *ω.ω.ω-Trichlorlaurinsäuremethylester, α.α-Dichlorlaurinsäuremethylester, Lauroylchlorid, α.α-Dichlorlauroylchlorid, Δ^{10}-Undecinsäuremethylester, n-Dodecanol* (**III**), $D_{5(1.1.12.12.12)}$-**III**, *n-Dodecylbromid* (**IV**) u. $D_{5(11.12.12.12)}$-**IV**. $D_{2(1.1)}$-**III** u. $D_{2(1.1)}$-**IV** treten als Zwischenprodd. der Synth. auf, die Darst. von Laurinsäuretrichlormethylester gelang nicht. Zusammenhänge der Spektren u. Konformation der Verbb. werden diskutiert.

U. Uhlich. B 120□

Starke Wasserstoffbrücken zum Kohlenstoff in Isocyaniden. Paul von R. Schleyer und Adam Allerhand. (J. Amer. chem. Soc. **84**, 1322–23, 5/4. 1962; Princeton, N.J., Princeton Univ., Frick Chem. Labor.; engl.) — Vgl. C. **1960**, 1449. — Die Bldg. von Wasserstoffbrücken zwischen den OH-Gruppen von *Phenol* bzw. *Methanol* u. Isocyaniden wird durch Messung der Verschiebung der OH-Valenzfrequenzen in Ggw. von Isocyaniden nachgewiesen. Die Frequenzverschiebungen betragen 191–250 cm^{-1} für die phenol., 121–139 cm^{-1} für die methanol. OH-Gruppe (in CCl_4). Als Protonenacceptor wird das C-Atom mit dem einsamen Elektronenpaar der Isonitrilgruppe angesehen. Die mit Cyaniden auftretenden Verschiebungen der OH-Schwingungen sind deutlich geringer. Untersuchte Verbb.: Isocyanide u. Cyanide: *Cyclohexyl-, tert.-Butyl-, Isopropyl-, n-Butyl-, Benzyl-, Methyl-, p-Methoxyphenyl-, Phenyl-, p-Chlorphenyl-*. Hammett- bzw. Taft-Gleichung geben die Beziehung zwischen $\Delta\nu$ u. Konstit. annähernd wieder. Der hohe $\Delta\nu$-Wert für p-Methoxyphenylcyanid deutet auf starke Resonanzwechselwrkg. im Mol., die in p-Methoxyphenylisocyanid nicht zu beobachten ist.

Rudolf Albrecht. B 120□

Die charakteristischen Infrarotabsorptionsbanden von mono- und disubstituierten Anthrachinonen im Bereich 650–900 cm^{-1}. Naofumi Ōi. (Pharmac. Bull. [Tokyo]

5, 153—55, April 1957; Kasūgach-cho, Konohana-ku, Osaka, Sumitomo Chem. Co., Osaka Works, Res. Dep.; engl.) — Die IR-Spektren folgender Anthrachinone werden im Bereich 650—900 cm^{-1} in Nujol untersucht: *1-Sulfo-* (*Na-Salz*), *-Amino-*, *-Chlor-*, *-Methylamino-*, *-Nitro-*; *2-Sulfo-* (*Na-Salz*), *-Amino-*, *-Chlor-*, *-Methyl-*, *-Hydroxy-*; *1-Amino-2-carboxy-*, *-2-methyl-* u. *-2-brom-*; *1-Chlor-2-methyl-*; *1.4-*, *1.5-*, *1.8-Dihydroxy-*; *1.4-*, *1.5-*, *1.8-Diamino-*; *1-Amino-4-methyl-* u. *-4-nitro-*; *1-Chlor-4-methyl-*; *1.5-Dichlor-*; *1-Amino-5-benzoylamino-* u. *-5-p-chlorbenzoylamino-*; *1-Nitro-5-* u. *-8-chlor-*; *1-Amino-4-*, *-5-*, *-6-*, *-7-* u. *-8-chlor-*. Analysenbanden werden hervorgehoben. W. Schramm. B 120□

Die charakteristischen Infrarotabsorptionsbanden von monosubstituierten Naphthalinen im Bereich 1650—2000 cm^{-1}. Naofumi Ōi. (Pharmac. Bull. [Tokyo] 5, 155—57, April 1957; engl.) — Vgl. vorst. Referat. — Von folgenden 1- u. 2-X-Naphthalinen mit $X = OH, NH_2, OCH_3, Cl$ u. NO_2 wurden die IR-Spektren in CS_2 aufgenommen u. typ. Absorptionsbanden für die qual. Analyse hervorgehoben.
W. Schramm. B 120□

Untersuchungen in der Xanthonreihe. 5. Mitt. Infrarotspektren einiger substituierter und kondensierter Xanthone. F. Scheinmann. (Tetrahedron [London] 18, 853—59, Juli 1962; Salford, Royal Coll. of Adv. Technol., Dep. of Chem. and Appl. Chem.; engl.) — 4. vgl. C. **1962**, 5293. — Vff. untersuchten die IR-Spektren [in Nujol bzw. KBr (mit * gek.)] folgender Xanthone: *unsubstituiert*, *1-Hydroxy-*, *2-Hydroxy-* (I), *3-Hydroxy-* (II), *1-Methoxy-*, *1-Carboxymethoxy-* (III), *1-Acetonyloxy-*, *1-Acetoxy-*, *1-Allyloxy-*, *1-Äthoxycarbonylmethoxy-*, *1-Phenacyloxy-*, *4'.5'-Dihydro-5'-methylfurano-[2'.3':1.2]-*, *5'.6'-Dihydropyrano-[2'.3':1.2]-*, *4'-Acetoxyfurano-[2'.3':1.2]-*, *4'.5'-Dihydro-4'-oxofurano-[2'.3':1.2]-**, *γ-Pyrono-[2'.3':1.2]-*, *6-Carboxy-γ-pyrono-[2'.3':1.2]-*, *2-[β.γ-Dibrompropyl]-1-hydroxy-*, *2-Allyl-1-hydroxy-*, *2-[β-Brompropyl]-1-hydroxy-*, *2-Formyl-1-hydroxy-*, *2-Acetyl-1-hydroxy-**, *2-[ω-Bromacetyl]-1-hydroxy-*. Die wichtigsten Banden zwischen 6 u. 13,3 μ sind tabellar. angegeben u. zugeordnet. Durch H-Brückenbindung zwischen der 1-Hydroxy- u. der Carbonylgruppe ist die ν(C=O) in den Bereich von 6,08—6,12 μ verschoben. Auch **I**, **II** u. **III** absorbieren bei 6,10 μ, die anderen Xanthone bei 5,96—6,03 μ. J. Rothe. B 120□

Energieniveaus für innere und Gesamtrotation von Doppelkreiselmolekülen. 1. Mitt. **Mikrowellenspektrum von Dimethylsilan.** Louis Pierce. (J. chem. Physics 34, 498—506, Febr. 1961; Notre Dame, Ind., Univ. of Notre Dame, Dep. of Chem.; engl.) — Es wird eine Meth. zur Analyse energieschwellenabhängiger „Tunneleffekt“-Aufspaltungen in den Rotationsspektren von Moll. mit zwei äquivalenten Kreiseln angegeben. Die Störungsbehandlung ist eine Erweiterung der „Hauptachsen“-Meth. für einfache Kreisel-Moll.; sie ist beschränkt auf Torsionszustände, in welchen die zwei Haupttorsionsquantenzahlen ident. sind. Es wird eine Tabelle der Störungs-Koeff. angegeben, aus denen der Einfl. der Kreisel-Kreisel-Kopplung auf das Rotationsspektrum berechnet werden kann. Es wurden die Mikrowellenspektren von 6 Isotopen des *Dimethylsilans* im Bereich von 8—25 KMc untersucht u. aus den Änderungen der Trägheitsmomente infolge Isotopen-Substitution folgende Strukturparameter ermittelt: SiC 1,867 ± 0,002 (Å); SiH 1,483 ± 0,005; CH 1,095 ± 0,005; ∢ CSiC 110° 59′ ± 10′; ∢ HSiH 107° 50′ ± 20′; ∢ HCH 108° 0′ ± 20′; 2 Θ 110° 59′ ± 1° (2 Θ = Winkel zwischen den Symmetrieachsen der Methylgruppen). Aus den Aufspaltungen im Rotationsspektrum wurde der Winkel 2 Θ zu 110° 50′ ± 20′ gefunden. Die Analyse der Aufspaltungen bei $(CH_3)_2SiH_2$, $(CH_3)_2SiD_2$ u. $(CH_3)(CD_3)SiH_2$ zeigt, daß die Kopplung zwischen den Kreiseln sehr klein ist. Unter der Annahme keiner Kopplung ergibt sich für die innere Rotation eine Energieschwelle von 1647 ± 3 cal/Mol. Aus Messungen des Stark-Effektes wurde ein Dipolmoment von 0,75 ± 0,01 D berechnet.
H. G. Henkel. B 121□

Luminescenz von Cyclopentanon. S. R. La Paglia und B. C. Roquitte. (J. physic. Chem. 66, 1739—40, Sept. 1962; Dayton, Ohio, Wright-Patterson Air Force Base, Aeronautic. Res. Labor.; engl.) — Die Luminescenz-Eigg. von *Cyclopentanon* (**I**) werden untersucht. Zur Beobachtung der Fluorescenz wird I in Hexan gelöst. Zur Aufzeichnung der Phosphorescenz (Ph) wird die verd. Lsg. von I in EPA auf 77° K abgekühlt. Für beide Fälle liegt die Wellenlänge des anregenden Lichtes zwischen 2900 bis 3000 Å. Die Fluorescenz- u. Ph-Spektren erscheinen im Spektrophotometer strukturlos. Das Maximum der Ph liegt bei 4400—4500 Å; die Lebensdauer beträgt ca. $1{,}1 \cdot 10^{-3}$ Sekunden. Diese Tatsache wird dem Triplett-Zustand von I zugeschrieben.
H. Schibilla. B 125□

Die Luminescenz komplexer Moleküle in bezug auf die innere Konversion der Anregungsenergie. 1. Mitt. Robin M. Hochstrasser. (Canad. J. Chem. **37**, 1367—72, Aug. 1959; Vancouver, B.C., Univ. of Brit. Columbia, Dep. of Chem.; engl.) — 2. vgl. Canad. J. Chem. **38**, [1960], 233. — Vf. mißt die relative Luminescenzausbeute (η) als Funktion der Anregungswellenlänge λ für die folgenden, Doppelmol. bildenden organ. Verbb. in kristalliner Form, als fl. Lsgg. in A. oder PAe. sowie in festen organ. Gläsern (eingefrorene A.- u. A./Ae.-Lsgg.): *1.1-Binaphthyl* (**I**), *2.2-Binaphthyl* (**II**), *α.α'-Bis-[β-naphthol]* (**III**); *9.10-Di-α-naphthylanthracen* (**IV**), *9.10-Di-β-naphthylanthracen* (**V**), *9.9'-Dianthryl* (**VI**), *9.9'-Dianthryldiol-(10.10')* (**VII**); *trans-Stilben* (**VIII**), *trans-p.p'-Dimethoxystilben* (**IX**), *Di-α-äthoxynaphthostilben* (*trans-1.2.-Bis-[4-äthoxynaphthyl-(1)]-äthylen*, **X**) u. *α.β-Bis-[anthronyliden-(9.9')]-äthan* (**XI**); *Bianthron* (**XII**). Für **I**—**III** ist η im Gebiet 250—350 mμ zwischen —180 u. 25° unabhängig von λ. Dasselbe gilt für die Verbb. **IV**—**VII** im Wellenlängenbereich 260—390 Å, wobei η für alle außer **VII** größer als η von Anthracen ist. Die Verbb. **VIII**—**XI** (**XI** fluoresciert nur als Lsg.) zeigen eine ausgesprochene Wellenlängenabhängigkeit der Ausbeute (Abnahme für $\lambda <$ ca. 340 mμ). Die Fluorescenzausbeute von **XII** in Ae.-Isopentan-Glas (—183°) ist konst. im Gebiet der 1. Absorptionsbande (400—3400 mμ) u. fällt auf ca. 50 für $\lambda <$ 340 mμ; die gleiche Abhängigkeit zeigt die durch UV-Bestrahlung (in nicht fester Lsg.) photochrom erzeugte, gefärbte Form von **XII**. Bei einigen Verbb. ist η beim ersten angeregten Zustand geringer als beim zweiten, was entweder einer photochem. Zers. oder verstärkten intramol. Energieübertragungsprozessen zugeschrieben werden kann, die mit der inneren Umwandlung von angeregten Singulettzuständen konkurrieren können. J. Rudolph. B 125□

Die Dipolmomente einiger Trimethyl-N-alkylsilazane. Robert L. Cook und Alfred P. Mills. (J. physic. Chem. **65**, 252—54, Febr. 1961; Coral Gables, Fla., Univ. of Miami, Dep. of Chem.; engl.) — Durch Messung der Lsgg. in Bzl. oder Cyclohexan (C.) u. Berechnung nach der Onsager-Meth. bzw. durch Messung der reinen Fll. wurden die Dipolmomente (D) folgender Trimethylsilazane ermittelt: *N-Äthyl-*, Kp.$_{124}$ 40,6—41,0°, μ 0,78 (Bzl.), 0,72 (reine Fl.); *N-Propyl-*, Kp.$_{70}$ 43,2—43,4°, 0,79 (Bzl.), 0,75 (C.); *N-Isopropyl-*, Kp.$_{88}$ 40,0—40,3°, 0,77 (Bzl.), 0,76 (C.); *N-Butyl-*, Kp.$_{49}$ 55,3—55,9°, 0,78 (Bzl.), 0,73 (C.), 0,72 (reine Fl.). Die Übereinstimmung der in Bzl. mit den in C. erhaltenen Werten zeigt, daß die Silazane keine Komplexe mit Bzl. eingehen. Andererseits zeigt die Übereinstimmung der Werte in Lsg. mit denen der reinen Fll. die Abwesenheit von H-Brückenbindungen. Die geringen Dipolmomente lassen sich nicht mit der Annahme einer N–Si-Einfachbindung erklären, sondern werden auf eine p_π–d_π-Bindung zwischen Si u. N zurückgeführt. H.-G. Henkel. B 132□

Molekülwechselwirkung: Polarisationsuntersuchungen von Mischungen von Pyridin mit polyhalogenierten Kohlenwasserstoffen. A. N. Sharpe und S. Walker. (J. chem. Soc. [London] **1962**, 157—60, Jan.; Newarke, Leicester, School of Chem., Coll. of Technol.; engl.) — Vff. bestimmen die auf unendliche Verdünnung extrapolierte totale Mol.-Polarisation $_2P_\infty$ von *Pyridin* (**I**, Kp.$_{755}$ 116°, n_D^{22} 1,5068; Pikrat, F. 165°) in Bzl. ($_2P_\infty$ = 123,43; scheinbares Dipolmoment von **I** μ = 2,19 D) u. in CCl_4 (135,33; 2,33) u. von **I** (0,001—0,01 Gew.-%) in Gemischen von Bzl. mit *CCl_4* ($_2P_\infty$ 126,47, Molenbruch von CCl_4 f = 0,32; 130,83, 0,62; 133,02, 0,79), mit *Hexachloräthan* (**IV**, F. 187°; 124,88, 0,097; 125,69, 0,152), mit *p-Dichlorbenzol* (**III**, F. 53°; 124,70, 0,209; 124,29, 0,335), mit *p-Dibrombenzol* (**II**, F. 87,5°; 123,49, 0,139; 122,90, 0,196) u. mit *CBr_4* (F. 92,0°; 137,10, 0,056; 146,05, 0,121; 150,57, 0,162; 162,79, 0,291) u. von CBr_4 (39,11) in Bzl. bei 25°. Es wird eine Wechselwrkg. zwischen **I** u. den halogenierten KW-Stoffen diskutiert. Die Stärke der Wechselwrkg. steigt in der Reihe **II**, **III**, CCl_4, **IV**, CBr_4 an.
J. Weiner. B 132□

Resonanzübertragungsmodell von Elektronen- und Leerstellenleitung in Anthracen. David Kearns. (J. chem. Physics **35**, 2269—70, Dez. 1961; Chicago, Ill., Univ., Dep. of Phys.; engl.) — Vf. nimmt bezug auf Messungen von Kepler (vgl. C. **1961**, 5742) über die Temp.-Abhängigkeit u. die Anisotropie von Elektronen- u. Leerstellenbeweglichkeiten in *Anthracen*-Kristallen u. diskutiert die Anwendbarkeit eines Resonanzübertragungsmodells zur Erklärung der Keplerschen Ergebnisse. Das Modell sagt voraus, daß sich Elektronen- u. Leerstellenbeweglichkeiten angenähert umgekehrt mit der Temp. ändern; diese Vorhersage stimmt mit dem experimentellen Ergebnis überein. Keine Übereinstimmung mit der Beobachtung wurde für die Vorhersage gefunden, daß Elektronen- u. Leerstellenbeweglichkeiten die gleiche Temp.-Abhängigkeit haben. Die vorhergesagte Anisotropie der Leerstellenbeweglichkeit in den 3 Kristallrichtungen des Anthracens steht in guter Übereinstimmung mit dem experimentellen Ergebnis, die vorhergesagte Anisotropie der Elektronenbeweglichkeit in der a–b-Ebene jedoch war entgegengesetzt der beobachteten Anisotropie. C. Gottfried. B 135

Beziehung zwischen protonenmagnetischen Resonanzverschiebungen und Gruppendipolmomenten von substituierten Äthylenen. G. S. Reddy, C. E. Boozer und J. H. Goldstein. (J. chem. Physics **34**, 700—01, Febr. 1961; Atlanta, Ga., Emory Univ.,

Dep. of Chem.; engl.) — Vff. finden eine lineare Beziehung zwischen den chem. Verschiebungen der cis- u. trans-β-Protonen u. den Gruppendipolmomenten in einer Reihe substituierter *Äthylene*, $H_2C{=}CHX$ mit X = *H*, CH_3, *Cl*, OCH_3 (**I**), *CN* (**II**), C_6H_5 (**III**), ausgenommen bei **II** u. **III**. Bei Berücksichtigung der diamagnet. Anisotropie dieser Gruppen lassen sich diese Abweichungen jedoch korrigieren. Die Geraden für die cis- u. trans-Protonenverschiebungen liegen stets parallel zueinander, die erstere bei niedrigerem Feld. Um I in Übereinstimmung mit den anderen Verbb. der Reihe zu bringen, mußte die OCH_3-Gruppe als positiv in bezug auf den Äthylenrest angenommen werden. H. G. Henkel. B 137□

Untersuchung der paramagnetischen Resonanz bestrahlter Gläser von Methanol und Äthanol. Henry Zeldes und Ralph Livingston. (J. chem. Physics **30**, 40—44, Jan. 1959; Oak Ridge, Tenn., Oak Ridge Nat. Labor., Chem. Div.; engl.) — *Methanol, A.* u. ihre D-Derivv. C_2H_5OD, CH_3CD_2OH u. CH_3OD werden bei 70° K mit ^{60}Co-γ-Strahlen bestrahlt u. danach die paramagnet. Resonanzspektren bei 64, 73, 77 u. 90° K aufgenommen. Die bei der Bestrahlung auftretende intensive Färbung kann bei Belichtung gebleicht werden, die Spektren vor u. nach der Bleichung u. der Temp.-Einfl. auf die Spektren werden diskutiert. Radikale, die bei der Bestrahlung gebildet werden könnten, werden erörtert. W. Schramm. B 137□

Die Messung indirekter (J) Kopplung zwischen Kernen in Flüssigkeiten in magnetischer Resonanz mit Hilfe der „transient"-Methode. J. G. Powles und A. Hartland. (Proc. physic. Soc. **77**, 273—77, 1/2. 1961; London, Queen Mary Coll., Phys. Dep.; engl.) — Vff. beschreiben eine einfache Abänderung der von Hahn u. Maxwell (vgl. C. **1953**, 6848 u. früher) entwickelten „transient" Echo-Meth. zur Best. der chem. Verschiebung δ u. der indirekten Kopplung zwischen magnet. Kernen in Fll. in kernmagnet. Resonanzversuchen. Die Red. der Selbstdiffusionsdämpfung durch komplexe Impulszüge erlaubt die Beobachtung der J-Modulation für Zeiten bis zu etwa einer Sek. u. einer Meßgenauigkeit von $\pm 1\frac{1}{2}\%$ oder besser. Auf gleiche Weise lassen sich die chem. Verschiebungen bestimmen. Es werden Gleichungen mitgeteilt für die Echomodulation in einigen Spezialfällen u. ferner eine allg. Meth. zu ihrer Best., wenn $J \ll \delta$ ist. Beschrieben werden Modulationsdiagramme für *Methylalkohol, A.* u. *2-Brom-5-chlorthiophen*. C. Gottfried. B 137

Substituenteneffekte der Methylgruppe auf die chemischen Verschiebungen in den kernmagnetischen Resonanzspektren von Äthylensystemen. G. S. Reddy und J. H. Goldstein. (J. Amer. chem. Soc. **83**, 2045—49, 5/5. 1961; Atlanta, Ga., Emory Univ., Dep. of Chem.; engl.) — Es wurden die kernmagnet. Resonanzspektren folgender Verbb. untersucht: *α-Methacrylonitril*; *cis-* u. *trans-Crotononitril*; *2-Chlor-*, *cis-* u. *trans-1-Chlor-*, *2-Brom-*, *cis-* u. *trans-1-Brompropen-(1)*; *Isobutylen*; *cis-* u. *trans-Buten-(2)*. An den Spektren dieser Serie von Äthylen-Deriv. des Typs $H_2C{=}CHX$ wird gezeigt, daß der Effekt der Methylsubstitution auf die chem. Verschiebungen der Äthylenprotonen für jede Protonenstellung relativ zur Methylgruppe annähernd konst. ist. Diese Substituenteneffekte variieren etwas mit der Natur von X, doch sind die Änderungen für jedes X nahezu gleich für alle Protonen. Es ist daher möglich, die Methylgruppen-Einfl. auf die chem. Verschiebung mit ziemlicher Genauigkeit vorauszusagen. Die Unters. der Butenspektren läßt vermuten, daß die Methylgruppeneffekte additiv sind. An 2-Methylacrolein u. Vinylbromid wird gezeigt, daß diese allg. Regeln zur Zuordnung u. Analyse von kernmagnet. Resonanzfrequenzen geeignet sind. Da es sich bei dem beobachteten Effekt auf die β-Protonenverschiebung um einen weitreichenden Effekt handelt, der fast unabhängig von Änderungen der Polarität anderer Substituenten ist, schreiben Vff. seinen Ursprung der Hyperkonjugation zu. H. G. Henkel. B 137□

Elektronenspinresonanz von $(CO_2H)CH_2{-}\dot{C}H(CO_2H)$ in Bernsteinsäure. D. Pooley und D. H. Whiffen. (Molecular Physics **4**, 81—86, Jan. 1961; Birmingham, Univ., Chem. Dep.; Teddington, Nat. Phys. Labor., Basic Phys. Div.; engl.) — ESR-Messungen an einem mit ^{60}Co-γ-bestrahltem Einkristall von *Bernsteinsäure* bei verschiedenen Kristallorientierungen haben die Ergebnisse von Heller u. McConnell (C. **1961**, 16789) über die Hyperfein-Kopplung in dem Radikal $(CO_2H)CH_2{-}\dot{C}H(CO_2)H$ bestätigt u. erweitert. Kopplungstensoren u. g-Tensor sowie ein typ. Spektrum sind angegeben. Das Radikal hat fast die gleiche Orientierung wie das unveränderte Mol.; die Ebene des C-Gerüstes des Radikals ist um 5° gegen die Ebene des ursprünglichen C-Gerüstes verdreht, was zu merklicher Nicht-Äquivalenz der H-Atome der CH_2-Gruppe führt. G. Winkhaus. B 137□

Konzentrationsabhängigkeit der NMR-Spin-Gitter-Relaxationszeiten in Lösungen. R. W. Mitchell und M. Eisner. (J. chem. Physics **34**, 651—54, Febr. 1961; College

Station, Tex., Agricult. and Mechan. Coll. of Texas; engl.) — Vgl. C. **1961**, 12032. — Die Spin–Gitter-Relaxationszeiten T_1 für Protonen in *Bzl.*, *Cyclohexan* sowie *Chlor-*, *Brom-* u. *o-Dichlorbenzol* in CCl_4 u. CS_2 werden empir. den theoret. Kurven auf der Basis der Hill- (vgl. C. **1956**, 9370) u. Mol.-Sphären-Modelle der Mol.-Bewegung angepaßt. Die Ergebnisse zeigen, daß das Hill-Modell geeignet ist, die Änderungen sowohl der Rotations- als auch der Translations-Relaxationszeiten mit der Konz. der gelösten Stoffe zu erklären. Durch T_1-Messungen läßt sich also das Verh. anomaler Lsgg. untersuchen. Obwohl die Konz.-Abhängigkeit von T_1 bei 10° u. 30° der Hill-Theorie entspricht, scheinen die Werte von $T_{1(rot)}$ nicht die gleiche Temp.-Abhängigkeit wie die innere Viscosität zu haben. H. G. Henkel. B 137□

EPR-Untersuchungen der Spinwechselbeziehung in einigen Ionenradikalsalzen. D. B. Chesnut, H. Foster und W. D. Phillips. (J. chem. Physics **34**, 684—85, Febr. 1961; Wilmington, Del., E. I. du Pont de Nemours & Co.; engl.) — Vorl. Mitt. zu C. **1962**, 10033. H. G. Henkel. B 137□

Elektronenspinresonanzuntersuchung des positiven p-Phenylendiaminions. M. T. Melchior und A. H. Maki. (J. chem. Physics **34**, 471—76, Febr. 1961; Cambridge, Mass., Harvard Univ., Mallinckrodt Labor.; engl.) — Das einfach positive *p-Phenylendiaminion* (I) wurde durch Elektrolyse bei kontrolliertem Potential an einer rotierenden Pt-Anode in Acetonitril–0,1n $NaClO_4$ dargestellt u. mittels Elektronenspinresonanz untersucht. Das Ion zeigt in verd. Lsg. eine komplexe Hyperfeinstruktur im Spektrum, das sich aus ca. 75 Hyperfeinkomponenten zusammensetzt. Die isotropen Hyperfeinkopplungs-Konst. wurden für die drei Typen der in Wechselwrkg. stehenden Kerne zugeordnet: aromat. Ringprotonen, Aminprotonen u. N-Kerne. Die beobachtete große N-Hyperfein-Wechselwrkg. steht in deutlichem Gegensatz zum Wursters-Blau-Kation, bei welchem die Wechselwrkg. verschwindend gering ist. Es wurden ferner die Elektronenspinresonanzspektren von $D_{4(N.N.N'.N')}$-, $D_{4(2.3.5.6)}$- u. D_8-I erhalten u. zur Zuordnung herangezogen: A_N 5,29; $A_{H(Amine)}$ 5,88; $A_{H(Ring)}$ 2,13 (alle in Gauß). Das Verhältnis der Größe der N-Hyperfein-Wechselwrkg. zu der der Aminprotonen steht im Einklang mit dem Mechanismus einer π–σ-Elektronenaustausch-Wechselwrkg. am N-Atom. Die elektrochem. Darst. ermöglicht die Unters. relativ instabiler Ionenradikale da, wo andere Meth. der Darst. weniger erfolgreich sind. H. G. Henkel. B 137□

Die protonenmagnetischen Resonanzspektren und die Stereochemie von 2-o-Tolylcyclohexanol. Alain C. Huitric und John B. Carr. (J. org. Chemistry **26**, 2648—51, Aug. 1961; Seattle, Wash., Univ., Coll. of Pharm.; engl.) — Die kernmagnet. Resonanzspektren von *cis-* (I) u. *trans-2-o-Tolylcyclohexanol* (II) u. ihrer *Acetate* stimmen mit Strukturen überein, in denen der Cyclohexanring Sesselkonformation mit äquatorialen Tolylgruppen zeigt. Die Spektren bestätigen, daß die Spin–Spin-Kopplungs-Konst. zwischen benachbarten axialen H-Atomen viel größer sind als die zwischen anderen H-Atomen. I u. II wurden aus 2-o-Tolylcyclohexanon (III) durch Red. nach drei verschiedenen Meth. dargestellt, das Isomerenverhältnis wurde gaschromatograph. bestimmt.

Versuche: *cis-2-o-Tolylcyclohexanol* (I), $C_{13}H_{18}O$, $Kp._{0,15-0,17}$ 76—78°, a) aus 22,4 g III mit Cyclopentyl-MgBr in Ae., 2 std. Kochen; 19,1 g Gemisch aus 60% I u. 40% II; b) analog mit Isobutyl-MgBr; 50%; daneben unidentifiziertes Material u. eine Spur II; c) aus 5,0 g III mit Diphenyl-SnH_2 in Ae., 3tägiges Stehen; 4,28 g Gemisch aus 15% I u. 85% II; d) durch Red. von 0,95 g des Phenylurethans mit $LiAlH_4$ in Tetrahydrofuran u. 18 std. Kochen; 0,37 g (rein); e) analog aus 4 g des α-Naphthylurethans mit $LiAlH_4$–$AlCl_3$; 1,45 g. *α-Naphthylurethan*, $C_{24}H_{25}NO_2$, F. 174—175°. *Phenylurethan*, $C_{20}H_{23}NO_2$, F. 107,5—108,5°. *trans-Verb.* (II), neben I nach a)—c). *α-Naphthylurethan*, F. 122—123°. *Phenylurethan*, F. 137,5—138°. — Gemisch von I- u. II-*Acetat*, $C_{15}H_{20}O_2$, $Kp._{0,150}$ 77°, aus einem I–II-Gemisch mit Acetanhydrid in Pyridin.
H. G. Henkel. B 137□

Die kernmagnetischen Resonanzspektren von 1.1.4.4-Tetramethylcyclohexan-cis- und -trans-2.6-dioldiacetat. J. I. Musher. (J. chem. Physics **34**, 594—97, Febr. 1961; Cambridge, Mass., Harvard Univ., Lyman Labor.; engl.) — Es wurden die hochaufgelösten kernmagnet. Resonanzspektren von *1.1.4.4-Tetramethylcyclohexan-cis-* u. *-trans-2.6-dioldiacetat* untersucht. Die Verbb. werden als ABX-Syst. interpretiert, wobei X die 2 Protonen in 2- u. 6-Stellung, A die axialen (a) u. B die äquatorialen (e) Protonen in 3- bzw. 5-Stellung sind. Drei Proton–Proton-Kopplungs-Konst. wurden bestimmt, wobei eine, J_{AB} (Φ_{H-C-H} 109° 28′) 12,36 ± 0,2 (Hz), mit dem berechneten Wert von 12,5 gut übereinstimmt. Die beiden anderen, $J_{AX,\,aa}$ ($\Phi_{H-C-C-H}$ 180°) 12,35 ± 0,1

u. $J_{BX,ea}$ ($\Phi_{H-C-C-H}$ 60°) 4,25 ± 0,1 weichen von den berechneten Werten, J_{AX} 9,2 Hz u. J_{BX} 1,7 Hz, ab. Die chem. Verschiebung zwischen a- u. e-Protonen beträgt 0,131 ± 0,002 ppm, mit dem a-Proton bei höherem Feld. Die Best. der Kopplungs-Konst. nach einem anderen Ansatz gibt ebenfalls keine Übereinstimmung mit den berechneten Werten. Es zeigt sich, daß im Gegensatz zur Erwartung ein a-Proton bei niedrigerem Feld erscheinen als ein e-Proton. H. G. Henkel. B 137□

Spindichte im negativen Pyrenion. G. J. Hoijtink, J. Townsend und S. L. Weissman. (J. chem. Physics **34,** 507—08, Febr. 1961; Amsterdam, Netherlands, Free Univ.; St. Louis, Mo., Washington Univ.; engl.) — Eine verbesserte Auflösung des EPR-Spektrums vom *negativen Pyrenion* hat eine Zuordnung aller Protonenhyperfeinkopplungs-Konst. ermöglicht. Die Ergebnisse wurden durch eine einfache Berechnung der Konfigurations-Wechselwrkg. erhalten. H. G. Henkel. B 137□

Das kernmagnetische Resonanzspektrum von N-Benzylthieno-[3.2:b]-pyrrol. R. J. Tuite, H. R. Snyder, A. L. Porte und H. S. Gutowsky. (J. physic. Chem. **65,** 187—88, Jan. 1961; Urbana, Ill., Univ., Noyes Chem. Labor.; engl.) — Es wird das kernmagnet. Resonanzspektrum von *N-Benzylthieno-[3.2:b]-pyrrol* an Hand von Spektren folgender Derivv. interpretiert: Thieno-[3.2:b]-pyrrole (**A**): *2.4-Dicarbäthoxy-3-hydroxy-*, Proton–Proton-Kopplungs-Konst. J_{56} 3,7 (Hz); *2-Carbäthoxy-3-hydroxy-4-äthyl-*, 2,7; *2.4-Dicarbäthoxy-3-methoxy-*, 3,2; *2-Carbäthoxy-3-methoxy-4-äthyl-*, 3,0; *2.4-Dicarbäthoxy-3-acetoxy-*, 3,5; *3-Acetoxy-4-acetyl-*, J_{56} 3,5; J_{25} 1,2; *2.4-Diacetyl-3-acetoxy-*, J_{56} 3,5; *3-Acetoxy-4-acetyl-6-benzyl-*, J_{25} 1,3. Die Stellung der Kernsubstitution in den **A** kann direkt aus den kernmagnet. Resonanzspektren abgeleitet werden. Es tritt eine unerwartete Spin–Spin-Kopplung der α-Protonen der beiden heterocycl. Ringe auf, die, obwohl durch sechs Bindungen getrennt, eine Kopplungs-Konst. von ungefähr 1 Hz zeigen. Diese weitreichenden Kopplungen werden auf Wechselwrkg. der σ- u. der π-Elektronen-Syst. in beiden Ringen zurückgeführt. Es wird angenommen, daß Wechselwrkg. zwischen den Substituenten in ähnlicher Weise über das Ring-Syst. gehen, wie das bei den Protonenkopplungen der Fall ist.
H. G. Henkel. B 137□

Doppelresonanzuntersuchung des Pyrrols und der Pyrrol–Pyridin-Wechselwirkung. James A. Happe. (J. physic. Chem. **65,** 72—76, Jan. 1961; China Lake, Calif., U. S. Naval Ordnance Test Stat., Res. Dep., Chem. Div.; engl.) — Mit Hilfe der kernmagnet. Resonanz durch Anwendung der Doppelresonanz-Meth. wurde die Eigenassoziation von *Pyrrol* (I) u. die Assoziation zwischen I u. *Pyridin* (II) untersucht. Während die I–I-Wechselwrkg. vom π-Donatortyp zu sein scheint, zeigt I–II eine n-Donatorwechselwirkung. Für die Dimerisation von I wurde die Gleichgewichts-Konst. zu 4,3 gemessen. Für die I–II-Assoziations-Rk. bei 33,0—69,6° ergaben sich ΔH^0 zu −4,3 (kcal/Mol) u. ΔS^0 zu −8,0 (cal/Mol). Für die assoziierten Protonen in den beiden H-Bindungskomplexen wurden die chem. Verschiebungen erhalten.
H. G. Henkel. B 137□

Dissoziationskonstante der protonierten Säureform von 2-Amino-2-[hydroxymethyl]-propandiol-(1.3) [Tris-hydroxymethylaminomethan] und verwandte thermodynamische Eigenschaften zwischen 0 und 50°. Roger G. Bates und Hannah B. Hetzer. (J. physic. Chem. **65,** 667—71, April 1961; Washington, D.C., Nat. Bur. of Stand., Div. of Chem.; engl.) — Die thermodynam. Dissoziations-Konst. K_{BH} der Kationensäureform, BH^+, von *2-Amino-2-[hydroxymethyl]-propandiol-(1.3)* [*Tris-(hydroxymethyl)-aminomethan*] wurde durch Messung der EMK einer H_2/AgCl-Zelle ohne Überführung bei Temp. von 0—50° bestimmt. Die Ergebnisse werden durch die Gleichung $-\log K_{BH} = 2981{,}4/T - 3{,}5888 + 0{,}005571\,T$ (T in °K) beschrieben. Die Änderung der freien Energie, Enthalpie, Entropie u. Molwärme wurden für die Dissoziation der Kationensäure BH^+ im Standardzustand u. für die Basendissoziation, $B + H_2O \rightarrow BH^+ + OH^-$, berechnet. Für die Säuredissoziation bei 25° betragen ΔG^0 46,075 ($J \cdot Mol^{-1}$), ΔH^0 47,600 ($J \cdot Mol^{-1}$), ΔS^0 5,1 ($J \cdot Grad^{-1} \cdot Mol^{-1}$) u. ΔCp^0 −64 ($J \cdot Grad^{-1} \cdot Mol^{-1}$). Die Entropieänderungen für die isoelektr. Dissoziation der Kationensäure scheint auf eine eingeschränkte Orientierung der Lsgm.-Moll. um das Ion u. auf eine vorhandene Hinderung der freien Rotation um die C—C-Bindung hinzuweisen. Diese Vorstellung ist jedoch nicht mit der Änderung der Molwärme zu vereinbaren.
H. G. Henkel. B 139□

Die Säurekonstanten einiger Arylimidazole und ihrer Kationen. Harold Walba und Robert W. Isensee. (J. org. Chemistry **26,** 2789—91, Aug. 1961; San Diego, Calif., State Coll., Chem. Dep.; engl.) — Vgl. C. **1957,** 68. — Es wurden die thermodynam. Aciditäts-Konst. des neutralen Mol. pK_a^0 u. des Kations, $pK_{a^+}^0$, spektrophotometr. von folgenden Verbb. bestimmt: *Imidazol* (I), pK_a^0 14,52; $pK_{a^+}^0$ 7,05; *2-Phenyl-*

13,32; 6,48; *4* (oder *5*)-*Phenyl*-, 13,42; 6,10; *2.4* (oder *2.5*)-*Diphenyl*-, 12,53; 5,64; *4.5-Diphenylimidazol*, 12,80; 5,90; *Benzimidazol* (II), 12,78; 5,55; *2-Phenylbenzimidazol* (III), 11,91; 5,23. Phenylsubstitution von I oder der Übergang zu II wie auch die Kombination von beidem in III ergeben eine Zunahme der Acidität, was auf eine stärkere Delokalisierung der N-π-Elektronen zurückgeführt wird. Nach der Gleichung von Wheland wurden die formalen Ladungen der N-Atome von I, II u. ihren Kationen berechnet. Es zeigt sich ferner, daß in 2-Phenyl-Derivv. durch Protonierung eine Verminderung der säureverstärkenden Rolle der 2-Phenylgruppe bewirkt wird.

H. G. Henkel. B 139□

Über Chinoxaliniumverbindungen. Sven Bodforss. (Liebigs Ann. Chem. **633**, 66–78, Juli 1960; Lund, Schweden, Univ., Chem. Inst.; dt.) — Die Protolysen-Konst. (K_{12}) von folgenden *Chinoxaliniumsalzen* (**A**) für die Gesamt-Rk. **A** (blau) + $H^+ \rightleftharpoons$ G (gelb) $\rightleftharpoons$ S in Acetatpuffer-Lsg. u. 0,0122n HCl, *1.2-Diphenyl-3-* bzw. *1.3-Diphenyl-2-[4-dimethylaminophenyl]-chinoxaliniumperchlorat* (I, K_{12} 39), *1-Phenyl-2.3-bis-[4-dimethylaminophenyl]-chinoxaliniumperchlorat* (64), *1.3-Dimethyl-2-[β-(4-dimethylaminophenyl)-vinyl]-chinoxaliniummethylsulfat* (406) liegen in der Größenordnung der K_{12}-Werte bas. Triphenylmethanfarbstoffe. *1-Phenyl-2.3-bis-[4-hydroxyphenyl]-chinoxaliniumchlorid* u. *Aurin* zeigen bei pH-Verschiebungen analoge Farbänderungen. Salz-Bldg. bewirkt bei *1.2-Dihydrochinoxalinen* (**B**) eine Rotverschiebung u. Verstärkung der Absorptionsbande. Die durch Einw. von Zn-Amalgam, Hg, Cd, Sn, Cu u. Ag auf **A**-Chloride eintretenden reversiblen Farbänderungen führt Vf. auf Radikal-Bldg. zurück. Durch Kondens. von 4.4'-Bis-[dimethylamino]-benzil (**IV**) mit symm.-Dimethylharnstoff (**V**) entsteht das Hydantoinderivat. — UV-Spektren der **A** u. **B** sind teilweise abgebildet.

Versuche: Chinoxaliniumhydroxide: *1.2-Diphenyl-3-* bzw. *1.3-Diphenyl-2-[4-dimethylaminophenyl]-*, *Perchlorat* (I), $C_{28}H_{24}ClN_3O_4$, F. 263° (Eisessig = AcOH), durch 2tägiges Kochen von 4-Dimethylaminobenzil (**VII**) u. o-Aminodiphenylamin·HCl (II) in A., Verdünnen mit W. u. Zugabe von $NaClO_4$; purpurblaue Rhomben; *Hydroxid*, aus dem Perchlorat mit NH_4OH bzw. NaOH. — *1-Phenyl-2.3-bis-[4-dimethylaminophenyl]-*, *Perchlorat* (**VIII**), $C_{30}H_{29}ClN_4O_4$, F. 190° (Zers.; AcOH), wie I aus **IV** u. II; schwarzviolette Nadeln; *Hydroxid*, wie bei I. — *1-Phenyl-2.3-bis-[4-methoxyphenyl]-*, *Perchlorat*, $C_{28}H_{23}ClN_2O_6$, F. 260° (Zers.; AcOH), durch mehrtägiges Kochen von 5,5 g p-Anisil u. 3,7 g II in konz. HCl u. A. u. Zugabe von $NaClO_4$; orangefarbene Nadeln; 5,3 g. *Hydroxid*, wie bei I. — *1-Phenyl-2.3-bis-[3.4-dimethoxyphenyl]-*, *Perchlorat*, $C_{30}H_{27}ClN_2O_8$, F. 155° (Zers.; AcOH-W.), durch 3tägiges Kochen von Veratril u. II, Abfiltrieren u. Zugabe von $NaClO_4$. *Hydroxid*, mit NH_4OH. *Rhodanid*, aus dem Perchlorat mit KSCN. *Jodid*, aus dem Perchlorat mit KJ. — *1-Phenyl-2.3-bis-[4-hydroxyphenyl]-*, *Chlorid*, $C_{26}H_{19}ClN_2O_2$, F. 300° (Zers.; W.), durch 2tägiges Kochen von 4.4'-Dihydroxybenzil u. II in konz. HCl u. A. u. Zugabe von verd. HCl. *Perchlorat*, aus dem Chlorid u. $NaClO_4$. — *1-Phenyl-2.3-bis-[4-trimethylammoniophenyl]-*, *Tris-perchlorat*, $C_{32}H_{35}Cl_3N_4O_{12}$, durch mehrtägiges Erwärmen von **VIII** mit Methyläthylketon u. CH_3J, Zugabe von $NaClO_4$ u. 2tägiges Kochen. — 1.2-Dihydrochinoxaline: *1-Phenyl-2-hydroxy-2.3-bis-[pyridyl-(2)]-*, $C_{24}H_{18}N_4O$, F. 190° (A.), durch 1 Min. langes Kochen von α-Pyridil (III) u. II in AcOH, 24std. Stehen bei Raum-Temp. u. Verdünnen mit W.; gelbe Nadeln. — *1-Phenyl-2.3-bis-[4-methoxyphenyl]-*, $C_{28}H_{24}N_2O_2$, F. 157° (A.), durch 2tägiges Kochen von Anisoin u. II in A. u. konz. HCl u. Zugabe von verd. NaOH; grünlichgelbe Tafeln. — *1.2-Diphenyl-3-[4-dimethylaminophenyl]-*, $C_{28}H_{25}N_3$, F. 165° (A.), wie vorst. Verb. aus **VI** (s. unten) u. **II**; tiefgelbe Nadeln. *Perchlorat*, $C_{28}H_{26}ClN_3O_4$; hochrote Nadeln. — *1-Phenyl-2.3-bis-[pyridyl-(2)]-*, *Diperchlorat*, $C_{24}H_{20}Cl_2N_4O_8$, wie vorst. Verb. aus α-Pyridoin u. **II**, Alkalisieren mit NH_4OH u. Fällen aus HCl-Lsg. mit Perchlorat. *Hydroxid*, aus dem Perchlorat mit NH_3. — *2.3-Bis-[pyridyl-(2)]-chinoxalin*, $C_{18}H_{12}N_4$, F. 185°, aus o-Phenylendiamin u. III in Äthanol. — Benzoine: *4.4'-Bis-dimethylamino-*, $C_{18}H_{22}N_2O_2$, F. 150° (A.), durch 4std. Kochen von **IV** u. **V** in Ggw. von K in A. u. Zugabe von W.; Nadeln; 50%. — *4-Dimethylamino-* (**VI**), $C_{16}H_{17}NO_2$, F. 165° (A.), analog vorst. Verb. durch 24std. Kochen von **VII** in Ggw. von Na in A.; 50%. — Hydantoine: *5.5-Bis-[4-dimethylaminophenyl]-1.3-dimethyl-*, $C_{21}H_{26}N_4O_2$, F. 204° (A.), durch 24std. Kochen von **IV**, **V** u. konz. H_2SO_4 in AcOH. — *5.5-Bis-[4-dimethylaminophenyl]-*, $C_{19}H_{22}N_4O_2$, F. 288° (A.), durch 1tägiges Kochen von **IV**, Harnstoff u. 60%ig. KOH in A. u. Zugabe von wss. AcOH.

G. Rücker. B 139□

Untersuchungen der katalytischen Doppelstufe von Cystin mit oscillographischer Polarographie. Mutsuaki Shinagawa, Hideo Imai und Hiroyuki Nezu. (Bull. chem. Soc. Japan **34**, 445–49, März 1961; Hiroshima, Higashisendamachi, Univ., Fac. of Sci. and Minami Coll., Labor. of Anal. Chem.; engl.) — *Cystin* (I) zeigt eine

katalyt. Doppelstufe im NH_3-NH_4Cl-Puffer in Ggw. von Co(II)-Ionen, Gelatine (G) u. Methylcellulose (MC). Die Form der Doppelstufe ist der der Proteinstufe gleich. Untersucht wurde der Einfl. von Hg-Tropfwachstum u. „sweep"-Frequenz auf die oscillograph. Strom–Spannungs-Kurven. Ein Mechanismus für die Bldg. der Doppelstufe von I wird vorgeschlagen, dem ein Adsorptionsgleichgewicht zwischen G, MC u. einem Co(II)-I-Komplexanion an der Oberfläche der Hg-Tropfelektrode zugrunde liegt.
W. Untze. B 142 □

Polarographische Untersuchung einiger organischer Zwischenprodukte. E. Ss. Lewin und S. I. Fodiman. (Органические Полупродукты и Красители, Сборник Статей [Org. Zwischenprodukte Farbstoffe, Samml. Aufsätzen] **2,** 183—200, 1961; russ.) — Es wurden die Polarogramme von *5-[p-Nitrobenzolazo]-*, *5-[p-Aminobenzolazo]-2-hydroxybenzoesäure*, *Anthracen*, *Phenanthren*, *Anthrachinon*, *Phthalimid*, *Phthalsäureanhydrid* u. *Phthalodinitril* u. ihren Gemischen aufgenommen. Die techn. anfallenden unreinen Gemische können polarograph. bestimmt werden.
Helmut Schäfer. B 142 □

Polarographische Untersuchung der Interphasenaktivität einiger quartärer Ammoniumsalze vom Typ Bis-oniumacetylderivate des o-, m- und p-Phenylendiamins und Benzidins. X. Mămăligă und S. D. Gheorghe. (Rev. Chim. [Bucarest] **4,** 109—17, 1959; russ.) — Vgl. C. **1962,** 8567. — Es wurde die Interphasenaktivität nachst. Verbb. festgestellt: *N.N'-Bis-[trimethylammonioacetyl]-*, *N.N'-Bis-[triäthylammonioacetyl]-*, *N.N'-Bis-[N-methylpiperidinioacetyl]-*, *N.N'-Bis-[N-äthylpiperidinioacetyl]-* u. *N.N'-Bis-[pyridinioacetyl]-o-*, *-m-* u. *-p-phenylendiamin-* bzw. *-benzidindichlorid*. Die Interphasenaktivität wurde polarograph. in 0,002n KCl untersucht, wobei auf eine Konz. der Verbb. bezogen wurde, bei der das O_2-Maximum beim Polarographieren in Ggw. von Luft um 50% geschwächt wurde. Die Interphasenaktivität hängt von der Struktur u. bes. von dem gegenseitigen Abstand der beiden quart. N-Atome ab. Sie erhöht sich in der Reihe c- < m- < p-Phenylendiamin-Derivv. ≪ Benzidinderivate. Die pharmakolog. Unters. der N.N'-Bis-[pyridinioacetyl]-Derivv. zeigte, daß die pharmakodynam. Aktivität der Interphasenaktivität direkt umgekehrt proportional ist.
Helmut Schäfer. B 142

Einfluß der Adsorption auf das polarographische Verhalten organischer reduzierbarer Substanzen: Der Fall einer Selbstinhibierung der Entladungsreaktion. Étienne Laviron. (Bull. Soc. chim. France **1962,** 418—22, März; Dijon, Fac. des Sci., Labor. de Chim. Gén.; franz.) — Durch Aufnahme der Strom–Spannungs-Kurven, der Elektrocapillarkurven u. durch chronoamperometr. Messungen konnten Anomalien in den Polarogrammen einiger Pyridin-Derivv. geklärt werden: Im pH-Bereich 0—6 erscheint vor der Red.-Stufe des *3-Acetylpyridins* eine Vorstufe, in deren Potentialbereich eine Depression der Elektrocapillarkurve fällt u. die einer Red.-Hemmung infolge Adsorption des Red.-Prod. am Hg-Tropfen zugeschrieben wird. Eine Vorstufe wird auch bei der polarograph. Red. von *2.6-Diformylpyridin* beobachtet; dies entspricht jedoch der Adsorption eines Intermediär-Prod. der Red., die bei weiterer Potentialerhöhung bald aufgehoben wird. Die Polarogramme von *1.2-Bis-[pyridyl-(2)]-*, *1.2-Bis-[pyridyl-(4)]-*, *1-[Pyridyl-(2)]-2-[pyridyl-(4)]-*, *1-[Pyridyl-(3)]-2-[pyridyl-(4)]-* u. *1-[Pyridyl-(2)]-2-pyridyl-(3)]-äthylen* zeigten nach einem regulären Stufenanstieg einen scharfen Übergang in den Grenzstrom, der mit dem Potentialwert eines zweiten, niedrigeren Maximums der Elektrocapillarkurve zusammenfiel. Dieser Vorgang beruht auf einer Red.-Hemmung durch Adsorption des Depolarisators. E. Moisar. B 142 □

Die Polarographie der Alkaloide. W. D. Besugly. (Медицинская Промышленность СССР [Med. Ind. UdSSR] **11,** Nr. 9, 6—14, Sept. 1957; Charkow, Chem.-Pharmazeut. Forschungsinst. u. Werk für zahnärztl. Materialien; russ.) — Es wird das polarograph. Verh. von Alkaloiden u. Möglichkeiten zu ihrer Best. erörtert. Die Potentiale der Halbstufen u. katalyt. Stufen bei bestimmten pH-Werten werden für 42 Alkaloide tabellar. angegeben. — 53 Literaturangaben. Helmut Schäfer. B 142

Mikrocalorimetrische Untersuchung der Enolisationswärme von β-Diketonen. B. Jakuszewski und M. Łaźniewski. (Pure appl. Chem. **2,** 31—38, 1961; Łódź, Pologne, Univ., Labor. de Chim. Phys.; franz.) — Vgl. C. **1963,** 75. — Aus den mikrocalorimetr. Messungen beim Lösen von *Acetylessigsäure-* (I) u. *Benzoylessigsäureäthylester* (II) in Bzl. folgt ein exothermer Effekt, der nach einer kinet. Gleichung 1. Ordnung abnimmt. Dieser Effekt wird auf die Enolisationswärme zurückgeführt, die für I zu 1,6 kcal/Mol, für II zu 1,95 kcal/Mol angegeben wird. Beim Lösen von *Acetylaceton* (II) in Bzl. u. von I in Hexan tritt ein Wärmeeffekt auf, der nicht durch die Exponentialfunktion $g(t) = G(1 - e^{-kt})$, sondern durch $g(t) = g_1^0(1 - e^{-k_1t}) + g_2^0(1 - e^{-k_2t})$ dargestellt werden kann. Es wird angenommen, daß der gesamte Wärmeeffekt aus den beiden Prozessen Keton $\xrightarrow{k_1}$ Enol $\xrightarrow{k_2}$ chelatisierte Struktur resultiert. Hieraus wurden für I Q_{Enol} zu 2,42 bis 2,48 [kcal/Mol], Q_{Chelat} zu 1,10—1,28 u. für II Q_{Enol} zu 2,63—2,65, Q_{Chelat} zu 0,04—0,06 berechnet. Der Wärmeeffekt beim Lösen von I in A. nimmt exponentiell ab u. entspricht der unwahrscheinlichen Q_{Enol} = 16,9. Die Folgerung, daß die beiden oben genannten Prozesse mit etwa gleicher Geschw. ablaufen, wird dadurch bestätigt, daß in einem nicht-enolisierenden Lsgm. (87%ig. wss. A.) ein um 69 cal/Mol niedrigerer Wärmeeffekt beobachtet wird, aus dem sich Q_{Enol} = 2,03 u. Q_{Chelat} = 6,9 errechnet.

H. Schibilla. B 156□

Untersuchungen über Flammenzonen. 3. Mitt. Methoden zur Bestimmung der Zusammensetzungsprofile der Flammenfront. R. M. Fristrom, R. Prescott und C. Grunfelder. (Combust. and Flame **1**, 102—13, März 1957; Silver Spring, Md., Johns Hopkins Univ., Appl. Phys. Labor.; engl.) — 2. vgl. C. **1956, 11912.** — Vff. beschreiben eine Meth. zur Messung der Zus. der Flammenfront als Funktion der Lage derselben an *Propan*-Flammen. Aus den Ergebnissen lassen sich Rk.-Geschw., Rk.-Mechanismen u. Aktivierungsenergien berechnen. Wolfgang Krüger. B 157□

Deuteriumaustauschreaktionen mit substituierten Aromaten. 3. Mitt. Heterocyclen und polycyclische Kohlenwasserstoffe. J. L. Garnett und W. A. Sollich. (Austral. J. Chem. **15**, 56—64, Febr. 1962; Broadway, N.S.W., Univ. of New South Wales, Dep. of Phys. Chem.; engl.) — 2. vgl. Austral. J. Chem. **14**, [1961], **441**; vgl. auch C. **1959, 3761.** — Die durch Pt katalysierte H/D-Austausch-Rk. zwischen D_2O u. polycycl. KW-Stoffen u. Heterocyclen wurde (meist in Bzl.-Lsg.) bei 130° untersucht. Die Ergebnisse bestätigen für die katalyt. Chemisorption einen Ladungsübertragungsadsorptionsmechanismus ohne normale Valenzbindung (vgl. Matsen, Makrides u. Hackerman, C. **1950/54,** 7258 S). Wegen der zusätzlichen Wechselwrkg. zwischen Katalysator u. dem einsamen Elektronenpaar erfolgt der Austausch beim *Pyridin* langsamer als beim *Bzl.*; noch langsamer erfolgt er beim *Pyrrol* u. am langsamsten beim *Thiophen*, das mit seinem S-Atom als Katalysatorgift wirkt. Bei den einfacheren aromat. KW-Stoffen steigt die Fähigkeit, als Katalysatorgift zu wirken, mit zunehmendem Ionisationpotential der Verb. an. Die komplexeren polycycl. KW-Stoffe wirken weniger als Katalysatorengifte. Infolge Nebenrkk. verhalten sich *Anisol, Cyclohexan, Nitrobenzol, Cyclohexen* u. *Phenylcyanid* anomal. Außer den bereits genannten Verbb. wurden untersucht: *Trimesinsäure (Na-Salz), n-Octan, Diphenyläther, Phenol, Diphenyl, Naphthalin, Phenanthren, Anthracen, Chrysen, Pyren, Dibenzyl* u. *Stilben.* Das Verh. von n-C_8H_{18} legt nahe, daß die π-Komplex-Chemisorptionstheorie auch auf Moll., die nur σ-Elektronen enthalten, angewandt werden kann. U. Uhlich. B 176□

Freies-Elektron-Modell von Benzol. Gentaro Araki. (Progr. theoret. Physics [Kyoto] **16,** 212—21, Sept. 1956; Yosida, Kyoto, Kyoto Univ., Fac. of Engng.; engl.) — Vgl. C. **1962,** 5611. — Die niedrigeren angeregten Elektronenniveaus von *Bzl.* werden unter der Annahme berechnet, daß sich die π-Elektronen frei in einem Ring bewegen können, dessen Umfang dem des Bzl.-Mol entspricht. W. Schramm. B 182□

Röntgenstrukturuntersuchung von Indigo und Thioindigo. Je. A. Gribowa. (Органические Полупродукты и Красители, Сборник Статей [Org. Zwischenprodukte Farbstoffe, Samml. Aufsätzen] **2,** 209—14, 1961; russ.) — Durch Röntgenstrukturanalyse wurde die Verteilung der Elektronendichte in *Indigo* u. *Thioindigo* ermittelt. Die Atomabstände u. Valenzwinkel wurden berechnet. Bei Indigo liegen sehr starke, intermol. H-Bindungen zwischen Imino- u. Carbonylgruppe vor, was die relativ hohe Schmelz-Temp., tiefere Farbe u. geringere Rk.-Fähigkeit sowie Löslichkeit im Vgl. mit Thioindigo oder N.N'-Dibenzoylindigo erklärt. Helmut Schäfer. B 182

Theoretische Berechnungen an Aminochinolinen und Aminoisochinolinen. Molina Dasgupta und Sadhan Basu. (J. Chim. physique Physico-Chim. biol. **58,** 186—89, Febr. 1961; Calcutta, Univ. Coll. of Sci. and Technol., Dep. of Chem.; franz.) — Vff. berechneten die elektr. Ladungen u. die Basizität von *2-, 3-, 4-, 5-* (I), *6-, 7-, 8-Aminochinolin* u. *1-* (II), *3-* (III), *4-, 5-, 6-, 7-, 8-Aminoisochinolin* sowie an den gleichen Verbb. mit Ausnahme von III nach Coulson u. Longuet-Higgins (Proc. Roy. Soc. [London], Ser. A **191,** [1947], 3) die Kraft-Konst. für die extracycl. C—N-Bindung. Mit Ausnahme von I u. II werden ferner die Kraft-Konst. der NH-Bindung u. die elektr. Ladung an den N-Atomen sowie mit Ausnahme von II u. III die Längen u. die Indices der CN-Bindung berechnet. Es werden außerdem unter Verw. von Kraft-Konst. aus der Literatur die Länge der CN-Bindung folgender Verbb. berechnet: *Dicyanacetylen, Chlor-* u. *Bromcyan, HCN, HOCN, Oxamid, Dicyandiamid, Harnstoff, Cyanursäure, Glycin, Alanin, Methylisocyanid, Methylamin* u. *Äthylamin.* Die numer. Ergebnisse sind tabellar. wiedergegeben. Die pK-Werte werden weder durch die Ladung am cycl. N noch durch die bei der Protonierung resultierende Änderung der Resonanzenergie bestimmt. Die Kraft-Konst. der NH-Bindung wird eher durch die Ladung am cycl. N als durch die am Amino-N bestimmt. Die theoret. Beziehung zwischen Bindungsindex u. -länge wird durch die Kurve von Cox u. Jeffrey (vgl. Proc. Roy. Soc. [London], Ser. A **207,** [1951], 110) gut wiedergegeben. C. Gottfried. B 182

Der Enolgehalt von γ-Fluor-β-ketoestern durch protonenmagnetische Resonanz. Robert Filler und Saiyid M. Naqvi. (J. org. Chemistry **26,** 2571–73, Juli 1961; Chicago, Ill., Illinois Inst. of Technol., Dep. of Chem.; engl.) — Es wurde der Enolanteil folgender Verbb. mit Hilfe der kernmagnet. Resonanzspektroskopie bestimmt (in % der reinen Fl.): *Acetessigsäureäthylester* 6,0; *4-Fluor-* 7,2 ± 0,2; *4.4-Difluor-* 53 ± 4 u. *4.4.4-Trifluoracetessigsäureäthylester* 89. H. G. Henkel. B 221 □

Untersuchungen über intermolekulare Bindungen durch Infrarotabsorptionsspektren. 1. Mitt. **Wasserstoffbindungskräfte von Antipyrin und Aminopyrin.** Naofumi Ōi, Kazuko Kageyama und Keiichiro Miyazaki. (Pharmac. Bull. [Tokyo] **5,** 141–45, April 1957; Kasugade-cho, Konohana-ku, Osaka, Sumitomo Chem. Co., Osaka Works, Res. Dep.; engl.) — Die IR-Spektren im Bereich 3000–4000 u. 1500–2000 cm^{-1} der tern. Gemische von *Phenol* (I), *Thymol, Naphthol-(1)* (als Protonendonatoren) mit *Antipyrin* (**II**) bzw. *Aminopyrin* (**III**) in CCl_4 wurden bei 20 u. 50° bei verschiedenen Konzz. gemessen u. mit den Messungen der Absorption der Verbb. in CCl_4 (bin. Lsg.) u. der Syst. von **I** mit Dioxan (**IV**), Ae. u. Pyridin (**V**) in CCl_4 verglichen. Die H-Bindungskräfte von **II** u. **III** mit Protonendonatoren sind ziemlich stark u. entsprechen denen von Ae., **IV** u. **V**. Für die H-Bindungsenergie ΔE zwischen **I** u. **II** wird nach Tsuboi (C. **1950/54,** 5232 S) ein Wert von –4 Kcal/Mol berechnet. W. Schramm. B 223 □

Untersuchungen über intermolekulare Bindungen durch Infrarotabsorptionsspektren. 2. Mitt. **Wasserstoffbindungskräfte von Santonin.** Naofumi Ōi, Kazuko Kageyama und Keiichiro Miyazaki. (Pharmac. Bull. [Tokyo] **5,** 145–48, April 1957; engl.) — 1. vgl. vorst. Referat. — Analog l. c. wird die IR-Absorption von tern. Gemischen von *Santonin* (I) mit *Phenol, Thymol* (II) u. *Naphthol-(1)* in CCl_4 u. der bin. Lsgg. der Verbb. in CCl_4 gemessen. Hier ergibt sich ein ΔE-Wert für die H-Bindungsenergie zwischen **I** u. **II** von –3 Kcal/Mol. W. Schramm. B 223 □

Die Darstellung des 4-Nitropyridins und seine Molekülverbindungen mit Phenolen. Fritz Kröhnke und Hermann Schäfer. (Chem. Ber. **95,** 1098–1103, Mai 1962; Gießen, Univ., Chem. Inst.; dt.) — Pyridin (I) wird in Eisessig mit Perhydrol in *Pyridin-N-oxid* (**II**) übergeführt, aus dem in Nitriersäure *4-Nitropyridin* (**III**) entsteht. In ähnlicher Weise werden aus den entsprechenden N-Oxiden *3-Methyl-4-nitro-* u. (Red. der N-Oxidgruppe durch NO) *3-Brom-4-nitropyridin* u. *4-Nitrochinolin* dargestellt. **II, III** u. *3-Methyl-4-nitropyridin-N-oxid* (**VI**) bilden in konz. Lsg. von Acetonitril (**V**) mit β-Naphthol (**VII**), Brenzcatechin (**VIII**), Resorcin (**IX**), Hydrochinon (**X**), Pyrogallol (**XI**) u. 2.7-Dihydroxynaphthalin (**XII**) kristalline Acceptor–Donator-Mol.-Verbb.; die Mol.-Verhältnisse betragen 1 : 2, 2 : 1, überwiegend jedoch 1 : 1. 4-Nitropyridin-N-oxide u. **III** geben mit Anilin, Dimethylanilin, o- u. p-Phenylendiamin, Tetramethyl-p-phenylendiamin u. α-Naphthylamin tiefrot gefärbte Lösungen. **III** wirkt stark hautreizend.

Versuche: *Pyridin* (I), a) durch 3std. Red. von **II** mit Zn-Staub in NaOH auf dem Wasserbad; nach Wasserdampf-Dest. Fällung als *Pikrat*; 60% (Ausbeute); b) in Lsg. von **II** in konz. H_2SO_4 bei 180–190° 7 Std. NO einleiten, Ausbeute an Pikrat 29%. — *α-, β-, γ-Picolin,* analog vorst. Verb. aus den entsprechenden N-Oxiden; 70, 64 bzw. 67%. — *4-Nitropyridin* (**III**), F. 50° (PAe.) 50–70°), a) zu 4-Nitropyridin-N-oxid (**IV**) in Chlf. unter Eiskühlung die 6mol. Menge PCl_3 geben, 1 Std. am Rückfluß kochen; 71%; b) **IV** in konz. H_2SO_4 mit Nitrosylschwefelsäure erhitzen, nach Auftreten sehr starker NO_2-Entw. bei 170° Temp. langsam auf 200° steigern u. bis zum Aufhören der Gas-Entw. konst. halten; 93%; c) in 100° heiße Lsg. von **IV** in konz. H_2SO_4 raschen NO-Strom einleiten, Temp. langsam auf 200° steigern u. 20 Min. bei dieser Temp. belassen; 91,5%; d) Lsg. von **IV** in konz. H_2SO_4 mit konz. HNO_3 (D. = 1,52) versetzen u. auf dem Ölbad erhitzen; nach Auftreten starker NO_2-Entw. langsam auf 240° steigern u. 20 Min. konst. halten; 90%; d) **II** in konz. H_2SO_4 mit Mischung von konz. H_2SO_4/konz. HNO_3 (D. = 1,52) rasch auf 165° erwärmen (heftige Rk. unter NO_2-Entw. bei 130°); nach weiterer Temp.-Steigerung bei 200° Innen-Temp. erneute Gas-Entw. bei Temp.-Anstieg ohne Außenheizung auf 240°, Gesamt-Rk.-Dauer 2 Std.; 56,5%; e) **I** in Eisessig 24 Std. mit Perhydrol auf dem Wasserbad erhitzen, Rückstand nach dem Abdestillieren der Essigsäure mit konz. H_2SO_4/konz. HNO_3 2½ Std. bei 130° erhitzen u. in die heiße Lsg. NO einleiten u. die Temp. auf 200° steigern; 71%. *Mol.-Verbb.* (alle aus **V**) **III** + **VIII**, F. 94–96° (Zers.), dunkelgelbe Prismen; + **IX**, F. 103–105° (Zers.), grünlichgelbe Nadeln; + **X**,

F. 121° (Zers.), orangefarbene Prismen; + **XI**, F. 112° (Zers.), kurze gelbe Prismen; + **VII**, $C_5H_4N_2O_2 \cdot C_{10}H_8O$, F. 93–95° (Bzl.), hellgelbe derbe Nadeln; + **XII**, F. 114 bis 116°, orangegelbe Nadeln. — *4-Nitropyridin-N-oxid* (**IV**), Mol.-Verbb., **IV** + **VIII**, $C_5H_4N_2O_3 \cdot C_6H_6O_2$, F. 112–113° (Bzl.), goldgelbe flache Prismen u. Nadeln; + **IX**, $2\,C_5H_4N_2O_3 \cdot C_6H_6O_2$, F. 111–112°, orangefarbene prismat. Nadeln; + **X**, $2\,C_5H_4N_2O_3 \cdot C_6H_6O_2$, F. 130–131° (Bzl.), leuchtend gelbrote prismat. Nadeln; + **XI**, $C_5H_4N_2O_3 \cdot C_6H_6O_3$, F. 128–129° (Bzl.), dichromatfarbene prismat. Nadeln; + **VII**, $C_5H_4N_2O_3 \cdot C_{10}H_8O$, F. 134–135° (Bzl.), gelbrote gerade flache Prismen; + **XII**, $C_5H_4N_2O_3 \cdot C_{10}H_8O_2$, F. 165–166° (Bzl.), ziegelrote feine Nadeln. — *3-Methyl-4-nitropyridin*, F. 28°, in Lsg. von **VI** in konz. H_2SO_4 bei 100° NO einleiten u. Temp. unter weiterem Einleiten langsam auf 200° steigern; 81%. *N-Oxid* (**VI**), *Mol.-Verbb.*, **VI** + **VIII**, $C_6H_6N_2O_3 \cdot C_6H_6O_2$, F. 105–107° (Bzl.), goldgelbe Tafeln; + **IX**, $C_6H_6N_2O_3 \cdot C_6H_6O_2$, F. 100–101° (Bzl.), gelbe schmale Prismen; + **X**, $C_6H_6N_2O_3 \cdot C_6H_6O_2$, F. 122–124° (Bzl.), alizarinrote schmale Prismen; + **XI**, $C_6H_6N_2O_3 \cdot C_6H_6O_3$, F. 122–123° (Bzl.), orangegelbe feine Nadeln; + **VII**, $C_6H_6N_2O_3 \cdot C_{10}H_8O$, F. 112–114° (Bzl.), tiefgelbe prismat. Nadeln; + **XII**, $C_6H_6N_2O_3 \cdot 2\,C_{10}H_8O_2$, F. 153–155° (Bzl.), tiefgelbe flache Prismen. — *3-Brom-4-nitropyridin*, $C_5H_3BrN_2O_2$, F. 51–52° (PAe.), bei 100° in eine Lsg. von 3-Brom-4-nitropyridin-N-oxid in konz. H_2SO_4 NO einleiten u. die Temp. 1 Std. bei 150° halten (bei höherer Temp. Zers.). — *4-Nitrochinolin*, F. 86–87° (PAe.), durch Einleiten von NO bei 100–150° in eine Lsg. von 4-Nitrochinolin-N-oxid in konz. H_2SO_4 (tiefrote Färbung); goldgelbe Nadeln; 71%. U. Uhlich. B 223□

Einfluß struktureller Änderungen der Reaktanten auf die Struktur des Übergangszustands. C. Gardner Swain und Edward R. Thornion. (J. Amer. chem. Soc. **84**, 817–22, 5/3. 1962; Cambridge, Mass.,, MIT Dep. of Chem.; engl.) — Vff. entwickeln auf Grund einer Modellvorstellung die Regel, daß elektronenliefernde Substituenten die nächstgelegenen sich bildenden oder sich spaltenden Bindungen im Übergangszustand verlängern, auf entferntere Bindungen jedoch einen alternierenden Einfl. haben. Die Regel wird an Hand einiger Beispiele (Rkk. von Alkylhalogeniden u. Sulfoniumsalzen, Enolisierung u. Oxydation von Ketonen mit Br_2) bestätigt. J. Winkler. B 225□

Isotopeneffekte des Ausgangs- und Übergangszustands von Methylhalogeniden in leichtem und schwerem Wasser. C. Gardner Swain und Edward R. Thornion. (J. Amer. chem. Soc. **84**, 822–26, 5/3. 1962; engl.) — Vgl. vorst. Referat. — Die fast gleichen Löslichkeiten der Methylhalogenide in W. u. D_2O beweisen einen geringen Isotopeneffekt auf den Grundzustand. Die thermodynam. Daten für die Rk. CH_3X (Gas, 1 at) $\rightleftharpoons$ CH_3X (Lsg., 1 m) betragen für CH_3F in W.: ΔH (29,4–40,3°) -4143 ± 116 (cal/Mol), ΔS (29,43°) $-19{,}52 \pm 0{,}40$ (cal/Grad·Mol), in D_2O: -3654 ± 126, $-17{,}87 \pm 0{,}43$; CH_3Cl in W.: -5212 ± 51, $-21{,}93 \pm 0{,}18$, in D_2O: -5072 ± 163, $-21{,}54 \pm 0{,}56$; CH_3Br in W.: -5175 ± 161, $-21{,}04 \pm 0{,}55$; in D_2O: -5099 ± 126, $-20{,}92 \pm 0{,}43$; CH_3J in W.: -5916 ± 80, $-23{,}25 \pm 0{,}27$, in D_2O: -5547 ± 179, $-22{,}22 \pm 0{,}61$. Da die Isotopeneffekte auf den Ausgangszustand sehr klein sind, stimmen die berechneten Isotopeneffekte für den Übergangszustand der Hydrolyse mit den beobachteten kinet. Isotopeneffekten der Halogenide überein. J. Winkler. B 225□

Reaktionen von Diacylperoxid mit Olefinen. Nachweis einer direkten Reaktion. Frederick D. Greene, Waldemar Adam und James E. Cantrill. (J. Amer. chem. Soc. **83**, 3461–68, 20/8. 1961; Cambridge, Mass., MIT, Dep. of Chem.; engl.) — *m.m'-Dibromdibenzoylperoxid* (I) u. *p.p'-Dimethoxy-trans-stilben* (trans-**II**) reagieren in benzol. Lsg. bei 45° unter Bldg. von meso- bzw. dl-Dihydro-p-anisoin-bis-m-brombenzoat sowie wenig m-Brombenzoesäure. Eine analoge Rk. verläuft auch zwischen I u. *cis*-II oder *trans-p-Methoxystilben* (**IV**), nur langsamer, sowie zwischen *p.p'-Dinitrodibenzoylperoxid* u. trans- bzw. cis-II zu den entsprechenden Bis-brom- bzw. -nitrobenzoaten. Diese Diester wurden auch aus den Diolen u. den Säuren synthetisiert. Die Rk. ist 1. Ordnung in bezug auf beide Reaktanten. In Ggw. des freien Radikals Galvinoxyl (4-[3.5-Di-tert.-butyl-4-ketocyclohexadienylidenmethyl]-2.6-di-tert.-butylphenoxyl, **III**, vgl. Coppinger, C. **1957**, 13935) ist die Rk.-Geschw. um 25% verringert. Es wurde die Wirksamkeit von **III** als Radikalfänger nachgewiesen u. gezeigt, daß es nicht mit cis- u. trans-**II**, **IV** oder den verwendeten Peroxiden reagiert. Vff. schließen aus diesen Ergebnissen, daß die Rk. hauptsächlich direkt zwischen Peroxid u. Olefin erfolgt, der eine Radikalketten-Rk. kurzer Kettenlänge überlagert ist. Aus der Zunahme des Verbrauchs von **III** in Ggw. von Peroxid u. Olefin folgt, daß bei der direkten Rk. von Peroxid mit Olefin ca. 10% abfangbare Radikale gebildet werden. Die Wrkg. von Substituenten u. Lsgm. auf die Rk-Geschw. zeigen einen schwachen Einfl. ion. Faktoren.

Versuche: *meso-Dihydroanisoin* (meso-**V**), F. 168—170° [CH_2Cl_2/Pentan (P)]; aus Anisil (F. 131—132°, nach Staudinger [1912]) durch Red. mit $LiAlH_4$ in Tetrahydrofuran bei —40°; 41% (Ausbeute). — *Anisaldehydcyanhydrin*, F. 65—68°, nach Levine u. Mitarbeitern, C. **1949,** I. 1242; 98%. — *p-Methoxyphenylessigsäure*, F. 84 bis 85°, nach Levin (l. c.); 34%. — *cis-α-[p-Methoxyphenyl]-p-methoxyzimtsäure*, $C_{17}H_{16}O_4$, F. 217—218° (W./CH_3OH), aus vorst. Verb. u. Anisaldehyd in Acetanhydrid/Triäthylamin (1:1 Vol.) durch ca. 1½std. Kochen; 59%. — *p.p'-Dimethoxy-cis-stilben* (cis-**II**), F. 35,5—36° (P), aus vorst. Verb. durch 15 Min. langes Erwärmen auf 220—233° in Chinolin mit Cu-Chromitkatalysator; 43,8%. Daneben trans-**II**, F. 209—211°; 4,7%. — *meso-Dihydroanisoin-bis-m-brombenzoat*, $C_{30}H_{24}Br_2O_6$, F. 155—156° (CH_2Cl_2/P), a) aus meso-**V**, m-Brombenzoesäure (**VI**) u. p-Toluolsulfonylchlorid in Pyridin unter Kühlung u. Aufbewahrung bei 10° über Nacht; 78%; b) aus **I** u. cis-**II** in äquivalenten Mengen durch 24std. Rk. in Bzl. bei 80°; 24,6%. Daneben durch Auswaschen der benzol. Lsg. mit $NaHCO_3$-Lsg. **VI**; 5,5%. Ferner durch Red. der äther. Mutterlauge der Umkristallisation des Rk.-Rohprod. mit $LiAlH_4$ meso-**V**; 3,7 Mol-% sowie dl-**V**; 56%. — *p.p'-Dimethoxy-trans-stilben* (trans-**II**), F. 210—211°, aus Anisalazin nach Zimmerman u. Somasekhara (C. **1961,** 18275). — *dl-Dihydroanisoin* (dl-**V**), $C_{14}H_{18}O_4$, F. 122—123° (Ae./P), aus trans-**II** in Pyridin durch Oxydation mit OsO_4 unter 1 std. Rühren; 65,3% (rein) + 12,17 (unrein). — *dl-Dihydroanisoin-bis-m-brombenzoat*, $C_{30}H_{24}Br_2O_6$, F. 101,5 bis 103,5° (A.), a) aus dl-**V** analog der meso-Form bei 48 Std. langer Rk.-Zeit; 60%; b) aus **I** u. trans-**II** analog der meso-Verb.; 13,2%. Daneben die meso-Verb.; 24,9%. Isoliert wurde ferner **VI**; 7%. — *dl-Dihydroanisoinmono-p-nitrobenzoat*, $C_{23}H_{21}NO_7$, F. 155,5—156° (CH_2Cl_2/P), analog bei 3 Std. langer Rk.-Zeit; 35,5%. — *dl-Dihydroanisoin-bis-p-nitrobenzoat*, $C_{30}H_{24}N_2O_{10}$, F. 93—101° (Chlf./PAe.), nach Wiedererstarren F. 163—164° (A.-PAe.), analog bei 12 Std. langer Rk.-Zeit; 92,5%. — *meso-Dihydroanisoin-bis-p-nitrobenzoat*, $C_{30}H_{24}N_2O_{10}$, F. 189—190° (CH_2Cl_2/P), analog aus meso-**V** bei 3 Std. langer Rk.-Zeit; 63,3%. Gerhard Schulz. B 225□

Über den Mechanismus der Stevens-Umlagerung. E. F. Jenny und J. Druey. (Angew. Chem. **74,** 152—53, 21/2. 1962; Basel, Forsch.-Labor. der Ciba AG., Pharmazeut. Abt.; dt.) — Vff. untersuchen den Rk.-Mechanismus der Stevens-Umlagerung von *Allylbenzyldimethyl-* u. *opt. akt. 1-Phenyläthylallyldimethylammoniumbromid* [**I**; aus (—)-1-Phenäthyldimethylamin u. Allylbromid] in Bzl. bei 80° u. in fl. NH_3 bei —33° in Ggw. von $NaNH_2$. Dabei erleidet der Benzyl- u. der Phenyläthylrest neben der 1.2- noch eine 1.4-Verschiebung. Das bei der 1.4-Verschiebung gebildete 4-Phenylpenten-(1)-yldimethylamin wird zum 4-Phenylpentanal hydrolysiert u. dieser mit $NaBH_4$ zum 4-Phenylpentanol (**II**) reduziert. Das bei der 1.2-Verschiebung entstandene 4-Phenylpenten-(1)-yl-(3)-dimethylamin (**III**) wird nach **III** $\xrightarrow{CH_3J}$ **III**-Methojodid $\xrightarrow{Ag\text{-}Acetat}$ **III**-Methoacetat $\xrightarrow{\Delta 150^0}$ Gemisch aus 4-Phenylpentadien-(1.3) u. 4-Phenylpenten-(3)-ylacetat $\xrightarrow{H_2}$ 4-Phenylpentan u. 4-Phenylpentylacetat abgebaut. Bei **I** verlaufen die Verschiebungen unter Erhaltung der Konfiguration, u. zwar für die 1.2- mit mindestens 90%, für die 1.4-Verschiebung mit 82 ± 10% in Bzl. u. 72 ± 10% in NH_3. Vff. lehnen daher einen S_{Ni}-Mechanismus für die Umlagerung ab u. vermuten, daß der Benzylrest mit seinem Bindungselektronenpaar wandert. J. Weiner. B 225□

Die Oxydation tertiärer aliphatischer Amine in der Gasphase. 3. Mitt. **N-Methyldiäthylamin und N-Äthyldimethylamin.** C. F. Cullis und D. J. Waddington. (Proc. Roy. Soc. [London], Ser. A **248,** 136—43, 28/10. 1958; London, Imp. Coll., Dep. of Chem.; engl.) — 2. vgl. C. **1961,** 8244; 1. vgl. C. **1962,** 11862. — In der Anfangsphase entstehen bei der langsamen Verbrennung von *N-Methyldiäthylamin* (**I**) neben Form- (**II**) u. Acetaldehyd (**III**) die sek. Amine Diäthyl- u. Äthylmethylamin. Mit fortschreitender Rk.-Dauer wird diese Rk. durch die sek. Amine gehemmt u. die hauptsächlich **III** u. Methylamin bildende Konkurrenz-Rk. gefördert. Beim *N-Äthyldimethylamin* (**IV**) wird dagegen neben **II** u. **III** nur sek. Amin gebildet. Das unterschiedliche Verh. von **I** u. **IV** wird mit der Bldg. von Peroxidradikalen erklärt, wobei aus ster. Gründen nur solche, die aus tert. Aminen mit 2 Äthylgruppen entstanden sind, zur Bldg. von Monoalkylaminen befähigt sind. Überraschenderweise zeigt **I** ähnliche Rkk. wie Triäthylamin, während die von **IV** denen von Trimethylamin ähneln. Der kinet. Verlauf der Rkk. wird graph. dargestellt. U. Uhlich. B 225□

Oxydationsgeschwindigkeit von Monoaminomonocarbonsäuren unter verschiedenen Bedingungen. O. G. Pokrowskaja. (Известия Сибирского Отделения Академии Наук СССР [Nachr. sibir. Abt. Akad. Wiss. UdSSR] **1959,** Nr. 8, 50—57; Nowosibirsk, Med. Inst.; russ.) — Es wurde die Kinetik der Oxydation von *Glykokoll, α-* u. *β-Alanin, Valin, Norleucin, Leucin* u. *Betainhydrochlorid* mit $KMnO_4$ u. H_2O_2 in W. bei verschiedenen pH-Werten untersucht. Die Oxydations-Geschw. hängt vom pH-Wert ab. Die Aminosäuren werden durch $KMnO_4$ im alkal. Medium leicht oxydiert, langsamer bei pH-Werten, die in der Nähe des isoelektr. Punktes liegen, u. noch langsamer im sauren Medium. Durch $KMnO_4$ wird α-Alanin schneller als β-Alanin oxydiert, durch H_2O_2 werden beide mit etwa gleicher Geschw. oxydiert. In saurer Lsg. u. bei pH-Werten in der Nähe des isoelektr. Punktes werden die Aminosäuren mit gerader Anzahl der C-Atome schneller oxydiert als die mit ungerader Anzahl, in alkal. Lsg. wird α-Alanin leichter als Glycin oder Norleucin oxydiert. In saurer Lsg. wird die Oxydation durch Mn^{2+} katalysiert. Bei der Verw. von 0,03m H_2O_2 werden die Aminosäuren nur in alkal. Lsg. mit meßbarer Geschw. oxydiert. Helmut Schäfer. B 225

Anodische Substitutionsreaktionen. A. P. Tomilow. (Успехи Химии [Fortschr. Chem.] **30**, 1462—89, Dez. 1961; russ.) — Allg. Überblick über Mechanismus u. Anwendungsbereich anod. Substitutions-Rkk. u. erforderliche apparative Ausrüstung. — 203 Literaturangaben. G. Froelich. B 225□

Nucleophile Substitutionsreaktionen der Polyhalogencyclopentadiene und -cyclopentene. 1. Mitt. E. T. McBee, D. L. Crain, R. D. Crain, L. R. Belohlav und H. P. Braendlin. (J. Amer. chem. Soc. **84**, 3557—61, 20/9. 1962; Lafayette, Ind., Purdue Univ., Dep. of Chem.; engl.) — Es wurde die Rk. von *Hexachlorcyclopentadien* (**I**) mit methanol. $NaOCH_3$ untersucht. Die bimol. Rk. ist 1. Ordnung sowohl in bezug auf **I** als auch auf die Base (k = 3,51·10_4 Liter/Mol·s bei 17,0°) u. führt ausschließlich zur Bldg. von 1.2.3.4-Tetrachlor-5.5-dimethoxycyclopentadien (**II**), während das Monomethoxy-Deriv. nicht erhalten wurde. Weiter-Rk. von **II** mit der Base gibt 1.2.3-Trichlor-4.5.5-trimethoxycyclopentadien (**III**), das, nach Isolierung u. fortgesetzter Einw. von $KOCH_3$, in zwei gleichzeitigen Rkk. 1.2.5-Trichlor-3.3.4.4-tetramethoxycyclopenten (**IV**) sowie wahrscheinlich 1.4.5.5-Tetramethoxy-2.3-dichlorcyclopentadien liefert. — *Oktachlorcyclopenten* (**V**) reagiert mit methanol. Basen zu 1.2.4.4.5.5-Hexachlor-3.3-dimethoxycyclopenten (**VI**). Dieses wird nicht weiter substituiert, während das isomere *1.2.3.3.5.5-Hexachlor-4.4-dimethoxycyclopenten* (**VII**) 1.2.4.4-Tetrachlor-3.3.5.5-tetramethoxycyclopenten (**X**) liefert. Aus der Rk. von *1-Methoxy-2-chlor-3.3.4.4.5.5-hexafluorcyclopenten* (**VIII**) mit Basen wird hauptsächlich 1.3.3-Trimethoxy-2-chlor-4.4.5.5-tetrafluorcyclopenten u. ein Dimethoxy-Deriv. erhalten, bei dem es sich wahrscheinlich um 1.4.4.5.5-Pentafluor-2-chlor-3.3-dimethoxycyclopenten handelt. Die Mechanismen der vorst. Substitutions-Rkk. werden diskutiert.

Versuche: Cyclopentadiene: *1.2.3.4-Tetrachlor-5.5-dimethoxy-* (**II**), $C_7H_6Cl_4O_2$, F. 27—28° (CH_3OH bei −6°), $Kp._2$ 82—83°, aus **I** durch Rk. mit KOH in CH_3OH bei Rückfluß-Temp.; n_D^{20} 1,5250; 62% (Ausbeute). — *1.2.3-Trichlor-4.5.5-trimethoxy-* (**III**), $C_8H_9Cl_3O_3$, $Kp._{2,5}$ 102—103°, aus **II** durch weitere Rk. mit KOH/CH_3OH; n_D^{20} 1,5170; 79%. *Maleinsäureanhydridaddukt* {*1.7.7-Trimethoxy-4.5.6-trichlorbicyclo-[2.2.1]-hepten-(5)-dicarbonsäure-(2.3)-anhydrid*}, $C_{12}H_{11}Cl_3O_6$, F. 163—165° (PAe./Bzl.), aus **III** durch Kochen mit Maleinsäureanhydrid in Bzl.; 95%. *Addukt mit Styrol*, $C_{16}H_{17}Cl_3O_3$, F. 139 bis 140° (Bzl./CH_3OH), aus **III** u. Styrol durch Kochen in Bzl.; 83%. — Cyclopentene: *1.2.5-Trichlor-3.3.4.4-tetramethoxy-* (**IV**), $C_9H_{13}Cl_3O_4$, F. 60—61° [Pentan (P)], aus **III** mit CH_3OK in wasserfreiem CH_3OH bei Rückfluß-Temp.; 20%. Daneben *1.4.5.5-Tetramethoxy-2.3-dichlorcyclopentadien*, $C_9H_{12}Cl_2O_4$, F. 54—55° (P); 5,6%. — *1.2.4.4.5.5-Hexachlor-3.3-dimethoxy-* (**VI**), $C_7H_6Cl_6O_2$, F. 41—42° (CH_3OH), aus **V** analog **II**; 78%. — *1.2.3.3.5.5-Hexachlor-4.4-dimethoxy-* (**VII**), $C_7H_6Cl_6O_2$, F. 68,5—69° (CH_3OH), aus **II** durch Chlorierung mit $FeCl_3/Cl_2$ bei 0—5°; 65%. Daneben **VI**, $Kp._1$ 107—109°; n_D^{20} 1,5445; 24%. — *1.2.3.3.5.5-Hexachlor-4.4-bis-[chlormethoxy]-* (**IX**), $C_7H_4Cl_8O_2$, F. 57,5 bis 58,5° (CH_3OH), aus **II** mit Cl_2 in CCl_4 bei UV-Bestrahlung; 7%. — *1.2.4.4-Tetrachlor-3.3.5.5-tetramethoxy-* (**X**), $C_9H_{12}Cl_4O_4$, F. 108—109° [Hexan (H)], aus **VII** mit CH_3ONa in wasserfreiem CH_3OH unter strengen Wasserausschluß; 64%. — *1.4.4.5.5-Pentafluor-2-chlor-3.3-dimethoxy-*, $C_7H_6ClF_5O_2$, $Kp._{17}$ 51—53°, aus 100 g **VIII** (Darst. nach Henne u. Latif, C. **1950/54**, 8353 S) mit KOH in CH_3OH; 6,0 g Gemisch (mit 90%). — *1.3.3-Trimethoxy-2-chlor-4.4.5.5-tetrafluor-*, $Kp._{17}$ 97—98,5°, aus vorst. Verb. mit KOH in CH_3OH bei Rückfluß-Temp.; n_D^{20} 1,4224; 93%. — *3.4.5-Trichlorcyclopenten-(3)-dion-(1.2)*, F. 58—59° (CH_2Cl_2/P), aus **IV** durch Erwärmen mit konz. H_2SO_4 auf ca. 100°. — *2.3.4.4.5.5-Hexachlorcyclopenten-(2)-on*, F. 27—28° (P), aus **VI** durch Einw. konz. H_2SO_4 bei 45°; 94%. — *2.2.3.4.5.5-Hexachlorcyclopenten-(3)-on*, F. 87,5 bis 88,5° (H), a) aus **VII** durch Einw. konz. H_2SO_4 bei 70°; 37%; b) aus **IX** analog. — *2.3.5.5-Tetrachlorcyclopenten-(2)-dion-(1.4)*, F. 65—66° (H), aus **X** mit konz. H_2SO_4 bei ca. 100°; 84%. Ch. Zechel. B 225□

Ionische Reaktionen in der Spiranreihe. 1. Mitt. **Der Einfluß der Größe des angrenzenden Ringes auf die Acetolyse von Tosylaten des Neopentyltyps der Spiranreihe.** A. Paul Krapcho und Merrill Benson. (J. Amer. chem. Soc. **84**, 1036—40, 20/3.

1962; Burlington, Vt., Univ. of Vermont, Dep. of Chem.; engl.) — Vff. bestimmen die Rk.-Geschw.-Konst. k_1 u. die Aktivierungsparameter $\Delta H^{\ddagger}$ u. $\Delta S^{\ddagger}$ der Acetolyse für die Verbb. *Spiro-[3.4]-octyl-(5)-* (I; $k_1 = 1{,}24 \pm 0{,}04 \cdot 10^{-3}\,s^{-1}$ bei $16{,}00 \pm 0{,}02$; $\Delta H^{\ddagger} =$ 21,1 kcal/Mol; $\Delta S^{\ddagger} = +1{,}2$ cal/Grad·Mol; $k^{25°}_{relativ}$ 4440), *Spiro-[4.4]-nonyl-(1)-* (II; $9{,}59 \pm 0{,}13 \cdot 10^{-5}$ bei $20{,}00 \pm 0{,}02°$; 21,4; −3,9; 172), *Spiro-[4.5]-decyl-(1)-* (III; $1{,}86 \pm 0{,}03 \cdot 10^{-5}$ bei $40{,}00 \pm 0{,}02°$; 24,9; −0,6; 2,7) u. *2.2-Dimethylcyclopentyltosylat* (IV; $2{,}83 \pm 0{,}02 \cdot 10^{-5}$ bei $50{,}00 \pm 0{,}03°$; 26,0; +0,5; 1,0) in wasserfreier Essigsäure in Ggw. von Na-Acetat. Die Rk.-Geschw. ist von der Größe des benachbarten Ringes abhängig. Als Rk.-Prodd. entstehen bei der Acetolyse umgelagerte Olefine, aus I Bicyclo-[3.3.0]-$\Delta^{1,5}$-octen u. in geringer Menge Bicyclo-[3.3.0]-octen-(1), aus II Bicyclo-[4.3.0]-$\Delta^{1,6}$-nonen, aus III *Bicyclo-[5.3.0]-$\Delta^{1,7}$-decen*, die durch IR-Spektren identifiziert werden. Die Ergebnisse werden diskutiert. Es wird eine Umlagerung vom Wagner-Meerwein-Typ angenommen.

Versuche: *Spiro-[3.4]-octanol-(5)*, $Kp._{750}$ 139—140°, durch Red. von Spiro-[3.4]-octanon-(5) ($Kp._7$ 56—58°, durch Pinakolinumlagerung von 1.1'-Dihydroxybicyclobutyl) mit $LiAlH_4$. *Tosylat* (I), durch Rk. mit p-Toluolsulfonylchlorid in wasserfreiem Pyridin (24 Std. bei 0°); sehr zersetzlich. — *Spiro-[4.4]-nonanol-(1)*, $Kp._4$ 77°, durch Red. von Spiro-[4.4]-nonanon-(1) ($Kp._5$ 68—70°, aus 2-[ω-Brombutyl]-cyclopentanon) mit $LiAlH_4$ in Ae.; 87% (Ausbeute). *Tosylat* (II), $C_{16}H_{22}O_3S$, F. 43—44° (aus PAe.), wie I; 73%. — *Spiro-[4.5]-decanol-(1)*, $Kp._{4,5}$ 93°, wie vorst. Verb. aus Spiro-[4.5]-decanon-(1) ($Kp._2$ 82—83°, aus 2-[ω-Brompentyl]-cyclopentanon; 65%); 91%. *Tosylat* (III), $C_{17}H_{24}O_3S$, F. 52—53° (aus Hexan), wie I; 85%. — *2.2-Dimethylcyclopentylalkohol*, Kp. 153—154°, wie vorst. Verb. aus 2.2-Dimethylcyclopentanon [Kp. 142—144°, durch Pyrolyse von 2.2-Dimethyladipinsäure mit $Ba(OH)_2$; 67%]; 92%. *Tosylat* (IV), $C_{14}H_{20}O_3S$, F. 49,5—50,5° (aus Hexan), wie I; 79%. J. Weiner. B 225□

Austausch identischer Radikale in Lösungen (Stafettenübertragung von Radikalen). G. G. Petuchow. (Успехи Химии [Fortschr. Chem.] **30**, 1433—52, Dez. 1961; Gorki, Lobatschewski-Univ., Chem. Forschungsinst.; russ.) — Allg. Überblick über den Austausch von Alkyl-, Phenyl- u. Acyloxyradikalen in Lösung. — 59 Literaturangaben. G. Froelich. B 225□

Kinetik der Hydratation von Mesityloxid und Crotonaldehyd. R. P. Bell, J. Preston und R. B. Whitney. (J. chem. Soc. [London] **1962**, 1166—70, April; Oxford, Phys. Chem. Labor.; engl.) — Vff. untersuchen dilatometr. u. spektrophotometr. bei 25° die Kinetik der Hydratation von *Mesityloxid* (I; Kp. 128—129°) in wss. Lsgg. von HCl, $HClO_4$, HNO_3, H_2SO_4, H_3PO_4 u. HCl u. HCl in D_2O u. von *Crotonaldehyd* (II; Kp. 102,0—102,4°) in HCl, HNO_3 u. H_2SO_4. Die Geschw. der Rk. in einer gegebenen Säure steigt schneller als die Säure-Konz., also langsamer als h_0. Die sehr hohen Geschw. in H_2SO_4 u. H_3PO_4 deuten auf allg. Säurekatalyse. Die Hydratation von I in W. ist 3—4mal schneller als in D_2O. Die Ergebnisse stehen in Übereinstimmung mit dem von Noyce u. Reed (C. **1959**, 12191) vorgeschlagenen Mechanismus, bei dem der geschwindigkeitsbestimmende Schritt der gleiche ist wie bei der Enol–Keto-Umlagerung, ein langsamer Übergang eines Protons auf ein C-Atom. W. Schramm. B 225□

Kinetik der Chlorwasserstoffabspaltung von Chloralkenen. Sidney I. Miller. (J. org. Chemistry **26**, 2619—24, Aug. 1961; Chicago, Ill., Inst. of Technol., Dep. of Chem.; engl.) — Es wurde die Kinetik der HCl-Abspaltung mit $NaOCH_3$ in Methanol bei 93,15—124,9° an folgenden Verbb. untersucht: *Vinylchlorid* (I), *cis-* (II) u. *trans-1-Chlorpropen* (III) *2-Chlorpropen* (IV) u. *cis-β-Chlorcrotonatanion* (V). Aktivierungsenergien u. -entropien wurden berechnet für I, E 34,1 (kcal Mol^{-1}); $\Delta S^{\ddagger}$ 9 (cal Mol^{-1} $Grad^{-1}$); II 34; 7; III 40,5; 10; IV 35; 8; V 28,6; 1. Ein Vgl. mit ähnlichen Halogenalkanen u. -alkenen zeigt, daß sich die Eliminierungs-Geschw. nicht sehr unterscheiden. Die Annahme von Cristol (J. Amer. chem. Soc. **69**, [1947], 338), daß cis-Eliminierungen höhere Aktivierungsenergien haben als trans-Eliminierungen, u. daß die Differenz leicht abgeschätzt werden kann, wird nicht bestätigt. Die Unterss. deuten darauf hin, daß bei Verbb. des Typs RCH=CClR' die Reaktivitätsordnung bei trans-Eliminierungen für $R = CH_3 < H < COO^- < Cl$ u. für $R' = Cl < COO^- < CH_3 < H$ ist. Die Geschw.-Konst. der Rk. von V mit $NaOCH_3$, einer Ion–Ion-Rk., steigt mit der Ionenstärke ebenso wie dies bei der Rk. von trans-1.2-Dichloräthylen mit $NaOCH_3$, einer Ion–Mol.-Rk., der Fall ist. Der Einfl. des Lsgm. ist groß u. manchmal nicht deutbar. H. G. Henkel. B 225□

Die Geschwindigkeit der Reaktion von aktivem Stickstoff mit Ammoniak und Äthylen. A. N. Wright und C. A. Winkler. (Canad. J. Chem. **40**, 5—14, Jan. 1962; Montreal, McGill Univ., Physical Chem. Labor.; engl.) — Vgl. C. **1958**, 7417. — Die Geschw.-Konst. der Rkk. von C_2H_4 u. NH_3 mit akt. Stickstoff (erzeugt durch Entladung;

vgl. l. c.) werden in Gasphase nach verschiedenen Rk.-Zeiten bestimmt; dabei wird in dem Syst. eine Wandrekombination der N-Atome durch Spuren von H_2O-Dampf ausgeschaltet. Für die Rk. von C_2H_4 mit N-Atomen ergibt sich aus der HCN-Bldg. ein mittlerer Wert von $1,8 \cdot 10^{10}$ cm³ Mol⁻¹ s⁻¹. Bei Rk. von NH_3 sind angeregte N_2-Moll. der Rk.-Träger, aus der NH_3-Zers. folgt bei 104°, ohne H_2O-Zusatz dagegen bei 83°, ein mittlerer Wert von $2,2 \cdot 10^{10}$ $cm^3\,Mol^{-1}\,s^{-1}$. Eine Abnahme der Geschw-Konst. der NH_3-Rk. bei höheren NH_3-Durchsätzen u. längeren Rk.-Zeiten zeigt, daß die zur NH_3-Zers. erforderlichen, angeregten N_2-Moll. erst aus den durch elektr. Entladung erzeugten N-Atomen gebildet werden. Die Energieübertragung dieser Rk. wird diskutiert. H.-D. Freyer. B 225□

Über zwei Mechanismen der Kohlebildung bei der Zersetzung von n-Paraffinen, Naphthenen und aromatischen Kohlenwasserstoffen mit sechs und sieben Kohlenstoffatomen an Silicagel. A. P. Rudenko, A. A. Balandin und Ss. Ja. Katschan. (Известия Академии Наук СССР, Отделение Химических Наук [Nachr. Akad. Wiss. UdSSR, Abt. chem. Wiss.] **1960,** 981–88, Juni; Moskau, Univ.; russ.) — Es wurde die Pyrolyse von *n-Hexan, n-Heptan, Bzl., Toluol, Cyclohexan* u. *Methylcyclohexan* bei 500–900° an Silicagel untersucht. Der in Abhängigkeit von der Temp. festgestellte Verkohlungsgrad wird graph. angegeben. Die Kohle-Bldg. findet nach einem Niedertemp.- (690–745°) u. einem Hochtemp.-Mechanismus (>785–825°) statt, wobei jeder KW-Stoff spezif. Besonderheiten zeigt. Die Verkohlung erfolgt durch Polykondens. der ursprünglichen KW-Stoffe oder der Prodd. ihrer vorherigen Umwandlung, hauptsächlich durch Polykondens. des Ausgangsstoffes mit Kohlesubstanz. Freie aliphat. Radikale spielen keine wesentliche Rolle. Helmut Schäfer. B 225

Der Wasserstoffisotopeneffekt bei der Pyrolyse von $D_{4(1.1.2.2)}$-Äthylchlorid. Arthur T. Blades, P. W. Gilderson und M. G. H. Wallbridge. (Canad. J. Chem. **40,** 1526 bis 1532, Aug. 1962; Edmonton, Alberta, Res. Council of Alberta; engl.) — Der H-Isotopeneffekt bei der Pyrolyse von $D_{4(1.1.2.2)}$-*Äthylchlorid* im Temp.-Intervall 758–989°K wurde zu $k_H/k_D = 1,16 \cdot e^{985 \pm 50/RT}$ erhalten, wobei k_H u. k_D die Geschw.-Konst. für die Bldg. von C_2D_4 (u. HCl) u. von C_2D_3H (u. DCl) pro β-D-Atom sind. Der Isotopeneffekt ist druckabhängig, sein Wert nimmt mit abnehmendem Druck zu. Die Unterss. führten zu einer qual. Deutung für die Druckabhängigkeit von intermol. u. intramol. Isotopeneffekten. Die Werte werden mit denen von D_4-Äthylbromid (vgl. nachst. Ref.) u. D_4-Äthylacetat verglichen. Es wird geschlossen, daß im Falle der Halogenide ein 4fach koordinierter Übergangszustand vorliegt. E. Schulte. B 225□

Die Wasserstoffisotopeneffekte bei der Pyrolyse von $D_{4(1.1.2.2)}$-Äthylbromid und D_5-Äthylbromid. Arthur T. Blades, P. W. Gilderson und M. G. H. Wallbridge. (Canad. J. Chem. **40,** 1533–39, Aug. 1962; engl.) — Vgl. vorst. Referat. — Für die Zers. von $D_{4(1.1.2.2)}$-*Äthylbromid* (D_4-I) in Ggw. von cis-Buten-(2) als Inhibitor im Temp.-Intervall 697,6–999,1 (°K) wurde für die relative Geschw.-Konst. der Wert $k_H/k_D = 1,18\, e^{925 \pm 50/RT}$ ermittelt. Der Isotopeneffekt steigt mit fallendem Druck an, sowohl bei der Rk. ohne als auch mit Inhibitor. Beim Vgl. von I mit D_5-I ergibt sich im Temp.-Intervall 730,9–964,8 ein Wert von $k_H/k_D = 0,502\, e^{2300 \pm 200/RT}$; hier nimmt der Isotopeneffekt mit fallendem Druck ab. Die Ergebnisse zeigen, daß der gehemmte Zerfall von I in erster Linie ein Mol.-Vorgang ist, bei dem der geschwindigkeitsbestimmende Schritt den Bruch einer C–H-Bindung einschließt. Bei der Rk. wird als Nebenprod. etwas Äthan erhalten. E. Schulte. B 225□

Reaktion von Sauerstoffatomen mit Acetylen zu Keten. Ivan Haller und George C. Pimentel. (J. Amer. chem. Soc. **84,** 2855–57, 5/8. 1962; Berkeley, Calif., Univ. of California, Dep. of Chem.; engl.) — N_2O wurde bei 20°K in festem Ar, das C_2H_2 oder ein Gemisch von C_2D_2 u. C_2HD enthält, mit Licht von 1470 Å (Xe-Resonanzlampe) photolysiert. Die gebildeten O-Atome (im Grundzustand ^3P) reagieren mit C_2H_2 bzw. dem C_2D_2–C_2HD-Gemisch unter Bldg. von Prodd., die bei 2143 (cm^{-1}) bzw. bei 2142 u. 2117 absorbieren. Diese Banden werden dem gebildeten Keten zugeschrieben. Die Aktivierungsenergie der Rk. ist <8,1 kcal/Mol. G. Pötzscher. B 226□

Radiolytische und photochemische Zersetzung und Austausch in flüssigem und gasförmigem CCl_3Br. Austin H. Young und John E. Willard. (J. physic. Chem. **66,** 271–75, Febr. 1962; Madison, Wis., Univ., Dep. of Chem.; engl.) — Die Radiolyse (durch ^{60}Co-γ-Strahlen) von CCl_3Br (I) in der fl. (20°) u. in der Gasphase (108°), die Photolyse (bei 2537 Å) in der Gasphase, der durch γ-Strahlen induzierte Austausch zwischen $^{82}Br_2$ u. I in der fl. u. Gasphase werden untersucht. Bei diesen Rkk. wurden folgende Rk.-Prodd. (G-Werte) gefunden: CCl_4 (Radiolyse bei 20°: G = 3,5; bei 108°: G = 7,5; bei 108° in Ggw. von 1 Mol-% Br_2: 5,1, Dosis jeweils 10^{21} eV/g; Photolyse bei 108°: G = 0,5, Dosis 10^{22} eV/g); CCl_2Br_2 (2,9; 6,1; 5,7; 0,5); $CClBr_3$ (0,1; 0,82; 0,3; 0,01);

C_2Cl_6 (0,5; 1,2; 0; 0,9); Br_2 (1; 1,2; 0; 0,7); C_2Cl_5Br (0,15; 0; 0; 0). Die scheinbare Aktivierungsenergie für die Bldg. der Rk.-Prodd. beträgt ca. 3 kcal/Mol, also weniger als für die therm. Spaltung in Radikale oder Atome. Vff. deuten dies durch die Annahme, daß der größte Teil der Br_2-Bldg. nach der temperaturunabhängigen Rk. schwingungsangeregter CCl_3-Radikale mit I zu C_2Cl_6 + Br erfolgt u. nur ein geringer Anteil durch therm. Prozesse gebildet wird. Der Rk.-Querschnitt für diese heißen Prozesse muß beträchtlich kleiner sein als der Stoßquerschnitt, da die Ausbeuten durch Zusatz von 1 Mol-% Br_2 beträchtlich vermindert werden. Die G-Werte für den durch γ-Strahlen induzierten Br-Austausch betragen bei 108° (Gasphase u. fl. Phase) ca. 600, bei 20° in fl. Phase ca. 150 Atome/100 $eV_{absorb.}$. Diese Werte deuten auf Ketten-Rkk., deren Gesamtaktivierungsenergie zu klein erscheint, um auf der Basis der bekannten Thermochemie des Syst. gedeutet werden zu können; es muß also ein Beitrag von Ion-Mol.-Rkk. angenommen werden. Während $G_{Austausch}$ nur wenig abhängig von [Br_2], Strahlungsdosis u. [O_2] in Ggw. von Br_2 ist, ist er stark abhängig von anderen, bisher nicht erkannten Faktoren.
M. Schenk. B 226□

Radiolyse von Tetrachloroäthylen. J. W. Sutherland und J. W. T. Spinks. (Canad. J. Chem. **37**, 79–90, Jan. 1959; Saskatoon, Saskatchewan, Univ. of Saskatchewan, Dep. of Chem.; engl.) — Bei der Radiolyse von *Tetrachloräthylen* (überlagert mit einer H_2O-Schicht) mit ^{60}Co-γ-Strahlen in Ggw. von O_2 oder Luft bei Zimmer-Temp. werden in einer Ketten-Rk. als Haupt-Prodd. Trichloracetylchlorid, $COCl_2$ u. Oxalylchlorid gebildet. G-Werte werden berechnet u. ein Mechanismus für die Ketten-Rk. wird vorgeschlagen. Die Verss. ergeben weiterhin, daß ein Grenzwert für die Dosis existiert, die mit einem Dosimeter aus I, überlagert von W., gemessen werden kann. Dieser maximale Wert liegt bei **3,94·10⁻³** mÄquivalent freigesetzter Säure/ml **I.**
W. Schramm. B 226 □

Olefinisomerisierung bei der Adsorption an aktiviertem Kohlenstoff. Amos Turk, Jack I. Morrow und Bruce E. Kaplan. (Analytic. Chem. **34**, 561–64, April 1962; New York, N.Y., City Coll., Dep. of Chem.; engl.) — Vff. untersuchen chromatograph. die Isomerisierung von *2.5-Dimethylhexadien-(1.5)* (I, *Bis-methallyl*), *Hexadien-(1.5)* (II, *Diallyl*) u. *Hexen-(1)* (III, Kp. 63,49°) bei der Ad- u. Resorption an aktiviertem Kohlenstoffgranulat. Dabei entstehen mit wechselnder Ausbeute in Abhängigkeit von der Erhitzungszeit (für I 0,5–4 Std., II 0,5–2) u. der Temp. (250–350°) aus I 2.5-Dimethylhexadien-(2.4) (2,4–15,5% Ausbeute) u. aus II Hexadien-(2.4) (0,6–2,2%), während bei III keine Isomerisierung beobachtet wird. Aus den Ergebnissen schließen Vff., daß bei der Adsorption von KW-Stoffen an Kohle zur Analyse von Benzinen meist keine Wanderung von Doppelbindungen oder Gerüstveränderungen auftreten. Es wird eine Desorptions-App. beschrieben.
J. Weiner. B 227□

Reaktionen von Alkyldichlorsilanen mit Chlorkohlenwasserstoffen. Ss. N. Borissow, M. G. Woronkow und B. N. Dolgow. (Журнал Общей Химии [J. allg. Chem.] **28 (90)**, 3292–97, Dez. 1958; Leningrad, Univ. u. Inst. für Silicatchem.; russ.) — Bei der Rk. von Äthyldichlorsilan (I) mit Chlor-KW-Stoffen in Ggw. von $AlCl_3$ entstehen *Äthyltrichlorsilan* u. der entsprechende KW-Stoff nach $C_2H_5SiHCl_2 + RCl \rightarrow C_2H_5SiCl_3 + RH$. Bei Verw. von Allylchlorid werden 32,5%, bei Isopropylchlorid 66,2% u. bei n-Propylchlorid 62,7% des eingesetzten I umgesetzt. Der Rk.-Mechanismus wird diskutiert.
Renate Richter. B 227□

Über die katalytische Pyrolyse von olefinischen und aromatischen Kohlenwasserstoffen unter Wärmeaustritt. Ja. M. Pauschkin, T. P. Wischnjakowa und A. P. Smirnow. (Нефтехимия [Erdölchemie] **1**, 514–520, Juli/Aug. 1961; Gubkin-Inst. für Erdölchem. u. Gasind.; russ.) — Es werden *Äthylen, Butadien-(1.3), Piperylen, Pentadien-(1.3), Cyclopentadien, Dicyclopentadien, Dimethylfulven, Bzl., Styrol* u. *α-Methylstyrol* bei Atmosphärendruck einer katalyt. Pyrolyse zu Methan unterworfen. Die hydrierende Spaltung erfolgt in einer bewegten Kontaktschicht bei $<500°$ u. Verweilzeiten von 0,23–3,8 Sekunden. Die dabei auftretenden positiven Wärmetönungen werden an Hand der Zus. des Crackgases berechnet u. mit den experimentell gefundenen Werten verglichen. Von 4 geprüften Kontakten erwies sich ein industrieller Ni-Kontakt am wirksamsten, mit ihm wird Äthylen bei 450° zu 100% in CH_4 gespalten, während der Umwandlungsgrad eines industriellen Alumomolybdänkontaktes nur 14% beträgt. Durch Änderung der Durchsatzmenge von 5–40 Liter/Std. wurde festgestellt, daß die größte Erwärmung der Kontaktschicht bei der höchsten Durchsatzmenge bzw. bei der kleinsten Verweilzeit erfolgt; in diesem Fall besteht das Spaltgas zu ~80 Vol.-% aus Methan u. 20 Vol.-% aus H_2. Die Pyrolyse von Bzl. verläuft bei 500° an Ni-Kontakt vollständig.
G. Hey. B 227□

C. Präparative organische Chemie. Naturstoffe

Über die Verwendbarkeit betainischer Methylentriphenylphosphorane als charakteristische Reagentien für die Aldehydfunktion. 1. Mitt. **Rationelle Anwendungsbedingungen.** Michel Simalty-Siemiatycki, Josette Carretto und Françoise Malbec (Bull. Soc. chim. France **1962,** 125–28, Jan.; Paris, Fac. des Sci., Labor. de Chim. Organ. I.; franz.) — Es wird die Rk.-Fähigkeit von *Triphenyl-[p-phenylsulfonylbenzyl]-phosphoniumbromid* (I, *Reagens H*) u. *Triphenyl-[p-(4-bromphenylsulfonyl)-benzyl]-phosphoniumbromid* (II, *Reagens Br*) gegenüber Acet-, Propion-, n-Butyr-, n-Valer-, Isobutyr-, Isovaleraldehyd, Acrolein, Methacrolein, Croton-, Phenylacet-, Hydratropa-, Hydrozimt-, Zimt-, Phenylpropiol-, Benz-, o-, m- u. p-Tolu- u. 2.4.6-Trimethylbenzaldehyd sowie Cyclohexanon, Fluorenon u. Benzalacetophenon in alkohol. Lsg. in Abhängigkeit von der Menge des anwesenden W. untersucht u. gefunden, daß **I** u. **II** mit Ketonen wesentlich langsamer reagieren als mit Aldehyden.

Versuche: *Phenyl-[p-brommethylphenyl]-sulfon,* $C_{13}H_{11}BrO_2S$, F. 129° (A.), durch Bromierung von Phenyl-p-tolylsulfon (F. 126°) bei 140–170°. — *Triphenyl-[p-phenylsulfonylbenzyl]-phosphoniumbromid* (I), $C_{31}H_{26}BrO_2PS$, F. 253–255° (A.), durch mehrstd. Kochen vorst. Verb. mit Triphenylphosphin in Bzl. oder $CHCl_3$. — *p-Bromphenyl-[p-brommethylphenyl]-sulfon,* $C_{13}H_{10}Br_2O_2S$, F. 138° (A.), analog vorvorst. Verb. aus p-Bromphenyl-p-tolylsulfon; 70% Ausbeute. — *Triphenyl-[p-(4-bromphenylsulfonyl)-benzyl]-phosphoniumbromid* (II), $C_{31}H_{25}Br_2O_2PS$, F. 307–308° (A.), analog I.

E. Riedel. **460**□

Über die Verwendbarkeit betainischer Methylentriphenylphosphorane als charakteristische Reagentien für die Aldehydfunktion. 2. Mitt. **Darstellung der charakteristischen Derivate.** Michel Simalty-Siemiatycki, Françoise Malbec und Josette Carretto (Bull. Soc. chim. France **1962,** 129–31, Jan.; franz.) — 1. vgl. vorst. Referat. — Es werden die Derivv. einer Reihe von Aldehyden mit Reagens H (I) u. Reagens Br (II) hergestellt.

Versuche: *p-Phenylsulfonylstyrol,* $C_{14}H_{12}O_2S$, F. 89,5°, aus Trioxymethylen durch Erhitzen mit I in 5–10% W. enthaltendem A. unter Zusatz von n/5 Na-Äthylat bei 75°. — Analog: *p-[p-Bromphenylsulfonyl]-styrol,* $C_{14}H_{11}BrO_2S$, F. 132,5°, aus $(CH_2O)_3$ u. II. — *1-[p-(p-Bromphenylsulfonyl)-phenyl]-propen-(1),* $C_{15}H_{13}BrO_2S$, F. 105–106°, aus Acetaldehyd u. II. — *1-[p-(p-Bromphenylsulfonyl)-phenyl]-buten-(1),* $C_{16}H_{15}BrO_2S$, 115–118°, aus Propionaldehyd u. II. — *1-[p-Phenylsulfonylphenyl]-n-octen-(1),* $C_{20}H_{24}O_2S$, F. 103,5°, aus Heptanal u. I. — *1-[p-(p-Bromphenylsulfonyl)-phenyl]-pentadien-(1.3),* $C_{17}H_{15}BrO_2S$, F. 164–166°, aus Crotonaldehyd u. II.— *3-Methyl-1-[p-(p-bromphenylsulfonyl)-phenyl]-butadien-(1.3),* $C_{17}H_{15}BrO_2S$, F. 179–181°, aus Methacrolein u. II. — *1.4-Bis-[p-(p-bromphenylsulfonyl)-phenyl]-butadien-(1.3),* $C_{28}H_{20}Br_2O_4S_2$, *trans-trans-Form,* F. 313°, gelb; *cis.cis-Form,* F. 300°, gelb, aus Glyoxal u. II. — *β-[p-(p-Bromphenylsulfonyl)-phenyl]-acrylsäure,* $C_{15}H_{11}BrO_4S$, F. 159°, aus Glyoxylsäure u. II. — *3-Phenyl-1-[p-(p-bromphenylsulfonyl)-phenyl]-propen-(1),* $C_{21}H_{17}BrO_2S$, *trans-Form,* F. 142–143°, aus Phenylacetaldehyd u. II; hellgelb. — *4-Phenyl-1-[p-(p-bromphenylsulfonyl)-phenyl]-buten-(1),* $C_{22}H_{19}BrO_2S$, F. 169–171°, aus **II** u. Hydrozimtaldehyd. — 1-Phenylbutadiene-(1.3): *4-[p-Phenylsulfonylphenyl]-*, $C_{22}H_{18}O_2S$, F. 211–212°, aus Zimtaldehyd (III) u. I. — *4-[p-(p-Bromphenylsulfonyl)-phenyl]-*, $C_{22}H_{17}BrO_2S$, F. 239–240°, aus III u. II. — *4-Phenyl-1-[p-(p-bromphenylsulfonyl)-phenyl]-buten-(1)-in-(3),* $C_{22}H_{15}BrO_2S$, F. 210–211°, aus 3-Phenylpropin-(2)-al u. **II.** — *4.4-Diphenyl-1-[p-(p-bromphenylsulfonyl)-phenyl]-butadien-(1.3),* $C_{28}H_{21}BrO_2S$, F. 202,5°, aus 3.3-Diphenylpropen-(2)-al u. II. — *4-o.o'-Diphenylen-1-[p-(p-bromphenylsulfonyl)-phenyl]-butadien-(1.3),* $C_{28}H_{10}BrO_2S$, F. 218°, aus 3-o.o'-Diphenylenpropen-(2)-al u. **II.** — *6-Phenyl-1-[p-(p-bromphenylsulfonyl)-phenyl]-heptatrien-(1.3.5),* $C_{25}H_{21}BrO_2S$, F. 167°, aus 5-Phenylhexadien-(2.4)-al u. II. — 4-p-Bromphenylsulfonylstilbene: *unsubstituiert,* $C_{20}H_{15}BrO_2S$, F. 233–233,5°, aus Benzaldehyd u. II. — *2'-Methyl-*, $C_{21}H_{17}BrO_2S$, F. 188,5°, aus o-Tolualdehyd u. II. — *4'-Methyl-*, F. 252°, aus p-Tolualdehyd u. II. — *2'-Phenyl-*, $C_{26}H_{19}BrO_2S$, F. 174°, aus o-Phenylbenzaldehyd (IV) u. II. — *4'-Methoxy-*, $C_{21}H_{17}BrO_3S$, F. 228,5°, aus 4-Methoxybenzaldehyd u. II. — *3'-Nitro-*, $C_{20}H_{14}BrNO_4S$, *trans-Form,* F. 188–189°; *cis-Form,* F. 112–113°, aus 3-Nitrobenzaldehyd u. II. — *4'-Nitro-*, F. 232,5°, aus p-Nitrobenzaldehyd u. **II.** — *4'-Dimethylamino-*, $C_{22}H_{20}BrNO_2S$, F. 295°, aus p-Dimethylaminobenzaldehyd u. **II.** — *3'.4'-Methylendioxy-*, $C_{21}H_{15}BrO_4S$, F. 205–206°, aus Piperonal u. **II.** — 4-Phenylsulfonylstilbene: *3'-Methyl-*, $C_{21}H_{18}O_2S$, F. 159°, aus m-Tolualdehyd u. I. — *2'-Phenyl-*, $C_{26}H_{20}O_2S$, F. 182,5°, aus **IV** u. **I.** — 1-[p-(p Bromphenylsulfonyl)-phenyl]-äthylene: *2-[Furyl-(2)]-*, $C_{18}H_{13}BrO_3S$,

F. 237°, aus Furfurol u. II. — *2-[Thienyl-(2)]-*, $C_{18}H_{13}BrO_2S_2$, F. 241°, aus 2-Formylthiophen u. II. — *2-[5-Nitrothienyl-(2)]-*, $C_{18}H_{12}BrNO_4S_2$, F. 278°, aus 5-Nitro-2-formylthiophen u. II. E. Riedel. 460□

Synthese von α.α.ω.ω-Tetranitroalkanen. Henry Feuer, Charles E. Colwell, Gerd Leston und Arnold T. Nielsen. (J. org. Chemistry **27**, 3598—3602, Okt. 1962; Lafayette, Ind., Purdue Univ., Dep. of Chem.; engl.) — Die Darst. von *α.α.ω.ω-Tetranitrobutan, -pentan, -hexan* u. *-heptan* sowie einiger Derivv. nach verschiedenen Meth. wird beschrieben: a) Direkte oxydative Nitrierung der entsprechenden α.ω-Dinitroalkane; b) Umwandlung der α.ω-Dinitroalkane in die symm. Bis-methylol-Derivv., oxydative Nitrierung derselben u. HCHO-Abspaltung aus den erhaltenen Tetranitrodiolen; c) Ter Meer-Rk. [1876.] der α.ω-Dibrom-α.ω-dinitroalkane. 1.1.3.3-Tetranitropropan war nach Meth. a) u. b), 1.1.4.4-Tetranitrobutan nach Meth. a) nicht erhältlich.

Versuche: *1.4-Dibrom-1.4-dinitrobutan*, $C_4H_6Br_2N_2O_4$, 2 Stereoisomere, F. 58° (CH_3OH; **A**) bzw. $Kp._3$ 149° (**B**), durch Zugeben von CH_3ONa zu 14,8 g 1.4-Dinitrobutan (I) in abs. Ae. innerhalb 20 Min. bei 0° unter Rühren, 1std. Rühren, Zutropfen von Br_2 in Chlf. innerhalb 2 Std. bei 0° u. weiteres 1std. Rühren bei 0°; n_D^{20} 1,5340 (**B**); 12 g (Ausbeute) **A**, 15 g **B**. — *1.1.4.4-Tetranitrobutan*, $C_4H_6N_4O_8$, F. 87—88° (Chlf.), a) durch Zugeben von methanol. KOH zu einer Lsg. von vorst. Verb. u. KNO_2 in wss. CH_3OH bei —5 bis 0° innerhalb 30 Min., 2std. Rühren, Abfiltrieren des gelben *Salzes* (in trockenem Zustand explosiv), Suspendieren in abs. Ae., Einleiten von HCl bei 0° (30 Min.) u. 1std. Rühren (28%); b) durch Zugeben von KNO_2 in wss. Tetrahydrofuran zu 1.4-Dinitro-1.1.4.4-tetrabrombutan in CH_3OH $< -10°$, Zugabe von methanol. KOH $< -5°$ unter Rühren innerhalb 10 Min., Rühren über Nacht, Suspendieren des gelben *Salzes* in abs. Ae. u. Einleiten von HCl (9,1%; daneben etwas *Fumarsäure*, F. 284—285°, u. nicht identifizierte Öle); c) ähnlich aus 2.5-Dibrom-2.5-dinitrocyclopentanon (5%); d) durch Zugeben von methanol. KOH zu nachst. Verb. in Ae. bei —5° innerhalb 5 Min. unter Rühren, 2std. Rühren bei 0°, Überleiten von HCl u. weiteres 3½std. Rühren (90%). — *2.2.5.5-Tetranitrohexandiol-(1.6)* (II), $C_6H_{10}N_4O_{10}$, F. 127—128° (W. in Ggw. von HCl), a) durch 2std. Rühren von I mit wss. NaOH bei 0°, Zugabe von Formalin, 2std. Rühren bei 3°, Zugabe von $NaNO_2$, dann von wss. $AgNO_3$-Lsg. u. 1std. Rühren bei 0° (56% roh); b) aus vorst. Verb. u. wss.-methanol. HCHO in Ggw. von NaOH (24std. Rühren bei 25°; 55%). *Diacetat*, $C_{10}H_{14}N_4O_{12}$, F. 89—90° (CCl_4). — *2-Hydroxymethyl-2.5.5-trinitrohexandiol-(1.6)* (III), $C_7H_{13}N_3O_9$, F. 143—146° (W.), a) neben II [Meth. a), 0,45%]; b) aus I u. überschüssigem HCHO wie vorst. [Meth. a), 21% roh]. *Triacetat*, $C_{13}H_{19}N_3O_{12}$, F. 79,5—80° (Chlf.). Daneben [Meth. b)] 21,5% *2.5-Bis-[hydroxymethyl]-2.5-dinitrohexandiol-(1.6)*, F. 181—183°, Nadeln; *Tetraacetat*, F. 122—123°. — *5-[4-Hydroxy-3.3-dinitrobutyl]-5-nitro-2.2-dimethyl-1.3-dioxan*, $C_{10}H_{17}N_3O_9$, F. 143—144° (verd. A.), aus III u. Aceton in Ggw. von BF_3-Ätherat (5 Min. bei 100°). — *2.2.6.6-Tetranitroheptandiol-(1.7)* (**IV**), $C_7H_{12}N_4O_{10}$, F. 94—95°, aus 1.5-Dinitropentan wie II [Meth. a)]; 28,8%. — Daneben 6,4% *6-Hydroxymethyl-2.2.6-trinitroheptandiol-(1.7)*, $C_8H_{15}N_3O_9$, F. 116,5—117° (Äthylenchlorid). *Tribenzoat*, $C_{29}H_{27}N_3O_{12}$, F. 149—149,5° (CCl_4). — *1.1.5.5-Tetranitropentan*, $C_5H_8N_4O_8$, F. 69—70°, a) aus **IV** u. KOH in CH_3OH/Ae. (85%); b) durch oxydative Nitrierung von 1.5-Dinitropentan (10%). —*2.2.7.7-Tetranitrooctandiol-(1.8)*, $C_8H_{14}N_4O_{10}$, F. 164—166° (Zers.), Nadeln (verd. A.), aus 1.6-Dinitrohexan wie II; 75%. *Diacetat*, $C_{12}H_{18}N_4O_{12}$, F. 93—94° (verd. A.). — *1.1.6.6-Tetranitrohexan*, $C_6H_{10}N_4O_8$, F. 66—67° (Chlf.), a) durch Zugeben von 1.6-Dinitrohexan zu wss. NaOH bei 0—5° unter Rühren, Zugabe von $NaNO_2$, dann nach 15 Min. von wss. $AgNO_3$-Lsg. u. 2std. Rühren bei 0° (84%); b) aus vorst. Verb. u. KOH in CH_3OH/Ae. (95%); c) aus nachst. Verb. u. methanol. KJ (8std. Rühren bei 26°; 85%). — *1.6-Dibrom-1.1.6.6-tetranitrohexan*, $C_6H_8Br_2N_4O_8$, F. 120—121° (Hexan oder wss. A.), aus vorst. Verb. u. Br_2 in wss. NaOH (2std. Rühren). — *1.1.7.7-Tetranitroheptan*, gelbes Öl, nicht destillierbar, aus 1.7-Dinitroheptan wie vorvorst. Verb.; n_D^{20} 1,4800; 89%. — *1.7-Dibrom-1.1.7.7-tetranitroheptan*, $C_7H_{10}Br_2N_4O_8$, F. 42,5—43° (Hexan oder wss. A.), aus vorst. Verb. wie oben. J. Rothe. 510□

Reaktion von Stickoxiden mit polyfluorierten Äthylenen. Darstellung und Reduktion von polyfluorierten Nitrosoverbindungen. W. A. Ginsburg, N. F. Priwesenzewa, N. P. Rodionowa, Ss. Ss. Dubow, Ss. P. Makarow und A. Ja. Jakubowitsch. (J. allg. Chem. [UdSSR] **30** (**92**), 2406—09, Juli 1960; russ.) — Die Rk. von Perfluoräthylen (**I**) u. 1.1.2-Trifluor-2-chloräthylen (**II**) mit N_2O_3 oder mit NO im UV-Licht liefert *1-Nitro-2-nitrosotetrafluoräthan* (**III**) bzw. *1-Nitro-2-nitroso-1.1.2-trifluor-2-chloräthan* (**IV**). **III** u. **IV** werden durch HJ in Ae. zu *Nitrodifluoracethydroxamsäurefluorid* reduziert.

Versuche: *1-Nitro-2-nitrosotetrafluoräthan* (III), $C_2F_4N_2O_3$, Kp. 25°, $D._{20}^{20}$ 1,513, a) man läßt I u. N_2O_3 (1 : 1 Mol) unter Luftabschluß 6 Std. lang reagieren; 42% (Ausbeute) (daneben *1.2-Dinitrotetrafluoräthan*, Kp. 58°); b) man bestrahlt I u. NO (1 : 2 Mol) 40 Std. lang mit UV-Licht; 35%. — *1-Nitro-2-nitroso-1.1.2-trifluor-2-chloräthan* (IV), $C_2ClF_3N_2O_3$, Kp.$_{50}$ 8°, Kp. 57°, man gibt in einem evakuierten Kolben II u. N_2O_3 (1 : 1 Mol) u. dest. nach 4 Std.; $D._{20}^{20}$ 1,557; n_D^{20} 1,3360; 26,5 g. — *Nitrodifluoracethydroxamsäurefluorid*, $C_2HF_3N_2O_3 \cdot 0,2$ Ae., Kp.$_{50}$ 56—57°, $D._{20}^{20}$ 1,350—1,351; n_D^{20} 1,3330 bis 1,3335, a) man gibt zu 8 g HJ in 20 ml Ae. langsam 5 g III, wäscht nach $^1/_2$ Std. mit $Na_2S_2O_4$-Lsg. u. dest. nach Extrahieren mit Ae.; 2,2 g; b) analog aus 5 g IV; 2,7 g.
Helmut Schäfer. 510

Reaktion von Halogenen, Stickstoffoxid und polyfluorierten Äthylenen im Ultraviolett. Darstellung und thermischer Zerfall polyfluorierter aliphatischer Nitroverbindungen. W. A. Ginsburg, N. F. Priwesenzewa, W. A. Schpanski, N. P. Rodionowa, Ss. Ss. Dubow, A. M. Chochlowa, Ss. P. Makarow und A. Ja. Jakubowitsch. (J. allg. Chem. [UdSSR] **30** (**92**), 2409—15, Juli 1960; russ.) — Die Rk. von Tetrafluoräthylen (I) mit NO u. Cl_2 im UV-Licht liefert *1-Chlor-2-nitrosotetrafluoräthan* (II) neben *1.2-Dichlortetrafluoräthan* u. *1-Chlor-2-nitrotetrafluoräthan*. Ohne Bestrahlung findet keine Rk. statt. Die Pyrolyse von II gibt *N-[β-Chlortrifluoräthyliden]-β-chlortetrafluoräthylamin* neben *1-Chlor-2-nitrotetrafluoräthan*, die Pyrolyse von 1-Nitro-2-nitrosotetrafluoräthan (III) *N-[β-Nitrotrifluoräthyliden]-β-nitrotetrafluoräthylamin* u. *1.2-Dinitrotetrafluoräthan*. Aus Chlortrifluoräthylen (IV), NO u. Cl_2 wird *1.2.2-Trifluor-1.2-dichlor-1-nitrosoäthan* (V) neben *1.1.2-Trifluor-1.2.2-trichloräthan* erhalten. V geht bei der Red. mit HJ in *Difluorchloracetydroxamsäurefluorid* über. I reagiert mit NO u. Br_2 zu *1-Nitroso-2-bromtetrafluoräthan*, daneben zu *1.2-Dibromtetrafluoräthan* u. *1-Brom-2-nitrotetrafluoräthan*. IV liefert bei Rk. mit NO u. Br_2 *1-Brom-2-chlor-2-nitrotrifluoräthan* (VI) u. *1-Chlor-1.2-dibromtrifluoräthan*; VI wird durch HJ zu *Difluorbromacethydroxamsäurefluorid* reduziert. Aus Trifluoräthylen (VII), NO u. Cl_2 entsteht *1.2.2-Trifluor-2-chlor-1-nitrosoäthan* (VIII), das durch HJ zu *1.1.2-Trifluor-1-chlor-2-hydroxylaminoäthan* (IX) red. wird. Die Rk. von symm. Dichlordifluoräthylen (X) mit NOCl liefert *1.2-Difluor-1.2.2-trichlor-1-nitrosoäthan*. Die Anlagerung der Halogene an die CF_2-Gruppe von I, IV u. VII wurde auch durch IR-analyt. u. massenspektroskop. Unters. der Nitroso-Verbb. bewiesen.

Versuche: *1-Chlor-2-nitrosotetrafluoräthan* (II), C_2ClF_4NO, Kp. —5°, man bestrahlt einen mit I, NO u. Cl_2 (1 : 1 : 0,5 Mol) gefüllten 13 Literkolben 15—18 Std. lang mit UV-Licht u. fraktioniert; 38% (Ausbeute). Daneben *1.2-Dichlortetrafluoräthan* (Kp. 3,5°; 2,5 g) u. *1-Chlor-2-nitrotetrafluoräthan* (Kp. 34°). — *N-[β-Chlortrifluoräthyliden]-β-chlortetrafluoräthylamin*, $C_4Cl_2F_7N$, Kp. 75°, durch 4std. Erhitzen von 6,5 g II im Rohr auf 120—130°; $D._{20}^{20}$ 1,621; n_D^{20} 1,3200; 42%. Daneben *1-Chlor-2-nitrotetrafluoräthan*, Kp. 34—36°; 1,5 g. — *N-[β-Nitrotrifluoräthyliden]-β-nitrotetrafluoräthylamin*, $C_4F_7N_3O_4$, Kp.$_{50}$ 52°, durch 5std. Erhitzen von 10 g III im Rohr auf 120—130°; $D._{20}^{20}$ 1,719; n_D^{20} 1,3520; 3 g. Daneben *1.2-Dinitrotetrafluoräthan*, Kp. 58—59°; 5,5 g. — *1.2.2-Trifluor-1.2-dichlor-1-nitrosoäthan* (V), $C_2Cl_2F_3NO$, Kp. 36°, Kp.$_{125}$ — 8°, durch 40 std. Bestrahlung von IV, NO u. Cl_2 (1 : 1 : 0,5 Mol) mit UV-Licht; 35%. Daneben *1.1.2-Trifluor-1.2.2-trichloräthan*, Kp. 48°. — *Difluorchloracethydroxamsäurefluorid, Ätherat*, $C_2HClF_3NO \cdot 0,5$ Ae., Kp.$_{145}$ 60°, man gibt zu 8 g wss. HJ u. 25 ml Ae. tropfenweise 5 g V, behandelt nach $^3/_4$ Std. mit $Na_2S_2O_4$ u. extrahiert mit Ae.; $D._{20}^{20}$ 1,231; n_D^{20} 1,360; 2,2 g. — *1-Nitroso-2-bromtetrafluoräthan*, C_2BrF_4NO, Kp. 18°, aus I, NO u. Br_2 (1 : 1 : 0,5 Mol) durch 15—20 std. UV-Bestrahlung; 40%. Daneben *1.2-Dibromtetrafluoräthan* (Kp. 46°) u. *1-Brom-2-nitrotetrafluoräthan* (Kp. 58°). — *1-Brom-2-chlor-2-nitrosotrifluoräthan* (VI), C_2BrClF_3NO, Kp.$_{100}$ 10,5°, man belichtet 13—15 Liter IV, NO u. Br_2 (1 : 1 : 0,5 Mol) 30—35 Std. lang; 3,5 g. Daneben *1-Chlor-1.2-dibromtrifluoräthan*, Kp. 96°; 6,3 g. — *Difluorbromacethydroxamsäurefluorid, Ätherat*, $C_2HBrF_3NO \cdot 0,5$ Ae., Kp.$_{100}$ 62,5°, durch Red. von VI mit HJ in Ae.; $D._{20}^{20}$ 1,5217; n_D^{20} 1,3845; 46%. — *1.2.2-Trifluor-2-chlor-1-nitrosoäthan* (VIII), C_2HClF_3NO, Kp.$_{432}$ 10°, aus 13—15 Liter VII, NO u. Cl_2 (1 : 1 : 0,5 Mol) 50 Std. lang unter UV-Licht; 4,8 g. — *1.1.2-Trifluor-1-chlor-2-hydroxylaminoäthan* (IX), $C_2H_3ClF_3NO \cdot 0,2$ Ae., Kp.$_{50}$ 36—38°, aus 5 g VIII u. HJ; $D._{20}^{20}$ 1,3504; n_D^{20} 1,3735; 0,8 g. — *1.2-Difluor-1.2.2-trichlor-1-nitrosoäthan*, $C_2Cl_3F_2NO$, Kp. 81,5°, man läßt 35 g NOCl u. 75 g X 8 Std. lang im Rohr stehen; dunkelbraune Fl.; 13 g.
Helmut Schäfer. 510

Untersuchungen über die Synthese von Terpenen. 6. Mitt. **Einige Reaktionen von 3-Methylbutandiol-(1.3).** T. G. Halsall und A. R. Hands. (J. chem. Soc. [London] **1961**, 3251—54, Aug.; Oxford, Univ., Dyson Perrins Labor.; engl.) — 5. vgl. C. **1962**, 8995. — Aus dem durch Prins-Rk. von Isobuten u. CH_2O zugänglichen *3-Methyl-*

butandiol-(1.3) (I) werden *3-Chlor-3-methylbutanol-(1)* (II), *3-Methylbuten-(2)-* bzw. *-(3)-ol-(1)* u. *2-Methylbuten-(3)-ol-(2)* sowie davon abgeleitete Derivv. dargestellt. Die IR-Absorptionswerte einiger Verbb. sind angegeben.

Versuche (FF. korr.): *3-Methylbutandiol-(1.3)* (I), *cycl. Sulfit* (*4.4-Dimethyl-1.3.2-dioxathianon-(2)*), $C_5H_{10}O_3S$, Kp.$_{13}$ 79—80°, durch Zutropfen von $SOCl_2$/Bzl. zu I in Bzl./Pyridin während 1 Std. bei 0°, ½std. Rk. bei 20°, Filtrieren u. Einengen bei 35°/13 mm; n_D^{14} 1,4545; 67% (Ausbeute). *cycl. Carbonat* (*4.4-Dimethyl-1.3-dioxanon-(2)*, III), $C_6H_{10}O_3$, F. 78—79°, durch Rk. von I mit Diäthylcarbonat in Ggw. von Na [2 Std. bei 130° (Bad), 1 Std. bei 170°]; aus A. Prismen; 76%. *cycl. Phosphat* (*1.1-Dimethyltrimethylenhydrogenphosphat*, IV), $C_5H_{11}O_4P$, F. 63—68° (Zers.), durch 24std. Rk. von I mit Dichlorphosphorsäurephenylester in Bzl./Pyridin bei 20°, ½std. Erhitzen des erhaltenen *1.1-Dimethyltrimethylenphenylphosphats* (V, $C_{11}H_{15}O_4P$, F. 64—72°; n_D^{26} 1,5113; roh 100%) in 27%ig. NaOH auf 100°, Ansäuern mit konz. HCl u. kontinuierliche Ae.-Extraktion; Nadeln; 42%; *Cyclohexylaminsalz*, $C_{11}H_{24}NO_4P$, F. 198—199°, aus A. Nadeln; IV reagiert nicht mit $(CH_3)_3CONa$ in tert.-Butanol. — *Phenyldihydrogenphosphat*, F. 97—98°, neben IV durch Einengen der Mutterlauge, Aufnehmen in Essigester, Zugabe von Cyclohexylamin u. Ansäuern des erhaltenen *Bis-cyclohexylaminsalzes* [$C_{18}H_{33}N_2O_4P$, F. 214°, aus A. Nadeln; 8,8 g (aus 67 g V)]. — *[3-Hydroxy-3-methylbutyl]-diphenylphosphat*, $C_{17}H_{21}O_5P$, durch 24std. Rk. von I mit Chlorphosphorsäurediphenylester in Bzl./Pyridin bei 20°; Öl; n_D^{20} 1,5280; 100%. — *3-Chlor-3-methylbutanol-(1)* (II), $C_5H_{11}ClO$, Kp.$_{15}$ 65—72°, durch Sättigen von I mit HCl-Gas bei 0°, Aufnehmen in Ae. u. Behandeln mit Soda; $n_D^{17,5}$ 1,4483; roh 74%. *α-Naphthylurethan*, $C_{16}H_{18}ClNO_2$, F. 84°, aus PAe. Plättchen. *Acetat*, $C_7H_{13}ClO_2$, Kp.$_{14}$ 47—51°, durch 3std. Kochen von II in Acetanhydrid, Gießen auf Eis, Neutralisieren u. Ausäthern; n_D^{18} 1,4350; 9%. *Chlorsulfit*, $C_5H_{10}Cl_2O_2S$, Kp.$_{15}$ 108—110°, durch Zutropfen von $SOCl_2$ zu I während 30 Min. u. 2½std. Kochen; n_D^{15} 1,4845; 64%. — *1-Chlor-3-methylbuten-(2)* (VI), Kp.$_{14}$ 30—40°, durch Sättigen von I mit HCl-Gas u. Dest. über P_2O_5; $n_D^{19,5}$ 1,4490; 53%. *Nitrosochlorid*, F. 133° (CS_2 u. Sublimation bei 15 mm u. 150° Bad-Temp.), blaue Prismen. — *3-Methylbuten-(2)-ylisothiuroniumpikrat*, $C_{12}H_{15}N_5O_7S$, F. 179—180° (Zers.), aus A. gelbe Nadeln. — *3-Methylbuten-(2)-ol-(1)*, Kp.$_{15}$ 45—52°, durch 2std. Erhitzen von VI mit CH_3COONa in Essigsäure auf 60—70°, Gießen in wss. K_2CO_3, Ausäthern u. Hydrolyse des entstandenen *Acetats* ($C_7H_{12}O_2$, Kp.$_{15}$ 40—44°; n_D^{17} 1,4304; 81%); n_D^{24} 1,4400. *α-Naphthylurethan*, $C_{16}H_{17}NO_2$, F. 104°, aus PAe. Nadeln. — *2-Methylbuten-(3)-ol-(2)*, Kp. 98—108°, durch Erhitzen von III bei 300—320° Bad-Temp. u. Kolonnen-Dest.; n_D^{18} 1,4180; 19%; daneben 38% nachst. Verb. u. 14% III. — *3-Methylbuten-(3)-ol-(1)*, Kp. 129—133°, durch Dest. von II über N.N-Diäthylanilin; n_D^{15} 1,4371; 65%. *α-Naphthylurethan*, $C_{16}H_{17}NO_2$, F. 66°, aus PAe. Nadeln. W. Hoffmann. 560□

Chloräthylierung von Schwefelsäure. G. E. Ham. (J. org. Chemistry **26**, 4148 bis 4150, Okt. 1961; Freeport, Tex., Dow Chem. Co., Texas Div., Organ. Process Dev. Labor.; engl.) — Die von Titow u. Makljajew (C. **1956**, 12525) beschriebene Bldg. von *Bis-[2-chloräthyl]-sulfat* (I) durch gleichzeitiges Einleiten von Cl_2 u. C_2H_4 in 98%ig. H_2SO_4 wird näher untersucht. Bei Raum-Temp. u. 1 at entstehen neben I *2-Chloräthylhydrogensulfat* (II) u. *Äthylendichlorid* (III); die Ausbeute an III steigt mit zunehmender Umsetzung von H_2SO_4 zu I (Diagramm) oder bei zu schnellem Einleiten von C_2H_4 u. Cl_2 stark an. Wird C_2H_4 im Überschuß eingeleitet, so wird auch *Diäthylsulfat* gebildet. Durch Extraktion von I mit Bzl., Zugabe von H_2SO_4 u. erneutes Einleiten von C_2H_4 u. Cl_2 kann II weitgehend in I übergeführt werden. — Beschreibung der App. u. der Methode. H.-J. Kötzsch. 590□

Über die Darstellung von Acetoncyanhydrin aus Aceton und Natriumcyanid. Wl. Kabaiwanow und M. Michailow. (Annu. Inst. chim.-technol. [Sofia] **4**, Nr. 2, 61—66, 1957, herausgeg. 1959; bulg., Auszug: dt. — C. **1958**, 14021.) Helmut Schäfer. 710

Reinigung von Acetonitril als Lösungsmittel für exakte Messungen. J. F. Coetzee, G. P. Cunningham, D. K. Mc Guire und G. R. Padmanabhan. (Analytic. Chem. **34**, 1139—43, Aug. 1962; Pittsburgh, Pa., Univ., Dep. of Chem.; engl.) — Zur Reinigung von *Acetonitril* (I), das als Lsgm. z. B. für elektrochem. Messungen Verw. finden soll, werden mehrere Meth. vorgeschlagen, von denen sich 2 als bes. geeignet erweisen: a) 2tägiges Rühren von I mit CaH_2 (10 g/Liter), Dest. der abdekantierten Fl. über P_2O_5 (5 g/Liter), mehrstd. Kochen mit CaH_2 (5 g/Liter) u. langsame fraktionierte Dest.; b) mehrstd. Kochen von I mit 1%ig. wss. KOH (1 ml/Liter), fraktionierte Dest., Rühren mit CaH_2 (10 g/Liter) u. Aufarbeitung analog a). Der Geh. an Verunreinigungen wird polarograph. u. gaschromatograph. ermittelt. Tabellen u. Kurven sind aufgeführt. Geringfügige Mengen an ungesätt. Nitrilen lassen sich aus I nicht vollständig entfernen. J. Peters. 810□

Über den Mechanismus der Reaktion von Cyanamid mit einwertigen Säuren der Fettreihe. A. Je. Kretow und A. P. Momssenko. (Журнал Общей Химии [J. allg. Chem. **31** (93), 3916–21, Dez. 1961; Dnepropetrowsk, Chem.-Technol. Inst.; russ.) — Cyanamid reagiert mit aliphat. Carbonsäuren unter Bldg. der *Ureide* sowie der entsprechenden *Amide*. Bei niedrigmol. Carbonsäuren wurde die Säure im Überschuß mit Cyanamid bis zum Ende der CO_2-Entw. auf 100–120° erhitzt; bei höhermol. Säuren wurde ein Säureüberschuß vermieden u. auf 140–210° erhitzt. Bei der Rk. von Cyanamid mit Carbonsäuren betrug die Ausbeute an *Amid* (*Ureid*) in %: *Ameisen-*, 0 (100); *Essig-*, 43,7 (55,8); *Propion-*, 62,0 (31,9); *Butter-*, 75,0 (20,9); *Isobutter-*, 71,6; *Isovalerian-*, 75; *Önanth-*, 77,4; *Pelargon-*, 43 (20); *Laurin-*, 86; *Palmitin-*, 86,7; *Stearin-*, 94,7; *Chloressig-*, 11,5 (31) beim Erhitzen bis 100°, 75 bei 125–135°; *Dichloressig-*, 50; *Trichloressig-*, 0 (31) bei 100°, 72 (0) bei 125–135°; *Phenylessig-*, 78 bei 100°, 50 bei 180°; *α-Chlorpropion-* 0 (27,7) bei 100°, 25 (0) bei 125–135°. Helmut Schäfer. 810

Die Umlagerung bestimmter Trichlormethylcarbinole zu α-Chlorsäurechloriden. Donald G. Kundiger, Ernest A. Ikenberry, E. B. W. Ovist, J. Gregory Peterson und Clarence R. Dick. (J. Amer. chem. Soc. **82**, 2953–56, 5/6. 1960; Manhattan, Kans., State Univ., Dep. of Chem.; engl.) — Die Einw. von 100%ig. H_2SO_4 auf Trichlormethylcarbinole wird untersucht; der Rk.-Mechanismus wird diskutiert. Aus Trichlor-tert.-butylalkohol (V)-Hemihydrat (**Va**) entsteht mit konz. H_2SO_4 bei 50° *α-Chlorisobuttersäure* (**VI**) in 89%ig. Ausbeute, bei 20–25° mit 98,5%ig. H_2SO_4 zu 94%. Bei Verw. von abs. **V** wird in 58–64%ig. Ausbeute *α-Chlorisobutyrylchlorid* gebildet. Bei Verw. von 1.1.1.3-Tetrachlor-2-methylpropanol-(2) (I) entstehen 47% *α.β-Dichlorisobutyrylchlorid* (**VII**) neben 13% *α.β-Dichlorisobuttersäure*. Verss. zur Umlagerung von 1.1.1-Trichlor-3-nitropropanol-(2), 1.1.1-Trichlor-2-phenyläthanol-(2) u. 2.2.2-Trichloräthanol verliefen erfolglos. Bei Verw. von 1.1.1-Trichlor-2-methylpropanol-(2) u. von **I** tritt neben der Umlagerung in geringem Umfang Dehydratisierung ein, die bei 1.1.1-Trichlor-2-methyloctanol-(2) (II) bereits die Haupt-Rk. darstellt. So entsteht aus **II** 44% des entsprechenden *Trichlornonengemischs* (**IV**) neben 15% *2-Chlor-2-methyloctansäure* (**III**) u. 30% Teer. Bei Verw. von 100%ig. H_2SO_4 entstehen 26% **III**, 50% Teer u. 9% **IV**. Die Pinakolinumlagerung von 1-Trichlormethylcyclohexanol-(1) (**VIII**) liefert in 10%ig. Ausbeute ein Gemisch aus *1-Chlorcyclohexancarbonsäure* u. *1-Chlorcyclohexencarbonsäure*.

Versuche: *α-Chlorisobuttersäure* (**VI**), Kp.$_{17}$ 91°, durch Einrühren von **Va** in a) 98,5%ig. H_2SO_4 bei 20–25°; 94% (Ausbeute); b) in 96%ig. H_2SO_4 bei 50°; 84%; c) in 90%ig. H_2SO_4 bei 70°; 62%; d) in 80%ig. H_2SO_4 bei 120°; 34%; e) in sd. 50%ig. H_2SO_4; 0%. — Analog: *α-Chlorisobutyrylchlorid*, Kp.$_{80}$ 58–59°, Kp.$_{112}$ 62–65°, aus **V** u. 100%ig. H_2SO_4 in Ggw. von a) 0,16% W. in 34 Min.; 64%; daneben 17% **VI**; b) 0,2% W. in 29 Min.; 58%; daneben 25% **VI**; c) 0,5% W. in 34 Min.; 54%; daneben 27% **VI**; d) 0,6% W. in 30 Min.; 48%; daneben 28% **VI**; c) 1,3% W. in 53 Min.; 43%; daneben 36% **VI**; d) 1,7% W. in 48 Min.; 39%; daneben 36% **VI**; e) 2,9% W. in 60 Min.; 17%; daneben 0% **VI**; f) 4,4% W. in 150 Min.; 0%; daneben 72% **VI**. — *α.β-Dichlorisobutyrylchlorid* (**VII**), $C_4H_5Cl_3O$, Kp.$_{85}$ 89–90°, a) durch 5½std. Erwärmen von **I** mit 100%ig. H_2SO_4 auf 40–50°; D.$_4^{20}$ 1,388, n_D^{20} 1,4688; 47%. — *α.β-Dichlorisobuttersäure*, Kp.$_{15}$ 113–114°, neben **VII** durch Zugabe von W. zum Dest.-Rückstand; D.$_4^{20}$ 1,450, n_D^{20} 1,4825; 13%. *p-Chlorphenylester*, $C_{10}H_9Cl_3O_2$, Kp.$_1$ 112–114°, durch Erhitzen mit p-Chlorphenol in Ggw. von $AlCl_3$; D.$_4^{20}$ 1,358, n_D^{20} 1,5281. *2.4-Dimethylphenylester*, $C_{12}H_{14}Cl_2O_2$, F. 67,5–68° (A./W.). — *1.1.1.3-Tetrachlor-2-methylpropanol-(2)* (I), Kp.$_{14}$ 98–100°, a) durch 5–6std. Kochen von **V** mit SO_2Cl_2 in CCl_4 in Ggw. von Dibenzoylperoxid; D.$_4^{20}$ 1,591, n_D^{20} 1,5138–1,5145; 46%; daneben *Pentachlor-tert.-butanol* [$C_4H_5Cl_5O$, Kp.$_{14}$ 112–113°, D.$_4^{20}$ 1,614, n_D^{20} 1,5252]; b) analog a) mit Di-tert.-butylperoxid; 30%. — *1.1.1-Trichlor-2-methyloctanol-(2)* (II), $C_9H_{17}Cl_3O$, Kp.$_{0,6}$ 37°, Kp.$_{19}$ 137–140°, durch 1std. Rühren von Octanon-(2), Chlf. u. KOH bei 0–5° u. Gießen auf Eis; D.$_4^{20}$ 1,160, n_D^{20} 1,4770; 13%. — *1-Trichlormethylcyclohexanol-(1)* (**VIII**), $C_7H_{11}Cl_3O$, F. 58–59°, Kp.$_{14}$ 120–124°, analog **II** aus Cyclohexanon; 37%. — *2-Chlor-2-methyloctansäure* (III), $C_9H_{17}ClO_2$, Kp.$_{2,4}$ 122–124°, a) durch Zugabe von **II** zu 100%ig. H_2SO_4, Erwärmen auf 25–45°, kurzes Stehen u. Versetzen mit Eis; n_D^{20} 1,4555–1,4550; 26%; daneben 9% *Trichlornonen-Gemisch* (**IV**; Kp.$_2$ 94,5–99°) u. 50% Teer; b) durch Zugabe von 100%ig. H_2SO_4 zu **II** bei 35–45°; 15%; daneben 44% **IV** u. über 20% Teer. — Gemisch von *1-Chlorcyclohexencarbonsäure* u. *1-Chlorcyclohexancarbonsäure*, Kp.$_{0,1}$ 115–120°, durch Rk. von **VIII** mit 95%ig. H_2SO_4 bei 20–40°; n_D^{20} 1,4751; 10%. W. Hampel. 810□

Substituierte Malonsäure- und Trifluoressigsäuremalonsäureanhydride und ihre Pyrolyse zu Ketenen. Alan C. Duckworth. (J. org. Chemistry **27**, 3146–48, Sept. 1962; Aberdeen Proving Ground, Md., Ballistic Res. Labor.; engl.) — Umsetzung von

Dialkylmalonsäuren mit Trifluoracetanhydrid u. anschließende Behandlung mit Pyridin liefert die entsprechenden *Malonsäureanhydride.* Letztere werden durch Pyrolyse in *Ketene* übergeführt. Äthylphenylmalonsäure wird nur über das erhaltene *Äthylphenylmalonyltrifluoressigsäureanhydrid* u. Pyrolyse in *Äthylphenylketen* übergeführt.

Versuche: *Dibutylmalonsäureanhydrid* (I), $C_{11}H_{18}O_3$, aus Dibutylmalonsäure in Ae. u. Zutropfen von Trifluoressigsäureanhydrid (10 Min.), dann Zusetzen von Pyridin in PAe. (1 Std.); 98% (Ausbeute). — *Diäthylmalonsäureanhydrid* (II), $C_7H_{10}O_3$, mit Diäthylmalonsäure; 85%. — *Dibutylketen,* $C_{10}H_{18}O$, $Kp._{15}$ 75—76°, aus I durch 20 Min. langes Erhitzen auf 180°/<0,2 mm Hg; n_D^{20} 1,4308, $D._4^{20}$ 0,831, gelb; 85%. — *Diäthylketen,* aus II bei 170° unter Durchleiten von N_2 (20 Min.); n_D^{20} 1,4126; 56%. — *Äthylphenylketen,* aus Äthylphenylmalonsäure in Ae. u. Trifluoracetanhydrid (5 Min.), Eindampfen unter 2 mm Hg bei Raum-Temp. (1½ Std.) zu *Äthylphenylmalonyltrifluoressigsäureanhydrid* (94%) u. Pyrolyse bei 140—160° (15—20 mm Hg) (20 Min.), Lösen in Methanol, Abdampfen u. Gaschromatographie; 75%. — Die IR-Spektren sind für einen Teil der Verbb. angeführt. H. Gleinig. 820□

Darstellung einiger substituierter 5-Brompentylaminhydrobromide. Ronald F. Brown und George H. Schmid. (J. org. Chemistry **27,** 1288—94, 12/4. 1962; Los Angeles, Calif., Univ. of Southern California, Dep. of Chem.; engl.) — Vff. beschreiben die Darst. der *Hydrobromide* von *5-Bromamylamin* u. von *5-Brom-1.1-, -2.2-, -3-3-* u. *-4.4-dimethylamylamin.*

Versuche: *1.4-Dibrombutan,* Kp. 194,5—196,5°, durch ½std. Zugabe konz. H_2SO_4 zum Gemisch aus Tetrahydrofuran u. wss. NaBr-Lsg., 3std. Erhitzen u. Ausäthern; 84% (Ausbeute). — *4-Phenoxybutylbromid,* $Kp._{16}$ 151—155°, durch Zugabe von wss. NaOH zum sd. Gemisch aus vorst. Verb. u. Phenol/W. unter Rühren, 4½std. Kochen u. Zugabe von Bzl.; 71%. — *1-Cyan-4-phenoxybutan,* $Kp._1$ 130—135°, durch 28std. Kochen der Lsg. vorst. Verb. in abs. A. mit wss. KCN-Lsg., Dest. des Lsgm. u. Aufnehmen in Bzl.; 82,5%. — *5-Phenoxyamylamin,* $Kp._{28}$ 167—170°, durch langsames Eintragen der abs. Ae.-Lsg. vorst. Verb. in sd. $LiAlH_4$/abs. Ae. unter Rühren, 3¼std. Kochen, Zers. mit gesätt. NaCl-Lsg. unter Kühlung u. ¼std. Rühren; 70%. *Hydrobromid,* $C_{11}H_{18}BrNO$, F. 149—150°, durch Rk. mit HBr in Benzol. — *5-Bromamylaminhydrobromid,* $C_5H_{13}Br_2N$, F. 141—142° (Bzl.), durch 5std. Dest. der Lsg. vorst. Verb. in konz. HBr bei 160° u. Entfernen des Rest-HBr durch Dest. mit Chlf.; 72%; gibt mit äthanol. NaOH *Piperidin.* — *4-Äthoxybutanol-(1),* Kp. 181—183°, durch 2½std. Zugabe von Na zur heißen Lsg. von Butandiol-(1.4) in Xylol unter Rühren, 1std. Erhitzen auf 110—120°, 4std. Zutropfen von Äthylbromid, 16std. Kochen, Kühlen auf 5° u. Filtrieren; 54%. — *1-Brom-4-äthoxybutan,* Kp. 168—172°, durch 2std. Zugabe vorst. Verb. mit Pyridin zu PBr_3 unter Rühren u. Kühlen u. 1½std. Erhitzen auf 70—80°; 76%. — *6-Äthoxy-2-methylhexanol-(2),* $C_9H_{20}O_2$, $Kp._{25}$ 109—109,5°, durch 2std. Rk. vorst. Verb. in abs. Ae. mit Mg, 1std. Kochen, Kühlen, ¾std. Versetzen mit Aceton/abs. Ae., 3std. Kochen, Kühlen u. Zers. mit gesätt. NaCl-Lsg.; 72%. — *1.1-Dimethyl-5-äthoxyamylamin,* C_9H_{21}·NO, durch 1std. Zutropfen von konz. H_2SO_4/Eisessig zum Gemisch aus vorst. Verb., NaCN u. Eisessig bei <70°, mehrstd. Rühren, Versetzen mit wss. NaOH, 5std. Kochen u. Dampf-Dest.; 66%. — *5-Brom-1.1-dimethylamylaminhydrobromid,* $C_7H_{17}Br_2N$, F. 103 bis 104° (Cyclohexan), durch Dest. der Lsg. vorst. Verb. in konz. HBr bei 150° (Bad) bis zur Siede-Temp. (123°), Kühlen, Dest. im Vakuum u. Codest. mit Äthylenchlorid; 54%. — *2.2-Dimethylpiperidinhydrobromid* (I), $C_7H_{16}BrN$, F. 190—191° (Chlf./Cyclohexan), durch mehrstd. Stehen vorst. Verb. mit wss. NaOH, Zugabe weiterer n-NaOH, Extraktion mit Chlf., Aufnehmen in Bzl., Sättigen mit HBr u. Fällen mit PAe.; 93%. — *3-Äthoxypropanol,* Kp. 157—163°, durch Rk. von Äthylbromid mit Mono-Na-Trimethylenglykolat in Trimethylenglykol nach Smith u. Sprung (J. Amer. chem. Soc. **65,** [1943], 1279); 59%. — *1-Brom-3-äthoxypropan,* Kp. 145—149°, durch 2std. Zugabe vorst. Verb. in Pyridin zu PBr_3 in der Kälte unter Rühren u. 1std. Erhitzen auf 75°; 69%. — *1-Cyan-1.1-dimethyl-4-äthoxybutan* (II), $C_9H_{17}NO$, $Kp._{15}$ 96—98°, durch Versetzen äther. Li-Phenyl-Lsg. mit über CaH_2 getrocknetem Diäthylan in in Ae. während ½ Std. unter Rühren, ½std. Zugabe äther. Isobutyronitril-Lsg., 2std. Zugabe vorst. Verb. in Ae. zur sd. Lsg. u. 3std. Kochen; 80%; daneben *2-Äthoxypropylbromid* ($Kp._{29}$ 61—70°) u. *α.α.α'.α'-Tetramethylpimelonitril,* F. 112—114°. — *2.2-Dimethyl-5-äthoxyamylaminhydrobromid,* $C_9H_{22}BrNO$, F. 98—99° (CCl_4), durch Zugabe der abs. Ae.-Lsg. vorst. Verb. zum sd. Gemisch von $LiAlH_4$ u. abs. Ae. unter Rühren, mehrstd. Kochen, Zers. mit gesätt. NaCl-Lsg. in der Kälte, ¾std. Rühren, Aufnehmen in Bzl. u. Sättigen mit HBr-Gas; 85,5%. — *5-Brom-2.2-dimethylamylaminhydrobromid,* $C_7H_{17}Br_2N$, F. 137 bis 139° (Nitromethan/CCl_4), durch 6std. Dest. vorst. Verb. in konz. HBr bei 150—160° (Bad), Kühlen, Eindampfen im Vakuum u. Dest. mit Chlf.; 85,5%. — *3.3-Dimethyl-*

piperidinhydrobromid, $C_7H_{16}BrN$, F. 181–182° (Chlf./Cyclohexan), analog I aus vorst. Verb. oder aus 5-Brom-4.4-dimethylamylamin; 95%. — *3.3-Dimethylglutarsäureanhydrid*, F. 123–124°, durch Rk. von Aceton, Cyanessigsäureäthylester u. fl. NH_3 nach Brown u. van Gulick. (vgl. C. **1955, 6496** u. C. **1957, 2437**); 70%. — *3.3-Dimethylglutarsäuremonomethylester* (III), $C_8H_{14}O_4$, Kp.$_6$ 128–128,5°, durch Zugabe methanol. Na-Methylat-Lsg. zu vorst. Verb. in Methanol, Kühlen auf Raum-Temp., Dest. des Methanols, zuletzt azeotrop mit Bzl., Ansäuern mit konz. HCl bis zur kongosauren Rk. u. Extraktion mit Bzl.; 93%. — *4-Carbomethoxy-3.3-dimethylbutansäure, Chlorid*, $C_8H_{13}ClO_3$, Kp.$_7$ 96–98°, durch 1std. Kochen vorst. Verb. in Bzl. mit $SOCl_2$ in Ggw. von Pyridin; 78%. *p-Nitroanilid*, $C_{14}H_{18}N_2O_5$, F. 73–74° (Methanol/W.), durch Rk. des Säurechlorids in Bzl. mit p-Nitroanilin; 80%. — *3.3-Dimethyl-5-hydroxyamylamin*, Kp.$_2$ 100–104°, durch 2std. Kochen von III mit $SOCl_2$ in Bzl. in Ggw. von Pyridin, Hindurchleiten von NH_3 in der Kälte, Filtrieren, Waschen mit Bzl., Eintragen der trockenen Benzolphase in $LiAlH_4$/abs. Ae., 3tägiges Kochen, Kühlen, Zers. mit gesätt. NaCl-Lsg. u. 1std. Rühren; 70%. — *Verb.* $C_{16}H_{40}N_2O_8$, F. 136–138° (tert. Butanol), durch Versetzen vorst. Amins in Isopropanol mit Oxalsäuredihydrat in Isopropanol; 69%. — *5-Brom-3.3-dimethylamylaminhydrobromid*, $C_7H_{17}Br_2N$, F. 211–212° (Äthylenchlorid), durch 4std. Dest. der Lsg. vorst. Amins in konz. HBr bei 155–165° u. Aufarbeitung; 52,5%. — *4.4 Dimethylpiperidin*, Kp. 134–137°, durch Red. von 3.3 Dimethylglutarimid in Ae. mit $LiAlH_4$, 20std. Kochen, Zers. mit gesätt. NaCl-Lsg. in der Kälte u. ½std. Rühren; 35,8%. *Hydrobromid*, $C_7H_{16}BrN$, F. 184–185° (Chlf./Cyclohexan), a) durch ½std. Erhitzen vorst. Verb. mit wss. NaOH, Ausäthern, Sättigen mit HBr-Gas, Aufnehmen in Chlf. u. Versetzen mit PAe.; 91%; b) durch Rk. des Amins in Bzl. mit HBr. *Hydrochlorid*, F. 226–228°, durch Rk. des Amins in Bzl. mit HCl. — *2.2-Dimethyl-5-äthoxypentansäure*, $C_9H_{18}O_3$, Kp.$_2$ 114–116,5°, durch 5Tage langes Kochen von II in A. mit wss. NaOH, Dest. des A., Ansäuern mit verd. HCl bis zur kongosauren Rk. u. Extrahieren mit Bzl.; 82,5%. — *2.2-Dimethyl-5-äthoxypentanol*, $C_9H_{20}O_2$, Kp.$_{0,5}$ 54,4–55,0°, durch langsames Versetzen eines sd. $LiAlH_4$/abs. Ae.-Gemisches mit der Benzol-Lsg. vorst. Verb., 20std. Kochen, 30 Std. langes Stehen bei Raum-Temp., Zers. mit gesätt. NaCl-Lsg. u. ¾std. Rühren; 73,8%. — *1-Brom-2.2-dimethyl-5-phthalimidopentan*, $C_{15}H_{18}BrNO_2$, F. 70,0–70,5° (Cyclohexan), durch Versetzen des kalten Gemisches aus vorst. Verb., Chinolin u. Brombenzol mit PBr_3, 20std. Kochen, Gießen in Eis, Aufnehmen in Chlf., Waschen mit 1%ig. NaOH, konz. H_2SO_4 u. W., Dest. des Brombenzols im Vakuum, Versetzen mit Phthalimid-K in Dimethylformamid, ¾std. Erhitzen, Gießen in W., Aufnehmen in Chlf., Eindunsten u. Zugabe von Cyclohexan; 26%. — *5-Brom-4.4-dimethylamylaminhydrobromid*, $C_7H_{17}Br_2N$, F. 172–173° (CCl_4), durch 2std. Kochen vorst. Verb. in konz. HBr u. Eisessig, Kühlen, Waschen der *Phthalsäure* mit wenig Essigsäure, Extraktion mit Chlf. u. Eindampfen im Vakuum; 14%. — *2.2-Dimethylglutarsäuredimethylester*, Kp.$_{17}$ 108–110°, durch 18std. Kochen von 2.2-Dimethylglutarsäure in Äthylendichlorid mit Methanol u. konz. H_2SO_4; 84%. — *2.2-Dimethylpentandiol-(1.5)*, Kp.$_{16}$ 140 bis 142°, durch 18std. Kochen vorst. Verb. in abs. Ae. mit $LiAlH_4$, Zers. mit gesätt. NaCl-Lsg. in der Kälte u. 1std. Rühren; 90,5%. — *4-Cyan-2.2-dimethylbutanal*, Kp.$_{16}$ 112 bis 113°, durch 2std. Zugabe 50%ig. wss. KOH zum Gemisch von Acrylnitril u. Isobutyraldehyd bei 55–60° u. Zugabe verd. HCl in der Kälte bis zur kongosauren Rk.; 54,7%. — *2.2-Dimethylglutarsäure*, F. 83,5–85° (Bzl./PAe.), a) durch 20 Min. langes Zutropfen verd. H_2SO_4 zu vorst. Verb. u. $K_2Cr_2O_7$ in W. unter Erhitzen, Zugabe 50%ig. H_2SO_4 in der Kälte, Ausäthern, Eindampfen, Versetzen mit wss. NaOH, 20std. Kochen, Zugabe verd. HCl bis zur kongosauren Rk., Aufnehmen in Bzl. u. Fällen mit PAe.; 17,7%; b) durch 21std. Kochen des entsprechenden Nitrils mit verd. HCl, Aufnehmen in Chlf., Eindampfen u. Fällen mit PAe.; 93%. *Dinitril*, $C_7H_{10}N_2$, Kp.$_{16}$ 130–137°, durch Zugabe wss. NaCN-Lsg. zu nachst. Verb. in A., Homogenisieren mit A., Zugabe einiger Kristalle KJ, 5½tägiges Kochen, Dest. des A. u. Ausäthern; 52,6%. — *4-Chlor-2.2-dimethylbutyronitril*, $C_6H_{10}ClN$, Kp.$_{16}$ 83,0–83,5°, durch Zugabe CaH_2-getrockneten Diäthylamins in abs. Ae. zu Li-Phenyl-Lsg., Versetzen der kalten Lsg. mit Isobutyronitril in abs. Ae., Kühlen, Eintropfen in die sd. abs. äther. Lsg. von 1-Chlor-2-bromäthan während 7½ Std. unter N_2, mehrstd. Kochen, Kühlen auf 5° u. Versetzen mit W.; 37%. H.-J. Weigmann. 910□

Eine bequeme Synthese von N-Alkylhydroxylaminen. Henry Feuer und Bennett F. Vincent jun. (J. Amer. chem. Soc. **84**, 3771–72, 5/10. 1962; Lafayette, Ind., Purdue Univ., Dep. of Chem.; engl.) — Durch Red. von Oximen mit B_2H_6 in Tetrahydrofuran (bei 2–5° unter N_2, dann innerhalb 4 Std. auf Raum-Temp. kommen lassen, Entfernen des Lsgm. im Vakuum, Zugeben von NaOH zum Rückstand, 1std. Kochen u. Extraktion mit Pentan) erhielten Vff. folgende Hydroxylamine: *N-sek.-Butyl-*, F. 67°, aus Butanonoxim; 91% (Ausbeute). — *N-Cyclohexyl-*, F. 140°, aus Cyclohexanonoxim; 82%. — *N-Methyl-*, aus Formaldoxim, isoliert als *Pikrat*, F. 129—130°; 50%. — *N-n-Butyl-*, F. 54°, aus Butyraldoxim; 71%. — *N-n-Heptyl-*, F. 62°, aus Heptaldoxim; 81%. — *N-n-Octyl-*, F. 73,5°, aus Octanaldoxim; 87%. — *N-Benzyl-*, F. 57°, aus Benzaldoxim; 31%; bei Verlängerung der Hydrolyse auf 3 Std. wurde nur *N.N-Dibenzylhydroxylamin* (66%) erhalten. J. Rothe. 920□

N-Bis-[chloräthyl]-amide von Aminocarbonsäuren und ihren Peptiden. 1. Mitt. **Darstellung des N-Bis-[chloräthyl]-amids von Glycin und verwandten Verbindungen.** T. Ss. Ssafonowa und Ss. I. Ssergijewskaja. (Журнал Общей Химии [J. allg. Chem. **30** (**92**), 2432—33, Juli 1960; Chem.-Pharmazeut. Allunions-Ordshonikidse-Forschungsinst.; russ.) — Die Einw. von Diäthanolamin auf die entsprechenden N-Trityl- oder N-Phthalylaminosäureester (Methyl-, Äthyl-, p-Nitrophenylester) oder N-Phthalylglycylchlorid lieferte die *Bis-[β-hydroxyäthyl]-amide* von *N-Tritylglycin*, *N-Trityl-α-alanin*, *N-Phthalylglycin*, *N-Phthalyl-α-alanin* u. *N-Phthalyl-β-alanin*. Nach Abspaltung der Phthalyl- oder Tritylgruppe lieferte die Einw. von $SOCl_2$ auf Glycin-bis-[β-hydroxyäthyl]-amidhydrochlorid *Glycin-bis-[β-chloräthyl]-aminhydrochlorid*. — *N-Tritylglycin-bis-[β-hydroxyäthyl]-amid*, $C_{25}H_{28}N_2O_3$, F. 127—128°. — *N-Phthalylglycin-bis-[β-hydroxyäthyl]-amid*, $C_{14}H_{16}N_2O_5$, F. 156—158°. — *Glycin-bis-[β-chloräthyl]-amidhydrochlorid*, $C_6H_{13}Cl_3N_2O$, F. 154—155° (Zers.). Helmut Schäfer. 950

Die Synthese von Glykonoylpeptiden. Michael Iacobellis, Lawrence J. Schroeder und Arthur H. Smith. (Arch. Biochem. Biophysics **84**, 134—39, Sept. 1959; Detroit, Mich., Wayne State Univ., Coll. of Med., Dep. of Physiol. Chem.; engl.) — Im Hinblick auf die vermutete Bldg. von Glykonoylpeptiden (**A**) bei der kommerziellen Wärmebehandlung von Proteinen werden verschiedene *Glykonoylaminosäureester* u. *-peptidester* nach der N.N'-Dicyclohexylcarbodiimid-Meth. synthetisiert

Versuche (für alle Drehwerte c = 1%; A.): *Penta-O-acetyl-D-gluconoylglycinäthylester* (**I**), $C_{20}H_{29}NO_{13}$, F. 113—115° (Essigester–PAe.), aus Penta-O-acetylgluconsäure in Methylenchlorid (**II**) durch mehrstd. Umsetzen mit Glycinäthylester (**III**) u. N.N'-Dicyclohexylcarbodiimid (**IV**) bei normaler Temp.; $[\alpha]_D^{25}$ +18,3°; 88% (Ausbeute). — *Penta-O-acetyl-D-gluconoylglycylglycinäthylester*, $C_{22}H_{32}N_2O_{14}$, F. 123—124°; $[\alpha]_D^{25}$ +25,8°; 91%. — *Penta-O-acetyl-D-gluconoyl-L-tyrosinäthylester*, $C_{27}H_{35}NO_{14}$, F. 126 bis 127°; $[\alpha]_D^{25}$ +25,0°; 90%. — *Penta-O-acetyl-D-galaktonoylglycinäthylester*, $C_{20}H_{29}NO_{13}$, F. 123—124°, $[\alpha]_D^{25}$ +11,0°; 93%. — *Penta-O-acetyl-D-galaktonoyl-L-tyrosinäthylester*, $C_{27}H_{35}NO_4$, F. 156—158°, $[\alpha]_D^{35}$ +15,5°; 87%. — *D-Gluconoylglycinäthylester* (**V**), $C_{10}H_{19}NO_8$, F. 110—112°, a) aus α-Gluconolacton in **II** durch 24std. Umsetzen mit **III**-Hydrochlorid in Ggw. von Triäthylamin u. **IV** bei normaler Temp. (Meth. **A**); $[\alpha]_D^{25}$ +36,0°; 71%; b) durch Desacetylieren von **I** mit Na-Methylat in absol. Methanol u. Fällen mit Ligroin; 75%. — *D-Gluconoylglycylglycinäthylester*, $C_{12}H_{22}N_2O_9$, F. 164—166°, nach **A**; $[\alpha]_D^{25}$ +15,9°; 73%. — *D-Galaktonoylglycinäthylester*, $C_{10}H_{19}NO_8$, F. 160 bis 162°, nach **A**; $[\alpha]_D^{25}$ +31,3°; 72%. — *D-Gluconoylglycin*, $C_8H_{15}NO_8$, F. 89—91°, durch ½std. Verseifen von **V** mit verd. NaOH bei normaler Temp.; $[\alpha]_D^{25}$ +23,5°; 70%. E. Schwerdtfeger. 950□

Über die Darstellung von Diazoessigsäureestern aus den N-Nitroso-N-acylglycinestern. Hans Reimlinger und Lars Skatteböl. (Chem. Ber. **93**, 2162—67, 9/9. 1960; Brüssel, Labor. der Europ. Res. Assoc.; dt.) — N-Nitroso-N-acetyllycinäthylester (**I**) liefert mit KOH in A. *Diazoessigsäureäthylester* (**II**) u. *Diazomethan* (**III**); mit BaO/$Ba(OH)_2$ bildet sich dagegen aus **I** nur **II**. **II** entsteht ferner beim Passieren einer methanol. Lsg. von **I** durch eine Ionenaustauschersäule. Bei der Darst. des *Diazoessigsäure-tert.-butylesters* aus *N-Nitroso-N-acetylglycin-tert.-butylester* (**V**) u. KOH bzw. BaO/Ba(OH) wird keine gleichzeitige Bldg. von **III** beobachtet. Ein Rk.-Mechanismus wird vorgeschlagen.

Versuche (mit Billian, Litvin und van Overstraeten): *N-Nitroso-N-acetylglycinäthylester* (**I**), $C_6H_{10}N_2O_4$, $Kp._{11}$ 95°, a) durch Nitrosierung von N-Acetylglycinäthylester (**IV**; vgl. Reimlinger, C. **1960**, 6470); b) durch Einrühren von N_2O_4 in CCl_4 in die auf —40° abgekühlte Suspension von wasserfreiem Na-Acetat in CCl_4, Zugabe von **IV** in CCl_4 bei —5°, ½std. Rühren bei 0°, Schütteln mit Eis u. W. u. Aufarbeitung der organ. Phase; 86,5% (Ausbeute). — *N-Acetylglycin-tert.-butylester*, $Kp._1$ 108—110°, durch Erwärmen von N-Acetylglycin [Ag-Salz (aus dem NH_4-Salz u. $AgNO_3$)] mit überschüssigem tert.-Butylchlorid auf dem Wasserbad, Zugabe von Ae. u. Aufarbeitung der filtrierten Ae.-Lsg.; 20%. — *N-Nitroso-N-acetylglycin-tert.-butylester* (**V**), durch Rk. vorst. Verb. mit nitrosen Gasen in Eisessig/Acetanhydrid; rote, zähe bei der Dest. zersetzliche Flüssigkeit. — *Diazoessigsäure-tert.-butylester*, $C_6H_{10}N_2O_2$, durch Einrühren von äthanol. KOH bei —15° in die bei 0° bereitete Lsg. von **V** in Ae. + A., Schütteln mit Eis + W. u. Aufarbeitung der Ae.-Lsg.; 80%. — *Diazoessigsäureäthylester* (**II**), $Kp._{11}$ 43—44°, a) durch Zutropfen von **I** zu der Suspension von BaO in wss.

CH_3OH bei -15^0, Zugabe von Ae., Gießen auf Eis + W. u. Aufarbeitung der Ae.-Lsg.; 84%; b) durch Eintropfen von äthanol. KOH in I in Ae./A. bei 0^0 innerhalb von 20 Min., Zugabe von Ae., Schütteln mit Eis + W. u. Aufarbeitung der Ae.-Lsg.; 30%; daneben im Ae.-Destillat *Diazomethan* [III; liefert mit Acetylendicarbonsäuredimethylester *Pyrazoldicarbonsäure-(3.4)-dimethylester*]; c) durch Zugabe von äthanol. KOH bei 0^0 zu I in A. innerhalb von 1½Std., Zugabe von W. zu der von K_2CO_3 abfiltrierten Lsg., Ae.-Extraktion u. Aufarbeitung der Ae.-Lsg.; 45%; daneben III; daneben durch Eindampfen der wss. Lsg. K_2CO_3 u. *K-Glykolat*; d) durch Lösen von I in Ae./CH_3OH (1:1), Durchschicken durch eine mit Amberlite IRA-400 gefüllte, mit abs. CH_3OH bei 0^0 gewaschene Säule während 4 Std., Einengen der aus der Kolonne austretenden Lsg. u. Dest. des Rückstands im Vakuum; 53%. E. Berger. 950□

Abbau der Glutaminsäure für ihre Isotopenanalyse. 2. Mitt. **Vollständiger Abbau der α.γ-Diaminobuttersäure.** M. Martha Pigretti und A. O. M. Stoppani. (An. Asoc. quím. argent. **49**, 161—76, Juni 1961; Buenos Aires, Univ., Fac. de Cienc. Méd., Inst. de Quím. Biol.; Comis. Nac. de Energía Atómica, Labor. de Metabolismo Celular; span.) — 1. vgl. An. Asoc. quím. argent. **49**, [1961], 55. — Zur späteren Anwendung auf die Analyse markierter Präpp. entwickeln Vff. eine Meth. zum vollständigen Abbau der Glutaminsäure (I) zu CO_2 über mehrere Stufen. Durch Schmidt-Rk. geht I unter Abspaltung von $C_{(5)}$ als CO_2 in *2.4-Diaminobuttersäure* [II; F. 198—200° (Zers.)] über, die durch Chromatographie an Dowex 50-X2 u. Elution mit 1 n HCl in 86—90% ig. Ausbeute isoliert wird. II liefert bei der Oxydation mit Ag_2O unter Abspaltung des ursprünglichen $C_{(1)}$-Atoms der I als CO_2 nach Chromatographie an Dowex 50-X2 u. an Dowex 50-X 8 u. Elution mit HCl bzw. NH_4OH *β-Alanin* (III; 20—30%). Durch Alkalischmelze von III wird das ursprürgliche $C_{(4)}$-Atom der I als CO_2 eliminiert, wobei *Na-Acetat* u. daraus *Essigsäure* (IV; 60—65%) entsteht. IV ergibt durch eine weitere Schmidt-Rk. unter Abspaltung des ursprünglichen $C_{(2)}$-Atoms der I als CO_2 *Methylamin* (60—65%), das schließlich unter Eliminierung des ursprünglichen $C_{(3)}$-Atoms der I mit Hilfe von $AgNO_3$ u. $K_2S_2O_8$ zu CO_2 (45—55%) oxydiert wird. Ausführliche Arbeitsvorschriften werden für die einzelnen Stufen des Abbaus mitgeteilt. H.-E. Toussaint. 950□

Die Addition von Trichlorsilan und Triphenylsilan an gesättigte aliphatische Ketone. Raymond Calas und Norbert Duffaut. (C. R. hebd. Séances Acad. Sci. **245**, 906—07, 26/8. 1957; franz.)

Versuche: *2-Trichlorsiloxypropan*, $C_3H_7Cl_3OSi$, Kp. 116°, durch 5std. Rk. von Trichlorsilan mit Aceton unter UV-Bestrahlung (Meth. **A**); n_D^{20} 1,4045; $D._4^{20}$ 1,2015; ca. 100% (Ausbeute). — *2-Triphenylsiloxypropan*, $C_{21}H_{22}OSi$, F. 88° (PAe.), a) aus vorst. Verb. u. Phenyl-MgBr; 85%; b) aus Isopropanol, Triphenylchlorsilan u. Pyridin in abs. Ae.; c) aus Triphenylsilan nach **A**. — *3-Trichlorsiloxypentan*, $C_5H_{11}Cl_3OSi$, Kp. 159°, aus Pentanon-(3) nach **A**; Hydrolyse in Alkali liefert *Pentanol-(3)* (*Phenylurethan*, F. 48°); n_D^{20} 1,4210; $D._4^{20}$ 1,1637. — *3-Triäthylsiloxypentan*, $C_{11}H_{26}OSi$, Kp. 198°, aus vorst. Verb. u. Äthyl-MgBr; gibt bei 8std. Kochen mit 10% ig. HCl *Hexaäthylsiloxsilan*; n_D^{20} 1,4288; $D._4^{20}$ 0,8250. H. Henze. 980□

Trifluormethylbromphosphine und -phosphorane. Anton B. Burg und James E. Griffiths. (J. Amer. chem. Soc. **82**, 3514—17, 20/7. 1960; University Park, Los Angeles, Calif., Univ. of Southern California, Dep. of Chem.; engl.) — Durch Einw. von Br_2 auf *Tetrakis-[trifluormethyl]-diphosphin* (VIII) entsteht *Bis-[trifluormethyl]-bromphosphin* (I), das unter weiterer Br_2-Aufnahme *Bis-[trifluormethyl]-tribromphosphoran* (II) ergibt. Der Zerfall von II führt zu *Trifluormethylbromid* (V), PBr_3 u. I. Der Rk.-Mechanismus wird eingehend untersucht u. durch Verss. belegt. Die Rk. von *Trifluormethyldibromphosphin* (IV) mit Hg liefert hauptsächlich $(CF_3P)_4$ u. $(CF_3P)_5$, während I unter diesen Bedingungen *Tetrakis-[trifluormethyl]-diphosphin* (VIII) ergibt. Die Maxima der IR-Spektren werden angegeben.

Versuche: *Bis-[trifluormethyl]-bromphosphin* (I), a) durch Einw. von Br_2 auf VIII bei Zimmer-Temp. u. 40std. Erhitzen auf 90° im Rohr; 96% (Ausbeute); b) durch 96std. Erhitzen von Bis-[trifluormethyl]-jodphosphin mit AgBr im Rohr auf 96°; 97,8%; c) durch 9std. Erwärmen von VI auf 80°; daneben V, IV, PBr_3 u. *Tris-[trifluormethyl]-phosphin* (VII). — *Trifluormethyldibromphosphin* (IV), durch Schütteln von Trifluormethyldijodphosphin mit AgBr im Rohr bei Zimmer-Temp.; 92,5%. — *Bis-[trifluormethyl]-tribromphosphoran* (II), F. 6—9,4°, durch Erwärmen von I u. Br_2 auf Zimmertemperatur. — *Trifluormethylbromid* (V), durch Erwärmen von II auf 90°; daneben PBr_3 u. I. — *Trifluormethyltetrabromphosphoran* (III), F. 28,3—28,5° (hell orangefarben), a) durch Zers. von II; daneben PBr_5; b) durch Einw. von Br_2 auf IV bei 0°; daneben V. 16½std. Erwärmen von III auf 90° → PBr_3 u. V. ½std. Erhitzen von III mit PBr_3 auf

35° → *PBr$_5$* u. **IV**. — *Tris-[trifluormethyl]-dibromphosphoran* (**VI**), durch Erwärmen von **VII** mit Br$_2$ von —196° auf Zimmertemperatur. — *Tetrakis-[trifluormethyl]-diphosphin* (**VIII**), durch 16std. Erhitzen von **I** u. Hg auf 100°; 80%. W. Hampel. 980□

Die Darstellung einiger O-Isopropyl-O-[p-nitrophenyl]-alkylphosphonate. A. M. de Roos und H. J. Toet. (Recueil Trav. chim. Pays-Bas **78,** 59—66, Jan. 1959; Rijswijk, National Defence Res. Council, Chem. Labor.; engl.) — Das Na-Salz des Diisopropylphosphits (**I**) wird mit Alkylbromid zum *O.O-Diisopropylalkylphosphonat* (**II**) umgesetzt. Die Ausbeuten sind bei sek. Alkylhalogeniden geringer als bei primären. Durch Rk. von **II** mit Phosgen erhält man *O-Isopropylalkylchlorphosphenat,* die mit Na-p-Nitrophenolat zu den entsprechenden *O-Isopropyl-O-[p-nitrophenyl]-alkylphosphonaten* umgesetzt werden.

Versuche: Di-O-isopropylalkylphosphonate: *-isobutyl-* (**IV**), Kp.$_3$ 76—76,5°, durch 6std. Erhitzen von Na mit einer Lsg. von **I** in abs. Toluol auf 95° u. 7std. Rühren mit Isobutylbromid bei 105°; n_D^{20} 1,4192; 53,2% (Ausbeute). — *-methyl-*, Kp.$_{3-3,5}$ 58 bis 60°; n_D^{20} 1,4103; 67,7%. — *-äthyl-*, Kp.$_5$ 70,5—71°; n_D^{20} 1,4139; 63%. — *-propyl-*, Kp.$_{0,8}$ 56—58°; n_D^{20} 1,4170; 67,2%. — *-isopropyl-*, Kp.$_{0,8-1,1}$ 46—48°; n_D^{20} 1,4150; 43,6%. — *-butyl-*, Kp.$_{0,9}$ 65—69°; n_D^{20} 1,4204; 63,1%. — *-sek.-butyl-*, Kp.$_1$ 60—64°; n_D^{20} 1,4200; 23,3%. — *-pentyl-*, Kp.$_3$ 92,5—93°; n_D^{20} 1,4233; 42,7%. — O-Isopropylalkylchlorphosphonate: *-isobutyl-* (**III**), Kp.$_1$ 57—58°, durch Einleiten von Phosgen in **IV** unter Kühlung u. 4tägigem Stehen bei 5—15°; n_D^{20} 1,4365; 69,5%. — *-methyl-*, Kp.$_2$ 49,1—49,3°, analog durch 24std. Stehen; n_D^{20} 1,4301; 80%. — *-äthyl-*, Kp.$_5$ 61°, analog durch 24std. Stehen; n_D^{20} 1,4341; 90,9%. — *-propyl-*, Kp.$_{3-4}$ 61—64°, analog durch 24std. Stehen; n_D^{20} 1,4348; 90,7%. — *-isopropyl-*, Kp.$_{1,5}$ 40,5—41,5°, analog durch 14tägiges Stehen; n_D^{20} 1,4338; 26,8%. — *-butyl-*, Kp.$_3$ 78,6—78,9°, analog durch 4tägiges Stehen; n_D^{20} 1,4384; 70,5%. — *-sek.-butyl-*, Kp.$_{1,5}$ 50—51°, analog durch 14tägiges Stehen; n_D^{20} 1,4378; 44,8%. — *-pentyl-*, Kp.$_3$ 86,6—87,6%, analog durch 4tägiges Stehen; n_D^{20} 1,4400; 62,6%. — O-Isopropyl-O-[p-nitrophenyl]-alkylphosphonate: *-isobutyl-*, Kp.$_{0,8}$ 164—164,5°, durch 2std. Rk. einer Lsg. von 8,6 g **III** in Bzl. mit 3,1 g Na u. 18,8 g p-Nitrophenol in A. bei 80—90°; n_D^{20} 1,5106; IR-Spektrum s. Original; 11,1 g (Ausbeute). — *-methyl-*, Kp.$_{0,25}$ 130°; Kp.$_{0,4}$ 136°; n_D^{20} 1,5226. — *-äthyl-*, Kp.$_{0,03}$ 115—116°; n_D^{20} 1,5143. — *-propyl-*, Kp.$_{0,02}$ 132°; Kp.$_{0,03}$ 137; n_D^{20} 1,5133. — *-isopropyl-*, Kp.$_{0,02}$ 123—124°; n_D^{20} 1,5108. — *-butyl-*, Kp.$_{0,02}$ 131°; Kp.$_{0,03}$ 135°; n_D^{20} 1,5074. — *-sek.-butyl-*, Kp.$_{0,13}$ 148°; Kp.$_{0,15}$ 151°; n_D^{20} 1,5119. — *-pentyl-*, Kp.$_{0,2}$ 167—169°; n_D^{20} 1,5084. J. Ruhnke. 980□

Darstellung von 3-Alkylmercapto-4-methyl-N-dialkylaminoäthylanilinen. Chen-kai Ting [Schen-k'ai Ting] und Chi-chieh Chang [K'i-kie Tschang]. (Acta chim. sinica **22,** 460—66, 1956; Inst. Med. Sci.; chin., Auszug: engl.) — 10 *3-Alkylmercapto-4-methyl-N-diäthylamino-* bzw. *-piperidinoäthylaniline* werden durch Rk. von N-Acetyl-p-toluidin u. ClSO$_3$H zu *N-Acetyl-m-chlorsulfonyl-p-toluidin,* Red. mit Zn + Essigsäure zu m-Mercapto-N-acetyl-p-toluidin (**I**), Umsetzung mit $(CH_3)_2SO_4$, Alkylbromid bzw. C_6H_5J (**II**) zu *Thioläthern,* Abspaltung des Acetylrestes mit HCl u. Einw. von β-Diäthylamino (**IV**)- bzw. Piperidinoäthylchlorid (**V**) dargestellt.

Versuche: N-Acetyl-p-toluidine: *3-Äthylmercapto-* (**III**), $C_{11}H_{15}NOS$, F. 110 bis 111° (A.), aus **I** in KOH/A. durch Zugabe von C_2H_5Br u. 2std. Kochen; 96% (Ausbeute). — Analog: *3-n-Propylmercapto-*, $C_{12}H_{17}NOS$, F. 83,5—84,5°; 88%. — *3-n-Butylmercapto-*, $C_{13}H_{19}NOS$, F. 73,5—74,5°; 84%. — *3-Phenylmercapto-*, $C_{15}H_{15}NOS$, F. 112 bis 113°, aus **I** u. C_2H_5ONa in abs. A., durch Entfernen des A. im Vakuum u. Zusatz von frisch bereitetem Cu-Pulver u. **II** nach 3½ Std. bei ca. 220°; 70%. — p-Toluidine: *3-Äthylmercapto-*, $C_9H_{13}NS$, Kp.$_4$ 126—127°, aus **III** in A./konz. HCl in ½ Std. auf dem Wasserbad; 85%. — Analog: *3-n-Propylmercapto-*, $C_{10}H_{15}NS$, Kp.$_4$ 137—138°; 89%. — *3-n-Butylmercapto-*, $C_{11}H_{17}NS$, Kp.$_4$ 152—154°; 95%. — *3-Phenylmercapto-*, $C_{13}H_{13}NS$, Kp.$_4$ 179—180°; 95%. — N-[β-Diäthylaminoäthyl]-p-toluidine, durch 8std. Erwärmen vorst. Verbb. mit **IV** in $C_6H_5NO_2$ auf ca. 140°, Behandlung mit 40%ig. NaOH, Dampf-Dest. u. Ausäthern des Rückstandes: *3-Methylmercapto-*, $C_{14}H_{24}N_2S$, Kp.$_{15\mu}$ 125—127°; 68%. *Citrat,* $C_{20}H_{32}N_2O_7S$, F. 85,5—87°; 70%. — *3-Äthylmercapto-*, $C_{15}H_{26}N_2S$, Kp.$_{50\mu}$ 120—126°; 65%. *Citrat,* $C_{21}H_{34}N_2O_7S$, F. 95,5—96,5°; 74%. — *3-n-Propylmercapto-*, $C_{16}H_{28}N_2S$, Kp.$_{60\mu}$ 141—143°; 63%. *Citrat,* $C_{22}H_{36}N_2O_7S$, F. 105—106°; 71%. — *3-n-Butylmercapto-*, $C_{17}H_{30}N_2S$, Kp.$_{50\mu}$ 141—145°; 62%. *Citrat,* $C_{23}H_{38}N_2O_7S$, F. 98 bis 99,5°; 76%. — *3-Phenylmercapto-*, $C_{19}H_{26}N_2S$, Kp.$_{10\mu}$ 141—147°; 52%. *Citrat,* $C_{25}H_{34}N_2OS$, F. 122—123°; 71%. — Analog folgende N-[Piperidinoäthyl]-p-toluidine aus **V**: *3-Methylmercapto-*, $C_{15}H_{24}N_2S$, Kp.$_{10\mu}$ 145—147°; 57%. *Dihydrochlorid,* F. 168 bis 169,5° (A.); 78%. — *3-Äthylmercapto-*, $C_{16}H_{26}N_2S$, Kp.$_{10\mu}$ 141—143°; 66%. *Dihydrochlorid,* F. 124—125° (A./Aceton); 60%. — *3-n-Propylmercapto-*, $C_{17}H_{28}N_2S$, Kp.$_{75\mu}$ 139 bis 144°; 63%. *Dihydrochlorid*, F. 147—149° (A./Aceton); 60%. — *3-n-Butylmercapto-*, $C_{18}H_{30}N_2S$, Kp.$_{12\mu}$ 154—157°; 62%. *Dihydrochlorid*, F. 116—118° (A./Aceton); 66%. — *3-Phenylmercapto-*, $C_{20}H_{26}N_2S$, Kp.$_{10\mu}$ 171—173°; 61%. *Hydrochlorid*, F. 184—186° (A.); 74%. L. Schuler. 1090□

Eine praktische Oxydation von Nitromesitylen. Richard F. Stockel und David M. Hall. (J. org. Chemistry **27**, 3705—06, Okt. 1962; Clemson, S.C., Clemson Coll., Dep. of Chem. and Geol., Dep. of Textile Chem.; engl.) — Die Oxydation von Nitromesitylen (I) durch CrO_3 in Eisessig–Acetanhydrid ergab neben wenig *4-Nitro-3.5-dimethylbenzoesäure* *4-Nitro-3.5-dimethylbenzaldehyd* als *Diacetat*.

Versuche: *4-Nitro-3.5-dimethylbenzaldehyddiacetat*, $C_{13}H_{15}NO_6$, F. 126° (wss. A.), durch Eintropfen von konz. H_2SO_4 in eine gerührte Lsg. von I in Eisessig–Acetanhydrid bei —5°, Eintragen von CrO_3, weiteres 10 Min. langes Rühren, Gießen in W. u. Digerieren des Nd. mit kalter 5%ig. $NaHCO_3$-Lsg.; 72,6% (Ausbeute); Ansäuern der $NaHCO_3$-Lsg. → etwas *4-Nitro-3.5-dimethylbenzoesäure* (F. 223°). *Freier Aldehyd*, F. 50—50,5° (wss. A.), durch 2½std. Kochen von 1 g Diacetat mit 3 ml W., 3 ml A. u. 0,2 ml H_2SO_4, Abkühlen der heißfiltrierten Lsg. u. Ausäthern; 0,69 g; *Semicarbazon*, F. 209—210°; *2.4-Dinitrophenylhydrazon*, $C_{15}H_{13}N_5O_6$, Zers. bei 256—258°.

Gisela Schreiber. 1120□

Die Synthese von 2-Acetoxy-5-hydroxybenzaldehyd. H. Yee und A. J. Boyle. (J. org. Chemistry **27**, 2929—30, Aug. 1962; Detroit, Mich., Wayne State Univ., Dep. of Chem.; engl.) — Red. von 2.5-Diacetoxybenzoylchlorid mit Li-tri-tert.-butoxy-AlH gibt *2-Acetoxy-5-hydroxybenzaldehyd*.

Versuche: *2.5-Diacetoxybenzoylchlorid*, aus 2.5-Diacetoxybenzoesäure mit $SOCl_2$; 96% (Ausbeute). — *2-Acetoxy-5-hydroxybenzaldehyd*, F. 79—80° (wss. A.), durch Zutropfen von Li-tri-tert.-butoxy-AlH in abs. Diäthylenglykoldimethyläther zu vorst. Verb. in abs. Diäthylenglykoldimethyläther bei —70°, Stehen bei Raum-Temp. über Nacht u. Gießen in Eiswasser; gelb; 15—19% Ausbeute. H. Gleinig. 1140□

Darstellung von 4-substituiertem 2-Dialkylaminoäthoxyacetophenon und seinen Analoga. Shoung-chi Kung [Hiung-k'i Kung] und Chi-chieh Chang [k'i-kie Tschang]. (Acta chim. sinica **22**, 467—71, 1956; Inst. Med. Sci.; chin., Auszug: engl.) — Es werden dargestellt: *2-β-Diäthylaminoäthoxyacetophenon*, sein *4-Methyl-*, *4-Methoxy-*, *4-Chlor-* bzw. *4-β-Diäthylaminoäthoxy-Deriv.* u. *2-β-Morpholinoäthoxyacetophenon*, sein *4-Methyl-*, *4-Methoxy-* bzw. *4-Chlor-Deriv.* durch Rk. von 2-Hydroxyacetophenon bzw. seinen Derivv. mit β-Diäthylamino- (I) bzw. β-Morpholinoäthylchlorid, 2- bzw. *4-Diäthylaminoäthoxydesoxybenzoin* aus 2- bzw. 4-Hydroxydesoxybenzoin u. I sowie *2.4-Dimethoxy-* bzw. *4-chlor-2-methoxy-β-dimethylaminopropiophenon* aus 2.4-Dimethoxy- bzw. 4-Chlor-2-methoxyacetophenon, CH_2O u. Dimethylamin.

Versuche: *2-β-Diäthylaminoäthoxyacetophenon*, $C_{14}H_{21}NO_2$, Kp.$_{0,2}$ 110—112°; 81% (Ausbeute); *Citrat*, $C_{20}H_{29}NO_9$, F. 83—85°. *4-Methyl-Deriv.*, $C_{15}H_{23}NO_2$, Kp.$_{0,02}$ 108 bis 110°; 84%; *Citrat*, $C_{21}H_{31}NO_9$, F. 102—103°. *4-Methoxy-Deriv.*, $C_{15}H_{23}NO_3$, Kp.$_{0,3}$ 148 bis 150°; 94%; *Citrat*, $C_{21}H_{31}NO_{10}$, F. 110—112°. *4-Chlor-Deriv.*, $C_{14}H_{20}ClNO_2$, F. 31,5 bis 33°, Kp.$_{0,2}$ 140—142°; 95%; *Citrat*, $C_{20}H_{28}ClNO_9$, F. 126—128°. — *2-β-Morpholinoäthoxyacetophenon*, $C_{14}H_{19}NO_3$, Kp.$_{0,06}$ 124—125°; 66%; *Citrat*, $C_{20}H_{27}NO_{10}$, F. 62—64°. *4-Methyl-Deriv.*, $C_{15}H_{21}NO_3$, F. 60—62°, Kp.$_{0,1}$ 140—142°; 74%; *Citrat*, $C_{21}H_{29}NO_{10}$, F. 94—96°. *4-Methoxy-Deriv.*, $C_{15}H_{21}NO_4$, F. 91—92,5°; 60%; *Citrat*, $C_{21}H_{29}NO_{11}$, F. 105—107°. *4-Chlor-Deriv.*, $C_{14}H_{18}ClNO_3$, F. 73—75°; 60%; *Citrat*, $C_{20}H_{26}ClNO_{10}$, F. 130—132°. — *2.4-Bis-[diäthylaminoäthoxy]-acetophenon*, $C_{20}H_{34}N_2O_3$, Kp.$_{0,05}$ 168 bis 170°; 65%; *Citrat*, $C_{32}H_{50}N_2O_{17}$, F. 78—80°. — *2-Diäthylaminoäthoxydesoxybenzoin*, $C_{20}H_{25}NO_2$, Kp.$_{0,01}$ 153—155°; 80%. *Citrat*, $C_{26}H_{33}NO_9$, F. 83—84,5°. — *4-Diäthylaminoäthoxydesoxybenzoin*, *Hydrochlorid*, $C_{20}H_{26}ClNO_2$, F. 145—146°; 80%. — *2.4-Dimethoxy-β-dimethylaminopropiophenonhydrochlorid*, $C_{13}H_{19}NO_3 \cdot HCl$, F. 139—140°; 53,7%. — *2-Methoxy-4-chlor-β-dimethylaminopropiophenonhydrochlorid*, $C_{12}H_{16}ClNO_2 \cdot HCl$, F. 127 bis 129°; 51%. L. Schuler. 1180□

Die Umsetzung höher halogenierter p-Benzochinone mit Tosylhydrazin. Walter Ried und Roland Dietrich. (Liebigs Ann. Chem. **649**, 57—70, Nov. 1961; Frankfurt/M., Univ., Inst. für organ. Chem.; dt.) — Vgl. C. **1961**, 11303. — Bei der Rk. von höher halogenierten p-Benzochinonen mit Tosylhydrazin (I) bilden sich *tosylierte, hydroxylhaltige Benzochinon-(1.4)-diazide*, wobei der Austausch zweier Halogenatome in o-Stellung erfolgt. Es wurde untersucht, ob die mit der Bldg. der Chinondiazide zusammenhängende Halogenaustausch-Rk. nur auf bestimmte Stellungen am Kern anwendbar ist. Bei der Rk. des 2.6-Dichlorbenzochinons-(1.4) mit I bildet sich das *Tosylhydrazon*, das im Gleichgewicht steht mit dem *Tosylazophenol*. Dieses läßt sich mit verd. NaOH in *2.6-Dichlorbenzochinondiazid* überführen. Der Angriff des Hydrazids erfolgt an der den Chloratomen abgewandten CO-Gruppe, wie durch Vgl. mit einem aus 2.6-Dichlor-4-aminophenol (VI) dargestellten Prod. bewiesen wurde. 2.5-Dichlorchinon reagiert wieder zum Chinondiazid, Hydrazon-Bldg. erfolgte nicht. Damit kommt es nur zur Bldg. von *Sulfonylchinondiaziden*, wenn wenigstens ein zum angegriffenen Carbonyl o-ständiges Halogenatom vorliegt. Halogenchinondiazide reagieren mit Sulfinsäuren zu *Chinondiazidsulfonen*. Diese Rk. wird mit der Bldg. von Diazosulfonen aus Diazoniumsalzen u. Sulfinaten verglichen. Es werden einige Rk.-Mechansimen diskutiert. Die IR-Spektren der dargestellten Verbb. sind angegeben.

Versuche: 3-Hydroxybenzochinon-(1.4)-diazide-(1): *5.6-Dichlor-2-tosyl-* (III), $C_{13}H_8Cl_2N_2O_4S$, F. 110° (explosive Zers.; CH_3OH), a) durch Rk. von Chloranil (II) in CH_3OH mit I unter Lichtausschluß bei Raum-Temp., N_2-Entw., 2—3tägiges Stehen; perlmutterglänzende, orangebraune Prismen; 42%; daneben I-*Hydrochlorid* u. *Tetrachlorhydrochinon*; b) durch Schütteln von 10 g II in CH_3OH mit 17 g I über Nacht; 8,3 g. *Acetyl-Deriv.* (IV), $C_{15}H_{10}Cl_2N_2O_5S$, F. 173° (Zers.; CH_3OH), aus III u. Acetylchlorid in Ggw. von Pyridin; goldgelbe, quadrat. Täfelchen; 97%. *Benzoyl-Deriv.*, $C_{20}H_{12}Cl_2N_2O_5S$, F. 175° (Zers.; CH_3OH), analog mit Benzoylchlorid; citronengelbe, quadrat. Täfelchen. — *5.6-Dibrom-2-tosyl-*, $C_{13}H_8Br_2N_2O_4S$, F. 119° (explosive Zers.), analog III aus Bromanil u. I in 2 Tagen; orangebraune Prismen (CH_3OH); 45%. *Acetyl-Deriv.*, $C_{15}H_{10}Br_2N_2O_5S$, F. 169° (Zers.). — *5.6-Difluor-2-tosyl-*, $C_{13}H_8F_2N_2O_4S$, F. 120° (explosive Zers.), aus Fluoranil u. I bei —10°, Stehen über Nacht bei 0°; Evakuieren bei 25°, Digerieren mit Ae., Absaugen des I-*Hydrofluorids*, Einengen u. Zugabe von wenig Ae.; goldgelbe Nadelbüschel; 6%. *Acetylderivat.* — *5-Chlor-2-tosyl-*, $C_{13}H_9ClN_2O_4S$, F. 112° (explosive Zers.), aus 2.5-Dichlorchinon in CH_3OH u. I bei 0° in 2 Tagen; orangebraune Prismen (CH_3OH); 6%. *Acetylderivat.* — *5.6-Dichlor-2-benzolsulfonyl-*, F. 119° (explosive Zers.), aus II u. Benzolsulfonsäurehydrazid in 2—3 Tagen; orangebraune Rosetten von Rhomben (CH_3OH); 18%. — *Verb.* $C_{17}H_{12}Cl_2O_6S$, F. 257° (Xylol; Rautenbüschel), a) durch 1std. Erhitzen von III in Acetanhydrid auf dem Wasserbad u. 10 Min. langes Kochen; b) analog aus IV. — *Verb.* $C_{13}H_{11}ClN_2O_4S$, F. 323°, aus 1 g I in W. u. 2 ml konz. NH_4OH, N_2-Entw. unter Rotfärbung, Erwärmen auf dem Wasserbad; purpurrote Nädelchen (Eisessig); 0,25 g. — *3.4-Dihydroxy-5.6-dichlor-2-tosylanisol* (V), $C_{14}H_{12}Cl_2O_5S$ F. 139°, a) durch Erhitzen von III in CH_3OH zum Sieden unter N_2-Entw.; b) in geringen Mengen aus der Mutterlauge von III; Nadeln (Ligroin). — *o-Chinon vom F. 284°*, durch Oxydation von V in CH_3OH mit Kaliumnitrosodisulfonat in Ggw. von KH_2PO_4 bei 0° in 24 Std.; tiefrot. *Phenazin-Deriv.*, F. 325—328° (Zers.), mit o-Phenylendiamin in A.; orangegelbe Prismen (Xylol). — *2.6-Dichlor-4-p-toluolsulfonylazophenol* (*2.6-Dichlorbenzochinon-p-toluolsulfonylhydrazon*), $C_{13}H_{10}Cl_2N_2O_3S$, F. 140—141° (Zers.), a) durch Rk. von 2.6-Dichlorbenzochinon [durch Oxydation von 2.6-Dichlor-4-aminophenol (VI) mit $K_2Cr_2O_7$/H_2SO_4] mit I in CH_3OH; b) durch Rk. von *3.5-Dichlorbenzochinon-(1.4)-diazid-(1)* [F. 158° (explosive Zers.), durch Diazotieren von VI; gelbbraune Prismen aus CH_3OH] mit p-Toluolsulfinsäure (VII) in Ggw. von I; aus CH_3OH gelbe, perlmutterglänzende Prismen; 96%. — *3.5-Dichlor-4-p-toluolsulfonylazophenol*, F. 108°, aus *2.6-Dichlorbenzochinon-(1.4)-diazid-(1)* [F. 130° (Zers.), durch Diazotieren von 3.5-Dichlor-4-aminophenol] u. VII; orangegelbe Nadeln (CH_3OH). — *2.5-Dichlor-4-p-toluolsulfonylazophenol* (*2.5-Dichlorbenzochinon-(1.4)-p-toluolsulfonylhydrazon*), F. 133° (Zers.), aus 2.5-Dichlorphenacetin (nach Reverdin u. Düring [1899]) u. sd. HBr, Diazotierung des gebildeten *Aminophenols* unter CO_2 zum *2.5-Dichlorbenzochinon-(1.4)-diazid* [$C_6H_2Cl_2N_2O$, F. 129° (Zers.), aus CH_3OH gelbe Nädelchen] u. Rk. mit VII; gelbe Nädelchen (CH_3OH). — *3.5-Dimethyl-4-chlorbenzochinon-(1.2)-diazid-(2)*, F. 109° (Zers.), aus 3.5-Dimethyl-4-chlorbenzochinon-(1.2)-tosylhydrazon-(2) u. VII; hellbraune Nädelchen (PAe.). — *2.6-Dimethyl-4-p-toluolsulfonylazophenol*, a) aus 2.6-Dimethylbenzochinon-(1.4)-diazid-(4) u. VII; b) aus 2.6-Dimethylbenzochinon-(1.4). — *3-Hydroxy-2-tosyl-5.6* (oder *6.5*)*-chlorbrombenzochinon-(1.4)-diazid-(1)*, $C_{13}H_8BrClN_2O_4S$, F. 118° (explosive Zers.), aus 2.5-Dichlor-3.6-dibrombenzochinon u. I in CH_3OH in 3 Std.; orangebraune Prismen (CH_3OH); 55%. H. J. Schönherr. 1190□

Untersuchungen über Herbicide. 4. Mitt. **Die Synthese von 2.6-Dichlorbenzonitril.** H. Koopman. (Recueil Trav. chim. Pays-Bas **80,** 1075—83, Sept./Okt. 1961; Weesp, N. V. Philips-Duphar, Res. Labor.; engl.) — 3. vgl. C. **1963,** 4359. — Es werden 4 Synth. von *2.6-Dichlorbenzonitril* beschrieben: Aus 2.6-Dichloranilin durch Sandmeyer-Rk.; aus 2.3-Dichlornitrobenzol mit CuCN u. Austausch der NO_2-Gruppe gegen die Cl-Gruppe; aus 2.6-Dichlorbenzaldehyd durch Bldg. des 2.6-Dichlorbenzaldoxim, u. anschließender Dehydratisierung; aus 2.6-Dichlortoluol, NH_3 u. O_2 am V_2O_5-Kontakt.

Versuche (unter Mitarbeit von H. den Hartog u. K. Wellinga): *2-Chlor-6-nitrobenzonitril*, $C_7H_3ClN_2O_2$, F. 120—122° (Methanol), aus 2.3-Dichlornitrobenzol, CuCN u. Pyridin durch Zugabe von HCl; aus Methanol Platten; 60% (Ausbeute). —

2-Amino-6-chlorbenzonitril (II), $C_7H_5ClN_2$, F. 136—138° (Bzl.), aus vorst. Verb. mit Fe-Pulver, Methanol u. HCl; 89%. — *2-Amino-6-chlorbenzamid*, $C_7H_7ClN_2O$, F. 130—131° (Bzl.), a) aus **II** mit Fe-Pulver in Bzl.; b) aus **II** mit 2n NaOH. — *anti-2.6-Dichlorbenzaldoxim* (I), $C_7H_5Cl_2NO$, F. 175—176° (Bzl.), aus einem Gemisch von Lsgg. aus HON·$(SO_3Na)_2$ u. 2.6-Dichlorbenzaldehyd in A. (½ Std., 15°). — *2.6-Dichlorbenzaldoximacetat*, F. 80—85°, aus I, Essigsäure u. Acetanhydrid (½ Std., 45—50°). — *syn-2.6-Dichlorbenzaldoximacetat*, F. 46,5—48°, aus syn-2.6-Dichlorbenzaldoxim u. Acetanhydrid. — *2.6-Dichlorbenzonitril*, F. 144—145°, Kp. ca. 258°, a) aus 2.6-Dichloranilin durch Sandmeyer-Rk.; 75%; b) aus II durch Sandmeyer-Rk.; 79%; c) durch ½std. Kochen von I mit Acetanhydrid; 87%; d) durch Überleiten eines Gasgemisches aus 2.6-Dichlortoluol, NH_3, N_2 u. Luft über V_2O_5 bei 360°; 45—51%.

P. Gregorzewski. 1210□

Synthese asymmetrischer Thiocarbanilidderivate. R. G. Dubenko, Je. F. Gorbenko und P. Ss. Pelkiss. (Украинский Химический Журнал [Ukrain. chem. J.] **26**, 641—43, 1960; Inst. für organ. Chem. der Akad. der Wiss. der UdSSR; russ.) — Zur pharmakolog. Unters. wurde eine Reihe asymm. substituierter *N.N'-Diphenylthioharnstoffe* aus den entsprechenden Senfölen, die aus den entsprechenden Aminen mit Thiophosgen in verd. HCl erhalten wurden, u. p-Toluidin u. Sulfanilamid synthetisiert. Es wurden die Absorptionsspektren der Verbb. in A. bei einer Konz. von $1,65 \cdot 10^{-5}$ Mol/Liter gemessen.

Versuche: N.N'Diphenylthioharnstoffe: *4-Aminosulfonyl-4'-[2-äthyl-1.3.4-thiadiazolyl-(5)-aminosulfonyl]-*, $C_{17}H_{18}N_6O_4S_4$, F. 179° (Aceton), durch 5std. Erhitzen von p-Aminosulfonylphenylsenföl (I) u. 2-[p-Aminobenzolsulfamido]-5-äthyl-1.3.4-thiodiazol (II) in Aceton auf dem Wasserbad u. teilweise Abtrennung des Aceton im Vakuum; 65% (Ausbeute). — Analog u. durch Umkristallisieren aus Aceton: *4-[Aminosulfonyl]-4'-[p-aminosulfonylphenylaminosulfonyl]-*, $C_{19}H_{19}N_5O_6S_4$, F. 179°, aus I u. Sulfanilamid (III); 95%. — *4-Aminosulfonyl-4'-carbäthoxy-*, $C_{16}H_{17}N_3O_4S_2$, F. 190°, aus I u. p-Carbäthoxyanilin (**IV**); Nadeln; 79%. — *4-Aminosulfonyl-4'-acetyl-*, $C_{15}H_{15}N_3O_3S_2$, F. 186°, aus I u. p-Aminoacetophenon (**V**); gelbes Kristallpulver; 88%. — *4-Methyl-4'-cyanaminosulfonyl-*, $C_{15}H_{14}N_4O_2S_2$, F. 270°, aus p-Tolylsenföl (**VI**) u. p-Sulfanilcyanamid; 80%. — *4-Methyl-4'-ureidosulfonyl-*, $C_{15}H_{16}N_4O_3S_2$, F. 122°, aus **VI** u. N-Carbamoylsulfanilamid; 74%. — *4-Methyl-4'-carbäthoxy-*, $C_{17}H_{18}N_2O_2S$, F. 123°, aus **VI** u. **IV**; Nadeln; 95%. — *4-Sulfo-4'-methyl-*, *Na-Salz*, $C_{14}H_{13}N_2NaO_3S_2$, F. 206°, aus dem Na-Salz des p-Sulfophenylsenföls (**VII**) u. p-Toluidin; gelblich. — *4-Sulfo-4'-carbäthoxy-*, *Na-Salz*, $C_{16}H_{15}$·$N_2NaO_5S_2$, F. 206°, aus **VII** u. **IV**; aus A. gelbliches Kristallpulver; 30%. — *4-Sulfo-4'-[p-Aminosulfonylphenylaminosulfonyl]-*, *Na-Salz*, $C_{19}H_{17}N_4NaO_7S_4$, F. 220°, aus **VII** u. **III**; gelbe Kristalle; 59%. — *4-Sulfo-4'-[2-äthyl-1.3.4-thiadiazolyl-(5)-aminosulfonyl]-*, *Na-Salz*, $C_{17}H_{16}N_5NaO_5S_4$, F. 222°, aus **VII** u. **II**; gelbe Kristalle; 68%. — *4-Sulfo-4'-acetyl-*, *Na-Salz*, $C_{15}H_{13}N_2NaO_4S_2$, aus **VII** u. **V**; gelbliches Kristallpulver; 73%. — *4-n-Butoxy-4'-carboxy-3'-hydroxy-*, *Na-Salz*, $C_{18}H_{19}N_2NaO_4S$, aus p-n-Butoxyphenylsenföl u. dem Na-Salz der p-Aminosalicylsäure; 94%. D. Freytag. 1280□

Darstellung und Eigenschaften einiger Hydrazinderivate. 2. Mitt. **Verwendung von Carbazinsäureestern zur Darstellung von asymmetrischen disubstituierten Hydrazinen.** F. Eloy und C. Moussebois. (Bull. Soc. chim. belges **68**, 409—21, Juli/Aug. 1959; Bruxelles, Europ. Res. Assoc. S. A.; franz.) — 1. vgl. C. **1961**, 1538. — Umsetzung von Alkyl(aryl)carbonaten mit Hydrazin liefert die entsprechenden *Carbazinsäureester* (**A**), die mit akt. Halogen-Verb. in *N.N-disubstituierte Carbazinsäureester* übergeführt werden. So liefern die **A** mit α-Brom-p-xylol (**IX**) *N.N-Bis-[p-methylbenzyl]-carbazinsäureester* (**B**), mit 3-Brompropylen-(1) (**X**) *N.N-Diallyl-* u. mit p-Brommethylbenzoesäure (**XI**) *N.N-Bis-[p-carboxybenzyl]-carbazinsäureester*. Die **B** gehen bei der Spaltung mit Na in fl. NH_3 oder bei der Einw. von KOH in sd. A. in *N.N-Bis-[p-methylbenzyl]-hydrazin* (**XII**) über. Setzt man *N.N-Bis-[p-methylbenzyl]-carbazinsäurebenzylester* (**VII**) mit HBr um, so erhält man je nach Rk.-Bedingungen **VII**-*Hydrobromid*, **XII**-*Hydrobromid* oder *N-p-Methylbenzylhydrazinhydrobromid*. Mit HJ entsteht aus **VII** *Bis-[p-methylbenzyl]-aminhydrojodid*. Durch Rk. von Carbazinsäurebenzylester (**I**) mit α.α'-Dibrom-o-xylol (**XIII**) bildet sich *N-Benzyloxyformylaminodihydroisoindol* (**VIII**), das bei der Spaltung mit fl. NH_3 u. Na in *N-Aminodihydroisoindol* übergeht. **I** reagiert mit 2.5-Dibromadipinsäurediäthylester (**XIV**) u. anschließend mit NH_4OH unter Bldg. von *N-Benzyloxyformylaminopyrrolidindicarbonsäure-(2.5)-diamid*.

Versuche (mit I. Pierard): Carbazinsäurealkyl(aryl)ester (**A**): *-tert.-butyl-*, F. 38,5—39°, durch Rk. von Kohlensäure-[p-nitrophenyl]-tert.-butylester mit 64%ig. $N_2H_4 \cdot H_2O$ unterhalb von 60—70°, 12std. Stehenlassen bei Raum-Temp., Eingießen in Chlf., Einengen des filtrierten Chlf.-W.-Gemisches im Vakuum, Vakuum-Dest. des Rückstandes, Lösen der Fraktion Kp.$_{0,5}$ 50—60° in Hexan u. chromatograph. Reinigung an Al_2O_3; Nadeln; 72% (Ausbeute). — *-benzyl-* (I), F. 67° (Äthylacetat–Hexan), durch Erwärmen von *Benzylcarbonat* (**XV**; Kp.$_{0,5}$ 142—158°, durch Rk. von Benzylalkohol, Pyridin u. Toluol mit Phosgen in Toluol bei 0° unter Rühren u. Durchleiten von Luft; 80—90%) mit $N_2H_4 \cdot H_2O$ auf dem Wasserbad unter Rühren, Eingießen in W., Chlf.-Extraktion u. Abdestillieren des Chlf.; 83%. — *-allyl-* (II), Kp.$_3$ 84°, durch 20 Min. langes Erwärmen von *Allylcarbonat* (Kp.$_{28}$ 74—76°, dargestellt analog **XV**; 67%) mit $N_2H_4 \cdot H_2O$ auf dem Wasserbad unter Rühren; 55%; daneben *Carbohydrazid* (F. 152°). — *-methallyl-* (III), Kp.$_{0,5}$ 73°, aus *Methallylcarbonat* ($C_9H_{14}O_3$, Kp.$_3$ 66—67°; 71%) analog II; 82%. — *-äthyl-* (V), F. 45°. — *-2-hydroxyäthyl-* (IV), F. 84°. — *-phenyl-* (VI), F. 105°. — N.N-Bis-p-methylbenzyl]-carbazinsäurealky(laryl)ester (**B**): *-benzyl-* (VII), F. 92° (CH_3OH), durch 3std. Kochen von 2 Mol **IX** mit 1 Mol **I** in Ggw. von Diäthylanilin (**XVI**) in Dioxan, Abfiltrieren von **XVI**-*Hydrobromid*, Einengen im Vakuum, Aufnehmen in W., Ae.-Extraktion u. Abdestillieren des Ae.; 81%. *Dihydrobromid*, $C_{24}H_{28}Br_2N_2O_2$, F. 96,5—97,5° (Chlf.), durch 24std. Rk. von **VII** mit 1n HBr in Eisessig bei Raum-Temp.; 80%. — *-äthyl-*, F. 86° (Hexan), analog **VII** aus **V** u. **IX**; 80%. — *-allyl-* (**XVII**), F. 60° (Hexan), entsprechend aus **II**; 70%. — *-methallyl-* (**XVIII**), F. 82° (Hexan), aus **III**; 75%. — *-2-hydroxyäthyl-* (**XIX**), F. 103° (CH_3OH), durch 2std. Erhitzen von **IV**, **IX** u. **XVI** in Dimethylformamid (DMF) auf 110°, 24std. Stehenlassen bei Raum-Temp., Zusatz von W. u. Ae.-Extraktion; 60%. — *-phenyl-*, F. 123° (CH_3OH), durch mehrstd. Kochen von **VI**, **IX** u. **XVI** in Bzl. u. Einengen der von **XVI**-*Hydrobromid* abfiltrierten Bzl.-Lsg.; 60%. — N.N-Diallylcarbazinsäurealkylester: *-äthyl-*, F. 52° (Hexan), aus **V**, **X** u. **XVI** analog **VII**; 73%. — *-allyl-*, F. 57° (Hexan), Kp.$_{1,4}$ 94—96°, entsprechend aus **II**; 75%. — *N.N-Bis-[p-nitrobenzyl]-carbazinsäure- 2-hydroxyäthylester]*, F. 177° (Aceton), aus **IV** u. p-Nitrobenzylbromid in DMF; 70%. — N.N-Bis- p-carboxybenzyl]-carbazinsäurealkyl(aryl)ester: *-benzyl-*, F. 228° (CH_3OH), aus **I** u. **XI**; 81%. — *-allyl-*, F. 232° (CH_3OH), aus **II** u. **XI**; 66%. — *N-Benzyloxyformylaminopyrrolidindicarbonsäure-(2.5)-diamid*, F. 228° (W,), durch15std. Kochen von **I** u. **XIV** in Dioxan in Ggw. von **XVI**, Einengen der von **XVI**-*Hydrobromid* abfiltrierten Lsg. u. Rk. des Rückstandes mit konz. NH_4OH; 7%. — *N-Benzyloxyformylaminodihydroisoindol* (**VIII**), F. 134° (Nitromethan), aus **I** u. **XIII** analog **VII**; 76%. — *N.N-Bis-[p-methylbenzyl]-hydrazin* (**XII**), *Hydrobromid*, $C_{16}H_{21}BrN_2$, F. 178° (Chlf.–Hexan), durch 3std. Erhitzen von **VII** mit 1n HBr–Eisessig auf dem Wasserbad u. Zusetzen von Ae.; 71%. *Hydrochlorid*, $C_{16}H_{21}ClN_2$, F. 204° (W.), a) durch Lösen von **VII** in fl. NH_3, Zugabe von Na bis zur Blaufärbung, Verdampfen, Aufnehmen in W. u. Ansäuern mit HCl; ca. 100%; b) analog a) aus **XVII**; 85%; c) analog a) aus **XVIII**; 18%; d) durch 3std. Kochen von **XIX** mit 30%ig. äthanol. KOH, Verdünnen mit W., Ae.-Extraktion u. Einleiten von HCl; 70%; e) analog d) aus **XVII**; 70%; f) analog d) aus **XVIII**; 64%. — *N-p-Methylbenzylhydrazin*, *Hydrobromid*, $C_8H_{13}BrN_2$, F. 144—145° (A.-Ae.), durch 1std. Erhitzen von **VII** mit 3n HBr–Eisessig auf dem Wasserbad; 23%. *Pikrat*, $C_{14}H_{15}N_5O_7$, F. 124°. — *Bis-[p-methylbenzyl]-amin*, durch 1std. Erhitzen von **VII** mit 3n HJ in 80%ig. Eisessig auf dem Wasserbad u. Isolierung als *Hydrochlorid*, $C_{16}H_{20}ClN$, F. 263—264°. *p-Toluolsulfon-Deriv.*, $C_{23}H_{25}O_2NS$, F. 66,5°. — *N-Aminodihydroisoindol*, *Hydrochlorid*, F. 202—205° (A.-Ae.), durch Spaltung von **VIII** in fl. NH_3 mit Na u. Aufarbeitung analog **XII**-*Hydrochlorid* nach a); 64%.

H. Gleinig. 1280 □

Synthese von α.ω-Bis-[p-aminophenoxy]-alkanen. Ch'ing-sheng Yang [K'ing-sheng Yang], Te-hao Chü [Te-hao K'ü] und chi-Chieh Chang [K'i-kie Tschang]. (Acta chim. sinica **22**, 472—77; 1956; Inst. Med. Sci.; chin., Auszug: engl.) — Durch Kondens. von 2 Mol *p-$NO_2C_6H_4ONa$* (I) in A. mit α.ω-Dibrompentan bzw. -heptan u. Red. mit Fe/HCl werden *α.ω-Bis-[p-aminophenoxy]-pentan-* bzw. *-heptan* dargestellt; analog werden *α.ω-Bis- p-methylaminophenoxy]-pentan* bzw. *-heptan* durch Rk. von Na-p-[N-p-toluolsulfonyl-N-methylamino]- bzw. p-[N-Acetyl-N-methylamino]-phenolat statt I u. Hydrolyse mit konz. oder 25%ig. HCl dargestellt.

Versuche: Pentane: *1.5-Bis-[p-nitrophenoxy]-*, $C_{17}H_{18}N_2O_6$, F. 102—103° (A.); 82,5% (Ausbeute). — *1.5-Bis-[p-aminophenoxy]-*, $C_{17}H_{22}N_2O_2$, F. 79—81°. *Dihydrochlorid*, F. 256—260° (Zers.); 76,3%. *Diacetyl-Deriv.*, $C_{21}H_{26}N_2O_4$, F. 207—208°. — *1.5-Bis-[N-p-tosyl-N-methyl-p-aminophenoxy]-*, $C_{33}H_{38}N_2O_6S_2$, F. 117—119°; 64,2%. *1.5-Bis-[p-N-methylaminophenoxy]-*, $C_{19}H_{26}N_2O_2$, F. 80—81,5°; 81,5%. *Dihydrochlorid*, F. 160—162°. — Heptane: *1.7-Bis-[p-nitrophenoxy]-*, $C_{19}H_{22}N_2O_6$, F. 155—116°; 82,8%. — *1.7-Bis-[p-aminophenoxy]-*, $C_{19}H_{26}N_2O_2$, F. 79—80°. *Dihydrochlorid*, F. 256° (Zers.); 85,5%. *Diacetyl-Deriv.*, $C_{23}H_{30}N_2O_4$, F. 184—185°. — *1.7-Bis-[p-N-methylamino-*

phenoxy]-, $C_{21}H_{30}N_2O_2$, F. 63–64°; 40%. *Dihydrochlorid*, F. 140–142°, aus dem Diacetyl-Deriv. mit konz. HCl; 86%. *Diacetyl-Deriv.*, $C_{25}H_{34}N_2O_4$, F. 123–124,5°.

L. Schuler. 1320□

Synthese von niedermolekularen Polyorganoäthoxylsiloxanen regulärer Struktur. K. A. Andrianow, T. N. Ganina, N. N. Ssokolow und Je. N. Chrusstalewa. (Журнал Общей Химии [J. allg. Chem.] **30 (92)**, 2777–81, Aug. 1960; Elektrotechn. Allunions Inst.; russ.) — Durch Kondens. von Dialkyldichlorsilanen mit Dialkyldiäthoxysilanen nach: $R_2SiCl_2 + 2\ R_2'Si(OR'')_2 \rightarrow R''OSi(R')(R')OSi(R)(R)OSi(R')\cdot(R')OR'' + 2\ R''Cl$ werden lineare *Di-*, *Tri-* u. *Tetrasiloxane* mit α.ω-ständigen Äthoxygruppen u. Methyl-, Äthyl- u. Phenylsubstituenten erhalten. Die Kondens. wird in Ggw. von 0,05–0,1 Gew.-% $FeCl_3$ ausgeführt u. liefert Ausbeuten von 13–47% an individuellen Verbb.; daneben bilden sich höhere, nicht destillierbare *Polymere*. Teilweise tritt bei der Kondens. eine Umlagerung der funktionellen Gruppen bzw. Substituenten ein. Die Möglichkeit dieser Umlagerung zeigt die Rk. von Trimethyläthoxysilan (I) mit Methylphenyldichlorsilan (II), die *Trimethylchlorsilan* u. *Methylphenyldiäthoxysilan* (III) liefert.

Versuche: Man erhitzt 53,1 g I u. 14,3 g II mit 70 mg $FeCl_3$ 4 Std. auf 180° u. fraktioniert: *Trimethylchlorsilan*, C_3H_9ClSi, Kp. 57°; 6,6 g (Ausbeute). — *Methylphenyldiäthoxysilan* (III), $C_{11}H_{18}O_2Si$, Kp. 220°; n_D^{20} 1,4710; 11,6 g. — *1.1.3-Trimethyl-3-phenyl-1.3-diäthoxydisiloxan*, $C_{13}H_{24}O_3Si_2$, $Kp._{1,5}$ 90–92°, man erhitzt 114,6 g Methylphenyldichlorsilan (II) u. 355,2 g Dimethyldiäthoxysilan mit 0,5 g $FeCl_3$ 4 Std. auf 110°; $D._4^{20}$ 0,9576; n_D^{20} 1,4432; 40%. Daneben: *Pentamethyl-3-phenyl-1.5-diäthoxytrisiloxan*, $C_{15}H_{30}O_4Si_3$, $Kp._1$ 107–110°; $D._4^{20}$ 0,9850; n_D^{20} 1,4484; 38%. *Hexamethyl-3.5-diphenyl-1.7-diäthoxytetrasiloxan*, $C_{22}H_{38}O_5Si_4$, $Kp._1$ 145–148°; $D._4^{20}$ 1,0081; n_D^{20} 1,4660; 18%. — *1.3-Dimethyl-1.3-diphenyl-1.3-diäthoxydisiloxan*, $C_{18}H_{26}O_3Si_2$, $Kp._{0,02}$ 119 bis 120°, man erhitzt 20 g Methylphenyläthoxychlorsilan u. 84 g III mit 50 mg $FeCl_3$ 4 Std. auf 120–150°; $D._4^{20}$ 1,0251; n_D^{20} 1,4931; 47%. — *1.3.5-Trimethyl-1.3.5-triphenyl-1.5-diäthoxytrisiloxan*, $C_{25}H_{34}O_4Si_3$, $Kp._{0,15}$ 153–156°, man erhitzt 47,7 g II u. 210 g III mit 0,13 g $FeCl_3$ 6 Std. auf 135–160°; $D._4^{20}$ 1,0535; n_D^{20} 1,5020; 42%. Daneben *1.3.5.7-Tetramethyl-1.3.5.7-tetraphenyl-1.7-diäthoxytetrasiloxan*, $C_{32}H_{42}O_5Si_4$, $Kp._{0,02}$ 202–205°; $D._4^{20}$ 1,0902; n_D^{20} 1,5101; 17%. — *1-Methyl-3-äthyl-1.3-diphenyl-1.3-diäthoxydisiloxan*, $C_{19}H_{28}O_3Si_2$, $Kp._1$ 158–160°, man erhitzt 95,5 g II u. 448 g Äthylphenyldiäthoxysilan mit 0,54 g $FeCl_3$ 4 Std. auf 103°; $D._4^{20}$ 1,0500; n_D^{20} 1,5020; 13%. Daneben *3-Methyl-1.5-diäthyl-1.3.5-triphenyl-1.5-diäthoxytrisiloxan*, $C_{27}H_{38}O_4Si_3$, $Kp._1$ 179–182°; $D._4^{20}$ 1,0614; n_D^{20} 1,5113; 35%. — *1.5-Dimethyl-1.5-diphenyl-3-[x.x-dichlorphenyl]-1.3.5-triäthoxytrisiloxan*, $C_{26}H_{34}Cl_2O_5Si_3$, $Kp._{0,008}$ 92°, aus 58 g Äthoxy-[x.x-dichlorphenyl]-dichlorsilan u. 126 g III mit 90 mg $FeCl_3$ (4 Std. bei 120–150°); $D._4^{20}$ 1,2137; n_D^{20} 1,5286; 35%. — *3-Methyl-1.3.5-triphenyl-1.1.5.5-tetraäthoxytrisiloxan*, $C_{27}H_{38}O_6Si_3$, $Kp._{0,008}$ 147–150°, aus 19,1 g II, 72 g Phenyltriäthoxysilan u. 90 mg $FeCl_3$ 4 Std. (bei 130–150°); $D._4^{20}$ 1,0949; n_D^{20} 1,5012; 29%. Helmut Schäfer. 1380

Phosphororganische Verbindungen. 32. Mitt. **Enthalogenierung von Phenolen und aromatischen Aminen. Austausch phenolischer Hydroxylgruppen gegen Chlor.** Hellmut Hoffmann, Leopold Horner, Hans G. Wippel und Dieter Michael. (Chem. Ber. **95**, 523–27, Febr. 1962; Mainz, Univ., Inst. für organ. Chem.; dt.) — 31. vgl. Horner, Liebigs Ann. Chem. **646**, [1961], 65; 30. vgl. C. **1962**, 17378. — Umsetzung von Br- u. J-Phenolen mit Triphenylphosphin (I) in Bzl. liefert *Aryloxytriphenylphosphoniumsalze* (**A**), die mit W. zu *Phenolen*, **I**-*Oxid* (**V**) u. HBr bzw. HJ hydrolysiert werden. Triäthylphosphin (**II**) reagiert analog; mit p-Bromphenol (**VI**) bildet es allerdings nur ein Salz, das bei der Hydrolyse wieder in **VI** u. **II** zerfällt. Von Dihalogenphenolen wird nur 1 Halogenatom eliminiert. m-Halogenphenole u. Chlorphenole reagieren nicht mit I oder II. Die therm. Spaltung der **A** gibt Arylhalogenide u. **V** bzw. **II**-Oxid, wobei das Halogenatom an die Stelle der OH-Gruppe tritt. Die Rkk. von *Triphenylphosphindichlorid* (**III**) u. *Diphenyltrichlorphosphoran* (**IV**) mit Phenolen u. therm. Spaltung der Prodd. liefern analog *Arylchloride*. o- (**VII**) u. p-Bromanilin (**VIII**) werden mit I zu *N-Triphenylphosphoniumbromiden* (vgl. nachst. Ref.) umgesetzt.

Versuche: *Phenol*, a) aus **VI** u. **I** in abs. Bzl. durch 5std. Erhitzen auf 100° im Rohr, Filtrieren u. Hydrolyse des Nd. mit 2n NaOH; 90% (Ausbeute); daneben **V**, F. 156°; b) analog a) mit o-Bromphenol; 90%; daneben **V**. — *p-Bromphenol* (**VI**), aus 2.4-Dibromphenol u. **I** in Bzl. bei 100° (5 Std.); 95%; daneben **V**. — *o-Jod-p-kresol*, a) aus o.o'-Dijod-p-kresol u. **II** in Bzl. bei 150° (2 Std.); 80%; daneben **II**-Oxid; b) mit **I** in Bzl. bei 150° (2 Std.); 80%; daneben **V**. — *m-Jod-p-hydroxybenzoesäure*, aus m.m'-Dijod-p-hydroxybenzoesäure u. **I** in Bzl. bei 150° (3 Std.); 80%; daneben **V**. — *β-Naphthol*, a) aus 1-Bromnaphthol-(2) (**IX**) u. **II** in Bzl. bei 90° (1 Std.); 97%; daneben **II**-Oxid; b) mit **I** in Bzl.

bei 110° (2 Std.); 98%; daneben **V**. — *2-Bromnaphthalin*, F. 59° (wss. A.), aus **I** u. **IX** durch 4std. Erhitzen auf 140° u. auf 200—210° (6 Std.); 71% (daneben nach Hydrolyse 90,7% **V** u. 11,9% vorst. Verb.). — *Brombenzol*, durch 4std. Kochen von **I** u. **VI**; 80%; daneben 97% **V**. — *Triphenylphosphinphenylimid*, F. 132°, aus dem Hydrobromid mit NaOH. *Hydrobromid*, $C_{24}H_{21}BrNP$, F. 203° (A./Ae.), a) aus **I** u. **VII** oder **VIII** in Bzl. bei 200° im Rohr (4 Std.); 70—80%. — *Triphenylphosphin-2.6-dimethylphenylimid*, $C_{26}H_{24}NP$, F. 144—145° (PAe.), aus dem Hydrobromid mit NaOH. *Hydrobromid*, $C_{26}H_{25}BrNP$, F. 220° (W.), aus **I** u. 4-Brom-2.6-dimethylanilin bei 175°; 50%. — *Triphenylphosphin-α-naphthylimid*, F. 140—141°, durch 4std. Erhitzen von **I** u. 1-Brom-naphthylamin-(2) in Bzl. auf 80° u. Behandeln des Nd. in CH_3OH mit 2n NaOH; 82%. — *p-Nitrochlorbenzol*, a) aus p-Nitrophenol u. **III** (durch Rk. von **I** u. Cl_2 in CCl_4 u. Eindampfen) bei 140°; 75%; (daneben 70—90% **V**); b) analog a) mit **IV** (vgl. C. **1962, 3790**) bei 140°; 85%; daneben 70—90% *Diphenylphosphinsäure*. — Analog: *o-Nitrochlorbenzol*, a) aus o-Nitrophenol u. **III** bei 160°; 74%; b) mit **IV** bei 160°; 82%. — *Chlorbenzol*, a) aus Phenol u. **IV** bei 250°; 61%; b) mit **IV** bei 240°; 67%. — *p-Chlortoluol*, a) aus p-Kresol u. **III** bei 230°; 57%; b) mit **IV** bei 220°; 59%. — *o-Chlortoluol*, aus o-Kresol u. **IV** bei 220°; 61%. — *4-Chlorbiphenyl*, aus 4-Hydroxybiphenyl u. **IV** bei 220°; 82%. — *1-Chlornaphthalin*, a) aus Naphthol-(1) u. **III** bei 120°; 76%; b) mit **IV** bei 220°; 75%. — *2-Chlornaphthalin*, a) aus Naphthol-(2) u. **III** bei 220°; 79%; b) mit **IV** bei 220°; 71%.
H. Gleinig. 1380 □

Phosphororganische Verbindungen. 33. Mitt. Zum Mechanismus der Phosphinimid-Bildung aus Bromarylaminen und Triphenylphosphin. Hellmut Hoffmann und Dieter Michael. (Chem. Ber. **95**, 528—33, Febr. 1962; dt.) — 32. vgl. vorst. Referat. — Die Bldg. von *Arylaminotriphenylphosphoniumbromiden* (vgl. vorst. Ref.) aus Bromarylaminen (**A**) u. Triphenylphosphin (**I**) verläuft wahrscheinlich über 3 Stufen: 1. Ersatz des Br-Atoms durch ein Proton einer in geringer Konz. z. B. durch Zers. der **A** vorhandenen Säure (z. B. HBr); 2. Vereinigung des in 1. entstehenden Br-Kations u. des vorhandenen Br-Anions mit **I** zu **I**-Dibromid (**II**); 3. Rk. von **II** mit dem halogenfreien Arylamin zum Phosphoniumsalz + HBr; die in 3. entstehende HBr geht wieder in 1. ein. Für diese Auffassung sprechen folgende Befunde: Die Geschw. der Rk. von 1-Brom-naphthyl-(2)-amin (**III**) u. **I** nimmt in Ggw. von wenig Eisessig erheblich zu; in Ggw. von ca. 0,006 Val Triäthylamin dagegen fand auch nach 4 Std. bei 60° keine Rk. statt. Die Bldg. von Säure durch Zers. von **A** wird durch 2std. Kochen von **III** in abs., säurefreiem Toluol unter CO_2-Ausschluß bewiesen. In 96%ig. A. bzw. abs. A. reagiert **II** nicht nur mit dem aus **III** entstehenden β-Naphthylamin (**IV**), sondern offenbar auch mit dem W. bzw. mit A., da hier sehr viel **I**-*Oxid* (**V**) u. **IV** bzw. C_2H_5Br isoliert werden. p-Bromdimethylanilin (**VI**) wird von **I** zu *Dimethylanilin* debromiert; in Ggw. von Anilin entsteht daneben *Anilinotriphenylphosphoniumbromid*; **VI** u. **I** reagieren nicht in Abwesenheit von Säure miteinander. *Triphenylphosphin-β-naphthylimidhydrochlorid* reagierte auch bei 4std. Kochen in Toluol nicht mit **I**. — Die 1. Stufe der Rk. ist offenbar die geschwindigkeitsbestimmende. Da die Geschw. der Rk. aber von der Konz. an **I** oder an anderen tert. Phosphinen sowie von der Art des Phosphins abhängt, wird eine Zwischenstufe der Rk. angenommen, in der zunächst das Phosphin sich an das Br-Atom des protonisierten **A** anlagert u. dann bei der Ablösung des Br-Kations mitwirkt. Das von McDonald u. Campbell (C. **1961, 17961**) aus **I** u. p-Bromphenol (**VII**) erhaltene Prod. ist, da Phenole offensichtlich analog reagieren, nicht Triphenyl-p-hydroxyphenyl-phosphoniumbromid (**VIII**), sondern *Phenoxytriphenylphosphoniumbromid*, das zu **V**, *Phenol* u. *HBr* hydrolysiert wird. Dagegen läßt sich das aus Triphenyl-p-aminophenyl-phosphoniumbromid durch Diazotieren u. Verkochen oder durch Demethylierung des Methyläthers von **VIII** darstellbare **VIII** in neutraler oder saurer Lsg. nicht hydrolysieren; mit Alkalien geht **VIII** in das *Betain* über. — **III** wird bereits durch Tetralin zu **IV** debromiert; daneben entstehen *Naphthalin* u. *HBr*. Die Beweglichkeit des Br in **III** wird auch durch seine leichte Übertragbarkeit auf Phenol oder Anilin durch 20std. Kochen in Bzl. demonstriert.

Versuche: *Triphenyl-[p-hydroxyphenyl]-phosphoniumjodid*, F. 270—272° (A./W.), aus dem Methyläther durch 5std. Rühren mit Pyridinhydrochlorid in Eisessig bei 190—200°, Gießen in W. u. Fällen mit NaJ; 92% (Ausbeute). *Methyläther*, F. 209° aus p-Anisidin in verd. HCl, durch Diazotierung mit $NaNO_2$, Überschichtung mit **I** in Äthylacetat, Zutropfen wss. NaOH $< 0°$, Ansäuern mit HCl nach dem Ende die N_2-Entw., Erhitzen, Ausschütteln mit Äthylacetat u. Zusetzen von NaJ; 80% — *Triphenyl-[p-hydroxyphenyl]-phosphoniumbetain*, F. 315°, durch Lösen vorst. Verb. in W. u. Fällen mit NaOH. — *Triphenyl-[p-hydroxyphenyl]-phosphoniumbromid* (**VIII**), F. 260—263°, aus vorst. Verb. u. HBr. — *Phenol*, F. 41°, durch Rk. von **I** u. **VII** nach McDonald u. Campbell (l. c.), 1std. Kochen des Prod. in W., Filtrieren [→ *Triphenylphosphin-*

oxid (V), F. 156° (PAe.); 97,8%], Ansäuern u. Ausäthern; daneben 99% *HBr* (als Bromid). — *β-Naphthylaminotriphenylphosphoniumbromid*, durch Lösen von **III** u. **I** in Bzl., Kühlen nach der angegebenen Zeit u. Abfiltrieren (Ausbeute-Best. durch Lösen in wenig CH_3OH, Gießen in 2n NaOH, Filtrieren (→ nachst. Verb.), Waschen des Filtrats mit Ae., Ansäuern mit HNO_3 u. Titration des $Br^{\ominus}$ nach Volhard: a) aus **III** u. 1 Val **I** bei 80° in 10 Min.; 59%; b) analog a) in Ggw. von 0,01 Val Eisessig; 66%; c) analog a) in Ggw. von 0,03 Val Eisessig; 76%; d) analog a) bei 60° in 1 Std.; 21%; e) analog b) bei 60° in 1 Std.; 42%; f) analog d) in Ggw. von 0,05 Val Eisessig; 55%. — *Triphenylphosphin-β-naphthylimid*, F. 142° (Essigester), a) durch 3std. Kochen von **III** u. **I** in abs. A. unter Durchleiten von trocknem N_2 in eine Kühlfalle (→ 33% C_2H_5Br), Eindampfen, Auskochen mit Ae., Lösen in CH_3OH u. Gießen in 2n NaOH; 45%; daneben 46% *HBr* (als $Br^{\ominus}$ im Filtrat durch Ansäuern u. Titration nach Volhard), 44% *β-Naphthylamin* (**IV**) u. 43% **V**, aus dem Ae.-Extrakt; b) analog a) in 96%ig. A.; 19%; daneben 70% **V**, 67% **IV** u. 79% *HBr*; c) durch Lösen von **I** in 96%ig. A. bei 60°, Zugabe von 1 Val **III** in 60° warmem A., Kühlen mit Eis, Gießen in 2n NaOH, Waschen mit Ae. u. Best. durch Titration des $Br^{\ominus}$; 6%; d) analog c) in Ggw. von 0,1 Val H_2SO_4; 55%; e) analog c) in Ggw. von 0,5 Val H_2SO_4; 67%; f) analog c) in Ggw. von 1 Val H_2SO_4; 75%; g) durch 10std. Erhitzen von **VI**, **I**, **IV** u. CH_3COOH in abs. Bzl. im Rohr auf 200°, Absaugen, Waschen des Nd. in Bzl., Lösen in wenig CH_3OH u. Gießen in 2n NaOH; 78,5%. — *Triphenylphosphinphenylimid*, F. 132° (PAe.), analog vorst. Verb. nach g) mit Anilin statt **IV**; 83,4%; daneben 84% *HBr*. — *Dimethylanilin*, analog vorvorst. Verb. nach g) ohne **IV**; daneben 43% *HBr* u. 43% **V**. — Die Rkk. von **III** mit 1 Val eines tert. Phosphins ergaben: a) mit **I** in Bzl. bei 80° (10 Min.); 59% (Umsatz); b) analog a) mit 3 Val **I**; 72%; c) analog a) mit Tri-p-tolylphosphin (**IX**); 68%; d) analog a) mit Phenyldiäthylphosphin (**X**); 19%; e) analog a) mit Phenyl-di-n-butylphosphin (**XI**); 4%; f) mit **I** in Xylol bei 140° (5 Min.); 72%; g) analog f) mit **IX**; 84%; h) analog f) mit **X**; 60%; i) analog f) mit **XI**; 38%. — *β-Naphthylamin* (**IV**), *Hydrobromid*, F. 111°, durch Kochen von 4,4 g **III** in peroxidfreiem Tetralin unter gereinigtem N_2; 49% Ausbeute; daneben 0,4 g *Naphthalin* u. 98% *HBr*. H. Gleinig. 1380□

Phosphororganische Verbindungen. 34. Mitt. **Cyclopropanderivate aus metallierten Phosphinoxiden und Olefinoxiden.** Leopold Horner, Hellmut Hoffmann und Vicente G. Toscano. (Chem. Ber. **95**, 536—39, Febr. 1962; dt.) — 33. vgl. vorst. Ref.; 35. vgl. C. **1963**, 2798. — Umsetzung von α-Li-Alkylphosphinoxiden mit Olefinoxiden(**A**) liefert *γ-Hydroxyalkylphosphinoxide*, die beim Erhitzen in Ggw. von K-tert.-Butylat in *K-Phosphinate* u. *Cyclopropan-Derivv.* (**B**) zerfallen. α-K-Alkylphosphinoxide u. **A** reagieren unter unmittelbarer Bldg. der **B**. *3-Chloralkylphosphinoxide* cyclisieren sich in Ggw. von K-tert.-Butylat zu *Cyclopropylphosphinoxiden*, die beim Erhitzen mit NaOH *Phenylcyclopropane* u. *Na-Phosphinate* liefern.

Versuche: 3-Hydroxy-n-propyldiphenylphosphinoxide (FF. aus A., Chlf. oder Bzl.), durch Eintragen des Phosphinoxids in äther. Phenyl-Li-Lsg. unter Rühren, 1 Std. lang Rühren, Zusetzen des Olefinoxids u. mehrstd. Stehen: *1.2-Diphenyl-*, $C_{27}H_{25}O_2P$, F. 271—272°, in Tetrahydrofuran; 60% (Ausbeute). — *2-Phenyl-*, $C_{21}H_{21}O_2P$, F. 142—144°, in Ae.; 60%. — *1-Phenyl-* (**I**), F. 235—237°, in Ae.; 91%. — *1.2.3-Triphenyl-* (**II**), $C_{33}H_{29}O_2P$, F. 270—272°, in Ae.; 85%. — Analog: *[2-Hydroxycyclohexyl]-methyldiphenylphosphinoxid*, $C_{19}H_{23}O_2P$, F. 186—187°; 92%. — *1-Phenyl-2-α-naphthylcyclopropan*, $C_{19}H_{16}$, F. 74—75° (A.), Kp. 182—185°, durch 1std. Rühren von Diphenyl-[α-naphthylmethyl]-phosphinoxid u. K-tert. Butylat in Toluol, u. Zutropfen von Styroloxid in Toluol bei 70° u. 12std. Kochen; 62,5%; daneben 90% *Diphenylphosphinsäure*, F. 188—189°. — *1.2-Diphenylcyclopropan*, $Kp._{0,3}$ 142—144°, aus Diphenylbenzylphosphinoxid u. Styroloxid analog vorst. Verb.; n_D^{20} 1,5962; 37%. — *[3-Chlor-1-phenyl-n-propyl]-diphenylphosphinoxid*, $C_{21}H_{20}ClOP$, F. 208—209° (Bzl.), aus **I** u. $SOCl_2$ in sd. Chlf. (2 Std.); 77%. — *[1-Phenylcyclopropyl]-diphenylphosphinoxid*, $C_{21}H_{19}OP$, F. 131—132° (PAe.), aus vorst. Verb. u. K-tert.-Butylat in Bzl. bei Raum-Temp. (20 Min.) u. bei 70° (3 Std.); 71%. — *Phenylcyclopropan*, aus vorst. Verb. durch Erhitzen mit NaOH-Pulver auf 220°; 71%. — *[3-Chlor-1.2.3-triphenyl-n-propyl]-diphenylphosphinoxid*, $C_{33}H_{28}ClOP$, F. 234—236° (A.), aus **II** u. $SOCl_2$; 67%. — *1.2.3-Triphenylcyclopropan*, $C_{21}H_{18}$, F. 66 bis 67° (A.), durch 1½std. Kochen vorst. Verb. mit K-tert.-Butylat in Bzl., Eindampfen u. 2std. Erhitzen des Rückstands mit NaOH-Pulver auf 220°; 29%.

H. Gleinig. 1380□

Metallierungen durch Organolithiumderivate von Triarylverbindungen der Elemente der 4. Hauptgruppe. H. Gilman, O. L. Marrs, W. J. Trepka und J. W. Diehl. (J. org. Chemistry **27**, 1260—65, 12/4. 1962; Ames, Iowa, Univ., Chem. Dep.; engl.) — Vff. untersuchen die relative Rk.-Fähigkeit von Triphenylsilyl- (**I**), Triphenylgermyl- (**II**), Triphenylzinn- (**III**) u. Triphenylbleilithium (**IV**) in Tetrahydrofuran (**THF**) gegenüber Fluoren (**V**). Als Rk.-Prod. wird nach der Carbonisierung *Fluorencarbonsäure-(9)* (**VIII**) isoliert. Die Fähigkeit, gegenüber **V** metallierend zu wirken, fällt von **I** nach **IV**. Vff. untersuchen ferner das Verh. von **I** gegenüber einer Anzahl von KW-Stoffen u. Heterocyclen.

Versuche: *Fluorencarbonsäure-(9)* (**VIII**), F. 230—232° (Eisessig), a) durch 18std. Rühren von **V** mit der äquimol. Menge **I** (vgl. Gilman u. Lichtenwalter, C. **1960**, 4492) in THF bei Raum-Temp., Eingießen in Ae.–CO_2(fest), Hydrolyse mit HCl, Ae.-Extraktion, Schütteln der Ae.-Lsg. mit 5%ig. NaOH u. Ansäuern; 68,8% (Ausbeute; daneben **VI**; 46,1%; u. nicht umgesetztes **V**; 5,6%); b) analog a) aus **V** u. **II** (vgl. Gilman u. Gerow, C. **1956**, 4695); 65,6% (daneben *Triphenylgerman*; 49,6%; *Hexaphenyldigerman*; 0,6%; *Bis-[triphenylgermyl]-oxid*; 8,8%; u. **V**; 17%); c) analog a) aus **V** u. der berechneten Menge aus Triphenylzinnchlorid u. Li bereitetem **III**; 17,4% [daneben als in Ae. unlösl. Anteil *Hexaphenyldizinn*, F. 228—231°; 31%; u. durch Einengen der Ae.-Lsg. nicht umgesetztes **V**, F. 112—114° (CH_3OH); 62,4%]; d) analog a) aus **V** u. der berechneten Menge aus Triphenylbleichlorid u. Li dargestelltem **IV**; 0,48% (daneben **V**; 64,7%; e) durch 18std. Rk. von Fluorenyl-(9)-Li (**VII**; vgl. Gilman u. Gorsich, C. **1958**, 12669) mit **VI** in THF bei 25° u. anschließende Carbonisierung; 54% (daneben werden 82,2% **VI** zurückerhalten); f) analog e), jedoch 24std. Kochen von **VI** u. **VII** in THF; 39% (daneben werden 76,3% **VI** zurückerhalten). — *Xanthencarbonsäure-(9)* (**X**), F. 216 bis 220° (wss. A.), a) durch ½std. Rühren äquimol. Mengen Xanthen (**IX**) u. **I** in THF bei 0°, 4std. Rühren bei Raum-Temp., Rk. mit CO_2 u. Aufarbeitung analog **VIII** nach a); 36,5%; b) analog a) aus **I** u. **IX**, jedoch 16std. Rk. bei Raum-Temp.; 25,9% (daneben werden 6% **IX** zurückgewonnen). — *9-Triphenylsilylxanthen*, F. 164,5—166° (A.), durch Metallierung von **IX** mit der äquimol. Menge **I** in THF analog **X** nach a), Rk. der in der Lsg. vorliegenden **IX**-*Li-Verb.* mit Triphenylchlorsilan (**XI**) in THF, Hydrolyse, Chromatographie des durch Einengen der Lsg. erhaltenen Rk.-Prod. an Al_2O_3, Entfernung von nicht umgesetztem **IX** (9%) durch Elution mit PAe. u. Elution mit Bzl.; 14,4%; daneben durch Elution mit A. **XII**, F. 151—153,5° (PAe.); 48,7%. — *Thioxanthencarbonsäure-(9)*, durch 16std. Rk. von Thioxanthen (**XIII**) mit **I** in THF bei 25°, Rk. mit CO_2 u. Aufarbeitung analog **VIII** nach a); 44,6%; daneben 20% **XII** u. 6,3% nicht umgesetztes **XIII**. — *Triphenylsilanol* (**XII**), a) aus Diphenylbenzofuran (**XIV**) u. **I**, Rk. mit CO_2 u. Aufarbeitung analog **VIII** nach a); 25,3%; daneben nicht umgesetztes **XIV**; 68,2%; b) analog **VIII** nach a) durch 5std. Rk. von **I** u. symm.-Tetraphenyläthan (**XV**) in THF bei Raum-Temp.; 72,6%; daneben werden 95,4% **XV** zurückerhalten. — *9.10-Dihydroanthracencarbonsäure-(9)*, durch 4std. Rk. von 9.10-Dihydroanthracen mit **I** in THF bei Raum-Temp., Rk. mit CO_2 u. Aufarbeitung analog **VIII** nach a); 71,8%. — *Indencarbonsäure-(1)*, F. 158 bis 160° (Bzl.–PAe.), durch ½std. Rühren von Inden u. **I** in THF bei 0°, 3½std. Rühren bei Raum-Temp., Umsetzung mit CO_2 u. Aufarbeitung analog **VIII** nach a); 56,8%; daneben **VI**; 64,4%. — *Phenylpropiolsäure*, durch 18std. Rk. von Phenylacetylen u. **I** in THF bei Raum-Temp., Rk. mit CO_2 u. Aufarbeitung wie üblich; 40%; daneben **VI**; 52,3%; u. wenig einer *Verb. vom F. 146—148°*. — *10-Äthylphenothiazincarbonsäure-(4)*, durch 24std. Kochen von 10-Äthylphenothiazin (**XVI**; S = 5) mit **I** in THF, Rk. mit CO_2 u. Aufarbeitung analog **VIII** nach a); 1,7%; daneben wenig **XII** u. *4-Triphenylsilylbutanol-(1)*; 30% **XVI** werden zurückerhalten. — *Triphenylsilan* (**VI**), F. 42—44°, analog vorst. Verb. aus 10-Äthylphenothiazin-5-oxid u. überschüssigem **I** bei 0°, Rk. mit CO_2 u. Aufarbeitung analog **VIII** nach a); 27%; daneben **XII**; 11%; u. **XVI**; 35%. — *Tetraphenylsilan* (**XVIII**), F. 231—233° (Essigester/Bzl.), durch 18std. Rk. von Diphenylmethan (**XVII**)-Li mit **VI** in Ae.–THF bei Raum-Temp., Abdest. des Ae., 24std. Kochen nach Zugabe von THF, Rk. mit CO_2 u. Aufarbeitung analog **VIII** nach a); 12,5%; daneben **XVII**; 26%; u. nicht umgesetztes **VI**; 48%. — *Diphenylmethyltriphenylsilan*, F. 155 bis 158°, durch 20std. Rühren von **XVII**-Li mit **XI** bei Raum-Temp., Hydrolyse u. Filtration; 53%. — *Diphenylessigsäure*, F. 143—145° (wss. A.), a) durch 18std. Rk. von **XVII** u. **I** in THF bei Raum-Temp., Rk. mit CO_2 u. Aufarbeitung analog **VIII** nach a); 56,5% (daneben **XVIII**; 2,5°; **VI**; 55%; u. **XII**; 11,3%); b) analog a) aus **XVII** u. **I** durch 18std. Rk. bei Raum-Temp., anschließendes 24std. Kochen, Rk. mit CO_2 u. Aufarbeitung analog **VIII** nach a); 5,9%; daneben **XVIII**; 16,2%; **VI**; 61%; u. nicht umgesetztes **XVII**; 38,7%. E. Okruch. 1380□

Der sterische Verlauf der durch Säure geförderten Addition von Essigsäure an Norcaran. Robert T. LaLonde. (J. org. Chemistry **27**, 2275—78, Juni 1962; Syracuse, N.Y., Univ., Coll. of Forestry, Chem. Dep.; engl.) — Die Addition von $CH_3 \cdot COOH$ an Norcaran (**I**) in Ggw. von p-Toluolsulfonsäure bei 46,5° verläuft weitgehend stereospezif., da neben *3-* (**II**) u./oder *4-* (**III**) u. *1-Methylcyclohexen* (**IV**) u. *Cyclohepten* fast ausschließlich *trans-2-Methylcyclohexylacetat* (trans-**V**) gebildet wird. trans-**V** bildet sich offensichtlich nicht über das weniger stabile cis-**V**, da ein Gemisch von 59% cis-**V**

u. 41% trans-**V** auch nach 500std. Rk. mit H_2SO_4/Eisessig bei 50° ein Prod. liefert, das neben 16% **II** u./oder **III** u. **IV** 84% einer Acetatfraktion liefert, die noch 27% cis-**V** sowie 59% trans-**V** u. 14% *1-Methylcyclohexylacetat* enthält. — Durch 1wöchiges Erwärmen von **I** in Eisessig ohne Zusatz einer starken Säure wird **I** nicht verändert. Trennung u. Identifizierung der Prodd. erfolgte durch Gaschromatographie.

Versuche: *Norcaran* (I), Kp. 115,8—115,9°, nach Simmons u. Smith (C. **1961**, 8640). — *Cyclohepten*, durch 88std. Erwärmen von 1,84 g **I** u. 0,0745 m p-Toluolsulfonsäure in Eisessig im Rohr, Gießen in W./Ae., Extraktion der wss. Phase mit Ae., Aufarbeiten der äther. Lsgg. u. Gaschromatographie des Gemisches (1,71 g); 6,3—4,6% (Anteil am Gemisch); daneben 14,8—14,2% *1-Methylcyclohexen* (IV), 35,9—37,6% *3-* (II) u./oder *4-Methylcyclohexen* (III) u. 43% Acetatgemisch (vgl. nachst. Verb.). — *trans-2-Methylcyclohexanol* (trans-**VI**), durch 6std. Rühren des Acetatgemisches (2,33 g) mit KOH bei ca. 35°, Sättigen der wss. Phase mit NaCl, Extraktion der wss. Phase mit Ae., Aufarbeiten u. Gaschromatographie des Gemisches (552 mg); 34% (evtl. einschließlich *cis-3-* u./oder *cis-4-Methylcyclohexanol*; daneben 1,7% *1-Methylcyclohexanol* (**VII**) + *cis*-**VI**, ca. 0,4% *trans-3-* oder *trans-4-Methylcyclohexanol* u. 6,6% *Cycloheptanol*). *3.5-Dinitrobenzoat*, F. 116,5—177,5°, durch Rk. von 4,46 mg des Cycloalkanolgemisches mit 3.5-Dinitrobenzoylchlorid in abs. Pyridin u. Chromatographie des Prod. (F. 82—100°; 59,4 mg an Kieselsäure/Celite. — *2-Methylcyclohexanon*, durch Zugabe von $Na_2Cr_2O_7 \cdot 2\,H_2O$ in H_2SO_4 zu 440 mg vorst. Gemisches in Ae. <28°, 2std. Rühren, Aufarbeiten u. Gaschromatographie des Gemisches ($Kp._{10}$ 49—55°; 295 mg); 76%; daneben 3% **VII**, 5% *3-Methylcyclohexanon*, <1% *4-Methylcyclohexanon* u. 15% *Cycloheptanon*.

H.-J. Kötzsch. 1860□

Umlagerung von 2-Cyclohexylbutin-(3)-ol-(2) durch Ameisensäure. Tatsuo Takeshima, Kazuo Wakamatsu und Akira Furuhashi. (Bull. chem. Soc. Japan **31**, 640—44, Juli 1958; Mito, Ibaraki Univ., Fac. of Sci., Dep. of Chem.; engl.) — Bei der Umlagerung von *2-Cyclohexylbutin-(3)-ol-(2)* (I) durch HCOOH werden als Haupt-Prodd. *3-Cyclohexylidenbutanon-(2)* (II) u. *3-Cyclohexylbuten-(2)-al-(1)* (III) gebildet. Daneben entstehen *Cyclohexanon* u. wenig einer Verb., bei der es sich vermutlich um *3-Cyclohexylidenbutin-(1)* handelt. **III** liefert bei der Hydrierung *3-Cyclohexylbutyraldehyd*.

Versuche: *1-Acetylcyclohexen*, $Kp._{50}$ 110—111°, durch Erhitzen von 1-Äthinylcyclohexanol mit H_2SO_4 u. Eisessig; 65% (Ausbeute). — *Acetylcyclohexan*, Kp. 178—180°, durch Hydrierung an Pd; 86%. — *2-Cyclohexylbutin-(3)-ol-(2)* (I), $Kp._{18}$ 104—106°, durch Äthinylierung vorst. Verb. bei —7° in Ggw. von $NaNH_2$ u. Aufbewahren in der Kälte; 83%. — *3-Cyclohexylidenbutanon-(2)* (II), $Kp._{30}$ 105—111°, durch 1std. Kochen von **I** mit 80%ig. HCOOH, Neutralisieren mit gesätt. K_2CO_3-Lsg., Ae.-Extraktion, Abdest. des Ae., Isolierung der Fraktion $Kp._{30}$ 100—130° u. erneute Fraktionierung; 28%. *2.4-Dinitrophenylhydrazon*, $C_{16}H_{20}N_4O_4$, F. 123—124° (Nadeln; methanol. Pyridin). *Semicarbazon*, $C_{11}H_{19}N_3O$, F. 174—175° (CH_3OH; Nadeln). — *Cyclohexanon*. *2.4-Dinitrophenylhydrazon*, F. 158—160° (A.), a) analog **II** durch Abtrennen der Fraktion $Kp._{30}$ 75 bis 80°, u. Umsetzung mit 2.4-Dinitrophenylhydrazin (IV); b) durch 3std. Kochen von **II** mit 80%ig. HCOOH in Ggw. von wenig 50%ig. H_2SO_4, Ae.-Extraktion der mit K_2CO_3-Lsg. neutralisierten Lsg., Fraktionierung des Ae.-Rückstandes u. Rk. der hochsd. Fraktion mit **IV**; daneben durch Rk. der niedrig sd. Fraktion mit **IV** *Methyläthylketon-2.4-dinitrophenylhydrazon*, F. 115° (Nadeln). — *3-Cyclohexylbuten-(2)-al-(1)* (III), $Kp._{30}$ 135°, analog **II**, Isolierung der Fraktion $Kp._{30}$ 132—138° u. erneute Fraktionierung; 12%. *2.4-Dinitrophenylhydrazon*, $C_{16}H_{20}N_4O_4$, F. 199—200° (Pyridin; rote Plättchen). *Semicarbazon*, $C_{11}H_{19}N_3O$, F. 183—184° (CH_3OH; Plättchen). *Dimedon-Deriv.*, $C_{26}H_{38}O_4$, F. 160—161° (CH_3OH), durch Kochen von **III** mit Dimedon in 50%ig. wss. A. in Ggw. von wenig Piperidin u. Zusatz von Wasser. — *3-Cyclohexylbutyraldehyd*, $Kp._{30}$ 112—115°, durch Hydrierung von **III** an Pd-Kieselgur. *Semicarbazon*, $C_{11}H_{21}N_3O$, F. 139—140° (CH_3OH; Plättchen). *2.4-Dinitrophenylhydrazon*, $C_{16}H_{22}N_4O_4$, F. 125—127° (methanol. Pyridin). — *Glyoxal-bis-[2.4-dinitrophenylhydrazon]*, F. ca. 310° (methanol. Pyridin; Nadeln), durch ca. 2std. Ozonisieren von **III** in CCl_4 bei 0°, Eindampfen, Waschen des Rückstandes mit wss. CH_3OH u. Behandlung mit **IV**.

L. Lamza. 1900

Synthese von 2-Phenyltropon und seinen Bromderivaten aus 2-Phenylsuberon. Tadashi Muroi. (Bull. chem. Soc. Japan **33**, 1166—70, Sept. 1960; Sukekawa-machi, Hitachi-shi, Hitachi Ltd., Res. Labor.; engl.) — Vgl. C. **1963**, 3585. — Durch Bromierung von 2-Phenylsuberon (I; $Kp._{0,3-0,4}$ 110—111°; n_D^{27} 1,5390) bei unterschiedlichen **I**:Br_2-Verhältnissen werden *2-Phenyltropon* (II) u. Brom-Derivv. von **II** in guten Ausbeuten erhalten. Das bei Rk. mit 3 Molen Br_2 aus **I** gebildete *Prod. vom F. 185—187°* (III) zersetzt sich beim Behandeln mit W. unter Bldg. von *4-Brom-2-phenyltropon* (IV) u. ist daher ein HBr-Addukt. Bei den bes. bei niedriger Rk.-Temp. gebildeten *Verbb.* $C_{13}H_{14}Br_2O$ (V)

u. (VI) handelt es sich um Dibrom-Derivv. von I. *7-Brom-4-hydroxy-2-phenyltropon* u. *5.7-Dibrom-4-hydroxy-2-phenyltropon* werden meist als schwer zu trennendes *Gemisch* (VII) isoliert. Die aus *x-Brom-2-phenyltropon* (XII) dargestellte *x.x-Dibrom-Verb.* ist nicht ident. mit 3.7-, 4.7-, 5.7- oder 6.7-Dibrom-II. IV kann durch Entbromieren leicht in II übergeführt werden. UV-Absorption vgl. Original.

Versuche: 2-Phenyltropone, durch Zutropfen von Br_2/Essigsäure zur Lsg. von 4,7 g I in Essigsäure: *4-Brom-* (IV), $C_{13}H_9BrO$, F. 91—92°, a) durch 1 std. Rk. von I mit 3 Äquivalenten Br_2 bei 30—40° unter Rühren, Erhitzen auf 80° bis zum Aufhören der HBr-Entw., mehrstd. Stehen u. Behandeln der *Verb. vom F. 185—187° (Zers.)* [III; gelbe Kristalle; 3,7 g (Ausbeute)] mit W.; aus A. oder Methanol gelbe Nadeln; 2,3 g; daneben aus der Mutterlauge durch Eindampfen, Aufnehmen in Chlf. u. Chromatographie in Bzl./PAe. (1:1) an Silicagel 0,2 g II (Rohprod.); b) analog a), Beendigung des Erhitzens nach Ausfallen von III, Filtrieren u. Behandeln mit W.; 2 g; daneben nach mehrtägigem Stehen des Filtrats 0,22 g *hellgelber Kristalle vom F. 115—120°*, die nach Zers. mit W. *farblose Kristalle vom F. 175—185°* liefern, die durch Kristallisation aus A. oder Bzl. *x.x-Dibrom-2-phenylsuberon* (V), $C_{13}H_{14}Br_2O$, F. 155—156° (aus A. oder Bzl. Nadeln) u. *x.x-Dibrom-2-phenylsuberon* (VI), $C_{13}H_{14}Br_2O$, F. 128—129° (aus A. oder Bzl. Nadeln) geben; daneben 0,5 g II; c) durch 1½ std. Zugabe von 4 Äquivalenten Br_2 bei 30—60° u. Aufarbeiten nach a); 5,2 g; daneben wenig II, 0,02 g *Gemisch* (VII) [F. 185—190° (Zers.); gelbe Kristalle] u. 0,28 g VIII; d) durch Zugabe von 5 Äquivalenten Br_2 analog VIII (s. u.) nach b), Kühlen u. Zers. der 5,3 g III; 3,1 g; daneben 0,2 g VII, 0,35 g VIII, 0,1 g II u. 0,15 g *x-Brom-2-phenyltropon* (XII), $C_{13}H_9BrO$, F. 144—145°; aus Methanol gelbe Nadeln. — *4.7-Dibrom-* (VIII), $C_{13}H_8Br_2O$, F. 117—118°, a) neben IV nach c); aus A. gelbe Nadeln; b) durch 2½ std. Zugabe von 5 Äquivalenten Br_2 bei 30—65°, 4 std. Erhitzen (Wasserbad), Dest. des Lsgm. im Vakuum u. Aufarbeiten analog IV nach a); 2,5 g; daneben *4.7.x.x-Tetrabrom-2-phenylcyclohepten-(2)-(1)* (IX; $C_{13}H_{10}Br_4O$, F. 149—150°; aus A. Nadeln; 1 g), *4.5.7-Tribrom-2-phenyltropon* (X; $C_{13}H_7Br_3O$, F. 113—114°; aus A. hellgelbe Nadeln; 0,8 g), 0,1 g *7-Brom-2-phenyltropon* (XI), 0,7 g IV u. 0,1 g II; c) analog a) durch 1½ std. Zugabe von ¾ der Br_2-Lsg. bei 40—75°, Zugabe des Restes bei 85° u. 6 std. Erhitzen; 5,5 g; daneben 0,71 g VII, 0,1 g XI, 0,2 g X u. 0,15 g IX; d) durch 10 Min. langes Erhitzen von 0,15 g 4.4.5.6.7-Pentabrom-2-phenylcyclohepten-(2)-on-(1) auf 120—130° u. Aufnehmen in Bzl.; 0,05 g; e) durch 20 Min. langes Erhitzen von 0,12 g IX auf 150—160°, Aufnehmen in Bzl. u. Chromatographie an Silicagel. — *4-Brom-7-amino-*, F. 210°, durch ½ std. Kochen von 0,2 g IV in A. mit 80%ig. Hydrazinhydrat; aus A. orangegelbe Nadeln. — *5-Brom-3-phenyltropolon*, F. 135—136°, durch 3 std. Kochen vorst. Verb. in A. mit 6n NaOH, Dest. des A. u. Ansäuern; aus Methanol gelbe Nadeln. — *4.4.5.6.7-Pentabrom-2-phenylcyclohepten-(2)-on-(1)*, $C_{13}H_9Br_5O_2$, F. 121—122°, durch Zugabe von 4,8 g Br_2 zu 2,6 g IV in Essigsäure u. mehrstd. Stehen; aus A. u. Bzl. Prismen; 4,7 g; daneben VIII. — *4-Brom-2-phenylbenzoesäure*, $C_{13}H_9BrO$, F. 173—175°, durch ½ std. Kochen von VIII in A. mit 2n NaOH, Dest. des A., Ansäuern u. Extraktion mit Bzl.; aus Cyclohexan Nadeln. — *4.5-Dibrom-2-phenylbenzoesäure*, $C_{13}H_8Br_2O_2$, F. 180 bis 181°, analog vorst. Verb. aus X durch ¼ std. Rk.; aus Cyclohexan Nadeln. — *5.7-Dibrom-4-hydroxy-2-phenyltropon*, F. 131—132°, durch 10 std. Erhitzen von X mit 75%ig. H_2SO_4 auf 170—180°, Gießen in Eis/W., Aufnehmen in 10%ig. Na_2CO_3, Ansäuern, Behandeln des Prod. [F. ca. 190° (Zers.); gelbe Kristalle; 0,1 g] mit 2,8%ig. CH_2N_2/Ae. u. Chromatographie in Bzl./PAe. an Silicagel; aus Methanol gelbe Nadeln. — *x.x-Dibrom-2-phenyltropon*, $C_{13}H_8Br_2O$, F. 141—142°, durch Versetzen von XII in Essigsäure mit Br_2 u. ½ std. Erhitzen (Wasserbad); aus Bzl. oder A. hellgelbe Nadeln.

H.-J. Weigmann. 1960□

Eine neue Synthese des Cycloheptandions-(1.4). Pierre Courtot. (Bull. Soc. chim. France **1962**, 1493—94; Juli; Paris, École Super. de Phys. et de Chim., Labor. de Chim. Organ.; franz.) — Cyclohexandion-(1.4) (I) reagiert mit der äquimol. Menge Äthylenglykol (II) in Bzl. nach Salmi [1938] zu einem Gemisch von annähernd gleichen Mengen *1.4-Dioxaspiro-[4.5]-decanon-(8)* [III; F. 72—73°, durch Extraktion des Rk.-Gemisches mit $NaHSO_3$; 30% (Ausbeute)] u. *1.4.9.12-Tetraoxadispiro-[4.2.4.2]-tetradecan* (V; $C_{10}H_{16}O_4$, F. 79—79,5°); daneben wird unverändertes I durch Auswaschen des Rk.-Gemisches mit W. zurückerhalten. V entsteht auch direkt aus I u. 2 Mol II; es liefert bei der sauren Hydrolyse I; 95%. III bildet mit N-Methyl-N-nitrosourethan in CH_3OH in Ggw. von K_2CO_3 ein Gemisch von *1.4-Dioxaspiro-[4.6]-undecanon-(8)* (IV; Kp.$_1$ 86—88°, durch Einengen der Lsg., Aufnehmen in Ae., Extraktion mit $NaHSO_3$-Lsg., Spaltung u. fraktionierte Dest.; n_D^{22} 1,4820; 58%) u. *1.4.9-Trioxadispiro-[4.2.2.2]-dodecan* (VI; durch Einengen der vorst., von IV befreiten Ae.-Lsg.; 35%). VI kann durch Red. mit $LiAlH_4$ in das auch aus III u. CH_3MgJ erhältliche *8-Hydroxy-8-methyl-1.4-dioxaspiro-[4.5]-decan* ($C_9H_{16}O_3$, F. 70—71°) übergeführt werden. IV wird in methanol.

Lsg. mit wenig konz. HCl zu *Cycloheptandion-(1.4)* (**VII**; $C_7H_{10}O_2$; 65%) hydrolysiert. Für **III**, **IV** u. **VII** sind die IR-Banden angegeben. Gisela Schreiber. 1970□

Die Synthese 4-substituierter Cyclopentene aus 1.4-Dibrombuten-(2). Jerrold Meinwald, Paul G. Gassman und Jack K. Crandall. (J. org. Chemistry **27**, 3366 bis 3368, Sept. 1962; Ithaca, N.Y., Cornell Univ., Dep. of Chem.; engl.) — Durch Rk. von cis-1.4-Dibrombuten-(2) (**I**) mit Na-Malonsäurediäthylester (**II**) wurde *4.4-Dicarbäthoxycyclopenten* erhalten, das nach Verseifung zur *Disäure* zu *Cyclopenten-4-carbonsäure* (**III**) decarboxyliert werden konnte. Diese wurde nach Veresterung mit Diazoäthan (**IV**) zu *Cyclopentancarbonsäureäthylester* hydriert u. mit $LiAlH_4$ zu dem auch aus Formaldehyd u. der Grignard-Verb. des 4-Bromcyclopentens (**VI**) erhältlichen *4-Hydroxymethylcyclopenten* reduziert. Umsetzung des **III**-Äthylesters (**V**) mit CH_3MgJ lieferte *4-[Dimethylhydroxymethyl]-cyclopenten.*

Versuche: *4.4-Dicarbäthoxycyclopenten*, $C_{11}H_{16}O_4$, Kp.$_{21}$ 85,5—87,5°, durch Zutropfen einer Suspension von **II** in abs. A. zu **I** bei 0° unter Rühren, 2std. Rühren bei 0°, 16std. Rühren bei Raum-Temp., 2½std. Rühren bei 50—55°, Verdünnen mit Ae., Filtrieren, Waschen mit W. u. Dest.; n_D^{26} 1,4512; 54% (Ausbeute). — *4.4-Dicarboxycyclopenten*, $C_7H_8O_4$, F. 165—165,5° (Bzl. u. Sublimation), durch 4½std. Kochen vorst. Verb. mit wss.-alkohol. KOH, Ausäthern, Sättigen der wss. Lsg. mit NaCl, Ansäuern mit verd. HCl, sofortiges Ausäthern u. Einengen; 98%. — *4-Carbäthoxycyclopenten* (**V**), $C_8H_{12}O_2$, Kp.$_{40}$ 89—93°, durch Pyrolyse vorst. Verb. bei 170°/1 mm u. Verestern der rohen, in einer Trockeneiskühlfalle aufgefangenen *Säure* (**III**) mit **IV**; n_D^{21} 1,4445; 30%. — *Cyclopenten-4-carbonsäureanilid*, $C_{12}H_{13}NO$, F. 139—140° (A.-W.), durch 1std. Stehen der in abs. Bzl. aufgenommenen **III** mit Oxalylchlorid, Einengen, Zutropfen von Anilin, Filtration u. Einengen. — *Cyclopentancarbonsäureäthylester*, Kp.$_{45}$ 87—90°, a) durch Verestern der Säure mit **IV**; 92%; b) durch Hydrieren von **V** über 10%ig. Pd-Kohle; n_D^{24} 1,4325. — *4-Hydroxymethylcyclopenten*, $C_6H_{10}O$, Kp.$_{57}$ 98—99°, a) durch Eintropfen von **V** in Ae. unter Rühren u. Kühlen in eine Suspension von $LiAlH_4$ in Ae., Rühren über Nacht, Hydrolyse mit W. unter Eiskühlung, 1std. Rühren u. Dest. der filtrierten u. getrockneten Lsg.; n_D^{22} 1,4670; 87%; b) durch Rk. von **VI** mit Mg in Ae. unter N_2, ½std. Rühren, Einleiten von $CH_2O + N_2$, ¼std. Rühren, Gießen in Eis-verd. HCl, Ausäthern u. Dest.; n_D^{24} 1,4697; 38%. — *4-[Dimethylhydroxymethyl]-cyclopenten*, $C_8H_{14}O$, durch Zutropfen von **V** in Ae. zu CH_3MgJ in Ae., ½std. Rühren, Hydrolyse mit gesätt. NH_4Cl-Lsg., Abdestillieren des Ae. u. Gaschromatographie; n_D^{26} 1,4640; 40%. Gisela Schreiber. 2010□

Die Synthese von substituierten 1-Methylcyclohexancarbonsäuren und die Stereochemie der Faworski-Umlagerung. Gilbert Stork und Irving J. Borowitz. (J. Amer. chem. Soc. **82**, 4307—15, 20/8. 1960; New York, N.Y., Columbia Univ., Chandler Labor.; engl.) — Aus der Unters. der stereoelektron. Bedingungen für die Faworski-Umlagerung wird auf die intermediäre Bldg. von Cyclopropanonen geschlossen. Die Rkk. werden durchgeführt mit *2-Chlorcyclohexanon* (**I**), *1-Chlor-1-acetylcyclohexan* (**II**), *2-Chlor-2-methylcycloheptanon* (**III**), *cis-* (**VIIa**) u. *trans-1-Acetyl-1-chlor-2-methylcyclohexan* (**VIIb**) u. *trans-1-Chlor-1-acetyl-2.4.5-trimethylcyclohexen-(4)* (**XII**), wobei *Cyclopentancarbonsäure, 1-Methylcyclohexancarbonsäure, cis-* (**XIa**) u. *trans-1.2-Dimethylcyclohexancarbonsäure* (**XIb**) bzw. *trans-1.2.4.5-Tetramethyl-4-cyclohexencarbonsäure* entstehen. Die Ausgangs- u. Endprodd. werden synthetisiert. Verss. ergaben für Na-Benzylat (NaB) in Benzylalkohol (BA) als Agens für die Faworski-Umlagerung die besten Ausbeuten. Die Stereochemie der Verbb. wird, u. a. an Hand der IR-Spektren, diskutiert.

Versuche: *Cyclopentancarbonsäure*, Kp.$_{13}$ 110—150°, durch ½std. Versetzen von **I** mit 3,6m NaB in BA, 1std. Rühren, Einengen, Wasserzusatz, 2std. Kochen unter N_2 u. Dest.; 75% (Ausbeute). — *1-Methylcyclohexancarbonsäure*, Kp.$_{0,7}$ 135—145°, a) durch 17std. Kochen von **II** mit NaB in abs. Ae. bei 10—20°, Eindampfen, Zugabe von W. u. 48std. Kochen unter N_2; 72%; b) durch ½std. Zugabe von 12,15 g **III** zu 6,15 g Na in BA bei 6—10°, 1¾std. Schütteln, Wasserzusatz, Ausäthern, Einengen, Dest. der 6,88 g *Benzylester* [Kp.$_{0,05}$ 100—150° (Bad-Temp.)] u. 6std. Hydrieren von 3 g Ester in Äthylacetat in Ggw. von konz. H_2SO_4 an 10%ig. Pd-Kohle; 1,41 g. *Anilid*, F. 110,2—111,4° (Bzl.); 48%. — *2-Methylcycloheptanon*, Kp. 178—183°, aus 2-Methylcyclohexanon durch Ringerweiterung mit Diazomethan; n_D^{29} 1,4528; 63%. *2.4-Dinitrophenylhydrazon*, $C_{14}H_{18}N_4O_4$, F. 111—112,5°. — *2-Methyl-2-chlorcycloheptanon* (**III**), $C_8H_{13}ClO$, Kp.$_2$ 65—66°, nach Warnhoff u. Johnson (vgl. C. **1954**, 1943); n_D^{24} 1,4790; 56%. — *2-Methylcycloheptenon* (**IV**), Kp. 87—89°, durch Dehydrochlorierung von **III** bei 210—220° nach Warnhoff (vgl. l. c.); 34%. *2.4-Dinitrophenylhydrazon*, $C_{14}H_{16}N_4O_4$, F. 121—122° (abs. A.). — *2-Methyl-3-oxocycloheptanessigsäuremethylester* (**V**), Kp.$_{0,3}$ 105—125° (Bad-Temp.), durch 20std. Kondens. von **IV** mit Malonsäurediäthylester in A. in Ggw.

von Na-Äthylat unter N_2, Abdampfen des A., 24std. Kochen in Eisessig–verd. HCl, Eindampfen, 24std. Kochen in Methanol in Ggw. von konz. H_2SO_4, Einengen, Gießen auf Eis u. Ausäthern; 52%. *2.4-Dinitrophenylhydrazon*, $C_{17}H_{22}N_4O_6$, F. 150,2—152,2°, aus Methanol/Chlf. orangefarbene Kristalle. — *trans-2-Methyl-2-chlor-3-oxocycloheptanessigsäuremethylester*, Kp.$_{0,1}$ 102—125° (Bad-Temp.), aus **V** mit SO_2Cl_2; 80%. — *trans-2-Methyl-2-carboxycyclohexanessigsäure*, F. 173,4—176° (Aceton/Pentan), durch Umlagerung vorst. Verb., Hydrolyse des gebildeten Esters u. Dest. der Säure bei Kp.$_{20}$ 180° (Bad-Temp.); 15%. — *Methylcyclohexen*, Kp. 105—106°, durch Dehydratisierung von 1-Methylcyclohexanol mit J_2. — *Gemisch von 1-Acetyl-2-methylcyclohexen-(1)* u. *-(2)*, Kp.$_{16}$ 110—115°, aus vorst. Verb.; 40%. — *Gemisch* (**VI**) von *cis-* u. *trans-1-Acetyl-2-methylcyclohexan*, Kp.$_{16}$ 75—80°, durch Hydrieren vorst. Verb. an 10%ig. Pd–Kohle in abs. A. in Ggw. von wenig **KOH**; 45%. *Semicarbazon*, F. 162,4—165,2°. — *cis-1-Acetyl-1-chlor-2-methylcyclohexan* (**VIIa**), $C_9H_{15}ClO$, Kp.$_{14}$ 88—95°, durch Chlorieren von **VI** mit SO_2Cl_2; $n_D^{24,5}$ 1,4707; 17—31%. — *2-Keto-3-acetyl-4-methylbutyrolacton, Monohydrat*, F. 89—93°, aus Na-Acetbrenztraubensäureäthylester u. Acetaldehyd; 75%. — *3-Chlorpenten-(3)-on-(2)* (**VIII**), Kp.$_{23}$ 55—57°, durch $^1/_2$std. Einleiten von Cl_2 in die wss.-methanol. Lsg., vorst. Verb. bei 10—15° u. Zugabe von **$KHCO_3$** unter Rühren; n_D^{21} 1,4702; 74%. *2.4-Dinitrophenylhydrazon*, $C_{11}H_{11}ClN_4O_4$, F. 198,5—199,5°, aus Chlf. rote Kristalle. — *1-Acetyl-1-chlor-2-methylcyclohexen-(4)*, Kp.$_{2,5}$ 68—69°, durch 2std. Erhitzen von **VIII** u. Butadien (**Xa**) in Ggw. von Hydrochinon (Hy) auf 160° u. 24std. Erhitzen auf 130°; 53%. — *trans-1-Acetyl-1-chlor-2-methylcyclohexan* (**VIIb**), $C_9H_{15}ClO$, Kp.$_{16}$ 85—87°, durch Hydrieren vorst. Verb. an Pd/Kohle in Cyclohexan; $n_D^{24,5}$ 1,4707; 72—82%. — *1-Chlor-1-[1-hydroxyäthyl]-2-methylcyclohexan*, Kp.$_{4,5}$ 85—91°, durch 14tägige Red. von **VIIb** mit $NaBH_4$ in Methanol bei Zimmer-Temp.; 80%. — *1-Hydroxy-1-äthyl-2-methylcyclohexan*, Kp.$_{28}$ 125—130°, durch 42std. Kochen vorst. Verb. in methanol. **KOH**, 5std. Kochen des entstandenen *Epoxids* (Kp.$_{20}$ 66—75°; 46—54%) mit 4,9 Val $LiAlH_4$ in Tetrahydrofuran u. Zers. mit Äthylacetat; 73—81%. — *1-Äthyl-2-methylcyclohexen*, C_9H_{16}, Kp. 130—160° (Bad-Temp.), durch 22std. Kochen vorst. Verb. mit 2 Val PBr_3 in Bzl. u. 17std. Kochen der entstandenen *1-Brom-Verb.* mit 2 Val NaOH in A. unter N_2; 86%. — *2.3-Dichlorbuttersäure*, F. 50—52°, durch Chlorieren von trans-Crotonsäure; 88%. — *trans-2-Chlorcrotonsäure*, F. 99—100°, durch Dehydrochlorierung vorst. Verb. in Pyridin; 65%. *Benzylester* (**IX**), Kp.$_{3,5}$ 131°, durch 24std. Kochen mit BA in Bzl. in Ggw. von wenig p-Toluolsulfonsäure unter N_2; 60%. — *trans-1-Chlor-2.4.5-trimethylcyclohexen-(4)-carbonsäure-(1)*, $C_{10}H_{15}ClO_2$, F. 102,4—103,1° (Sublimation bei 70°/3 Torr), durch Hydrieren von **XIIIa** in Cyclohexan an Pd–Kohle; 50%. *Benzylester* (**XIIIa**), Kp.$_{0,1}$ 125—130°, durch 24std. Erhitzen von **IX** mit 2.3-Dimethylbutadien (**X**) in Ggw. von wenig Hy auf 170°; 72%. *Chlorid* (**XIIIb**), durch $8^1/_2$std. Kochen mit $SOCl_2$ in Bzl.; 100%. — *1-Chlor-1-chloracetyl-2.4.5-trimethylcyclohexen*, Kp.$_3$ 170° (Bad-Temp.), durch 12std. Stehen von 0,247 Mol **XIIIb** in äther. Diazomethan-Lsg., 20std. Stehen des *Diazoketons* in äther. HCl bei Zimmer-Temp. u. Dest.; 84%. — *trans-1-Chlor-1-acetyl-2.4.5-trimethylcyclohexen-(4)* (**XII**), $C_{11}H_{17}ClO$, Kp.$_{0,6}$ 67—69°, Kp.$_{4,5-5,5}$ 97—99°, a) durch 16std. Kochen vorst. Verb. mit NaJ in abs. A./Bzl. (1 : 4) in Ggw. von wenig Eisessig, Zusatz von Ae. u. Waschen mit W.; 50%; b) durch $19^1/_2$std. Erhitzen von **VIII** mit **X** in Ggw. von wenig Hy auf 130°; 68—74%; n_D^{25} 1,4882; $n_D^{19,5}$ 1,4905. — *cis-1.2-Dimethylcyclohexancarbonsäure* (**XIa**), Kp.$_8$ 160—170° (Bad-Temp.), durch Zugabe von **VIIa** zu NaB in abs. Ae. bei 15—20° unter N_2, 12std. Rühren, Zugabe von W., 48std. Kochen u. Ausäthern; 44%; b) durch 27std. Erhitzen von 3 g Tiglinsäure (**XIV**) u. 9 ml **Xa** in Ggw. von wenig Hy auf 190—200°, Dest. bei Kp.$_{0,5}$ 160° (Bad-Temp.) u. Hydrierung an Pt in Äthylacetat; 0,77 g. *Anilid*, $C_{15}H_{21}NO$, F. 115,6—116,1° (Cyclohexan), 42%. — *trans-1.2-Dimethylcyclohexancarbonsäure* (**XIb**), Kp.$_9$ 150—160° (Bad-Temp.), analog. **XIa** aus **VIIb**; 30%. *Anilid*, $C_{15}H_{21}NO$, F. 81,4—82,6° (Cyclohexan); 44%. — *1.2.4.5-Tetramethylcyclohexen-(4)-carbonsäure-(1)*, $C_{11}H_{18}O_2$ *trans-Form*, F. 80—81,6°, durch Umlagerung von **XII** analog **XIa** u. Reinigung durch Sublimation bei 70°/2 Torr u. Chromatographie mit PAe. an Kieselsäure/Celite; 44%. *cis-Form*, F. 86—87°, Kp$_{0,3}$ 110—120° (Bad-Temp.), durch 24std. Erwärmen von **XIV** u. **X** in Ggw. von wenig Hy, auf 180°, Dest., Chromatographie an Kieselsäure/Celite (1 : 1) u. Sublimation; 45%.
W. Hampel. 2010□

Konjugation in Cyclopropanen. Versuche zur Acylierung, Alkylierung, Cyanäthylierung und zum Deuteriumaustausch. George W. Cannon, Arthur A. Santilli und Popkin Shenian. (J. Amer. chem. Soc. **81**, 4264—66, 20/8. 1959; Amherst, Mass., Univ. of Massachusetts, Goessmann Chem. Labor.; engl.) — 2-Methylcyclopropan-1.1-dicarbonsäurediäthylester (**I**) u. 1-Benzoyl-1.2.2-trimethylcyclopropan geben keine der für akt. Methylgruppen charakterist. Rkk., wie Acylierung mit Oxalester u. Benzoylchlorid, Alkylierung mit Alkylhalogenid u. Cyanäthylierung. Bei der Rk. von **I** mit

Methylchlormethyläther in Ggw. von $(C_6H_5)_3CNa$ wurde nach Kochen des Rk.-Prod. mit NaOH *Triphenylessigsäure* isoliert, deren Bldg. durch Spaltung von intermediär gebildetem *1.1-Bis-[triphenylacetyl]-* bzw. *1-Triphenylacetyl-1-carbäthoxy-2-methyl-cyclopropan* mit OH-Ionen erklärt wird. Zur Feststellung der Aktivierung der Methylgruppe nachst. Cyclopropane wurde der Deuteriumaustausch mit D_2O in Ggw. von $NaNH_2$ untersucht, wobei 0,17—1,46% eines H-Atoms pro Mol. ausgetauscht wurden (in Klammern jeweils ausgetauschter %-Satz): *1.2.2-Trimethyl-1-carbäthoxy-*, Kp.$_{11}$ 57°, n_D^{25} 1,4269, (0,667%). — *1-Methyl-1-carbäthoxy-* , Kp.$_{63,5}$ 68—68,5°, n_D^{25} 1,4184, (0,273%). — *2-Methyl-1.1-dicarbäthoxy-*, Kp.$_2$ 80°, n_D^{25} 1,4330, (0,594%). — *1.1 Dicarbäthoxy-*, Kp.$_2$ 75°, n_D^{25} 1,4322, (0,279%). — *1.2.2-Trimethyl-1-benzoyl-*, Kp.$_2$ 95—96,5°, n_D^{25} 1,5328, (1,46%). — *1-Methyl-1-benzoyl-*, Kp.$_{1,5}$ 89,5°, n_D^{25} 1,5306, (0,174%). — *1.2.2-Trimethyl-1-cyan-*, Kp.$_{36,5}$ 71,5°, n_D^{25} 1,4285, (0,310%). Die Ergebnisse sprechen für ein Mol. ohne akt. H. Der geringe Austausch ist auf eine im Vgl. zu analogen α,β-ungesätt. Estern, Nitrilen u. Ketonen geringe Übertragung von Konjugationseffekten im Übergangszustand der Carbanion-Bldg. zurückzuführen. R. Sowada. 2020□

Eine bequeme neue Methode der aromatischen Arylierung. J. I. G. Cadogan. (J. chem. Soc. [London] **1962**, 4257—58, Okt.; London, Univ., King's Coll.; engl.) — Aromat. bzw. heterocycl. prim. Amine reagieren mit Pentylnitrit (**I**) in überschüssigem Bzl. in Abwesenheit von Säuren zu den entsprechenden *Phenylarylen*; nach einigen Std. bei 60—80° wurden gute Ausbeuten erhalten. Die Rk. verläuft nicht über Diazoamino-Verbb. oder Arylaminoradikale. Die Rk. scheint die einfachste Einstufen-Meth. zur Darst. von Diarylen zu sein, die bisher bekannt wurde.

Versuche: *4-Chlordiphenyl*, F. 76° (A.), Kp.$_{0,1}$ 106°, aus 7 g p-Chloranilin, **I** u. Bzl. (Erwärmen bis zum Einsetzen heftiger Gas-Entw., dann 100 Min. Kochen); 5,45 g (Ausbeute). — Analog: *Diphenyl*, F. 68°, Kp.$_{0,1}$ 60°, aus Anilin; 50%. — *3-Phenylpyridin*, Kp.$_{0,1}$ 80°, aus 3-Aminopyridin; 52%. *Pikrat*, F. 158—162°. —*4-Methoxydiphenyl*, F. 90°, Kp.$_{0,1}$ 118°, aus p-Anisidin; 33%. — *3-Phenylchinolin*, F. 49—52°, Kp.$_{0,1}$ 134°, aus 3-Aminochinolin; 35%. *Pikrat*, F. 205°. J. Rothe. 2200□

Optische Spaltung und Reaktionen tertiärer Alkohole mit einer p-Tolylgruppe: Äthylphenyl-p-tolyl- und α-Naphthylphenyl-p-tolylmethanol. K. A. Thaker und N. S. Dave. (J. sci. ind. Res. [New Delhi], Sect. B **21**, 374—77, Aug. 1962; Ahmedabad, Gujarat Univ., Univ. school of Sci., Dep. of Chem.; engl.) — (±)-*Äthylphenyl-p-tolylmethanol* (**I**) u. (±)-*Phenyl-p-tolyl-α-naphthylmethanol* (**II**) werden in Form ihrer *Hydrogenphthalate* durch fraktionierte Kristallisation der Brucinsalze u. Hydrolyse in die Antipoden gespalten. **II** u. sein Hydrogenphthalat (**IV**) reagieren mit Na-p-Toluolsulfinat (**V**) zu *p-Tolyl-[α-naphthylphenyl-p-tolylmethyl]-sulfon*; **I** gibt diese Spaltung nicht. Weiter geht **IV** in alkal. Lsg. in das Bis-**II**-*Phthalat* über.

Versuche: *Phenyl-p-tolylketon* (**III**), F. 58° (PAe.), Kp.$_{10}$ 173—176°, durch Zugabe von $AlCl_3$ zu C_6H_5COCl in abs. Toluol unter Rühren, Kochen bis zum Ende der HCl-Entw., Gießen auf Eis u. HCl u. Aufarbeiten der Toluolphase; 72% (Ausbeute). — *Phenyl-p-tolyl-α-naphthylcarbinol*, (±)-*Form* (**II**), $C_{24}H_{20}O$, F. 108° (Ligroin), durch Zutropfen von **III** in Ae. zu einer Grignard-Lsg. aus α-Bromnaphthalin u. Mg in Ae., 4 std. Erhitzen unter Rühren auf dem Wasserbad u. Zers. mit Eis u. NH_4Cl. *Hydrogenphthalat* (**IV**), F. 120° (Essigester), durch 16 std. Erhitzen von **II** mit Phthalsäureanhydrid u. Triäthylamin auf 90—96°, Zugabe von 3n HCl, Ausäthern, Extrahieren mit Soda-Lsg., Ansäuern u. Ausäthern; 50%. *Phthalat*, $C_{56}H_{42}O_4$, F. 90° (PAe.), durch Rühren von **IV** u. 0,3n NaOH bis zur Lsg. u. Stehen über Nacht. (+)-*Form* (**VII**), F. 114°, durch Zugabe von C_2H_5ONa in abs. A. zu **VI**, $^1/_2$ std. Kochen, Gießen in Eis/W. u. Aufarbeiten der Ae.-Phase; $[\alpha]_D^{31}$ +9,65° (c = 3,63; Aceton); *Hydrogenphthalat* (**VI**), F. 125°, durch Erwärmen von 9,4 g **IV** mit Brucin in Essigester, Stehen über Nacht, Filtrieren, Waschen des Nd. mit Essigester, Einengen der Filtrate, Stehen, Filtrieren, Waschen, Eindampfen der Filtrate, Schütteln des *Brucinsalzes* (7,8 g) mit Ae. u. 3n HCl bis zur Lsg., Extraktion der wss. Phase mit Ae. u. Aufarbeiten der äther. Lsgg.; $[\alpha]_D^{30}$ +6,48° (c = 3,31; Aceton). (—)-*Form*, F. 114°, analog **VII** aus dem (—)-Hydrogenphthalat; $[\alpha]_D^{31}$ —9,59° (c = 4,23; Aceton); *Hydrogenphthalat*, F. 125°, neben **VI** durch $^1/_2$ std. Kochen der ersten Kristallisate in Essigester, Zugabe von Eis/3n HCl zum *Brucinsalz* (F. 261; 4,95 g), Extraktion der wss. Phase mit Ae. u. Aufarbeiten der äther .Lsgg.; Nadeln; $[\alpha]_D^{31}$ — 6,5° (c = 4,2; Aceton). — *p-Tolyl-[α-naphthylphenyl-p-tolylmethyl]-sulfon*, $C_{31}H_{26}O_2S$, F. 128—129°, a) aus **II**, **IV**, **VI** oder **VII** mit **V** in 90%ig. HCOOH durch Stehen über Nacht u. Verdünnen mit Eiswasser; Nadeln aus A.; ca. 100%; b) aus 0,5 g **IV** u. **V** in 3n NaOH durch mehrtägiges Stehen u. Verdünnen mit Eiswasser; 0,19 g. — *Äthylphenyl-p-tolylmethanol* (±)-*Form* (**I**), F. 115°, durch Zugabe von **III** in Ae. zur Grignard-Lsg. aus C_2H_5Br u. Mg in Ae., bei tiefer Temp., Stehen über Nacht bei Raum-Temp. u. Zers. mit Eis u. NH_4Cl; Nadeln; 25%. *Hydrogenphthalat*, F. 118°, analog **IV** aus **I**; Nadeln aus

Chlf.; 52%. (—)-*Form*, F. 118°, analog **VII** aus dem Hydrogenphthalat; $[\alpha]_D^{31}$ —10,783 (c = 4,3; Aceton). *Hydrogenphthalat*, F. 128°, analog **VI** aus 18,7 g **I**-Hydrogenphthalat über das *Brucinsalz* (F. 277°, durch 3maliges ½std. Kochen in Essigester u. Stehen über Nacht; 11,9 g); $[\alpha]_D^{31}$ —13,6° (c = 2,89; Aceton). (+)-*Form*, F. 118°, analog **VII** aus dem Hydrogenphthalat; $[\alpha]_D^{31}$ +10,81° (c = 4,3; Aceton). *Hydrogenphthalat*, neben dem (—)-Hydrogenphthalat durch Zers. mit Eis/3n HCl in Ae.; Nadeln; $[\alpha]_D^{31}$+18,29° (c = 3,13; Aceton). Ute Friese. 2270□

Hydrierung von Anthranilen. Gordon N. Walker. (J. org. Chemistry **27**, 1929 bis 1930, Mai 1962; Summit, N.J., Ciba Corp., Ciba Pharmac. Corp., Chem. Res. Dep.; engl.) — Die Hydrierung von 3-Phenyl-5-chloranthranil (F. 114—116°) bei 3 at Druck u. 40—60° in Essigester in Ggw. von 10%ig. Pd-Kohle liefert *2-Amino-5-chlorbenzophenon* [I, F. 98—100°; *Oxim, α-Form*, F. 168—170°, *β-Form*, F. ca. 130°, *Hydrazon*, F. 134—135°], das durch Red. zu *2-Amino-5-chlordiphenylcarbinol* (F. 104—105,5°) charakterisiert wird. Analog werden 3-p-Hydroxyphenyl- [F. 239° (Zers.)], 3-p-Methoxyphenyl- (F. 144—145°) u. 3-p-Acetoxyphenyl-5-chloranthranil (F. 172—173°) red. zu *4'-Hydroxy-* [F. 173—175°; *N.N.O-Triacetyl-Deriv.*, F. 142,5—144,5°], *4'-Methoxy-* [**II**, F. 100—101,5°; *N-Acetyl-Deriv.*, F. 151—152°; *N.N-Diacetyl-Deriv.*, F. 120,5 bis 122°; *Hydrazon*, F. 141—142°; *Oxim* (**III**), F. 168—169,5°] u. *4'-Acetoxy-2-amino-5-chlorbenzophenon* (F. 127—129°). **II** wird zu *4'-Methoxy-2-amino-5-chlordiphenylcarbinol* (F. 107—109°) reduziert. **III** wird über *4'-Methoxy-2-chloracetylamino-5-chlorbenzophenonoxim* (F. 142—143°, aus **III** mit Chloressigsäureanhydrid) u. *2-Chlormethyl-4-p-methoxyphenyl-6-chlorchinazolin-3-oxid* (F. 151—153°, in HCl/Essigsäure) in *5-p-Methoxyphenyl-7-chlor-1.2-dihydro-2-methylimino-3H-1.4-benzodiazepin-4-oxid* (**IV**, F. 247—249°, durch Umsetzung mit CH_3NH_2; *Monoacetyl-Deriv.*, F. 218,5—219,5°) übergeführt. Aus dem Befund, daß 2-Chloroxalylamino-5-chlorbenzophenonoxim unter Bldg. von *4-Phenyl-6-chlor-1.2-dihydro-2-ketochinazolin* (F. 185°) cyclisiert wird, schließt Vf., daß die Bldg. von **IV** über eine tricycl. Zwischenstufe mit Dreiring mit nachfolgender Ringöffnung erfolgt. Kondens. von **II** mit Glycinäthylester in Pyridin führt zu *7-Chlor-5-p-methoxyphenyl-1.2-dihydro-3H-1.4-benzodiazepinon-(2)* (F. 216—218°). E. Riedel. 2540□

2-Phenyl-4.5.6.7-tetrahydroindandion-(1.3). E. Ja. Gren und G. Ja. Wanag. (Доклады Академии Наук СССР [Ber. Akad. Wiss. UdSSR] **139**, 866—69, 1/8. 1961; Inst. für Org. Synth. der Akad. der Wiss. der LettSSR; russ.) — Das aus Δ^1-Tetrahydrophthalsäureanhydrid (I) mit Phenylessigsäure (II) erhaltene *3-Benzyliden-4.5.6.7-tetrahydrophthalid* wird beim Behandeln mit $NaOCH_3$ in *2-Phenyl-4.5.6.7-tetrahydroindandion-(1.3)* (III) umgelagert. Dieses löst sich in Laugen mit violetter Farbe, gibt ein Dioxim, wird durch CH_3J in das *2-Methyl-Deriv.* (**IV**) übergeführt u. kann mit Zn/Eisessig oder katalyt. an Ni zu *2-Phenylhexahydroindandion-(1.3)* (**V**) hydriert werden. IR-Spektren zeigen, daß **III** u. **IV** nur in der Ketoform vorliegen, **V** aber enolisiert ist.

Versuche: *3-Benzyliden-4.5.6.7-tetrahydrophthalid*, $C_{15}H_{14}O_2$, a) F. 117° (Methanol), durch Erhitzen von 45 g **I**, 45 g **II** u. 2,5 g Na-Acetat auf 180—210°; 55% (Ausbeute); b) F. 118° (Methanol, PAe.), durch 20 Min. langes Erhitzen von 0,43 g Δ^2-Tetrahydrophthalsäureanhydrid mit 0,5 g **II** u. 0,1 g Na-Acetat auf 180—190°. — *2-Phenyl-4.5.6.7-tetrahydroindandion-(1.3)* (**III**), *Dioxim*, $C_{15}H_{16}N_2O_2$, F. 260° (Methanol), aus 0,5 g **III**, 0,5 g Na-Acetat u. 0,4 g $NH_2OH \cdot HCl$ in Methanol; 0,25 g. — *2-Methyl-2-phenyl-4.5.6.7-tetrahydroindandion-(1.3)* (**IV**), $C_{16}H_{16}O_2$, F. 94—95° (Methanol), durch Kochen von 3 g **III**, 1,2 g CH_3J u. $NaOCH_3$ (aus 0,31 g Na) in 50 ml Methanol u. Gießen in W.; gelb; 94%. — *2-Phenylhexahydroindandion-(1.3)* (**V**), $C_{15}H_{16}O_2$, F. 229—230° (Chlf.), a) durch Red. von 1,5 g **III** mit Zn/Eisessig; 0,3 g; b) durch Hydrieren von **III** in A. an Raney-Ni in Ggw. von Spuren KJ. E. Dobolyi. 2650□

Untersuchungen über Oxytetracyclin und verwandte Verbindungen. 11. Mitt. **Synthese von Terranaphthol.** Zen-ichi Horii, Ichiya Ninomiya und Yasumitsu Tamura. (Chem. pharmac. Bull. [Tokyo] **7**, 444—49, Juni 1959; Osaka, Univ., Pharmac. Fac.; engl.) — 10. vgl. Chem. pharmac. Bull. [Tokyo] **7**, [1959], 281. — Das bei der Zers. von Oxytetracyclin erhaltene Terranaphthol wird als *4.5-Dihydroxy-2-hydroxymethyl-1-methylnaphthalin* identifiziert; seine Synth. durch Hauser-Umlagerung von 4.5-Dimethoxy-1-methylaminomethylnaphthalinmethojodid wird beschrieben. Die Maxima der IR-Spektren werden angegeben.

Versuche: *4-Methoxynaphthaldehyd-(1)*, aus 1-Methoxynaphthalin nach Buu-Hoï u. Lavit (C. **1956**, 4713). — Naphthaline: *4-Methoxy-1-methylaminomethyl-* (**II**), $Kp._{0,5}$ 158—163°, durch Schütteln vorst. Verb. mit Methylamin, Methanol, Raney-Ni u. H_2 bei 4 at u. 10°; 91% (Ausbeute). *Hydrochlorid*, $C_{13}H_{16}ClNO$, F. 234—236°; aus A./Ae. Kristalle. — *1-Dimethylaminomethyl-4-methoxy-*, $C_{14}H_{17}NO$, $Kp._3$ 147 bis 148°, durch 10std. Kochen von **II**, 90%ig. Ameisensäure u. 35%ig. Formaldehyd, Ansäuern mit konz. HCl, Eindampfen, Lösen in W., Zugabe von 25%ig. NaOH,

Dampf-Dest. u. Extraktion mit Ae.; 99%. *Methojodid* (I), $C_{15}H_{20}JNO$, F. 198,5—200°, durch ½std. Kochen mit CH_3J; Nadeln; 90%. — *2-Dimethylaminomethyl-4-methoxy-1-methyl-* (III), $C_{15}H_{19}NO$, Kp.$_4$ 158—160°, durch Zugabe von I zu $NaNH_2$ in fl. NH_3, nach 20 Min. Zers. mit NH_4Cl, Eindampfen, Lösen in W. u. Extrahieren mit Ae.; 87%. *Methojodid*, $C_{16}H_{22}JNO$, F. 205—206° (Zers.). *Äthobromid*, $C_{17}H_{24}BrNO$, F. 179,5 bis 181° (Zers.), durch 1½std. Kochen von III mit Äthylbromid; aus Methanol/Ae. Nadeln; 87%. — *2-Acetoxymethyl-4-methoxy-1-methyl-*, $C_{15}H_{16}O_3$, Kp.$_{0,1}$ 151—153°, durch 30std. Erwärmen vorst. Äthobromids mit Na-Acetat u. Eisessig auf 150—160°, Verdünnen mit W., Neutralisieren mit $NaHCO_3$ u. Extrahieren mit Ae.; 54%. — *2-Hydroxymethyl-4-methoxy-1-methyl-*, $C_{13}H_{14}O_2$, F. 80—81°, durch 12std. Erwärmen vorst. Verb. mit äthanol.-wss. NaOH; aus Bzl./Bzn. Nadeln; 95%. — *4-Methoxy-2-carboxy-1-methyl-*, $C_{13}H_{12}O_3$, F. 162—163°, durch 5std. Rühren vorst. Verb. mit $KMnO_4$ in verd. Aceton bei 10°; aus W. Kristalle. — *4-Hydroxy-2-carboxy-1-methyl-*, $C_{12}H_{10}O_3$, F. 202—205° (Zers.), durch 12std. Erhitzen vorst. Verb. mit 48%ig. HBr auf 170°; aus W. Nadeln. — *4-Hydroxy-2-hydroxymethyl-1-methyl-* (IV), $C_{12}H_{12}O_2$, F. 137—139° (W.), durch 2std. Red. vorst. Verb. mit $LiAlH_4$ in Tetrahydrofuran bei Raum-Temp., 2std. Erwärmen auf dem Wasserbad, Zers., Ansäuern mit verd. HCl u. Extrahieren mit Äther. — *4.5-Dimethoxy-1-formyl-*, F. 95°, Kp.$_{12}$ 221°, nach Buu-Hoï u. Lavit (C. **1956, 14338**) — *4.5-Dimethoxy-1-methylaminomethyl-*, Kp.$_{0,1}$ 160°, aus vorst. Verb. analog **II**. *Hydrochlorid*, $C_{14}H_{18}ClNO_2$, F. 228—229° (Zers.); aus A. Kristalle. — *4.5-Dimethoxy-1-dimethylaminomethyl-*, *Methojodid*, $C_{16}H_{22}JNO_2$, F. 193—194° (Zers.; Methanol/Ae.), durch 40std. Kochen von 2 g vorst. Verb., CH_3J, K_2CO_3 u. Methanol; 2 g. — *4.5-Dimethoxy-2-dimethylaminomethyl-1-methyl-*, F. 83—85° (Ae.), aus 1 g vorst. Verb. analog **III**; 0,5 g. *Methojodid*, $C_{17}H_{24}JNO_2$, F. 204—205° (Zers.); aus Methanol/Ae. Nadeln. *Äthobromid* (**IV**), $C_{18}H_{26}BrNO_2$, F. 182—183° (Zers.), aus Methanol/Ae. Nadeln. — *2-Acetoxymethyl-4.5-dimethoxy-1-methyl-*, durch 30std. Kochen von 22 g **IV**, Na-Acetat u. Eisessig, Verdünnen mit W., Neutralisieren mit $NaHCO_3$ u. Extrahieren mit Ae.; 1,4 g. — *2-Hydroxymethyl-4.5-dimethoxy-1-methyl-*, $C_{14}H_{16}O_3$, F. 102°, a) durch 12std. Kochen vorst. Verb. mit äthanol.-wss. NaOH; aus W. Nadeln; 71%; b) durch 90std. Kochen von Terranaphthol, CH_3J u. K_2CO_3 in abs. Aceton. — *4.5-Dimethoxy-2-carboxy-1-methyl-*, $C_{14}H_{14}O_4$, F. 171,5—173°, durch 5std. Rühren vorst. Verb. mit $KMnO_4$ in verd. Aceton bei Raum-Temp.; aus W. gelbe Kristalle. — *4.5-Dihydroxy-2-carboxy-1-methyl-* (Terranaphthoesäure), $C_{12}H_{10}O_4$, F. 234—235,5° (Zers.), durch 10std. Erhitzen vorst. Verb. mit 48%ig. HBr auf 150—170°; aus W. gelbe Nadeln; 45%. — *4.5-Dihydroxy-2-hydroxymethyl-1-methyl-* (Terranaphthol), F. 170—172°, aus vorst. Verb. analog **V**. *Triacetat*, $C_{18}H_{18}O_6$, F. 143,2—144°, Kp.$_{0,001}$ 150—200° (Bad-Temp.), mit Acetanhydrid in Pyridin bei Raum-Temp.; aus Cyclohexan gelbes Pulver.

W. Hampel. 2700□

Die Bildung von 1.4-Bis-[diphenylen]-2.3-diphenylbutadien, eine anomale Grignard-Reaktion. S. L. Solar und R. M. Lindquist. (J. Amer. chem. Soc. **82**, 4285—96, 20/8. 1960; San José, Calif., International Machines Corp., San José Res. Labor.; engl.) — Bei dem Vers., *α.γ-Bis-[diphenylen]-β-phenylallylalkohol* (I) durch Rk. von α-Phenyl-β-diphenylenvinyl-MgBr (II) mit Fluorenon-(9) (**IV**) nach Koelsch darzustellen, entsteht *1.4-Bis-[diphenylen]-2.3-diphenylbutandien* (**V**), das auch durch Wasserabspaltung aus *1.4-Bis-[diphenylen]-2.3-diphenylbutandiol-(2.3)* mittels H_2SO_4 synthetisiert werden konnte. Die Bldg. von **V** wird durch Dissoziation von **II** u. Kupplung der entstandenen Radikale erklärt. Die abnorme Grignard-Rk. wird ausgelöst durch Spuren von Essigsäure, die vom Umkristallisieren des eingesetzten α-Phenyl-β-diphenylenvinylbromids (III) stammen. Bei Abwesenheit von Essigsäure entsteht **I**.

Versuche: (FF. korr.) *α.γ-Bis-[diphenylen]-β-phenylallylalkohol* (**I**). nach Koelsch, jedoch unter sorgfältigem Waschen des verwendeten **III** mit $NaHCO_3$-Lsg., u. Umkristallisieren aus Benzol. — *α-Phenyl-β-diphenylenacrylsäure*, $C_{21}H_{14}O_2$, F. 181—182° (CCl_4), durch Einleiten von CO_2 in eine **II**-Lsg. aus 4,3 g **III**, Zers. mit verd. HCl, Zugabe von Soda u. Ausäthern; 1,8 g (Ausbeute). — *1.4-Bis-[diphenylen]-2.3-diphenylbutandiol-(2.3)*, F. 190—191°, aus 15,5 g 9-Benzalfluoren nach Gomberg u. Bachmann [1927]; aus A./Chlf. hellgelbe Kristalle; 3,5 g. — *1.4-Bis-[diphenylen]-2.3-diphenylbutadien* (**V**), $C_{40}H_{26}$, F. 302,5—303,5°, a) durch Lösen von 120 mg vorst. Verb. in 5 ml konz. H_2SO_4, 10 Min. langes Stehen bei Zimmer-Temp. u. Versetzen mit Eis; 20 mg; b) durch Versetzen der äther. Lsg. von **II** aus 7 g **III** mit 3,7 g **IV** in Toluol in Ggw. von Eisessig; 1std. Kochen, Stehen bei Zimmer-Temp. über Nacht, Absaugen, Zers. des festen Prod. mit NH_4Cl-Lsg. u. Ausäthern; 4,1 g; daneben *1.2-Bis-[diphenylen]-äthandiol-(1.2)* [$C_{26}H_{18}O_2$, F. 191—192°, aus der Ae./Toluol-Lsg. durch Zers. mit NH_4Cl-Lsg.; 2,8 g]; c) analog b) in Ggw. von 20 mg 9-Benzoylfluoren anstatt der Essigsäure; aus CCl_4 gelbe Kristalle.

W. Hampel. 2750□

Über einige Derivate des 2-Vinylanthrachinons. A. Étienne, A. Le Berre und J. J. Brun. (Bull. Soc. chim. France **1962,** 1496, Juli; Paris, Conserv. nat. des Arts et Métiers, Labor. de Chim. ind.; franz.) — Das durch Einw. von Peressigsäure in Bzl. bzw. von p-Nitrobenzopersäure in Chlf. auf 2-Vinylanthrachinon (I) entstandene *2-Epoxyäthylanthrachinon* (II; F. 152 u. 159°) läßt sich an Pd zu *2-[β-Hydroxyäthyl]-anthrachinon* (F. 160 u. 164°) hydrieren. Hydrolyse von II ergibt *2-[α.β-Dihydroxyäthyl]-anthrachinon* (F. 112°), das auch aus dem durch Bromierung von I in Eisessig erhaltenen *2-[α.β-Dibromäthyl]-anthrachinon* (III; F. 157°) durch Hydrolyse mit verd. Alkali zugänglich ist. In Pyridin oder in alkohol. KOH spaltet III nur 1 Mol HBr unter Bldg. von *2-[β-Bromvinyl]-anthrachinon* (F. 154°) ab. Gisela Schreiber. 2800□

Notiz über die Addition von tert.-Butylketen an Cyclopentadien. Wolfgang Rellensmann und Klaus Hafner. (Chem. Ber. **95,** 2579—80, 8/10. 1962; Marburg/Lahn, Univ., Chem. Inst.; dt.) — Durch Einw. von Neopentylcarbonsäurechlorid (I) auf Cyclopentadien (II) in Ggw. von Triäthylamin entsteht durch 1.2-Addition des intermediär auftretenden tert.-Butylketens *7-tert.-Butyl-Δ^2-* bzw. *-Δ^3-bicyclo-[3.2.0]-heptenon-(6)*, das durch Clemmensen-Red. u. anschließende katalyt. Hydrierung an Raney-Ni in *6-tert.-Butylbicyclo-[3.2.0]-heptan* übergeführt wird.

Versuche: *7-tert.-Butyl-$\Delta^{2(3)}$-bicyclo-[3.2.0]-heptenon-(6)*, $C_{11}H_{16}O$, Kp.$_{11}$ 87—89°, durch Zutropfen von I in PAe. zu Triäthylamin u. II in PAe. bei 20° unter N_2, Filtrieren, Einengen im Vakuum, 2std. Erhitzen mit Triäthylenglykol u. 30%ig. NaOH auf 100°, Ae.-Extraktion, Waschen, Eindampfen u. Dest. im Vakuum; schwachgelb; n_D^{20} 1,4670; 22% (Ausbeute). *Semicarbazon,* $C_{12}H_{19}N_3O$, F. 225—226° (CH_3OH/W.). — *6-tert.-Butylbicyclo-[3.2.0]-heptan,* $C_{11}H_{20}$, Kp.$_{11}$ 68—70°, durch 6std. Kochen von 8 g vorst. Verb. mit amalgamierten Zn-Spänen u. 5n HCl unter Ersatz der verdampften HCl, Zugeben von W., Extrahieren mit PAe., Eindampfen im Vakuum (→ 6 g *6-tert.-Butyl-$\Delta^{2(3)}$-bicyclo-[3.2.0]-hepten,* Lösen in CH_3OH, Hydrieren an Raney-Ni bei 751 Torr u. 20°, Filtrieren, Versetzen mit W., PAe.-Extraktion u. Dest.; n_D^{20} 1,4549; 54%. — IR-Maxima werden angegeben. R. Schönfelder. 2950□

Die Natur von Lagidses Kohlenwasserstoffen. 3. Mitt. Der Kohlenwasserstoff vom F. 217°, der bei der Dehydrierung von 5.5.10.10-Tetramethyl-4b.5.9b.10-tetrahydroindeno-[2.1:a]-inden entsteht. J. E. H. Hancock und D. L. Pavia. (J. org. Chemistry **26,** 4350—52, Nov. 1961; Portland, Oreg., Reed Coll., Chem. Dep.; engl.) — 2. vgl. C. **1960,** 3862. — Die 8std. Dehydrierung von 5.5.10.10-Tetramethyl-4b.5.9b.10-tetrahydroindeno-[2.1:a]-inden (I) an 10%ig. Pd/Kohle bei 340—350° unter N_2 liefert *5.5.10.10-Tetramethyl-5.10-dihydroindeno-[2.1:a]-inden* [II; F. 212,5—214,5°, Platten aus Äthylacetat; 42% (Ausbeute)]. II läßt sich in 3 Std. an Pd/Kohle in Äthylacetat wieder zu I hydrieren. Die IR- u. UV-Maxima von II u. die NMR-Spektren von I u. II sind angegeben. G. Marquard. 2950

Notiz über die Synthese der 1.2-Benzocycloheptatrien-(1.3.5)-carbonsäure-(6) und des 1.2-Benzocycloheptatriens-(1.3.5). Willi Ziegenbein und Wolfram Lang. (Chem. Ber. **95,** 2321—23, 5/9. 1962; Marl, Chem. Werke Hüls AG, Wiss. Labor.; dt.) — Vgl. C. **1961,** 8643. — Die durch Spaltung von 3-Chlor-1.2-benzocycloheptadien-(1.3)-carbonsäure-(4) (I) erhaltene Verb. $C_{12}H_{10}O_2$ (vgl. C. **1961,** 8643) ist mit der von Huisgen u. Juppe (C. **1962,** 7883) dargestellten *1.2-Benzocycloheptatrien-(1.3.5)-carbonsäure-(6)* (II) identisch. II wird mit Cu/Cu-Chromit zu *1.2-Benzocycloheptatrien-(1.3.5)* decarboxyliert; der O_3/Peressigsäure-Abbau von II liefert *Homophthalsäure.* Bei der Darst. von I durch Oxydation von 3-Chlor-4-formyl-1.2-benzocycloheptadien-(1.3) (III) wird eine gelbe Verb. isoliert, die in Übereinstimmung mit dem IR- u. dem UV-Spektrum u. dem Ergebnis des O_3/Peressigsäure-Abbaus zu *γ-[o-Carboxyphenyl]-buttersäure* als *1.2-Benzo-4-[1.2-benzo-3-chlorcycloheptadien-(1.3)-yl-(4)-methylen]-3-oxocyclohepten-(1)* betrachtet wird. Verss., das aus Indanon-(1) dargestellte *3-Chlor-4-formyl-1.2-benzocyclopentadien-(1.3)* wie III zu oxydieren, lieferten nur Harze.

Versuche: *1.2-Benzocycloheptatrien-(1.3.5)-carbonsäure-(6)* (II), $C_{12}H_{10}O_2$, F. 160 bis 161° (Acetonitril/Essigester), durch Zugabe von K zu sd. Propanol-(2) unter N_2, Zutropfen von I in Propanol-(2), 4std. Kochen u. Gießen in Eiswasser; 45% (Ausbeute). — *1.2-Benzo-4-[1.2-benzo-3-chlorcycloheptadien-(1.3)-yl-(4)-methylen]-3-oxocyclohepten-(1),* $C_{23}H_{21}ClO$, F. 140—141° (Essigester/Ae.), aus den Ae.-Auszügen bei der Darst. von I (l. c.); gelb; 3%; daneben 25% *Benzosuberon.* — *Homophthalsäure,* F. 169°, aus II in Eisessig durch Ozonisieren bei 12°, Zusetzen von 15%ig. Peressigsäure, Erwärmen auf 55—60° (20 Std.), kurzes Kochen, Eindampfen u. Auskochen mit Benzol. — *γ-[o-Carboxyphenyl]-buttersäure,* $C_{11}H_{12}O_4$, F. 138° (Essigester oder W.), aus vorvorst. Verb. in

Essigester durch Ozonisieren bei 0°, Zusetzen von 20%ig. Peressigsäure, Erwärmen auf 44—60° (10 Std.), Eindampfen, Behandeln mit 20%ig. K_2CO_3-Lsg., Waschen mit Ae., Ansäuern mit verd. H_2SO_4, Abfiltrieren, Trocknen, 2std. Kochen des krist. Nd. (F. 114—119°) in 5%ig. NaOH u. Fällen mit verd. H_2SO_4. — *1.2-Benzocycloheptatrien-(1.3.5)*, $C_{11}H_{10}$, Kp.$_{22}$ 110—112°, durch langsame Zugabe von **II** zu Cu-Pulver u. Cu-Chromit in Chinolin bei 215°, Filtrieren, Gießen in 20%ig. H_2SO_4, Schütteln, Ausäthern u. Eindampfen; n_D^{20} 1,6092; 52,5%. — *3-Chlor-4-formyl-1.2-benzocyclopentadien-(1.3)*, $C_{10}H_7ClO$, F. 83° (PAe.), durch Rk. von Dimethylformamid in Ae. u. $POCl_3$ bei 10°, Zutropfen von Indanon-(1)-Lsg. unter Rühren, 2std. Kochen; Rühren über Nacht bei Raum-Temp., Zers. mit Na-Acetat in W., Abfiltrieren, Behandeln des Rückstands mit W. bei 80° u. Extraktion mit Ae.; gelb; 42%. *Oxim*, $C_{10}H_8ClNO$, F. 176—178°, Nadeln aus CH_3OH. H. Gleinig. 2950□

Synthese von Arylaziridinen. Stanley J. Brois. (J. org. Chemistry **27**, 3532 bis 3534, Okt. 1962; Chicago, Ill., Univ., U. S. Air Force Rad. Labor.; engl.) — Im Gegensatz zur herrschenden Meinung (vgl. z. B. Krabbe u. Schmidt [1939]) ist es möglich, *1-* u. *2-Arylaziridine* nach der Meth. von Wenker [1935] darzustellen. So konnten 2-Anilinoäthanol (I) u. 4 typ. 1-Phenyl-2-aminoalkanole-(1) mit H_2SO_4 in quant. Ausbeuten verestert werden. Cyclisierung dieser Ester mit Alkali gab die gewünschten *Äthylenimine*. — Aus den Kernresonanzspektren von *2-Phenylaziridin* u. *Styroloxid* ergibt sich, daß gemeinsame Kopplungen in 3gliedrigen Heterocyclen nicht nur von den Valenzwinkeln, sondern auch von den Heteroatomen abhängen.

Versuche: *1-Phenyl-2-aminoäthylsulfat*, krist. Masse, aus 1-Phenyl-2-aminoäthanol u. 50%ig. H_2SO_4, dann Entfernen des W. im Vakuum; 100% (Ausbeute). — *2-Phenylaziridin*, C_8H_9N, Kp.$_{10}$ 94—95°, aus vorst. Ester u. 2n NaOH zunächst bei 0°, dann allmähliches Erhitzen auf 90°; n_D^{20} 1,5588; 90%. — *2-Phenyl-3-methylaziridin*, $C_9H_{11}N$, Kp.$_{10}$ 96—97°, analog aus 1-Phenyl-2-aminopropanol-(1); n_D^{20} 1,5455; 84%. — *2-Phenyl-3-äthylaziridin*, $C_{10}H_{13}N$, Kp.$_{10}$ 107—108°, analog aus 1-Phenyl-2-aminobutanol-(1); n_D^{20} 1,5352; 88%; besteht aus *cis-* u. *trans*-Isomeren im Verhältnis 1:2 (gaschromatograph. bestimmt). — *2.2-Dimethyl-3-phenylaziridin*, $C_{10}H_{13}N$, Kp.$_{10}$ 92 bis 93°, aus 1-Phenyl-2-amino-2-methylpropanol-(1); n_D^{20} 1,5285; 83%. — *1-Phenylaziridin*, Kp.$_{10}$ 71—72°, aus I; n_D^{20} 1,5538; 81%. J. Rothe. 3030□

Substituierte γ-Lactone. 9. Mitt. **Synthese einiger substituierter 3-Aryliden-phthalide.** Hans Zimmer und Roger D. Barry. (J. org. Chemistry **27**, 3710—11, Okt. 1962; Cincinnati, Ohio, Univ., Dep. of Chem.; engl.) — 8. vgl. C. **1962**, 15953. — Kondens. von 6-Nitrophthalid (I) mit aromat. Aldehyden lieferte die entsprechenden *trans-3-Aryliden-6-nitrophthalide*.

Versuche: 6-Nitrophthalide: *3-Benzyliden-* (II), $C_{15}H_9NO_4$, F. 234—236°, gelbe Kristalle (CH_3COOH), aus Benzaldehyd u. I in Ggw. von Piperidin [20 Min. bei 180—200°; 25% (Ausbeute)] besser in sd. 1.2.4-Trichlorbenzol (Tb.) als Lsgm. (3 Std.; 65%). — Analog (ohne Lsgm.): *3-[4-Methylbenzyliden]-*, $C_{16}H_{11}NO_4$, F. 204—205° ($CH_3 \cdot NO_2$); 24%. — *3-[2-Hydroxybenzyliden]-*, $C_{15}H_9NO_5$, F. 205° (Chlf.); 14%. — *3-[4-Hydroxybenzyliden]-*, $C_{15}H_9NO_5$, F. 258—259° (Chlf.); 23%. — *3-[2-Nitrobenzyliden]-*, $C_{15}H_8N_2O_6$, F. 216° (o-$C_6H_4Cl_2$); 10%. — *3-[3-Nitrobenzyliden]-*, F. 251° (CH_3NO_2); 15%. — *3-[4-Nitrobenzyliden]-*, F. 292° (CH_3NO_2); 17%. — *3-[4-Methoxybenzyliden]-*, $C_{16}H_{11}NO_5$, F. 199° (CH_3COOH); 44%. — *3-[4-Isopropylbenzyliden]-*, $C_{18}H_{15}NO_4$, F. 221 bis 222° (CH_3NO_2); 31%. — *3-[3.4-Methylendioxybenzyliden]-*, $C_{16}H_9NO_6$, F. 243—244° (Dioxan); 86%. — *3-[3-Methoxy-4-hydroxybenzyliden]-*, $C_{16}H_{11}NO_6$, F. 274° (o-$C_6H_4Cl_2$); 20%. — *3-[4-Dimethylaminobenzyliden]-*, $C_{17}H_{14}N_2O_4$, F. 272—273° (o-$C_6H_4Cl_2$); 52% (in Tb 83%). — *3-[4-Diäthylaminobenzyliden]-*, $C_{19}H_{18}N_2O_4$, F. 270° (o-$C_6H_4Cl_2$); 55%. — *3-[Naphthyl-(1)-methylen]-*, $C_{19}H_{11}NO_4$, F. 292—293° (o-$C_6H_4Cl_2$); 18%. — *3-Furfuryliden-*, $C_{13}H_7NO_5$, F. 206° (CH_3NO_2); 18%. — *4-Benzyl-7-nitrophthalazinol-(1)*, $C_{15}H_{11}N_3O_3$, F. 206°, aus **II** u. 85%ig. $N_2H_4 \cdot H_2O$ in sd. 95%ig. A. (1½ Std.); 31%. — *2-Phenyl-6-nitroindandion-(1.3)*, $C_{15}H_9NO_4$, F. 212° (o-$C_6H_4Cl_2$), aus **II** u. CH_3ONa in CH_3OH (20 Min. langes Rühren); 64%. J. Rothe. 3061□

β-Aminoäthylierung von Malonester mit Aziridinen. H. Stamm. (Angew. Chem. **74**, 694, 7/9. 1962; Marburg/Lahn, Univ., Inst. für pharmazeut. Chem. u. Lebensmittelchem.; dt.) — Malon- (I) bzw. Methylmalonsäurediäthylester (II) reagierten mit 1-Phenyläthyl- (**III**) bzw. 1-Phenylaziridin (**IV**) in Ggw. von $LiOC_2H_5$ zu folgenden 3-Äthoxycarbonylpyrrolidonen-(2) (Kpp.$_{10^{-4}}$ bei 70—120° Bad-Temp.): *1-Phenyläthyl-*, aus **I** u. **III**; 20—25% Ausbeute. — *1-Phenyläthyl-3-methyl-*, aus **II** u. **III**; geringere Ausbeute. — *1-Phenyl-*, F. 57,5°, aus **I** u. **IV**; geringere Ausbeute. J. Rothe. 3081□

Einige in 5.5'-Stellung unsubstituierte Pyrroketone. J. M. Osgerby und S. F. MacDonald. (Canad. J. Chem. **40,** 1585–89, Aug. 1962; Ottawa, Ontario, Canada, Nat. Res. Council, Div. of Pure Chem.; engl.) — 5.5'-Dicarbäthoxypyrroketone (Bis-[5-carbäthoxypyrryl-(2)]-ketone), die durch Oxydation entsprechender Pyrromethane mit Pb-Tetraacetat (**IV**) in Ggw. von PbO_2 (nicht jedoch mit SeO_2, MnO_2 oder $KMnO_4$) zugänglich sind, werden durch Verseifen u. Decarboxylierung der Säuren in in 5.5'-Stellung unsubstituierte *Pyrroketone* (**A**) übergeführt. 3.3'.5.5'-Tetramethyl-4.4'-diäthylpyrromethenhydrobromid gab mit **IV** nur schwarze, unlösl. Produkte. Die Clemmensen-Red. von *5.5'-Dicarboxypyrroketon-3.3'-dipropionsäure-4.4'-diessigsäurehexaäthylester* (I) führt wieder zum entsprechenden *Pyrromethan,* katalyt. Red. dagegen nicht. Die dargestellten **A** geben positive Ehrlich-Rk.; Pyrroketon-3.3'-diessigsäure-4.4'-dipropionsäure reagiert nicht nach Gattermann-Hoesch bzw. nach Vilsmeier, nicht mit 5.5'-Diformyldipyrrylmethan-3.3'-diessigsäure-4.4'-dipropionsäuretetramethylester, 5.5'-Bis-[brommethyl]-3.3'-dimethylpyrromethen-4.4'-dipropionsäure, HCOOH, H_2/Pd-Schwarz in A. oder CH_3COOH, $NH_2OH \cdot HCl$/Na-Acetat in 90%ig. A., HBr oder mit CH_2O/HCl.

Versuche (FF. korr.): *5.5'-Dicarboxypyrromethan* (**V**)*-3.3'-Dipropionsäure-4.4'-diessigsäurehexaäthylester,* F. 94°, durch Zugeben von I in A. zu halbkonz. HCl u. amalgamiertem Zn, 3std. Kochen, Filtrieren, Einengen u. Kühlen; 20%. — 5.5'-Dicarboxypyrroketone: *-3.3'-Dipropionsäure-4.4'-diessigsäure,* $C_{21}H_{20}N_2O_{13}$, F. 164–168° (erweicht ab 159°), durch Zugeben von 10%ig. wss. NaOH zu I in A., Eindampfen auf dem Wasserbad, Lösen in W., Ansäuern mit verd. HCl bis pH 1, Erhitzen bis zur Lsg. u. Kühlen; aus W. Nadeln; 56%. *Hexaäthylester* (I), $C_{33}H_{44}N_2O_{13}$, F. 152,5–153,5°, durch Zugeben von **IV** zu vorst. Verb. in Eisessig, 4tägiges Rühren bei Raum-Temp., Zugeben von PbO_2, 2tägiges Rühren, Zentrifugieren, Gießen in Eiswasser, Lösen des Nd. in Ae. u. Einengen; aus Ae. Prismen; 62%. — *-3.3'-Diessigsäure-4.4'-dipropionsäure, Hexaäthylester* (II), F. 156°, analog I aus **V**-3.3'-Diessigsäure-4.4'-dipropionsäurehexaäthylester, Prismen aus Ae.; 62%. — *-3.4'-Diessigsäure-4.3'-dipropionsäure, Hexaäthylester* (III), F. 149–150°, analog I aus **V**-3.4'-Diessigsäure-4.3'-dipropionsäurehexaäthylester; aus Ae. Nadeln; 43,5%. — Pyrroketone: *-3.3'-Dipropionsäure-4.4'-diessigsäure,* $C_{19}H_{20}N_2O_9$, F. 203–205°, durch Eindampfen einer äthanol. Lsg. von I u. 10%ig. NaOH auf dem Wasserbad, 10½std. Erhitzen mit NaOH auf 155–158° im Metallrohr (Teflonauskleidung) u. Ansäuern mit SO_2 (Kongorot); aus Aceton Nadeln; 89%. — Analog: *-3.3'-Diessigsäure-4.4'-dipropionsäure,* F. 272° (Zers.), aus **II**; aus wss. Aceton Würfel; 82%. *Tetraäthylester,* $C_{27}H_{36}N_2O_9$, F. 94–95°, aus der Säure a) durch Stehen in 5%ig. äthanol. HCl über Nacht, Eindampfen im Vakuum $<50°$ u. Extraktion mit n-Hexan; aus n-Hexan Blättchen; 33%; b) in Ae., mit Diazoäthan; 72%. — *-3.4'-Diessigsäure-4.3'-dipropionsäure,* F. 260–262° (Zers.), aus **III**; aus Aceton Würfel; 47%. — *4.4'-Dimethyl-3.3'-diäthyl-5.5'-dicarbäthoxy-,* $C_{21}H_{28}N_2O_5$, F. 190–191°, analog I aus 4.4'-Dimethyl-3.3'-diäthyl-5.5'-dicarbäthoxypyrromethan; aus A. Stäbchen; 27%. — *4.4'-Dimethyl-3.3'-diäthyl-,* $C_{15}H_{20}N_2O$, F. 180–180,5°, durch Eindampfen vorst. Verb. mit A. u. 10%ig. NaOH, 10std. Erhitzen mit W. u. 10%ig. NaOH auf 155–160° im Rohr, Extrahieren mit Chlf. u. Eindampfen; aus Ae./Hexan flockige Stäbchen; 86%. — *3.5.3'.5'-Tetramethyl-4.4'-diäthyl-,* F. 208,5–210°, nach Fischer u. Orth [1934]; aus A. gelbliche Nadeln; 68%. — UV-Maxima werden angegeben. Die IR-Spektren der **A** werden diskutiert. R. Schönfelder. 3081 □

Substituierte Indol-3-essigsäuren durch die Reformatski-Reaktion. James R. Piper und Frank J. Stevens. (J. org. Chemistry **27,** 3134–37, Sept. 1962; Auburn, Ala., Univ., Dep. of Chem.; engl.) — Kondens. von 6-Chloranthranilsäure (I) mit α-Chlorpropionsäure (**XIII**) in Ggw. von Na_2CO_3 liefert *N-[1-Carboxyäthyl]-6-chloranthranilsäure* (**IV**); diese wird mit Na-Acetat u. Acetanhydrid (**XIV**) zu *1-Acetyl-4-chlor-2-methylindoxyl* (**VII**)-*Acetat* umgesetzt, das mit Na_2SO_3 in Dioxan zu **VII** hydrolysiert wird. **VII** liefert durch Rk. mit Zn u. Bromessigsäureäthylester (**XV**) u. Dehydratisierung des Prod. mit P_2O_5 *1-Acetyl-4-chlor-2-methylindol-3-essigsäureäthylester* (**X**), der zu *4-Chlor-2-methyl-3-indolessigsäure* (**XVI**) verseift wird. Analog werden 6- (**II**) u. *5-Chlor-2-methylindol-3-essigsäure* dargestellt. Die Anwendung der Fischerschen Indol-Synth. auf Lävulinsäureäthylester-m-chlorphenylhydrazon (**XVII**) u. folgende Hydrolyse führen zu einem eutekt. Gemisch von **XVI** u. **II**.

Versuche: *4-Chloranthranilsäure* (**III**), F. 239–240°, durch Zugabe von **XIV** zu 5-Chlor-2-methylanilin in Eisessig, ½std. Kochen, Gießen in W., Erhitzen des *N-Acetyl-Deriv.* auf 85° mit 0,25m $MgSO_4$-Lsg., 1½std. Rk. mit $KMnO_4$ bei 85–90°, Zutropfen gesätt. $NaHSO_3$-Lsg., Filtrieren, Ansäuern mit 20%ig. H_2SO_4, 8std. Erhitzen des *N-Acetyl*-**III** mit konz. HCl auf 70–80°, Lösen des *Hydrochlorids* in W. u. Einstellen auf pH 5 mit Na-Acetattrihydrat; aus A. gelbe Nadeln; 62% (Ausbeute). — *6-Chlor-*

anthranilsäure (I), F. 146—147°, analog III aus 3-Chlor-2-methylanilin über *N-Acetyl*-I in konz. HCl bei 55—60° (24 Std.); aus Eisessig Nadeln; 52%. — *N-[1-Carboxyäthyl]-4-chloranthranilsäure* (VI), $C_{10}H_{10}ClNO_4$, F. 251—252° (Zers.), durch 24std. Kochen von III, XIII u. Na_2CO_3 in W. u. Ansäuern mit konz. HCl; aus 5n Essigsäure Nadeln; 62%. — *N-[1-Carboxyäthyl]-5-chloranthranilsäure* (V), F. 247—248° (Zers.), analog VI mit 5-Chloranthranilsäure; aus 5n Essigsäure Pulver; 75%. — *N-[1-Carboxyäthyl]-6-chloranthranilsäure* (IV), F. 175—176° (Zers.), analog VI mit I; aus 5n Essigsäure gelbe Nadeln; 34%. — 1-Acetyl-2-methylindoxyle: *4-Chlor-* (VII), $C_{11}H_{10}ClNO_2$, F. 144 bis 145°, aus dem Acetat u. Na_2SO_3 in sd. Dioxan/W. (24 Std.); aus A. körnige Kristalle; 53%. *Acetat*, $C_{13}H_{12}ClNO_3$, F. 99—99,5°, durch 1std. Kochen vorst. Verb. u. Na-Acetat in XIV, Zutropfen von W. unter Rühren, Eindampfen u. Gießen in W.; aus A. körnige Kristalle; 59%. — *5-Chlor-* (VIII), F. 134—135°, analog VII aus dem Acetat; aus A. 6eckige Platten; 88%. *Acetat*, F. 117—118°, analog VII-Acetat mit V; aus A. Nadeln; 37%. — *6-Chlor-* (IX), F. 111—112°, analog VII aus dem Acetat; aus A. Nadeln; 86%. *Acetat*, F. 131—132°, analog VII-Acetat mit VI; aus A. Nadeln; 31%. — 1-Acetyl-2-methylindol-3-essigsäureäthylester: *4-Chlor-* (X), $C_{15}H_{16}ClNO_3$, F. 102—103°, aus VII in Ae./Bzl. durch 5std. Kochen mit Zn u. XV in Ggw. von Jod, Zutropfen von Methanol/Eisessig, Dekantieren, Zusetzen von W., Zutropfen von Essigsäure, Eindampfen der organ. Phase, Lösen in Bzl. u. 1std. Kochen mit P_2O_5; aus A. Nadeln; 36%. — *5-Chlor-* (XI), F. 100—100,5°, analog X mit VIII; 43%. — *6-Chlor-* (XII), F. 85,5—86,5°, analog X mit IX; 39%. — 2-Methylindol-3-essigsäuren: *4-Chlor-* (XVI), $C_{11}H_{10}ClNO_2$, F. 210—214° (Zers.; Aceton/Chlf.), durch 1std. Kochen von X in wss.-methanol. NaOH u. Zutropfen von 3n HCl; 79%. *Äthylester*, $C_{13}H_{14}ClNO_2$, F. 101,5—102°, durch 2std. Kochen in A./Bzl. in Ggw. von konz. H_2SO_4 u. Gießen in 1%ig. $NaHCO_3$-Lsg.; aus wss. A. körnige Kristalle; 89%. — Analog: *5-Chlor-*, F. 189—190° (Zers.), mit XI; 79%. — *6-Chlor-* (II), F. 205—208° (Zers.), mit XII; 74%. *Äthylester*, F. 87,5—88°, aus wss. A. Platten; 90%. — *Eutekt. Gemisch von* XVI *u.* II, F. 180—182° (Zers.; Aceton/Chlf., wss. A., CH_3OH u. Bzl./Heptan) aus 30 g XVII durch langsames Erhitzen unter N_2 in Ggw. von $ZnCl_2$ auf 140° in ½ Std., Zusetzen von Ae. u. 3n HCl unter Rühren, Aufarbeiten der Ae.-Phase, Dest. ($Kp._{0,03-0,04}$ 152—158°; 55%), 1std. Kochen von 5 g in wss.-alkohol. NaOH, Zutropfen von 3n HCl, Lösen des Nd. in sd. Aceton, Einengen u. Zusetzen von Chlf.; 85%. H. Gleinig. 3081□

Anlagerungsreaktionen mit Epoxiden. Klaus Gulbins und Karl Hamann. (Chem. Ber. **94**, 3287—92, 28/12. 1961; Stuttgart, Forsch.-Inst. für Pigmente u. Lacke; dt.) — Vgl. Chem. Ber. **93**, [1960], 1975. — Bei der Rk. von Epoxiden mit Carbodiimiden entstehen Derivv. des *Imidazolidons-(2)*, mit Ketenen *cycl. Acetale*. Für *Diphenylketenglykolacetal* (VII) wird ein Konstit.-Beweis durchgeführt; sein IR-Spektrum weist keine CO-Gruppe auf. Es werden einige Rk.-Mechanismen diskutiert.

Versuche: Imidazolidone-(2): *1.3.4-Triphenyl-*, $C_{21}H_{18}N_2O$, F. 153° (CH_2Cl_2/n-Heptan), durch 7std. Erhitzen von Styroloxid (II) mit Diphenylcarbodiimid (I) in Ggw. von LiCl unter N_2 auf 200°; 93% (Ausbeute). — *1.3-Diphenyl-*, $C_{15}H_{14}N_2O$, F. 210—212° (Bzl.), $Kp._{0,8}$ 276—280°, a) aus Äthylencarbonat (III) u. I in Ggw. von Pyridin in 3 Std. bei 200°; 62%; b) durch Umlagerung von 2-Phenylimino-3-phenyloxazolidin in Ggw. von LiCl bei 200°; 100%. — *1.3-Diphenyl-4-methyl-*, $C_{16}H_{16}N_2O$, F. 76—77°, $Kp._{0,1}$ 175—184°, aus Propylencarbonat (IV) u. I in Ggw. von LiCl in 10 Std. bei 180°; 54,6%. — Glykolacetale: *Diphenylketenphenyl-*, $C_{22}H_{18}O_2$, $Kp._{0,8}$ 225—230°, aus II u. Azibenzil (V) in Ggw. von LiCl unter vorsichtigem Erwärmen auf 60° u. 4½std. Erhitzen auf 180° unter O_2-u. Feuchtigkeitsausschluß; 45%. — *Diphenylketenphenoxymethyl-*, $C_{23}H_{20}O_3$, $Kp._{0,1}$ 220 bis 260°, aus γ-Phenoxypropylenoxid u. V in Ggw. von LiCl in 5 Std. bei 190°; 42%. — *Diphenylketen-* (VII), $C_{16}H_{14}O_2$, F. 149—151°, $Kp._{0,3}$ 174—175°, aus III, V u. etwas LiCl in 4 Std. bei 180°; 42,4%. — *Diphenylketenpropylen-*, $C_{17}H_{16}O_2$, F. 158—160°, $Kp._{0,2}$ 150 bis 170°, aus IV, V u. etwas LiCl in 10 Std. bei 200°; 50%. — 1.3-Dioxolane: *2-Phenylimino-* (VIII), $C_9H_9NO_2$, $Kp._{0,1}$ 123—130°, durch Lösen von Dinatriumglykolat in Methylglykol u. Dioxan, 1std. Zutropfen von Phenylisocyaniddichlorid (VI) in die heiße Lsg., Eingießen in Ae., Filtrieren u. Fraktionieren; 80%. — *2-Phenylimino-4-methyl-* (IX), $Kp._{0,15}$ 128—132°, analog VIII aus Dinatriumpropylenglykolat u. VI; 74,5%. — *2-Methoxy-2-diphenylmethyl-*, $C_{17}H_{18}O_3$, F. 73—75° (Ae.), $Kp._{0,15}$ 131—132°, durch 8std. Erhitzen von 1 g VII, 20 ml Dioxan, 10 ml abs. CH_3OH u. wenig Eisessig u. Fraktionieren; ca. 0,8 g. — *Diphenylessigsäure-β-hydroxyäthylester*, $C_{16}H_{16}O_3$, $Kp._{0,2}$ 154—157°, durch Zugabe von 1 ml W. + 1 Tropfen konz. HCl zu 1 g VII in 10 ml Dioxan u. Fraktionieren nach 24 Std.; viscoses Öl; 0,8 g. — *3-Phenyloxazolidon-(2)*, F. 118—121°, durch Umlagerung von VIII in 5 Std. bei 200° mit etwas LiCl u. Dest.; 56,2%. — *3-Phenyl-5-methyloxazolidon-(2)*, F. 76—78°, durch Umlagerung von IX; 55%. H. J. Schönherr. 3100□

Das 1.2-Dithioliumkation. Ein neues pseudoaromatisches System. 2. Mitt. **Kondensation von Phenyl-1.2-dithioliumsalzen mit tertiären aromatischen Aminen.** Erwin Klingsberg und Ann M. Schreiber. (J. Amer. chem. Soc. **84**, 2941—44, 5/8. 1962; Bound Brook, N.J., Amer. Cyanamid Co., Bound Brook Labor.; engl.) — 1. vgl. C. **1962**, 1178. — *3-* u. *4-Phenyl-1.2-dithioliumsalze* kondensieren sich mit tert. aromat. Aminen unter Bldg. von intensiv violetten Farbstoffen, bei der 3-Phenyl-Verb. tritt dabei die Aminkomponente in 5-Stellung des Dithiolium-Syst. ein, 3.4-disubstituierte Derivv. können ebenfalls noch mit einem Mol Amin in 5-Stellung reagieren. Die gleichen Verbb. werden durch Kondens. aus einem entsprechenden 1.2-Dithiolon-(3) oder 1.2-Dithiolthion-(3) mit dem Amin erhalten. Die Leuko-Verbb. sind im allg. luftempfindliche, instabile Produkte.

Versuche (FF. korr.): *3-Phenyl-5-[p-dimethylaminophenyl]-1.2-dithioliumperchlorat*, $C_{17}H_{16}ClNO_4S_2$, Zers. bei 246—247° (Methanol), a) durch 19std. Kochen von 3-Phenyl-1.2-dithioliumhydrogensulfat (I), K-Persulfat u. Dimethylanilin in A. u. Behandeln mit 70%ig. $HClO_4$; grüne Nadeln; 30—60% (Ausbeute); b) aus 5-Phenyl-1.2-dithiolthion-(3) durch Methylierung mit Dimethylsulfat in Bzl., 20 Min. langes Kochen des Prod. mit Dimethylanilin in Eisessig u. Pyridin u. Behandeln mit 70%ig. $HClO_4$; 46%; c) aus 5-Phenyl-1.2-dithiolon-(3), Dimethylanilin u. $POCl_3$ durch 15 Min. langes Kochen, Behandeln mit Eisessig, Eis u. warmem W. u. Versetzen des Filtrats mit $HClO_4$. *Jodid*, $C_{17}H_{16}JNS_2$, Zers. bei 245° (Butanol), analog dem Perchlorat nach c) u. Behandeln des Filtrats mit KJ; grünviolette Nadeln. — *3-[p-Dimethylamino-o-methylphenyl]-5-phenyl-1.2-dithioliumperchlorat*, $C_{18}H_{18}ClNO_4S_2$, F. 257—258° (Zers.; Methanol), wie vorst. Perchlorat nach a) mit N.N-Dimethyl-m-toluidin; grüne Nadeln. — *3-[p-(N-Methyl-N-phenylamino)-phenyl]-5-phenyl-1.2-dithioliumperchlorat*, $C_{22}H_{18}ClNO_4S_2$, F. 221—223° (Propanol), durch 2½std. Kochen von I mit K-Persulfat u. N-Methyldiphenylamin in A. u. Behandeln mit $HClO_4$; grüne Kristalle; 57%. — *3-[p-(N-Cyanäthyl-N-methylamino)-phenyl]-4-phenyl-1.2-dithioliumperchlorat*, $C_{19}H_{17}ClN_2O_4S_2$, F. 238—239° (Zers.; Äthylenglykolmonomethyäther), wie vorst. Verb. aus 4-Phenyl-1.2-dithioliumhydrogensulfat (II) u. N-Cyanäthyl-N-methylanilin; grüne Nadeln; 66%. — *3-[p-(N-Cyanäthyl-N-methylamino)-phenyl]-5-phenyl-1.2-dithioliumperchlorat*, F. 255—257° (Zers.; Äthylenglykolmonomethyläther), grüne Nadeln. — *3-[p-Dimethylaminophenyl]-4-phenyl-1.2-dithioliumperchlorat* (**III**), $C_{17}H_{16}ClNO_4S_2$, F. 236—237° (Zers.; Methanol), wie vorvorst. Verbindung. *Hydroperchlorat der Leuko-Verb.*, $C_{17}H_{18}ClNO_4S_2$, F. 179—182° (Zers.; Methanol), aus 2 g **II** u. 1,4 g Dimethylanilin in A. durch 1std. Kochen, Heißfiltration u. Versetzen mit 70%ig. $HClO_4$; gelbe Nadeln; 70 mg. — *4.5-Benzo-1.2-dithiolthion-(3)*, F. 94—96° (Methylcyclohexan), aus 2.2'-Dithiodibenzoesäure u. P_2S_5 durch ¾std. Kochen in Pyridin; orangefarbene Nadeln; 80—90%. — *4.5-Benzo-3-[p-dimethylaminophenyl]-1.2-dithioliumjodid*, $C_{15}H_{14}\cdot JNS_2$, F. 230—231° (Zers.; Methanol), aus vorst. Verb., Dimethyanilin u. Trichlormethansulfenylchlorid in Pyridin durch Rühren im Eisbad, Aufnehmen in Propanol u. Behandeln mit 57%ig. HJ; grüne Kristalle; 50%. *Perchlorat*, $C_{15}H_{14}ClNO_4S_2$, F. 225° (Zers.; Äthylenglykolmonomethyläther), grüne Nadeln. — *3-[p-Dimethylaminophenyl]-4-[p-nitrophenyl]-1.2-dithioliumperchlorat*, $C_{17}H_{15}ClN_2O_6S_2$, F. 240—242° (Zers.; Methanol), aus 4-[p-Nitrophenyl]-1.2-dithioliumhydrogensulfat (3,5 g), K-Persulfat (1,5 g) u. Dimethylanilin (1,6 ml) in A., Behandeln mit 70%ig. $HClO_4$ u. Extrahieren mit Eisessig; purpurfarbene Plättchen; 25 mg. *Hydroperchlorat* der *Leuko-Verb.*, $C_{17}H_{17}ClN_2O_6S_2$, F. 222—225° (Zers.; A.), aus dem in Eisessig unlösl. Anteil; gelbe Nadeln; 70 mg. — *p-Dimethylaminoacetophenon*, F. 101,5—103° (Cyclohexan), durch Hydrierung eines Gemisches aus p-Aminoacetophenon, 37%ig. HCl u. Formalin in A. in Ggw. von Pt; cremefarbene Plättchen; 66%. — *p-Dimethylaminobenzoyldithioessigsäure*, $C_{11}H_{13}NOS_2$, F. 214—216° (Zers.; Dioxan), durch Zutropfen von vorst. Verb. u. CS_2 in Bzl. zu einer gekühlten Lsg. von Na-tert.-Amylat in Bzl.; 90%. — *5-[p-Dimethylaminophenyl]-1.2-dithiolthion-(3)*, $C_{11}H_{11}NS_3$, F. 207—210° (Zers.; Butylacetat), durch Zugeben von P_2S_5 u. anschließend von vorst. Verb. in sd. Pyridin u. 4½std. Kochen; purpurfarbene Nadeln; 57%. — *3-[p-Dimethylaminophenyl]-1.2-dithioliumhydrogensulfat*, $C_{11}H_{13}NO_4S_3$, F. 214—215° (Zers.; Eisessig), durch Peressigsäureoxydation von vorst. Verb. in Aceton; purpurfarbene Nadeln; 72%. — *3.5-Bis-[p-dimethylaminophenyl]-1.2-dithioliumperchlorat*, $C_{19}H_{21}ClN_2O_4S_2$, F. 269—271° (Zers.; Methoxyäthanol), aus vorst. Verb. u. Dimethylanilin in A. durch 88std. Kochen u. Zusatz von $HClO_4$; grüne Nadeln; 20,6%. — *3.5-Bis-[p-dimethylaminophenyl]-4-phenyl-1.2-dithioliumperchlorat*, $C_{25}H_{25}ClN_2O_4S_2$, F. 263 bis 265° (Zers.; Methanol), wie vorst. Verb. aus **III**; goldene Plättchen; 37%.

Rudolf Albrecht. 3112□

Über 2-Phenylhydrazinoimidazole und deren benzidinartige Umlagerung. Theodor Pyl, Helmut Lahmer und Hans Beyer. (Chem. Ber. **94**, 3217—23, 28/12. 1961; Greifswald. Univ., Inst. für organ. Chem.; dt.) — Vgl. C. **1958**, 8336. — Bei der Umsetzung von Anilinoguanidin, das aus dem Hydrochlorid (**II**) mit der berechneten Menge $NaOCH_3$ in Freiheit gesetzt wird, mit aromat. α-Halogenketonen gelangt man zu *2-Phenylhydrazinoimidazolen* (**A**). Mit Desylbromid u. aliphat. α-Halogenketonen erfolgte dagegen keine Umsetzung. Mit konz. HCl lassen sich die **A** benzidinartig umlagern. So entsteht aus *2-Phenylhydrazino-4(5)-phenylimidazol* (**I**) das isomere *2-Amino-4-phenyl-5-[p-aminophenyl]-imidazol* (**VII**). Die prim. Aminogruppe in **VII** wurde durch Diazotierung u. Kupplung zu *2-Amino-4-phenyl-5-[p-(β-hydroxy-α-naphthylazo)-phenyl]-imidazol* u. durch Zers. der Diazoniumsalz-Lsg. mit unterphosphoriger Säure zu *2-Amino-4.5-diphenylimidazol*, dessen F. u. IR-Spektrum mit einer authent. Probe verglichen wurde, nachgewiesen. Die **A** zeigen gegenüber Fehlingscher Lsg. u. alkohol.-ammoniakal. $AgNO_3$-Lsg. keine reduzierenden Eigg. u. liegen daher wahrscheinlich in der tautomeren Imidazolon-(2)-phenylhydrazon-Form vor.

Versuche: 2-Phenylhydrazinoimidazole (**A**): *4(5)-Phenyl-* (**I**), $C_{15}H_{14}N_4$, F. 225 bis 226° [Zers.; n-Butanol (But)], aus **II** in CH_3OH durch Versetzen mit Na in CH_3OH unter Kühlung, Abfiltrieren des NaCl u. Zugabe von ω-Bromacetophenon in Aceton; Nadeln; 56% (Ausbeute). *Hydrochlorid*, $C_{15}H_{14}N_4 \cdot HCl$, F. 201° (Zers.), durch Erhitzen von **I** mit verd. HCl; aus But Stäbchen. *Diacetyl-Deriv.* (**IV**), $C_{19}H_{18}N_4O_2$, F. 232° (Zers.), aus **I** u. Acetanhydrid in Pyridin in 1 Std.; rhomb. Blättchen aus But/A. (1 : 1). *Dibenzoyl-Deriv.*, $C_{29}H_{22}N_4O_2$, Zers. > 230°, aus **I** u. Benzoylchlorid in Pyridin; gelbliches Pulver. — *4(5)-[p-Bromphenyl]-* (**V**), $C_{15}H_{13}BrN_4$, F. 227° (Zers.), analog **I** aus **II** u. p.ω-Dibromacetophenon; aus But Nadeln; 46%. *Hydrochlorid*, $C_{15}H_{13}BrN_4 \cdot HCl$, F. 215° (Zers.; Stäbchen). *Diacetyl-Deriv.*, $C_{19}H_{17}BrN_4O_2$, F. 155—156°; gelbliches, feinkristallines Pulver. — *4(5)-[p-Tolyl]-* (**VI**), $C_{16}H_{16}N_4$, F. 223—224° (Zers.), aus **II** u. ω-Chlor-p-methylacetophenon; aus But Nadeln; 57%. *Hydrochlorid*, $C_{16}H_{16}N_4 \cdot HCl$, F. 198° (Zers.; Stäbchen). *Diacetyl-Deriv.*, $C_{20}H_{20}N_4O_2$, F. 272—273° (verd. A.). — *4(5)-[p-Methoxyphenyl]-*, $C_{16}H_{16}N_4O$, F. 215—216° (Zers.), aus **II** u. ω-Brom-p-methoxyacetophenon; aus A. Nadeln; 57%. *Hydrochlorid*, $C_{16}H_{16}N_4O \cdot HCl$, F. 213—214° [Zers.; Stäbchen (But)]. *Diacetyl-Deriv.*, $C_{20}H_{20}N_4O_3$, F. 172—173°, aus verd. A. gelbliches Kristallpulver. — 5-Salicylidenimidazolon-(2)-phenylhydrazone: *4-Phenyl-* (**III**), $C_{22}H_{18}N_4O$, F. 230° (Zers.), durch Erhitzen von **I** in Salicylaldehyd u. Zufügen der doppelten Menge A.; aus A. gelbe Nadeln; ca. 100%. — *4-[p-Bromphenyl]-*, $C_{22}H_{17}BrN_4O$, F. 213° (Zers.), analog **III**; aus A. gelbe Nadeln. — *4-[p-Tolyl]-*, $C_{23}H_{20}N_4O$, F. 234° [Zers.; gelbe Nadeln (A.)]. — *4-[p-Methoxyphenyl]-*, $C_{23}H_{20}N_4O_2$, F. 211° [Zers.; gelbe Nadeln (A.)]. — 5-[p-Aminophenyl]-imidazole: *2-Amino-4-phenyl-* (**VII**), *Dihydrochlorid*, $C_{15}H_{14}N_4 \cdot 2\,HCl$, F. 310° (Zers.), a) durch 5std. Kochen von **IV** mit konz. HCl, Einengen, Absaugen des Kristallbreies, Lösen in A. u. Fällen mit Ae.; 52%; b) durch Kochen von **I** mit konz. HCl, Einengen, Waschen der Kristalle mit Aceton u. Ae., Lösen in W. u. Fällen mit konz. HCl; Nadeln; 21%. **VII**, $C_{15}H_{14}N_4$, F. 265° (Zers.), durch Lösen des Dihydrochlorids in viel W. u. Fällen mit verd. NH_4OH, Lösen in wenig A. u. Fällen mit W.; gelbliche Stäbchen. *Diacetyl-Deriv.*, $C_{19}H_{18}N_4O_2$, F. 261°, durch Erhitzen von **VII** mit Acetanhydrid in Pyridin; aus A. Nadeln. — *2-Amino-4-[p-bromphenyl]-*, *Dihydrochlorid*, $C_{15}H_{13}BrN_4 \cdot 2\,HCl$, F. 220° (Zers.), durch 5std. Erhitzen von **V** in konz. HCl, Dekantieren u. Abfiltrieren, Einengen, Lösen in wenig W. u. Fällen mit konz. HCl; Nadeln; 10%. *Freie Base*, $C_{15}H_{13}BrN_4$, Zers. > 310°, aus dem Dihydrochlorid mit verd. NH_4OH. — *2-Amino-4-[p-tolyl]-*, *Dihydrochlorid*, $C_{16}H_{16}N_4 \cdot 2\,HCl$, F. 305° (Zers.; Nadeln), aus **VI** in konz. HCl durch 5std. Erhitzen, Dekantieren, Einengen, Waschen der Kristalle mit Aceton u. Ae. u. Umfällen; 25%. *Freie Base*, $C_{16}H_{16}N_4$, Zers. bei 303°, aus dem Dihydrochlorid; aus But Prismen. *Diacetyl-Deriv.*, $C_{20}H_{20}N_4O_2$, F. 296° (A.), gelblich. — *2-Amino-4-phenyl-5-[p-(β-hydroxy-α-naphthylazo)-phenyl]-imidazol*, $C_{25}H_{19}N_5O$, durch Diazotierung von **VII** in verd. HCl bei 0°, Eintragen in eine Lsg. von β-Naphthol in 20%ig. NaOH, Waschen mit W., Lösen in A. u. Fällen mit W.; zersetzt sich bei höheren Temp. ohne zu schmelzen; 25%. — *2-Amino-4.5-diphenylimidazol*, $C_{15}H_{13}N_3$, F. 243° [Zers.; Prismen (verd. CH_3OH)], durch Eintragen vorst. Diazoniumsalz-Lsg. in wss. H_3PO_2 (N_2-Entw.). H. J. Schönherr. 3122□

Untersuchungen in der Reihe der Benzazole. 2-Hydrazino- und 2-Azidobenzimidazole. N. P. Bednjagina und I. Ja. Posstowski. (Журнал Общей Химии [J. allg. Chem.] **30** (92), 1431—37, Mai 1960; Uraler polytechn. Inst.; russ.) — Es wurden *2-Hydrazinobenzimidazol* (**I**), *1-Methyl-* (**II**), *1-Benzyl-* (**III**), *5-Methyl-* (**IV**) u. *5(6)-Methyl-1-benzyl-2-hydrazinobenzimidazol* (**V**) synthetisiert. Die N-Benzyl-Verbb. haben eine hypotensive Wirkung. **I**—**V** wurden mit HONO in die entsprechenden *2-Azidobenzimidazole* übergeführt (Tetrazole bildeten sich nach der IR-Analyse dabei nicht) u. diese durch Rk. mit Raney-Ni zu den *2-Aminobenzimidazolen* hydriert.

Versuche: Benzimidazole: *2-Hydrazino-* (**I**), F. 219—220° (A.), man erhitzt **24 g 2-Chlorbenzimidazol (VI) u. 100 ml Hydrazinhydrat (VII) 4 Std. im Rohr auf 150** bis 155°; 80% (Ausbeute). *Hydrochlorid*, F. 185—186°. *Hydrochloridhydrat*, F. 65—67°. *Benzal-Deriv.* (*Benzal-[benzimidazolyl-(2)]-hydrazin*), $C_{14}H_{12}N_4$, F. 270—272° (A.), man erhitzt I u. Benzaldehyd 4 Std. im Rohr auf 150°. — *1-Methyl-2-chlor-*, F. 114—115° (verd. A.), durch 1std. Kochen von 10 g **VI** u. 30 ml Methyljodid in 10 ml 30%ig. NaOH u. 20 ml A.; 73%. — *1-Methyl-2-hydrazino-* (**II**), F. 146—147°, aus vorst. Verb. u. **VII**; 75—77%. *Hydrochlorid*, $C_8H_{11}ClN_4$, F. 293—295° (W.). — *1-Benzyl-2-chlor-*, $C_{14}H_{11}ClN_2$, F. 108—109° (verd. A.), durch 1std. Kochen von 20 g **VI** u. 40 ml Benzylchlorid (**VIII**) in 20 ml 30%ig. NaOH u. 100 ml A.; 90%. — *1-Benzyl-2-hydrazino-* (**III**), $C_{14}H_{14}N_4$, F. 140—145°, aus vorst. Verb. u. **VII**; an der Luft unbeständig. *Hydrochlorid*, $C_{14}H_{15}ClN_4$, F. 230—233°. *Hydrochloridhydrat*, F. 75—80° (W.). — *5-Methyl-2-chlor-*, $C_8H_7ClN_2$, F. 176—180° (A.), man red. 3-Nitro-4-aminotoluol mit Zn/NaOH, verschmilzt das erhaltene *3.4-Diaminotoluolhydrochlorid* mit Harnstoff zu *5-Methylbenzimidazolon-(2)* (F. 302—304°) u. erhitzt dieses mit $POCl_3$ 3 Std. im Rohr auf 160—165°; 80%. — *5-Methyl-2-hydrazino-* (**IV**), $C_8H_{10}N_4$, F. 180—182° (verd. A.), aus vorst. Verb. u. **VII**. — *5(6)-Methyl-1-benzyl-2-chlor-*, $C_{15}H_{13}ClN_2$, F. 120—121° (A.), durch 1std. Kochen von 5 g 5-Methyl-2-chlorbenzimidazol u. 10 ml **VIII** in 5 ml 30%ig. NaOH u. 25 ml A.; 70%. — *5(6)-Methyl-1-benzyl-2-hydrazino-* (**V**), *Hydrochlorid*, $C_{15}H_{17}ClN_4$, F. 215—218° (W.), aus vorst. Verb. u. **VII**. — *2-Azido-* (**IX**), $C_7H_5N_5$, Zers. bei 188—189° (verd. A.), man gibt zu 3 g I in 20 ml Eisessig u. 40 ml W. bei 3° 1,7 g $NaNO_2$ in 10 ml W.; große Platten; 94%. — Analog: *5-Methyl-2-azido-*, $C_8H_7N_5$, Zers. bei 184—185°, aus **IV**. — *5(6)-Methyl-1-benzyl-2-azido-*, $C_{15}H_{13}N_5$, F. 122—124°, aus **V**. — *1-Methyl-2-azido-*, $C_8H_7N_5$, F. 87 bis 88° (verd. A.), a) man gibt zu 2 g **II**-Hydrochlorid in 20 ml W. bei 3° 2 g KNO_2 in 10 ml W.; seidige Nadeln; 98%; b) aus **IX** mit Methyljodid oder Dimethylsulfat; ca. 100%. — Analog: *1-Benzyl-2-azido-*, $C_{14}H_{11}N_5$, F. 108—110°, aus **III**. — *2-Amino-*, $C_7H_7N_3$, F. 222° (W.), man gibt zu 2—3 g **IX** in 30—50 ml A. 15—20 g Raney-Ni u. läßt nach der Rk. 1—2 Std. lang stehen; 90—95%. — *1-Methyl-2-amino-*, $C_8H_9N_3$, F. 200—201° (W.). — *1-Benzyl-2-amino-*, $C_{14}H_{13}N_3$, F. 192—193° (Bzl., A.). — *5-Methyl-2-amino-*, $C_8H_9N_3$, F. 196—197° (W.). — *5(6)-Methyl-1-benzyl-2-amino-*, $C_{15}H_{15}N_3$, F. 215—216° (verd. A.). Helmut Schäfer. 3122

Furaninopyrazole. I. K. Korobitzyna, Ju. K. Jurjew, Tschen-le In, A. F. Dawydowa und N. N. Gaidamowitsch. (Журнал Общей Химии [J. allg. Chem.] **31** (**93**), 3921—26, Dez. 1961; Moskau, Univ.; russ.) — Durch Kondens. von 2.2.5.5-Tetramethyl- (**I**), 2.5-Dimethyl-2.5-diäthyl- (**II**), 2.2;5.5-Bis-tetramethylen- (**III**) u. 2.2;5.5-Bis-pentamethylen-4-formylfuranidon-(3) (**IV**) mit Hydrazin wurden über die *Hydrazone* die entsprechenden *2'.2'.5'.5'-Tetraalkylfuranino-[3'.4':4.5]-pyrazole* dargestellt. Diese wurden auch aus 2.2.5.5-Tetramethyl- (**V**), 2.5-Dimethyl-2.5-diäthyl- (**VI**), 2.2;5.5-Bis-tetramethylen- (**VII**) u. 2.2;5.5-Bis-pentamethylen-4-dimethylaminomethylfuranidon-(3) (**VIII**) durch Kondens. mit Hydrazin u. anschließende Dehydrierung der gebildeten *Furanidinopyrazoline* mit S erhalten. Die Kondens. von I u. **IV** mit Phenylhydrazin (**IX**) lieferte (über **I**-*Phenylhydrazon*) *2'.2'.5'.5'-Tetramethyl-* bzw. *2'.2';5'.5'-Bis-pentamethylen-1-phenylfuranino-[3'.4':4.5]-pyrazol*, die Kondens. von **V** u. **VIII** mit **IX** führte über die *Furanidinopyrazoline* dagegen zu *2'.2'.5'.5'-Tetramethyl-* bzw. *2'.2';5.5'-Bis-pentamethylen-1-phenylfuranino-[3'.4':3.4]-pyrazol*.

Versuche: *2.2.5.5-Tetramethyl-4-formylfuranidon (3)* (**I**), *Hydrazon*, $C_9H_{16}N_2O_2$, F. 110—111° (Ae.), man gibt zu 0,02 Mol I in 30 ml Ae. 0,04 Mol Hydrazinhydrat (**X**) u. rührt ½ Std.; 98,5% (Ausbeute). *Phenylhydrazon*, $C_{15}H_{20}N_2O_2$, F. 137—138° (W.-A.), a) durch ½std. Kochen von 0,02 Mol I u. 0,02 Mol **IX** in 30 ml Ae.; 68%; b) durch Zugabe von 0,01 Mol **IX** zu 0,01 Mol 2.2.5.5-Tetramethyl-4-dichlormethylfuranidon-(3) in 30 ml Ae.; 76%. — *2.2;5.5-Bis-tetramethylen-4-formylfuranidon-(3)* (**III**), *Hydrazon*, $C_{13}H_{20}N_2O_2$, F. 97,5—98°; 90%. — *2.2;5.5-Bis-pentamethylen-4-formylfuranidon-(3)* (**IV**), *Hydrazon*, $C_{15}H_{24}N_2O_2$, F. 108—109°; 93%. — *2'.2'.5'.5'-Tetramethylfuranidino-[3'.4':3.4]-pyrazolin*, $C_9H_{16}N_2O$, F. 76—79°, man gibt zu 0,066 Mol **X** u. 2 ml 40%ig. NaOH in 15—20 ml A. in 20 Min. 0,022 Mol **V**-Hydrochlorid in 20 ml A. u. kocht 3—4 Std.; 79%. — Furanino-[3'.4':4.5]-pyrazole: *2'.2'.5'.5'-Tetramethyl-*, $C_9H_{14}N_2O$, F. 222,5—223°, a) durch Erhitzen von **I**-Hydrazon; 96%; b) man kocht 0,066 Mol **X**, 2 ml 40%ig. NaOH, 15—20 ml A. u. 0,022 Mol **V** 3—4 Std., alkalisiert, nimmt in Ae. auf, dampft ein u. erhitzt den Rückstand unter portionsweiser Zugabe von 0,022 Mol S auf 100—180°; 47%. *Benzoyl-Deriv.*, $C_{16}H_{18}N_2O_2$, F. 99—100° (W.-A.), nach Schotten-Baumann; 87%. — *2'.5'-Dimethyl-2'.5'-diäthyl-*, $C_{11}H_{18}N_2O$, F. 127—127,5°, a) man kocht 0,028 Mol **II** u. 0,056 Mol **X** in 30 ml Ae. ½ Std. u. dest. bei 1—2 mm; 60%; b) aus **VI** u. **X**, dann mit S; 41%. — *2'.2';5'.5'-Bis-tetramethylen-*, $C_{13}H_{18}N_2O$, F. 152 bis 153°, a) durch Dest. von **III**-Hydrazon bei 1—2 mm; 50%; b) aus **VII** u. **X**, dann mit S; 52%. — *2'.2';5'.5'-Bis-pentamethylen-*, $C_{15}H_{22}N_2O$, F. 208—210°, a) durch Dest. von **IV**-Hydrazon bei 1—2 mm; 61%; b) aus **VIII** u. **X**, dann mit S; 48%. — *1-Phenyl-*

2'.2'.5'.5'-tetramethyl-, $C_{15}H_{18}N_2O$, F. 74,5—75,5° (W.-A.), a) man erhitzt 15 mMol I-Phenylhydrazon u. 0,4 g $ZnCl_2$ 5 Min. auf 150°; 65%; b) man erhitzt äquimol. Mengen I u. **IX** in Ggw. von wenig konz. H_2SO_4. — *1-Phenyl-2'.2';5'.5'-bis-pentamethylen-*, $C_{21}H_{26}N_2O$, F. 109—110° (A.), durch 6std. Kochen von je 0,06 Mol **IV** u. **IX**, 0,3 g konz. H_2SO_4, 2 ml W. u. 20 ml A.; 40%. — *1-Phenyl-2'.2'.5'.5'-tetramethylfuranino-[3'.4':3.4]-pyrazol*, $C_{15}H_{18}N_2O$, F. 110,5—111° (A.), man erhitzt 0,025 Mol **V**-Hydrochlorid, 0,027 Mol **IX** u. 2,5 ml 40%ig. NaOH in 25 ml A. 5 Std. u. dehydriert nach dem Eindampfen mit S; 57%. — *1-Phenyl-2'.2';5'.5'-bis-pentamethylenfuranidino-[3'.4':3.4]-pyrazolin*, $C_{21}H_{28}N_2O$, F. 127—128° (W.-Aceton), durch 15std. Kochen von je 0,01 Mol **VIII**-Hydrochlorid u. **IX** mit 1 ml 40%ig. NaOH in 45 ml A.; 50%. — *1-Phenyl-2'.2';5'.5'-bis-pentamethylenfuranino-[3'.4':3.4]-pyrazol*, $C_{21}H_{26}N_2O$, F. 92—93° (A.), durch Dehydrierung von 3,4 mMol vorst. Verb. mit 3,4 mMol S bei 200—250°; 70%.

Helmut Schäfer. 3122

2-Methoxy-2.4-diphenylchroman und 5.6-Dihydro-6-methoxy-4.6-diphenyl-4H- und 6.6-Diphenyl-6H-naphtho-[2'.1':2.3]-pyran. R. Livingstone, D. Miller und S. Morris. (J. chem. Soc. [London] **1960**, 5148—52, Dez.; Huddersfield, Coll. of Techn.; Burnley, Municipal Coll.; engl.) — *2-Methoxy-2.4-diphenylchroman* u. *5.6-Dihydro-6-methoxy-4.6-diphenyl-4H-naphtho-[2'.1':2.3]-pyran* werden aus den entsprechenden Chromenen dargestellt. Die Darst. von *6.6-Diphenylnaphtho-[2'.1':2.3]-pyran* (I) erfolgt nach zwei Meth., wodurch gezeigt werden kann, daß I sich von der von Wizinger u. Wenning (vgl. Helv. chim. Acta **23**, [1940], 247) beschriebenen Verb. unterscheidet.

Versuche: *6.6-Diphenylnaphtho-[2'.1':2.3]-pyran* (I), $C_{25}H_{18}O$, F. 160—161°, durch 1std. Kochen von 30 g 5.6-Benzocumarin mit Phenyl-MgBr in Ae.-Bzl., Zers. mit NH_4Cl-Lsg., Wasserdampf-Dest., Ausäthern des Rückstands (→ Extrakt **E**) u. Umkristallisieren des Unlöslichen; aus Eisessig Nadeln; 34,9 g (Ausbeute); daneben aus **E** 6,3 g *5.6-Dihydro-4.6-diphenyl-6-hydroxy-4H-naphtho-[2'.1':2.3]-pyran* (**II**, $C_{25}H_{20}O_2$, F. 153—154°, aus PAe. Nadeln). 7std. Kochen von I mit $KMnO_4$ in Aceton, Zusatz von W. u. verd. H_2SO_4, Einleiten von SO_2, Ausäthern, Verestern mit Diazomethan, Red. mit $LiAlH_4$ in abs. Ae. u. Versetzen mit Bradys Reagens → *Diphenylacetaldehyd-2.4-dinitrophenylhydrazon* (F. 146—148°, aus A. orangerote Nadeln). — *4.6-Diphenyl-4H-naphtho-[2'.1':2.3]-pyran* (**IV**), $C_{25}H_{18}O$, F. 205°, durch Aufkochen von 0,15 g II in Eisessig; aus Äthylacetat Nadeln; 0,1 g. — *2-Methoxy-2.4-diphenylchroman* (**V**), $C_{22}H_{20}O_2$, F. 106°, a) durch 1std. Kochen von 5 g 2.4-Diphenyl-4H-chromen in 4%ig. methanol. HCl; aus Methanol Platten; 4,6 g; b) durch 2std. Kochen von 1g 2.4-Diphenyl-2-hydroxychroman in 2%ig. methanol. HCl; 0,81 g. — *2-Äthoxy-2.4-diphenylchroman* (**VI**), $C_{23}H_{22}O_2$, F. 122°, analog **V**; Prismen. — *5.6-Dihydro-6-methoxy-4.6-diphenyl-4H-naphtho-[2'.1':2.3]-pyran*, $C_{26}H_{22}O_2$, F. 174—175° (Methanol), durch 6½std. Kochen von **IV** in 4%ig. methanol. HCl. — *2.4-Diphenyl-4H-chromen*, F. 109 bis 110°, durch 2std. Kochen von **V** oder **VI** in Eisessig; Nadeln. — *4.6-Diphenyl-2.3-benzopyryliumtetrachloroferrat*, F. 167—168°, a) aus vorst. Verb. u. $FeCl_3$-Lsg.; b) durch ½std. Kochen von 0,5 g **V** mit $FeCl_3$ in Acetanhydrid u. Eisessig; 0,5 g; aus Eisessig gelbbraune Platten. — *4.6-Diphenyl-6H-naphtho-[2'.1':2.3]-pyran*, $C_{25}H_{18}O$, F. 171—172° (A., Äthylacetat), durch 1std. Kochen von 4 g 2.3-Dihydro-5.6-benzoflavon in benzol. Phenyl-MgBr-Lsg.; 1,2 g. — *5.6-Dihydro-4.6-diphenyl-4H-naphtho-[2'.1':2.3]-pyran*, $C_{25}H_{20}O$, F. 192—193°, a) durch Hydrieren von vorst. Verb. an PtO_2 in Essigsäure; b) analog a) aus dem 4H-Analogon; aus Äthylacetat Nadeln. — Vermutlich *7a.9.10.10a-Tetrahydro-8.8.10.10-tetraphenyl-8H-naphtho-[2.1:b]-cyclopenta-[d]-furan*, $C_{39}H_{30}O$, F. 194° (A.), a) durch Sättigen von 0,84 g I u. 1,31 g 1.1-Diphenyläthylen (**VII**) mit HCl u. 20 Min. langes Kochen; 0,84 g; b) aus 2-Hydroxy-1-naphthaldehyd u. **VII**. — *5-[α-Hydroxydiphenylmethyl]-naphtho-[2'.1':2.3]-furan*, $C_{25}H_{18}O_2$, F. 140° (PAe.), durch 1std. Kochen von 6 g Naphtho-[2'.1':2.3]-furancarbonsäure-(5)-methylester mit Phenyl-MgBr in Ae., Wasserdampf-Dest. u. Ausäthern des Rückstands; 0,9 g. — *5-Diphenylmethylnaphtho-[2'.1':2.3]-furan*, $C_{25}H_{18}O$, F. 177° (PAe.), durch 5std. Kochen von 0,5 g vorst. Verb. mit Zn-Staub in Eisessig; 0,16 g. — *β.β-Diphenylacrylsäurenaphthyl-(2)-ester*, $C_{25}H_{18}O_2$, F. 142°, durch 2std. Kochen von β-Naphthol, β.β-Diphenylacrylsäurechlorid u. Mg in Bzl., Filtrieren u. Ausäthern; aus PAe. Nadeln; 63%. — *5.6-Dihydro-6.6-diphenyl-4-oxonaphtho-[2'.1':2.3]-pyran*, $C_{25}H_{18}O_2$, F. 167 bis 169°, durch 2std. Erhitzen von 1,84 g vorst. Verb. mit $AlCl_3$ auf 130°, Zers. mit verd. HCl, Ausäthern, Einengen u. Kochen mit wss.-alkohol. HCl; 0,1 g. — *5.6-Dihydro-6.6-diphenyl-4-hydroxy-4H-naphtho-[2'.1':2.3]-pyran* (**III**), F. 138—140° (PAe.), durch 1std. Kochen vorst. Verb. mit $LiAlH_4$ in Ae. u. Zers. mit H_2SO_4. ¼std. Kochen von **III** in Eisessig → **I**. — *5.6-Dihydro-6.6-diphenyl-4H-naphtho-[2'.1':2.3]-pyran*, $C_{25}H_{20}O$, F. 162°, durch Hydrieren von I in Äthylacetat an PtO_2; aus A. Nadeln.

W. Hampel. 3211 □

Synthese von 5.6.8.3'.4'-Pentamethoxyflavon. A. C. Jain und T. R. Seshadri. (J. Indian chem. Soc. **39**, 515—17, Aug. 1962; Delhi, Univ., Chem. Dep.; engl.) — Die Synth. von *5.6.8.3'.4'-Pentamethoxyflavon* wird beschrieben. Die Verb. ist offenbar nicht ident. mit Sinensetin.

Versuche: *2-Veratroyloxy-5.6-dimethoxyacetophenon*, $C_{19}H_{20}O_7$, F. 140—142°, aus 6 g 2-Hydroxy-5.6-dimethoxyacetophenon in Pyridin/Bzl. u. Veratroylchlorid durch ½std. Kochen, Zers. mit W. u. Extrahieren mit Ae.; aus A. rhomb. Platten; 6 g (Ausbeute). — *5.6.3'.4'-Tetramethoxyflavon*, $C_{19}H_{18}O_6$, F. 179—181°, aus 6 g vorst. Verb. in abs. Toluol durch Zugabe von $NaNH_2$, 8std. Erhitzen auf dem Wasserbad, Abfiltrieren, Zusetzen des Rückstands zu Eis/verd. H_2SO_4, Extrahieren mit Ae., Eindampfen (→ 5 g *ω-Veratroyl-2-hydroxy-5.6-dimethoxyacetophenon*), 10 Min. langes Erhitzen mit HCOOH auf 100° u. Gießen in W.; aus Essigester/PAe. u. A. rahmfarbene prismat. Nadeln; 2,5 g. — *5-Hydroxy-6.3'.4'-trimethoxyflavon*, $C_{18}H_{16}O_6$, F. 215—216°, durch 2std. Erhitzen vorst. Verb. u. Essigsäure/HCl auf 100° u. Verdünnen mit Eiswasser; aus A. gelbe Prismen u. Nadeln; 2,0 g. — *5.8-Dihydroxy-6.3'.4'-trimethoxyflavon*, $C_{18}H_{16}O_7$, F. 230—231°, aus 1 g vorst. Verb. in wss. KOH/Pyridin durch Zusetzen von $K_2S_2O_8$-Lsg. unter Rühren bei 5—10°, Stehen über Nacht, Extrahieren mit Ae., Ansäuern, Zentrifugieren, Extrahieren mit Ae. u. 1std. Erhitzen mit Na_2SO_3 u. konz. HCl auf 80°; aus Essigester/PAe. gelb; 100 mg. — *5.6.8.3'.4'-Pentamethoxyflavon*, $C_{20}H_{20}O_7$, F. 176—177°, aus vorst. Verb. in Aceton durch Kochen mit K_2CO_3 u. Dimethylsulfat, Einengen u. Zusetzen von W.; aus A. Nadeln u. Prismen. H. Gleinig. 3211 □

Die selektive Alkylierung von Polyphenolen. 2. Mitt. **Methylierung der 7-, 4'- und 3'-Hydroxylgruppen in Flavonolen.** Leonard Jurd. (J. org. Chemistry **27**, 1294—97, 12/4. 1962; Albany, Calif., U.S. Dep. of Agric., Agric. Res. Serv., Western Regional Res. Labor.; engl.) — 1. vgl. C. **1962**, 15589. — Die Methylierung, Benzylierung oder Allylierung von Quercetinpentaacetat (I) in abs. Aceton führt zum Ersatz der Acetyl- durch Alkylgruppen nur in 7- u., weniger, 4'-Stellung. Die Methylierung eines peracetylierten Flavonols in Aceton/Methanol greift dagegen vorzugsweise in 7-, 4'- u. 3'-Stellung an. Es wird eine größere Anzahl partieller Methyläther durch diese Rkk. dargestellt. UV-Maxima vgl. Original.

Versuche: Quercetine: *7-O-Benzyl-* (II), $C_{22}H_{16}O_7$, F. 253°, durch 20std. Kochen von 10 g I, KJ, Benzylchlorid u. wasserfreiem K_2CO_3 in abs. Aceton, Filtrieren, Eindampfen, Kristallisieren aus Bzl./Hexan (9,2 g), Suspendieren in Methanol/10%ig. wss. NaOH, 5 Min. langes Erhitzen, Zugabe wss. HCl u. Extraktion des Prod. (6 g) mit sd. Bzl.; aus Essigester u. Aceton/Methanol gelbe Nadeln; 3 g (Ausbeute). *Tetraacetat*, $C_{30}H_{24}O_{11}$, F. 170°, aus. 20 g II durch Rk. mit Acetanhydrid/Na-Acetat; aus Aceton/Methanol Nadeln; 24,5 g. — *4'.7-Di-O-benzyl-* (III), $C_{29}H_{22}O_7$, F. 181°, neben II durch Verdünnen des Benzolextraktes mit Hexan; aus Aceton/Methanol hellgelbe Nadeln; 1,8 g. *Triacetat*, $C_{35}H_{28}O_{10}$, F. 156°; aus Aceton/Methanol oder Bzl./Hexan Nadeln. — *4'.7-Di-O-allyl-*, $C_{21}H_{18}O_7$, F. 159—160°, durch 24std. Kochen von 20 g I, Allylbromid u. K_2CO_3 in abs. Aceton, Kristallisieren aus Bzl./Hexan (F. 120—122°; 16 g), 2std. Kochen von 5 g des Prod. mit A./konz. HCl u. Zugabe von W.; aus Aceton/Methanol gelbe Kristalle; 2,8 g. *Triacetat*, $C_{27}H_{24}O_{10}$, F. 133°; aus Methanol Nadeln. *Trimethyläther*, $C_{24}H_{24}O_7$, F. 124°, durch Methylieren des Diallylquercetins mit Methyljodid/K_2CO_3; aus Methanol oder Bzl./Hexan Nadeln. *Tribenzyläther*, $C_{42}H_{36}O_7$, F. 135°, durch Benzylierung in Aceton; aus Aceton/Methanol kremfarbene Nadeln. — *3'-O-Methyl-4'.7-di-O-benzyl-* (IV), $C_{30}H_{24}O_7$, F. 187°, durch 2std. Kochen von 4,2 g III-Triacetat mit Dimethylsulfat u. K_2CO_3 in Aceton/Methanol, Filtrieren, Versetzen mit 10%ig. HCl, Konzentrieren u. Versetzen mit W.; aus Bzl./Hexan u. Aceton/Methanol gelbe Nadeln; olivgrüne Färbung mit alkohol. $FeCl_3$; 2 g; daneben 0,4 g III. *Diacetat*, $C_{34}H_{28}O_9$, F. 155°; aus Aceton/Methanol Nadeln. — *4'-O-Methyl-7-O-benzyl-*, $C_{23}H_{18}O_7$, F. 200°, durch Zugabe von K_2CO_3 u. Methanol zur Lsg. von 8,4 g II-Tetraacetat u. Dimethylsulfat in abs. Aceton, 1½std. Kochen, Filtrieren u. Suspendieren des gelben K-Salzes in verd. Säure; aus Aceton/Methanol gelbe Nadeln; 1,5 g. *Triacetat*, $C_{29}H_{24}O_{10}$, F. 176° (sintert bei 152°); aus Aceton/Methanol Nadeln .— *3'.4'-Di-O-methyl-7-O-benzyl-* (V), $C_{24}H_{20}O_7$, F. 183°, neben vorst. Verb.; aus Bzl./Hexan u. Aceton/Methanol gelbe Nadeln; 2 g. — *4'-O-Methyl-* (*Tamaraxetin*), $C_{16}H_{12}O_7$, F. 256—257°, durch 2std. Rk. von 2,7 g vorvorst. Verb. mit heißem Eisessig/konz. HCl; aus Aceton bronzegelbe Prismen; 1,8 g. *Tetraacetat*, $C_{24}H_{20}O_{11}$, F. 202—203°; aus Aceton/Methanol Nadeln. — *3'.4'-Di-O-methyl-*, $C_{17}H_{14}O_7$, F. 293°, aus 2 g V; aus Aceton citronengelbe Nadeln; 1,2 g. *Triacetat*, $C_{23}H_{20}O_{10}$, F. 203°; aus Aceton/Methanol Nadeln. — *4'.7-Di-O-methyl-* (*Ombuin*), $C_{17}H_{14}O_7$, F. 232°, durch 1½std. Rk. von 8 g I mit Dimethylsulfat/K_2CO_3 in Aceton/Methanol u. Ansäuern der ungelösten K-Salze; aus Aceton/Methanol bronzegelbe Nadeln; 1,5 g. *Triacetat*, $C_{23}H_{20}O_{10}$, F. 209°; aus Aceton/Methanol glänzende Prismen. — *3'.4'.7-Tri-O-methyl-*,

$C_{18}H_{16}O_7$, F. 183—184°, neben vorst. Verb. durch Ansäuern des Aceton/Methanol-Filtrats; aus dem gleichen Lsgm. citronengelbe Nadeln; 1,8 g. *Diacetat*, $C_{22}H_{20}O_9$, F. 188°; aus Aceton/Methanol hellgelbe Prismen. — *3.4'.7-Tri-O-methyl-* (*Ayanin*), $C_{18}H_{16}O_7$, F. 169°, durch Rk. von 3.7-Di-O-methylquercetintriacetat mit Dimethylsulfat u. Ansäuern der gelben K-Salze; aus Aceton oder Aceton/Methanol gelbe Nadeln. *Diacetat*, $C_{22}H_{20}O_9$, F. 171°; aus Aceton/Methanol Nadeln. — *3.7.3'.4'-Tetra-O-methyl-*, $C_{19}H_{18}O_7$, F. 158 bis 159°, neben vorst. Verb. durch Ansäuern des Filtrats der K-Salze; aus Aceton/Methanol gelbe Nadeln. *Monoacetat*, $C_{21}H_{20}O_8$, F. 169°; aus Methanol Nadeln. — *Isorhamnetin*, $C_{16}H_{12}O_7$, F. 305—306°, durch 1 std. Erhitzen von **IV** mit Eisessig u. konz. HCl; aus Aceton/Methanol gelbe Nadeln. *Tetraacetat*, $C_{24}H_{20}O_{11}$, F. 205°; aus Aceton/Methanol Nadeln. H.-J. Weigmann. 3211 □

2-Alkylthio-o-kresyl-(4)-γ-pyridylpropylketone. E. Profft. (Mber. dtsch. Akad. Wiss. Berlin **2**, 27—30, 1960; Leuna–Merseburg, TH für Chemie, Inst. für organ. Chem.; dt.) — Ident. mit der C. **1961**, 1919 referierten Arbeit. W. Hampel. 3231 □

β-Arylglutaconsäuren. 2. Mitt. **Imide bestimmter β-Arylglutaconsäuren und -glutarsäuren.** J. J. Nerurkar, R. N. Joshi und V. M. Bhave. (J. org. Chemistry **24**, 2055—56, Dez. 1959; Bombay, Univ., Ramnarain Ruia Coll., Labor. of Chem.; engl.) — 1. vgl. J. org. Chemistry **24**, [1959], 520. — Ausgehend von *β-[4-Methoxyphenyl]-* (**I**), *β-[2-Methoxy-4-methylphenyl]-* (**II**) u. *β-[2.4-Dimethoxyphenyl]-glutaconsäureanhydrid* (**III**) werden durch Rk. mit Anthranilsäuremethylester (**IV**) in sd. Bzl. die entsprechenden *cis-Semianilide* erhalten, die beim Erwärmen auf 170—180° unter Wasserabspaltung die entsprechenden, teilweise enolisiert vorliegenden *Imide* ergeben. Diese liefern nach Verseifen der Carbomethoxygruppe mit starker NaOH durch Kochen mit Acetanhydrid (AA) *Lactone*. Ferner werden die *Imide* der *β-[2-Methoxy-4-methylphenyl]-* (**V**) u. der *β-[2.4-Dimethoxyphenyl]-glutarsäure* (**VI**) dargestellt, die nicht enolisieren u. daher keine Lactone bilden können.

Versuche: *1-[2-Carbomethoxyphenyl]-4-[4-methoxyphenyl]-6-hydroxypyridon-(2)* (**VII**), $C_{20}H_{17}NO_5$, F. 131—132° (verd. Essigsäure, A.), durch 10 Min. langes Kochen von **I** u. **IV**; 92% (Ausbeute). — *1-[2-Carboxyphenyl]-4-[4-methoxyphenyl]-6-hydroxypyridon-(2)*, $C_{19}H_{15}NO_5$, F. 194—195° (Zers.; A.), durch Verseifen von **VII** mit alkohol. NaOH; 63%. — *1-[2-Carboxyphenyl]-4-[4-methoxyphenyl]-6-hydroxypyridon-(2)-lacton*, $C_{19}H_{13}NO_4$, F. 85 bis 86,5° (A.), durch 1 std. Kochen vorst. Verb. mit AA; 42%. — *1-[2-Carbomethoxyphenyl]-4-[2-methoxy-4-methylphenyl]-6-hydroxypyridon-(2)*, $C_{21}H_{19}NO_5$, F. 175—176°, analog **VII** aus **II** u. **IV**; 90%. — *1-[2-Carboxyphenyl]-4-[2-methoxy-4-methylphenyl]-6-hydroxypyridon-(2)*, $C_{20}H_{17}NO_5$, F. 214—216° (Zers.), durch alkal. Verseifung vorst. Verb.; 54%. — *1-[2-Carboxyphenyl]-4-[2-methoxy-4-methylphenyl]-6-hydroxypyridon-(2)-lacton*, $C_{20}H_{15}NO_4$, F. 163—164,5°, aus vorst. Verb. mit AA; 47%. — *1-[2-Carbomethoxyphenyl]-4-[2.4-dimethoxyphenyl]-6-hydroxypyridon-(2)*, $C_{21}H_{19}NO_6$, F. 118—118,5°, analog **VII** aus **III** u. **IV**; 93%. — *1-[2-Carboxyphenyl]-4-[2.4-dimethoxyphenyl]-6-hydroxypyridon-(2)*, $C_{20}H_{17}NO_6$, F. 170—171° (Zers.), durch alkal. Hydrolyse vorst. Verb.; 87%. — *1-[2-Carboxyphenyl]-4-[2.4-dimethoxyphenyl]-6-hydroxypyridon-(2)-lacton*, $C_{20}H_{15}NO_5$, F. 152—153,5°, aus vorst. Verb. u. AA; 48%. — *1-[2-Carbomethoxyphenyl]-4-[2-methoxy-4-methylphenyl]-piperidindion-(2.6)*, $C_{21}H_{21}NO_5$, F. 120—121°, analog **VII** aus **V** u. **IV**; 87%. — *1-[2-Carboxyphenyl]-4-[2-methoxy-4-methylphenyl]-piperidindion-(2.6)*, $C_{20}H_{19}NO_5$, F. 152—152,5°, durch alkal. Hydrolyse vorst. Verb.; 57%. — *1-[2-Carbomethoxyphenyl]-4-[2.4-dimethoxyphenyl]-piperidindion-(2.6)*, $C_{21}H_{21}NO_6$, F. 145—145,5°, aus **VI** u. **IV** analog **VII**; 88%. — *1-[2-Carboxyphenyl]-4-[2.4-dimethoxyphenyl]-piperidindion-(2.6)*, $C_{20}H_{19}NO_6$, F. 134—136°, durch alkal. Hydrolyse vorst. Verb.; 46%.

W. Hampel. 3231 □

Umwandlung von Acetoacetamid in 4-Amino-2.4-dimethyl-Δ^2-tetrahydropyridon-(6)-carbonsäure-(3)-amid. P. A. Lewin. (Журнал Общей Химии [J. allg. Chem.] **30** (**92**), 1340—42, April 1960; russ.) — Acetoacetamid (**I**) wird in wss. NH_3 zu *4-Amino-2.4-dimethyl-1.4.5.6-tetrahydropyridon-(6)-carbonsäure-(3)-amid* cyclisiert.

Versuche: *Acetoacetamid* (**I**), durch Zutropfen von 43 g 97,5%ig. Diketen zu 127 ml 18%ig. wss. NH_3 unter Kühlung. — *4-Amino-2.4-dimethyl-Δ^2-tetrahydropyridon-(6)-carbonsäure-(3)-amid*, $C_8H_{13}N_3O_2$, F. 196°, man läßt 80 ml der vorst. erhaltenen **I**-Lsg. 3 Monate lang stehen, dampft im Vakuum ein u. krist. aus A.–Ae. um; 5 g (Ausbeute). Liefert beim Erhitzen mit Kalk oder beim Erhitzen nach vorherigem Behandeln mit starker HCl oder NaOH **I**, F. 70°. Helmut Schäfer. 3231

Über Verwendungsmöglichkeiten von 2-Chlor-3.5-dinitropyridin bei Untersuchungen über Eiweißabbau und Aminosäuren. Zofia Talik und Edwin Plażek. (Recueil Trav. chim. Pays-Bas **79**, 193—202, März 1960; Wroclaw, TH, Org.-Chem. Inst.; dt.) — Vgl. C. **1958**, 10056. — 2-Chlor-3.5-dinitropyridin (**I**) vermag mit Aminosäuren, Polypeptiden u. Eiweißstoffen krist. gelbe *Kondens.-Prodd.* zu bilden. Damit ist **I** in der Lage, 2.4-Dinitrofluorbenzol zu ersetzen.

Versuche: N-[3.5-Dinitropyridyl-(2)]-aminosäuren: *-glycin*, $C_7H_6N_4O_6$, F. 167°, durch Zugeben von **I** in Methanol zu Glycin u. $NaHCO_3$ in W. bei 50°, nach 1/4 Std. Verdünnen mit W. u. Ansäuern mit verd. HCl; aus W. gelbe Nadeln; 97% (Ausbeute). — *-dl-alanin*, $C_8H_8N_4O_6$, F. 164° (Bzl.), aus Alanin; 95%. — *-dl-asparaginsäure*, $C_9H_8N_4O_8$, F. 200° (Zers.), aus dl-Asparaginsäure; aus W. gelbe Kristalle; 58%. — *-l-asparagin*, $C_9H_9N_5O_7$, F. 192° (Zers.; verd. Methanol), aus l-Asparagin; 95%. — *-dl-serin*, $C_8H_8N_4O_7$, F. 155° (W.), aus dl-Serin; 90%. — *-isoserin*, $C_8H_8N_4O_7$, F. 145° (W.); 97%. — *-β-alanin*, $C_8H_8N\ O_6$, F. 159° (verd. A.); 95%. — *-dl-phenylalanin*, $C_{14}H_{12}N_4O_6$, F. 150° (A.); 92%. — *-dl-valin*, $C_{10}H_{12}N_4O_6$, F. 171° (verd. A.); 93.% — *-dl-norvalin*, $C_{10}H_{12}N_4O_6$, F. 107° (Bzl./Bzn.); 93%. — *-dl-leucin*, $C_{11}H_{14}N_4O_6$, F. 105° (Bzl./Bzn.); 96%. — *-dl-isoleucin*, $C_{11}H_{14}N_4O_6$, F. 91° (Bzl./Bzn.); 68%. — *-dl-norleucin*, $C_{11}H_{14}N_4O_6$, F. 117° (Bzl.); 96%. — *-dl-methionin*, $C_{10}H_{12}N_4O_6S$, F. 105° (Bzl./Bzn.); 90%. — *-l(+)-arginin*, $C_{11}H_{15}N_7O_6$, F. 221° (Zers.; W.); 99%. — *-dl-glutaminsäure*, $C_{10}H_{10}N_4O_8$, F. 163° (W.); 78%. — *-l-lysin*, $C_{11}H_{15}N_5O_6$, F. 165° (verd. A.); 65%. — *-taurin*, $C_7H_8N_4O_7S$, F. 287° (verd. Methanol); 96%. — *-dl-tryptophan*, $C_{16}H_{13}N_5O_6$, F. 248° (Zers.; A./Pyridin); 93%. — *-dl-prolin*, $C_{10}H_{10}N_4O_6$, F. 170° (verd. A.); 97%. — *-l-histidin*, $C_{11}H_{10}N_6O_6$, F. > 330° (verd. Pyridin); 95%. — *-glycylglycin*, $C_9H_9N_5O_7$, F. 192° (Zers.; W.); 91%. — *-glycinäthylester*, $C_9H_{10}\cdot N_4O_6$, F. 89°, durch Zers. von Glycinäthylesterhydrochlorid mit K_2CO_3 in Ggw. von Ae. u. Erwärmen der äther. Lsg. mit **I**; aus Methanol hellgelbe Nadeln; 90%. — *-dl-alaninäthylester*, $C_{10}H_{12}N_4O_6$, F. 71° (Methanol; 71%. — *-l-asparaginsäurediäthylester*, $C_{13}H_{16}\cdot N_4O_8$, F. 79° (Methanol); 91%. — *3.5-Dinitropyridyl-(2)-Deriv. von Protamin*, F. > 330°, durch Schütteln von 0,5 g Protaminsulfat mit $NaHCO_3$-Lsg. u. Zugeben von äthanol. Lsg. von **I**; gelbes Pulver. — *3.5-Dinitropyridyl-(2)-Deriv. von Rinderinsulin*, F. > 330°; hellgelbes Pulver. — *3.5-Dinitropyridyl-(2)-Deriv. von Albumin*, F. > 330°, hellgelbes Pulver. W. Hampel. 3231□

Fungicide Aktivität und chemische Konstitution. 8. Mitt. **Synthese von 6-n-Alkyl-8-hydroxychinolinen.** D. R. Clifford, R. H. Davis und D. Woodcock. (J. chem. Soc. [London] **1960**, 5097—99; Dez.; Long Aston, Bristol, Univ., Dep. of Agric. and Hortic.; engl.) — 7. vgl. C. **1962**, 12340. — Zur Unters. auf fungicide Wrkg. wird eine Anzahl von *6-Alkyl-8-hydroxychinolinen* (**A**) synthetisiert. Die Darst. der **A** erfolgt ausgehend von *Alkyl-p-aminophenylketonen* (**C**), die mit Hydrazin zu *p-Alkylanilinen* (**D**) red. u. als *N-p-Toluolsulfonylderivv.* (**B**) isoliert werden. Beim Erhitzen mit konz. H_2SO_4 wandeln sich die **B** in *4-Alkylanilinsulfonsäuren-(2)* um, die sich nach Skraup zu *6-Alkylchinolinsulfonsäuren-(8)* cyclisieren lassen. Durch Alkalischmelze wird deren Sulfonsäurerest gegen die Hydroxylgruppe unter Bldg. der **A** ausgetauscht.

Versuche: Alkyl-p-aminophenylketone (**C**): *Propyl-* (**I**), $C_{10}H_{13}NO$, F. 94 bis 95° (wss. CH_3OH), nach Hartung u. Foster (vgl. J. Amer. pharmac. Assoc. **35**, [1946], 15), Abkühlung des durch Friessche Verschiebung in CS_2 erhaltenen Rk.-Prod., Zers. mit 10% ig. HCl bei 0°, Ae.-Extraktion, 24 std. Kochen des Rückstands mit 20% ig. HCl, Alkalisieren mit 40% ig. NaOH, Ae.-Extraktion u. Abdest. des Äthers. — *Butyl-*, $C_{11}H_{15}NO$, F. 71—72° (Bzl.-PAe.), analog **I**. — *Pentyl-*, $C_{12}H_{17}NO$, F. 95—95,5° (wss. CH_3OH). — *Hexyl-*, $C_{13}H_{19}NO$, F. 83—84° (Bzl.-PAe.). — *Heptyl-*, $C_{14}H_{21}NO$, F. 105 bis 105,5° (Bzl.-PAe.). — p-Alkyl-N-p-toluolsulfonylaniline (**B**): durch Red. entsprechender **C** mit N_2H_4 nach Huang-Minlon, Isolierung der **D** durch Wasserdampf-Dest. u. Rk. mit p-Toluolsulfonylchlorid: *Äthyl-*, $C_{15}H_{17}NO_2S$, F. 90° (Bzl.-PAe.). — *Propyl-*, $C_{16}H_{19}NO_2S$, F. 114—114,5° (Bzl.-PAe.). — *Butyl-*, $C_{17}H_{21}NO_2S$, F. 80,5—81,5° (Bzl.-PAe.). — *Pentyl-*, $C_{18}H_{23}NO_2S$, F. 68—68,5° (PAe.). — *Hexyl-*, $C_{19}H_{25}NO_2S$, F. 76—76,5° (wss. CH_3OH). — *Heptyl-*, $C_{20}H_{27}NO_2S$, F. 75—76° (wss. CH_3OH). — 4-Alkylanilinsulfonsäuren-(2): durch 2 std. Erhitzen der **B** mit konz. H_2SO_4 u. Oleum auf 96°, Gießen auf Eis u. Abfiltrieren: *Äthyl-*, $C_8H_{11}NO_3S$, F. > 300° (W.). — *Propyl-*, $C_9H_{13}NO_3S$, F. > 300° (W.). — *Butyl-*, $C_{10}H_{15}NO_3S$, F. 265—266° (Zers.; CH_3OH). — *Pentyl-*, $C_{11}H_{17}NO_3S$, F. 267—268° (Zers.; CH_3OH). — *Hexyl-*, $C_{12}H_{19}NO_3S$, F. 263—264° (Zers.; wss. CH_3OH); 44% (Ausbeute). — *Heptyl-*, $C_{13}H_{21}\cdot NO_3S$, F. 263—264° (Zers.; wss. A.). — *Octyl-*, $C_{14}H_{23}NO_3S$, F. 265—266° (Zers.; CH_3OH). — 6-Alkylchinolinsulfonsäuren-(8): durch ½ std. Erhitzen vorst. Verbb. mit Glycerin, H_2SO_4 u. $FeSO_4$ auf 80—100° unter Rühren, 1—2 std. Erhitzen mit As_2O_5 auf 130—140°, Extraktion des Rk.-Prod. mit sd. W. u. Abkühlen der wss. Lösung: *Äthyl-*, $C_{11}H_{11}NO_3S$, F. > 300° (W.). — *Propyl-*, $C_{12}H_{13}NO_3S$, F. > 300° (W.; Nadeln); 62%. — *Butyl-*, $C_{13}H_{15}NO_3S$, F. 273—274° (W.). — *Pentyl-*, $C_{14}H_{17}NO_3S$, F. 297—298° (wss. A.). — *Hexyl-*, $C_{15}H_{19}NO_3S$, F. 266—267° (CH_3OH). — *Heptyl-*, $C_{16}H_{21}NO_3S$, F. 262—263° (wss. A.). — *Octyl-*, $C_{17}H_{23}NO_3S$, F. 234,5—235,5° (CH_3OH). — 6-Alkyl-8-hydroxychinoline (**A**): durch 2—3 Min. langes Rühren vorst. Verbb. mit geschmolzenem KOH, Ausziehen der Schmelze mit W., Ansäuern mit HCl, Alkalisieren mit NH_4OH, Wasserdampfdest. u. Ae.-Extraktion des Destillats: *Äthyl-*, $C_{11}H_{11}NO$, F. 75,5—76,5° (wss. CH_3OH). — *Propyl-*, $C_{12}H_{13}NO$, F. 51,5—52,5° (Bzl.-PAe.). — *Butyl-*, $C_{13}H_{15}NO$, F. 70 bis 71° (wss. CH_3OH). — *Pentyl-*, $C_{14}H_{17}NO$, F. 35—36° (Bzl.-PAe.). — *Hexyl-*, $C_{15}H_{19}$·NO, F. 65—65,5° (Bzl.-PAe.). — *Heptyl-*, $C_{16}H_{21}NO$, F. 64—65° (PAe.). — *Octyl-*, $C_{17}H_{23}$·NO, F. 53,5—54,5° (Bzl.-PAe.). K. Zopff. 3231 □

Einige Reaktionen des 2-Nitromethylchinolins. 3. Mitt. **Reaktion mit α.β-ungesättigten Ketonen.** L. P. Salukajew und E. W. Wanag. (Журнал Общей Химии [J. allg. Chem.] **30 (92)**, 145—47, Jan. 1960; Woronesh, Landwirtsch. Inst. u. Chem. Inst. der Akad. der Wiss. der LettSSR; russ.) — 2. vgl. C. **1962**, 3811. — Die Anlagerung von 2-[Nitromethyl]-chinolin (**I**) u. 4-Methyl-2-[nitromethyl]-chinolin (**II**) an Benzalacetophenon (**III**) liefert *γ-[Chinolyl-(2)]-* (**IV**) bzw. *γ-[4-Methylchinolyl-(2)]-γ-nitro-β-phenylbutyrophenon* (**V**). Die Rk. ist reversibel; **IV** u. **V** verhalten sich bei Einw. von Phenylhydrazin (**VI**), p-Nitrophenylhydrazin (**VII**) oder Anilin (**VIII**) wie ein Gemisch der Ausgangsverbindungen. Durch Anlagerung von **II** an Benzalaceton (**IX**) wird *5-Nitro-5-[4-methylchinolyl-(2)]-4-phenylpentanon-(2)* erhalten, aus p-Nitrophenylnitromethan (**X**) u. **III** *γ-Nitro-γ-[p-nitrophenyl]-β-phenylbutyrophenon.*

Versuche: *γ-Nitro-γ-[chinolyl-(2)]-β-phenylbutyrophenon* (**IV**), $C_{25}H_{20}N_2O_3$, F. 163°, man kocht 3 g **III**, 3 g **I** u. 9 Tropfen Triäthylamin (**XI**) in 40 ml A. 5—6 Std. u. läßt über Nacht stehen; 90% (Ausbeute). — *1.3.5-Triphenylpyrazolin,* $C_{21}H_{18}N_2$, F. 136°, durch ¹/₄std. Kochen von 1 g **IV** (oder **V**) u. 1,2 g **VI** in 10 ml Eisessig; gelbe Nadeln; 0,4 g. — *2-[Nitromethyl]-chinolin(I)-p-Nitrophenylhydrazin* (**VII**)*-Addukt,* $C_{16}H_{15}N_5O_4$, F. 208° (Eisessig, A.), a) durch ¹/₄std. Kochen von 1 g **IV** u. 2 g **VII** in 15 ml Eisessig; braune Plättchen; b) aus **I** u. **VII**. — *γ-Nitro-γ-[4-methylchinolyl-(2)]-β-phenylbutyrophenon* (**V**), $C_{26}H_{22}N_2O_3$, F. 151—152° (A.), aus 6 g **II**, 6 g **III** u. 10 Tropfen **XI** in 80 ml A. (5std. Kochen); hellgelbe Nadeln; 71%. — *Benzalacetophenonanil,* $C_{21}H_{17}N$, F. 167—168° (Eisessig), durch ³/₄std. Kochen von 1 g **V** mit **VIII**. — *5-Nitro-5-[4-methylchinolyl-(2)]-4-phenylpentanon-(2),* $C_{21}H_{20}N_2O_3$, F. 150—151° (A.), durch 4std. Kochen von 4,4 g **II**, 3,6 g **IX** u. 15 Tropfen **XI** in 60 ml A.; glänzende Plättchen; 2,9 g. — *γ-Nitro-γ-[p-nitrophenyl]-β-phenylbutyrophenon,* $C_{22}H_{18}N_2O_5$, F. 178° (A.), durch 2½ std. Kochen von 0,9 g **X**, 1 g **III** u. 5 Tropfen **XI** in 15 ml A.; Nadeln; 0,85 g. Helmut Schäfer. 3231

Untersuchung der Reaktivität der Benzalcyanessigsäure; Kondensation mit Cyclohexanon. Paul Cordier und Marianne Meszaros. (C. R. hebd. Séances Acad. Sci. **255**, 1125—26, 6/8. 1962; Strasbourg, Fac. de Pharm., Labor. de Pharm. chim.; franz.) — Die aus dem K-Salz der Benzalcyanessigsäure (α-Cyan-β-phenylacrylsäure) u. der äquimol. Menge Cyclohexanon in wss.-alkal. Lsg. gebildete *3-Phenyl-3-[2-oxocyclohexyl]-2-cyanpropionsäure* wird ohne vorherige Isolierung durch Rk. mit HCl bei Raum-Temp. in *4-Phenyl-9-hydroxy-3-carboxydekahydrochinolon-(2)* [**I**; 30% (Ausbeute)] übergeführt. **I** läßt sich durch 5std. Erhitzen auf 110° zu *4-Phenyloktahydrochinolon-(2)* [**II**; $C_{15}H_{17}NO$, F. 165° (wss. A.)] dehydrieren u. decarboxylieren. **I** u. **II** werden durch 4std. Einw. von HCl in essigsaurer Lsg. bei 100° in *3-Phenyl-3-[2-oxocyclohexyl]-propionsäure* (**III**; $C_{15}H_{18}O_3$, F. 126—128°; *Semicarbazon,* F. 215—218°; *Oxim,* F. 164°) umgewandelt. **III** entsteht auch aus Malonsäurediäthylester (Na-Salz) u. 2-Benzylidencyclohexanon, Verseifung des Rk.-Prod. u. Erhitzen. H. Gleinig. 3231 □

Selbstkondensation von Chinolinaldehyd-(2). H. Andrews, S. Skidmore und H. Suschitzky. (J. chem. Soc. [London] **1962**, 3827—28, Sept.; Salford, Lancs., Roy. Coll. of Advanced Technol.; Preston, Lancs., Harris Coll.; engl.) — Durch Selbstkondens. von Chinolinaldehyd-(2) (**III**) in Ggw. von KCN oder N-haltigen Heterocyclen mit akt. Methylgruppen entstehen *1.2-Bis-[chinolyl-(2)]-äthandiol-(1.2)* (**I**) u. *1.2-Bis-[chinolyl-(2)]-äthylendiol-(1.2)* (**II**). Chinolinaldehyd-(4) gibt in Ggw. von Chinaldin *1-[Chinolyl-(4)]-2-[chinolyl-(2)]-äthanol.*

Versuche: *1.2-Bis-[chinolyl-(2)]-äthandiol-(1.2)* (**I**), F. 218° (Dimethylformamid), a) durch Erhitzen von 2 g **III** in Pyridin u. W. mit KCN, Ansäuern der Mutterlauge, Zugabe von 10%ig. $CuSO_4$-Lsg. u. 1std. Erhitzen auf dem Wasserbad → 0,66 g *Cu-Chinaldat* (**IV**; → *Chinaldinsäure,* F. 151—152°; 0,58 g); b) durch 6std. Erhitzen von 5 g **III** mit 1 g Chinaldin in 80%ig. A. im Rohr auf 100° u. Extraktion des festen Prod. mit heißem CCl_4 als Rückstand; 1,5 g; daneben als in CCl_4 lösl. Anteil 2,28 g *1.2-Bis-[chinolyl-(2)]-äthylendiol-(1.2)* (**II**; F. 228—230°) u. aus der alkohol. Mutterlauge 0,46 g **IV**; c) wie b) mit 2-Picolin; 1,72 g **I**, 1,72 g **II** u. 0,54 **IV**; d) wie b) mit 1-Methylisochinolin; 1,31 g **I**, 1,85 g **II** u. 0,64 g **IV**; e) wie b) mit Lepidin; 1,63 g **I**, 1,27 g **II** u. 0,75 g **IV**. — *1-[Chinolyl-(4)]-2-[chinolyl-(2)]-äthanol,* F. 180°, aus Chinaldin u. Chinolinaldehyd-(4) in 80%ig. A.; 71%. — *1-Phenyl-2-[chinolyl-(2)]-äthanol,* F. 128°, aus Benzaldehyd u. Chinaldin in sd. 80%ig. A. (30 Std.); 10%. H. Gleinig. 3231

Acridiziniumverbindungen durch Cyclisierung von Oximen. C. K. Bradsher, T. W. G. Solomons und F. R. Vaughan. (J. org. Chemistry **25**, 757—59, Mai 1960; Durham, N.C., Duke Univ., Dep. of Chem.; engl.) — Im Anschluß an frühere Arbeiten (vgl. C. **1959**, 124; C. **1958**, 3884) wird die Bldg. von *quart. Salzen* aus Aldoximen u. Benzylhalogeniden u. deren Cyclisierung mit HBr zu *Acridizinium-Verbb.* beschrieben, die mit besseren Ausbeuten als von den Aldehyden ausgehend erfolgt. Durch Rk. von 2-Acetylpyridinoxim mit m-Methoxybenzylbromid u. anschließende Cyclisierung u. Ätherspaltung mit HBr wird *8-Hydroxy-11-methylacridiziniumbromid* (**I**) in 99%ig. Ausbeute erhalten, während bei der Cyclisierung mit HF **I** nur zu 75% entsteht. Die Darst. von *4-Methylacridiziniumpikrat* aus dem 6-Methylpyridinaldoxim-(2) mit Benzylbromid (**IV**) gelingt nicht; bei der Cyclisierung mit HBr wird das Oxim zurückerhalten.

Versuche: Pyridiniumbromide, *1-Phenylmethyl-2-[1-hydroxyiminomethyl]-* (**II**), $C_{13}H_{13}BrN_2O$, F. 202°, durch 5—7tägiges Stehen von Pyridin-(2)-aldoxim mit **IV** in Dimethylformamid, Zusatz von Essigester (EE) u. Umkristallisieren aus A. oder Methanol-EE. — Analog: *1-[p-Tolylmethyl]-2-[1-hydroxyiminomethyl]-*, $C_{14}H_{15}BrN_2O$, F. 206°. — *Naphthyl-(1)-methyl-2-[1-hydroxyiminomethyl]-*, $C_{17}H_{15}BrN_2O$, F. 200—201°. — *1-Phenylmethyl-2-[1-hydroxyiminoäthyl]-*, $C_{14}H_{15}BrN_2O \cdot {}^1/_4 H_2O$, F. 153° (Zers.). — *1-[p-Tolylmethyl]-2-[1-hydroxyiminoäthyl]-*, $C_{15}H_{17}BrN_2O \cdot {}^1/_4 H_2O$, F. 172° (Zers.). — *1-[m-Methoxyphenylmethyl]-2-[1-hydroxyiminoäthyl]-* (**III**), $C_{15}H_{17}BrN_2O_2 \cdot {}^1/_4 H_2O$, F. 122° (Zers.). — *Acridiziniumbromid*, F. 240—241°, durch 6std. Kochen von **II** in 48%ig. HBr, Einengen u. Umkristallisieren aus A.; 89% (Ausbeute). — Analog: Acridiziniumbromide, *9-Methyl-*, F. 240—241°, in 4 Std.; 92,5%. *Pikrat*, F. 248—250°. — *Benzo-[h]-*, F. 304 bis 307°, in $^1/_4$ Std.; 85%. — *11-Methyl-*, $C_{14}H_{12}BrN \cdot {}^1/_3 H_2O$, F. 199—201°, in 8 Std.; 21%. — *8-Hydroxy-11-methyl-* (**I**), $C_{14}H_{12}BrNO \cdot H_2O$, F. 302—303°, durch $^3/_4$std. Cyclisierung von **III** u. Ätherspaltung; 99%. *Pikrat*, $C_{20}H_{14}N_4O_8$, F. 201—203°, durch 2tägige Rk. von **III** mit HF bei Zimmer-Temp. u. anschließende Rk. mit alkohol. Pikrinsäure; aus Acetonitril Nadeln; 75%. — *9.11-Dimethylacridiziniumpikrat*, $C_{21}H_{16}N_4O_7$, in ½ Std.; 40%. — *4-Methylacridiziniumpikrat*, $C_{20}H_{14}N_4O_7$, F. 230—233°, durch 14std. Kochen von Benzylchlorid u. 6-Methylpyridin-2-aldehyd in abs. Methanol, Einengen u. 8std. Kochen in konz. HCl; aus Aceton feine gelbe Nadeln; 2,5%. W. Hampel. 3231 □

Synthesen von Pyrimidinderivaten. 17. Mitt. **Über den Reaktionsmechanismus einiger Pyrimidinsynthesen.** Akira Takamizawa, Kanji Tokuyama und Kazuo Tori. (Bull. chem. Soc. Japan **32**, 188—93, Febr. 1959; Imafuku, Amagasaki, Shionogi & Co. Ltd., Shionogi Res. Labor.; engl.) — Durch Rk. von 2-Alkoxymethylen-3-alkoxypropionitril mit Acetamidin (**II**) entsteht direkt *2-Methyl-4-amino-5-alkoxymethylpyrimidin*, während die Rk. von 2-Dialkoxymethyl-3-alkoxypropionitril mit **II** über das *2-Acetamidinomethylen-3-alkoxypropionitril* (spektrophotometr. Nachw.) verläuft. Die IR- u. UV-Spektren sind angegeben. Die Rk.-Mechanismen werden diskutiert.

Versuche: *2-Aminomethylen-3-äthoxypropionitril*, $C_6H_{10}N_2O$ durch 45tägiges Stehen von 5,0 g 2-Äthoxymethylen-3-äthoxypropionitril in 20 ml fl. NH_3; dunkelbraune Fl.; $n_D^{20,5}$ 1,4759; 3,8 g (Ausbeute). — *2-Methyl-4-amino-5-äthoxymethylpyrimidin*, F. 89—90°, durch Schütteln von Na-Methylat in abs. Methanol mit Acetiminomethylätherhydrochlorid (**I**) unter Eiskühlung, Filtrieren, Zugabe von vorst. Verb., mehrstd. Stehen bei Raum-Temp. (Lsg. **A**), 3std. Einleiten von trockenem HCl bei 10—15°, mehrstd. Stehen, Eindampfen, Alkalisieren mit NaOH, Extrahieren mit Bzl. u. Chromatographie an Al_2O_3, aus A. farblose Säulen; 5,86%. *Pikrat*, $C_{14}H_{16}N_6O_8$, F. 189—190°. — *2-Methyl-4-amino-5-acetamidomethylpyrimidin*, F. 204—206°, durch Zugeben von Na-Methylat (aus 0,3 g Na) in Methanol u. 1,4 g **II**-Hydrochlorid zur Lsg. **A**, 3std. Kochen, Eindampfen, 1std. Erhitzen mit 10%ig. NaOH auf 100°; aus W. Prismen; 1,0 g. *Pikrat*, $C_{14}H_{15}N_7O_8$, F. 200°; gelbe Nadeln. — *Acetamidinomethylenmalonsäurediäthylester*, F. ca. 190° (Zers.), durch Schütteln von Na-Äthylat in abs. A. mit **I** unter Eiskühlung, Zugabe von Aminomethylenmalonsäurediäthylester, mehrstd. Stehen bei Raum-Temp. u. Eindampfen im Vakuum. — *2-Methyl-4-hydroxy-5-carbäthoxypyrimidin*, $C_8H_{10}N_2O_3$, F. 190°, durch $^1/_4$std. Erhitzen von 0,2 g vorst. Verb. mit alkohol. Na-Äthylat auf 100°, Ansäuern der gekühlten, gelben Lsg. mit Essigsäure u. Einengen auf die Hälfte im Vakuum; aus Aceton Nadeln; 0,1 g. P. Becker. 3272

Polycyclische Cinnolinderivate. 9. Mitt. **Die Bromierung von Benzo-[c]-cinnolin und die Darstellung und Ultraviolettabsorptionsspektren von Bezugsverbindungen.** J. F. Corbett und P. F. Holt. (J. chem. Soc. [London] **1961**, 5029—37, Nov.; Reading, Univ.; engl.) — 8. vgl. C. **1963**, 1674. — Bei der elektrophilen Bromierung von Benzo-[c]-cinnolin (**I**) werden die *1-Brom-Verb.* (**II**) u. ein *Dibrom-Deriv.* (**III**) erhalten, bei dem es sich wahrscheinlich um *1.7* (evtl. *1.4*)-*Dibrombenzo-*[c]-*cinnolin* handelt. Durch gemischte

Ullmann-Rk. werden *1-Brom-3-methylbenzo-[c]-cinnolin* (**IV**) neben **I** u. *3-Brom-* neben *3.8-Dibrombenzo-[c]-cinnolin* (**V**) u. **I** dargestellt. *2-Brom-* (**VI**), *2.4-Dibrom-* (**VII**) u. *4.7-Dibrom-2.9-dimethylbenzo-[c]-cinnolin* (**VIII**) entstehen durch Cyclisierung der entsprechenden bromierten 2.2'-Diaminobiaryle. Bei der reduktiven Cyclisierung von 6.6'-Dibrom-4.4'-dimethyl-2.2'-dinitrobiphenyl (**IX**) werden die Br-Atome unter Bldg. von *3.8-Dimethylbenzo-[c]-cinnolin* abgespalten; bei der $LiAlH_4$-Red. von **IV**-N-Oxid wird *3-Methylbenzo-[c]-cinnolin* gebildet; analog führt die $LiAlH_4$-Red. von **II, VII, VIII** u. 2.4.7.9-Tetrabrombenzo-[c]-cinnolin zu **I, VI**, *2.9-Dimethyl-* bzw. *2.9-Dibrombenzo-[c]-cinnolin*, während **V** unverändert bleibt; eine Theorie dieser Br-Abspaltung in 1- u. 4-Stellung wird diskutiert. Bei den *N-Oxiden* der unsymm. **I**-Derivv. handelt es sich wahrscheinlich um Gemische, nur bei **VI** gelingt die eindeutige Darst. beider N-Oxide; N-Oxydation in peri-Stellung zu einem Br-Atom ist aus ster. Gründen nicht möglich, **VIII** gibt daher kein N-Oxid. Verss., 4-Brombenzo-[c]-cinnolin aus der 4-Amino-Verb. nach Sandmeyer darzustellen, waren erfolglos. Die UV-Absorptionswerte aller genannten bromierten **I**-Derivv. zeigen gegenüber denen von **I** charakterist. Verschiebungen der π–π^*-Übergängen zuzuschreibenden Maxima in drei Bereichen (ca. 250, 300 bzw. 350 mμ bei **I**), wobei die $\delta\lambda$-Werte additiv u. von der Stellung der Br-Atome abhängig sind; die Strukturmöglichkeiten für **III** werden dadurch auf zwei begrenzt.

Versuche: Bei der Bromierung von **I** mit Br_2 in CCl_4 bei 20° bzw. in heißer Essigsäure werden 1,5 bzw. 1,66 Mol Br_2, bei der Rk. mit J_2 in CCl_4 (2 Std. bei 20°) 1,13 Mol J_2 aufgenommen. — *1-Brombenzo-[c]-cinnolin* (**II**), $C_{12}H_7BrN_2$, F. 199°, durch 2std. Rk. von 1,8 g **I** [F. 156° (A.); *Hydrobromidhydrat*, F. 220° (Aceton)] mit Br_2 in Ggw. von Ag_2SO_4 in H_2SO_4, Gießen in W., Filtrieren, Alkalisieren (→ 0,75 g **I**) u. Chromatographie aus A. an Al_2O_3; aus A. hellgelbe Nadeln; 0,06 g (Ausbeute). — *1.7* (oder *4*)-*Dibrombenzo-[c]-cinnolin* (**III**), $C_{12}H_6Br_2N_2$, F. 193°, neben **II**; aus Bzl. hellgelbe Nadeln; 0,015 g. *5* (bzw. *6*)-*Oxid*, $C_{12}H_6Br_2N_2O$, F. 241°, aus **III** mit 80%ig. H_2O_2 in Essigsäure (1 Std. bei 50°); aus Essigsäure hellgelbe Nadeln. — *3.8-Dimethylbenzo-[c]-cinnolin*, F. 186° (A.), bei 2std. Red. von **IX** mit $LiAlH_4$ in Bzl./Ae. bei 20°, 1/4std. Erhitzen auf dem Wasserbad u. Chromatographie aus Bzl. an Al_2O_3; 80%. — *1-Brom-3-methylbenzo-[c]-cinnolin* (**IV**)-*N-oxid*, $C_{13}H_9BrN_2O$, F. 245°, durch 8std. Rk. von 12 g 3-Brom-4-jod-5-nitrotoluol mit 10 g o-Bromnitrobenzol (**X**) u. Cu-Bronze in sd. Dimethylformamid, Filtrieren, Gießen in W., Aufnehmen in sd. Bzl., Einengen, 4std. Kochen mit $Na_2S\cdot9\,H_2O$ u. NaOH in A., Heißfiltrieren, Gießen in W., Aufnehmen in Bzl., Behandeln mit wss. HCl u. Chromatographie an Al_2O_3; gelbe Nadeln; 0,4 g. Daneben **I**-*N-Oxid* (F. 140°) u. aus der wss. Phase durch Alkalisieren *2-Amino-6.6'-dibrom-4.4'-dimethyl-2'-nitrobiphenyl* ($C_{14}H_{12}Br_2N_2O_2$, F. 128°, aus Bzl. orangefarbene Rhomben), welches auch bei 4std. Red. von **IX** mit $Na_2S\cdot9\,H_2O$ u. NaOH in sd. W. entsteht. — **IV**, $C_{13}H_9BrN_2$, F. 154°, durch 3std. Red. von 0,1 g **IV**-N-Oxid mit $SnCl_2$ in HCl bei 80—90°; aus A. gelbe Nadeln; 0,04 g. — *3-Methylbenzo-[c]-cinnolin*, F. 98—100°, durch $LiAlH_4$-Red. von **IV**-N-Oxid u. Reinigen über das *Pikrat* ($C_{19}H_{13}N_5O_7$, F. 176°, aus A. Nadeln). — *1-Brom-2-jod-3-nitrobenzol*, F. 115° (A), durch Diazotieren von 2-Brom-6-nitroanilin in H_2SO_4/Essigsäure, Rk. mit wss. KJ u. Aufnehmen in Ae.; 72%. — **II**-*N-Oxid*, $C_{12}H_7BrN_2O$, F. 225—227°, durch Ullmann-Rk. aus 11,8 g vorst. Verb. u. 8 g **X** u. Red. mit $Na_2S\cdot9\,H_2O$; hellgelbe Nadeln; 0,3 g; gibt mit $SnCl_2$ **II**. — *2-Acetamido-2'-nitrobiphenyl*, F. 155—157°, aus 2-Amino-2'-nitrobiphenyl (**XI**) mit Acetanhydrid. — *2-Acetamido-5-brom-2'-nitrobiphenyl* (**XII**), F. 75°, aus vorst. Verb. mit Br_2 in Essigsäure (4 Std. bei 20°); aus Bzl./PAe. Nadeln. — *2.2'-Bis-[acetamido]-5.5'-dibrombiphenyl*, F. 264°, durch 4std. Red. von 0,5 g **XII** mit Zn-Staub in sd. Essigsäure, Filtrieren, Zugabe von Br_2 u. 1std. Erhitzen auf dem Wasserbad; 0,3 g. — *2-Amino-5-brom-2'-nitrobiphenyl* (**XIII**), $C_{12}H_9BrN_2O_2$, F. 133°, durch 3std. Kochen von **XII** in äthanol. HCl; aus A. Nadeln. — *2-Brombenzo-[c]-cinnolin* (**VI**)-*6-oxid*, $C_{12}H_7BrN_2O$, F. 248°, durch 1std. Kochen von **XIII** in 1n methanol. NaOH; aus A. hellgelbe Nadeln; 90%. Daraus durch ½std. Red. mit $LiAlH_4$ in sd. Ae. **VI**, $C_{12}H_7BrN_2$, F. 220°, aus Bzl. gelbe Nadeln; 93%; gibt mit H_2O_2 in Essigsäure neben dem *6-Oxid* das *5-Oxid*, F. 230—232°. — *2-Amino-3.5-dibrom-2'-nitrobiphenyl* (**XIV**), $C_{12}H_8Br_2N_2O_2$, F. 117°, a) durch 2std. Rk. von **XI** mit Br_2 in Essigsäure; aus A. orangefarbene Nadeln; 94%; b) analog aus **XIII**. — *2.2'-Diamino-3.5.3'.5'-tetrabrombiphenyl*, F. 170°, durch 3std. Red. von **XIV** mit Zn-Staub in sd. Essigsäure u. Zugabe von Br_2. — *2.4-Dibrombenzo-[c]-cinnolin* (**VII**)-*6-oxid*, $C_{12}H_6Br_2N_2O$, F. 273°, durch 2std. Kochen von **XIV** in 1n methanol. NaOH; aus A. Nadeln; 98%. Daraus mit $SnCl_2$ **VII**, $C_{12}H_6Br_2N_2$, F. 206°, aus A. gelbe Nadeln. — *3-Brombenzo-[c]-cinnolin*, $C_{12}H_7BrN_2$, F. 191° (A.), durch 8std. Rk. von 7 g 1.4-Dibrom-2-nitrobenzol (**XV**) mit 5 g **X** in Ggw. von Cu-Bronze in sd. Dimethylformamid, $LiAlH_4$-Red., Aufnehmen in Bzl., Behandeln mit 5n H_2SO_4 (→1,2 g **I**) u. Kristallisieren aus A.; gelb; 0,2 g; daneben **V**. — *4.4'-Dibrom-2.2'-dinitrobiphenyl*, F. 150°, durch 6std. Kochen von **XV** in Ggw. von Cu-Bronze in Dimethylformamid, Gießen in W. u. Aufnehmen in A.; gelbe Rhomben; 76%. — *3.8-Dibrombenzo-[c]-cinnolin* (**V**), $C_{12}H_6Br_2N_2$, F. 237°, durch $LiAlH_4$-Red. aus vorst. Verb., hellgelbe Nadeln; 72%. *N-Oxid*, $C_{12}H_6 \cdot Br_2N_2O$, F. 263°, aus **V** mit H_2O_2; hellgelbe Nadeln. — *2.2'-Diamino-3.3'-dibrom-5.5'-dimethylbiphenyl*, $C_{14}H_{14}Br_2N_2$, F. 150—152°, durch Bromieren von 2.2'-Diamino-5.5'-dimethylbiphenyl in Essigsäure u. Reinigen des Rohprod. durch Chromatographie aus Bzl. an Al_2O_3; faserartige Nadeln. — *4.7-Dibrom-2.9-dimethylbenzo-[c]-cinnolin* (**VIII**), $C_{14}H_{10}Br_2N_2$, F. >370°, durch 1 std. Erhitzen vorst. Verb. mit 80% ig. H_2O_2/Essigsäure auf dem Wasserbad; hellgelbe Nadeln; 87%. W. Hoffmann. 3272□

Phenazine. 1. Mitt. **Die Nitrierung von 1-Methoxy- und 1-Aminophenazin.** A. Gray und F. G. Holliman. (Tetrahedron [London] **18**, 1095—1103, Okt. 1962; Cape Town, South Africa, Univ., Dep. of Chem.; engl.) — Nitrierung von 1-Methoxy- u. 1-Acetamidophenazin gab die 4-Nitro-Derivv., aus denen verschiedenene 1.4-disubstituierte Phenazine dargestellt wurden. Die UV-Absorptionsspektren sind numer. angegeben.

Versuche: *1-Methoxy-4-nitrophenazin* (**I**), F. 225—226°, schwachgelbe Fluorescenz, aus 1-Methoxyphenazin nach Otomasu (Pharmac. Bull. [Tokyo] 2, [1954], 283); 100% (Ausbeute); Lsg. in konz. HCl rot. — *1-Amino-4-methoxyphenazin*, F. 211—213°, aus **I** (l. c.); Lsg. in konz. HCl rot, beim Verdünnen gelb. *Acetyl-Deriv.*, F. 232—233°; orangerote Fluorescenz; Lsg. in konz. HCl purpurfarben. — *1-Hydroxy-4-nitrophenazin* (**II**), $C_{12}H_7N_3O_3$, F. 187—189°, grünlichgelbe Nadeln (PAe.), aus **I** u. sd. 5% ig. wss.-alkohol. KOH (1 Std.); pK_a 4,85 (in 50% ig. wss.-alkohol. Puffer); 64%; Lsgg. in Alkali u. konz. HCl rot; wss. Lsg. des *K-Salzes* (rote Nadeln) gab Ndd. mit Mg^{2+} (rot), Ti^{3+} (orange), V^{2+} (braun), Mn^{2+}(schwarz), Fe^{3+} (braunrot), Co^{2+} (rot), Ni^{2+} (dunkelgrün), Cu^{2+} (dunkelblau), Zn^{2+} (rot), Mo^{6+} (rot), Ag^+ (schwarz), Pb^{2+} (rot), Hg^{2+} (schwarz) u. UO_2^{2+} (rot); mit sd. HBr in W. oder CH_3COOH oder mit $AlCl_3$ in sd. Bzl. konnte **I** nicht entmethyliert werden; *Acetat* (**III**), $C_{14}H_9N_3O_4$, F. 187—190°, gelbe Nadeln (A.). — *1-Amino-4-hydroxyphenazin*, F. 190—194° (roh; Zers. beim Vers. einer Umkristallisation), durch Hydrierung vorst. Verb. an PtO_2 oder Pd/Kohle in NaOH (10 lbs./sq.in.) u. anschließende Rückoxydation der gebildeten *9.10-Dihydro-Verb.* durch Schütteln mit Luft; Lsgg. in Aceton u. Alkali blau, in konz. HCl gelb. *N-Acetyl-Deriv.*, $C_{14}H_{11}N_3O_2$, F. 226,5—227,5°, dunkelrote Nadeln (Toluol); Lsg. in wss. NaOH weinrot. *Diacetyl-Deriv.*, $C_{16}H_{13}N_3O_3$, F. 205 bis 210°, hellgelbe Nadeln (A.); fluoresciert hellgelb; Lsg. in konz. HCl rot. *O-Acetyl-Deriv.*, $C_{14}H_{11}N_3O_2$, F. 166,5—169° (PAe.), aus **III** u. H_2/PtO_2 in CH_3COOH. — *1.4-Dihydroxyphenazin*, F. 228—231°, sublimiert bei 185°/0,07 mm, aus vorst. Verb. u. 3n H_2SO_4 (17 Std. bei 148°). *Diacetat*, F. 193—196°, gelbe Nadeln (A.). — *1-Acetamido-4-nitrophenazin*, $C_{14}H_{10}N_4O_3$, F. 273—275°, gelbe Nadeln (A.), aus 5 g 1-Acetamidophenazin u. rauchender HNO_3 in Acetanhydrid bei <0°; 15 g; fluoresciert gelb, Lsg. in konz. HCl hellrot. — *1-Amino-4-nitrophenazin*, $C_{12}H_8N_4O_2$, F. 249—251°, dunkelrote Kristalle (Butanol), a) aus vorst. Verb. u. sd. konz. HCl; b) aus **II** u. wss.-alkohol. NH_3 (7 Std. bei 110—130° im Rohr; 44%); c) aus **I** analog (daneben etwas **II**); fluoresciert dunkelrot, Lsg. in konz. HCl blau. Gab mit sd. 6n NaOH (45 Min.) **II**. — *1.4-Diaminophenazin*, F. 194—197° (roh), aus vorst. Verb. u. H_2/PtO_2 in CH_3COOH (10 lbs./sq.in.), dann Schütteln mit Luft; Lsg. in konz. HCl gelbgrün. *Diacetyl-Deriv.*, $C_{16}H_{14}N_4O_2$, F. 261,5 bis 263°, dunkelrote Nadeln (Xylol). — *1-Methylaminophenazin*, $C_{13}H_{11}N_3$, F. 149—151°, dunkelrote Kristalle (25% ig. A.), aus 1-Hydroxyphenazin u. CH_3NH_2 in Phenol in Ggw. von $Cu(CH_3COO)_2$ (7 Std. bei 150—170° im Rohr); fluoresciert orangerot; Lsg. in konz. HCl gelbgrün. — *1.4-Bis-[methylamino]-phenazin*, $C_{14}H_{14}N_4$, F. 135—140° (Zers.), dunkelblaue Nadeln, aus **I** oder **II** u. wss.-alkohol. CH_3NH_2-Lsg. (7 Std. bei 110—130° im Rohr); zersetzt sich an der Luft. *Diacetyl-Deriv.*, $C_{18}H_{18}N_4O_2$, F. 236—239°, orangefarbene Nadeln (Xylol); fluoresciert gelb; Lsg. in konz. HCl weinrot. — *2-Aminophenazin*, F. 277 bis 280° (50% ig. wss. A.), nach Pachter u. Kloetzel (C. **1953**, 7299), aber in Ggw. von Cu_2Cl_2 (12 Std. im Rührautoklaven bei 190—200°); 100%. Ließ sich durch Stehen über Nacht mit rauchender HNO_3 in CH_3COOH nicht nitrieren. *Acetyl-Deriv.*, $C_{14}H_{11}N_3O \cdot H_2O$, F. 231—234°, gelbe Nadeln (CH_3OH). — *2-Acetamidophenazinnitrat*, $C_{14}H_{12}N_4O_4$, F. 175°, rote Nadeln (A.), aus vorst. Acetyl-Deriv. u. rauchender HNO_3 in CH_3COOH <30° (über Nacht Stehen); fluoresciert rot. Gab mit 6n HCl vorst. *Amin*.

J. Rothe. 3272□

Phenazine. 2. Mitt. **Die Synthese von Aminophenazinen.** G. Gaertner, A. Gray und F. G. Holliman. (Tetrahedron [London] **18**, 1105—14, Okt. 1962; engl.) — 1. vgl. vorst. Referat. — Ringschluß von substituierten 2-Aminodiphenylaminen durch Erhitzen mit Nitrobenzol (Nb) führte zu *Aminophenazinen*.

Versuche: Diphenylamine: *4-Methoxy-2.2.6'-trinitro-* (**VII**), $C_{13}H_{10}N_4O_7$, F. 168 bis 171°, gelbe Nadeln (A.), aus 2.6-Dinitrojodbenzol (**I**) u. 4-Methoxy-2-nitroanilin (**II**) in Nb in Ggw. von Cu-Bronze u. K_2CO_3 (12 Std. bei 120—130°); 45% (Ausbeute). —

4-Methoxy-2.2'.4'-trinitro-, $C_{13}H_{10}N_4O_7$, F. 163—167°, orangefarbene Nadeln (A.), aus 2.4-Dinitrojodbenzol (**III**) u. **II** wie vorst. (10 Std. bei 140°; 33%) oder analog aus 2.4-Dinitrochlorbenzol u. **II** (17%). — *2-Methoxy-2'.4'.6-trinitro-*, $C_{13}H_{10}N_4O_7$, F. 222—225°, gelbe Nadeln (Pyridin), aus **III** u. 2-Methoxy-6-nitroanilin (**IV**) wie oben (30 Min. langes Kochen); 78%. — *2'-Methoxy-2.6-dinitro-* (**V**), $C_{13}H_{11}N_3O_5$, F. 161—164°, hellrote Nadeln (A.), aus **I** u. o-Anisidin in sd. A. (4 Std.); 64%. — *2-Methoxy-4'.6-dinitro-* (**VIII**), $C_{13}H_{11}$·N_3O_5, F. 150—152° (147° Sintern), orangefarbene Nadeln (Xylol), aus 4-Nitrojodbenzol u. **IV** wie oben (40 Min. langes Kochen); 49%. — *4-Methoxy-2.4'-dinitro-*, $C_{13}H_{11}N_3O_5$, F. 168—170°, rote seidige Nadeln (wss. CH_3COOH), aus 4-Methoxy-2-nitrojodbenzol u. p-Nitranilin (**VI**) wie oben (10 Std. bei 150—170°); 51%. — *4-Methyl-2.4'-dinitro-*, $C_{13}H_{11}N_3O_4$, F. 189—190°, orangefarben (Butanol), aus 4-Jod-3-nitrotoluol u. **VI** in Ggw. von Cu-Bronze u. K_2CO_3 (15 Min. bei 200—210°); 64%. — *4-Chlor-2.4'-dinitro-*, $C_{12}H_8$·ClN_3O_4, F. 191—192°, orangefarbene Nadeln (Butanol), aus 4-Chlor-2-nitrojodbenzol u. **VI** wie vorst.; 50%. — *2.6-Diamino-2'-methoxy-*, $C_{13}H_{15}N_3O$, F. 155—158° (A.), aus **V** u. H_2/PtO_2 oder Pd-Kohle in A. (20—40 lbs./sq.in.). — *4-Methoxy-2.2'.4'-triacetamido-*, $C_{19}H_{22}N_4O_4$, F. 215—216,5° (Butanol), analog mit anschließender Acetylierung. — Ebenso: *2-Methoxy-2'.4'.6-triacetamido-*, $C_{19}H_{22}N_4O_4$, F. 238—240° (Nitrobenzol). — *2.4'-Diacetamido-6-methoxy-*, $C_{17}H_{19}N_3O_3$, F. 202—204° (A.). — *2.4'-Diacetamido-4-methyl-*, $C_{17}H_{19}N_3O_2$, F. 232—234° (wss. A.). — *4-Chlor-2.4'-diacetamido-*, $C_{16}H_{16}ClN_3O_2$, F. 239—241° (wss. A.). — Phenazine: *1-Amino-7-methoxy-*, $C_{13}H_{11}N_3O$, F. 168—171°, orangefarbene Nadeln (PAe.), durch katalyt. Hydrierung von **VII** in A., Zugabe von HCl, Abfiltrieren des Katalysators unter N_2, Zugabe von wss. $FeCl_3$-Lsg. u. 1tägiges Stehen; 75%; fluoresciert orangegelb, Lsg. in konz. HCl gelb. — *1-Amino-7-hydroxy-*, $C_{12}H_9N_3O$, F. 270° (Zers.), orangefarbene, nach dem Trocknen rote Nadeln (W.), aus vorst. Verb. u. sd. 48%ig. HBr. *N-Acetyl-Deriv.*, $C_{14}H_{11}N_3O_2$, F. 297° (Zers.), gelbe Nadeln (Butanol), mit Acetanhydrid bei Raum-Temp.; Lsg. in Alkali orange, in konz. HCl rot. *O-Acetyl-Deriv.*, $C_{14}H_{11}N_3O_2$, F. 182—185°, orangefarbene Nadeln (A.), mit Acetanhydrid/wss. NaOH bei 0°; fluoresciert orangerot. *Diacetyl-Deriv.*, $C_{16}H_{13}N_3O_3$, F. 205—208°, gelbe Nadeln (A.), mit Acetanhydrid/CH_3COONa (Erhitzen); fluoresciert hellgelb. — *1.7-Dihydroxy-*, F. 303° (Zers.; in zugeschmolzenem Röhrchen), sublimiert bei 250°/0,1 mm, aus vorst. Verb. u. 3n H_2SO_4 (18 Std. bei 150° im Rohr). — *2-Amino-*, F. 277—280°, dunkelrote Nadeln (50%ig. A.), aus 2.4'-Dinitro- bzw. 2.4-Dinitrodiphenylamin durch Hydrierung u. anschließendes a) Kochen mit PbO_2 in Xylol (1 Std.; kleine Ausbeute bzw. 13%); b) Kochen mit Nb in Ggw. von m-Dinitrobenzol (5 Std.; 50 bzw. 5%); c) Kochen mit Nb (12 Std.; 50% aus der 2.4-Dinitro-Verb.). — *1-Amino-*, F. 174—176° (wss. A. bzw. W.), aus 2.2'-Dinitro- [Meth. a) sehr kleine Ausbeute; Meth. b) 67%] oder 2.6-Dinitrodiphenylamin [Meth. b) 25%] oder **V** [Meth a) 43%; Meth. b) kleine Ausbeute]. — *2-Amino-8-methoxy-*, $C_{13}H_{11}N_3O$, F. 217—220°, orangerote Nadeln (W.), aus 4'-Methoxy-2.4-dinitro- [Meth. a) kleine Ausbeute; Meth. b) 64%] oder 4-Methoxy-2.4'-dinitrodiphenylamin [Meth. b) 54%]. — *2-Amino-6-methoxy-*, $C_{13}H_{11}N_3O \cdot 2\,H_2O$, F. 278—281°, orangefarbene Nadeln (W.), wasserfrei bei 110° im Vakuum, aus **VIII** [Meth. b) 44%]. — *2-Amino-8-methyl-*, $C_{13}H_{11}N_3$, F. 228—230°, rote Nadeln (wss. A.), aus 4'-Methyl-2.4-dinitro- [Meth. c) 52%] oder 4-Methyl-2.4'-dinitrodiphenylamin [Meth. c) 46%]; fluoresciert orange. — *2-Amino-8-chlor-*, $C_{12}H_8ClN_3 \cdot 1/2\,H_2O$, F. 250—251°, rote Nadeln (wss. A.), wasserfrei bei 100° im Vakuum, aus 4'-Chlor-2.4-dinitro- [Meth. c) 45%] oder 4-Chlor-2.4'-dinitrodiphenylamin [Meth. c) 30%]; fluoresciert orange. — *Phenazin*, F. 169—171°, sublimiert im Vakuum, aus 2-Nitrodiphenylamin [Meth. a) sehr kleine Ausbeute].

J. Rothe. 3272□

Die Oxydation bestimmter Pteroylglutaminsäureanaloga. Robert L. Dion und Ti Li Loo. (J. org. Chemistry **26**, 1857—59, 13/6. 1961; Bethesda, Md., Nat. Inst. of Health, Nat. Cancer Inst., General Med. Branch, Clinical Pharmac. and Exp. Therap. Serv.; engl.) — Vff. erhalten bei der Oxydation von Dichlor-a-methopterin (**I**; N-{4-[N-[2.4-Diaminopteridyl-(6)-methyl]-methylamino]-3.5-dichlorbenzoyl}-glutaminsäure) mittels $KMnO_4$ bei pH 8 *2.4-Diaminopteridin-6-carbonsäure* (**II**), deren Struktur durch stufenweise Hydrolyse mit starkem Alkali bzw. 6n HCl zu *2-Amino-4-hydroxypteridin-6-carbonsäure* (**III**) bzw. *2.4-Dihydroxypteridin-6-carbonsäure* (**IV**) bewiesen wird. Die für **II** spektrophotometr. bestimmten scheinbaren pK-Werte 1,4 u. 5,0 werden dem $N_{(3)}$ u. der COOH-Gruppe zugeschrieben. Die Absorptionsmaxima von **II**, **III** u. **IV** werden angegeben.

Versuche: Pteridin-6-carbonsäuren: *2.4-Diamino-* (**II**), $C_7H_6N_6O_2$, F. >300°, durch Zugabe gesätt. $KMnO_4$-Lsg. zur auf pH 8 eingestellten **I**-Lsg., Erwärmen auf 75°, weiteres Zugeben von $KMnO_4$ u. 1½std. Erwärmen; blaßgelbe hygroskop. Nadeln durch mehrfaches Umfällen aus alkal. Lsg. mit 2n HCl; 69% (Ausbeute). — *2-Amino-4-hydroxy-* (**III**), $C_7H_5N_5O_3$, F. >300°, aus vorst. Verb. durch 2½std. Erwärmen der

Lsg. in 2n NaOH auf 90°, Verdünnen u. Ansäuern mit 4n HCl; 86%. — *2.4-Dihydroxy-* (IV), $C_7H_4N_4O_4$, F. >300°, aus III durch 30std. Erhitzen mit 6n HCl u. Umfällen der alkal. Lsg. mit 2n HCl; mikrokrist. Prod.; 85%. H. Lettau. 3272 □

Substituierte 1-Thiocarbamoyltrimethylenimine und ihre Umlagerung in Derivate des 2-Imino-3.4.5.6-tetrahydro-1.3-thiazins. M. Tišler. (Arch. Pharmaz. Ber. dtsch. pharmaz. Ges. **293/65,** 621—26, Juni 1960; Ljubljana, Jugoslawien, Univ., math.-nat. Fak., Inst. für org. Chemie; dt.) — Die Darst. substituierter *1-Thiocarbamoyltrimethylenimine* gelingt in exothermer Rk. durch Anlagerung von Isothiocyanaten an Trimethylenimin in Ae. in fast quant. Ausbeute. Durch 15 Min. langes Einwirken von konz. HCl entstehen daraus die *2-Iminoperhydro-1.3-thiazine,* die auch durch Kondens. der entsprechenden Isothiocyanate mit 3-Aminopropanol (II) u. Cyclisieren mit konz. HCl in der Hitze zugänglich sind. UV- u. IR-Banden s. Original.

Versuche: 1-[N-Arylthiocarbamoyl]-trimethylenimine: *Phenyl-* (I), $C_{10}H_{12}N_2S$, F. 112° (Bzl.), durch Rk. von Phenylisothiocyanat (III) mit Trimethylenimin in Ae. — *p-Tolyl-*, $C_{11}H_{14}N_2S$, F. 144—145° (Bzl.). — *2.4-Dimethylphenyl-*, $C_{12}H_{16}N_2S$, F. 167° (Bzl.). — *p-Äthoxyphenyl-*, $C_{12}H_{16}N_2OS$, F. 120° (Bzl.). — *m-Chlorphenyl-*, $C_{10}H_{11}ClN_2S$, F. 112° (Bzl.). — *p-Chlorphenyl-*, $C_{10}H_{11}ClN_2S$, F. 146—147° (Bzl.). — 2-Aryliminoperhydro-1.3-thiazine: *Phenyl-* (IV), $C_{10}H_{12}N_2S$, F. 127° (verd. A.), a) durch 15 Min. langes Kochen von I mit konz. HCl (Meth. **A**); 92% (Ausbeute); b) durch 10 Min. langes Kochen von II mit III in Ae., 1/4 std. Kochen mit konz. HCl u. Alkalisieren mit 10%ig. NaOH (Meth. **B**). — *p-Tolyl-*, $C_{11}H_{14}N_2S$, F. 140° (W.), nach **A** u. **B**. — *p-Äthoxyphenyl-*, $C_{12}H_{16}N_2OS$, F. 132° (A.), nach **A** u. **B**. — *m-Chlorphenyl-*, $C_{10}H_{11}ClN_2S$, F. 150° (A.), nach **A**. — *p-Chlorphenyl-*, $C_{10}H_{11}ClN_2S$, F. 156—157° (verd. A.), nach **A** u. **B**. — *p-Methoxyphenyl-*, $C_{11}H_{14}N_2OS$, F. 144° (W.), nach **A**. — *o-Tolyl-*, $C_{11}H_{14}N_2S$, F. 121° (A.), nach **B**. — *m-Tolyl-*, $C_{11}H_{14}N_2S$, F. 90—91° (verd. A.), nach **B**. — *o-Methoxyphenyl-*, $C_{11}H_{14}N_2OS$, F. 127° (A.), nach **B**. — *Cyclohexyl-*, $C_{10}H_{18}N_2S$, F. 113° (verd. A.), nach **B**. — *2-Phenylimino-3-phenylperhydro-1.3-thiazin,* $C_{16}H_{16}N_2S$, F. 137—138°, a) durch Erhitzen von symm.-Diphenylthioharnstoff u. 1.3-Dibrompropan; b) durch Kondens. von III u. 3-Phenylaminopropanol u. Cyclisieren mit konz. HCl. — *2-Phenylimino-3-methylperhydro-1.3-thiazin,* $C_{11}H_{14}N_2S$, Kp.$_{12}$ 175—180°, a) durch 10 Min. langes Erhitzen von 1 g **IV**, 0,8 g NaOH, 5 ml W. u. 1,5 g Dimethylsulfat auf 100°; 0,6 g (Ausbeute); b) durch Rk. von **IV** mit CH_3J in Ggw. von Na-Methylat. W. Hampel. 3292 □

Eine neue Reaktion von Carbodiimiden. Bernard Loev und Minerva Kormendy. (J. org. Chemistry **27, 3365**—66, Sept. 1962; Philadelphia, Pa., Smith Kline and French Labor., Res. and Developm. Div.; engl.) — Thiosalicylsäure (I) addiert sich an N.N'-Diisopropyl- (II) u. N.N'-Dicyclohexylcarbodiimid (III) unter Bldg. von *2-Alkylimino-3-alkyl-2.3-dihydro-4H-1.3-benzothiazinonen-(4)*; bei Verw. des I-Esters entsteht daneben ein komplexes Gemisch.

Versuche: 2.3-Dihydro-4H-1.3-benzothiazinone-(4), durch Zugabe von **I** zu **II** bzw. **III**, Versetzen mit abs. Bzl., 3std. Stehen bei Raum-Temp., 20std. Erhitzen auf dem Dampfbad u. Einengen der filtrierten Lsg.: *2-Cyclohexylimino-3-cyclohexyl-* (**IV**), $C_{20}H_{26}N_2OS$, F. 81—84° (A.); 56% (Ausbeute). — *2-Isopropylimino-3-isopropyl-*, $C_{14}H_{18}N_2OS$, F. 51—52° (A. + W.); 42%. — 2.3-Dihydro-4H-1.3-benzothiazindione-(2.4), durch 5std. Kochen der vorst. Verbb. mit verd. H_2SO_4 u. Einengen im Vakuum: *3-Cyclohexyl-*, $C_{14}H_{15}NO_2S$, F. 150—152° (A), mit 10%ig. H_2SO_4 u. A.; 62%. — *3-Isopropyl-*, $C_{11}H_{11}NO_2S$, F. 67—68° (A.-W.), mit 10%ig. alkohol. H_2SO_4. — *N.N'-Dicyclohexylharnstoff,* F. 220—223°, durch 1½std. Kochen von **IV** in verd. wss.-alkohol. KOH; 54%. Gisela Schreiber. 3292 □

Untersuchungen über Herbicide. 3. Mitt. **2.4-Disubstituierte 6-Chlor-1.3.5-triazine.** H. Koopman und J. Daams. (Recueil Trav. chim. Pays-Bas **79,** 83—89, Jan. 1960; Weesp, Central Res. Labor.; s'Graveland, N.V. Philips-Duphar, Agrobiol. Labor. „Boekesteyn"; engl.) — 2. vgl. C. **1962,** 8257; 4. vgl. C. **1963,** 4329. — Im Hinblick auf ihre möglichen herbiciden Eigg. wird eine Anzahl in 2.4-Stellung gleich oder verschieden substituierter *6-Chlor-1.3.5-triazine* synthetisiert. Die herbiciden Eigg. werden kurz diskutiert.

Versuche: (unter Mitarbeit von H. den Hartog): 6-Chlor-1.3.5-triazine: *2-Äthoxy-4-äthylamino-*, $C_7H_{11}ClN_4O$, F. 96,5—97° (wss. A.), durch Zugabe von Äthylaminhydrochlorid in W. zu 4.6-Dichlor-2-äthoxy-1.3.5-triazin (II) in Aceton, Zugabe wss. NaOH bei 10—15°, ½std. Erhitzen auf 35° u. Gießen auf Eis; 95% (Ausbeute). — *2-Äthylmercapto-4-äthylamino-*, $C_7H_{11}ClN_4S$, F. 70—72° (PAe.), analog vorst. Verb. aus Äthylaminhydrochlorid, 4.6-Dichlor-2-äthylmercapto-1.3.5-triazin u. wss. NaOH; 100%. — *2-Butoxy-4-isopropylamino-*, $C_{10}H_{17}ClN_4O$, Kp.$_{0,06}$ 127°, durch Zutropfen von Isopropylamin in Ae. zu 2-Butoxy-4.6-dichlor-1.3.5-triazin (I) in Ae. bei 0—5°; 82%. — *2-Butylmercapto-4-isopropylamino-*, $C_{10}H_{17}ClN_4S$, Kp.$_{0,05}$ 128—132°, durch Zutropfen von Isopropylamin zu 2-Butylmercapto-4.6-dichlor-1.3.5-triazin (III) in Aceton bei Raum-

Temp., 1std. Stehen u. Gießen in W.; 78%. — *2-Butoxy-4-butylmercapto-*, $C_{11}H_{18}$·ClN_3OS, Kp.$_{0,07}$ 122°, durch 72std. Stehen von I, Butanthiol u. 2.4.6-Kollidin in Aceton bei Raum-Temp.; 74%. — *2-Butoxy-4-pentylmercapto-*, $C_{12}H_{20}ClN_3OS$, Kp.$_{0,2}$ 134—135°, durch 72std. Stehen von I, Pentanthiol u. 2.4.6-Kollidin in Aceton bei Raum-Temp.; 66%. — *2-Äthoxy-4-äthylmercapto-*, $C_7H_{10}ClN_3OS$, Kp.$_{13}$ 160—162°, durch 80std. Stehen von II, Äthanthiol u. 2.4.6-Kollidin in Aceton bei Raum-Temp.; 48%. — *2.4-Diäthylmercapto-*, $C_7H_{10}ClN_3S_2$, Kp.$_{0,05}$ 103—106°, durch Zugabe von 2.4.6-Kollidin zu Cyanurchlorid u. Äthanthiol in Aceton bei ca. 10°, 1std. Stehen bei ca. 15° u. 80std. Rk. bei Raum-Temp.; 55%. — *2.4-Dibutylmercapto-*, $C_{11}H_{18}ClN_3S_2$, Kp.$_{0,1}$ 135°, durch 2std. Stehen von III, Butanthiol u. 2.4.6-Kollidin in Aceton bei ca. 40° u. 16std. Rk. bei Raum-Temp.; 50%. — *2-Butylmercapto-4-isopentylmercapto-*, $C_{12}H_{20}ClN_3S_2$, Kp.$_{0,1}$ 146—149°, durch 40std. Stehen von III, Isopentanthiol u. 2.4.6-Kollidin in Aceton bei Raum-Temp.; 82%. — *2-Allyloxy-4-butoxy-*, $C_{10}H_{14}ClN_3O_2$, Kp.$_{0,07}$ 98°, durch 76std. Stehen von I, Allylalkohol u. 2.4.6-Kollidin in Aceton bei Raum-Temp.; 30%. — *2.4-Diallyloxy-*, $C_9H_{10}ClN_3O_2$, Kp.$_{0,1}$ 96—98°, durch 24std. Stehen von 2-Allyloxy-4.6-dichlor-1.3.5-triazin, Allylalkohol u. 2.4.6-Kollidin in Aceton bei ca. 35°; 44%. — *2.4-Diäthoxy-*, $C_7H_{10}ClN_3O_2$, F. 45,5—47° (PAe.), Kp.$_{13}$ 134—145°, durch 80std. Stehen von II, A. u. 2.4.6-Kollidin in Aceton bei Raum-Temp.; 14%. P. Golinske. 3313□

Biochemische Untersuchungen von Thiozuckern. 1. Mitt. Synthese von 1-Thio-D-glucuronsäure. Masuo Akagi, Setsuzo Tejima und Masanobu Haga. (Chem. pharmac. Bull. [Tokyo] **8**, 1114—16, Dez. 1960; Hokkaido, Univ., School of Med., Fac. of Pharm.; engl.) — *1-Thio-β-D-glucopyranuronsäure-6.1-thiolacton* (I) wird dargestellt durch Hydrolyse von *2.3.4-Tri-O-acetyl-1-thio-β-D-glucopyranuronsäuremethylester-1-äthylthionocarbonat*, das aus 2.3.4-Tri-O-acetyl-1-brom-1-desoxy-α-D-glucopyranuronsäuremethylester (II) u. K-Äthylxanthogenat (III) gewonnen wird. Die Methylierung von I mit Diazomethan u. vollständige Acetylierung ergibt *Methyl-2.3.4-tri-O-acetyl-1-thio-β-D-glucopyranosiduronsäuremethylester*. Die IR-Spektren der Verbb. werden diskutiert.

Versuche: *2.3.4-Tri-O-acetyl-1-thio-β-D-glucopyranuronsäuremethylester-1-äthylthionocarbonat*, $C_{16}H_{22}O_{10}S_2$, F. 114—115° (A.), durch Zugabe von II zu III in sd. A.; $[\alpha]_D^{16}$ 42° (c = 1,0; Chlf.); 70%. — *1-Thio-β-D-glucopyranuronsäure-6.1-thiolacton* (I), $C_6H_8O_5S$, durch Sättigen einer methanol. Lsg. vorst. Verb. mit NH_3 bei 0°; $[\alpha]_D^{16}$ —72° (c = 1,4; W.). *Phenylosazon*, F. 171—172°; $[\alpha]_D^{16}$ —15° (c = 1,0; Pyridin); aus wss. Pyridin gelbe Nadeln. — *Methyl-2.3.4-tri-O-acetyl-1-thio-β-D-glucopyranosiduronsäuremethylester*, $C_{14}H_{20}O_9S$, F. 117—118°, durch 7tägiges Stehen von I mit CH_2N_2 in Methanol u. Umsetzen mit Acetanhydrid in Pyridin; $[\alpha]_D^{16}$ —19,5° (c = 1,0; Chlf.); Nadeln. W. Hampel. 3400□

Über die Synthese von S-β-D-Glucopyranosiden verschiedener Derivate der 2-Mercaptobenzoesäure (Thiosalicylsäure). 6. Mitt. über Phenolglykoside. Günther Wagner. (Arch. Pharmaz. Ber. dtsch. pharmaz. Ges. **290/62**, 457—66, Okt. 1957; Greifswald, Ernst-Moritz-Arndt-Univ., Pharmazeut.-chem. Inst.; dt.) — 5. vgl. C. **1959**, 10848. — Die S-β-D-Glucopyranoside von Thiosalicylsäurealkylestern u. -amiden sind gegen Einw. von Mineralsäuren wesentlich beständiger als die entsprechenden O-Glucoside. *Thiosalicylsäure-S-β-D-glucopyranosid* ist in wss. Lsg. stabil. Die *Tetra-O-acetyl-S-β-D-glucopyranoside* von Thiosalicylamid (**VI**) u. -methylamid (**VII**) lassen sich auch aus Bis-thiosalicylamid (**I**) bzw. dessen N.N'-Dimethyl-Deriv. (**II**) durch Einw. von α-Acetobromglucose (**III**) u. KOH darstellen.

Versuche (FF. auf dem Heiztisch): Thiosalicylsäurealkylestertetra-O-acetyl-S-β-D-glucopyranoside: *-methyl-* (**IV**), $C_{22}H_{26}O_{11}S$, F. 136—137,5°, durch mehrstd. Stehen von Thiosalicylsäuremethylester, III, KOH in W./Aceton u. Verdünnen mit W.; aus Methanol Nadeln; $[\alpha]_D^{18}$ —51,6° (Chlf.); 90% (Ausbeute). — *-äthyl-*, $C_{23}H_{28}$·$O_{11}S$, F. 121—122°; aus A. Nadeln bzw. Säulen; $[\alpha]_D^{20}$ —57° (Chlf.); 88%. — *-n-propyl-*, $C_{24}H_{30}O_{11}S$, F. 96—97,5°; aus n-Propanol Nadeln bzw. Säulen; $[\alpha]_D^{21}$ —56,2° (Chlf.); 85%. — Thiosalicylsäurealkylester-S-β-D-glucopyranoside: *-methyl-* (**V**), $C_{14}H_{18}$·O_7S, F. 164—165°, durch Verseifung von **IV** mit Na-Methylat in abs. Methanol u. Zugabe von Ae. u. Bzn.; Nadeln aus Methanol; $[\alpha]_D^{22}$ —128,1° (W.). *Hydrat*, F. 146—148° (W.). — *-äthyl-*, *Monohydrat*, $C_{15}H_{20}O_7S \cdot H_2O$; $[\alpha]_D^{23}$ —116,8° (W.). — *-n-propyl-*, $C_{16}H_{22}O_7S$, F. 139—142° (n-Propanol/Ae./Bzn.); $[\alpha]_D^{25}$ —113,2° (W.). — *Thiosalicylsäure-S-β-D-glucopyranosid*, *Monohydrat*, $C_{13}H_{16}O_7S \cdot H_2O$, F. 151—153° (W.; nach Erstarren F. 198—204°), durch 24std. Einw. von $Ba(OH)_2$ auf **V** bei Raum-Temp., Neutralisieren mit H_2SO_4, Zentrifugieren u. Eindampfen der Lsg.; $[\alpha]_D^{22}$ —122,8° (W.). — Tetraacetyl-S-β-D-glucopyranoside: *Thiosalicylamid-*, $C_{21}H_{25}$·$NO_{10}S$, F. 181,5—183°, a) analog **IV** aus **VI** (Meth. **A**.); aus W. Nadeln; $[\alpha]_D^{25}$ —27,5° (Chlf.); 55—65%; b) analog a) aus **I**, Gießen in W., Aufkochen u. Filtrieren (Meth. **B**);

26%. — *N-Methylthiosalicylamid-*, $C_{22}H_{27}NO_{10}S$, F. 156—157°, a) aus VII nach A; aus Methanol Nadeln; $[\alpha]_D^{16}$ —25° (Chlf.); 45—55%; b) aus II nach B; 24% (roh). — S-β-D-Glucopyranoside: *Thiosalicylamid-*, *Monohydrat*, $C_{13}H_{17}NO_6S \cdot H_2O$, analog V; $[\alpha]_D^{22}$ —72,8° (W.). — *N-Methylthiosalicylamid-*, *Monohydrat*, $C_{14}H_{19}NO_6S \cdot H_2O$, F. 144 bis 146,5° (abs. Methanol); $[\alpha]_D^{23}$ —66,6° (W.). L. Lamza. 3400

Über die Darstellung einiger Salicylureide und Salicylureidglucoside. 7. Mitt. über **Phenolglykoside.** Günther Wagner. (Arch. Pharmaz. Ber. dtsch. pharmaz. Ges. **290/62,** 520—27, Nov. 1957; dt.) — 6. vgl. vorst. Referat. — Durch Rk. von Salicylsäurechlorid (II) mit Monomethylharnstoff wird neben wenig *Salicyl-N-methyl-* hauptsächlich *N-Salicyl-N'-methylureid* (I) gebildet. Durch analoge Rk. von II mit N.N'-Dimethylharnstoff entsteht kein Ureid, sondern *N-Methyl-2.4-dioxo-2.4-dihydro-5.6-benzo-1.3-oxazin*, das bei der Einw. von 2n KOH *N-Methylsalicylamid* liefert. Sowohl Salicylureid (III) als auch I bilden beim Schmelzen *2.4-Dioxo-2.4-dihydro-5.6-benzo-1.3-oxazin*, das bei der Einw. von KOH unter Bldg. von *Salicylamid* gespalten wird. I u. III reagieren in wss. Aceton in Ggw. von KOH mit *α-Acetobromglucose* (IV) unter Bldg. der entsprechenden *β-D-Tetra-O-acetylglucopyranoside.*

Versuche (FF. auf dem Heiztisch): *N-Salicyl-N'-methylureid* (I), F. 187,5—189° (Methanol), durch 8std. Kochen von II mit Monomethylharnstoff in Bzl., Suspendieren der festen Anteile in W., Neutralisieren mit $NaHCO_3$ u. Filtrieren; 12—20% (Ausbeute). — *N-Methyl-2.4-dioxo-2.4-dihydro-5.6-benzo-1.3-oxazin*, $C_9H_7NO_3$, F. 146,5—147°, durch 10std. Kochen von II mit N.N'-Dimethylharnstoff in Bzl. unter Rühren, Eindampfen im Vakuum, Zugabe von W., Neutralisieren mit $NaHCO_3$ u. Umfällen der ungelösten Anteile aus Methanol; 15—20%. — *N-Methylsalicylamid*, F. 85—87°, durch 1/4std. Rk. vorst. Verb. mit 2n KOH bei 80°, Ansäuern u. Extraktion mit Ae.; aus Methanol/W. schillernde Plättchen. — *2.4-Dioxo-2.4-dihydro-5.6-benzo-1.3-oxazin*, $C_8H_5NO_3$, F. 231° (Methanol/W.), a) durch kurzes Schmelzen von III; b) wie vorst. Verb. aus I. — *Salicylamid*, F. 140°, durch 1/4std. Rk. vorst. Verb. mit 2n KOH, Ansäuern u. Extrahieren mit Ae.; aus Methanol/W. Nadeln. — *Salicylureidtetraacetyl-β-D-glucopyranosid*, $C_{22}H_{26}N_2O_{12}$, F. 168,5—169,5° (Methanol/W.), durch Zugabe von IV in Aceton zu III in KOH, 24std. Stehen unter gelegentlichem Schütteln, Filtrieren, Gießen des Filtrats in sd. W.; $[\alpha]_D^{20}$ —54,5° (Chlf.); 16—20%. — *N-Salicyl-N'-methylureidtetra-O-acetyl-β-D-glucopyranosid*, $C_{23}H_{28}N_2O_{12}$, F. 137,5—138,5°, wie vorst. Verb. aus I, Gießen des Filtrats in sd. W., Lösen der Kristallmasse in Chlf., Schütteln mit 10%ig. KOH u. Eindampfen im Vakuum; aus Methanol/W. Nadeln; $[\alpha]_D^{20}$ —49,5° (Chlf.); 12—15%. — *Salicylureid-β-D-glucopyranosidmonohydrat*, $C_{14}H_{18}N_2O_8 \cdot H_2O$, F. 186,5—189,5°, durch Umesterung des Tetraacetats mit Na-Methylat in Methanol u. Umfällen aus Methanol; $[\alpha]_D^{21}$ —49,5° (W.). — *N-Salicyl-N'-methylureid-β-D-glucopyranosidmonohydrat*, $C_{15}H_{20}N_2O_8 \cdot H_2O$, F. 184—187°, analog vorst. Verb.; durch Umfällen aus W. Nadeln; $[\alpha]_D$ —40,9° (W.). L. Lamza. 3400

Über die Synthese verschiedener o- und p-Hydroxyphenylalkyl-β-D-glucopyranoside und ihre Spaltbarkeit durch Mandel-Emulsin. 9. Mitt. über **Phenolglykoside.** Günther Wagner. (Arch. Pharmaz. Ber. dtsch. pharmaz. Ges. **290/62,** 625—37, Dez. 1957; dt.) — 8. vgl. C. **1961, 6449**; 7. vgl. vorst. Referat. — Während *p-Hydroxyphenylalkylketon-β-D-glucopyranoside* (*p-Gl*) durch Mandelemulsin nur mit wenig unterschiedlicher Geschw. gespalten werden, nimmt die Spaltbarkeit bei den *o-Isomeren* (*o-Gl*) mit Verlängerung u. Verzweigung des Alkylrestes ab. Die Spaltansätze wurden polarimetr. u. colorimetr. untersucht. Die p-Gl werden über ihre *Tetraacetate* durch Rk. der Aglucon-K-Salze mit α-Acetobromglucose (I) in wss. Aceton u. anschließende Desacetylierung dargestellt, die *Tetraacetate* der o-Gl durch Rk. der Aglucone mit I, Ag_2O u. Chinolin (II). Die R_F-Werte u. Spalt-Geschw. der p-Gl. u. o-Gl. sind tabelliert.

Versuche (FF. auf dem Heiztisch): o-Hydroxyphenylalkylketontetra-O-acetyl-β-D-glucopyranoside, durch Verreiben der Aglucone mit I, Ag_2O u. II, 1std. Stehen, Zugabe von Eisessig, Zentrifugieren u. Gießen in Eiswasser: *-äthyl-*, $C_{23}H_{28}O_{11}$, F. 167—168°; gelbliche Plättchen; $[\alpha]_D^{23}$ —41° (Chlf.); 40—50% (Ausbeute). — *-n-propyl-*, $C_{24}H_{30}O_{11}$, F. 161—163°, aus Methanol gelbliche Plättchen; $[\alpha]_D^{23}$ —43,6° (Chlf.); 30—40%. — *-isobutyl-*, $C_{25}H_{32}O_{11}$, F. 152—156°, aus Methanol gelbliche Plättchen; $[\alpha]_D^{23}$ —43,8° (Chlf.); 25—35%. — *m-Hydroxyacetophenontetra-O-acetyl-β-D-glucopyranosid*, $C_{22}H_{26}O_{11}$, F. 126—127°, durch öfteres Schütteln von m-Hydroxyacetophenon in verd. KOH mit I in Aceton, mehrstd. Stehen, Eindampfen, Lösen in Bzl., Schütteln mit KOH u. Eindampfen; aus Methanol Nadeln; $[\alpha]_D^{23}$ —33,4° (Chlf.); 15—20%. — p-Hydroxyphenylalkylketontetra-O-acetyl-β-D-glucopyranoside: *-äthyl-*, $C_{23}H_{28}O_{11}$, F. 157—158°; aus Methanol Nadeln; $[\alpha]_D^{24}$ —27,8° (Chlf.); 40—50°. — *-n-propyl-*, $C_{24}H_{30}O_{11}$, F. 155°; aus Methanol Nadeln; $[\alpha]_D^{24}$ —27,1° (Chlf.); 20—30%. — *-iso-*

butyl-, $C_{25}H_{32}O_{11}$, F. 167–169°, aus Methanol Nadeln; $[\alpha]_D^{23}$ –25,2° (Chlf.); 15–20%. – β-D-Glucopyranoside, durch Verseifung der Tetraacetate mit methanol. Na-Methylat-Lsg., Zugabe von Ae. u. Bzn. u. Eindampfen im Exsiccator: *o-Hydroxypropiophenon-*, $C_{15}H_{20}O_7$, F. 119–121°; aus Essigsäureäthylester Nadeln; $[\alpha]_D^{21}$ –50,3° (W.). – *o-Hydroxy-n-butyrophenon-*, Öl. – *o-Hydroxyisovalerophenon-*, Öl. – *m-Hydroxyacetophenon-*, $C_{14}H_{18}O_7$, F. 177–178,5°; aus W. derbe Säulen; $[\alpha]_D^{23}$ –85,3° (W.). – *p-Hydroxypropiophenon-*, *Semihydrat*, $C_{15}H_{20}O_7 \cdot 1/2\, H_2O$, F. 173–175°; aus W. Nadeln; $[\alpha]_D^{15}$ –84,4° (W.). – *p-Hydroxy-n-butyrophenon-*, $C_{16}H_{22}O_7$, F. 163–164°; aus W. Nadeln; $[\alpha]_D^{22}$ –84,7° (W.). – *p-Hydroxyisovalerophenon-*, Öl. L. Lamza. 3400

Über 2- und 5-β-D-Glucopyranoside verschiedener Gentisinsäureester. 11. Mitt. **über Phenolglykoside.** Günther Wagner. (Arch. Pharmaz. Ber. dtsch. pharmaz. Ges. **291/63,** 278–87, Juni 1958.) – 10. vgl. C. **1963,** 5069; 9. vgl. vorst. Referat. – *Gentisinsäurealkylester-2-* u. *-5-β-D-glucopyranoside* werden durch Rk. der entsprechenden 5- bzw. 2-O-Acetylgentisinsäurealkylester mit α-Acetobromglucose (**I**), Ag_2O u. Chinolin (**II**) u. anschließende Entacetylierung dargestellt. Ihre R_F-Werte in n-Butanol/Xylol/Eisessig/W. sind in Abhängigkeit der n-Butanol-Konz. tabelliert. Die schlechtere Wasserlöslichkeit der 5-Glucoside wird auf die Ausbildung intramol. H-Brücken zwischen der CO-Gruppe u. der o-ständigen OH-Gruppe zurückgeführt.

Versuche: *5-O-Acetylgentisinsäure, Methylester*, $C_{10}H_{10}O_5$, F. 88–89°, durch portionsweises Eintragen von 5-O-Acetylgentisinsäure in äther. Diazomethan (**III**)-Lsg., kurzes Stehen u. tropfenweise Zugabe von Eisessig; aus Methanol derbe Nadeln. *Äthylester*, $C_{11}H_{12}O_5$, F. 75–76° (A.), wie vorst. mit Diazoäthan (**IV**). *n-Propylester*, $C_{12}H_{14}O_5$, F. 40–41° (n-Propanol), wie vorst. mit Diazopropan (**V**). – *Di-O-acetylgentisinsäure*, durch $^1/_2$std. Erwärmen von 20 g Gentisinsäure mit Acetanhydrid/konz. H_2SO_4, Zugabe von W., $^1/_4$std. Schütteln u. Kühlen auf 0°; 19 g (roh). – *2-O-Acetylgentisinsäure*, F. 162 bis 165° (Aceton/Bzl.), durch Zutropfen von 1n NH_4OH zur Suspension von 20 g vorst. Verb. in Eis-W. im H_2-Strom, 1std. Stehen bei Raum-Temp., Zugabe von 2n HCl, 1std. Kühlen bei 0°, Filtrieren, Extraktion des Filtrats mit Essigester u. Eindampfen im Vakuum; ca. 4 g. *Methylester*, $C_{10}H_{10}O_5$, F. 98–100°, durch Rk. der Säure mit **III**; aus Xylol Nadeln. *Äthylester*, wie vorst. mit **IV**; Öl. *n-Propylester*, wie vorst. mit **V**; Öl. – 5-O-Acetylgentisinsäurealkylester-2-tetra-O-acetyl-β-D-glucopyranoside, durch Verreiben der entsprechenden 5-O-Acetylgentisinsäurealkylester mit **I**, Ag_2O u. **II**, mehrstd. Stehen, Zugabe von Chlf., Zentrifugieren, Ausschütteln der Lsgg. mit 10%ig. HCl u. 10%ig. NaOH u. Eindampfen: *-methyl-*, $C_{24}H_{28}O_{14}$, F. 135,5–136,5° (Methanol); $[\alpha]_D^{22}$ –26° (Chlf.); 30–40%. – *-äthyl-*, $C_{25}H_{30}O_{14}$, F. 123–124°; aus A. Nadeln; $[\alpha]_D^{22}$ –28,2° (Chlf.); 30–40%. – *-n-propyl-*, $C_{26}H_{32}O_{14}$, F. 118,5–119,5°; aus n-Propanol Nadeln; $[\alpha]_D^{23}$ –28,9° (Chlf.); 20–25%. – 2-O-Acetylgentisinsäurealkylester-5-tetra-O-acetyl-β-D-glucopyranoside, aus den entsprechenden 2-O-Acetylgentisinsäurealkylestern: *-methyl-*, $C_{24}H_{28}O_{14}$, F. 121–123°; aus Methanol Nadeln; $[\alpha]_D^{22}$ –25° (Chlf.); 20–30%. – *-äthyl-*, $C_{25}H_{30}O_{14}$, F. 130–131°; aus A. Nadeln; $[\alpha]_D^{22}$ –25,2° (Chlf.); 20–30%. – *-n-propyl-*, $C_{26}H_{32}O_{14}$, F. 109–110°; aus n-Propanol Nadeln; $[\alpha]_D^{22}$ –24,5° (Chlf.); 20–30%. – Gentisinsäurealkylester-2-β-D-glucopyranoside: durch Verseifen vorst. Tetraacetate in 0,1n methanol. Na-Methylat-Lsg., Neutralisieren mit konz. H_2SO_4, Zentrifugieren, Eindampfen u. Kristallisieren aus W.: *-methyl-*, *Monohydrat*, $C_{14}H_{18}O_9 \cdot H_2O$, F. 179–180° (nach geringem Sintern zwischen 130–150°); Nadeln; $[\alpha]_D^{22}$ –44,0° (abs. Methanol); 40–60%. – *-äthyl-*, *Monohydrat*, $C_{15}H_{20}O_9 \cdot H_2O$, F. 155–157°; Nadeln; $[\alpha]_D^{22}$ –40,4° (abs. A.); 40–60%. – *-n-propyl-*, $C_{16}H_{22}O_9$, F. 147–148°; Nadeln; $[\alpha]_D^{22}$ –38,1° (abs. n-Propanol); 20–30%. – Gentisinsäurealkylester-5-β-D-glucopyranoside: *-methyl-*, $C_{14}H_{18}O_9$, F. 177–178,5°; $[\alpha]_D^{21}$ –63,6° (abs. Methanol); 40–60%. – *-äthyl-*, *Monohydrat*, $C_{15}H_{20}O_9 \cdot H_2O$, sintert ab 90°; $[\alpha]_D^{17}$ –58,1° (abs. A.); 40–50%. – *-n-propyl-*, *Semihydrat*, $C_{16}H_{22}O_9 \cdot 1/2\, H_2O$, F. 135–136°; Nadeln; $[\alpha]_D^{18}$ –58° (abs. n-Propanol); 30–40%. L. Lamza. 3400

Über die Spaltbarkeit von m-Hydroxybenzoesäureester- und Gentisinsäureester-β-D-glucopyranosiden durch Mandel-Emulsin. 12. Mitt. **über Phenolglykoside.** Günther Wagner. (Pharmaz. Zentralhalle Deutschland **97,** 367–74, Aug. 1958; dt.) – 11. vgl. vorst. Referat. – Die Unters. der Spalt-Geschw. von 0,25%ig. Lsgg. von *m-Hydroxybenzoesäureester-β-D-glucopyranosiden* (**A**) in einem Phosphatpuffer (pH 5) durch Mandel-Emulsin bei 37° zeigt, daß die Kettenlänge der Alkoholkomponente prakt. keinen Einfl. auf die Spaltbarkeit der **A** hat. Bei *Gentisinsäureester-2-β-D-glucopyranosiden* (**B**) wird ähnlich wie bei *Salicylsäureester-β-D-glucopyranosiden* (**C**) die Spaltbarkeit mit Verlängerung der Kettenlänge der Alkoholkomponente der Esteraglucone herabgesetzt. **B**-*Methylester* wird langsamer als **C**-*Methylester* gespalten. *Gentisinsäuremethyl-*

ester-5-β-D-glucopyranosid wird schneller als **A**-*Methylester* gespalten. Die geringe Spalt-Geschw. von *Gentisinsäure-n-propylester-5-β-D-glucopyranosid* kann noch nicht erklärt werden.

Versuche: m-Hydroxybenzoesäure-β-D-glucopyranoside: *Äthylester*, $C_{15}H_{20}O_8$, F. 152,5—154,5°, durch kurzes Kochen des Tetra-O-acetyl-Deriv. in abs. A. mit Na-Äthylat u. Neutralisieren mit konz. H_2SO_4; $[\alpha]_D^{18}$ —65,0° (abs. A.); aus W. Nadeln. *Tetra-O-acetyl-Deriv.*, $C_{23}H_{28}O_{12}$, F. 104,5—105,5°, durch 8std. Schütteln von m-Hydroxybenzoesäureäthylester u. KOH in W. mit α-Acetobromglucose (I) in Aceton, 8std. Stehen, Abdampfen von Aceton unter gleichzeitigem Neutralisieren mit $KHCO_3$, Extrahieren mit Chlf. u. Ausschütteln der Chlf.-Lsg. mit 10%ig. NaOH; $[\alpha]_D^{18}$ —28,6° (Chlf.); aus 65%ig. A. Nadeln; 15—20% (Ausbeute). — *n-Propylester*, $C_{16}H_{22}O_8$, F. 148—149°, durch Kochen des Tetra-O-acetyl-Deriv. in abs. n-Propanol mit Na-n-Propylat; $[\alpha]_D^{18}$ —59,1° (abs. n-Propanol); aus W. Nadeln. *Tetra-O-acetyl-Deriv.*, $C_{24}H_{30}O_{12}$, F. 82—84°, aus m-Hydroxybenzoesäure-n-propylester u. KOH in W. u. I in Aceton; $[\alpha]_D^{23}$ —28,1° (Chlf.); aus 65%ig. Methanol Nadeln bzw. Plättchen; 15—20%. — *n-Butylester*, $C_{17}H_{24}O_8$, F. 138—139°, durch Kochen des Tetra-O-acetyl-Deriv. in abs. n-Butanol mit Na-n-Butylat; $[\alpha]_D^{14}$ —55,0° (abs. n-Butanol); aus W. Nadeln. *Tetra-O-acetyl-Deriv.*, $C_{25}H_{32}O_{12}$, F. 72—73°, aus m-Hydroxybenzoesäure-n-butylester u. KOH in W. u. I in Aceton; $[\alpha]_D^{18}$ —27,1° (Chlf.); aus 65%ig. Methanol Plättchen; 10—15%. K. Lange. 3400

Über die Synthese von β-D-Glucopyranosiden verschiedener α-Resorcylsäureester. 13. Mitt. über Phenolglykoside. Günther Wagner. (Arch. Pharmaz. Ber. dtsch. pharmaz. Ges. **292/64**, 282—92, Juni 1959; dt.) — 12. vgl. vorst. Referat. — Durch Rk. von 1 Mol α-Resorcylsäurealkylester mit 2 Mol α-Acetobromglucose (I) u. 1 Mol Ag_2O in Ggw. von Chinolin (II) werden hauptsächlich *α-Resorcylsäurealkylester-bis-[tetra-O-acetyl-β-D-glucopyranoside]* (α-Gl.) neben geringen Mengen *α.β-* u. *α.α-Bis-[tetra-O-acetyl-D-glucopyranosiden]* gebildet, die sich durch Umfällen der Rohprodd. aus Methanol entfernen lassen. Aus den α-Gl. werden durch Entacetylierung die freien Glucoside gewonnen. Die *α-Resorcylsäurealkylestermonoglucopyranoside* sind analog aus den Monoacetyl-α-resorcylsäureestern zugänglich. Die R_F-Werte der freien Glucoside sind tabelliert.

Versuche: *Mono-O-acetyl-α-resorcylsäure*, $C_9H_8O_5$, F. 180—190° (Zers.; W.), durch kurzes Schütteln der Lsg. von 20 g α-Resorcylsäure u. 15,6 g NaOH in W. mit 13,2 g Acetanhydrid bei 0°, 1/2std. Stehen, Ansäuern mit H_2SO_4 u. Kühlen auf 0°; 50—60% (Ausbeute). *Methylester* (**III**), $C_{10}H_{10}O_5$, F. 118—121°, durch Rk. der Säure mit äther. Diazomethan-Lsg.; aus Xylol Nadeln. *Äthylester* (**IV**), $C_{11}H_{12}O_5$, F. 110,5—112,5°, mit Diazoäthan; aus Xylol Nadeln. *n-Propylester* (**V**), $C_{12}H_{14}O_5$, F. 90—91°, mit Diazopropan; aus Xylol Nadeln. — α-Resorcylsäurealkylester-bis-[tetra-O-acetyl-β-D-glucopyranoside]: *-methyl-* (**VI**), $C_{36}H_{44}O_{22}$, F. 90—110°, durch Verreiben von 5 g α-Resorcylsäuremethylester mit 24,5 g **I**, 8,5 g Ag_2O u. 30 ml **II**, 3std. Stehen, Zugabe von Chlf., Zentrifugieren, Schütteln mit 10%ig. HCl u. 10%ig. NaOH, Eindampfen u. Eintropfen in viel Bzn.; aus Methanol Nadeln; $[\alpha]_D^{20}$ —37° (c = 5,11; Chlf.); 30—40%. — *-äthyl-* (**VII**), $C_{37}H_{46}O_{22}$, F. 110° (nach vorherigem Sintern bei 95—100°), aus 5 g Äthylester, 22 g **I**, 7 g Ag_2O u. 25 ml **II**; durch Umfällen aus Methanol Nadeln; $[\alpha]_D^{17}$ —36,7° (c = 5,02; Chlf.); 25—35%. — *-n-propyl-*, $C_{38}H_{48}O_{22}$, F. 132—135°, aus 6 g n-Propylester, 24,5 g **I**, 9 g Ag_2O u. 30 ml **II**; aus Methanol Nadeln; $[\alpha]_D^{20}$ —35,9° (c = 5,03; Chlf.); 30—40%. — Mono-O-acetyl-α-resorcylsäurealkylestertetra-O-acetyl-β-D-glucopyranoside: *-methyl-* (**VIII**), $C_{24}H_{28}O_{14}$, F. 103—106°, aus 6,9 g **III**, 13,5 g **I**, 4,6 g Ag_2O u. 20 ml **II**; aus 70—80%ig. Methanol Nadeln; $[\alpha]_D^{17}$ —30,1° (c = 5,02; Chlf.); 30—40%. — *-äthyl-*, $C_{25}H_{30}O_{14}$, F. 89—91°, aus 5,5 g **IV**, 9,2 g **I**, 3,2 g Ag_2O u. 18 ml **II**; aus 70%ig. Methanol Nadeln; $[\alpha]_D^{16}$ —29,4° (c = 5,03; Chlf.); 30—40%. — *-n-propyl-*, $C_{26}H_{32}O_{14}$, F. 98—99,5°, aus 5 g **V**, 7,9 g **I**, 2,7 g Ag_2O u. 15 ml **II**; aus 70%ig. Methanol Nadeln; $[\alpha]_D^{20}$ —29,1° (c = 5,05; Chlf.); 25—35%. — α-Resorcylsäurealkylester-bis-[β-D-glucopyranoside]: *-methyl-*, $C_{20}H_{28}O_{14}$, F. 196 bis 199°, durch kurzes Kochen von **VI** mit Na-Methylat in Methanol, Neutralisieren mit H_2SO_4, Einengen auf 1/4 Vol., Eintropfen in abs. Ae. u. Rühren des Nd. mit Ae. u. Bzl.; aus Methanol/A. Nadeln; $[\alpha]_D^{17}$ —104,4° (c = 3,02; W.); 75—85%. — *-äthyl-*, $C_{21}H_{30}O_{14}$, F. 209—213°, aus **VII**; aus Methanol/A. Nadeln; $[\alpha]_D^{17}$ —103,6° (c = 3,01; W.); 60—80%. — *-n-propyl-*, F. 216—220°; stark hygroskopisch. — α-Resorcylsäurealkylestermono-β-D-glucopyranoside: *-methyl-*, $C_{14}H_{18}O_9$, F. 186—189° (A./W.; sinternd ab 183°), durch kurzes Kochen von **VIII** mit Na-Methylat in Methanol, Schütteln mit Wofatit KPS 200 bis zur neutralen Rk., Filtrieren u. Eindampfen; $[\alpha]_D^{23}$ —69,3° (c = 3,05; W.); 30—40%. — *-äthyl-*, nicht analysenrein. — *-n-propyl-*, $C_{16}H_{22}O_9$, F. 166—168° (W.), analog vorvorst. Verb. aber Neutralisieren mit H_2SO_4; $[\alpha]_D^{16}$ —69,1° (c = 2; W.); 50%. L. Lamza. 3400

Über die Darstellung von Glucosiden verschiedener γ-Resorcylsäureester. 14. Mitt. über Phenolglykoside. Günther Wagner. (Arch. Pharmaz. Ber. dtsch. pharmaz. Ges. **292/64**, 341—49, Juli 1959; dt.) — 13. vgl. vorst. Referat. — Durch Rk. von γ-Resorcylsäurealkylestern mit α-Acetobromglucose (I), Ag_2O u. Chinolin (II) werden *γ-Resorcylsäurealkylester-bis-[tetra-O-acetyl-β-D-glucopyranoside]* dargestellt u. durch Umesterung in die freien *Glucoside* überführt. Analog wird aus Mono-O-acetyl-γ-resorcylsäuremethylester (III) das *γ-Resorcylsäuremethylestermono-β-D-glucopyranosid* synthetisiert, das nur zu 5% in W. von 20° lösl. ist. Die analogen Äthyl- u. n-Propylester-Derivv. konnten nicht rein erhalten werden. Die R_F-Werte sind tabelliert.

Versuche (FF. auf dem Heiztisch): *Di-O-acetyl-γ-resorcylsäure*, $C_{11}H_{10}O_6$, F. 107 bis 109° (W.), durch 3/4std. Erwärmen von γ-Resorcylsäure mit Acetanhydrid/konz. H_2SO_4 auf 60—80°, 1std. Stehen bei Raum-Temp., Gießen in Eis-W., mehrstd. Kühlen, Extraktion mit Ae. u. Eindampfen; 80—90% (Ausbeute); kristallisiert aus Bzl. mit 1/2 Mol Bzl. in derben Nadeln vom F. 107—109°. — *Mono-O-acetyl-γ-resorcylsäure*, $C_9H_8O_5$, F. 125—126,5°, durch Eintragen vorst. Verb. in 1n NaOH/Eis, unter Schütteln, 3—4std. Stehen u. starkes Ansäuern mit konz. HCl; aus W. Nadeln; 30%. *Methylester* (III), $C_{10}H_{10}O_5$, F. 34—36°, durch Rk. der Säure mit Diazomethan in Ae.; aus Bzn. Nadeln. *Äthylester* (IV), $C_{11}H_{12}O_5$, F. 42,5—43,5°, mit Diazoäthan; aus Bzn. Nadeln. *n-Propylester* (V), mit Diazopropan; Öl. — γ-Resorcylsäurealkylester-bis-[tetra-O-acetyl-β-D-glucopyranoside]: *-methyl-* (VI), $C_{36}H_{44}O_{22}$, F. 176,5 bis 177,5°, durch Verreiben von γ-Resorcylsäuremethylester mit I, Ag_2O u. II, 2—3std. Stehen, Zugabe von Chlf., Zentrifugieren, Ausschütteln der Lsg. mit 10%ig. HCl u. 10%ig. NaOH u. Eindampfen; aus Methanol Nadeln; $[\alpha]_D^{21}$ —38,2° (Chlf.); 25—35%. — *-äthyl-*, $C_{37}H_{46}O_{22}$, F. 162—164°; aus A. Nadeln; $[\alpha]_D^{18}$ —41,8° (Chlf.); 25—35%. — *-n-propyl-*, $C_{38}H_{48}O_{22}$, F. 181,5—183,5°; aus n-Propanol Nadeln; $[\alpha]_D^{22}$ —43° (Chlf.); 25—35%. — γ-Resorcylsäurealkylester-bis-[β-D-glucopyranoside]: *-methyl-*, $C_{20}H_{28}O_{14}$, F. 191—194°, durch kurzes Kochen von **VI** mit 0,1n Na-Methylat in abs. Methanol, Neutralisieren mit konz. H_2SO_4, Zentrifugieren, Einengen u. Eintropfen in abs. Ae.; aus Methanol/A. Nadeln; $[\alpha]_D^{20}$ —62,4° (W.); 60—80%. — *-äthyl-*; hygroskop. Pulver; 50—70%. — *-n-propyl-*; hygroskop. Pulver; 50—70%. — Mono-O-acetyl-γ-resorcylsäurealkylestertetra-O-acetyl-β-D-glucopyranoside: *-methyl-* (VII), $C_{24}H_{28}O_{14}$, F. 135—136°, analog **VI** aus **III**; aus 70%ig. Methanol Nadeln; $[\alpha]_D^{22}$ —23,9° (Chlf.); 30—40%. — *-äthyl-*, $C_{25}H_{30}O_{14}$, F. 171—175°, aus **IV**; $[\alpha]_D^{23}$ —29,7° (Chlf.); 25—35%. — *-n-propyl-*, $C_{26}H_{32}O_{14}$, F. 175° (70%ig. Methanol; sintert ab 159 bis 161°), aus **V**; $[\alpha]_D^{18}$ —33,6° (Chlf.); 25—35%. — *γ-Resorcylsäuremethylestermono-β-D-glucopyranosid*, $C_{14}H_{18}O_9$, F. 173—176°, durch kurzes Kochen von **VII** mit Na-Methylat in Methanol, Neutralisieren mit Wofatit KPS 200 u. Eindampfen; aus abs. A. Nadeln; $[\alpha]_D^{18}$ —49,7° (W.); 60—70%. L. Lamza. 3400

Über die fermentative Spaltung von α- und γ-Resorcylsäureester-β-D-glucopyranosiden. 15. Mitt. über Phenolglykoside. Günther Wagner. (Arch. Pharmaz. Ber. dtsch. pharmaz. Ges. **292/64**, 370—79, Juli 1959; dt.) — 14. vgl. vorst. Referat. — Die γ- (**A**) u. *α-Resorcylsäurealkylester-bis-[β-D-glucopyranoside]* (**B**) werden durch Mandel-Emulsin in jedem Falle langsamer als die entsprechenden Monoglucoside gespalten. Bei den **A** nimmt die Spaltbarkeit außerdem mit zunehmender Kettenlänge der Alkoholkomponente beträchtlich ab. γ-Resorcylsäuremethylestermono-β-D-glucopyranosid wird langsamer als Salicylsäuremethylester-β-D-glucopyranosid gespalten. Bei den **B** u. den entsprechenden Monoglucosiden werden der Äthyl- u. der n-Propylester jeweils schneller gespalten als der homologe Methylester. L. Lamza. 3400

Synthese von N-[d-β-Tetraacetylglucopyranosyl]-indol. N. N. Ssuworow und M. N. Preobrashenskaja. (J. allg. Chem. [UdSSR] **30 (92)**, 2434—35, Juli 1960; Chem.-pharmazeut. Allunions-Ordshonikidse-Forschungsinst.; russ.) — Indolin wurde durch Rk. mit Glucose u. anschließende Acetylierung mit Acetanhydrid in Pyridin oder durch Rk. mit α-Tetraacetylglucopyranosylbromid, α- oder β-Pentaacetylglucopyranosid in 60—90%ig. Ausbeute in *N-[d-β-Tetraacetylglucopyranosyl]-indolin* [$C_{22}H_{27}NO_9$, F. 117,8—118,5°, aus A.; $[\alpha]_D^{20}$ +11,7° (Bzl.), +11,3° (Chlf.); λ_{max} 242 u. 295 mμ] übergeführt. Die Dehydrierung der Verb. (0,01 Mol mit 0,01 Mol Chloranil in 40 ml Xylol 6 Std. erhitzen) lieferte in 20—25%ig. Ausbeute *N-[d-β-Tetraacetylglucopyranosyl]-indol* [$C_{22}H_{25}NO_9$, F. 148,5—149,5°, aus A., F. 158,5—159°, aus PAe.; $[\alpha]_D^{20}$ —18,6° (Bzl.); λ_{max} 288, 264 u. 222 mμ] in 2 Formen, deren IR-Spektren ident. sind. Helmut Schäfer. 3450

Einige Kondensationsprodukte des Helicins. 4. Mitt. Synthesen mit Barbitursäure und mit Thiobarbitursäure. M. Deželić und A. Gašparović-Repaš. (Glasnik Društva Hemičara Tehnol. NR Bosne Hercegovine **8**, 11—17, 1959; Sarajevo, Filoz. Fak., Hem. Inst.; kroat.) — 3. vgl. Croat. chem. Acta **30**, [1958], 237; 1. vgl. C. **1959**,

11574. — Zur Prüfung auf pharmakolog. Wrkg. synthetisieren Vff. Kondens.-Prodd. aus Helicin (2-Hydroxybenzaldehyd-β-D-glucopyranosid; I) u. aus Tetraacetylhelicin (II) mit Barbitursäure (III), 1-Phenylbarbitursäure (IV), 1.3-Diphenylbarbitursäure (V) u. Thiobarbitursäure (VI).

Versuche: *5-{2-[β-D-Glucopyranosyl-(1)-oxy]-benzyliden}-barbitursäure*, $C_{17}H_{18}N_2O_9$, F. 248—249° (W.; gelbe Nadeln), durch 25 Min. langes Kochen äquimol. Mengen I u. III in A.; 70% (Ausbeute). — *5-{2-[β-D-Tetraacetylglucopyranosyl-(1)-oxy]-benzyliden}-barbitursäure*, $C_{25}H_{26}N_2O_{13}$, F. 139° (Essigsäure), durch 30 Min. langes Kochen von II u. III analog vorst. Verb.; 76%. — *5-{2-[β-D-Glucopyranosyl-(1)-oxy]-benzyliden}-1-phenylbarbitursäure*, $C_{23}H_{22}N_2O_9$, F. 210° (W.; gelbe Nadeln), wie vorst. aus I u. IV; 75%. — *5-{2-[β-D-Tetraacetylglucopyranosyl-(1)-oxy]-benzyliden}-1-phenylbarbitursäure* $C_{31}H_{30}N_2O_{13}$, F. 142° (Essigsäure), aus II u. IV; 70%. — *5-{2-[β-D-Glucopyranosyl-(1)-oxy]-benzyliden}-1.3-diphenylbarbitursäure*, $C_{29}H_{26}N_2O_9$, F. 204° (W.; gelbe Nadeln), aus I u. V; 70%. — *5-{2-[β-D-Tetraacetylglucopyranosyl-(1)-oxy]-benzyliden}-1.3-diphenylbarbitursäure*, $C_{37}H_{34}N_2O_{13}$, F. 140° (Essigsäure), aus II u. V; 70%. — *5-{2-[β-D-Glucopyranosyl-(1)-oxy]-benzyliden}-thiobarbitursäure*, $C_{17}H_{18}N_2O_8S$, F. 208° (W.; orangefarbene Nadeln), aus I u. VI; 70%. — *5-{2-[β-D-Tetraacetylglucopyranosyl-(1)-oxy]-benzyliden}-thiobarbitursäure*, $C_{25}H_{26}N_2O_{12}S$, F. 136° (Essigsäure; orangefarbene Nadeln), aus II u. VI; 80%. M. Straschill. 3450□

Synthese und absolute Konfiguration von (—)-Sedamin und von (—)-8-Phenyllobelol-I [(—)-Allosedamin.] Clemens Schöpf, Günter Dummer und Willi Wüst (unter Mitarbeit von Richard Rausch). (Liebigs Ann. Chem. **626**, 134—49, 12/8. 1959; Darmstadt, TH, Inst. für Organ. Chem.; dt.) — Vff. geben eine Übersicht über die in der Literatur beschriebenen Synth. von *Sedamin* (I). Aus α-Picolin u. Benzaldehyd wird *2-[β-Hydroxy-β-phenyläthyl]-pyridin* erhalten, das als *N-Methylpyridinium-p-toluolsulfonat* katalyt. hydriert ein Gemisch aus rac.-I u. rac. *Allosedamin* (rac.-II) gibt. Ebenso wird durch $LiAlH_4$-Red. von *N-Methyl-α-phenacylpiperidin* (III), das aus 1.1′-Dimethyltetrahydroanabasin (VII) u. Benzoylessigsäure zugänglich ist, ein Gemisch von I u. II hergestellt. Trennung erfolgte über die Hydrochloride — I-Hydrochlorid ist in Aceton schwer löslich. (—)-I wird als das in *Sedum acre* L. enthaltene Alkaloid u. (—)-II als das Alkaloid aus *Lobelia inflata* erkannt. (—)-I u. (+)-II ergeben bei der Chromsäureoxydation die beiden Antipoden von III. Also haben (—)-I u. (—)-II in bezug auf $C_{(2)}$ gleiche Konfiguration. (+)-II gibt bei energ. Chromsäureoxydation *(+)-N-Methylpipecolinsäure* [(+)-IV]. Somit haben (—)-I u. (—)-II die gleiche Konfiguration wie (—)-IV, die aus (—)-Pipecolinsäure [(—)-V] durch Methylierung erhalten werden kann. Da (—)-V mit den L-α-Aminosäuren verknüpft ist, folgt also L-Konfiguration für $C_{(2)}$. Hofmannscher Abbau des Jodmethylates von (+)-II ergibt *(—)-1-Phenyl-7-dimethylamino-hepten-(3)-ol-(1)*, das bei der Ozonspaltung *(—)-β-Hydroxy-β-phenylpropionaldehyd* gibt. Oxydation führt zur *(—)-β-Hydroxy-β-phenylpropionsäure* [(—)-VI]. Somit stimmt (—)-II konfigurativ überein mit (+)-VI, die mit der L-(+)-Mandelsäure verknüpft ist. Somit ist (—)-II als (2S:8R)-8-Phenyllobelol zu bezeichnen. (—)-I ist (2S:8S)-8-Phenyllobelol, da es bei $C_{(2)}$ die gleiche Konfiguration wie (—)-II hat.

Versuche: *2-[β-Hydroxy-β-phenyläthyl]-N-methylpyridiniumtoluolsulfonat*, F. 147 bis 148°, aus 9,9 g 2-[β-Hydroxy-β-phenyläthyl]-pyridin u. 9,3 g p-Toluolsulfonsäuremethylester in 15 Min. bei 80°; 16,0 g (Ausbeute). — *Gemisch von rac. Sedamin* u. *Allosedamin*, a) aus vorst. Verb. durch Hydrieren in CH_3OH in Ggw. von Pt; 97,5% (Ausbeute); b) aus 48,0 g III in 50 ml abs. Ae. u. 8,3 g $LiAlH_4$ in 350 ml abs. Ae. durch 1 std. Kochen; 48,1 g. — *rac.-Sedaminhydrochlorid*, $C_{14}H_{21}NO \cdot HCl$, F. 177—178°, aus dem vorst. Gemisch durch Bldg. der *Hydrochloride* u. Anreiben mit Aceton; schräg abgeschnittene Prismen aus A.-Aceton (1:5); 47,5%; daneben 51% *rac.-Allosedamin* [*rac.*-II; $C_{14}H_{21}NO$, F. 67—69°; dünne Stäbchen aus Aceton-W. (1:1). *Chloroaurat*, F. 165—166°, aus 0,1n HCl-CH_3OH (2:3)]. — *rac.-Sedamin* (*rac.*-I), $C_{14}H_{21}NO$, F. 90—91°. *Chloroaurat*, F. 133—134°; rechteckige Blättchen aus 0,1n HCl-CH_3OH (2:3). — *N-Methyl-α-phenacylpiperidin* (III), $C_{14}H_{19}NO$, Kp.$_{0,04}$ 126—127°, durch 8 std. Rk. aus VII in 2n HCl u. Benzoylessigsäure in 2%ig. NaOH bei pH 7 bei 25°; 97,5%. *Hydrobromid*, $C_{14}H_{19}NO \cdot HBr$, F. 146—148°; aus Isopropanol Würfel oder Stäbchen (F. 130—132°). *Pikrat*, F. 159—160° (Eisessig). — (—)-*Sedamin* [(—)-I], *Dibenzoyl-D-hydrogentartrat* (VIII), F. 130—131° (Zers.), aus 11,0 g rac. I u. 18,8 g Dibenzoyl-D-weinsäure in 300 ml 33%ig. A. (Meth. A); quadrat. Tafeln aus 50%ig. A.; $[\alpha]_D^{20}$ —93°,0 (c = 5,0; CH_3OH); 12,6 g. — (—)-*Sedamin* [(—)-I], F. 74,5—75,5°, aus VIII; rechteckige Pyramidenstümpfe aus Ae.-PAe. (1:3); $[\alpha]_D^{20}$ — 82,4° (c = 5,0; CH_3OH); 96%. *Hydrochlorid*, F. 208—209°; dreikantige Stäbchen aus A.-Aceton; $[\alpha]_D^{20}$ —55,8° (c = 2,0; CH_3OH). *Chloroaurat*, F. 150—151°; abgeschrägte Stäbchen aus 0,1n HCl/CH_3OH (1:1,5). — (+)-*Sedamin* [(+)-I], F. 72—74°, aus der Mutterlauge von VIII; rechteckige Pyramidenstümpfe aus Ae.-PAe. (1:3); $[\alpha]_D^{20}$ +80,4° (c = 5,0; CH_3OH); 95%. —

rac.-Sedamin (*rac.*-I), F. 90—91°, durch Eindunsten der Ae.-Lsgg. von gleichen Mengen (—)-I u. (+)-I. — (+)-*Allosedamin* [(+)-II], *Dibenzoyl-D-hydrogentartrat*, F. 108—110° (Zers.), aus 11 g rac.-II nach **A** in 50%ig. Isopropanol durch 12std. Stehen mit 40 ml H_2O im Kühlschrank; Stäbchen aus Isopropanol–H_2O (1 : 1,25); $[\alpha]_D^{20}$ —89,4° (c = 5,0; CH_3OH); 11,5 g. — (+)-*Allosedamin* [(+)-II], F. 81—82° (PAe.), aus vorst. Verb.; $[\alpha]_D^{20}$ +31,0° (c = 5,0; CH_3OH). *Hydrochlorid*, F. 119—120°; sechseckige Blättchen aus Methyläthylketon. *Chloroaurat*, F. 179—180° (Zers.); abgeschrägte Stäbchen aus HCl/CH_3OH. — (—)-*Allosedamin* [(—)-II], *Dibenzoyl-D-hydrogentartrat*, F. 108—110°, aus 4,0 g rohem (—)-II nach **A** in 90 ml 45%ig. Isopropanol; $[\alpha]_D^{20}$ +88,6° (c = 3,0; CH_3OH); 6,8 g. — (—)-*Allosedamin* [(—)-II], F. 81—82°; aus PAe. schmale Stäbchen; $[\alpha]_D^{20}$ —31,2° (c = 5,0; CH_3OH). *Chloroaurat*, F. 179—180°. — (—)-*N-Methyl-α-phenacylpiperidinhydrochlorid*, F. 110 bis 111°, a) durch 1½std. CrO_3-Oxydation von (—)-I bei 60° in wss. Eisessig u. Behandeln mit äther. HCl; 65%; daneben 25% *rac.*-III-*Hydrochlorid* [F. 167—168°; auch durch Kristallisieren von gleichen Teilen (+)- u. (—)-III-Hydrochlorid aus Methyläthylketon/Isopropanol; Nadelbüschel]; b) durch 1std. CrO_3-Oxydation von (—)-I bei 50° in W./Eisessig; aus A./Ae. Prismen in Rosettenform; $[\alpha]_D^{20}$ —16,5° (c = 2; CH_3OH); 94%. *Pikrat*, $C_{20}H_{22}N_4O_8$, F. 147—148° (CH_3OH). — (+)-*N-Methyl-α-phenacylpiperidinhydrochlorid*, F. 109—111°, analog vorst. a) aus (+)-II; $[\alpha]_D^{20}$ +16,5° (c = 2; CH_3OH); 63%; daneben 21% *rac.*-III-*Hydrochlorid*. — (+)-*N-Methylpipecolinsäure* [(+)-IV], F. 234—235°, aus 200 mg (+)-II in 10 ml 33%ig. H_2SO_4 u. 0,5 g CrO_3 in 4 ml H_2O durch 1½std. Rk. bei 75°; hygroskop., kurze Nadeln aus abs. A./Ae.; $[\alpha]_D^{20}$ +57,1° (c = 0,8; W.); 98%-*Hydrochlorid*, $C_7H_{13}NO_2 \cdot HCl$, F. 213—215°; aus A./Ae. rechteckige Prismen. — *rac. Sedamin, Jodmethylat*, F. 73—75°, aus rac.-I u. CH_3J in abs. Ae. durch 12std. Rk. im Dunkeln; hygroskop. Kristalle; 100%. *Methopikrat*, $C_{21}H_{26}N_4O_8$, F. 151°; Blättchen aus Isopropanol. — *1-Phenyl-7-dimethylaminohepten-(3)-ol-(1)* (**IX**), $C_{15}H_{23}NO$, $Kp._{0,01}$ 121 bis 123°, aus vorst. Jodmethylat u. Ag_2O in W. bei Lichtausschluß durch 20 Min. lange Rk. unter N_2 u. Erhitzen auf 100° (Meth. **B**); 90%. — *1-Phenyl-7-dimethylaminoheptan-ol-(1)*, $Kp._{0,01}$ 103°, durch Hydrieren vorst. Verb. in Ggw. von Pd/$BaSO_4$ (2%ig.) in abs. CH_3OH; 100%. *Jodmethylat*, $C_{16}H_{28}JNO$, F. 103°; Tafeln aus Methyläthylketon. — *rac.-β-Hydroxy-β-phenylpropionaldehyd*, $C_9H_{10}O_2$, F. 108°, durch Ozonisierung von **IX** in 2n H_2SO_4 bei 0° (Meth. **C**); Nadeln aus Methyläthylketon; 96%. Gibt mit 2n NaOH *Zimtaldehyd* (*Zimtaldehydsemicarbazon*, F. 215—216°). — *rac.-β-Hydroxy-β-phenylpropionsäure* (*rac.*-VI), F. 94°, aus vorst. Verb. u. $AgNO_3$ in CH_3OH/W. durch Zugabe von 1n NaOH in 10 Min. bei 0° (Meth. **D**); Prismen aus Bzl.; 89%. — *rac.-Allosedamin, Jodmethylat*, sehr hygroskop., gibt bei der therm. Zers. der daraus dargestellten Base bei 90—100° u. 12 Torr 87% **IX**. *Methopikrat*, $C_{21}H_{26}N_4O_8$, F. 127°; Blättchen aus Isopropanol. — (+)-*1-Phenyl-7-dimethylaminohepten-(3)-ol-(1)* [(+)-**IX**], $Kp._{0,03}$ 120 bis 121°, aus (+)-I-Jodmethylat nach **B**; $[\alpha]_D^{18}$ +14,2° (c = 4,8; n-H_2SO_4). — (+)-*β-Hydroxy-β-phenylpropionaldehyd*, aus vorst. Verb. nach **C**; $[\alpha]_D^{17}$ +21,4° (c = 2,4; Methanol). — (+)-*β-Hydroxy-β-phenylpropionsäure* [(+)-**VI**], aus vorst. Verb. nach **D**; $[\alpha]_D^{18}$ +18,6° (c = 4,0; A.). — (—)-*1-Phenyl-7-dimethylaminohepten-(3)-ol-(1)* [(—)-**IX**], $Kp._{0,005}$ 111—112°, aus (+)-II-Jodmethylat nach **B**; $[\alpha]_D^{18}$ —15,7° (c = 5,7; n-H_2SO_4). — (—)-*β-Hydroxy-β-phenylpropionaldehyd*, F. 112—113°, aus vorst. Verb. nach **C**; Blättchen aus Essigester; $[\alpha]_D^{18}$ —29,8° (c = 1,7; Methanol). — (—)-*β-Hydroxy-β-phenylpropionsäure* [(—)-**VI**], F. 117—118°, aus vorst. Verb. nach **D**; $[\alpha]_D^{20}$ —18,2° (c = 4,1; A.).

E. Koßmehl. 3500□

Synthese von Derivaten der Cinchona-Alkaloide. 25. Mitt. **Ableitung von 5'-Methoxydihydrocinchonamin aus Chinin.** 1. Mitt. Masayuki Ishikawa. (Chem. pharmac. Bull. [Tokyo] **6**, 67—70, Febr. 1958; Tokyo, Univ., Med. Fak., Pharmazeut. Inst.; dt.) — 24. vgl. C. **1950/54,** 4624 S. — Bei der Oppenauer-Oxydation von 2'-Oxohexahydrochinin (**I**) oder Allo-2'-oxohexahydrochinin (**II**) mit Li-tert.-Butylat u. Benzophenon entsteht *2'-Oxohexahydrochininon* (**III**). Dieses wird auch bei der $KMnO_4$-Oxydation von **I**, jedoch mit schlechter Ausbeute, erhalten. Beim Erhitzen von **III** mit alkohol. KOH wird nicht, wie erwartet, der Lactamring geöffnet, sondern es entstehen *2'-Hydroxydihydrochininon* (**IV**) u. ein stereoisomeres *2'-Hydroxydihydrochinin* (**V**). Außerdem werden noch *2-Hydroxychininsäure* u. *3-Äthylchinuclidinsäure* als *Äthylester* isoliert. Bei der Rk. von **III** mit Br_2 in Eisessig wird ebenfalls **IV** erhalten. **IV** gibt bei der Red. mit $NaBH_4$ **V** u. eine dazu *isomere Verbindung*. Die UV-Spektren sind angegeben. Die ster. Beziehungen zwischen **III**, **IV** u. **V** werden diskutiert.

Versuche: *2'-Oxohexahydrochininon* (**III**), $C_{20}H_{26}N_2O_3$, F. 160—162°, a) durch 50std. Kochen von 10 g **I** mit Li-tert.-Butylat u. Benzophenon in Toluol, Extrahieren mit 10%ig. HCl, Alkalisieren mit NH_4OH u. Extrahieren mit Chlf.; 3,6 g (Ausbeute); b) analog aus 2,8 g **II**; 800 mg; c) durch Erhitzen von 1 g **I** mit $KMnO_4$ in Aceton,

Filtrieren, Einengen, Filtrieren (→ 0,6 g I) u. Chromatographie an Al_2O_3 mit Bzl.; 3 bis 5 mg; aus Aceton Prismen; $[\alpha]_D^7$ +79° (c = 2,09; Chlf.). — *2'-Hydroxydihydrochininon* (**IV**), $C_{20}H_{24}N_2O_3$, F. 185—186°, durch 25std. Kochen von 2,5 g **III** in 10%ig. alkohol. KOH, Sättigen mit CO_2, Filtrieren, Eindampfen, Lösen in Äthylacetat, Ausschütteln mit 2%ig. Na_2CO_3 (Extrakt **A**), dann mit 5%ig. NaOH, Sättigen der NaOH-Lsg. mit CO_2 u. Extrahieren mit Chlf.; aus wss. Aceton gelbe Nadeln; 150 mg. *Dihydrobromid*, $C_{20}H_{24}\cdot N_2O_3\cdot 2\ HBr$, F. 223—226°, a) aus **IV**; b) durch 2std. Erhitzen von 300 mg **III** mit Br_2/Eisessig auf 100°, Eindampfen im Vakuum, Lösen in Chlf., Chromatographie an Al_2O_3 u. Bereiten des Salzes; 80 mg, aus CH_3OH/Äthylacetat gelbe sandartige Kristalle. — *2'-Hydroxydihydrochinin* (**V**), *Hydrat*, $C_{20}H_{26}N_2O_3\cdot H_2O$, F. 256—261° (Zers.), aus der Mutterlauge von **IV** durch Al_2O_3-Chromatographie mit Chlf. u. Eluieren mit Chlf./CH_3OH; aus CH_3OH Nadeln; 200 mg. *Dihydrobromidhydrat*, $C_{20}H_{26}N_2O_3\cdot 2\ HBr\cdot H_2O$, F. 221—225°, a) aus **V**; b) durch 20 Min. langes Stehen von 120 mg **IV** mit $NaBH_4$ in wss. Dioxan bei Raum-Temp., Zugabe von Aceton, Einengen im Vakuum, Verdünnen mit W., Abtrennen der öligen Base u. Bereiten des Salzes; 10 mg [daneben *isomeres 2'-Hydroxydihydrochininhydrat*, $C_{20}H_{26}\cdot N_2O_3\cdot H_2O$, F. 265—267° (Zers.), aus wss. Aceton Nadeln; 20 mg. *Dihydrobromid*, F. 246—248° (Zers.), aus CH_3OH/Äthylacetat Nadeln]; aus CH_3OH/Äthylacetat Nadeln. — *2-Hydroxychininsäureäthylester*, $C_{13}H_{13}NO_4$, F. 183 bis 186°, aus dem Na_2CO_3-Extrakt **A** durch Eindampfen, 2std. Kochen mit alkohol. HCl, Eindampfen, Zugabe von W. u. Extrahieren mit Ae., aus CH_3OH gelbe Nadeln; 20 mg; daneben *3-Äthylchinuclidinsäureäthylester*, aus der wss. Phase, durch Alkalisieren mit NH_4OH, Extrahieren mit Ae. u. Al_2O_3-Chromatographie; Öl. *Hydrobromid*, F. 162—163°; aus CH_3OH/Äthylacetat Nadeln; $[\alpha]_D^{24}$ +39° (c = 2,73; A.). G. Teege. 3500□

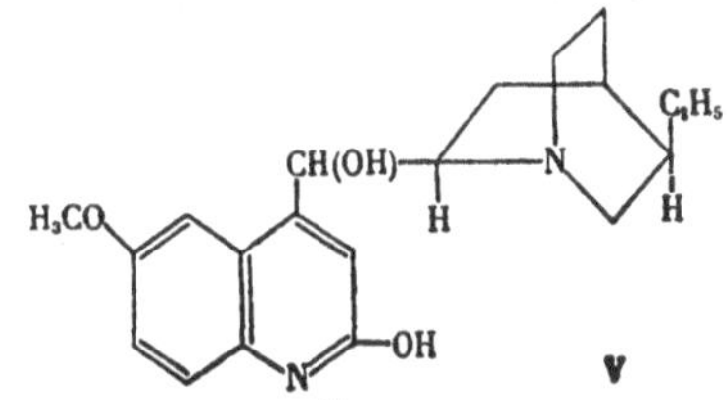

V

Synthese von Derivaten der Cinchona-Alkaloide. 26. Mitt. Ableitung von 5'-Methoxydihydrocinchonamin aus Chinin. 2. Mitt. Masayuki Ishikawa. (Chem. pharmac. Bull. [Tokyo] **6**, 71—76, Febr. 1958; dt.) — 25. bzw. 1. vgl. vorst. Referat. — Der Lactamring von 2'-Oxohexahydrochinin (**Ia**) wird durch Erhitzen mit alkohol. KOH aufgespalten u. die entstehende β-{Hydroxy-[3-äthylchinuclidyl-(8)]-methyl}-2-amino-5-methoxydihydrozimtsäure (**IIa**) mit Tosylchlorid in *β-{Hydroxy-[3-äthylchinuclidyl-(8)]-methyl}-2-tosylamino-5-methoxydihydrozimtsäure* (**IIIa**) übergeführt. In saurem Medium geht **IIIa** in das entsprechende *Lacton* (**IVa**) über, das durch $LiAlH_4$ zu *4-[3-Äthylchinuclidyl-(8)]-4-hydroxy-3-[2-tosylamino-5-methoxyphenyl]-butanol* (**Va**) red. wird. Aus Allo-2'-oxohexahydrochinin (**Ib**) entstehen auf analogem Wege die **IIa, IIIa, IVa** u. **Va** entsprechenden *Allo-Verbb.* **IIb, IIIb, IVb** u. **Vb**. Das Li-Salz von **IIIa** läßt sich nach Oppenhauer mit Li-tert.-Butylat u. Benzophenon durch nachfolgende Veresterung zu *β-{Oxo-[3-äthylchinuclidyl-(8)]-methyl}-2-tosylamino-5-methoxydihydrozimtsäureäthylester* (**VI**) oxydieren. Daneben entsteht ein *isomerer Ester* (**VII**). Bei analoger Oxydation u. Veresterung von **Vb** entsteht ebenfalls **VI**. **VI** u. **VII** liefern bei der Red. mit $LiAlH_4$ zwei verschiedene, zu **Va** u. **Vb** isomere *Tosylaminoglykole* **VIII** bzw. **IX**. Bei dem Vers., **VI** mit Na in fl. NH_3 zu Enttosylieren, werden *2'-Oxohexahydrochininon* u. eine ölige Base isoliert. Die Base läßt sich mit $LiAlH_4$ zu einer *Base* $C_{18}H_{24}N_2O$ oder $C_{20}H_{28}N_2O$ (**X**) red., die nach den chem. Rkk. u. dem UV-Spektrum ein 5-Methoxyindol-Deriv. mit freier β-Stellung darstellt. Auf gleiche Weise wird aus **VII** eine zu **X** *isomere Base* $C_{18}H_{24}N_2O$ oder $C_{20}H_{28}N_2O$ (**XI**) erhalten, die ebenfalls die Rkk. u. das UV-Spektrum eines 5-Methoxyindols zeigt. Bei der Oxydation der Salze von **IIa** oder **IIb** mit Li-tert.-Butylat u. Benzophenon u. folgende Veresterung entsteht dagegen *2-[3-Äthylchinuclidyl-(8)]-5-methoxyindolyl-(3)-essigsäureäthylester* (**XII**), der durch Red. mit $LiAlH_4$ in *5'-Methoxydihydrocinchonamin* übergeführt werden kann.

Versuche: *β-{Hydroxy-[3-äthylchinuclidyl-(8)]-methyl}-2-tosylamino-5-methoxydihydrozimtsäure* (**IIIa**), *Hydrat*, $C_{27}H_{36}N_2O_6S\cdot H_2O$, F. 170—171°, durch 25std. Kochen von 9 g **Ia** in 10%ig. alkohol. KOH unter N_2, Einleiten von CO_2, Filtrieren, Eindampfen, Lösen mit W., Waschen mit Chlf., Alkalisieren mit NaOH, Zugabe von Tosylchlorid, Waschen mit Ae. u. Sättigen mit CO_2, aus CH_3OH Prismen; $[\alpha]_D^{22}$ +37° (c = 3,06; 0,5n NaOH); 4—4,5 g (Ausbeute). *Lacton* (**IVa**), $C_{27}H_{34}N_2O_5S$, F. 115—118°, durch Eindampfen von **IIIa** mit alkohol. wss. HCl, Lösen in Chlf., Waschen mit NH_4OH u. Eindampfen, aus Ae. Nadeln; $[\alpha]_D^{22}$ −5° (c = 2,82; A.); 4,8 g (*Pikrat*, $C_{27}H_{34}N_2O_5S\cdot C_6H_3N_3O_7$, F. 229—230°, aus CH_3OH Nadeln. *Perchlorat*, F. 168—170°, aus CH_3OH Nadeln). — *4-[3-Äthylchinuclidyl-(8)]-4-hydroxy-3-[2-tosylamino-5-methoxyphenyl]-butanol* (**Va**), $C_{27}H_{38}N_2O_5S$, F. 143—144° (Aceton/Ae.), durch 2std. $LiAlH_4$-Red. von 3 g

IVa in sd. Ae. (Soxhlet-App.); $[\alpha]_D^{23}$ -24^0 (c = 3,24; A.); 2,5 g. — *Allo-β-{hydroxy-[3-äthylchinuclidyl-(8)]-methyl}-2-tosylamino-5-methoxydihydrozimtsäure* (**IIIb**), aus **Ib** analog **IIIa**; krist. nicht. *Lacton* (**IVb**), aus **IIIb** analog **IVa**; Sirup [*Hydrochloridsemihydrat*, $C_{27}H_{34}N_2O_5S \cdot HCl \cdot 1/2\ H_2O$, F. 265—267° (Zers.); aus A. Nadeln; $[\alpha]_D^{22}$ -76^0 (c = 4,10; Chlf.); 3—4 g (aus 7 g **Ib**). *Pikrat*, $C_{27}H_{34}N_2O_5S \cdot C_6H_3N_3O_7$, F. 219—220°; aus CH_3OH Nadeln]. — *Allo-4-[3-äthylchinuclidyl-(8)]-4-hydroxy-3-[2-tosylamino-5-methoxyphenyl]-butanol* (**Vb**), *Hydrojodid*, $C_{27}H_{38}N_2O_5S \cdot HJ$, F. 214—216°, aus **IVb** analog **Va** u. Überführen in das Hydrojodid; aus CH_3OH/Äthylacetat Nadeln; $[\alpha]_D^{23}$ $+46^0$ (c = 3,04; A.); 1,8 g. *Perchlorat*, F. 217—219°; aus A. Blättchen. — *β-{Oxo-[3-äthylchinuclidyl-(8)]-methyl}-2-tosylamino-5-methoxydihydrozimtsäureäthylester* (**VI**), $C_{29}H_{38}N_2O_6S$, F. 156—157°, a) durch Lösen von 3 g **IIIa** u. Li-tert.-Butylat in sd. Bzl., Eindampfen im Vakkum, 70 std. Kochen mit Li-tert.-Butylat u. Benzophenon in Bzl., Extrahieren mit 5%ig. NaOH, Ansäuern mit HCl, Extrahieren mit Chlf., Eindampfen, 3 std. Kochen mit alkohol. HCl u. Al_2O_3-Chromatographie; 1,6 g (daneben 700—800 mg **VII**, ölig); b) analog aus **IIIb**; aus A. Prismen; $[\alpha]_D^{24}$ $+216^0$ (c = 0,71; A.). — *2'-Oxo-hexahydrochininon*, F. 158—160°, durch langsame Zugabe von Na zu 500 mg **VI** in fl. NH_3, Zugabe von NH_4Cl, Eindampfen, Zugabe von W., Extrahieren mit Ae., Eindampfen u. Al_2O_3-Chromatographie mit Ae.; aus Ae./Aceton Prismen; 5—10 mg; daneben 100 mg einer *Base*. — *Verb.* $C_{18}H_{24}N_2O$ oder $C_{20}H_{28}N_2O$ (**X**), *Pikrat* (F. 214—215°), durch 1 std. Kochen von 100 mg vorst. Base mit $LiAlH_4$ in Ae., Al_2O_3-Chromatographie mit Ae. u. Bereiten des Pikrats; aus CH_3OH Nadeln; 60 mg. — *Isomere Verb.* $C_{18}H_{24}N_2O$ oder $C_{20}H_{28}N_2O$ (**XI**), *Pikrat* (F. 185—187°), aus 800 mg **VII** mit Na in fl. NH_3, $LiAlH_4$-Red. u. Bereiten des Pikrats; aus CH_3OH Nadeln; 30 mg. — *1-[3-Äthylchinuclidyl-(8)]-2-[2-tosylamino-5-methoxyphenyl]-butandiol-(1.4)* (**VIII**), durch Red. von **VI** mit $LiAlH_4$ [*Hydrochlorid*, $C_{27}H_{38}N_2O_5S \cdot HCl$, F. 249—251° (Zers.); aus CH_3OH/Äthylacetat Nadeln; $[\alpha]_D^{24}$ -24^0 (c = 1,03; A.)]. *Isomeres* (**IX**), durch Red. von **VII** mit $LiAlH_4$ [*Hydrojodid*, $C_{27}H_{38}N_2O_5S \cdot HJ$, F. 254—256° (Zers.); aus CH_3OH/Äthylacetat Nadeln; $[\alpha]_D^{24}$ $+58^0$ (c = 0,86; A.)]. — *2-[3-Äthylchinuclidyl-(8)]-5-methoxyindolyl-(3)-essigsäureäthylester* (**XII**), $C_{22}H_{30}N_2O_3$, F. 139—140°, a) durch Bereiten des Na-Salzes aus 3,2 g **IIa**, 70 std. Kochen mit Li-tert.-Butylat u. Benzophenon in Bzl., Extrahieren mit W., Sättigen mit CO_2, Filtrieren, Eindampfen, 3 std. Kochen mit alkohol. HCl, Al_2O_3-

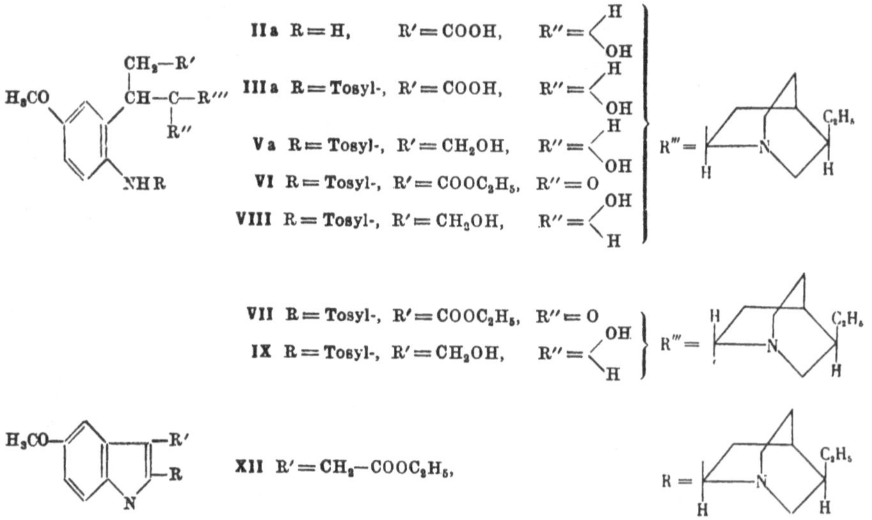

Konstit. ungewiß

Chromatographie mit Ae. u. Reinigen über das Hydrochlorid, 0,3—0,6 g; b) analog aus **IIb**; aus CH_3OH Prismen. *Hydrochlorid*, $C_{22}H_{30}N_2O_3 \cdot HCl$, F. 215—216°, aus CH_3OH/Äthylacetat Nadeln. — *5'-Methoxydihydrocinchonamin*, $C_{20}H_{28}N_2O_2$, F. 180—181°, durch 1/2 std. Kochen von 200 mg von **XII** mit $LiAlH_4$ in Ae.; aus CH_3OH/Ae. Nadeln; $[\alpha]_D^{26}$ $+136^0$ (c = 1,28; A.), 150 mg. *Hydrochlorid*, $C_{20}H_{28}N_2O_2 \cdot HCl$, F. 213—215°; aus CH_3OH/Äthylacetat Prismen. G. Teege. 3500□

Indoliden-Derivate. 1. Mitt. Die Basen $C_{21}H_{20}N_2O_3$ und $C_{21}H_{20}N_2O_4$ aus Isostrychninsäure; ihre Darstellung, Umsetzungen und Struktur als β-Methylenindolenin-

Derivate. Hans-Joachim Teuber und Erich Fahrbach. (Chem. Ber. **91,** 713 bis 745, 30/4. 1958; Heidelberg, Univ., Chem. Inst.; dt.) — Bei der Einw. von HCOOH u. H_2O_2 auf Isostrychninsäure (I) in Ggw. von Co-Acetat als Katalysator u. Aufarbeitung mit $NaHCO_3$ u. Chlf. werden *$N_{(9)}$-Formylisostrychninsäure* u. 2 farblose *Basen* $C_{21}H_{20}N_2O_3$ (II; F. 270°) u. $C_{21}H_{20}N_2O_4$ (III; F. 290°) in 3—6%ig. Ausbeute erhalten. II entsteht auch bei der Behandlung von I mit Peressigsäure in Abwesenheit von Co^{++} zu 15%, in Ggw. von Co^{++} entsteht überwiegend III. Als Nebenprod. wird eine *Verb.* $C_{21}H_{22}N_2O_5$ gefunden, welche eine Aminoxid- oder Hydroperoxidgruppierung, jedoch keine phenol. OH-Gruppe enthält. H_2O_2 in wss. H_2SO_4 läßt 1% III u. 1,5% eines bisher nicht identifizierten bas. Stoffes entstehen, der wie III mit HNO_3 unter Rotfärbung reagiert, aber nicht mit III ident. ist. Bei der Einw. von 2 Mol $ON(SO_3K)_2$ auf I wird neben einem blauvioletten Stoff (IV) 25% III gewonnen. IV ist eine Aminosäure; sie läßt sich mit methanol.

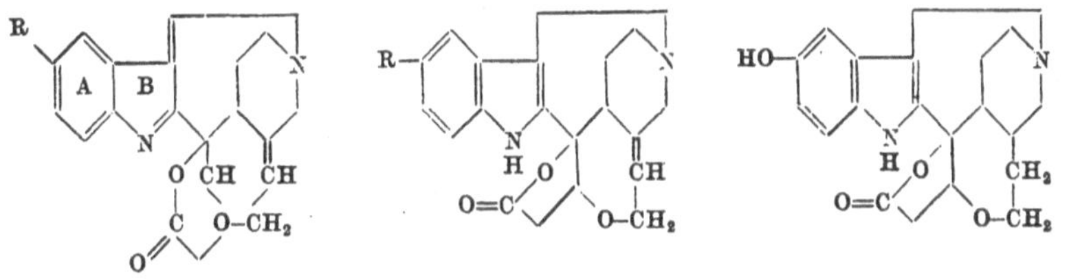

II R = H V R = H VII

III R = OH VI R = OH

HCl verestern u. ist wahrscheinlich eine $C_{(25)}$-Esterbase. II zeigt keine Otto-Rk. (keine Lactam-Bldg.) u. besitzt ebenso wie III eine gesätt. Fünfringlactongruppierung (Banden bei 5,60—5,62 mμ). 2 akt. H-Atome (Zerewitinoff) werden der Ggw. der Lactongruppierung zugeschrieben. Bei III liegt das 2. akt. H-Atom als phenol. OH-Gruppe vor (Alkalilöslichkeit, Acetyl-Deriv.). Die zunächst aus den vorst. Daten genommenen Strukturen für II u. III, nämlich Ausbildung einer O-Brücke zwischen $C_{(10)}$ u. $C_{(13)}$, einer Doppelbindung zwischen den Positionen 8 u. 9 u., im Falle von III, einer OH-Gruppe in 2-Stellung, erweist sich nach eingehender Unters. der UV- u. IR-Spektren (vgl. Original) als falsch. Vielmehr werden den Basen auf Grund der Spektren die nebenst. Strukturen zugeteilt. Zum weiteren Beweis werden II u. III an Pt zu den *Dihydro-Derivv.* $C_{21}H_{22}N_2O_3$ (V) bzw. $C_{21}H_{22}N_2O_4$ (VI) hydriert, deren Spektren auf eine Indolstruktur schließen lasssn. V u. VI sind schwächer linksdrehend als II u. III. Wie III kuppelt auch VI mit Diazoniumsalzen, löst sich in HNO_3 rotviolett, reagiert mit $FeCl_3$ rot u. bildet ein *Acetylderivat.* In stark saurer Lsg. wird von II u. III ein 2. Mol H_2 aufgenommen, wobei in beiden Fällen auch die Doppelbindungen zwischen $C_{(21)}$ u. $C_{(22)}$ hydriert werden. Die Annahme einer β-Methylenindolenstruktur in II u. III stimmt mit der Erfahrung überein, daß I bei der Einw. von $HCOOH/H_2O_2$ in Ggw. von $CoCl_2$ an Stelle von Co-Acetat sowohl III als auch dessen *Dihydro-Deriv.* bildet, da hierbei erhebliche Wärme frei wird u. die heiße HCOOH die zunächst gebildete II reduziert. Durch Behandlung mit starker HCl findet wahrscheinlich Umlagerung der Indoleninstruktur in die Indolstruktur unter gleichzeitiger Ausbildung von 2 OH-Gruppen bei $C_{(13)}$ u. $C_{(17)}$ statt. Hydrierung von III in schwachsaurer Lsg. mit Na/Hg liefert eine schwerlösl. *Verb.* $C_{21}H_{22}N_2O_5 \cdot HCl$. Der Rk.-Verlauf der Oxydation von I zu III wird eingehend erörtert (vgl. Original). Der Verlauf erfolgt wahrscheinlich über die Oxydation des A-Ringes zu einem Chinonimin-Syst., welches zu III u. *2-Hydroxyisostrychninsäure* disproportioniert. Letztere kann unter geeigneten Bedingungen isoliert werden. Für die Ringsprengung zwischen $C_{(7)}$ u. $C_{(16)}$ werden ster. Gründe angeführt.

Versuche: *Lactonbase* $C_{21}H_{20}N_2O_4$ (III), Zers. bei 200°, a) durch 8std. Stehen von 5 g I, in 99%ig. HCOOH mit Co-Acetat u. 30%ig. H_2O_2 bei 0°, 2 Tage bei 4° u. 1 Tag bei 20°, Erwärmen auf 60°, dann kurz auf 100°, Eindampfen bei 30—40°, Aufnehmen in W., Alkalisieren mit $NaHCO_3$, Filtrieren, Extrahieren mit Chlf. u. Einengen; aus A. Prismen; 3% (Ausbeute); b) durch 8std. Stehen von 1 g I in 1n H_2SO_4 u. 30%ig. H_2O_2 bei 0°, 14 Tage bei ca. 15°, Zufügen von SO_2, kurzes Kochen, Alkalisieren mit $NaHCO_3$ Ausziehen mit Chlf., Eindampfen u. Aufnehmen in wenig Aceton; 10 mg; c) durch mehrstd. Stehen von 5 g I in Eisessig mit H_2SO_2 bei 0°, dann mehrere Wochen bei 4°, Eindampfen, Ausziehen mit W., Filtrieren, Alkalisieren mit $NaHCO_3$ u. Ausziehen mit Chlf., Abdampfen u. Auskochen mit Bzl.; 100 mg; d) durch Auflösen von 14,8 g I in 0,4n HCl, Gießen in eine Lsg. aus 24 g $ON(SO_3K)_2$, Na_2HPO_4 u. NaH_2PO_4 in W., 4tägiges Stehen bei 20°, Ausziehen mit Chlf. u. Alkalisieren mit $NaHCO_3$; 25%; $[\alpha]_D^{20}$ −262,2° (80%ig. Dioxan); gibt keine Otto-Rk., löst sich in Basen oder Säuren unter Rot- bzw.

Gelbfärbung. *Perchlorat*, $C_{21}H_{20}N_2O_4 \cdot HClO_4$, Zers. bei 250° (ab 190° Gelbfärbung). *Methojodid*, $C_{22}H_{23}N_2O_4J$, Verfärben ab 275°; aus 75%ig. CH_3OH Prismen. *Methoperchlorat* $[C_{22}H_{23}N_2O_4]ClO_4$, F. >295°; aus CH_3OH Tafeln. *Monoacetyl-Deriv.*, *Hydrochloridhydrat*, $C_{23}H_{22}N_2O_5 \cdot HCl \cdot H_2O$, Zers. bei 260° (ab 230° Sintern). — *Lactonbase* $C_{21}H_{20}N_2O_3$ (**II**), F. 269—271° (Zers.; CH_3OH), a) aus der Chlf.-Mutterlauge von **III** nach a); $[\alpha]_D^{20}$ −215° (Eisessig); 6%; b) bei **III** nach c) durch Eindampfen der Peressigsäure-Lsg. bei 40°, Aufnehmen in W., Alkalisieren mit $NaHCO_3$ u. Ausziehen mit Chlf.; aus CH_3OH Blättchen. — *N-Formylisostrychninsäure*, $C_{22}H_{24}N_2O_4$, F. 190—200° (Zers.), bei **III** nach a) aus der $NaHCO_3$-Lsg. durch Ansäuern mit 2n HCl auf pH 5; aus CH_3OH graue Prismen; 1,5 g. *Perchlorathydrat*, $C_{22}H_{24}N_2O_4 \cdot HClO_4 \cdot H_2O$, F. >290°; Prismen. — *Dihydro-O_3-Base* (**V**), $C_{21}H_{22}N_2O_3$, F. 240° (Zers.; bei 190° sinternd), a) durch 2tägiges Stehen von 10 g **I**, 100%ig. HCOOH, $CoCl_2$ u. 30%ig. H_2O_2, dann 3tägiges Stehen bei 20°, Vakuumeindampfen bei 100°, Aufnehmen in Eiswasser, Alkalisieren, Abfiltrieren (Nd. 3,8 g N-Formyl-I), Ausziehen mit Chlf., Einengen, Abfiltrieren (Nd. 1,5% **III**) u. Fällen mit PAe.; aus sd. CH_3OH Prismen; löst sich in sd. verd. Alkali rötlich; b) durch 12std. Hydrieren von **II** in verd. HCl an PtO_2 bei 20°, Filtrieren u. Alkalisieren; c) durch Hydrieren von **III** wie unter b). *Perchlorat*, $C_{21}H_{22}N_2O_3 \cdot HClO_4$, verkohlt bei 279—290° (ab 120° Verfärben). — *Verb.* $C_{21}H_{22}N_2O_5 \cdot HClO_4$, Verpuffen bei 250—252° (130° Sintern), durch mehrstd. Stehen von **I** u. H_2O_2 in Eisessig bei 0°, dann 2½ Wochen bei 5—10°, Verdünnen mit dem gleichen Vol. W. u. Behandeln mit $HClO_4$; Rauten (daneben **II**). *Hydrochlorid*, $C_{21}H_{22}N_2O_5 \cdot HCl$, F. >290°, durch Schütteln von 0,1 g **III** in verd. HCl mit Na/Hg bei 0°. — *Dihydrobase*, $C_{21}H_{22}N_2O_4$ (**VI**), *Acetonsolvat*, Zers. bei 255—260° (ab 210° Verfärben), durch ³/₄std. Hydrieren von **III** in mehtanol. HCl an PtO_2; 93%. *Hydrochlorid*, F. >300°; aus verd. CH_3OH/HCl Prismen. *Perchlorat*, $C_{21}H_{22}N_2O_4 \cdot HClO_4$, Zers. bei 280°. *Dimethylperchlorat*, $C_{22}H_{24}N_2O_4 \cdot CH_3ClO_3$, F. 210—220° (Zers.); aus CH_3OH Prismen; färbt sich an der Luft rot. *Acetyl-Deriv.*, *Hydrochloridhydrat*, $C_{23}H_{24}N_2O_4 \cdot HCl \cdot H_2O$, Zers. bei 268—270° (ab 250° gelb); aus CH_3OH Prismen. — *Tetrahydrobase* (**VII**), *Hydrochlorid*, $C_{21}H_{24}N_2O_5 \cdot HCl$, Zers. bei 300° (ab 240° Verfärben), durch 2std. Hydrieren von **VI** in methanol. HCl an PtO_2; kuppelt mit Diazoniumsalzen.

H. Lehwald. 3500 □

Synthese von Solanum-Alkaloiden aus 3β-Acetoxy-Δ¹⁶-5α-pregnen-20-on. 14. Mitt. **über Solanum-Alkaloide.** K. Schreiber und G. Adam. (Tetrahedron Letters [London] **1960**, Nr. 27, 5—8, Dez.; Mühlhausen/Thüringen, Dt. Akad. der Landwirtschaftswiss. zu Berlin, Forschungsstelle für Biol. u. Bekämpfung der Nematoden; dt.) — 13. vgl. C. **1959**, 5145. — FF. korr., die Drehwerte in Chlf.; *3β.16β-Diacetoxy-5α-pregnan-20-on* (**I**, $C_{25}H_{38}O_5$, F. 193—195°; $[\alpha]_D^{22}$ +16,8°) wurde nach Levine u. Wall (vgl. C. **1960**, 12349) aus 3β-Acetoxy-Δ¹⁶-5α-pregnen-20-on über das 16β.17α-Bromhydrin dargestellt. Durch Rk. von **I** in abs. Ae./Bzl. mit 5-Methylpyridyl-(2)-Li (aus 2-Brom-5-methylpyridin u. Phenyl-Li) bei −35 bis −45° wurde *3β.16β.20-Trihydroxy-20-[5'-methylpyridyl-(2')]-5α-pregnan* [**II**, $C_{27}H_{41}NO_3$, F. 326—329°; $[\alpha]_D^{18}$ +64,6° (Pyridin); 55% (Ausbeute)] erhalten. Das aus **II** durch 20std. Rk. mit Acetanhydrid/Pyridin bei Raum-Temp. zugängliche *3.16-Diacetoxy-20-hydroxy-20-[5'-methylpyridyl-(2')]-5α-pregnan* ($C_{31}H_{45}NO_5$, FF. 186—187° u. 210°; $[\alpha]_D^{21}$ +16,6°; 81%) ergibt durch 3std. Kochen mit $POCl_3$/Pyridin u. Chromatographie an Al_2O_3 das *Dehydratisierungs-Prod.* **III** (?, $C_{31}H_{43}NO_4$, FF. 142—144° u. 154 bis 155°; $[\alpha]_D^{25}$ +28,7°; 56%). Hydrierung von **III** in Eisessig an PtO_2 verläuft weitgehend stereospezif. u. liefert nach 2½std. Verseifung mit 5%ig. methanol. KOH in der Hauptsache *Dihydro-5α-solasodan-3β-ol* (**IVa**, *Tetrahydrosolasodin*, F. 290—295°; $[\alpha]_D^{20}$ −2,4°) mit 25-D-Konfiguration u. daneben geringe Mengen der an $C_{(22)}$ isomeren *Dihydrotomatidine* (**IV** u. **IVc**) mit 25-L-Konfiguration. Aus den Verbb. **IVa—c** sind Soladulcidin (5α-Solasodan-3β-ol) bzw. Tomatidin (5α-Tomatidan-3β-ol) sowie die tert. *Solanum*-Basen vom Typ des Demissidins (5α-Solanidan-3β-ol) zugänglich.

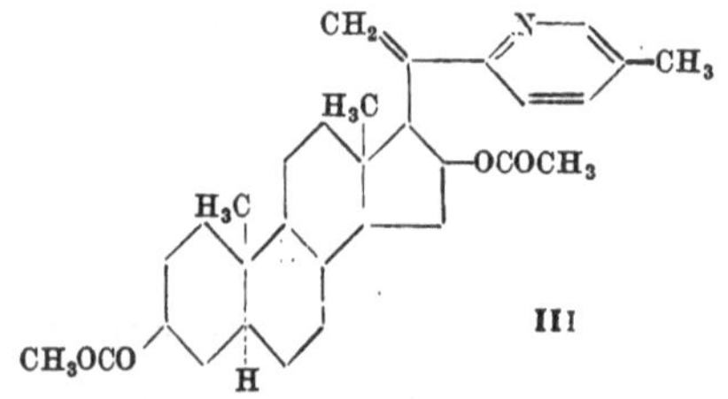

III

H.-J. Weigmann. 3500 □

Absolute Konfiguration des Steroidalkaloids Solanocapsin an C-25. 15. Mitt. **über Solanum-Alkaloide.** K. Schreiber und H. Ripperger. (Tetrahedron Letters [London] **1960**, Nr. 27, 9—11, Dez.; dt.) — 14. vgl. vorst. Referat. — Durch Spaltung von **I** mit 14%ig. wss.-äthanol. HCl wurde neben *3β-Amino-16β-hydroxy-5α-bis-22.23-norcholansäurelacton* (*3-Desoxy-3β-aminotigogeninlacton*) in 24%ig. Ausbeute (−)-*4-Amino-3-methylbuttersäure*

[II, $C_5H_{11}NO_2$, F. 186—188°; $[\alpha]_D^{25}$ —9,4° (W.)] erhalten. Desaminierung von II mit $NaNO_2$/25%ig. Essigsäure ergab als Lacton isolierte *4-Hydroxy-3-methylbuttersäure*, die durch alkal. Oxydation mit $KMnO_4$ in *D*-(+)-*Methylbernsteinsäure* [F. 112—114°; $[\alpha]_D^{19}$ +16,2° (abs. A.); 12%] übergeht. Die Zugehörigkeit von II zur D-Reihe ergibt die abs. Konfiguration von Solanocapsin am $C_{(25)}$; die $C_{(27)}$-Methylgruppe besitzt äquatoriale Konformation. Solanocapsin ist somit 3β-Amino-22.26-imino-16β.23-oxido-5α.22α.-23β.25α-cholestan-23-ol (3β-Amino-22.26-imino-16β.23-oxido-5α.22R.23S.25R-cholestan-23-ol) u. gehört zu den Steroiden der 25-D-Reihe. H.-J. Weigmann. 3500□

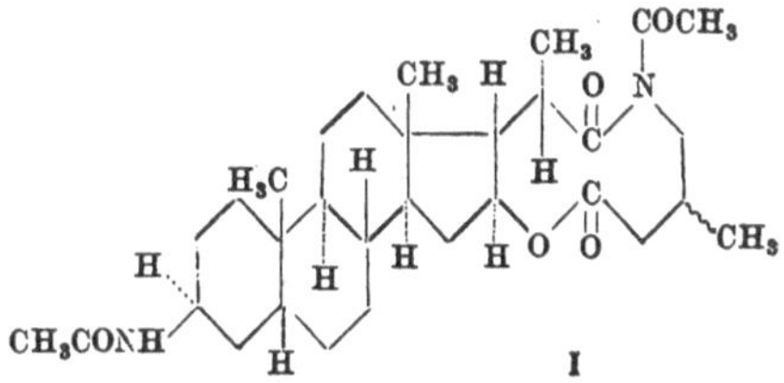
I

Die Reidentifizierung von „Camphen" als 3-p-Menthen aus der säurekatalysierten Isomerisierung von α-Terpineol. Charles F. Wilcox jun., Mary F. Wilcox und Shyam S. Chibber. (J. org. Chemistry **27**, 2285—86, Juni 1962; Ithaca, N.Y., Cornell Univ., Dep. of Chem.; engl.) — Die Unters. über das Verh. von α-Terpineol (I) in sd. äthanol. H_2SO_4 (vgl. von Rudolph, Canad. J. Chem. **39**, [1961], 1) wurde wiederholt. Dabei wurde gefunden, daß der ursprünglich als Camphen angesehene Anteil der Prodd. *p-Menthen-(3)* ist, das sich durch Gas-Fl.-Chromatographie abtrennen ließ. Seine Bldg. kann durch Wanderung eines Hydridions von einem p-Menthadien zum prim. entstehenden α-Terpinyliumion u. Verschiebung der Doppelbindung erklärt werden.

Versuche: *p-Menthen-(3)*, $C_{10}H_{18}$, durch 1 std. Kochen von 80 g I in 320 ml 95%ig. A. u. 80 ml H_2SO_4, Dampf-Dest., Extraktion des Destillats mit Ae., Aufarbeiten der äther. Lsgg., Dest. bei 52—58°/17 Torr u. Chromatographie an 10%ig. LAC-446/Chromosorb W bei 81° oder an 20%ig. GE-SF-96 Siliconöl/Chromosorb W; $n_D^{23,5}$ 1,4519. H.-J. Kötzsch. 3600□

Eine neue Triterpencarbonsäure aus Terminalia tomentosa Wight et Arn. L. Ramachandra Row und G. S. R. Subba Rao. (Tetrahedron Letters [London] **1960**, Nr. 27, 12—16, Dez.; Waltair, India, Andhra Univ., Dep. of Chem.; engl.) — Aus dem PAe.-Extrakt von *Terminalia tomentosa* Wight et Arn. wurden *β-Sitosterin* (F. 136 bis 137°; $[\alpha]_D^{31}$ —35°. *Acetat*, F. 126—127°) u. *Oleanolsäure* (F. 306—209°; $[\alpha]_D^{31}$ +76°. *Methylester*, F. 200—202°. *Acetat*, F. 260—261°) isoliert; der Ae.-Extrakt lieferte eine neue Triterpencarbonsäure, *Tomentosinsäure* [I, $C_{30}H_{48}O_6$, F. 328—330°; $[\alpha]_D^{31}$ +64°; Lsg. in konz. H_2SO_4 farblos → orangerötliche Färbung; hellgelbe Farbe mit Tetranitromethan. *Methylester* (II), $C_{31}H_{50}O_6$, F. 221—222°; $[\alpha]_D^{31}$ +72° (*Epoxid*, $C_{31}H_{50}O_7$, F. 158 bis 160°. *Isopropyliden-Verb.*, $C_{34}H_{54}O_6$, F. 168—170°; $[\alpha]_D^{31}$ +68°). *Bromlacton*, $C_{30}H_{47}$·BrO_6, F. 234—236°; $[\alpha]_D^{31}$ +45°. *Anhydrolactontriacetat*, $C_{36}H_{52}O_8$, F. 250—254°; $[\alpha]_D^{31}$ +1,8°], daneben in geringer Menge nicht untersuchtes *neutrales Triterpenoid*. Durch Extraktion mit Aceton wurde *Arjunolsäure* (F. 332—334°; $[\alpha]_D^{31}$ +63°; 1,5% (Ausbeute). *Methylester* (III), F. 209—211°; $[\alpha]_D^{31}$ +62°. *Bromlacton*, F. 232—234°; $[\alpha]_D^{31}$ +53°. *Bromlactontriacetat*, F. 182—183°; $[\alpha]_D^{31}$ +50°] erhalten. I ist isomer mit Terminolsäure. Die Zugehörigkeit zur Oleanolsäurereihe der β-Aminogruppe wird durch folgende Rkk. gesichert: II ist beständig gegen Alkali; I bildet mit Br_2/Eisessig ein stabiles Bromlacton; II-Tetraacetat wird durch SeO_2 in Essigsäure zu einem *Dien* mit charakterist. Tripel-UV-Maxima oxydiert; 2-Acetyl-3.23-isopropylidentomentosinsäuremethylester wird durch Oxydation mit Cr_2O_3/Pyridin, Red. des *Ketons* (F. 204—205°) nach Wolff-Kishner (modifiziert von Barton u. Mitarbeitern, C. **1956**, 4734), Abspalten der Acetyl- u. Isopropylidengruppen u. Methylieren mit CH_2N_2 in III übergeführt. Durch 50%ig. HBr/Essigsäure wird aus I ein *Anhydrolactondiacetat* ($C_{34}H_{50}O_7$, F. 233—235°; $[\alpha]_D^{31}$ —20°) gebildet, das nicht durch Cr_2O_3/Pyridin oxydiert wird. Triacetyl-II ergibt durch Wasserabspaltung mit $POCl_3$/Pyridin, P_2O_5/Bzl. oder SeO_2 eine *Dehydro-Verb.*, die nach Entacetylieren mit Chlf./HCl isomerisiert. *Dehydrotomentosinsäuremethylester* (**IVa**, F. 198 bis 200°) u. das *Isomere* **IVb** (F. 228—230°; nicht ident. mit Dehydroarjunolsäuremethylester) geben mit Tetranitromethan eine stark gelbe Färbung. I ist vermutlich 2α.3β.23(24).-x-Tetrahydroxy-Δ^{12}-oleanen-28-säure. UV- u. IR-Absorptionsmaxima vgl. Original. H.-J. Weigmann. 3600□

16β-Methyldesoxycorticosteronacetat (16β-Methyl-DOCA). G. G. Nathansohn, F. Donadelli, E. Testa und G. F. Odasso. (J. org. Chemistry **27**, 3677—80, Okt. 1962; Mailand, Lepetit S. p. A., Labor.; engl.) — Die Synth. von *16β-Methyldesoxycorticosteronacetat* (I) auf 2 Wegen, ausgehend von $\Delta^{5.16}$-Pregnadien-3β.21-diol-20-on-21-acetat (II) bzw. von 16-Methyl-$\Delta^{5.16}$-pregnadien-3β-ol-20-on (III), wird beschrieben. Die Konstit. von I wird durch Vgl. seiner Mol.-Rotation mit der des 16α-Methylisomeren u. des Desoxycorticosteronacetats sowie durch Hydrolyse u. Reacetylierung zum isomeren *16β-Methyl-Δ^4-17α-pregnen-21-ol-3.20-dion-21-acetat*, das eine stark abweichende Mol.-Rotation zeigt, bewiesen. I weist keinerlei mineralcorticoide Wrkg. auf.

Versuche: *16α.17α-Diazomethylen-Δ^5-pregnen-3β.21-diol-20-on-21-acetat*, $C_{24}H_{34}$·N_2O_4, F. 179—180° (Aceton), durch langsame Zugabe von CH_2N_2 in Ae. zu 25 g **II** in Tetrahydrofuran bei —10°, Stehenlassen über Nacht bei 5° u. Eindampfen; $[\alpha]_D^{20}$ —24,3° (c = 0,946; Chlf.); 27,7 g (Ausbeute). — *16-Methyl-$\Delta^{5.16}$-pregnadien-3β.21-diol-20-on-21-acetat*, $C_{24}H_{34}O_4$, F. 187—190°, durch Erhitzen vorst. Verb. in Paraffinöl auf 160°, Abkühlen nach Beendigung der N_2-Entw. auf 90° u. Zugabe von Hexan; $[\alpha]_D^{20}$ —85° (c = 0,954; Chfl.); 63%. — *16β-Methyl-Δ^5-pregnen-3β.21-diol-20-on-21-acetat* (**IV**), $C_{24}H_{36}O_4$, F. 150—152°, durch Schütteln von 10,8 g vorst. Verb. mit Raney-Ni in CH_3OH unter H_2 bei Raum-Temp. u. -druck; $[\alpha]_D^{20}$ +0,2° (c = 0,5; Chlf.); 7,2 g. — *16β-Methyl-$\Delta^{5.16}$-pregnadien-3β-ol-20-on-3-formiat*, $C_{23}H_{32}O_3$, F. 160—162° (Aceton), durch 1std. Erhitzen von 125 g **III** in 85%ig. HCOOH auf 80° u. Gießen in Eiswasser; $[\alpha]_D$ —107,7° (c = 0,5; Chlf.); 93 g. — *16-Methyl-$\Delta^{5.16.20}$-pregnatrien-3β.20-diol-3-formiat-20-acetat*, $C_{25}H_{34}O_4$, F. 115—119° (CH_3OH), durch 12std. Kochen von 45 g vorst. Verb. in Isopropenylacetat in Ggw. von p-Toluolsulfonsäure, Zugabe von Ae. bei 10°, Eindampfen, Filtration in Hexan über Florisil, Einengen u. Zugabe von CH_3OH; $[\alpha]_D^{22}$ —99,8° (c = 0,5; Chlf.); 14,5 g. — *16-Methyl-21-jod-$\Delta^{5.16}$-pregnadien-3β-ol-20-on-3-formiat*, $C_{23}H_{31}JO_3$, F. 142—144° (Chlf.-CH_3OH), durch ³/₄std. Erhitzen von 24 g vorst. Verb. mit N-Jodsuccinimid in Dioxan auf 80 ± 5° unter N_2 u. Gießen in 10%ig. $Na_2S_2O_5$-Lsg.; $[\alpha]_D$ —106 ± 2° (c = 0,5; Chlf.); 28,5 g (roh). — *16-Methyl-$\Delta^{5.16}$-pregnadien-3β.21-diol-20-on-3-formiat-21-acetat*, $C_{25}H_{34}O_5$, F. 161—162° (A.), durch Zugabe von Eisessig zu 19 g vorst. Verb. in Aceton, Zugabe von Triäthylamin bei 10—15°, ³/₄std. Kochen, Verdünnen mit W., Zugabe von Celite u. Extraktion mit Aceton; $[\alpha]_D$ —88° (c = 1; Chlf.); 11,4 g (roh). — *16β-Methyl-Δ^5-pregnen-3β-21-diol-20-on-3-formiat-21-acetat*, F. 139 bis 142° (Isopropyläther), durch Lösen von 8,5 g vorst. Verb. in heißem A., Zugabe von Raney-Ni bei 30°, 3—4std. Hydrierung bei Raum-Temp. u. -druck u. Eindampfen unter vermindertem Druck; 6 g. — *16β-Methyl-Δ^4-pregnen-21-ol-3.20-dion-21-acetat* (I), $C_{24}H_{34}O_4$, F. 142—144° (CH_3OH), a) durch 2std. Kochen von 6 g vorst. Verb. in Toluol u. Cyclohexan mit Al-Isopropylat; 1,9 g; b) analog a) aus 5,2 g **IV** (5std. Kochen); $[\alpha]_D^{20}$ +148° (c = 0,925; Dioxan); 1,2 g. — *16β-Methyl-Δ^4-12α-pregnen-21-ol-3.20-dion-21-acetat*, F. 161—162° (CH_3OH), durch 1std. Kochen von 300 mg **I** in CH_3OH mit KOH in W. unter N_2, Verdünnen mit W., Abdestillieren des CH_3OH, Stehenlassen des krist. Prod. mit Acetanhydrid in Pyridin über Nacht, Gießen in mit HCl angesäuertes W., Extraktion mit CH_2Cl_2, Eindampfen u. Filtration in Bzl. über Al_2O_3; $[\alpha]_D$ +20° (c = 0,802; Chlf.), +2,3° (c = 0,789; Dioxan); 80 mg. — Die IR-Spektren der dargestellten Verbb. (von I graph.) sind angegeben. I. Spaeth. 3750□

Über die Synthese von Thiaminphosphorsäureestern. Gert Leichssenring und Joachim Schmidt. (Chem. Ber. **95**, 767—72, 20/3. 1962; Jena, VEB Jenapharm, Wiss. Labor.; dt.) — Vff. synthetisierten reine *Thiaminortho-* (**III**) bzw. *-pyrophosphorsäure* (**IV**) aus 2-Methyl-4-amino-5-brommethylpyrimidin (**II**) u. *4-Methyl-5-[β-hydroxyäthyl]-thiazol* (**I**)*-Phosphorsäure* (**V**) bzw. *-Pyrophosphorsäure* (**VI**)*-Di-Na-Salz*. **V** wurde durch Rk. von **I** mit *Dibenzylphosphit* (**VII**)/$BrCCl_3$ u. Debenzylierung des Prod. mit konz. HCl, oder besser durch Verestern von **I** mit Polyphosphorsäuren (**A**) u. Hydrolyse des Prod. erhalten. **VI** wurde aus **V** durch Rk. mit *Dibenzylchlorphosphat* (**VIII**) u. Hydrierung des Prod. oder aus **I** durch Phosphorylierung mit **A** u. Ionenaustauscherchromatographie des entstehenden Gemisches dargestellt. **V**, deren Darst. durch Hydrieren des Dibenzylesters möglich, aber wegen der raschen Inaktivierung des Katalysators nicht zweckmäßig war, konnte im Gegensatz zu den Angaben von Weijlard (J. Amer. chem. Soc. **64**, [1942], 2279) nur ohne Kristallwasser erhalten werden. Bei dem Vers., **VI** aus **I**-Monobenzylphosphorsäure-Na-Salz u. **VIII** darzustellen, wurde nur ein sehr instabiles *Tribenzylpyrophosphat* erhalten. Bei dem Vers., **II** mit mindestens 2 Val **V** bzw. **VI** umzusetzen, trat kaum eine Rk. ein. Mit dem aus **II**-Dihydrobromid (**IX**) u. Trichloräthylen (**X**) erhältlichen *Addukt* lassen sich auch die *Betaine* von **III** bzw. **IV** erhalten. Das bei der Darst. von **IV** entstehende NaBr konnte nur mittels eines stark sauren Austauschers abgetrennt werden.

Versuche: *4-Methyl-5-[β-hydroxyäthyl]-thiazol* (**I**), $Kp._{0,1}$ 96°, durch Reinigung über das *saure Oxalat* (F. 104°), n_D^{20} 1,5502. *Dibenzylphosphat*, $C_{20}H_{22}NO_4PS$, aus **VII** (F. 18—19°, n_D^{20} 1,5530) in CCl_4 durch Zusatz von **I**, 2.6-Lutidin u. $BrCCl_3$ < —15° unter Rühren, 48std. Stehen bei —20°, 24std. Erwärmen bis auf 0°, Absaugen, Ausschütteln mit verd. CH_3COOH, Eindampfen im Vakuum, Schütteln mit Eis/konz. HCl (4 : 1) u. CCl_4, Einrühren der wss. Phase in $NaHCO_3$/Eis/W. u. CCl_4 u. Eindampfen der CCl_4-Phase; n_D^{20} 1,5620; 48—50% (Ausbeute); *Hexacyanoferrat*, $C_{20}H_{22}NO_4PS \cdot H_4Fe(CN)_6$, Nd. aus CH_3OH. *Monobenzylphosphathydrat*, F. 82—83° (W.), aus dem Dibenzylphosphat durch 2std. Kochen in N-Methylmorpholin, Einengen, Aufnehmen in W. u. Abtrennen an Wofatit Cp 300 (H-Form) mit 1%ig. NH_4OH; *Na-Salz*, F. 235—238°, analog mittels der Na-Form des Kationenaustauschers, Nadeln; 85%; *Ba-Salz*, F. 242 bis 245°, Schuppen. *Phosphat* (**V**), $C_6H_{10}NO_4PS$, F. 197—198° (W./Aceton), a) aus dem Dibenzylphosphat durch 5 Min. langes Kochen mit konz. HCl, Abtrennen des C_2H_5COCl, Einengen im Vakuum, Lösen in W. u. Fällen aus der mit Pyridin gepufferten Lsg. mit Aceton; 61,5%; b) aus **I** durch 2std. Erhitzen mit 85%ig. H_3PO_4 u. P_2O_5 (6,6 : 6,1 g) auf 135—140°, 2std. Kochen mit W., Gießen in Aceton, Lösen des Nd in W., Zusatz von MgO, Einstellen auf pH 7,5 mit NH_3, Abtrennen des *$MgNH_4PO_4$* u. Isolierung mittels Kationenaustauschers (H-Form); 64%; *Hydrochlorid*, F. 154—155°; *Na-Salz*, F. 165°; *Di-Na-Salz, Heptahydrat*, Zers. bei ca. 300°, durch Lösen von 250 g **V** in 2n NaOH u. Fällen mit 96%ig. A; 400 g. *Pyrophosphat* (**VI**), $C_6H_{11}NO_7P_2S$, a) aus **I** mit 87%ig. H_3PO_4 u. P_2O_5 analog **V** nach b) durch ³/₄std. Erwärmen des Prod. in W. auf 40° u. Austausch an Wofatit KPS 200 (H-Form) bei pH 2,0—2,4; 35,6—68,5%; daneben *Polyphosphat* u. 58% **V** (als Hydrochlorid); b) aus **V** in Tri-n-butylamin/Chlf. durch Zugabe zu **VIII** (aus **VII**) bei —15°, 72std. Stehen bei —20°, Eindampfen im Vakuum, Austausch an mit Cyclohexylamin beladenem Wofatit Cp 300, Einengen, Fällen des *O.O-Dibenzylcyclohexylaminsalzes* [$C_{20}H_{23}NO_7P_2S \cdot C_6H_{13}N$, F. 203—205° (Dioxan); 39%] mit Aceton, Austausch in W. an Wofatit KPS 200 (H-Form), Einengen <20° (*O.O-Dibenzyl*-**VI**; 100%), Hydrierung an $PdCl_2$/Kieselgur in CH_3OH bei 10 at, Austausch an Amberlite JR 45 (OH-Form) u. Einengen bei 20°; Glas; 90%. *Addukt aus 2-Methyl-4-amino-5-brommethylpyrimidin* (**II**)-*Hydrobromid* u. *Trichloräthylen* (**X**), $C_6H_8BrN_3 \cdot HBr \cdot C_2HCl_3$, F. 187°, durch Eintragen von **IX** in CH_3OH bei 20°, Zugabe von **X**, 3std. Stehen bei —5° u. Absaugen; 96%. — *Thiamin, Phosphat* (**III**)-*Hydrochlorid*, F. 193° (Zers.), aus *Di-Na-Salz* von **I** u. **IX** (F. 214°) durch Verreiben, Trocknen bei 30°/12 Torr, 1½std. Erhitzen auf 110° im Vakuum, Austausch an mit Cl^- beladenem Wofatit L 150, Einengen, Absaugen u. Fällen mit Aceton; 58%. **III**-*Dihydrochloriddihydrat*, F. 210° (Zers.; wss. Aceton); **III**-*Betain*, F. 230—231° (Zers.; wss. A.). *Pyrophosphat* (**IV**)-*Tetrahydrat*, F. 220—225° (Zers.), durch Lösen von **VI** in 2n NaOH unter Rühren u. Kühlen, Einengen im Vakuum <20°, Zugabe vorst. Adduktes, Trocknen bei 30°/12 Torr, 1½std. Erhitzen auf 110° im Vakuum, Lösen in W., Reinigen an Wofatit KPS 200 (H-Form), Einengen u. Fällen mit 96%ig. A.; 63%. H.-J. Kötzsch. 3800□

Über die Struktur des Echinulins. Cesare Cardani, Giuseppe Casnati, Bruno Cavalleri und Adolfo Quilico. (Atti Accad. naz. Lincei, Rend., Cl. Sci. fisiche, mat. natur. [8] **24**, 488—93, Mai 1958; Milano, Politecn., Ist. di Chim. Gen.; ital.) — Vgl. C. **1959**, 13183; C. **1962**, 13784. — Bei der Oxydation von Echinulin (I) oder Desoxyechinulin (II) mit $KMnO_4$ in Eisessig sowie bei der Ozonolyse von I u. II werden 1,10 bis 1,50 Mol *Aceton* (*p-Nitrophenylhydrazon*, F. 146—149°) erhalten, während aus Hydroechinulin u. aus Hydrodesoxyechinulin unter den gleichen Bedingungen kein Aceton entsteht. Durch diese Befunde wird das Vorhandensein einer Isopropylidengruppierung in der den Dioxopiperazin- u. Indolteil des I-Mol. verbindenden C_6H_{10}-Brücke wahrscheinlich gemacht. F. Heller. 3950□

D. Makromolekulare Chemie

Theorie der Lichtstreuung von Polymerlösungen. P. J. Flory und A. M. Bueche. (J. Polymer Sci. **27**, 219—29, Jan. 1958; Ithaca, N.Y., Cornell Univ., Dep. of Chem.; Schenectady, N.Y., Gen. Electr. Co., Res. Labor.; engl.) — Der intermol. Beitrag zur Lichtstreuung von Polymer-Lsgg. wird von dem geglätteten Gaußschen Kugelmodell abgeleitet. Bei Verbindung der Ergebnisse mit dem üblichen Ausdruck für die Einzelmol.-Streuung erhält man für die reziproke Trübung $Kc/I = 1/M\,P(\Theta) + 2\,Q(\Theta)\,A_2c \cdot \cdot$. $Q(\Theta)$ liegt für große Moll. in guten Lsgm. wesentlich unter 1. S. Neue. 4000□

Die dielektrischen Eigenschaften von an Polymere sorbiertem Wasser. 1. Mitt. **Sorptionsisotherme und allgemeine Diskussion der dielektrischen Relaxation.** Akira Miyake. (Chem. high Polymers [Tokyo] **15**, 783—89, 1958; Shizuoka, Univ.; jap., Auszug: engl.) — Um die für die Berechnung der dielektr. Relaxation von W., das an Polymere sorbiert ist, notwendige Sorptionsisotherme zu erhalten, wurde die Brunner-Emmet-Teller (BET)-Gleichung unter bestimmten Annahmen zu einer allgemeineren erweitert, u. zwar unter Benutzung der Verff. der statist. Mechanik. Daraus folgen theoret.-mathemat. Erörterungen über die dielektr. Relaxation im allg., über den Zusammenhang zwischen Relaxations-, Nachwirkungs- u. Anregungsfunktion u. die komplexe DK u. das Relaxationszeitspektrum. L. Schuler. 4000□

Die dielektrischen Eigenschaften von an Polymere sorbiertem Wasser. 2. Mitt. **Molekulartheorie der dielektrischen Relaxation.** Akira Miyake. (Chem. high Polymers [Tokyo] **15,** 790—96, 1958; jap., Auszug: engl.) — 1. vgl. vorst. Referat. — Die Orientierungsrelaxation der von Polymeren sorbierten Wasser-Moll. wird nach einer Mittelwertgleichung der Orientierung berechnet unter der Annahme, daß ein äußeres elektr. Feld konst. angelegt bleibt, bis t den Wert 0 erreicht. Unter bestimmten Annahmen wird dann noch der Beitrag der sorbierten Wasser-Moll. zu der stat. DK für die Zeiten $t < 0$ u. das dielektr. Relaxationszeitspektrum für $t > 0$ berechnet. Die Annahmen zum Zwecke der Entw. der vorliegend ausgearbeiteten Theorie werden in Beziehung gesetzt zu den Ergebnissen früherer Versuche. L. Schuler. 4000□

Beitrag zur Untersuchung der thermodynamischen Eigenschaften von Copolymerlösungen. M. Lautout-Magat. (J. Polymer Sci. **57,** 421—28, März 1962; Paris, Fac. des Sci. de Paris, Labor. de Chim. Phys.; franz.) — Fortführung der früher (vgl. C. **1959,** 15061) angestellten Betrachtungen über die thermodynam. Eigg. der Lsgg. von Copolymeren, wobei nun mit Hilfe der Meth. von Guggenheim die freie Mischungsenergie u. das chem. Potential des Lsgm. berechnet werden. Es wird an Hand einiger numer. Beispiele gezeigt, daß die Meth. keine bessere Näherung als die einfachere auf dem Mittelwert der Löslichkeitsindices der Komponenten beruhende Rechnung liefert. O. Fuchs. 4000□

Theorie der Reibung von Polymeren. J. D. Huffington. (Res. appl. in Ind. **12,** 443—46, Okt./Nov. 1959; Dundee, Brit. Jute Trade Res. Assoc.; engl.) — Vf. führt eine umfassende theoret. Betrachtung der Reibung von Polymeren durch, wobei das Modell vielfacher Berührungspunkte modifiziert wurde, um auch den Bereich zwischen vielfachem Berührungskontakt u. vollkommenem Kontakt zu erfassen. Das Reibungs-Verh. von Polymerisaten, wie *Nylon, Polyäthylen* u. *Polyvinylidenchlorid,* scheint in gewissem Umfang kautschukähnlich zu sein, d. h. der Druck kann oft ausreichen, um nahezu vollständiges Verflachen der Unebenheiten — wie beim Kautschuk — zu verursachen. R. Schäff. 4000□

Konzentrierung makromolekularer Lösungen durch einfache Ultrafiltration. Torsten Aronsson. (Sci. Tools [Stockholm] **8,** 1—3, April/Aug. 1961; Uppsala, Sweden, Univ. Hosp., Dep. of Clinic. Chem.; engl.) — Ein einfaches Ultrafilter zur Konzentrierung von makromol. Lsgg. u. Suspensionen in Verbindung mit biochem. Trennungs-Meth. wird beschrieben. R. Schäff. 4000□

Beziehung zwischen unregelmäßiger Molekularstruktur einer hochpolymeren Substanz und deren oberen Grenze des Kristallinitätsgrades. Kazuo Nagai und Eiichi Nagai. (Chem. high Polymers [Tokyo] **15,** 778—82, 1958; Osaka, Ind. Res. Inst.; jap., Auszug: engl.) — Der Einfl. einer unregelmäßigen Mol.-Struktur einer hochpolymeren Substanz auf die Abnahme des Kristallinitätsgrads wird unter folgenden Voraussetzungen mathemat. ausgewertet: Ein Hochpolymeres ohne irgendeine Unregelmäßigkeit im Kettengrundgerüst vermag bis zu 100% zu kristallisieren. Um überhaupt bis zu einem gewissen Grad eine Kristallisation zu ermöglichen, ist es notwendig, daß in die Mol.-Kette eine Folge von kristallisierbaren Kettenelementen eingebaut ist, bei der nicht alle (i) Glieder, sondern nur $(i-i_0)$-Glieder solcher Elemente an der Kristallisation teilnehmen können. Dabei ist i_0 die Zahl der durch das Dazwischentreten von nicht kristallisationsfähigen anderen Elementen zur Kristallisation unfähig gewordenen Elemente. Als abgeleiteter mathemat. Ausdruck ergibt sich: Obere Grenze des Kristallisationsgrads = (Bruchteil der kristallisationsfähigen Elemente der Gesamtzahl der Elemente)$\cdot p^{i_0}$, wobei p die Wahrscheinlichkeit bedeutet, daß einem kristallisationsfähigen Element sich ein anderes ident. im Verlauf der Polymerisation anschließt. L. Schuler. 4000□

Stereospezifische Polymerisationen. Jose M.ª Gomez Fatou. (Rev. Plásticos **10,** 94—98, 102, März/April 1959; Fisoquímica Macromolecular, Dep. de Plásticos; span.) — Allg. Übersicht über das Gebiet auf Grund der Arbeiten von Ziegler, Natta, Schildknecht. M. Hagedorn. 4000□

Die Bestimmung des „Farbstiches" und des „Grauwertes" von trüben Kunststoffen (Polyäthylen) mit einem Remissionsphotometer. Reinhard Huber. (Z. angew. Physik **12,** 469—76, Okt. 1960; Oberhausen-Holten, Ruhrchemie Akt.-Ges.; dt.) — Vf. berechnet aus den Differentialgleichungen von Munk u. Kubela durch Einführung von Randbedingungen einen Absorptions-Koeff. u. einen Streukoeff. für ideal streuende Stoffe. Aus dem Verhältnis der beiden Koeff., gemessen bei 2 Lichtwellenlängen (680 u. 420 mμ), werden prakt. brauchbare Maßzahlen zur Messung von Grauwert u. Farbstich von Kunststoffen abgeleitet. Dazu wurde das Remissionsphotometer Elrepho der Fa. Zeiss verwandt. Die Brauchbarkeit der Maßzahlen wird durch Messung verschiedener *Polyäthylen*-Proben untersucht. H. Hein. 4010□

Beschreibung einer Apparatür zur Lichtstreuungsuntersuchung bei hohen Temperaturen. Anwendung zur Untersuchung von Polyäthylenlösungen. Michel

Gubler, Claude Reiss und Henri Benoit. (J. Chim. physique Physico-Chim. biol. **59**, 42–51, Jan. 1962; Strasbourg, Centre de Rech. sur les Macromol.; franz.) – Für Meßtemp. von 20–200° wird eine Lichtstreuungs-App. u. ihre Anwendung für *Polyäthylen*-Fraktionen beschrieben. Eine Beziehung zwischen Intrinsicviscosität u. Molgew. der untersuchten Proben wurde aufgefunden. R. Schäff. 4010□

Der Kernmagnetresonanzimpulsapparat und seine Anwendung für die Erforschung der inneren Bewegung der Hochpolymeren (Polypropylen). Akira Hirai und Takao Kawai. (Mem. Coll. Sci., Univ. Kyoto, Ser. A, **29**, 345–52, Sept. 1961; Kyoto, Japan, Univ. of Kyoto, Coll. of Sci.; engl.) – Um die Spingitterrelaxationszeit aus der kernmagnet. Resonanz zu bestimmen, wird ein von Vff. konstruierter App. benutzt, dessen Konstruktion u. Anwendung ausführlich beschrieben werden. Die innere Bewegung von *Polypropylen* besteht aus einer Segmentbewegung u. einer inneren Bewegung der Methylgruppen. Die Spingitterrelaxationszeit der inneren Bewegung der Methylgruppen wurde ermittelt: $b = 2{,}2$ Å; $\tau_0 = 4 \cdot 10^{-12}$ s; $\Delta E = 1{,}9$ kcal/Mol (vgl. die Theorie von Bloembergen, Purcell u. Pound, Physic. Rev. **73**, [1948], 679). G. Vetter. 4010□

Polymerisation von Isopren unter Einwirkung von magnesiumorganischen Verbindungen. Fo-Ssun Wan, B. A. Dolgoplossk und B. L. Jerussalimski. (Высокомолекулярные Соединения [Hochmolekulare Verbind.] **2**, 541–45, April 1960; Inst. für hochmol. Verbb. der Akad. der Wiss. der UdSSR; russ., Auszug: engl.) – Die Verbb. C_4H_9MgX (X = J, Br, Cl), $C_4H_9MgJ + (C_4H_9)_2Mg$, $(C_4H_9)_2Mg$ allein u. $C_6H_5MgCl + (C_6H_5)_2Mg$ können die Polymerisation von Isopren bei 80–90° katalysieren. Das erhaltene *Polyisopren* hat in den meisten Fällen einen Ungesättigtheitsgrad von ca. 80%, $[\eta] = 0{,}70$–$0{,}95$, enthält 93–98% 3.4-Glieder u. ist in Bzl. löslich. Durch die Natur von X wird die Mikrostruktur des Polymeren nicht beeinflußt. Ausgesprochene Komplexbildner, wie Ae. oder $(C_2H_5)_3N$, setzen die Polymerisations-Geschw. herab, die Lsg. der entstehenden Polymeren enthält dann noch ca. 60 Mol-% Monomeres, das Polymere hat einen Ungesättigtheitsgrad von 80–85%, $[\eta] = 0{,}78$–$0{,}92$ u. 83–88% 3.4-Glieder in der Kette. R. K. Müller. 4010□

Darstellung von Pfropfcopolymeren des Polyvinylchlorids auf radiochemischem Wege. Adolphe Chapiro, Étienne Goethals und Anna-Maria Jendrichowska-Bonamour. (J. Chim. physique Physico-Chim. biol. **57**, 787–92, Sept. 1960; Bellevue, CNRS, Labor. de Chim. des Radiat.; franz.) – Die Aufpfropfung von *Styrol* (II) u. *Methacrylsäuremethylester* (III) auf Filme aus *Polyvinylchlorid* (I) unter Bestrahlung mit γ-Strahlen aus ^{60}Co wird untersucht. Die Bestrahlung von I erfolgte in reinem II oder in Lsgg. von III in Methylacetat, CCl_4 oder Benzol. Aus den Messungen folgt für II das Gesetz $V = Ki^{0,06}$ (V = Anfangspfropfungs-Geschw., i = Strahlungsintensität) u. für III $V = Ki^{0,5}$. Wird III in Methylacetat gelöst, so nimmt der in reinem III auftretende Geleffekt mit zunehmender Verdünnung ab. Dadurch sinkt die Pfropfungs-Geschw. an I, die Ausbeuten an Pfroptcopolymeren werden größer. In Lsgg. von III in CCl_4 wird I sensibilisiert. Die Pfropfungs-Geschw. nimmt zu, die Ausbeute wird kleiner als in reinem III. In benzol. Lsg. ist die Pfropfungs-Geschw. anfänglich größer; gleiche Ausbeuten wie in Essigester. Die Messungen der Quellung von I in Methylacetat, II u. III sowie in Gemischen aus III u. CCl_4 bzw. Bzl. zeigen, daß die beschriebenen unterschiedlichen Rkk. durch diesen Geleffekt zustande kommen. H. Hein. 4010□

Der Schmelzvorgang und die Gleichgewichtsschmelztemperatur von Polychlortrifluoräthylen. John D. Hoffmann und James J. Weeks. (J. Res. nat. Bur. Standards, A **66**, 13–28, Jan./Febr. 1962; engl.) – Die Unters. des Schmelzvorgangs von *Polychlortrifluoräthylen* (I) ergibt u. a., daß die beobachtete Schmelztemp. (T_{beob}) abhängig ist von der Höhe der Temp. T_{ukr}, bei welcher ursprünglich die Ausgangsschmelze krist.; mit steigender T_{ukr} steigt beim Wiederaufschmelzen auch T_{beob} markant u., wenn Rekristallisations-Einfl. u. a. beseitigt sind, fast linear. Es wird für I versucht, aus T_{beob} u. T_{ukr} Beziehungen zur Gleichgewichts-Schmelztemp. T_{gl} abzuleiten. T_{gl} wird in Parallele zum wahren F. reiner nichtpolymerer Substanzen als die Schmelztemp. einer Ansammlung so großer Kristalle definiert, daß Oberflächeneffekte ausgeschlossen sind, wobei gleichzeitig jeder Kristall im Gleichgewicht mit dem normal fl. Polymeren ist. Wenn T_{gl} prakt. auch nie erreicht werden kann, wie theoret. begründet wird, ist T_{gl} doch als reelle u. thermodynam. wichtige Eig. anzusehen. Für den Zusammenhang zwischen T_{beob}, T_{ukr} u. T_{gl} wird eine graph. Beziehung gegeben u. die theoret. Grundlagen (u. a. Kettenfaltung) dafür erörtert; die hiermit gewonnenen Ergebnisse werden mit denen nach der üblichen Meth. des langsamen u. stufenweisen Aufschmelzens verglichen. Die Anwendung der Theorie auf andere Polymere, z B Polyäthylen, wird kurz diskutiert. M. Hagedorn. 4010□

Monomerreaktivitäten bei der strahlungsinduzierten Pfropfcopolymerisation. 2. Mitt. **Pfropfcopolymerisation auf Teflon.** George Odian, Terese Acker, Albert

Rossi und Elliot Ratchik. (J. Polymer Sci. **57,** 661—67, März 1962; Long Island City, N.Y., Radiat. Appl., Inc.; engl.) — 1. vgl. C. **1962,** 4556. — Fortführung der l. c. beschriebenen Verss., wobei nun *Styrol* (I)/*Acrylonitril* (II) bzw. I/*Methylmethacrylat* (III) auf *Polytetrafluoräthylen* (IV) durch Bestrahlen mit γ-Strahlen (^{60}Co) aufgepfropft wurden. Aus der IR-Analyse wurden die relativen Mengen d I/d III für die in ( ) genannten Mol.-Fraktionen von I u. III zu 0,27 (0,16 I + 0,84 III) bzw. 0,87 (0,54 I + 0,46 III) bestimmt; die aus den r-Werten von I u. III berechneten Werte betragen 0,60 bzw. 1,60. Entsprechend wurde gefunden: d I/d II = 0,46 (0,20 I + 0,80 II), gegen 0,92 berechnet. Daraus folgt, daß in den aufgepfropften Copolymeren die polare Monomerkomponente stärker enthalten ist, als nach den r-Werten zu erwarten ist. Vff. nehmen an, daß die Erscheinungen auf eine bevorzugte Solvatation der relativ unbeweglichen wachsenden Radikalketten des Pfropfcopolymeren durch das polare Monomere zurückzuführen sind. — Diskussion. O. Fuchs. 4010□

Strukturbildung im kristallinen Polystyrol. W. A. Kargin, T. I. Ssogolowa und G. Sch. Talipow. (Доклады Академии Наук СССР [Ber. Akad. Wiss. UdSSR] **142,** 627—28, 21/1. 1962; Physikal.-chem. Karpow-Inst.; russ.) — Es wurde der Einfl. der Temp. u. Kristallisationsdauer auf den Charakter u. die Geschw. der Struktur-Bldg. untersucht. Die mkr. Unterss. der Struktur von kristallinem *Polystyrol* (I) zeigten, daß Bldg. u. Verschwinden von Makrostrukturen in krist. Polymeren im Bereich von 110 bis 215° in Abhängigkeit von Temp. u. Dauer des Kristallisationsprozesses durch 2 Typen von Kristallen bestimmt werden: a) durch Sphärolite oder b) „Bänder" oder „Stäbe", aus denen durch weitere Kristallisation (aus sphärolithähnlichen Teilchen) Platten entstehen können. Im I-Kristall gibt es also eine sehr große Menge von makromol. Strukturtypen, die die mechan. Eigg. des Polymeren bestimmen. C. Kozák. 4010□

Reaktionsvermögen von Organolithiumverbindungen als Polymerisationsinitiatoren. R. Waack und Mary A. Doran. (Polymer [London] **2,** 365—66, Sept. 1961; Framingham, Mass., Dow Chem. Co., Eastern Res. Labor.; engl.) — In der ersten Stufe der Polymerisation von *Styrol* wird ein Mol Li-organ. Verb. an ein Mol Monomeres addiert unter Bldg. eines neuen Carbanions, das seinerseits wieder ein Mol Monomeres addiert. Die Eignung einer Li-organ. Verb. als Katalysator ist um so größer, je kleiner das Verhältnis des Monomeren zum Katalysator ist. Durch Messung des Polymerisationsgrads wird vom Vf. folgende Reihe der Wirksamkeit der Li-organ. Verbb. RLi festgestellt: R = Butyl $\gg$ Benzyl $>$ Allyl $>$ Vinyl $\sim$ Phenyl. W. Rittler. 4010□

Blockpolymere von Styrol und Isopren mit verschiedener Verteilung der Monomeren längs der Polymerenkette. Synthese und Eigenschaften. S. Schlick und M. Levy. (J. physic. Chem. **64,** 883—86, Juli 1960; engl.) — Jeweils 5 ml sorgfältig gereinigtes u. mit CaH_2 getrocknetes *Styrol* (I) u. *Isopren* (II) werden in jeweils 114 ml Tetrahydrofuran anion. mit Hilfe von Na-Naphthalin als Initiator im Vakuum bei 0° polymerisiert. Dabei entstehen sog. „lebende Polymere", die bei weiterer Monomerenzugabe sofort weiter wachsen können. Das Polystyrylanion initiiert die Polymerisation von II u. das Polyisoprenanion die Polymerisation von I. Das Molgew. eines solchen Blockpolymerisats ergibt sich aus der Beziehung 2 M/I (M = Mol Monomeres, I = Mol Initiator) u. das Molgew. eines bestimmten Blockpolymerisats beträgt M_i/I (M_i = Mol des den Block bildenden Monomeren). Auf dieser Grundlage werden folgende Blockpolymerisate hergestellt, bei denen das Verhältnis I/II 0,865 ist: Typ 1 B_3: $II_{3100}I_{9000}II_{3400}$; 1 B_5: $II_{1700}I_{4500}II_{3400}I_{4500}II_{1700}$; 1 B_7: $II_{1700}I_{2250}II_{1700}I_{4500}II_{1700}I_{2250}II_{1700}$; 1 B_9: $II_{1130}I_{2250}$–$II_{1130}I_{2250}II_{2260}I_{2250}II_{1130}I_{2250}II_{1130}$; 2 B_3: $II_{34000}I_{90000}II_{34000}$; 2 B_5: $II_{17000}I_{45000}II_{34000}I_{45000}II_{17000}$; 2 B_7: $II_{17000}I_{22500}II_{17000}I_{45000}II_{17000}I_{22500}II_{17000}$ u. 2 B_9: $II_{11300}I_{22500}II_{11300}I_{22500}II_{22600}I_{22500}II_{11300}I_{22500}II_{11300}$ (die Indices bedeuten die berechneten Molgew. M der entsprechenden Blockpolymeren). Das Gesamt-M der 1-B-Reihe beträgt 15800 u. das der 2-B-Reihe 158000. Außerdem werden Copolymerisate (1 C bzw. 2 C) aus einem Gemisch von I u. II hergestellt, die aus jeweils sehr kleinen Blöcken bestehen u. dessen M in guter Übereinstimmung mit denen der Polymeren der 1-B- bzw. 2-B-Reihe stehen. Die prakt. M-Best. wird nach der Meth. von Melville u. Mitarbeitern (C. **1955,** 6299) durch Ausfällen des Polymeren aus einer Toluol-Lsg. (5 mg/100 ml Toluol) mit Methanol bei 30° durchgeführt. Die Polymeren, bei denen die Polymerisation mit I beginnt, zeigen gegenüber denen, bei denen zuerst II polymerisiert wird, eine steilere Ausfällungskurve (% ausgefälltes Polymerisat gegen % Methanolzugabe). Daneben werden auch viscosimetr. Messungen ausgeführt. Die krit. Methanolmenge, die zur Ausfällung von Polymeren der 1-B-Reihe u. 1 C aus Toluol-Lsg. nötig ist, liegt bei 35 ± 2% u. für die 2-B-Reihe u. 2 C bei 28 ± 0,5% u. ist unabhängig von der Größe der einzelnen Blöcke. Wird Isooctan als Fällungsmittel verwendet, so liegt die Fällbarkeit bei kleiner werdenden Blöcken u. steigender Polymeren-Konz. bei immer höher liegenden %-Geh. an Isooctan. Die Meßwerte von Viscositätsmessungen in Toluol-, Toluol/Methanol- u. Toluol/Isooctan-

Lsgg. werden mitgeteilt. Diese Messungen ergeben ein Ansteigen der Viscosität bei kleiner werdenden Blockgrößen. Nach der Meth. von Rossi u. Mitarbeitern (J. Polymer Sci. **30**, [1958], 175) wird $[\eta]_\Theta$ bei einer bestimmten Temp. bestimmt. Aus den Viscositäten dieser Θ-Lsgg. (Toluol/Methanol u. Methanol/Isooctan) wird über die Struktur der Polymeren in Lsg. gefolgert, daß Zugabe von Methanol zur Toluol-Lsg. eine Kontraktion der Polystyrol- wie der Polyisoprenketten bewirkt, während Isooctanzusatz Polystyrolketten kontrahiert u. die Polyisoprenketten expandiert. E. Koßmehl. 4010□

Aufpfropfen verschiedener Monomerer auf Polyvinylalkoholfilme unter Einwirkung von Röntgenstrahlen. I. Szántó und K. Gál. (Hochmolekulare Verbind. [UdSSR] **2**, 546 bis 548, April 1960; Ungar. Akad. der Wiss., Zentr. Forschungsinst. für Chem.; russ., Auszug: engl.) — Auf *Polyvinylalkohol* werden in methanol. Lsg. *Styrol* u. *Methylmethacrylat* (I) unter Röntgenbestrahlung pfropfpolymerisiert; mit Vinylacetat u. Acrylonitril gelingt die Pfropfpolymerisation nicht. Bei Verw. von I ist der Pfropfgrad stark von der Methanol-Konz. abhängig; beim Optimum von 50% genügt bereits eine kleine Bestrahlungsdosis, um einen hohen Pfropfgrad zu erzielen. R. K. Müller. 4010□

Polymerisation von Vinylacetat in verdünnter Lösung. 1. Mitt. Polymerisation von Vinylacetat in verdünnter Äthanollösung. Kuang-Fu Chou und Ichiro Sakurada. (Chem. high Polymers [Tokyo] **15**, 804—10, 1958; Kyoto, Univ.; jap., Auszug: engl.) — Die Unters. der Polymerisation von *Vinylacetat* in verd. alkohol. Lsg. (0,149 bis 1,10 Mol/kg) in Ggw. von Dibenzoyl- bzw. Bis-[o-chlorbenzoyl]-peroxid als Initiator bei 50—60° ergibt: Die Induktionszeit der Polymerisation geht parallel der Hemmung der Initiator-Zers. durch O_2. Die Anfangs-Geschw. der Polymerisation ist proportional dem Quadrat der Monomerenkonzentration. Das Verhältnis (K) der Geschw. des Monomerenverbrauches (M) zu der der Initiator-Zers. (I), K = d [M]/d [I], ist konst., mit Ausnahme der letzten Stadien der Reaktion. Im ganzen Bereich, in dem K konst. ist, ist die Geschw. der Initiator-Zers. anscheinend direkt proportional der Initiatorkonzentration. Das Molgew. des erhaltenen Polymeren ist niedrig (etwa vom Zahlenmittel-polymerisationsgrad $\overline{P}_n = 10$). Die Zahl der Bruchstücke des Initiators, die im Mittel mit einem Polymeren verknüpft sind, beträgt $\lessdot 1$. Die Wirksamkeit (Leistungsgrad) der Ketteninitiation durch die Initiatorradikale ist nahezu 0,18. L. Schuler. 4010□

Durch Lösungspolymerisation in Butyraldehyd hergestelltes Polyvinylacetat und sein Polyvinylalkoholderivat. Ichiro Sakurada, Kaishi Noma und Akira Kato. (Chem. high Polymers [Tokyo] **15**, 797—803, 1958; Kyoto, Univ.; jap., Auszug: engl.) — Vgl. Noma u. Mitarbeiter, Chem. high Polymers **12**, [1950], 453. — Die durch Lösungspolymerisation (vgl. l. c.) in Butyraldehyd dargestellten *Polyvinylacetate* (I) sind Polymere mit einem Polymerisationsgrad von 10—20. Das kinet. Verh. bei der Verseifung ist ähnlich dem der gewöhnlichen Hochpolymeren. Die I u. ihre Verseifungs-Prodd., die *Polyvinylalkohole*, enthalten 1 Carbonylgruppe je Polymer-Mol., u. zwar als Aldehydgruppe (Best. mit $HONH_2 \cdot HCl$, Bisulfit oder Ag_2O).
L. Schuler. 4010□

Optisch aktive Vinylpolymere. 3. Mitt. Poly-[(S)-2-methylbutyl]-vinyläther. Piero Pino, Gian Paolo Lorenzi und Salvatore Previtera. (Atti Accad. naz. Lincei, Rend., Cl. Sci. fisiche mat. natur. [8] **29**, 562—65, Dez. 1960; Pisa, Univ., Ist. di Chim. organ. ind.; ital.) — 2. vgl. C. **1962**, 3829. — Opt.-akt. Vinylpolymere werden durch stereospezif. u. nichtstereospezif. Prozesse dargestellt. Der monomere (+)-[(*S*)-*2-Methylbutyl*]-*vinyläther* (**I**; $[\alpha]_D^{20}$ +6,68°, F. 112,5—113°; n_D^{20} 1,4092) entsteht aus (—)-(S)-2-Methylbutanol-(1) ($[\alpha]_D^{25}$ —5,81°; n_D^{25} 1,4089) u. Acetaldehyd unter Bldg. des *Acetaldehyd-bis-[2-methylbutyl]-acetals* ($[\alpha]_D^{21}$ +1,81°), Behandlung mit Sulfanilsäure, Reinigung von **I** mit Na u. Dest. über $LiAlH_4$. Die Polymerisation erfolgte in Ggw. eines Gemisches aus Al(iso-C_4H_9)Cl_2 u. Al(isoC_4H_9)$_2$Cl bei 0 bzw. —78° sowie in Ggw. von $AlBr_3$ bei —78° unter langsamer Zugabe von **I** zu den in Toluol gelösten Katalysatoren, wobei der *Poly-*(+)-[(*S*)-*2-methylbutyl*]-*vinyläther A, B* u. *C* gewonnen wurden. *A* ist lösl. in Ae. u. Aceton u. ein lineares, nicht kristallisierbares Prod.; $[\eta] = 0{,}24$ bei 30° in Toluol. *B* [F. 60—65° (im Kofler-Block); $[\eta] = 1{,}00$ bei 30°] ist lösl. in Ae. u. unlösl. in Aceton u. bei Raum-Temp. ein kristallines Prod.; *C* (F. 50—60°; $[\eta] = 0{,}61$ bei 30°) ist lösl. in Ae. u. Aceton u. ein schwach kristallines Prod. bei Raumtemperatur.
G. Platzer. 4010□

Chlorierung von Phenol-Aldehyd-Harzen. T. I. Rabek und J. Kosmider. (J. Polymer Sci. **54**, 645—50, Okt. 1961; Polen; engl.) — Unter Verw. von Bzl., Dioxan oder Chlf. als Lsgm. wurden die Harze aus *Formaldehyd* (**I**) u. *Phenol* (**II**) bzw. aus **I** u. *Kresol* (**III**) mit Sulfurylchlorid (**IV**) in Ggw. von Dibenzoylperoxid (bzw. Azodiisobutyronitril) am Kp. der Lsgm. chloriert. Hierbei findet neben der Chlorierung der CH_3-Gruppe im **I**-**III**-Harz stets auch eine Substitution im aromat. Kern statt, unabhängig von der

IV-Menge u. den Rk.-Bedingungen. Die chlorierten Prodd. reagieren nicht mit Hexamethylentetramin. Das I–II-Harz enthält nach der Chlorierung 20,4% Cl, wovon 2,7% aliphat. gebunden sind; die entsprechenden Zahlen für das I–III-Harz lauten 33,4 u. 16,2%. Die Wirksamkeit der Chlorierung hängt von den Rk.-Bedingungen bei der Harz-Herst. ab; Verss. mit verschiedenen Katalysatormengen (NaOH), Temp. u. I/II- bzw. I/III-Verhältnissen ergeben, daß die beste Quellung der Harze in den genannten Lsgm. u. somit die beste Chlorierungsausbeute erzielt wird, wenn 1 Mol NaOH, 1,5 Mol I u. 1 Mol II bzw. III verwendet werden u. wenn das Rk.-Gemisch auf 100—110° erhitzt wird. Bei der Chlorierung des I–III-Harzes in Bzl. werden 7% bewegliches Cl eingebaut, bei dem I–II-Harz aber kein bewegliches Cl; bei Verw. von Dioxan werden 12% bewegliches Cl eingebaut (= 1 Cl auf 2 Kerne). Bei der Chlorierung tritt eine Zers. des Harzes auf, wobei 40—50% des Harzes in chlorierter Form in Lsg. gehen. Die mit NH_4OH erhaltenen Harze werden stärker zersetzt. Die ohne I-Überschuß u. in Ggw. kleiner Mengen an stark bas. Katalysatoren erhaltenen Harze sind chem. am stabilsten.

O. Fuchs. 4010□

Bildung von Polyacetaldehyd direkt aus der monomeren Flüssigkeit. Maurice Letort und Pierre Mathis. (C. R. hebd. Séances Acad. Sci. **249**, 274—76, 15/7. 1959; franz.) — Vgl. C. **1963**, 2479; C. **1959**, 1481. — Die Polymerisation von *Acetaldehyd* (F. —123,3°) beim Schmelzen der monomeren Kristalle bedarf der Peressigsäure, die sich an der Luft von selbst bildet, als Katalysator. Auch Spuren von W. oder A. wirken katalytisch. Ausbeuten von ca. 100% erreicht man mit H_3PO_4 [H_2SO_4, HNO_3, HCl, $TiCl_4$, $SnCl_4$, BF_3, $(NH_4)_2S_2O_8$] als Katalysatoren. Verss. bei —80° mit den besonders günstigen Verbb. BF_3 u. $(NH_4)_2S_2O_8$ zeigen, daß die Polymerisation des Acetaldehyds schon im fl. Zustand stattfindet. Sie ist stark zeitabhängig [10^{-5} Mol $(NH_4)_2S_2O_8$; Ausbeute in 8 Min. 7%, in 71 Std. 36%), während die Polymerisation durch Schmelzen in Anwesenheit von Spuren eines Katalysators momentan abläuft. H. Hein. 4010□

Polymerisation von substituierten Divinylketonen unter Ringbildung. Ss. G. Matzojan und M. G. Awetjan. (Журнал Общей Химии [J. allg. Chem.] **30** (**92**), 2431—32, Juli 1960; Inst. für organ. Chem. der Akad. der Wiss. der Armen. SSR; russ.) — Die Polymerisation von *2-Methylhexadien-(1.4)-on-(3)* in Ggw. von 1 Mol-% Dibenzoylperoxid liefert ein pulverförmiges *Polymeres* $(C_7H_{10}O)_n$, F. 145—150°, das noch 25% der Doppelbindungen des Monomeren enthält u. bei der Ozonisierung Essig- u. z. T. wasserlösl. Polysäuren liefert. Im IR-Spektrum werden die Schwingungen der CO-Gruppe, des Cyclopentanringes u. der Gruppe CO—C=C gefunden, so daß dem Polymeren die nebenst. Struktur zugeschrieben werden kann. Analog polymerisiert *2.5-Dimethylhexadien-(1.4)-on-(3)*.

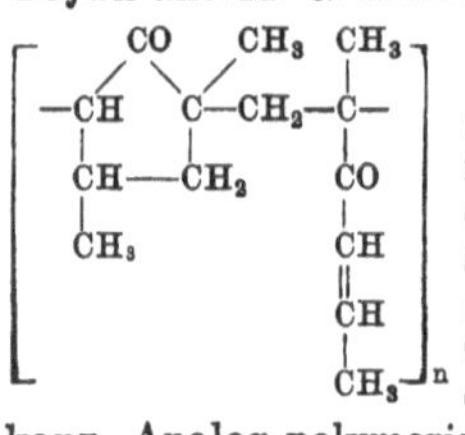

Helmut Schäfer. 4010

Polarographische Untersuchung der Kinetik der Polykondensation von Dypnon mit Formaldehyd. Wl. Kabaiwanow, M. Michailow und E. Dimitrowa. (Annu. Inst. chim.-technol. (Sofia) **4**, Nr. 2, 67—72, 1957, herausgeg. 1959; bulg., Auszug: dt.) — Es wurde die Kinetik der Kondens. von *Dypnon* mit *Formaldehyd* (I) untersucht. Die zeitliche Änderung der I-Konz. wurde polarograph. verfolgt. Für die polarograph. Best. von I in Syst., die Dypnon u. dessen Polykondens.-Prodd. mit I enthalten, wurden die optimalen Bedingungen gefunden. Die Polykondens. ist in den Anfangsstadien eine Rk. 2. Ordnung. Die Aktivierungsenergien u. die Geschw.-Konst. wurden für 40, 50 u. 60° berechnet. Helmut Schäfer. 4010

Untersuchungen über Acrylfasern. 2. Mitt. **Polymerisation von Acrylonitril in wässerigem Medium und in Emulsion.** Sadao Yuguchi, Hiroshi Kiuchi und Masamoto Watanabe. (Chem. high Polymers [Tokyo] **15**, 829—38, 1958; Otsu, Toyo Reyon Co.; jap., Auszug: engl.) — 1. vgl. C. **1961**, 16850. — Die Polymerisation von *Acrylonitril* in wss. Lsg. u. in Emulsion mit dem Redox-Syst. $K_2S_2O_8$–Triäthanolamin als Initiator wird kinet. auf dilatometr. u. viscosimetr. Wege untersucht. Mit Na-Laurylsulfat (I) als Emulgator ergibt die Unters. der Beziehungen zwischen der scheinbaren Polymerisations-Geschw. (PG), dem Polymerisationsgrad $\overline{P}$ u. den verschiedenen Polymerisationsbedingungen folgendes: Die PG ist abhängig vom Prod. $[S_2O_8^{2-}][N(C_2H_4OH)_3]$, dem Monomeren-Geh. u. der I-Konzentration. Die scheinbare PG ist proportional der Quadratwurzel jeder Initiator-Konz. u. der 3/2. Potenz der Monomeren-Konz., u. zwar bei beiden Polymerisationsverfahren. Bei niedrigem Geh. des Emulgators ist die scheinbare PG in Emulsion proportional der 3/5. Potenz der Emulgatorkonzentration. $\overline{P}$ (Zahlenmittel) ist in beiden Verff. fast gleich u. erreicht ein Maximum bei einem Umsatz von 20—40%. Daher wird angenommen, daß der

Mechanismus der Polymerisation bei beiden Verff. gleich ist u. theoret. gemäß der Kinetik heterogener Syst. behandelt werden kann. L. Schuler. 4010□

Über den Mechanismus der während der radiochemischen Pfropfreaktion von Polymeren beobachteten Beschleunigung. J. Dobo und A. Somogyi. (J. Chim. physique Physico-Chim. biol. **56,** 863—66, Okt. 1959; Budapest, Inst. de Rech. de Chim. Org. et des Mat. Plast. — C. **1960,** 17463.) W. Wesly. 4010□

Das dielektrische Verhalten von Polymeren in verdünnten Lösungen. 3. Mitt. **Einfluß des Lösungsmittels auf das Dipolmoment und die dielektrische Relaxation.** L. de Brouckère und A. Lecocq-Robert. (Bull. Soc. chim. belges **70,** 549—75, Sept./Okt. 1961; franz.) — 2. vgl. C. **1958,** 2156. — Lsgg. von *Polymethylmethacrylat* (I) in Toluol, Chlf. u. 1.2-Dichloräthan sowie von *Polybutylmethacrylat* (II) in CCl_4, Dioxan, Toluol, Chlf. u. 1.2-Dichloräthan werden in zwei Frequenzbereichen (0,5—500 K cycle/s u. 0,5—30 M cycle/s) bei —30 bis +25° auf ihre DK u. Verluste untersucht. Dabei wurden früher gezogene Schlüsse über den Einfl. von Temp. u. Molgew. bestätigt. Die Lsgm. haben auf das auf die Konz. 0 extrapolierte Dipolmoment (im Vakuum) keinen Einfluß. Die feststellbare Beeinflussung der krit. Frequenz u. der durchschnittlichen Relaxationszeit kann nicht durch einen Viscositätseffekt erklärt werden. Die Aktivierungsenergien der Dipolorientierung sind für **II** größer als für **I** — Einfl. der Seitengruppe in ihrer Gesamtheit, nicht nur allein der CO-Gruppe — u. niedriger für stärker polare Lösungsmittel. M. Hagedorn. 4010□

Durch γ-Strahlen initiierte Polymerisation von α-Propiolacton in fester Phase. C. David, P. A. Gosselain und G. Musso. (Bull. Soc. chim. belges **70,** 583—84, Sept./Okt. 1961; Mol, Centre d'Étude de l'Énergie Nucl.; franz.) — *β-Propiolacton* wird bei —80° durch γ-Strahlen aus ^{60}Co ($2,6 \cdot 10^6$ $r \cdot h^{-1}$) bei Dosen von 0,25—4 Mr in ein weißes Polymeres von kristallinem Aussehen u. vom F. 94—97° verwandelt. Das IR-Spektrum weist auf eine *Polyester*-Struktur hin. SZ. 12,4, entsprechend einem mittleren Molgew. von 4530; Intrinsicviscosität bei 30° 0,21 dlg^{-1}. M. Hagedorn. 4010□

Dampf- und Hitzehärtung von Nylon-6-Faser. 1. Mitt. **Einflüsse der Härtung durch Trockenhitze und durch Dampf auf den Young-Modul und das spezifische Gewicht von Nylon-6-Faser.** Motohiro Tsuruta und Akio Koshimo. (Chem. high Polymers [Tokyo] **16,** 271—74, 1959; Uji, Kyoto, Nippon Reyon Co.; jap., Auszug: engl.) — Viele Eigg. der *Nylon-6-Faser* (I) sind je nach der Härtung mittels Dampf oder trockner Hitze verschieden. Gestreckte u. nichtgestreckte I werden unter Spannung u. im nichtgespannten Zustand der Trockenhitzehärtung bei 140, 160 u. 180° bzw. der Dampfhärtung bei 110, 120 u. 130° unterworfen. Die jeweilige Best. des Young (YM)- u. des Biegemoduls sowie der Dichte (im Dichtegradientenrohr mit trocknem n-Butylbromid bzw. Bzl. als Medium) ergibt, daß das Spezif. Gew. durch die Hitzehärtung bes. mit Dampf erhöht wird. Als Ursache wird die Zunahme des Kristallinitätsgrads angenommen. Der YM dagegen scheint durch Dampfhärtung abzunehmen, was auf die Lockerungs-Wrkg. der Wasser-Moll. auf die mol. Raumerfüllung in der Faser zurückgeführt wird. L. Schuler. 4010□

Reversion bei der Kautschukvulkanisation mit Tetramethylthiuramdisulfid. B. A. Dogadkin, W. A. Scherschnew und A. W. Dobromysslowa. (Высокомолекулярные Соеденения [Hochmolekulare Verbind.] **2,** 514—17, April; Rubber Chem. and Technol. **33,** Nr. 4, 1068. Okt./Nov. 1960; Moskau, Lomonossow-Inst. für chem. Feintechnol.; russ., Auszug; engl.) — Die als Umkehrung der Vulkanisation auftretende Abnahme der Dichte des räumlichen Netzes von Vulkanisaten (Reversion) wird bei der Vulkanisation von Gemischen von *Naturkautschuk* oder synthet. *Isoprenkautschuk* mit Tetramethylthiuramdisulfid in Abwesenheit von Metalloxiden oder in Ggw. von MgO u. CaO an der Luft beobachtet. Die bei der Vulkanisation entstehende Dimethyldithiocarbaminsäure zerfällt hierbei in H_2S u. $(CH_3)_2NH$. Unter Ar tritt keine Reversion ein, ebenfalls nicht an der Luft oder in Ar in Ggw. von ZnO, vermutlich infolge der Bldg. von Zn-Dimethyldithiocarbamat, das einen Inhibitor der oxydativen Zers. des Vulkanisats darstellt. R. K. Müller. 4030□

Mercurierte Kautschuke. 1. Mitt. **Mercurierte Butadienkautschuke.** R. N. Smirnow. (Высокомолекулярные Соединения [Hochmolekulare Verbind.] **2,** 558—62, April 1960; Akad. der Wiss. der UdSSR, Inst. für fossile Brennstoffe; russ., Auszug: engl.) — 2 *Butadienkautschuke* (I) mit 65 (30)% 1.4-Gliedern u. 32 (58)% 1.2-Gliedern, ein natürlicher *Isoprenkautschuk* (II) u. ein *Butadien–Styrol* (1 : 1)-*Copolymeres* (III) mit 78—80% 1.4- u. 18—20% 1.2-Gliedern werden mit Hg-Acetat in verd. Essigsäure mercuriert. Dabei nimmt **I** bis 69,79 (66,24), **II** bis 63,33, **III** bis 70,07% Hg auf. Gleichzeitig erfolgt ein Übergang aus dem amorphen in den kristallinen Zustand. Hg wird hauptsächlich an den Doppelbindungen angelagert, jedoch wird auch ein Teil des H der CH_2-Gruppen durch Hg ersetzt. Die mercurierten Kautschuke zeigen geringe Wärmebeständigkeit, sind leicht mechan.-chem. zu verarbeiten, werden beim Reiben elektr. aufgeladen, sind elektr. leitfähig u. wenig elastisch. R. K. Müller. 4030□

Inter- und intramolekulare Ordnung in regenerierter Cellulose. A. J. Pennings, W. Prins, R. D. Hale und B. G. Ranby. (J. appl. Polymer Sci. **5**, 676–84, Nov./Dez. 1961, Syracuse, N.Y., Syracuse Univ., Cellulose Res. Inst.; Coll. of Forestry, Empire State Paper Res. Inst.; engl.) — *Cellulose* wurde regeneriert u. konditioniert als langsam gefällte, nichtgetrocknete, voluminöse Gele (**A**), als plötzlich gefällte, nichtgetrocknete, dünne Filme (**B**), als luftgetrocknete Filme (**C**), als bei 100° gdämpfte Filme (**D**) u. als mit wss. NaOH behandelte Gele (**G**). Röntgen-, Dichte- u. Infrarotmessungen ergeben, daß die Kristallinität in der Reihenfolge **B**, **A**, **C**, **D**, **G** zunimmt. Die Dichte von **C**, **D** u. **G** nimmt stärker zu, als nach der durch Röntgenbeugung bestimmten Kristallinitätszunahme zu erwarten ist. Bei **B** u. **C** ist die Angreifbarkeit herabgesetzt. **C**, **D** u. **G** sind dichter gepackt bzw. ihre amorphen Bereiche besser geordnet. Die den Wasserstoffbrücken innerhalb einer Kette in kristallinen Bereichen zugeordneten Hydroxylgruppen sind gegen Deuteriumaustausch beständiger als die den Wasserstoffbindungen zwischen den Ketten zugeordneten Hydroxylgruppen. G. Vetter. 4050□

Die Einwirkung von Äthylamin auf Cellulose. 1. Mitt. **Die Acetylierung von mit Äthylamin behandelter Baumwolle.** T. P. Nevell und S. H. Zeronian. (Polymer [London] **3**, 187–94, Juni 1962; Manchester, Shirley Inst.; engl.) — Vff. vergleichen die Hygroskopizität von *acetylierter Baumwolle*, die nach Behandlung mit Äthylamin in Pyridin acetyliert wurde, mit der von *acetylierter Baumwolle* ohne Vorbehandlung. Es zeigte sich, daß die Acetylierung dann keine zusätzliche Dekristallisation bewirkt, wenn die Substitution der amorphen Anteile noch nicht vollständig erfolgt ist. Weiter wurde der Einfl. des zum Auswaschen von überschüssigem Äthylamin benutzten Lsgm. auf die Acetylierbarkeit des vorbehandelten Materials untersucht. Pyridin liefert das reaktionsfähigste Prod., n-Hexan das reaktionsträgste. W. liefert eine Baumwolle mittlerer Reaktivität, diese Eig. wird mit dem relativen Wasserstoffbindungsvermögen der 3 Lsgm. erklärt. Röntgenunterss. von Baumwolle gleichen Acetylierungsgrades aus unterschiedlich vorbehandelter Baumwolle zeigen zunehmende Anteile von kristallinem *Celluloseacetat*. Die Hygroskopizität nimmt in gleichem Sinne zu. F. Lang. 4050□

Die Einwirkung von Äthylamin auf Cellulose. 2. Mitt. **Lösungsmittelextraktion von mit Äthylamin behandelter Bakteriencellulose: Wechsel im Hydroxyl-Absorptionsbereich des Infrarotspektrums.** H. Spedding. (Polymer [London] **3**, 195–209, Juni 1962; engl.) — 1. vgl. vorst. Referat. — Trockene *Bakteriencellulose* (I)-Filme wurden mit wasserfreiem Äthylamin (II) behandelt. **II** wurde anschließend mit einem bzw. mehreren Lsgm. entfernt u. dann das IR-Spektrum 1. in noch feuchtem Zustand, 2. nach Absaugen des Lsgm., 3. nach Lufttrocknung der Filme u. 4. nach Kochen der Filme in W. aufgenommen. Einige Filme, die nach diesen Behandlungen feucht gehalten worden waren, wurden schwach acetyliert. Es wurde festgestellt, daß der Einfl. des wasserfreien **II** auf **I** auch nach seiner Entfernung noch teilweise erhalten bleibt. Extraktion mit Pyridin allein ist hierbei wirksamer als die Verw. von Chlf., n-Hexan, Cyclohexan, Dimethylformamid, W., Methanol oder Eisessig. Allg. konnte festgestellt werden, daß eine Zunahme der Wasserstoffbindung innerhalb der Cellulose eintritt, wenn die Filme feuchter Luft ausgesetzt oder in kochendem W. erhitzt wurden. Dieser Effekt konnte aber herabgemindert u. sogar umgekehrt werden, wenn das Material vor der Behandlung mit Wasserdampf oder kochendem W. schwach acetyliert wurde. Daraus folgt, daß der mit **II** behandelte Film, der nur mit Pyridin ausgewaschen u. acetyliert wurde, die schwächste Wasserstoffbindung in trockenem Zustand aufweist. F. Lang. 4050□

Die Einwirkung von Äthylamin auf Cellulose. 3. Mitt. **Die Bildung von Cellulose III und ihr Infrarotspektrum zwischen 1500 und 650 cm^{-1}.** H. Spedding. (Polymer [London] **3**, 211–14, Juni 1962; engl.) — 2. vgl. vorst. Referat. — Wenn das Amin aus den mit Äthylamin behandelten *Bakteriencellulose*-Filmen mit Hexan oder Chlf. herausgewaschen wird, kann Bldg. von *Cellulose III* eintreten, sogar schon vor der Trocknung der Filme. Diese Umwandlung von Cellulose I in III ist von einigen Änderungen in der Bandenfrequenz des IR-Spektrums zwischen 1400 u. 1000 cm^{-1} begleitet. Diese Änderungen können an Filmen besser festgestellt werden als an Fasern. F. Lang. 4050□

Hemicellulosen von Jutefasern. P. C. Das Gupta. (J. sci. ind. Res. [New Delhi], Sect. B. **19**, 148, April 1960; Calcutta, Ind. Centr. Jute Committee, Technol. Res. Labor.; engl.) — Aus dem alkohol. Filtrat, das bei der Ausfällung der *Hemicellulose I* anfällt, läßt sich durch Einengen auf 80 Vol.-% eine weitere Fraktion, *Hemicellulose II*, gewinnen. Die Ausbeute beträgt 1,04% vom Gewicht der trockenen Faser. Diese Hemicellulose hat ein Säureverhältnis von 85 mVal/100 g u. enthält 3,87% CH_3O; $[\alpha]_D^{30}$ $-30°$ ($c = 1$; n-NaOH). Durch Hydrolyse u. Trennen an Amberlite IR-120 ergeben sich *4-O-Methyl-D-glucuronsäure, 2-O-[4-O-Methyl-α-D-glucuronopyranosyl]-D-xylose, Glucose, Mannose, Arabinose,*

Xylose u. *Rhamnose* im Verhältnis 11,0 : 19,4 : 15,7 : 11,7 : 39,2 : 3,1. Die Hexosane lassen sich auch als Kupferkomplex durch Fehlingsche Lsg. als gesonderte Fraktion der Hemicellulose II abtrennen (33,1%). Danach besteht diese aus einem Gemisch aus *Methylglucuronoxylan* u. *Hexosanen*. H.-H. Schmiedeknecht. 4050□

Die Anwesenheit von D-Mannose-Resten in Laminarin. F. Smith und A. M. Unrau. (Chem. and Ind. **1959**, 636, 16/5. St. Paul, Minn., Univ. of Minnesota, Dep. of Agricultural Biochem.; engl.) — Durch Hydrolyse von abgebauter Laminarsäure entstehen *Glucose* (I) u. *Mannose* (II). Bei Einw. von sd. 1%ig. methanol. HCl auf I u. II entstehen *Methyl-α-D-mannopyranosid* {**III**, F. 194°, $[\alpha]_D^{27}$ +80,5° (c = 0,8; W.)} u. *Methyl-α-D-glucopyranosid* {**IV**, F. 165°; $[\alpha]_D^{27}$ +150° (c = 0,6; W.)}, die durch Papierchromatographie mit Pyridin–Essigester–W. (2 : 5 : 7) getrennt werden. Das Mol-Verhältnis von **III** zu **IV** ergab sich durch gravimetr. u. chromatograph. Analyse nach der Phenol–H_2SO_4-Meth. zu 1 : 7. K. Zieloff. 4050

Darstellung eines nichthydrolysierbaren Polysaccharids u. einer Polygluconsäure durch Epoxidpolymerisation. Robert S. Nevin, Kyosti Sarkanen und Conrad Schuerch. (J. Amer. chem. Soc. **84,** 78—82, 5/1. 1962; Syracuse, N.Y., Univ., State Univ. Coll. of Forestry, Dep. of Chem.; engl.) — Die Polymerisation von synthet. hergestellter *5.6-Anhydro-3-O-methyl-1.2-isopropyliden-D-glucofuranose* (I) gelingt unter dem Einfl. starker Basen, wie KOH u. CsOH, u. liefert Polymere (PM) mit einem Durchschnittspolymerisationsgrad (DP) bis zu 25. Anion. Katalysatoren u. Lewis-Säuren sind unter den angewandten Bedingungen wirkungslos. Bei den mit KOH katalysierten Polymerisationen wurde der DP durch Verdünnung von I mit der Hälfte seines Vol. an Bzl. erhöht, Tetrahydrofuran ist unwirksam, durch Verdünnung mit CsOH wird das Resultat nicht verbessert. Die optimale Menge des Katalysators betrug bei KOH u. CsOH 5—8% der angewandten I, kleinere oder größere Mengen verkleinern den DP. Die Ergebnisse einer Vers.-Reihe (vgl. Tabellen im Original) werden diskutiert, u. ein Mechanismus der heterogenen Epoxid (5.6-Anhydrogruppierung CH_2CHR)-Polymeri-
O
sation wird vorgeschlagen, bei dem eine Ketteninaktivierung durch W. auftritt u. das Gleichgewicht durch die Verteilung des nichtionisierten PM zwischen der Katalysatoroberfläche u. der fl. Phase beeinflußt wird. Ungünstige Gleichgewichtsänderungen durch zu gutes Lsgm. u. zu niedriges oder zu hohes Katalysator/Monomeres-Verhältnis können damit erklärt werden. Das PM wurde quant. zu einer nichthydrolysierbaren *Poly-3-O-methylglucose* hydrolysiert u. zu *Poly-3-gluconsäure* oxydiert, die auf ca. 9 Polygluconsäurereste 1 Saccharinsäurerest enthält.

Versuche: *1.2;5.6-Di-O-isopropyliden-D-glucofuranose*, F. 105—106°, durch 48std. Rühren von wasserfreier Glucose, trockenem Aceton u. konz. H_2SO_4; $[\alpha]_D^{30}$ −16,3° (c = 2,0; W.); 70% (Ausbeute). — *1.2;5.6-Di-O-isopropyliden-3-O-methyl-D-glucofuranose*, $Kp._{13}$ 142—143°, $[\alpha]_D^{25}$ −31,85° (c = 5,05; A.); 40%. — *1.2-O-Isopropyliden-3-O-methyl-D-glucofuranose*, $Kp._{0,3}$ 174—175°, $[\alpha]_D^{25}$ −54,38° (c = 4,0; Chlf.); 68%. — *5.6-Anhydro-3-O-methyl-1.2-O-isopropyliden-D-glucofuranose* (I), $C_{10}H_{16}O_5$, $Kp._{0,15}$ 77—78°, durch Alkalibehandlung des rohen *6-O-Tosylderiv.* (67% Ausbeute); $[\alpha]_D^{21}$ −62,65° (c = 2,07; Aceton); 37%. — Die aus I bei ca. 50° hergestellten Polymeren sind leichte Pulver ohne exakten F., sie erweichen je nach dem DP zwischen 120 u. 170°, sind lösl. in Bzl., Aceton, Dioxan, unlösl. in W., CH_3OH, A. u. PAe.; Ausbeuten zwischen 80 u. 90%. Die durch vorsichtiges Erwärmen des I-PM in Dioxan/W. mit konz. H_2SO_4 in quant. Ausbeute gewonnene *Poly-3-O-methylglucose* erweicht bei 190—200°, ist ein krümeliges Prod. u. unlösl. in W.; die Hypojoditoxydation ergibt eine *Poly-3-O-methylgluconsäure*, F. 200 bis 210°; 14,2% CH_3O-Gehalt. H. Rossow. 4050□

Beitrag zur Untersuchung der rheologischen Charakterisierung (Viscosität) der Stärkekleister bei Konzentrationen, die in der Praxis angewendet werden. Richard Schutz. (C. R. hebd. Séances Acad. Sci. **253,** 2355—57, 10/11. 1961; Mulhouse, Haut Rhin, École Supérieure de Chim.; franz.) — Für die Beschreibung des rheolog. Verhaltens von *Stärkekleister* bei verschiedenen Geschw.-Gradienten wird die Gleichung (einer Geraden) log D = a·log τ + b empfohlen, für D als Geschw.-Gradienten zwischen 1—700 s^{-1} (passend für die Verarbeitung von Kleistern bis zu 10% Stärke-Geh.) u. τ in dyn·cm^{-2}. M. Hagedorn. 4050□

Neue Untersuchungen über den Mechanismus der Gelbildung. 3. Mitt. **Prägelierungserscheinungen in Gelatinelösungen.** D. Bourgoin und M. Joly. (Verh.-Ber. Kolloid-Ges. **18,** 36—46, 1958; Paris, Inst. Pasteur; franz.) — 2. vgl. C. **1958,** 10960. — Bei der Prägelierung von *Gelatine*-Lsgg. machen diese im Laufe der Sol-Gel-Umwandlung eine Reihe von Zuständen durch. Diese werden an Hand von Viscositätsmessungen beschrieben. Die (log v, Zeit)-Kurven sind linear u. haben an der Stelle der Zustandsänderungen Knickpunkte. Diese Kurven sind in Abhängigkeit von Konz., Temp. u. Geliergeschw.graph. dargestellt. Daraus werden Regeln abgeleitet, die die Dauer u. Viscositätsänderung der einzelnen Prägelierungsstufen in Abhängigkeit von Konz., Temp. u. Gelierungsgeschw. beschreiben. H. Hein. 4070 □

Diskussion des Ursprungs des Resonanzspektrums von Casein im Bereich der Hyperfrequenzen. Jean Barriol, Bernard Deviot und Marceau Felden. (C. R. hebd. Séances Acad. Sci. **254**, 1780—82, 5/3. 1962; Nancy, Meurthe-et-Moselle, Fac. des Sci., Labor. de chim. théorique; franz.) — *Casein* (I) weist im Bereich von 7500—12000 MHz eine Reihe relativ schmaler Absorptionsbanden auf. Es wird vermutet, daß diese Erscheinung, welche bei Dehydratisierung von I in lang anhaltendem Vakuum prakt. wieder völlig verschwindet, nicht nur auf Relaxation, sondern auch z. T. auf Resonanz beruht. Nur ist es schwierig, sich für die Übergänge derartig niedriger Schwingungen einen Resonanzmechanismus vorzustellen. Es wird versucht, den Effekt zu der Möglichkeit in Beziehung zu setzen, daß ein Proton abwechselnd zwei benachbarte äquivalente Bereiche besetzen kann. M. Hagedorn. 4070 □

Darstellung von Na-Desoxyribonucleat von hohem Polymerisationsgrad unter Verwendung des Detergens Petepon G-100 (Made in Poland). B. Skoczylas, M. Gross und B. Filipowicz. (Soc. Sci. Lodziensis, Acta chim. **4**, 153—65, 1960; Łódź, School of Med., Dep. of Physiol. Chem.; engl.) — Es wird eine einfache Meth. zur Enteiweißung von *Desoxyribonucleinsäure* (DNS) aus Kalbsthymus mitgeteilt. Zur Enteiweißung wird als Detergens ein Gemisch aus *Na-Oleat* u. *Cetylsulfat* verwendet, welches in Polen unter dem Namen *Petepon G-100* im Handel ist. Nach 2 maliger Behandlung der rohen DNS mit diesem Detergens wird eine hochpolymere gereinigte DNS erhalten. H. Struck. 4090 □

E. Biologische Chemie. Physiologie. Medizin

E_1. Allgemeine Biologie und Biochemie

Über Eiweißstoffe. 63. Mitt. **Die niedrigeren Strukturen in den Eiweißketten.** F. Šorm, B. Keil, J. Vaněček, V. Tomášek, O. Mikeš, B. Meloun, V. Kostka und V. Holeyšovský. (Collect. czechoslov. chem. Commun. **26**, 531—78, Febr. 1961; Prague, Czechoslov. Acad. of Science, Inst. of Org. Chemistry and Biochemistry; engl.) — 62. vgl. C. **1961, 15431**. — Diese Arbeit knüpft an einige theoret. Arbeiten derselben Vff., die sich mit dem Problem der Verkettung der *Aminosäuren* (AMS) in den *Eiweißstoffen* (EWS) befaßten, an, vorwiegend an die zusammenfassende Arbeit (vgl. C. **1959,** 12580). Auf Grund der Zusammenfassung der Angaben über die Reihenfolgen der AMS in den peptid. Ketten der EWS, die in der Literatur bis zur Mitte 1959 veröffentlich wurden, haben Vff. die Analyse einiger allg. Fragen über die Gesetz- u. Regelmäßigkeiten in der Anordnung der Peptidketten verfolgt. Alle bisher bekannten Reihenfolgen von AMS in Peptiden u. EWS bzw. in ihren Fragmenten sind in einer Tabelle angegeben. Bei der Registrierung der Literaturangaben haben Vff. darauf aufmerksam gemacht, daß in den Literaturangaben über die Reihenfolgen der AMS Fehler vorkommen können. — Eine der allg. gültigen Gesetzmäßigkeiten im Bau der EWS besteht nach den Vff. darin, daß große Teile der Moll. der EWS, die dieselbe Funktion in den verschiedenen Arten der Organismen haben, analog gebaut sind. Solche EWS wurden von den Vff. als „*analoge*" EWS bezeichnet. In den peptid. Gruppierungen, in denen sich die „analogen" EWS unterscheiden, kann man auch eine andere Gesetzmäßigkeit beobachten, u. zwar, daß manche AMS sich in der Peptidkette miteinander vertauschen. Dieser Austausch erfolgt aber nur zwischen bestimmten, verwandten AMS. So wird *Threonin* gegen *Alanin*, *Serin* gegen *Glykokoll*, *Valin* gegen *Leucin*, *Arginin* gegen *Lysin* ausgetauscht. Diese Austausche in den *Insulinen*, *Cytochromen c* u. *Corticotropinen* verschiedener Tierarten, im *Serumalbumin*, *Vasopression* u. *Oxytocin* u. in den EWS des *Tabakmosaikvirus* werden diskutiert. Es hat sich gezeigt, daß dieses Austauschprinzip nicht nur auf die analoge EWS beschränkt ist, sondern auch in funktionell verschiedenen EWS zur Geltung kommt. So wurden interessante Ähnlichkeiten im Aufbau des *Oxytocins* u. *Vasopressins*, des *Corticotropins*, des *Insulins*, der *Ribonuclease* u. gewisser Fragmente des *Chymotrypsinogens* (CHTG) u. *Trypsinogens* (TG) gefunden. Diese Vgl.-Studien führten zur Formulierung der Bedeutung der tripeptid. Gruppierungen in den EWS (vgl. C. **1960,** 12712). In den Peptidketten verschiedener EWS kommen ident. tripeptid. Gruppierungen öfter vor, als man nach den mathemat. errechneten Werten erwarten kann. Es werden die ident. Tripeptide mit den benachbarten AMS-Resten angeführt. Es ist interessant, daß in diesen tripeptid. Gruppierungen nur gewisse AMS häufig vorkommen (u. zwar *Serin*, *Asparagin-* u. *Glutaminsäure*, *Glykokoll*, *Alanin* u. *Valin*), während die übrigen in diesen Strukturen nur selten oder gar nicht auftreten.

Auch die benachbarten AMS sind sehr oft identisch. — Großes Interesse wurde von den Vff. den 2 Proteasen, die in den gleichen Zellen der Speicheldrüse synthetisiert werden — dem CHTG u. dem TG bzw. *Chymotrypsin* — gewidmet. Der Vgl. der peptid. Gruppierungen wurde einerseits nach den Literaturangaben, anderseits nach eigenen experimentell gewonnenen Erkenntnissen verfolgt. In einer Tabelle sind alle Peptidgruppierungen angeführt, die im CHTG, TG u. der *Ribonuclease* ident. sind. Nach der Auswertung der Tabellen kommen Vff. zur Schlußfolgerung, daß die beiden Proteasen ähnlich sind, jedoch nicht so schemat. wie die „analogen" EWS, in denen große Teile der Peptidketten ident. sind, jedoch, daß in den beiden Proteasen die verschiedenen Teile der Peptidketten aus demselben Bauelement (Peptiden) bestehen. Vff. haben ihre früheren Folgerungen über die Auswahl von bestimmten Bindungen einer Revision unterzogen. Vff. haben die Häufigkeit des Vork. der 2 ident. AMS in der Frequenz von 1—2 bis 1—7 berechnet u. gefunden, daß 2 ident. AMS in der Frequenz 1—6 häufiger vorkommen als in den anderen. Diese Erkenntnis ist bedeutender, wenn man sie nur für EWS mit voll aufgeklärter Struktur berechnet. — Es wurden von den Vff. ein neuer Entwurf der Nomenklatur der AMS vorgeschlagen, der die Struktur der EWS mit einbuchstabigen Symbolen der AMS ausdrückt u. die Klammern, Punkte u. Striche beseitigt. Große Buchstaben bedeuten die bestimmten, die kleinen unbestimmte Reihenfolgen der AMS. So wird z. B. die gewöhnliche Registrierung des Peptids asp·glu·ala·(phe, thr)·(lys, gly, val)·ileu·OH durch AGLfe·iyvW- ausgedrückt. — 280 Literaturangaben. V. Kneslová/Prag. 4100

Über einige biochemische Eigenschaften von Rhodizonsäure. Cysteamin, Mercaptoäthanol und Mercaptosäuren. Jean-Louis Seris. (C. R. hebd. Séances Acad. Sci. **253,** 1873—75, 23/10. 1961; Toulouse, Fac. des Sciences, Labor. de Physiol. végétale; franz.) — Vgl. C. R. hebd. Séances Acad. Sci. **252,** [1961], 3672. — Vf. untersuchte die Oxydations-Wrkg. von *Rhodizonsäure* (I) gegenüber einer Anzahl von *SH*-Gruppenhaltigen Verbindungen. — *β-Mercaptopropionsäure* zeigt zwischen pH 1—9 in Ggw. von I keine Tendenz zur Oxydation. — *Thioäpfelsäure* (II) reagiert mit I nach einer Redox-Rk. unter Bldg. von *Tetrahydroxychinon* (III) nach folgender Gleichung: $\mathrm{I} + 2\,\mathrm{II} \rightarrow \mathrm{III} + \mathrm{II}_{\mathrm{oxydiert}}$; in einer 2. Rk. wird III an der Luft unter I-Bldg. reoxydiert: $\mathrm{III} + \frac{1}{2}O_2 \rightarrow \mathrm{I} + H_2O$. Das pH-Optimum für die Oxydation von II liegt bei 4,2. — *Thioglykolsäure* (IV) zeigt ein ähnliches Verh. wie II; das pH-Optimum liegt bei 4,0. — *Cysteamin* (V) zeigt in Abhängigkeit vom pH-Wert ähnliche Kurvenbilder wie die für Cystein, Homocystein u. Glutathion erhaltenen (l. c.). — Als Funktion der I-Konz. wurde bei optimalem pH-Wert der Oxydation folgende fallende Reihe der Reaktivität ermittelt: **V** > **II** > **IV** > *Mercaptoäthanol.* H. Kockert. 4100□

Beobachtungen über die enterochromaffinen Zellen im Darm von colchicinbehandelten Ratten. M. Vialli und F. Ghiringhelli. (Arch. int. Pharmacodynam. Thérap. **129,** 438—54, 31/12. 1960; Pavia, Univ., Ist. di Anat. Comp., e Studio per l'Istochim. del C.N.R.; ital.) — Nach Behandlung mit 1 mg *Colchicin*/kg wird bei Ratten eine deutliche Verringerung der typ. enterochromaffinen Zellen im Ileum (um 85%) u. Duodenum (um 53%) beobachtet. Dieses Ergebnis darf nach Ansicht der Autoren aber nicht nur der statmokinet. Wrkg. des Colchicins zugeschrieben werden — vielmehr trägt dazu auch noch eine die Ausschüttung des zellulären Enteramins bewirkende Aktivität bei. K. Zingraf. 4150□

Wirkung von Dilantin-Natrium auf verschiedene Zellreihen in Gewebekultur. William G. Shafer. (Proc. Soc. exp. Biol. Med. **108,** 694—96, Dez. 1961; Indianapolis, Indiana Univ., School of Dentistry and School of Med., Dep. of Oral Pathol. and Pathol.; engl.) — Nur bei Fibroblasten von menschlichem Zahnfleisch u. bei Zellen des Mäusespeicheldrüsentumors BW 1081, nicht aber bei anderen Zelltypen von normalen u. Tumorgeweben, zeigte *Na-5.5-Piphenylhydantoin* (*Dilantin-Natrium*) eine proliferationsfördernde Wirkung. K. Zingraf. 4150□

Über die Ultrastruktur isolierter Ratten. 2. Mitt. **Wirkung des Calciums.** M. G. Bucciolini und G. Marsilii. (Boll. Soc. ital. Biol. sperim. **37,** 124—26, 15/2. 1961; Firenze, Univ., Ist. di Anatom. Umana Normale e di Patol. Gener.; ital.) — 1. vgl. Lo Sperimentale **1960,** 110. — Die Unterss. werden mit Zellen durchgeführt, die durch Perfusion mit *Äthylendiamintetraacetat* (I) isoliert u. 2mal mit einer 0,01m Ca^{2+}-Lsg. gewaschen wurden. Während die submkr. Morphologie ein prakt. normales Aussehen bei nur mit I behandelten Zellen aufweist, verstärkte Ca^{2+} zwar die Zellmembran, doch wird der übrige Teil der Zelle stark beschädigt (Koagulation der Mitochondrien u. des Ergastoplasmas usw.). F. Kren. 4150□

Über die Ultrastruktur isolierter Leberzellen von Ratten. 3. Mitt. **Durch einige Aminosäuren, Adenosintriphosphat und Glucose, die dem Medium zugesetzt werden,**

verursachte Modifikationen. M. G. Buccíolini und G. Marsilii. (Boll. Soc. ital. Biol. sperim. **37,** 126—27, 15/2. 1961; Firenze, Univ., Ist. di Anatom. Umana Normale e Patol. Gener.; ital.) — Vgl. vorst. Referat. — Es wird untersucht, ob in Ggw. von *Aminosäuren* (*Glutaminsäure, Histidin, Lysin, Arginin, Cystein, Alanin*), *Glucose* u. *Adenosintriphosphat* die isolierten Rattenzellen ein bes. submkr. Aussehen zeigen, das auf eine Aktivierung des Ergastoplasmas zurückzuführen ist. Die mit vorst. Stoffen inkubierten Zellen sind trotz gewisser Schäden (durch Hypoxie) akt. als Kontrollzellen, u. zwar ist die Protein-Synth. aktiviert. F. Kren. 4150□

Über die Verteilung der einzelnen Eiweißfraktionen auf die Strukturelemente der Zellen von Leber und Niere. Ss. Ja. Kaplanski und O. B. Kusowlewa. (Биохимия [Biochemie] **26,** 603—07, Juli/Aug. 1961; Moskau, Inst. für biol. u. med. Chemie der Akad. der med. Wiss. der UdSSR, Labor. für Pathol. des Eiweißumsatzes u. für Immunochemie; russ., Auszug: engl.) — Vgl. C. **1957,** 12219. — Durch papierelektrophoret. Unters. der lösl. Proteine der Kerne, Mitochondrien, Mikrosomen u. des Hyaloplasmas aus Leber u. Nierenzellen der Ratte wird festgestellt, daß die *Albumine* (I) vorwiegend im Hyaloplasma vorkommen. In den Granula ist die I-Menge so gering, daß ein elektrophoret. Nachw. nicht möglich ist. Hauptbestandteil der lösl. Proteine der Leberkerne ist die Fraktion, die der Beweglichkeit nach den *β-Globulinen* (II) des Blutserums entspricht, ferner die Fraktion, welche der Beweglichkeit nach langsamer als γ-II wandert. In den Mitochondrien u. im Hyaloplasma kommen alle Eiweißfraktionen vor, die im Leberhomogenat nachweisbar sind; am stärksten vertreten sind die wenig beweglichen Proteine. In den Mikrosomen der Leber werden keine Proteine beobachtet, die eine größere elektrophoret. Beweglichkeit aufweisen als die β-II des Blutserums, auch keine der gleichen Beweglichkeit wie γ-II. Alle lösl. Proteine der Mikrosomen bestehen aus der Fraktion der gleichen Beweglichkeit wie β-II u. aus langsamen Proteinen. In der Niere ist die Verteilung der einzelnen Eiweißfraktionen gleichmäßiger als in den Leberzellen. Ebenso wie in der Leber wird I in der Niere nur im Hyaloplasma beobachtet. In den Kernen u. im Hyaloplasma der Niere fehlen die Proteine der Art α-II. Am stärksten vertreten sind die den β-II entsprechenden Proteine. Die β-II entsprechende Fraktion ist am stärksten in den Mikrosomen vertreten. O. Lebtag. 4150□

Histochemischer Nachweis von Aldehyden durch p-Phenylendiamin. V. Scarselli. (Nature [London] **190,** 1206—07, 24/6. 1961; Milano, Ist. Biochim. Ital.; engl.) — Es wird ein histochem. Nachw. von *Aldehyden* beschrieben, der darauf beruht, daß Aldehyde die Geschw. der Oxydation von p-Phenylendiamin durch H_2O_2 stark vergrößern. Der vorbereitete Schnitt wird 15 Min. mit 1% p-Phenylendiamin-Lsg. u. 1,5% H_2O_2 unter Lichtabschluß versetzt, darauf mit dest. W. gewaschen u. 5 Min. mit 1% neutraler Goldchlorid-Lsg. behandelt u. wieder gewaschen. Aldehyde enthaltende Stellen erscheinen bläulich-violett. Der Nachw. ist spezif., nur Nitrile, Aldehydammoniak u. Bisulfite geben die Rk. noch. Wenn vorher p-Nitrophenylhydrazin, Hydroxylaminhydrochlorid bzw. Anilin auf das Gewebe gebracht werden, wird die Rk. durch Bindung der Aldehyde verhindert. G. Ziebarth. 4150□

Histochemische Untersuchungen über saure Mucopolysaccharide. Neue Methoden mit Fluorescenzfarbstoffen. Jun Toriumi, Toshio Inoue und Mitsuhiko Ishida. (Acta pathol. japon. **9,** 343—50, Dez. 1959; Jikei, Univ. School of Medicine, Dep. of Path.; engl.) — In mkr. Schnitt-Präpp. können *saure Mucopolysaccharide* durch Anfärben mit verschiedenen Fluorescenzfarbstoffen dargestellt werden. Nach Vorbehandeln der Schnitte mit Al^{3+} (z. B. gesätt. wss. Lsgg. von $Al_2(SO_4)_3$, $AlCl_3$) erwiesen sich Euchrysin GNX u. Choriphosphin (gefärbt bei pH 2,2) als bes. geeignet. Herbert Koch. 4150□

Formalinextraktion der Lipide aus Rattenleber-Zellkernen. P. B. Gahan. (Biochem. J. **81,** 11P—12P, Okt. 1961; London, Royal College of Surgeons of England, Dep. of Pathology; engl.) — Anknüpfend an frühere Beobachtungen über die Lipidextraktion aus Geweben durch Formalin (Chayen u. Mitarbeiter; C. **1961,** 1542) werden analoge Verss. mit den aus Rattenleber isolierten Zellkernen durchgeführt, isoliert nach Frazer u. Davidson (C. **1954,** 2190) u. anschließend behandelt nach Baker mit 1% $CaCl_2$ in 4%ig. Formaldehyd (1946). Das dergestalt fixierte Material liefert beim Schütteln mit $CHCl_3$ positive Rkk. für Phospholipide u. Polysaccharide. Das nach Verseifen mit KOH bzw. mit $Ba(OH)_2$ papierchromatograph. untersuchte Material läßt die Ggw. von *Palmitin-* u. *Stearinsäure*, von *Glycerophosphat* u. von *Cholin* erkennen, Verbb., die somit Bausteine derNucleine in wohl komplexer, aber mit Formalin extrahierbarer Form darstellen. K. Täufel. 4150□

Polyribonucleotidbiosynthese im Zellkern und Zellplasma von Säugetierzellen. R. H. Burdon und R. M. S. Smellie. (Biochem. J. **79,** 30P—31P, 1961; Glasgow, Univ., Dep. of Biochem.; engl.) — Aus Ascitestumorzellen wurden zwei Enzymfraktionen, eine Zellplasmafraktion A (a) u. eine Zellkernfraktion A (b) gewonnen. Unter Verw. von markiertem *Uridintriphosphat* (*UTP*) wurde nachgewiesen, daß durch b eine stärkere Inkorporation bewirkt wird als durch a. Zusatz von RNS aus Ascites-Zellkernen in Ggw. von a oder b bewirkt einen verstärkten Einbau von UTP, wogegen Plasma-*RNS* einen viel geringeren Effekt hat. E. Lodemann. 4150□

Die Biosynthese der Ribonucleinsäure. Severo Ochoa. (Inst. int. Chim. Solvay, Cons. Chim. **1959**, 241—71, New York, New York Univ. Coll. of Med., Dep. of Biochem.; engl.) — Übersicht. *Polynucleotidphosphorylase* (Stöchiometrie u. Gleichgewicht, Vork.); biosynthet. *Polynucleotide* (I) (Konstit.); deren Beziehung zu Ribonucleinsäure (Molgew., Röntgenbeugung, Wechselwrkg. mit Tabakmosaikvirusprotein, Nucleotid-Zus., biolog. Aktivität); I-Wechselwrkg., Mechanismus der I-Synth. (Auslösung durch Oligo- u. Polynucleotide, Primerfunktion); weitere Syst. der I-Synthese. Diskussion. — 58 Literaturangaben. K. Maier. 4150□

Die biologische Funktion der Nucleinsäuren. J. Brachet. (Inst. int. Chim. Solvay, Cons. Chim. **1959**, 13—44, Bruxelles, Univ. Libre; franz.) — Übersicht. Funktion der *Desoxyribonucleinsäure* (I) bei der Übertragung der Erbeigg., genet. Funktion der *Ribonucleinsäure* (II), Beteiligung von I u. II an der Protein-Synth., Beziehungen zwischen I, II u. Proteinen in der lebenden Zelle. — 34 Literaturangaben. Diskussion. K. Maier. 4150□

Nucleinsäurestoffwechsel während der Regeneration von Wundgewebe. Martin B. Williamson und Wilhelm Guschlbauer. (J. biol. Chemistry **236**, 1463—66, Mai 1961; Chicago, Ill., Loyola Univ., Stritch School of Med. and Graduate School, Dep. of Biochem.; engl.) — Die Regeneration von Wundgeweben (Wg) bedingt nicht nur die starke Neubldg. von Zellen, sondern auch eine erhöhte *Protein*-Synthese. Verss. an Albinoratten ergaben, daß im Verlauf der ersten acht Tage nach der Verwundung dreimal so viel *RNS* wie *DNS* im Wg angesammelt werden. Danach fällt der RNS- u. DNS-Geh. wieder ab. Der RNS-Geh. in Leber u. Niere fällt bis zum achten Tag u. steigt bis zum 15. Tag wieder auf einen Wert an, der höher als der Normalwert ist. E. Lodemann. 4150□

Die Umwandlung von phageninduzierter Ribonucleinsäure in Desoxyribonucleotide in vitro. Seymour S. Cohen, Hazel D. Barner und Janet Lichtenstein. (J. biol. Chemistry **236**, 1448—57, Mai 1961; Philadelphia, Pa., Univ. School of Med., Dep. of Biochem.; engl.) — Der Abbau von *$T6r^+$*-Phagen-induzierter *Escherichia coli-RNS* u. ihre Umwandlung in *Desoxyribonucleotide* (I) wurde untersucht. Bei Verw. von *$^{14}C_{(2)}$-Uracil* markierter (m.) RNS wurde bei Ggw. von exogenem *red. Nicotinamidadenindinucleotidphosphat* (NADH) eine Abnahme der Radioaktivität (RA) der RNS festgestellt. Etwa die Hälfte der verschwundenen RA (nach 30 Min.) wurden in den I wiedergefunden, weitere 20% der RA wurden als *3'-Ribonucleotide* u. freies *Uracil* identifiziert. Abwesenheit von exogenem *Glucose-6-phosphat* u. NAD hemmen die I-Bldg. zu ca. 80%. Überschuß von nicht m. *Uridin*- u. *Cytidintriphosphat* hemmt die Bldg. von m. I, während ein Überschuß von nicht m. Phagen-spezif. RNS ohne Einfl ist. Es wird der Schluß gezogen, daß die Bldg. der *Desoxyribose* aus der *Ribose* nicht in oder an der RNS-Kette, sondern nach Abbau der RNS auf der Stufe der *5'-Ribonucleotide* bei Ggw. von NADH erfolgt. E. Lodemann. 4150□

Der Einbau von ^{14}C-markierten Vorstufen in die Ribonucleinsäure der Rattenleber nach Verabreichung eines verhältnismäßig unzureichenden Gemisches an Aminosäuren. H. N. Munro und C. M. Clark. (Biochim. biophysica Acta [Amsterdam] **33**, 551—53, Juni 1959; Glasgow, Univ., Dep. of Biochem.; engl.) — 7 Tage lang mit einer proteinfreien Diät gefütterten Ratten wird am 8. Tag entweder eine Nährlsg. aus sämtlichen essentiellen L-Aminosäuren verabreicht oder die gleiche Lsg., der lediglich *Tryptophan* (I) fehlt. Unmittelbar darauf wird den Ratten i.m. entweder $^{14}C_{(2)}$-Glycin oder $^{14}C_{(6)}$-Orotsäure injiziert. Die Aufnahme an ^{14}C durch die Purin- u. Pyrimidinbasen der Leber wird zu verschiedenen Zeitpunkten nach der Injektion bestimmt; dabei zeigt sich eine Verringerung der Isotopenaufnahme durch sämtliche 4 Basen im Falle der Verabreichung des I-freien Aminosäurengemisches. I-Mangel beeinflußt stärker die Aufnahme der Vorstufen durch die 6-Aminobasen als durch die 6-Ketobasen, u. somit ist statist. ein deutlicher Abfall in den Quotienten zwischen den Aktivitäten von Ribonucleinsäuren(II)-Cytosin zu II-Uracil u. von II-Adenin zu II-Guanin festzustellen. Es wird geschlossen, daß die Stabilität der II des Zellsaftes von ausreichender u. vollständiger Zufuhr der für die Protein-Synth. notwendigen Aminosäuren abhängig ist. E. Uhlein. 4150□

Die Wirkung der Winkelgeschwindigkeit auf das Sedimentationsverhalten von Desoxyribonucleinsäure und Tabakmosaik-Virus in der Ultrazentrifuge. John E. Hearst und Jerome Vinograd. (Arch. Biochem. Biophysics **92**, 206—15, Febr. 1961; Pasadena, California Inst. of Technol., Gates and Crellin Labor. of Chem.; engl.) —

Desoxyribonucleinsäure aus T-4-Bakteriophagen u. *Escherichia coli* sowie Tabakmosaikvirus zeigen eine Abhängigkeit der Sedimentations-Koeff. u. der Sedimentationsgrenzformen von der Winkel-Geschw. bei der Ultrazentrifugation. Der Effekt ist abhängig von der Konz. u. dem Molgewicht. Die Ergebnisse wurden aus dem Verh. in hohen Drehbereichen ermittelt u. daraus extrapoliert. Eine theoret. Erklärung der Ergebnisse war noch nicht möglich. M. W. Görlich. 4150□

Dünnschicht-Chromatographie von Nucleotiden auf Schichten von Cellulose-Ionenaustauschern. K. Randerath. (Nature [London] **194,** 768—69, 26/5. 1962; Darmstadt, Techn. Hochschule, Inst. f. Organ. Chem.; engl.) — Es wird eine Meth. beschrieben, auf Schichten von *Ecteola-* oder *Diäthylaminoäthyl–Cellulose* dünnschichtchromatograph. unter Verw. von 0,02n bis 0,04n HCl als Lsgm. Nucleotide zu trennen. Die R_F-Werte von *Adenosindi-* u. *-triphosphat, Guanosindi-* u. *-triphosphat, Cytidindi-* u. *-triphosphat* sowie *Uridindi-* u. *-triphosphat* sind für die verschiedenen Lsgm.-Syst. angegeben. Die Trennung der 4 Triphosphate untereinander dauert 60—100 Min., die Trennung kleiner Mengen (ca. 10^{-8} Mol) eines Diphosphates von seinem entsprechenden Nucleosid–Triphosphat ist innerhalb 5—10 Min. möglich.
S. Dittmann-Mitzscherlich. 4150□

Gegenstromverteilung der löslichen Ribonucleinsäure. M. Tada, M. Schweiger und H. G. Zachau. (Hoppe-Seyler's Z. physiol. Chem. **328,** 85—93, 1962; München, MPI für Biochem.; Köln, Inst. für Genetik; dt.) — Die *lösl. Ribonucleinsäuren* (I) sind Nucleinsäurefraktionen mit Molgew. von 20000—30000. Für jede Aminosäure existiert eine spezif. I, die für die Übertragung dieser Aminosäure bei der Proteinbiosynth. notwendig ist. Zur Prüfung der biol. Funktion der einzelnen I wird eine Meth. zur Fraktionierung u. Reinigung entwickelt. Die Anreicherung der verschiedenen I-Fraktionen wird über die Acceptoraktivität der I für eine spezif. radioakt. Aminosäure verfolgt. Werden zur Fraktionierung wss. Lsgg. natürlicher oder synthet. Polymerer verwendet, die ohne Zusatz organ. Lsgm. zweiphasige Syst. bilden, so führt eine 16stufige Verteilung der I in z. B. Polyvinylpyrrolidon/Dextran-Lsg. nur zu einer geringen Trennung der Maxima der *Leucin-*, *Alanin-* u. *Glycin*-Acceptoraktivität. Die Trennung wurde daher mit dem Tributylammoniumsalz der I wiederholt. Zur Gegenstromverteilung wurde das Syst. n-Butanol/W./Tri-n-butylamin/Eisessig/Di-n-butyläther (100 : 130 : 10 : 2,5 : 24—31) verwendet. Nach der Gegenstromverteilung wird I aus den Fraktions-Lsgg. durch Zugabe von 2% K-Acetat u. wenig A. ausgefällt, wobei die wss. u. organ. Phase mischbar werden. Durch 25stufige Verteilung von 1,1 g I wird die *Serin*-spezif. I um das 10fache u. die *Valin*-spezif. I um das 9fache angereichert. Zur Fraktionierung wurde Ribonucleinsäure (RNS) aus Rattenleber verwendet, von der durch Behandlung mit 0,5m NH_2OH, pH 8,0, oder mit 0,1m Na_2CO_3, pH 10, die Aminosäuren abgespalten wurden. Hochmol. RNS wurde durch Fällung aus 1m NaCl-Lsg. von I abgetrennt. Die Verteilungs-Koeff. der I-Fraktionen in verschiedenen Syst. werden angegeben. L. Träger. 4150□

Metallgehalt der „löslichen" Fraktion der Ribonucleinsäuren. Robert W. Holley und Victor A. Lazar. (J. biol. Chemistry **236,** 1446—47, Mai 1961; Ithaca, N.Y., U.S. Dep. of Agricult., Agricult. Res. Serv., D.S. Plant, Soil a. Nutrit. Labor.; engl.) — Der *Fe-* u. *Zn*-Geh. der „lösl." *RNS*-Fraktion von Bäckerhefe wurde zu 0,2—0,3 Atomen pro Mol. RNS bestimmt. Weitgehende Entfernung der Metallionen (M) durch Dialyse gegen *K-Äthylendiamintetraacetat* verursachte keine Änderung in der *Aminosäureacceptoraktivität* der RNS. Hieraus geht hervor, daß die M kein wesentlicher Strukturbestandteil der akt. RNS sind. E. Lodemann. 4150□

Wirkungen von 5-Bromdesoxyuridin und 5-Fluordesoxyuridin auf den Nucleinsäurestoffwechsel in Knochenmarkszellen des Kaninchens. Jack C. Wilson und James S. Dinning. (Proc. Soc. exp. Biol. Med. **108,** 366—69, Nov. 1961; Little Rock, Ark., Univ. of Arkansas, School of Med., Dep. of Biochem.; engl.) — Bei in-vitro-Verss. erwies sich *5-Bromdesoxyuridin* (I) als kompetitiv hemmend gegenüber dem Einbau von *$^{14}C_{(2)}$-Thymidin* (II) in die *Desoxyribonucleinsäure* (DNS) des Kaninchenknochenmarks; I wird offensichtlich an Stelle von II zur DNS-Biosynth. verwendet; das Knochenmark ist ziemlich empfindlich gegenüber der Wrkg. von I. Im Gegensatz dazu beeinflußt *5-Fluordesoxyuridin* die II-Inkorporierung oder den Einbau von *^{32}P* in die Knochenmarks-DNS sowie den Einbau von *^{14}C-Formiat* (III) in die *Ribonucleinsäure* nicht eindeutig, hemmt jedoch die Verwertung von III für die DNS-Synth. als Ausdruck einer Interferenz mit der II-Bildung. U. Tausendfreund. 4150□

Untersuchungen zur Frage der antigenen Eigenschaften von Nucleinsäuren. G. Pasternak, F. Hoffmann, H. Bielka und L. Venker. (Pathol. et Microbiol. [Basel] **23,** 392—406, 1960; Berlin–Buch, Inst. f. Med. u. Biol. der Deutschen Akad. der Wiss., Arbeitsbereich Biol.; dt.) — Aus Mäuseleukose, transplantablen Mäusetumoren,

Hühnerembryonalgewebe u. a. wurde *Desoxyribonucleoproteid* gewonnen. Die Darst. der Desoxyribonucleinsäure (DNS) erfolgte nach 3 Meth., mit diesen DNS wurden Kaninchen immunisiert. Die gewonnenen Immunseren wurden für die Komplementbindungs-Rk. (KBR) mit verschiedenen DNS als Antigen u. für Agglutinations- u. Hämolyse-Verss. mit Mäuseerythrocyten verwendet. Die KBR u. der Agglutinations-Vers. waren in vielen Fällen positiv u. die Titerhöhe der Immunseren war vom Protein-Geh. der zur Immunisierung verwendeten DNS abhängig. Die KBR fiel um so stärker aus, je höher der Protein-Geh. der für die KBR benutzten DNS war. Die Ergebnisse der Hämolyse- u. Agglutinations-Verss. stimmten mit den bei der KBR gemachten Beobachtungen überein. Verss. zur Klärung der Spezifität der Antikörper zeigten ihre Affinität zu verschiedenen Eiweißbestandteilen der Gewebezellen. E. Fischoeder. 4150□

Immunologische Differenzen der Desoxyribonucleoproteine der weißen Blutkörperchen normaler und leukämischer Menschen. Luigi Messineo. (Nature [London] **190,** 1122—23, 17/6. 1961; Pa., Pittsburgh, Univ., Dep. of Biophys.; engl.) — Vf. prüft, ob *Desoxyribonucleoproteine* (I) von normalen u. leukäm. Leukocyten immunolog. reagieren oder eine Kreuz-Rk. geben, ob sie in Kaninchen Antikörper-Bldg. hervorrufen u. normale I mit Kaninchenserum, das mit leukäm. I immunisiert ist, eine Kreuz-Rk. gibt bzw. umgekehrt. Die Leukocyten werden nach Beck u. Valentin isoliert u. die I bei 4° mit 0,01 m Glycin-Lsg. extrahiert u. bei 24000·*g* zentrifugiert. Antikörper-Bldg. wird durch dreimalige i.v. Injektion von 25—30 mg I mit wöchentlicher Pause hervorgerufen. Die Präzipitationen werden in Agar in 0,1 m Glycin-Lsg. durchgeführt. Serum von mit normalen I immunisierten Kaninchen gibt mit leukäm. I keine Kreuz-Rk. u. umgekehrt. Die Antikörper sind also spezif., so daß die I von normalen u. leukäm. Menschen strukturell verschieden sein müssen. G. Ziebarth. 4160□

Die biochemischen Besonderheiten der Geschwulstzelle. I. B. Sbarski. (Успехи Современной Биологии [Fortschr. gegenwärt. Biol.] **52,** 164—80, Sept./Okt. 1961; russ.) — Übersicht an Hand der Literatur. — 114 Literaturangaben. O. Lebtag. 4160□

Analyse des Thymuseinflusses bei der Leukämieentstehung. J. F. A. P. Miller. (Nature [London] **191,** 248—49, 15/7. 1961; London, Royal Cancer Hosp., Chester Beatty Res. Inst.; engl.) — Verss. an thyreoidektomierten Mäusen zeigten, daß die Thymusdrüse der Leukämieentstehung weder als Quelle eines leukämiebildenden Virus noch für die leukäm. Transformation besonders empfindlicher Zellen dient. Ferner ist fraglich, ob die Thymusdrüse als Wachstumsmedium des Virus dient. Jedoch stellt die Thymusdrüse ein Milieu dar, worin sich Lymphocyten viel rascher als in irgendeinem anderen lymphoiden Gewebe entwickeln können. K. Maier. 4160□

Die Wirkung von Folsäure auf die in vitro-Aufnahme von markiertem Thymidin durch Leukämiezellen. Beatriz G. T. Pogo und Alice E. Moore. (Proc. Soc. exp. Biol. Med. **108,** 409—12, Nov. 1961; New York City, N.Y., Sloan-Kettering Inst. for Cancer Res., Div. of Exper. Pathol.; engl.) — Es wurde die Aufnahme von *³H-Thymidin* (I) durch Zellkulturen von normaler Milz (NM) u. von verschiedener Leukämie-befallener Mäusemilz (LM) untersucht. Die NM-Zellen nahmen immer mehr I auf als LM-Zellen. Werden Zellen von virus-induzierter LM jedoch mit hohen *Folsäure*-Konzz. (10 mg/Liter) kultiviert, erreichen auch sie Aufnahmewerte an I wie bei NM-Zellen. Dies konnte bei anderen LM-Zellen nicht beobachtet werden. E.-R. Lochmann. 4160□

Mit carcinogeninduzierten Tumoren bei Mäusen verbundene Chromosomenschäden. June Lee Biedler, Lloyd J. Old und Donald A. Clarke. (Nature [London] **192,** 286—88, 21/10. 1961; Ryo, N.Y., Cornell Univ. Med. Coll., Graduate School of Med. Sci., Sloan-Kettering Div., Sloan-Kettering Inst. for Cancer Res., Div. of Exp. Chemotherapy; engl.) — Vff. stellten fest, daß in den Zellen von durch *10-Methylcholanthren* oder *3.4.9.10-Dibenzpyren* induzierten Tumoren bei Mäusen regelmäßig ein bestimmter Prozentsatz an Chromatidbruchstücken auftritt. H. Kockert. 4160□

Über den Proteinbindungsmechanismus des Carcinogens N-Fluorenyl-(2)-acetamid durch Rattenleber. Ionenaustauschchromatographie der löslichen Fraktion. U. S. Seal und H. R. Gutmann. (Arch. Biochem. Biophysics **95,** 1—11, Okt. 1961; Minneapolis, Minn., Univ. of Minnesota, Dep. of Physiol Chem. and Veterans Admin. Hosp., Radioisotope Serv.; engl.) — 8—12 Std. nach intraperitonealer Injektion von *$^{14}C_{(9)}$-N-Fluorenyl-(2)-acetamid* erreichte die an Protein gebundene Aktivität in der Rattenleber ein Maximum. Die stärkste Aktivität zeigte die lösl. Fraktion, an 2. Stelle stand das ganze Homogenat. Das Maximum der Mikrosomen lag bei 2 Std., hier erfolgte nach 8 Std. jedoch keine weitere Abnahme. Die an Protein gebundene Radioaktivität der lösl. Fraktion konnte an Diäthylcellulose mit 88—98%ig. Ausbeute fraktioniert werden. Die Ribonucleinsäuren zeigten keine Aktivität. In den Serumproteinen war die Aktivität in der Albuminfraktion zu finden. W. Hiller. 4160□

Einfluß von Polyvinylpyrrolidon auf die durch 3.4-Benzypren verursachte experimentelle Krebsbildung. André Chevallier, J. Chambron und S. Manuel. (C. R. Séances Soc. Biol. Filiales **155,** 895—97, 1961; Strasbourg, Fac. de Méd., Inst. de Physique biol.; franz.) — Vff. stellten fest, daß nach Injektion von 500 γ *3.4-Benzpyren* in einer 40 %ig. *Polyvinylpyrrolidon* (I)-Lsg. in Wistarratten die Cancerogenese gehemmt ist. *NaSCN*, dieser Lsg. hinzugefügt, hebt die die Cancerogenese hemmende Wrkg. von I wieder auf. Einen weit weniger ausgeprägten Hemmeffekt auf die Cancerogenese als I übt eine 75 %ig. *Saccharose*-Lsg. aus. H. Kockert. 4160 □

Über den Wirkungsmechanismus von Polyvinylpyrrolidon bei der experimentellen Krebserzeugung durch 3.4-Benzpyren. André Chevallier, S. Manuel und J. Chambron. (C. R. Séances Soc. Biol. Filiales **155,** 916—18, 1961; franz.) — Vgl. vorst. Referat. — Die in Ggw. von *Polyvinylpyrrolidon* (I) beobachtete verminderte carcinogene Wrkg. von *3.4-Benzpyren* (II) bei Wistarratten findet ihre Erklärung in einer schnelleren Elimination von II in Ggw. von I. Hingegen ist die II-Ausscheidung in Ggw. von I u. *NaSCN* geringer u. damit die carcinogene Wrkg. von II größer. H. Kockert. 4160 □

Neue Untersuchungen über die Krebsresistenz des Meerschweinchens und die cancerogene Wirksamkeit von 9.10-Dimethyl-1.2-benzanthracen beim Meerschweinchen. M. Mosinger. (C. R. Séances Soc. Biol. Filiales **155,** 863—65, 1961; Marseille, Univ. d'Aix, Sect. carcinologique de l'Inst. de Méd. légale, d'Hygiène ind. et de Méd. du Travail; franz.) — Vf. stellte fest, daß die Krebsresistenz des Meerschweinchens sehr ausgeprägt ist. Nach einmaliger subkutaner Injektion von 1—2 mg *9.10-Dimethyl-1.2-benzanthracen* (I) pro Tier macht sich keine Sarkom-Bldg. bemerkbar, u. zwar auch nach wiederholter I-Injektion noch nicht. Erst nach höheren I-Dosen (10 mg) erscheinen innerhalb von 9 Monaten an der Injektionsstelle fusocelluläre Sarkome. Nach Implantation von 25 mg I treten innerhalb von 7 Monaten bei 50 % der getesteten Tiere Sarkome auf; einige Tiere dieser Gruppe zeigen tumoriforme Rkk., die jedoch vollständig wieder verschwinden. 50 mg I verursachen innerhalb von 6 Monaten bei 50 % der zur Unters. herangezogenen Meerschweinchen Sarkombildung. — Die erhaltenen Sarkome zeigen verschiedene histolog. Struktur. Mit einer Sarkom-Bldg. geht stets eine Leukose einher. Die sarkomatösen Meerschweinchen zeigen nur selten Metastasenbildung. H. Kockert. 4160 □

Über die Diagnostik maligner Tumoren mittels Untersuchung von Körpersäften. W. H. Hauss und S. Ritter. (Mitteilungsdienst Ges. Bekämpf. Krebskrankh. Nordrhein-Westfalen **2,** Nr. 3/4, 89—92, März/April 1961; Münster, Univ., Med. Klin. u. Poliklin.; dt.) P. Gregorzewski. 4160

Proliferationshemmende Pharmaka. Egon Hannig. (Pharmaz. Zentralhalle Deutschland **100,** 103—09, März 1961; Halle/Saale, Univ., Pharm. Inst.; dt.) — Übersicht. Besprochen werden: Desacetyl-N-methylcolchicin, Stickstofflost, dessen N-Oxid, Tris-[β-chloräthyl]-amin, N-[4-(γ-Carboxypropyl)-phenyl]-N.N-bis-[β-chloräthyl)-amin, N-[4-(β-carboxy-β-aminoäthyl)-phenyl]-N.N-bis-β-chloräthylamin, Dopan, Endoxan, Bayer E 39, TEM, Tiofosyl, Cealysin, Myleran, 4.4'-Diamidinostilben, 4.4'-Diamidino-1.5-diphenoxypentan, Actinomycin C, Patulin, Azaserin, Aminopterin u. A-methopterin, 6-Mercaptopurin, 5-Fluoruracil, 8-Azaguanin u. Stilböstroldiphosphat. P. Gregorzewski. 4160 □

Wirkung chemotherapeutischer Substanzen auf die virusinduzierte Friend-Leukämie bei Mäusen. Edwin A. Mirand, Nathan Back, Theodore C. Prentice, Julian L. Ambrus und James T. Grace jun. (Proc. Soc. exp. Biol. Med. **108,** 360—63, Nov. 1961; Buffalo, N.Y., Roswell Park Mem. Inst.; engl.) — Von geprüften neueren u. bekannten chemotherapeut. Mitteln waren gegenüber der virusinduzierten Friend-Leukämie der Maus (gemessen an der Verminderung des Milz-Gew., der ^{59}Fe-Aufnahme durch die Milz u. Mortalität) wirksam: *Benzyl-N-[bis-(äthylenimino)-phosphoro]-carbamat*, *Äthyl-N-[bis-(2.2-dimethyläthylenimino)-phosphoro]-carbamat*, *6-Mercaptopurin*. Zu signifikanter Verminderung von Milz-Gew. u. ^{59}Fe-Aufnahme führte auch *Amethopterin* (*Methotrexat*), während *5-Fluorouridin*, *5-Fluor-2'-desoxyuridin* u. *5-Mercaptouracil* prakt. nur die Milzgröße vermindern u. *5.5'-Diuracilyldisulfid*, *5-Acetylmercaptouracil*, *5-Methylmercaptouracil*, *2.4-Diamino-7.8-dimethyl-2.4-desoxyalloxazin* u. *Methyl-N-[N'.N'-bis-(2-chloräthyl)-amidophosphoro]-carbamat* sich als unwirksam erwiesen. U. Tausendfreund. 4160 □

E$_2$. Enzymologie. Gärung

Wirkung des Zusatzes kleiner Serum-Mengen auf die Reaktionen für den histochemischen Nachweis einiger enzymatischer Aktivitäten. Ant. Pasqualino und A. H. Bourne. (Boll. Soc. ital. Biol. sperim. **37,** 118—21, 15/2. 1961; Palermo, Univ.,

Ist. di Semeiot. Chirurg. ; Atlanta, , USA, Emory Univ., Anatomy Dep.; ital.) — Die Unterss. werden an Nierenschnitten normaler Ratten durchgeführt, die in Substrat-Lsgg. eingetragen werden, die für die histochem. Best. der *alkal. Phosphatase* (I), der *5-Nucleotidase* (II) u. der *Bernsteinsäuredehydrogenase* (III) verwendet werden. Die Rkk. für I u. II werden abgeschwächt, wenn Serum der Ratte vor der Inkubation dem Substrat zugesetzt wird, nicht aber, wenn die Schnitte direkt nach dem Zusatz des Serums inkubiert oder mit Serum vorbehandelt werden; dagegen wird die Rk. auf III auch in diesem Fall vermindert. F. Kren. 4200 □

Cytochrom c-Oxydase aus Azotobacter vinelandii. Ennis C. Layne und Alvin Nason. (J. biol. Chemistry **231,** 889—98, April 1958; Baltimore, Md., Johns Hopkins Univ., McCollum-Pratt Inst.) — Aus Extrakten von mit Ultraschall zerkleinerten *Azotobacter vinelandii* wird durch Ultrazentrifugieren u. Behandeln mit $Ca_3(PO_4)_2$-Gel ein *Cytochrom c-Oxydase* (I)-Präp. gewonnen. Seine Haltbarkeit bei -15^0 beträgt mehrere Wochen, bei 4^0 nur wenige Stunden. Schnelle Inaktivierung erfolgt bei 37^0, wenn der pH-Wert <6 ist, bei Verdünnung mit 0,1 m Trispuffer (pH 7,5) auf <10 mg Protein/ml auch in Ggw. von Glutathion, Cystein oder Serumalbumin. Das wie angegeben hergestellte I-Präp. enthält noch Nicotinamidadenindinucleotid (NAD), NADP u. Bernsteinsäure-Cytochrom c-Reduktase. — I zeigt ein scharfes Optimum bei pH 7,5 in Tris- oder Glycylglycinpuffer, Phosphatpuffer hemmen die Aktivität vollständig. Die K_m-Werte für Ferrocytochrom c von Säugetieren bzw. den red. Cytochromen von A. vinelandii betragen $2{,}3 \cdot 10^{-5}$ bzw. $2{,}0 \cdot 10^{-5}$ m. — Unter Verw. von Säuger-Cytochrom c oder A. vinelandii-Cytochrom c_4 u. c_5 als Substrate wird die I-Aktivität durch Chelatbildner, Cyanid, Azid oder CO gehemmt, die Hemmung durch CO wird durch Licht wieder rückgängig gemacht. — Hierdurch wird eine Metallkomponente als Cofaktor wahrscheinlich. Hierdurch u. durch seine Löslichkeit unterscheidet sich I von Säugetierpräparaten. W. Schütze. 4210

Milchsäuredehydrogenasen aus Lactobacillus arabinosus. A. M. Snoswell. (Biochem. J. **79,** 22P—23P. 1961; Adelaide, Univ., Dep. of Biochem.; engl.) — Vf. bestätigt frühere Unterss. (C. **1960,** 9246); Dennis u. Kaplan, C. **1960,** 16129), daß *Lactobacillus arabinosus* zwei Paare stereospezif. *Milchsäuredehydrogenasen* enthält, von denen das eine Paar *DPN*-abhängig u. das andere *DPN*-unabhängig ist. Bei letztem handelt es sich offenbar um *Flavoproteine.* E. Lodemann. 4210 □

Oxydation von Glyoxylsäure zu Oxalsäure durch Glykolsäureoxydase. K. E. Richardson und N. E. Tolbert. (J. biol. Chemistry **236,** 1280—84, Mai 1961; East Lansing, Mich., Michigan State Univ., Dep. of Agric. Chem.; engl.) — *Glykolsäureoxydase* pflanzlichen u. tier. Ursprungs, die durch *Oxalsäure* u. *Tris-[hydroxymethyl]-aminomethan*-Puffer gehemmt wird, oxydiert (Reihenfolge nach abnehmender Affinität) *Glykolat* (I), *L-Lactat* u. *Glyoxylat.* In intakten Pflanzen wurde die Umwandlung von ^{14}C-I in ^{14}C-*Oxalat* nachgewiesen. E. Lodemann. 4210 □

Einfluß des Gefriertrocknens auf die Succindehydraseaktivität von Bakterien. W. M. Kuschnarew und W. A. Blagoweschtschenski. (Биохимия [Biochemie] **26,** 688—93, Juli/Aug. 1961; Moskau, Gamaleja-Inst. für Epidemiol. u. Mikrobiol. der Akad. der med. Wiss. der UdSSR, Abt. für Trocknung biolog. Präpp. u. Abt. für Biochem. der Mikroben; russ.) — Vgl. C. **1961,** 11752. — Untersucht wurde die *Succindehydrase* (I)-Aktivität von *Vibrio metschnikovi, Bacterium coli, P. tularensis* u. *Staphylococcus aureus* mit einer Überlebensrate beim Gefriertrocknen von ca. 8,0, 40,0, 50,0 bzw. 100%. An P. tularensis wurde gezeigt, daß die Geschw. der Red. von Tetrazolium ab 1,5 Milliarden Zellen in der Mikrobensuspension je 1 ml eine lineare Abhängigkeit von der Konz. der Suspension aufweist. Die aus der I-Aktivität errechnete Michaelis-Konst. K_M beträgt vor der Gefriertrocknung $2{,}8 \cdot 10^{-3}$, nach der Trocknung $6{,}2 \cdot 10^{-3}$. Die Verschiebung der I-Aktivität durch die Gefriertrocknung ist bei den Bakterien mit größerer Überlebensrate geringer als bei jenen mit geringer Überlebensrate. Bei V. metschnikovi beträgt K_M $7{,}6 \cdot 10^{-4}$ vor u. $300 \cdot 10^{-5}$ nach der Gefriertrocknung, bei St. aureus $3{,}4 \cdot 10^{-3}$ bzw. $2{,}6 \cdot 10^{-3}$. In Ggw. von Oxalacetat beträgt K_M bei P. tularensis $3{,}5 \cdot 10^{-3}$ vor u. $4{,}2 \cdot 10^{-2}$ nach dem Gefrieren. In Ggw. von Malonat beträgt K_M bei B. coli vor dem Gefrieren $3{,}5 \cdot 10^{-3}$, nach dem Gefrieren $8{,}6 \cdot 10^{-3}$. Aus den Ergebnissen wird geschlossen, daß beim Gefrieren die I selbst verändert wird, daß jedoch eine Störung der Elektronenüberführung zum O-Atom auch an anderen Stellen möglich ist. O. Lebtag. 4210 □

Die Pyridinnucleotidspezifität von Isocitronensäuredehydrogenase in pflanzlichen Mitochondrien. J. M. Tager. (Biochem. J. **79,** 22P, 1961; Pretoria, Univ., Margaretha Mes Inst. for Plant Physiol. and Biochem.; engl.) — Aus den Mitochondrien reifer Papayafrüchte (*Carica papaya* L.) wurde eine *Isocitronensäure* (I)-*dehydrogenase* isoliert, die eine hohe *DPN*-Spezifität zeigte. Bei Inkubation von *2.6-Dichlorphenolindophenol, Cytochrom c* oder O_2 zeigte das Enzym keine Oxydations-Wrkg. auf I, bevor nicht DPN zugesetzt wurde. *TPN* zeigte nur sehr geringe Wirkung.

E. Lodemann. 4210□

Direkter spektrophotometrischer Nachweis für die Oxydation der Tetrahydrofolsäure während der enzymatischen Synthese von Thymidinphosphat. Albert J. Wahba und Morris Friedkin. (J. biol. Chemistry **236,** PC11—PC12, März 1961; Boston, Mass., Tufts Univ., School of Med., Dep. of Pharmacol.; engl.) — Durch eine direkte photometr. Meth. wird der Nachw. erbracht, daß *5.10-Methylentetrahydrofolsäure* (I) nicht nur als C_1-Überträger bei der enzymat. Synth. des *Thyminnucleotids* (TMP) wirkt, sondern gleichzeitig die C_1-Gruppe zur Methylgruppe red., wobei I zu *Dihydrofolsäure* (II) oxydiert wird. Die Meth. beruht auf der Tatsache, daß man bei 338 mμ ein Absorptionsmaximum erhält, wenn man das UV-Spektrum von II gegen I mißt. Das Maximum steigt, je mehr der Geh. an II zu- u. an I abnimmt. Ferner wurde mit Hilfe ^{32}P-markierter Verbb. festgestellt, daß pro Mol II ein Mol TMP gebildet wird. Die Oxydation von I u. die Bldg. von TMP wird durch *5-Fluordesoxyuridinphosphat* u. durch die Tetrahydroformen von *Aminopterin* u. *A-methopterin* gehemmt.

E.-R. Lochmann. 4210□

Verteilung der Nicotinamiddesaminase in keimenden Hülsenfrüchten. M. A. Mukundan, T. K. Sundaram und E. R. B. Shanmugasundaram. (Current Sci. **30,** 461—62, Dez. 1961; Madras, Univ., Biochem. Labor.; engl.) — Sämtliche untersuchten gekeimten Hülsenfrüchte (*Phaseolus radiatus, Phaseolus mungo, Cicer arietinum, Dolichos bifulorus, Cajanus indicus, Phaseolus vulgaris, Zea mays*) zeigen in vitro *Nicotinamiddesaminase*-Aktivität. P. Gregorzewski. 4210□

Die Synthese von einheitlich markierter Ribonuclease durch Ochsen-Pankreasschnitte. J. M. Barry. (Biochem. J. **79,** 30Pa, 1961; Oxford, Univ., Dep. of Agricult.; engl.) — Schnitte von Ochsenpankreas wurden mit *^{14}C-L-Lysin* inkubiert. Die hieraus gewonnene *RNaseA* (6 mg) wurde mit Träger-RNase (60 mg) versetzt, oxydiert u. mit *Trypsin* verdaut. Die so erhaltenen *Peptide* (I) wurden säulenchromatograph. getrennt. Aus diesen I wurden 8 verschiedene *Lysin*-Proben (aus bekannten Stellungen in der Proteinkette) gewonnen, die ziemlich gleiche Radiaoktivität zeigten. Daraus geht hervor, daß Gewebeschnitte nicht immer ungleichmäßig markierte *Proteine* liefern (vgl. Vaughan u. Anfinsen, C. **1956,** 14090). E. Lodemann. 4210□

Die Carboxyl- und Amidgruppen der Peptidkomponente von Ribonuclease-S. Paul J. Vithayathil und Frederic M. Richards. (J. biol. Chemistry **236,** 1380—85, Mai 1961; New Haven, Conn., Yale Univ., Dep. of Biochem.; engl.) — Veresterung der *S-Peptidkomponente* (I) von *Subtilisin-modifizierter RibonucleaseA* (*RNase-S*) mit Methanol/HCl ergab den *Tetramethylester* (TE). Bei Mischung mit der *S-Proteinkomponente* (II) bildete TE einen Komplex, der 25—40% der enzymat. Aktivität (eA) eines analogen Komplexes mit der freien I besaß. Veresterung von RNase A mit Methanol/HCl führte zum Verlust der eA, die durch Zusatz von II teilweise zurückgewonnen wurde. Hydrolyse der *Amidgruppe* von I führt zum vollständigen Verlust der eA, ohne daß die Bindung zwischen I u. II dadurch beeinflußt wird. Vff. vermuten, daß die Amidgruppe wesentlich enger mit der eA verknüpft ist als die *Amino-*, die *Carboxyl-* bzw. die *Sulfid*-Gruppe. E. Lodemann. 4210□

Die Reaktion von Jodacetat mit Ribonucelase-S. Paul J. Vithayathil und Frederic M. Richards. (J. biol. Chemistry **236,** 1386—89, Mai 1961; engl.) — Vgl. vorst. Referat. — Behandlung der II (l. c.) von *RNase-S* mit *Jodacetat* bei pH 6, 40° führt zum Verlust der eA (l. c.) durch Alkylierung der *Methionin* (III)-Reste. II ist danach nicht mehr in der Lage, mit I (l. c.) einen Komplex zu bilden. Eine Rk. der *Histidin* (IV)-Seitenketten wurde hierbei nicht festgestellt. Bei analoger Behandlung von RNase-S wurden sowohl die III- wie die IV-Reste alkyliert. Für diese Rk. der IV-Reste ist wahrscheinlich die charakterist. dreidimensionale Struktur des akt. Enzyms erforderlich.

E. Lodemann. 4210□

Die Biosynthese der Thymidylsäure. 1. Mitt. **Vorläufige Untersuchungen an Extrakten von Streptococcus faecalis R.** Barbara M. McDougall und R. L. Blakley. (J. biol. Chemistry **236,** 832—37, März 1961; Canberra, Australian Nat. Univ., John Curtin School of Med. Res., Dep. of Biochem.; engl.) — Extrakte von *Streptococcus faecalis R.* bewirken die Synth. von *$^{14}CH_3$-Thymidylsäure* (I) aus *Desoxyuridylsäure* (II) u. *$^{14}C_{(3)}$-L-Serin.* Unter optimalen Bedingungen werden in Abwesenheit von Mg^{2+} ca. 50 mμMol I/mg Protein/Std. u. in Ggw. von Mg^{2+} 100 mμMol gebildet. Die Synth.

von I wird unter Verw. einer ^{14}C-markierten Vorstufe der I-Methylgruppe, durch Verdünnung der radioakt. I mit bekannten Mengen an Trägersubstanz u. Abbau des isolierten Nucleotids zu ^{14}C-Jodoform gemessen. Ersatz von II durch *Desoxycytidylsäure* bewirkt nur eine geringe I-Synthese. Desoxyuridin wird nur nach Zusatz von Mg^{2+} u. Adenosintriphosphat verwertet. Thymidin wird unter diesen Bedingungen nicht gebildet, wohl aber in geringer Menge aus II in Ggw. von Mg^{2+}. Die I-Synth. wird bei niedriger Substrat-Konz. u. in Abwesenheit von Pyridinnucleotiden durch die *Tetrahydrofolsäure* (III) bestimmt. Reduzierte Pyridinnucleotide stimulieren unter diesen Bedingungen die Synth., so daß die III katalyt. zu wirken scheint. III ist durch Dihydrofolsäure u. reduziertes Diphosphopyridinnucleotid ersetzbar. *Aminopterin* hemmt die I-Synthese. In Ggw. großer III-Mengen tritt keine Hemmung ein. Eine Umkehrung der Rk. II + $^{14}C_{(3)}$-Serin + III → I + Glycin + Dihydrofolsäure + H_2O wurde nicht beobachtet. L. Laschet. 4210□

Die Biosynthese der Thymidylsäure. 2. Mitt. **Vorläufige Untersuchungen mit Kalbsthymusextrakten.** V. K. Whittaker und R. L. Blakley. (J. biol. Chemistry **236,** 838—41, März 1961; Canberra, Australian Nat. Univ., John Curtin School of Med. Res., Dep. of Biochem.; engl.) — 1. vgl. vorst. Referat. — Extrakte aus acetongetrockneten Kalbsthymusdrüsen katalysieren ebenso wie die Bakterienextrakte die Methylierung von *Desoxyuridylsäure* (I) zu *Thymidylsäure* (II). Bei Desoxyuridin als Substrat ist für die Thymidin- u. II-Synth. ein Zusatz von Adenosintriphosphat erforderlich. Das eigentliche Substrat der Rk. ist daher I. ATP-Zusatz erhöht jedoch die II-Ausbeute aus I durch Umwandlung von Thymidin in II. Dimercaptopropanol, reduziertes Pyridinnucleotid u. Serin-Transhydroxymethylase sind unter bestimmten Bedingungen imstande, die Thymidin- u. II-Bldg. zu erhöhen. Die ^{14}C-Thymidin- u. II-Synth. wird durch Methionin, Fluorid oder Vitamin B_{12} nicht beeinflußt, durch 5-Fluordesoxyuridin aber stark gehemmt. L. Laschet. 4210□

Kinetik des enzymatischen Abbaus von Desoxyribonucleinsäure in kleinere Einheiten. Giorgio Bernardi und Charles Sadron. (Nature [London] **191,** 809—10, 19/8. 1961; Strasbourg, Centre de Rech. sur les Macromol.; engl.) — Vff. geben weitere Informationen (vgl. C. **1961,** 4736) über den enzymat. Abbau von *Desoxyribonucleinsäure* (*DNS*) aus Hühnererythrocyten (HE) mit Hilfe eines gereinigten Präp., dessen Aktivität ca. 100mal höher war als die des bereits beschriebenen Rohpräparates. Es wurden zwei Stadien des Abbaus erkannt: In der 1. Phase schnelles Absinken des Molgew. von ca. $6 \cdot 10^6$ auf ca. $5-6 \cdot 10^5$, in der 2. Phase stetiges Absinken mit einer geringeren Geschw., dabei Bldg. von säurelösl. *Nucleotiden* u. Anwachsen des UV-Absorptions-Koeff. bei 260 mμ. Für die weitere Charakterisierung wurde eine *saure DNase* aus der Thymusdrüse des Kalbs verwendet. Durchführung des Abbaus in einer lichtstreuenden Zelle bei 20° mit 30 ml 5—10 mg DNS/100 ml in Acetatpuffer pH 5,7, $\mu = 0,15$ u. 0,02 ml des Enzym-Präp. (10 γ Protein enthaltend). Der anfängliche Abfall von log(1 — R) gegen log t lag nahe 1, es wurde keine Verzögerung beobachtet (R = durchschnittliches Molgew./anfängliches Molgew.). Beim Abbau der hierbei entstandenen Bruchstücke vom Molgew. $7-9 \cdot 10^5$ wurde eine deutliche Verzögerung festgestellt, der anfängliche Abfall von log(1 — R) gegen logt lag nahe 2. Im Übergangsbereich zwischen beiden Abbauphasen ändert sich das Molgew. nicht. S. Vierkötter. 4210□

Copolymere von Adenylsäure mit Inosinsäure und Cytidylsäure. R. F. Steiner. (J. biol. Chemistry **236,** 842—48, März 1961; Bethesda, Md., Nat. Naval Med. Center, Naval Med. Res. Inst.; engl.) — Vgl. C. **1960,** 15078. — Durch Einw. von *Polynucleotidphosphorylase* aus *Micrococcus lysodeikticus* auf die Mischung entsprechender Diphosphate wurden Copolymere von *Adenylsäure* (I) u. *Cytidylsäure* (II) bzw. I u. *Inosinsäure* (III) dargestellt: Wenn die Menge des freigesetzten Phosphats nicht mehr wesentlich anstieg, wurde die Rk. in der Kälte gestoppt, auf pH 4,5 eingestellt u. durch Zusatz von Chlf. deproteinisiert. Das Copolymere wird mit A. gefällt u. chromatograph. bestimmt. Es konnten I/III-Copolymere mit einem Molgew. von 10^5-10^6 (S 12), hingegen I/II-Copolymere nur mit einer S von 3,4 hergestellt werden. Papierchromatograph. Unterss. von I/II-Copolymeren-Ribonuclease-Hydrolysaten ergaben 28% Cytidinmonophosphat, während bei statist. Verteilung der Basen 22% vorliegen müßten. Das I/II-Copolymere liegt in Form flexibler Fäden vor u. kann entsprechend den gemachten Vers.-Ergebnissen keine größeren Zonen mit Helix-Strukturen enthalten, wie das bei I/Uridylsäure-Copolymeren der Fall ist. Mit steigender Inosinat-Substitution vermindert sich der UV-Hypochroismus u. die Temp.-Abhängigkeit der Absorption; jedoch verschwinden beide Eigg. nicht völlig; bei einem Inosinat-Geh. von 70% bleibt ein Restbetrag von 50% bestehen. Die Säuretitrationskurve gibt bei pH 7 nur die durch die 6-Aminogruppe des Adenins bedingten Verhältnisse wider; bei pH 6 kommt es zu einem fast senkrechten Anstieg, der mit dem Übergang in die Säureform zusammenfällt. Mit steigendem Inosinat-Geh.

rückt der Kurvenwendepunkt weiter ins Saure; die Adeninreste werden durch **III** getrennt u. kommen nicht mehr zur Geltung; opt. Drehung u. therm. Abhängigkeit gehen dabei verloren. Erst bei erheblichem Inosinat-Geh. verlieren die Komplexe die Fähigkeit, sich an Polyuridylsäure zu doppelfädigen Strukturen anzulagern. Bes. auffallend ist das Verschwinden der charakterist. Strukturveränderungen der Polyadenylsäure bei niedrigem pH, die Verminderung der Schraubenstruktur u. die Erniedrigung des „Schmelzpunktes" im Komplex mit Polyuridylsäure; demnach sind die Komplexe wesentlich instabiler. L. Laschet. 4210□

Kinetische Untersuchungen der Phosphorolyse von Polyadenylsäure. Daniel D. Hendley und Roland F. Beers jun. (J. biol. Chemistry **236,** 2050—57, Juli 1961; Baltimore, Md., Children's Hosp., Inc., R. W. Johnson Labor.; engl.) — Ein *Polynucleotidphosphorylase* (**I**)-Präp. wurde aus Aceton-getrockneten Zellen von *Micrococcus lysodeikticus* nach Lysis durch fraktionierte Fällung mit $(NH_4)_2SO_4$ u. Protaminsulfat erhalten. Die Anfangsrate der Phosphorolyse erwies sich der Enzym-Konz. proportional. Die Phosphorolyse war von der Ggw. von Mg^{2+}-Ionen abhängig u. konnte durch Zusatz von *EDTA* auf Null herabgedrückt werden. Der optimale pH-Wert variierte mit der Mg-Konz. u. lag bei $8-15 \cdot 10^{-4}$ mol. bei pH 8,5. *KCl* wirkte aktivierend, jedoch wahrscheinlich allein durch Veränderung der Ionenstärke. K_m u. $V_{max.}$ bei variierender *Polyadenylsäure*-Konz. stiegen mit steigender Mg-Konz. an, so daß K_m mehr eine steady-state-Konst. als eine Gleichgew.-Konst. darstellt. Die Ionenstärke beeinflußte bei variierender Phosphat-Konz. $V_{max.}$ nicht, wohl aber K_m. Im Bereich von 10—37° wurde eine Aktivierungsenergie von 12,5 kcal. für die Polymerisation u. von 19,9 kcal. für die Phosphorylierung gefunden. Phosphat konnte bei der Depolymerisierung durch *Arsenat* ersetzt werden. J. Boelter. 4210□

Nucleotidasen von Clostridium propionicum. 1. Mitt. **Reinigung und Eigenschaften der von zweiwertigen Eisen abhängigen Nucleotidmonophosphatasen und Nucleotidpyrophosphatasen.** Elmer B. Brown jun. und Earl R. Stadtman. (J. biol. Chemistry **235,** 2928—34, Okt. 1960; Bethesda, Md., Nat. Inst. of Health, Labor. of Cellular Physiol., Inst. on Enzymes, Nat. Heart Inst.; engl.) — Zellfreie Rohextrakte aus *Clostridium propionicum* katalysieren die Zerlegung von *Diphosphopyridinnucleotid* (DPN) zu *Adenosin* (Ad) + *Ribosylnicotinamid* (RNA) + 2 Äquivalente Orthophosphat in strikter Abhängigkeit von einem koexistierenden Elektronen-Syst. (Federat. Proc. **16,** [1957]. 253). Bei Reinigung (isoelektr. Fällung bei pH 5,0, Fällen mit $(NH_4)_2SO_4$, Adsorption an $Al \cdot (OH_3)$ $C\gamma$ u. Elution) sowie Fraktionieren durch Erhitzen auf 100° (5 Min.) u. rasches Abkühlen auf 0° [wobei *Nucleotidpyrophosphatase* (**II**) zerstört wird] werden vier von Fe^{2+} abhängige *Nucleotidasen* (**I**) erhalten. Zwei von diesen sind *Nucleotidmonophosphatasen* (**IIIa, IIIb**), welche eine bemerkenswerte Beständigkeit gegen Erhitzen haben u. sich durch ihre Empfindlichkeit gegen 0,04 m Äthylendiamintetraacetat (**IV**) voneinander unterscheiden. Das andere Paar der **I** sind hitzelabile **II** (**IIa, IIb**), von denen **IIa** im Gegensatz zu **IIb** in **IV** ohne Wrkg. ist. — Durch F^- wird nur **IIIa** gehemmt; durch Kaliumjodacetat werden **IIIa, IIIb** u. **IIb**, nicht aber **IIa** gehemmt; durch Glutathion (in Ggw. von Fe^{2+}) werden **IIa** u. **IIIa** aktiviert, **IIb** u. **IIIb** aber stark gehemmt. — **IIIa** u. **IIIb** zeigen zwischen pH 6,0 u. 9,2 fast konst. Wirkung. — Fe^{2+} als Aktivator kann bei **II** u. **III** nicht ersetzt werden durch: Mg^{2+}, Mn^{2+}, Hg^{2+}, Ba^{2+}, Cu^{2+}, Zn^{2+}, Ca^{2+}, Cd^{2+}, Ni^{2+}, Sn^{2+}, Pb^{2+}, Bi^{2+}, Al^{3+} oder Fe^{3+}; Mg^{2+} u. Mn^{2+} bewirken bei **IIIa** nur ca. 10—15% der von Fe^{2+} bewirkten Aktivierung, wogegen die anderen Metalle ohne Wrkg. sind; **IIIb, IIa** u. **IIb** werden durch andere Metalle als Fe^{2+} überhaupt nicht beeinflußt. — **IIIa** wird durch Arsenat, nicht aber durch Orthophosphat gehemmt; **IIa** u. **IIb** werden durch beide genannten Verbb. gehemmt. — **IIb** wird durch Adenosintriphosphat stark gehemmt; durch organ. Hg-Verbb. wird **IIb** stärker gehemmt als **IIa.** — Zu der (eingangs angeführten) Gesamt-Wrkg. auf DPN ist aufeinanderfolgende Wrkg. von **II** u. **III** erforderlich. Es wird folgender Rk.-Mechanismus für wahrscheinlich gehalten: DPN $\xrightarrow{\text{IIa, IIb}}$ Adenosinmonophosphat (AMP) + Nicotinmononucleotid (NMN); AMP $\xrightarrow{\text{IIIa, IIIb}}$ Ad + anorgan. P; NMN $\xrightarrow{\text{IIIa + ? IIIb}}$ RNA + anorgan. P.

A. Hesse. 4210□

Nucleotidasen von Clostridium propionicum. 2. Mitt. **Rolle des Elektronentransportsystems bei der Aktivierung einer Diphosphopyridinpyrophosphatase.** Earl R. Stadtman, J. M. Earl und Elmer B. Brown jun. (J. biol. Chemistry **235,** 2935 bis 2938, Okt. 1960; engl.) — 1. vgl. vorst. Referat. — Zellfreie Extrakte von *Clostridium propionicum* enthalten zwei Proteinfraktionen A u. B, welche die Spaltung Nicotinamid-adenindinucleotid (NAD) zusammen mit Riboflavinphosphat u. katalyt. Mengen von NADH in Ggw. von Äthylendiamintetraacetat katalysieren. Diese Rk. wird in Ggw. von hohen Konzz. reduzierender Mittel (z. B. Mercaptane, Ascorbinsäure, Tetrahydrofolsäure, Fe^{2+}) von Fraktion B allein katalysiert. Die *NAD-Pyrophosphatase* wird vollständig durch Fe^{2+}-Chelatbildner (z. B. 1.10-Orthophenanthrolin oder α.α'-Dipyridyl) gehemmt. Dialyse gegen Komplexbildner führt zu Enzym-Präpp., die durch Fe^{2+} spezif. aktiviert werden. A u. B enthalten eine mit DPNH verbundene $Fe^{3+} \rightarrow Fe^{2+}$-Reduktase. — Vff. schließen auf Vorliegen eines spezif. Fe^{3+}-Reduktase-Syst. in Fraktion A, das die Red. von an NAD-Pyrophosphatase gebundenem Fe^{3+} in Fraktion B katalysiert u. damit diese Fraktion aktiviert. A. Hesse. 4210□

Phosphoglykolsäurephosphatase. K. E. Richardson und N. E. Tolbert. (J. biol. Chemistry **236,** 1285—90, Mai 1961; East Lansing, Mich., Michigan State Univ., Dep. of Agricult. Chem.; engl.) — Die Gewinnung einer *Phosphoglykolsäure* (**I**)-*Phosphatase* (**II**) aus Tabakblättern u. ihre partielle Reinigung wird beschrieben. Das Enzym hat einen Bedarf an zweiwertigen Metallionen (*Mg^{2+}, Mn^{2+}, Co^{2+}, Zn^{2+}*), was durch das vollständige Verschwinden der Aktivität bei Dialyse gegen *Äthylendiamintetraessigsäure* (*EDTA*) nachgewiesen wurde. Das pH-Optimum liegt, abhängig vom Metallion, zwischen 4,5 u. 6,5. Die Michaelis-Konst. für **II** (*Co^{2+}*) beträgt $2,5 \cdot 10^{-3}$ molar. Als Inhibitoren sind wirksam: *NaF, Cystein, Glutathion, p-Chlormercuribenzoat* u. EDTA. Eine Meth. zur quant. Best. von **I** mit **II** wird beschrieben. E. Lodemann. 4210□

Aktivität der Phosphohexoseisomerease der Blutplättchen bei Kindern verschiedenen Alters. C. Vannucchi und S. Musiani. (Boll. Soc. ital. Biol. sperim. **37,** 275—77, 31/3. 1961; Bologna, Univ., Ist. di Clin. Pediatr.; ital.) — Es wird die Aktivität der *Phosphohexoseisomerase* (**I**) der Plättchen von 36 normalen Personen von 20—40 Jahren untersucht. In 1 Std. werden aus 1 g Plättchen im Mittel 3495 ± 372 μMol Fructose-6-phosphat frei gemacht. Die erhaltenen Werte für **I** stehen in keiner Relation zum Alter. F. Kren. 4210□

ber das Verhalten der Muskelphosphorylase a in vitro. Mary V. Buell und Raymond E. Hansen. (J. biol. Chemistry **236,** 1991—95, Juli 1961; Chicago, Ill., Univ., Dep. of Biochem.; engl.) — Krist. *Phosphorylase a* (**I**) aus der Skelettmuskulatur des Kaninchens wurde viermal aus *Cystein* (**II**)-*Glycerophosphat* (**III**)-Puffer umkrist. u. nach Behandlung mit Aktivkohle bei pH 6,8 jeweils die Hälfte aus verschiedenen Puffern (A u. B) umkristallisiert. Beide Medien waren an **III** $4 \cdot 10^{-2}$ m; A enthielt zusätzlich $3 \cdot 10^{-2}$ m **II**, B zusätzlich $3 \cdot 10^{-3}$ m *Versene* (**IV**). Entweder wurde das Präp. 6mal aus A krist.: **Ia**. Oder das Präp. wurde 2mal aus B krist.: **Ib**. Verss., **I** vollkommen ohne **II** zu krist., mißlangen. Die Inkubation der Präpp. bei pH 6,8 über 8 Tage ergab die Erhaltung der Aktivität von **Ib** in B, während **Ia** in A an Aktivität verlor. Die Aktivitätsrate beider Präpp. mit u. ohne *AMP* fiel langsam mit der Alterung. Die Präinkubation von **Ia** u. **Ib** in Ggw. von **II** führte in 2 Std. zum Verlust von 86% der Aktivität. **IV** schützte **Ib** in B vor Denaturierung, weniger jedoch **Ia**. AMP u. *Glykogen,* einzeln oder zusammen, wirkten in Ggw. von **II** schützend auf **Ia** u. **Ib**. Die ursprüngliche Maximalaktivität wurde merkwürdigerweise nur in Ggw. von **II** erzielt, doch zerstörte **II** bei längerer Einw. die Aktivität. Ähnlich, jedoch schwächer als **II** wirkten *Mercaptoäthylamin, Mercaptoäthanol, Mercaptopropionsäure, Cysteinylglycin* u. *Cysteinäthylester.* Es wird eine Halbmikrometh. zur Best. von **I** beschrieben. J. Boelter. 4210□

Quantitative Bestimmung des 2-Desoxy-D-glucose-6-phosphates. M. P. Fomina und G. W. Titowa. (Биохимия [Biochemie] **26,** 662—66, Juli/Aug. 1961; Leningrad, Inst. für exper. Med. der Akad. der med. Wiss. der UdSSR, Abt. für Biochemie; russ., Auszug: engl.) — Vff. beschreiben die Isolierung von *2-Desoxy-D-glucose-6-phosphat* (**I**) aus einer Lsg., die freie 2-Desoxy-D-glucose enthält, u. die quant. Best. von **I**, die auf der Bldg. von Malonaldehyd bei der **I**-Oxydation durch HJO_4 beruht. Eine maximale Malonaldehyd-Bldg. wird beobachtet, wenn die Oxydation 1 Std.lang bei 40° durchgeführt wird. Hierbei können im Durchschnitt 91% des angewandten **I** bestimmt werden. Dies ermöglicht eine einwandfreie Ermittlung der Geschw. der Ketokinasereaktion. O. Lebtag. 4210□

L-Xylulokinase und L-Xylulose-5-phosphat-L-ribulose-5-phosphat-3-epimerase bei Aerobacter aerogenes. R. L. Anderson und W. A. Wood. (Biochim. biophysica Acta [Amsterdam] **42,** 374—76, 12/8. 1960; East Lansing, Mich., Michigan State Univ., Dep. of Agric. Chem.; engl.) — Beim Wachstum in Ggw. von *L-Xylose* (**I**) bildet *Aerobacter aerogenes* eine Co^{2+}-aktivierbare *Isomerase,* die **I** in *L-Xylulose* (**II**) überführt, ferner eine *Kinase* u. eine *3-Epimerase.* Die *L-Xylulokinase* (**III**) wurde aus Zellextrakt 500fach angereichert. Von den 4 Ketopentosen wurde lediglich **II** phosphoryliert. Das aus der Phosphorylierung erhaltene Prod. (Pentose/Phosphat = 0,94) war als Substrat für die *L-Ribulose* (**IV**)-*5-phosphat-4-epimerase* geeignet. Nach Behandlung mit gereinigter saurer Phosphatase u. Chromatographie auf Dowex-I-Borat lassen sich ca. 70% **II** u. 30% **IV** nachweisen. Während **II** der Triphosphopyridinnucleotid (TPN)-spezif. *Xylit*(**II**)-*dehydrase,* nicht jedoch der spezif. *Arabit-(D-Xylulose)-dehydrase* oder einer gereinigten

Ribit-(D-Ribulose)-dehydrase als Substrat dienen kann, kann **IV** mit der *L-Arabinose-*(**IV**)-*isomerase*, nicht jedoch mit der *D-Arabinose-(D-Ribulose)-isomerase* oder der Pentitdehydrase reagieren. Daher ist die enzymat. Überführung von **II**-Phosphat in **IV**-5-Phosphat bewiesen. Die umgekehrte Rk. **IV**-5-Phosphat → **II**-Phosphat gelingt bei 6 Std. langer Inkubation von **IV**-5-Phosphat mit **III** bei pH 8,5. Chromatographie nach Phosphatasebehandlung ergibt 68% **II** u. 32% **IV**. Im Hinblick auf die Rk. **II**-Phosphat ⇌ **IV**-5-Phosphat ist Phosphorylierung am $C_{(5)}$ wahrscheinlich. Da die isolierte **III** keine *D-Ribulose-5-Phosphat-3-epimerase* enthält, ist anzunehmen, daß eine neue **II**-*5-Phosphat (oder* **IV**-*5-Phosphat)-3-epimerase* vorliegt. Da in Ggw. von **I** gewachsene Zellen gleichzeitig **IV**-*5-Phosphat-4-epimerase* enthalten, ist folgender Mechanismus anzunehmen: **I** → **II** → **II**-5-Phosphat → **IV**-5-Phosphat → D-Xylulose-5-phosphat. Im Gegensatz hierzu wird beim Säugetier durch 2-Xylitdehydrasen **II** in D-Xylulose übergeführt, die dann phosphoryliert wird. Hans Thiele. 4210□

Der Wirkungsmechanismus der Transaldolase. 1. Mitt. Die Kristallisation und die Eigenschaften des Hefeenzyms. R. Venkataraman und Efraim Racker. (J. biol. Chemistry **236**, 1876—82, Juli 1961; New York, N.Y., Public Health Res. Inst. of the City of New York, Div. of Nutrition and Physiol.; engl.) — Ein *Transaldolase* (**I**)-Präp. wurde aus Fleischmann-Bäckerhefe durch Homogenisieren in W., Fraktionieren mit Aceton, durch Adsorption an Ca-Phosphatgel bzw. DEAE-Cellulose sowie durch fraktionierte Fällung mit $(NH_4)_2SO_4$ gereinigt u. kristallisiert. Die Inkubation von *Fructose-6-phosphat* (**II**) mit **I** u. *L-Glycerinaldehyd-3-phosphat* (L-**III**) ergab neben D-**III** *L-Sorbose-6-phosphat* (**IV**). *Formaldehyd* (**V**) konnte als Acceptor des C_3-Teiles bei der durch **I** katalysierten Rk. nach folgendem Schema dienen: **II** + **V** → *Erythrulose* (**VI**) + D-**III**; *Sedoheptulose-7-phosphat* (**VII**) + **V** → **VI** + *D-Erythrose-4-phosphat* (**VIII**). Die Gleichgew.-Konst. der Rk.: **II** + **VIII** → **VII** + **III** wurde zu 0,95 gefunden. Für **II** mit **VIII** als Cosubstrat wurde die Michaelis-Konst. K_m zu $4{,}3 \cdot 10^{-4}$ m, für **VIII** mit **II** als Cosubstrat entsprechend zu $6{,}17 \cdot 10^{-5}$ m u. für **VII** mit *Fructose-1.6-diphosphat* als Cosubstrat K_m zu $1{,}7 \cdot 10^{-4}$ m gefunden. Es werden quant. Meth. zur Best. von D-**IV**, L-**V** u. **VI** mit **I** beschrieben. J. Boelter. 4210□

Der Wirkungsmechanismus der Transaldolase. 2. Mitt. Das Substrat-Enzym-Zwischenprodukt. R. Venkataraman und Efraim Racker. (J. biol. Chemistry **236**, 1883—86, Juli 1961; engl.) — 1. vgl. vorst. Referat. — *Transaldolase* (**I**) katalysierte den Isotopenaustausch zwischen ^{14}*C-Dihydroxyaceton* (^{14}C-**II**) u. *Fructose-6-phosphat* (**III**) sowie zwischen ^{14}C-**III** u. **II**. **I** katalysierte andererseits die Synth. von ^{14}C-**III** aus ^{14}C-**II** u. *D-Glycerinaldehyd-3-phosphat* (**IV**), wobei durch Chromatographie an Carboxymethylcellulose ein **I**-^{14}C-**II**-Zwischenprod. isoliert werden konnte, das **II** auf den Acceptoraldehyd **IV** übertrug. Nach Berechnungen waren unter den genannten Bedingungen 0,7 Mol **II** an 100000 g **I** gebunden. J. Boelter. 4210□

Teilreinigung und Eigenschaften der Proteinphosphokinase aus der Kaninchenmilchdrüse. T. A. Sundararajan, K. S. V. Sampath Kumar und P. S. Sarma. (Acta Biocatalytica [Den Haag], Enzymologia [Den Haag] **21**, 314—24, 1/3. 1960; Madras, Univ., Biochem. Labor.; engl.) — Zur Darst. der *Proteinphosphokinase* (**I**) werden lactierende Kaninchenmilchdrüsen tiefgefroren, homogenisiert u. zentrifugiert. Im Überstehenden wird **I** durch Aceton (20 u. 50% End-Konz.) ausgefällt, in 2,5%ig. KCl-Lsg. aufgenommen u. bei $33^1/_3$—$66^2/_3$%ig. Sättigung mit $(NH_4)_2SO_4$ ausgefällt. Das **I**-Präp. ist bei —25° mehrere Wochen haltbar. Die **I**-Aktivität wird durch ^{32}P-Phosphat-Übertragung von Adenosintriphosphat auf Casein oder *Paranuclein* (**II**) u. folgende Messung der Radioaktivität im Trichloressigsäure-Nd. bestimmt. **I** überträgt Phosphat auf *Casein*, *Phosvitin* u. **II** sowie auf ihre mehr oder weniger enzymat. dephosphorylierten Produkte. Das pH-Optimum liegt bei 7,2; bei pH 5,8 ist die Aktivität gering. **I** war bei pH 7,4 stabil u. wird bei pH 5,4 rasch inaktiviert. 5 Min. lange Erwärmung auf 50° inaktiviert um 29%. Mg^{2+} ist als Aktivator notwendig u. kann nicht durch Mn^{2+} ersetzt werden. Cystein ist selbst ohne Einfl., hebt aber die Hemmung durch p-Chlormercuribenzoat auf. Maleat, F^-, Serin (**III**) u. Phosphoserin (**IV**) haben keine Wirkung. **III** wird durch **I** nicht phosphoryliert u. **IV** ist kein Zwischenprod. der Phosphorylierung. Doch wird das niedermolekulare **II** leichter als Casein phosphoryliert. M. Schönborn. 4210□

Die „Feedback"-Inhibierung und die Erniedrigung der Aspartokinaseaktivität in Escherichia coli und Saccharomyces cerevisiae. E. R. Stadtman, G. N. Cohen, Gisele Le Bras und Huguette De Ribichon-Szulmajster. (J. biol. Chemistry **236**, 2033—38, Juli 1961; Gif-sur-Yvette, Seine et Oise, C.N.R.S., Labor. de Genetique Physiolique; Paris, Inst. Pasteur, Serv. de Biochim. Cellulaire; engl.) — Aus dem Homogenat von *E. coli*-Zellen wurde nach Zentrifugieren durch fraktionierte Fällung des Überstandes mit $(NH_4)_2SO_4$ ein *Aspartokinase* (**I**)-Extrakt erhalten. **I** wurde durch *L-Lysin* (**II**) sowie durch *L-Threonin* (III) teilweise u. unabhängig voneinander gehemmt, wobei die hemmende Wrkg. von II u. III additiv war. Die Vermutung, daß es sich um zwei gegen II bzw. III empfindliche Aspartokinasen (**Ia** bzw. **Ib**) handelt, konnte durch die geringere Stabilität von **Ib** gegenüber **Ia**, dadurch, daß die in Ggw. von II gewachsenen Kulturen eine geringere **Ia**-Aktivität aufwiesen, sowie durch die Trennung beider Fermente durch fraktionierte $(NH_4)_2SO_4$-Fällung bewiesen werden. Die Hemmung von I durch II erwies sich als nichtkompetitiv u. reversibel, die durch III als kompetitiv. In Ggw. von III gewachsene Kulturen wurden in der I-Bldg. kaum beeinflußt. *DL-Homoserin* red. das Wachstum von E. coli, war aber auf die I-Aktivität ohne Einfluß. **Ia** u. **Ib** wurden durch ihre entsprechenden Inhibitoren II u. III gegen Hitzeinaktivierung geschützt, während *L-Aspartat* wenig wirksam war. In Hefe (*S. cerevisiae*, Haploid **4094**/B) wurde nur eine gegen III empfindliche u. durch III hemmbare I gefunden. In zellfreien Hefeextrakten wurde die I-Aktivität durch 10 mm. III nahezu ganz, durch II oder *L-Methionin* (**IV**) weniger gehemmt. *Homocystein* war ohne Einfluß. Hohe **IV**-Konzz. sowie **IV** in Verbb. mit III wirkten mehr oder weniger hemmend, **IV**-Konzz. bis zu 5 mm eher synergist. zur I-Aktivität. J. Boelter. 4210 □

Bestimmung von Cellulase im ventralen Blinddarm von Orchestia gammarella Pallas. V. P. Agrawal. (Current Sci. **30**, 392, Okt. 1961; Muzaffarnagar, D.A.V. Coll., Dep. Zool.; engl.) — In den sekretor. Zellen der ventralen hepato-pankreat. Blinddärme der Crustaceae wird *Cellulase*-Aktivität nachgewiesen.
P. Gregorzewski. **4210** □

Untersuchungen über Einkohlenstoffkörper. 4. Mitt. **Der Mechanismus von Formylierung und Transformylierung.** Egon Brode und Lothar Jaenicke. (Liebigs Ann. Chem. **647**, 174—88, 31/10. 1961; München, Univ., Chem. Labor., Inst. für Biochemie; dt.) — 3. vgl. Biochem. Z. **334**, [1961.], 342. — *Tetrahydrofolatformylase* (I), welche *Ameisensäure* gemäß der Gleichung: Tetrahydrofolsäure + HCOOH + Adenosintriphosphat (ATP) ⇌ $N_{(10)}$-*Formyltetrahydrofolsäure* (II) + Adenosindiphosphat + anorgan. Phosphat aktiviert, kann durch hohe Konzz. an *Arsenat* (III) gehemmt, durch niedrige III-Konzz. scheinbar stimuliert werden. Die Arsenolyse von **II**, der Einfl. von **III** auf den Formiataustausch sowie die Isolierung von N^5-*Formyltetrahydrofolsäure* aus III-haltigen Ansätzen werden durch einen gemeinsamen Mechanismus gedeutet, in dessen Mittelpunkt ein gleichzeitig formyliertes u. phosphoryliertes Zwischenprod. (**IV**) steht. **IV** kann zu einem ,,Isonitrilium,,-Ion polarisiert werden, das als elektrophil aktivierte Wirkform des Cofaktors zur Einkohlenstoffkörper-Übertragung befähigt ist. In Abwesenheit von Formylacceptoren bildet sich II durch intramolekulare Transformylierung u. Hydrolyse des intermediären cycl. Amidiniumsalzes. In dieser schon energiereichen, aber noch stabilen Form werden Einkohlenstoffeinheiten gespeichert. Diese können ohne weiteren Verbrauch von ATP wieder in reaktionsfähige Verbb. zurückverwandelt werden.
A. Hesse. **4210** □

Bakterieller Stoffwechsel der Mevalonsäure; ihre Umwandlung in Acetoacetat. Majid A. Siddiqi und Victor Rodwell. (Biochem. biophys. Res. Commun. **8**, 110—13, 19/6. 1962; San Francisco, Calif., Univ. of California, San Francisco Med. Center; engl.) — Ultraschallextrakte eines mit DL-Mevalonsäure als einziger C-Quelle wachsenden grampositiven Stäbchen werden 15 Min. lang mit $25 \cdot 10^3 \cdot g$ zentrifugiert u. der Überstand als Enzym-Präp. verwendet. Dieses katalysiert die Umwandlung von $^{14}C_{(2)}$-*DL-Mevalonsäure* in *Acetessigsäure*, die mittels Anilinhydrochlorid zu Aceton decarboxyliert u. als Dinitrophenylhydrazon isoliert wird. Hierin wird die ^{14}C-Aktivität bestimmt u. die genannte Umwandlung bestätigt. — Der Inkubationsansatz enthält in Tris-HCl-Puffer (pH 8,0) außer Enzym u. Substrat noch Coenzym A u. Nicotinamidadenindinucleotid (NAD). *Mevaldsäure* eignet sich ebenfalls als Substrat. — Aus den Ergebnissen wird auf nachstehende Rk.-Folge geschlossen: Mevalonsäure → Mevaldsäure → hieraus mit Coenzym A gebildetes Thiosemiacetal → Acetylcoenzym A + Acetessigsäure. — Die in umgekehrter Richtung verlaufende Biosynth. von Mevalonsäure ist in Hefe u. Säugetiergewebe beobachtet worden. Hier wird jedoch NADP an Stelle von NAD als Cofaktor benötigt. L. Macher. 4210 □

Neue Ergebnisse zur Umaminierung der Aminodicarbonsäuren und ihrer Amide. G. A. Galegow. (Биохимия [Biochemie] **26**, 635—40, Juli/Aug. 1961; Moskau, Inst. für biol. u. med. Biochem. der Akad. der med. Wiss. der UdSSR; russ., Auszug: engl.) — Galegow u. Kardaschew haben in einer früheren Arbeit (vgl. C. **1960**, 10977) gezeigt, daß in den Schnitten der Rattenleber eine Umaminierung der *β-Methylasparaginsäure* (**I**) erfolgt u. daß in einer umkehrbaren Rk. in Ggw. von Methyloxalessigsäure (**II**) I gebildet wird. Es wird nun gezeigt, daß *Glutamat* (**III**) u. *Aspartat* (**IV**) mit **II** unter Bldg. von I viel energischer reagieren als *Glutamin* (**V**) u. *Asparagin* (**VI**). In Ggw. von **V** erfolgt prakt. keine Bldg. von **I**. Die Bldg. von α-Aminobuttersäure (**VII**) erfolgt in Ggw.

von **V** u. **VI** energischer als in Ggw. von **III** u. **IV**. In den Homogenaten von Leber u. Hirn der Ratte ist die Biosynth. von **I** stärker als in den Organen des Kaninchens. β-Alanin u. γ-**VII** sind in den Hirnhomogenaten an der Bldg. von **I** beteiligt. Die Bldg. von Alanin durch Umaminierung erfolgt am intensivsten in Ggw. von **III**. Die Teilnahme von **IV** an der Alanin-Bldg. ist etwas stärker als die von **I**. Die Teilnahme von **I** ist intensiver als die von **VI** u. etwa gleich stark wie bei **V**. **V** u. **VI** sind an der Bldg. von **III** aus α-Ketoglutarat nur schwach oder nicht beteiligt. In den Hirnhomogenaten von Ratte u. Kaninchen ist **VI** kein Lieferant von NH_2-Gruppen für die Bldg. von Alanin u. **III**. **V** ist schwach an der Alanin-Bldg. aus Pyruvat beteiligt. **I** ist im Unterschied zu **III** u. **IV** an der Alanin-Bldg. prakt. nicht beteiligt. O. Lebtag. 4210□

Enzymatische Umwandlung von Threonin in Aminoaceton. A. Neuberger und G. H. Tait. (Biochim. biophysica Acta [Amsterdam] **41**, 164—65, 17/6. 1960; London, St. Mary's Hosp., Med. School; engl.) — Ein aus unter anaeroben Bedingungen im Licht gewachsener *Rhodopseudomonas spheroides*-Zellen gewonnener zellfreier Enzymextrakt wandelt in Ggw. von Diphosphopyridinnucleotid (DPN^+) *L-Threonin* u. *D-Allothreonin*, nicht aber D-Threonin u. L-Allothreonin mit *α-Amino-β-oxobuttersäure* als Intermediärprod. in *Aminoaceton* um. Das Enzym ist DPN^+-spezif.; es gilt folgende Gleichung: L-Threonin $\xrightarrow{DPN^+}$ α-Amino-β-oxobuttersäure $\xrightarrow{-CO_2}$ Aminoaceton. P. Gregorzewski. 4210□

Rattenleber-Carbamyl-Transpherasen und Biotin. S. P. Mistry und M. A. Grillo. (Biochim. biophysica Acta [Amsterdam] **41**, 166—67, 17/6. 1960; Urbana, Ill., Univ. of Illinois, Dep. of Animal Science; engl.) — In Enzymextrakten aus Lebern von Biotin-Mangelratten wurde kein signifikanter Abfall der *Transcarbamylase*-Aktivität gegenüber Extrakten von Kontrollratten gefunden. P. Gregorzewski. 4210□

Eine unlösliche aktive Verbindung von Asparaginase und Carboxymethylcellulose. A. Ja. Nikolajew und Ss. R. Mardaschew. (Биохимия [Biochemie] **26**, 641—45, Juli/Aug. 1961; Moskau, Inst. für biol. u. med. Chem. der Akad. der med. Wiss. der UdSSR, Labor. für Biochem. des Stickstoffumsatzes der Mikroorganismen; russ., Auszug: engl.) — Durch Adsorption der *Asparaginase* (**I**) von *B. cadaveris* an *Carboxymethylcellulose* (**II**) wird ein akt. unlösl. **I**/**II**-Komplex erhalten. Es wird gezeigt, daß durch Anwendung der **I**/**II**-Säule D-Asparagin u. L-Asparaginsäure aus racem. Asparagin erhalten werden können. O. Lebtag. 4210□

Aktivierung von L-Methionin und L-Äthionin durch die pH-5-Fraktion von Rattenleber. Joseph L. Glenn. (Arch. Biochem. Biophysics **95**, 14—18, Okt. 1961; Albany, N.Y., Albany Med. Coll. of Union Univ., Dep. of Biochem.; engl.) — Vf. untersuchte die Aktivierung von *L-Methionin* (**I**) u. *L-Äthionin* (**II**). **I** u. **II** werden durch pH-5-Fraktionen (Hragland u. Mitarbeiter, vgl. C. **1957**, 7070) von jungen ♂ u. ♀, jungen kastrierten ♂ u. älteren ♂ Ratten aktiviert. Aus **I** u. **II** wird Hydroxamat gebildet. Die K_m-Werte für die Enzyme (die die Aktivierung verursachen) der einzelnen pH-5-Fraktionen werden gegeben. W. Hiller. 4210□

Die nichtenzymatische Oxydation von Cystein durch gewaschenen Herzmuskel im Thunberg-System. S. K. Srivastava und P. S. Krishnan. (Acta Biocatalytica [Den Haag] Enzymologie [Den Haag] **21**, 372—74, 15/4. 1960; Lucknow, India, Lucknow Univ., Chem. Dep., Biochem. Sect.; engl.) — Aus Herzmuskelgewebe wurde nach Sumner u. Somers durch 10malige Extraktion mit Aqua dest. u. Phosphatpuffer im Homogenisator ein unlösl. *Diaphorase*-Präp. hergestellt. Das Präp. enthielt ein lösl. hitzestabiles, nicht dialysierbares Material, das durch Trichloressigsäure gefällt wird u. die nichtenzymat. anaerobe Oxydation von Cystein mit Methylenblau als H_2-Acceptor katalysiert. Pyrophosphat, NaCN u. Na-Glyoxalat hemmten. Es wird auf einen Fe-Komplex geschlossen. W. Schönborn. 4210□

Inkorporation von Aminosäuren in Protein durch Extrakte von Escherichia coli. Marvin R. Lamborg und Paul C. Zamecnik. (Biochim. biophysica Acta [Amsterdam] **42**, 206—11, 12/8. 1960; Boston, Mass., Harvard Univ., C. P. Huntigton Memorial Hosp. at the Massachusetts Gen. Hosp., Collins Warren Labor.; engl.) — Vff. untersuchten die Inkorporation von $^{14}C_{(1)}$-*L-Leucin* (**I**) in Protein von Extrakten aus *E. coli* (beginnende logarithm. Wachstumsphase) mit Hilfe eines Gasdurchflußzählers. **I** wird in das Protein der Ribosomen eingelagert, wobei diese Rk. von der Ggw. von ATP u. eines ATP-liefernden Syst., Guanosintriphosphat, Mg^{2+}, KCl u. eines Aminosäuregemisches abhängig ist. Durch Zentrifugieren wurden Fraktionen unterschiedlicher Aktivität gewonnen. Die bei 105000·*g* nicht sedimentierbare Lsg. zeigte kaum Aktivität, stimulierte jedoch die **I**-Inkorporation in den sedimentierbaren Fraktionen. Größere Bakterienbruchstücke werden für die Inkorporation nicht benötigt. *Ribonuclease* u. *Chloramphenicol*

wirken hemmend. Exakte Aussagen werden nur erhalten, wenn mit weniger als 10^5 intakten Keimen/ml gearbeitet wird u. die Vers.-Dauer 15 Min. nicht übersteigt.
Hans Thiele. 4210□

Bestimmung der proteolytischen Aktivität durch Adsorptionspolarographie. I. D. Iwanow. (Биохимия [Biochemie] **26**, 575—80, Juli/Aug. 1961; Moskau, Bach-Inst. für Biochem. der Akad. der Wiss. der UdSSR; russ., Auszug: engl.) — Das vom Vf. früher (Журнал Физической Химии [J. physik. Chem.] **34**, [1960], 2517) aufgezeigte Auftreten eines Maximums im Syst. Co^{2+}-8-Hydroxychinolin wird für die Best. der proteolyt. Aktivität der *Proteinase* (I) von B. subtilis ausgenutzt. Als Substrat werden bei der Best. der I-Aktivität Gelatine, Casein u. Hämoglobin angewandt. Nach dem ausführlich beschriebenen Verf. läßt sich die I-Aktivität bei einer I-Konz. von 0,1 γ/ml bestimmen, die von Trypsin bei 0,5 γ/ml. Eine lineare Beziehung zwischen dem Maximum u. der Ferment-Konz. besteht bei I-Konzz. von 0,1—1,0 γ/ml. Aus den Unterss. über den Einfl. von Aminosäuren u. Peptiden auf das Maximum geht hervor, daß der maximumhemmende Effekt vorwiegend durch die SH-Gruppen des Cysteins bedingt ist.
O. Lebtag. 4210□

Chemische Derivate des α-Chymotrypsinogens. 4. Mitt. Ein Vergleich der Reaktionen von α-Chymotrypsinogen und einfachen Carbonsäuren mit Diazoacetamid. Marilynn S. Doscher und Philip E. Wilcox. (J. biol. Chemistry **236**, 1328—37, Mai 1961; Seattle, Wash., Univ. of Washington, Dep. of Biochem.; engl.) — 3. vgl. C. **1961**, 5482. — Die Herst. veresterter Derivv. von *α-Chymotrypsinogen* (I) mittels *Diazoacetamids* (II) wurde durch Best. der Zahl der eingeführten alkalilabilen Glykolamid (III)-Reste u. Chromatographie der Rk.-Prodd. an Carboxymethylcellulose verfolgt. Die Best. der Veresterungs-Geschw. einiger einfacher Carbonsäuren (Dichloressigsäure, Asparagin, α-Alanin, Chloressigsäure, Salicylsäure, Glycylglycin, Acetylglycin, β-Alanin, β-Brompropionsäure, Benzoesäure, γ-Aminobuttersäure) mit II ergab Unterschiede, die jedoch nicht die großen Unterschiede in der Rk.-Fähigkeit, wie sie die I-Carboxylgruppen zeigen, erklären. Eine quant. I-Veresterung in wss. Lsg. gelingt nicht. Die chem. Charakterisierung eines ca. 3,5 Mol III/1 Mol I enthaltenden Rk.-Prod. ergab außer Veresterung keine weitere Veränderung. Das gleiche Prod. erwies sich bei der Sedimentationsanalyse als einheitliche Substanz mit einer nicht von I wesentlich verschiedenen Sedimentationskonstanten. Fraktionierung eines 3 Mol III enthaltenden Deriv. führte zur Auftrennung in eine große Zahl von Komponenten, deren Hauptmenge 5 verschiedene Fraktionen mit 2—3,5 Mol III bildeten. 3 chromatograph. Fraktionen wurden durch Trypsin zu Enzymen mit Esteraseaktivität, die von der des δ-Chymotrypsins (IV) verschieden war, aktiviert. Vollständige Verseifung der Esterbindungen von modifiziertem I gab kein Enzym mit der für IV charakterist. Esteraseaktivität.
K. Maier. 4210□

Hitzeeinwirkung auf Cupripapain, dargestellt an seiner Akrivität für die Milchgerinnung und Proteolyse. Krishna Bahadur und Indra Kumari. (Enzymologia [Den Haag] **21**, 365—71, 15/4. 1960; Allahabad, India, Allahabad Univ., Chem. Dep.; engl.) — Aus *Papain* (I) wurde durch Rk. mit frisch gefälltem $Cu(OH)_2$ der lösl. blaue *Cupri-Papain-Komplex* (II) hergestellt. I u. II wurden in Fraktionen 0—5 Min. erhitzt, II durch H_2S zerlegt u. jeweils die Aktivität zur Gerinnung von Milch u. zur Proteolyse von Casein als Zeitfunktion ermittelt. Der Gerinnungstest zeigte eine zur Erhitzungszeit proportionale Inaktivierung von I, jedoch für II ein Aktivitätsoptimum nach 4 Min. Erhitzung. Auch in bezug auf die Proteolyseaktivität unterscheiden sich I u. II im gleichen Sinne.
W. Schönborn. 4210□

Über die Beziehungen der Zellkathepsine zu den im sauren Gebiet wirksamen Proteasen des Magen–Darm-Kanals. S. Buchs. (Enzymologia [Den Haag] **21**, 283 bis 313, 1/3. 1960; Basel, Univ.-Kinderklin.; dt.) — Aus verschiedenen menschlichen Geweben (Milz, Tonsillen, Leber, Niere, Herzmuskel, Gehirn) werden die *Zellkathepsine* als Glycerin- u. HCl-Extrakte gewonnen u. die pH-Aktivitätskurven mit Edestin, Casein oder Gelatine als Substrat aufgenommen. Der Einfl. von H_2S, HCN u. erhöhter Temp. wurde untersucht. Die *Proteasen* (I) aus diesen Geweben zeigen grobe qual. Übereinstimmung mit den analogen (I) des Darmkanals. Die Aktivität der Organ-I ist geringer als diejenige der Magendarm-I. Bebrütung bei höherer Temp. beschleunigt den Umsatz in der schwachsauren Zone nur bei I aus Milz u. Tonsillen, verschlechtert jedoch den Umsatz der I aus den übrigen Organen. Es wird gefolgert, daß das *Leukocyten-Monocytenkathepsin* eine Mittelstellung zwischen Magendarmkanal-I u. den I der übrigen genannten parenchymatösen Organe einnimmt.
W. Schönborn. 4210□

Antiproteolysinwirksamkeit des Blutes und Körpergewicht bei der Albinoratte. Erich Geiringer. (Proc. Soc. exp. Biol. Med. **108,** 658—60, Dez. 1961; Dunedin, New Zealand, Univ. of Otago, Dep. of Med.; engl.) — Bei der normalen Albinoratte nimmt die *Antiproteolysinwirksamkeit* des Plasmas (gemessen als die Fähigkeit, die Trypsinverdauung von Casein zu hemmen) mit steigendem Körpergewicht zu.
K. Zingraf. 4210□

Trypsininhibitor in Vollweizenmehl. G. Shyamala, Barbara M. Kennedy und R. L. Lyman. (Nature [London] **192,** 360, 28/10. 1961; Berkeley, Univ. of Calif., Dep. of Nutr. and Home Economics; engl.) — Ein rohes Konzentrat des *Trypsininhibitors* wurde durch Ammoniumsulfatfällung (30%ig. Sättigung) aus einem Homogenat des in 10 Vol. W. aufgeschlemmten Mehls bei pH 4,2 erhalten, über Nacht dialysiert u. lyophilisiert. Ausbeute 3 g Rohmaterial (RM) aus 300 g Mehl. Die Hemmung der *Trypsin*-Aktivität wurde durch Zugabe des RM in verschiedenen Konzz. gemessen u. die zur 50%ig. Inaktivierung notwendige Menge an RM ermittelt. Diese Menge ist bei einem auf gleichem Wege aus Sojabohnen hergestellten RM um 2 Zehnerpotenzen kleiner. Vff. stellten fest, daß der Inhibitor mit Trichloressigsäure quant. aus dem RM extrahierbar ist.
S. Vierkötter. 4210□

Der aktive Bezirk von Esterasen. H. S. Jansz, F. Berends und R. A. Oosterbaan. (Recueil Trav. chim. Pays-Bas **78,** 876—78, Sept./Okt. 1959; Rijswijk-Z. H. [Niederlande], Nat. Defence Res. Council T. N. O., Med. Biol. Labor.; engl.) — Aus Pferdeserum isolierte *Pseudocholinesterase* (**I**) wird ebenso wie *Aliesterase* (**III**) (C. **1960,** 10977) durch ^{32}P-*Diisopropylfluorphosphat* (**II**) vollständig gehemmt. Bei Verdauung der **I**-**II**-Verb. mittels Pepsin wird ein ^{32}P-Peptid von folgender Struktur erhalten: phe-gly-glu-ser-ala-gly ($ala_{2-3}ser_1$), Ein Teil dieser Aminosäurenfolge, nämlich gly-glu-ser-ala-gly ist ident. mit der Folge an **II** bindende Bezirke der **III** u. sehr ähnlich der Aminosäurenfolge gly-asp-ser-gly in den **II**-bindenden Bezirken von *Chymotrypsin* (**IV**), *Trypsin* u. *Thrombin.* Bei allen genannten Enzymen erfolgt die **II**-Bindung am OH des Serins. — Beim sog. „Altern“ der mit **II** gehemmten **I,** wobei infolge von Sekundär-Rkk. ein allmählich zunehmender Verlust an Reaktivierbarkeit der gehemmten **I** erfolgt, kommt es zu Strukturänderung: An Statt der an den Serylrest geknüpften Diisopropylphosphorylgruppe, die zunächst auch bei durch **II** gehemmter **I** nachweisbar ist, u. die bei den genannten anderen Enzymen in dieser Stellung verbleibt, erscheint mit dem Altern eine Monoisopropylphosphoryl (**V**)-Gruppe. Die **V**–**I** ist nicht mehr reaktivierbar. — Diese Feststellung spricht gegen die von anderen Autoren angenommene Wanderung der Phosphoryl- (u. ebenso der Acyl-)-Gruppe von Serin zum Histidinimidazol beim „Altern“. — Wesentlich erscheint, daß alle genannten Enzyme an dem **II**-bindenden Bezirk eine von einer 2bas. Aminosäure gelieferte freie COO^--Gruppe aufweisen, die dem essentiellen Serin-OH nahe benachbart ist. — Bei Acetylieren von **IV** wird ein mit ^{14}C markiertes Acetylpeptid erhalten: gly-asp-ser-gly-gly-pro-leu, mit ebenfalls am Serylrest gebundenem Acetyl, das dieselbe Aminosäurenfolge wie das aus **II**–**IV** erhaltene Peptid (C. **1961,** 8339, Osterbaan, Kunst, v. Rotterdam, Cohen, Biochim. biophysica Acta Amsterdam] **27,** 549 u. 556 [1958]) aufweist.
A. Hesse. 4210□

Multiple Esterasen in menschlichen Erythrocyten. Richard E. Tashian. (Proc. Soc. exp. Biol. Med. **108,** 364—66, Nov. 1961; Ann Arbor, Mich., Univ. of Michigan, Med. School, Dep. of Human Genetics; engl.) — Nach Hämolyse u. Extraktion mit Toluol ließen sich in vertikaler Stärkegelelektrophorese (unter Verw. von Puffer-Lsgg. aus 0,3m H_3BO_3 u. 0,05m NaOH, pH 8,0, sowie 0,02m H_3BO_3 u. 0,0046m NaOH, pH 8,6, als Gelpuffer, 7 V/cm für 18—20 Std. bei 3—5°, Sichtbarmachung der Zymogramme mit Blue-RR-Salz als Farbkuppler u. Acetat-, Propionat- u. Butyratestern von α-Naphthol als Substraten) multiple Bande von *Esterase*-Aktivität aus Erythrocytenhämolysaten des Menschens nachweisen.
U. Tausendfreund. 4210□

Hemmung von Cholinesterase durch Kartoffelextrakte in vitro. Wallace H. Orgell, Kunda A. Vaidya und P. A. Dahm. (Proc. Iowa Acad. Sci. **65,** 160—62, 1958; Ames, Ia., Iowa Agric. and Home Economics Experim. Stat.; engl.) — Bei Unters. der die *Cholinesterase* (**I**) hemmenden Wrkg. der Reste von Organophosphor-*Insecticiden* (**II**) bei Pflanzen wurde beobachtet, daß bei vorbehandelten Kartoffeln die Extrakte aus Blättern oder Knollen ebenfalls eine Hemmung der **I**-Wrkg. ausüben. Es zeigt sich, daß Kartoffeln einen bei anderen Pflanzen bisher nicht bekannten Inhibitor (**III**) der **I**-Wrkg. haben, der sich in wss. Extrakten aus Schalen u. Sprossen der Knollen, aus Blättern u. aus Wurzeln findet. **III** ist in W. u. 95%ig. A., nicht aber in Ae. oder Aceton löslich. Er kann auch nicht bei saurer, neutraler oder alkal. Rk. mit Ae. aus der wss. Lsg. ausgeschüttelt werden. **III** übersteht längeres Trocknen der Gewebe bei 60° sowie kurzes Kochen in Wasser. **III** wird leicht aus alkal. Lsg. an Kohle adsorbiert, aus welcher **III** mittels 95%ig. A. eluiert werden kann. Es scheint sich um eine quartäre Base zu handeln. Die Löslichkeits-Eigg. von **III** sind von denen von Solanin oder Atropin verschieden. A. Hesse. 4210□

Die Konzentration von Cholinacetylase in Leitgeweben. Max Cohen. (Arch. Biochem. Biophysics **60**, 284—96, Febr. 1956; New York, Columbia Univ., Dep. of Newcol. Coll. of Phys. and Surg.; engl.) — In Homogenaten bzw. Acetontrockenpulvern von Leitgeweben verschiedener Tierspecies wird die *Cholinacetylase* (**I**)-Aktivität (mg Acetylcholin, das von 1 g Frischgewebe in 1 Std. gebildet wird) u. zum Vgl. auch die *Acetylcholinesterase* (**II**; mg gespaltenes Acetylcholin pro g Frischgewebe u. pro Std.)-Aktivität bestimmt. Meerschweinchenhirn 0,4—0,5 **I** u. 80—90 **II**; Zitteraal, elektr. Gewebe 0,3—0,5 **I** u. 3000—4000 **II**; Kaninchen, Ischiasnerv bzw. Herzmuskel bzw. Sehnerv 0,25 bzw. 0,003—0,008 bzw. 0,015—0,020 **I** u. 12—15 bzw. 5—7 bzw. 18—25 **II**; Goldfischmuskel 0,6—0,8 **I** u. 900 **II**; Hund, Ventralwurzel bzw. Dorsalwurzel 4,5—5,0 bzw. 0,015—0,02 **I** u. 25—34 bzw. 11—15 **II**; Ochse, Ventralwurzel bzw. Dorsalwurzel 2,2 bzw. 0,01—0,02 **I** u. 13 bzw. 9 **II**. H. Gerth. 4210

Die enzymatische Synthese von Poly-β-hydroxybuttersäure in Bakterien. J. M. Merrick und M. Doudoroff. (Nature [London] **189**, 890—92, 18/3. 1961; Berkeley, Calif., Univ. of Calif., Dep. of Bacteriol.; engl.) — Eine durch Lysozym-Einw., osmot. Lyse der konz. Protoplasten, Ultrabeschallung der Lysate u. Zentrifugieren (3000·*g*) aus *Bacillus megatherium*, Stamm Km, hergestellte zellfreie Fraktion polymerer Partikel baute bei Inkubation ^{14}*C*-D-(—)-*β*-*Hydroxybutyrylcoenzym A* (**I**) in *Poly-β-hydroxybuttersäure* (**II**) ein. β-Hydroxybutyrat (**III**) wurde nicht aufgenommen. Der Einbau war in ca. 20 Min. unter Aufnahme von 35—45% der Gesamtaktivität beendet. Zellfreie *Rhodospirillum rubrum*-Extrakte inkorporierten **I** ebenfalls rasch in das polymere Material, jedoch ist hier eine akt. *Depolymerase* vorhanden, die teilweise mit den Partikeln verbunden ist u. sich vorwiegend im Überstand findet u. Hydrolyse zu **III** bewirkt. Eine direkte Aktivierung von **III** mit Adenosintriphosphat (**IV**) u. Coenzym A war in zellfreien *R. rubrum*-Extrakten nicht nachweisbar. Rohextrakte zeigten bei Inkubation mit ^{14}C-Acetat, **IV**, Coenzym A u. red. Pyridinnucleotiden einen geringen ^{14}*C*-Einbau in **II**. Überstand von *R. rubrum*-Extrakten aus Zellen, deren Polymerspeicher erschöpft war, enthält 2 vermutlich am Polymerstoffwechsel beteiligte Enzyme. Ein hydrolyt. Enzym katalysiert die Spaltung erhitzter polymerer Partikel von *R. rumbrum* u. nativer *B. megatherium*-Partikel, greift aber das gereinigte Polymere nicht an. Ferner ist eine spezif. Diphosphopyridinnucleotid-gekoppelte D-(—)-**III**-Dehydrogenase enthalten, die teilweise gereinigt wurde. K. Maier. 4210□

Lipaseaktivität in den langsam und schnell kontrahierenden Beinmuskeln von Schaben. J. C. George und N. M. G. Bhakthan. (Nature [London] **192**, 356, 28/10. 1961; Baroda, Univ., Dep. of Zool.; engl.) — Beide Typen von Muskeln wurden nach sorgfältiger Abtrennung vom Bein in Eiswasser extrahiert. Der Extrakt wurde bei 2500 U/Min. zentrifugiert (5 Min.), die überstehende Fl. diente als Untersuchungsmaterial. Best. der Aktivität nach Martin u. Peers (C. **1954**, 9063) im Warburg-App. unter Benutzung von *Tributyrin* als Substrat u. einem 0,025 m Bicarbonat-CO_2-Puffer vom pH 7,4. Errechnung der Lipase-Aktivität auf der Basis des *Protein*-Geh. in der Enzym-Lsg. [μl CO_2/mg Protein/h]. Folgende Werte wurden erhalten: Langsam kontrahierender Muskel: ♂: 129,31; ♀: 81,43. Schnell kontrahierender Muskel: ♂ 75,65; ♀: 68,47. S. Vierkötter. 4210□

Das natürliche Vorkommen, die enzymatische Bildung und die biochemische Bedeutung eines Hydroxyäthylderivates von Thiaminpyrophosphat. Gerald L. Carlson und Gene M. Brown. (J. biol. Chemistry **236**, 2099—2108, Juli 1961; Cambridge, Mass., Massachusetts Inst. of Technol., Dep. of Biol., Div. of Biochem.; engl.) — Aus Kulturen von *E. coli*, *Salmonella typhimurium*, Bäckerhefe u. *Azotobacter vinelandii* wurde nach Behandlung des Hydrolysates mit Takadiastase papierchromatograph. eine unbekannte, auf *L. viridescens Thiamin* (**I**)-akt. Substanz (**II**) gefunden, die bei 100° in n NaOH schnell, bei pH 8 teilweise zerstört wurde. Vgl.-Chromatographie in verschiedenen Lsgm. ergab die Identität von **II** mit *Hydroxyäthylthiamin*. **II** konnte **I** in *L. fermenti* u. *K. brevis*, nicht jedoch in E. coli, Mutante 26—43, ersetzen. Diese enzymat. Bldg. von **II** wurde durch Inkubation von Weizenkeimen mit *Carboxylase*, *Thiaminpyrophosphat* (**III**) u. *Pyruvat* (**IV**) oder *Acetaldehyd* (**V**) papierchromatograph. nachgewiesen, wobei die **II**-Bldg. von der Ggw. von **III** u. **IV** bzw. **V** abhängig war u. **III** nicht durch **I** oder dessen *Monophosphat* ersetzt werden konnte. Die Inkubation von $^{14}C_{(2)}$-**IV** ergab die äquivalente Menge ^{14}*C*-**II**. **II** konnte als Pyrophosphat (**VI**) aus E. coli-Kulturen sowie Carboxylase-Rk.-Lsg. durch Kolonnen- u. Papierchromatographie sowie Elektrophorese isoliert werden. Ebenso konnte das durch Inkubation mit *α-Ketobutyrat* als Substrat erhaltene *Hydroxypropylthiaminpyrophosphat* (**VII**) isoliert werden. Enzymat. Verss. machen eine Umwandlung von **VI** u. **VII** in **III** wahrscheinlich. Aus ^{14}C-**VI** wurde durch Inkubation mit Carboxylase *Acetoin* gebildet. Die mögliche Identität zwischen **VI** u. dem „akt. Acetaldehyd" wird diskutiert. J. Boelter. 4210□

Metallbedarf von Nicotinsäureamid-Desamidasen. K. V. Rajagopalan, D. S. R. Sarma, T. K. Sundaram und P. S. Sarma. Enzymologia [Den Haag] **21**, 277—82, 1/3. 1960; Madras, Univ., Biochem. Labor.; engl.) — *Nicotinsäureamiddesamidasen* (**I**) werden durch Ausfrieren u. Homogenisieren der Mycelien von *Aspergillus niger, Neurospora crassa, Lactobacillus arabinosus* u. *Saccharomyces cerevisiae* sowie unter zusätzlicher Acetonfällung aus Taubenleber- u. Kükennierengewebe in einem zellfreien Extrakt gewonnen. Die Enzymaktivität wird als freigesetzte Nicotinsäure mit *Leuconostoc mesenteroides* 9135 bestimmt. Die **I**-Aktivität wird in allen Enzym-Präpp. durch die Chelatbildner *α.α'-Dipyridyl* (Ausnahme *S. cerevisiae*), *8-Hydroxychinolin* u. *Äthylendiamintetraessigsäure* (Ausnahme *L. arabinosus*) in verschiedenem Maße gehemmt. Die Hemmung durch *α.α'-Dipyridyl* konnte durch Mg^{2+} für *A. niger*, durch Mn^{2+} für *N. crassa* u. durch Fe^{2+} für Taubenleber u. Kükenniere wie für *Corcyral*-Larven aufgehoben werden. Die (geringe) Hemmung von *L. arabinosus* kann durch keines der untersuchten Metalle behoben werden. Die Unterss. zeigen, daß **I** aus verschiedenen Organismen auch verschiedener Metalle als Aktivatoren bedarf.
W. Schönborn. 4210□

Die Umwandlung von Vitamin B₁₂ in Coenzym B₁₂ in zellfreien Extrakten von Clostridium tetanomorphum. Herbert Weissbach, Betty Redfield und Alan Peterkofsky. (J. biol. Chemistry **236**, PC40—PC42, Juli 1960; Bethesda, Nat. Inst. of Health; Nat. Inst. of Arthritis and Metabol. Diseases, Labor. of Pharmacol. and Toxicol; Nat. Heart Inst., Labor. of Clin. Biochem.; engl.) — Die Inkubation von zellfreien Extrakten von *Clostridium tetanomorphum* mit *Vitamin* B_{12} (**I**) führte zu einer erheblichen Bldg. von *Coenzym* B_{12} (**II**), das durch die enzymat. Umwandlung von *Glutamat* zu *Mesaconat* nachgewiesen wurde. Die **II**-Bldg. war außer von **I** noch von der Ggw. von *Difco*-Hefeextrakt, *ATP* u. einer SH-Gruppen enthaltenden Verb. (*Glutathion* oder *Mercaptoäthanol*) abhängig. *Adenin* an Stelle von ATP war unwirksam. *Adenosin, AMP* oder *ADP* zeigten 30, 60 bzw. 90% der Wrkg. von ATP. **I** konnte durch lichtinaktiviertes **II** ersetzt werden. Verss. mit $^{14}C_{(8)}$-*ATP* ergaben eine Übereinstimmung zwischen eingebeutem ATP u. dem gebildeten **II**, so daß ATP als Vorstufe für den Adeninteil von **II** dient. J. Boelter. 4210□

Adrenalinoxydation in den Organen und Geweben von weißen Ratten. P. A. Kaliman und T. W. Koschljak. (Биохимия [Biochemie] **26**, 729—35, Juli/Aug. 1961; Charkow, Med. Inst., Lehrstuhl für Biochem.; russ., Auszug: engl.) — Die Unters. der *Adrenalin* (**I**)-Oxydation in Herz, Niere, Gehirn, Leber u. Skelettmuskel von weißen Ratten ergab, daß im Herz- u. Nierengewebe eine starke, im Gehirn eine geringere chinoide **I**-Oxydation unter Beteiligung von metallhaltigen Fermenten erfolgt. In der Leber u. im Skelettmuskel wird diese **I**-Oxydation nicht beobachtet. In allen untersuchten Geweben u. Organen ist keine **I**-Oxydation unter Beteiligung der Monoaminooxydase festzustellen. Die Anwendung von Semicarbazid (**II**) zur Verhinderung der Oxydation des entstandenen Adrenochroms ermöglicht die Aktivitäts-Best. der Fermente der chinoiden **I**-Oxydation im Herzgewebe aus der verbrauchten O_2-Menge. Da das **II** im Gehirn sowie in der Leber u. Niere selbst oxydiert wird, ist dieses Verf. hier nicht anwendbar. O. Lebtag. 4210□

Untersuchungen über das die Umwandlung von 3.4-Dihydroxyphenyläthylamin zu Norepinephrin katalysierende Enzym. Ephraim Y. Levin und Seymour Kaufman. (J. biol. Chemistry **236**, 2043—49, Juli 1961; Bethesda, Md., Nat. Inst. of Health, U.S. Public Health Serv., Dep. of Health, Educat. and Welfare, Nat. Inst. of Mental Health, Labor. of Cellul. Pharmacol.; engl.) — Ein Ferment (**I**) aus dem Nebennierenmark des Rindes wandelte *3.4-Dihydroxyphenyläthylamin* (**II**) bei Präinkubation mit *Katalase* (**III**) u. *Ascorbinsäure* (**IV**) nach Zusatz von *Fumarat* (**V**) in *Norepinephrin* (**VI**) um. Die Bldg. von **VI** war in Abwesenheit von **III** während der Präinkubation vermindert, wobei der Aktivitätsverlust von **I** irreversibel war u. wahrscheinlich durch **II** u. **IV** infolge der Bldg. von H_2O_2 verursacht u. durch Zusatz von **III** verhindert wurde. Die Hauptmenge des gebildeten **IV** besaß die *L*-Konfiguration. Ebenso wie **II** wurden auch *β-Phenyläthylamin* (**VII**) u. *Tyramin* in Ggw. der Cofaktoren **IV** u. **V** in Nachbarstellung zur NH_2-Gruppe hydroxyliert. Das Ergbnis der Hitzeinaktivierung sowie Messungen mit der Ultrazentrifuge lassen ein einziges, die Umwandlung bewirkendes Ferment wahrscheinlich erscheinen. Die bei längerer Inkubation ohne **IV** gefundene

Umwandlung von **II** in **VI** erfolgte mit *DPNH* als H-Überträger u. einem Mol **I** als H-Donator, während im Falle von **VII** *Brenzkatechin* als H-Donator diente. Chinone sind nicht unbedingt als Zwischenprodd. der enzymat. Hydroxylierung anzunehmen. J. Boelter. 4210□

Die Isolierung eines Jodid verstoffwechselnden, an Partikel gebundenen Systems aus Schilddrüsenmitochondrien. Robert P. Igo und Bruce Mackler. (Arch. Biochem. Biophysics **95,** 12—13, Okt. 1961; Seattle, Wash., Univ. of Washington, Dep. of Pediatrics.; engl.) — Vff. isolierten ein Enzym-Syst. aus Schilddrüsenmitochondrien, das den Stoffwechsel von anorgan. Jod katalysiert. Die Enzymaktivität wurde durch Messung des Verschwindens von anorgan. J bestimmt. Das isolierte Enzym steigert das Verschwinden von anorgan. J gegenüber der Mitochondriensuspension 100fach. Das verschwundene anorgan. J. wurde zu 90% in der organ. Fraktion wiedergefunden. Enzym-Präpp. behielten bei —20° nach 2—4 Tagen 70—80% ihrer Aktivität. Die Enzymaktivität war abhängig von der Ggw. von H_2O_2 u. Tyrosin u. wurde durch Erhitzen für 5 Min. auf 75° zerstört. Die Enzymaktivität war proportional der Protein-Konz. u. war in Phosphatpuffer höher als in Trispuffer. Das pH-Maximum lag bei 7. Präpp. von Rinderherz u. Rattenleber zeigten nicht diese katalyt. Wrkg.; die Rk.-Prodd. sind Mono-, Di-, Trijodthyronin u. Thyrosin. Hemmung erfolgt durch K-Thiocyanat, KCN u. Propylthiouracil. W. Hiller. 4210□

Steroid-3β-oldehydrogenase-Aktivität in foetalen Leydig-Zellen. Mikko Niemi und M. Ikonen. (Nature [London] **189,** 592—93, 18/2. 1961; Helsinki, Siltavuorenpenger, Univ., Dep. of Anat.; engl.) — Die *Steroid-3β-oldehydrogenase*-Aktivität in den foetalen Interstitialzellen von Rattentesten wurde mit einer histochem. Meth. (Levy u. Mitarbeiter, Endocrinology **65,** [1959], 932) nachgewiesen. Von den Foeten, die vom 15. Tag nach der Paarung an in verschiedenen Zeitintervallen entfernt wurden, stellten die Vff. Gefrierschnitte des gesamten Abdominalbereichs her, die mit 0,03 mg Dehydroisoandrosteron/ml als Substrat $^1/_2$—1 Std. lang bei 37° inkubiert wurden. Vom 15. Tag ab konnten im Interstitium Gruppen von Zellen mit positiver Dehydrogenase-Rk. u. eine diffuse rötliche Färbung mit Diformazan beobachtet werden, die im Verlauf der foetalen Entw. zunehmen. Da die Steroid-3β-oldehydrogenase bei der Bldg. der nichtphenol. Steroide eine grundlegende Rolle spielt, kann der Nachw. der Fermentaktivität in den Testes als ein Indicator für die Hormon-Synth. angesehen werden. L. Laschet. 4210□

Die Umwandlung von 20α-Hydroxycholesterin in Isocapronsäure und C_{21}-Steroide. Kyutaro Shimizu, Mika Hayano, Marcel Gut und Ralph I. Dorfman. (J. biol. Chemistry **236,** 695—99, März 1961; Shrewsbury, Mass., Worcester Found. for exp. Biol.; engl.) — *$^{14}C_{(22)}$-20α-Hydroxycholesterin* u. *$^{3}H_{(7)}$-20α-Hydroxycholesterin* werden unter Bldg. von *Pregnenolon, Progesteron* u. einer kleineren Menge eines stärker polaren C_{21}-Steroids (*Substanz X*) sowie unter gleichzeitiger Bldg. von *Isocapronsäure* (I) gespalten, wenn die Sterine mit dem Überstand einer Rindernebennierenrindenfraktion inkubiert werden. Eine 20-Hydroxygruppe ist erforderlich, da sonst nur eine geringe Menge umgesetzt wird. C_{21}-Steroide u. I entstehen zu gleichen Teilen. Zur Gewinnung des akt. Zellextraktes wurden frische Rindernebennieren mit 2,5 Vol. 0.3m Zucker-Lsg. bei 3° homogenisiert, filtriert u. 40 Min. lang bei 100000·*g* zentrifugiert. Der Überstand wurde zur Inkubation benutzt. Nach Zusatz von 0,3m Trispuffer pH 8,3, DPN, ATP u. $MgCl_2$ wurde im Dubnoff-App. 1 Std. lang bei 37° unter Belüftung inkubiert. Die Substanzen ließen sich papierchromatograph. identifizieren. Reinkubation der Substanz X führte zur Bldg. von Pregnenolon u. I. Bei dieser Spaltung war die Ausbeute an I signifikant höher. Die Enzymaktivität ließ sich auch in Rattentestes u. ausgetragenen menschlichen Placenten jedoch nicht in Rattenleber nachweisen. L. Laschet. 4210□

Enzymatische Darstellung von 1-Dehydrosteroiden. Charles J. Sih. (J. pharmac. Sci. **50,** 712, Aug. 1961; Madison, Wis., Univ. of Wisconsin, Dep. of Pharmacognosy; engl.) — Durch Inkubation von Δ^4-Steroid-3-ketonen mit dem zellfreien Extrakt von *Nocardia restrictus* in Ggw. eines Elektronenacceptors gelingt die Dehydrierung zu $\Delta^{1,4}$-Steroid-3-ketonen.

Versuche: Der Extrakt wird durch Suspendieren gefrorener Zellen in Tris-Puffer, Homogenisieren u. Zentrifugieren bei 1000·*g* als Überstand gewonnen. *$\Delta^{1,4}$Androstadien-17β-ol-3-on*, $C_{19}H_{26}O_2$, F. 167—168° (Äthylacetat–Hexan); durch 3std. Inkubation unter Rühren in der Dunkelheit bei 23° von 100 mg Testosteron in 3 ml Dimethylformamid, 50 mg Phenazinmethosulfat u. 200 ml Enzym-Präp. in Tris-Puffer bei pH 9,5, Beendigung der Rk. durch 2n HCl u. Dowex-50 (H^+), Filtrieren, Chlf.-Extraktion des Filtrates, Trocknen u. Eindampfen, 78 mg (Ausbeute). — *$\Delta^{1,4}$-Pregnadien-11β.17α.21-triol-3.20-dion*, $C_{21}H_{28}O_5$, F. 238—240° (A.); durch 12std. Inkubation unter Rühren in der Dunkelheit bei 25° von 100 mg Cortisol in 4 ml Dimethylformamid, 75 mg Phenazinmethosulfat u. 200 ml Enzym-Lsg., pH 8,0, weitere Verarbeitung wie bei vorst. Verb., 56 mg. — Ebenso wurden dargestellt: *$\Delta^{1.4}$-Androstadien-3.17-dion, $\Delta^{1.4}$-Pregnadien-3.20-dion, $\Delta^{1.4}$-Pregnadien-17α.21-diol-3.11.20-trion, $\Delta^{1.4}$-Pregnadien-17α.21-diol-3.20-dion, 9α-Fluor-$\Delta^{1.4}$-pregnadien-11β.17α.21-triol-3.20-dion, 9α-Fluor-$\Delta^{1.4}$-pregnadien-11β.16α.17α.21-tetrol-3.20-dion.* P. Gregorzewski. 4210□

Kinetische Analyse der enzymatischen Oxydation von Indolyl-(3)-essigsäure. J. Ricard und C. Donneaud. (C. R. Séances Soc. Biol. Filiales **154**, 2085—89, 1960; Marseille, Fac. de Sci., Labor. de Physiol. végétale; franz.) — Auf Grund experimenteller u. theoret. Ergebnisse haben Vff. folgenden Mechanismus für die *Indolyl-(3)-essigsäure-oxydase* (I)-Rk. vorgeschlagen: Ein Mol. Enzym bildet zusammen mit einem Mol. Substrat einen Komplex, der nur sehr langsam in verschiedenen Rk.-Prodd. zerfällt. Dieser Zerfall wird beschleunigt durch ein zweites, vorher aktiviertes Substratmolekül. Die I-Rk. ist der *Katalase*-Rk. sehr ähnlich. E. Lodemann. 4210□

Die Identifizierung von Enzymen und Toxinen in dem Gift der indischen Cobra und der Russellschen Viper nach der Stärkegelelektrophorese. R. W. P. Master und S. Srinivasa Rao. (J. biol. Chemistry **236**, 1986—90, Juli 1961; Bombay, Haffkine Inst., Dep. of Immunol.; engl.) — Die Gifte der ind. Schlangen, der ind. Cobra (A, *Naja naja*) u. der Russellschen Viper (B, *Vipera Russelli*) wurden durch Stärkegelelektrophorese aufgetrennt u. die einzelnen Fraktionen auf Fermente u. tox. Substanzen untersucht. Das A-Gift konnte in 9 Komponenten, davon 4 zur Anode u. 4 zur Kathode wandernde, aufgetrennt werden. Eine Komponente erwies sich als stark tox. mit den gleichen Symptomen wie das Gesamtgift. Daneben wurde ein hitzebeständiges, noch unbekanntes Neurotoxin gefunden. An Enzymen wurden in A *Cholinesterase, Phosphomonoesterase* (I), *Phospholipase A* (II), *L-Aminosäureoxydase* (III), 2 *Proteasen* (**IV**), *Phosphodiesterase* (**V**) aus *Ribo-* u. *Desoxyribonuclease* bestehend, *6.5'-Nucleotidase* (**VI**), ein Neurotoxin u. ein Antikoagulans gefunden. B wies ebenfalls 9 Komponenten, 4 zur Kathode u. 5 zur Anode wandernde auf. wobei I—VI sowie eine Koagulase (**VII**) nachgewiesen wurden. Die Komponenten von B zeigten einzeln keine Toxizität; diese war in den Komponenten der positiven Seite vereinigt. Ähnliche Ergebnisse wurden mit A erhalten. Die Gift-Wrkg. von B wird mit der vereinigten Wrkg. von **III**, **IV** u. **VII** u. möglicherweise mit dem Zusammenwirken mit einem bei der Elektrophorese abgetrennten Cofaktor erklärt. J. Boelter. 4210□

E₃. Mikrobiologie. Bakteriologie. Immunologie

Wachstum von Aspergillus niger in Gegenwart von Chelatbildnern. Didier Bertrand und André de Wolf. (C. R. hebd. Séances Acad. Sci. **250**, 1543—45, 22/2. 1960; Paris, Inst. Pasteur, Labor. de Chim. biol.; franz.) — In neutraler Nährlsg. bildet *Äthylendiamintetraessigsäure* mit den Spurenelementen nicht resorbierbare Chelate, so daß der Beginn des Wachstums von *Aspergillus niger* verzögert wird. Das Wachstum setzte erst ein, nachdem durch Bldg. von *Gluconsäure* der pH-Wert unter 4,0 gesunken u. die Chelate dadurch dissoziiert waren. W. Schönborn. 4310□

Chelatbildner für selektives Wachstum von Bakterien. G. M. Richardson. (Nature [London] **189**, 78—79, 7/1. 1961; Wellington, New Zealand, Nat. Health Inst., Dep. of Health.; engl.) — Vgl. auch vorst. Referat. — Beschreibung eines fl. u. eines festen Nährbodens, dem verschiedene Chelatbildner zugesetzt sind. Durch entsprechende Abstimmung der Zus. ist es möglich, eine bestimmte Konz. von freien *Mg*-Ionen einzuhalten, wodurch eine Isolierung von *Koagulase*-positiven Staphylokokken in Anwesenheit von Koagulase-negativen Keimen ermöglicht wird. H. Zeller. 4310□

Spontane Entwicklung von L-Formen von Streptokokken, die für normales Wachstum Absonderungen anderer Bakterien oder Sulfhydryl-Verbindungen benötigen. Ayala Frenkel und Willy Hirsch. (Nature [London] **191**, 728—30, 12/8. 1961; Haifa, Central-Labor. of the Kupat Holim, Dep. of Bacteriol.; engl.) — Stämme von nicht-hämolyt. Streptokokken, die aus Fällen von bakterieller Endocarditis u. Otitis media isoliert wurden, wachsen nur in Ggw. von Sulfhydryl-Verbb. (z. B. *Cystein, red. Glutathion, Thiomalat, Thioglykolat*) bzw. als Satellitenkolonien um Kolonien anderer Bakterien in einer „Wachstumszone". In Ggw. von suboptimalen Konzz. von Sulfhydryl-Verbb. u. an der äußeren Grenze der Wachstumszone zeigen die Zellen extremen Pleomorphismus. Auf Herzaufgußagar mit Zusatz von menschlichem Serum u. Saccharose wachsen typ. L-Kolonien. Es wird vermutet, daß es sich bei den untersuchten Stämmen um Defektmutanten handelt, die keine —S—S-Bindungen herstellen können, die für die Bldg. der Zellwand notwendig sind. Dieser Defekt wirkt nicht unbedingt letal, wenn ein geeigneter osmot. Stabilisator anwesend ist. Die Stämme wachsen dann als L-Formen. U. Eberhardt. 4310☐

Untersuchungen über im Rinderserum vorhandene Nährstoffe für frischgezüchtete bovine Tuberkelbakterien. Alfred Oberdorfer und Gerhard Lebek. (Z. Naturforsch. **16b**, 304—09, Mai 1961; München, Univ., Physiol.-chem. Inst.; Deutsche Forsch.-Anst. für Tuberkul. „Ludolph Bauer"; dt.) — Vff. beschreiben die Isolierung von *Proteinfraktionen* (P.f.) aus Rinderserum durch $(NH_4)_2SO_4$-Fällung u. säulenchromatograph. Reinigung an Diäthylaminoäthylcellulose. P.f. ermöglichen das Wachstum frisch gezüchteter, serumbedürftiger Stämme von *Mycobacterium bovis* (Typus *bovinus* der Tuberkelbakterien) in synthet. Nähr-Lsgg. in Passagen, u. konnten sogar von diesen, sowie auch von humanen Tuberkelbakterien als einzige Nährstoffquelle verwendet werden. Die Wirksamkeit von I blieb nach Behandlung mit Trichloressigsäure u. Lipoid-Lsgm. erhalten. L. Heinisch. 4310☐

Aminosäuren aus Mikroorganismen. N. A. Krassilnikow. (Успехи Современной Биологии [Fortschr. gegenwärt. Biol.] **52**, 149—63, Sept./Okt. 1961; russ.) — Übersicht an Hand der Literatur. — 64 Literaturangaben. O. Lebtag. 4315☐

Mycobakterielle Inositphospholipide. E. Lederer. (Biochem. J. **81**, 31P—32P, 1961; Gif-sur-Yvette, Seine-et-Oise, Inst. de Chim. des Substances Naturelles; engl.) — Die aus verschiedenen Mycobakterienstämmen erhaltene Mischung von N-freien Phospholipiden enthält als Hauptkomponente ein *Phosphatidylinositdimannosit*, in dem eine an *Inosit* gebundene *6-O-α-D-Mannopyranosyl-α-D-mannopyranose* vorliegt. H. Kockert. 4315☐

Bleiacetatnähragar als Verfahren für annähernd quantitative Schwefelwasserstoffbestimmung. N. Stojtschew. (Mh. Veterinärmed. **16**, 776—82, 15/10. 1961; Berlin, Minist. für Gesundheitswesen der DDR, Inst. für Seuchenschutz; dt.) — Die H_2S-Ausscheidung verschiedener Bakterien (Salmonellastämme) kann annähernd quant. durch Zugabe von *Bleiacetat* zur Nährlsg. bestimmt werden. Abgelesen werden der Titer des Farbumschlags u. der Bräunungsgrad, der durch Vgl. mit Verdünnungsreihen eingestuft wird. Als optimal erwies sich ein Zusatz von 0,05% Bleiacetat u. 0,2% Agar-Agar zur Nährlösung. Die Methodik wurde zum Vgl. verschiedener Peptone (Nährlsg.) u. verschiedener Bakterienstämme benutzt u. annähernd standardisiert. Herbert Koch. 4320☐

Stoffwechsel der Säureweckerorganismen. Otto Kandler. (Milchwissenschaft **16**, 523—31, Okt. 1961; Weihenstephan, Südd. Versuchs- u. Forschungsanstalt, Bakt. Inst.; dt.) — Übersicht über den homo- u. heterofermentativen Glucoseabbau, Unterscheidung des Gärungstyps durch Verw. positionsmarkierter Glucose, Abbau organ. Säuren, Konfiguration der gebildeten Milchsäure, verschiedene Möglichkeiten der Brenztraubensäureverwertung u. die Bedeutung der CO_2-Fixierung, der Weg der Aroma-Bldg., Abbau bzw. weitere Umwandlung des Acetoins, Beziehungen zum Luft-O_2. — 18 Literaturangaben. P. Gregorzewski. 4320☐

Untersuchungen über den N_2-Stoffwechsel von Mikroorganismen. 1. Mitt. **Aminosäurestoffwechsel von Pseudomonas aeruginosa.** O. G. Césaire, E. Neuzil und H. Boiron. (Bull. Soc. Chim. biol. **40**, 1435—46, 10/12. 1958; Dakar, Univ., École Nat. de Méd. et de Pharmacie, Labor. de Biochim. méd., Labor. de Bactériol.; franz.) — Mit nur jeweils einer Aminosäure als organ. N-Quelle wird bei *Pseudomonas aeruginosa* z. T. üppiges Wachstum beobachtet. Untersucht wurden die physiolog. wirksamen L-α-Aminosäuren, ferner D- u. DL-α-Aminosäuren sowie unphysiolog. Aminosäuren, wie Äthionin, β-Alanin, γ-Aminobuttersäure. Kein Wachstum wird mit Methionin, Äthionin, Asparaginsäure u. Taurin, nur geringes mit Cysteinsäure beobachtet. — Die papierchromatograph. Unters. der Nähr-Lsg. zeigt, bis auf die Fälle, bei denen kein Wachstum erfolgt, die Bldg. von *Glutaminsäure*, bei den meisten auch deren Umaminierungs-Prodd. Leucin oder Isoleucin, Valin u. Alanin, in vielen Fällen daneben auch andere Aminoverbb., z. B. Äthylamin, γ-Aminobuttersäure, Putrescin, Tryptamin u. Isopropanolamin an. Gleichzeitig verschwindet die eingesetzte Aminosäure teilweise oder vollständig. R. Lafferenz. 4320☐

Untersuchungen über den N_2-Stoffwechsel von Mikroorganismen. 2. Mitt. **Aminosäurestoffwechsel von Salmonella paratyphi B.** O. G. Césaire, E. Neuzil und H. Boiron. (Bull. Soc. Chim. biol. **40**, 1447—52, 10/12. 1958; franz.) — 1. vgl. vorst. Referat. — Analoge Verss. wie in der 1. Mitt. (l. c.) beschrieben, werden mit *Salmonella paratyphi B* durchgeführt. Hier wird neben grundsätzlich den gleichen Ergebnissen ein geringerer Aminosäurestoffwechsel als bei Ps. aeruginosa gefunden. R. Lafferenz. 4320☐

Bildung und Desaminierung von Alanin bei B. coli. Je. D. Wyschepan, K. I. Iwanowa und R. K. Lednewa. (Биохимия [Biochemie] **26**, 758—63, Juli/Aug. 1961; Moskau, Forschungsinst. für Pharmakol. u. Chemotherapie der Akad. der med. Wiss. der UdSSR, Abt. für Chemotherapie; russ., Auszug: engl.) — In der Suspension von *Bacterium coli* (Stamm 675) wird die Desaminierung von *DL-Alanin* (**I**) durch einen Zusatz von Brenztraubensäure (**II**), Glucose (**III**) u. NH_4Cl (**IV**) fast nicht beeinflußt. Die Desaminierung von *L-Glutaminsäure* (**V**) wird durch Zusatz von **III**, **IV** u. α-Ketoglutarsäure völlig unterdrückt. Die Unterdrückung der **V**-Desaminierung erfolgt nur in Ggw. von **III**. Durch D-Cycloserin (**VI**) wird die Desaminierung von DL-**I** u. L-**I** fast gleich stark unterdrückt. Bei B. subtilis, das einer direkten Desaminierung von L-**I** fähig ist, hat D-**VI** keinen Einfl. auf die Desaminierung von L-**I**, während die von D-**I** gehemmt wird. Die L-**I**-Bldg. bei B. coli durch Umaminierung von L-**V** u. **II** wird durch DL-**VI** stark, durch D-**VI** weniger stark unterdrückt. Das L-**I** wird bei B. coli hauptsächlich während der Umaminierung von L-**V** u. **II** gebildet. Vor seiner Desaminierung wird es in D-**I** umgewandelt, das dann desaminiert wird. O. Lebtag. 4320□

Zwei Arten der Lysin-Synthese bei niederen Pilzen: Evolutionäre Signifikanz. Henry J. Vogel. (Biochim. biophysica Acta [Amsterdam] **41**, 172—73, 17/6. 1960; New Brunswick, N.J., State Univ., Rutgers Inst. of Microbiol.; engl.) — Mit Hilfe der Isotopen-Meth. zeigte Vf., daß *Achlya bisexualis Lysin* (**I**) über *α.ε-Diaminopimelinsäure* u. *Rhizopus stolonifer* **I** über *α-Aminoadipinsäure* synthetisiert, u. leitet daraus deren phylogenet. Abstammung her. P. Gregorzewski. 4320□

Einfluß des Natriumchlorids auf die lipolytische Aktivität des Staphylococcus. E. Tedesco. (Boll. Soc. ital. Biol. sperim. **37**, 245—47, 31/3. 1961; Messina, Univ., Fac. di Sci., Ist. di Microbiol.; ital.) — Es wird die lipolyt. Aktivität von 10 Staphylokokkenstämmen auf Tween 20 u. 80 in Ggw. von 2,5, 5 u. 7,5% *NaCl* untersucht. Die lipolyt. Aktivität ist in Ggw. von 2,5 u. 5% NaCl genau so positiv wie bei den Kontrollen mit 0,5% NaCl u. wird auch durch 7,5% NaCl kaum beeinträchtigt. F. Kren. 4320□

Bildung einer Ketosäure durch mikrobiellen Abbau von Progesteron. Kurt Schubert, Karl-Heinz Böhme und Cläre Hörhold. (Hoppe-Seyler's Z. physiol. Chem. **325**, 260—62, 20/9. 1961; Jena, Dtsch. Akad. der Wiss., Inst. für Mikrobiol. u. exp. Therapie; dt.) — Beim mikrobiolog. Abbau von C_{19}- u. C_{21}-Steroiden wurde eine Aufspaltung des Sterangerüsts beobachtet. Die Inkubation von *Progesteron* mit *Mycobacterium smegmatis* unter den bereits beschriebenen Bedingungen führt zur Bldg. einer Ketosäure, die auf Grund ihrer chem. Eigg. sowie der UV- u. IR-Spektren als *7α-Methyl-1-acetylperhydroindanon-(5)-yl-(4β)-propionsäure* (**I**) identifiziert werden konnte. Die Ketosäure **I** reagiert nach Zimmermann u. läßt sich durch Kochen mit Acetanhydrid in ein Enol-Lacton überführen.

Versuche: *7α-Methyl-1-acetylperhydroindanon-(5)-yl-(4β)-propionsäure* (**I**), $C_{15}H_{22}O_4$, F. 90—93°, aus Progesteron durch mikrobiolog. Abbau mit *M. smegmatis*, Reinigung der Extrakte an Kieselgel, quadrat. Blättchen aus Ae., $[\alpha]_D^{23}$ + 79° (Chlf.); 2—10% (Ausbeute). *Enollacton*, F. 114—117°, Blättchen aus Äther. L. Laschet. 4320□

Zur fungistatischen Wirksamkeit von Benzoylcitronensäure. K. Täufel, F. Linow und H. Ruttloff. (Naturwissenschaften **49**, 310, 1. Juni-H. 1962; Potsdam-Rehbrücke, Dt. Akad. der Wiss. zu Berlin, Inst. für Ernährung; dt.) — *Benzoylcitronensäure* (**I**) verhindert in Konzz. von 10^{-5} bis $5 \cdot 10^{-2}$ m die Auskeimung der Sporen von *Aspergillus niger* u. *A. oryzae.* Vorgebildete Myceldecken stellen den Zuckerabbau erst bei einem Zusatz von $> 5 \cdot 10^{-2}$m ein. Unter gleichen Vers.-Bedingungen gibt Benzoesäure analoge Ergebnisse. Da **I** neben ihrer antioxydativ-synergist. auch noch fungistat. Wrkg. besitzt, dürfte sie für die Stabilisierung wasserhaltiger Fette u. fetthaltiger Lebensmittel bedeutungsvoll sein. W. Hiller. 4330□

Über die morphologischen und cytochemischen Veränderungen von Tuberkelbacillen unter dem Einfluß gebräuchlicher Chemotherapeutica. J. Arima, N. Tsukiori und Y. Takahashi. (C. R. Séances Soc. Biol. Filiales **152**, 388—91, 5/9. 1958; Hokkaido, Sapporo, Japan, Univ., Inst. de Rech. de la Tubercul.; franz.) — Vff. untersuchen den Einfl. von *Streptomycin* (**I**), *Isoniazid* (**II**) u. *p-Aminosalicylsäure* (**III**) auf menschliche Tuberkelbacillen (Stamm H 37v), die auf Nährböden von Dubos mit Zusätzen an Tween u. Albumin bei 37° (15 Tage) kultiviert worden sind. Zur cytochem. Unters. dient die Nuclei-Rk. nach Feulgen (a), die Anfärbung der Mitochondrien mit Janus-B-Grün (b), die Toluidinblau-Rk. (c, zum Nachw. von metaphosphatid. Substanzen) u. die Farb-Rk. nach Ziehl-Neelsen (d, als Test auf Säureresistenz). Es zeigt sich, daß **I** (20 μg/ml) innerhalb von 24 Std. keine morpholog. Veränderungen der Bazillen hervorruft, jedoch eine Abnahme der Säureresistenz (nach d) verursacht. Nach 7tägiger Einw. von **I** werden eine Autolyse der Plastiden u. des „A-Körpers" sowie ein Verschwinden der b- u. c-Rkk. der Granula beobachtet, während die a-Rk. noch bestehen bleibt. Die weitgehende Auflösung der Bacillen tritt nach 14 Tagen ein, doch entwickelt sich nach 3wöchigem Kontakt eine Anzahl I-resistenter Keime. Die gleichen Ergebnisse werden unter dem Einfl. von **II** erhalten, während **III** keine bakteriostat. Wrkg. besitzt. Die Zers. des „A-Körpers" der Bacillen stellt keine spezif. Eig. von **I** dar. P. Fahrnlaender. 4340□

Einbau von Acetat in Cephalosporin C. P. W. Trown, E. P. Abraham, G. G. F. Newton, C. W. Hale und G. A. Miller. (Biochem. J. **84**, 157—66, Juli 1962; Univ. of Oxford, Sir William Dunn School of Pathol.; engl.) — Bei der Züchtung des *Cephalosporium spec.* in belüfteten 20-Liter-Kolben oder 500-ml-Schüttelkolben läßt sich die Ausbeute an *Cephalosporin C* (**I**) durch Zugabe von Ammoniumacetat steigern. Bei der Benutzung von $^{14}C_{(1)}$-*Acetat* finden sich erhebliche Mengen der eingesetzten Radioaktivität im **I**. Bei der Reinigung des Rohprod. über Amberlite XE 58 finden sich im Vorlauf zahlreiche Aminosäuren [u. a. Glutamin-, Asparaginsäure, Alanin, Leucin oder Isoleucin, Lysin u. α-Aminoadipinsäure (**II**)] sowie Penillsäure u. 6-Oxo piperidin-2-carbonsäure, die zum größten Teil radioakt. sind. Das noch stark verunreinigte **I** wird über Dowex-1 weiter gereinigt u. umkristallisiert. Die durch saure Hydrolyse von **I** abspaltbare **II** trägt 50—66% der Gesamtradioaktivität des **I**-Moleküls. Die Hälfte davon ist im $C_{(1)}$ der **II** enthalten (Nachw. durch Decarboxylierung). 26—34% der gesamten Radioaktivität (einmal 43%) sitzen im Carboxyl der an $C_{(10)}$ stehenden Acetylgruppe. 1—1,5% finden sich im $C_{(8)}$ des β-Lactamringes u. 2—4% in $C_{(2)}$, $C_{(3)}$, $C_{(4)}$, $C_{(9)}$, $C_{(10)}$ des Dihydrothiazinringes. Die Verteilung der Radioaktivität hängt vom Zeitpunkt der Zugabe des $^{14}C_{(1)}$-Acetats nach der Einsaat ab. Die Befunde über die Radioaktivitätsverteilung in **II** stehen im Einklang mit einer von Strassmann u. Mitarbeiter (vgl. C. **1953**, 9518) vorgeschlagenen Biosynth. der **II**.
K.-W. Glombitza. 4340

Ein neues Antibioticum mit tumorhemmenden Eigenschaften. Koppaka V. Rao, Walter P. Cullen und B. A. Sobin. (Antibiotics and Chemotherapy **12**, 182—86, März 1962; Brooklyn, N.Y.; engl.) — Vgl. C. **1962**, 14539. — Aus den Kulturböden eines *Streptomyces spec.* läßt sich bei pH 4,0 mit n-Butanol oder durch Adsorption an Magnesiumsilicat u. Elution mit Methanol das Antibioticum ***Mithramycin*** isolieren. Über eine Aluminiumoxidsäule oder durch Gegenstromverteilung zwischen Phosphatpuffer pH 7,0 u. Essigester u. Umkristallisation aus Isoamylacetat erhält man gelbe Kristalle, F. 170—175° (Zers.). Es handelt sich um eine in W., niederen Alkoholen, Aceton u. Essigester gut lösl. Säure, deren Na-Salz in W. schlechter lösl. ist. UV- u. IR-Spektren u. ein Molgew. von 973 werden angegeben. Es hemmt grampositive Bakterien (0,039—0,19 μg/ml), nicht gramnegative. Bei Tumoren der Mäuse u. Ratten hemmt es in Dosen von 0,2—2,0 mg/kg in 50—70% der Fälle das Tumorwachstum.
K.-W. Glombitza. 4340

Neues Verfahren zur Bestimmung der Zahl der Aminogruppen in Antibioticis. G. Ss. Katrucha, A. B. Ssilajew und W. M. Stepanow. (Биохимия [Biochemie] **26**, 649—54, Juli/Aug. 1961; Moskau, Lomonossow-Univ., Labor. für Chem. des Eiweißes u. der Antibiotica; russ., Auszug: engl.) — An den Beispielen von *Polymyxin M* u. *B* u. *Gramicidin C* beschreiben Vff. eine Meth. zur Best. der Zahl der Aminogruppen. Sie gehen davon aus, daß eine völlige Trennung der partiell substituierten Derivv. nicht erforderlich ist. Es werden ein Halbmikro- u. ein Mikroverf. beschrieben. Nach der Mikrovariante läßt sich die Best. mit weniger als 1 mg durchführen. Eine bestimmte Menge des monosubstituierten Dinitrophenyl-Deriv., dessen durch die Dinitrophenylgruppe verursachte UV-Absorption vorher bestimmt wurde, wird einer völligen Dinitrophenylierung unterworfen, von den Prodd. der Neben-Rkk. befreit u. erneut im UV-Licht untersucht. Die Absorption wird proportional den freien Aminogruppen im unsubstituierten Prod. erhöht. Aus der Zahl der freien Aminogruppen u. dem Äquivalent-Gew. kann das Molgew. errechnet werden. O. Lebtag. 4340□

Elektrophoretische und immunelektrophoretische Muster extracellulärer Diphtherieproteine aus Kulturfiltraten mit verschiedenen Eisenkonzentrationen. Bertold J. Radola. (Nature [London] **191**, 382—83, 22/7. 1961; Warschau, State Inst. of Hygiene, Dep. of Bacteriol.; engl.) — Untersucht werden die elektrophoret. u. immunelektrophoret. Eigg. der bei *Eisen*-Überschuß im Kulturmedium von *Corynebacterium diphtheriae* produzierten nichttox. extracellulären Proteine (Fe–P) im Vgl. mit den normalen tox. Proteinen. Das Fehlen der Toxizität der Fe–P ist durch das Fehlen der sog. D-Bande im Pherogramm gekennzeichnet. D. Ziebarth. 4370□

Untersuchungen über die hämagglutinierenden-nichtinfektiösen Teilchen der Influenza-Viren. 2. Mitt. **Vergleichende Untersuchungen über die physikalisch-chemischen und biologischen Eigenschaften der Teilchen.** Rudolf Rott und Werner Schäfer. (Z. Naturforsch. **16b**, 310—21, Mai 1961; Tübingen, MPI für Virusforschung; dt.) — 1. vgl. Z. Naturforsch. **15b**, [1960], 691. — Die zellgebundenen *Hämagglutinine* (ZGHA) der klass. Geflügelpest u. Influenza besitzen, wie die Mikrosomen, *Glucose-6-phosphatase*-Aktivität. Ihre spezif. Hämagglutinations- u. Neuraminidaseaktivität entspricht der infektiöser Viruspartikel. Vff. schlagen für sie die Bezeichnung „Viromikrosomen" vor. L. Heinisch. 4374□

Faktoren, die die Infektiosität von Poliovirus-Ribonucleinsäure beeinflussen. Katherine Sprunt, Susan Koenig und Hattie E. Alexander. (Proc. Soc. exp. Biol. Med. **108**, 755—60, Dez. 1961; Columbia Univ., Babies Hosp., Dep. of Pediatrics; Coll. of Physic. and Surg.; engl.) — Aus dem Mahoney-Stamm des Poliovirus wurde nach der Phenol-Meth. *Ribonucleinsäure* (RNS) isoliert u. ihre Infektiosität durch den Plaque-Test bestimmt. Der Einfl. der Salz-Konz. beruht auf einer Änderung der Empfindlichkeit der Wirtszellen. Diese Empfindlichkeit hängt ferner von ihrem Alter, dem Nährmedium, der Zucker-Konz., der Temp. ab. Der physiolog. Zustand der Zellen ist also wesentlich für die Infektiosität der RNS. M. Wiedemann. 4374□

Bildung einer Hemmsubstanz durch DA-Myxovirus. Autoinhibition der Plaquebildung. G.-D. Hsiung. (Proc. Soc. exp. Biol. Med. **108**, 357—60, Nov. 1961; New Haven, Conn., Yale Univ., School of Med., Dep. of Epidemiol. and Public Health; engl.) — Bei serienmäßigen Passagen von *DA-Myxoviren* läßt sich in den Gewebekulturen eine Autoinhibition der Plaque-Bldg. nachweisen unter gleichzeitigem Nachw. einer interferonähnlichen Hemmsubstanz in der virusfreien Kulturflüssigkeit. Die Ggw. der Hemmsubstanz scheint der bestimmende Faktor für die Plaque-Bldg. unter Agar-Überschichtung u. für die „prozone"-Rk. bei der Plaque-Bldg. zu sein. U. Tausendfreund. 4374□

Substanzen mit hoher Aktivität gegenüber Typ 2 Poliovirus. D. G. O'Sullivan und P. W. Sadler. (Nature [London] **192**, 341—43, 28/10. 1961; London, Middlesex Hosp., Med. School; engl.) — *1-Methylisatin-β-[4'.4'-dibutylthiosemicarbazon]* (30 μm) u. *2-[o-Hydroxybenzyl]-benzimidazol* (**I**; 50 μm) beweisen Aktivität gegenüber Typ-2-Polioviren, wobei die Aktivität von **I**, nahezu an die von *2-[α-Hydroxybenzyl]-benzimidazol* (100 μm) heranreicht. Die Aktivität von *2-[p-Hydroxybenzyl]-benzimidazol* ist wesentlich geringer, ebenso geht von *2-[o-Hydroxyphenyl]-benzimidazol* kaum eine Antivirus-Wrkg. aus. Da intramol. H-Bindung ein gemeinsames Zeichen der akt. Substanzen ist, wird vermutet, daß entweder Chelatbindungen mit Spurenmetallen oder H-Bindung mit Schlüssel-Moll. zum Einbau von Kerndesoxyribonucleinsäure oder perinuclearer Ribonucleinsäure in unvollständige Viruspartikel zustande kommt. U. Tausendfreund. 4374□

Die Nucleotide, Aminosäuren und Peptide eines Perchlorsäureextraktes aus Chlamydomonas moewusii. R. F. Jones und R. A. Lewin. (Exp. Cell Res. **22**, 86—92, Jan. 1961; Woods Hole, Mass., Marine Biol. Labor.; engl.) — Die papierchromatograph. Unters. des Perchlorsäureextraktes von **3** Arten der Grünalge *Chlamydomonas moewusii* ergab Ähnlichkeiten zwischen den **3** Arten in der Zus. der *Aminosäuren*. Chromatograph. Unterss. an Dowex-1 erbrachten den Beweis, daß in den Nucleotid- u. Peptidkomponenten Unterschiede bestehen. M. W. Görlich. 4381□

E₄. Pflanzenchemie. Pflanzenphysiologie. Pflanzenpathologie

Mono- und Oligosaccharide einiger Leguminosensamen sowie ihr Verhalten bei Lagerung und Keimung. K. Täufel, K. J. Steinbach und E. Vogel. (Z. Lebensmittel-Unters. u. -Forsch. **112**, 31—40, 1960; Berlin, Humboldt-Univ., Inst. für Lebensmittelchemie u. -technol.; dt.) — Qual. u. quant. papierchromatograph. Unterss. des A.-Extraktes einiger Leguminosensamen ergaben, daß in gesunden, ruhenden Samen von Erbsen, Bohnen u. Sojabohnen neben *Saccharose* (**I**) Spuren von *Glucose* u. *Fructose* sowie die 3 höheren Oligosaccharide *Raffinose* (**II**), *Stachyose* (**III**) u. *Verbascose* (**IV**) in nennenswerter Menge vorliegen. Bei normaler Lagerung treten keine gesicherten Veränderungen ein, wogegen bei Lagerung unter erhöhter Temp. u. Luftfeuchtigkeit die Geh. an **III** u. **IV** leicht zurückgehen, an **I** u. **II** gering ansteigen. Gleichzeitig wird freie *Galaktose* (**V**) nachweisbar. Beim Keimen sinkt der Geh. der Samen an den 3 höheren Oligosacchariden ab, **I** reichert sich an, u. intermediär tritt **V** auf. Maltose konnte nur in keimenden Sojabohnen nachgewiesen werden. Wilfried Werner. 4420□

Das natürliche Vorkommen von Monobenzoylaldosen, ihre Darstellung und ihr Nachweis. W. Bock, H. Zinner und K. Täufel. (Nahrung **3**, 1036–43, 1959; Rostock, Univ., Inst. für Organ. Chem.; Potsdam-Rehbrücke, Inst. für Ernährung der Deutschen Akad. der Wiss. zu Berlin; dt.) — Unter Hinweis auf die Literatur wird von den bekannten Monobenzoylaldosen die für die Lebensmittelchemie wichtige *6-Benzoyl-D-glucose*, auch *Vaciniin* genannt, weil erstmals aus Preiselbeeren (*Vaccinium vitis idaca L.*) isoliert, in ihren Eigg. sowie hinsichtlich der Struktur charakterisiert. Nach den Angaben des Schrifttums werden die Benzoyl-Verbb. von D-Galaktose, D-Mannose, D-Arabinose, D-Lyxose, D-Xylose u. D-Ribose sowie die zugehörigen Hydrazone dargestellt. Der Nachw. der Monobenzoylzucker in geringer Menge wird papierchromatograph. geführt (vgl. Chromatogramm u. Tabelle einiger R_F-Werte). Es wird vermutet, daß die enzymat. Rk. der D-Glucose mit Benzoesäure zur 6-Benzoyl-D-glucose als Entgiftungs-Rk. aufzufassen ist; hinsichtlich der biochem. Funktion ist zwischen 6-Benzoyl-D-glucose einerseits u. dem Syst. D-Glucose/Benzoesäure anderseits zu unterscheiden. K. Täufel. 4420□

Die Wirkung einiger Extraktionsmittel auf die chemische Struktur der Stärken von Tabakblättern und Kartoffelknollen. N. K. Matheson und J. M. Wheatley. (Austral. J. biol. Sci. **15**, 312–23, Mai 1962; Marceba, Qld., Tobacco Res. Inst., C.S.I.R.O., Div. of Plant Ind.; engl.) — Vff. wenden folgende Extraktionsmittel an: Mechan. Extraktion (a), $HClO_4$ + Dialyse (b), $HClO_4$ + Elektrodialyse (c), Chloralhydrat + Acetonpräzipitation (d), Chloralhydrat + Elektrodialyse (e), Alkali + Elektrodialyse (f). Meth. d ergab 13,0 g *Stärke* per 100 g grünes Tabakblatt, die anderen Meth. ergaben Werte zwischen 3,4 u. 5,6 g. Die höheren Werte durch Meth. d entstehen durch hohe Geh. der extrahierten Stärke an sulfatierter Asche, Protein u. an Galaktose u. Arabinose (nach saurer Hydrolyse). Die Viscosität hatte bei den Meth. folgende Werte: a = 1,79; b = 1,24; c = 1,11; e = 0,92 u. f = 0,94. Der Amylose-Geh. ist bei den Meth. a, b, c, f wenig unterschiedlich, er schwankt zwischen 20,8 u. 22,5%. Elution der Stärke mit Solventien ergibt eine abgebaute Stärke mit geringerer Viscosität. W. Hiller. 4420□

Veränderungen in der chemischen Zusammensetzung einer Cambiumzelle während ihrer Differenzierung in Xylem- und Phloemgewebe in Bäumen. 1. Mitt. **Hauptbestandteile.** J. P. Thornber und D. H. Northcote. (Biochem. J. **81**, 449–55, 1961; Cambridge, Univ., Dep. of Biochem.; engl.) — Vff. bestimmten quant. die Veränderungen der chem. Zus. von Cambiumzellen während ihrer Differenzierung u. nachfolgenden Reifung bei 4 Baumspecies (*Acer pseudoplatanus, Betula platyphylla, Fraxinus elatior, Pinus ponderosa*). — Ein Vgl. der Zus. von Cambium, Splintholz u. Kernholz zeigt, daß das sek. Dickenwachstum der Cambiumzellen durch eine Ablagerung von *α-Cellulose* (I), *Hemicellulose* (II) u. *Lignin* gek. ist. Am Dickenwachstum ist **I** stärker beteiligt als **II**; die Cambiumzelle enthält etwa gleiche Mengen an beiden Komponenten. Die Menge an pekt. Substanzen bleibt während der Bldg. der Splintholzzelle konst., wogegen im Kernholz diese Fraktion vollständig fehlt. — Die Zus. der Cambiumzellen ist bei allen untersuchten Baumspecies etwa gleich. H. Kockert. 4420□

Veränderungen in der chemischen Zusammensetzung einer Cambiumzelle während ihrer Differenzierung in Xylem- und Phloemgewebe in Bäumen. 2. Mitt. **Kohlenhydratbestandteile in jeder Hauptkomponente.** J. P. Thornber und D. H. Northcote. (Biochem. J. **81**, 455–64, 1961; engl.) — 1. vgl. vorst. Referat. — Vff. bestimmten die *Kohlenhydrat*-Zus. der *α-Cellulose, Hemicellulose* (I) u. der *pekt. Substanzen* (II) der Zellwände von Phloem, Cambium, Splintholz u. Kernholz bei 4 Baumspecies (*Fraxinus elatior, Betula platyphylla, Acer pseudoplatanus* u. *Pinus ponderosa*). Während des sek. Dickenwachstums in den Angiospermen steigt der Zell-Geh. an *Glucanen* (**III**) um 56–67%, an *Xylanen* (**IV**) um 20–33%, an *Uronsäureanhydriden* (**V**) um 8–11% u. an *Mannanen* (**VI**) um 2–6%. Die Bldg. von *Arabanen* (**VII**) ist nur geringfügig, u. die Menge an *Galaktanen* (**VIII**) nimmt sogar ab (um 1%). Das sek. Dickenwachstum in den Gymnospermen wird begleitet von der Bldg. größerer Mengen an **VI** (22%) sowie von **VII** (1%) u. **VIII** (0,3%) u. geringer Mengen anderer Bestandteile. Die während des sek. Dickenwachstums entstehenden **IV** enthalten offenbar größere Mengen an **V** als in der Primärzellwand deponiert wird. Der Überhang einer Splintholzzelle in Kernholz ist durch weitere Bldg. von **III** u. **VI** bei den Angiospermen u. von **IV** bei den Gymnospermen gekennzeichnet. Die **II** (*Galaktan, Araban, Polygalakturonsäure*) gehen während der Entw. einer Cambiumzelle in eine Kernholzzelle bei allen Angiospermen verloren. *Rhamnose* ist der in geringster Menge vorkommende Bestandteil der aus allen 4 untersuchten Baumspecies isolierten **II**; sie kommt auch in den Polysacchariden der **I**-Fraktion vor u. wird in beiden Fällen nur in der prim. Zellwand gefunden. Die Kohlenhydrat-Zus. der Cambiumzellwand aller 4 untersuchten Baumspecies ist sehr ähnlich. H. Kockert. 4420□

Über stickstoffhaltige Bestandteile von Ricinus communis Linn. F. R. Bharucha und G. V. Joshi. (Sci. and Cult. **23,** 307—08, Dez. 1957; Bombay, Inst. of Sci., Dep. of Bot.; Wilson Coll., Dep. of Bot.; engl.) — Wurzeln, junge u. alte Stengel sowie junge u. alte Blätter von *Ricinus communis* wurden auf ihren Gesamt-*N*-Geh. u. auf den Geh. verschiedener *Aminosäuren* (I) untersucht. In allen untersuchten Pflanzenteilen konnten folgende I nachgewiesen werden: *Leucin, Isoleucin, Phenylalanin, Valin, Methionin, Tyrosin, Prolin, Alanin, Glutaminsäure, Threonin, Glycin, Serin, Asparaginsäure, Arginin, Histidin, Lysin* u. *Cystin.* Ein signifikanter Unterschied im I-Geh. zwischen alten u. jungen Pflanzenteilen wurde nicht gefunden. In den sauren Hydrolysaten von alten u. jungen Blättern konnte *α-Aminobuttersäure* nachgewiesen werden. — Der Gesamt-N-Geh. pro Trocken-Gew. beträgt (in %): Wurzeln 1,54; junge u. alte Stengel 2,05 bzw. 0,61; junge u. alte Blätter 3,47 bzw. 3,07. Werner Fiedler/Berlin. 4420□

Gehalt der Wurzel von Keimpflanzen an freiem Methionin. Olga Kossey-Fejér. (Naturwissenschaften **48,** 410—11, 2. Mai-H. 1961; Budapest, L. Eötvös-Univ., Pflanzenphysiol. Inst.; dt.) — Im Zusammenhang mit der Unters. des S-N-Stoffwechsels von Bohne (*Phaseolus vulgaris*), Erbse (*Pisum sativum*), Mais (*Zea mais*) u. Kürbis (*Cucurbita pepo*) wurde in den 3 mm lang abgeschnittenen Wurzelspitzen u. in 5 mm großen Segmenten aus der Mitte der haarigen Zone 2-, 4-, 6- u. 8tägiger Keimpflanzen der Geh. an freiem *Methionin* (I) bestimmt. Der I-Geh. einer repräsentativen Durchschnittszelle der haarigen Zone ist viel größer als der in der Wurzelspitze. Die Tendenz der zeitlichen Änderung ist bei den gleichen Pflanzen in Wurzelspitze u. haariger Zone gleich. In der Änderung des Geh. der Wurzelzellen an freiem I spiegeln sich die biolog. Eigg. der untersuchten Pflanzen wider. K. Maier. 4420□

Die freien Aminosäuren in einigen britischen Früchten. L. F. Burroughs. (J. Sci. Food Agric. **11,** 14—18, Jan. 1960; Bristol, Univ., Long Ashton Res. Stat., Dep. of Agric. and Horticult.; engl.) — Es wurde der Geh. von Erdbeeren, Stachelbeeren, roten u. schwarzen Johannisbeeren, Loganbeeren, Himbeeren, Brombeeren u. Tomaten an Gesamt- u. alkohollösl. Aminosäuren untersucht. Alle Früchte enthalten die als Eiweißbausteine bekannten Aminosäuren, hauptsächlich *Alanin* u. *Glutaminsäure*. In Preiselbeeren fand sich außerdem *1-Aminocyclopropan-1-carbonsäure.* E. Lück. 4420□

Der Einfluß der Wirtspflanze auf die Aminosäuren von Santalum album Linn. R. A. Srimathi, D. R. C. Babu und M. Sreenivasaya. (Current Sci. **30,** 417, Nov. 1961; Malleswaram, Bangalore, Forest Res. Labor.; engl.) — Blätter von Sandelpflanzen, die ohne Wirtspflanzen wachsen, enthalten keine bas. Aminosäuren. Blätter von Pflanzen, die in Gemeinschaft mit Leguminosen wachsen, besitzen dagegen einen hohen Geh. an *bas. Aminosäuren* (I). Andere Wirtspflanzen (Tomate, *Lantana camara*) bewirken nur einen geringen I-Gehalt. P. Gregorzewski. 4420□

4-Aminopipecolinsäure, eine neue basische Iminosäure in Strophanthus scandens. W. Schenk und H. R. Schütte. (Naturwissenschaften **48,** 223, 1. April-H. 1961; Halle/S., Akad. der Wiss., Inst. für Biochem. der Pflanzen; dt.) — Aus *Strophantus scandens* wird aus dem Milchsaft u. weniger aus Blättern u. Stengeln *4-Aminopipecolinsäure* (I) neben *4-Hydroxypipecolinsäure* isoliert. I wird an einer Cellulosesäule mit n-Propanol/H_2O (3:1) abgetrennt, als Hg-Salz $(C_6H_{11}N_2O_2)_2 \cdot Hg \cdot 2\, HgCl_2 \cdot 2\, H_2O$, analysiert u. mit synthet. I (aus Picolinsäurechlorid über 4-Chlorpicolinsäurechlorid, 4-Chlorpicolinsäure, 4-Aminopicolinsäure → I) verglichen. W. Winter. 4420□

Zusammensetzung von Buchu-Blattöl. A. A. J. Fluck, W. M. Mitchell und H. M. Perry. (J. Sci. Food Agric. **12,** 290—92, April 1961; London, Stafford Allen & Sons Ltd., Wharf Rd.; engl.) — Das aus *Barosma betulina* bzw. *B. crenulata* hergestellte, im pharmazeut. Handel befindliche Blattöl, hergestellt durch Wasserdampf-Dest. der Blätter, wird einer gaschromatograph. Unters. unterzogen. Bei B. betulina treten 5 definierte Gipfel auf; die zugehörigen Fraktionen werden gesammelt u. durch F., Bldg. der Semicarbazone, IR-Spektrum charakterisiert. Das Öl von B. crenulata unterscheidet sich im Gaschromatogramm signifikant vom ersteren Öl; durch UV-Spektrum wird Einblick in die Zus. gewonnen. Nach den tabellar. u. graph. mitgeteilten Befunden enthält das Öl von B. betulina außer *Limonen, Menthon* u. *Diosphenol* 2 zusätzliche Komponenten, nämlich *l-Pulegon* u. *Ψ-Diosphenol*; in B. crenulata sind neben Limonen, Menthon u. einer Spur von *Diosphenol* größere Mengen an *l*-Pulegon enthalten. Es wird hervorgehoben, daß damit wohl erstmals das natürliche Vork. von *l*-Pulegon erwiesen worden ist. K. Täufel. 4420□

Bestandteile der Samadera indica Nüsse. C. R. Mitra und H. S. Garg. (Naturwissenschaften **49,** 327—28, 2. Juli-H. 1962; Lucknow, Indien, Nat. Bot. Garden, Utilizat. Res. Labor.; engl.) — Vff. isolierten aus dem alkohol. Extrakt der Kerne *Samaderosid A* (I),

$C_{26}H_{32}O_{10} \pm CH_2$, F. 275—276° (Zers.), $[\alpha]_D^{17}$ +97,4° (c = 1,0; A.). — Aglykon von I, vorläufig als *Samaderacin-A* bezeichnet, $C_{20}H_{22}O_5 \pm CH_2$, F. 192—194° (Zers.), $[\alpha]_D^{24}$ +74° (c = 1,0; A.). — *Diacetat*, $C_{24}H_{26}O_7$, F. 215°, $[\alpha]_D^{24}$ —24,6° (c = 1,0; Aceton). Die Zuckerkomponente wurde als Glucose ermittelt. I ist lösl. in Chlf., Methanol, A., Ae. u. Äthylacetat, wenig lösl. in Bzl. u. unlösl. in PAe.; es red. Fehlingsche Lsg. u. ammoniakal. $AgNO_3$-Lsg., mit $FeCl_3$ entsteht in A. eine hellgrüne Farbe. Die UV- u. IR-Spektren werden beschrieben. — Weiterhin wurde *Samaderosid-B* (II), F. 301—303° (Zers.), $[\alpha]_D$ ±0° (c = 1,0; A.) isoliert. II scheint mit I isomer zu sein. — Die Kennzahlen des festen Nußfettes werden angegeben. W. Hiller. 4420□

Untersuchungen über die Zusammensetzung des Samenfetts von Ödlandpflanzen. 1. Mitt. **Die Fettsäuren der Samen von Gynandropsis pentaphylla. (N.O.-cappridacea).** A. Sen Gupta und M. M. Chakrabarty. (Sci. and Cult. **23,** 306—07, Dez. 1957; Pilani, Birla Coll., Dep. of Pharmacy; Calcutta, Univ., Dep. of Appl. Chem.; engl.) — Aus den Samen von *Gynandropsis pentaphylla* wurde mit einer Ausbeute von 17,6% ein Öl isoliert. Das nach Verseifen aus diesem Öl gewonnene *Fettsäuren* (I)-Gemisch wurde durch Tieftemp.-Kristallisation in 3 Fraktionen zerlegt u. der Geh. dieser Fraktionen an verschiedenen gesätt. u. ungesätt. I bestimmt. Die Unterss. zeigten, daß das Öl industriell sowohl für die Speisefett- als auch für die Seifen-Herst. verwertbar ist.

Werner Fiedler/Berlin. 4420□

Untersuchungen über die phenolischen Inhaltsstoffe von Pyrus communis L. 4. Mitt. **Verhalten des Arbutins beim Keimen von Birnensamen und Verteilung in jungen Pflanzen.** H. Friedrich. (Pharmazie **13,** 153—55, März 1958; Gatersleben, Inst. für Kulturpflanzenforsch.) — 3. vgl. Pharmazie **13,** [1958], 54. — Unterss. an Birnensamen Kirchensaler Mostbirne. Papierchromatograph. wird in ruhendem Samen *Arbutin* nachgewiesen, daß im keimenden Samen noch vor dem Ergrünen der Keimblätter in diesen, in der Wurzel u. im Hypokotyl auftritt u. sich danach bes. im Hypokotyl u. den Keimblättern anreichert. Keimender Samen enthält außerdem *Chlorogen-* u. *Kaffeesäure.* Heinz Walter. 4420□

Untersuchungen über die phenolischen Inhaltsstoffe von Pyrus communis L. 6. Mitt. **Isolierung und Charakterisierung einer neuen phenolischen Verbindung.** H. Friedrich. (Pharmazie **15,** 319—22, Juni 1960; Gatersleben, Dt. Akad. der Wiss. zu Berlin, Inst. für Kulturpflanzenforsch.; dt.) — 5. vgl. C. **1963,** 2541; **4.** vgl. vorst. Referat. — Aus den jungen Blättern 10jähriger Sämlinge von *Pyrus communis* konnte eine dem *Arbutin* (I) sehr ähnliche *Verb. U* (**II**) isoliert werden. Diese Substanz tritt in größeren Konzz. nur in sehr jungen Organen (Hypokotyl, Keimblätter u. junge Blätter) auf. Erst bei fortschreitender Entw. nimmt der Geh. des phenol. Körpers ab, während der I-Geh. ansteigt. Im Herbst war außer I kein weiterer phenol. Körper nachweisbar. Für die Isolierung von II wurde nachst. Prozedur angewandt: Extraktion mit W., Chromatographie an Al_2O_3, Ausschütteln mit Ae., Sättigen der wss. Phase mit NaCl, es trat Kristallisation des I mit NaCl ein. Der wss. Rückstand enthielt restliches I u. II, Ausschütteln mit Äthylacetat. Der weiße Rückstand enthielt I u. II im Verhältnis 1:2. Die Trennung erfolgte an einer Cellulosesäule (Lsgm. n-Butanol), von den 10 Fraktionen bei der Eluation enthielten die Fraktionen 2—5 reines II.

Versuche: Verb. U(**II**), $C_{14}H_{18-19}O_8$, F. 214—216°, IR-Spektrum ist weitgehend ähnlich dem des Arbutins; zusätzlich eine deutliche C=O (Ester-) Absorptionsbande. Mit diazotierter Sulfanilsäure u. Alkali entsteht wie beim Arbutin ein roter Farbstoff.

B. Göber. 4420□

Untersuchungen über die phenolischen Inhaltsstoffe von Pyrus communis L. 7. Mitt. **Pyrosid.** H. Friedrich. (Pharmazie **15,** 650—54, Nov. 1960; Gatersleben, Inst. für Kulturpflanzenforsch. der Dt. Akad. der Wiss.; dt.) — 6. vgl. vorst. Referat. — Vf. fand in einem wss. Extrakt der Blätter von *Pyrus communis* eine glykosid. Verb. $C_{14}H_{18}O_8$, die sich als gegen α- u. β-Glucosidase resistentes, durch milde alkal. Hydrolyse spaltbares *Acetylarbutin* erwies, für das der Name *Pyrosid* vorgeschlagen wird. Der Acetylrest ist vermutlich über die prim. Alkoholgruppe am $C_{(6)}$ des Glucoserestes β-glykosid. gebunden. F. v. Gizycki. 4420□

Blütenpigmente: Flavonoide von Nelumbo nucifera Gaerten. W. Rahman, M. Ilyas und A. W. Khan. (Naturwissenschaften **49,** 327, 2. Juli-H. 1962; Aligarh, Indien, Muslim Univ., Dep. of Chem.; engl.) — Bisher wurden in der Pflanze das Alkaloid *Nuciferin* u. das Flavonosid Quercitrin-3-glucoglucoronoid gefunden. Aus den Blüten isolierten Vff. *Kaempferol-3-galaktorhamnoglykosid* (I), F. 192—194°, rechtwinklige Platten aus Methanol. Saure Hydrolyse ergab das Aglykon *Kämpferol,* F. 276—277°; —Acetat, F. 180—182°. Völlige Methylierung von I u. nachfolgende Hydrolyse ergab *3-Hydroxy-5.7.4'-trimethoxyflavonol,* F. 150—152°, gelbe Platten aus Alkohol.

W. Hiller. 4420□

Die Flavonoide der zweiblättrigen Teestrauchtriebe. K. M. Dshemuchadse, M. N. Nesstjuk und L. F. Mileschko. (Биохимия [Biochemie] **26**, 694—700. Juli/Aug. 1961; Moskau, Bach-Inst. für Biochem. der Akad. der Wiss. der UdSSR; russ., Auszug: engl.) — Es wird nachgewiesen, daß die *Flavonoide* (I) des 2blättrigen Teestrauchtriebes im Laufe von 24 Std. qual. u. quant. nur wenig verändert werden. In der Nacht u. früh morgens beträgt der I-Geh. 1,43%, abends 1,38%. Der I-Geh. ist wenig abhängig von der Vegetationsperiode u. vom Anbaugebiet. Im südlichen Anbaugebiet weist der I-Geh. ein Maximum im Juni/Juli auf, im Norden im Juni u. Oktober. Am reichsten sind die Teeblätter aus der Gegend von Moskau, am ärmsten die aus Vietnam. O. Lebtag. 4420 □

Über das Alkaloidspektrum keimender Mohnpflanzen. S. Pfeifer und K. Heydenreich. (Naturwissenschaften **48**, 222—23, 1. April-H. 1961; Berlin, Humboldt-Univ. Pharmaz. Inst.; dt.) — Bei keimenden Mohnpflanzen wurde nach verschiedenen Zeiten das Alkaloidspektrum bestimmt. Nach wenigen Tagen überwiegt *Thebain* (I; evtl. Zwischenprod.) gegenüber *Codein* (II) u. Spuren von *Morphin* (III); nach 4—6 Wochen überwiegt II, erst später wird III akkumuliert. Es wird die Rk.-Folge: Vorstufe (Tyrosin, Phenylalanin) → *Norlaudanosolin* → *Thebain* → *Codein* → III angenommen. Die Bldg. von *Narcotin* erfolgt wahrscheinlich vor *Narcotolin*. W. Winter. 4420 □

Ein ergokryptinreiches Wildgrasmutterkorn. G. L. Szendey, K.-H. Renneberg und P. Hartmann. (Naturwissenschaften **48**, 223—24, 1. April-H. 1961; Monheim b. Düsseldorf, Dr. Schwarz, Arzneimittel-Fabrik; dt.) — Aus den Sklerotien eines Wildgrasmutterkorns der Wirtspflanze *Carex arenaria* konnte *Ergokryptin* (I) als Hauptalkaloid neben *Ergocornin*, *Ergotamin*, *Ergometrin* u. Spuren *Ergocristin* isoliert werden. Aus der an Al_2O_3-Säulen abgetrennten *Ergotoxin*-Fraktion wurde I-Phosphat dargestellt, $C_{32}H_{41}N_5O_5 \cdot H_3PO_4$, F. 197—198° (Zers.), aus dem die I-Base isoliert wurde, $C_{32}H_{41}N_5O_5$, F. 210—212° (Zers.), $[\alpha]_D^{26}$ —184,3° (Chlf., c = 1,182). Nach saurer Hydrolyse wurden *l*-Leucin u. d-Prolin chromatograph. nachgewiesen. W. Winter. 4420 □

Der Carotingehalt einiger Gräser der Weiden von Bombay. F. R. Bharucha und K. A. Shankarnarayan. (Sci. and Cult. **23**, 311—12, Dez. 1957; Bombay, Inst. of Sci., Dep. of Bot.; engl.) — Es wurde der *Carotin* (I)-Geh. von verschiedenen ind. Gräsern [*Themeda triandra*, *Pseudanthistiria heteroclita* (Ps), *Ischaemum ciliare*, *Arundinella lawii*. (Ar), *Aristida redacta*] zu Beginn der Blüte bestimmt. Den niedrigsten Geh. zeigte Ps mit 0,88 bzw. 1,04 mg I/100 g Frischgew., den höchsten Ar mit 5,00 mg I/100 g. Die Geh. liegen wesentlich niedriger als die von amerikan. Gräsern, bei denen ein Geh. von 8—13 mg I/100 g bestimmt worden war. Werner Fiedler/Berlin. 4420 □

Neuere Ergebnisse der Carotinoidforschung. Alfred Winterstein, André Studer und Rudolf Rüegg. (Chem. Ber. **93**, 2951—65, 2/12. 1960; Basel, F. Hoffmann-La Roche & Co. AG, Forschungsabt.; dt.) — Eine Reihe von Carotinoidaldehyden sowie *Monodehydrolycopin* (I) u. *Bis-dehydrolycopin* (II) wurden in Natur-Prodd. gefunden. Das Vork. von I u. II in der Natur spricht für das Auftreten von Dehydrierungs-Rkk. bei der Biogenese von Carotin-KW-Stoffen. Dehydrierung des γ-Carotins führt zu *Torulin* (III; *3'.4'-Dehydro-γ-carotin*), Oxydation der 17'-CH_3-Gruppe von III gibt *3'.4'-Dehydro-17'-oxo-γ-carotin* (IV), die Vorstufe des Torularhodins. *β-Apo-2'-carotinal* (V) entsteht aus IV durch Oxydation der 1'.2'-Doppelbindung. Vff. nehmen an, in Tomaten das neue *Lycoxanthinmonoepoxid* (VI) u. *Lycopinmonoepoxid* (VII) nachgewiesen zu haben. Die Identifizierung der Aldehyde erfolgt mit Rhodanin u. Hydroxylamin; so wurde eine neue, als *Pigment 541* (VIII) bezeichnete Verb. mit unbekannter Struktur gefunden. In Citrusfrüchten wurde *β-Apo-8'-carotinal* (IX) entdeckt, dessen strenger Nachw. mit ^{14}C-markiertem Semicarbazid u. durch röntgenograph. Vgl. mit synthetisiertem IX gelang. Die Adsorptionsaffinitäten von Carotinoidaldehyden im Dünnschichtchromatogramm hängen auf der Kieselgelplatte nicht von der Doppelbindungszahl, sondern von konstitutiven Eigg. ab; auf einer mit Paraffin imprägnierten Kieselgelplatte steigen die R_F-Werte dagegen vom C_{40}-Aldehyd zum C_{20}-Aldehyd an. In den Wurzeln von *Escobedia scabrifolia* fand sich *Azafrin* (X), *β-Carotin* (XI), *β-Carotinepoxid* u. *Azafrinaldehyd* (XII). XI liefert bei Oxydation mit MnO_2 unter Luftabschluß 10% *Retinen* (XIII), 2% *β-Apo-10'-carotinal* (XIV), etwas IX u. einen unbekannten Aldehyd; Lycopin (XVII) gibt mit MnO_2 wenig IX, Absorptionsbanden sind angegeben.

Versuche [keine Temp. über 50°, kein Luftzutritt; Dünnschichtchromatographie (DChr) an 2 Plattensorten: a) aus Kieselgel u. $Ca(OH)_2$, b) aus mit Paraffin imprägniertem Kieselgel. Darst. der Oxime u. Semicarbazone durch 1std. Erhitzen der in Pyridin gelösten Aldehydfraktionen]: *β-Apo-8'-carotinal* (IX), a) aus feinst gemahlenen Apfelsinenschalen, Anrühren mit CH_3OH, mehrstd. Stehen, Absaugen, 24std. Stehen des Rückstandes mit Aceton, 2malige Acetonextraktion, Abdestillieren des Acetons im Vakuum, Aufnehmen der Lipoide in PAe., Abdestillieren des PAe., mehrstd. Stehen mit Ae. u. Lauge (10% CH_3OH), Waschen der Ae.-Lsg. mit W., Eindampfen, Aufnehmen mit PAe., Entmischen mit 90% ig. CH_3OH, Isolierung von *β-Citraurin* aus der unteren Phase, Chromatographie (Chr) der mittleren Phase an Al_2O_3 u. Entwickeln mit PAe. u. Bzl./PAe. (1:9) bis *α-Carotin* u. **XI** im Filtrat vorliegen (Bldg. von 7 Zonen); in der 4. u. 5. Zone Anreicherung von **IX** u. **XIV**, in der 3. **XIII**, Mutachrom u. ein unbekanntes Carotinoid u. in der 5. ebenfalls **VIII**; b) aus 400 kg nach der Farbe ausgesuchten Orangen analog a), Chr an Al_2O_3, Herausnahme breiter Zonen u. mehrmalige Wiederholung der Chr (kontrolliert durch DChr), Gewinnung von 1,5 g Öl mit einem colorimetr. ermittelten Geh. von 22 mg **IX**; c) aus Spinat, Aufarbeitung nach Winterstein u. Hegedüs (Hoppe-Seyler's Z. physiol. Chem **321**, [1960], 97), Chr an Al_2O_3, Eluieren der über der **XIII**-Zone liegenden Schicht mit Ae.; Analyse durch DChr, Behandlung mit NH_2OH u. nochmalige DChr zeigt Ggw. von **XIII**, **XIV**, **IX** u. **VIII**; Trennen der beim Eluieren mit Ae. erhaltenen Fraktion durch wiederholte Chr an Al_2O_3; d) aus Gras, Klee, Grünkohl (unsicher), Ackersalat u. Kresse nach Winterstein u. Hegedüs (l. c.), daneben **VIII**, **XIII**, **XIV**); e) aus der Darmmucosa, die aus Därmen durch Auspressen gewonnen wurde, mehrfache Chr an Al_2O_3, Nachw. von **IX** durch DChr unter Verw. von Rhodanin, Chr der Rhodanin-Verb. an Al_2O_3; f) aus Tomatenpüree, ½std. Rühren in Aceton, Absaugen, 3malige Acetonextraktion des Rückstands, Abdestillieren des Acetons im Vakuum, Aufnehmen mit Ae. u. wss. KOH (10% CH_3OH), mehrstd. Stehen, Waschen mit W., Einengen, Abtrennen des Nd. von Lycopin (**XVII**), Abdestillieren des Ae., mehrmaliges Entmischen im Syst. PAe./90% ig. CH_3OH, Chr der mittleren Phase an Al_2O_3 u. Entwickeln mit PAe./Bzl. (9:1) bis **XVII** im Filtrat vorliegt (Bldg. von 5 Zonen), weitere Reinigung der beiden rotvioletten Zonen durch Chr an Al_2O_3 u. Nachw. von **IX** u. *Apo-6'-lycopinal* (C_{30}); daneben aus 2 gelben Zonen 2 Verbb., vermutlich **VII** u. **VI**; g) aus **XI** in Ae. durch 3std. Schütteln mit MnO_2 ohne Luftzutritt, Entfernen des MnO_2, Waschen mit verd. KJ-Lsg. u. W., Einengen, Abtrennen von **XI**, Eindampfen, Chr des Rückstands an Al_2O_3; daneben **XIII** u. **XIV**; h) aus **XVII** analog g). — *β-Apo-8'-carotinal-^{14}C-semicarbazon* (**XVI**), F. 204—207° (Zers.; Bzl./PAe.), aus dem nach **IX**, Verf. b) gewonnenen Ölen, Lösen in abs. Pyridin, Zugabe der Lsg. zu 14 mg ^{14}C-Semicarbazidhydrochlorid, 1std. Erwärmen auf 50°, Versetzen mit 66 mg inakt. Semicarbazidhydrochlorid, 5std. Stehen bei 50°, Zugabe von Ae., Waschen mit W., 1n H_2SO_4 u. W., Abdestillieren des Ae., Entfernen des verbliebenen W. durch Eindampfen mit abs. A. u. PAe., Lösen des öligen Rückstands in heißem PAe., Animpfen mit synthet. **XVI**, 4tägiges Stehen bei 2°, Abzentrifugieren des Nd. u. Waschen mit PAe.; 15,7 mg (Ausbeute); Vgl. der Röntgenbeugungsdiagramme von **XVI** u. synthet. **XVI** zeigt Identität der Kristallgitter. Weiterer Identitäts-Nachw. durch Radioaktivitätsbestimmung. — *β-Apo-10'-carotinal* (**XIV**), a) aus Apfelsinenschalen bei der Gewinnung (Gew) von **IX** nach a); b) aus Spinat bei der Gew von **IX** nach c); c) aus Gras, Klee, Grünkohl, Ackersalat u. Kresse bei der Gew von **IX** nach d); d) aus **XI** bei der Gew von **IX** nach g). — *β-Apo-2'-carotinal* (**V**), a) aus den Schalen von *Citrus madurensin* (Clementinen) analog **IX** nach a), Chr an Al_2O_3, Abtrennen der violetten Zone über der Aldehydschicht u. 2malige Chr an Al_2O_3; Nachw. von **V** durch DChr an imprägniertem Kieselgel; b) in Paternoorangen. — *β-Apo-6'-lycopinal*, aus Tomatenpüree bei der Gew von **IX** nach f). — *Retinen* (**XIII**), a) aus Apfelsinenschalen bei der Gew von **IX** nach a); b) aus Spinat bei der Gew von **IX** nach c); c) aus Gras, Klee, Grünkohl, Ackersalat, Kresse bei der Gew von **IX** nach d); d) aus **XI** bei der Darst. von **IX** nach g). — *Azafrinaldehyd* (**XII**), a) aus Rohazafrin durch Chr des Neutralteils an Al_2O_3, Bldg. von 4 Zonen, die **XI**, β-Carotinepoxid u. **XII** enthalten, Nachw. von **XII** mit Rhodanin u. NH_2OH, DChr; b) aus **X**-Methylester durch Red. mit $LiAlH_4$ u. MnO_2-Oxydation. — *Pigment 541* (**VIII**), a) aus Apfelsinenschalen bei der Gew von **IX** nach a); b) aus Spinat bei der Gew von **IX** nach c); c) aus Grünkohl u. Kresse bei der Gew von **IX** nach d). — *Lycopinmonoepoxid* (**VII**), aus Tomatenpüree bei der Gew von **IX** nach f). — *Lycoxanthinmonoepoxid* (**VI**), aus Tomatenpüree bei der Gew von **IX** nach f). — *Bis-dehydrolycopin* (**II**), aus Valencia-Blutorangen durch Extraktion, Chr an Al_2O_3, Auftreten einer violetten Zone; DChr. — *Monodehydrolycopin* (**I**), a) aus Konzentraten von Mikroorganismen, Chr an Al_2O_3, b) F. 196°; aus 5 g **XVII** in CCl_4, Versetzen mit Bromsuccinimid, unter Rühren 2std. Kochen, Waschen mit $NaHCO_3$-Lsg. u. W., nach Eindampfen Chr der Bzl./PAe. (1:1)-Lsg. des Rückstands an Al_2O_3, mehrmalige Chr der Fraktionen mit den Absorptionsbanden 574 u. 536 mμ; aus Bzl./PAe. violette Nadeln; 75 mg. — *Torulin* (**III**), F. 183—184°; aus Konzentraten von Mikroorganismen aus den obersten Schichten der Chr an Al_2O_3, ident. mit synthet. **III**; aus Bzl./A. violette

Kristalle. — *3'.4'-Dehydro-17'-oxocarotin* (C_{40}; **IV**), aus Konzentraten von Mikroorganismen, Chr an Al_2O_3, beim Entwickeln mit PAe. 7 Zonen, Abtrennen der 3. Schicht von unten, nochmalige Chr an Al_2O_3 (daneben aus anderen Zonen *Kryptoxanthin* u. *Celaxanthin*). E. Berger. 4420□

Untersuchungen über den Ascorbinsäure- und Carotingehalt in Blättern als allgemeines Charakteristicum botanisch verwandter Species. Lj. Grlić. (Experientia [Basel] **12,** 230—31, 15/6. 1956; Zagreb, Yugoslavia, Inst. for Drug Control.; engl.) — Der *Ascorbinsäure-* (**I**) u. *Carotin* (**II**)-Geh. von 7 Pflanzenfamilien (Mittelwert mehrerer Einzel-Best. von 3—11 Species) ergab folgende Werte (**I** u. **II** in mg% u. Verhältnis von **I**/**II**): *Polygonaceae,* 105; 9,7; 10,8; *Chenopodiaceae,* 95; 9,5; 10,0; *Cruciferae,* 182; 8,5; 21,4; *Leguminosae,* 129; 13,9; 9,3; *Umbelliferae,* 76; 7,5; 10,1; *Labiatae,* 56; 15,2; 3,7; *Compositae,* 37; 8,5; 4,4. Der Vitamin-Geh. dieser Species zeigt größere Abweichungen innerhalb einer Familie als das Verhältnis **I**/**II**. Daraus schließt Vf. auf einen funktionellen Zusammenhang zwischen **I** u. **II** in Pflanzen. W. Schenk. 4425□

Oxydation der Phenole und der Ascorbinsäure bei der Weizenkeimung. Je. I. Petrotschenko und P. A. Kolessnikow. (Биохимия [Biochemie] **26,** 701—07, Juli/Aug. 1961; Moskau, Bach-Inst. für Biochem. der Akad. der Wiss. der UdSSR; russ., Auszug: engl.) — Um zu klären, worauf die einander widersprechenden Angaben über das Vorhandensein von *Polyphenoloxydase* (**I**) in Weizenkeimlingen beruhen, wurde die Oxydation von *Pyrogallol, Gallussäure, Pyrocatechin* u. *Ascorbinsäure* (**II**) in verschiedenen alten (bis zu 16 Tagen) Keimlingen von 3 Weizensorten untersucht. In allen Fällen wurde eine **I**-Aktivität nachgewiesen, die eine Tendenz zur Zunahme mit fortschreitendem Alter der Keimlinge zeigte. In allen Keimlingen konnte eine Anreicherung von thermostabilen Katalysatoren der Oxydation von Phenolen u. **II** festgestellt werden. Die Oxydation von **II** nahm bei allen Sorten mit fortschreitendem Alter der Keimlinge zu, war jedoch abhängig von der Sorte u. vom Pflanzenteil.
O. Lebtag. 4455□

Die Aminosäuresynthese aus Brenztraubensäure bei verschiedenen Pflanzen. W. L. Kretowitsch und M. Kassperek. (Биохимия [Biochemie] **26,** 592—96, Juli/Aug. 1961; Moskau, Technol. Inst. der Lebensmittelind.; russ., Auszug: engl.) — Vgl. C. **1961,** 16883; 13604. — In Verss. mit Reispflanzen (typ. amphophil), Erbse (hoher Eiweiß-Geh. des Samens) u. Sonnenblumenpflanzen (hoher Fett-Geh. u. intensiver Lipidumsatz) wurden den jungen Pflanzen nach der Meth. der Vakuuminfiltration Lsgg. von Na-Pyruvat (**I**) u. NH_4-Pyruvat (**II**) zugeführt. Bei allen untersuchten Pflanzen führte die Zufuhr von **I** oder **II** zu einer starken Synth. u. Anreicherung von Alanin (**III**), bes. nach **II**. Bei der Reispflanze war die **III**-Synth. nach **I**-Zufuhr von einem Verbrauch von Asparaginsäure, γ-Aminobuttersäure u. Glutamin (**IV**), weniger stark auch von Asparagin begleitet. Hier zeigte sich demnach deutlich die Rolle der Umaminierung bei der **III**-Synth. aus **I**. Bei Erbse u. Sonnenblume war die Umaminierung wesentlich schwächer. Bei der Erbse zeigte sie sich in einem geringen Verbrauch von Asparagin u. Homoserin, bei der Sonnenblume in einer geringen Abnahme von **IV**. Die starke Stimulierung der **III**-Synth. durch **II** ist ein Beweis dafür, daß **III** bei der Assimilation der NH_4-Salze eine große Rolle spielt. Die **III**-Synth. erfolgt hierbei offenbar in der Hauptsache durch Umaminierung von **II** mit **IV**. Die Zufuhr von **I** u. **II** führt zu einer verstärkten Synth. u. Anreicherung von Glutaminsäure. Dies ist eine Folge der Einbeziehung von **I** u. **II** in den Tricarbonsäurecyclus u. in die Synth. von α-Ketoglutarsäure. In Ggw. von NH_4^+ wird letztere weitgehend für die Synth. von **IV** verbraucht. In der Erbsenpflanze ist das Homoserin an der Assimilation von **I** u. **II** durch die Pflanze beteiligt.
O. Lebtag. 4460□

Biosynthese von ^{14}C-markiertem Cocosnußfleisch. 1. Mitt. **$NaH^{14}CO_3$-Einbau.** A. R. Carangal jun. und C. R. Baril. (Philippine Agriculturist **44.** 472—73. Febr. 1961; Central Exp. Station (engl.) — Mit der Absicht, Copra radioakt. zu markieren, um damit Verdauungsverss. durchzuführen, werden Gewebeschnitte grüner Cocosnüsse in W. oder Cocosmilch mit $NaH^{14}CO_3$ inkubiert. In keinem Falle konnte ^{14}C-Einbau in Cocosnußfleisch festgestellt werden. P. Gregorzewski. 4460□

Kohlendioxidassimilation bei der Photosynthese. Alfred J. Carlson jun. (Mendel Bull. **1961,** 38—42; engl.) — Vf. erläutert an einer Formelfolge den Verlauf der CO_2-Assimilation. Danach wird CO_2 nicht an eine C_2-Verb. unter Bldg. von 3-Phosphoglycerinsäure angelagert, sondern Ribulose-1.5-diphosphat (**IV**) in der Enolform ist der erste Acceptor. **I** wird an der Doppelbindung durch das carboxylierende Enzym aufgesprengt, wobei **I** an das C_2-Bruchstück angelagert wird u. so über eine instabile Zwischen-Verb. 2 Mol 3-Phosphoglycerinsäure gebildet werden. Der weitere Weg verläuft über Glycerin-1.3-diphosphat, 3-Phosphoglyceraldehyd (**I**), das z. T. durch die

Triosephosphatisomerase in Dihydroxyacetonphosphat (II) übergeführt wird, worauf unter Einw. von Aldolase aus I u. II Fructose-1.6-diphosphat u. weiter Fructose-6-phosphat gebildet wird. Dieses bildet mit IV Xylulose-5-phosphat (III) u. Erythrose-4-phosphat. Über mehrere Zwischenstufen entsteht aus III Sedoheptulose-7-phosphat, das mit I in 2stufiger Rk. über Ribulose-5-phosphat den ersten CO_2-Acceptor zurückbildet.
W. Hiller. 4460□

Die Inaktivität von Docosanol-(1) in einigen Pflanzenwachstumstesten in Beziehung zum Auxin von Maryland Mammoth Tabak. N. P. Kefford. (Austral. J. biol. Sci. **15,** 304—11, Mai 1962; Canberra, C.S.I.R.O., Div. of Plant Ind.; engl.) — Vf. weist in *Nicotiana tabacum* var. „Maryland Mammoth" *Indolyl-(3)-essigsäure* als Auxin nach, das Zellextension in der *Avena*-Koleoptile u. im ersten Internodium sowie Krümmung bewirkt. Prüfungen mit *Docosanol-(1)* (I) u. *Octadecanol-(1)* (II) ergaben, daß nur I Zelltension im 1. Internodium bei *Avena* bewirkt u. I u. II keine weiteren Wuchsstoff-Eigg. besitzen. I u. II kommen somit als Wuchsstoffe im Gegensatz zu Ergebnissen anderer Autoren für diese Tabaksorte nicht in Frage. W. Hiller. 4485□

Indolyl-(3)-acetyl-DL-asparaginsäure als eine natürlich vorkommende Indolverbindung in Tomatenkeimlingen. Vas V. Row, William W. Sanford und A. E. Hitchcock. (Contr. Boyce Thompson Inst. **21,** 1—10, Jan./März 1961; New York, N.Y., Columbia Univ. Coll. of Physicians and Surgeons, Dep. of Med.; engl.) — Im alkohol. Extrakt 30 Tage alter Tomatenpflanzen wird papierchromatograph. *Indolyl-(3)-acetyl-DL-asparaginsäure* (II) nachgewiesen u. quant. bestimmt. *Indolyl-(3)-essigsäure* (I) wird nicht gefunden. Werden Tomatenpflanzen jedoch mit I oder *1-Naphthylessigsäure* in Konzz. von 1—5,5 μg/g Gewebe durch Injektion vorbehandelt, so steigt gegenüber unbehandelten Kontrollpflanzen mit zunehmender Vers.-Dauer der Geh. an II bis zu einem Maximum an u. sinkt nach ca. 50 Std. auf 0% Geh.-Erhöhung ab. Der A.-Extrakt vorbehandelter Pflanzen enthält I, die sich jedoch bei 72std. Vers.-Zeit nur noch in Spuren u. nach 96 Std. nicht mehr nachweisen läßt. Behandlung der Pflanzen mit *2.4-Dichlorphenoxyessigsäure* oder *Äthylen* führen zu keiner signifikanten bzw. zu einer deutlichen Erhöhung des II-Gehaltes. Aus den Vers.-Ergebnissen wird angenommen, daß natürlich vorkommende sowie appliziertes I mit Asparaginsäure das Konjugat II bildet.
D. Groß. 4485□

Wachstumsstimulierende Wirksamkeit von aus Coleus rhenaltianus isolierter trans-Kaffeesäure. J. C. Vendrig und K. Buffel. (Nature [London] **192,** 276—77, 21/10. 1961; Louvain, Carnoy Inst., Labor. voor Plantenphysiol.; engl.) — Auf Papierchromatogrammen äthanol. Blatt- u. Stielextrakte von *Coleus rhenaltianus* finden sich zwei fluorescierende Flecken [R_F 0,84 u. 0,79; Steig-Fl.: Isopropanol–W., 5:1 (Vol./Vol.)], die nach Elution das Längenwachstum von Avenakoleoptilen steigern. Die eluierten Substanzen zeigen prakt. dieselben UV-Absorptionsspektren wie das früher in äther. Extrakten von C. rhenaltianus-Blättern gefundene *Auxin.* Die Substanz mit dem R_F-Wert 0,84 wurde als *trans-Kaffeesäure* (I) identifiziert. Die 2. Substanz (II) ist offenbar mit I strukturell eng verwandt, da sie z. T. gleiche Farb-Rkk. wie I zeigt u. durch Behandlung mit verd. H_2SO_4 in I umgewandelt werden kann. II ist weder Chlorogensäure noch cis-Kaffeesäure. I u. II lassen sich aus ihren Lsgg. mit neutralem Pb-Acetat ausfällen. H. Kockert. 4485□

Seneciosäure und die Biosynthese der Gibberelline in höheren Pflanzen. R. Bünsow. (Naturwissenschaften **48,** 411, 2. Mai-H. 1961; Göttingen, Univ., Pflanzenphysiol. Inst.; dt.) — Nach Verss. mit Gartenerbse (*Pisum sativum*) u. Brutblatt (*Bryophyllum crenatum*) ist *Seneciosäure* (I, *β.β-Dimethylacrylsäure*) bei höheren Pflanzen anscheinend keine Vorstufe von *Gibberellinen.* Die Gibberellin-induzierte Blüten-Bldg. von *Bryophyllum* wurde durch I nicht verändert. *Gibberellsäure* versetzte bei *Bryophyllum* den Langtag vollständig, I höchstens die Wrkg. von 5 Langtagen. K. Maier. 4485□

Einfluß von Gibberellsäure auf den Stickstoff-Stoffwechsel von Lathyrus odoratus L. var. Cupidon nain. Germaine Castan. (C. R. hebd. Séances Acad. Sci. **253,** 1840—42, 23/10. 1961; Toulouse, Fac. des Sci., Labor. de Physiol. végétale; franz.) — Vf. stellte fest, daß *Gibberellsäure* (I) bei *Lathyrus odoratus* L. var. *Cupidon nain* auf den *N*-Stoffwechsel störend einwirkt; die Geh. an *Gesamt-N, lösl.* u. *Protein-N* sind in Wurzeln u. älteren Blättern vermindert, in Stengeln u. jungen Blättern hingegen erhöht. I verursacht außerdem einen markanten Abfall des *Allantoinsäure*-Geh. in den älteren Blättern. H. Kockert. 4485□

Untersuchungen über die Wechselwirkungen zwischen herbiciden Aminotriazinen und der bakteriellen Bodenflora. Jacques Pochon, Pierre Tardieux und Madeleine Charpentier. (C. R. hebd. Séances Acad. Sci. **250,** 1555—56, 22/2. 1960; franz.) — Bodenproben mit pH-Werten von 5,0—7,8 u. mit Humus-Geh. von

0,30—1,75$^0/_{00}$ wurden in Töpfen mit *2-Chlor-4.6-bis-äthylamino-symm.-triazin* (*Simazine*), *2-Chlor-4-äthylamino-6-isopropylamino-symm.-triazin* (Atrazine), *2-Chlor-4.6-bis-isopropylamino-symm.-triazin* (*Propazine*) u. *2-Methoxy-4.6-bis-isopropylamino-symm.-triazin* (*Prometon*), entsprechend der anwendungstechn. Konz. von 12 kg/ha, versetzt. Nach 3 Wochen zeigten die mikrobiolog. Unterss. der Bodenflora der Vers.-Gefäße (CO_2-Freisetzung, Gesamtkeimzahl u. Aktivität der aeroben N-Binder, Ammonifikanten, Nitrifikanten, Denitrifikanten, aeroben Celluloseabbauer u. Stärkeabbauer) gegenüber der Mikroflora von Kontrollgefäßen keine Unterschiede bis auf eine geringe Förderung von *Azotobacter* u. eine leichte Hemmung von *Cytophaga* u. *Cellvibrio*. Erhöhung der Konz. der Herbicide auf 250 kg/ha zeigte noch keine Toxizität. Die genannten Herbicide werden im Boden bakteriell abgebaut. W. Schönborn. 4495□

Einleitende Untersuchungen der Fungitoxizität und Phytotoxizität einiger Petroleumöle. C. V. Govindaswamy. (Annu. Rep. agric. horticult. Res. Stat., Long Ashton, Bristol **1958**, 131—38; Coimbatore, Madras State, Agric. Res. Inst.; engl.) — Ein farbloses Öl (P. 31; **I**), ein Spindelöl (JD. 2; **II**) u. Dieselöl (**III**) werden mit 3% eines Cetylpolyäthylenglykol-Emulgators (CPGE. 4 bzw. CPGE. 6) zu 1, 5 u. 10% in W. emulgiert. 1%ig. Emulsionen von **II** u. **III** reduzieren nach 20std. Inkubation die Sporenkeimung von *Botrytis cinerea* auf 40 bzw. 68% u. von *Cladosporium fulvum* auf 56 bzw. 70%. **I** hat selbst in 10%ig. Emulsionen nur geringen Einfl. auf die Sporenkeimung. Die Sporen von *Alternaria tenuis* werden von den 3 Ölsorten nicht beeinflußt. Die Werte, die durch Messung des Wachstums der Keimschläuche erhalten wurden, sind mit obigen Ergebnissen vergleichbar. Das Mycelwachstum wird allg. gehemmt. — Die phytotox. Eigg. der Emulsionen wurden an 9 Pflanzenarten untersucht. Die 1%ig. Emulsionen von **I**, **II** u. **III** waren ohne Wirkung. 10%ig. Emulsionen waren schädlich, nur **I** wurde auch in 10%ig. Emulsion von Hafer- u. Bananenpflanzen vertragen.
W. Schenk. 4495□

E₅. Tierchemie. Tierphysiologie. Tierpathologie

Blasen-Stromuhr (bubble flow meter) mit Rohrelektroden und einem Meßwertumformer zur linearen Registrierung auf Direktschreibern. Joachim Lutz. (Naunyn-Schmiedebergs Arch. exp. Pathol. Pharmakol. **240,** 341—50, 1961; Mainz, Univ., Physiolog. Inst.; dt.) — Vf. beschreibt eine Blasen-Stromuhr, die an Stelle einer Photozelle ein Elektrodenpaar zur Anzeige des Blasendurchganges aufweist. Auch opt. leichtdurchlässige Fll. lassen sich damit messen. Das Gerät ist zum Einschalten in den arteriellen Kreislauf geeignet. K. Lohs. 4500□

Die Anwendung der Aktivierungsanalyse und Radiosulfat zur Bestimmung des intracellulären Natriums. Allen F. Reid, Richard L. Caldwell und John C. Vanatta. (Arch. Biochem. Biophysics **84,** 498—511, Okt. 1959; Dallas, Tex., Univ. of Texas, Southwestern Med. School, Dep. of Biophysics and Physiol.; Magnolia Petroleum Comp.; engl.) — Am Hunde-Skelettmuskel wird die Aktivierungsanalyse mit β- u. γ-Zähler beschrieben. Ein Beispiel mit Beschießung langsamer Neutronen aus einem 2 meV Accelerator wird angegeben. Der mittlere Na-Geh. beträgt 38,08 ± 1,81 mVal/kg Feuchtgew. u. der mittlere intracelluläre Na-Geh. 15,61 ± 2,18 mVal/kg fettfreier intracellulärer Substanz. H. Struck. 4510□

Reaktion des Natriums in den Knochen auf akute Veränderungen des Natriums im Serum: Wirkung des Alters. Gilbert B. Forbes und Sidney Breibart. (Proc. Soc. exp. Biol. Med. **108,** 697—700, Dez. 1961; Rochester, N.Y., Univ. of Rochester, School of Med. and Dentistry, Dep. of Pediatr.; engl.) — Die Rkk. des *Na*-Geh. in den Knochen auf Veränderungen des Na-Geh. im Serum waren bei jungen Ratten viel stärker ausgeprägt als bei alten Tieren u. nahmen mit zunehmendem Alter allmählich ab.
K. Zingraf. 4510□

Einfluß des Salzgehaltes auf die Konzentration der Spurenelemente in Crassostrea virginica. James B. Rucker und James W. Valentine. (Nature [London] **190,** 1099—1100; 17/6. 1961; Columbia, Univ. of Missouri, Dep. of Geol.; engl.) — Der Geh. von *Crassostrea virginica* an *Na* u. *Mn* steigt mit der Erhöhung der Salz-Konz. des W., *Mg* u. *Sr* zeigen dieselbe Abhängigkeit, nur in abgeschwächter Form.
G. Ziebarth. 4510□

Einfluß von Äthylenglykol auf die Konformation von γ-Globulin und β-Lactoglobulin. Charles Tanford, C. E. Buckley III, Paritosh K. De und Edmund P. Lively. (J. biol. Chemistry **237,** 1168—71, April 1962; Durham, N. C., Duke Univ., Med. Center, Dep. of Biochem.; engl.) — Vff. beweisen durch Messung der opt. Drehung u. der Sedimentation, daß in *Äthylenglykol*-Wasser-Gemischen *γ-Globulin* u. *β-Lactoglobulin* ihre Konformation ohne jede Änderung bis zu hohen Glykol-Konzz. beibehalten.

Bei sehr hohen Vol.-Konzz. an Glykol treten Veränderungen auf: Beim γ-Globulin ab 80 Vol.-% u. beim β-Lactoglobulin ab 75 Vol.-% Glykol. Vff. vermuten, daß Glykol u. auch Glycerin sich als nützliche Reagentien erweisen, die eine Variation der DK u. der Viscosität einer Lsg. ermöglichen, ohne daß die Proteinstruktur oder -spezifität eine Änderung erfährt. So erwies sich die spezif. Aktivität eines menschlichen Antibovinmilchantiserums noch bei 60 Vol.-% Glykol als unverändert. K. Heyns. 4520□

Die Isolierung eines neuen Lipids, Triphosphoinositid, und von Monophosphoinositid aus Rinderhirn. J. C. Dittmer und R. M. C. Dawson. (Biochem. J. **81,** 535—40, 1961; Cambridge, Babraham, Agricult. Res. Council Inst. of Animal Physiol., Biochem. Dep.; engl.) — Vff. isolierten aus Rinder- u. Meerschweinchenhirn ein bislang nicht bekanntes Phospholipid, dem der Name *Triphosphoinositid* (I) gegeben wurde. Die Analyse von **I** zeigt, daß die Verb. *Inosit, Phosphit, Glycerin* u. *Fettsäure* im mol. Verhältnis 1 : 3 : 1 : 2 enthält. Der gesamte Fettsäureanteil ist acylester-gebunden. **I** enthält keinen N als integnirenden Bestandteil des Moleküls. Es konnte nachgewiesen werden, daß **I** fest an Hirnproteine gebunden ist. Soch ein Komplex ist wahrscheinlich als Bestandteil der von Folch (Phosphorus Metabolism **9,** [1952], 186, Ed. by McElroy u. Glan, Baltimore: The Johns Hopkins Press.) beschriebenen *Phosphatid-Peptid*-Fraktion anzusehen. Vorbehandlung des Hirngewebes mit Aceton verursacht eine partielle Spaltung der Bindungen in dem Komplex, wonach **I** als Komponente der „*Diphosphoinositid*"-Fraktion des Hirngewebes auftritt. — *Monophosphoinositid* (**II**) wurde ebenfalls aus Hirngewebe isoliert u. chem. identifiziert. Die Abbau-Prodd. nach saurer u. alkal. Hydrolyse zeigen, daß **II** eine Phosphatidylstruktur aufweist (*Diacylglycerylphosphorylinosit*). Nach der Unters. der Vff. ist die Phosphoinositid-Fraktion des Gehirns ein komplexes Substanzgemisch von wenigstens 3 Phospholipiden.
H. Kockert. 4520□

Strukturbeweis aus Untersuchungen über den hydrolytischen Abbau von Hirn-Triphosphoinositid. R. M. C. Dawson und J. C. Dittmer. (Biochem. J. **81,** 540—45, 1961; engl.) — Vgl. vorst. Referat. — Die aus einer „*Diphosphoinositid*"-Fraktion des Gehirns u. aus Chlf.-Methanol-extrahiertem Hirngeweberückstand erhaltenen 2 *Triphosphoinositid* (**I**)-Präpp. wurden der alkal. u. sauren Hydrolyse unterworfen. — Milde saure Hydrolyse verursacht die Freisetzung von *Inosittriphosphat* (**II**) als Hauptprod. sowie *Inositdiphosphat* (**III**) u. *Glycerophosphat* (**IV**). Außerdem wurden aus dem Rk.-Gemisch *Diglycerid* u. *Monoglycerid* isoliert. Nach Deacylierung von **I** mit Alkali wurde *Glycerylphosphorylinositdiphosphat* (**V**) als Hauptkomponente zusammen mit geringen Mengen **II, III** u. wenig *normales* u. *cycl.* **IV** nachgewiesen. Saure Hydrolyse von **V** verursacht eine Spaltung in **II, III** u. **IV**. Aus diesen Vers.-Ergebnissen läßt sich ableiten, daß **I** als *Diacylglycerylphosphorylinositdiphosphat* (*Phosphatidylinositdiphosphat*) anzusehen ist. — Unterss. der *Fraktion I* von Folch (J. biol. Chemistry **177,** [1949], 497, 505) u. von „Diphosphoinositid"-Präpp. zeigten, daß diese wahrscheinlich neben **I** ein wirkliches Diphosphoinositid enthalten; *Phosphatidylinosit* u. *Phosphatidylserin* kommen darin ebenfalls vor. H. Kockert. 4520□

Micellengröße kolloidaler Lysolecithin-Lecithin-Lösungen. N. Robinson. (J. Pharmacy Pharmacol. **13,** 53—57, Jan. 1961; London, Univ., School of Pharm., Dep. of Physical Chem.; engl.) — *Lecithin* (**I**) u. dessen enzymat. Abbau-Prod. *Lysolecithin* (**II**) scheinen in biolog. Syst. nebeneinander vorzuliegen, u. zwar als gemischte Micellen u. nicht, wie bisher angenommen, als in den Micellen des oberflächenakt. **II** gelöstes **I**. Es wurde der Einfl. der Ggw. von **I** auf Micellengröße u. Form der **II**-Aggregate untersucht. Die Lichtstreuung von Solen aus **I** u. **II** im Verhältnis 1 : 9 mit pH 6,7 innerhalb der Konzz. $6{,}84-1{,}72 \cdot 10^{-3}$ g·ml^{-1} wurde zwischen 50° u. 130° zum Einfallsstrahl gemessen u. nach der Meth. von Zimm graph. daraus ein Molgew. von 1484000 bestimmt. Die Teilchen besitzen vermutlich Stäbchenform u. eine Länge von 1530 Å, u. es ist anzunehmen, daß die Oberfläche der **II**-Micelle mit einzelnen sich nach den benachbarten **II**-Moll. orientierten **I**-Moll. abgesätt. ist, wobei die Form verzerrt wird.
R. Krattner. 4520□

Papierchromatographische Untersuchungen fluorescierender Stoffe der Honigbiene (Apis mellifica L.). Ferdinand Köhler. (Naturwissenschaften **45,** 421—22, 1. Sept.-H. 1958; Würzburg, Univ., Inst. Angew. Chem.; dt.) — Für genet. Unterss. wurden im UV fluorescierende Substanzen aus Organen der Honigbiene 2-dimensional papierchromatograph. mit wassergesätt. Pyridin, 3%ig. NH_4Cl-Lsg. u. wassergesätt. Picolin aufgetrennt. Die Absorptionsspektren zeigten, daß die fluorescierenden Stoffe überwiegend zur Gruppe der Pteridine gehörten u. bes. konz. in den Facettenaugen vorkamen. Es ließen sich deutliche Unterschiede zwischen den Geschlechtern erkennen. 2 nur in Drohnen gefundene Substanzen fluorescierten blau u. rotgelb (R_F-Werte in wassergesätt. Collidin (I) 0,15 bzw. 0,2; in Propanol (II) 0,15 u. 0,25). Für Arbeiterinnen charakterist. war eine rotfluorescierende Verb. mit R_F-Wert 0,27 in I. Die Königin besaß eine Substanz mit dem R_F-Wert 0,7 im I-Chromatogramm. Alle 3 Kasten zeigen in hoher Konz. eine blaufluorescierende Verb. (R_F-Wert 0,57 in I, R_F 0,25 in II/NH_3), die mit Isoxanthopterin ident. war. Bei Inzuchtvölkern stimmt das Fluorescenzmuster überein, es variiert jedoch bei normalbegatteten Imkervölkern. S. Hothorn. 4520□

Die Identifizierung des Lifschütz-positiven Materials, das in der Cholesterinfraktion von Lipidextrakten auftritt. G. S. Boyd und E. Barbara Mawer. (Biochem. J. **81,** 11 P, Okt. 1961; Edinburgh, Univ., Dep. of Biochem.; engl.) — Unter streng anaeroben Bedingungen aus Säugetierorganen gewonnene u. in einer SiO_2-Säule differenzierte Lipidextrakte enthalten in der mit $CHCl_3$/PAe. (1 : 1) eluierten Fraktion das gesamte unveresterte *Cholesterin* (I), in dem nach dem Ergebnis der papierchromatograph. Unters. mit hydrophobiertem Papier eine weitere noch unbekannte Substanz nachweisbar ist. Sie wird in einer Phasenumkehrverteilungschromatographie nach Danielsson (C. **1963,** 587) abgetrennt u. liefert mit dem Lifschütz-Reagens eine türkisblaue Färbung. Nach den Ergebnisen der IR-Analyse sowie gemäß dem papyrograph. Vgl. mit definierten I-Derivv. ist die unbekannte Verb. mit den synthetisierten *Fettsäureestern* (*3β-Acyl*) des *7α-Hydroxycholesterins* ident.; zur Herkunft der Verb. wird diskutiert, daß sie aus I-Estern entstanden sein kann durch eine Oxydations- bzw. Peroxydations-Rk. (Bergström u. Wintersteiner, J. biol. Chemistry **145,** [1942], 309) bzw. durch eine enzymat. Veresterung z. B. mit Pankreatin, von 7α-Hydroxycholesterin mit den anwesenden Fettsäuren. K. Täufel. 4520□

Auftreten und Titerwert von Isohämagglutininen in Sekretionen der menschlichen Cervix uteri. G. I. Solish, H. Gershowitz und S. J. Behrman. (Proc. Soc. exp. Biol. Med. **108,** 645—49, Dez. 1961; Ann Arbor, Univ. of Michigan Med. School, Dep. of Human Genet. and Obstetr. and Gynecol.; engl.) — Bei einem hohen Prozentsatz von Frauen finden sich Isohämagglutinine im Cervicalschleim. Sie kommen bei Frauen der Blutgruppe O häufiger vor u. haben einen höheren Titerwert als bei Frauen der Gruppen A oder B. K. Zingraf. 4551□

Passive Übertragung der Kontaktempfindlichkeit gegenüber Pikrylchlorid bei Meerschweinchen mit subcellulärem Material. J. L. Turk. (Nature [London] **191,** 915—16, 26/8. 1961; London, Nat. Inst. of Med. Res.; engl.) — Meerschweinchen wurden nach der Meth. von Chase (Int. Arch. Allergy **3** [1954], 163) mit *Pikrylchlorid* sensibilisiert u. nach 2 Wochen getötet. Wird ein Homogenisat aus ihren Milz- u. Lymphknoten Meerschweinchen intraperitoneal reinjiziert, so werden diese Tiere dadurch gegen *Pikrylchlorid* sensibilisiert. Die Sensibilisierung ist — obwohl in einem geringeren Maße — auch erfolgreich, wenn die Zellen zuvor durch mehrmaliges Einfrieren oder durch Ultraschall zerstört wurden. Vf. konnte die akt. Substanz aus den Zellen entfernen u. durch Chromatographieren vom Eiweiß teilweise trennen. P. Hajdu. 4551□

Relative Stärke menschlicher Hypophysengonadotrophin-Präparate aus Urin bei verschiedenen Biotests. R. Borth, A. Linder und B. Lunenfeld. (Acta endocrinol [Copenhagen] **31,** 192—208, Juni 1959; Genf, Clin. universitaire de Gynécol. et d'Obstétrique, Labor. univ. de Statistique mathémat.) — Nach verschiedenen Meth. wird Urin von Frauen nach der Menopause u. von normalen Männern 3 Test-Verff. auf Hypophysengonadotropin (Hyperämie des Rattenovar, Uterusgewicht der Maus, Ovargewicht der Maus). Die Ergebnisse werden krit. unter Heranziehung der Statistik betrachtet. Vff. kommen zum Schluß, daß die Verw. einer Bezugssubstanz, deren Herst. möglichst nach der gleichen Meth. wie die der Unters.-Probe zu erfolgen hat, vorteilhaft ist. H. Dannenbaum. 4559□

Der Einfluß von Follikelhormon auf die Abgabe von Trimethylamin und Harnstoff beim Barsch (Perca fluviatilis L.). Manfred Hegemann. (Naturwissenschaften **49,** 333—34, 2. Juli-H. 1962; Greifswald, Ernst-Moritz-Arndt-Univ., Zool. Inst.; dt.) — Vf. untersucht die Ursache, die Fische beim Laichen in Gewässer mit geringeren osmot. Werten treibt. Barsche wurden bei einem Salz-Geh. von 10,3‰ gehalten. Nach 15 Tagen erhielten sie Injektionen von *Östradioldiacetat* in 3 verschiedenen Dosen (1000, 2000 u. 3000 M.E. pro 100 g Körpergewicht). Eine Std. danach wurde die Konz. an *Harnstoff* (II) u. *Trimethylamin* (III) im W. mit den Barschen bestimmt. Die II- u. III-Abgabe stieg mit der injizierten I-Menge. Bei 3000 M.E. verendeten die Tiere nach 10—11 Std. mit Erstickungssymptomen. Das Abgabemaximum für II u. III wird mit höheren I-Dosen zeitlich vorverlegt. Vf. folgert, daß durch die größeren Mengen Follikelhormon zur Laichzeit die Fähigkeit des Zurückhaltens von Stoffwechselendprodd. für die Osmoregulation eingeschränkt wird. Die Barsche werden somit zum (Laich-)Zug in süßere Gewässer gedrängt. W. Hiller. 4559□

Der Pregnandiol-Spiegel des Urins im Verlauf der Trächtigkeit des europäischen Dachses (Meles Meles L.). A. Ruffie, M. Bonnin-Laffargue und R. Canivenc. (C. R. Séances Soc. Biol. Filiales **155**, 759—61, 1961; Bordeaux, Fac. de Méd., Labo. de Histol.; franz.) — Vff. konnten bei ♀ Dachsen 4 sich unterscheidende Perioden der *Pregnandiol* (I)-Ausscheidung im Urin feststellen: Die 1. Periode erstreckt sich von Januar—März eines jeden Jahres; die ausgeschiedene I-Menge beträgt 200—500 γ (in 48 Std.) u. ist Ausdruck der erhöhten Lutealfunktion der Tiere während der Trächtigkeit. Die 2. Periode erstreckt sich von März—November; die I-Ausscheidung ist in dieser Zeit stark red. (wenn nicht überhaupt völlig unterbunden) u. ist gek. durch eine offenbar fast vollkommene Latenz des Gelbkörpers. Während der 3. Periode (von November—Dezember) werden 50—100 γ I als Ausdruck einer wiederbeginnenden *Corpus Luteum*-Aktivität u. während der 4. Periode (Dezember—Januar; Anfangsstadium der Trächtigkeit; Fixierung des Embryos am Uterus) werden I-Mengen zwischen 100 u. 1270 γ I neben beträchtlichen Mengen *Progesteron* ausgeschieden.
H. Kockert. 4559□

Die Entwicklung der Brustdrüsen bei hypophysenlosen Ratten nach der Injektion von Vorderlappenhormonen, kombiniert mit Testosteron. Kurt Ahrén. (Acta endocrinol. [Copenhagen] **31,** 228—33, Juni 1959; Lund, Schweden, Univ., Inst. for Physiol.; engl.) — Bei hypophysenlosen Rattenweibchen wie -männchen verursacht eine gleichzeitige Zufuhr von *Testosteronpropionat* (I) u. *Wachstumshormon* (II) eine ausgedehnte Entw. der Lobuli u. Alveolen in den Brustdrüsen, ähnlich wie bei I-Gaben an intakte Tiere. Eine Kombination I-*Prolactin* (III) gibt keine eindeutigen Ergebnisse. Umgekehrt sind *Ovarialhormone* in Verb. mit III wirksam, nicht aber mit II. Mit diesen Befunden werden frühere diesbzgl. Literaturangaben bestätigt. H. Dannenbaum. 4560□

Gonadotropinsekretion bei lactierenden Mäusen. W. A. Sadler und H. C. Browning. (Proc. Soc. exp. Biol. Med. **106,** 558—62, März 1961; Houston, Tex., Univ. of Texas, Dental Branch, Dep. of Anatomy; engl.) — In Verss. mit Isotransplantation von Ovarstückchen in die vordere Augenkammer von ovarektomierten, lactierenden Mäusen wird gezeigt, daß während der Lactation *luteotropes Hormon* sezerniert wird, während die Sekretion von *Luteinisierungshormon* gehemmt ist. *Follikelreifungshormon* wird während der Lactation weiter sezerniert. U. Tausendfreund. 4560□

Renale Reaktionen des Ochsenfrosches auf Oxytocin, Argininvasotocin und Froschneurohypophysenextrakt. Julia Uranga und Wilbur H. Sawyer. (Amer. J. Physiol. **198,** 1287—90, Juni 1960; New York City, Columbia Univ., Coll. of Physicians and Surgeons, Dep. of Pharmacol.; engl.) — *Argininvasotocin* oder arteigener Neurohypophysenextrakt hemmten nach Injektion in den Bauchlymphsack bei *Rana catesbiana* die Diurese 500mal stärker als *Oxytocin.* Nach i. v. Injektion dieser Präpp. trat häufig Diurese u. Zunahme der Glomerulusfiltration an Stelle von antidiuret. Wrkg. ein. Dabei bestand keine Korrelation zu Blutdruckveränderungen. K. Zingraf. 4560□

Direkter Beweis der Bildung des somatotropen Hormons des Menschen seitens der acidophilen Zellen des Hypophysenvorderlappens mit der Methode der fluorescierenden Antikörper. V. Meneghelli und R. Scapinelli. (Boll. Soc. ital. Biol. sperim. **37,** 277—80, 31/3. 1961; Padua, Univ., Ist. di Anatom. Uman. Norm. e Clin. Ortoped. e Traumatol.; ital.) — In den acidophilen Zellen der Hypophyse des Menschen werden die Bldg.-Zellen des *somatotropen Hormons* (*SH*) durch die Technik fluorescierender Antikörper identifiziert u. lokalisiert. Das SH wird Kaninchen 30 Tage lang injiziert, wodurch Antikörper gewonnen werden, die in den Präpp. der Hypophyse eine spezif. Rk. mit den Antigenen eingehen, wobei es zu einer Fluorescenz kommt. F. Kren. 4560□

Vergleichende Untersuchungen über die Wirkung von antidiuretischem Hormon, Hypertensin und Renin auf die renale Wasser- und Elektrolytausscheidung der Ratte. R. Schröder, C. Meyer-Burgdorff, D. Rott und O. Brahms. (Naunyn-Schmiedebergs Arch. exp. Pathol. Pharmakol. **240,** 285—312, 1961; Göttingen, Univ., Med. Klin.; dt.) — Verss. mit Ratten ergaben, daß unter physiolog. Verhältnissen nur das *antidiuret. Hormon* des Hypophysenhinterlappens (*ADH*) die renale Natriumausscheidung erhöht, dagegen konnte bei *Hypertensin* u. *Renin* keine Veränderung der Elektrolyt- u. Wasserausscheidung ermittelt werden. *Aldosteron*-Vorbehandlung hat auf die ADH-Wrkg. keinen Einfluß. K. Lohs. 4560□

Veränderungen im Diphosphopyridinnucleotid- und Triphosphopyridinnucleotidspiegel in Schilddrüsenschnitten in vitro, hervorgerufen durch ein Schilddrüsenstimulierendes Hormon. Ira Pastan, Betty Herring und James B. Field. (J. biol. Chemistry **236,** PC25, Mai 1961; Bethesda, Md., Nat. Inst. of Health, Nat. Inst. of Arthritis and Metabol. Diseases, Clin. Endocrinol. Branch.;engl.) — Die Unterss. ergaben, daß das *schilddrüsenstimulierende Hormon* bei Inkubation von Schilddrüsenschnitten mit *Glucose* in gleichem Maße eine Hebung des *TPN*- u. eine Senkung des *DPN*-Spiegels bewirkt. Als Sekundärerscheinung tritt eine verstärkte *Glucose*-Oxydation auf. E. Lodemann. 4560 □

Thyreotrope Aktivität von Hypophysenautotransplantaten. P. Blanquet, J. M. Meunier, M. Croizet, G. Mayer und G. Meyneil. (C. R. Séances Soc. Biol. Filiales **155,** 756—58, 1961.) Vff. stellten fest, daß Hypophysenautotransplantate bei ♀ Ratten eine gewisse thyreotrope Wirksamkeit entfalten, die bei unter die Nierenkapsel transplantierten Hypophysen etwas ausgeprägter ist als bei subkutanen Transplantaten. Die ^{131}J-Fixierung der Schilddrüse innerhalb von 24 Std. beträgt bei Ratten mit Autotransplantaten 3,3%, bei hypophysektomierten Ratten 0,7% u. bei normalen Tieren 14,4%. H. Kockert. 4560 □

Die Abhängigkeit der Leberschutzwirkung des Cystins von der Nebennierenfunktion. A. Aschkenasy. (C. R. Séances Soc. Biol. Filiales **151,** 1717—19, 1957, herausgeg. 20/5. 1958; Hôp. de la Pitié; franz.) — Vf. gibt ♂ Ratten, denen eine (a) u. solchen, denen beide Nebennieren (b) exstirpiert worden sind, innerhalb von 1 Woche eiweißfreie Kost ohne u. mit *L-Cystin* (I, 50 mg pro Tag per os) u. bestimmt Körper- u. Lebergewichte sowie Nahrungsaufnahme. Es zeigt sich, daß die Leber von a nach Fütterung mit I ein größeres Vol. u. Gewicht aufweist als die von b, bei denen I eher eine Verringerung des Lebergewichts hervorruft. Auch die Körpergewichte sind nach I-Zufuhr im Vgl. mit den Kontrollen erhöht. Die Nahrungsaufnahme wird durch Entfernung der Nebennieren um über 50% herabgesetzt. Die Ergebnisse zeigen, daß bei Fehlen der Nebennieren keine I-Verwertung in der Leber stattfindet u. I ohne Einfl. auf die Entw. der Nekrose ist. P. Fahrnlaender. 4561 □

Adrenale Ascorbinsäure und Corticosteroidogenesis nach unilateraler Adrenalektomie bei der Ratte. Donald C. Reck und Claude Fortier. (Proc. Soc. exp. Biol. Med. **104,** 610—13, Aug./Sept. 1960; Houston, Baylor Univ., Coll. of Med., Blue Bird Neuroendocr. Labor., Methodist Hosp. and Dep. of Phys.; engl.) — An 117 ♂ Sprague-Dawley-Ratten werden Unterss. über die Veränderungen der adrenalen *Ascorbinsäure* (I) u. der adrenalen u. Plasma-Konzz. an *Corticosteron* (II) nach unilateraler Adrenalektomie durchgeführt. Die adrenale I-Ausschüttung scheint zeitmäßig der Freisetzung von II parallel zu gehen u. nicht der Synth. von I. Die II-Konz. erreicht 30 Min. nach der Operation den höchsten Wert. Die I-Ausschüttung ist jedoch erst 60—120 Min. nach der Operation ebenso wie die II-Konz. im Plasma am stärksten, wenn zwischen Freisetzung u. Verschwinden bzw. der Inaktivierung der Hormone Gleichgewicht besteht. Frühere Berichte dieser zeitlichen Beziehungen sind also mit Vorsicht auszulegen. W. Winter. 4561 □

Die Wirkungen von verschiedenen Corticosteroiden auf isolierte Säugetierherzen. P. A. Nasmyth. (J. Physiology **134,** 10 P—11 P, 28/11. 1956; Paddington, London, St. Mary's Hosp., Dep. of Pharmacology.) — Vgl. C. **1959,** 4534. — Mit der Perfusionstechnik, bei der eine K-freie modifizierte Ringer-Lsg. verwendet wird, zeigt eine *Desoxycorticosteronacetat* (10^{-7}) u. *Hydrocortison* (10^{-7}) enthaltene Lsg. Verminderung der Herzkraft u. der Schlagfolge, gleichzeitig aber Erhöhung des Schlagvolumens. Auch die Herz-Rk. auf *Adrenalin* wird durch diese Steroide vermindert. — Desoxycorticosteronacetat allein wirkt wie das genannte Gemisch, mit der Ausnahme, daß die Herzkraft nicht nachläßt. Hydrocortison allein weicht von der kombinierten Wrkg. in nichts ab. — Bei der Perfusion mit Adrenalin wird K ausgeschwemmt, woran Hydrocortison nichts ändert. K. Heyns. 4561 □

Hemmung der Sequestration der roten Zellen durch Cortison. Manuel E. Kaplan und James H. Jandl. (J. exp. Medicine **114,** 921—37, 1/12. 1961; Boston, Boston City Hosp., Thorndike Memorial Labor., Second and Fourth [Harvard] Med. Service, Dep. of Med. Harvard Med. School; engl.) — Vff. untersuchten an Ratten die Wrkg. von *Cortison* (I) auf die Sequestration der an Antikörper gebundenen u. normal inkubierten roten Zellen. I-Verabreichung hemmt die hepat. Sequestration von roten Zellen, die durch Immunitäts-Rkk. verändert bzw. nicht immunolog. verändert wurden. Zwischen dem Einsatz der I-Therapie u. ihrer ersten nachweisbaren Wrkg. auf die hepat. Sequestration besteht eine Latenzperiode von 2 Tagen. Die Sequestration veränderter roter Zellen der Milz sowie des Hämoglobins der Leber u. Milz wird durch I nicht gehemmt. Vff. nehmen an, daß Steroide die hepat. Sequestration mittels eines hämodynam. Effektes hemmen. B. Görlich. 4561 □

Corticosteroid- und Pepsinogen-Veränderungen in Beziehung zum emotionalen Stress beim Affen. John W. Mason, Joseph V. Brady, Edwin Polish, Joan A. Bauer, James A. Robinson, Robert M. Rose und Elizabeth D. Taylor. (Science [Washington] **133,** 1596—98, 19/5. 1961; Washington, D.C., Walter Reed Army Med. Center, Walter Reed Army Inst. of Res., Dep. of Neuroendocrinolog. and

Exp. Psychol.; engl.) — Affen zeigen während des Stress eine charakterist. Erhöhung des *17-Hydroxycorticosteroid*-Spiegels u. einen erniedrigten *Pepsinogen* (**I**)-Spiegel. Nach dem Stress wird eine länger andauernde merkliche **I**-Erhöhung beobachtet. P. Gregorzewski. 4561□

Wirkungen von Adrenalektomie, akuter Acidose und Nebennierenrindensteroiden auf die renalen Desaminierungsenzyme. Alfred Boris und Edgar S. Gordon. (Amer. J. Physiol. **198**, 1284—86, Juni 1960; Madison, Wis., Univ. of Wisconsin School of Med., Dep. of Physiol. and Med.; engl.) — Adrenalektomie, akute Acidose oder Behandlung mit Nebennierenrindensteroiden beeinflußte bei der Ratte die renale *Glutaminase-*, *Asparaginase-* u. *Guanase*-Aktivität in vitro nicht. Dagegen wurde durch Vorbehandlung der Tiere mit *Hydrocortison* oder *Aldosteron* die renale *Adenosindesaminase*-Aktivität erhöht. K. Zingraf. 4561□

Der Einfluß der Rückenmarksdurchtrennung auf die Corticosteronsekretion und das histologische Bild der Nebennierenrinde. T. Kádas, P. Weisz, E. Gláz, P. Köves und L. Ritter. (Acta physiol. Acad. Sci. hung. **16**, 285—89, 1959; Budapest, Med. Univ., Inst. für Pathophysiol. u. 3. med. Abt.; engl.) — An ausgewachsenen Rattenmännchen wird der Zusammenhang zwischen Rückenmarkdurchtrennung u. Nebennierensekretion geprüft. Letzte ist abhängig von der Operationstechnik, von der Länge der Zeit ab Eingriff u. vom Operationsschock. Histolog. Aufnahmen von Rindenquerschnitten werden diskutiert. H. Dannenbaum. 4561□

Vorläufige Untersuchungen über die Beziehungen zwischen Harnvolumen und Eliminierung der 17-Ketosteroide. V. Marescotti, P. Saba und M. Luisi. (Boll. Soc. ital. Biol. sperim. **37**, 281—83, 31/3. 1961; Pisa, Univ., Ist. di Patol. Spec. Med. e Metodol. Clin.; ital.) — Es werden die *17-Ketosteroide* (**I**) im Harn von Albinoratten bestimmt, denen elektr. Läsionen des Hypothalamus zugefügt werden. Bei diesen Tieren besteht eine Beziehung zwischen Diurese u. **I**-Eliminierung; während bei leichten Läsionen des Hypothalamus einer Zunahme der Diurese um 167% eine solche der **I** um 270% entspricht, sind es bei schweren Läsionen 238 bzw. 432%. F. Kren. 4561□

Wirkung von Aldosteron auf den Zuckerstoffwechsel der normalen und adrenalektomierten Ratte. G. Pérès, G. Zwingelstein und C. Bange. (C. R. Séances Soc. Biol. Filiales **155**, 790—92, 1961; Lyon, Fac. des Sciences, Labor. de Physiol. générale; franz.) — Vff. stellten fest, daß *Aldosteron* (**I**) bei der normalen Ratte (a; Dosis: 12 mal 0,1 mg/Tag, subkutan) ein Absinken u. bei der adrenalektomierten Ratte (b; Dosis wie vorst.) ein Ansteigen des *Blutzucker*-Spiegels verursacht. Der Leber-*Glykogen*-Spiegel wird durch **I** in beiden Tiergruppen erhöht, der Hämatokrit bei a gesenkt, bei b erhöht. Darüber hinaus greift **I** in den *Protein*-Stoffwechsel ein. H. Kockert. 4561□

Die Adrenalinwirkung auf den Vasomotorenmechanismus. J. J. Jones und R. J. S. McDowall. (J. Physiology **134**, 8 P—9 P, 28/11. 1956; London, Univ., King's Coll., Dep. of Physiol.) — Es besteht die Vermutung, daß *Adrenalin* teilweise seine Wrkg. auf Muskeln dadurch ausübt, daß es das Vasomotorenzentrum, seine Leitungswege oder Ganglien hemmt. Die depressor. Wrkg. von Adrenalin auf sympath. Ganglien wurde schon von Marazzi (1939), Bülbring u. Burn (1942) festgestellt. K. Heyns. 4561□

Einfluß der Atmung auf die Blutdruckwirkung von durch Perfusion verabreichtem Adrenalin und Noradrenalin. A. Baïsset und P. Montastruc. (C. R. Séances Soc. Biol. Filiales **155**, 930—33, 1961; Toulouse, Fac. de Méd., Labor. de Physiol., Physiol. appliquée et Pharmacol.; franz.) — Vff. stellten fest, daß beim normalen Hund u. beim Hund mit zerstörtem Rückenmark (beide Gruppen sind urethananästhetisiert) die einer spontanen oder künstlichen Hyperventilation folgende Alkalose eine Umkehr oder Aufhebung der Wrkg. von der durch langsame i. v. Perfusion verabfolgtem *Adrenalin* (**I**; Dosis: 1 (μg/kg/Min., Dauer: 6 Min.) auf den Blutdruck verursacht u. die Amplitude der durch *Noradrenalin* (**II**; Dosis: 0,5) bedingten Hypertension vermindert. Diese Wrkg. der Alkalose erklärt die Unwirksamkeit von **I**- u. **II**-Perfusionen nach Hyperventilation. H. Kockert. 4561□

Untersuchung über Schilddrüsensubstanzen in der Schilddrüse und im Serum der ausgewachsenen Ratte. André Verain, Alice Verain und Alvert Pons. (C. R. Séances Soc. Biol. Filiales **155**, 750—53, 1961; franz.) — Vff. stellten fest, daß schon in den ersten Min. nach intraperitonealer Injektion von ^{131}J in Ratten die Schilddrüse der Tiere das *Dijodtyrosin* u. *Monojodtyrosin* zu metabolisieren beginnt. Etwa gleichzeitig erscheint im Serum u. in der Schilddrüse schon nach 1 Std. das *Thyroxin* u. eine nicht identifizierte Verb. (wahrscheinlich ein jodiertes Peptid). H. Kockert. 4562□

Markierung von Insulin mit Jod. Ellis Samols und H. S. Williams. (Nature [London] **190**, 1211—12, 24/6. 1961; London, Royal Free Hosp., Dep. of Med. and Phys.;

engl.) — 20 g krist. *Rinderinsulin* werden in Boratpuffer von pH 7,8 gelöst u. mit 20 μl *Jodmonochlorid* u. 10—20 mc ^{131}J, gelöst in wenig n/50 NaOH-Lsg., 4 Min. geschüttelt u. anschließend gegen dest. W. dialysiert. Das so erhaltene radioakt. *Insulin* ist biolog. u. immunolog. inakt., wobei die Inaktivierung der spezif. Aktivität proportional ist. Das inaktivierte läßt sich von normalem *Insulin* durch Chromatographie an Cellulosesäulen trennen. G. Ziebarth. 4564□

Wirkungen von Insulin auf den Adrenalin- und Noradrenalingehalt einiger Rattengewebe. B. C. R. Strömblad. (Proc. Soc. exp. Biol. Med. **108,** 345—47, Nov. 1961; Winnipeg, Manitoba, Canada, Univ. of Manitoba, Fac. of Med., Dep. of Pharmacol. and Therapeut.; engl.) — *Insulin* (**I**) setzt vermutlich *Adrenalin* (**II**) aus den Nebennieren frei (Ratten), wonach es zu einer Akkumulierung von **II** in Herz u. Speicheldrüsen kommt. Eine **II**- [u. *Noradrenalin* (**III**)]-Akkumulierung in den genannten Organen ist nach **I** jedenfalls nur bei intaktem Nebennierenmark zu beobachten, während **I** nach Nebennierenmarkentfernung zu einer Verminderung des **II**-Geh. in den Organen führt; der **III**-Geh. wird im Herzen erst 7—11 Std. nach **I** verringert, in den Speicheldrüsen bleibt **III** unverändert. U. Tausendfreund. 4564□

Förderung des Einbaues von Leucin in Rattenleberprotein durch Insulin. J. C. Penhos und M. E. Krahl. (Amer. J. Physiol. **202,** 349—52, Febr. 1962; Chicago, Ill., Univ. of Chicago, Dep. of Physiol.; engl.) — Der Einbau von $^{14}C_{(1)}$-*Leucin* (**I**) in das Protein von Leberschnitten partiell pankreatektomierter Ratten nahm 1—6 Monate nach der Operation (mit zunehmendem Schweregrad des Diabetes) allmählich ab. 2—4 Monate nach der Operation (nicht jedoch 6 Monate nach der Operation) steigerte in vitro zugesetztes *Insulin* (**II**) + Glucose (**III**) den Einbau von **I** um 62—78%. **II** oder **III** allein oder durch Alkalien inaktiviertes **II** + **III** waren unwirksam.
K. Zingraf. 4564□

Sekretion von Insulin durch das Rattenpankreas in vitro. Pierre Mialhe und Viviane Meyer. (C. R. hebd. Séances Acad. Sci. **253,** 1861—63, 23/10. 1961; Strasbourg, Fac. des Sciences, Inst. de Physiol. générale; franz.) — Vff. stellten fest, daß das Rattenpankreas bei Bebrütung in vitro eine bestimmte Menge an *Insulin* abgibt, deren Höhe von der *Glucose*-Konz. des Mediums abhängt. H. Kockert. 4564□

Untersuchungen über den Stoffwechsel des Fettgewebes. 7. Mitt. Ein Vergleich der Wirkungen von Insulin und eines Wachstumshormonpräparates auf den Sauerstoffverbrauch in Bicarbonat- und Phosphatpuffern. Robert L. Jungas und Eric G. Ball. (Biochim. biophysica Acta [Amsterdam] **54,** 304—14, 9/12. 1961; Boston, Mass., Harvard Med. School, Dep. of Biol. Chem.; engl.) — 5. vgl. C. **1961,** 4777. — Während Rattennebenhodenfettgewebe in Krebs-Ringer-Bicarbonatpuffer u. Phosphatpuffer [3 mg Glucose (**I**)/ml] jeweils den gleichen O_2-Verbrauch aufweist u. auch die Zugabe von Schaf-*Wachstumshormon* (0,093 mg/ml) den O_2-Verbrauch unabhängig von der Pufferart verdoppelt, regt *Insulin* (**II**; 0,1 Einheiten/ml) die O_2-Aufnahme nur im Bicarbonatpuffer an (in Abhängigkeit von der **I**-Ggw. im Medium). Werden *Wachstumshormon* (0,045 mg/ml) u. **II** gleichzeitig zugefügt, so reagiert das Gewebe stärker als unter Wachstumshormon-Einfl. allein, die Rk. ist wiederum unabhängig vom Puffer.
U. Tausendfreund. 4564□

Die Bestimmung von Insulin-Lösungen durch Papierchromatographie. E. L. Fenton. (Biochem. J. **81,** 570—75, 1961; Beckenham, Kent, Langley Court, The Wellcome Res. Labor., Biol. Div.; engl.) — Vgl. C. **1959,** 13882. — Es wird eine papierchromatograph. Meth. (aufsteigend) zur Best. von *Insulin* (**I**)-Lsgg. beschrieben. Nach dem Entsalzen u. Konzentrieren der **I**-Lsgg. Auftragen auf Whatman Nr. 1-Papier; Steig-Fl.: Butanol-(2):1%ig. Essigsäure, 1:1 (Vol./Vol.); Anfärben mit Bromkresolgrün. Der Farbstoff wird eluiert u. seine Konz. spektralphotometr. im Vgl. zu Standardflecken bestimmt. Die Ergebnisse stimmen gut mit biolog. ermittelten Resultaten überein. — Lsgg. von 4mal umkrist. **I**, die in gefrorenem Zustande zur Verw. als Standard aufbewahrt werden, bleiben bis zu 8 Wochen bei —30° stabil u. können in Ggw. von o-Kresol ohne merklichen Aktivitätsverlust bis zu 30mal wieder eingefroren u. aufgetaut werden.
H. Kockert. 4564□

Peroral hypoglykämisierende Stoffe. Alexander Marble. (Annu. Rev. Med. **12,** 135—50, 1961; Boston, Mass., Harvard Med. School, Dep. of Med.; Joslin Clinic; New England Deaconess Hosp.; engl.) — Übersicht über Pharmakologie, Stoffwechsel, Wirkungsweise u. -ort, klin. Verw. u. tox. Wrkg. von *Sulfonylharnstoff*-Verbb. u. *Biguaniden* als peroral wirksamen, hypoglykäm. wirkenden Stoffen. — 111 Literaturangaben.
U. Tausendfreund. 4564□

Beziehung zwischen Atemreflex und Acetylcholingehalt von Pons und Medulla. Bernard Metz. (Amer. J. Physiol. **202,** 80—82, Jan. 1962; Charleston, S.C., Med. Coll.

of South Carolina, Dep. of Physiol.; engl.) — Nach Hemmung der *Acetylcholin* (**I**)-Synth. (mit Hilfe i. v. Injektion von Hemicholinium) kann bei elektr. Reflexreizung des Atemzentrums eine mit progressiver u. gradueller Verminderung des **I**-Geh. in Medulla u. Pons konform laufende Verringerung der Atemreflex-Rk. (beim Hund) beobachtet werden. Damit wird die Hypothese gestützt, nach der cholinerg. Faktoren an der zentralen Atemkontrolle teilnehmen. U. Tausendfreund. 4569□

Untersuchungen über die morphofunktionale Reaktion der Nervenendigungen des Uterus unter dem Einfluß von Acetylcholin. Elena Velican und Aurelia Bordeianu. (Comun. Acad. Republ. Populare romîne [Bucureşti] **7**, 135—41, 4 Tafeln, Jan. 1957; Acad. R.P.R., Inst. de fiziol. norm. şi patol. Prof. Dr. D. Danielopolu; rum.) — Am Kaninchen wird der Einfl. einer Perfusion mit *Acetylcholin* (**I**) auf die Nervenfasern u. die Nervenendigungen des Uterushorns untersucht, wobei die Vitalfärbe-Meth. von Şabadaş [1936] mit Methylenblau angewandt wird. Bei Gesamtdosen von 100—2000 μg **I** wird verstärkte Färbung, bessere Sichtbarkeit der Nervenenden u. ausgeprägteres „Körnigkeitsphänomen“ festgestellt. Die Erscheinungen ähneln den bei Reizung der Nerven durch Ischämie oder bei hormonaler Stimulation beobachteten. Vff. nehmen an, daß es sich um morphofunktionale Rkk. handelt. R. K. Müller. 4569□

Veränderungen der intracellulären Verteilung des cerebralen Acetylcholins durch Pharmaca. N. J. Giarman und G. Pepeu. (Boll. Soc. ital. Biol. sperim. **37**, 128—31, 15/2. 1961; Yale Univ., Med. School, Dep. of Pharmacol.; Firenze, Univ., Ist. di Farmacol. e Clin. Tossicol.; ital.) — Um die Veränderungen der cerebralen Verteilung von *Acetylcholin* (**I**) zu untersuchen, wird das Hirnhomogenat normaler Ratten, die mit **I**-Inhibitoren behandelt wurden [*Eserin*, *Tetraäthylpyrophosphat* u. *Tabun* (**II**)] in 3 Fraktionen unterteilt. In vitro wird gezeigt, daß die Meth. der Fraktionierung ein genaues Bild der **I**-Verteilung liefert u. in vivo verhindern 0,16 μg **II**/kg intraperitoneal an Ratten gegeben, den enzymat. **I**-Abbau. **I** erhöht sich durch **II** in der Fraktion der groben Zelltrümmer u. der Zellkerne u. im Überstand. F. Kren. 4569□

Wirkung des Atropins auf den cerebralen Acetylcholin-Spiegel. G. Pepeu und N. J. Giarman. (Boll. Soc. ital. Biol. sperim. **37**, 131—33, 15/2. 1961; Firenze, Univ,. Ist. di Farmacol. e Clin. Tossicol. e Yale Univ., Med. School, Dep. of Pharmacol.; ital.) — Vgl. vorst. Referat. — Die Unterss. werden an Albinoratten durchgeführt, denen intraperitoneal 50, 100 u. 400 mg *Atropinsulfat* (**I**)/kg injiziert werden. Die durch **I** erzielte Herabsetzung des gesamten cerebralen *Acetylcholins* ist größer als die durch konvulsive *Cardiazol*-Dosen. Die gleiche Wrkg. wie durch **I** wird durch *Scopolamin* erzielt. F. Kren. 4569□

Mesylcholin, ein neues Analoges des Acetylcholins. Alex Heusner und Helmut Wick. (Hoppe-Seyler's Z. physiol. Chem. **320**, 246—50, 17/10. 1960; Ingelheim/Rh., Chem. Fabrik H. C. Boehringer Sohn; dt.) — Durch Behandlung von β-Dimethylaminoäthanol mit Methansulfonsäurechlorid u. Einw. von Methylbromid auf das entstehende nicht rein isolierbare Zwischenprod. entsteht *Mesylcholinbromid* (**I**) neben *N.N'-Tetramethylpiperaziniumdimethansulfonat*. **I** besitzt $^1/_{100}$ der muscarinähnlichen Wrkg. u. das 5- bis 10fache der nictoninähnlichen Wrkg. des *Acetylcholins*.

Versuche: *Methansulfonsäure-β-dimethylaminoäthylesterhydrochlorid*, $C_5H_{13}NO_3S \cdot HCl$, F. 116° (Nadeln aus A.), aus Methansulfonylchlorid u. β-Dimethylaminoäthanol in abs. Ae. bei —10°; 84% (Ausbeute). — *1.1.4.4-Tetramethylpiperaziniumdimethansulfonat*, $C_8H_{20}N_2$, F. des Dimethanolats 320° (Zers.), aus vorst. Verb. u. NH_3-Gas in Chlf.; Blöcke aus Methanol-Diisopropyläther; 88%. *Dipikrat*, $C_8H_{20}N_2 \cdot 2\,C_6H_2N_3O_7$, F. 305° (W.). — *Mesylcholinbromid*, $C_6H_{16}NO_3S \cdot Br$, F. 148—149°, Wiedererstarren bei 151°, endgültiger F. 183—187° (Zers.), aus β-Dimethylaminoäthanol u. Methansulfonylchlorid u. Versetzen mit Methylbromid; Platten aus Methanol; 62%. G. Ziebarth. 4569□

Das Vorkommen und die vermutliche Gewebefunktion von 5-Hydroxytryptamin bei der Ratte. J. R. Parratt und G. B. West. (J. Physiology **134**, 11 P—12 P, 28/11. 1956; London, Univ., Dep. of Pharmacol., School of Pharmacy; engl.) — Die Haut einer erwachsenen Ratte enthält über die Hälfte des gesamten *5-Hydroxytryptamins* (5-HT). Nach den Ergebnissen enthält das äußere Epithel mehr 5-HT als die darunterliegenden Zellschichten. Damit scheinen die Mastzellen nicht die einzige Quelle der 5-HT zu sein. — Ferner ergaben die Verss., daß Histamin u. 5-HT gleichzeitig anwesend sein müssen, um bei Eiweißinjektionen typ. Ödeme hervorzurufen. 5-HT scheint eine entscheidende Rolle bei dieser Rk. zu spielen, denn in Abwesenheit tritt keine Ödem-Bldg. auf. K. Heyns. 4569□

Beim Menschen durch synthetisches Bradykinin hervorgerufene Hautreaktionen. J. Mélon und J. Lecomte. (C. R. Séances Soc. Biol. Filiales **155**, 947—49, 1961; Liège. Univ., Inst. de Clin. Otorhinolaryngol. et Inst. Léon Fredericq [Physiol.]; franz.) — Nach Injektion von synthet. *Bradykinin* (**I**; Sandoz, Basel, Dosis: 2 μg) in die Haut des

Vorderarmes von 10 Vers.-Personen zeigt sich eine komplexe lokale Läsion. Nach einer schmerzhaften Initialphase entwickelt sich ein Erythem u. ein Bläschen mit merklicher Ausdehnung nach allen Seiten. Diese Läsion unterscheidet sich von ähnlichen, durch plötzliche anaphylakt. Rkk. bedingte Manifestationen. *Mepyramin*, i. v. verabfolgt, u. *Xylocain* verhindern vollständig die durch **I** bedingte Erythembildung. H. Kockert. 4569□

Hormonale Steuerung der Sexuallockstoffbildung bei der kubanischen Küchenschabe. Robert H. Barth jun. (Science [Washington] **133,** 1598—99, 19/5. 1961; Cambridge, Mass., Harvard Univ., Biol. Labor.; engl.) — Entfernung der Corpora allata bei ♀ Schaben verhindert die Bldg. von Sexuallockstoff. P. Gregorzewski. 4569□

Reaktion von Hämoglobin α^A mit Hämoglobin H. E. R. Huehns und E. M. Shooter. (Nature [London] **193,** 1083—84, 17/3. 1962; London, Univ., Coll. London, Dep. of Biochem.; engl.) — Beim Vermischen gleicher Vol. 1%ig. *Hämoglobin H* (**I**; aus den Erythrocyten von Hämoglobin-H-Kranken) u. 1%ig. *Hämoglobin* α^A (**II**; unphysiolog. Blutfarbstoff, der in vitro nach Huehns u. Mitarbeiter, Biochem. biophysic Res. Comm. **5,** [1961], 362, hergestellt wird) entsteht eine neue Farbstoffspecies (**IIIa**), die bei der Stärkegelelektrophorese, wie *Hämoglobin A* (**III**), wandert. Gleichzeitig verschwindet das gesamte **II** u. ein Teil des **I.** Diese Rk. verläuft sehr rasch, **IIIa** ist in Lsg. gegen Gefrieren u. Dauerlagerung (3 Monate) stabiler als **I** oder **II. IIIa** u. **III** sind sicher sehr ähnlich zusammengesetzt. — Diskussion. G. v. Waldeyer-Hartz. 4572□

Die Nucleotide der roten Blutkörperchen und das Problem des Alterns. I. Kulic und P. Mandel. (C. R. Séances Soc. Biol. Filiales **154,** 2122—24, 1960; Strasbourg, Fac. de Méd., Inst. de Chim. biol.; Beograd, Med. Fac., Biochem. Inst.; franz.) — Um festzustellen, ob der Geh. an *Nucleotiden* (**I**) in den roten Blutkörperchen (B) vom Alter abhängig ist, wurde Blut von 30—45 u. 72—84jährigen Männern untersucht. Der **I**-Geh. der B beider Altersklassen unterschied sich prakt. nicht. Untersuchte man jedoch im Blut eines bestimmten Menschen den **I**-Geh. der jungen (j) u. der alten (a) B (Trennung auf Grund der verschiedenen Stabilität gegen osmot. Druck), so zeigte sich bei Menschen beider Altersgruppen, daß die jB z. T. mehr als den doppelten Geh. an den verschiedenen **I** hatten wie die aB. E. Lodemann. 4573□

Experimentelle Untersuchungen über die Aktivität des „Anti-clearing"-Faktors der Blutplättchen des Menschen. G. Ballerini und S. La Paglia. (Boll. Soc. ital. Biol. sperim. **37,** 289—92, 31/3. 1961; Ferrara, Univ., Ist. di Patol. Med.; ital.) — Es werden die Beziehungen zwischen Plättchen u. durch Heparin induzierte „Anti-clearing"-Aktivität untersucht. Die Aktivität wird spektrophotometr. bestimmt. Ferner wird die Antiheparin- u. die Thromboplastinaktivität bestimmt. Es zeigt sich, daß die Plättchen eine „Anti-clearing"-Aktivität in bezug auf das Lipoprotein–Lipase-Syst. im Plasma in Ggw. von Heparin besitzen. Sie ist der Plättchen-Konz. proportional, gleich ob die Plättchen ganz oder zertrümmert sind, u. wird durch eine Behandlung von 10 Min. bei 100° nicht beeinträchtigt. F. Kren. 4573□

Die Biosynthese von Purinnucleotiden de novo in Kaninchenreticulocyten in vitro. Bertram A. Lowy, Jean L. Cook und Irving M. London. (J. biol. Chemistry **236,** 1442—45, Mai 1961; New York, N.Y., Yeshira Univ. and the Bronx-Municipal Hosp. Center; engl.) — Reticulocyten (R) von Kaninchen, die durch Fütterung mit *Acetylphenylhydrazin* oder Blutverlust anäm. gemacht wurden, sind in der Lage, die de novo Biosynth. von *Purinnucleotiden* (**I**) in vitro zu bewirken. Diese Fähigkeit (Fä) geht mit der Reifung der R verloren. Aus der Tatsache, daß die Bldg. von *Adenosin-* u. *Guanosintriphosphat* aus *Na-*^{14}*C-Formiat* u. *4-Amino-5-imidazolcarbonsäureamid* (**II**) bzw. *5-Amino-1-ribosyl-4-imidazolcarbonsäureamid* (**III**) auch von den reifen Erythrocyten bewirkt wird, geht hervor, daß bei der Reifung der R die Fä für einen bestimmten Schritt in der *Purin*-Biosynth. verlorengeht, die Fä der **I**-Bio-Synth. aus **II** bzw. **III** aber erhalten bleibt. E. Lodemann. 4573□

Kalium im fötalen Plasma. J. N. Barker. (Proc. Soc. exp. Biol. Med. **108,** 803—05, Dez. 1961; Philadelphia, Pa., Jefferson Med. Coll., Dep. of Physiol.; engl.) — Normalerweise liegt der *K*-Geh. im fötalen Plasma im selben Bereich wie bei Erwachsenen (5,6 ± 0,6 mVal/Liter). Deutlich erhöhte K-Konzz. sind nach kurzen Hypoxieperioden zu beobachten. Wenn der Fötus stirbt, können K-Konzz. bis zu 17 mVal/Liter auftreten. K. Zingraf. 4574□

Untersuchungen über Entproteinisierungsmittel und die Entproteinisierung. 4. Mitt. **Sulfonsäuren aus Erdöl als Entproteinisierungsmittel im Vergleich mit Trichloressigsäure.** Dimitrie A. Isăcescu und Larisa-Lungu Iancu. (Studii Cercetări Chim. [Bucureşti] **5,** 309—20, **1957;** Bucureşti, Fac. de farm., Labor. de Chim. biol.; rum.) — Die durch direkte Sulfonierung von Erdöl oder Dieselöl erhaltenen

Sulfonsäuren fällen bei Zimmer-Temp. Proteine. Die Fällung ist nach 2 Min. langem Erhitzen auf dem sd. Wasserbad vollständig. Auf 1 ml Blutserum werden je 3 ml Pseudocumolsulfonsäure (**I**; 2% ig. Lsg.), Xylenolsulfonsäure (**II**; 4% ig. Lsg.) oder Dieselölsulfonsäure (**III**; 4% ig. Lsg.) verwendet. Ein Minimum der Acidität liegt bei 0,06 g **I**, 0,12 g **II** oder 0,07 g **III** vor u. ein Maximum bei 0,15 g **I** mit vollständiger Entproteinisierung von 1 ml Blutserum; unterhalb des Minimums u. oberhalb des Maximums ist die Fällung unvollständig. Die Filtration erfolgt rasch, das Filtrat ist klar. Mit den Nichtproteinfraktionen des Blutes reagieren **I, II** u. **III** nicht. Bei ähnlichem Verh. wie bei der Fällung mit Trichloressigsäure sind die benötigten Mengen 5—10mal kleiner.
R. K. Müller. 4574□

Untersuchungen über Entproteinisierungsmittel und die Entproteinisierung. 5. Mitt. **Kritische Untersuchung der Entproteinisierung auf der Grundlage von Natriumchlorid.** Dimitrie A. Isăcescu, Atanasie Opari und Ştefan Tămăşdan. (Studii Cercetări Chim. [Bucureşti] **5**, 321—29, 1957; rum.) — 4. vgl. vorst. Referat. — Die in der Literatur vorliegenden Vorschläge für die Proteinfällung aus Blut mit sauren NaCl-Lsgg. werden krit. geprüft. Eine vollständige Fällung wird mit einem Gemisch von 1 ml gesätt. NaCl-Lsg. u. 1,25 ml 3,62% ig. H_2SO_4, von 1 Liter gesätt. NaCl-Lsg. u. 50 ml HCl (Dichte 1,19) oder einer Lsg. von 150 g NaCl in 125 ml Eisessig, mit W. auf 1 Liter ergänzt, erzielt. Am besten wirkt die salzsaure NaCl-Lsg. in der Wärme, dann folgt NaCl + Essigsäure u. schließlich NaCl + H_2SO_4. R. K. Müller. 4574□

Die immunchemischen Verwandtschaften zwischen den Komponenten des enzymatisch gespaltenen Human-γ-Globulins und Rhesus-γ-Globulins. D. S. Rowe. (Biochem. J. **79**. 27 P—28 P, Juni 1961; Birmingham, Univ., Med. School, Dep. of exper. Pathology; engl.) — Ein kleiner Zusatz von *Rhesus-γ-Globulinen* (**I**) zu Kaninchenantiseren gegen *Human-γ-Globulin* adsorbiert den Teil der Antikörper (AK.), der sonst mit der schnell wandernden Komponente der enzymat. gespaltenen Human-γ-Globuline reagiert. Ein ca. 4mal größerer **I**-Zusatz zu den Antiseren adsorbiert auch die AK. gegen die langsam wandernde Komponente solcher Spaltprodukte. Die γ-Globuline vom Menschen, Schimpansen u. Pavian sind inaktiv. D. Ziebarth. 4574□

Isolierung von Haptoglobin durch Chromatographie an Diäthylaminoäthylcellulose (DEAE). M. Steinbuch und M. Quentin. (Nature [London] **190**, 1121, 17/6. 1961; Paris, Centre Nat. de Transfusion Sanguine; engl.) — Die Gewinnung von *Haptoglobin* (**I**) in 80% ig. Reinheit wird wie folgt beschrieben: Verd. Plasma (F. —0,15°) wird mit 0,03 m Essigsäure auf pH 5 eingestellt, danach über eine Säule aus Diäthylaminoäthylcellulose (behandelt mit 0,03 m Acetatpuffer vom pH 5; 25 g pro Liter Plasma) geschickt u. mit 0,03 m Acetatpuffer bis zur Proteinfreiheit nachgewaschen. Dann wird mit 0,1 m Acetatpuffer vom pH 5 das **I** eluiert. Mit 0,2 m Acetatpuffer läßt sich *Coeruloplasmin* u. mit 0,5 m Acetatpuffer ein nicht identifiziertes *α_2-Glykoprotein* isolieren.
G. Ziebarth. 4574□

Über Wechselwirkungen von Eiweißstoffen. 25. Mitt. **Einfluß von Außenbedingungen auf die Wärme-Denaturierung und -Aggregation menschlichen Serumalbumins.** P. Munk, P. Kratochvíl und B. Sedláček. (Coll. czechoslov. chem. Commun. **26**, 352—69, Febr. 1961; Prag, Tschechoslow. Akad. der Wiss., Inst. für makromolekulare Chemie; tschech.) — 24. vgl C. **1962**, 918. — Vff. untersuchten den Verlauf der Wärmedenaturierung u. hauptsächlich die als Folgeerscheinung eintretende Aggregation (Aggr.) menschlichen *Serumalbumins* (**I**) in Abhängigkeit vom pH im Bereich 5,5—7,5 in Phosphatpuffer, von der Zus. des Puffers (in NaCl- u. NaCl-Phosphat-Lsgg.), von der Ionenstärke, Denaturierungs-Temp. u. **I**-Konzentration. Es wurde der Zeitverlauf von η_{sp}/c verfolgt; vom Wert $\eta_{sp}/c = 0{,}070$ an hat diese Abhängigkeit in doppellogarithm. Maßstab einen geradlinigen Verlauf, der der Gleichung $\eta_{sp}/c = A(k_1t)^{a_1}$ gehorcht. Bei Werten von $\eta_{sp}/c \sim 0{,}6$—$0{,}8$ treten charakterist. Knickpunkte auf. Aggr. ist gleich der Viscositätszahl des nativen **I**. Die Größe k_1 kann als ein gewisses Maß der Rk.-Geschw. angesehen werden, während $a_1 = \alpha\beta$, wo α der Exponent der Staudingerschen Gleichung u. β eine u. a. mit der Anzahl von Aggr.-Zentren zusammenhängende Konst. ist. a_1 ist also durch den Typ des überwiegenden Aggr.-Prozesses u. durch die Gestalt der entstehenden Teilchen bestimmt. Die Aggr.-Geschw. wird durch Ladungserhöhung der **I**-Moll., durch Anwachsen der Hydrathülle u. durch ein steigendes Ausmaß der Wechselwrkg. mit dem Elektrolyten verlangsamt. Es kommt eine spezif. Wechselwrkg. bei niedrigeren Konzz. u. eine nichtspezif. bei höheren Konzz. des Elektrolyten zur Geltung. Vff. kommen auf Grund der Temp.-Abhängigkeit des Aggr.-Prozesses zum Schluß, daß zwischen der eigentlichen Denaturierung u. der Aggr. noch ein weiteres Auflösen der Struktur der **I**-Moll. stattfindet. Die Aggr.-Zentren kommen erst durch diese Veränderung zur Ausbildung. Die Knickpunkte an den viscositätskinet. Kurven werden durch eine Veränderung des Aggr.-Typs erklärt. I. Frič/Prag. 4574

Über ein noch nicht beschriebenes α_1-Glykoprotein des menschlichen Serums. H. E. Schultze, K. Heide und H. Haupt. (Naturwissenschaften **49**, 133, 2. März-H. 1962; Marburg/Lahn, Behringwerke AG; dt.) — Vgl. nachst. Referat. — Bei den Verss. zur Isolierung des α_1-*Antitrypsins* fanden Vff. in ca. 0,5%ig. Ausbeute zum Gesamtserumprotein ein bisher unbekanntes, saures α_1-*Globulin*, das in Perchlorsäure lösl. ist u. zu ca. 75% aus Protein u. zu 25% aus Kohlenhydraten besteht. Isolierung u. Eigg. des α_1-Globulins werden beschrieben. K. Heyns. 4574□

Über ein bisher unbekanntes saures α_2-Glykoprotein. H. E. Schultze, K. Heide und H. Haupt. (Naturwissenschaften **49**, 133—34, 2. März-H. 1962; Marburg/Lahn, Behringwerke AG; dt.) — Vgl. vorst. Referat. — Vff. beschreiben Darst. u. Eigg. eines in Perchlorsäure lösl. α_2-*Globulins*, das wegen seines hohen Geh. an Neuraminsäure als *Neuraminoglykoprotein* bezeichnet wird. Das α_2-Globulin erweist sich bei einem Protein-Geh. von 55% als bisher kohlenhydratreichstes Serumprotein mit 26% Kohlenhydratanteil u. 17% Neuraminsäure. K. Heyns. 4574□

Lipoidverteilung in durch Polyanionfällung abgetrennten Lipoproteinen. Gilbert A. Leveille, James W. Shockley und Howerde E. Sauberlich. (Proc. Soc. exp. Biol. Med. **108**, 544—46, Nov. 1961; Denver, Colo., Fitzsimons Gen. Hosp., US-Army Med. Res. and Nutrition Labor.; engl.) — Beim hypercholesterinäm. Huhn [nach *Cholesterin* (**I**)-Fütterung] geht der Anstieg des Plasma-**I** fast völlig zu Lasten der (durch *Mepesulfat*, Hoffmann-La Roche, als Polyanion gefällten) *β-Lipoproteinfraktion* des Plasmas. — Die Best. der normalen Lipoidverteilung läßt erkennen, daß beim Huhn (wie bei Maus, Ratte u. Hund u. im Gegensatz zu Mensch, Kaninchen u. Meerschweinchen) mehr als 50% des Gesamtplasma-**I** an die *α-Lipoproteine* gebunden sind. — Es werden auch Angaben über den Anteil von *Lipoid-P* u. *Glyceriden* in der α-Lipoproteinfraktion der genannten Species gemacht. U. Tausendfreund. 4574□

Fettsäurezusammensetzung von Lipiden und Lipoproteinen der Maus. Carl S. Rehnborg, Alex V. Nichols und James K. Ashikawa. (Proc. Soc. exp. Biol. Med. **106**, 547—49, März 1961; Berkeley, Calif., Univ. of California, Lawrence Rad. Labor., Donner Labor. of Med. Phys.; engl.) — Bei gaschromatograph. Prüfung der Lipoid-Zus. des Blutplasmas der Maus wurde in der *Cholesterinester*-Fraktion ein hoher Prozentsatz hochungesätt. Fettsäuren [*Linolensäure* (**I**) zu 50,1%, *Arachidonsäure* (**II**) zu 29,9%] festgestellt, während alle anderen Säuren nur in geringem Maße vertreten waren. In der Fraktion, die *Glyceride* u. unveresterte Fettsäuren enthielt, standen *Palmitinsäure* (**III**), *Ölsäure* (**IV**) u. **I** an der Spitze, bei den Phospholipiden traten bes. **III**, *Stearinsäure* u. **I** hervor, **II** u. **IV** sind niedrig. — Es werden Vgl. mit den entsprechenden Fraktionen des menschlichen Plasmas angestellt u. im einzelnen erörtert. U. Tausendfreund. 4574□

Veränderungen des Gesamtcholesterins des Blutes bei beiden Geschlechtern. V. Fonnesu. (Boll. Soc. ital. Biol. sperim. **37**, 137—38, 15/2. 1961; Perugia, Univ., Ist. di Semeiot. Med.; ital.) — Die Unterss. werden an 316 normalen Personen durchgeführt. Der Geh. an *Cholesterin* (**I**) wird in nüchternem Zustand nach der Meth. von Carr-Drekter durchgeführt. Bei ♂ Personen erhöht sich der **I**-Geh. des Blutes bis zu einem Maximum zwischen 40 u. 70 Jahren (250 mg/100 ml) u. nimmt dann auf 210 mg ab, während bei ♀ Personen das ganze Leben lang eine progressive **I**-Zunahme beobachtet wird. F. Kren. 4574□

Semiologische Bedeutung des Gesamtcholesterins im Blut bei arteriosklerotischen Patienten. V. Fonnesu. (Boll. Soc. ital. Biol. sperim. **37**, 138—40, 15/2. 1961; Perugia, Univ., Ist. di Semeiot. Med.; ital.) — Vgl. vorst. Referat. — Die Best. des *Cholesterin* (**I**)-Geh. nach der Meth. von Carr-Drekter bei 718 Patienten führt Vf. zu folgenden Schlüssen: Der Gesamt-**I**-Geh. führt zu einer ersten ausreichend gültigen Orientierung bei arteriosklerot. Formen; bei Patienten mit Gefäßkrankheiten vermutlich arteriosklerot. Ätiologie ist in der Mehrzahl der Fälle der **I**-Geh. des Blutes gegenüber normalen Personen erhöht. F. Kren. 4574□

Prothrombinaktivierung mit Trypsin als Ferment. Ricardo H. Landaburu, Marion I. Barnhart und Walter H. Seegers. (Amer. J. Physiol. **201**, 298—302, Aug. 1961; Detroit, Mich., Wayne State Univ., Coll. of Med., Dep. of Physiology and Pharmacology; engl.) — Wird eine wss. *Prothrombin*-Lsg. mit *Trypsin* (**I**) versetzt, so entstehen die verschiedensten Abbau-Prodd., die Ausbeute an *Thrombin* (**II**) bleibt jedoch gering. Durch Zusatz von Glycerin wurde das entstehende **II** vor der Inaktivierung geschützt. Die Aktivierungs-Rk. ist eine einfache Zeit-Rk. (1. Ordnung in bezug auf **II**. Eine Lsg. von gereinigtem Prothrombin (2500 E./ml) in 50%ig. wss. Glycerin

wurde bei 27° u. pH 7,5 mit I (5 μg/ml) versetzt, nach 10 Std. betrug die II-Ausbeute annähernd 75%. Wurde an Stelle von Glycerin Plättchenextrakt zugesetzt, so konnte die II-Ausbeute von 10% (ohne Zusatz) auf 60% gesteigert werden. Die gleiche Wrkg. konnte durch Zusatz von Plättchenfaktor 3 erzielt werden. Zugesetzte Ca-Ionen beeinflußten die Rk. nicht. Zusätze von Lipoiden (Asolectin) veränderten ebenfalls die Rk.-Bedingungen in Abhängigkeit von der zugesetzten Menge. Es konnten z. B. durch Zusatz von 8 mg Asolectin/ml mit I (14 μg/ml) aus einer Prothrombin-Lsg. (950 E./ml) 60% II erhalten werden, ohne Zusatz 26%. Das durch I-Einw. freigesetzte „Trypsin-Thrombin" wurde durch Ammoniumsulfatfällung u. Chromatographie an Cellulosesäulen isoliert. Die Aktivität dieses II war im Gegensatz zu anderen Präpp. sehr niedrig (32000 E./mg Tyrosin). In der Ultrazentrifuge erwies es sich einheitlich u. hatte eine Sedimentations-Konst. von $s_{20,w} = 3,9$ bei einer Eiweiß-Konz. von annähernd 1%. Als N- u. C-endständige Aminosäuren wurde Arginin gefunden. Wahrscheinlich wird im Prothrombin durch I eine Arg–Lys-Peptidbindung u. eine Bindung von Arginin mit der Aminogruppe einer anderen Aminosäure gespalten. Acetyliertes Prothrombin wird nicht durch I angegriffen. Der Wrkg.-Mechanismus der Lipoide bei der Prothrombinaktivierung wird diskutiert.
P. Walsmann. 4574□

Wirkung von Mucopolysaccharidsulfaten und endogenen Plasmaheparinen auf die Thromboplastinbildung. H. Engelberg. (Proc. Soc. exp. Biol. Med. **109**, 814—17, April 1962; Los Angeles, Calif., Cedars of Lebanon Hosp., Div. of Labor.; engl.) — *Heparinmonosulfat* weist 10%, *B-Heparin* u. *Chondroitinsulfat* weisen weniger als 10% der Hemmwrkg. von *Heparin* (I) auf die *Thromboplastin*-Bldg. auf. Diese I-Hemmwrkg. wird durch Ggw. der anderen sauren Mucopolysaccharide vermindert. Extrakte normalen menschlichen Plasmas hemmen die Thromboplastin-Bldg. stark, so daß I oder eine ähnlich wirkende, unbekannte Substanz im Plasma vorhanden sein muß. Die Ggw. der anderen sauren Mucopolysaccharide beeinflußt die Wrkg. von I auf die Gerinnungszeit des recalcifizierten Schafplasmas nicht. U. Tausendfreund. 4574□

Prüfung einer mehrkettigen Polyglutaminsäure als möglicher Plasmaersatz. W. Y. Loebl, T. D. Ullmann, Arieh Yaron, Michael Sela, Arieh Berger und Ephraim Katchalski. (Proc. Soc. exp. Biol. Med. **108**, 661—63, Dez. 1961; Jerusalem, Hadassah Med. School, Labor. of Clin. Res.; Rehovoth, Israel, Weizmann Inst. of Sci., Dep. of Biophys.; engl.) — 3 Chargen des Na-Salzes einer mehrkettigen *Polyaminosäure* (Copoly-L-glutamyl-L-asparagyl)-poly-L-lysin, wurden in 2- u. 3% ig. Lsgg. bei Hunden u. Kaninchen (intakt bzw. nach Aderlaß) angewandt. Der niedermol. Anteil (ca. 10—20%) wurde innerhalb weniger Std. in den Harn ausgeschieden. Der Rest verschwand mit einer Halbwertszeit von 48 Std. aus dem Blut. Das Präp. war imstande, hypovoläm. Schock zu bekämpfen, zeigte aber schwere Nebenwrkg.: Diarrhoe, Erbrechen, Appetitverlust, Blutdruckabfall, Capillarblutungen, zunehmende Schwäche, Exitus.
K. Zingraf. 4576□

Eine Anordnung, welche die Arbeit eines Fraktionssammlers in Übereinstimmung mit einem vorbestimmten, leicht zu ändernden Entnahmezeit-Programm gestattet. D. E. S. Campbell und C.-I. Sjöberg. (Scand. J. clin. Lab. Invest. **12**, 362—66, 1960; Uppsala, Univ. of Uppsala, Dep. of Pharmacol.; engl.) — Beschreibung einer App., die die automat. Steuerung der variierten Entnahmezeiten von Urinproben bei zweiseitigen Ureteranzapfungen übernimmt. U. Tausendfreund. 4577□

Ein Verfahren zur Konzentrierung von normalem Albumin und Globulinen im Harn. J. S. King jun., M. L. Fielden und W. H. Boyce. (Proc. Soc. exp. Biol. Med. **108**, 726—28, Dez. 1961; Winston-Salem, Wake Forest. Coll., Bowman Gray School of Med., Deps. of Biochem. and Urol.; engl.) — Beschreibung einer Meth. zur Konzentrierung u. Trennung des im Harn enthaltenen Albumins u. der „Globuline" (Proteine, welche bei pH 4,5 zur Kathode wandern) mittels einer DEAE-Cellulosesäule nach vorheriger Abtrennung der Uronsäure. Tagesausscheidungswerte: Albumin ca. 16 mg, Globuline $<$ 6 mg.
K. Zingraf. 4577□

Einfluß des Plasmaaminosäurenspiegels auf das Harnvolumen des Alligators. Roland A. Coulson und Thomas Hernandez. (Amer. J. Physiol. **202**, 83—87, Jan. 1962; New Orleans, La., Louisiana State Univ., School of Med., Dep. of Biochem. and Pharmacol.; engl.) — Erhöhung des Plasma-*Aminosäuren*-Spiegels beim jungen Alligator (durch Injektionen von *Wachstumshormon* plus *Hydrocortison*) führt zu vermehrter renaler NH_3-Synth. u. Vermehrung des Harn-Vol.; Verminderung des Aminosäurenspiegels (durch *Insulin*) bewirkt das Gegenteil. U. Tausendfreund. 4577□

Eiweiß und Calcium im Serum von Tauben während des Fortpflanzungscyclus. Julius Sendroy jun., Maxime MacKenzie und Harold A. Collison. (Proc. Soc. exp. Biol. Med. **108**, 641—45, Dez. 1961; Bethesda, Md., Naval Med. Res. Inst., Div. of

Chem.; engl.) — Zur Zeit der Eiablage war im Serum der ♀ Taube der Geh. an *β-Globulin* u. *Ca* höher als zu jedem anderen Zeitpunkt des Fortpflanzungscyclus u. höher als bei ♂ zu irgendeinem Zeitpunkt. K. Zingraf. 4583□

Untersuchung des Kupfer- und Zinkstoffwechsels während der Schwangerschaft. N. C. Johnson. (Proc. Soc. exp. Biol. Med. **108,** 518—19, Nov. 1961; St. Louis, Mo., Washington Univ., School of Med., Div. of Gerontol.; engl.) — Während Schwangerschaften kann beim Menschen eine Vermehrung des Gesamt-*Cu*-Geh. des Serums u. eine Verminderung des Gesamt-Serum-*Zn* beobachtet werden; nach der Entbindung kommt es zur Normalisierung. U. Tausendfreund. 4583□

Aminosäuremangel der Proteine der Luzerneblätter. B. K. Sur und P. P. Singh. (Current Sci. **30,** 462, Dez. 1961; Kanpur, G.S.V.M. Med. Coll.; engl.) — Durch Zugabe von *Isoleucin* (**I**) zu einer Diät für Ratten mit 10% Luzerne (*Medicago sativa*)-Protein wird der biolog. Wert des Futters nicht erhöht. **I** ist also nicht die den Futterwert der Luzerneproteine begrenzende Aminosäure. P. Gregorzewski. 4585□

Faser (Cellulose) und Pektin in der Kost und die Serumcholesterinkonzentration beim Menschen. Ancel Keys, Francisco Grande und Joseph T. Anderson. (Proc. Soc. exp. Biol. Med. **106,** 555—58, März 1961; Minneapolis, Minn., Univ. of Minnesota, Labor. of Physiol. Hyg.; Hasting, Nebr., Hastings State Hosp.; engl.) — Es wurde geprüft, ob die niedrigen Serum-*Cholesterin* (**I**)-Werte bei italien. Kostform gegenüber der amerikan. auch durch den hohen Geh. der italien. Kost an komplexen Kohlenhydraten (Pektin, Hemicellulose u. Faser) mitbedingt sind. Tägliche Zulage von 15 g *Cellulose* zu einer Standardkost hatte keinen Einfl. auf den Serum-**I**-Geh.; täglich 15 g *Pektin* bewirkte jedoch innerhalb von 3 Wochen einen 5%ig. Abfall der Serum-**I**-Konzentration.
U. Tausendfreund. 4585□

Die Wirkung von Maisöl auf die Menge an Cholesterin und die Sterinausscheidung der Ratte. T. Gerson, F. B. Shorland und Yvonne Adams. (Biochem. J. **81,** 584—91, 1961; Wellington, New Zealand, D.S.I.R., Fats Res. Labor.; Dunedin, New Zealand, Univ. of Otago, Med. School, Med. Res. Council, Nutr. Res. Dep.; engl.) — Vff. stellten nach Zulage von 2 oder 10% Maisöl zu einer Diät mit niedrigem Fett-Geh. einen Anstieg der *Cholesterin* (**I**)-Konz. der Gewebe u. der inneren Organe (bes. der Herzen, Aorten, Lebern, Därme u. Muskeln) von Ratten fest. Mit diesem **I**-Anstieg der Gewebe u. Organe geht ein sehr ausgeprägter Abfall des Serum-*Lipid*-Spiegels u. eine merkliche Abnahme der Serum-**I**-Konz. einher; dieser Effekt ist bes. ausgeprägt bei jungen Tieren. Die Sterinausscheidung könnte einigen Aufschluß über die Veränderung im Körper-**I**-Geh. der Ratten geben. H. Kockert. 4585□

Modifizierung von Cholesterose und Lipidose von Ratten auf atherogener Diät. N. R. Di Luzio. (Nature [London] **185,** 616—18, 27/2. 1960; Memphis, Tenn., Univ. of Tennessee, Dep. of Physiol.; engl.) — Eine von 2 Gruppen von Ratten, deren Reticuloendothel durch Injektion (i.v., jeden 2. Tag) von 10 mg Zymosan (**I**) (Hefeextrakt) aktiviert worden war, erhielt 14 Tage eine atherogene Diät, modifiziert nach O'Neal u. Mitarbeiter (Amer. J. Cardiol. **3,** [1959], 94). Diese steigerte signifikant freies *Cholesterin* (**II**) sowie stark verestertes **II** u. Neutralfett der Leber. Bei normalen Ratten, die **I** erhielten, waren freies u. Ester-**II** der Leber nicht signifikant verändert. **I** verringerte signifikant die Speicherung von freiem u. Ester-**II** sowie von Neutralfett u. rief bei Tieren auf atherogener Diät Zunahme von Leber- u. Milz-Gew. hervor. Zwischen Veränderung von Körper-Gew. u. Leber-**II**-Spiegel war keine Korrelation nachweisbar. Bei der **I**-Gruppe bestand eine signifikante Abnahme von Plasmaester-**II**. Offensichtlich bestimmt der Funktionszustand des Reticuloendothels, speziell Zahl u. Aktivitätszustand der Kupfferschen Zellen, wesentlich den erhöhten Plasma- u. Leber-**I**-Spiegel von Ratten auf **II**-reicher Diät. Ein Mechanismus, nach dem **I** die **II**-Speicherung in Leber u. Plasma verhindern könnte sowie eine mögliche Ätiologie von Hypercholesterinämie u. Lipidose beim unbehandelten Tier werden diskutiert. K. Maier. 4585□

Isolierung und Eigenschaften von Intrinsic factor und Vitamin-B_{12}-bindenden Substanzen aus Schweinepylorus. E. S. Holdsworth. (Biochim. biophysica Acta [Amsterdam] **51,** 295—308, 5/8. 1961; Reading, Nat. Inst. for Res. in Dairying; engl.) — Vgl. C. **1961,** 16543. — Aus Pylorusmucosa vom Schwein wird durch $(NH_4)_2SO_4$-Fällung *Bendogen* (**I**; GEA, Kopenhagen) erhalten, das in täglicher Dosis von 50 mg zusammen mit 15 μg *Cyanocobalamin* (**II**) bei perniciöser Anämie voll wirksam ist. **I** bindet 0,2 μg **II**/mg **I**. — 20 g **I** werden in 400 ml W. gelöst u. bei 2° 40 ml 10n HCl unter Rühren zugegeben, das Überstehende wird 12 Std. gegen fließendes W. dialysiert u. lyophylisiert. Es verbleiben 4,5 g säurebehandeltes **I,** die 0,8 μg **II**/mg binden. Dieses wird 6 Std. mit Papain (Acetatpuffer pH 4—6, 40°) in Ggw. von KCN behandelt u. dialysiert. Bindungsvermögen: 1,5 μg **II**/mg. Für die anschließende chromatograph. Reinigung von **I** auf

DEAE–SF- u. CM-Cellulose wird eine ausführliche Arbeitsvorschrift gegeben. Man erhält danach I in zwei diskreten Fraktionen (F 1 u. F 2), die beide II binden, von denen jedoch nur eine (F 2) *Intrinsic factor*-Eigg. aufweist. Die Eigg. von F 2 (F 1) sind: $E_{1 cm}^{1\%}$ bei 278 mμ 9,2 (8,0); $s_{20,w}$ 3,80 *S* (4,17 *S*); Beweglichkeit bei pH 7,8 $-1,9 \cdot 10^{-5}$ cm²/V ($-3,0 \cdot 10^{-5}$); II-bindende Aktivität: 17,8 μg/mg (18,0); Gesamtstickstoff 10,3% (8,9); gesamtred. Zucker als Glucose berechnet 20% (29); davon Glucosamin 5,0% (6,0); Galaktosamin 2,1% (3,4); Galaktose 7,2% (10,2); Mannose 3,2% (4,2); Fucose 3,0% (5,2). — Es werden je Mol F 2 durch Behandeln mit Fluordinitrobenzol 7—8 Dinitrophenylreste eingebaut — dabei geht die II-bindende Aktivität verloren. Nähere Unterss. (Hydrolyse, Papierchromatographie) geben darüber Aufschluß, daß die Dinitrophenylreste an Lysin gebunden sind, was mit großer Wahrscheinlichkeit auch für die II-Bindung zutrifft. — Auf die auffallende Ähnlichkeit der Zus. der Polysaccharide mit der von Blutgruppensubstanzen u. die Antigenität von Intrinsic factor-Präpp. wird hingewiesen. L. Träger. 4587□

Dosis-abhängige Wirkungen von D-Sorbit auf die Darmresorption von Vitamin B_{12}. Kunio Okuda. (Proc. Soc. exp. Biol. Med. **108,** 816—19, Dez. 1961; Ube, Japan, Yamaguchi Med. Coll., Dep. of Med.; engl.) — *D-Sorbit* (I) fördert bei Ratten die oral höhere als physiolog. Dosen *Vitamin B_{12}* (II) erhalten, die Resorption von II bei intakten Tieren (nicht jedoch nach Ausschaltung des Blinddarms durch Ileostomie), während die Resorption kleiner, physiolog. Dosen von II durch I verringert wurde. I besitzt keine *Intrinsic factor*-Aktivität. K. Zingraf. 4587□

Ein dualistischer Mechanismus der Vitamin-B_{12}-Plasmaresorption. Alfred Doscherholmen und Paul S. Hagen (unter techn. Mitarbeit von Margaret Liu und Lois Olin). (J. clin. Invest. **36,** 1551—57, Nov. 1957; Minneapolis, Minn., Univ. of Minnesota, Med. School; engl.) — Vff. untersuchen an Patienten mit perniciöser Anämie (PA) die Plasmaresorption von *Vitamin B_{12}* (I) unterschiedlicher Dosen mit u. ohne Zusatz von Intrinsic factor-Konzentrat (IFC). An Resorptionskurven werden die Ergebnisse bei Gaben von radioakt. markiertem I im Bereich von 0,5—500 μg dargestellt. Bei oraler Dosis von 0,56 μg B_{12} wird nach 6—8 Std. eine geringe Radioaktivität gemessen; bei Zufuhr von 100 mg IFC steigt die Resorption von I zur gleichen Zeit an. Bei Testgaben von 50—300 μg I an PA-Patienten ohne IFC-Gaben wird ein relativ rascher Anstieg der Radioaktivität des Plasmas gemessen (Maximum nach 4—6 Std.); bei Anwesenheit von IFC wird dagegen ein allmählicher Anstieg der Radioaktivität festgestellt (Maximum nach 12 Std.). Der Verlauf der Resorptionskurven wird an Hand entsprechender Kontrollverss. krit. betrachtet. A. Täufel. 4587□

Eine Bemerkung zur Bestimmung von L-Dehydroascorbinsäure in Pflanzengeweben nach der Methode von Roe und Kuether. L. W. Mapson. (Biochem. J. **80,** 459—61, Sept. 1961; Cambridge, Low Temperature Res. Stat.; engl.) — Folgende Abwandlung der Meth. von Roe u. Kuether (vgl. Roe u. Kuether, J. biol. Chemistry **1943**) zur Best. von *Dehydroascorbinsäure* (I) in Pflanzengeweben wird beschrieben: Das aus I gebildete 2.4-Dinitrophenylosazon wird durch Chromatographie an säureaktiviertem Al_2O_3 von störenden Hydrazonen u. Osazonen abgetrennt. An prakt. Beispielen (Extrakte aus Erdbeerblättern u. aus Kartoffeln) wird die Genauigkeit der Meth. veranschaulicht (Differenz zweier Parallel-Best. im gleichen Extrakt maximal 10% der gefundenen Werte). Unter den Bedingungen der Best. scheinen ein offenkettiges Osazon u. ein Lacton gebildet zu werden. S. Dittmann-Mitzscherlich. 4587□

Über die Entwicklung der Malaria aus Plasmodium berghei (Vinck und Lips) bei der weißen Ratte (Rattus norvegicus) unter Vitamin-A-Mangel. Louis Bouisset und Jacques Ruffié. (C. R. Séances Soc. Biol. Filiales **152,** 168—71, 25/8. 1956; Toulouse, Fac. de Méd. et de Pharmacie, Labor. de Parasitol.; franz.) — *Vitamin-A*-Mangel erhöht die Mortalität von Ratten nach Infektion mit *Plasmodium berghei.* Vitamin-A-Mangeltiere gehen 16—23 Tage nach der Infektion ein, während bei normal vitaminisierten Tieren die Infektion bis zur Ausheilung am 23. Tag langsam zurückgeht. Auf die Bedeutung einer normalen Vitaminisierung für den Infektionsverlauf mit Malariaparasiten wird eingegangen. U. Laschet. 4587□

Autoxydation im wässerigen Carotin–Linoleat-System. R. L. Lohmar und Harvay L. Tookey. (Arch. Biochem. Biophysics **84,** 297—304, Okt. 1959; Peoria, Ill., Northern Reg. Res. Labor.; engl.) — Es wird die Autoxydation von *Carotin* (I) u. *Natriumlinoleat* (II) in wss. Lsg. (Boratpuffer pH 9,0) untersucht. Eine minimale I-Zerstörung wird beobachtet, u. zwar bei der krit. Micell-Konz. (vgl. Tookey, Wilson u. Mitarbeiter, C. **1958,** 13267) des **II**; unterhalb dieser scheint die Oxydation des **I** von **II** unabhängig zu sein. Oberhalb der krit. Konz. wird eine Zunahme der Autoxydation sowohl von **I** als auch von **II** beobachtet. H. Struck. 4587□

Die colorimetrische Reaktion zwischen Vitamin-A_2-Aldehyd und Antimontrichlorid. P. A. Plack. (Biochem. J. **81**, 556–61, 1961; Reading, Shinfield, Nat. Inst. for Res. in Dairying, Unit for Biochem. Res. bearing on Fisheries Problems; engl.) — Vf. stellte fest, daß krist. *Vitamin-A_2-Aldehyd* (I), F. 66–68° (Petroläther), dargestellt aus *Vitamin-A_1-Aldehyd* nach der Meth. von Henbest u. Mitarbeitern (C. **1957**, 10760) mit einer Lsg. von gereinigtem $SbCl_3$ (14%, Gew./Gew.) in Essigsäureanhydrid (II)-haltigem Chlf. (2%, Vol./Vol.) eine grünblaue Färbung gibt, deren λ_{max}-Wert mit steigender I-Konz. zu- u. mit der Zeit abnimmt. In Abwesenheit von II beträgt der λ_{max}-Wert konst. 741 mμ; die sich entwickelnde Farbintensität bleibt ca. 15 Sek. erhalten. Das Extinktionsmaximum verändert sich linear mit der I-Konz., u. $E^{1\%}_{1cm}$ (741 mμ) beträgt 4200 (Bereich 4000–4400). — Es werden einige Beobachtungen über *$SbCl_5$* u. *Glycerindichlorhydrin* [*1.3-Dichlorpropanol-(2)*] als colorimetr. Reagentien für die I-Best. mitgeteilt. H. Kockert. 4587□

Vergleichende Untersuchungen zur Resorption von Glucose, Fructose und Sorbit beim Menschen. H. Mehnert, K. Stuhlfauth, B. Mehnert und W. Seitz. (Klin. Wschr. **37**, 1138–42, 1/11. 1959; München, Univ., Med. Poliklinik; dt.) — Vff. geben 17 nüchternen Vers.-Personen beiderlei Geschlechts je 5 g *Glucose* (I), *Fructose* (II) oder *Sorbit* (III) in das durch eine Doppelballonsonde abgeschlossene Duodenum u. bestimmen nach 5, 15 u. 30 Min. die Resorption vorst. Verbindungen. Es zeigt sich, daß I am schnellsten aufgenommen wird u. nach 30 Min. nicht mehr nachweisbar ist. Die Resorptionsgrößen von II u. III verhalten sich nach 5 u. 15 Min. annähernd gleich; erst nach 30 Min. wird eine relative Verminderung der III-Aufnahme beobachtet. II wird stärker resorbiert als III. Die Regressions-Koeff. betragen für III: –0,0468 u. für II: –0,0738 g/Minute. Aus den Ergebnissen geht hervor, daß I durch akt. Leistung der Darmschleimhaut resorbiert wird, während die Aufnahme von II wahrscheinlich durch Phosphorylierungsprozesse u. die von III infolge seiner laxierenden Wrkg. auf den Darm gebremst wird, so daß nur passive osmot. Resorption stattfinden kann.
P. Fahrnlaender. 4594□

Elektrolytzusammensetzung des histaminstimulierten Magensaftes des intakten Magens nichtnarkotisierter Hunde. Robert Abrams und Frank P. Brooks. (Proc. Soc. exp. Biol. Med. **109**, 872–75, April 1962; Philadelphia, Pa., Univ. of Pennsylvania, School of Med., Dep. of Physiol.; engl.) — Während einer 3-Std.-Infusion von *Histamin* (maximale Stimulierung) findet sich im Magensaft von nichtnarkotisierten Magenfistelhunden eine negative Korrelation zwischen Na^+ u. H^+ u. zwischen K^+ u. H^+; K^+-Abgabe, H^+-Abgabe u. Cl^--Abgabe stehen in positiver Korrelation mit der Abgabe von W. während der Infusion; K^+ u. die Vol.-Geschw. der Sekretion stehen in umgekehrter Korrelation während der ersten Infusionsstunde u. in positiver Korrelation während der 2. u. 3. Stunde. U. Tausendfreund. 4594□

Strukturelle und enzymatische Aspekte für den Fettstoffwechsel in der Dünndarmschleimhaut. G. Hübscher, B. Clark und M. E. Webb. (Biochem. J. **84**, 23P bis 24P, Juli 1962; Birmingham, Univ., Dep. of Med. Biochem. and Pharmacol.; engl.) — In Erweiterung der bisherigen Arbeiten über die Bldg. von Triglyceriden in der Darmmucosa unter Einsatz von Homogenaten, Mitochondrien bzw. Mikrosomen werden einheitliche Schichten der Katzenmucosa abgelöst, homogenisiert in 0,3m Saccharose-Lsg., mittels $BaSO_4$ vom Schleim befreit u. daraus verschiedene Zellfraktionen durch variiertes Zentrifugieren hergestellt. Die erhaltene Mikrosomenfraktion erweist sich als am aktivsten hinsichtlich der Aktivität der *Laurylthiokinase* (I) u. der Phosphatidsäure-Phosphatase (II) sowie der Biosynth. höherer Glyceride aus α-Glycerophosphat/Palmitat bzw. Monoglycerid/Palmitat. In den Mikrosomen sind über 60% der Aktivitäten von I u. II enthalten; der Rest findet sich in der Mitochondrienfraktion; diese Angaben stehen mit denen der Literatur für Ratte u. Hamster im Einklang. Zusammenfassend wird angegeben, daß das endoplast. Reticulum der Mucosa den wichtigsten subcellulären Strukturteil für die Glycerid-Synth. darstellt. K. Täufel. 4594□

Fluorstoffwechsel bei trächtigen Ratten. A. Brzezinski, I. Gedalia, A. Danon und F. G. Sulman. (Proc. Soc. exp. Biol. Med. **108**, 342–45, Nov. 1961; Jerusalem, Hebrew Univ.-Hadassah Med. School, School of Pharmacy, Dep. of Gyn. and Obstet., Dep. of Preventive Med., Dep. of Applied Pharmacol.; engl.) — Zwischen dem *F*-Stoffwechsel bei graviden Frauen u. bei trächtigen Ratten besteht ein bedeutsamer Unterschied, da bei letzten (wie bei nichtträchtigen ♀ Ratten) jeder mit der Nahrung aufgenommene F-Überschuß sofort mit dem Harn ausgeschieden wird u. ein Anstieg auf 10–15 ppm F in der Kost erforderlich ist, bis es zu einer Penetration von F durch die Placenta kommen kann; im Gegensatz dazu treten bereits geringe Mengen von F durch die menschliche Placenta, u. F-Überschuß wird zurückgehalten.
U. Tausendfreund. 4596□

Gesteigerte Fixierung von ^{35}S durch Knorpelgewebe in vitro nach Verarmung der Matrix durch intravenöses Papain. T. F. McElligott und J. L. Potter. (J. exp. Medicine **112**, 743—50, 1/11. 1960; New York, N.Y., New York Univ., School of Med., Dep. of Pathol. and Rheum. Dis. Study Group; engl.) — Bei Vgl. der ^{35}*S*-Aufnahme durch normalen *Rippenknorpel* (Kaninchen) u. durch Rippenknorpel von Tieren, die 11 Tage vorher rohe *Papain*-Lsg. i.v. (14 mg in 1,4 ml Lsg.) erhalten hatten, konnte eine gesteigerte Fixierung von ^{35}S im Knorpel der vorbehandelten Tiere konstatiert werden. Mit der Vorbehandlung wird eine experimentelle Situation geschaffen zur Prüfung der Hypothese, nach der die Verarmung der Matrix bei Osteoarthritis-Knorpeln eine gesteigerte Chondroitinsulfat-Synth. anregen kann. Die Primärläsion scheint den Ergebnissen nach bei Osteoarthritis eher in der Matrix als im Chondrocyten des Gelenkknorpels zu liegen. U. Tausendfreund. 4596□

Spezifität des Weges von Zink durch den Körper: Umsatz von ^{65}Zn bei der Maus. George C. Cotzias, Donald C. Borg und Bernell Selleck. (Amer. J. Physiol. **202**, 359—63, Febr. 1962; Upton, N.Y., Brookhaven Nat. Labor., Med. Res. Center; engl.) — Der *Zn-Stoffwechsel* der Maus wird mindestens durch 2 homöostat. Mechanismen kontrolliert, die an den Resorptionsstellen bzw. an den Stellen der Ausscheidung im Darm ihre Angriffspunkte haben. Zn ist das einzige Element, welches als Stoffwechselbelastung angewandt, die Ausscheidung von ^{65}Zn beschleunigt, Cd verringert sie, Cu, Ga u. Mg haben keinen Einfluß. K. Zingraf. 4596□

Der Koeffizient der Zucker-Assimilation des Amadriade-Affen unter normalen Bedingungen und nach Behandlung mit Alloxan. M. Passeri und A. Gnudi. (Boll. Soc. ital. Biol. sperim. **37**, 269—71, 31/3. 1961; Parma, Univ., Ist. di Semeiot. Med.; ital.) — Affen werden i.v. 0,40 g *Glucose*/kg als 30%ig. Lsg. u. 2 Tage später 0,150 g *Alloxan*/kg injiziert. Der Koeff. der Assimilierung der Glucose ($1{,}68 \cdot 10^{-2}$) unterscheidet sich kaum von dem des Menschen. Durch Alloxan fällt er auf einen Wert von $0{,}87 \cdot 10^{-2}$. F. Kren. 4596□

Das Verhalten des Blutspiegels der Brenztraubensäure und der α-Ketoglutarsäure nach Verabfolgung von Glucose beim Amadriade-Affen nach Glucose-Gabe. M. Passeri und A. Gnudi. (Boll. Soc. ital. Biol. sperim. **37**, 271—73, 31/3. 1961; Parma, Univ., Ist.; ital.) — 6 Affen werden i.v. 0,4 g *Glucose*/kg injiziert. In allen Fällen kommt es nach 1 Std. zu einer Zunahme des Blutspiegels an *Brenztraubensäure* u. *α-Ketoglutarsäure*, wobei der Blutzucker noch erhöhte Werte aufweist, doch existiert keine Proportionalität der Zunahme u. dem Koeff. der Glucoseassimilation. F. Kren. 4596□

Veränderungen des Cholesterin-Blutspiegels beim Amadriade-Affen nach Glucose-Gabe. A. Gnudi und M. Passeri. (Boll. Soc. ital. Biol. sperim. **37**, 273—75, 31 3. 1961; Parma, Univ., Ist. di Semeiot. Med.; ital.) — 6 Affen erhalten i.v. 0,4 g *Glucose*/kg. Es kommt zu einer Abnahme des *Cholesterin*-Blutspiegels u. gleichzeitig zu einer Zunahme von *Brenztraubensäure* u. *α-Ketoglutarsäure*. F. Kren. 4596□

Wirkung von Triton WR-1339 auf die Resorption und das Schicksal von ^{131}J-Ölsäure bei normalen Meerschweinchen. Bernard W. Janicki, William V. C. Leahy, Thomas F. McNickle und Stephen A. Aron. (Amer. J. Physiol. **202**, 367—69, Febr. 1962; Washington, D.C., Veterans Admin. Hosp., Tuberculosis and Radioisotope Res. Labor.; engl.) — *Triton WR-1339* (I) besitzt bei Meerschweinchen keinen Einfl. auf die Radioaktivität im Plasma oder Leber nach Verfütterung von ^{131}*J-Ölsäure*. Dagegen ist der mit dem *Plasmaeiweiß* (II) ausgefällte Radioaktivitätsbetrag bei den I-behandelten Tieren höher. Durch Extraktion des ausgefällten II mit Lipiden (III) wird ein Zusammenhang dieser höheren Radioaktivität mit III nachgewiesen. K. Zingraf. 4596□

Aufnahme und Mobilisierung einzelner freier Fettsäuren bei Hunden. Harvey I. Miller, Martin Gold und John J. Spitzer. (Amer. J. Physiol. **202**, 370—74, Febr. 1962; Philadelphia, Pa., Hahnemann Med. Coll. and Hosp., Dep. of Physiol.; engl.) — Von den freien *Fettsäuren* (I) des Plasmas nimmt der Herzmuskel von Hunden vor allem *Palmitinsäure* u. *Ölsäure* (II) sowie geringere Mengen *Stearinsäure* (III) u. *Linolsäure* (IV), der elektr. gereizte Skelettmuskel vor allem II, die Leber II, III, IV u. mitunter auch andere I auf, während das Splanchnicusgebiet I weder aufnimmt noch mobilisiert. Die Zus. der freien I in der Lymphe des Ductus thoracicus ist der des arteriellen Blutes ähnlich, zeigt jedoch einen höheren Geh. an IV u. möglicherweise II. Die Gesamtfraktion u. die Fraktion der freien I aus inguinalem Fettgewebe zeigen gleiche I-Verteilung (hoher Geh. an II u. IV). Von Fettgewebe freigesetzte freie I zeigt einen geringeren Geh. an II u. IV als die Zellen. K. Zingraf. 4596□

Wirkung von Vitamin B_{12}, ungesättigtem Fett und hydrolysiertem Glucosecycloacetat auf die Gallensäurenausscheidung bei experimenteller Hyperlipämie. M. C. Nath und D. M. Brahmankar. (Proc. Soc. exp. Biol. Med. **108**, 337—40, Nov.

1961; Nagpur, Univ., Dep. of Biochem.; engl.) — *Vitamin B_{12}, ungesätt. Fett* u. *hydrolysiertes Glucosecycloacetoacetat* (I; vgl. Nath, Chitale u. Belavady, C. **1956,** 8666 u. Nath u. Bhattathiry, C. **1957,** 8579) scheinen eine wichtige Rolle durch Steigerung des *Cholesterin* (II)-Stoffwechsels u. Umwandlung in Gallensäuren zu spielen, da diese Substanzen bei Ratten mit (durch Verfütterung von gesätt. Fetten hervorgerufener) experimenteller Hyperlipämie die Ausscheidung von *Gallensäuren* mit dem Stuhl fördern u. dabei gleichzeitig eine Verminderung des Plasma-II-Spiegels bewirken. I erwies sich dabei als wirksamste Substanz. U. Tausendfreund. 4596□

Abnahme und Synthese der Fettsäuren bei Küken bei Verabreichung eines an ungesättigten Fettsäuren armen Futters. L. J. Machlin. (Proc. Soc. exp. Biol. Med. **108,** 819—23, Dez. 1961; St. Louis, Mo., Monsanto Chem. Co., Labor. of Biochem. and Nutrit.; engl.) — Unter fettfreier Ernährung nahm der *Linolsäure* (I)- u. *Arachidonsäure* (II)-Geh. von Leber u. Herzgewebe bei Küken in den ersten beiden Wochen ihres Lebens auf ganz geringe Werte ab; er nahm beträchtlich zu, wenn an die Tiere vom 7. Tage ab 4 Tage lang zusätzlich I verfüttert wurde. Tiere, denen in den ersten 28 Tagen ihres Lebens ein von ungesätt. *Fettsäuren* (III) freies Futter verabreicht wurde, synthetisierten über 24 g III, hauptsächlich Palmitinsäure, Palmitölsäure u. Ölsäure; gleichzeitig nahmen der I- u. II-Geh. des Körpers auf $^1/_{16}$ des ursprünglichen Wertes ab. K. Zingraf. 4596□

Wirkung von fettlosem Futter und ungesättigten Lipiden auf den Cholesteringehalt von Rattengewebe. E. R. Diller, M. Kory und O. A. Harvey. (Proc. Soc. exp. Biol. Med. **108,** 637—40, Dez. 1961; Indianapolis, Ind., Lilly Res. Labor., Biochem. Res. Div.; engl.) — Fütterungs-Verss. bei Ratten, wobei das Futter keine oder 5% *Lipide* (I) (mit 3 Sättigungsgraden) u. kein oder 2% *Cholesterin* (II) enthielt, ergaben, daß die Leber die Veränderungen im II-Stoffwechsel besser widerspiegelt als das Plasma. Die II-Konz. in der Leber stand bei Verfütterung von II in direkter Beziehung zum Grade der Ungesättigtheit der I im Futter. Allerdings nahm in der Leber nur das veresterte II zu. II wurde auch bei fettloser Ernährung resorbiert, jedoch schien die Resorption von der Verdaulichkeit u. der Fettsäuren-Zus. der I im Futter abzuhängen.
K. Zingraf. 4596□

Biosynthese von Cholesterin. 11. Mitt. **Biosynthese von Cholesterin und Fettsäuren bei schwangeren Ratten.** Erwin Schwenk und Erzsebet Joachim. (Proc. Soc. exp. Biol. Med. **108,** 665—71, Dez. 1961; Shrewsbury, Mass., Worcester Found. for Exp. Biol.; engl.) — 10. vgl. C. **1961,** 4046. — Während der Schwangerschaft verändert sich bei der Ratte der Einbau radioakt. Materials von $^{14}C_{(1)}$-*Acetat* (I) in *Cholesterin* (II) der Leber nur wenig. Die Gesamtmenge von II nimmt mit der Gew.-Zunahme der Leber während der Schwangerschaft u. bes. während der Lactation zu. Zu Ende der Schwangerschaft synthetisiert die Leber des Fötus II mit derselben Geschw. wie ausgewachsene Tiere aus I (im Gegensatz zu Zellen von Yoshida-Ascitestumoren). Der Abbau von II in der Leber des Fötus ist am Tag vor der Geburt geringer als bei normalen Kontrollen oder bei schwangeren Muttertieren. Nur sehr kleine Mengen gelangen durch die Placenta von der Mutter zum Fötus. Die Fettsäure-Synth. bei den Muttertieren nimmt ebenfalls während der Schwangerschaft zu u. erreicht während der Lactation hohe Werte.
K. Zingraf. 4596□

Durch Orotsäure induzierte Fettlebern. 1. Mitt. **Die Akkumulation und der Stoffwechsel der Lipide.** W. A. Creasey, L. Hankin und R. E. Handschumacher. (J. biol. Chemistry **236,** 2064—70, Juli 1961; New Haven, Conn., Connecticut Agric. Exp. Stat., Biochem. Labor.; Yale Univ., School of Med., Dep. of Pharmacol.; engl.) — Ratten des Osborne-Mendel-Stammes erhielten eine rohe „dog chow"-Diät (A) oder eine gereinigte Diät (B) unter Zusatz von 1% *Orotsäure* (I). I in B führte zu einer Verfettung der Leber (bis zu 30% Fett), wobei ein Zusatz von *Aureomycin* (20 mg/kg) oder *Succinylsulfathiazol* (0,2%) unwirksam blieb. Eine Leberverfettung konnte auch durch partielle Hepatektomie sowie Adrenalektomie nach einer I-haltigen Diät erzielt werden. A.-Ae.-Extraktion der Leber, Chromatographie an Kieselsäure u. Papierchromatographie ergab als Folge der I-haltigen Diät eine Zunahme vor allem der Triglyceride (TG) u. weniger Diglyceride (DG). *Adeninsulfat* verhinderte die Fettakkumulation. Gaschromatographie der Fettsäure (FS)-Ester ergab eine Verminderung der FS unter C_{16}, Herabsetzung des *Palmitinsäure*- u. Erhöhung des *Oleinsäure*-Geh. der DG bei I-Applikation; die TG blieben weitgehend unverändert. Bei den DG fand eine Änderung des Geh. der gesätt. u. ungesätt. FS statt. Die Lipide (TG, Phospholipide u. Cholesterinester) des Blutes wurden durch I-Zufuhr stark vermindert. Die intraperitoneale Injektion von 2,0 μc $^{14}C_{(2)}$-*Acetat* (II) 6 Std. vor dem Tode ergab bei den I-behandelten Tieren allg. eine verminderte spezif. Aktivität in den Fettgeweben der einzelnen Organe im Gegensatz zu den Kontrolltieren. Dagegen stieg die Aktivität in den Phospholipiden stark an.

Inkubation der Leberschnitte I-behandelter Tiere mit II führte zu einer verstärkten Aktivität der TG, ebenso bei Inkubation mit $^{14}C_{(1)}$-*Stearat* (III, 1 μc intraperitoneal), jedoch unter geringerem Einbau in die Phospholipide. Die Injektion von ^{32}P-*Phosphat* führte bei I-haltiger Diät zu verringertem Einbau in die Phospholipide. Die Inkubation von Leberschnitten ließ die CO_2-Entw. aus II u. III unverändert; die aus $^{14}C_{(1)}$-*Glucose* wurde leicht erhöht. Der Geh. pro g Leber von *Riboflavin, Niacin* u. *Thiamin* war bei den I-behandelten Tieren niedriger. J. Boelter. 4596□

Freisetzung und Aufnahme von Triglyceriden durch die isolierte durchströmte Rattenleber. Murray Heimberg, Ira Weinstein, Howard Klausner und M. L. Watkins. (Amer. J. Physiol. **202,** 353—58, Febr. 1962; Nashville, Tenn., Vanderbilt Univ., School of Med., Dep. of Pharmacol.; engl.) — Die Aufnahme von *Triglyceriden* (I) aus Emulsionen von synthet. Neutralfetten oder gewaschenen Rattenchylomikronen durch die isolierte durchströmte Leber von Hungerratten erfolgt rascher als die von normal ernährten Tieren. Wenn der Durchströmungs-Lsg. keine Lipide zugesetzt werden, so setzt die Leber gefütterter Tiere I frei, in den Lebern von Hungertieren erfolgt dagegen eine Nettoaufnahme von endogenem I aus der Lösung. Die Aufnahme von endogenen, nicht veresterten Fettsäuren (II) des Serums oder zugesetztem II–Albumin-Komplex ist bei beiden Gruppen gleich. K. Zingraf. 4596□

Fettsäureoxydation durch den Skelettmuskel in Ruhe und bei Tätigkeit. Irving B. Fritz, Don G. Davis, Robert H. Holtrop und Harold Dundee. (Amer. J. Physiol. **194,** 379—86, Aug. 1958; Ann Arbor, Mich., Univ. of Michigan, Dep. of Physiol.; engl.) — Bei normalen Ratten bewirkt eine erhöhte Konz. von *Fettsäuren* (I) im isolierten Skelettmuskel eine gesteigerte Umwandlung von ^{14}C-Acetat, ^{14}C-Octanoat u. ^{14}C-Palmitat (II) zu $^{14}CO_2$. Elektr. Reizung des Muskels unter Spannung bewirkt einen um 60% gesteigerten O_2-Verbrauch u. eine um 100% gesteigerte I-Oxydation. Glucose beeinflußt den I-Stoffwechsel des Muskels nicht. Zusatz von *Rinderalbumin* (III) bis zu Konzz. von 1 μm III/7 μm steigert die *Palmitinsäure*-Oxydation durch das Rattenzwerchfell, höhere Konzz. hemmten sie. K. Zingraf. 4597□

Die Strukturproteine der tierischen quergestreiften Muskeln. W. W. Oppel und T. P. Sserebrenikowa. (Биохимия [Biochemie] **26,** 608—14, Juli/Aug. 1961; Leningrad, Ssetschenow-Inst. für Entw.-Physiol. der Akad. der Wiss. der UdSSR; russ., Auszug: engl.) — Durch fraktionierte Aussalzung mit $(NH_4)_2SO_4$ (I) wurden die Eiweißextrakte der quergestreiften Muskeln folgender Tiere untersucht: *Pteromyzon fluviatilis, Acipenser güldenstedti, Ablramis broma, Lacioperca sandra, Cyprinus carpio, Rana temporaria, Rana rudibunda, Bufo bufo, Amblystoma tigrinum, Emys orbicularis, Columba livia, Gallus domesticus, Oryctolagus cuniculus, Sus scrofa, Canis familiaris, Homo sapiens.* Es wurden 2 Typen von Aussalzkurven festgestellt. Der bei Neunauge, Karpfen, Frosch u. Kröte auftretende „Actintyp" weist ein Maximum der Aussalzung auf, das der Aussalzung von Actin bei 10—20%ig. I-Sättigung entspricht. Für diese Kurven ist außerdem das Auftreten von Maxima zwischen der Actin- u. Actomyosin (II)-Zone (28—32%ig. I-Sättigung) charakteristisch. Der „II"-Typ weist ein 1. Maximum bei der Aussalzung von II auf. Dieser Typ tritt bei den übrigen untersuchten Organismen auf. Bei Fischen beobachtet man in der Aussalzzone des Myosins die Ausfällung nur eines Eiweißes. Bei den übrigen Tieren fallen in dieser Zone (32—45%ig. I-Sättigung) 2 bis 3 Proteine aus. Vff. diskutieren den Mechanismus der Ausfällung von freiem Actin u. die Bedeutung dieser Tatsache für die Evolution des Muskelgewebes. O. Lebtag. 4597□

Untersuchungen über Actin. 5. Mitt. **Chemische Modifizierung von Actin.** A. Martonosi und M. A. Gouvea. (J. biol. Chemistry **236,** 1338—44, Mai 1961; Boston, Mass., Eye and Ear Infirmary, Dep. of Ophthalmol.; engl.) — 4. vgl. C. **1961,** 12910. — Kurze Photooxydation von *Actin* (I) in Ggw. von Methylenblau unter Bedingungen, die die Oxydation von *Histidin* (II) begünstigen, ruft Verlust der Polymerisierbarkeit hervor. Die Fähigkeit von I zur Kombination mit *Myosin* (III) u. zur Aktivierung der III–*Adenosintriphosphatase* (IV)-Aktivität bei niedriger Ionenstärke in Ggw. von Mg^{2+} bleibt unverändert. Mit fortschreitender Photooxydation nahmen die Kombinationsfähigkeit mit III u. die IV-Aktivierung ebenfalls, wenn auch erheblich langsamer, ab. Kupplung von 1 Mol Tyrosin (V)/1 Mol I mit diazotierter Sulfanilsäure, wobei 3—5 Mol der diazotierten Verb. zugesetzt werden müssen, hemmt Polymerisation u. Wechselwrkg. zwischen I u. III stark. Die Beteiligung von V-Gruppen an der I-Polymerisation ergibt sich ferner aus dem Befund, daß I-Behandlung mit Tyrosinase Verlust der Polymerisierbarkeit zur Folge hat. Die Geschw. der Rk. von 1-Fluor-2.4-dinitrobenzol mit Lysin-, II- u. V-Gruppen ist bei *G*- u. *A*-I nicht wesentlich verschieden. K. Maier. 4597□

Untersuchungen über Actin. 6. Mitt. **Die Wechselwirkung zwischen Nucleosidtriphosphaten und Actin.** A. Martonosi und M. A. Gouvea. (J. biol. Chemistry

236, 1345—52, Mai 1961; engl.) — 5. vgl. vorst. Referat. — Die Unters. der Bindung von Nucleosidphosphat an *G*- u. *F-Actin* (I) durch Gleichgewichtsdialyse, Ultrasedimentation u. Mg-Fällung ergab, daß diese 2 spezif. Voraussetzungen hat, eine Triphosphatkette u. eine Adenin-ähnliche Konfiguration in 1.2.3-Stellung des Ringes, die nur für *Adenosin-5'-triphosphat* (II) u. *Inosin-5'-triphosphat* (III), aber nicht für Uridin-, Cytidin-, Guanosin-5'-triphosphat (IV—VI), Adenosin- oder Inosin-5'-diphosphat (VII, VIII) zutreffen. Die I-Polymerisierbarkeit geht verloren, wenn II oder III durch IV, V, VI, VII oder VIII ersetzt werden. Die Abhängigkeit der II-Bindung an *G*-I von pH u. Konz. an freiem II wurde bestimmt. Die Hemmwrkg. von Hg-Verbb. u. Ca-Chelatbildnern auf II-Bindung u. Polymerisation von I spricht für eine Beteiligung von SH-Gruppen u. gebundenem Ca oder Mg von I an diesen Vorgängen. H-Meromyosin fördert (0,1 m KCl) oder hemmt (salzfreies Medium oder 0,6m KCl) abhängig von der Ionenstärke die I-Polymerisation. K. Maier. 4597□

„Erholungs"-Reaktionen von hypoxischem glattem Arterienmuskel. Ernest C. Griesemer und Irving A. Coret. (J. Pharmacol. exp. Therapeut. **130**, 294—302, Nov. 1960; St. Louis, Mo., St. Louis Univ., School of Med., Dep. of Pharmacol.; engl.) — Die komplexe biphas. Rk. hypox. Aortenringe auf O_2-Zutritt wird durch *Phenylephrin*, *5-Hydroxytryptamin*, *Histamin*, *Carbachol* u. K^+-Ionüberschuß verstärkt. Autonome Blocker, wie Phenoxybenzamin, Pyrilamin, Lysergsäurediäthylamid oder Atropin, verhindern diesen Effekt nicht, während NaCN u. 2.4-Dinitrophenol die Teilphasen selektiv hemmen. Vermutlich wirkt O_2 direkt auf Zellen glatten Muskels, u. sind die Teilphasen der Gesamt-Rk. voneinander unabhängig. K. Maier. 4597□

Wirkung von pH auf Muskelcalcium und -magnesium. Daniel L. Gilbert. (Proc. Soc. exp. Biol. Med. **106**, 550—52, März 1961; Albany, N.Y., Union Univ., Albany Med. Coll., Dep. of Physiol.; engl.) — Ca^{2+} u. Mg^{2+} sind offenbar zur Abpufferung von pH-Verschiebungen der extracellulären Phase der Muskulatur fähig, indem sie bei Säuerung der extracellulären Phase aus dem Muskel heraustreten u. bei Alkalinisierung in den Muskel eintreten. Die experimentelle Unterlage wurde durch pH-Verschiebungen gewonnen: niedriger pH führt zur Verminderung von Ca u. Mg, hoher pH zur Erhöhung von Ca u. Mg im Muskel. U. Tausendfreund. 4597□

Eine Wirkung von Hypoxie auf das Herz-Glykogen bei Kaninchen. E. C. Gordon-Smith und R. V. Coxon. (Biochem. J. **81**, 16P, Okt. 1961; Oxford, Univ. of Oxford, Labor. of Physiol.; engl.) — Erwachsene Kaninchen wurden unter Anästhesie zwecks Verminderung des Glykogen-Geh. im Herzen 5 Min. einem Gasgemisch mit nur 10% O_2 ausgesetzt. Es folgte i.v. Injektion von mit 20 μc ^{14}C-Glucose, Tötung der Tiere 1½, 3 u. 5 Std. nach Vers.-Beginn, Exzision des Ventrikels aus dem schlagenden Herzen, Isolierung des Glykogens sowie Überführung in verd. KOH u. Reinigung. Die Best. der Radioaktivität des Glykogens ergab 12—20mal höhere Werte als bei den unbehandelten Kontrolltieren. Maximale Werte fanden sich 5 Std. nach Hypoxie. Subkutane Injektion von 150 μg des glykogenolyt. Hormons *Adrenalin* pro Std. hatte ähnliche, aber schwächere Wrkg. als Hypoxie. H. G. W. Gleiß. 4597□

Oxydativer Stoffwechsel im perfundierten Herzen der Ratte. J. R. Williamson. (Biochem. J. **81**, 16P—17P, Okt. 1961; Oxford, Univ. of Oxford, Dep. of Biochem.; engl.) — Vf. untersuchte die Energiequellen für die endogene Gesamtrespiration (GR) der von einer Salz-Lsg. perfundierten schlagenden Herzen von wohlgenährten Ratten (a) u. solchen, die 24 Std. lang gehungert hatten (b). Die Oxydation von *Glucose* durch die a-Tiere betrug in Abwesenheit von *Insulin* (I) 24, in Ggw. von $2 \cdot 10^6$ E. I/ml jedoch 57% der GR. Die Oxydation von *Lactat*, *Pyruvat* bzw. *Acetat* durch die a-Tiere betrug in Abwesenheit von I 50, 95 bzw. 80, in Ggw. von I 50, 95 bzw. 97% der GR. Die Herzen der b-Tiere oxydierten weniger Glucose, Lactat u. Pyruvat als die der a-Tiere: Der Anteil der Glucose fiel auf 16 (ohne) bzw. 51% (mit I). Die Oxydation des Acetats war durch Hungern nicht zu beeinflussen. Kohlenhydrate spielen beim oxydativen Stoffwechsel unter diesen Vers.-Bedingungen eine untergeordnete Rolle.
H. G. W. Gleiß. 4597□

Altersbesonderheiten der Selbsterneuerung der Phosphorfraktionen im Lebergewebe. Z. M. Schereschewskaja. (Биохимия [Biochemie] **26**, 708—14, Juli/Aug. 1961; Charkow, Gorki-Univ., Biolog. Inst., Abt. für Altersphysiol.; russ., Auszug: engl.) — Durch Unters. des Einbaus von ^{32}P in Ribonucleinsäure (I), Desoxyribonucleinsäure (II), Phospholipid (III), Phosphoprotein (IV) u. säurelösl. P (V) in der Leber von Ratten im Alter von 30 u. 730 Tagen (A bzw. B) wurde festgestellt, daß der ^{32}P-Einbau in I, II, III u. IV (nicht in V) stark abhängig ist vom Alter der Tiere. Das Maximum tritt bei B im Vgl. zu A bei I nach einem doppelten, bei II nach einem 1,5fachen, bei III u. IV nach einem 4fachen Zeitraum ein. Die Geschw. der Aktivitätsabnahme nimmt mit fortschreitendem Alter zu. Die spezif. Aktivität ist bei B gegenüber A bei I 2—3mal.

bei **II** 3mal, bei **III** 2–3mal, bei **IV** 1,7mal vermindert. Die Selbsterneuerung von **I, II, III** u. **IV** nimmt demnach mit dem Alter ab. Die starke Abnahme der Erneuerung von **I** u. **II** mit dem Alter kann eine der Ursachen des Abklingens der Eiweißerneuerung sein. O. Lebtag. 4597□

Energiereiche Verbindungen des Gehirns: Veränderungen bei Anoxie. Richard N. Lolley und Frederick E. Samson jun. (Amer. J. Physiol. **202**, 77–79, Jan. 1962; Lawrence, Kans., Univ. of Kansas, Dep. of Physiol.; engl.) — Der Energiefluß durch die Phosphate des Gehirns ist schnell u. bezieht nicht nur die säurelösl. Nucleotide u. *Phosphokreatin* (I), sondern auch andere Phosphat-Verbb. ein. Nach Einsetzen von Anoxie (Rattenhirn) sinkt sofort die I-Konz., der Gesamt-*Kreatin*-Geh. bleibt jedoch bemerkenswert stabil. *Anorgan. Phosphat* steigt ebenfalls rasch u. in größeren Mengen, als aus dem Abbau energiereicher Phosphate zu erwarten wäre. Mit länger dauernder Anoxie kommt es zur Verschiebung von den Triphosphatnucleotiden zu den Monophosphatnucleotiden (*Adenosin-*, *Guanosin-* u. *Uridinmonophosphat* nehmen langsam zu, so daß nach 360 Sek. vorwiegend die Monophosphate vorliegen); von Cytidinnucleotiden ist allerdings stets nur in gleichmäßigen Mengen *Cytidinmonophosphat* nachweisbar u. *Inosinmonophosphat* erscheint erst am Ende der Anoxie. *Nicotinamidadenindinucleotid* bleibt in seiner Konz. weitgehend gleich, nimmt dann zum Ende hin erst leicht ab. U. Tausendfreund. 4598□

Umsatz der Phosphorverbindungen im Hirngewebe bei Hypothermie. K. W. Osstaschkow. (Биохимия [Biochemie] **26**, 655–61, Juli/Aug. 1961; Dnepropetrowsk,. Med. Inst., Lehrstuhl für Röntgenol. u. med. Radiol.; russ., Auszug: engl.) — In Verss. mit 60 Kaninchen unter Anwendung von ^{32}P wird gezeigt, daß bei künstlicher Senkung der Körper-Temp. auf 26° nach vorheriger Zufuhr eines lyt. Gemisches (Diprazin, Promedol, Diplacin, Äthyzin, Metazin) die Geschw. des Umsatzes der P-haltigen Verbb. im Gehirn vermindert wird. Ihre Synth. ist stärker als ihr Zerfall. Eine Senkung der Körper-Temp. auf 23° steigert die Zahl der Austausch-Rkk. der P-Verbindungen. Bei Senkung der Temp. unter 23° wird der P-Umsatz im Gehirn gestört: Der Kohlenhydratumsatz erfolgt vorwiegend durch anaerobe Glykolyse. In allen Stadien der Hypothermie besteht eine ausgeprägte Parallele zwischen dem Umsatz der Phosphoproteine im Gehirn u. dem Umsatz der energiereichen P-Verbindungen. Bei der Körper-Temp. 23–26° wird der Umsatz der funktionell mit dem Stoffwechsel des Hirngewebes zusammenhängenden P-Verbb. viel stärker verändert als bei den Verbb., die eine vorwiegend energet. Bedeutung haben (Adenosintriphosphorsäure, Kreatinphosphat). O. Lebtag. 4598□

Wirkung der Äthanoloxydation auf die Pyridinnucleotidspiegel in Leber und Hefe. Niels C. R. Raiha und Erkki Oura. (Proc. Soc. exp. Biol. Med. **109**, 908–10, April 1962; Helsinki, State Alcohol Monop., Res. Labor.; engl.) — Während durch Fasten in Rattenleber eine Verringerung des Geh. an *Diphosphopyridinnucleotid* (*DPN*) mit leichter Verminderung des DPN/DPNH-Quotienten ausgelöst wird (gleichzeitig kommt es auch zum leichten Abfall des Gesamt-Geh. an DPN + DPNH), sinkt durch stoffwechselmäßige Verarbeitung von *A.* der DPN/DPNH-Quotient noch weiter, diesmal jedoch infolge eines Anstiegs von DPNH, bes. ausgeprägt nach vorherigem Fasten; Gesamt-DNP + DPNH steigen leicht an. Ähnliche Veränderungen können in Bäckerhefe unter A.-Einfl. beobachtet werden. *Triphosphopyridinnucleotid* (*TPN*) liegt in der Leber vorwiegend in red. Form vor, der TPN/TPNH-Quotient ändert sich während der A.-Oxydation nicht wesentlich. U. Tausendfreund. 4597□

E₆. Pharmakologie. Therapie. Toxikologie. Hygiene

Pharmakologische Charakterisierung von Arzneimitteln mit Hilfe des Therapeutischen Index. Norbert Brock und Berthold Schneider. (Arzneimittel-Forsch. **11**, 1–7, Jan. 1961; Gießen, Justus-Liebig-Univ., Math. Inst.; Brackwede, Westf., Asta-Werke A. G., Chem. Fabr., Pharmakolog. Abt.; dt.) — Vff. ziehen moderne Auswertungs-Meth. heran, um den therapeut. Index (DL_5/DC_{95}) zu einer brauchbaren Kennzahl für Therapeutica zu machen. Es wird betont, daß die pharmakolog. Werte unter vergleichender Prüfung von Standardsubstanzen unter adäquaten Bedingungen am Ganztier u. nicht nur an Organ-Präpp. ermittelt werden müssen. P. Fahrnlaender. 4600□

Röntgenstrahlenhemmung der Glucose- und Brenztraubensäure-Oxydation in Bacterium cadaveris. B. Rajewsky und H. Pauly. (Naturwissenschaften **49**, 326–27, 2. Juli-H., 1962; Frankfurt/M., Max-Planck-Inst. für Biophysik; dt.) — Die bei *Escherichia coli* bereits von Pollard, Guild u. Mitarbeitern (Progr. Biophysics **5**,

[1955], 72) gemachte Beobachtung, daß Röntgendosen bis zu ca. $2 \cdot 10^6$ r die Enzymaktivität steigern, wird nun auch bei der Glucose- u. Brenztraubensäureoxydation durch *Bacterium cadaveris* (gemessen am O_2-Verbrauch innerhalb 30 Min.) festgestellt. Dann sinkt der O_2-Verbrauch bei höheren Strahlendosen schnell ab u. ist bei $6,5 \cdot 10^6$ r für Glucose u. bei ca. 10^7 r für Brenztraubensäure vernachlässigbar klein. — Für diese Vorgänge gilt die früher von Vff. u. Mitarbeitern (Naturwissenschaften **43**, [1956], 228 u. C. **1958**, 6610) aufgestellte Dosis-Effekt-Kurve $v = [R + 1]/[e^{\alpha D} + R]$ nicht mehr.
W. Hiller. 4601□

Untersuchungen über das Verhalten der lymphocytären Polysaccharide und der Glykoproteine des Serums von Patienten, die einer Röntgentherapie unterworfen sind. L. Verga, M. Garofano und F. Coucourde. (Boll. Soc. ital. Biol. sperim. **37**, 101—03, 15/2. 1961; Pavia, Univ., Ist. di Clin. Med. Gener. e Terap. Med., di Igiene e Microbiol. e Radiol. Med. e Terap. Fisica; ital.) — Die Unterss. werden an 10 Patienten mit Neoplasien u. Leukämie durchgeführt, die mit Gesamtdosen bis zu 15000 r behandelt wurden. Durch die Bestrahlung sinkt die Zahl der Lymphocyten um 30—50%, während die Polysaccharide des Cytoplasmas sich um 150—200% erhöhen; uneinheitlich sind die Veränderungen der *Glykoprotein*-Fraktionen, doch überwiegt eine relative Zunahme der α_1- u. *γ-Globuline.*
F. Kren. 4601□

Untersuchungen über das Verhalten der Polysaccharide der Lymphocyten und der Glykoproteine des Serums bei mit subletalen Dosen ganzbestrahlten Meerschweinchen. L. Verga, F. Coucourde und B. Bonferoni. (Boll. Soc. ital. Biol. sperim. **37**, 104—06, 15/2. 1961; Pavia, Univ., Ist. di Clin. Med. Gener. e Terap. Med., di Igiene e Microbiol. e Radiol. Med. e Terap. Fisica; ital.) — 22 Meerschweinchen wurden einmalig mit 500 r ganzbestrahlt. In den anschließenden 10—30 Tagen wurde bei den 10 überlebenden Tieren eine relative Zunahme der α_1-*Globulin*-Fraktion der *Glykoproteine* des Serums beobachtet, mit der eine Verringerung der Polysaccharide der Lymphocyten einhergeht. Nach 8—10 Tagen ist die Anzahl Lymphocyten auf 10—15% des Ausgangswertes abgesunken.
F. Kren. 4601□

Die Wirkung von γ-Strahlung auf wässerige Lösung von Dimethyluracil in Abwesenheit von Sauerstoff. G. Scholes, J. F. Ward und J. J. Weiss. (Science [Washington] **133**, 2016—17, 23/6. 1961; Newcastle-upon-Tyne, Univ. of Durham, King's Coll.; engl.) — Wss. Lsgg. von *Dimethyluracil* u. *Uracil* wurden mit 200 kV-Röntgenstrahlen oder ^{60}Co-γ-Strahlen in Abwesenheit von O_2 bestrahlt. In der bestrahlten Lsg. wurde als Strahlungs-Prod. *4-Dihydro-5-hydroxydimethyluracil* bzw. *4.5-Glykolpyrimidin* gefunden. Dieselben Prodd. werden nach Bestrahlung der Lsgg. mit UV-Licht erhalten. Die Identifizierung erfolgte durch Chromatographie u. UV-Absorptionsmessungen.
W. Reusse. 4601□

Sedimentationsuntersuchungen an Desoxyribonucleinsäure aus bestrahltem E. coli. P. K. Ganguli, S. B. Bhattacharjee und N. N. Das Gupta. (Naturwissenschaften **49**, 215, 1. Mai-H. 1962; Calcutta, Saka Inst. of Nuclear Phys., Biophys. Div.; engl.) — *Escherichia coli* wird einer 70 kV-Röntgenbestrahlung ausgesetzt u. die *Desoxyribonucleinsäure* (*DNS*) nach der Meth. von Marmur extrahiert. Sie enthält weniger als 1% Protein u. weniger als 3% *Ribonucleinsäure.* Der Sedimentations-Koeff. beträgt sowohl für die bestrahlte DNS mit Dosen zwischen 18 u. 40,2 kr als auch für die unbestrahlte Kontrolle $S^0_{20,w}$ 31. Die Strahlung verursacht demnach keine Molgew.-Veränderung.
L. Träger. 4601□

Beweis für eine teilweise Basenveränderung in zwei T 4 Bakteriophagenmutanten. Jane K. Setlow. (Nature [London] **194**, 664—66, 19/5. 1962; Oak Ridge, Tenn., Oak Ridge Nat. Labor., Biol. Div.; engl.) — Aus dem Wrkg.-Spektrum von UV-Strahlen für *T 4 Bakteriophagen* auf *E. coli*, das den Zusammenhang zwischen Wellenlänge u. Überlebensrate bei konst. Strahlendosis wiedergibt, wird geschlossen, daß bei der Bestrahlung nur ein geringer Nucleotidteil in der *Desoxyribonucleinsäure* (*DNS*) verändert wird, möglicherweise nur ein Nucleotidpaar. Die ursprünglich durch 2-Aminopurin induzierten r_{II}-Mutanten AP 61 u. AP 156 werden bei einer Multiplizität von durchschnittlich 7 auf *Escherichia coli Bb* kultiviert. Nach Bestrahlung bei 240 μ in der latenten Wachstumsphase beobachtet man ein Minimum der Überlebensrate, während nach Bestrahlung bei 265,2 mμ eine Reversion des durch UV-Licht gesetzten Schadens erfolgt. Aus der Linearität zwischen eingestrahlter Dosis u. Reversion wird geschlossen, daß die Mutation durch Änderung einer einzelnen Base erfolgt ist. Weiterhin wird beobachtet, daß das Wrkg.-Spektrum bei der Reversion dem Absorptionsspektrum der *Thymidylsäure* ähnelt. Demnach erfolgt die Reversion der Mutanten durch eine UV-induzierte Veränderung am Thymin der DNS. Dabei dimerisieren zwei *Thymin*-Moll. unter Ausbldg. eines Cyclobutanringes. Diese so veränderten *Thymin*-Moll. sind wahrscheinlich nicht mehr in der Lage, *Adenin* bei der Basenpaarung während der DNS-Replikation spezif. zu binden. L. Träger. 4601 □

Wirkung der lokalen Röntgenbestrahlung auf die Wachstumskapazität der Mäuse-Niere. Robert L. Straube und Harvey M. Patt. (Proc. Soc. exp. Biol. Med. **108**, 808—10; Dez. 1961; Argonn, Nat. Labor., Div. of Biol. and Med. Res.; engl.) — Bei erwachsenen weiblichen Mäusen bewirkte einseitige Nephrektomie im wesentlichen eine Hypertrophie der verbleibenden Niere, kaum eine Zunahme des Geh. an *Desoxyribonucleinsäure*, also kaum eine Bldg. neuer Zellen. Lokale Bestrahlung, sofort oder 5 Tage nach der Operation, hatte auf diesen Kompensatoreffekt der Nephrektomie kaum einen Einfluß. M. Wiedemann. 4601 □

Empfindlichkeit spermatogener Vorgänge in der Ratte gegenüber radiomimetischen Verbindungen und Röntgenstrahlen. A. W. Craig, B. W. Fox und H. Jackson. (Nature [London] **181**, 353—54, 1/2. 1958; Manchester, Christie Hosp.; Holt Radium Inst.) — Der Vgl. der Wrkg. einer intraperitonealen Gabe von *Triäthylenmelamin* (**I**; 0,2 mg/kg) auf die Fruchtbarkeit von Ratten mit einer Röntgendosis (200 r, Ganzkörperbestrahlung) zeigt eine Red. in der Größenzunahme des Wurfes zwischen der 4. u. 5. Woche; der Einfl. von **I** ist am größten (völlige Sterilität) in der 4. Woche. 500 r (Totaldosis oder 5 Dosen a 100 r täglich) verursachen eine stetige Zunahme der Sterilität bis zu einem Maximum nach 6 Wochen, während **I** (5 tägl. Dosen von je 0,2 mg/kg) innerhalb der ersten 5 Wochen völlige Sterilität verursacht, die danach wieder zurückgeht. *Bisulphan* (*Myleran*) zeigt in den ersten 7 Wochen nach einmaliger intraperitonealer Gabe von 10 mg/kg Werte, die über der normalen Wurfgröße liegen; in der 8. Woche tritt jedoch völlige Sterilität auf. R. Ritter. 4601

Radioaktivität in Nahrungsmitteln. 2. Mitt. **Beweise für die Fall out-Kontaminierung 1958—1959.** Edwin P. Laug, Wendell C. Wallace, Mae S. Walton, Mary J. Verrett, James M. Dimitroff und Sidney Davis. (J. Assoc. off. agric. Chemists **44**, 523—30, Aug. 1961; Washington, D.C., Food and Drug Admin., Div. of Pharmacol.; engl.) — 1. vgl. C. **1961**, 1279. — In den Jahren 1958 u. 1959 wurden ungefähr 5000 Proben von 50 verschiedenen menschlichen u. tier. Nahrungsmitteln auf β-Radioaktivität untersucht. Die höchste Aktivität zeigen Alfalfa u. Tee, keine Fleisch u. Geflügel. 10% der Strahlung stammen von ^{90}Sr. P. Gregorzewski. 4601 □

Erhöhte ^{137}Cs-Ausscheidung bei Ratten mit Kaliumzusatz im Futter. C. R. Richmond und J. R. Furchner. (Proc. Soc. exp. Biol. Med. **108**, 797—98, Dez. 1961; Los Alamos, N.Mex., Univ. of California, Los Alamos Sci. Labor.; engl.) — Zusatz von 5,8 oder 10% K zum Futter erhöhte bei der Ratte die ^{137}Cs-Ausscheidung nach einer intraperitonealen Einzeldosis von ^{137}Cs. — Die Ergebnisse werden im Zusammenhang mit Unfällen bei der friedlichen Verw. der Atomenergie besprochen. K. Zingraf. 4601 □

Über die renale Clearance des ^{131}J-Hypaque. C. Bianchi und A. Zampieri. (Boll. Soc. ital. Biol. sperim. **37**, 260—62, 31/3. 1961; Pisa, Univ., Centro di Med. Nucl. della Clin. Med. Gener.; ital.) — *3.5-Diacetamido-2.4.6-trijodbenzoesäure* (**I**; *Na-Salz*) wird hauptsächlich durch glomeruläre Filtration aus den Nieren eliminiert. Es wird der Grad der Korrelation zwischen der Clearance von **I** u. Thiosulfat, gleichzeitig gemessen, untersucht. ^{131}J-**I** (0,6—0,8 μc/kg) wird i.v. gegeben. Im Mittel ist die **I**-Clearance um 9,49% geringer als die des Thiosulfats, was vermutlich auf den an die Plasmaproteine adsorbierten Teil von **I** zurückzuführen ist, so daß die Clearance von **I** dem Rhythmus der glomerulären Filtration entspricht. F. Kren. 4601 □

Die Wirkungsweise toxischer Agentien. 2. Mitt. **Die Toxizität von Quecksilberverbindungen für einige Crustaceen beeinflussende Faktoren.** E. D. S. Corner und B. W. Sparrow. (J. Marine biol. Assoc. United Kingdom **36**, 459—72, Nov. 1957, Plymouth and Newton Ferrers, Devon, Intern. Paints Res. Lab.; engl.) — 1. vgl. C. **1961**, 6580. — Die Toxizität von HgJ_2, *Methyl-*, *Äthyl-*, *n-Propyl-*, *n-Butyl-*, *n-Amyl-*, *Isopropyl-*, *Isoamyl-* u. *Phenylmercurichlorid* (**I**) für *Artemia salina-* u. *Elminius modestus-*Larven ist größer als die von $HgCl_2$. Prim. *Alkylmercurichloride* (**II**) sind toxischer als die entsprechenden sek., u. in der homologen Reihe der prim. nimmt die Giftigkeit mit der Kettenlänge zu. Elminius ist gegen Hg-Verbb. viel empfindlicher als Artemia. Die Toxizität prim. **II** ist durch Zusatz von Cystein u. red. Glutathion verringert. Zwischen der Toxizität der Hg-Verbb. u. deren Ureaseinhibitor-Eig. (als Maß der Fähigkeit zu Eiweißbindung) bestand keine Korrelation. Zwischen der relativen Lipoidlöslichkeit prim. u. sek. **II** u. deren Toxizität für Artemia besteht gute Übereinstimmung. Auch für Elminius waren Verbb. mit großer Lipoidlöslichkeit im allg. toxischer. **I** hat eine viel größere

Lipoidlöslichkeit als auf Grund der Toxizität zu erwarten wäre. Die Befunde stehen mit der Annahme in Einklang, daß Organoquecksilber-Verbb. durch Eindringen in die Vers.-Tiere wirken. K. Maier. 4607 □

Der Einfluß von Gammexan auf die Flavoproteinenzyme der Rattenleber. S. Ramakrishnan, V. Srinivasan und T. M. B. Nedungadi. (Current Sci. [Bangalore] **30**, 416—17, Nov. 1961; Madurai, Madurai Med. Coll., Dep. of Biochem.; engl.) — Ein Zusatz von 80 mg *Gammexan* (**I**)/100 g zum Rattenfutter inhibiert die *Xanthinoxydase* der Leber zu 55%. Erhöhte *Riboflavin*- oder *Inosit*-Gaben sind ohne Einfluß. Die *D-Aminosäureoxydase*-Aktivität der Leber wird durch **I** nicht verändert. P. Gregorzewski. 4607 □

Insekticide Wirksamkeit von Estern der Chrysanthemmonocarbonsäure. 1. Mitt. Insekticide Wirksamkeit der Ester verschiedener Pyrethrolonhomologen. Takashi Mitsui und Tsuneyuki Nagase. (J. sci. Res. Inst. [Tokyo] **50**, Nr. 1424, 76—79, Juni 1956; engl.) — Ester einer synthet. Chrysanthemmonocarbonsäure mit einigen Pyrethrolonhomologen zeigten eine hohe insekticide Aktivität u. einen ebenso starken paralyt. Effekt wie natürliche Pyrethrine, waren aber weniger toxisch. Die untersuchten Verbb. waren: *Pyrethrin-1, Pyrethrin-2, Cinerin-1, Cinerin-2* u. folgende Chrysanthemmonocarbonsäureester: *Methylester, Äthylester, n-Propylester, n-Butylester, n-Pentylester, Furfuryl-* u. *Tetrahydrofurfurylester, Phenylester, Benzylester, o-* oder *p-Methoxybenzylester, Propen-(2)-ylester*; ferner 2-Derivv. des *Pyrethrolons*, wie *2-Isopropyl-, 2-Propenyl-, 2-Phenyl-, 2-Butyl-* u. *2-Allyl-*. H. Nordiek. 4607

Insekticide Wirksamkeit von Estern der Chrysanthemmonocarbonsäure. 2. Mitt. Insekticide Wirksamkeit der Ester verschiedener Hydroxyverbindungen. Takashi Mitsui, Masao Kitahara und Tsuneyuki Nagase. (J. sci. Res. Inst. [Tokyo] **50**, Nr. 1425, 80—89, Juni 1956; engl.) — 1. vgl. vorst. Referat. — *Ester der synthet. Chrysanthemmonocarbonsäure* mit zahlreichen Hydroxyverbb. (aromat. u. aliphat. Alkohole, Terpene, Phenole, Ketoalkohole u. Verbb. mit einer den Pyrethrolonen ähnlichen Struktur) wurden hergestellt u. auf ihre insekticide Wirksamkeit untersucht. Einige dieser Ester zeigten eine leichte Toxizität, allen aber fehlte der starke paralyt. Effekt der natürlichen Pyrethrine. — An Larven von *Culex pipiens pallus* wurde die Toxizität von Estern der (±)-*Chrysanthemsäure* u. folgender Alkohole geprüft. *Cetylalkohol* + (DL_{50} nach 24 Std. $5 \cdot 10^{-6}$ bis $1 \cdot 10^{-5}$); *Oleylalkohol* ++(DL_{50} nach **24** Std. $2 \cdot 10^{-6}$ bis $1 \cdot 10^{-5}$); *Stearylalkohol* ++; *Diisopropylcarbinol* ++; *Isobutylalkohol*; *n-Octylalkohol*; *Allylalkohol*; *Glycerin-1.3-dichlorhydrin*; *Borneol* ++; *Isoborneol*; *Geraniol*; *α-Citronellol*; *p-Menthol*; *Phenylpropylalkohol* ++; *o-Äthylbenzylalkohol* ++; *Piperonyl-alkohol* ++; *Diphenylcarbinol* ++; *α-Phenyläthylalkohol* ++; *Allylfuryl-(1)-carbinol*++; *o-Äthylphenylmethylcarbinol*; *Triphenylcarbinol*; *β.β-Diphenyläthylalkohol*; *Phenylisobutylcarbinol*; *Phenylheptylcarbinol*; *Dibenzylcarbinol*; *Bis-[p-chlorphenyl]-carbinol*; *Furfurylalkohol*; *2.2.5.5-Tetramethyl-3-hydroxytetrahydrofuran*; *p-Kresol* ++; *α-Naphthol* ++; *Eugenol* ++; *Isoeugenol* ++; *2.4-Dinitrophenol* ++; *3.5-Dinitro-6-cyclohexylphenol*++; *o-Kresol*; *m-Kresol*; *Anol*; *o-Furfurylphenol*; *o-Cyclohexylphenol*; *p-Verb.*; *2-Propyl-5-methylphenol*; *7-Hydroxycumarin*; *β-Naphthol*; *p-Chlorphenol*; *p-Chlor-o-kresol*; *Pentachlorphenol*; *2.4-Dinitro-o-kresol*; *2-Hydroxychinolin*; *Furoin*; *Benzoin*; *Furyl-(2)-[1-methyl-2-oxopropyl]-carbinol*; *α-Methyl-β-hydroxybutyraldehyd*; *2-Methyl-3-oxobutanol*; *3-Hydroxy-7-methyloctadion-(2.5)*; *3-Hydroxydecandion-(2.5)*; *3-Hydroxynonen-(8)-dion-(2.5)*; *3-Hydroxynonen-(7)-dion-(2.5)*; *3-Hydroxy-6-phenylhexandion-(2.5)*; *p-Hydroxyacetophenon* ++; *p-Hydroxypropiophenon* ++; *p-Hydroxyisovalerophenon* ++; *p-Hydroxyacrylophenon* ++; *p-Hydroxycrotophenon* ++; *p-Hydroxycaprylophenon*; *p-Hydroxybenzophenon*; *[3-Allyl-4-hydroxy]-isovalerophenon*; *[3-Propyl-4-hydroxy-6-methyl]-isovalerophenon*; *o-Hydroxyacetophenon*; *[2-Methyl-5-hydroxy]-isovalerophenon*; *4'-Hydroxychalkon*; *2'-Hydroxychalkon*; *7-Hydroxy-4-methylhydrindon*; *o-[β-Brompropionyl]-p-kresol*; *5.5-Dimethyldihydroresorcin* ++; *6-n-Propyldihydroresorcin* ++; *6-n-Butyldihydroresorcin* ++, *Dihydroresorcin, 6-Isopropyldihydroresorcin, 2-Äthyl-5.5-dimethyldihydroresorcin, 2-Aceto-5.5-dimethyldihydroresorcin, Dehydracetsäure, Flavonol, Buccocampher, 10-Hydroxycampher, 4-Isopropyltropolon, o-Hydroxychinon, 2-Hydroxymethyl-3-methylcyclohexen-(1)-on-(6)* ++, *2.4-Dimethylchinol* ++, *2-Allyl-3-hydroxyacetophenon* ++, *2-n-Butyl-3.4-dimethyl-4-hydroxycyclopenten-(2)-on-(1)* ++, *3.4-Diphenyl-4-hydroxycyclopenten-(2)-on-(1)* ++, *3.4-Diphenyl-4-hydroxy-5-isopropylidencyclopenten-(2)-on-(1)* ++; *o-Acetobenzylalkohol*; *m-Hydroxyacetophenon*; *3-Hydroxy-4-allylacetophenon*; *2-Allyl-3-hydroxy-4.6-dimethylacetophenon*; *2-Allyl-3-hydroxy-4.6-dimethylbenzophenon*. H. Nordiek. 4607

Weitere Beobachtungen über die ausschließliche Ernährung mit Pisum sativum in der Schwangerschaft. P. Pomini. (Boll. Soc. ital. Biol. sperim. **37**, 262—65, 31/3. 1961; Genua, Univ., Ist. di Clin. Ostetr. e Ginecol.; ital.) — Es werden histolog.

Präpp. von Leber- u. Nierengewebe von 10 Tage lang mit *Pisum sativum* ernährten Meerschweinchen untersucht. Bei 35% der Tiere kommt es zu einer Unterbrechung der Gravidität u. nur bei einem von 24 Tieren wird eine deutliche makroskop. Veränderung der Gewebe konstatiert. F. Kren. 4608

Einige Aspekte der phytochemischen und pharmakologischen Untersuchungen von Saussurea lappa Clarke. B. C. Bose, A. Q. Saifi, R. Vijayvargiya und S. K. Sharma. (J. pharmac. Sci. **50**, 679—81, Aug. 1961; Indore, M.G.M. Med. Coll., Dep. of Pharmacol.; engl.) — Die Extrakte der Wurzeln enthalten 1,39% *äther. Öl* (I), 0,05% *Alkaloide* (II), reduzierende Zucker, Tannine u. Harze. Geringe Dosen wss. u. alkohol. Extrakte erhöhen den Blutdruck u. stimulieren das Herz bei Hunden. I stimuliert in niedrigen Dosen u. hat depressive Wrkg. in hohen Dosen auf das Hundeherz in situ. Alle Extrakte entspannen den isolierten Rattendarm u. -uterus u. wirken der spasmogenen Wrkg. von *Acetylcholin* u. *Histamin* entgegen u. wirken bronchodilatorisch. Die stärkste Rk. wird mit II erhalten, doch ist sie im Vgl. zur Adrenalin-Wrkg. sehr gering. P. Gregorzewski. 4608□

Über die Atemlähmung durch Tetrodotoxin. Fuminori Sakai, Atsushige Sato und Kenji Uraguchi. (Naunyn-Schmiedebergs Arch. exp. Pathol. Pharmakol. **240**, 313—21, 1961; Tokio, Univ. Pharmakol. Inst.; dt.) — Die DL_{50} des *Tetrodotoxins* wird an Mäusen per os zu 3,32 γ/10 g, subkutan zu 0,16 γ/10 g u. i.v. zu 0,12 γ/10 g bestimmt. Bei der durch Tetrodotoxin verursachten Atemlähmung an Ratten tritt die periphere Lähmung früher als die zentrale auf. Die periphere kann durch ein zentral erregendes Mittel aufgehoben werden. Eine antagonist. Wrkg. von Guanidin ist zwar nachweisbar, aber zu schwach, um prakt. verwertbar zu sein. Der künstlichen Beatmung bei Tetrodotoxin-Vergiftungen kommt große Bedeutung zu. Ein eindeutig wirksames Antidot ist bisher nicht bekannt. Der Mechanismus der Lähmung wird diskutiert. K. Lohs. 4609□

Tripirafen und Sulfamido—Protein-Bindung. F. Piccinini. (Boll. Soc. ital. Biol. sperim. **37**, 112—14, 15/2. 1961; Milano, Labor. Ricer. Ist. De Angeli, Sez. Biochim.; ital.) — Proben von 10 ml Serum werden mit 28,55 μMol *Sulfamethoxypyridazin* (I) u. bis zu 31,5 μMol *Tripirafen* (II) versetzt. Es zeigt sich, daß II schon in geringen Mengen stark inhibierend auf die I-Protein-Bindung wirkt; diese Aktivität wächst asymtot. u. erreicht 85% bei 1 Mol II/2 Mol I. Eine analoge etwas abgeschwächte Wrkg. wird in vivo bei Kaninchen durch II erzielt (i.v.; 1,428 μMol II/kg). F. Kren. 4610□

Wirkung der Halogenionen (Br^- und J^-) auf die Ausscheidung der Sulfamide durch Stoffwechsel und Urin. F. Piccinini. (Arch. int. Pharmacodynam. Thérap. **125**, 251—64, 1. Mai 1960; Milano, De Angeli, Labor. Ric., Sez. Biochim.; ital.) — Vf. injiziert Kaninchen *Sulfamethoxypyridazin* (I) i.v. u. untersucht Harn u. Blut auf unverändertes u. N-acetyliertes I. Mit diesen Unterss. soll festgestellt werden, ob zusätzliche intravenöse Gabe von *NaJ* oder *NaBr* die Bldg. des bakteriell unwirksamen Stoffwechselprod. *N-Acetyl*-I (II) aus I ganz oder teilweise verhindern kann. Zusätzlich werden analoge Verss. in vitro mit einem Enzym-Präp. aus Taubenleber in Ggw. von Adenosintriphosphat durchgeführt. In beiden Vers.-Anordnungen wird eine Hemmung der Acetylierung von I durch NaBr festgestellt. Die in vitro gemessene Hemmung ist jedoch nicht groß genug, um den errechneten Wert bei in vivo-Verss. zu rechtfertigen. — Es wird daher angenommen, daß eine Akkumulation in extrahämat. Fl. stattfindet. J. Malpricht. 4610□

Aspezifische Wirkung des Isonicotinsäurehydrazids auf die Immunisierung. A. Seppilli, A. Candeli und N. Cusma. (Boll. Soc. ital. Biol. sperim. **37**, 285—89, 31/3. 1961; Perugia, Univ., Ist. dIgiene; ital.) — Es wird untersucht, ob unabhängig von der Aktivität von *Isonicotinsäurehydrazid* (I) gegenüber TBC-Bazillen bei der Erhöhung der Immunisierung noch eine aspezif. Komponente im Spiel ist. Zu diesem Zweck wird das Antigen O von *Salmonella typhi* u. die Antikörper-Agglutination angewandt. Kaninchen werden subkutan geimpft u. erhalten per os 10 mg I/kg. Es zeigt sich, daß die Menge Agglutinine bei diesen Tieren viel größer ist als bei Kontrolltieren, so daß I auch aspezif. wirkt. F. Kren. 4610□

Biologische Eigenschaften eines Anionenkomplexes Penicillinat/8-Chlortheophyllinat. G. Gillissen, S. Carlson und W. Storbeck. (Arzneimittel-Forsch. **10**, 804—06, Okt. 1960; Mainz, Univ., Hygiene-Inst., Frankfurt a. M., Endopharm, pharmazeut.-chem. Abt.; dt.) — Der Anionenkomplex *Penicillinat/8-Chlortheophyllinat* (I) zeigt in wss. Lsg. eine größere Stabilität der antibiot. Aktivität als *Penicillin G-Na* (II). Diese ist der von Depotpenicillinen in wss. Suspension vergleichbar. Die Stabilität ist unabhängig von der Art des 8-Chlortheophyllinsalzes, mit dem I hergestellt wurde. I zeigt bei Kaninchen keinen Depoteffekt u. wird durch Penicillinase in gleicher Weise wie II inaktiviert. G. Kimmerle. 4611

Neuer molekularer Komplex des Tetracyclins. E. M. Coriandoli, C. Citterio und F. Tarsitani. (Boll. Soc. ital. Biol. sperim. **37**, 114—16, 15/2. 1961; Mailand, Labor. Ricer. Farmavigor S.p.A. Sesto S. Giovanni; ital.) — Es werden die Eigg. einer mol. Verb. *Tetracyclin-Harnstoff*, F. 143—146°, $C_{22}H_{24}N_2O \cdot NH_2CONH_2 \cdot 3\ H_2O$, beschrieben. Die Toxizität ist viel geringer als die von *Tetracyclin* oder dessen Hydrochlorid, u. auch der Blutspiegel ist viel höher (nach 4—8 Std. 30%, nach 12 u. 24 Std. > 120%). F. Kren. 4611 □

Kutane Toxizität des molekularen Tetracyclin-Komplexes. E. M. Coriandoli, C. Citterio und F. Tarsitani. (Boll. Soc. ital. Biol. sperim. **37**, 116—18, 15/2. 1961; Milano, Labor. Ricer. Farmavigor S.p.A., Sesto S. Giovanni; ital.) — Vgl. vorst. Referat. — Die Unterss. werden mit dem Komplex *Tetracyclin* (**I**)-*Harnstoff* durchgeführt, wobei mikrorespirometr. der von einer Hautkultur des Meerschweinchens abgegebene O_2 gemessen wird. Im Vgl. zu seiner antibiot. Wrkg. ist der Komplex (0,1—1,0 mg **I** Aktivität per ml) in signifikanter Weise weniger tox. u. die DE_{50} ist etwa die doppelte von der des **I**-Hydrochlorids. F. Kren. 4611 □

Experimentelle und klinische Erfahrungen mit Desmethylchlortetracyclin. Joh. Meyer-Rohn. (Arzneimittel-Forsch. **10**, 802—04, Okt. 1960; Hamburg-Eppendorf, Univ.-Hautklinik; dt.) — Vgl. C. **1957**, 1243. — Die wirksamen Grenzkonzz. von *Chlortetracyclin*, *Oxytetracyclin*, *Tetracyclin* u. *Desmethylchlortetracyclin* (**I**; *Declomycin*, *Ledermycin*) auf verschiedene Bakterien werden angegeben. Bei der Aronson-Streptokokkensepsis der Maus ist **I** den anderen Tetracyclinen überlegen. **I** zeichnet sich im Vgl. zu den anderen 3 Tetracyclinen durch größere Beständigkeit, höhere Spiegel in Blut u. Gewebe u. langsamere Ausscheidung aus. Das antibakterielle Wrkg.-Spektrum entspricht den anderen Tetracyclinen. Bei Tagesdosen von 600 mg besteht beim Menschen eine gute Verträglichkeit u. die klin. Ergebnisse bei bakteriellen Infektionen der Haut sind sehr gut. G. Kimmerle. 4611

Einflüsse von zentral wirksamen Arzneimitteln auf die Elektroschockkrampfschwelle bei intakten und hypophysektomierten Ratten. Salvatore De Salva. (Arch. int. Pharmacodynam. Thérap. **137**, 267—71, 1/6. 1962; Kaukakee, Ill., Armour Pharm. Co.; engl.) — Folgende Änderungen der Elektroschockkrampfschwelle (EKS) durch Hypophysektomie werden beobachtet: *Phenobarbital*, *Meprobamate*, *Phenaglycodol*, *Mephenesin* u. *Zoxazolamine* sind als Depressantien weniger akt.; die EKS erhöhende Wrkg. von *Reserpin*, *Mezcalin*, *Benactyzine* u. *Phenyltoloxamine* wird in eine EKS-erniedrigende umgekehrt; der EKS-erhöhenden Wrkg. von *Serotonin* u. *Epinephrin* bei intakten Tieren geht bei hypophysektomierten eine Übererregbarkeit voraus, *Atropin* u. *Diphenhydramine* senken nur bei hypophysektomierten Tieren die EKS; die erregende Wrkg. von *Lysergsäurediäthylamid* wird stark erhöht. P. Gregorzewski. 4620 □

Reaktives Syndrom auf den Streß und Neuroplegika. Weitere Untersuchungen mit Hilfe von Chlorpromazin. R. Mazzone und N. Sozio. (Boll. Soc. ital. Biol. sperim. **37**, 251—53, 31/3. 1961; Bari, Univ., Ist. di Patol. Spec.; ital.) — Es wird der Effekt von *Chlorpromazin* (**I**; subkutan 8 mg/kg) auf die adrenerg. Rk. (Verh. der Blutzuckerkurve) von Kaninchen unter Streß (Elektrostimulierung) untersucht. Es zeigt sich, daß **I** das Aussehen der Blutzuckerkurve durch Streß verändert: **I** erhöht den Blutzucker stark u. verhindert sein Zurückgehen auf die Norm. F. Kren. 4620 □

Der Wirkungsmechanismus einiger Neuroplegica auf das reaktive Syndrom durch Streß. Untersuchungen mit dem Test der Cholinesterase-Aktivität des Serums. R. Mazzone und N. Sozio. (Boll. Soc. ital. Biol. sperim. **37**, 253—56, 31/3. 1961; Bari, Univ., Ist. di Patol. Spec.; ital.) — Bei Kaninchen wird die Wrkg. von *Chlorpromazin* (**I**; subkutan täglich 5 mg/kg) u. *Reserpin* (1 mg) auf die Aktivität der *Acetylcholinesterase* (**II**) des Serums im Vgl. mit der von *1-Isonicotyl-2-isopropylhydrazinphosphat* (**III**; 100 mg) u. *Serotonin* (60 mg) untersucht. Während **I** u. Reserpin eine deutliche u. Serotonin eine geringe Anti-**II**-Wrkg. zeigen, ergibt sich bei **III** eine konst. geringe **II**-Zunahme. *Eserin* als **II**-Inhibitor führt zu einer adrenerg. Hyperrk. durch Streß. F. Kren. 4620 □

Wirkung von Chlorpromazin auf den Sympathicus-Nerv des Herzens. A. Baïsset und A. Boër. (C. R. Séances Soc. Biol. Filiales **153**, 1864—69, 1959, herausgeg. 18/3. 1960; Toulouse, Fac. de Méd., Chaire de Physiol. appl. et Pharmacol.; franz.) — Vff. geben mit Nembutal (25—35 mg/kg) anästhetisierten Hunden *Chlorpromazin* (**I**, 5 u. 10 mg/kg i.v.) u. bestimmen die Herzfrequenz vor u. nach Stimulation der postganglionären, die Herzfunktion anregenden Nervenfasern auf elektrocardiograph. Wege sowie die Potentiale an der Verzweigungsstelle zwischen sympath. u. peripherem Herznerven u. am Stellarganglion. Es zeigt sich, daß **I** eine Verminderung der durch Stimulation sympath., postganglionärer Nervenfasern ausgelösten Tachycardie hervorruft, die jedoch infolge fortdauernder Einw. der das Herz erregenden Nervenfasern längere Zeit anhält, als bei Abwesenheit von I. Die postganglionären Aktionspotentiale werden durch I jedoch nicht verändert, u. die Nervenleitung am Stellarganglion bleibt unbeeinflußt. Die direkte Wrkg. von I besteht in der Auslösung einer Tachycardie, die 15 Min. nach Applikation ein Maximum erreicht. Die durch Stimulation der sympath. postganglionären Nerven induzierte Anregung des Herzens wird jedoch durch I abgeschwächt. Zwischen beiden Wirkungsarten von I besteht eine direkte Parallele. Die Ergebnisse zeigen, daß I außer seiner sympatholyt. Wrkg. auch einen direkten Einfl. auf das Herz ausübt, jedoch keine synaptolyt. Eigg. besitzt. P. Fahrnlaender. 4620□

Starke Anti-Apomorphinwirkung von Fluphenazine bei Tauben. A. M. Burkman. (Arch. int. Pharmacodynam. Thérap. **137**, 396—403, 1/6. 1962; Chicago, Ill., Univ. of Illinois, Coll. of Pharm., Dep. of Pharmacognosy and Pharmacol.; engl.) — Es wird die Wrkg. von *Fluphenazine* (I, *10-{3'-[4''-(2-Hydroxyäthyl)-piperazino]-propyl}-3-trifluormethylphenthiazin*) mit der von *Chlorpromazin* (II) auf das Apomorphin-induzierte „Peching Syndrom" untersucht. I wirkt 26,7 mal so stark wie II. P. Gregorzewski. 4620□

Methopromazin und Herz-Gefäß- sowie vegetatives Nerven-System. F. Jourdan, P. Duchêne-Marullaz, G. Faucon und P. Bouverot. (C. R. Séances Soc. Biol. Filiales **152**, 91—93, 25/8. 1958; Royal, Inst. de Rech. Cardiol.; franz.) — Das dem Largactil nahe verwandte *Methopromazin* (I, *4632 RP*, *3-Methoxy-10-[3-dimethylaminopropyl]-phenthiazin*) wird auf einige pharmakol. Wrkg. am Hund untersucht, wobei es sich herausstellt, daß es sich dabei merklich vom Largactil unterscheidet. Beim anästhetisierten Hund ruft I i.v. gegeben, eine sofortige, anhaltende, starke Blutdrucksenkung hervor, die beim wachen Hund nicht auftritt. Die Blutdrucksenkung tritt als Folge einer peripheren Vasodilatation auf. Im Gegensatz zum Largactil besitzt I keine die Herztätigkeit beschleunigende Wirkung. Aber wie jenes besitzt es auch adrenolyt. Wirkung. I verringert außerdem die Wrkg. von Reizungen sympath. Nerven, hat aber auf das parasympath. Nerven-Syst. keinen Einfluß. R. Lafferenz. 4620□

Wirkung von Antiöstrusmitteln auf den Suböstrus ovarektomierter C3H-Mäuse. Elizabeth M. Cranston. (Proc. Soc. exp. Biol. Med. **108**, 514—18, Nov. 1961; Minneapolis, Minn., Univ. of Minnesota, Med. School, Dep. of Pharmacol.; engl.) — Die mit Antiöstrus-Wrkg. bei der intakten Maus behafteten Stoffe *Reserpin*, *Chlorpromazin*, *Perphenazin*, *Meprobamat*, *Nidroxyzone* u. *Enheptin* (*2-Amino-5-nitrothiazol*) veränderten die Frequenz oder die Entw. des Suböstrus bei der ovarektomierten C3H-Maus nicht. U. Tausendfreund. 4620□

Wechselwirkung zwischen Reserpin und Narcoticis auf das Ödem der Pfote der Ratte. F. Bertè. (Boll. Soc. ital. Biol. sperim. **37**, 106—08, 15/2. 1961; Pavia, Univ., Ist. di Farmacol. e Terap. Sperim.; ital.) — Es wird der Einfl. subkutaner Dosen von 50 mg *Diäthylaminoallylisopropylbarbitursäure* (*Numal*, I)/kg u. 1 g *Urethan*/kg auf das Ödem durch *Dextran* u. auf die Wechselwrkg. mit *Reserpin* (18 Std. zuvor subkutan 5 mg/kg) untersucht. Während Urethan das Ödem deutlich unterdrückt, ist die Wrkg. von I nicht signifikant. Die hemmende Aktivität von Reserpin auf das Ödem wird durch I viel stärker abgeschwächt als durch Urethan. F. Kren. 4620□

Eine ontogenetische Untersuchung von ^{14}C-Luminal im Katzenhirn. Norbert S. Domek, Charles F. Barlow und Lloyd J. Roth. (J. Pharmacol. exp. Therapeut. **130**, 285—93, Nov. 1960; Chicago, Ill., Univ. of Chicago, Dep. of Pharmacol. and Dep. of Med., Div. of Neurol.; engl.) — Eine ontogenet. Unters. des Eindringens u. der Verteilung von intraperitoneal gegebenem *^{14}C-Luminal* (I; Markierung in der Harnstoffhälfte) in Hirn u. Cerebrospinal-Fl. von Katzen ergab bei erwachsenen u. neugeborenen Tieren keine I-Metabolite in beiden Bereichen. In frühen Entw.-Stadien besteht eine deutlich ungleichmäßige I-Verteilung im Hirn. I dringt in die graue Substanz der erwachsenen Katze leichter ein als in die weiße, was vermutlich auf die laminare Natur der Myelinhülle zurückzuführen ist. Kein Bezirk der grauen Substanz wies während ½—6 Std. eine ungewöhnliche örtliche I-Anreicherung auf. Die I-Verteilung war bei der neugeborenen Katze bzgl. weißer Substanz u. Rinde umgekehrt wie beim erwachsenen Tier. Die Verteilung in der weißen Substanz stand in umgekehrtem Verhältnis zur Myelinentwicklung. Die I-Konz. der Cerebrospinal-Fl. ist einem Plasmaultrafiltrat vergleichbar. Vermutlich liegt ein erheblicher Bruchteil von Gehirn-I gebunden vor. K. Maier. 4627□

Untersuchungen analgetischer Substanzen. 3. Mitt. Dextromoramide und ein Vergleich der Methoden zur Schmerzbestimmung beim Menschen. Arthur S. Keats, Jane Telford und Yoshio Kurosu. (J. Pharmacol. exp. Therapeut. **130**, 212—17, Okt. 1960; Houston, Tex., Baylor Univ., Coll. of Med., Div. of Anestesiol.; Jefferson Davis Hosp.; engl.) — Vgl. C. **1958**, 12766 u. **1960**, 3623. — *Dextromoramide* (*Dimorlin*;

Palfium; *R-875*; *SKF d-5137*; *dl-N-[3-Methyl-4-morpholino-2.2-diphenylbutyryl]-pyrrolidin*; I) bietet bei der Schmerzbekämpfung im Vgl. mit *Morphin* (II) gegenüber diesem keinen Vorteil. Die analget. Wirksamkeit ist auf mg-Basis u. bei Berücksichtigung der Gipfel-Wrkg. doppelt so stark wie die von II u. 1,3fach wie die von II, wenn die gesamte analget. Wrkg. über die Dauer von 6 Std. berücksichtigt wird. In einer Dosis von 5 mg/70 kg als I-Tartrat entsprechen Atemdepression u. Häufigkeit subjektiver Wrkg. denen von II. Die Wrkg.-Dauer von 10 mg I/70 kg ist geringer als die von II.

U. Tausendfreund. 4627☐

Untersuchungen analgetischer Substanzen. 4. Mitt. **Dissoziation analgetischer, respiratorischer und emetischer Wirkungen.** Arthur S. Keats, Jane Telford und Yoshio Kurosu. (J. Pharmacol. exp. Therapeut. **130,** 218—21, Okt. 1960; engl.) — Bei Prüfung der Wrkg. von *4-Acetoxy-3-methyl-1-[phenyläthyl]-4-o-tolylpiperidinhydrochlorid* (*Wy-2247*; I) konnte eine bemerkenswerte quant. Dissoziation der analget., respirator. u. emet. Aktivitäten konstatiert werden. So wurde mit 1 mg I/70 kg eine Atemdepression hervorgerufen, wie sie bei 10 mg *Morphin* (II) aufzutreten pflegt bzw. rufen I-Dosen, die eine II-ähnliche Analgesie herbeiführen, schwere Atemdepression hervor; dabei kommt es nur zu einer minimalen Übelkeit u. zu keinerlei Erbrechen. Damit ist gezeigt, daß die von II her bekannten Wrkg. nicht naturnotwendig in der gleichen Stärke bei gleichartiger Analgesie auftreten müssen u. daß die Herst. eines Stoffes mit hoher analget. Wrkg. u. geringer Atemdepression möglich wäre.

U. Tausendfreund. 4627☐

Lidocain-Wirkung auf die Nierenfunktion bei Hunden und normalen Menschen. Eugene A. De Felice. (Arch. int. Pharmacodynam. Thérap. **116,** 418—22, 1/9. 1958; Boston, Mass., New England Coll. of Pharmacy, Dep. of Biol. Sci.; engl.) — Verss. an Normalpersonen u. Hunden ergaben, daß orale oder i.v. Gaben von *Lidocain* in verschiedenen Dosen keinen Einfl. auf die normale Nierenfunktion (Harnfluß, Kreatinin- u. tubuläre Na-Rückresorption) ausüben. P. Gregorzewski. 4627☐

Das Stoffwechselverhalten von Diphenylhydantoin bei Hund, Ratte und Mensch. E. W. Maynert. (J. Pharmacol. exp. Therapeut. **130,** 275—84, Nov. 1960; Baltimore, Md., Johns Hopkins Univ., School of Med., Dep. of Pharmacol. and Exp. Therapeutics; engl.) — Nach i.v. Zufuhr von *$^{15}N_{(1)}$-5.5-Diphenylhydantoin* (I) waren bei Hund u. Ratte >48 Std. zur ^{15}N-Ausscheidung erforderlich. Ein Hund schied 80% des ^{15}N im Harn, die Ratte ca. 60% im Harn u. 20% in den Faeces aus. Ratten schieden 2% einer i.v. u. 12% einer oralen Dosis I unverändert im Kot aus. Nur kleine Mengen ^{15}N traten in der NH_3- u. Harnstofffraktion des Hundeurins auf. Nach Isotopen-Verdünnungsverss. kommen nach I-Zufuhr I, *Diphenylhydantoinsäure* u. *α-Aminodiphenylessigsäure* im Harn nur spurenweise vor. Hunde schieden 30—50% I als *Glucuronsäurekonjugate*, vorwiegend als *5-[p-Hydroxyphenyl]-5-phenylhydantoin* (II)-*glucuronid* aus. Beim Menschen u. Hund erschienen <1% der I-Dosis im Harn als freies II, bei Ratten 2—4%. Durch Säure abgespaltenes II entsprach bei Mensch u. Hund >50%, bei der Ratte nur 20 bis 25% der I-Dosis. *β*-Glucuronidase setzte im Harn aller 3 Species ca. 75% des sauer abgespaltenen II frei, Phenolsulfatase keines. Die langsame Metabolitausscheidung nach intraperitonealer I-Injektion beruht auf Kristallisation von I in der Bauchhöhle.

K. Maier. 4628☐

Krampfhemmende Wirkung von Nialamid und Diphenylhydantoin. S. Y. P'An, W. H. Funderburk und K. F. Finger. (Proc. Soc. exp. Biol. Med. **108,** 680—83, Dez. 1961; Groton, Conn., Chas. Pfizer & Co., Inc., Med. Res. Labor., Dep. of Pharmacol.; engl.) — *Nialamid* (I) erhöhte die Schwelle für maximalen Elektroschock bei Mäusen u. Ratten unabhängig von der durch I ausgelösten Zunahme des *5-Hydroxytryptamin* (II)- u. *Norepinephrin* (III)-Geh. im Hirn. 6—55 mg *Diphenylhydantoin* (IV)/kg (ca. das 9fache der krampfhemmenden Dosis) veränderten den Geh. von II oder III im Hirn von Mäusen nicht signifikant. I potenzierte die krampfhemmende Wrkg. von IV, Reserpin setzte sie herab. K. Zingraf. 4628☐

Die anticholinergischen Wirkungen von Tridihexethyljodide. A. C. Osterberg und W. D. Gray. (Arch. int. Pharmacodynam. Thérap. **137,** 250—66, 1/6. 1962; Pearl River, N.Y., American Cyanamid Comp., Lederle Labor. Div.; engl.) — *Tridihexethyljodide*, (I, *3-Diäthylamino-1-cyclohexyl-1-phenylpropanol-(1)-äthojodid, Pathilon*, American Cyanamid Company) hemmt bei Ratten die Säuresekretion des Magens (5 mg/kg, subkutan), 11 mg/kg, oral verursachen beim Hund Mydriasis. Die spasmolyt. Wrkg. am isolierten Kaninchenileum ist der von Atropin ähnlich. I inhibiert den Herzvagus bei Hund u. Katze; die I-Wrkg. ist hauptsächlich peripherer Natur, die Leitung über das obere Cervicalganglion wird sehr schwach beeinflußt. P. Gregorzewski. 4628☐

Neue Typen synthetischer Verbindungen mit ganglienblockierender Wirkung. Zdeněk J. Vejdělek. (Arzneimittel-Forsch. **10,** 808—11, Okt. 1960; Prag, Forschungs-

Inst. für Pharmazie u. Biochem.; dt.) — Es wird ein Überblick über die Chemie von hypotensiv gangliopleg. wirksamen Verbb. gegeben. In neuerer Zeit werden die „Onium"-Verbb. durch Amin-Salze abgelöst. Diese Verbb. zeigen eine verbesserte Resorption im Verdauungstrakt, so daß sie oral appliziert werden können. Sehr interessant sind Analoge des Mecamylamins. Erwähnt werden *Tetraäthylammonium, Pentamethonium, Hexamethonium, Pentolinium, Pendiomid, Oxaditon, Thiamethon, Phenyldi-* u. *-trimethonium, Presidal, Camphidonium, Ecolid, Inversin, Penhexamin* u. *Penbutamin.* — 54 Literaturangaben. G. Kimmerle. 4628

Postsynaptische Wirkungen von Hemicholinium Nr. 3 auf den neuromuskulären Übergang beim Frosch. A. R. Martin und R. K. Orkand. (Canad. J. Biochem. Physiol. **39,** 343—49, Febr. 1961; Salt Lake City, Utah, Univ. of Utah, Coll. of Med., Dep. of Physiol. and Pharmacol.; engl.) — Bei intracellulärer Registrierung der Wrkg. von *Hemicholinium Nr. 3* (I) auf den neuromuskulären Übertragungsmechanismus an einzelnen Muskelfasern des excidierten Musculus extensor longus digiti IV des Frosches verminderten Konzz. über 10^{-5} m **I** die Amplitude des Endplattenpotentials u. die Größe der durch iontophoret. Verabreichung von *Acetylcholin* (**II**) bewirkten Depolarisierung. Die Dauer des durch **II** bewirkten Potentials war gesteigert, die abfallende Phase des Endplattenpotentials verlängert. 10^{-4} m **I** führte zu Veränderungen in der Form des Endplattenpotentials ähnlich wie Procain. U. Tausendfreund. 4628

Wirkungen von dl-, l- und d-Ephedrin auf die Levarterenol-Tachyphylaxie des isolierten Venus-mercenaria-Herzens. Henry P. Ciuchta und David E. Mann jun. (J. pharmac. Sci. **50,** 648—51, Aug. 1961; Philadelphia, Pa., Temple Univ. School of Pharm.; engl.) — Der wirksamste Inhibitor der Levarterenol-Tachyphylaxie ist *l-Ephedrin,* gefolgt von der dl- u. d-Form. In höheren Dosen zeigen die Isomeren positiv inotrope Reaktion. P. Gregorzewski. 4630□

Über die Wirkung von Herzglykosiden auf die Melanophoren der Froschhaut. W. Rössner und K. Zipf. (Naunyn-Schmiedebergs Arch. exp. Pathol. Pharmakol. **240,** 336—40, 1961; München, Univ., Tierärztliche Fak., Inst. für Pharmakol, Toxikol. u. Pharmazie; dt.) — Die an isolierten Hautstücken des Frosches mit *K-Strophanthin, Thevetin* u. *Suprarenin* ausgeführten Verss. ergaben eine regelmäßige Kontraktion expandierter Melanophoren. *Acetylcholin* u. *Pilocarpin* verzögerten die Spontankontraktion der expandierten Melanophoren, K-Strophanthin, Thevetin u. Suprarenin hemmen deutlich die durch Rauwopur, Yohimbin, Ajmalin, Regitin u. Megaphen zu erreichende Melanophorenausbreitung. Die Ergebnisse deuten auf eine Hemmung der Inaktivierung des *Noradrenalins* u. *Adrenalins* durch Herzglykoside hin. K. Lohs. 4630□

Wirkungen von Digitoxin auf das austauschbare und im Gewebe enthaltene Magnesium. Jerry K. Aikawa, Jacqueline Z. Reardon und Dale R. Harms. (Proc. Soc. exp. Biol. Med. **108,** 684—86, Dez. 1961; Denver, Univ. of Colorado, School of Med., Dep. of Med.; engl.) — 0,1 mg *Digitoxin*/kg täglich i. v., 8 Tage lang, beeinflußten bei Kaninchen die äußere *Mg*-Bilanz (Zufuhr, Ausscheidung, Geh. im Serum) nicht wesentlich, bewirkten indessen eine signifikante Zunahme des austauschbaren Mg im Körper. K. Zingraf. 4630□

Neue Untersuchungen zur Pharmakologie des Narceins. B. Kelentey, E. Stenszky und F. Czollner. (Naunyn-Schmiedebergs Arch. exp. Pathol. Pharmakol. **233,** 550—55, 1958; Debrecen, Univ., Pharmakol. Inst.) — *Narcein* (I) zeigt gegenüber Mäusen, Kaninchen, Hunden u. Katzen hohe DL_{50} (1,8—2,2 g/kg). I. v. Gaben von 50 mg/kg wirken auf das Atemzentrum des Kaninchens erregend u. erhöhen Atemfrequenz u. -volumen. **I** wirkt nicht schmerzstillend, aber hustenhemmend wie *Codein,* es senkt leicht den Blutdruck, regt die Darmperistaltik stark an. Die Kontraktionen des trächtigen Uterus werden seltener aber kräftiger. **I** hebt die *Morphin*-Wrkg. auf die Atmung mit 150—200 mg/kg Dosen auf; diese Wrkg. ist spezifisch. P. Gregorzewski. 4630□

Die Wirkung von 5-Acetimino-4-methyl-Δ^2-1.3.4.-thiodiazolin-2-sulfonamid (Naptazane) auf den Calciumstoffwechsel von Legehennen. Zur Biochemie der Knochenauflösung. 5. Mitt. Peter Siegmund und Hans-Joachim Dulce. (Naunyn-Schmiedebergs Arch. exp. Pathol. Pharmakol. **240,** 322—26, 1961; Berlin, Freie Univ., Physiolog.-chem. Inst.; dt.) — 4. vgl. C. **1961,** 7291. — *Neptazane* (Lederle) u. verwandte Sulfonamide zählen zu den Inhibitoren der Carboanhydratase. Es läßt bei oraler Gabe die Plasma-Ca- u. Eiweißwerte der Legehennen unbeeinflußt, setzt aber in Dosen von 60 u. 120 mg/Tag das Gesamt-Ca der Eierschale herab. Eine darauffolgende einmalige i. v. Dosis von 120 mg Neptazane erniedrigt deutlich das Plasmacalcium. K. Lohs. 4634□

Diuretische Eigenschaften von stereospezifischen 3-Imidomethyloxazolidinen bei Laboratoriumstieren. C. M. Kagawa und Max J. Kalm. (Arch. int. Pharmacodynam. Thérap. **137**, 241—49, 1/6. 1962; Chicago, Ill., G. D. Searle and Comp.; engl.) — Untersucht werden die verschiedenen ster. Formen folgender Substanzen an salzbelasteten Ratten u. Hunden: 4-Methyl-5-phenyloxazolidine: *3-Succinimidomethyl-* (I), *3-β-Äthyl-β-methylglutarimidomethyl-* (II), *3-Maleinimidomethyl-*, *3-Hexahydrophthalimidomethyl-*, *3-Tetrahydrophthalimidomethyl-* u. *3-Phthalimidomethyl-* (III). Die l-Form von I zeigt eine signifikant stärkere Wrkg. als die d-Form. Ebenso verhält es sich bei II u. III. Es zeigt sich, daß die Wrkg. der Racemate vor allem auf der der l-Form beruht. Bei Hunden wird häufig Erbrechen verursacht.
P. Gregorzewski. 4634□

Experimentelle Untersuchungen über günstige Einflüsse von siliciumorganischen Verbindungen auf Histamin-Magenulcera am Meerschweinchen. P. Fréour, R. Magimel-Pelonnier, M. Serisé, J. Plantié und M. Durquety. (C. R. Séances Soc. Biol. Filiales **152**, 61—63, 25/8. 1958; Bordeaux, Labor. de M. Piéchaud; franz.)— Zusatz von *Chelaten aus Methylsiliconat u. organ. Säuren* (I) verlangsamt in vitro die Albuminverdauung durch Papain u. Trypsin. In vivo finden Vff. am Meerschweinchen nach peroralen I-Gaben eine Verminderung der Zahl experimenteller *Histamin*-Ulcera im Vgl. zu unbehandelten Tieren. R. Lafferenz. 4645□

Synthetische Antidiarrhoemittel. 1. Mitt. Pharmakologische Eigenschaften von R 1132 und verwandten Verbindungen. Paul A. J. Janssen, Anton H. Jageneau und Jules Huygens. (J. med. pharmac. Chem. **1**, 299—308, Aug. 1959; Beerse-Turnhout, Belgien, Res. Labor. Dr. Janssen; engl.) — Die nachfolgend angeführten Verbb. besitzen bei subcutaner Injektion, in Dosen bis zu 80 mg/kg an Mäusen u. Ratten untersucht, weder analget. noch mydriat. Wirkung. Dagegen hemmen sie die gastro-intestinalen Propulsionen (die angewendete Unters.-Technik ist beschrieben). Die angegebenen wirksamen Dosen (DE_{50}) zeigen, daß alle aktiver als Papaverin, die meisten auch aktiver als Codein, Atropin u. Morphin sind. — *N-[3.3-Diphenyl-3-cyanpropyl]-4-phenylpiperidyl-(4)-carbonsäuremethylester*, (*R 1326*), 2,21 (DE_{50} in mg/kg); *-äthylester*, (*R 1132*), 0,80; *-n-propylester*, (*R 1260*), 0,43; *-isopropylester*, (*R 1261*), 3,52; *-allylester*, (*R 1416*), 0,16; *-n-butylester*, (*R 1319*), 0,20; *-n-amylester*, (*R 1355*), 0,43; *-n-hexylester*, (*R 1493*), 0,46; *-cyclohexylester*, (*R 1357*), 0,95; *-n-heptylester*, (*R 1500*), 0,60; *-phenyläthylester*, (*R 1375*), 0,17; *-(4)-äthylketon*, (*R 1301*), 17,4; *-(4)-n-propylketon*, (*R 1302*), 23,4; — *N-[4.4-Diphenyl-4-cyanbutyl]-4-phenylpiperidyl-(4)-carbonsäureäthylester*, (*R 1305*), 8,9; *-(4)-carbonsäure-n-propylester*, (*R 1318*), 12,4; *-(4)-äthylketon*, (*R 1316*), 11,0; *-(4)-n-propylketon*, (*R 1320*), 6,4; *N-[5.5-Diphenyl-5-cyanpentyl]-4-phenylpiperidyl-(4)-carbonsäureäthylester*, (*R 1440*), 74,0. — *Morphinhydrochlorid*, 9,0; — *Codeinphosphat*, 32,5; — *Atropinsulfat*, 16,5; — *Papaverinhydrochlorid*, 95. — Aus den Werten ist zu ersehen, daß bei den Estern die Aktivität mit wachsender Polymethylenkette abnimmt, bei den Ketonen dagegen zunimmt. Walter Schäfer. 4647□

Die experimentell-pharmakologischen Grundlagen der Griseofulvin-Behandlung. Emil Fischer. (Dermatologica [Basel] **123**, 153—58, Sept. 1961; Zürich, Derm. Univ. Klinik; dt.) — Die Pharmakologie u. die tierexperimentelle Wrkg. des *Griseofulvins* werden kurz dargestellt. Herbert Koch. 4661□

Die Griseofulvinbehandlung der Nagelmykosen bei Bradyplasie der Nägel. J.-M. Paschoud. (Dermatologica [Basel] **123**, 159—63, Sept. 1961; Lausanne, 14 av du Théâtre; dt.) — Griseofulvin ist unwirksam, wenn Nagelmykosen an Nägeln mit fehlendem (Aplasie) oder verlangsamten (Bradyplasie) Wachstum auftreten.
Herbert Koch. 4661□

Einige neue Ergebnisse über die Intoxikation durch Kohlenoxid in der ausländischen Literatur der letzten Jahre. B. A. Katznelsson. (Гигиена и Санитария [Hyg. u. Sanitätswes.] **26**, Nr. 1, 90—94, Jan. 1961; Swerdlowsk, Inst. für Arbeitshygiene u. Berufspathologie; russ.) — Übersicht an Hand der Literatur. — 25 Literaturangaben. O. Lebtag. 4675□

Keine Schutzwirkung von L-Arginin bei Ammoniakvergiftung: Seine Rolle als Harnstoffquelle. Herman Villarreal, Regino Ronces, Vidal Sánchez und Heriberto Arcila. (Amer. J. Physiol. **202**, 364—66, Febr. 1962; Mexico, D.F., Nat. Inst. of Cardiol. of Mexico; engl.) — Wenn *L-Arginin* (I) bei Hunden zusammen mit NH_4Cl verabreicht wird, so ist die Zunahme von NH_4^+ im Blut um 25% geringer, als wenn NH_4Cl allein verabfolgt wird; ähnlich liegen die Verhältnisse bei Tieren mit Hyperammonämie. Die Schutz-Wrkg. ist jedoch nur eine scheinbare, da der Unterschied statist. nicht signifikant ist. Nach NH_4Cl tritt eine Zunahme des Harnstoff (II)-Geh.

im Blut ein; diese wird durch **I** statist. signifikant erhöht. **I** allein erhöht ebenfalls die **II**-Konz. im Blut, beeinflußt dagegen die NH_4^+-Konz. im Blut nicht.
K. Zingraf. 4675□

F. Pharmazeutische Chemie. Desinfektion

Abbott Laboratories, V.St.A. (Erfinder: Clarence J. Endicott und William T. Martin), **Herstellung von medizinischen Tabletten** mit einem wasserdurchlässigen Überzug aus einem wasserlösl. Wachs u. einer plast. Masse aus einem Methacrylsäureester eines niedermol. aliphat. Alkohols oder aus Mischpolymeren von niedermol. Alkylacrylaten mit niedermol. Alkylmethacrylaten oder aus Mischpolymeren von niedermol. Alkylmethacrylaten mit Methacrylsäure. — Man stellt z. B. ein fl. Überzugsmittel her aus 10 (g) Polyäthalenglykol-6000, 5 Mischpolymerisat aus Methylmethacrylat mit Methacrylsäure, 15 A. u. Aceton auf 100 ml. Nach dem Trocknen werden weitere Fl.-Mengen aufgetragen, bis der Film die gewünschte Dicke hat. Ggf. werden der Lsg. noch Farbstoffe zugesetzt, u. zum Schluß wird eine Zuckerschicht aufgetragen. (**F. P. 1 248 796** vom 17/2. 1960, ausg. 10/3. 1961. A. Prior. 18/2. 1959.)
M. F. Müller. 4767

Olin Mathieson Chemical Corp., übert. von: Harland Edward Heilig, Highland Park, N.J., und Felix Anthony Jehle, Brooklyn, N.Y., V.St.A., **Arzneitabletten.** Wasserempfindliche Wirkstoffe, wie *Acetylsalicylsäure*, werden tablettiert u. die Kerne mit einem Gemisch von 1 (Teil) Schellack u. 0,7—2,2 Polyvinylpyrrolidon in alkohol. Lsg. überzogen. Über diesen Film kann noch ein ggf. gefärbter Überzug aus Sirup gegeben werden. Über einige Std. verzögerte Freigabe des Wirkstoffes im Magen u. in den oberen Abschnitten des Jejunums. (**A. P. 2 954 322** vom 4/9. 1958, ausg. 27/9. 1961.)
K. Koebke. 4767

Smith, Kline & French Laboratories, Philadelphia, übert. von: Joseph V. Swintosky, Perkiomenville, Pa., V.St.A., **Herstellung von Arzneitabletten,** die gegen die Magensäfte geschützt u. im Darmkanal leicht lösl. sind. Man umpreßt den Wirkstoffkern, der bes. Aspirin enthält, mit einem Gemisch aus einer pharmazeut. annehmbaren organ. Säure mit einer Dissoziations-Konst. von ca. $1 \cdot 10^{-3}$ bis ca. $1 \cdot 10^{-7}$ u. einer Wasserlöslichkeit von $< 1\%$ (Hippursäure, Benzoesäure, Salicylsäure) u. einem pharmazeut. Binder (Gelatine, Zucker, hydriertes Ricinusöl, Traganth). (**A. P. 2971889** vom 18/3. 1958, ausg. 14/2. 1961.)
K. Koebke. 4767

Charles E. Frosst & Co., übert. von: John F. Millar, Valois, und Samuel W. Harder, St. Laurent, Canada, **Herstellung von Arzneitabletten,** die in wss. Fll. mit einem pH $< 3{,}5$ mindestens 2 Std. beständig sind u. sich in einem wss. Medium mit einem pH $> 5{,}5$ in 10—30 Min. auflösen, dad. gek., daß man wirkstoffhaltige Kerne aus einem organ. Lsgm. mit einem Polyvinylacetatphthalatteilester überzieht, der einen Polymerisationsgrad von 200—800, einen Acetylgruppen-Geh. von 0,2—12 (%) u. einen Phthalylgruppen-Geh. von 38—59 aufweist. (**A. P. 2 993 837** vom 13/7. 1959, ausg. 25/7. 1961.)
K. Koebke. 4767

Tanabe Seiyaku Co. Ltd., Osaka, übert. von: Tadao Ida, Gose-shi, Japan, **Herstellung von Arzneitabletten.** Man verwendet als Isolierschicht ein wasserunlösl. säurelösl., filmbildendes Material aus der Gruppe Polyvinyldiäthylaminoacetal, Polyvinylbenzylaminoacetal, Polyvinylpiperidinoacetal, deren Mischpolymerisate mit Vinylacetat, N.N-Diäthylvinylamin-Vinylacetat-Mischpolymerisate u. Mischpolymerisate von Vinylacetat mit N-Benzylvinylamin, N-Hydroxyäthylvinylamin u. N-Vinylpiperazin. (**A. P. 2 976 214** vom 22/6. 1959, ausg. 21/3. 1961.)
K. Koebke. 4767

Imperial Chemical Industries Ltd., England, **Herstellung von Tabletten** aus festem Material, z. B. aus krit. *Harnstoff*, mit einem Verhältnis von Breite zur Länge von 1 : 5—1 : 15 u. einem Feuchtigkeits-Geh. von $< 1\%$. Dem Material werden bis zu 2% eines Schmiermittels [Graphit, Talk, Seife (Na-Stearat)] u. eines Schleifmittels, z. B. Si-Carbid oder Al_2O_3, zugesetzt. (**F. P. 1 241 606** vom 27/11. 1959, ausg. 23/12, 1960. E. Prior. 28/11. 1958 u. 30/10. 1959.)
M. F. Müller. 4767

National Cash Register Co., V.St.A. (Erfinder: Carl Brynko und Joseph Albert Scarpelli), **Herstellung von mehrschichtigen Arzneikapseln,** welche als Kern das Arzneimittel u. als äußere Hülle eine Schicht eines Mischpolymerisats von Polyäthylen-Maleinsäureanhydrid (Molgew. 60000—70000) in Form einer wss. Dispersion von Gelatine mit Zusätzen eines Aldehyds, z. B. HCHO, Glutar- oder α-Hydroxyadipinaldehyd, enthalten. (**F. P. 1 248 178** vom 30/12. 1959, ausg. 1/3. 1961. A. Prior. 31/12. 1958.)
M. F. Müller. 4767

Olin Mathieson Chemical Corp., V.St.A. (Erfinder: Harland E. Heilig), **Überzugsmaterial für Arzneimittelkapseln** aus einem polymeren Terpenharz (F. 70 bis

135°), bes. von β-Pinen, u. einer kleinen Menge eines Celluloseesters. — Die Kapseln werden zunächst mit einem Zuckerüberzug versehen u. danach mit einer 10%ig. Lsg. eines polymeren Pinenharzes (F. 85°) in 1.1.1-Trichloräthan überzogen u. vom Lsgm. befreit. Als Poliermittel wird ein Gemisch aus 1 (Teil) Carnaubawachs u. 3 Bienenwachs benutzt. (**F. P. 1 249 644** vom 27/2. 1960, ausg. 22/3. 1961. A. Prior. 27/2. 1959.) M. F. Müller. 4767

Lloyd Brothers, Inc., übert. von: Lyell J. Klotz, Cincinnati, Ohio, V.St.A., **Gelatine-Kapseln** für medizin. Zwecke. Man verwendet eine Gelatine mit 10 bis 30% *1.2.6-Hexantriol* als Weichmacher. Die Kapseln sind bes. geeignet für haltbare Präpp. mit öligen Lsgg. von Dioctyl-Na-sulfosuccinat, die auch 1.8-Dihydroxyanthrachinon enthalten können. (**A. P. 2 973 301** vom 12/3. 1959, ausg. 28/2. 1961.) K. Koebke. 4767

Upjohn Co., Kalamazoo, übert. von: Jere E. Goyan, Ann Arbor, und Milton Wruble, Kalamazoo Township, Mich., V.St.A., **Suppositoriengrundlage,** enthaltend ein Polyäthylenglykol (I) vom Molgew. 4000—6000, ein fl. I vom Molgew. 200—600, Polyoxyäthylensorbitanmono- oder -tristearat, Spermaceti, ein Äthylenoxid Polypropylenglykol-Kondens.-Prod. der Formel $HO(C_2H_4O)(C_3H_6O)(C_2H_4O)H$ mit einem Polypropylen-Basis-Molgew. von 1750 u. einem Total-Molgew. von 8750, Polyoxyäthylenpalmitat, ein festes Polyoxyäthylenstearat mit einem hydrophil-lipophil-Gleichgewichtswert von 16—18 u. ein nichttox., im wesentlichen trocknes Hilfsstoffgemisch mit 80—90% wasserlösl. Anteilen (Lactose, Dextrose, Glucose, NaCl, Na_2SO_4 u. Maisstärke, Guargummi, Methylcellulose, gereinigte Holzcellulose). (**A. P. 2 975 099** vom 25/6. 1958, ausg. 14/3. 1961.) K. Koebke. 4767

United States Vitamin Corp., übert. von: A. Jay Merritt, New Rochelle, und Louis Freedman, Bronxville, N.Y., V.St.A., **Gewinnung von arzneilich wirksamen Flavonoiden aus Pflanzen,** bes. aus Citrusfrüchten dad., daß man Citrus-Melasse bei pH 4 im Gegenstrom mit einem Zweiphasengemisch von Butylalkohol-W. extrahiert u. die Phasen trennt. Die Butylalkoholphase wird zum Sirup eingedickt u. mit W. extrahiert. (**A. P. 2 952 674** vom 8/8. 1958, ausg. 13/9. 1960.) K. Koebke. 4783

Burroughs Wellcome & Co. (USA), Inc., übert. von: Edwin J. de Beer, Tuckahoe, N.Y., V.St.A., **Arzneimittel.** Zur Behandlung von *febrilen Konvulsionen* gibt man N-Phenylbarbital (3—5 mg/kg) in Form von Kapseln, Tabletten oder Elixieren oder Sirup. (**A. P. 2 955 073** vom 2/6. 1958, ausg. 4/10. 1960.) K. Koebke. 4791

Hans-Jörg Schmidt und Christa Dittrich, Dresden, **Herstellung eines Wirkstoffextraktes aus Sennesdrogen.** Ein alkal.-methanol. Extrakt wird sofort nach seiner Gewinnung mittels Säure, bes. CH_3COOH, auf pH 6 eingestellt; er enthält neben der Säure nunmehr auch das Salz dieser Säure, wodurch eine Puffer-Wrkg. ausgeübt wird u. die Wirkstoffe beständig erhalten werden; der Extrakt wird dann im Vakuum eingeengt u. das erhaltene Wirkstoffkonzentrat auf die Reinsennoside A u. B oder die Ca-Sennoside aufgearbeitet. Sowohl Wirkstoffkonzentrate als auch Reinglykoside dienen zur Herst. von arzneilichen Zubereitungen mit abführender Wirkung. — Beispiel. (**D. P. [DDR] 23 397** Kl. 30h vom 31/5. 1960, ausg. 10/7. 1962 [Wirtschaftspatent].) W. Raetz. 4791

Alfred Halpern, Great Neck, N.Y., V.St.A., **Herstellung von Sennosid-Präparaten.** Die Glykoside werden in W., einem niederen Alkohol oder in Gemischen von W. u. Alkohol gelöst u. mit Guargummi, Polygalactursäure oder Alginsäure versetzt. Es bildet sich ein Komplex, der gegen Säuren u. Alkalien des Gastrointestinaltrakts beständig ist, aber von bakteriellen Enzymen des Darmes gespalten wird u. die Wirkstoffe langsam freigibt. (**A. P. 2 970 942** vom 6/2. 1958, ausg. 7/2. 1961.) K. Koebke. 4791

Schenley Industries, Inc., New York, N.Y., V.St.A., übert. von: Hermann Friedrich und Rudolf Gosswald, Wuppertal, **Arzneisalbe,** enthaltend in einer wasserfreien, sterilen Salbengrundlage 0,1—1,0 (%) *Hyaluronidase* u. 0,1—2,0 *Heparin* oder ein als Antikoagulans wirksames sulfatiertes Polysaccharid. (**A. P. 2 976 212** vom 25/11. 1957, ausg. 21/3. 1961. D. Prior. 1/12. 1956.) K. Koebke. 4793

Lohmann K. G., Deutschland, **Wundverband** aus einem saugfähigen u. einem nicht saugfähigen, getrennten Teil. Ein Gewebe aus Cellulose oder Baumwolle wird mit Al-Metall durch Verdampfung oder durch kathod. Zerstäubung überzogen; oder man verwendet ein Fasermaterial mit Ag oder einem anderen therapeut. wirksamen Metall, um daraus den nicht saugfähigen Teil des Verbandes herzustellen. Zur Herst. des absorbierenden Verbandsmaterials werden Polyäthylendispersionen verwendet, denen ggf. ein Metallpulver zugesetzt wird. (**F. P. 1 244 253** vom 6/1. 1960, ausg. 23/1. 1961. D. Prior. 7/1. 1959.) M. F. Müller. 4795

American Cyanamid Co., V.St.A. (Erfinder: Arthur Glick), **Herstellung von chirurgischer Nähseide,** welche einen nicht absorbierbaren Überzug eines polymerisierbaren Silicons besitzt, der nicht tox. u. physiolog. inert ist, z. B. wird eine 15%ig. Lsg. von polymerem Dimethylsilicon, welche 5% Benzoylperoxid als Polymerisationskatalysator enthält, verwendet. (**F. P. 1 239 016** vom 10/10. 1959, ausg. 7/12. 1960. A. Prior. 16/10. 1958.) M. F. Müller. 4795

American Cyanamid Co., New York, N.Y., V.St.A., **Herstellung chirurgischer Fäden.** Ein saures Kollagengel, z. B. aus Rindersehnen, mit einem Feststoff-Geh. zwischen 0,5 u. 1,5% u. pH 2,5—4,5 wird unter Bldg. eines endlosen Fadens in ein alkal. Bad gepreßt, das ein mit W. mischbares organ. Lsgm., wie Methyl-, Äthyl-, Propyl-, Isopropyl- oder tert.-Butylalkohol, mit höchstens 50% W. enthält, wobei in dem Lsgm. mindestens 0,1 Gew.-% einer flüchtigen, alkal. reagierenden Verb., wie NH_3, Methyl-, Dimethyl- oder Trimethylamin, gelöst sind; man beläßt den entstandenen Faden mindestens 30 Min. zur Härtung in diesem Bade, drückt in dann zu einem flachen Band zusammen, trocknet $<65^0$, führt es unter Spannung durch ein Na-, K- oder NH_4-Bichromat enthaltendes Bad, um eine teilweise Streckung zu erzielen u. die Beizung einzuleiten, verspinnt darauf zu einem verzwirnten Faden, verstreckt diesen unter Spannung in einer Atmosphäre mit mindestens 25% relativer Feuchtigkeit um mindestens 20%, trocknet den Zwirn, führt ihn zwecks Beendigung der Beizung durch ein Red.-Bad, z. B. aus Na-Bisulfat, trocknet u. sterilisiert; als alkal. Bad verwendet man bes. eine Lsg. von NH_3 in A.; das Verspinnen u. Verstrecken kann in beliebiger Reihenfolge geschehen, doch muß mindestens ein Teil des Streckvorganges nach dem Verspinnen erfolgen. Man erhält so glatte Fäden von beliebiger Länge u. beliebigem Ø, die einer Schädigung durch Bakterien weniger ausgesetzt sind als Fäden aus Därmen. — Beispiele; 9 Zeichnungen. — Vgl. F. P. 1 220 273; C. **1962,** 9570. (**Oe. P. 219 201** vom 17/2. 1959, ausg. 10/1. 1962. A. Prior. 17/2. 1958.) W. Raetz. 4795

VEB Thüringisches Kunstfaserwerk „Wilhelm Pieck" Schwarza, Rudolstadt (Erfinder: Helmut Barthold, Rudolstadt, und Hans-Joachim Walther, Bad Blankenburg), **Herstellung von Gefäßersatz aus synthetischen Faserstoffen.** Ein bes. mittels W. von 75—120^0 vorgeschrumpfter, bes. gestrickter Schlauch aus thermoplast. Faserstoff, z. B. aus Polyesterfasern, wird auf mechan. Wege mit Wellungen versehen, die bei höheren Temp. fixiert werden, mit heißem W. nachbehandelt u. getrocknet, wobei die Wellungen dem Schlach mit Hilfe einer Spirale erteilt werden, auf die der vorgeschrumpfte Schlauch aufgezogen wird; letzterer kann auf eine Zug- oder Druckfeder aufgezogen u. in diesem Zustand auseinander- bzw. zusammengedrückt werden, worauf die Fixierung der erteilten Wellungen erfolgt; die Wellungen des auf eine Spirale aufgezogenen Schlauches können ferner vorfixiert, der Schlauch von der Spirale abgezogen, auf einem glatten Stab in die gewünschten Wellungen zusammengeschoben u. in dieser Form einer Endfixierung unterworfen werden. Man erhält so einen in der Chirurgie verwendbaren *Gefäßersatz* von gleichmäßiger Wellung, bes. Weichheit u. Beugefähigkeit u. genügender Formbeständigkeit. (**Oe. P. 220 281** vom 15/11. 1960, ausg. 12/3. 1962. D. Prior. 24/11. 1959 u. 10/10. 1960.) W. Raetz. 4797

Joseph Schreiner, Frankreich, **Herstellung von bruchfesten Zahnprothesen** aus Acrylharz mit einem Verstärkungsüberzug aus Glasfasergewebe u. einem Schutzüberzug aus Polyesterharz. (**F. P. 1 249 932** vom 21/10. 1959, ausg. 22/3. 1961.) M. F. Müller. 4799

Bodensee-Dental OHG, Deutschland, **Herstellung von Zahnprothesen** mittels eines pastenförmigen Gemisches aus Polymeren u. Monomeren in Tuben. Ein Gemisch aus ca. 65 (Teilen) Polymeren u. 35 Monomeren, bes. Methacrylsäureestern u. ihren Mischpolymerisaten, mit einem K-Wert zwischen 50 u. 60 wird in Form einer Paste, die zusätzlich Dimethylanilin, Sulfinsäuren oder tert. Amine enthält, in eine Al-Tube gefüllt; vor dem Einführen der Paste, z. B. in eine Gipsform, werden die Wände der letzteren mit der Lsg. eines Beschleunigers, bes. Benzoyl-, Lauroyl- oder 2.4-Dichlorbenzoylperoxid, in einem leichtflüchtigen Lsgm., wie Bzn., bestrichen; die Polymerisation erfolgt bes. zwischen 40 u. 50^0 während 1—2 Std.; zweckmäßig setzt man sie noch 1 Std. bei 90—100^0 fort. — Zum Beispiel wird als Polymeres ein Mischpolymerisat aus 95 (Gew.-Teilen) Methacrylsäuremethylester (I), 2 Acrylsäuremethylester u. 3 Acrylsäurebutylester u. als Monomeres I verwendet; ferner können für die Mischpolymerisation mit I z. B. auch der Amylester, Cyclohexylester oder Phenylester der Acrylsäure u./oder Methacrylsäure oder auch Vinylacetat oder -propionat verwendet werden. (**F. P. 1 265 734** vom 23/8. 1960, ausg. 2/11. 1961. D. Prior. 26/8. 1959.) W. Raetz. 4799

Plastodent, Inc., übert. von: Arthur Fink, New York, N.Y., V.St.A., **Zahnabdruckmasse** aus einem in W. lösl. Alginat, 2—10 (%) $CaSO_4$, das mit dem

Alginat ein elast. Gel bildet, 40—60 Füllstoff u. 0,5—7 Alkalimetall-Ti- oder -Zr-Fluorid (Na-, K-Ti- oder -Zr-Fluorid) u. ggf. einem Phosphat. — Vgl. E. P. 735 404; C. **1956**, 9529. (**Can. P. 554 693** vom 23/12. 1952, ausg. 18/3. 1958. A. Prior. 12/1. 1952.) H.-J. Nitzschke. **4799**

Marie Sintive, Frankreich, **Zahntechnische Abdruckmasse** aus 7 (Gew.-Teilen) Saccharose, 2 Gelatine, 4 Albumin, 4 Citronen- oder Weinsäure, 14 Diatomeenerde u. 4 Bentonit. (**F. P. 1 235 470** vom 27/5. 1959, ausg. 8/11. 1960.) M. F. Müller. **4799**

Eugene G. Landberg, Topeka, Kans., V.St.A., **Zahnbehandlungsmittel.** Vor dem Einsetzen von Zahnersatz auf die frische Extraktionswunde bestreut man diese mit einem Puder, der Methylsalicylat, Benzocain, Thymoljodid, Allantoin in Karaya-Gummi enthält. (**A. P. 2 943 021** vom 28/7. 1958, ausg. 28/6. 1960.) K. Koebke. **4799**

Warner-Lambert Pharmaceutical Co., Morris Plains, N.J., V.St.A., übert. von: Gilbert C. van Wessem, Memmingen, **Arzneimittel** zur Stimulation des Zentralnerven-Syst., der Atmung u. der Herzkranzgefäße, bes. zur Behandlung von Barbituratvergiftungen, enthaltend *β.β-Pentamethylenbutyrolacton* (I) in einem pharmazeut. Träger (Suppositorien, Lsg., auch zur Injektion, Tabletten). — I kann hergestellt werden durch Rk. von 1 Mol Cyclohexanon mit 2 Mol Äthylcyanoacetat u. 3 Mol alkohol. NH_3; das resultierende NH_4-Salz des β.β-Pentamethylen-α.γ-dicyanoglutarimids wird mit Säure zu Cyclohexandiessigsäure verseift, deren ammoniakal. Lsg. mit $AgNO_3$ das Di-Ag-Salz ergibt, welches mit J zu I umgesetzt wird. (**A. P. 2 957 805** vom 17/9. 1957, ausg. 25/10. 1960.) K. Koebke. **4807**

L. Zambeletti S. p. A., Mailand, Italien, **Herstellung von 2-Isopropylcrotonylharnstoff,** F. 160—161° (A., W. oder Aceton), durch mehr als ½std. Umsetzung von Isopropylcrotonsäure, ihrem Säurechlorid (Kp.$_{32}$ 80°), Ester, bes. Äthylester (Kp.$_4$ 65°), oder Anhydrid mit Harnstoff in Ggw. eines Chlorierungsmittels, wie $POCl_3$ oder $SOCl_2$ bei >0°. — *Heilmittel.* (**Oe. P. 214 451** vom 26/4. 1960, ausg. 10/4. 1961.) G. Dehmel. **4807**

Chas. Pfizer & Co., Inc., New York, übert. von: Ellis Rex Pinson jun. und Gerald D. Laubach, Jacksons Heights, N.Y., V.St.A., **Herstellung von diquaternären Salzen von substituierten N.N.N'.N'-tetrasubstituierten Polymethylendiaminen.** Diamine der allg. Formel I werden in an sich bekannter Weise mit Alkylhalogeniden, Sulfonatestern oder Sulfaten quaterniert. Hierbei sind Alk_1 u. Alk_2 geradkettige oder verzweigte Alkylengruppen mit höchstens 6 C-Atomen, wobei die Anzahl der zwischen den beiden N-Atomen befindlichen C-Atome 5—8 betragen muß. R_1, R_2, R_3 u. R_4 sind Alkylgruppen mit höchstens 3 C-Atomen oder β-Oxyalkylgruppen mit 2—3 C-Atomen; X ist ein H-Atom, eine Alkylgruppe mit höchstens 6 C-Atomen, eine Aralkylgruppe, eine Aryl-, Aroyl-, Acyl-, N-Alkylcarbamyl- oder N-Arylcarbamylgruppe. Die entstehenden diquart. Salze werden dann in solche mit pharmakolog. zulässigen Anionen umgewandelt. — Beispiele: *1.5-Bis-dimethylamino-3-pentanolacetat,* weiße Kristalle, F. 286—287°, aus Isopropanol; *1.5-Bis-dimethylamino-3-pentanolacetatdijodäthylat,* weiße Kristalle, $C_{15}H_{34}J_2N_2O_2 \cdot H_2O$, aus A., F. 220—224°, Zers.; *1.5-Bis-dimethylamino-3-pentanolacetat-bis-brom-β-oxyäthylat,* $C_{15}H_{34}Br_2O_4$, weiße Kristalle, F. 124,6—125,6°, aus A. + Aceton; *1.5-Bis-dimethylamino-3-pentanol-3.4-dichlorbenzoat,* gelbes Öl, nicht kristallisierbar; *1.5-Bis-dimethylamino-3-pentanol-3.4-dichlorbenzoatdibromäthylat,* F. 220—222°, aus Isopropanol + Äthylacetat; *1.6-Bis-methyläthylamino-2-hexanol,* gelbes Öl; *1.6-Bis-methyläthylamino-2-hexanoldimethosulfat;* *1.6-Bis-methyläthylamino-2-hexanolacetat,* gelbes Öl; *1.5-Bis-dimethylamino-3-pentanoldibenzylacetat,* gelbes Öl, *1.5-Bis-dimethylamino-3-pentanoldibenzylacetat-di-jodmethylat,* F. 180—182°, aus A.; *1.5-Bis-dimethylamino-3-pentanoldibenzylacetatdijodäthylat,* F. 163,8—164,6°, Zers., aus A. + Isopropanol. Herst. der Ausgangsstoffe. Verw.: zur *Herst. von Präpp. mit blutdrucksenkender Wirkung.* (**A. P. 2 941 004** vom 19/5. 1955, ausg. 14/6. 1960.) A. Kalix. **4807**

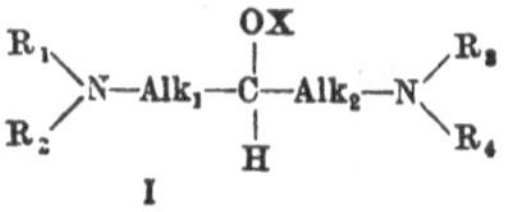

I

Bristol-Myers Co., New York, übert. von: David Aaron Johnson, Syracuse, N.Y., V.St.A., **Alkylierung von Phenolen.** Substituierte Phenole der allg. Formel I werden mit Verbb. vom Typus B—Alk—O—SO_3M zu bas. Phenoläthern umgesetzt. Hierbei sind R_1, R_2, R_3, R_4 u. R_5 H-Atome, niedrigmol. Alkyl- oder Alkoxygruppen, Aryl-, Aralkyl-, Aryloxy-, Aralkyloxy-, Cycloalkyloxy-, Alkylmercapto-, Arylmercapto-, Thienyl-, 2- oder 3-Pyridyl-, Carboxamido-, N-substituierte oder N.N-disubstituierte Carboxamido-, Carbalkoxy-, NO_2-, CN- oder Acylgruppen oder Halogenatome, ferner können 2 benachbarte R einen Ring bilden. B ist ein niedrigmol. Alkylamino-, Pyrrolidino-, Piperidino-, Pipecolino-, Morpholino- oder

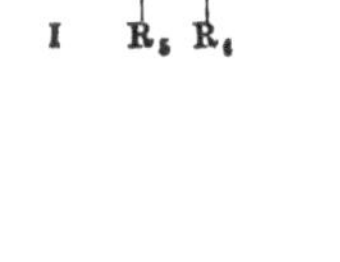

I

Thiomorpholinorest; Alk ist ein 2wertiger, gesätt. KW-Stoff-Rest mit 2—6 C-Atomen u. M ein Metall-, bes. Alkalimetallatom. Die Rkk. werden in inerten Lsgm., bes. Toluol, bei normaler oder leicht erhöhter Temp. durchgeführt. — Beispiel: *Dimethylaminoäthyl-o-benzylphenyläther*, $Kp._4$ 153—170°, (aus Na-o-Benzylphenolat u. 2-Sulfatoäthyl-dimethylamin), *Dihydrogencitrat*, F. 138—141°; Verw.: Zur Herst. von Präpp. mit *Antihistamin- u. analget. Wirkung*. (**A. P. 2 966 518** vom 22/7. 1957, ausg. 27/12. 1960.) A. Kalix. 4807

Siegfried Akt.-Ges. (Erfinder: André Demolis, Werner Surber, Theodor Wagner-Jauregg und Marc Häring), Zofingen, Schweiz, **o-Butoxybenzoesäure-N-aminoalkylamide** der allg. Formel $o\text{-}C_4H_9OC_6H_4C(O)NHR_1NR_2R_3$ (R_1 = Alkylen, R_2, R_3 = H, Alkyl, Mono- oder Polyhydroxyalkyl, zusammen auch ggf. durch Heteroatome unterbrochenes Alkylen) u. deren Salze werden hergestellt durch Rk. von a) o-Butoxybenzoesäure (I), deren Halogeniden oder Estern mit einem Amin der allg. Formel $H_2NR_1NR_2R_3$, ggf. in Ggw. eines tert. Amins oder einer anorgan. Base, b) I-Amid mit dem reaktionsfähigen Ester eines Alkohols der allg. Formel $HOR_1NR_2R_3$ ggf. in Ggw. eines Kondens.-Mittels; c) I-N-Aminoalkylamid mit einem Alkylenoxid oder einem durch Hydroxylgruppen substituierten Alkylhalogenid; d) I-N-(Halogenalkyl)-amid mit einem Amin der allg. Formel HNR_2R_3; e) I-Halogenid in bas. Medium mit einem aliphat. Aminosäurenitril u. katalyt. Red. des so erhaltenen I-N-(Cyanalkyl)-amids; ggf. werden die Basen u. Säuren in ihre Salze übergeführt. — Nach Verf. a) aus **43** g I-Chlorid u. 52 g 3-Diäthylaminopropylamin in Bzl. → 50 g *o-Butoxybenzoesäure-N-(3-diäthylamino-propyl)-amid*, $Kp._1$ 186—187°; *-hydrochlorid*, F. 95—100°. — Analog: I-*N-(2-Butyl-aminoäthyl)-amid*; *-hydrochlorid*, F. 146,5—151,5°; — I-*N-(1-Methyl-4-diäthylamino-butyl)-amid*, $Kp._1$ 197—200°; *-hydrochlorid*, F. 103—108°; — I-*N-(3-Dimethylaminopropyl)-amid*, $Kp._{0,3}$ 173—175°; *-hydrochlorid*, F. 92—96°; I-*N-(3-Dibutylaminopropyl)-amid*, $Kp._{0,4}$ 208°; *-hydrochlorid*, F. 93,5—96°. — Aus I-Methylester u. 2-Pyrrolidinoäthylamin mit Na → I-*N-(2-Pyrrolidinoäthyl)-amid*, $Kp._{0,23}$ 190—200° (im Kugelrohr); n_D^{20} 1,5355; *-hydrochlorid*, F. 100°. — Analog: I-*N-(3-Pyrrolidinopropyl)-amid*, *-hydrochlorid*, F. 89 bis 91° (aus Bzl.). I-Chlorid u. 3-[Bis-(2′-hydroxyäthylamino)]-propylamin in Ggw. von Triäthylamin oder Na_2CO_3 → I-*N-[3-Bis-(2′-hydroxyäthylamino)]-propylamid*, $Kp._{0,5}$ 264 bis 265°; n_D^{20} 1,5359. — Analog: I-*N-(3-Morpholinopropyl)-amid*, $Kp._{0,6}$ 223—224°; F. 54—56°; *-hydrochlorid*, F. 145—149°. — Nach Verf. d) aus Aminoacetonitril u. I-Chlorid → I-N-(Cyanmethyl)-amid, F. 106—107° (aus Bzl.); hieraus durch Red. mit Raney-Ni u. Alkohol → I-*N-(2-Aminoäthyl)-amid*, $Kp._{0,5}$ 184—185°; n_D^{20} 1,5412; *-hydrochlorid*, F. 145—146° (aus abs. A.). — Analog: I-*N-(3-Aminopropyl)-amid*, $Kp._{1,4}$ 212—213°; F. 36—39°; *-hydrochlorid*, F. 115—116°. — *Lokalanaesthetica*. (**D. A. S. 1 116 680** Kl. 12q vom 26/8. 1957, ausg. 9/11. 1961.) A. Debo. 4807

Ciba Akt.-Ges., Basel, Schweiz, **Herstellung von 2.4-Disulfamyl-5-trifluormethylanilin**, F. 244—246° (W.), aus 5-Trifluormethylanilindisulfonylchlorid-(2.4) [dieses aus 3-Trifluormethylanilin u. Chlorsulfonsäure durch 3std. Erhitzen mit NaCl auf 150—155°] durch Umsetzung mit 28%ig. wss. NH_3-Lsg. bei 10° u. 1½std. Erhitzen der Rk.-Mischung auf dem Dampfbad. — *Heilmittel*. (**Oe. P. 210 876** vom 12/12. 1958, ausg. 25/8. 1960. A. Prior. 13/12. 1957.) Eberhard Riedel. 4807

Ciba Akt.-Ges., Basel, Schweiz, **Herstellung von Benzimidazolen**, die in 1-Stellung einen tert.-Aminoalkylrest, in 2-Stellung eine p-Alkoxy- oder p-Alkylmercaptobenzylgruppe u. in 5 u./oder 6-Stellung einen oder 2 Alkylreste tragen, durch Umsetzung eines 2-[tert.-Aminoalkylamino]-4- u./oder -5-alkylanilins mit einer p-Alkoxy- der p-Alkylmercaptophenylessigsäure oder einem Deriv., bes. einem Iminoäther. — *2-[β-Diäthylaminoäthylamino]-5-methylnitrobenzol*, $Kp._{0,05}$ 140—145°, aus 3-Nitro-4-chlortoluol u. β-Diäthylaminoäthylamin durch 3std. Erhitzen auf 150°; rotes Öl. — 2-[β-Diäthylaminoäthylamino]-aniline: *5-Methyl-* (I), $Kp._{0,06}$ 128—132°, aus vorst. Verb. durch Red. mit H_2 in A. in Ggw. von Raney-Ni. — *4-Methyl-* (II), $Kp._{0,03}$ 114—118°, analog vorst. Verb.; gelbes Öl. — *p-Methylmercaptobenzylcyanid*, $Kp._{0,07}$ 116 bis 120°, F. 44—45°, aus p-Methylmercaptobenzylchlorid durch 16std. Kochen mit KCN in Ggw. von KJ in Aceton. — 1-[β-Diäthylaminoäthyl]-benzimidazole: *2-[p-Methylmercaptobenzyl]-5-methyl-*, $Kp._{0,02}$ 210—215°, aus vorst. Verb. in A./Chlf. durch Behandeln mit HCl-Gas bei —10°, 16std. Stehen bei 25° u. 24std. Kochen mit I; Öl. *Dihydrochlorid*, F. 205—207°. — Analog: *2-[p-Äthoxybenzyl]-5-methyl-*, $Kp._{0,05}$ 200 bis 205°, aus p-Äthoxybenzylcyanid u. I; gelbes Öl. *Dihydrochlorid*, F. 93—95°. — *2-[p-Methoxybenzyl]-5-methyl-*, *Dihydrochlorid*, F. 147—148°, aus p-Methoxybenzylcyanid u. I. — *2-[p-Äthoxybenzyl]-6-methyl-*, $Kp._{0,05}$ 210—215°, aus p-Äthoxybenzylcyanid u. II; gelbes Öl. *Hydrochlorid*, F. 170—173°. — Vgl. Ind. PP. 61 973 u. 61 974; C. **1962, 7990**. — *Arzneimittel*. (**Oe. P. 210 417** vom 13/10. 1958, ausg. 10/8. 1960. Schwz. Prior. 14/10. 1957 u. 25/8. 1958.) Eberhard Riedel. 4807

Yoshitomi Seiyaku Kabushiki Kaisha, Osaka (Erfinder: Michimasa Izumi, Nakatsushi), Japan, **Herstellung von Jodverbindungen von Dimethylhydantoinformaldehydharzen** durch Erhitzen von Monomethyloldimethylhydantoin (I) oder Dimethylhydantoinformaldehydharz mit Dimethylhydantoinjodderivaten. — 3,2 (g) Dimethylhydantoin u. 5,3 Na_2CO_3, in wenig W. gelöst, geben mit 14 J, bei Raum-Temp. gerührt, einen schokoladenfarbenen Nd., der nach Trocknung u. Entfernung von Ausgangsmaterial mit abs. Ae. *Dimethylhydantoindijodid* (II) darstellt, das sich bei 198° zersetzt u. in W. unbeständig ist. Hiermit erhitzt man das oben genannte Ausgangsmaterial auf 100—200°, wobei bei höherer Temp. einer höhermol. Harz mit höherem Jod-Geh. entsteht. Die wss. Lsg. hat pH 7,35 u. spaltet mit $Na_2S_2O_3$ langsam J ab u. hat dementsprechend *Arzneimittelwirkung*. — So erhitzt man 4,2 II u. 1,8 I 1 Std. auf dem Ölbad auf 180°, löst kalt in W., wäscht mit CCl_4, trocknet u. erhält *jodhaltiges Dimethylhydantoinformaldehydharz*. (**Jap. A. S. 16 042/1960** vom 17/3. 1958, ausg. 24/10. 1960.) M. Pankow. 4807

Farbenfabriken Bayer Akt.-Ges., Leverkusen (Erfinder: Hans Albert Offe, Christian Gloxhuber und Gerhard Domagk, Wuppertal-Elberfeld), **Herstellung eines therapeutisch wertvollen Calciumsalzes.** *Lävulinsäureisonicotinoylhydrazon-Ca-Salz* wird durch Erhitzen von Calciumävulinat (aus Lävulinsäure u. CaO_3 in W.) mit Isonicotinsäurehydrazid in wss. Lsg. auf dem Dampfbad erhalten. — Vgl. D. A. S. 1 079 639; C. **1960,** 11394. (**Oe. P. 210 563** vom 6/11. 1958, ausg. 10/8. 1960. D. Prior. 9/11. 1957.) Eberhard Riedel. 4807

Hoffmann-La Roche Ltd., Montreal, Quebec, Canada, übert. von: Herman H. Fox, Passaic, und Wilhelm Wenner, Upper Montclair, N.J., V.St.A., **Herstellung von Isonicotinsäurederivaten,** bes. *N^1-Isonicotinoyl-N^2-[α-carboxyäthyliden]-hydrazin,* durch Rk. von Isonicotinsäurehydrazid mit einer Carbonyl-Verb. der allg. Formel $R(:O)_n$ (n = 1 oder 2; R = aliphat. oder araliphat. Rest mit $\geqq 1$ O-, N- oder S-haltigen Substituenten, wenn n = 1; R = unsubstituierter aliphat. Rest mit n-freien Bindungspaaren, wenn n = 2), bes. $CH_3COCOOH$. (**Can. P. 560 716** vom 5/3. 1953, ausg. 22/7. 1958. A. Prior. 7/3. u. 14/3. 1952.) L. Großner. 4807

Lakeside Laboratories, Inc., übert. von: John H. Biel und Alexander E. Drukker, Milwaukee, Wis., V.St.A., **Herstellung von disubstituierten Aminoalkylchinuclidiniumderivaten** der allg. Formel I, worin n = 2—10, m = 1 oder 2, R_1 u. R_2 bes. niedrige Alkylgruppen, eine Aralkylgruppe, eine ggf. substituierte Arylgruppe, eine Cycloalkyl- oder eine Alkylengruppe, wobei R_1 u. R_2 zusammen mit dem N-Atom eine heterocycl. Gruppe sein kann, R_3 eine niedrige Alkyl- oder Aralkylgruppe bedeutet u. Y sowie X ein nichttox. Anion ist, dad. gek., daß man das Chinuclidin mit einem entsprechend substituierten Aminoalkylenhalogenid in Acetonitril oder Isopropanol am Rückfluß umsetzt. — Aus Chinuclidin u. Diäthylaminopropylbromidbrommethylat → *N-(3-Diäthylmethylaminopropyl)-chinuclidiniumdibromid,* F. 255—256°; aus Chinuclidin u. Dimethylaminoäthylchlorid u. NaJ → *N-(3-Dimethylaminopropyl)-chinuclidiniumjodid,* F. 164—166°. Analog *N-(3-Trimethylaminopropyl)-chinuclidiniumdibromid,* F. 292—293°; *N-(3-Pyrrolidinopropyl)-chinuclidiniumbromidbrommethylat,* F. 298° (Zers.); *N-(3-Morpholinopropyl)-chinuclidiniumbromidbrommethylat,* F. 265—266°; *N-(3-Piperidinopropyl)-chinuclidiniumbromidbrommethylat,* F. 284—286° u. *N-(2-Pyrrolidinoäthyl)-chinuclidiniumbromidbrommethylat,* F. 349—352°. — *Blutdrucksenkende Mittel.* (**A. P. 2 834 779** vom 11/12. 1956, ausg. 13/5. 1958.) W. Heyer. 4807

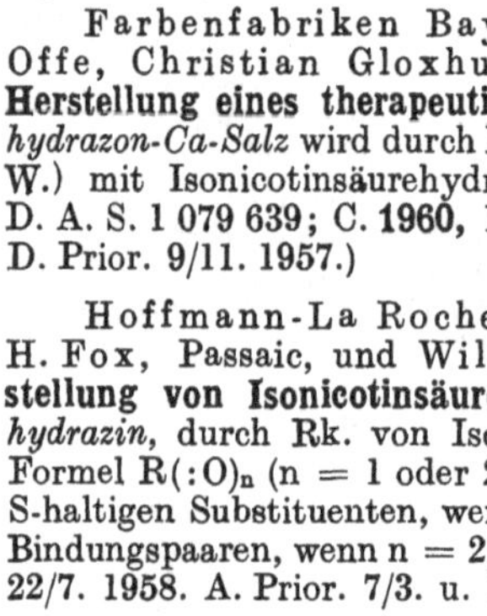

I

Spofa, Sdružení Podniků pro Zdravotnickou Výrobu, Prag, Tschechoslowakei, **Herstellung von d-2-Phenyl-3-methyltetrahydro-1.4-oxazin** [*Hydrochlorid* (I), F. 200—204° (CH_3OH, Aceton) $[\alpha]_D^{20}$ $+21{,}5 \pm 0{,}5°$] durch Red. von opt. akt. Phenylacetylcarbinol (**II,** aus Zucker durch Fermentierung in Ggw. von Benzaldehyd) oder von einem Gemisch von opt. akt. mit rac. **II** in Ggw. von Monoäthanolamin, Lösen des Rk.-Prod. in wss. H_2SO_4, die höchstens 3 Mol H_2SO_4 auf 1 Mol Rohbase enthält, Abdestillieren des W. im Vakuum, Erhitzen auf maximal 100°, Verdünnen u. Einstellen auf pH 6,5—7,5, Abtrennen der Ballaststoffe, Alkalisieren auf pH 10—12 u. Überführen des erhaltenen Rohprod. ($Kp._{14}$ 133—136°) in **I.** — *Heilmittel.* (**Oe. P. 214 450** vom 9/1. 1960, ausg. 10/4. 1961. Tschech. Prior. 20/1. 1959.) G. Dehmel. 4807

Ciba Soc. An., Schweiz, **Herstellung von Phthalaziniumverbindungen** der allg. Formel **I** (n = 9—21; A = Anion einer Säure). 1-Hydroxy-2-alkyl-1.2-dihydrophthalazine werden mit Säuren in das *quatern. Phthalaziniumsalz* übergeführt. — 13 (g) Phthalazin u. 27 n-Butyljodid werden in Acetonitril 12 Std. erhitzt. Dabei entsteht *1-Hydroxy-2-[n-butyl]-1.2-dihydrophthalazin,* Blättchen, F. 64—66°, welches mit alkohol. HCl *n-Butylphthalaziniumchlorid,* F. 64°, bildet. — Ebenso aus n-Decylbromid *1-Hydroxy-2-[n-decyl]-1.2-dihydrophthalazin,* F. 78—79°, welches mit methanol. HCl *n-Decylphthalaziniumchlorid,* F. 93°, Blättchen, gibt. — Aus o-Phthalaldehyd u. Cetylhydrazinsulfat entsteht bei 4 std. Kochen in wss.-alkohol. Lsg. *1-Hydroxy-2-cetyl-1.2-dihydrophthalazin,* F. 80,5—82,5°; daraus *Cetylphthalaziniumchlorid,* F. 70°. — *Antibakterielle Wrkg.* gegen Staphylococcus aureus u. Escherichia coli. — Vgl. D. A. SS. 1 056 614; C. **1961**, 11432 u. 1 094 266; C. **1961**, 12976. (**F. P. 1 248 415** vom 3/1. 1958, ausg. 9/3. 1961. Schwz. Prior. 10/1. 1957.) M. F. Müller. 4807

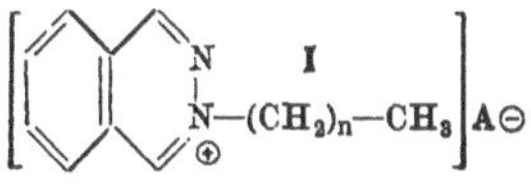

Soc. des Usines Chimiques Rhône-Poulenc, Paris, Frankreich, **Phenthiazinderivate** der allg. Formel I sowie der entsprechenden sauren oder quatern. Ammoniumsalze werden gemäß E. P. 780 193 hergestellt. — 3-Chlorphenthiazin in Xylol wird mit $NaNH_2$ 2 Std. am Rückfluß erhitzt u. anschließend eine Lsg. von 1-Chlor-2-methyl-3-(4-methylpiperazino)-propan in Xylol 18 Std. am Rückfluß erhitzt. Man setzt W. u. Ae. zu u. dekantiert die wss. Schicht, während die organ. Schicht mit 10%ig. HCl behandelt wird. Die organ. Schicht wird dekantiert u. die wss. Schicht mit NaOH behandelt. Man extrahiert mit Chlf., trocknet über Na_2SO_4, konz. u. versetzt mit einer warmen Lsg. der Maleinsäure in Äthylacetat. Man erhält das *Dimaleat* des *3-Chlor-10-{3-[4-methylpiperazino]-2-methylpropyl}-phenthiazins,* F. aus A. u. 25% W. 230°, F. des Dipikrats 268°. — Es werden ferner folgende Verbb. hergestellt: *3-Methyl-10-{3-[4-methylpiperazino]-2-methylpropyl}-phenthiazin,* $Kp._2$ 230—235°, F. des Dimaleats aus 90%ig. A. 204°. — *3-Äthyl-10-{3-[4-methylpiperazino]-2-methylpropyl}-phenthiazin,* $Kp._1$ 230—235°, F. des Dimaleats aus 90%ig. A. 202°. — *3-Methoxy-10-{3-[4-methylpiperazino]-2-methylpropyl}-phenthiazin,* $Kp._{2,5}$ 230°, F. des Dimaleats aus A. 193°. — F. des Dimaleats von *3-Chlor-10-{3-[4-äthylpiperazino]-2-methylpropyl}-phenthiazins* aus W. 200°. — *3-Chlor-10-(3-piperazino]-2-methylpropyl)-phenthiazin,* F. des Dimaleats aus 90%ig. Methanol 222°. In der Formel I bedeutet R_1 = H, niedrigmol. Alkyl-, Aryl- oder araliphat. Gruppen, Y u. Y_1 = H, Halogen, niedrigmol. Alkyl-, Alkoxy-, Aryl-, Aryloxygruppen. Die Phenthiazingruppe kann außer den Substituenten Y, Y_1 ein oder mehrere Substituenten aufweisen. Der Piperazinring kann durch eine CH_3-Gruppe substituiert sein. Y_1 = H u. Y = Cl, Methyl-, Äthyl- oder eine Methoxygruppe in der 3-Stellung. — *Arzneimittel.* (**E. P. 808 959** vom 18/6. 1956, ausg. 11/2. 1959. F. Prior. 28/6. 1955.) G. König. 4807

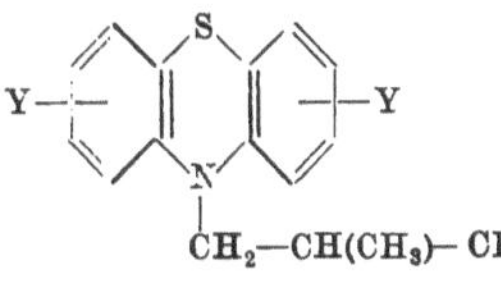

I

Upjohn Co., Kalamazoo, Mich., V.St.A., **Neue 10-(Spiro-[cycloalkan-1.2'-pyrrolidyl-1']-alkyl)-phenthiazine** der allg. Formel (I), erhält man bei der Rk. von in 10-Stellung unsubstituierten, bzw. von 10-(ω-Halogenalkyl)-phenthiazinen mit 2-spirosubstituierten Pyrrolidylalkylhalogeniden bzw. 2-spirosubstituierten Pyrrolidinen in einem inerten Rk.-Medium unter Erwärmen u. in Ggw. eines alkal. Katalysators. Vorteilhaft führt man die Rk. in inerter Atmosphäre aus. In I stehen Z für H, Halogen, niedrigmol. Alkyl- oder Alkoxygruppen, R' u. R'' für H oder Methylgruppen, m für 1 oder 2, n für ganze Zahl 2—6 u. $-C_nH_{2n}-$ für eine geradkettige oder verzweigte Alkylengruppe. Der Begriff „niedrigmol." umfaßt 1—8 C-Atome in der Gruppe. — Phenthiazin wird in trockenem Toluol mit $NaNH_2$ unter N_2-Atmosphäre 2 Std. am Rückfluß erhitzt. Der kaltgerührten Mischung setzt man tropfenweise eine Lsg. von β-(Spiro-[cyclohexan-1.2'-pyrrolidnio])-äthylchlorid in Toluol zu. Man erhitzt am Rückfluß 19 Std., kühlt, wäscht mit HCl u. Wasser. Die Kristalle werden mit W. u. Ae. gewaschen, getrocknet u. aus W. umkrist., man erhält *10-(β-Spiro-[cyclohexan-1.2-pyrrolidnio]-äthyl)-phenthiazinhydrochloridhydrat,* F. 120—130° (Zers.), ($C_{23}H_{29}ClN_2S \cdot H_2O$). Daraus mit verd. NaOH die freie Base. Analog: *2-Chlor-10-[γ-Spiro-[cyclohexan-1.2'-pyrrolidnio]-propyl)-phenthiazin,* F. (aus Äthylacetat) 114—116°, ($C_{14}H_{29}N_2S$). *3-Methoxy-10-(β-spiro-[cyclohexan-1.2'-pyrrolidnio]-äthyl)-phenthiazinhydrochlorid; 2-Brom-10-(γ-spiro-[cyclohexan-1.2'-pyrrolidnio]-propyl)-phenthiazin. 10-(β-Spiro-[cyclopentan-1.2'-pyrrolidnio]-äthyl)-phenthiazin.* An Stelle von HCl können HBr, HJ, HSO_4^-, $H_2PO_4^-$, Acetate, Citrate oder Nitrate treten. Werden die neuen Verbb., vorteilhaft als Salze, mit äquimol. Mengen

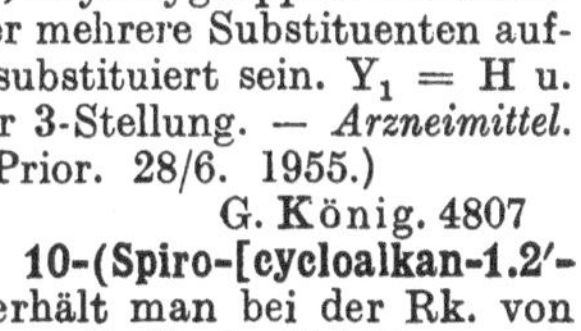

I

an H_2O_2 behandelt, so entstehen die entsprechenden *Sulfoxide*. Läßt man mindestens 2 Mol H_2O_2 auf 1 Mol der Phenthiazin-Verb., bes. der freien Base, einwirken, erhält man entsprechende Sulfoxidaminoxide. — *Tranquillizer, Antihistaminica* usw. (**E. P. 825 561** vom 12/7. 1956, ausg. 16/12. 1959. A. Prior. 18/7. 1955 u. 13/2. 1956.) G. König. 4807

United States Vitamin Corp., New York, übert. von: Louis Freedman, Mount Vernon, und Seymour L. Shapiro, Hastings on Hudson, N.Y., V.St.A., **Wasserlösliche Diuretica.** *Cyanursäure-tris-[2-alkoxy-3-(mercuri)-propyl]-ester* (X = Hydroxy-, Theophyllin- oder o-Sulfobenzimidorest) werden durch Umsetzung eines Cyanursäuretrialkylesters mit Hg-Acetat in Ggw. eines niederen aliphat. Alkohols zum Cyanursäure-tris-[2-alkoxy-3-acetoxymercuripropyl]-ester u. Überführung mit einem Alkalihydroxid in ein lösl. Deriv. gewonnen. — *Cyanursäure-tri-[2-äthoxy-3-hydroxymercuripropyl]-ester.* — *Cyanursäure-tri-[2-methoxy-3-(o-sulfbenzimidomercuri)-propyl]-ester.* (**Can. P. 561 860** vom 23/8. 1954, ausg. 12/8. 1958.) Eberhard Riedel. 4807

Mozes J. Lewenstein, Kew Gardens, N.Y., V.St.A., **Morphinpräparat** mit verbesserten narkot. Eigenschaften. 0,12—0,15 (Mol) Homatropinmethobromid werden zu einer Lsg. von 1 Morphin, Morphinsalz oder Deriv. in einem wss. Lsgm. bei pH 4—6 gegeben, u. das erhaltene Prod. wird an Luft getrocknet. (**Can. P. 560 883** vom 29/12. 1954, ausg. 29/7. 1958.) L. Großner. 4807

Merck & Co., Inc., Rahway, übert. von: Robert L. Clark, Woodbridge, N.J., V.St.A., **Herstellung von Morphinderivaten,** dad. gek., daß man Dihydronorcodeinon in Ggw. eines säurebindenden Mittels mit einem aliphat. Halogenid umsetzt. — *N-[n-Propyl]-dihydronorcodeinon* u. seine *Salze*, aus n-Propylhalogeniden. (**Can. P. 555 685** vom 17/11. 1953, ausg. 8/4. 1958. A. Prior. 22/11. 1952 u. 5/2. 1953.) S. Böttcher. 4807

Merck & Co., Inc., Rahway, übert. von: Harold Conroy, Plainfield, N.J., V.St.A., **Synthese von 14-Bromcodein und Neopin.** 14-Bromcodeinon wird durch Rk. mit $NaBH_4$ bei 0° in wss. CH_3OH übergeführt in *14-Bromcodein*, das durch Rk. mit $NaBH_4$ bei 40° zu *Neopin* umgesetzt wird. (**Can. PP. 562 897** vom 28/7. 1955 u. **562 898** vom 24/1. 1958, beide ausg. 9/9. 1958. Beide A. Prior. 16/8. 1954.) Eberhard Riedel. 4807

Chas. Pfizer & Co., Inc., Brooklyn, N.Y., übert. von: William E. Stieg, Mystic, Conn., V.St.A., **Doppelte Umsetzung von Thiaminsalzen** von Mineralsäuren mit anderen Mineralsäuren, deren NH_4^+-, Alkali- oder Erdalkalisalzen in Syst. aus W. u. einem O-haltigen polaren organ. Lsgm., bes. niedermol. Alkoholen, in denen das gewünschte Salz unlösl. ist. (**Can. P. 561 461** vom 4/4. 1955, ausg. 5/8. 1958. A. Prior. 28/4. 1954.) L. Großner. 4809

Laboratoires Albert Rolland, Frankreich (Erfinder: Yvonne Thuillier), **Gewinnung von kristallisierbarem nativem Vitamin B_{12} aus Leberextrakt** in Form einer acetonhaltigen Suspension durch Überleiten über eine akt. Al_2O_3-Kolonne, Eluierung mit einem Gemisch aus gleichen Teilen Aceton u. W. u. Eindampfen. Der Rückstand wird mit einem Gemisch aus 30 Phenol u. 70 Bzn. extrahiert u. der Extrakt wiederum über eine kleine akt. Al_2O_3-Kolonne geleitet, worauf das Vitamin mit 50%ig. Aceton eluiert u. aus Aceton krist. wird. (**F. P. 1 240 633** vom 29/7. 1959, ausg. 20/12. 1960.) M. F. Müller. 4809

F. Hoffmann-La Roche & Co. Akt.-Ges., Basel, Schweiz (Erfinder: Elisabeth Becher, Stockstadt/M., Konrad Bernhauer und Georg Wilharm, Aschaffenburg), **Herstellung von Vitaminen der B_{12}-Gruppe mittels Propionsäurebakterien.** Ein Kohlenhydrate, Aminosöuren u. Nährsalze enthaltendes Gärmedium wird unter Verw. des Propionibacterium-shermanii-Stammes 33 vergoren. Die Ausbeuten an so erhaltenem Vitamin B_{12} (I) liegen 3—4mal höher als diejenigen, welche sich mit den besten bisher zur Erzeugung von I verwendeten Mikroorganismen erzielen lassen. Die I-haltige Bakterienmasse bzw. das aus der Gärbrühe erhältliche I-haltige Konzentrat eignet sich bes. für *Futtermittelzwecke*. — Beispiel. (**D. P. [DDR] 23 473** Kl. 30h vom 28/11. 1959, ausg. 30/7. 1962 [Ausschließungspatent]. Schwz. Prior. 24/12. 1958.) W. Raetz. 4809

UCLAF, Seine, Frankreich (Erfinder: Gérard Nominé und Lucien Penasse), **Herstellung von Vitamin B_{12} und seinen Analogen.** Man züchtet in anaerober Phase einen Cobalamine erzeugenden Stamm der Gattung Propionibacterium (shermanii, freudenreichii oder technicum) in einem fl. Nährmedium, welches eine assimilierbare C-Quelle, wie Glucose oder Lactose, oder auch noch Invertzucker, eine assimilierbare K-Quelle, wie Maisquellwasser, u. eine Co-Komplex-Verb., wie Na-Co-Äthylendiamintetraacetat, enthält, bis mindestens ca. 50% des im Verlaufe der vollständigen Gärung entstehenden Gesamtzellenwachstums erreicht ist, setzt dann die Gärung in anaerober

Phase in Ggw. eines Prekursors (I) des bas. Bestandteiles des Nucleotides des gewünschten Cobalamins fort u. trennt schließlich letzteres auf übliche Weise ab. Als I eignen sich z. B. Benzimidazole, Benzotriazole, Benzothiazole, Pyrazinoimidazole, Purinbasen, Pyrimidinbasen, Adenine, Chinoxaline oder Phenazine; so führt die Verw. von 5.6-Dimethylbenzimidazol zu Vitamin B_{12} bzw. die Verw. von 5-Benzyloxybenzimidazol zum Benzylfaktor III. Die Gärung erfolgt zweckmäßig in inerten Gasen, wie N_2 oder Ar. bes. bei 30°, u. pH 6—7. — Beispiele. (**F. P. 1 264 016** vom 5/5. 1960, ausg. 13/10. 1961.) W. Raetz. 4809

Takeda Pharmaceutical Industries Ltd., übert. von: Seizo Kawajiri, Osaka, Japan, **Vitaminpräparate.** Vitamin B_{12} läßt sich in wss. Lsg. die Thiamin u. Nicotinsäureamid u. ggf. andere Vitamine enthalten, stabilisieren durch einen Zusatz eines wasserlösl. Alkalithiocyanats. (**A. P. 2 959 520** vom 6/4. 1959, ausg. 8/11. 1960. Jap. Prior. 7/4. 1958.) K. Koebke. 4809

Spofa, Sdruženi Podniků pro Zdravotnickou Výrobu (Erfinder: Emanuel Peterka), Prag, Tschechoslowakei, **Herstellung von wässerigen Vitamin-K_1-Lösungen.** Vitamin K_1 [2-Methyl-3-phytylnaphthochinon-(1.4); I] wird bei 40—70° in der 4—5fachen Menge Polyoxyäthylensorbitanmonooleat unter Zusatz der 1—2fachen Menge Propylenglykol u. ggf. der erforderlichen Menge NaCl gelöst, die so erhaltene Lsg. mit dem gleichen Vol. dest. W. von derselben Temp. verd. u. nach dem Abkühlen auf Raum-Temp. mit dest. W. auf das gewünschte Vol. aufgefüllt. Man erhält so klare, wss. I-Lsgg. für perorale u. parenterale Verabreichung, die beständig sind u. nicht trüb werden, aber vor der Einw. des direkten Tageslichtes geschützt werden müssen; sie lassen sich leicht injizieren u. werden leicht u. schnell resorbiert. — Beispiele. (**D. P. [DDR] 23 013** Kl. 30h vom 29/11. 1958, ausg. 25/4. 1962 [Wirtschaftspatent]. Tschech. Prior. 30/11. 1957.) W. Raetz. 4809

Upjohn Co., übert. von: George Slomp jun., Kalamazoo, Mich., V.St.A., **Herstellung von 3β.20-Diacyloxy-5α.6α;16α.17α-diepoxypregnenen-(20)** durch Umsetzung von entsprechenden 3β.20-Diacyloxypregnatrienen-(5.16.20) mit organ. Persäuren, bes. Perameisensäure, Peressigsäure oder Perbenzoesäure, bei —10 bis +40°, bes. 0—30°. — 5α.6α;16α.17α-Diepoxypregnene-(20): *3β-Benzoyloxy-20-acetoxy-*. — *3β.20-Diacetoxy-*. (**Can. P. 563 261** vom 21/10. 1954, ausg. 16/9. 1958. A. Prior. 4/1. 1954.) Eberhard Riedel. 4809

Upjohn Co., übert. von: John A. Hogg, Philip F. Beal, Alan H. Nathan und Frank H. Lincoln jun., Kalamazoo, Mich., V.St.A., **$\Delta^{4.17,20}$-21-Säuresteroide.** Ein Δ^4-3-Keto-17-acetylsteroid wird mit >2 Mol-Äquivalenten Alkali u. Oxalsäurealkylester zu einem Δ^4-3.20-Diketo-2.21-bis-alkoxyoxalyldialkalimetallenolatsteroid umgesetzt u. dieses mit 3 Mol-Äquivalenten Halogenierungsmittel in ein Δ^4-3.20-Diketo-2.21.21-trihalogen-2.21-bis-alkoxyoxalylsteroid übergeführt. Aus letzterem wird durch Rk. mit >2 Mol-Äquivalenten Alkanol u. einer Base ein *$\Delta^{4.17,20}$-2-Halogen-3-keto-21-säureestersteroid*, z. B. *2-Brom-3-keto-$\Delta^{4.17,20}$-pregnadien-21-säuremethylester*, erhalten. (**Can. PP. 560 481** u. **560 482** vom 24/4. 1957, ausg. 15/7. 1958. Beide A. Prior. 1/4. 1953.) L. Großner. 4809

Artur Rückert, Berlin, **Abtrennen von Fett und Lipoiden aus insulinhaltigen wäßrig-alkoholischen Pankreasextrakten.** Zur Sicherung maximaler Ausbeuten an akt. Insulin (I) ist die rechtzeitige quant. Abtrennung der Fette u. Lipoide aus den wss.-alkohol. Extrakten erforderlich; man erreicht dies dadurch, daß man den Trennvorgang bei pH 3,5—4 u. durch Eindampfen des Alkohols bis zu einer Rest-Lsg.-Dichte von 2—2,5 Bé durchführt; eine Inaktivierung des I findet hierdurch nicht statt. — Beispiel. (**D. P. [DDR] 22 691** Kl. 30h vom 24/9. 1958, ausg. 20/2. 1962 [Wirtschaftspatent].) W. Raetz. 4809

Merck & Co., Inc., Rahway, übert. von: Arthur F. Wagner, Princeton, N.J., V.St.A., **Aminsalze von α-Liposäure** erhält man durch Umsetzung der Komponenten in einem Lsgm.; als Amine werden bes. *Ephedrin, Benzhydrylamin* u. *N.N'-Dibenzyläthylendiamin* verwendet. (**Can. P. 559 738** vom 22/5. 1956, ausg. 1/7. 1958. A. Prior. 13/4. 1956.) L. Großner. 4809

Dr. Madaus & Co., Kölnmerheim, übert. von: Gerhard Winter, Bonn, **Antibiotischer Extrakt aus Tropaeolus major.** Einen 1 Jahr haltbaren, 0,6% Antibioticum enthaltenden Extrakt erhält man durch 2std. Fermentieren des pflanzlichen Materials mit einer Glykosidase in W., Sistieren der Spaltung durch Zusatz von Benzoesäure u. Extraktion mit einem lipophilen Lösungsmittel. (**Can. P. 560 074** vom 31/3. 1955, ausg. 8/7. 1958. D. Prior. 2/4. 1954.) L. Großner. 4811

E. I. du Pont de Nemours & Co., übert. von: Walter A. Gregory, Wilmington, Del., V.St.A., **1-[Halogenalkylsulfonylphenyl]-2-acylamidopropandiole-(1.3)** werden durch Umsetzung von 1-[Natriumsulfonylphenyl]-2-acylamidopropandiolen-(1.3), die ggf. am Phenylkern einen Halogen-, Alkyl- oder Alkoxyrest tragen, mit einem Halogen-C_{1-2}-alkylhalogenid erhalten. — *1-[p-Trifluormethylsulfonylphenyl]-2-[α.α-dichloracetamido]-propandiol-(1.3)*. — *1-[p-Brommethylsulfonylphenyl]-2-[α.α-dichloracetamido]-propandiol-(1.3)*. (**Can. P. 563 008** vom 21/10. 1954, ausg. 9/9. 1958. A. Prior. 23/3. 1954.) Eberhard Riedel. 4811

C. F. Boehringer & Soehne G. m. b. H., Mannheim, übert. von: Erich Haack, Heidelberg, Hermann Dimroth, Ziegelhausen/Neckar, Adolf Hagedorn, Mannheim, Werner Heimberger, Ludwigshafen/Rh., und Wilhelm Peschke, Mannheim, **Herstellung von 1-Nitrophenyl-2-aminopropandiolen-(1.3).** 1-Phenyl-2-aminopropandiol-(1.3) oder ein Acyl-Deriv. davon wird in Ggw. eines inerten organ. Lsgm., wie Ae. oder Chlf., mit rauchender HNO_3 oder einem Gemisch aus konz. HNO_3 + konz. H_2SO_4 bei Temp. $< 0^0$ nitriert, wobei nicht nur der Benzolkern, sondern auch die OH-Gruppen nitriert werden. An Stelle der freien Aminopropandiole (I) können auch Derivv. verwendet werden, die durch die Nitrierung in I gespalten werden, z. B. Acetale, Ketale, Oxazolidine oder Schiffsche Basen von I. Die Di-HNO_3-Ester von I werden in alkohol. Lsg. mit Ferrosalzen oder in H_2SO_4-Lsg. mit Sulfaminsäure oder Harnstoff zu den entsprechenden threo-1-Nitrophenyl-2-I hydrolysiert, Ferrosalze werden angewandt, wenn in den I Acylaminogruppen vorhanden sind, damit diese nicht hydrolysiert werden. — Beispiele: *dl-threo-1-[p-Nitrophenyl]*-I (= II), F. 142—144°; *l-threo-1-[p-Nitrophenyl]*-I F. 162°; *dl-threo-1-[p-Nitrophenyl]*-I-*disalpetersäureester*, F. 158 bis 159°; Kondens.-Prod. aus Benzaldehyd u. II, F. 158—159°; Kondens.-Prod. aus n-Butyraldehyd u. II, F. 107—108°, aus Ae.; *dl-threo-1-[p-Nitrophenyl]-2-dichloracetylamino*-I-*disalpetersäureester*, F. 118°, aus Bzl. + Chlf.; *d(—)-threo-1-[p-Nitrophenyl]-2-dichloracetylamino*-I, F. 149°; Verw. als *Antibiotica*. (**A. P. 2 957 916** vom 1/10. 1957, ausg. 25/10. 1960. D. Prior. 22/8. 1952.) A. Kalix. 4811

Chinoin Gyógyszer és Vegyészeti Termékek Gyára R. T. (Erfinder: János Mikes, Béla Kasszán, József Gyimesi, Wladimir Senkariuk und Tibor Vadkerty), Budapest, Ungarn, **Gewinnung von Tetracyclin-Antibioticis aus ihren Lösungen.** Zur Bindung der Antibiotica (*Tetracyclin, Oxytetracyclin, Chlortetracyclin*) verwendet man Ionenaustauscher, die saurer als die Phenolionenaustauscherharze sind, bes. Harze des Sulfonsäure- oder Phosphorsäuretyps, vorteilhaft auf Grundlage poröser perlenförmiger Mischpolymerisate aus Styrol u. Divinylbenzol; die Adsorption der Antiobitica an die Kunstharze, die bes. bei pH 2—3 stattfindet, wird gefördert, wenn ggf. vorhandene Erdalkalimetallionen vor der Bindung der Antibiotica an die Kunstharze aus der Fermentations-Fl. mittels einer Säure, wie Oxal-, Wein- oder Citronensäure, ausgefällt werden; die harzgebundenen Antibiotica werden durch Waschen mit W. u. CH_3OH oder mit wasserfreiem CH_3OH von Verunreinigungen befreit u. bei pH 0—1 mit W. oder einem wss. oder abs. organ. Lsgm., z. B. mit wss. HCl, wss. salzsaurem oder wasserfreiem salzsaurem CH_3OH, eluiert; die Eluierung kann auch mittels wss. oder organ. Lsgg. erfolgen, die 2wertige Kationen enthalten, z. B. mittels einer Lsg. von 5—10% $CaCl_2$ in W. oder CH_3OH; die Antibiotica können aus dem Eluat in Form der rohen Chlorhydrate oder in roher amphoterer Form erhalten u. in die krist. amphoteren Dihydrate übergeführt werden. Man erhält so die Antibiotica in reinem Zustand u. mit guter Ausbeute. — Beispiele. (**Oe P. 220 289** vom 14/7. 1958, ausg. 12/3. 1962. Ung. Prior. 16/7. 1957.) W. Raetz. 4811

Schenley Industries, Inc., New York, N.Y., übert. von: Justin J. Murtaugh, Guilford, Ind., und Harry E. Remler, Cincinnati, Ohio, V.St.A., **Herstellung steriler Alkalipenicillinsalze** durch Filtrieren einer 25—50%ig. Procain-penicillin-Lsg. in einem Gemisch von abs. Chlf. u. 1—25 (%) Formamid oder 10 bis 30 CH_3OH oder 25—50 A. bei 40—60° durch ein Bakterienfilter, Mischen mit dem 3—5fachen Vol. einer analog filtrierten, ≤ 2 W. enthaltenden Lsg. von Alkalisalicylaten oder Alkalisalzen niederer geradkettiger aliphat. Carbonsäuren im stöchiometr. Überschuß in niederen aliphat. Alkoholen oder Ketonen u. Abtrennen des Nd. von *Alkalipenicillinsalz*. (**Can. P. 561 120** vom 30/9. 1955, ausg. 29/7. 1958. A. Prior. 6/7. 1955.) L. Großner. 4811

American Cyanamid Co., New York, übert. von: Stephen A. Szumski, Pearl River, N.Y., V.St.A., **Herstellung von Antibioticis.** Eine Tetracycline erzeugende Streptomycesart wird in einer Nährlsg. kultiviert, die neben Maisquellwasser u. Spuren anorgan. Ionen an Stelle von Raffinatkohlenhydraten 1—10% Mais- oder Reismehl mit 65—75% Stärke enthält. (**Can. P. 560 576** vom 2/6. 1955, ausg. 22/7. 1958. A. Prior. 30/7. 1954.) L. Großner. 4811

Merck & Co., Inc., Rahway, N.J., V.St.A., **Abtrennen von Kanamycin A aus Gemischen mit Kanamycin B.** Man führt das Gemisch einer Säule zu, die ein poröses, stark bas. Anionenaustauschharz von der Art der stark bas. quatern. Amine, wie „Amberlit IRA-400", „Amberlit IRA-401", „Dowex 1-X 2", „Dowex 2-X 4" oder „Permutit SK", in ihrer Hydroxylform enthält, u. eluiert *Kanamycin A* (I) gesondert vom Kanamycin B aus der Säule mit dest. oder Leitungswasser oder mit wss. Lsgg. von mit W. mischbaren organ. Lsgm., z. B. von Alkoholen, wie CH_3OH, oder Ketonen, wie Aceton, bes. mit W. mit einem Zusatz von 5% CH_3OH, wobei man die Fraktionen, aus denen I gewonnen wird, durch Messen des spezif. elektr. Widerstandes oder der Brechungszahl auswählt. — Beispiele; Diagramm; Chromatogramm. (**Oe. P. 220 291** vom 9/9. 1959, ausg. 12/3. 1962. A. Prior. 12/9. 1958.) W. Raetz. 4811

Ss. P. Iwanow, **Gewinnung von Maul- und Klauenseuchenviren zur Herstellung von Immunserum.** 2—4 Tage alte Kaninchen werden mit einem Virus infiziert, das an 1—2 Tage alten Tieren adaptiert wurde. (**UdSSR. P. 121 910** vom 2/12. 1958.) L. Großner. 4813

K. I. Matwejew, T. W. Oreschkina, Je. A. Schtschekotschichina, G. Ss. Sojkina, L. N. Stowitschek, N. W. Chatunzewa und L. I. Mogilnikowa, **Herstellung von gereinigtem und konzentriertem Tetanus-Antitoxin** durch Züchtung des Stammes Colle 8 auf einem Nährboden aus sauren Casein-, Fisch- u. Maismehlhydrolysaten bei 35° während 6—10 Tagen, Inaktivierung des Toxins durch HCHO-Behandlung, Fällung mit NaCl u. HCl bei pH 3,5 u. Adsorption an $Al(OH)_3$. (**UdSSR. P. 121 909** vom 27/5. 1955.) L. Großner. 4813

Smith, Kline & French Laboratories, Philadelphia, übert. von: Leonard Cook, Abington, und Edwin J. Fellows, North Hills, Pa., V.St.A., **Arzneimittel,** enthaltend als Wirkstoff zur oralen Behandlung der depressiven Zustände von psychot. Patienten *2-Amino-1-[3.4-methylendioxyphenyl]-propan* oder ein nichttox. Säureadditionssalz davon, bes. das gereinigte d-Isomere der Verb., welches man gewinnt durch Neutralisieren des Hydrochlorids in wss. Lsg., Extrahieren mit Ae. oder Bzl. u. Fällen des d-Isomeren mit d-Weinsäure. d-Tartrat, $[\alpha]^{25}$ 29,4 (2%ig. wss. Lsg.); reine d-Base, $[\alpha]^{25}$ 24,6 (1%ig. Lsg. in Hexan). (**A. P. 2 953 494** vom 15/7. 1957, ausg. 20/9. 1960.) K. Koebke. 4815

Dr. Schwarz Arzneimittelfabrik G. m. b. H., Düsseldorf, übert. von: Walter Rummel, Homburg/Saar, **Arzneimittel.** Zur Erhöhung des Fe-Blutspiegels verabreicht man per os einen $FeSO_4$-Glycin (I)-Komplex, den man erhält durch Erhitzen von 10 (g) $FeSO_4$ mit 2,7 I unter N_2 auf 70°. — Vgl. A. P. 2 877 253; C. **1960,** 7936. (**A. P. 2 957 806** vom 6/1. 1959, ausg. 25/10. 1960.) K. Koebke. 4815

Albert Castaigne, Toulouse, Frankreich, **Arzneimittel** zur Senkung des Lipoidblutspiegels, bes. des *Cholesterinspiegels,* enthaltend ein Gemisch von Alanin (bes. 6,7% des Gemisches), Glycin (22,0), Isoleucin (29,0), Valin (34,6) u. Serin (7,7). Man kann die Mischungen als 2%ig. Lsg. in Serum i.v. verabreichen. Man kann Protamin (Salmin)-Hydrolysate verwenden. (**A. P. 2 965 542** vom 12/2. 1958, ausg. 20/12. 1960.) K. Koebke. 4815

Charles E. Frosst & Co., übert. von: Ezra Lozinski, Montreal, Quebec, Canada, **Mittel zur Senkung des Cholesteringehalts im Blut,** bestehend aus einem natürlichen Öl mit hohem Geh. ungesätt. Fettsäuren, z. B. Baumwoll-, Safflor- Sesam-, Erdnuß- oder Rapsöl, u. therapeut. Mengen Pyridoxin. (**Can. P. 555 637** vom 24/4. 1957, ausg. 8/4. 1958.) S. Böttcher. 4815

Wolffe Harry Feinstone, Indianapolis, Ind., V.St.A., **Arzneimittel** zur oralen Behandlung von Irritationen u. Erosionen des Gastrointestinaltrakts, bestehend aus einem granulierten Antacidum (Na-Carboxymethylcellulose u. Mg-Trisilicat, Ca-Caseinat u. $CaCO_3$, Dihydroxy-Al-aminoacetat), das mit 1—10% eines Organopolysiloxans überzogen ist. (**A. P. 2 951 011** vom 17/12. 1956, ausg. 30/8. 1960.) K. Koebke. 4815

Norgine Laboratories, Inc., New York, übert. von: Walter Stein, Scarsdale, N.Y., V.St.A., **Arzneimittel** zur Behandlung der Achylie erhält man, indem man 0,1 (Teil) eines eßbaren organ. Hydrochlorids (Hydrochlorid der Glutaminsäure, des Betains oder des Harnstoffs) mit 1 Karaya-Gummi vermischt, mit einem aliphat. Alkohol zu einer Paste anreibt, granuliert u. trocknet. (**A. P. 2 958 627** vom 29/1. 1958, ausg. 1/11. 1960.) K. Koebke. 4815

Dumas Wilson & Co., übert. von: Frank L. Root, St. Louis, Mo., V.St.A., **Arzneimittel** zur oralen Behandlung von Tuberkulose, enthaltend als Wirkstoff ein Gemisch von 48—2,7 (Mol-%) p-Aminosalicylsäure (I) u. 52—97,3 des Na- oder K-Salzes von I oder eines Gemisches beider Salze. Die Mittel stören nicht den Säurehaushalt des Magens. (**A. P. 2 946 723** vom 21/1. 1958, ausg. 26/7. 1960.) K. Koebke. 4815

Wm. S. Merrell Co., übert. von: Edwin D. Carkhuff und Paul A. Tuerck, Cincinnati, Ohio, V.St.A., **Arzneimittel.** Zur oralen Therapie von *atroph. Rhinitis, Amenorrhoe, Vulvovaginitis, Lactationshemmung u. Behandlung der Menopause* verwendet man eine feste Lsg. von *Tri-p-methoxyphenylchlormethylen* in Glycerin-, Mono-, Di- oder Tristearat oder von Gemischen davon. Man erhält die feste Lsg. durch Auflösen von 5—90% des Wirkstoffs im geschmolzenen Fett. Die abgekühlte feste Lsg. kann zu einem Pulver zerrieben u. tablettiert werden. (**A. P. 2 944 938** vom 29/4. 1958, ausg. 12/7. 1960.) K. Koebke. 4815

Warner-Lambert Pharmaceutical Co., Morris Plains, N. J., V.St.A., übert. von: Gilbert C. van Wessem, Memmingen, und Emile L. Sakal, Brookside, N.J., V.St.A., **Arzneimittel** zur Stimulierung des Zentralnerven-Syst. enthaltend als Wirkstoff in der Dosiseinheit 100 mg eines Salzes der *3.3-Pentamethylen-4-hydroxybuttersäure* (I). — Na-I, F. 104—107°; Ca-I, F. 205°; NH_4-I, F. 104—105°; Piperidinsalz von I, F. 103—104,5°; K-I, F. 154—156°; 1-Desoxyephedrinsalz von I, F. 59,5—61°; *l*-Ephedrinsalz von I, F. 77,5—79°; Morpholinsalz von I, F. 68—69,5°. Tabletten, Suppositorien oder wss. Lsg. zur parenteralen Injektion. (**A. P. 2 960 441** vom 17/9. 1957, ausg. 15/11. 1960.) K. Koebke. 4815

Nathaniel M. Elias, New York, N.Y., V.St.A., **Antikonzeptionsmittel,** enthaltend in einem auf pH 1—8,5 gepufferten pharmazeut. Vehikel als spermiciden Wirkstoff ein Alkylphenoxypolyäthoxyäthanol der Formel I, worin R eine Alkylgruppe mit 1—23 C-Atomen, R_1 H oder eine Alkylgruppe mit 1—23 C-Atomen, x einen Durchschnittswert von 5—12 hat u. die Summe der C-Atome in R u. R_1 4—23 beträgt. (**A. P. 2 943 979** vom 23/6. 1959, ausg. 5/7. 1960.) K. Koebke. 4815

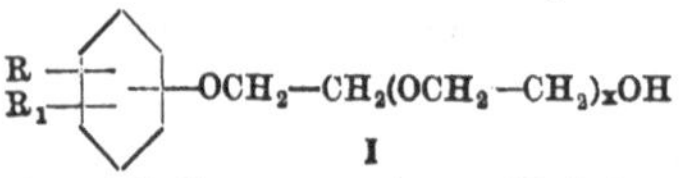

I

Ole Gisvold, St. Paul, Minn., V.St.A., **Arzneimittel** zur Behandlung von Hautschäden, wie sie durch Berührung mit Giftefeu (*Rhus toxicodendron*), Gifteiche (*Rhus diversiloba*) oder Giftsumach (*Rhus venenata*) verursacht werden, enthaltend 5—50 (%) eines pulverförmigen bas. Anionenaustauschers, der aus aromat. quervernetzten Vinylpolymeren besteht u. Substitutionsgruppen der Formel I enthält, worin n = 1—4, R_1, R_2 u. R_3 niederes Alkyl, Benzyl, Hydroxyalkyl u. Y = OH ist, oder stark bas. quart. Ammoniumharze mit Substitutionsgruppen der Formel II, worin R eine Alkylengruppe u. R_1, R_2 u. R_3 niederes Alkyl, Benzyl oder Hydroxyalkyl bedeuten, u. 2—10 eines lösl., organ. Amins der Gruppe Äthanolamin, Äthylendiamin, Piperazin u. Diäthylaminoäthanol u. ein Lösungsmittel. (**A. P. 2 951 012** vom 3/3. 1958, ausg. 30/8. 1960.) K. Koebke. 4815

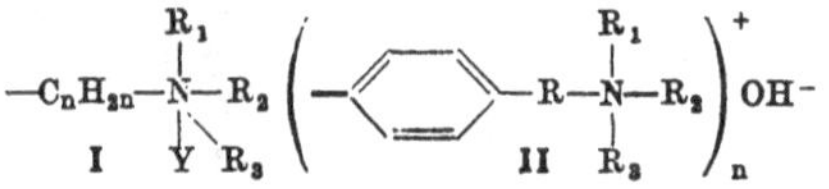

Max Jacobson, New York, und Alexander J. Kelemen, Flushing, N.Y., V.St.A., **Arzneimittel** zur Behandlung von Arthritis u. Gelenkentzündungen, enthaltend als Wirkstoff ein Gemisch einer Verb. der Formel I, worin R einen KW-Stoff-Rest mit 2—10 C-Atomen bedeutet, der durch ein nicht quart. C-Atom mit dem Pyrazolidinring verknüpft ist, u. Aryl einen Phenylring, der durch Cl, eine niedere Alkyl- oder niedere Alkoxygruppe substituiert sein kann, oder Salze davon (*1.2-Diphenyl-4-n-butyl-3.5-dioxopyrazolidin*) u. eine Barbitursäure-Verb. (*Amobarbital*) oder ein Salz davon. (**A. P. 2 960 440** vom 26/7. 1957, ausg. 15/11. 1960.) K. Koebke. 4815

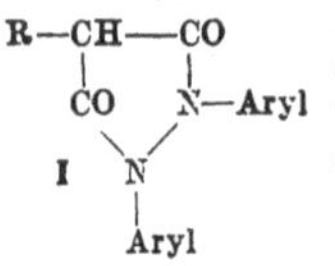

Chemische Werke Albert, übert. von: Ernst Schroeder und Mario Reiser, Wiesbaden, **Arzneimittel,** enthaltend als Wirkstoff zur Behandlung von *Cerebralsklerose* ein Gemisch von 1-Hexyl-3.7-dimethylxanthin u. Nicotinsäure oder eines ihrer anorgan. Salze, bes. im Verhältnis 4 : 1. (**A. P. 2 953 493** vom 2/4. 1957, ausg. 20/9. 1960.) K. Koebke. 4815

Geschickter Fund for Medical Research, Inc., Washington, D.C., übert. von: Charles F. Geschickter, Kensington, und Leonard M. Rice, Baltimore, Md., V.St.A., **Arzneimittel** zur parenteralen Behandlung von Asthma, Heufieber u. anderen allerg. Zuständen, enthaltend als Wirkstoff ein 7-Chlor-4-(4-diäthylamino-1-methylbutylamino)-chinolinsalz der Ascorbin-, Chinin- oder Nicotinsäure. (**A. P. 2 947 664** vom 11/7. 1955, ausg. 2/8. 1960.) K. Koebke. 4815

Wisconsin Alumni Research Foundation, übert. von: Paul Settlage und Manucher Javid, Madison, Wis., V.St.A., **Arzneimittel** zur Verringerung des intracranialen Druckes durch i.v. Injektion, bestehend aus einer wss. Lsg. von 5—10 (%) Dextrose u. 5—30 Harnstoff. (**A. P. 2 960 439** vom 18/3. 1957, ausg. 15/11. 1960.) K. Koebke. 4815

International Hormones, Inc., Brooklyn, übert. von: Desider Fleischhacker, New York, und Norman Barsel, Laurelton, N.Y., V.St.A., **Hämostatica** erhält man, indem man eine 1% ig. wss. Lsg. des Na-Salzes von 4-Methyläsculetin oder von Hesperidinmethylchalcon herstellt u. der Lsg. auf 20 (Teile) des Wirkstoffs 1 des Monoxims, des Monosemicarbazons oder des Isonicotinsäurehydrazons von Adrenochrom zusetzt. Diese Lsg. kann als solche verwendet oder nach Gefriertrocknung oder Sprühtrocknung zu Tabletten verarbeitet werden. — Vgl. auch A. PP. 2 581 850; C. **1950/54,** 477 S u. 2 728 772; C. **1957,** 2561. (**A. P. 2 961 376** vom 14/6. 1955, ausg. 22/11. 1960.) K. Koebke. 4815

Upjohn Co., übert. von: William A. Phillips, Kalamazoo, Mich., V.St.A., **Vitamin-Emulsion,** bestehend aus einer dispersen Ölphase u. einer kontinuierlichen Wasserphase u. enthaltend 1. 0,5—2 (%) eines nicht tox. Öls mit wenigstens einem öllösl. Vitamin, 2. 50—80 Glycerin, 3. eine wss. Lsg. wenigstens eines wasserlösl. Vitamins u. 4. 0,75—2 eines Emulgators, der aus (A) einem Äthylenoxid-Polypropylenglykol-Kondens.-Prod. der Formel $HO(C_2H_4O)_a(C_3H_6O)_b(C_2H_4O)_cH$, worin das Molgew. der (C_2H_4O)-Gruppen 60—80 % des gesamten Molgew. beträgt u. b eine Zahl zwischen 15 u. 45 bedeutet, u. (B) einer Verb. der Gruppe Sorbitanmonooleat, Sorbitanmonolaurat u. Polyoxyäthylenlauryläther besteht, wobei A/B zwischen 0,47 u. 4,0 liegt. (**A. P. 2 953 496** vom 2/12. 1958, ausg. 20/9. 1960.) K. Koebke. 4815

American Cyanamid Co., New York, übert. von: George Madison Sieger und Ernest Chu Yen, Pearl River, N.Y., V.St.A., **Antihämorrhagischer Puder,** enthaltend einen wasserunlösl. Wirkstoff mit Vitamin-K-Wrkg., der gelöst ist in einem Ester aus der Gruppe Diäthylsuccinat, Di-n-butylsuccinat, Diäthylpimelat u. Di-n-butylpimelat in gleichmäßiger Verteilung in einem Silica-Aerogel mit einer Oberfläche von 100—400 m^2/g. (**A. P. 2 949 400** vom 26/7. 1956, ausg. 16/8. 1960.) K. Koebke. 4815

William L. Gould, Albany, N.Y., V.St.A., **Arzneimittel** zur Behandlung des Klimakterium virile u. der Senilität, enthaltend 160—320 I.E. Choriongonadotropin, 1—10 mg Glutaminsäure (I) u. wenigstens das 2,5fache von I an Thiaminchlorid. (**A. P. 2 943 020** vom 9/12. 1957, ausg. 28/6. 1960.) K. Koebke. 4815

Merck & Co., Inc., Rahway, übert. von: Karl Pfister III, Westfield, N.J., V.St.A., **Antituberkulosemittel** aus einem Gemisch von Pyrazinamid u. Streptomycin oder Dihydrostreptomycin. (**Can. P. 562 738** vom 5/3. 1956, ausg. 2/9. 1958. A. Prior. 4/8. 1951.) Eberhard Riedel. 4815

Lepetit S. p. A., Mailand, übert. von: Gustavo A. Weitnauer, Torre Annunziata, Neapel, Italien, **Arzneimittel.** Man mischt eine wss. Lsg. von *Streptomycinsulfat* (I) oder *Dihydrostreptomycinsulfat* (II) mit Ca-Glucoheptonat, filtriert durch Seitz-Filter, u. bringt durch Zugabe von CH_3OH, Aceton oder Dioxan einen kristallinen Komplex der Zus. $(Str)_2(H_2SO_4)_3[Ca(C_7H_{13}O_8)_2]_2$, worin Str I oder II bedeutet, zur Ausfällung, der bei 40° getrocknet wird u. in wss. Lsg. parenteral angewandt wird. Der Komplex kann ohne tox. Nebenwrkg. längere Zeit hindurch gegeben werden. (**A. P. 2 945 784** vom 25/3. 1957, ausg. 19/7. 1960. It. Prior. 29/3. 1956.) K. Koebke. 4815

Walter H. Hoffman und Waitman P. Scott, Springfield, Mo., V.St.A., **Beifuttermittel für Geflügel,** bestehend aus 20—50 (%) eines nichttox., wasserlösl. Salzes, bes. des Na-Salzes der Propionsäure, 0,1—0,5 Vitamin-K-Na-Bisulfit, 5—15 Ferricholincitrat, 0,1—0,5 Methylrosanilin u. wenigstens 8 $CuSO_4$, ggf. auch geringen Mengen von Salzen des Co, Mn, Mg, Zn u. J. Förderung des Wachstums bei gesunden u. unspezif. kranken Tieren. (**A. P. 2 946 722** vom 21/7. 1959, ausg. 26/7. 1960.) K. Koebke. 4815

Whitmire Research Laboratories, Inc., St. Louis, übert. von: Homer E. Whitmire, Clayton, und Blanton J. Whitmire, Richmond Heights, Mo., V.St.A., **Tierarzneimittel** zur Behandlung offener Wunden, die mit den Larven von Hypoderma bovis oder Hypoderma lineatum infiziert sind. Man verwendet ein Sprühpräp., das neben einem üblichen Schädlingsbekämpfungsmittel *Silica-Aerogel* u. ein verflüssigtes Treibmittel enthält. (**A. P. 2 952 584** vom 21/8. 1956, ausg. 13/9. 1960.) K. Koebke. 4815

American Cyanamid Co., New York, übert. von: Wayne Henry Linkenheimer, New City, N.Y., V.St.A., **Arzneimittel für Tiere** zur Behandlung von Fe-Mangelanämie bei lactierenden Muttertieren, bes. Schweinen, enthaltend das Fe-Chelat der Äthylendiamintetraessigsäure zur parenteralen Applikation. (**A. P. 2 955 981** vom 31/12. 1957, ausg. 11/10. 1960.) K. Koebke. 4815

Norwich Pharmacal Co., übert. von: Michael P. Natt, Norwich, N.Y., V.St.A., **Tierarzneimittel** zur Bekämpfung der Geflügel-*Coccidose,* enthaltend als

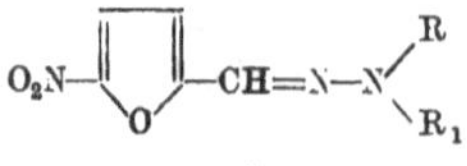

I

Wirkstoff 0,003—0,02% einer Verb. der Formel I, in der R H oder niederes Alkyl u. R' H, niederes Alkyl oder Alkenoyl bedeutet, im Futtermittel. — 5-Nitro-2-furfuraldehyd (II) + $HN{=}NHCH_3 \rightarrow$ *1-Methyl-2-(5-nitrofurfuryliden)-hydrazin* (III); III + Essigsäureanhydrid → *1-Acetyl-1-methyl-2-(5-nitrofurfuryliden)-hydrazin*; $C_2H_5N{=}NH$-Sulfat + II → *1-Äthyl-2-(5-nitrofurfuryliden)-hydrazin*, F. 119—121°. Beschrieben sind weiter: *1.1-Dimethyl-2-(5-nitrofurfuryliden)-hydrazin*, F. 115°; *1-Butyl-1-methyl-2-(5-nitrofurfuryliden)-hydrazin*, F. 124—125°; *1-Butyryl-2-(5-nitrofurfuryliden)-hydrazin*, F. 168—170°; *5-Nitro-2-furfurylidenhydrazin*, F. 166—167°. (**A. P. 2 943 019** vom 24/6. 1958, ausg. 28/6. 1960.) K. Koebke. 4815

Upjohn Co., Kalamazoo, übert. von: Erik H. Jensen, Kalamazoo Township, Mich., V.St.A., **Tierarzneimittel** zur Bekämpfung von Pferdewürmern, bestehend aus einer stabilen wss. Suspension eines unimol. Komplexes von Piperazin-CS_2, Glycerinmonostearat, einem Monostearat eines Polymeren der Formel $H(OCH_2CH_2)_nOH$, worin n = 30—40 bedeutet, u. einem Citronensäure-Na-Phosphat-Puffer, der den pH-Wert zwischen 6 u. 9 hält. (**A. P. 2 951 009** vom 28/2. 1958, ausg. 30/8. 1960.) K. Koebke. 4815

Upjohn Co., Kalamazoo, übert. von: William W. Byrnes, Alamo Township, Mich., V.St.A., **Arzneimittel** zur oralen Behandlung von Menstruationsstörungen u. zur Beeinflussung der Fruchtbarkeit bei Tieren, enthaltend als Wirkstoff 17α-Acetoxyprogesteron u. ggf. Diäthylstilböstrol, Östradiol oder 17-Methyltestosteron. (**A. P. 2 965 541** vom 22/6. 1959, ausg. 20/12. 1960.) K. Koebke. 4815

Edward J. Ross und Charles H. Elbreder, St. Louis, Mo., V.St.A., **Tierarzneimittel** zur Behandlung des W. für Aquariumfische, enthaltend auf 1 Gallone W. 10000 I.E. Penicillin u. 5 mg Streptomycin bei pH 6,8—7,2. Die Mittel trüben das W. nicht u. sind unschädlich für Aquariumpflanzen. (**A. P. 2 963 400** vom 24/12. 1956, ausg. 6/12. 1960.) K. Koebke. 4815

Rohm & Haas Co., Philadelphia, Pa., übert. von: Joseph C. Lo Cicero, Moorestown, N.J., und Chien-Pen Lo und Andrew B. Law, Philadelphia, Pa., V.St.A., **Desinfektionsmittel,** enthaltend als baktericide Wirkstoffe ein Gemisch von 20—80 (%) n-Dodecyldimethyl-2.4-dichlorbenzylammoniumchlorid u. 20 bis 80 n-Tetradecyldimethyl-2.4-dichlorbenzylammoniumchlorid u./oder n-Tetradecyldimethylbenzylammoniumchlorid. Die Gemische besitzen synergist. Effekte u. sind auch als Zusätze zu Nahrungsmitteln, bes. in Ggw. von hartem W., geeignet. (**A. P. 2 951 787** vom 23/1. 1959, ausg. 6/9. 1960.) K. Koebke. 4833

Rohm & Haas Co., Philadelphia, übert. von: Chien-Pen Lo, Philadelphia, Pa., Joseph C. Lo Cicero, Moorestown, N.J., und Andrew B. Law, Philadelphia, Pa., V.St.A., **Desinfektionsmittel,** enthaltend als baktericide Wirkstoffe ein Gemisch von 20—80 (%) n-Dodecyldimethyl-p-chlorbenzylammoniumchlorid u. 20—80 n-Tetradecyldimethyl-p-chlorbenzylammoniumchlorid u./oder n-Tetradecyldimethylbenzylammoniumchlorid. Die Gemische besitzen synergist. Wrkg.-Effekte u. sind bes. geeignet für die Reinigung von Eßgeschirr in Hotels. (**A. P. 2 951 788** vom 23/1. 1959, ausg. 6/9. 1960.) K. Koebke. 4833

Chilean Nitrate Sales Corp., übert. von: Alfred C. Loonam, New York, N.Y., V.St.A., **Herstellung von Desinfektionslösungen.** Man bringt in wss. Medium J_2 mit gelbem P zur Rk., wobei die Temp. nicht über 55° steigen darf, u. neutralisiert die Lsg. mit Na-Phosphat. Die Lsgg. eignen sich zur Desinfektion von Küchengeräten. (**A. P. 2 943 014** vom 16/4. 1956, ausg. 28/6. 1960.) K. Koebke. 4833

Techniques Agricoles Modernes, Frankreich, **Antiseptische und desodorierende Flüssigkeit,** welche gleichzeitig insektentötend wirkt, aus 2(%) Coptal BN in Pastenform (Humectyl LN), 7 Na_2HPO_4, 1 Phenol, 40 H·CHO, 50 W. u. Methylenblau. Die Lsg. wird 1—15%ig. in W. angewendet. (**F. P. 1 235 419** vom 26/5. 1959, ausg. 12/11. 1960.) M. F. Müller. 4833

Ions Exchange & Chemical Corp., V.St.A. (Erfinder: Jacob J. Bickerman, Karol Horowitz und Meyer Mendelsohn), **Herstellung einer antiseptischen Silberverbindung** durch Umsetzung einer wasserlösl. organ. Verb., die wenigstens eine OH-Gruppe enthält, mit einer Lsg. eines Ag-Salzes bei 50—100°. Als Ausgangsmaterial dient bes. Alginsäure oder deren Ester mit einem Alkylenglykol. Ggf. wird die antisept. Lsg. in Verbindung mit einer Seifen-Lsg. verwendet. — In 500 ml 2%ig. wss. Alginsäure-Lsg. (pH 4,5) werden 10 g Ag_2O eingetragen, 30 Min. wird bei 60—70° gehalten. Man erhält eine braune Lsg. von pH 7,5. — An Stelle von Ag_2O kann auch Ag_2CO_3 u. an Stelle von Alginsäure Glucuronsäure verwendet werden. (**F. P. 1 245 504** vom 21/6. 1954, ausg. 1/2. 1961. A. Prior. 29/6., 8/9. u. 16/11. 1953.) M. F. Müller. 4833

Paul Bonet-Maury und Charles Joseph Lormand, Frankreich, **Strahlensterilisierung von Mikroorganismen**, wie Bakterien, Pilzen, Hefen, bes. unter Verw. von γ-Strahlen in einer Bestrahlungskammer. Als Strahlungsquellen sind z. B. ^{60}Co u. ^{137}Cs genannt. — 2 Abbildungen. (**F. P. 1 249 879** vom 18/11. 1959, ausg. 29/3. 1961.)
M. F. Müller. 4833

Monsanto Chemicals Ltd., übert. von: Philip Maurice, London, England, **Germicide Mittel** aus einer 1—5%ig. wss. Lsg. von *Na-* oder *K-Dichlor-m-xylenolat* u. einem anion. Netzmittel, bes. einem Alkylarylsulfonat, in einer solchen Konz., daß die germicide Aktivität gegenüber Staphylococcus aureus erhöht ist. — Diagramm. (**Can. P. 559 741** vom 5/10. 1954, ausg. 1/7. 1958. E. Prior. 8/10. 1953.)
L. Grossner. 4833

American Cyanamid Co., New York, übert. von: **Charles C. Reed**, Pearl River, **Lawrence Ritter**, Suffern, **William Valentine**, Nanuet, und **Ernest Chu Yen**, Orangeburg, N.Y., V.St.A., *Gelatinefilme und -kapseln*. (**Can. P. 559 952** vom 12/10. 1955, ausg. 8/7. 1958. A. Prior. 30/11. 1954. — C. **1958**, 3689 [A. P. 2 776 220].)

California Institute Research Foundation, übert. von: **Herschel K. Mitchell**, Pasadena, Calif., V.St.A., und **Adolf M. Michelson**, Cambridge, England, *Orotsäureglykosid*. (**Can. P. 562 295** vom 11/6. 1953, ausg. 26/8. 1959. A. Prior. 27/6. 1952. — C. **1958**, 13580 [A. P. 2 788 346].)

Abbott Laboratories, Chicago, Ill., V.St.A., *Herstellung eines Heilmittels*. (**Niederl. P. 101 325** vom 21/12. 1957, ausg. 15/5. 1962. A. Prior. 24/12. 1956. — C. **1961**, 13649 [Belg. P. 563 436].)

Soc. des Usines Chimiques Rhône-Poulenc, Paris, Frankreich, *Herstellung von therapeutischen Präparaten*. (**Niederl. P. 101 313** vom 17/9. 1957, ausg. 15/5. 1962. F. Prior. 28/9. 1956, 8/4. u. 14/6. 1957. — C. **1962**, 1713 [E. P. 830 195].)

Bristol Laboratories, Inc., East Syracuse (Erfinder: **Yvon Gaston Perron**, Dewitt), N.Y., V.St.A., *Verfahren zur Herstellung therapeutisch wirksamer Substanzen*. (**Schwz. P. 357 730** vom 2/5. 1957, ausg. 15/12. 1961. A. Prior. 4/5. 1956. — C. **1962**, 7257 [A. P. 2 826 578].)

Emilio Testa, Mailand, Italien, *Pharmakologisch wirksame Verbindungen*. (**A. P. 3 006 951** vom 14/7. 1958, ausg. 31/10. 1961. E. Prior. 23/7. 1957. — C. **1962**, 5389 [E. P. 838 724].)

Abbott Laboratories, Chicago, Ill., V.St.A., *Beruhigungsmittel*. (**Niederl. P. 101 027** vom 21/12. 1957, ausg. 16/4. 1962. A. Prior. 24/12. 1956. — C. **1961**, 12930 [A. P. 2 916 417].)

Asta-Werke Akt.-Ges., Chemische Fabrik, Brackwede, *Herstellung spasmolytisch wirkender Verbindungen*. (**Niederl. P. 101 347** vom 25/6. 1958, ausg. 15/5. 1962. D. Prior. 29/6. 1957. — C. **1961**, 5182 [D. A. S. 1 052 982].)

Cilag Chemie Ltd., Schaffhausen, übert. von: **Henry Martin**, Zürich, und **Ernst Habicht**, Schaffhausen, Schweiz, *Basische Ester der α-Aryl-3-methylpentansäure*. (**A. P. 2 987 517** vom 26/11. 1954, ausg. 6/6. 1961. D. Prior. 20/4. 1954. — C. **1961**, 5184 [F. P. 1 161 314].)

Farbwerke Hoechst Akt.-Ges., vormals Meister Lucius & Brüning, Frankfurt/M., *Herstellung halogenierter 4-Phenoxybenzaldehyde*. (**E. P. 884 765** vom 7/11. 1958, ausg. 20/12. 1961. D. Prior. 8/11. 1957. — C. **1961**, 6952 [D. A. S. 1 080 536].)

Beecham Research Laboratories Ltd. (Erfinder: **Frank Peter Doyle** und **Edward Raymond Stove**), Betchworth, Surrey, England, *Sulfoniumverbindungen mit blutdrucksenkender Wirkung*. (**Schwz. P. 351 609** vom 27/11. 1956, ausg. 15/3. 1961. E. Prior. 28/11. 1955. — C. **1962**, 10563 [A. P. 2 877 265].)

F. Hoffmann-La Roche & Co. Akt.-Ges., Basel, Schweiz, *Herstellung substituierter Aminosäurehydrazide*. (**Niederl. P. 101 348** vom 25/6. 1958, ausg. 15/5. 1962. Schwz. Prior. 4/7., 23/9., 25/10. 1957 u. 10/1. 1958. — C. **1961**, 18788 [Oe. P. 205 474].)

Farbwerke Hoechst Akt.-Ges., vormals Meister Lucius & Brüning, Frankfurt/M., *Diphenylätherderivate und deren Herstellung*. (**E. P. 884 764** vom 28/8. 1958, ausg. 20/12. 1961. D. Prior. 28/8. 1957. — C. **1960**, 9309 [D. A. S. 1 070 161].)

Upjohn Co., übert. von: **Robert B. Moffett** und **John L. White**, Kalamazoo, Mich., V.St.A., *Pyrrolidylalkylester von disubstituierten Hydroxyessigsäuren*. (**A. P. 2 993 054** vom 22/3. 1954, ausg. 18/7. 1961. — C. **1959**, 9327 [E. P. 764 060 u. D. A. S. 1 014 996].)

British Drug Houses Ltd., übert. von: **Patrick Mamalis, Vladimir Petrow** und **Bennett Sturgeon**, London, England, *Benzimidazolglykoside*. (**Can. P. 562 290** vom 15/5. 1951, ausg. 26/8. 1958. E. Prior. 19/5. 1950. — C. **1956**, 7314 [Schwed. P. 141 234].)

British Drug Houses Ltd., übert. von: **Patrick Mamalis, Vladimir Petrow** und **Bennett Sturgeon**, London, England, *Benzimidazolglykoside*. (**Can. P. 562 291** vom 12/7. 1951, ausg. 26/8. 1958. E. Prior. 13/7. 1950. — C. **1954**, 3286 [E. P. 690 119].)

Merck & Co., Inc., Rahway, übert. von: **Karl Pfister III**, Westfield, und **William J. Leanza**, Carteret, N.J., V.St.A., *Herstellung von 5-Methyl-5-skatylhydantoin*. (**Can. P. 560 083** vom 29/11. 1956, ausg. 8/7. 1958. A. Prior. 9/10. 1953. — C. **1959**, 564 [A. P. 2 766 255].)

Robert M. Herbst, East Lansing, Mich., V.St.A., *Substituierte Tetrazoline*. (**Can. P. 561 908** vom 1/10. 1954, ausg. 19/8. 1958. — C. **1959**, 1217 [Oe. P. 192 914].)

Schering Akt.-Ges., Berlin, übert. von: **Helmer Richter**, Berlin-Grunewald, und **Martin Schenck**, Berlin-Frohnau, *Herstellung von 4-Aminochromanen*. (**Can. P. 562 469** vom 26/11. 1954, ausg. 26/8. 1958. D. Prior. 28/11. 1953 u. 7/1. 1954. — C. **1959**, 13573 [Schwz. P. 335 391].)

Ciba Pharmaceutical Products, Inc., Summit, N.J., V.St.A., übert. von: **Karl Hoffmann** und **Jules Heer**, Binningen, Schweiz, *Piperidyl-(4)-diphenylcarbinole*. (**A. P. 3 000 896** vom 16/1. 1957, ausg. 19/9. 1961. Schwz. Prior. 19/1. 1956. — C. **1960**, 4933 [F. P. 1 170 241].)

Wellcome Foundation Ltd., London, England, *Herstellung von 5-Arylmethyl-2.4-diaminopyrimidin*. (**Niederl. P. 101 334** vom 21/2. 1958, ausg. 15/5. 1962. E. Prior. 21/2. 1957. — C. **1961**, 12932 [D. A. S. 1 103 931].)

Ciba Ltd., Basel, übert. von: **Jean Druey**, Riehen, und **Paul Schmidt**, Therwil, Schweiz, *Herstellung von Pyridazonen-(3)*. (**Can. P. 559 988** vom 15/12. 1954, ausg. 8/7. 1958. Schwz. Prior. 20/1., 29/1. u. 25/11. 1954. — C. **1957**, 11663 [D. A. S. 1 008 738].)

C. H. Boehringer Sohn, Ingelheim, *Herstellung substituierter Morpholine.* (**Niederl. P. 101 383** vom 1/7. 1953, ausg. 15/5. 1962. D. Prior. 25/3. 1953. — C. **1958**, 1376 [Oe. P. 186 640].)

Parke, Davis & Co., Detroit, Mich., V.St.A., *Herstellung eines Wurmmittels.* (**Niederl. P. 101 378** vom 7/10. 1958, ausg. 15/5. 1962. A. Prior. 14/10. 1957. — C. **1962**, 1715 [Oe. P. 206 895].)

Soc. des Usines Chimiques Rhône-Poulenc, Paris, Frankreich, *Herstellung von 10-Piperazinoalkylphenthiazinen.* (**Niederl. P. 101 340** vom 22/3. 1958, ausg. 15/5. 1962. F. Prior. 11/4. 1957. — C. **1960**, 12777 [D. A. S. 1 071 087].)

Sandoz Soc. An., Schweiz, *Herstellung von Acetyldigitoxin-(α).* (**F. P. 1 259 954** vom 5/6. 1953, ausg. 18/8. 1961. Schwz. Prior. 7/6. 1952. — C. **1955**, 10574 [D. B. P. 925 047].)

Sandoz Akt.-Ges. (Erfinder: **Jurg Rutschmann**), *Podophyllsäurederivate.* (**Aust. P. 231 787** vom 20/5. 1958, ausg. 2/2. 1961. Schwz. Prior. 3/6., 26/6. u. 10/7. 1957 u. 19/2. 1958. — C. **1961**, 15490 [Oe. P. 203 642].)

Abbott Laboratories, North Chicago, übert. von: **Ira B. Cushing**, Waukegan, und **Edward J. Kratovil**, Chicago, Ill., V.St.A., *Sulfate von partiell abgebautem Chitin.* (**Can. P. 561 935** vom 14/8. 1953, ausg. 19/8. 1958. A. Prior. 26/8. 1952. — C. **1956**, 11251 [E. P. 740 152].)

Badische Anilin- & Soda-Fabrik Akt.-Ges., Ludwigshafen/Rh. (Erfinder: **H. Pommer** und **W. Sarnecki**), *Verbindungen der Jonylidenäthyliden-Reihe.* (**Belg. P. 570 838** vom 1/9. 1958, ausg. 17/11. 1961. D. Prior. 3/9. 1957 u. 14/3. 1958. — C. **1960**, 1946 [D. A. S. 1 059 900], C. **1960**, 16857 [D. A. S. 1 068 702], C. **1960**, 13459 [D. A. S. 1 068 703] u. C. **1960**, 11855 [D. A. S. 1 070 173].)

Eastman Kodak Co. (Erfinder: **Charles Donald Robeson** und **Donald Royce Nelan**), Rochester, N.Y., V.St.A., *Herstellung von α-Tocopherylhydrochinon durch Oxydation von α-Tocopherol und anschließende Reduktion des entstandenen α-Tocopherylchinons.* (**D. A. S. 1 127 361** Kl. 12q vom 15/4. 1957, ausg. 12/4. 1962. A. Prior. 19/6. 1956. — C. **1962**, 6878 [A. P. 2 856 414].)

Eastman Kodak Co., übert. von: **John M. Dieterle**, Rochester, N.Y., V.St.A., *Behandlung von β-Tocopherol.* (**Can. P. 554 545** vom 13/5. 1954, ausg. 18/3. 1958. A. Prior. 13/7. 1953. — C. **1957**, 498 [E. P. 751 437].)

Eastman Kodak Co., übert. von: **George Y. Brokaw**, Rochester, N.Y., V.St.A., *Gewinnung von Tocopherol.* (**Can. P. 554 546** vom 18/7. 1955, ausg. 18/3. 1958. A. Prior. 23/9. 1954. — C. **1958**, 7209 [E. P. 774 855].)

Lasdon Foundation, Inc., V.St.A. (Erfinder: **Max Niel Huffman**), *Herstellung von Cyclopentanophenanthrenen.* (**F. P. 1 261 864** vom 12/4. 1956, ausg. 15/9. 1961. A. Prior. 1/8. 1955. — C. **1958**, 6342 [A. P. 2 759 952].)

G. N. R. D. Patent Holdings Ltd., England, *Herstellung von Allosteroiden.* (**F. P. 1 267 102** vom 29/6. 1954, ausg. 17/11. 1961. E. Prior. 29/6. 1953. — C. **1957**, 11385 [E. P. 748 958].)

Lasdon Foundation, Inc., V.St.A. (Erfinder: **Max Niel Huffman**), *Herstellung von Ketosteroiden.* (**F. P. 1 261 863** vom 30/3. 1956, ausg. 15/9. 1961. A. Prior. 13/4. 1955. — C. **1959**, 12636 [D. A. S. 1 044 075].)

Løvens Kemiske Fabrik ved A. Kongsted, Ballerup, übert. von: **Wagn Ole Godtfredsen**, Kopenhagen, und **Sven Liisberg**, Trorod, Dänemark, *Herstellung von 6-Methylsteroiden.* (**A. P. 2 996 523** vom 4/8. 1959, ausg. 15/8. 1961. E. Prior. 8/8. 1958. — C. **1962**, 9825 [E. P. 868 110].)

Merck & Co., Inc., V.St.A. (Erfinder: **Max Tishler**), *Herstellung von 9α-Fluorsteroiden.* (**F. P. 1 261 161** vom 4/8. 1955, ausg. 8/9. 1961. A. Prior. 6/8. 1954. — C. **1959**, 4571 [E. P. 791 065].)

Ciba Soc. An., Schweiz, *Herstellung von 11-Aminosteroiden.* (**F. P. 1 271 490** vom 4/8. 1959, ausg. 17/1. 1962. Schwz. Prior. 6/8. 1958. — C. **1962**, 13872 [D. A. S. 1 110 161].)

Ciba Soc. An., Schweiz, *Herstellung von 18-oxygenierten Steroiden.* (**F. P. 1 269 576** vom 15/6. 1959, ausg. 20/12. 1961. Schwz. Prior. 18/6. 1958 u. 12/1. 1959. — C. **1962**, 14249 [D. A. S. 1 117 574].)

Glaxo Laboratories Ltd., Greenford, England, *Saure Hydrolyse von Steroidsemicarbazonen.* (**Ind. P. 65 730** vom 4/11. 1958, ausg. 24/2. 1961. E. Prior. 14/11. 1957. — C. **1960**, 15496 [D. A. S. 1 074 040].)

Schering Akt.-Ges., *Herstellung von Steroiden, die am gleichen Kohlenstoffatom eine Alkoxy- und eine Äthinylgruppe tragen.* (**F. P. 1 267 781** vom 9/3. 1959, ausg. 27/11. 1961. D. Prior. 11/3. 1958. — C. **1960**, 5582 [D. A. S. 1 062 698].)

Merck & Co., Inc., Rahway, übert. von: **Glen E. Arth**, Cranford, und **Robert M. Lukes**, Nixon, N.J., V.St.A., *Optisch-aktive Salze der Δ^5-3-Äthylendioxy-11-ketoätienoylbrenztraubensäure.* (**Can. P. 554 989** vom 12/9. 1953, ausg. 25/3. 1958. A. Prior. 17/9. 1952. — C. **1957**, 11960 [A. P. 2 743 271].)

Ciba Soc. An., Schweiz, *Herstellung von 18.21-Cyclopregnanverbindungen.* (**F. P. 1 271 029** vom 5/5. 1959, ausg. 12/1. 1962. Schwz. Prior. 13/5. u. 20/11. 1958. — C. **1962**, 14248 [D. A. S. 1 110 640].)

Ciba Ltd., Basel, übert. von: **Karl Miescher**, Riehen, und **Julius Schmidlin**, Basel, Schweiz, *Herstellung von Hydroxyketonen der Pregnanreihe.* (**Can. P. 559 983** vom 5/2. 1951, ausg. 8/7. 1958. Schwz. Prior. 10/2., 10/5. u. 12/10. 1950. — C. **1955**, 4168 [E. P. 693 519].)

Ciba Ltd., Basel, übert. von: **Karl Miescher**, Riehen, und **Julius Schmidlin**, Basel, Schweiz, *Herstellung von Pregnanhydroxyketonen.* (**Can. P. 559 984** vom 10/9. 1951, ausg. 8/7. 1958. Schwz. Prior. 12/10. 1950. — C. **1958**, 9857 [Niederl. P. 75 602].)

Upjohn Co., Kalamazoo, übert. von: **Herbert C. Murray**, Hickory Corners, und **Durey H. Peterson**, Kalamazoo, Mich., V.St.A., *Pregnan-3.7.20-trione.* (**Can. P. 560 164** vom 4/7. 1952, ausg. 8/7. 1958. A. Prior. 23/2. 1952. — C. **1956**, 804 [E. P. 713 379].)

Syntex Soc. An., Mexico, Mexico, *Herstellung von Halogenpregnen.* (**Belg. P. 570 495** vom 20/8. 1958, ausg. 22/9. 1961. Mexican. Prior. 21/8., 30/8., 23/9., 15/10., 4/11. u 27/11. 1957, 14/2., 24/4. u. 14/5. 1958. — C. **1962**, 5025 [D. A. S. 1 112 511].)

Syntex Soc. An. (Erfinder: **Albert Bowers, Howard J. Ringold, Octavio Mancera** und **Jorge Rosenkranz**), *Fluorpregnene.* (**Aust. P. 233 196** vom 22/7. 1958, ausg. 27/4. 1961. Mexican. Prior. 9/8., 11/9., 15/10., 6/11. u. 14/12. 1957 u. 18/4. u. 24/4. 1958. — C. **1962**, 574 [F. P. 1 212 815].)

Soc. des Usines Chimiques Rhône-Poulenc, Paris, Frankreich, *Herstellung von Derivaten von 16-Amino-3-hydroxy-20-keto-Δ^5-pregnen.* (**Niederl. P. 101 395** vom 17/1. 1959, ausg. 15/5. 1962. F. Prior. 23/1. u. 20/6. 1958. — C. **1961**, 9523 [D. A. S. 1 086 697].)

Ciba Soc. An., Schweiz, *Herstellung von 21-Hemitetrahydrophthalaten von 3.20-Dioxo-21-hydroxypregnenen und von deren Salzen.* (**F. P. 1 269 066** vom 25/3. 1959, ausg. 13/12. 1961. Schwz. Prior. 28/3. u. 11/7. 1958. — C. **1962**, 14249 [D. A. S. 1 122 951].)

Ciba Soc. An., Schweiz, *Herstellung von 21-Hemiglykolaten von 3.20-Dioxo-21-hydroxyverbindungen der Pregnenreihe.* (**F. P. 1 271 033** vom 18/6. 1959, ausg. 12/1. 1962. Schwz. Prior. 24/6. u. 11/7. 1958. — C. **1962**, 13872 [D. A. S. 1 111 627].)

Merck & Co., Inc., V.St.A. (Erfinder: **Ralph Franz Hirschmann** und **Richard Miller**), *Herstellung von 9α-Fluor-3.20-diketo-11.21-bis-oxygenierten-17-hydroxy-Δ*[1]*-allopregnenen.* (**F. P. 1 269 557** vom 25/5. 1956, ausg. 20/12. 1961. A. Prior. 26/5. 1955. — C. **1959**, 3584 [D. A. S. 1 028 994].)

Syntex Soc. An., Mexico (Erfinder: **Howard J. Ringold** und **Jorge Rosenkranz**), *Herstellung von Δ*[1.4]*-3-Ketosteroiden.* (**F. P. 1 262 566** vom 12/7. 1956, ausg. 25/9. 1961. Mexican. Prior. 14/7. 1955. — C. **1961**, 14760 [E. P. 843 108].)

British Drug Houses Ltd., England, *Herstellung von 3-Oxo-Δ*[1.4]*- und -Δ*[1.4.6]*-6-methylsteroiden.* (**F. P. 1 267 779** vom 4/3. 1959, ausg. 27/11. 1961. E. Prior. 4/3. 1958 u. 24/2. 1959. — C. **1962**, 5398 [D. A. S. 1 102 144].)

American Cyanamid Co., V.St.A. (Erfinder: **Seymour Bernstein** und **Rouddy Littel**), *Herstellung von Δ*[1.4]*-Pregnadienen.* (**F. P. 1 268 422** vom 5/2. 1958, ausg. 6/12. 1961. A. Prior. 21/2. 1957. — C. **1961**, 18422 [E. P. 835 836].)

Olin Mathieson Chemical Corp., V.St.A. (Erfinder: **Helen A. Kroll**, **Joseph F. Pagano** und **Richard W. Thoma**), *Herstellung von Δ*[1.4]*-Pregnadienen.* (**F. P. 1 265 153** vom 3/12. 1957, ausg. 20/10. 1961. A. Prior. 7/12. 1956. — C. **1959**, 5239 [A. P. 2 822 318].)

Farmaceutici Italia Soc. An., Italien (Erfinder: **Bruno Camerino**, **Bianca Patelli** und **Domenico Cattapan**), *Herstellung von 17α.21-Dihydroxy-3.20-dioxo-Δ*[1.4]*-pregnadien.* (**F. P. 1 268 447** vom 16/3. 1959, ausg. 6/12. 1961. E. Prior. 21/3. 1958. — C. **1962**, 226 [D. A. S. 1 100 628].)

American Cyanamid Co., V.St.A. (Erfinder: **William Shardlow Allen** und **Seymour Bernstein**), *Herstellung von 9-Halogen-11-hydroxy-Δ*[1.4]*-pregnadienen.* (**F. P. 1 268 418** vom 31/12. 1957, ausg. 6/12. 1961. A. Prior. 16/1. 1957. — C. **1961**, 17304 [E. P. 851 501].)

Upjohn Co., V.St.A. (Erfinder: **Barney John Magerlein**, **William Paul Schneider**, **Oldrich Karel Sebek** und **George Basil Spero**), *Herstellung von 6α-Fluor-11-oxigenierten-16α-hydroxy-Δ*[1.4]*-pregnadien-3.20-dionen.* (**F. P. 1 261 180** vom 9/2. 1959, ausg. 8/9. 1961. A. Prior. 19/2. 1958. — C. **1959**, 11009 [A. P. 2 838 546].)

Schering Akt.-Ges., Deutschland, *Herstellung von 2-Alkyl-Δ*[1]*-androsten-17β-ol-3-onen, deren 17-Alkylderivaten und Estern.* (**F. P. 1 261 491** vom 14/6. 1960, ausg. 11/9. 1961. D. Prior. 24/6. 1959. — C. **1962**, 1328 [D. A. S. 1 096 356].)

G. D. Searle & Co., Chicago, Ill., V.St.A., *Herstellung von Androstanolderivaten.* (**E. P. 889 311** vom 5/4. 1960, ausg. 14/2. 1962. A. Prior. 6/4. 1959. — C. **1962**, 1328 [A. P. 2 925 416].)

Farmaceutici Italia Soc. An., Italien, *Herstellung von 17α-Methyltestosteronderivaten.* (**F. P. 1 271 958** vom 4/6. 1959, ausg. 19/1. 1962. E. Prior. 6/6. 1958 u. 6/5. 1959. — C. **1962**, 10197 [E. P. 848 288].)

British Drug Houses Ltd., England, *Herstellung von 6.16α-Dimethylpregnenolon und -progesteron.* (**F. P. 1 267 780** vom 6/3. 1959, ausg. 27/11. 1961. E. Prior. 7/3. 1958. — C. **1961**, 6245 [E. P. 841 003].)

Riedel-de Haën Akt.-Ges., Seelze, übert. von: **Horst Liebig**, Berlin, *Herstellung von Hyodesoxycholsäure.* (**A. P. 3 006 927** vom 11/5. 1961, ausg. 31/10. 1961. D. Prior. 27/5. 1960. — C. **1962**, 13499 [D. A. S. 1 123 319].)

Glaxo Laboratories Ltd., Greenford, übert. von: **Raj Kumar Razdan**, Greenford, und **Lewis Aubrey Wetherill**, Harrow, England, *Reinigung von Trijodtyronin.* (**A. P. 2 993 928** vom 14/1. 1958, ausg. 25/7. 1961. E. Prior. 15/1. 1957. — C. **1961**, 17673 [F. P. 1 197 922].)

Laboratoires Français de Chimiothérapie, Frankreich (Erfinder: **G. Muller** und **L. Velluz**), *Herstellung von Nebennierenrindenhormonestern.* (**F. P. 1 261 153** vom 14/5. 1954, ausg. 8/9. 1961. — C. **1958**, 2552 [D. A. S. 1 011 884].)

Merck & Co., Inc., V.St.A. (Erfinder: **Lewis Hastings Sarett**), *Herstellung von Estern des Retrocortins.* (**F. P. 1 267 753** vom 5/1. 1956, ausg. 27/11. 1961. A. Prior. 14/1. 1955. — C. **1960**, 4935 [D. A. S. 1 059 907].)

Merck & Co., Inc., V.St.A. (Erfinder: **Lewis Hastings Sarett**), *Herstellung von neuen 21-Desoxyretrocortinverbindungen.* (**F. P. 1 267 754** vom 5/1. 1956, ausg. 27/11. 1961. A. Prior. 14/1. 1955. — C. **1958**, 11027 [D. A. S. 1 018 418].)

Merck & Co., Inc., V.St.A. (Erfinder: **Lewis Hastings Sarett**), *Herstellung von Phosphaten des Retrocortins.* (**F. P. 1 267 755** vom 11/1. 1956, ausg. 27/11. 1961. A. Prior. 14/1. 1955. — C. **1959**, 15452 [Niederl. P. 89 783] u. C. **1959**, 1887 [A. P. 2 789 117].)

Novo Terapeutisk Laboratorium A/S, Kopenhagen, übert. von: **Jørgen Schlichtkrull**, Bronshoj, Dänemark, *Insulin-Präparat.* (**A. P. 3 014 842** vom 31/7. 1958, ausg. 26/12. 1961. Dän. Prior. 10/8. 1957. — C. **1962**, 3194 [E. P. 860 515].)

Nyegaard & Co. A/S, Oslo, Norwegen, und **Merck & Co., Inc.**, Rahway, N.J., V.St.A., übert. von: **Per Jensen Laland**, Hovik, **Sören Gustav Moe Laland**, Blommenholm, und **Jens Dedichen**, Oslo, Norwegen, *Gewinnung des Leucocytose-Faktors.* (**A. P. 2 985 561** vom 13/6. 1956, ausg. 23/5. 1961. Norw. Prior. 15/6. 1955. — C. **1959**, 224 [Oe. P. 196 061].)

American Home Products Corp., New York, N.Y., V.St.A., übert. von: **Richard Brunner**, **Hans Margreiter** und **Kurt Riedl**, Tirol, Österreich, *Penicillinsalze.* (**Can. P. 562 269** vom 10/6. 1955, ausg. 26/8. 1958. Oe. Prior. 21/6. 1954. — C. **1959**, 14823 [Aust. P. 210 120].)

Glaxo Laboratories Ltd. (Erfinder: **Ernest Lester Smith**, **William Harold Cullen Shaw** und **Karl Heinz Fantes**), *Abtrennen der antibiotisch wirksamen Faktoren aus rohem E. 129.* (**Aust. P. 231 794** vom 3/9. 1958, ausg. 2/2. 1961. E. Prior. 20/9. 1957. — C. **1960**, 17546 [D. A. S. 1 069 333].)

Chas. Pfizer & Co., Inc., Brooklyn, N.Y., übert. von: **Elwin H. Peterson** und **Herbert G. Luther**, Terre Haute, Ind., V.St.A., *In Öl suspendiertes Tetracyclin.* (**Can. P. 560 108** vom 12/4. 1955, ausg. 8/7. 1958. A. Prior. 22/4. 1954. — C. **1957**, 5067 [A. P. 2 757 122].)

Colgate-Palmolive Co., Jersey City, übert. von: **William J. King**, River Edge, N.J., V.St.A., *Orale Chlorophyllpräparate.* (**Can. P. 559 991** vom 9/4. 1954, ausg. 8/7. 1958. — C. **1957**, 7441 [E. P. 758 216].)

Monsanto Chemicals Ltd., übert. von: **Philip Maurice**, London, England, *Germicide.* (**Can. P. 562 440** vom 21/2. 1955, ausg. 26/8. 1958. E. Prior. 26/2. 1954. — C. **1959**, 10345 [Aust. P. 207 335].)

West Disinfecting Co., Long Island, übert. von: **James E. Marcuse**, New York, N.Y., und **Martin M. Reynolds**, Drexel Hill, Pa., V.St.A., *Jodhaltige Seifen*. (**Can. P. 562 514** vom 5/2. 1952, ausg. 26/8. 1958. A. Prior. 6/3. 1951. — C. **1957**, 8014 [A. P. 2 743 208].)

Monsanto Chemical Co., St. Louis, übert. von: **David J. Beaver**, Richmond Heights, **Roland S. Shurmard**, Brentwood, und **Paul J. Stoffel**, Florissant, Mo., V.St.A., *Trisphenole*. (**Can. P. 560 095** vom 30/3. 1954, ausg. 8/7. 1958. A. Prior. 28/9. 1953. — C. **1957**, 6625 [A. P. 2 735 872].)

Monsanto Chemical Co., St. Louis, übert. von: **David J. Beaver**, Richmond Heights, **Roland S. Shumard**, Brentwood, und **Paul J. Stoffel**, Florissant, Mo., V.St.A., *Nitro- und halogensubstituierte Trisphenole*. (**Can. P. 560 096** vom 30/3. 1954, ausg. 8/7. 1958. A. Prior. 28/9. 1953. — C. **1957**, 1753 [A. P. 2 713 036].)

American Home Products Corp., New York, N.Y., übert. von: **Paul György**, Villanova, Pa., V.St.A., *Bestimmung einer wachstumsfördernden Substanz*. (**Can. P. 562 268** vom 30/7. 1952, ausg. 26/8. 1958. A. Prior. 13/3. 1952. — C. **1957**, 9170 [E. P. 746 834].)

G. Analyse. Laboratorium

Über die Anwendbarkeit von Eisen-Konstantan-Thermoelementen für Tieftemperaturmessungen. W. Koeppe. (Exp. Techn. Physik **4**, 134—36, 1956; Berlin, Humboldt-Univ., III. Phys. Inst.; dt.) — Für Temp.-Messungen im Bereich bis zum Kp. des fl. H_2 lassen sich Fe-Konstantan-Thermoelemente mit gutem Erfolg verwenden. Ihre Empfindlichkeit ist mit 0,027 mV/°C bei —180° größer als die von Cu-Konstantan-Elementen. Eine experimentell aufgestellte Eichkurve u. eine berechnete °C-mV-Tabelle von 0 bis —252,8° sind wiedergegeben. W. Betcke. 5016□

Analytische Chemie der Spuren. Jerzy Minczewski. (Chem. analit. [Warszawa] **3**, 193—206, 1958; Warszawa, PAN, Inst. Bad. Jądr., Zakł. Chem. analit.; pol., Auszug: engl.) — Übersicht über Meth. der qual. u. quant. Spurenanalyse. — 38 Literaturangaben. F. Urban. 5050□

Elektrochromatographie. R. D. Strickland. (Analytic. Chem. **34**, 31R—34R, April 1962; Albuquerque, N.Mex., Veterans Adm. Hospital, Res. Div.; engl.) — Zusammenfassende Übersicht über das Gebiet der Elektrochromatographie in der Zeit von **1959** (ergänzende Mitt.) u. **1960** sowie teilweise bis **1961** im Anschluß an den vorangegangenen Bericht (vgl. Strain, C. **1961**, 1665). Im einzelnen werden behandelt: Bücher u. Zusammenfassungen, grundsätzliche Weiterentwicklungen, stabilisierte Medien, Anwendungen, Geräte, Anzeige-Vorr. u. Meßmethoden. — 184 Literaturangaben. Gerhard Schulze. 5062□

2.5-Bis-[β-hydroxyäthylamino]-terephthalsäure als Indicator in der Argentometrie. 2. Mitt. E. Uhlig und K. Richter. (Z. anorg. allg. Chem. **316**, 34—40, Juni 1962; Jena, Friedrich-Schiller-Univ., Inst. für Anorg. Chem.; dt.) — 1. vgl. C. **1957**, 13139. — 2.5-Bis-[β-hydroxyäthylamino]-terephthalsäure geht bei der Oxydation mit $AgNO_3$ bei pH 5—8 in ein rotgefärbtes Semichinon über, das formuliert wird. Infolge dieser Eig. läßt sich die Aminosäure als Indicator in der Argentometrie einsetzen. In Beispielen werden auf diese Weise *KJ*-Lsgg. bei 90° oder in 0,1n $NaCH_3COO$-Lsg. mit 0,1% Fehler, NH_4SCN-Lsgg. mit 0,2% Fehler, Na_2S-Lsgg. bei Zusatz von KNO_3 u. *Tl(I)*-Lsgg. durch Rücktitration unter Zusatz von Nitrobenzol mit 0,4—0,1% Fehler bestimmt. G. Heller. 5068□

Verwendung von Fluorescein-Komplexon für die Indication argentometrischer Titrationen. F. Vydra, V. Marková und R. Přibil. (Collect. czechoslov. chem. Commun. **26**, 2449—52, Sept. 1961; Praha, Tschechoslow. Akad. Wiss., Inst. für Geochem. u. miner. Rohstoffe; dt.) — Die Rk. von Bis-[di-(carboxymethyl)-aminomethyl]-fluorescein (Fluorescein-Komplexon, Fluorexon; I) mit Spuren Ag^+ bei pH 9—11, bei der ein nicht fluorescierender Ag-I-Komplex entsteht u. die Fluorescenz von I gelöscht wird, wurde bei argentometr. Titrationen von Halogeniden u. Cyaniden zugrunde gelegt. I verhält sich hierbei nicht nur als ein Metallofluorescenzindicator, sondern gleichzeitig auch als ein Adsorptionsindicator, da durch die Änderung der Adsorptions-Eigg. von Ag-Halogeniden bzw. -Pseudohalogeniden, die im Äquivalenzpunkt infolge der Ggw. von überschüssigem Ag^+ stattfindet, eine Vertiefung der ursprünglichen schwachen Farbe des Ag-I-Komplexes hervorgerufen wird. Mit Rücksicht auf die hohe Empfindlichkeit von I auf Ag^+, sowie auf den verhältnismäßig hohen Wert des Löslichkeits-Prod. von AgCl kann I bei der Titration von Cl^- nicht verwendet werden, zumal die Fluorescenzunterdrückung von I bereits weit vor dem Äquivalenzpunkt eintritt. — Best. von Br^- bzw. J^-: 50 ml Probe-Lsg. werden mit ca. 0,5 g Borax u. einer kleinen Menge I versetzt, worauf die Fl. gegen 0,1—0,01m $AgNO_3$-Lsg. (II) bis zum Verschwinden der Fluorescenz von I titriert wird. Der mittlere Fehler der einzelnen Best. beträgt ± 0,34% relativ für 0,8—55,0 mg Br^- bzw. ± 0,40% relativ für 0,7—108,0 mg J^-. In Ggw. selbst kleiner

Mengen Cl^- gelingt die Br^-- bzw. J^--Best. nicht. — Best. von CN^-: Die schärfste Indikation des Äquivalenzpunktes erfolgt bei pH 11 (Puffer: H_3PO_3 + KOH), u. zwar bei dem Verhältnis Ag : CN = 1 : 1, was im Vgl. zu den klass. Meth., bei denen dieses Verhältnis 1 : 2 beträgt, von Vorteil ist; vorteilhaft ist auch die direkte u. deutliche Indikationsart von I. Bei der Titration gegen 0,01 m II-Lsg. beträgt der mittlere Fehler einzelner Best. für 0,26—0,8 mg CN^- ± 0,40 relative %. Die Meth. eignet sich u. a. zur CN^--Best. in „aqua amygdalarum"; im Äquivalenzpunkt zeigt sich gleichzeitig mit der Fluorescenzlöschung eine intensive Rosafärbung. K. Kámen/Prag. 5068

Titrationen mit Vanadin(II)-salzen. 1. Mitt. **Einstellung von Vanadin(II)-Lösungen mit Eisen (III)- und Kupfer (II)-Salzen unter Verwendung visueller Indicatoren.** R. K. Mittal, J. P. Tandon und R. C. Mehrotra. (Z. analyt. Chem. **189**, 330—36, 1962; Gorakhpur, India, Gorakhpur Univ., Chem. Labor.; engl.) — Es wurde die Verwendbarkeit der Indicatoren Neutralrot, Phenosafranin, Gallocyanin u. Methylenblau bei der Einstellung von V^{2+}-Lsgg. mit Fe(III)- oder Cu(II)-Salzen untersucht. Bei der Titration von V(II) mit Fe(III) zeigt Neutralrot den Endpunkt des Überganges V(II) → V(III) an. Dieser Endpunkt wird auch bei der Titration von Fe(III) oder Cu(II) mit V(II) in Ggw. eines Überschusses an konz. HCl bei 80° von Neutralrot u. Phenosafranin angezeigt. Wenn Fe(III) mit V(II) bei 80° gegen Methylenblau oder Gallocyanin titriert wird, erfaßt man den Endpunkt des Überganges V(II) → V(IV). Der Gesamtverbrauch an V(II) einer Fe(III) u. Cu(II) enthaltenden Lsg. wurde unter Verw. von Neutralrot u. Phenosafranin als Indicatoren bestimmt. P. Kurzmann. 5068 □

4-(2-Pyridylazo)-resorcin als chelatometrischer Indicator. M. Hniličková und L. Sommer. (Collect. czechoslov. chem. Commun. **26**, 2189—2205, Sept. 1961; Brno, Purkyně-Univ., Inst. für analyt. Chem.; dt.) — Durch spektralphotometr. Unters. der Zus. u. Eigg. der farbigen Komplexe von 4-(2-Pyridylazo)-resorcin (I; RH_2) mit mehreren Metallionen sowie der acidobas. Gleichgewichte bei ihrer Bldg. wurden die Bedingungen für die Verw. von I als Indicator bei der komplexometr. Bi-, Pb-, Zn-, Cd- u. Cu-Best. ermittelt. Die acidobas. Farbumschläge von I sind nur wenig ausgeprägt; im sauren Medium ist I orangegelb, im neutralen u. schwach alkal. reingelb, im stark alkal. (pH > 11) intensiv orange gefärbt. Mit zahlreichen Metallkationen liefert I in einem großen pH-Bereich Farb-Rkk., die jedoch oft kaum deutlich sind; zumeist tritt ein Farbumschlag von orangegelb nach rot ein. Von analyt. Bedeutung sind die Farb-Rkk. des Cu^{2+} u. Bi^{3+} bei pH 0—1 sowie des Zn^{2+}, Cd^{2+}, Pb^{2+}, Ga^{3+}, In^{3+} u. Sc^{3+} bei pH 2,5 bis 6. Fe^{3+}-Ionen in höheren Konzz. oxydieren I unter Bldg. von braunen Lsgg. oder Niederschlägen. — Best. von Zn^{2+}, Cd^{2+}, Pb^{2+}, Bi^{3+} u. Cu^{2+}: 10—50 ml der Lsg., die 1—26 mg Zn^{2+} (Cd^{2+}) oder 3—80 mg Pb^{2+} bzw. 2,5—64 mg Bi^{3+} enthalten, werden im Fall des Zn u. Cd mit 1—5 ml 10%ig. Urotropin (II)- oder 1 m NH_4Cl + NH_3-Puffer- bzw. 1 m Na-Acetat-Lsg. bis pH 8—9, im Falle des Pb mit 10%ig. II-Lsg., im Falle des Bi mit verd. NH_3 bis pH 1—2 versetzt. Dann werden einige Tropfen 0,1%ig. wss. I-Lsg. zugegeben u. die Lsg. wird gegen 0,01—0,05 m Komplexon III-Lsg. bis zum Farbumschlag von orangerot nach reingelb titriert (Farbumschlag beim Bi: rot—reingelb). Die relativen Abweichungen der Best. betragen für Bi ± 1,0%, für Zn ± 0,3%, für Cd ± 1,3% u. für Pb ± 0,7%. Die Cu-Best. wird bei pH 4,4 (Phthalatpuffer) in der Wärme durchgeführt (Farbumschlag weinrot—grün). — In stark sauren I-Lsgg. (pH < 2) liegen die Kationen RH_3^+ vor, die mit steigendem pH stufenweise in RH_2, HR^- u. R^{2-} (pH > 10,5) übergehen. In 50%ig. bzw. 90%ig. H_2SO_4 sind die unterschiedlich farbigen Ionen RH_4^{2+} bzw. RH_5^{3+} anwesend. Die Absorptionsmaxima der einzelnen Formen liegen in einem engen Bereich von 385—433 mμ, mit Ausnahme von R^{2-} (490 mμ); die einzelnen Gleichgewichte sind durch isosbest. Punkte gekennzeichnet. Die aus den Extinktions-pH-Kurven $2{,}6 \cdot 10^{-5}$ m I-Lsgg. abgeleiteten Dissoziations-Konst. von H_3R^+, H_2R u. HR^- betragen: $K_{a1} = 10^{-3,1}$; $K_{a2} = 10^{-5,6}$; $K_{a3} = 10^{-11,9}$. Der relativ hohe Wert von K_{a2} dürfte auf die Umlagerung von I in die semichinoide Form zurückzuführen sein. — An Hand von Jobschen Kurven äquimol. Lsgg. sowie der graph. u. numer. Analyse von Extinktionskurven als pH-Funktion in Lsgg. mit überschüssigen Metallkationen wurden die Chelatkomplexe (CK) von I mit Bi^{3+}, Cu^{2+}, Pb^{2+}, Zn^{2+} u. Cd^{2+} untersucht u. die mol. Extinktions-Koeff. sowie die Gleichgewichts- u. Komplex-Bldg.-Konst. aller CK berechnet. — Die Stabilität der untersuchten CK nimmt in der Reihenfolge Bi, Cu, Pb, Zn, Cd ab. Die Bindung des Metallions erfolgt zwischen Pyridin-N u. OH-Gruppe in 2-Stellung am aromat. Kern; überdies ist eine weitere Bindung am N der Azogruppe anzunehmen. Herst. von wasserfreiem Mono-Na-Salz von I: 4,79 g Resorcin werden in 200 ml abs. A. gelöst, u. die Lsg. wird mit 6,60 g Na-Salz von 2-Aminopyridinisodiazotat versetzt. Nach 40 std. Stehen im Dunkeln wird I durch Einleiten von CO_2 u. Zugabe von überschüssigem Ae. ausgefällt. Der isolierte Nd. wird in wasserfreiem CH_3OH gelöst, der unlösl. Rückstand

(Na_2CO_3) abfiltriert u. I mit Ae. umgefällt. Nach einmaligem Umfällen wird I scharf abgesaugt u. an der Luft getrocknet. Ausbeute; 1,7 g. Orangegelbes Pulver, leicht lösl. in W. u. A., schwer lösl. in Äther. K. Kámen/Prag. 5068

Metallochromindicatoren vom Komplexontyp. J. Körbl, V. Svoboda und D. Terzijska. (Chem. and Ind. **1958,** 1232—33, 20/9.; Prag, Pharm. and Biochem. Res. Inst. u. Brno, Lachema, Res. Dep.; engl.) — Nach ihren früher beschriebenen Meth. (C. **1958,** 8715) stellten Vff. die Kondens.-Prodd. von Iminodiessigsäure mit Formaldehyd (I), Rosolsäure, Brenzcatechinviolett u. Pyrogallolrot her, sowie Prodd. von Kresolrot mit I, α-Alanin, α-Amino-n-buttersäure, Norvalin u. Valin nach der Schwarzenbachschen Meth. (C. **1954,** 7709). Ihr Verh. schließt sich den schon bekannten Serien an. Weiterhin stellten die Vff. 2 neue Serien von Metallochromindicatoren dar durch Kondens. von Sulfophthaleinfarbstoffen mit I u. entweder mit β.β'-Iminodipropionsäure (IDP) oder mit N-(β-carboxyäthyl)-glycin (IPA) u. zwar IDP–Thymolblau (II), IDP–Xylenolblau (III) u. IDP–Kresolrot u. analog von IPA. Die IDP-Derivv. sind ähnlich den β-Alanin-Derivv. in ihren Metallochromeigenschaften (C. **1962,** 15340). IPA–Kreolrot gibt die Farb-Rkk. wie Xylenolorange nur etwas schwächer. II, III u. die entsprechenden Verbb. der IPA-Reihe zeigen ein Hypochromminimum bei pH 12. Vff. ordnen alle Verbb. in eine Reihe mit sinkenden Metallochrom-Eigg. ein: Iminodiessigsäure > IPA > Glycin u. α-Aminosäuren = IDP > β-Alanin. K. Huste. 5068□

Neue Farbreaktionen des Phthaleinkomplexons. R. Belcher, M. A. Leonard und T. S. West. (Chem. and Ind. **1958,** 128—29, 1/2.; Birmingham, Univ., Chem. Dep.; engl.) — Das als Indicator bei der komplexometr. Titration von Erdalkalien u. Zn verwendete Phthaleinkomplexon (I) bildet auch mit verschiedenen Schwermetallen, z. B. mit Hg, Ag, Pb, Co, Sn, V, Tl, Cd u. Mn, purpurfarbene Komplexe. Eine brauchbare Endpunktsindication durch I wurde bei der EDTA-Titration von Cd u. Mn gefunden. Durch Zusatz von Xylencyanol FF u. Dimethylgelb wird eine Verbesserung des Farbumschlags (rotviolett—grün) erzielt. Die Cd-Titration kann direkt in NH_3/NH_4Cl-gepufferter Lsg. (pH ca. 10) in Ggw. von $^1/_5$ Vol. A. (zur Verbesserung des Farbumschlags) durchgeführt werden, bei der Mn-Best. ist das indirekte Verf. (EDTA-Lsg. vor dem Puffer-Zusatz, Rücktitration gegen Mn-Lsg.) besser. W. Betcke. 5068□

a) Elemente und anorganische Verbindungen

Voltametrie und amperometrische Titration von Cyanid an der rotierenden Platin-Mikroelektrode. Fujiko Shinozuka und John T. Stock. (Analytic. Chem. **34,** 926—30, Juli 1962; Storrs, Conn., Univ. of Connecticut, Dep. of Chem.; engl.) — Voltametr. Unterss. an der rotierten Pt-Mikroelektrode bestätigen den bekannten Wert für die Bldg.-Konst. K_A des Ions $[Ag(OH)(CN)]^-$ aus $[Ag(CN)_2]^-$. Mögliche Fehlerquellen bei der amperometr. Titration von CN^- in geringer Konz. in 0,1 m NaOH-Lsg. mit $AgNO_3$ werden untersucht. Vorausgesetzt, daß die Verflüchtigung von HCN verhindert wird, liefern Titrationen in 0,1 m Na_2SO_3-Lsg. bei einem Potential von —0,20 V gegen die gesätt. Kalomel-Elektrode bessere Ergebnisse. Cl^- u. Br^- bis zu einem 100fachen Überschuß gegenüber der CN^--Konz. stören nicht. Störungen durch J^- oder Spuren S^{2-} können durch Titration bei —0,85 V umgangen werden. J. Peters. G 260□

Bestimmung von Cyanidspuren in Alkalisulfiden. Zbigniew Gregorowicz, Franciszek Buhl und Ewa Śliwa. (Z. analyt. Chem. **186,** 907—10, 1962; Gleiwitz, Schles. TH, Inst. für allg. Chem.; Kattowitz, Pädagog. Hochsch., Analyt. Anst.; dt.) — Es wird eine photometr. Meth. zur Best. von CN^--Spuren in Alkalisulfiden beschrieben. Das S^{2-} wird mit einem kleinen Überschuß an $Zn(NO_3)_2$ als ZnS gefällt, das CN^- dann aus der stark verd. Lsg. in Form von HCN langsam abdest., in 0,01 n NaOH-Lsg. absorbiert u. auf Grund der Farb-Rk. mit Variaminblau u. $CuSO_4$ photometr. bestimmt. 5 μg CN^- sind neben der 1600fachen Menge S^{2-} mit guter Genauigkeit zu bestimmen. F. Sarfert. G 260□

Indirekte komplexometrische Titration von Kalium, Rubidium, Cäsium, Thallium und Ammonium. Buddhadev Sen. (Analytica chim. Acta [Amsterdam] **19,** 320—22, Okt. 1958; Baton Rouge, State Univ., Coat. Chem. Labor.; engl.) — Vgl. C. **1958,** 6635. — K^+, Rb^+, Cs^+, Tl^+ u. NH_4^+ werden als $M_2^+AgCo(NO_2)_6$ (M^+ = Metallion) gefällt u. durch komplexometr. Titration des Co^{3+} im Nd. bestimmt. — Die Probe-Lsg. (Konz. 1—2‰) wird mit $Na_2Ag[Co(NO_2)_6]$-Lsg. (dargestellt durch Zusatz von $AgNO_3$ zu $NaNO_2$-haltiger $Na_3[Co(NO_2)_6]$-Lsg. u. schwaches Ansäuern mit Essigsäure) versetzt u. 2—3 Std. lang bei 4—6° stehen gelassen. Der Nd. wird abzentrifugiert u. in etwas verd. HNO_3 gelöst. Die Lsg. wird verd. u. mit Na_2CO_3 auf pH 7—8 gebracht.

Nach Zusatz von 2 g NH_4SCN u. einem gleichen Vol. Aceton wird gegen 0,005m EDTA-Lsg. titriert. W. Betcke. G 297 □

Schnellmethode zur Bestimmung von Calciumoxid, Magnesiumoxid und Titandioxid in Hochofenschlacke und anderen kalkhaltigen Materialien. David J. Kusler, Elizabeth A. Hattmann, Glenn R. Zellars und Richard H. Jefferson. (U.S. Dep. Interior, Bur. Mines, Rep. Invest. **1960,** Nr. 5582, 1—12; Bruceton, Pa., Bur. of Mines; engl.) — Es wird eine Analysen-Meth. beschrieben, die für die routinemäßige Best. von CaO, MgO u. TiO_2 in Hochofenschlacken geeignet ist u. einen Zeitbedarf von ca. 3 Std. aufweist. Bei dem vorgeschlagenen Verf. werden nach vorangegangener Abtrennung von anderen Bestandteilen Mg u. Ca mittels EDTA bestimmt. Ti wird colorimetr. bestimmt. Die Genauigkeit dieser Meth., die für die meisten Zwecke verwendet werden kann (nicht aber für Spurenanalysen), wird durch den Vgl. der erhaltenen Ergebnisse mit denen anderer gebräuchlicher Verff. aufgezeigt. H.-O. Mulfinger. G 321 □

Mikroanalyse mit Hilfe von Ionenaustauscherharzen. 20. Mitt. **Nachweis von Nanogrammengen von Titan(IV) mit Tiron.** Masatoshi Fujimoto und Yukio Nakatsukasa. (Analytica chim. Acta [Amsterdam] **27,** 283—87, Sept. 1962; Tokyo, Univ. of Tokyo, Fac. of Sci., Dep. of Chem.; Chiba, Chiba Univ., Fac. of Arts and Sci., Dep. of Chem.; engl.) — 19. vgl. C. **1962,** 17509. — Es wird eine mikroanalyt. Tüpfelprobe auf Ti mit Tiron in Ggw. von Austauscherharzen beschrieben, dessen Erfassungsgrenze bei 26 ng liegt. V(V), Cr(VI), Mo(VI), U(VI) u. Fe(III) stören. Fe(III) kann mit EDTA maskiert werden. G. Pankow. G 321 □

Fluorescenznachweis von Scandium, Gallium und Zirkonium auf Papierchromatogrammen mittels Formylhydrazon des Resorcylaldehyds. Z. Holzbecher. (Collect. czechoslov. chem. Commun. **26,** 1204—06, April 1961; Prag, TH für Chem., Inst. für anal. Chem.; dt.) — Vgl. C. **1962,** 963. — Auf Grund der früher (C. **1961,** 5333) festgestellten Tatsache, daß die Metallkomplexe von Resorcylaldehydformylhydrazon (I) bes. empfindliche Fluorescenz-Rkk. liefern, u. daß die Sc-, Ga- u. Zr-I-Komplexe im Vgl. zu den übrigen I-Komplexen im sauren Medium am beständigsten sind, wurde eine papierchromatograph. Meth. zum gleichzeitigen Nachw. der angeführten Metalle neben prakt. allen laufend vorkommenden Metallen entwickelt. Es wird mit der von Fojtová u. Mitarbeitern (C. **1960,** 16868) beschriebenen aufsteigenden Technik unter Verw. des Papiers Whatman-Nr. 1 gearbeitet. Am Startpunkt wird 0,001 ml der wss. Probe-Lsg. in 0,01 m HCl aufgetragen u. nach ca. 5 Min. das Chromatogramm entwickelt. Als Lsgm.-Syst. wird ein ca. 1 Woche beständiges Gemisch von n-Butylalkohol + Äthylacetat + 35%ig. HCl (4:4:2) benutzt. Nach ca. 2½ Std. langer Entw.-Zeit wird das bei Raum-Temp. getrocknete Chromatogramm mit 0,01%ig. alkoh. I-Lsg. bespritzt u. sofort im UV-Licht bei **3660** Å beobachtet. Sc u. Ga bilden intensiv blau fluorescierende, allmählich verblassende Streifen, Zr erscheint als ein Startfleck mit blaugrüner Fluorescenz, deren Intensität im Laufe einiger Min. zunimmt. Die Erfassungsgrenze liegt bei 0,04 μg Sc, 0,06 μg Ga u. 0,5 μg Zr; die entsprechenden, je nach der Zus. der Probe-Lsg. etwas schwankenden R_F-Werte betragen für Sc 0,1—0,19, für Ga 0,7—0,97 u. für Zr 0,0—0,1. Von den übrigen Kationen gibt unter diesen Bedingungen eine Fluorescenz-Rk. mit I nur Al, jedoch lediglich in einer Menge von $>$20 μg; durch diese Rk. wird der Sc-Nachw. gestört. In Ggw. großer Fe(III)-Mengen tritt die Fluorescenz von Ga erst nach Red. von Fe(III) zu Fe(II) durch 20%ig. $Na_2S_2O_3$-Lsg. auf. Cl^-, SO_4^{2-} u. NO_3^- stören nicht. Der Sc- u. Ga-Nachw. ist selbst bei einem $>$1000fachen Überschuß zahlreicher Elemente durchführbar; die Selektivität des Zr-Nachw. ist etwas kleiner. Die Meth. wurde durch Probeanalysen mit einem Geh. von **43** verschiedenen überschüssigen Metallionen nachkontrolliert. — Wird das mit I-Lsg. befeuchtete Chromatogramm NH_3-Dämpfen ausgesetzt, sind im UV-Licht blau fluorescierende Streifen von Al, Zn bzw. Be wahrzunehmen; in dieser Weise können in Abwesenheit anderer Elemente noch 0,04 μg Al nachgewiesen werden. Der Zn- bzw. Be-Nachw. ist wenig empfindlich. K. Kámen/Prag. G 322

Komplexometrische Bestimmung von Thorium, Lanthan und Cer(III) in Gegenwart von Carminsäure. Jan Dobrowolski. (Chem. analit. [Warszawa] **3,** 609—14, 1958; Szczecin, Pomorska Akad. Med., Kat. Chem. ogoln.; pol., Auszug: engl.) — Carminsäure (I, $C_{22}H_{20}O_{13}$) bildet bei pH 2 mit Th^{4+} einen violettroten, mit La^{3+} u. Ce^{3+} bei pH 3,7 einen violetten Komplex, Bei Zugabe von EDTA tritt die gelbe Farbe von I in wss. Lsg. wieder auf. Th, La u. Ce können somit mit EDTA in Ggw. von I u. bei Verw. der Sörensen-Puffer-Lsg. sehr genau titriert werden. Bei Mikro-Best. ist der Fehler 10%; die Erfassungsgrenze liegt bei 0,5 mg. Die Best. der Summe La u. Ce neben Th kann nach Abtrennen von Th^{4+} mit H_2O_2 erfolgen. Th wird in einer gesonderten Probe bei pH 2 titriert. F. Urban. G 324□

Simultanbestimmung von Zinn und Indium mit Hilfe der Anodic-stripping-Voltametrie. Richard D. DeMars. (Analytic. Chem. **34**, 259–62, Febr. 1962; Yorktown Heights, N.Y., IBMC, Thomas J. Watson Res. Center; engl.) — Die Best. von In u. Sn in bin. Legg. wird bei pH 1,0 in 0,10m NH_4CNS u. 0,020m Pyrogallol als Maximadämpfer durchgeführt. Diese Meth. erlaubt Best. von In bis zu 10 ppm in Sn. Die Best. des Sn verläuft störungsfrei, da die Oxydationsstufe der eingesetzten Lsg. keine Rolle spielt. Analysenbeispiele der reinen Metalle u. vorgegebener SnIn-Legg. werden beschrieben. Die Vorelektrolyse über 5 Min. wird bei −0,80 V (gemessen gegen die gesätt. Kalomelelektrode) durchgeführt. E. Beyerle. G 327□

Terrain-Methode zum Nachweis von Blei und Zink in Erzen. Vjera Marjanović-Krajovan, Marica Ogrizek und Konstantin Moskaliuk. (Kem. u Ind. [Zagreb] **9**, 261–63, Nov. 1960; Zagreb, Sveučiliste, Tehnol. fak., Zav. za analit. kem; kroat.) — Als Nachw.-Rk. für Zn in Erzen verwendete Vf. das Reagens von Eegriwe [1928], $K_3Fe(CN)_6$ + Diäthylanilin, das in Tüpfel-Rk. auf Filterpapier oder im Reagensglas-Vers. in Ggw. von Zn eine Orangefärbung liefert, für den Nachw. von Pb 0,5n KJ-Lsg., ebenfalls in Tüpfel-Rk. oder im Reagensglas. Die Erfassungsgrenze ist in beiden Fällen bei der Tüpfel-Rk. 10 μg/Tropfen, im Reagensglas 20 μg/ml. Mit 6n NaOH werden 98% des Zn u. 92% des Pb aus den Erzen ausgelaugt. Die Genauigkeit beträgt 4% (Tüpfel-Rk.) bzw. 0,4% (Reagensglas). R. K. Müller. G 328□

Polarographische Bestimmung von Blei in Ascorbinsäurelösungen. Wanda Czarnecka und Aleksandra Sobkowska. (Chem. analit. [Warszawa] **3**, 501–04, 1958; Warszawa, PAN, Inst. Bad. jadr., Zakł. analit.; pol., Auszug: engl.) — Pb^{2+} (10^{-3} bis 10^{-4} g/Liter) kann in Ggw. von Ascorbinsäure unter O_2-Ausschluß polarograph. neben Fe, Cu, Cd, Sn^{2+} u. Sn^{4+}, Nitrat, Tartrat, Chromat oder Acetat mit einem Fehler von ± 4% bestimmt werden. Die Lsg. wird mit NH_3 auf pH 4 eingestellt. In Ggw. von Cu^{2+} muß pH 5 eingehalten werden. Ist UO_2^{2+} oder Tl^+ anwesend, so muß Pb^{2+} als $PbSO_4$ bzw. $PbCrO_4$ abgetrennt werden. F. Urban. G 328□

Katalytische Bestimmung von Spurenmengen Vanadin. P. R. Bontschev. (Mikrochim. Acta [Wien] **1962**, 577–83; Sofia, Sofia Univ., Dep. of Analyt. Chem.; engl.) — Vf. untersuchte die Oxydation einer Reihe von Arylaminen u. Aminphenolen u. fand, daß die Oxydation vieler Verbb., wie p-Toluidin, o-Toluidin, p-Anisidin, Hydroxyaminonaphthylsulfonsäuren, durch V-Spuren katalysiert wird. Phenole der verschiedenen Arten, wie Phenol, Resorcin, Hydrochinon, Naphthole, Phenolphthalein, haben auf die Rk. einen erheblichen Einfluß. Als bes. geeignet für quant. Zwecke erwies sich die Oxydation von p-Phenetidin (I) mit $KClO_3$ in Ggw. von Phenol als Aktivator. Erhitzt man eine Lsg. von I-Citrat u. Phenol einige Min. lang mit $KClO_3$ in Ggw. von V(V)-Spuren ($>0,05\,\mu$g), so entwickelt sich eine rote Farbe, deren Intensität unter gleichen Vers.-Bedingungen dem V(V)-Geh. direkt proportional ist. Das farbige Prod. wird nach dem Abkühlen quant. in Ae., Bzl., n-Pentanol, n-Butanol oder Chlf. extrahiert. Das Absorptionsmaximum des Chlf.-Extrakts liegt bei 510 nm. Der optimale pH-Wert der wss. Phase beträgt 3,4. Das Beersche Gesetz ist für 0,1–1 μg V/25 ml erfüllt; vermindert man die I-Citratmenge um die Hälfte, so gilt das Gesetz auch für den Konz.-Bereich von 1–8 μg V/25 ml. Der mol. Extinktions-Koeff. der Rk. wurde zu 380000 bestimmt. Folgende Elemente stören in Mengen bis zu 1 mg die Rk. nicht: Hg(II), Ag, Bi, Al, As(V), Mn(II), Co, Ni, Ca, Sr, Ba, K, Na, NH_4, Ti, Ga, In, Be, Mo u. W; für folgende Elemente wurde ein katalyt. Einfl. beobachtet: U(VI) $>$ 60 μg, Cr(III) $>$300 μg, Pt(IV) $>$10 μg, Fe(III), Cu(II) u. Cr(VI) $>$5 μg; Pb stört in Mengen $>$100 μg. Die Störung durch Fe, Cu u. Pb läßt sich durch Extraktion dieser Elemente mit Na-Diäthyldithiocarbamat u. Chlf. bei pH 8,0–9,8 vermeiden. V wird anschließend bei pH 4,0–5,9 extrahiert; Cr(VI) bleibt in der wss. Phase. Der Extrakt mit dem V wird fast zur Trockene eingedampft, die organ. Substanz durch Erhitzen mit 1 ml konz. HNO_3, 1 ml konz. H_2SO_4 u. 5 Tropfen 70%ig. $HClO_4$ in der angegebenen Reihenfolge zerstört u. der Rückstand mit Hydrogenphthalat-Puffer-Lsg. (pH 3,4) im Kolben auf 25 ml aufgefüllt. 5 ml dieser Lsg. versetzt man mit 5 ml einer 3%ig. $KClO_3$-Lsg. u. 10 ml einer Lsg., die 0,2% I-Citrat u. 2% Phenol enthält, füllt mit Puffer-Lsg. auf 25 ml auf, erhitzt 5 Min. lang auf 95° im Thermostaten oder im sd. Wasserbad, kühlt ab, extrahiert 3mal mit je 2 ml Chlf. u. ermittelt die Extinktion des Extrakts. Gerhard Schulze. G 330□

Untersuchungen über den Mechanismus einiger analytisch verwertbarer katalytischer Reaktionen. P. R. Bontschev. (Mikrochim. Acta [Wien] **1962**, 584–91; engl.) — Vgl. vorst. Referat. — Vf. untersuchte von den katalyt. Oxydations-Rkk. von

Arylaminen in Ggw. von Phenolen durch Spuren von Metallionen eingehend die l. c beschriebene Umsetzung von p-Phenetidincitrat, $KClO_3$, Phenol u. V(V). Die Ergebnisse der IR-spektroskop. Unterss. zeigen, daß die bei solchen Rkk. auftretenden gefärbten Substanzen Chinonimine u. Arylidochinone sind. Je nach den Vers.-Bedingungen u. bes. je nach der Art des zur Aktivierung verwendeten Phenols entstehen Verbb. der 1. oder der 2. Art. Verläuft die Oxydation des Aktivators zum Chinon rascher als die Bldg. des Chinonimins, so reagiert das Chinon mit dem verfügbaren Arylamin, u. man erhält hauptsächlich Arylidochinon. Sowohl die Indophenole als auch die Arylidochinone sind intensiv gefärbt u. eignen sich für photometr. Bestimmungen. Auf der Grundlage dieser Folgerungen schlägt Vf. bisher nicht verwendete Rkk., wie die Umsetzung von 1.2-Dihydroxynaphthalin-4-sulfonsäure mit $KClO_3$ in Ggw. von katalyt. Mengen V(V) u. α-Aminosäuren oder Guanidin, zur Best. von V-Spuren, vor.
Gerhard Schulze. G 330□

Kinetische Untersuchungen einiger analytisch verwertbarer katalytischer Vorgänge. P. R. Bontschev. (Mikrochim. Acta [Wien] **1962**, 592—98; engl.) — Vgl. vorst. Referate. — Vf. untersuchte reaktionskinet. die Oxydation von p-Phenetidin mit $KClO_3$ in Ggw. von V(V) als Katalysator u. Phenol als Aktivator. Die Aktivierungsenergie der Rk. wurde zu 11400 cal/Mol bestimmt. Es zeigte sich, daß Citronensäure einen aktivierenden Einfl. ausübt, der der Bldg. eines stabilen V-Komplexes mit verstärkter katalyt. Wirksamkeit zugeschrieben wird. Während das Phenol unmittelbar an der Bldg. von Rk.-Prodd. beteiligt ist, verstärkt die Citronensäure nur die Aktivität des Katalysators. Gerhard Schulze. G 330□

Nachweis von metallischem Molybdän. James C. Neace. (Chemist-Analyst **50**, 77—79, Sept. 1961; Baltimore, Md., Martin Co., Nucl. Div.; engl.) — Ein auf die Metalloberfläche gebrachter u. nach 10 Sek. durch einige Sek. langes Aufpressen von Filtrierpapier abgesaugter Tropfen HNO_3 (1:1) erzeugt bei Vorliegen von Mo auf dem Papier einen braunen, von einem hellblauen Rand umsäumten Fleck. Der Test ist spezifisch.
W. Betcke. G 336□

Polarographische Bestimmung von Molybdän in Gestein und in Erzen. C. H. Holten. (Acta chem. scand. **15**, 943—46, 1961; Copenhagen, Kryolitselskabet Oresund A/S.; engl.) — Die pulverisierte Probe (1 g) wird im Ni-Tiegel mit 4 g Na_2O_2 u. 1 g NaOH 30 Min. lang bei 500° aufgeschlossen. 10 ml der filtrierten Lsg. des Schmelzkuchens in 50 ml W. werden zur H_2O_2-Entfernung 15 Min. lang gekocht, nach dem Erkalten mit 20 ml einer 50%ig. Na-Citrat-Lsg. versetzt u. durch potentiometr. Titration mit $HClO_4$ auf pH 6,0 eingestellt. Die Lsg. wird auf 50 ml aufgefüllt u. nach evtl. Abfiltrieren von $SiO_2 \cdot aq.$ werden davon 10 ml zur polarograph. Mo-Best. verwendet. Bei $E_{1/2} = -1{,}0$ V wird der Diffusionsstrom durch graph. Extrapolation bestimmt: ca. 6 μA/mg Mo/10 ml. — Ce(IV), Ti(IV), Th(VI), Sn(IV), Nb(V), Ta(V), As(V), Sb(V), Co(II), Ni(II), Cu(II), Zn, Cd, Tl(III), Zr, Pb(II), V(V), Bi, Cr(VI), W u. U(VI) stören nicht.
W. Betcke. G 336□

Quantitative radiochemische Bestimmung von Molybdän-99 durch Solventextraktion. Leon Wish. (Analytic. Chem. **34**, 625—27, Mai 1962; San Francisco, Calif., U.S. Naval Radiol. Defense Labor.; engl.) — Vff. beschreiben ein Verf. zur quant. Abtrennung von ^{99}Mo aus Mischungen von Spalt-Prodd. durch Extraktion mit einer 0,1%ig. Lsg. von α-Benzoinoxim in Chlf. in Ggw. von 1n HCl. Nach der Extraktion, die 2 Min. dauert, ist eine sofortige γ-spektrometr. Best. des ^{99}Mo durch Messung der 750-keV-Strahlung möglich. Von ^{133}Ba, ^{106}Ru, ^{137}Cs, ^{85,89}Sr, ^{239}Np(VI), ^{132}Te(VI), ^{110}Ag, ^{113}Sn(IV), ^{101,102}Rh werden <0,02%, von $^{144}Ce^{3+}$ u. $^{237}Pu^{4+}$ <0,03% u. von ^{124}Sb(V) <0,05% mitextrahiert. In Ggw. von ^{95}Zr oder ^{95}Nb wird durch Zusatz von F^- eine Mitextraktion <0,02 bzw. 0,5% erreicht, während die Störung durch ^{185}W(VI) (40,9%) nicht beseitigt werden konnte. Störungen durch J_2 können am besten durch eine Extraktion mit CCl_4, die der Mo-Extraktion direkt vorausgeht, umgangen werden. Die Ergebnisse der durchgeführten Analysen stimmen mit Werten aus radiochem. gravimetr. Meth. innerhalb von 1—2% überein. J. Kraetsch. G 336□

Volumetrische Bestimmung von Uran in Gegenwart von Niob unter Verwendung eines Wismut-Reduktors. Raymond J. Jaworowski und William D. Bratton. (Analytic. Chem. **34**, 111—12, Jan. 1962; Middletown, Conn., Canel, Pratt & Whitney Aircraft; engl.) — Es wird eine Meth. zur Best. von U in Ggw. großer Mengen Nb mit metall. Bi als Red.-Mittel beschrieben. Andere Metalle oder Metallamalgame red. U u. Nb u. verhindern dadurch eine einfache volumetr. Best. von U. Eine mit konz. HF, konz. HNO_3 u. konz. H_2SO_4 stark angesäuerte u. mit W. verd. Lsg., die nicht mehr als 200 mg U u. 100 mg Nb enthält, läßt man durch eine mit metall. Bi gefüllte Säule laufen (25 ml/min) u. wäscht mit 100 ml 20%ig. H_2SO_4 nach. U(VI) wird dabei quant. zu U(IV) reduziert. Nb wird nicht red., auch entsteht kein U(III). Durch die hohe H_2SO_4-Konz. wird eine Hydrolyse des Nb verhindert. Das U(IV) wird mit einem Überschuß von Fe^{3+} versetzt u. das entstehende Fe^{2+} mit einer eingestellten Ce(IV)-Lsg. potentiometr. titriert. Störungen traten auf in Ggw. von Fe, Mo, V u. W, jedoch nicht in Ggw. von Ni, Zr, Cr, Be, Cu, Ti u. Al. Die Standardabweichung beträgt mit oder ohne Nb 0,2%. F. Sarfert. G 339□

Titration von Uran mit Kaliumdichromat. Bestimmung der Disproportionalitätseffekte. Jorge E. A. Toni. (Analytic. Chem. **34,** 99—102, Jan. 1962; Buenos Aires, Atomic Energy Comm.; engl.) — Nach Red. an einem Zn- oder Pb-Reduktor wird U mit überschüssigem Fe^{3+} oxydiert u. das entstandene Fe^{2+} mit $K_2Cr_2O_7$-Lsg. titriert. Es wird gezeigt, daß der dabei verwendete Indicator Diphenylaminsulfonsäure für die beobachtete Disproportionalität zwischen mg U u. ml $K_2Cr_2O_7$-Lsg. verantwortlich ist, wenn der Endpunkt visuell bestimmt wird. Bei potentiometr. Best. des Endpunktes kann die Abweichung innerhalb gewisser Grenzen eliminiert werden. Die Wrkg. verschiedener Veränderlicher auf den Indicator (Acidität, Zeitpunkt der Indicatorzugabe, Rücktitration, Darst.-Meth. des Indicator) wurden untersucht. Die optimalen Bedingungen für die Best. von U-Mengen ≥ 10 mg wurden bestimmt.
P. Kurzmann. G 339□

Neutronenaktivierungsanalyse für ^{235}U, speziell in Kalksteinen, mit Hilfe der Messung von ^{133}Xe. Larry A. Haskin, Harold W. Fearing und F. S. Rowland. (Analytic. Chem. **33,** 1298—1301, Sept. 1961; Lawrence, Kans., Univ. of Kansas, Dep. of Chem.; engl.) — Zur geolog. Datierung mit Hilfe der Thermoluminescenz-Meth. werden häufig Kalksteinsedimente benutzt. Dazu ist eine genaue Kenntnis der U-Konzz. in dem Gestein notwendig. Vff. entwickeln ein neues U-Analysen-Verf. unter Verw. der Neutronenaktivierung. Das aus ^{235}U durch Spaltung mit therm. Neutronen entstandene ^{133}Xe ($t_{1/2} = 5{,}27$ d) wird von den meisten anderen kontaminierenden Spalt-Prodd. durch Verbrennung des Kalksteins mit Ta isoliert. Es wird dann von den anderen Edelgasen gaschromatograph. getrennt u. in einem Gas-Proportionalzählrohr gemessen. Dieses allg. zur U-Best. in den meisten Materialien anwendbare Verf. hat eine Erfassungsgrenze von ca. 10^{-10} g mit einer Genauigkeit von $\pm 4\%$. Die Meth. kann leicht an andere Neutronenaktivierungs-Analysen-Verff. angepaßt werden, bei denen ebenfalls radioakt. Edelgase zu messen sind. W. Hein. G 339□

Neuere Entwicklungen und laufende Probleme in der anorganischen analytischen Chemie. Kernmaterialien. C. J. Rodden. (Analytic. Chem. **31,** 1940—45, Dez. 1959; New Brunswick, N.J., U.S. Atomic Energy Commiss.; engl.) — Es wird ein Überblick mit vielen Literaturangaben über verwendete Meth. zur Unters. von *U* u. *Pu* gegeben. Im einzelnen werden beschrieben: Das Lösen von U u. seinen Legg., die Trennung des U von Ta, Nb, Al, Th, Bi, Ti, Zr u. Mo, die Best. des U durch Red. von U(VI), durch direkte Titration von U(IV) u. mit Hilfe elektrometr., colorimetr. u. gravimetr. Meth., die Best. der U-Isotope, Eigg., Abtrennung u. Best. von Pu nach verschiedenen Meth. u. Best. von Verunreinigungen in U u. Pu. H. Pluskal. G 343□

Quantitative, mikrocalorimetrische Analyse einer Mischung aus Plutonium 239 und Plutonium 240. Pierre Boivinet, Edouard Calvet und Yves Ozias. (C. R. hebd. Séances Acad. Sci. **254,** 2964—66, 16/4. 1962; Marseille, Inst. de Microcalorimétr. et de Thermogenèse du C.N.R.S.; franz.) — Best. der Zus. eines Gemisches aus ^{239}Pu u. ^{240}Pu aus der im Mikrocalorimeter gemessenen Leistung u. den bekannten α- u. γ-Energien der Nuclide. Bei 0,2—0,5 g Mischung, einem Verhältnis $^{239}Pu/^{240}Pu$ von ca. 45:1, betrugen die relativen Fehler ca. 0,5% für ^{239}Pu, 5—10% für ^{240}Pu. Die Empfindlichkeit des Gerätes soll bei 0,5 g Mischung ca. $5 \cdot 10^{-5}$ W/cm betragen. Unter diesen Bedingungen erscheint diese Meth. den üblichen Zähl-Meth. überlegen.
L. Lindner. G 343□

Einfluß des Chelatbildners auf die Trennung von Eu^{3+} und Am^{3+} durch Solventextraktion. D. Dyrssen, M. Heffez und T. Sekine. (J. inorg. nuclear Chem. **16,** 367, Febr. 1961; Stockholm, Royal Inst. of Technol., Dep. of Inorg. Chem.; engl.) — Es wurden einige Verteilungsverhältnisse (q-Werte) für Eu^{3+} u. Am^{3+} für das Syst. $CHCl_3$/W. in Ggw. von Komplexbildnern untersucht. Mit TTA ist $q_{Eu} > q_{Am}$. Mit β-Isopropyltropolon ist $q_{Eu} \sim q_{Am}$ u. mit 5.7-Dichloroxin ist $q_{Eu} < q_{Am}$. Qual. ergibt sich, daß mit steigender Basizität u. Chelatstärke (steigender Stabilitäts-Konst.) des Liganden das Verhältnis q_{Am}/q_{Eu} größer wird. H. Schroeder. G 344□

Extraktion organischer Salze durch Lösungsmittel. Bestimmung des Tetraphenylarsonium-Ions in Gegenwart von Eosin und Bromthymolblau durch Chloroformextraktion. Anwendung auf die Bestimmung von Perchlorat und Perrhenat. Suzanne

Tribalat und Colette Piolet. (Ann. Chimie **7**, 31—47, 1962; Paris, Fac. des Sci., Labor. de Chim. phys.; franz.) — *Eosin* (I) liegt in wss. Lsg. in einer wenig lösl. H_2R-Säureform u. in Form von rosaroten R''-Anionen vor. Im sauren Medium ist I daher in Form des H_2R in Chlf. löslich. Je nach dem pH-Wert läßt sich auch das saure Eosinat des Tetraphenylarsoniumions extrahieren, welches photometr. bestimmt werden kann. Eine Lsg. des neutralen Tetraphenylarsonium-Eosinats läßt sich mit ClO_4^- bzw. ReO_4^- umsetzen, ebenfalls extrahieren u. nach Zerstörung des Komplexes ebenfalls spektralphotometr. auswerten. Darauf wurde eine indirekte quant. Best. des ClO_4^- bzw. ReO_4^- aufgebaut. In ähnlicher Weise wie I reagiert auch *Bromthymolblau*. E. Lück. G 352□

Methoden zur Bestimmung des Gasgehaltes von Roheisen und Stählen. Pál Répás. (Kohászati Lapok [Ung. Z. Hüttenwes.] **94**, 433—40, Okt. 1961; Budapest, Eisenforsch.-Inst.; ung.) — Vf. bespricht die Herkunft des Gas-Geh. im Roheisen u. Stahl, die richtige Probenahme, die Prinzipien der Best. des H_2-, N_2- u. O_2-Geh., die älteren u. neuen Verff. — bes. die Vakuumextraktion — die App., das Trägergas-Verf. u. die Spektralanalyse mittels Hochfrequenzanregung. L. Zombory. G 354

Anwendung der Gaschromatographie auf die Bestimmung von Wasserstoff, Stickstoff und Sauerstoff in Stählen und Gußeisensorten. P. Tyou. (Inst. Hierro Acero **13**, 383—91, April 1960; span.) — Vf. beschreibt die Grundlagen der Gaschromatographie, der Analyse auf Grund der Wärmeleitfähigkeit u. der Ionisation mit β-Strahlen. Wenn H_2 als Trägergas verwendet wird, kann die quant. Best. von N_2 u. CO ohne Eichung der App. erfolgen. Soll auch H_2 bestimmt werden, dann ist Ar als Trägergas zu verwenden, wobei verschiedene Faktoren (Strömungs-Geschw. der Trägergase, Temp. der Säule u. des Detektors, Brückenspannung) genau zu regeln sind. Für verschiedene Standardbedingungen werden Diagramme gegeben. R. K. Müller. G 354□

Die gravimetrische Phosphorbestimmung in wolframhaltigen Stählen. Sigmar Spauszus, Claus Schwarz und Hans-Jürgen Weigel. (Z. analyt. Chem. **182**, 184—92, 1961; Magdeburg, DAMW, Prüfdienststelle Magdeburg; dt.) — Vff. untersuchten unter Anwendung von ^{185}W u. ^{32}P einige der üblichen Meth. zur P-Best. in W-haltigen Stählen u. stellten fest, daß die P-Verluste durch Adsorption am Wolframsäure-Nd. gering sind u. unberücksichtigt bleiben können. Durch Mitfällen von Wolframsäure im Ammoniummolybdat-Nd. können P-Geh. mit bis zu 80% Fehler erhalten werden. Es werden 2 Meth. zur P-Best. in W-haltigen Stählen vorgeschlagen. Die erste entspricht der im Handb. für das Eisenhüttenlabor., Bd. 4 (Düsseldorf 1941) angegebenen, scheidet jedoch durch Zusatz von $KAl(SO_4)_2$ das restliche W ab. Bei der zweiten Meth. wird der in Säure gelöste Stahl in eine alkal. Lsg. von Na_2O_2 in W. gegeben. Die Trennung von W u. P erfolgt wieder durch $KAl(SO_4)_2$ in ammoniakal. Medium. P wird nach Finkener gefällt u. als Ammoniummolybdatophosphat ausgewogen.
H. Nentwig. G 354

Bemerkungen über die Bestimmung von Schwefel in Stählen. R. Boulin und E. Jaudon. (Chim. analytique **43**, 221—24, Mai 1961; Saint-Germain-en-Laye, IRSID; franz.) — Es werden nähere Angaben über ein Verf. zur Best. von S in Stählen durch Verbrennen im O_2-Strom mit Hilfe einer Kartusche u. einem besonderen Verbrennungsrohr bei hohen Temp. bis zu 2200°, bes. bei 1400°, gemacht. Die Best.-App. wird beschrieben. H. Hochstein. G 354□

Entfernung der Schwefeldämpfe durch Bleidioxid bei der Verbrennungsmethode für Kohlenstoff in Eisen und Stahl. Wesley M. Peterson. (Analytic. Chem. **34**, 575—78, April 1962; Rock Island, Ill., A. H. Putnam Co.; engl.) — Vf. beschreibt eine Meth. zur Entfernung von SO_2 bei der C-Verbrennung in Eisen u. Stahl mit Hilfe von PbO_2. Das PbO_2 muß so beschaffen sein, daß die Retention des CO_2 für längere Zeit verhindert wird. Dies wurde durch Aufbringen eines dünnen PbO_2-Films auf chem. inerte Körper, wie Quarzsandkörner, erreicht. Mit dieser Oberflächenform konnten bei einmaliger Herst. über 1000 C-Best. durchgeführt werden. F. Sarfert. G 354□

Einige neuere Entwicklungen und laufende Probleme in der Metallanalyse. Robert M. Fowler. (Analytic. Chem. **31**, 1949—51, Dez. 1959; Niagara Falls, N.Y., Union Carbide Metals Co., Technol. Dep.; engl.) — Als wichtiges Beispiel der Metallanalyse wird die Entw. der Best. von *C* in *Stahl* während der letzten 40 Jahre verfolgt. Durch die registrierenden Spektrographen u. Röntgenspektrometer hat sich die Arbeitsweise sehr stark verändert. Die Zukunft liegt in der Entw. spezialisierter Geräte.
H. Pluskal. G 354□

Ein einfaches elektronisches Gerät zur coulometrischen Bestimmung kleiner Kohlenstoffmengen in Stählen. Jiří Hejduk und Edvard Rechziegel. (Chem. Listy **55**, 1062—67, Sept. 1961; Praha, Čs. akad. věd, Fys. ústav.; tschech.) — Das beschriebene Gerät dient für coulometr. C-Best. mit potentiometr. Anzeige; Meßergebnisse bei Standardstählen werden angeführt. M. Ryba/Prag. G 354

Schnellbestimmung von Silicium in Stählen. María del Carmen Consuegra Ferrer und Ricardo de la Cierva. (Inst. Hierro Acero **14**, 392—96, April 1961; Villaverde, Factoria de M.M.M., S.A.; span.) — Vff. erörtern absorptionsphotometr. Meth. zur Best. von Si in Stählen, die auf Red. gelbgefärbter Hetero-Si-Mo-Polysäuren zu colorimetr. leicht meßbaren, blaugefärbten Komplexsäuren beruhen. Es wird hierbei eine Schnell-Meth. beschrieben, mit der sich Si-Gehh. zwischen 0 u. 10% in C-Stählen, elektr. Si-Stählen u. hochelast. Si–Mn-Stählen mit einer Genauigkeit von 0,003—0,005% im Verlaufe von 17 Min. bestimmen lassen. — 21 Literaturhinweise.

A. Sander. G 354□

Spektralphotometrische Bestimmung des Arsens im Stahl. Élisabeth Migeon und Jean Migeon. (Chim. analytique [4] **43**, 276—79, Juni 1961; St.-Germain-en-Laye, Inst. de Rech. de la Sidérurgie; franz.) — Nach Lösen der Probe in HNO_3–H_2SO_4 wird eingedampft, mit $TiCl_3$-Lsg. red. u. aus stark salzsaurer Lsg. das As in Ggw. von Jodid mittels Chlf. ausgeschüttelt. Nach Rückführung der As-Ionen in eine wss. Phase wird mittels $Ce(SO_4)_2$-Lsg. oxydiert u. mit Molybdat-Lsg. u. Hydrazinsulfat der red. Molybdatoarsenatkomplex gebildet, dessen Farbtiefe gemessen wird.

H. Hochstein. G 354□

Reaktionen mit Kaliumthiocyanat in der Schmelze. Halbquantitative Bestimmung von Kobalt(II) und Chrom(III). Jorge de Oliveira Meditsch. (Rev. brasil. Quím. **48**, 418, Okt. 1959; Pôrto Alegre, R. G. S., Brasilien, Esc. de Eng.; port.) — KSCN gibt im geschmolzenen Zustand nach dem Erkalten mit einigen Kationen Farb-Rkk., z. B. gelb mit Fe^{3+}, Cu^{2+}, UO_2^{2+}, Ce^{4+}, Zr^{4+}, Sn^{2+}, Sb^{3+}, As^{3+} u. Th^{4+}; orange mit Bi^{3+} u. OsO_4; grün mit Ni^{2+}; violett mit Cr^{3+}; blau mit Co^{2+}. Bei Cr u. Co läßt sich diese Rk. zur halbquant. Mikro-Best. benutzen. Durch Farb-Vgl. der Best.-Substanz mit Eichproben läßt sich der Geh. an Co^{2+} bzw. Cr^{3+} bestimmen. Cr^{3+} bis 20 μg, Fe^{3+} bis 100 μg u. Ni^{2+} bis 120 μg stören die Best. von 6 μg Co^{2+} nicht.

K. Huste. G 355 □

Kobaltbestimmung mittels potentiometrischer Titration mit Eisen(III)-salz in Gegenwart von 1.10-Phenanthrolin. F. Vydra und R. Přibil. (Collect. czechoslov. chem. Commun. **26**, 2169—73, Sept. 1961; Praha, Tschech. Akad. Wiss., Inst. für Geochem. u. anorgan. Rohstoffe; dt.) — Vgl. C. **1961**, 18809. — Die Oxydation von Co(II) durch Fe(III), die in Ggw. von überschüssigem 1.10-Phenanthrolin (Phen) nach der Gleichung: $[Fe_2(Phen)_4(OH)_2]^{4+} + 2\,[Co(Phen)_3]^{2+} + 2\,HPhen^+ \rightleftharpoons 2\,[Fe(Phen)_3]^{2+} + 2\,[Co(Phen)_3]^{3+} + 2\,H_2O$ verläuft, wurde einer direkten Co^{2+}-Best. durch potentiometr. Titration gegen Fe(III)-Salz-Lsg. zugrunde gelegt. Der optimale pH-Wert der zu titrierenden Lsgg. beträgt 2—4; zur pH-Einstellung bewährt sich folgende Puffer-Lsg. (I): 94,5 g $CH_2Cl\cdot CO_2H$ in ca. 900 ml W. gelöst, mit NH_3 (1 : 1) bis zu pH 3 versetzt u. auf 1000 ml mit W. verdünnt. Falls Co(II) allein zugegen ist, so ist ein ca. 10facher Mol-Überschuß an Phen, bezogen auf Co, erforderlich. Es wird mit der Pt- u. gesätt. Kalomelelektrode gearbeitet; bei Titrationen gegen 0,01 m $FeCl_3$-Lsg. (**II**) beträgt die Tangente der Potentialkurve im Äquivalenzpunkt ca. 5000. — Arbeits-Verf. für reine Co^{2+}-Proben (Nitrat): Die Probe-Lsg. wird mit 10 ml **I**- u. einer hinreichenden Menge 0,1 m Phen-Lsg. versetzt, auf ca. 50 ml verd. u. gegen 0,01—0,0001 m **II**-Lsg. aus einer 5-ml-Mikrobürette mit 0,02-ml-Teilung potentiometr. titriert. Bei Normaltemp. u. kleinerem Überschuß von Phen stellen sich die Potentiale um den Äquivalenzpunkt erst nach 1—2 Min. ein; bei Verw. von $<$ 0,01 m **II** empfiehlt es sich, bei ca. 50° zu titrieren u. die Ionenstärke mit 1 m $NaNO_3$-Lsg. auf 0,01 m einzustellen. Alkalimetalle, Seltenerdmetalle, Be, Pb, Al, Cr(III), UO_2^{2+}, Mn(II), Ti(IV), Zr, NO_3^-, Cl^- u. SO_4^{2-} beeinflussen die Meth. nicht. Hingegen stören Fe(III) u. starke Oxydations- bzw. Red.-Mittel ($KMnO_4$, $K_2Cr_2O_7$, NH_2OH, Ascorbinsäure u. a.) auch in niedrigsten Konzz.; dadurch wird die Verwendbarkeit der Meth. auf die Fälle beschränkt, wenn kein Fe(III) oder nur eine geringe Menge dessen vorhanden ist, die vorher zu Fe(II) red. werden muß. Überdies stören durch Rk. mit Phen Cu(II), Ni(II), Zn, Cd, Tl(I), Ag, Hg(II), MoO_4^{2-}, WO_4^{2-}, VO_3^- u. größere Mengen ClO_4^-. Bei Normaltemp. u. in Ggw. von 5 ml 0,1 m Phen-Lsg. lassen sich 1,75 mg Co^{2+} neben 6 mg Ni, 6 mg Cu, 16 mg Zn, 15 mg Cd, 30 mg Mo, 45 mg V u. 51 mg W mit einer Genauigkeit bis zu 1% bestimmen. Die höchst zulässigen Mengen von störenden Begleitelementen können durch erhöhte Phen-Konz. bzw. Temp. bei der Titration gesteigert werden; immerhin findet in Ggw. größerer Mengen Ni^{2+} u. bei höheren Temp. die Verdrängung von Fe(II) aus dem Phen-Komplex durch Ni^{2+} statt, u. die Ergebnisse sind dann zu niedrig. — Die Meth. eignet sich bes. zur Analyse von Fe-freien Co-Legg.; zu diesem Zweck wird eine ausführliche Arbeitsvorschrift angeführt.

K. Kámen/Prag. G 355

Spektrophotometrische Bestimmung größerer Kobaltgehalte in Nickellegierungen. N. M. Silverstone und B. B. Bach. (Metallurgia [Manchester] **63**, 205—07, April 1961; Birmingham, Internat. Nickel Co. (Mond) Ltd., D. & R. Dep. Labor.; engl.) — Zur spektrophotometr. Co-Best. in Ni-Legg. wird nach Abtrennung von Fe u. Cr als Hydroxid mit Pyridin die purpurfarbene Verb. von Co^{3+} mit EDTA benutzt. Bei **535** μ wird die opt. Dichte der oxydierten mit der der nichtoxydierten Lsg. verglichen u. dadurch der Einfl. von Ni u. Cu ausgeschaltet, während Mn u. Mo nicht stören. K. Stein. G 355□

Photometrische Schnellbestimmung von Nickel und Kupfer in galvanischen Bädern. Günter Kopczyk. (Galvanotechnik **53**, 25—26, 15/1. 1962; Berlin, Telefunken GmbH.; dt.) — Es wird gezeigt, daß die photometr. Schnellbest. von Ni u. Cu in sauren Bädern Vorteile gegenüber anderen Best.-Verff. ergibt. Die Cu-Best. ist auch in cyanid. Bädern nach Zusatz von Persulfat-Lsg. möglich. F. Vier. G 358□

Eine kritische Übersicht verschiedener Methoden zur volumetrischen Bestimmung von Kupfer nach der „Jodid–Thiocyanat"-Methode unter Verwendung von Natriumjodid an Stelle von Kaliumjodid. P. D. Goyal und S. D. Bhatia. (Agra Univ. J. Res. **6**, 31—37, Juli 1957; Agra, Agra Coll.; engl.) — Cu^{2+} wurde unter wechselnden Bedingungen in Ggw. von J^- u. SCN^- gegen $S_2O_3^{2-}$ titriert. NH_4SCN oder KSCN können das KJ z. T. ersetzen. Bei Verw. von J^-/SCN^--Misch-Lsgg. sind die Ergebnisse ungenau. Reproduzierbare Werte erhält man bei Zugabe des SCN^- kurz vor dem Endpunkt. Zur Best. von 0,06 g $CuSO_4$ sind 0,2 g KJ oder NaJ ausreichend.
W. Betcke. G 358□

Selektive Chelatometrie von Kupfer(II) mit Äthylendiamin-N.N.N'.N'-tetra-n-propionsäure. I. P. Sanderson und T. S. West. (Talanta [London] **9**, 71—72, Jan. 1962; Birmingham, Univ., Chem. Dep.; engl.) — Vff. beschreiben eine Meth. für eine hochselektive komplexometr. Titration von Cu(II) mit Äthylendiamin-N.N.N'.N'-tetra-n-propionsäure (EDTP) u. Pouceau 3 R als metallochrom. Indicator. Es wurde in ammoniakal. Lsg. bei pH ca. 9 gearbeitet. Die Lsgg. enthielten ca. 60 μg Cu^{2+} u. wechselnde Mengen Mg, Ca, Ba, Sr, Cd, Mn, Zn, Pb, Co, Ni u. Al. Ferner wurde in Messingproben Cu bestimmt. Dabei wurde Messing wie üblich gelöst, ein pH von 9—10 eingestellt u. das Cu direkt mit EDTP titriert, ohne daß Störungen durch die anderen anwesenden Elemente auftraten. F. Sarfert. G 358□

Schnellbestimmung von Kupfer in alkalischen Kupfer- und Messingbädern. I. Dubský. (Metalloberfläche **15**, 13—14, Jan. 1961; Jablonee n. N., Fa. Bižuterie n. p.; dt.) — Es wird die komplexometr. Best. von *Cu* u. *Zn* in Cyanidbädern beschrieben. CN^- wird durch H_2O_2 oxydiert. Als Komplexbildner wird Aminoessigsäure oder NH_3 verwendet. Da bei der Titration gegen Murexid in ammoniakal. Lsg. ein schleppender Farbumschlag eintritt, wird in diesem Fall gegen Xylenolorange oder Methylthymolblau titriert. *Zn* wird nach Zusatz von Aceton, NH_3-Puffer u. Eriochromschwarz T mit Komplexon titriert. F. Vier. G 358□

Darstellung und Untersuchung von Hydroxytriazinen als analytische Reagentien. 2. Mitt. 3-Hydroxy-1-p-tolyl-3-phenyltriazin als Reagens für Palladium und Kupfer. H. K. L. Gupta, T. C. Jain und N. C. Sogani. (J. Indian chem. Soc. **37**, 531—34, Sept. 1960; Ajmer, Gov. Coll., Chem. Dep.; engl.) — 1. vgl. C. **1962**, 9454. — Von 5 auf ihre Eigg. als Fällungsmittel untersuchten Hydroxytriazinen, (C_6H_5—N[OH]N=N—R, wobei R = p-$C_6H_4CH_3$, I, p-C_6H_4Br, o-C_6H_4COOH, p-$C_6H_4CO \cdot CH_3$, p-$C_6H_4NH \cdot CO \cdot CH_3$) liefert I mit Pd u. Cu bei pH 2—7 u. in der Hitze körnige Ndd. der Zus. $(C_{13}H_{12}N_3O)_2Me$. Die Fällung ist in Ggw. von Co^{2+}, Ni^{2+}, Mn^{2+}, Zn^{2+}, Cd^{2+}, Pb^{2+}, Al^{3+}, Cr^{3+}, Bi^{3+}, Sb^{3+}, As^{3+}, Hg^{2+}, Pt^{4+}, Zr^{4+}, Ce^{4+}, Th^{4+}, UO_2^{2+}, Alkali, Erdalkali, Wolframat, PO_4^{3-} u. F^- spezif., während Fe^{2+}, Fe^{3+}, Sn^{4+}, Ti^{4+} u. Molybdat maskiert werden müssen. Der Nd. von Cu (F. 195—196°) besitzt schokoladenbraune, der von Pd (F. 258°) gelblichbraune Farbe. Zur Best. wird die in 120 ml 10—20 mg Cu oder Pd enthaltende Lsg. mit 2—3 ml 10%ig. K-Na-Tartrat- oder Na-Acetat-Lsg. versetzt u. mit HCl auf pH 2—3 gebracht. In Ggw. von Ce^{4+} wird noch $(NH_4)_2SO_4$ zugesetzt. Nach Erwärmen wird in 20%ig. Überschuß 1%ig. äthanol. I-Lsg. zugefügt, 1 Std. auf dem Wasserbad erhitzt u. der dann abgesaugte Nd. mit W. gewaschen, bis das Filtrat mit NaOH keine Violettfärbung mehr gibt. Bei 120—130° wird 30 Min. lang getrocknet.
F. M. Friedrich-Anderseck. G 365□

Die Coulometrie und Polarographie von Iridium(IV). John A. Page. (Talanta [London] **9**, 365—69, April 1962; Toronto, Univ. of Toronto, Dep. of Chem.; engl.) — Vf. untersuchte das coulometr. u. polarograph. Verh. von Ir^{4+} in 0,2 m HCl als Elektrolyt. Aus der Strom–Spannungs-Kurve geht hervor, daß eine polarograph. Ir-Best. möglich ist. Bei der coulometr. Titration des Ir^{4+} wird dieses zum Ir^{3+} reduziert. Ein Verf. zur coulometr. Best. von 3—17 mg Ir wird beschrieben. Ferner wurde das Verh. von Ir in $HClO_4$, H_2SO_4 u. anderen Elektrolyten untersucht. K. Ohls. G 367□

Verwendung der Anfärbemethode bei der Untersuchung von Lößböden. Ss. L. Schimanowitsch. (Доклады Академии Наук БССР [Ber. Akad. Wiss. BelorussSSR] **5**, 122—24, März 1961; Geolog. Inst. der Akad. der Wiss. der BelorussSSR; russ.) — Zur Best. der Haupttonminerale von 108 Lößproben aus Belorußland wurden Suspensionen der Kornfraktionen unter 0,001 mm hergestellt u. mit 0,001%ig. wss. Lsg. von Methylenblau oder mit wss. Lsgg. von salzsaurem Benzidin oder Chrysoidin angefärbt. Die mit Methylenblau bzw. Methylenblau + KCl gefärbten Suspensionen werden violettblau, violett, fahl u. manchmal schmutziggrau; ein Hinweis auf eine Mischung mehrerer Tonminerale. Werden die Suspensionen himmelblau u. verändern ihre Farbe beim Erwärmen nicht, so liegen Hydroglimmer vor. Die Auswertung der Proben wurde mit dem Universalphotometer UF-56 u. mit dem registrierenden Spektrophotometer SF-2M vorgenommen. Die Absorptionskurven zeigen ein starkes Maximum bei 580 nm, ein schwaches bei 670 nm. Letzteres hängt mit einer geringen Zerstörung der Hydroglimmerteilchen zusammen. Die Zugabe von KCl, $MgCl_2$ u. $CaCl_2$ verändert die Maxima nicht. Auch diese Tatsache ist charakterist. für Hydroglimmer. Die mit Benzidin angefärbten Proben werden nach einem Tag schmutzigblau. Die Adsorptionskurven weisen ein Maximum bei 560 nm auf. Beim Trocknen geht die Färbung verloren. In einem Falle blieb eine himmelblaue Nuance, die auf Beidellit schließen läßt. Chrysoidin gibt den Suspensionen eine blaßgelbe Farbe. Zugefügte HCl verändert die Farbe nach Mattziegelrot. Die Hydroglimmer verändern sich hierbei in Richtung Beidellit. E. Swillens. 5292 □

Über die Verwendung der „Anfärbemethode" in der mineralogischen Analyse von Tonen und die Wege zur praktischen Benutzung von Farbreaktionen mit organischen Farbstoffen an Tonen. L. I. Kultschitzki. (Известия Академии Наук СССР Серия Геологическая [Nachr. Akad. Wiss. UdSSR, geol. Ser.] **26**, Nr. 2, 90—111 Febr. 1961; Moskau, Allunions-Inst. für Hydrogeol. u. Ingenieurgeol., Minist. für Geol. u. Bodenschätze der Akad. der Wiss. der UdSSR; russ.) — Vf. kritisiert die Deutungen Wedenejewas [1956] bzgl. der Anfärbemethodik an Tonen. Die Feststellungen basieren auf experimentellen spektrophotometr. Untersuchungen. Für alle Aluminiumsilicate mit Schichtstrukturen gilt: 1. Der angebliche Farbeffekt der K^+-Ionen ist vielmehr allg. für die Größe der Sorptionskapazität der Tonminerale charakteristisch. 2. Auch aus der Gesamtfärbung der Proben lassen sich weder in qual. noch in quant. Hinsicht Aussagen zur Mineralanalyse der Tone machen. M. Hähnert. 5292

b) Organische Verbindungen

Manometrisches Verfahren zur C—H-Analyse mit Einwaagen ab 0,3 Milligramm. H. Simon und G. Müllhofer. (Z. analyt. Chem. **181**, 85—91, 1961; München, TH, Organ.-chem. Inst.; dt.) — Es wird eine Meth. zur manometr. *C—H*-Best. von 0,3 bis 2 mg Substanz beschrieben, in dem man diese mit 3—4 mg $KClO_4$ u. 6—8 mg CuO in einer verschlossenen u. evakuierten Ampulle auf 650° erhitzt. Nach Öffnen derselben in der Meßapp. (Skizze) wird durch fraktionierte Kondens. u. Verdampfung die Dampfmenge von CO_2 u. H_2O in zwei Zwei-Fl.-Manometern bestimmt. Mittels dieser Meth. ist es auch möglich, das C—H-Verhältnis eines Stoffes ohne Wägung zu bestimmen. E. Faulhaber. 5352 □

Jodometrische Wasserstoffbestimmung in organischen Verbindungen. S. Mlinkó. (Mikrochim. Acta [Wien] **1962**, Nr. 4, 638—49; Budapest, Ungar. Akad. der Wiss., Zentralforschungsinst. für Chem.; dt.) — Es wird über eine Meth. zur Mikro-Best. von H in organ. Verbb. berichtet. Sie beruht auf der oxydativen Verbrennung der Substanzproben u. der Umsetzung des dabei gebildeten W. mit CS_2. Das entstandene H_2S wird in $ZnSO_4$-Lsg. absorbiert u. jodometr. bestimmt. Die Rk. zwischen W. u. CS_2 ist ein katalyt. Vorgang. Als Katalysatoren eignen sich Substanzen, die durch W. nicht hydratisiert werden u. an deren Oberfläche sich ein leicht hydrolysierbares Zwischenprod. bilden kann. Ein solcher geeigneter Katalysator ist Korund. In dessen Ggw. geht die Umsetzung bei Temp. zwischen 450 u. 600° mit großer Geschw. vor sich. Über einer 16 cm langen Kontaktschicht kann in mit CS_2 bei 0° gesätt. N_2-Strom die quant. Umsetzung auch bei erheblicher Trägergas-Geschw. erzielt werden. Die Genauigkeit der Best. beträgt $\pm 0{,}04\%$ absolut. Bei Serienanalysen sind mittels einer zweiteiligen, verstellbaren Falle Verbrennung u. Umsetzung parallel durchführbar. Die Dauer einer Best. ist nicht länger als 20—25 Minuten. Auch in Ggw. von Heteroelementen kann die H-Best. durchgeführt werden. Die Ag-Füllung des Verbrennungsrohres hält die bei der Verbrennung halogen- u. S-haltiger Verbb. entstehenden störenden Verbrennungs-Prodd. zurück. Stickstoffoxide kondensieren in der Falle u. treten mit dem CS_2 unter Bldg. von SO_2 in Rk., das durch weiteres CS_2 zu S red. wird. In ähnlicher Weise reagieren das im W. gelöste O_2 u. der eventuelle O_2-Geh. des Trägergases. SO_2 darf sich in meßbaren Konzz. nicht unter den Rk.-Prodd. befinden, da es sonst mit H_2S zu partieller Rückbldg. von W. führen würde. Das Verf. ist durch Verminderung der Konz. der Maß-Lsg. auch auf den Ultramikromaßstab übertragbar. Es können in dieser Weise auch Kristallwasser, Feuchtigkeit oder kleine, bei chem. Rkk. gebildete H_2O-Mengen bestimmt werden. Die Meth. gestattet ferner, durch Umsetzung des im Verlauf der Pyrolyse u. Hydrierung organ. Verbb. erzeugten W., die Best. des O_2-Geh. organ. Substanzen indirekt durchzuführen. J. Peters. 5352□

Colorimetrische Bestimmung von Mikromengen Fluor in organischen Verbindungen. Harold J. Ferrari, Francis C. Geronimo und Louis M. Brancone. (Microchem. J. [New York] **5**, 617—24, Dez. 1961; Pearl River, N.Y., Amer. Cyanamid Co., Lederle Labor. Div.; engl.) — Die zu untersuchende Substanz wird nach Schöniger im O-gefüllten Kolben verbrannt u. die entstehende HF in 2n NaOH absorbiert. In der auf 50 ml verd. Lsg. bestimmt man F^- colorimetr. mit Eriochromcyanin R u. $ZrOCl_2$ bei 528 nm. Die Standardabweichung beträgt 0,255%. A.-M. Fretzdorff. 5352□

Bestimmung von Spuren Schwefel, Fluor und Bor in organischen Stoffen durch Verbrennung in der Sauerstoffbombe. J. J. Bailey und D. G. Gehring. (Analytic. Chem. **33**, 1760—62, Nov. 1961; Gibbstown, N.J., E. I. du Pont de Nemours & Co., Repauno Dev. Labor.; engl.) — Zur quant. Zers. organ. Proben wird eine mit Pt ausgekleidete Parr-O_2-Calorimeterbombe verwendet. Die Zers.-Prodd. werden in W., das schon vor der Verbrennung in die Bombe gegeben wurde, absorbiert. In der wss. Lsg. erfolgt die Best. der Ionen nach bekannten mikroanalyt. Methoden. Auch große Substanzmengen (1 g) werden noch quant. zersetzt. K. Ohls. 5352□

Bestimmung von Schwefel in organischen Verbindungen. M. Ellison. (Analyst **87**, 389—91, Mai 1962; Saffron Waldon, Essex, Chesterford Park Res. Stat.; engl.) — Die Probe wird in einem mit O_2 gefüllten Kolben vollständig verbrannt u. das gebildete SO_2 in alkal. H_2O_2-Lsg. absorbiert. Die Lsg. wird zur Trockne eingedampft u. das entstandene SO_4^{2-} durch ein Gemisch von HJ, HCl u. H_3PO_2 zu H_2S red., das dann nach Absorption in NaOH-Lsg. jodometr. bestimmt wird. Die erforderliche App. wird beschrieben. J. Peters. 5352□

Tüpfelanalyse auf zwei- und vierwertigen Schwefel in organischen Verbindungen durch Reduktion mit Raney-Legierung. Fritz Feigl und Dora Haguenauer-Castro. (Talanta [London] **9**, 540—42, Juni 1962; Rio de Janeiro, Minist. das Minas e Energia, Labor. da Prod. Mineral.; engl.) — Organ. Verbb., die 2- oder 4wertigen S enthalten, entwickeln beim Erwärmen mit HCl u. Raney-Leg. (50% Ni, 50% Al) H_2S. Sechswertiger S wird nicht reduziert. Die Nachw.-Grenze liegt zwischen 1 u. 5 μg. Dieter Heinrich. 5352□

Nachweis und Unterscheidung von isomeren organischen Verbindungen mit Hilfe von Tüpfelreaktionen. F. Feigl und V. Anger. (Z. analyt. Chem. **181**, 160—72, 1961; Rio de Janeiro, Minist. da Agric., Labor. da Produção Mineral; Wien, Lobachemie, Forschungslabor.; dt.) — Vff. geben an Hand von 33 Literaturangaben eine Übersicht zur Unterscheidung u. Identifizierung von Isomeren durch die Tüpfelanalyse. E. Faulhaber. 5364□

Nachweis und Bestimmung der cis-Doppelbindungen in Fettsäuren. Ralph T. Holman, Siret Ener und Page R. Edmondson. (Arch. Biochem. Biophysics **80**, 72—79, Jan. 1959; Austin, Minn., Univ., Hormel Inst. and Dep. of Physiol. Chem.; Minneapolis, Minn., Univ., Dep. of Med.; engl.) — Die Absorption von *Fettsäuren* (**A**) oder von Fetten u. Ölen bei 2,15 μ (in CCl_4 oder direkt) kann als Maß der *cis*-Ungesättigtheit dienen: Mol cis/kg $= 0{,}76 \cdot k \cdot 10^4 - 0{,}96$. Die Absorption mehrerer **A** von anderem Typ der Nichtsättigung ist bei diesem λ prakt. zu vernachlässigen. Vgl. an Handelsfetten u. hydriertem Sojaöl verschiedenen Hydrierungsgrades mit der Best. aus der Differenz von JZ. u. *trans*-Doppelbindung (IR-Best. bei 10,36 μ) ergaben ausreichende Übereinstimmung (durchschnittliche Differenz der Werte beider Meth. ca. 6,5% des Geh. an *cis*-Doppelbindungen). Die Meth. arbeitet rasch, erfordert aber Proben von mindestens 150 mg. K. Maier. G 520

Eine radiometrische Bestimmung von Fettsäuren auf Papierchromatogrammen. R. Otto. (Isotopentechnik **1**, 184, Mai 1961; Leipzig, Inst. für angew. Radioaktivität; dt.) — Zur quant. Analyse papierchromatograph. getrennter Gemische höherer Fettsäuren werden auf dem Papier mit $^{60}Co(CH_3COO)_2$-Lsg. die fettsauren Salze gebildet. Auf diese Weise ist es möglich, mit Hilfe von Vgl.-Chromatogrammen, die wie die Analysenchromatogramme entwickelt u. radiometr. ausgewertet werden, in Gemischen enthaltene *Myristin-*, *Laurin-*, *Palmitin-* u. *Stearinsäure* auf $\pm 2{,}5\%$ genau zu bestimmen. C.-E. Döring. G 800□

R_F-Werte organischer Säuren in ausgewählten Lösungsmitteln. R. D. Hartley und G. J. Lawson. (J. Chromatogr. [Amsterdam] **7,** 69–76, Jan. 1962; Birmingham, Great Britain, Univ., Dep. of Mining and Minerals Engng.; engl.) — Vff. bestimmten die R_F-Werte von 123 organ. u. 5 anorgan. Säuren in 6 verschiedenen Laufmittelsystemen. Zur Kennzeichnung dienten Bromphenolblau, Thymolblau oder Chlorphenolrot, die gleich den Laufmitteln zugegeben werden (vgl. C. **1961,** 11075). M. Finke. G 800 □

Säulenchromatographie von Lipiden: Ungeradzahlige unverzweigte Fettsäuren des Menhaden-Öls. Joanne L. Gellerman und H. Schlenk. (Experientia [Basel] **15,** 387–88, 15/10. 1959; Univ. of Minnesota, Hormel Inst.; engl.) — Nach vorheriger papierchromatograph. Identifizierung Essigsäure/Peressigsäure/Silikon (I)] wurden Fraktionen der Methylester der Fettsäuren aus *Menhadenöl* (II) säulenchromatograph. getrennt. Als stationäre Phase wurde I auf Celite, als mobile Phase 70- oder 75%ig. wss. Acetonitril-Lsg. verwendet. Neben *Hexadecansäure,* welche den Hauptbestandteil der Fettsäuren des II bildet, wurden gefunden: *n-Nonadecansäure* (Vork. $\geqq$0,09%), *n-Heptadecansäure* (0,65), *n-Pentadecansäure* (0,6) u. *n-Tridecansäure* (0,05). E. Moisar. G 810 □

Eine neue Methode zum Nachweis von ε-Caprolactam. Kazimierz Czerepko. (Z. analyt. Chem. **182,** 269–70, 1961; Bialystok, Polen, Med. Akad., Inst. für allg. Chem.; dt.) — ε-Caprolactam läßt sich in alkal. alkohol. Lsg. mit m-Dinitrobenzol nachweisen u. bildet eine rosaviolette Färbung, die nach einiger Zeit in Gelbbraun übergeht. Das Absorptionsmaximum liegt 5 Min. nach Reagenszugabe bei 530 nm u. verschiebt sich nach 30 Min. auf 420 nm. Vf. nimmt an, daß der Rk.-Mechanismus dem der bekannten Zimmermann-Rk. ähnelt. H. Nentwig. G 810 □

Nachweis von ε-Caprolactam auf Papierchromatogrammen. Kazimierz Czerepko. (J. Chromatogr. [Amsterdam] **6,** 89–90, Juli 1961; Bialystok, Poland, Med. Acad., Dep. of Gen. Chem.; engl.) — Vf. beschreibt den Nachw. von *ε-Caprolactam* (I) auf Papierchromatogrammen. Das entwickelte Chromatogramm wird mit einer frisch bereiteten Mischung gleicher Teile einer 1%ig. methanol. m-Dinitrobenzol-Lsg. u. einer 3n methanol. KOH gesprüht. I erscheint nach wenigen Min. als rosavioletter Fleck auf schwachrosa Untergrund. Nach 45 Min. stärkste Tönung, die nach 2–3 Std. wieder ganz verschwindet. Empfindlichkeit ca. 5 μg I pro Fleck. M. Finke. G 810 □

Eine papierchromatographische Methode zur Bestimmung kleiner Mengen ε-Caprolactam. K. Czerepko. (Mikrochim. Acta [Wien] **1962,** 417–20; Bialystok, Med. Akad., Inst. für allg. Chem.; dt.) — Zur papierchromatograph. Best. kleiner Mengen von ε-Caprolactam wird die Lsg. auf Whatman-Nr. 1-Papier, das mit einer 0,01%ig. wss. Lsg. von Na-Hypophosphit getränkt u. getrocknet wurde, mit wassergesätt. Butanol 2–3 Std. lang bei 20 ± 2° aufsteigend chromatographiert. Nach dem Trocknen entwickelt man durch beiderseitiges Besprühen mit methanol. $K[BiJ_4]$-Lsg., schneidet nach 30 Min. die roten Flecke u. ein gleich großes caprolactamfreies Stück des gleichen Papierstreifens als Vgl. aus u. eluiert mit 7 ml Äthylacetat/Chlf. (5:2). Die Lsgg. werden in einer 2 cm-Küvette gegen die Blindprobe im Pulfrich-Photometer bei 470 nm gemessen u. die Konzz. aus einer Eichkurve entnommen. Es können 30 bis 200 μg ε-Caprolactam mit einem Fehler von ± 5% bestimmt werden. R. Krämer. G 810 □

Polarographische Bestimmung von Caprolactam- und Aminosäure-Halbprodukten synthetischer Fasern. Ja. I. Turjan, Ju. M. Tjurin und B. P. Shantalai. (Журнал Аналитической Химии [J. analyt. Chem.] **16,** 352–58, Mai/Juni 1961; Lisitschansk, Zweigstelle des Forsch.- u. Projektierungsinst. für Stickstoffind.; russ., Auszug: engl.) — Vff. beschreiben eine Meth. zur polarograph. Best. von Caprolactam als ε-Aminocapronsäure (I) u. anderen Aminosäuren nach ihrer Umwandlung (in der 0,2n NaOH-Lsg.) durch Formaldehyd (II) in polarograph. akt. Schiffsche Basen (III). Die III geben eine deutliche, stärker positive Welle als die von II bei allen pH-Werten. Es besteht eine lineare Abhängigkeit (in 0,1 H_2SO_4) zwischen dem Grenzstrom (GS) u. der Aminosäurekonzentration. Die GS-Konst. erhöht sich in der Reihe I–7-Aminoönanth-, 9-Aminopelargon-, 11-Aminoundecansäure. Das Potential der Halbwelle verschiebt sich in der gleichen Reihenfolge nach der positiven Seite. Das Polarographieren der III der I ermöglicht die Best. des Einfl. der II-Konz. u. der Höhe des Hg-Behälters auf den GS. S. Baryschnikow. G 810

Untersuchung über die Titration von Aminosäuren. 2. Mitt. S. Lewin. (Lab. Pract. **8,** 330–32, Okt. 1959; London, South West Essex Techn. Coll., Phys. Chem. Labor.; engl.) — 1. vgl. C. **1961,** 15145. — Krit. u. theoret.-didakt. Betrachtungen zur titrimetr. Best. von Aminosäuren. Ph. Fresenius. G 950 □

Quantitative Auswertung von Papierchromatogrammen auf Grund von Remissionsmessungen. Lajos Szalai und Sándor Szöke. (Nahrung 3, 737—43, 1959; Budapest, Ungar. Landesanst. für Getreide- u. Mehlforsch.; dt.) — Eine außerordentlich genaue quant. Auswertung von Papierchromatogrammen läßt sich durch Messung der Remission R_c der mit Ninhydrin angefärbten Aminosäurechromatogramme, z. B. mit dem Leukometer (Zeiß) durch führen. Es wurde eine Beziehung $R_c = a + k \cdot \log c$ zwischen R_c u. der Aminosäure-Konz. c des Fleckens (mit den Konst. a u. k) gefunden.
E. Moisar. G 950□

Aminosäurenbestimmung durch Kombination von Radioisotopenverdünnung und Papierchromatographie. 1. Mitt. T. Wada. (J. agric. chem. Soc. Japan [Nippon Nôgei-Kagaku Kaishi] **30**, 229—32, 1956; jap.) J. Lehmberg. G 950□

Spektrophotometrische Bestimmung von Glykokoll im Glykokoll-Kaliumtrioxalatochromat(III)-Komplex. Horace C. Perrin und George H. Spaulding. (Analytic. Chem. **34**, 196—97, Febr. 1962; Baltimore, Md., Morgan State Coll., Dep. of Chem.; engl.) — Das Glykokoll in dem Komplex mit Kaliumtrioxalatochromat(III) reagiert stöchiometr. u. direkt mit Cu-Phosphat unter Bldg. von Cu-Glycinat, das abzentrifugiert wird. Nach dem Lösen in Hydroxylaminhydrochlorid-Lsg. wird ein pH von 4—6 mit NH_4OH eingestellt u. mit Neocuproin (2.9-Dimethyl-1.10-phenanthrolin) Lsg. versetzt. Das Absorptionsmaximum der gelben Lsg. liegt bei **457** nm. P. Kurzmann. G 950□

Bestimmung von Serin und Threonin über die bei der Oxydation mit Perjodat gebildeten Aldehyde und Ammoniak. L. Maros, I. Perl-Molnar und E. Schulek. (Ann. Univ. Sci. Budapestinensis Rolando Eötvös nominatae, Sect. Chim. **2**, 237—42, 1960; Budapest, Univ., Inst. für anorg. u. analyt. Chem.; dt.) — Inhaltlich ident. mit der in C. **1961**, **14041** referierten Arbeit. H. Teschner. G 950□

Trennung und Analyse von Chlorbenzolen in Mischungen mit Hilfe der Gaschromatographie. Herbert G. Nadeau und Dudley Oaks jun. (Analytic. Chem. **33**, 1157—59, Aug. 1961; New Haven, Conn., Olin Mathieson Chem. Corp., Olin Res. Center; engl.) — Vff. beschreiben eine gaschromatograph. Meth. zur Trennung u. Analyse von *Bzl.*, *Mono* , *o-* u. *p-Di-*, *1.2.4-* u. *1.2.3-Tri-*, *symm.-* u. *vic.-Tetra-*, *Penta-*, *Hexa-* u. *Nitropentachlorbenzol.* In einem temperaturprogrammierten Gaschromatographen konnten alle Komponenten im Bereich von 75—260° aufgetrennt werden. Als neue Trenn-Fl. mit hoher Selektivität für Aromaten u. Äther wurde Tribenzylsilyl-bisphenyläther auf Chromosorb verwendet. Die damit erzielten Trennergebnisse werden mit denen einer üblichen Hochtemp.-Silicongummi-Trennsäule verglichen.
W. Hein. G 1010□

Infrarot-Analyse von Dicyanbenzol-Isomerenmischungen. Nina Hadden und W. F. Hamner. (Analytic. Chem. **31**, 1052—54, Juni 1959; Texas City, Tex., Monsanto Chem. Co.; engl.) — Zur IR-spektroskop. Analyse der drei isomeren Dicyanbenzole werden die Proben in Form von KBr-Preßplättchen (0,005 g in 0,800 g KBr) verwendet, da sich kein geeignetes Lsgm. finden läßt. Die Absorption wird bei 12,90 (o-), 12,35 (m-) bzw. 11,80 mμ (p-) gemessen. W. Betcke. G 1010□

Instrument zur Bestimmung des Isomerenverhältnisses von Toluoldiisocyanat auf der Grundlage von Dielektrizitätskonstantenmessungen. Samuel Steingiser, W. C. Darr und E. E. Hardy. (Analytic. Chem. **31**, 1261—65, Juli 1959; New Martinsville, W.Va., Mobay Chem. Co., Res. Dep.) — Beschreibung einer Kapazitätszelle zur Best. des Isomerenverhältnisses einer Toluol-2.4- u. -2.6-diisocyanatmischung aus ihrer DK u. Unters. der Effekte von Lsgm. u. Verunreinigungen. Der Meßfehler beträgt $\pm 0{,}2\%$. W. Betcke. G 1010□

Eine neue selektive Tüpfelreaktion auf organische Disulfide. V. Anger und G. Fischer. (Mikrochim. Acta [Wien] **1962**, **501**—**03**; Wien, Lobachem., Forschungslabor.; dt.) — Aliphat. u. aromat. Disulfide u. Diselenide werden selektiv durch eine Ni–Al-Leg. (50:50) in salzsaurem A. zu Thiolen bzw. Selenolen red., die mit Hilfe der Jodazid-Rk. nachgewiesen werden können. Man versetzt 1 Tropfen der Probe-Lsg. mit 6 Tropfen A., 2 Tropfen alkohol. HCl u. einigen mg der Ni–Al-Leg., erhitzt ca. 30 Sek. lang im sd. Wasserbad u. kühlt dann rasch ab. Bei positivem Ausfall der Rk. tritt nach Zusatz einiger Tropfen Jodazid-Lsg. unmittelbar N_2-Entw. auf. Thiole, Thione, Senföle, Thiosäuren u. Derivv. sowie anorgan. Sulfide, Thiosulfate u. Rhodanide müssen abwesend sein, da sie mit Jodazid auch positiv reagieren. Die Erfassungsgrenzen sind für *Cystin* 0,005 (μg), *p.p'-Dimethylaminodiphenyldisulfid* 0,1, *p'p-Dinitrodiphenyldisulfid* 0,2, *o.o'-Dinitrodiphenyldisulfid* 0,01 u. *Dibenzyldiselenid* 1.
F. Sarfert. G 1090□

Nachweis von Arylsulfinsäuren in der Tüpfelanalyse. F. Feigl, D. Haguenauer-Castro und E. Libergott. (Mikrochim. Acta Wien] **1961**, 595—98; Rio de Janeiro, Minist. das Minas e Energia, Labor. da Prod. Miner.; dt.) — Zum Nachw. von Arylsulfinsäuren beschreiben Vff. 2 Verfahren. — Meth. A: In einer Mikroeprouvette wird die feste Probe nach Zusatz einiger mg $HgCl_2$ u. eines Tropfens A. im Wasserbad auf 80°, nach Verdunsten des A. auf 100° erwärmt. Bei positivem Ausfall des Nachw. verfärbt sich ein auf dem offenen Ende des Gefäßes liegendes, mit 5% ig. H_2O_2 getränktes Kongopapier blau. — Meth. B: In einer Mikroeprouvette wird ein Tropfen der Probe-Lsg. (Alkali -oder Erdalkalisalze der Sulfinsäure) zur Trockne gebracht, der Rückstand mit einigen mg o-Nitrobenzol u. einem Tropfen Glycerin 5 Min. lang auf 120° im Glycerinbad erwärmt, nach dem Abkühlen mit 2 Tropfen Gries-Reagens versetzt u. schwach erwärmt. Bei positivem Ausfall verfärbt sich das Prod. rosa bis rot. Vff. empfehlen mit Chlf. auszuschütteln. Vff. konnten nachweisen: *Na-Benzolsulfinat* (A 0,25; B 10 μg), *Naphthalinsulfinsäure* (0,3; 12), *Toluolsulfinsäure* (2,5; 5) u. *3-Acetamino-4-methoxybenzolsulfinsäure* (50; 20). J. Weiner. G 1090□

Papierchromatographie einiger Sulfinsäuren und Sulfonylchloride. L. Gringras und G. Sjöstedt. (Acta chem. scand. **15**, 435—36, 1961; Strängnäs, Labor. of AB Ceaverken.; engl.) — Vff. trennen Sulfinsäuren (I) u. deren Salze sowie Sulfonylchloride (II) aufsteigend mit n-Butanol-n-Propanol-W. (1 : 1 : 1) als Fließmittel. Sichtbarmachung der I erfolgt mit einer 5% ig. Lsg. von *tetrazotiertem o-Dianisidin* (Echtblau B-Salz), die mit $ZnCl_2$ stabilisiert ist. Alkyl- u. Aryl-I geben gelbe Flecke. Thiosulfate, Sulfit u. Thiocyanate reagieren ebenso, jedoch können diese Flecke leicht mit kaltem W. herausgewaschen werden. Aromat. Sulfonsäuren, Sulfone, Merkaptane, Phenole u. Disulfide stören nicht. Die II werden auf einem vorher mit 20% ig. KOH befeuchtetem Startpunkt aufgebracht u. durch 1 std. Behandeln mit Wasserdampf zu I umgesetzt, die wie vorst. nachweisbar sind. Die II werden bis 100 μg, p-Toluolsulfinsäure (III) bis 4 μg sicher nachgewiesen. Folgende R_F-Werte wurden erhalten: *Benzolsulfinsäure*: 0,58, III: 0,65, *2-Naphthalinsulfinsäure*: 0,73, *2.6-Dichlor-p-toluolsulfinsäure*: 0,81, *Äthansulfinsäure*: 0,40, *Methansulfinsäure* 0,25. W. Schweers. G 1090□

Die Löslichmachung von Sulfonsäuren für Infrarot-Untersuchungen. Einige analytische Anwendungen. Meyer Dolinsky und Charles Stein. (Analytic. Chem. **34**, 127—29, Jan. 1962; Washington, D.C., Dep. of Health, Educ. and Welfare, Div. of Cosmetics, Food and Drug Adm.; engl.) — Sulfonsäuren können durch Behandlung mit dem fl. Anionenaustauscher Amberlite LA-2 (I) in eine in CS_2 oder CCl_4 lösl. Form übergeführt werden. In einigen Fällen lassen sie sich aus wss. Lsg. in eine Lsg. von I in CS_2 extrahieren, in anderen führt eine Behandlung der festen Substanzen mit alkohol. I-Lsg., Vertreibung des A. u. Aufnahme des Rückstandes in CS_2 besser zum Ziel. — Extraktions-Verf.: Die Probe (100—200 mg) wird in 50 ml W. gelöst, mit 1 ml konz. HCl versetzt u. 30 Sek. lang mit einer 5% ig. Lsg. von I in CS_2 ausgeschüttelt. Die Extrakte werden mit Na_2SO_4 getrocknet u. auf ein geeignetes Vol. gebracht. Das Verf. eignet sich z. B. für die Farbstoffe 2-[5-Sulfo-2.4-xylylazo]-1-naphthol-4-sulfonsäure; 1-p-Sulfophenylazo-2-naphthol-6-sulfonsäure u. 1-[4-Sulfonaphthylazo]-2-naphthol-3.6-disulfonsäure sowie für die Na-Salze der G- u. der R-Säure. Die IR-Spektren dieser Verbb. sind aufgeführt. — Äthanol-Verf.: Die Probe wird mit 25 ml einer 5% ig. Lsg. von I in 95% ig. A. versetzt, der A. auf dem Dampfbad vertrieben, noch 1—15 Min. lang erwärmt u. der Rückstand in CS_2 aufgenommen. Nach diesem Verf. wurden N-Äthyl-N-phenyl-o-(m, p)-sulfobenzylamin sowie Orthanil-, Metanil- u. Sulfanilsäure behandelt, deren Spektren aufgeführt sind. W. Betcke. G 1090□

Die Bestimmung von Alkyl-Aryl-Sulfonaten mit Hilfe der UV-Absorption. R. M. Kelley, E. W. Blank, W. E. Thompson und R. Fine. (ASTM Bull. **1959**, 70—73, April; Jersey City, N.J., Colgate-Palmolive Co., Res. and Developm. Dep., Analyt. Sect.; engl.) — Im Gebiet zwischen 210 u. 230 mμ zeigt die UV-Absorption von Alkylarylsulfonaten in wss. Lsg. ein ausgeprägtes Maximum, dessen Spitze bei 224 mμ liegt. Es ist unabhängig vom pH-Wert u. erfüllt das Lambert-Beersche Gesetz. Die Messung der Absorptionsstärke bei dieser Wellenlänge eignet sich zur quant. Best. des Geh. an Alkylarylsulfonaten auch in Waschmitteln. Bei einer Verw. zur qual. Analyse stören Benzol-, Toluol- u. Xylolsulfonate, die ebenfalls eine Absorption im fraglichen Gebiet aufweisen. M. Walther. G 1090□

Bestimmung der Gehaltsgewichte von Sulfonaten. C. M. Gardner, C. H. Hale, E. A. Setzkorn und W. C. Woelfel. (Analytic. Chem. **30**, 1712—13, Okt. 1958; Ponca City, Okla., Continent. Oil Co., Developm. and Res. Dep.; engl.) — Vor der Geh.-Best. käuflicher Sulfonate (I) wird die I-Lsg. in W.-Isopropanol (1 : 1) zur Reinigung von Resten von unsulfonisierten KW-Stoffen, Sulfonen, Na_2SO_4, W. u. anderen Verunreinigungen mit Chlf. ausgeschüttelt, 20 Min. lang auf 60—70° erwärmt u. dann mit Na_2CO_3

versetzt, bis sich die Schichten trennen. Nach 2 Std. wird ein Teil der alkohol. Schicht (ca. 50 ml) abpipettiert, auf 10 ml eingeengt, mit 15 ml W. versetzt u. in Ggw. von Phenolphthalein gegen 0,1 n HCl bzw. H_2SO_4 (je nachdem, ob **I** auf Grund des S-Geh. oder nach der Sulfat-Meth. bestimmt werden soll) titriert. Die Neutralisation wird durch nochmaligen Zusatz desselben Vol. Säure vollendet, die Lsg. zur Trockne eingedampft u. der Rückstand 3 Std. lang bei 100° getrocknet u. dann ausgewogen. — Ba- u. Ca-**I** müssen in Na-**I** übergeführt werden. Dazu wird die **I**-Lsg. in Chlf. mit einem gleichen Vol. HCl (1 : 1) 5 Min. lang auf dem Wasserbad erwärmt u. dann mit dem doppelten Vol. Aceton ausgeschüttelt. Nach wiederholtem Ausschütteln mit Chlf. werden die vereinigten organ. Phasen zur Trockne eingedampft. Der Rückstand wird in 75 ml Isopropanol aufgenommen, die Lsg. mit 75 ml W. versetzt u. mit 25%ig. NaOH-Lsg. neutralisiert. — Die Best. wird nach bekannten ASTM-Verff. durchgeführt. W. Betcke. G 1090□

Methodik zur Trennung der Gemische von Benzoe-, Phthal-, Trimellit-, Trimesin- und Hemimellitsäure. S. Ch. Abidowa und G. Chodshajew. (Узбекский Химический Журнал [Usbek. chem. J.] **1960,** Nr. 1, 69—76; Inst. für Chem. der Akad. der Wiss. der UsbekSSR; russ., Auszug: usbek.) — Es werden die Löslichkeiten von Benzoe-, Phthal-, Trimesin-, Trimellit- u. Hemimellitsäure sowie einiger ihrer Derivv. in W., Ae., Methylalkohol, Aceton u. Chlf. bestimmt u. es wird eine neue Methodik für die Trennung eines Gemisches vorst. Säuren angegeben. Phthal-, Hemimellitsäure- u. Trimellitsäureimid werden synthetisiert u. ihre Eigg. untersucht.

Versuche: *Phthalimid*, $C_8H_5NO_2$, F. 230—231°, durch 30 Min. langes Halten eines Phthalsäure-NH_4-Acetat-(1 : 2)-Gemisches bei 210—220°, Abkühlen, Verdünnen mit W., Filtrieren u. Umkristallisieren aus A.; 95% (Ausbeute). — *Hemimellitsäureimid*, $C_9H_5NO_4$, F. 236—237°, analog: 95%. H. Treumann. G 1230□

Bestimmung von Mikromengen aromatischer primärer Amine mit Ionenaustauschern. Akio Tsuji. (J. chem. Soc. Japan, pure Chem. Sect. [Nippon Kagaku Zassi] **81,** 1090—93, Juli 1960; Tôkyô-Setagaya, Kokuritu-Eisei Sikenzyo; jap., Auszug: engl. S. A 77.) — Mikromengen aromat. prim. Amine werden durch grüne oder gelblichgrüne Färbung der Ionenaustauschkörner nachgewiesen, die aus den OH-Typaustauschern (Diaion SA 100 (**I**) oder 101 (**II**) bzw. aus Amberlite IRA-400 oder 401) durch Behandlung mit einer Lsg. von 1%ig. $Na_2[Fe(CN)_5NO]\cdot 2\,H_2O$-Lsg. in 2%ig. Na_2CO_3 vorbereitet wurden. Werden die gefärbten Austauscher nach 3 Std. mit 1 n NaOH behandelt, so geht die Färbung ins Braune über, wechselt jedoch dann zum hellen intensiveren Grün oder Gelblichgrün. Nachw.-Grenze: *Anilin* 0,08 [µg] (**I** bzw. **II**); *o-Toluidin* 0,16 (**I** bzw. **II**), *m-Toluidin* 0,08 (**I** bzw. **II**); *p-Toluidin* 0,16 (**I** bzw. **II**); *o-Phenylendiamin* 0,4 (**I**), 0,8 (**II**); *m-Phenylendiamin* 0,2 (**I** bzw. **II**); *p-Phenylendiamin* 0,1 (**I** bzw. **II**); *p-Aminobenzoesäure* 1,6 (**I**), 0,8 (**II**); *Sulfanilsäure* 0,8 (**I** bzw. **II**); *Sulfamin* 1,6 (**I**), 0,4 (**II**); *Acetsulfamin* 1,6 (**I**), 0,8 (**II**); *m-Aminophenol* 0,8 (**I**), 1,6 (**II**); *p-Aminosalicylsäure* 3,3 (**I**), 1,6 (**II**); *α-Naphthylamin* 0,4 (**I** bzw. **II**); *m-Nitroanilin* 0,8 (**I** bzw. **II**). E. Maekawa. G 1310□

Bestimmung des Gammaisomeren von Hexachlorcyclohexan durch Bestimmung des Punktes beginnender Kristallisation. Ernest Degeorges und Pierre Mugnier. (Chim. et Ind. **77,** 794—97, April 1957; Lyon-Vaise, Progil S. A., Labor. central de Rech.; franz.) — Mit Hilfe eines näher beschriebenen App. bestimmten Vff. die Temp. des Kristallisationsbeginns von γ-Hexachlorcyclohexan, dem gleiche Teile des α-Isomeren u. Heptachlorcyclohexan zugesetzt worden waren. Es wurde gefunden, daß eine Herabsetzung der obigen Temp. um 0,01° Verunreinigungen von 0,018% entsprachen. C. Gottfried. G 1810

Chromatographische Analyse der technischen α-Naphthylessigsäure. Lilia Wiecheć und Krystyna Hetnarska. (Chem. Analit. [Warszawa] **4,** 747—52, 1959; Warszawa, Zakł. Inst. Przem. organ.; pol., Auszug: engl.) α-Naphthylessigsäure (**I**) u. Naphthyl-1.5-diessigsäure (**II**) werden an Silicagel, das mit einer Puffer-Lsg. (pH 6) getränkt ist, getrennt. Die Säule wird zuerst mit Bzl. eluiert, wobei **I** mit einem relativen Fehler von —0,22% erfaßt wird. Anschließend wird mit Ae. **II** ausgewaschen (Fehler —0,67%). Der Ae. muß mit der Puffer-Lsg. gesätt. werden. F. Urban. G 2700□

Spektroskopische Identifizierung von 1.2-Dimethyl-1.2-dihydroanthracene. R. Gerdil und E. A. C. Lucken. (Helv. chim. Acta **44,** 1978—81, 1/12. 1961; Cologny, Genève, Cyanamid European Res. Inst.; franz.) — Kernresonanz- u. UV-Spektren bestätigen die Struktur von *1.2-Dimethyl-1.2-dihydroanthracen* (**I**). Die UV-Spektren (in A.) von **I** sowie von *1.2-Diäthyl-*, *1.2-Diisopropyl-* u. *1.2-Di-tert.-butyl-1.2-dihydroanthracen* besitzen gemeinsame charakterist. Banden, die zu ihrer Identifizierung benutzt werden können; die Spektren von *1.2-Dibenzyl-9.10-diphenyl-* u. von *1-Hydroxy-2.2.9.10-tetraphenyl-1.2-dihydroanthracen* sind ähnlich, das von *Naphthalin* ist ganz andersartig. J. Rothe. G 2800□

Nachweis und Bestimmung von 5-Nitro-2-furfuraldazin in Nitrofurazon. R. F. Bird und S. G. E. Stevens. (Analyst **87**, 362—65, Mai 1962; Welwyn Garden City, Herts., Smith, Kline and French Labor. Ltd.; engl.) — Vff. beschreiben folgendes Verf. zur Best. von 5-Nitro-2-furfuraldazin in Nitrofurazon: Man erwärmt eine Mischung von 100 ± 10 mg der Probe u. 20 ml Chlf. unter Rühren 5 Min. lang auf dem Wasserbad, überführt die abgekühlte Lsg. u. soviel Festsubstanz wie möglich auf eine Al_2O_3-Säule, wäscht 3mal mit je 10 ml Chlf. nach (1. Waschung erfolgt erst, wenn die Säule fast trocken ist), verd. die vereinigten Eluate auf 100 ml mit Chlf. u. photometriert bei 20° u. 378 mμ gegen Chloroform. J. Kraetsch. G 3061□

Zur Chromatographie von Flavonolen im Fließmittelsystem Chloroform–Eisessig–Wasser. Kurt Egger. (J. Chromatogr. [Amsterdam] **5**, 74—81, Jan. 1961; Heidelberg, Univ., Botan. Inst.; dt.) — Vf. untersuchte an einer Reihe von Flavanolen die Abhängigkeit des R_F-Wertes von der Zus. des Fließmittel-Syst. Chlf. (I)–Eisessig (II)–Wasser. Es zeigt sich, daß bes. Gemische mit 25—70% I zur Chromatographie solcher Verbb. geeignet sind. Mit Hilfe der beschriebenen Meth. ist es möglich, Kaempferol sicher von störenden Begleitern abzutrennen, Methyläther glatt von ihren zugehörigen Hydroxyl-Verbb. zu trennen u. eine sehr scharfe Trennung der Rhamnoside, Glucoside u. Gemische beider von Myricetin, Quercetin u. Kaempferol durchzuführen. R_F-Werte von 24 Verbb. in 5 Fließmittelgemischen sind tabell. angegeben. M. Finke. G 3211□

Beitrag zur Anwendung der Reaktion nach Zincke und König für photometrische Pyridinbestimmung. B. Blanka. (Collect. czechoslov. chem. Commun. **26**, 2442—45, Sept. 1961; Brno, Purkyně-Univ., Inst. für anorg. Chem.; dt.) — Die photometr. Best.-Meth. von Pyridin (I) u. seinen Derivv. nach der Zincke-Königschen Rk. von I mit ClCN bzw. BrCN in wss. Lsg. u. Kondens. des als Endprod. dieser Rk. gebildeten Glutaconaldehyds (II) mit aromat. Aminen, bes. Anilin (III) zu intensiv farbigen Verbb. wurde untersucht. Das Absorptionsmaximum des gelben Kondens.-Prod. von II mit III liegt bei 420—470 mμ. Bei Normal-Temp. u. pH 7,5—8,0 erreicht die Farbintensität ihr Maximum nach ca. 40 Min., danach sinkt sie allmählich ab. — Arbeitsvorschrift: 20 ml Probe-Lsg. mit einem Geh. von 0,05—50 mg% I werden mit 1 ml 5%ig. NaCN-Lsg., 2 ml Puffer-Lsg. nach Britton-Robinson (pH 7,5—8,0) u. rasch nebeneinander mit 1 ml Bromwasser u. 1 ml frisch hergestellter gesätt. III-Lsg. in W. versetzt u. je nach dem I-Geh. auf 25—100 ml mit W. aufgefüllt. Die Fl. wird 40 Min. lang im Dunkeln stehengelassen u. danach mit dem Filter S 42 bzw. bei kleiner Farbintensität S 47 (Maximaldurchlässigkeit bei 428 bzw. 465 mμ) gegen die Vgl.-Lsg. derselben Zus., jedoch ohne I, photometriert. Im Konz.-Bereich von 0,005—50,0 mg% I weist die Extinktionskurve einen linearen Verlauf auf. Dieses modifizierte Verf. ist genauer u. empfindlicher als die bisherigen analogen Meth., bei denen eine BrCN-Lsg. an Statt der separaten Zugabe der NaCN- u. Br_2-Lsg. verwendet wird; für 20,0 mg% I beträgt der Fehler ±0,16 relative Prozente. K. Kámen/Prag. G 3231

Analytische Verwendung des polarographischen und voltammetrischen Verhaltens von Purinen und Pyrimidinen. David L. Smith und Philip J. Elving. (Analytic. Chem. **34**, 930—36, Juli 1962; Ann Arbor, Mich., Univ. of Michigan, Dep. of Chem.; engl.) — Vff. untersuchen an der Hg-Tropfelektrode u. der stationären Graphitelektrode das polarograph. u. voltammetr. Verh. von Purinen, Pyrimidinen u. verschiedenen Derivv., bes. der von biolog. u. medizin. Interesse. Die analyt. Anwendbarkeit dieses Verh. wird diskutiert. Zur Best. von Purinen u. Pyrimidinen in Ggw. ähnlicher Verbb. werden Vers.-Bedingungen ausgearbeitet. Am Beispiel der Analyse eines Gemisches von *Adenin, Cytosin* u. *Guanin* wird die Meth. der polarograph. Best. erläutert. An Hand der Elektroaktivitäten der Purine u. Pyrimidine können z. B. *Hypoxanthin, Xanthin* u. *Harnsäure* nebeneinander identifiziert werden. J. Peters. G 3272□

Chromatographie einiger Barbitursäurederivate auf modifiziertem Cellulose-Ionenaustauscherpapier. Harold V. Street. (J. Chromatogr. [Amsterdam] **7**, 64—68, Jan. 1962; Edinburgh, Great Britain, Univ., Dep. of Forens. Med.; engl.) — Es werden 5.5-substituierte Barbiturate auf Whatman DE 20 Anionenaustauscherpapier in mehreren Laufmittel-Syst. untersucht, von denen sich tert.-Amylalkohol–0,1 m Dinatrium-Äthylendiamintetraacetat (I) (1 : 1, obere Phase) u. n-Butanol–0,1 m I (1 : 1, obere Phase) als beste erwiesen. Vollkommene Trennung von *Phenobarbiton, Barbiton, Butobarbiton* u. *Quinalbarbiton* wird auf einem Rundfilterchromatogramm in 4 Std. erreicht. M. Finke. G 3272□

Trennung von Kohlenhydratderivaten durch Gas–Flüssigkeit-Verteilungschromatographie. A. G. McInnes, D. H. Ball, F. P. Cooper und C. T. Bishop. (J. Chromatogr. [Amsterdam] **1**, 556—57, Nov. 1958; Ottawa, Nat. Res. Council, Div. of Appl. Biol.; engl.) — Vff. beschreiben die gaschromatograph. Trennung von *Monosacchariden* in Form ihrer vollständig methylierten Derivv. mit Apiezon M auf Celite 545

(1 : 4 w/w) in 8 ft. — 7 mm-Kolonnen bei 170° u. 130 ml/Min. He. Nach der Elution wiedergewonnene Verbb. zeigen keine Strukturveränderungen. Folgende Verbb. werden untersucht: *Methyl-2.3.4-tri-O-methyl-β-D-xylopyranosid* [F. 49,5—51,5°; $[\alpha]_D$ —69° (Chlf.); (Retentions-Vol. bezogen auf Chinolin = 1,000 als Standard) 0,528]; *-β-L-arabopyranosid* [44,5—46,5°; +253° (W.); 0,785] u. *-α-L-arabopyranosid* [45,5—47°; +44° (W.)]; *Methyl-2.3.4.6-tetra-O-methyl-α-D-mannopyranosid* [$Kp._{0,015-0,018}$ 76—79°; +42° (W.); 1,468]; *-α-D-galaktopyranosid* [$Kp._{0,03}$ 76—78°; +163° (W.); 1,708] u. *α-D-glucopyranosid* [$Kp._{9,1}$ 100° (Bad-Temp.); +151° (W.); 1,594]. Die anomeren Methylglykoside von 2.3.4-Tri-O-methyl-L-arabinose u. von 2.3.4.6-Tetra-O-methyl-D-galaktose ließen sich nicht trennen. K. Prchal. G 3400□

Chromatographie von Pteroylglutaminsäure und verwandten Verbindungen an Ionenaustauschharzen. M. R. Heinrich, Virginia C. Dewey und G. W. Kidder. (J. Chromatogr. [Amsterdam] **2,** 296—303, Mai 1959; Amherst, Mass., Amherst Coll., Biol. Labor.; engl.) — Zur Abtrennung verschiedener Pterin-Verbb., z. B. aus biolog. Materialien, wird Adsorption an Säulen aus Dowex-I (Cl^--Form), gegebenenfalls nach vorangegangener Entfernung von Nucleotiden, Aminosäuren u. a. Verbb. durch Aktivkohle, empfohlen. Die Verbb. lassen sich durch stark verd. HCl (ca. 0,05n), oder im Fall säureempfindlicher Stoffe durch verd. NaCl-Lsg., eluieren. Das Verf. wurde zur Abtrennung von *Biopterin, Leukopterin, Xanthopterin, Pteroylglutaminsäure, Leucovorin, ^{10}N-Formylpteroylglutaminsäure, Aminopterin, Amethopterin* u. *Methopterin* angewandt. E. Moisar. G 3800□

Zur Bestimmung von Vitamin A in Anwesenheit von Carotin mit Hilfe des Dichlorhydrinreagens. N. B. Lutzjuk. (Лабораторное Дело [Laboratoriumswesen] **7,** Nr. 10, 20—22, Okt. 1961; Lwow, Med. Inst., Lehrstuhl für Ernährungsphys. u. Lehrstuhl für Biochem.; russ.) — Vf. bestimmt Vitamin A in Ggw. von Carotin nach der Wendt-Kusnetzowschen Methode. Der Carotin-Geh. in der Chloroform-Lsg., in der sich auch das Vitamin A befindet, ist infolge der Carotinfärbung mit dem Lichtfilter M-47 ohne Dichlorhydrinzusatz leicht zu bestimmen. Vf. bestimmt zunächst den Extinktions-Koeff. des Rk.-Prod. des Carotins mit Dichlorhydrin in Abhängigkeit von der Carotin-Konz. bei einer Wellenlänge, die dem Maximum der Lichtabsorption der Rk. des Vitamins A mit Dichlorhydrin entspricht. Für den Extinktions-Koeff. des Rk.-Prod. von Vitamin A mit Chlorhydrin war das Resultat ungenau. Ca. 130 Messungen wurden bei 560 mμ mit dem Spektrometer SF 2M u. dem Lichtfilter M-53 mit dem Horizontalphotometer FMS bei verschiedener aber vorher bekannter Vitamin-A- u. Carotin-Konz. in $HCCl_3$ durchgeführt. Auf Grund der erhaltenen Kurven stellt Vf. nur für ein bestimmtes Gebiet eine Näherungsformel für die Abhängigkeit der Vitamin-A- u. der Carotin-Konz. auf. E. Steinberg. G 3800□

N-Pyrrolidinomethyltetracyclin. Stabilität in Lösungen und papierchromatographische Prüfung. Arne Brunzell. (Acta chem. scand. **16,** 245—46, 1962; Stockholm, Statens farmacevt. labor.; dt.) — Vf. schildert die Unterschiede der Papierchromatogramme, die man bei der Unters. alter u. neuer wss. Lsgg. von *N-Pyrrolidinomethyltetracyclin* (I) erhält, u. schließt daraus auf eine Zers. von **I.** Bei frisch zubereiteten **I**-Lsgg. konnten keine Zers.-Prodd. in Dioxan gefunden werden. Dagegen zeigen Lsgg. in Methanol, A. u. Butanol selbst bei schnellem Arbeiten starke Zersetzungen. S. v. Schieszl. G 3900□

c) Bestandteile von Pflanzen und Tieren

Zur Fixation mit Kaliumpermanganat. F. Amelunxen und H. Themann. (Mikroskopie [Wien] **14,** 276—83, Febr. 1960; Münster, Bot. Inst. u. Abt. für med. Elektronenmikrosk.; dt.) — Tabakmosaikviren u. Yoshida-Azites-Tumorzellen wurden in gepufferter 1- oder 2%ig. $KMnO_4$-Lsg. fixiert. Die Virusteilchen zerfallen dabei in fädige Bruchstücke von 60—75 Å Dicke. Die Yoshida-Azites-Tumorzellen zeigen im Vgl. zu den mit OsO_4 fixierten Zellen eine Abnahme der Kern- u. Cytoplasmasubstanz, die nach 1%ig. $KMnO_4$-Fixation am stärksten ist. Ferner sind bei dieser Fixation die Kern- u. Cytoplasmastrukturen retikulär vernetzt. Im allg. weisen alle Strukturen eine geringere Dicke als nach der OsO_4-Fixation auf. Auf Grund dieser Veränderungen dürfte $KMnO_4$ für die Fixation von Nucleoproteiden ungeeignet sein. W. Betcke. 5661□

Die Herstellung histologischer Schnitte von nicht entkalkten Knochen mittels Einbettung in Methacrylsäureester. J. W. Boellaard und Th. v. Hirsch. (Mikroskopie [Wien] **13,** 386—91, März 1959; München, MPI., Hirnpath. Inst. der Dt. Forsch.-Anst. für Psychiatrie; dt.) — Das Material wird nach Fixierung u. mehrtägiger Entwässerung in wss. A., A./Chlf. u. Aceton in eine Mischung von 50 ml Methylmethacrylat,

10 g Polyäthylenglykol 1500 u. 1 g Benzoylperoxid als Einbettungsmittel gebracht. Nach 48std. Polymerisieren bei 40—45° hat der Block die zum Schneiden mit einem Spezialmikrotom dem Material angepaßte Härte. Die Schnitte können nun wie Paraffinschnitte weiterbehandelt u. gefärbt werden. W. Betcke. 5661☐

Eine modifizierte Nauta-Gyax-Methode für menschliches Gehirn und Rückenmark. Mildred H. Albrecht und Ruth C. Fernstrom. (Stain Technol. **34,** 91—94, März 1959; Washington, D. C., W. Reed Army Med. Center, W. Reed Army Inst. of Res., Dep. of Neurophysiol.; engl.) — Relativ dicke Gefrierschnitte von formalinfixiertem menschlichem Hirn werden mit 1%ig. $C_2O_4H_2$-/1%ig. Hydrochinon- (1 : 1; Lsg. A.; 30—60 Min.), 0,005%ig. H_2CrO_4- (10 Min.), 4%ig. HBr- (6 Min.), 1%ig. Phosphorwolframsäure- (15 Min.), 0,05%ig. $KMnO_4$-Lsg. (3—10 Min.) u. Lsg. A (2—5 Min.) behandelt. Nach dem Waschen werden die Schnitte für 15—30 Min. mit 1,5%ig. $AgNO_3$-Lsg. u. für $2^1/_2$ Min. mit ammoniakal. Ag_2CO_3-Lsg. (nach Laidlaw) durchtränkt u. dann mit dem Nauta-Gyax-Reduktor reduziert. Vor dem Einschluß erfolgt eine Behandlung mit 1%ig. $Na_2S_2O_3$-Lsg. (1—2 Min.) u. Entwässerung. W. Betcke. 5661☐

Orcein als selektiver Farbstoff für die epithelische Oberhaut-Bindung. Harold M. Fullmer und Frederick W. Wertheimer. (Stain Technol **35,** 156—58, Mai 1960; Bethesda, Md., U.S. Public Health Serv., Nat. Inst. of Health, Nat. Inst. of Dent. Res.; engl.) — Mit Hilfe der Orcein-Meth. von Taenzer-Unna wird die epithel. Haftung der Oberhaut bei menschlichen Kieferknochen sichtbar gemacht. W. Betcke. 5661☐

Tetracyclin-Färbung von frisch gebildetem Knochen und mineralisiertem Knorpel in vivo. H. M. Frost, A. R. Villaneuva und H. Roth. (Stain Technol. **35,** 135—38, Mai 1960; Detroit, Mich., Wayne Univ., Med. School and Henry Ford Hosp.; engl.) — Achromycin oder Terramycin, in Dosen von 1 g pro 75 kg Körpergewicht/24 Std. 3 Tage lang eingegeben u. weitere 2 Tage vor der Amputation wirken gelassen, färben frisch gebildetes Knochenmaterial. Nicht entkalkte, nach Frost behandelte u. mit einer 1%ig. Lsg. von bas. Fuchsin in **40**%ig. A. gefärbte Schnitte zeigen an den markierten Stellen intensive Gelbfärbung. W. Betcke. 5662☐

Chlorazol-Tiefrosa als in vivo-Farbstoff für nicht mineralisiertes Knochen- und Zahn-Grundgewebe. J. A. Weatherell und G. Hobbs. (Stain Technol. **35,** 139—43, Mai 1960; Leeds, Univ., Dep. of Dent., Biol. Res. Unit, Dep. of Bacteriol.; engl.) — Im Tier-Vers. wird die Wrkg. von Chlorazoltiefrosa (I) als in vivo injiziertem Farbstoff für neugebildete Knochen untersucht. I wird von dem neu gebildeten Gewebe aufgenommen, wenn es nach der exostot. Knochen-Bldg. injiziert wird. Verss. in vitro zeigten aber, daß die Aufnahme erst nach dem Entkalken mit EDTA-Lsg. erfolgt. In vivo-Färbung mit I beeinflußt das Knochenwachstum u. die Verkalkung nicht. Von dem β-Toxin von *Clostridium histolyticum*, nicht aber von anderen Proteinasen, wird I leicht aus der Knochengrundsubstanz entfernt. Das zeigt, daß I an das Collagen gebunden wird. Demgegenüber wird die Zahnsubstanz sowohl von dem β- als auch von dem γ-Toxin angegriffen, ohne daß eine Erklärung hierfür gegeben werden kann. W. Betcke. 5662☐

d) Medizinische und toxikologische Analyse

Vorrichtung zum Pipettieren pathogener Organismen. D. Ghosh. (J. chem. Educat. **36,** 76, Febr. 1959; Pmipri/Poona, India, Antibiotics Res. Centre; engl.) Ch. Weiske. 5725☐

Bestimmung der 17-Hydroxycorticosteroide. Jose Oca Pastor. (Medicamenta [Madrid] **24** (**12**), Nr. 198, 73—75, 1/8. 1960; Zaragoza; span.) — Übersicht über Struktur der 17-Hydroxycorticosteroide u. ihre Best. im Blut u. Harn nach der Meth. von Porter u. Silber (C. **1951,** I. 630). K. Zingraf. 5732☐

Modifizierung der quantitativen Bestimmung der Fraktionen 3α und 3β der neutralen 17-Ketosteroide im Harn. O. M. Uwarowskaja. (Проблемы Эндокринологии и Гормонотерапии [Probleme Endokrinol. Hormontherap.] **8,** Nr. 2, 76—80, März/April 1962; Allunions-Inst. für exper. Endokrinol.; russ.) — Vf. erörtert eine modifizierte (vereinfachte) Meth. für die Best. der Fraktionen 3(α) u. 3(β) der neutralen 17-Ketosteroide im Harn nach Frame (Endocrinology **34,** [1944], 175) bzw. Engstrom u. Mason (J. clin. Endocrinol. **4,** [1944], 517). Durch die vorgeschlagene Modifizierung wird die Genauigkeit der ursprünglichen Best.-Meth. nicht beeinträchtigt. S. Baryschnikow. 5732

Zur Methodik der Bestimmung von Pregnandiol und Östrogenen im Harn. L. A. Titowa, M. M. Kaschirskaja, L. Ss. Mosskalenko und A. T. Kudimowa. (Лабораторное Дело [Laboratoriumswesen] **8,** Nr. 4, 26—27, April 1962; russ.) — Zur Best.

von Pregnandiol u. Östrogenen im Harn nach der chromatograph. Meth. werden 2 verbesserte App. vorgeschlagen. Eine App., die eine gleichzeitige Verw. von 50 chromatograph. Säulen (statt 8—10) ermöglicht, u. ein Syst. von Hähnen zum gleichzeitigen Einsatz von 6 Vakuumsäulen aus einer einzigen Wasserstrahlpumpe. S. Baryschnikow. 5732

Qualitative und quantitative Bestimmung von freiem und konjugiertem Östron, 17β-Östradiol und Östriol in biologischem Material. 2. Mitt. Östrogenbestimmung in verschiedenen Geweben und Körperflüssigkeiten. W. Schild. (Z. ges. exp. Med. **135**, 13—29, 1961; Düsseldorf, Med. Akad., Frauenklin.; dt.) — 1. vgl. C. **1963**, 4095. — Vf. berichtet über das Vork. von freiem u. konjugiertem Oestron (**I**), 17β-Oestradiol (**II**) u. Oestriol (**III**) in verschiedenen Geweben u. Körperflüssigkeiten. Bei normal verlaufender Schwangerschaft befinden sich durchschnittlich 51,5 μg **I**, 79,3 μg **II** u. 261,9 μg **III** pro kg. Placenta in freier Form; 14,7 μg **I**, 14,0 μg **II** u. 39,1 μg **III** in konjugierter Form. Weiterhin werden noch Werte für Blutplasma u. Ovarcein angegeben, während im Liquor cerebrospinalis keine Oestrogene gefunden werden. Klaus Schmidt. 5750□

Verteilung und Bestimmung von Cholesterin in Gewebehomogenaten. V. Vrtílek. (Českoslov. Farmac. **10**, 392—99, 5/10. 1961; Brno, Univ., Farmaceut. fak., oddeleni vseobecui a klin. biochem.; tschech.) — Vf. beschreibt die Modifizierung von bekannten Meth. zur Best. von Cholesterin (**I**)in Blutseren für die **I**-Best. in Gewebehomogenaten von ganzen Tieren bzw. einzelnen Organen. Dadurch ist eine Best. von Gesamt-, freiem u. mit Fettsäure verestertem **I** möglich. Die Best. erfolgt nach Extraktion u. Fällung mit Digitonin nach der Meth. von Schoenheimer-Sperry [1934], wobei die einzelnen Fraktionen durch Adsorptionschromatographie getrennt u. colorimetr. bestimmt werden. H.-W. Wache. 5750□

Die Chromatographie auf Glaspapier als Mittel der Analyse der Phospholipide von Hirn und Serum. R. Turpini, A. Mossa und P. L. Cipolli. (Boll. Soc. ital. Biol. sperim. **37**, 1315, 31/12. 1961; Pavia, Univ., Ist. di Clin. Med. Gener. e Terap. Med.; ital.) — Die Verss. werden mit Glasfaserpapier von Schleicher u. Schüll Nr. 6 u. 8 durchgeführt, das mit einer 0,4%ig. Natriumsilicat-Lsg. behandelt wird. Die zu prüfende Substanz wird in Chlf./Methanol 2 : 1, 10 mg%, gelöst, worauf man auf das Papier 10 μl aufträgt, die 1 μg Substanz enthalten; nach dem Trocknen werden die neutralen Fette durch Bzl. entfernt u. nach 20 Min. wird mit Bzl./Pyridin/W. 100 : 100 : 10 entwickelt. Das Papier wird mit konz. H_2SO_4 besprüht u. nach 10 Min. bei 250° werden die *Phospholipide* als schwarze Flecken sichtbar. Die Chromatographie des rohen *Cephalins* ergab nach dieser Meth. 5 Flecken, deren R_F-Werte durch Neutralfette beeinflußt werden. F. Kren. 5750□

Über die Bestimmung von Lipoperoxiden in tierischen Geweben. J. Glavind und S. Hartmann. (Acta chem. scand. **15**, 1927—31, 1961; Copenhagen, Polytechn. Inst., Dep. of Biochem. and Nutrit.; engl.) — Eine krit. Überprüfung der analyt. Arbeitsweise, indem ausgewählten Geweben (zumeist vom Schwein) bekannte Mengen von *Peroxid* (autoxydiertes Schweineschmalz) zugesetzt u. anschließend bestimmt werden. Die Extraktion wird in bekannter Weise nach Vermahlen mit wasserfreiem Na_2SO_4 mit $CHCl_3$ durchgeführt. Filtration durch Al_2O_3; Abdampfen des $CHCl_3$ im Vakuum bei niedriger Temp. auf kleines Vol., Best. der Peroxide nach der üblichen Arbeitsweise mit Thiocyanat bzw. mit Indophenol; Heranziehung der Meth. mit Thiobarbitursäure (Wilbur u. Mitarbeiter, C. **1950**, II, 1188). Aus den Befunden wird abgeleitet, daß in den $CHCl_3$-Extrakten aus Leber, Lunge u. Muskel zugesetzte Peroxide (bis zu ca. 0,1 μ-Val/g Gewebe) mehr oder minder weitgehend zerstört werden; bei Blut u. Pankreas ist die mengenmäßige Ausbeute demgegenüber erheblich besser. Bei höherem Zusatz an Peroxiden ist die Ausbeute generell erhöht. Diese Störungen, die bei der Thiobarbitursäure-Rk. nicht eintreten, werden auf die Ggw. noch unbekannter reduzierender Stoffe im $CHCl_3$-Extrakt zurückgeführt; durch Zugabe von H_2O_2 lassen sich diese Störungen soweit ausschalten, daß bis zu 0,01 μ-Äquiv. Peroxid/g Leber erfaßbar sind; theoret. Betrachtungen über die kausalen Zusammenhänge. K. Täufel. 5750□

Die Bestimmung von Lipoperoxiden. B. Coleby. (Chem. and Ind. **1957**, 1123—24, 17/8.; Cambridge, Univ., Low Temp. Station for Res. in Biochem. and Biophys., Dep. of Sci. and Ind. Res.; engl.) — Die Brauchbarkeit der colorimetr. Best.-Meth. von Lipoperoxiden mit NH_4SCN u. Fe(II)-Ionen wird untersucht. Nach Zusatz von Hydrolecithin (**I**) als komplexbildende Phosphor-Verb. war eine Abnahme der Farbintensität festzustellen. Bei 30—100 mg **I** betrug diese konst. ca. 11%. Da zur Peroxid-Best. eingesetzte Proben sich in dieser Größenordnung bewegen, kann der entstehende Fehler weitgehend eliminiert werden. Um die Rk.-Zeit bis zur größten Farbintensität zu ermitteln, wurden tert. Butylhydroperoxid (**II**), Benzoylperoxid (**III**) bzw. Lauryolperoxid (**IV**) eingesetzt, maximale Intensität war nach 15, 25 bzw. 50 Min. erreicht. Keines der 3 Peroxide reagiert im stöchiometr. Umsetzungsverhältnis 1 : 2 (**II**: 1,87 bis 1,93; **III**: 1,37—1,45; **IV**: 2,54—2,71). Bei Verw. der Rhodanid-Meth. zur quant. Best. autoxydierter Fette ist demnach Vorsicht geboten. H.-E. Seyfarth. 5750□

Anwendung von Dichloräthan als Lösungsmittel in der gerichtschemischen Praxis. N. Ss. Mikrjukowa. (Аптечное Дело [Apothekenwesen] **10**, Nr. 1, 37—42, Jan./Febr. 1961; russ.) — Die Verw. von *Dichloräthan* zur Extraktion von *Strychnin, Atropin, Morphin, Chinin, Coffein, Cocain, Veratrin, Heroin, Kodein, Apomorphin* u. *Brucin* bei der toxikolog. Analyse wird experimentell begründet. G. Siewert. 5762□

Die Analyse einiger für ein Kriminal-Laboratorium interessanter flüchtiger Materialien. W. J. Cadman und Theron Johns. (Microchem. J. **5**, 573—85, Dez. 1961; Santa Ana u. Fullerton, Calif.; engl.) — Beschreibung der Verw. der Gaschromatographie auf die Identifizierung flüchtiger, brennbarer Stoffe, wie Gasolin, Kerosin, A. u. Terpentin. Durch Vgl. mit geeigneten Standards lassen sich unveränderte u. durch Abbrennen veränderte Substanzenproben nach der angegebenen Meth. gut identifizieren. A.-M. Fretzdorff. 5762□

Papierchromatographischer Nachweis von Nitriten in gerichtsmedizinischen Fällen. Swarup Narain Tewari. (Z. analyt. Chem. **182**, 37—39, 1961; Kanpur, India; engl.) — Aus dem Leichenmaterial wird das Nitrit durch Dialyse isoliert. Der Nachw. desselben geschieht entweder nach bekannten Meth. oder papierchromatographisch. Als Laufmittel dient ein Gemisch von n-Butanol, Pyridin u. 1,5n NH_4OH (20 : 10 : 20). NO_2^- wird nach Besprühen mit einer Lsg. von 1% *Antazolin* in 5n HCl als orangegelber Fleck (R_F = 0,23) nachgewiesen. E. Faulhaber. 5762□

Trennung toxikologisch wichtiger Basen über die zentrifugalbeschleunigte Papierchromatographie. Leo A. Dal Cortivo, Carol H. Willumsen, Sidney B. Weinberg und Walter Matusiak. (Analytic. Chem. **33**, 1218—20, Aug. 1961; Patchogue, N.Y., Suffolk County, Brookhaven Mem. Hosp., Office of the Med. Examiner; New York, N.Y., Office of the Chief Med. Examiner, Div. of Labor.; engl.) — Vff. untersuchen die Möglichkeit, in der forens. Toxikologie die zentrifugalbeschleunigte Zirkularpapierchromatographie einzusetzen. Im Gegensatz zu den üblichen papierchromatograph. Meth. mit mehrstd. Laufzeiten genügten hier zur Trennung von bekannten Bezugs-Alkaloiden u. organ. Basen 5—15 Minuten. Innerhalb 10 Min. gelang die vollständige Auftrennung eines unbekannten Pulvers in 2 Komponenten, die als *Heroin* u. *Chinin* (I) identifiziert werden konnten. Zum Nachw. von *Morphin* (II) in Extrakten von Gallenhydrolysaten u. Harnproben wurden 12 Min. benötigt. Die R_F-Werte für II (zentrifugal: 0,46 ± 0,02; aufsteigend: 0,39 ± 0,01), *Cocain* (0,49 ± 0,01; 0,46 ± 0,01); *Strychnin* (0,51 ± 0,01; 0,50 ± 0,01), *Diacetylmorphin* (0,73 ± 0,02; 0,69 ± 0,01), *Meperidin* (0,60 ± 0,03; 0,57 ± 0,02), *Promazin* (0,71 ± 0,02; 0,66 ± 0,01), *Chlorpromazin* (0,68 ± 0,01; 0,61 ± 0,01) u. I (0,97; 0,95) mit Butanol-1 (gesätt. mit m/15 Sorensens Phosphatpuffer, pH 5) als Laufmittel sind reproduzierbar. W. Hein. 5764

Nachweis von Zinn und Arsen in Eiern und Milch nach Verabreichung von Zinnarsenat als Anthelminthicum. P. Castel, G. Gras und M. Graber. (Trav. Soc. Pharmac. Montpellier **20**, 240—44, 1960, herausgeg. 1961; franz.) — In 60—65 ml Milch konnte mit Zn-Dithiol (Erfassungsgrenze 4 μg) nach Behandlung mit H_2SO_4-HNO_3 kein Sn nachgewiesen werden. Nach Verabreichung von 200 mg Zinnarsenat an Hühner (< 1,5 kg schwer) konnte zu keiner Zeit mehr als 0,03 ppm As im ganzen Ei nachgewiesen werden, nach Verabreichung von 350 mg an Schafe in der Milch nie mehr als 0,08 ppm (Grenze der Unbedenklichkeit 0,1 ppm). Die widersprechenden positiven As-Befunde von Nanobashvili (C. **1960**, **7930**) in Milch finden ihre Erklärung durch die viel größeren Dosen (0,7—1 g). W. Stross. 5764□

H. Angewandte Chemie

H_1. Allgemeine chemische Technologie

Die statistische Gütekontrolle in der kontinuierlichen chemischen Produktion. Miloslaw Lemarie und Milan Felix. (Chem. Průmysl **11** (**36**), 465—69, Sept. 1961; Neratovice, Spolana, Praha, Výzkumný ustav technickoekonom. chem. průmyslu; tschech.) J. Schneider. 5800□

Über die Aussichten der Anwendung hohen Druckes in der chemischen Industrie. M. G. Gonikberg. (Химическая Промышленность [Chem. Ind.] **1961**, 545—48, Aug.; russ.) — Vgl. C. **1960**, **6455**. — Im Rahmen einer allg. Darst. des Einfl. hoher Drucke bei chem. Prozessen wird darauf hingewiesen, daß hoher Druck auch Gleichgewichte in fl. Phase verschieben kann, z. B. die Dissoziations-Konst. schwacher Elektrolyte, die elektr. Leitfähigkeit von W. oder die Entstehung bestimmter Kristallmodifikationen (Borazon, Kohäsit). Der Effekt der Erhöhung der Verweilzeiten eines Rk.-Gemisches in der Rk.-Zone durch hohen Druck spielt bei verschiedenen Prozessen eine Rolle, z. B. bei der Telomerisation, Alkylierung u. katalyt. Hydrierung in fl. Phase. Die Rkk. in fl. Phase können durch Erhöhung der Geschw.-Konst. infolge der Bldg. eines Übergangszustandes oder aktivierten Komplexes beschleunigt werden. In Gasphase beschleunigt hoher Druck analog Rkk. wie die Äthylenpolymerisation. Ferner können Rkk. mit ster. Hinderung durch Hochdruck erleichtert werden. Hochdruck kann auch die Zus. von Polymeren verändern. — 23 Literaturangaben. R. K. Müller. 5800□

Thermodiffusion bei laminarer Strömung. Eine theoretische Lösung und praktische Ergebnisse. J. C. R. Turner. (Chem. Engng. Sci. **17**, 95—103, Febr. 1961; Cambridge, Univ., Dep. of Chem. Engng.; engl.) — Die bei laminarer Strömung wss. Lsgg. von $CdSO_4$ u. NaOH durch ein Temp.-Feld auftretenden Konz.-Differenzen wurden gemessen. Ein differentieller Ausdruck zur Beschreibung des Thermodiffusionsvorganges in guter Übereinstimmung mit den Ergebnissen wurde entwickelt. W. Herfurt. 5800□

Entwurf von chemischen Reaktoren. P. J. Trambouze. (Brit. chem. Engng. **7**, 246—57, April 1962; Inst. Franç. du Pétrole; engl.) — Reaktoren lassen sich in 2 Klassen einteilen: die 1. Klasse beruht auf der Art der Durchführung eines Prozesses (absatzweise, halbkontinuierlich, kontinuierlich), die 2. Klasse wird durch die Art der Rkk. bestimmt: heterogen, homogen. Vf. bespricht die verschiedenen Meth., die beim Entwurf von Reaktoren für homogene Rkk. angewendet werden können unter Berücksichtigung von kinet. Daten u. dem hauptsächlichen Stoffdurchgang. Als Beispiel wird die Berechnung eines Reaktors für katalyt. endotherme Dehydrierung in fl. Phase gegeben. F. Rosendahl. 5802□

Bestimmung der Verweilzeit in kleinen Reaktoren. A. Smith. (Brit. chem. Engng. **7**, 272—73, April 1962; Fawley Works, Techn. Serv. Dep. of Monsanto Chem. Ltd.; engl.) — Es wird ein Nomogramm bekanntgegeben, das für die Best. der Verweilzeit in kleinen Reaktoren geeignet ist. F. Rosendahl. 5802□

Die Benetzung der Oberfläche von Gitterpackungen. J. W. Mullin und W. M. Butt. (Trans. Instn. chem. Engr. **40**, 227—32, 1962; London, Univ. Coll. London, Dep. of Chem. Engng.; engl.) — Der Mechanismus der Benetzung in Gitterpackungen u. die Beeinflussung des Benetzungsgrades durch die Fl.-Geschw., die Eigg. von 12 Fll. u. durch die Dimensionen der Gitterleisten werden untersucht. Die Ergebnisse zeigen, daß die Fl.-Geschw., bei welcher die benetzte Fläche ein Maximum erreicht, ein wichtiges Betriebskriterium ist. Dieser Anteil der Oberfläche ($< \psi$, vor dem Überpendeln $= 1$) liegt bei 0,71—0,75 u. steigt bei CH_3OH auf 0,80, bei Isopropanol auf 0,94. Für optimale Betriebsbedingungen u. Leistenabmessungen in Gitterpackungen werden Anweisungen gegeben. M. Hagedorn. 5802□

Ein Cyclon als Wärmeaustauscher. Pavol Klúčovský, Jozef Haspra und Jaroslav Dykyj. (Chem. Prûmysl **11** (**36**), 638—40, Dez. 1961; tschech.) — Es wurde der Wärmeübergang (a) zwischen der ovalen Wand eines Messingcyclons u. strömenden Gasen (Luft, C_3H_8, H_2) gemessen. Die Messungen wurden mit einem Cyclon mit $\varnothing = 120$ mm u. 11 mm Länge durchgeführt. Die gemessenen Werte a/λ (λ = Wärmeleitfähigkeit) sind eine Funktion der Reynoldsschen Zahl Re. Alle Werte in den Koordinaten log (a/λ) — log Re liegen an Geraden; $a/\lambda = f(Re^{0,8})$. Der Wärmeübergang durch die Wand eines Cyclons mit $\varnothing = 120$ mm entspricht dem Wärmeübergang durch ein Rohr mit einem $\varnothing = 2—3$ mm. Auf den Einfl. der Düsenabmessungen auf den Wert a/λ wird eingegangen. J. Schneider. 5814□

Wirksamkeit eines Venturi-Feinzerstäubers bei niedrigen Gasgeschwindigkeiten. P. E. Barker. (Trans. Instn. chem. Engr. **40**, 221—26, 1962; Birmingham, Univ., Chem. Engng. Dep.; engl.) — Wirksamkeit u. Charakteristiken eines Venturi-Atomisers für den Fl.-Gas-Austausch im Gleichstrom— Einlaß-$\varnothing$ 2 in., Einschnürungs-$\varnothing$ $^3/_4$ in. — werden bei Düsen-Geschw. von 12,5—137,5 ft./s u. Fl.-Mengen von 3—18 gal/h für das Syst. Luft/W. untersucht. Abgabe von O_2 in mit O_2 fast gesätt. W. u. der Verlust an W. werden messend verfolgt, Gas- u. Fl.-Filmnutzungswerte (NW) u. Druckabfall festgestellt. Es werden Beziehungen ermittelt zwischen: 1. den NW des Gasfilms u. Oberfläche u. Durchmesser der Tropfen sowie ihrer Kontaktzeit; 2. den NW des Fl.-Films u. Durchmesser der Tropfen u. Kontaktzeit; 3. den Druckabfalldaten u. dem Geschw.-Verlust im Venturi-Rohr u. der durchströmenden Fl.-Menge. M. Hagedorn. 5820□

Hochleistungs-Schwingmühlen. H. E. Rose. (Chemie-Ing.-Techn. **34,** 411–17, Juni 1962; London, King's Coll.; dt.) — Auf Grund der vom Vf. dargelegten Theorie des Mahlvorgangs in einer Schwingmühle werden die Bedingungen für eine schnelle Mahl-Wrkg. abgeleitet. Der Einfl. der Eigg. des Aufgabegutes, des Energiebedarfs u. die Wrkg.-Grade werden ermittelt. Aus der Lagerbelastung ergeben sich Folgerungen für die Konstruktion solcher Mühlen. A. Knickenberg. 5820□

Die Veränderung der Dauer des Zentrifugierens bei Änderung der mechanischen Parameter der Zentrifuge. K. A. Bortnowski. (Известия Высших Учебных Заведений (Краснодар), Пищевая Технология [Hochschulnachr. (Krasnodar), Nahrungsmittel-Technol.] **1960,** Nr. 3, 116–21; Kiew, Technolog. Inst. für Lebensmittelind., Lehrstuhl für Maschinenteile; russ.) — Formeln zur Best. der Zentrifugierdauer in Abhängigkeit von der Rotations-Geschw. der Zentrifugentrommel, der elektr. Antriebsleistung u. der Winkel-Geschw. der Trommel am Ende der Beschickung werden erörtert. S. Baryschnikow. 5828□

Trennungen in Wirbelschicht-Systemen mit Hilfe der dielektrischen Aufladung der Materialien. S. Končar-Djurdjević und D. Vuković. (Nature [London] **193,** 58–59, 6/1. 1962; engl.) — Die Aufladung von Nichtleitern beim Aufwirbeln mit Luft von z. B. 30% Feuchtigkeit wird zur Trennung in einer Glaskolonne mit eingetauchtem Metallstab benutzt. Die Glaswand lädt sich positiv, der eingetauchte Metallstab negativ auf, wobei Spannungen von 400–5000 V gemessen werden. Dieser Effekt wird durch die Erdung des Siebes am Boden der Kolonne verstärkt. Ein guter Trenneffekt wird bei Steinkohle–Quarz-, Braunkohle–Quarz-, Lignit–Quarz- u. Lignit–Ton-Gemischen erzielt. Quarz bzw. Ton geht dabei zur Glaswand. W. Rittler. 5828□

Aktivierte Kohle aus Sulfitcelluloselaugen. B. N. Daschkewitsch und M. N. Karpinski. (Журнал Прикладной Химии [J. angew. Chem.] **32,** 2339–41, Okt. 1959; russ.) — Der trockene Rückstand eingedickter *Sulfitcelluloselauge* wird bei 300–400° verascht u. durch Waschen mit 2n HCl-Lsg. von Asche befreit. Die organ. Substanzen werden aus der Kohle mit Bzn. oder Bzl. entfernt. Die Aktivität der Kohle, die durch Entfärben von wss. Farb-Lsgg. der Konz. $2 \cdot 10^{-6}$ g/ml geprüft u. mit der Aktivität von Birkenkohle verglichen wird, ist hierbei gering. Bei Behandlung mit Wasserdampf tritt eine Erhöhung bis 160–195% ein. Das beste Resultat mit einer Steigerung bis 280–340% bei stat. u. 220% bei dynam. Sorption ergibt die Begasung mit CO_2. J. Lehmberg. 5848

Untersuchung der Kinetik der von chemischen Reaktionen begleiteten Absorption auf einem Siebboden. L. A. Motschalowa und M. Ch. Kischinewski. (Журнал Прикладной Химии [J. angew. Chem.] **33,** 1500–06, Juli 1960; Astrachan, Techn. Inst. für die Fischind.; russ.) — Vgl. C. **1959,** 13096. — Mit Hilfe von zwei Gleichungen wird die Möglichkeit der Interpretation der Kinetik der CO_2-Absorption durch NaOH-Lsgg. auf einem Siebboden nachgewiesen. Durch Verss. wird festgestellt, daß der Oberflächenwiderstand bei diesem Prozeß eine wesentliche Rolle spielt. Die „krit." Konz. des Absorbens, die der maximalen Absorptions-Geschw. entspricht, wird nicht durch den Widerstand der Gasphase bestimmt, sondern durch den Oberflächenwiderstand, d. h. durch die Lösungs-Geschw. der Gas-Moll. in der Oberflächenschicht. H. Treumann. 5848□

Neuere Erkenntnisse auf dem Gebiet der Naßentstauber. Konrad Semrau. (Staub **22,** 184–88, 2/5. 1962; South Pasadena, Calif., Stanford Res. Inst.; dt.) — Die Leistung eines Staubwäschers mit gegebenem Schwebestoff hängt von dem für die Schwebestoffabscheidung eingesetzten Leistungsaufwand ab, der mit zunehmendem Abscheidungsgrad u. abnehmender Korngröße zunimmt. Der Abscheidungsgrad ist fast unabhängig von Größe, Ausführung u. Syst. des Wäschers u. der Art der Energiezufuhr. W. Wesly. 5850□

Die Elektrofilterformel für Trockenelektrofilter mit Fangtaschenelektroden. Waldemar Koglin. (Staub **22,** 189–90, 2/5. 1962; Lübeck, Beth G. m. b. H.; dt.) — Ableitung u. Erörterung von Gleichungen für die Berechnung von Trockenfilteranlagen. W. Wesly. 5850□

Natürliche Sorbentien als Gastrockner. Ss. I. Ssorokon und W. A. Sabelin. (Химическая Промышленноть [Chem. Ind.] **1961,** 538–39, Aug.; Ssaratow, Univ., Forsch.-Inst. für Mechanik u. Physik; russ.) — Natürliche *Al_2O_3–SiO_2*-Gele, wie die Opalgesteine mit 80–95 (%) Opal (hydratisiertes SiO_2), 3–15 Al_2O_3 u. 1–7 Fe_2O_3, *Kieselgur, Diatomeenerde* usw. stehen in der Eignung als Sorbens für die Trocknung von Gasen (Luft, CH_4) den künstlichen SiO_2- u. Al_2O_3-Gelen nicht nach. Bei Luftfeuchtigkeiten von 3,5–15 (g/m³) gelingt eine Trocknung auf 0,51–2,75. Die verbrauchten Sorbentien können durch Erhitzen auf 150° oder Durchleiten heißer Gase regeneriert werden. Größere Änderungen der Dispersität werden auch nach 100 Cyclen nicht beobachtet. R. K. Müller. 5854□

Über den Mechanismus der Massenübertragung bei der Flüssig-Flüssig-Extraktion. G. Thorsen und S. G. Terjesen. (Chem. Engng. Sci. **17,** 137–48, März 1962; Trondheim, TU, Chem. Engng. Labor.; engl.) – Die Stoffübergangszahlen in kontinuierlicher Phase von Tropfen, die bei Reynolds-Zahlen von 50–800 durch W. fallen, lassen sich durch folgende Gleichung darstellen: $N_{Sh} = -178 + 3{,}62\ N_{Re}^{1/2} \cdot N_{Sc}^{1/3}$; N_{Sh} = Sherwood-Zahl, N_{Sc} = Schmidt-Zahl. Die Beziehung wird durch die Änderung der Tropfenviscosität im Bereich von 0,72–1,32 cp nicht beeinflußt u. scheint sowohl auf zirkulierende als auf nicht zirkulierende Tropfen anwendbar zu sein. Übergangs-Koeff. für den äquimol. Austausch von radioakt. u. inakt. CCl_4 erfüllen dieselbe Gleichung. Die Vers.-Ergebnisse, die für Syst. mit Oberflächenspannungen um 40 dyn/cm erhalten wurde, stimmen auch mit der Beziehung von Garner u. anderer Autoren überein, die für Syst. mit sehr kleinen Oberflächenspannungen zwischen 2 u. 7 dyn/cm abgeleitet wurde. Vff. schließen aus diesen Feststellungen, daß die hohen Film-Koeff. für die kontinuierliche Phase weder durch innere Zirkulation in den Tropfen, noch mit der dadurch verursachten Bewegung der Phasengrenzfläche erklärt werden können. Es wird eine hydrodynam. Theorie vorgeschlagen, die sich auf die Grenzflächenturbulenz u. die Trennung der Grenzschichten gründet. W. Günther. 5862□

Leistungsfähigkeit von Flüssigkeits-Extraktionsverfahren. G. V. Jeffreys. (Chem. Process Engng. atomic Wld. **43,** 117–19, März 1962; Birmingham, Univ., Dep. of chem. Engng.; engl.) – Krit. Überblick über die Grundlagenforschung beim Stoffübergang zwischen 2 fl. Phasen u. die Anwendung in Extraktionslagen. – 18 Literaturhinweise. F. Zeidler. 5862□

Analyse der Arbeit von Extraktionskolonnen mit Füllmasse. I. P. Slobodjanik. (Извесия Выших Учебных Заведений (Краснодар), Пищевая Технология [Hochschulnachr. (Krasnodar), Nahrungsmittel-Technol.] **1960,** Nr. 3, 111–15; Krasnodar, Inst. für Lebensmittelind., Lehrstuhl für Prozesse u. App.; russ.) – Ein Verf. zur Best. der Arbeit von Extraktionskolonnenaufsätzen mit Füllmasse bei optimalen Phasen-Geschw. (PG) ermöglicht es, die Abhängigkeit der Stoffübertragungs (SÜ)-Geschw. beim Extraktionsprozeß von den ihn bestimmenden Parametern festzustellen. In Anwendung auf die Prozesse der kontinuierlichen Extraktion wird der Begriff des Äquivalent-Koeff. (AK) der Massen-Wrkg. zur Erörterung der physiko-chem. Bedingungen der SÜ eingeführt; eine Formel zur Berechnung des AK wurde abgeleitet. Eine allg. kinet. Gleichung der SÜ für die Kolonne bei analogen u. den optimalen PG entsprechenden hydrodynam. Bedingungen wird gebracht. S. Baryschnikow. 5862□

Der Begriff „Gleichgewichtssektion" bei kontinuierlichen Gegenstromprozessen und bei nichtstationären Säulenprozessen. W. J. Beek. (Chem. Weekbl. **58,** 327–32, 7/7. 1962; Delft, TH, Labor. voor Fys. Technol.; niederl.) – Der Begriff „Gleichgewichtssektion" (GS) hat bei kontinuierlichen Gegenstromprozessen eine andere Bedeutung als bei einem nichtstationären Säulenprozeß. Die auf dem Begriff der GS aufgebaute Theorie wird erörtert. Es ist möglich, Berechnungen an Säulen mit Teilberührung durch Berechnungen an einer Modellsäule mit GS zu ersetzen. Die Sektionshöhen in diesem Modell werden als Funktion der physikal. Größen des Syst., des Strömungszustands in der Säule u. deren Abmessungen bestimmt. W. Wesly. 5862□

Die stationäre Zustands(steady-state)-Verteilung, ein neues technisches Verfahren. J. G. Fleetwood. (Chem. Process Engng. atomic Wld. **43,** 106–08, März 1962; engl.) – Die „steady-state"-Verteilung ist eine Erweiterung des Craig-Verf. der Gegenstromverteilung. Es ermöglicht fortlaufende Zuführung der höheren u. niederen Lsgm.-Phase in entgegengesetzten Richtungen, wodurch erreicht wird, daß eine Mischung kontinuierlich in 2 Fraktionen getrennt wird. Die Trennkraft des App. entspricht einer Säule von 80 theoret. Böden, wodurch die Trennung von Stoffen mit β-Werten $<1{,}2$ sich ermöglichen läßt. Als Beispiel für die Leistungsfähigkeit ist die Trennung der sog. α-Säulen des Hopfens angeführt. Innerhalb 48 Std. wurde aus einem Gemisch von 50 g Säuren (22% Humulon, 38% Adhumulon u. 40% Cohumulon) reines Cohumulon isoliert, das Gemisch von Humulon u. Adhumulon aus der vorherigen Trennung wurde in der gleichen App. unter etwas veränderten Bedingungen voneinander getrennt. Bei Verw. dieses App. sollte es möglich sein, kontinuierlich Aminosäuren, Proteine, Fettsäuren u. viele andere organ. Stoffe zu trennen. – Abb. der vollständig aus Glas gefertigten App. sowie Diagramme erläutern die Arbeitsweise. F. Zeidler. 5862□

Über die Berechnungsmethoden der Rektifikations- und Absorptionsapparaturen. I. M. Anoschin. (Известия Высших Учебных Заведений (Краснодар), Прищевая Технология [Hochschulnachr. (Krasnodar), Nahrungsmittel-Technol.] **1960,** Nr. 3, 100—10; Krasnodar, Inst. für Lebensmittelind., Lehrstuhl für Prozesse u. App. der Lebensmittelind.; russ.) — Eine allg. Richtlinie für die Prüfung der Stoffaustausch-App. u. Berechnung der Rektifikations- u. Absorptionsgeräte nach der Best. des Vol.-Koeff. der Stoffübertragung wird vorgeschlagen. S. Baryschnikow. 5864□

Bestimmung des Rücklaufverhältnisses bei der Vakuumdestillation von Masut durch Verwendung von Radioisotopen. L. Vajta, K. Varga, B. Pécelli und J. Fodor. (Acta chim. Acad. Sci. hung. **25,** 459—70, 1960; Budapest, TU, Inst. für Chem. Technologie; Ungar. Erdölindustrietrust; Csepel, Metall- u. Eisenwerke, Radioisotopen-Labor.; russ., Auszug: engl.) — Durch Dotierung von ^{60}Co- u. ^{65}Zn-Naphthenat zu Masut wird das Rücklaufverhältnis bestimmt. Ch. Weiske. 5864□

Untersuchung des Stoffumsatzes bei der Rektifikation in Kolonnen mit Lochböden vom Siebbodentyp. N. A. Kotschergin, W. M. Dilman und W. M. Olewski. (Химическая Промышленность [Chem. Ind.] **1961,** 567—70, Aug.; russ.) — Für die bin. Syst. *Aceton* (I)-*Bzl.*, I-*Methanol* (II), I-*CHCOOH*, II-*Isobutanol*, II-Bzl., II-*W.*, *A.*-*W.* u. *n-Hexan*-Bzl. werden in einer Tabelle die spezif. Gew. der fl. u. der Dampfphase, Oberflächenspannungen, Viscositäten u. Diffusions-Koeff. bei den Temp. der Rektifikation bei verschiedenen Konzz. mitgeteilt. Diese Größen werden der Berechnung des Koeff. der Stoffabgabe zugrundegelegt (Gleichung), der auch in einer Kriteriengleichung dargestellt werden kann. Die linearen Beziehungen der für k maßgebenden Größen werden graph. dargestellt. Auch für die Abhängigkeit von k_{rp} (Koeff. der Stoffabgabe, auf die Bodenflächeneinheit bezogen) von der Dampf-Geschw. w im freien Kolonnenquerschnitt ergeben sich in den verschiedenen bin. Syst. im wesentlichen lineare Beziehungen. R. K. Müller. 5864□

Berechnung der Dampfkondensation aus einem Dampf-Gas-Gemisch. M. Je. Iwanow. (Химическая Промышленность [Chem. Ind.] **1961,** 644—50, Sept.; russ.) — Für Kondens.-Prozesse mit u. ohne Nebel-Bldg. werden Gleichungen für die Hauptparameter bei einem wassergekühlten Kondensator der NH_3-Herst. entwickelt. Es ergibt sich ein Diagramm für die Wärme- u. Stoffübertragung entlang dem Kondensator. R. K. Müller. 5864□

Über die Wirtschaftlichkeit der Wirbelschichttrocknung. Vojtěch Vaněček, Miroslav Markvart und Radek Drbohlav. (Chem. Průmysl **11 (36),** 577—80, Nov. 1961; Ústí n. L., Výzkumný ústav anorg. chem.; tschech.) — Die Abhängigkeit der Korngröße vom Wasser-Geh. im feuchten Material, von Temp. u. Menge des trocknenden Mediums (Luft) wird graph. dargestellt sowie die Wirtschaftlichkeit des Wirbelschichttrockners in Beziehung zu seinem Wrkg.-Grad angegeben. J. Schneider. 5874□

Ein kontinuierlich messendes Füllstandsmeßgerät hoher Genauigkeit. P. Hudec und P. Schiller. (Isotopentechnik **2,** 105—08, 1962; Bratislava, VEB ORGREZ u. Univ.; dt.) — Beschreibung eines für Fll. u. Schüttgüter geeigneten Füllstandsmeßgerätes, das die γ-Strahlenabsorption ausnutzt u. dad. gek. ist, daß sich Strahlungsquelle u. Detektor nicht in gleicher Höhe befinden. Sie werden bei Füllstandsänderungen selbsttätig kurz unter oder über der Oberfläche mitgeführt, wodurch Pendelungen um die Gleichgewichtslage vermieden werden. W. Wesly. 5886□

Sprühverdampfung für einen dampfgekühlten, mit schwerem Wasser moderierten Kernreaktor. J. G. Collier. (Chem. Process Engng. incorp. Atomic Wld. **43,** 162—67, April 1962; Chem. Engng. Div., Atom. Energy Res. Establishment Harwell; engl.) — Vf. gibt eine Zusammenfassung geeigneter Meth., um den Wärmeübergang u. die Fluß-Eigg. der Gas-Fl.-Mischung in einem Dampf-W.-Syst. unter hohem Druck vorhersagen zu können. Die Überlegungen zielen auf die Anwendung von Sprühverdampfung zur Kühlung eines Reaktorkerns. Meth. zur Berechnung des Wärmeübergangs, des Druckabfalls u. des Wärmeflusses in dem Zweiphasengemisch werden aufgezeigt. Aus zugänglichen Daten lassen sich die Orte des maximalen Wärmeflusses in den Kanälen des Reaktorkerns festlegen u. die zulässigen Temp. abschätzen. Vf. weist auf die Probleme der Flußinstabilität, der Materialablagerung an prim. Wärmeübergangsflächen u. das Zurückbleiben von Fl. in Fl.-Filmen hin. W. Knoch. 5894□

Versuche zur Herstellung von Kieselglasrohren genauer Abmessungen durch Kalibrieren der lichten Weite. Lucien Alfillé. (Bull. Soc. franç. Céram. **1961,** Nr. 53, 29—42, Okt./Dez.; franz.) — Nach einer kurzen Darst. über die Anwendungsmöglichkeiten von Kieselglas als Baustoff für Kernreaktoren werden die bei der Herst. von Kieselglasröhren auftretenden Abweichungen von der geometr. Form u. die Notwendigkeit, die diesbezüglichen Toleranzen einzuengen, besprochen. Auf dem Prinzip der lokalen Verformung im viscosen Bereich durch Preßstempel werden Verss. zur Herst. gezogener Rohre mit Ø = 30 mm durchgeführt. Die Bedingungen, um Abweichungen von der Geradlinigkeit stark zu vermindern u. Toleranzen für den Innendurchmesser von ±0,01 mm zu erhalten, werden angegeben. G. Frikell. 5894□

H_3. Elektrotechnik

Hughes Aircraft Co., Culver City (Erfinder: Philip R. Pennington, Inglewood), Calif., V.St.A., **Halbleiteranordnung.** Zur Herst. wird das Kristallgitter des Halbleiterkörpers nur an den Stellen, an denen Elektroden angebracht werden sollen, ohne Materialentfernung, z. B. durch Spitzendruck, beschädigt. Dann werden an diesen Stellen durch Ätzen tiefe, ebene Aushöhlungen gebildet, in denen das Elektrodenmaterial angebracht wird. (**D. A. S. 1 098 614** Kl. 21g vom 19/3. 1959, ausg. 2/2. 1961. **F. P. 1 221 347** vom 16/3. 1959, ausg. 1/6. 1960. Beide A. Prior. 2/4. 1958.) H. Kessel. 5953

Joachim Morgner, Berlin, **Herstellung lötbarer Drahtlacke** von erhöhter Wärmefestigkeit unter Verw. von mehrfunktionellen Isocyanaten u. OH-Gruppen enthaltenden Terephthalatpolyestern mit OH-Zahlen >250 mg KOH/g. Man erhält Polyurethandrahtlacke bei kürzerer Ofenverweilzeit während des Einbrennvorgangs; die Ofen-Temp. läßt sich auf 380° steigern. — Man stellt einen Terephthalatpolyester mit der OH-Zahl 300 mg KOH/g in folgender Weise her: 3 Mol Dimethylterephthalat werden mit 4 Mol Trimethylolpropan in Ggw. von 0,1 Gew.-% Bleioxid <240° so weit umgeestert, daß die berechnete Menge CH_3OH abgetrieben ist; von dem erhaltenen Ester werden 14,8 (Teile) mit 27,2 Toluylendiisocyanat, 18,5 A., 18,5 m-Kresol, 12 Butylacetat u. 9 Solventnaphtha II zusammengerührt. (**D. P. [DDR] 22 969** Kl. 22h vom 24/10. 1959, ausg. 4/4. 1962 [Wirtschaftspatent].) M. F. Müller. 5957

Ernst Roederstein, Spezialfabrik für Kondensatoren G. m. b. H. (Erfinder: Paul J. Petrick), Landshut, Bayern, **Stabilisierung der dielektrischen Eigenschaften von chlorierten Naphthalinen.** Verwendet werden aromat. KW-Stoffe mit mindestens 3 kondensierten Ringen oder deren Cl-Derivv. (Anthracen, Phenanthren, Chrysen, Pyren, Benzpyren, Perylen, Fluoranthen, Fluoren) oder Campher, die dem Naphthalin in Mengen von wenigstens 1, bes. 5—20 Gew.-% vor, während oder nach der Chlorierung zugesetzt werden. Durch diesen Zusatz wird ein ε mit optimal hohem Endwert erzielt, der sich bei hoher Temp.- u./oder Spannungsbeanspruchung nicht oder nur unerheblich ändert, ohne die sonstigen elektr. Eigg. (Isolationswiderstand, Verlustfaktor, Alterungsbeständigkeit) zu verschlechtern. (**D. A. S. 1 132 902** Kl. 12o vom 24/2. 1958, ausg. 12/7. 1962.) W. Gräger. 5957

N. V. Philips' Gloeilampenfabrieken, Eindhoven, Niederlande (Erfinder: Frank Kulcsar, Fairview Park, Ohio, V.St.A.), **Keramische Körper für elektromechanische Umwandlungselemente.** Zur Herst. der Körper aus Mischkristallen, die $PbTiO_3$ u. evtl. $PbZrO_3$ enthalten, werden der Ausgangsmischung nach D. A. S. 1 098 429 0,05—5% ihres Gew. mindestens eines der Oxide der 3wertigen seltenen Erdmetalle u./oder Y zugesetzt. Es wurde festgestellt, daß die gleiche Wrkg. erzielt wird durch Zusatz von Oxiden seltener Erdmetalle anderer Wertigkeit mit Ausnahme von CeO_2 u. ggf. mit einem teilweisen Ersatz durch diese Oxide durch Nb u. Ta. (**D. A. S. 1 125 341** Kl. 80b vom 22/8. 1959, ausg. 8/3. 1962. A. Prior. 25/8. 1958. **Zusatz zu D.A.S. 1098 429; C. 1961, 14062.**) G. Frikell. 5961

Danuta Herbert und Juliusz Ulam, Paris, Frankreich, **Galvanisches Element** mit einer negativen Elektrode aus Li oder Legg. des Li mit Na, Zn, Ag oder Mg oder aus Li-Amalgam, einer positiven Elektrode aus Cl, Br, J, S, Se, Oxiden bzw. Fluoriden des S oder Se, metall. Halogeniden, Sulfiden, Rhodaniden, Nitraten, Chloraten, Perchloraten oder Oxiden oder Derivv. der Metalloxide u. einem wasserfreien Elektrolyten, der Alkali- oder Erdalkalisalze sowie Amine als Lsgm. enthält, dad. gek., daß der Elektrolyt aus der Lsg. eines Alkali- oder Erdalkaliperchlorats, -jodids, -rhodanids, -bromids oder -chlorats in einem gesätt. aliphat. prim. oder sek. Amin besteht. (**D. A. S. 1 126 464** Kl. 21b vom 25/11. 1958, ausg. 29/3. 1962. F. Prior. 26/11. 1957.) F. Laaß. 5971

Accumulatoren-Fabrik Akt.-Ges., Hagen (Erfinder: Hans-Herman von Döhren und Christa Merker, Frankfurt/M.), **Herstellung von Sinterelektroden für elektrische Akkumulatoren mit alkalischem Elektrolyten,** die aus einem Sintergerüst u. elektrochem. akt. Masse bestehen, in einem Arbeitsgang durch Sintern von feinverteilten Metallpulvern, z. B. Ni-Pulver, im Gemisch mit organ. Metall-Verbb., die bei der therm. Zers. gasförmige Zerfalls-Prodd. mit reduzierenden u./oder inerten Eigg. entwickeln, dad. gek., daß als organ. Metall-Verbb. (I) solche verwendet werden, die bei ihrer therm. Zers. außer den gasförmigen Zerfalls-Prodd. eine elektrochem. akt. Masse liefern. I sind z. B. Cd-Formiat oder -Naphthenat. (**D. A. S. 1 128 899** Kl. 21b vom 27/8. 1959, ausg. 3/5. 1962.) F. Laaß. 5971

Kugelfischer Georg Schäfer & Co., Schweinfurt (Erfinder: Friedrich Reiber, Oberndorf bei Ebersberg/Obb.), **Herstellung von als Masseträger dienenden porösen Elektrodenkörpern für alkalische Akkumulatoren,** dad. gek., daß Späne oder Körner aus elektr. Ganz-, Halb- oder mit einem leitenden Überzug versehenen Nichtleitern so lange galvan. mit einem Metallüberzug versehen werden, bis diese untereinander u. mit einer Trägerunterlage zu einem festen porösen Körper verbunden sind. (**D. A. S. 1 129 195** Kl. 21b vom 4/3. 1960, ausg. 10/5. 1962.) F. Laaß. 5971

LICENTIA Patent-Verwaltungs-G. m. b. H., Frankfurt/M. (Erfinder: Gottfried Haake und Siegfried Poganski, Rüthen/Möhne), **Herstellung von Schenkeln für Thermoelemente** aus kristallinen, halbleitenden Substanzen, bes. aus halbleitenden chem. Verbb., dad. gek., daß ein fester kristalliner, aus einer Schmelze in einer vorgegebenen Richtung gewachsener Körper, dessen Abmaße in Richtung senkrecht zum Preßdruck kleiner sind als die der Preßkammer in der gleichen Richtung, in eine Preßkammer eingesetzt u. durch Pressen in eine von seiner geometr. Ausgangsform abweichende Form übergeführt wird, wobei der Preßdruck mindestens annähernd in der Richtung auf den kristallinen Körper ausgeübt wird, in der dieser gewachsen ist. Es werden verarbeitet: Bi_2Te_3, Bi_2Se_3, Bi_2S_3, Sb_2Te_3, Sb_2Se_3, PbTe, PbSe, PbS sowie feste Lsgg. mit oder zwischen diesen Substanzen. (**D. A. S. 1 126 465** Kl. 21b vom 12/11. 1958, ausg. 29/3. 1962.) F. Laaß. 5971

Klaus-Thomas Wilke und Rita Mannheim, Berlin, **Herstellung von Leuchtstoffen auf Borfluoridbasis.** Ein Gemisch aus den Fluoriden des Mg, Ca, Sr, Ba, Zn mit entsprechenden Mengen BF_3 u. den Oxiden bzw. Carbonaten der genannten Elemente wird bei erhöhter Temp. an Luft oder in einem inerten Gas zur Rk. gebracht, wobei Metallsalze, bes. Fluoride, Borate, Oxide, Oxalate oder Carbonate von Mn, Tl, Ti, Ce u. anderen seltenen Erden, Bi, oder Mischungen dieser Aktivatoren zugegeben werden. Ggf. werden Carbonate, Oxide oder Hydroxide der genannten Elemente vor dem Glühprozeß mit einer Flußsäure/Borsäuremischung unter Fluoroborat-Bldg. zur Rk. gebracht. Dabei treten entsprechend der chem. Affinität der Ausgangssubstanzen mehr oder weniger starke Komplexe bzw. chem. Verbb. mit Mischkristallcharakter auf. Die stöchiometr. Zus. dieser Verbb. entspricht der allg. Formel $xMe^{II}F_2 \cdot 2\,yBF_3 \cdot zMe^{II}O$, wobei Me^{II} = Mg, Ca, Sr, Ba, Zn. Der Glühprozeß dauert 15—90 Min. bei 700—1100°. Das teilweise gesinterte Glüh-Prod. wird bis zur gewünschten Korngröße gemahlen. — Das Gemisch hat z. B. die Zus. 5 (g) $Ca(BF_4)_2 \cdot n\text{-}CaO$, 1,10 $Ce_2(C_2O_4)_3$, 0,11 $MnCO_3$. Es wird 30 Min. bei 800° geglüht. Die Prodd. emittieren bei Anregung mit UV/2537 Å im gelben Spektralbereich. — Das Gemisch 5 (g) $Ca(BF_4)_2 \cdot n\text{-}CaO$ u. 0,12 TlCl liefert ein Prod., das im blauen Spektralbereich emittiert. (**D. P. [DDR] 22 743** Kl. 22f vom 20/2. 1959, ausg. 23/2. 1962 [Wirtschaftspatent].) M. F. Müller. 5975

N. V. Philips' Gloeilampenfabrieken, Eindhoven, Niederlande (Erfinder: Shigeru Kamiya, Osaka, Japan), **Leuchtschicht für Gasentladungslampen.** Zum Aufbringen dient eine Suspension von der Zus. $m\text{-}CaO \cdot n\text{-}BaO \cdot 2\,B_2O_3$, wo $m + n = 1$ u. $0,2 < m < 0,8$. (**D. A. S. 1 121 214** Kl. 21f vom 7/10. 1960, ausg. 4/1. 1962. Jap. Prior. 10/10. 1959.) H. Kessel. 5975

International Business Machines Corp., New York (Erfinder: **Clarence Karan**, Poughkeepsie), N. Y., V. St. A., *Herstellung von Kristallen aus ferro-elektrischem Material.* (**Nlederl. P. 100 420** vom 26/3. 1956, ausg. 15/2. 1962. A. Prior. 31/3. 1955. — C. **1959,** 1905 [A. P. 2 803 519].)

Soc. des Accumulateurs Fixes et de Traction, Romainville (Erfinder: **Jean Firmin Jammet**, Poitiers), Frankreich, *Trockenelement.* (**Schwz. P. 360 105** vom 22/6. 1959, ausg. 30/3. 1962. F. Prior. 4/7. 1958. — C. **1961,** 3439 [D. A. S. 1 079 140].)

Union Carbide Corp., New York, N.Y., V.St.A., *Primäres Trockenelement.* (**Belg. P. 571 909** vom 9/10. 1958, ausg. 20/4. 1962. A. Prior. 9/10. 1957. — C. **1962,** 3584 [E. P. 858 205].)

Licencia Találmányokat Értékesítö Vállalat, Budapest, Ungarn (Erfinder: **Péter Dénes** und **Feodóra Sós**), *Galvanische Primär- und Sekundärelemente.* (**Schwz. P. 361 040** vom 22/1. 1957, ausg. 15/5. 1962. Ung. Prior. 1/2. 1956. — C. **1962,** 259 [E. P. 848 855].)

Union Carbide Corp., New York, N.Y., V.St.A., *Abdichten eines galvanischen Elementes.* (**Schwz. P. 361 600** vom 17/11. 1959, ausg. 15/6. 1962. A. Prior. 19/11. 1958. — C. **1961,** 11088 [D. A. S. 1 099 018].)

Yardney International Corp., New York, N.Y., V.St.A. (Erfinder: **Jean Doyen**, Paris, Frankreich), *Elektrisches Element.* (**Schwz. P. 361 315** vom 9/1. 1958, ausg. 30/5. 1962. F. Prior. 6/3. 1957. — C. **1961,** 8069 [E. P. 832 944].)

Chloride Electrical Storage Co. Ltd., Clifton Junction, England, *Elektrode für Blei-Säure-Akkumulator.* (**Niederl. P. 100 636** vom 26/2. 1955, ausg. 15/3. 1962. — C. **1961,** 8070 [Belg. P. 536 021].)

N. V. Philips' Gloeilampenfabrieken (Erfinder: **Age Hylke Hoekstra**), Eindhoven, Niederlande, *Herstellung eines ultraviolettleuchtenden Silicates.* (**Schwz. P. 359 500** vom 1/10. 1956, ausg. 28/2. 1962. Niederl. Prior. 3/10. 1955. — C. **1959**, 252 [Oe. P. 196 528].)

H_4. Wasser. Abwasser

Beiträge zum Problem der Wasseraufbereitungsverfahren und der Gütetest dieser Verfahren. E. Plötze. (Atomkernenergie **6**, 109—13, März 1961; Freiburg; dt., Auszug: engl.) — Übersicht über die Verff. zur Aufbereitung von W., das mit radioakt. Stoffen, Krankheitskeimen oder mit giftigen Stoffen verseucht ist. — Aufstellung techn. Gütekriterien. W. Reusse. 6010□

Wasserseitige Korrosionen an ölgefeuerten Dampfkesseln. C. Janssen. (Mitt. Vereinig. Großkesselbesitzer **1961**, 427—31, Dez.; dt.) — An 2 Kesseln für 80 atü u. 490° mit einer maximalen Dampfleistung von 85 t/Std. wurden, nachdem die Kessel nach 36000—41000 Betriebs-Std. mit Rostfeuerung auf Ölfeuerung umgestellt worden waren, an den therm. höchstbelasteten Stellen Korrosionen festgestellt. Die Art der Abtragung, der Ablagerungen u. die Ausbeulung eines Kesselrohres werden an Hand von Schliffaufnahmen, Bildern u. thermograph. Analyse nachgewiesen. Die Verringerung des Salz-Geh. des Kesselinhaltswassers von 130 auf 9 mg/Liter wirkt sich günstig aus. L. Schillbach. 6030□

Der Einfluß des Zustandes der Innenfläche von Rohren auf die Auslösung und Ausbreitung der Korrosion in Hochdruckkesseln. R. Rath. (Bull. Centre belge Étude Doc. Eaux **1961/IV**, 205—12; Électricité de France; franz.) — Obgleich bekannt ist, daß Ablagerungen, hohe Wärmebelastung, Schweißstellen u. a. die Rohrkorrosion fördern, ist ihr Auftreten doch sehr vielfältig u. schwer vorhersehbar. Vf. weist auf die besondere Bedeutung der Grenzschichten Stahl/Schutzschicht/W. hin u. hält das bisher fehlende systemat. Studium der Rohroberfläche bis in atomare Bereiche (Fehlstellen, Fremdatome) für notwendig. Die Brauchbarkeit der Stahlrohre im Kesselbetrieb beruht auf der Existenz einer stabilen Schutzschicht. Von der Fabrikation her bringen die Rohre eine schützende Walzhaut mit, deren Dicke, Haftfestigkeit u. Zus. (FeO, Fe_2O_3 Fe_3O_4) uneinheitlich ist, mit den Herst.-Bedingungen schwankt u. sich wahrscheinlich im Laufe des Kesselbetriebes ändert. Ihr Abblättern führt zur Bldg. eines korrodierenden Lokalelements, in dem Fe die Anode ist. Wird die Walzhaut der Kesselrohre durch Beizen (mit Säuren u. einem Inhibitor) entfernt, so bewirkt eine nachfolgende alkal. Behandlung auf der hochreaktiven Metalloberfläche die Bldg. einer dünnen Schicht Fe_3O_4, die sich im Laufe des Betriebes verstärkt. Sie ist zwar reaktionsfähiger als die Walzhaut, aber dünner u. viel gleichmäßiger u. schützt daher besser. Vf. hat in seinem Bereich noch nie Korrosion an gebeizten Rohren feststellen können. Bereits in Gang befindliche Korrosionsprozesse konnten durch Säuern des Kessels zum Stillstand gebracht werden. Rohr-Herst. u. -auswahl, Konstruktion u. Betriebsbedingungen des Kessels müssen so sein, daß die laufend entstehenden Schäden der Schutzschicht schnell wieder ausheilen können. R. Hegenbarth. 6030□

Korrosionserscheinungen an Kesselspeisepumpen. E. Honold. (Mitt. Vereinig. Großkesselbesitzer **1961**, 421—27, Dez.; dt.) — Vf. berichtet über während des letzten Jahrzehnts beobachtete Korrosionen an mehrstufigen Pumpen zur Speisung von Höchstdruckkesseln. An Hand von Aufnahmen werden die Stellen gezeigt, an denen Korrosionen zunächst bevorzugt auftraten. Als Gegenmaßnahmen wurden Cr-Stähle eingesetzt. Nach Herabsetzung des pH-Wertes des Speisewassers von 9 auf 8,5 u. Ersatz der fixen Alkalien durch NH_3 u. N_2H_4 sowie mit Einspeisung vollentsalzten W. traten auch an anderen Stellen Korrosionen auf. Ihre Ursache wird erklärt u. daraus abgeleitet, welche anderen Werkstoffe eingesetzt werden können, um auch in solchen Fällen Korrosionen weitgehend auszuschalten. L. Schillbach. 6030□

Reinigung der Abwässer von Zinksalzen. 2. Mitt. **Reinigung der Abwässer von Zinksalzen auf einer halbtechnischen Anlage.** L. A. Stempkowskaja, I. W. Wlassenko und B. Ju. Mitelman. (Химические Волокна [Chemiefasern] **1962**, Nr. 1, 33—36; Inst. für org. u. anorg. Chemie der Akad. der Wiss. der UkrainSSR; russ.) — 1. vgl. Химические Волокна [Chemiefasern] Nr. 6, [1961], 62. — Die Möglichkeit der Adsorption von Zn aus dem Abwasser eines Viscosebetriebes wurde an einer Anlage mit maximalem Durchsatz von 5 m^3/Std. untersucht. Die benutzten Austauschersäulen waren mit 100 bzw. 130 kg eines starksauren Harzes beschickt. Die Austauschkapazität lag, in Abhängigkeit von der Durchfluß-Geschw., zwischen 0,24 u. 0,35 Val/kg (bei 10—70 m/Std.). Der Zn-Geh. des Abwassers wurde von ca. 60 auf maximal 1 mg/Liter verringert. Optimale Ergebnisse wurden bei der Regenerierung durch Verw. einer 14%ig. H_2SO_4 mit Na_2SO_4-Zusatz erzielt. W. Herfurt. 6042□

Die Reinigung von Abwässern von Schwefelkohlenstoff. Je. Ss. Wotzekowskaja. (Химические Волокна [Chemiefasern] **1962**, Nr. 1, 37—38; russ.) — Zur Rückgewinnung von CS_2 aus Abwässern (ca. 2 g/Liter) durch Adsorption an Aktivkohle wurde eine Anlage mit einem Tagesdurchsatz von 125 m^3 Abwasser errichtet. Das Adsorptionsvermögen lag zwischen 20 u. 30% des Kohle-Gew., die Regenerierung der Filter erfolgte durch überhitzten Wasserdampf. W. Herfurt. 6042□

Elektrode für eine vereinfachte Bestimmung von Chlorid im Grundwasser im Gelände. William Back. (J. Amer. Water Works Assoc. **52,** 923—26, Juli 1960; Washington; engl.) — Mit Hilfe einer robusten Ag–AgCl-Elektrode, die aus einer Mischung von metall. Ag mit gefälltem AgCl besteht, einer Kalomelelektrode als Bezugselektrode u. eines gebräuchlichen pH-Meters, das das Ablesen von mV gestattet, ist eine schnelle u. einfache Meth. zur Best. des Cl-Geh. im W. an Ort u. Stelle möglich. Zur Eichung des Geräts u. zur Aufstellung einer Eichkurve werden Proben mit bekanntem Cl-Geh. gemessen, deren Potentiale in Abhängigkeit vom Cl-Geh. auf halblogarithm. Papier aufgetragen werden. Daraus können dann mit Hilfe der Potentiale unbekannter Proben die Cl-Geh. ermittelt werden. Die Vorbereitung der Proben erstreckt sich lediglich auf die Einstellung einer gleichmäßigen Temperatur. 50 derartig gemessene Proben im Bereich von 10—2000 ppm Cl, die nachher im Labor. durch Titration nach Mohr, bzw. durch gravimetr. Best. überprüft wurden, zeigten eine für diese Meth. befriedigende Übereinstimmung. Es stören Ionen, die leichter lösl. Ag-Verbb. bilden, wie Bromid u. Sulfid. Auch kann die Best. nicht in metall. Gefäßen durchgeführt werden.
E. Okruch. 6056□

Vorschlag für eine Jodid-Bestimmungsmethode. John R. Rossum und Primo A. Villarruz. (J. Amer. Water Works Assoc. **52,** 919—22, Juli 1960; San José, Calif., California Water Serv. Co.; engl.) — Da die Best. von J^- im Grundwasser zur Auffindung ungewöhnlich stark $CaCl_2$- oder NaCl- haltiger W., die in ihrer Konz. das Meerwasser weit übersteigen u. daneben noch andere Ionen, wie Mn, As, Sulfid u. Methan, in ungewöhnlichen Konzz. neben J^- enthalten, sehr wichtig ist, wird eine Meth. zur Best. von J^- angegeben. Sie beruht auf dem Prinzip, daß J^- die Red. von Ce^{4+} zu Ce^{3+} durch Arsenige Säure katalyt. beschleunigt. Ce^{4+} ist gelb gefärbt, während Ce^{3+} farblos ist. Die in Abhängigkeit von der Jodidmenge im gleichen Zeitraum eintretende Entfärbung kann colorimetr. ausgewertet werden. Ein genaues Einhalten der Temp. u. die Übereinstimmung derselben zwischen Standard- u. Unters.-Probe um wenige $^1/_{10}$ Grade ist dabei allerdings unerläßlich. Ist die Jodid-Konz. klein, so ist das Messen einer Blindprobe zweckmäßig. Da Jodid von der Glaswandung oberflächlich festgehalten wird, sind die Glasgeräte vorher mit konz. HCl, dann mit dest. W. zu reinigen. Es stören reduzierende u. oxydierende Stoffe, Hg mehr als 0,1 (mg/Liter), während Chlorid 5,0, Na^+ 3,0, Alkalität als $CaCO_3$ 1,0, Nitrat 750, Ca^{2+} 250, Cd^{2+} 10, Bromid 5,0, Cyanid 5,0, Fluorid 5,0, Ag^+ 1,0, Fe^{3+} 1,0 nicht stören. Unter Angabe der erforderlichen App. u. Reagentien wird eine genaue Analysenvorschrift gegeben. Der Fehler der Meth. beträgt 5% bei 0,040—0,10 mg J^-/Liter. E. Okruch. 6060□

Neue Analysen-Methodik zur Untersuchung von Kondensaten mit Hilfe von Ionenaustauschern. E. Herre. (Mitt. Vereinig. Großkesselbesitzer **1961,** 392—96, Dez.; Herne, Hibernia Bergwerks A.G., Labor. der Wasserwirtschaftsstelle; dt.) — Vf. beschreibt eine Meth., die es gestattet, Salz-Geh. ohne Störung durch NH_3 oder N_2H_4 mit Hilfe eines Zweifarbenschreibers, der Leitfähigkeitswerte von salzarmen Wässern, die einmal über eine H-Austauscherpatrone, zum anderen direkt über eine Leitfähigkeitszelle laufen, zu registrieren. Es werden die unteren Grenzwerte angegeben, die noch einen Nachw. geringster Kühlwassereinbrüche in das Kondensat zulassen. Durch Anreicherung in einen H-Austauscher können Fe u. Cu-Geh. im Bereich von 1—20 μg/Liter einwandfrei colorimetr. bestimmt werden. Die Best.-Meth. werden näher beschrieben.
L. Schillbach. 6060□

Die Bestimmung geringer Mengen von organisch gebundenem Kohlenstoff in Wasser. H. A. C. Montgomery und N. S. Thom. (Analyst **87,** 689—97, Sept. 1962; Stevenage, Herts., Water Pollut. Res. Labor.; engl.) — Es wird eine Meth. zur Best. von organ. gebundenem C in Süß- u. Salzwasser beschrieben. Die Probe wird eingedampft u. der Rückstand in einer O_2-Atmosphäre verbrannt. Die entwickelten Gase werden über auf 900° erhitztes CuO zur Vervollständigung der Oxydation geführt. CO_2 wird dann durch IR-Spektroskopie bestimmt. Es können so noch C-Konzz. $<$0,1 ppm bestimmt werden; bei höheren Salz-Geh. des W. ist die Empfindlichkeit geringer. Zugesetztes C wurde zu 100,2 $\pm$1,9% wiedergefunden. Der Blindwert liegt bei 7—10 μg C.
P. Kurzmann. 6060□

Bestimmung des Kreatinin-Gehalts von Infiltrationswasser. D. C. Abbott. (Analyst **87,** 494—97, Juni 1962; London, Labor. of the Government of Chem., Dep. of Sci. and Ind. Res.; engl.) — Vf. beschreibt eine Meth. zur Best. von *Kreatinin* (I) in Abwässern. Eine 20-ml-Probe wird mit 1,0 ml einer Na-Hexametaphosphat (II)-Lsg.

(je 10 g **II** u. NaCl/100 ml W.) mit 10,0 ml einer 1,0%ig. wss. Pikrinsäure-Lsg. u. mit 5,0 ml 0,5n NaOH-Lsg. vermischt, 1 Std. lang bei 20 ± 1° stehengelassen u. auf 50 ml mit W. aufgefüllt. Falls notwendig, wird filtriert u. bei 495 nm gegen eine Blind-Lsg. photometriert. Die Konz. wird einer Eichkurve entnommen. Die Meth. ist bei stark gefärbtem W. nicht direkt anwendbar. In diesem Falle wird empfohlen, die Meth. mit u. ohne Zusatz der Pikrinsäure-Lsg. auszuführen u. die Differenz der Extinktionen als Maß der I-Konz. zu verwenden. Nach 78 Std. ist **I** im Abwasser abgebaut.
J. Weiner. 6068□

L'Auxiliaire des Chemins de Fer et de l'Industrie, Vitry-sur-Seine (Erfinder: David Téhui Shaw, Paris), Frankreich, **Entmineralisieren von Meerwasser** unter Verw. eines aus einem silbergesätt. Kationenaustauscher aus sulfoniertem Kunstharz, einem mit Wasserstoffionen gesätt. kationenaustauschenden Kunstharz, einer Barium-Verb. u. ggf. A-Kohle zusammengesetzten pulverförmigen Mittels, dad. gek., daß das silbergesätt. sulfonierte Kunstharz aus einem Mischpolymeren von einem aromat. Polyvinyl-KW-Stoff mit einem Anteil der Polyvinyl-Verb. von 2—15%, welches durch eine Polymerisation bei 8° in wss. Suspension u. einer derartigen Durchmischungs-Geschw. erhalten wurde, daß eine Teilchengröße des Mischpolymeren von 0,02—0,05 mm vorliegt, wobei die Barium-Verb. Bariumhydroxid ist. (**D. A. S. 1 132 503** Kl. 85b vom 28/1. 1955, ausg. 28/6. 1962. E. Prior. 2/2. 1954.) H. Blachetzki. 6021

Shell Internationale Research Mij. N. V., Den Haag, Niederlande, **Bekämpfen von schleimbildenden Mikroorganismen in Industriewässern,** gek. durch die Verw. eines olefin. ungesätt., aliphat. Aldehyds, bes. von Acrolein oder Methacrolein, in Mengen von 0,00005—0,0015%, bezogen auf die Gesamtwassermenge. Beispiele. (**E. P. 873 800** vom 4/4. 1960, ausg. 26/7. 1961. A. Prior. 3/4. 1959.)
H. Blachetzki. 6043

Gebrüder Heyl Chem. Fabrik K. G., Hildesheim (Erfinder: Reginald Wildenhayn, Hannover), **Bestimmung der Resthärte von praktisch völlig enthärtetem Wasser** mit Hilfe eines festen, nichtwss. Gemisches oder einer fl., nichtwss. Lsg. eines metallspezif. Indicatorfarbstoffes, bzw. Farbstoffgemisches, u. eines alkal. reagierenden organ., festen oder fl. Amins in solchen nichtkrit. dosierten Mengen, daß einer vorbestimmten Wassermenge ein pH-Wert von 9—10 u. ein gut erkennbarer Farbton erteilt wird. (**D. A. S. 1 125 682** Kl. 421 vom 22/11. 1958, ausg. 15/3. 1962.)
W. v. Huhn. 6063

H_5. Anorganische Industrie

Kali-Chemie Akt.-Ges., Hannover (Erfinder: Hans Kunowski und Hans Frömbgen, Bad Hönningen), **Regenerierung einer Kreislauflösung, die zur Herstellung von Wasserstoffperoxid nach dem Anthrachinonverfahren dient,** dad. gek., daß die Kreislauf-Lsg., ggf. in Ggw. eines Oxydationsmittels, mit einer starken organ. oder anorgan., bes. wasserlösl. Säure (HCl, Essigsäure, HNO_3) bei Temp. zwischen 30° u. dem Kp. des Rk.-Gemisches behandelt wird, wobei Alkohole als Lsg.-Vermittler zwischen der organ. Kreislauf-Lsg. u. der organ. oder anorgan. Säure verwendet werden u. die Säurebehandlung der Kreislauf-Lsg. vor der Extraktion des H_2O_2 durch W. vorgenommen wird. (**D. A. S. 1 129 137** Kl. 12i vom 27/8. 1960, ausg. 10/5. 1962.)
K. Demmler. H 241

Kali-Chemie Akt.-Ges. (Erfinder: Ulrich Hauschild), Hannover, **Entfernung kleiner Mengen von Wasserstoffperoxid aus den zur Herstellung von Wasserstoffperoxid über autoxydable Substanzen dienenden organischen Lösungen** mittels leicht oxydierbarer Substanzen, dad. gek., daß die organ. Lsgg. mit einer wss. Lsg. einer Sn(II)-Verb., z. B. $SnCl_2$, $SnSO_4$, SnF_2, behandelt werden, wobei die wss. Lsg. der Sn-Verb. mit einer Mineralsäure angesäuert werden kann. (**D. A. S. 1 129 462** Kl. 12i vom 7/9. 1960, ausg. 17/5. 1962.) K. Demmler. H 241

Matholin Corp., Baltimore, Md., übert. von: Bernard H. Nicolaisen, Kenmore, N.Y., V.St.A., **Gewinnung von wasserfreiem Hydrazin** durch azeotrope Dest. der wss. Lsg. mit Anilin im Verhältnis Hydrazin: W. 0,5—2:1, Anilin: Hydrazin 3—12:1; Rückflußmenge 3—5:1. — Verf.-Schema. (**Can. P. 554 658** vom 10/6. 1954, ausg. 18/3. 1958. A. Prior. 12/6. 1953.) S. Böttcher. H 243

Matholin Corp., Baltimore, Md., übert. von: Bernard H. Nicolaisen, Kenmore, N.Y., V.St.A., **Wiedergewinnung von Anilin (I)** aus der azeotropen Dest. von wss. Hydrazin, dad. gek., daß man das Anilin–W.-Gemisch am Kopf der Kolonne abzieht, die Hauptmenge **I** als Rücklauf zurückgibt, vom Boden ein **I**-Hydrazingemisch einer 2. Kolonne zuführt, aus der man vom Boden **I** abzieht u. in die 1. Kolonne zurückgibt; ein Teil davon u. das **I**-W.-Destillat der 1. Kolonne werden einer 3. Kolonne zugeführt mit einer Boden-Temp. von 98°, bei der ein I–W.-Gemisch anfällt. — Verf.-Schema. (**Can. P. 554 659** vom 10/6. 1954, ausg. 18/3. 1958. A. Prior. 12/6. 1953.) S. Böttcher. H 243

Magyar Állam (Erfinder: Stephan Bálint), Budapest, Ungarn, **Herstellung von Schwefelsäure und Magnesiumoxid** erfolgt durch Vermischen von verunreinigtem Gips mit W., Zugabe von Dolomit u. Einleiten von CO_2, wobei $CaCO_3$ u. $MgSO_4$ entstehen. Aus der wss. Lsg. wird $MgSO_4$ ausgeschieden u. das wasserfreie $MgSO_4$ u. durch Erhitzen in *MgO* u. SO_3 zersetzt. Das SO_3 ergibt mit W. H_2SO_4. (**Ung. P. 145 517** vom 3/9. 1955, ausg. 15/11. 1959.) G. König. H 253

Rayonier, Inc., übert. von: Kenneth R. Gray und Hartzell L. Crosby, Shelton, Wash., V.St.A., **Herstellung von $NaHSO_3$-Lösungen,** dad. gek., daß man die Lsg. eines natürlich vorkommenden Na-Salzes einer schwachen flüchtigen Säure, die außerdem das Na-Salz einer weniger flüchtigen starken Säure enthält, mit einem Kationenaustauscher behandelt, dessen akt. Zentren geringere Acidität als SO_2 besitzen, wobei Na adsorbiert u. mit H_2SO_4 ausgetrieben wird. — Verf.-Schema. (**Can. P. 555 043** vom 11/7. 1951, ausg. 25/3. 1958. A. Prior. 15/7. 1950.) S. Böttcher. H 253

VEB Leuchtstoffwerk Bad Liebenstein (Erfinder: Franz Braunholz), Bad Liebenstein, **Herstellung reiner Metallsulfide** durch Rk. im Gegenstrom von in feinverteiltem Zustand befindlichen Metallsalzen mit überschüssigem H_2S, wobei es vorteilhaft ist, unter Druck (2 at) zu arbeiten u. die Verteilung der Metallsalz-Lsg. durch Herabrieseln, ggf. über Füllkörper, zu sichern. Die Metallsulfide werden mit dest. W. gewaschen. — Skizze. (**Ung. P. 144 475** vom 6/10. 1955, ausg. 1/11. 1958.) G. König. H 253

United States Borax & Chemical Corp., Los Angeles, übert. von: Donald S. Taylor, Whittier, und Nelson P. Nies, Pasadena, Calif., V.St.A., **Herstellung eines wasserfreien, kristallinen Natriumborats,** das B_2O_3 u. Na_2O in einem Mol-Verhältnis von 3,7—4 enthält, dad. gek., daß man B_2O_3 u. Na-Tetraborat (**I**) in so berechneten Mengen in W. löst, daß eine übersättigte Lsg. von Na-Pentaborat (**II**) entsteht, das man bei konst. Temp. kristallisieren läßt, während kontinuierlich B_2O_3 u. **I** zugefügt werden. **II** wird mit einem Na-Borat von geringerem Mol-Verhältnis zwischen B_2O_3 u. Na_2O zusammengeschmolzen u. kristallisiert. Das Mol-Verhältnis von **II** : **I** beim Zusammenschmelzen beträgt 1,3—1,9 : 1 bei einem Wasser-Geh. von <30 Gew.-%. — Zeichnung; Diagramme. (**Can. P. 555 089** vom 14/4. 1954, ausg. 25/3. 1958. A. Prior. 14/4. 1953.) S. Böttcher. H 258

United States Borax & Chemical Corp., Los Angeles, übert. von: Donald S. Taylor, Whittier, und Nelson P. Nies, Pasadena, Calif., V.St.A., **Herstellung von wasserfreiem, kristallinem Natriumpentaborat** (**I**), dad. gek., daß man granulierten Borax u. granuliertes B_2O_3 im Mol-Verhältnis 1 : 6 mischt, einen Luftstrom von 85 bis 100° F durchleitet, das bei der Rk. gebildete W. verdampft u. die Temp. des Luftstroms so weit erhöht, daß die Rk. unter Wasser-Bldg. weitergehen kann. Man kann auch durch Lösen von B_2O_3 u. Na-Tetraborat (**II**) in W. eine an **I** übersättigte Lsg. herstellen, wobei **II** ein calcinierter Borax mit 1 H_2O ist. — Zeichnung, Diagramme. (**Can. P. 555 090** vom 3/12. 1956, ausg. 25/3. 1958. A. Prior. 14/4. 1953.) S. Böttcher. H 258

Clevite Corp., Cleveland, übert. von: Walter C. Geske, Euclid, und Richard E. Loftfield, Mayfield Heights, Ohio, V.St.A., **Züchten von Kristallen von primärem Ammoniumphosphat** (**I**), dad. gek., daß man **I**-Kristalle in einen Schütteltank gibt, bei $\leq 1{,}5°$ über der Sättigungs-Temp. eine wss. Lsg. von **I** zusetzt u. während mehrerer Std. die Temp. bis auf 0,4° oberhalb der Sättigungs-Temp. abkühlt. Dann wird der Tank langsam geschüttelt, um Kristallkeime u. Lsg. miteinander in Berührung zu bringen. Bei langsam abnehmender Temp. beginnt die Kristallisation. (**Can. P. 555 242** vom 8/10. 1954, ausg. 1/4. 1958. A. Prior. 13/11. 1953.) S. Böttcher. H 264

Clevite Corp., Cleveland, übert. von: Walter C. Geske, Euclid, Ohio, V.St.A., **Züchten von Kristallen von $NH_4H_2PO_4$,** dad. gek., daß man Kristallkeime, deren einander gegenüberliegende Flächen sich hauptsächlich parallel zur Z-Kristallachse u. 45° zur kristallograph. X- u. Y-Achse ausdehnen, zwischen 2 parallele Platten einzwängt, das Ganze in eine Wachstums-Lsg. von Kristallen eintaucht u. durch langsame Bewegung die Kristallisation in Gang bringt. — Zeichnungen. (**Can. P. 555 244** vom 30/10. 1954, ausg. 1/4. 1958. A. Prior. 18/12. 1953.) S. Böttcher. H 264

Magyar Állam (Erfinder: Stefan Magyarossy und Árpád Perczel), Budapest, Ungarn, **Anreichern von in den Ablaugensalzen der Aluminiumgewinnung enthaltendem Vanadin(V)-oxid** erfolgt durch Elektrolyse einer konz. wss. Lsg. der Laugensalze, wobei die Lsg. der Salze in den Anodenraum u. das mit geringen NaOH-

Mengen leitfähig gemachte W. in den Kathodenraum gefüllt wird. Als Anode werden Pb- oder Pt- u. als Kathode Fe-Platten verwendet. Die Na-Ionen wandern durch ein Diaphragma in den Anodenraum u. reichern sich dort an. Man erreicht z. B. eine Steigerung des V_2O_5-Geh. in der Anoden-Fl. von anfangs 0,4 auf 0,7%. (**Ung. P. 144 403** vom 6/2. 1957, ausg. 15/9. 1958.) G. König. H 330

Pechiney Comp. de Produits Chimiques et Électrométallurgiques, Frankreich (Erfinder: Bernard Desbois), **Herstellung von reinem Nioboxid.** Die bei der Gewinnung von Tantaloxid aus Erzen mit Fluor-Chlorwasserstoffsäure anfallenden wss. Lsgg., die 1—2% Nb neben anderen metall. Verunreinigungen enthalten, werden über Anionenaustauscher, z. B. quatern. aliphat., aromat. oder heterocycl. Ammonium-Verbb., filtriert, der Austauscher wird mit dest. W. völlig neutral gewaschen u. dann mit einer Neutralsalz-Lsg., z. B. NaCl, eluiert, wobei zuerst Fe, dann *Nb* ausgewaschen wird, welches mit NH_3 in das *Hydroxid* u. durch Calcinieren in das *Oxid* übergeführt wird. (**F. P. 1 212 779** vom 11/7. 1958, ausg. 25/3. 1960.) W. Wittholz. H 331

E. I. du Pont de Nemours & Co., Wilmington, übert. von: Wendell E. Dunn jun., Newark, Del., V.St.A., **Chlorieren von Nioboxidchlorid** mit Hilfe von C u. Cl_2. Dabei hält man in der Rk.-Zone 0,1—10 Vol.-% HCl, bezogen auf den Gesamtgeh. der Gase, aufrecht u. erhält $NbCl_5$. (**A. P. 3 009 773** vom 31/3. 1958, ausg. 21/11. 1961.) H. Nebelsiek. H 331

Union Carbide Corp., übert. von: Raymond A. Foos, Cincinnati, Ohio, und Howard F. Gemperline, Tonawanda, N.Y., V.St.A., **Abtrennen von Niob- und Tantalverbindungen** aus Nb u. Ta enthaltendem Rohmaterial. Man löst das Ausgangsmaterial im Überschuß von wss. HF, setzt H_2SO_4 im Überschuß zu u. extrahiert mit einem organ. Lsgm., das mit der Säure-Lsg. nicht mischbar ist, bes. niederen aliphat. Ketonen, niederen aliphat. Estern oder niederen aliphat. Äthern, bes. Methylisobutylketon. Nach dem Trennen der beiden Phasen erhält man die Verbb. des Nb u. Ta aus der organ. Phase. (**A. P. 2 962 372** vom 17/1. 1958, ausg. 29/11. 1960.) H. Nebelsiek. H 332

Quaker Oats Co., Chicago, übert. von: Lloyd H. Brown, Crystal Lake, und Francis K. Cole, Woodstock, Ill., V.St.A., **Trennen von Tantal und Niob aus ihren Hydroxidgemischen,** indem man letztere in einer wss. Lsg. einer in Furfurol lösl. α-Hydroxysäure, z. B. Glykol-, Milch- oder Weinsäure, löst, die Lsg. mit Furfurol versetzt u. die das *Ta* enthaltende Furfurolphase von der das *Nb* enthaltenden wss. Phase trennt. (**A. P. 2 943 912** vom 2/12. 1957, ausg. 5/7. 1960.) K. Demmler. H 332

Soc. des Forges et Ateliers du Creusot, Frankreich (Erfinder: Pierre Reboul), **Gewinnung von reinen Niob- und Tantaloxiden.** Das Oxidgemisch wird in verd. H_2SO_4 gelöst, H_2O_2 u. eine wss. Lsg. eines Fe(III)-Salzes, wie $FeCl_3$ oder $Fe_2(SO_4)_3$, werden zugegeben. Dann wird alkalisiert, z. B. mit NH_3 im Überschuß, u. zum Sieden erhitzt, bis H_2O_2 zersetzt ist, u. durch Zufügen von Säure die reinen Oxide ausgefällt. Eine Trennung der Oxide erfolgt durch nochmaliges Zufügen von H_2O_2 zur sauren Lsg., wodurch *Nb-Oxid* in Lsg. geht u. *Ta-Oxid* als Nd. verbleibt. (**F. P. 1 212 106** vom 25/7. 1958, ausg. 22/3. 1960.) W. Wittholz. H 332

Ciba Akt.-Ges., Basel (Erfinder: Walter Scheller, Neue Welt, und Jean Renard, Muttenz), Schweiz, **Reinigen von Tantal- und/oder Niobpentachlorid** von unerwünschten Chloriden u. Oxidchloriden, bes. des W u. Fe. Man leitet das unreine Pentachlorid in der Gasphase zusammen mit H_2 über ein oder mehrere Halogenide, bes. Chloride u./oder Fluoride, der Alkalien. (**D. A. S. 1 129 146** Kl. 12m vom 24/9. 1959, ausg. 10/5. 1962. Schwz. Prior. 25/9. 1958.) H. Nebelsiek. H 332

Ethyl Corp., New York, N.Y., übert. von: Harold E. Podall und Hymin Shapiro, Baton Rouge, La., V.St.A., **Herstellung von Manganpentacarbonyl** durch Rk. von Manganacetat mit z. B. Al-Triäthyl u. CO unter einem Druck von 0—3000 at bei 0—200°. (**A. P. 2 952 520** vom 23/12. 1957, ausg. 13/9. 1960.) H. Nebelsiek. H 350

Ethyl Corp., New York, N.Y., übert. von: Harold E. Podall, Baton Rouge, La., V.St.A., **Gewinnung von Manganpentacarbonyl** durch Rk. eines Mn-Salzes, z. B. $MnCl_2$, CO u. metall. Al oder Na in Ggw. einer Organometall-Verb., z. B. Triäthylaluminium, in geringer Menge bei 0—200° u. einem CO-Druck bis zu 5000 lbs./sq.in. (**A. P. 2 952 522** vom 29/12. 1958, ausg. 13/9. 1960.) H. Nebelsiek. H 350

E. I. du Pont de Nemours & Co., Wilmington, Del., übert. von: William R. McClellan, Kennett Square, Pa., V.St.A., **Herstellung von Glycerylmangantetracarbonylen.** Entspricht D. A. S. 1 112 513; C. **1962,** 4786, wobei folgende Verbb. nachzutragen sind: *γ-Chlorallylmanganpentacarbonyl* [aus $LiMn(CO)_5$ in Tetrahydrofuran (I) u. 1.3-Dichlor-2-propen] gelbe Fl., Kp.$_{0,5}$ 55°, u. *α.α-Dimethylglycerylmangantetracarbonyl* [aus 1-Brom-3-methyl-2-buten u. $LiMn(CO)_5$ in I] rotbraune Fl., Kp.$_1$ 51°, F. 12–14°. (**A. P. 2 990 418** vom 22/4. 1960, ausg. 27/6. 1961.) J. Mühleisen. H 350

Badische Anilin- & Soda-Fabrik Akt.-Ges., Deutschland (Erfinder: **Albert Heinzel**), *Gewinnung von Argon.* (**F. P. 1 238 125** vom 20/10. 1959, ausg. 30/11. 1960. D. Prior. 3/11. 1958. — C. **1960**, 13808 [D. A. S. 1 076 098].)

Friedrich Uhde G. m. b. H., Dortmund, *Anreichern von Deuterium in Wasser oder Wasserstoff.* (**E. P. 864 026** vom 17/6. 1957, ausg. 29/3. 1961. D. Prior. 16/6., 9/8. 1956 u. 23/1. 1957. — C. **1962**, 8378 [Aust. P. 220 679].)

Montecatini Soc. Gen. per l'Industria Mineraria e Chimica, Mailand, Italien, *Herstellung von Wasserstoffperoxid.* (**E. P. 881 900** vom 8/7. 1958, ausg. 8/11. 1961. It. Prior. 12/7. 1957. — C. **1962**, 6543 [Belg. P. 569 344].)

Food Machinery & Chemical Corp., New York, N.Y., V.St.A. (Erfinder: **Theodore M. Jenney**), *Herstellung von Wasserstoffperoxid nach dem Anthrachinonverfahren.* (**Aust. P. 232 939** vom 21/1. 1959, ausg. 30/3. 1961. A. Prior. 12/3. 1958. **Ind. P. 66 499** vom 22/1. 1959, ausg. 12/1. 1961. — C. **1961**, 15880 [A. P. 2 966 398].)

Laporte Chemicals Ltd., Luton, England (Erfinder: **Anthony Macdonald Hildon** und **John Geoffrey Marshall**), *Herstellung von Peroxomonosulfaten.* (**E. P. 877 232** vom 11/3. 1958, ausg. 13/9. 1961. — C. **1960**, 14149 [D. A. S. 1 076 642].)

Battelle Development Corp., Columbus, Ohio, übert. von: **John R. Bircher jun.**, Louisiana, Mo., V.St.A., *Entwässerung von Hydrazinlösungen.* (**Can. P. 555 572** vom 29/5. 1950, ausg. 8/4. 1958. A. Prior. 31/5. 1949. — C. **1954**, 4920 [Schwz. P. 291 184].)

Imperial Chemical Industries Ltd., London, übert. von: **Albert Davies** und **Alfred John Rudge**, Widnes England, *Elektrolytische Herstellung von Fluor.* (**A. P. 3 000 801** vom 15/7. 1959, ausg. 19/9. 1961. E. Prior. 30/7. 1958. — C. **1962**, 4298 [E. P. 861 978].)

L. von Roll Akt.-Ges., Zürich, Schweiz, *Elektrolyse wäßriger Salzsäure.* (**Ind. P. 64 327** vom 10/6. 1958, ausg. 30/1. 1961. — C. **1961**, 8074 [E. P. 834 640].)

Soc. d'Électro-Chimie, d'Électro-Métallurgie et des Aciéries Électriques d'Ugine, Paris, übert. von: **Paul Mollard**, Pierre-Benite, Frankreich, *Natriumchloritprodukt.* (**A. P. 3 006 721** vom 8/3. 1960, ausg. 31/10. 1961. F. Prior. 10/3. 1959. — C. **1962**, 14985 [D. A. S. 1 124 471].)

Spinnfaser Akt.-Ges., Kassel, *Wiedergewinnung von Schwefel bei der Viscoseverarbeitung.* (**E. P. 873 994** vom 25/3. 1959, ausg. 2/8. 1961. D. Prior. 4/6. 1958. — C. **1959**, 15474 [D. A. S. 1 054 655].)

Imperial Chemical Industries Ltd., London, England (Erfinder: **Hugh Leithead Roberts**), *Schwefelhalogenverbindungen.* (**E. P. 877 458** vom 30/4. 1958, ausg. 13/9. 1961. — C. **1961**, 6637 [D. A. S. 1 087 576].)

James Wilkinson & Son Ltd. (Erfinder: **Roland Yeardley Eagers**), *Herstellung von Bortrifluorid.* (**Aust. P. 232 560** vom 25/3. 1959, ausg. 2/3. 1961. E. Prior. 31/3. u. 14/7. 1958. — C. **1961**, 15533 [E. P. 842 515]).

Enrico Asséo, Chailly, Lausanne, Schweiz, *Herstellung von Alkali-, Erdalkali- oder Schwermetallboraten aus unlöslichen Bormineralien.* (**D. A. S. 1 129 463** Kl. 12i vom 4/9. 1959, ausg. 17/5. 1962. — C. **1960**, 8991 [Schwz. P. 341 803].)

H_6. Silicatchemie. Baustoffe

Über die Möglichkeit der Bestimmung der Kristallisationsfähigkeit von Glas auf Grund seiner Zusammensetzung. L. N. Urussowskaja. (Стекло и Керамика [Glas u. Keram.] **17**, Nr. 9, 33–38, Sept. 1960; russ.) – Auf Grund von Gleichgewichtsdiagrammen wird festgestellt, daß die Kristallisationsfähigkeit von sauren Gläsern des Syst. K_2O–Na_2O–SiO_2 sowie von 4-Komponenten-Gläsern, deren Projektion im Phasenfeld von Kieselerde liegt, der nachst. Gesetzmäßigkeit folgen: Glas, dessen Projektion im Tridymitfeld liegt, zeigt große Kristallisationsfähigkeit, bei Annäherung an das Quarzfeld tritt stufenweise Verminderung ein u. im Quarzfeld selbst krist. das Glas prakt. nicht. Im Feld der Kieselerde-Verbb. unterliegt die Kristallisationsfähigkeit komplizierteren Gesetzen. J. Lehmberg. 6168

Spektrophotometrische und photometrische Eigenschaften des Opalglases MS 14. N. A. Woischwillo. (Оптика и Спектроскопия [Optik u. Spektroskopie] **12**, 443–45, März 1962; russ.) – Die Reflexions-Eigg. des Fluor–Blei-Opalglases MS 14 wurden untersucht. Die Messungen der λ-Abhängigkeit des diffusen Reflexions-Koeff. (RK) ergaben bessere Werte als für übliche weiße Oberflächen (MgO, $MgCO_3$, $BaSO_4$ usw.). Der integrale RK beträgt für eine Farb-Temp. von 3000° K bei Ausschluß der spiegelnden Reflexion an der polierten Oberfläche 93,5%. Die Reflexionsindicatrix ist sehr gleichmäßig. Bei normalem Strahlungseinfall ändert sich der RK für $\lambda = 550$ mμ bei einem Beobachtungswinkel zwischen 10 u. 50° nur um 5%. Das genannte Glas ist auf Grund seiner mechan. Eigg. den üblichen weißen diffus reflektierenden Flächen überlegen. R. Gerbatsch. 6200 □

Quarzlagerstätte in Velká Kraš. Karel Klement. (Sklář a Keram. **12**, 46–48, Febr. 1962; Brno; slowak.) – Der sehr reine Quarz aus der Lagerstätte Velká Kraš wird als Rohstoff zur Herst. von Quarzglas (Material für elektr. Halbleiter) verwendet. Neben der Beschreibung der geolog. Verhältnisse der Lagerstätte werden die Ergebnisse von calorimetr. Messungen u. Vers.-Schmelzen von Quarz- u. Uviolglas angegeben sowie Vers.-Schmelzen von reinem Quarzglas im elektr. Lichtbogen beschrieben. H. Noack. 6204

Beitrag zur Konstitution einiger rheinischer Trasse. U. Ludwig und H. E. Schwiete. (Zement-Kalk-Gips **15** (51), 160—65, April 1962; Aachen, TH, Inst. für Gesteinshüttenkunde; dt.) — Von 5 rhein. Trassen wurden die chem. u. mineralog. Zus., die Kornverteilung u. die spezif. Oberfläche bestimmt. Zum Mineralbestand zählen Feldspat (25%), Leucit (14), Hornblende, Augit, Glimmer u. glasige Grundmasse sowie die erstmalig identifizierten Minerale Analcim, Chabasit, Illit, Kaolinit, Haematit, Quarz (12) u. Cristobalit. Der Wasser-Geh. wurde zwischen 200 u. 1100° ermittelt. Auch bei höheren Temp. ist teilweise eine starke Zunahme der Wasserabspaltung zu erkennen. Aus Unterss. an u. von den rhein. Trassen abgetrennten Gläsern geht hervor, daß das W. überwiegend in Gläsern gebunden vorliegt. Durch IR-Absorption wurde in den Traßgläsern bis zu 400° freies W. nachgewiesen. Von großem Einfl. auf das Rk.-Vermögen dieser Gläser sind die OH-Gruppen u. strukturell gebundenes Wasser. Die hydraul. Erhärtung bei der Traßkalk-Rk. in wss. Medien ist auf die glasige Grundmasse u. deren chem. Zus. zurückzuführen. Ihr Rk.-Vermögen ist von der spezif. Oberfläche u. der Menge der in die Gläser eingebauten Alkalien u. OH-Gruppen abhängig.
H. Noack. 6208

Neue Rohstoffe für die Erzeugung von Sanitärkeramik. Zdeněk Hanzlíček. (Sklář a Keräm. **12**, 107—09, April 1962; Hradec Králové; tschech.) — Durch teilweisen Ersatz der bisher verwendeten Rohstoffe durch neue plast. u. unplast. Rohstoffe zur Herst. von Sanitärkeramik konnten Eigg., wie Fließfähigkeit, Anmachwasser-Geh. u. Rohbruchfestigkeit verbessert u. die Rohstoffkosten gesenkt werden.
H. Noack. 6208

Feinzerkleinerung keramischer Rohstoffe. Albert Schuster. (Keram. Z. **14**, 22—23, Jan. 1962; Osnabrück; dt.) — Beschreibung des Aufbaues u. der Arbeitsweise eines speziell zur Feinzerkleinerung entwickelten Präzisions-Gleichlauf-Schnelläufer-Feinwalzwerks. G. Bauer. 6208□

Die Feldspäte der Amberger Kaolinwerke G. m. b. H., Hirschau/Opf. Oskar Hallbauer. (Keram. Z. **14**, 24—28, Jan. 1962; Hirschau; dt.) — Zur Aufbereitung von Qualitätsfeldspäten werden das Naßaufbereitungs- u. das Trockenaufbereitungs-Verf. beschrieben. Abschließend werden noch einige Hinweise über die Verw. dieser Rohstoffe gegeben. G. Bauer. 6208□

Tunnelöfen mit Heißwasser-Kühlanlagen und horizontaler Impulsfeuerung. G. Cremer. (Ber. dtsch. keram. Ges. e. V. **39**, 175—80, März 1962; Junkersdorf b. Köln; dt.) — Brennprodukte mit großer Kühlempfindlichkeit werden vorteilhaft in Tunnelöfen mit Heißwasserkühlanlage zur genauen Regelung des Kühlwasserverlaufs hergestellt. Die Rückgewinnung der im Brenngut nach Durchlaufen der Brennzone enthaltenen Wärmemenge erfolgt mit dem besten Rückgewinnungsgrad. Gleichzeitig werden die Erfahrungen mit einer neuartigen vollautomat. geregelten Ölfeuerungseinrichtung für Tunnelöfen mit großen Querschnitten beschrieben. N. Peters. 6210□

Rekonstruktion der Tunnelöfen in Louny. Jan Krupka. (Sklář a Keräm. **12**, 125, April 1962; Louny; tschech.) — Die Rekonstruktion der Tunnelöfen zum Brennen von Elektroporzellan beruht auf dem Prinzip der grundsätzlichen Trennung der Oxydations- von der Red.-Phase durch Injektorabsaugen von Abgasen.
H. Noack. 6210

Versuche mit Antimon-Verbindungen als Majolikafarben und Glasurrohstoffe. Gebhard Bierbrauer. (Keram. Z. **14**, 194—98, April 1962; Lübeck; dt.) — Bei der Herst. von Sb-Farbstoffen hat sich in den meisten Fällen nach dem Brand eine andere Farbe gezeigt als die Rohstoffmischung vorher besaß, da sich neue chem. Verbb. bilden. Außerdem sind die Sb-Glasuren häufig nicht beständig. Es werden eine Reihe von neuen Versätzen beschrieben, die bes. für die Erzeugung von Kunstglasuren Vorteile bringen. H. Noack. 6212

Das Verhalten von Gasblasen, insbesondere von Wasserdampfblasen in Glasuren. H. Scholze. (Ber. dtsch. keram. Ges. e. V. **39**, 162—67, März 1962; Würzburg, Max-Planck-Inst. für Silikatforsch.; dt.) — Von Epstein u. Plesset angegebene Differentialgleichungen wurden auf das Problem des Schrumpfens von Blasen u. Glasuren angewendet. Es zeigte sich, daß mit reinem Wasserdampf gefüllte Blasen sich unter normalen Bedingungen sehr schnell auflösen. Entsprechende Verss. bewiesen, daß in Übereinstimmung mit der Theorie bei hohen Anfangswasser-Geh. in der Glasur u. in Ggw. eines Fremdgases die Auflösungs-Geschw. verringert wird. Weitere Verss. ergaben, daß während des Glasurbrandes eine Änderung der Zus. des Blaseninhalts auch für andere Gase eintritt. N. Peters. 6212□

Zur Frage der Eierschäligkeit von Porzellanglasuren. Oleg Gulevič. (Sklář a Keräm. **12**, 110—12, April 1962; Karlovy Vary; tschech.) — Die Eierschäligkeit von Porzellanglasuren, die durch falsche Herst.-Verff. bzw. ungenügende Rohstoffe hervorgerufen wird, kann durch Einhaltung bestimmter Bedingungen vermieden werden. H. Noack. 6212

Über den Einfluß der Glasur auf die Güteeigenschaften von Porzellanerzeugnissen. Iris Bergerová. (Sklář a Keràm. **12,** 113—16, April 1962; tschech.) — Um den Einfl. der Glasur auf die Güte der Porzellanerzeugnisse zu erfassen, wurden von 15 Industrieglasuren die opt. u. mechan. Eigg. untersucht. Der Weiß-Geh. des glasierten Erzeugnisses sinkt im Vgl. zum unglasierten Scherben, in Glasur vorhandene Blasen werden nach Anzahl u. Größe beurteilt. Die mechan. Eigg. werden durch CaO bzw. MgO verändert, der Einfl. von Al_2O_3 u. SiO_2 ist noch nicht geklärt. Die Rkk. an der Grenze Scherben–Glasur werden behandelt. H. Noack. 6212

Faktoren, die eine rißfreie Anpassung von Glasuren auf Tongut-Scherben beeinflussen. Franz Kure. (Keram. Z. **14,** 189—94, April 1962; Wien; dt.) — Nach einer Diskussion über Glasurfehler, bes. Rißanfälligkeit, werden die Wärme- u. Feuchtigkeitsausdehnung, Zug- u. Druckspannung behandelt u. die Prüfung auf Glasurspannungen beschrieben. Das Verh. der Glasur wird in Abhängigkeit von Aufbereitung, Formgebung u. Brand diskutiert, ausführliche Vorschläge zur Beseitigung der Fehler werden gegeben. H. Noack. 6212

Das Emaillieren von Aluminium und seinen Legierungen nach dem amerikanischen Schrifttum. A. Pollack. (Metall **16,** 564—66, Juni 1962; Kohden über Nidda; dt.) — Vgl. C. **1961,** 1693. — Überblick. — 17 Literaturangaben. M. Gehlen-Keller. 6212□

Porzellanmasse mit einem höheren Tongehalt ohne Zettlitzer Kaolin für eine Brenntemperatur maximal 1350°. Rudolf Reinert. (Sklář a Keràm. **12,** 128—29, April 1962; Louny; tschech.) — Zur Herst. von Porzellanmasse für techn. Porzellan wird der Zettlitzer Kaolin durch andere Kaolinsorten ersetzt. Die Herabsetzung der Brenn-Temp. auf maximal 1350° wird durch Tonarten erreicht, die ohne Erhöhung des Feldspat-Geh. unter 1400° sintern. H. Noack. 6214

Die Herstellung von Porzellanwaren durch heißen Guß unter Druck. N. G. Mitin, I. N. Subatowa, S. S. Romanowskaja, T. I. Kudrina und B. I. Wischnewski. (Стекло и Керамика [Glas u. Keram.] **17,** Nr. 9, 38—41, Sept. 1960; Kiew, Fabrik für experimentelle Kunstkeramik; Baranowsk, Porzellanfabrik; russ.) — Der Schlicker für den Druckguß besteht aus 86,3—89% feingemahlenem *Porzellan*-Pulver, 10—13% *Paraffin* u. 0,7—1% oberflächenakt. *Bienenwachs* als Binder. Der Druckguß erfolgt bei 2—5 at, die Entfernung des Binders durch längeres Brennen bei 600°. Das Halbfabrikat wird bei 1300—1320° vorgebrannt, Glasurbrand erfolgt wie üblich. J. Lehmberg. 6214

Die Bestimmung von Stoffkenngrößen der Plastizität grobkeramischer Massen. C. O. Pels Leusden. (Ber. dtsch. keram. Ges. e. V. **39,** 181—87, März 1962; Essen-Kray, Inst. für Ziegelforsch. Essen e. V.; dt.) — Plastizitäts-Unterss. an Tonen mit dem Parallel-Platten-Plastometer nach Williams an vorwiegend grobkeram. Massen werden beschrieben, die hierbei unter verschiedenen Bedingungen erhaltenen Fließkurven geben Auskunft, zu welchen Erzeugnissen die Rohstoffe auf Grund ihres plast. Verh. verarbeitet werden u. welche produktionstechn. Besonderheiten hierbei auftreten können. Parallel-Unterss. mit dem Pfefferkorn-Gerät lassen auf einen völlig veränderten Fließmechanismus schließen. N. Peters. 6216□

Bestimmung der Temperatur der maximalen Plastizität von keramischen Massen auf Grund ihrer rheologischen Charakteristiken. I. I. Moratschewski und W. B. Tschernogorenko. (Строительные Материалы [Baumaterialien] **5,** Nr. 7, 32—33, Juli 1959.) — Im Ergebnis der Unterss. von keram. Massen aus Tonen verschiedener chem. u. mineralog. Zus. wurden 3 Typen von Polythermen der Plastizität festgestellt: 1. Die Plastizität wächst unmittelbar mit steigender Temp. der erwärmten keram. Massen; hierzu gehören Bentonite u. viele Montmorillonit-Tone. 2. Die Plastiztät verringert sich mit steigender Temp., z. B. bei Lößen. 3. Die Plastizität wächst bis zu einem bestimmten Punkt u. nimmt dann wieder ab, z. B. bei Tschassow-Jar-Ton. D. Rost. 6216□

Ein Beitrag zur Frage der Mullitbildung bei der Herstellung von Hochfeuerfest-Keramik. Gisela Strunk-Lichtenberg. (Keram. Z. **14,** 188—89, April 1962; Bonn; dt.) — Es wird das Problem der Mullit-Bldg. im keram. Scherben unter besonderer Berücksichtigung der energet. Verhältnisse behandelt, die sich aus dem Gitteraufbau des Ausgangs-Prod. ergeben u. die zu verschieden raschen Rk.-Abläufen führen. Die α-Korundform ist reaktionsträger als die x-Form. Verss. mit einem feinkörnigen, hochsinternden u. alkalifreien Fireclay-Ton führen in den Zwischenprodd. u. im Endprod.

zu einer hochfeuerfesten, sillimanitähnlichen Keramik, die zur Schamotte-Herst., als Bindemittel u. zur Ausbildung von Gießmassen u. Engoben dient. Letztere werden vor allem zur Veredlung weniger feuerfesten Materials benutzt. H. Noack. 6218

Spinellwerkstoffe, hergestellt nach dem Reaktionssinterverfahren. Gustl Strunk-Lichtenberg. (Fortsch. Mineralog. **39,** 49—53, 1 Tafel, 1961; Bonn; dt.) — Erläuterung von Fortschritten bei der Herst. von *Hochtemp.-Werkstoffen* nach dem Rk.-Sinter-Verf., bes. durch Benutzung von Dämmstoffen, die mit den Rk.-Endprodd. nicht ident. sind. Analyse des Spinell-Rk.-Endprod. der Rk. $2 CrO_3 + 2 Al + [Al_2O_3 + 3 MgO] \rightarrow 2 Al_2O_3 + Cr_2O_3 + 3 MgO \rightarrow 3 Mg(Al, Cr)_2O_4$. Die Verb. hat eine Dichte von 4,03 g/cm³, a_0 = 8,205 Å. Schmelzpunkt liegt über 2050°. Zwischen den Kristalliten hat sich metall. Cr abgeschieden. Durch derartige Metallhäutchen werden die Spinellkörner verkittet. Durch Heißpressen wurden Tabletten von 50 mm Ø u. 20 mm Höhe hergestellt. Angaben über die Biegebruchfestigkeit im Bereich von 20—1000°. Der Werkstoff entspricht der Art eines Cermets. H. Moenke. 6218□

Studien an Tridymiten. I. Patzak und K. Konopicky. (Ber. dtsch. keram. Ges. e. V. **39,** 168—74, März 1962; Aachen, TH, Inst. für Gesteinshüttenkunde; dt.) — Tridymitzonen mit überhöhter Dichte aus zahlreichen Silica-Glaswannen- u. Koksofensteinen wurden röntgenograph. u. durch DTA untersucht. Die Erhöhung der Dichte bei Tridymit ist darauf zurückzuführen, daß verschiedene Fremdionen — vor allem Ca u. Mg — in größeren Mengen in das Tridymitgitter eingebaut werden können, die dann eine Kontraktion des Gitters u. somit eine größere Dichte zur Folge haben. Durch Behandlung mit H_3PO_4 wird sowohl der im Stein vorhandene Schmelzanteil als auch ein Teil der Fremdionen aus dem Gitter des Tridymits herausgelöst. Die überhöhte Dichte des Tridymits von 2,37/cm² geht dadurch auf 2,28/cm² zurück u. der vorliegende Tridymit läßt deutlich eine Gitteraufweitung erkennen. Durch anschließendes Tempern bis auf 1500° weitet sich das Gitter noch etwas auf. N. Peters. 6218□

Untersuchung von Molybdaten und Wolframaten zweiwertiger, durch die keramische Technologie gewonnener Kationen. N. A. Batrakov. (Sklář a Kerám. **12,** 147—49, April 1962; Swerdlowsk; tschech.) — Es werden die physikochem. Eigg. von Molybdaten u. Wolframaten 2wertiger Kationen untersucht, die sich während des keram.-technolog. Prozesses bilden. H. Noack. 6220

Herstellung von Blei–Zirkonat-Titanaten. 1. Mitt. **Bestimmung der Ausgangsstoffe.** A. E. Robinson und Thelma A. Joyce. (Trans. Brit. ceram. Soc. **61,** 85—93, Febr. 1962; Holton Heatts, Poole, Dorset, Admiralty Materials Labor.; engl.) — Im Syst. $PbO-SrO-ZrO_2-TiO_2$ werden bin. Zus. hergestellt u. Meth. zur Best. der Komponenten vor der Rk. beschrieben sowie die Rk.-Temp. der Komponenten bestimmt. Unterss. an calcinierten u. gesinterten keram. Proben zeigen, daß in Ggw. von Zr- u. Ti-Oxid als säureunlösl. Anteil hauptsächlich Zr-Oxid auftritt. Enthalten die Proben sowohl Pb- als auch Sr-Oxid, ergibt der ÄDTA-Auszug in der Hauptsache Pb. Es können aber auch Spuren von Sr auftreten. H. Noack. 6220

Herstellung von Blei–Zirkonat-Titanaten. 2. Mitt. **Der Einfluß von überschüssigem Blei- und Zirkoniumoxid.** A. E. Robinson und D. Luff. (Trans. Brit. ceram. Soc. **61,** 94—103, Febr. 1962; Holton Health, Poole, Dorset, Admiralty Materials Labor; engl.) — 1. vgl. vorst. Referat. — Bei der Herst. von Blei–Zirkonat-Titanat verläuft die Rk. bei einem Überschuß an PbO oder ZrO_2 vollständiger. Überschüssiges ZrO_2 hat jedoch auf die elektr. Eigg. eine negative Wirkung. Die besten Ergebnisse werden bei einem Überschuß von 1,6 Mol-% PbO bzw. 0,8 Mol-% PbO in Ggw. von SrO erhalten. H. Noack. 6220

Asbestzement für Paneelkonstruktionen und dessen Deformationseigenschaften. L. N. Pitzkel und G. W. Alexandrowa. (Строительные Материалы [Baumaterialien] **6,** Nr. 9, 7—10, Sept. 1960; russ.) — Materialprüfungen an Asbestzementplatten u. Unterss. über Schrumpf- u. Temp.-Feuchtigkeitsdeformationen. J. Lehmberg. 6222

Chemische Widerstandsfähigkeit von Autoklavenasbestzement und die Möglichkeit der Herstellung von Röhren aus sandhaltigem Zement. Je. N. Kitajew und Ch. E. Gontscharskaja. (Строительные Материалы [Baumaterialien] **5,** Nr. 11, 17—19, Nov. 1959; russ.) — Die größte Widerstandsfähigkeit gegenüber 3%ig. Na_2SO_4-Lsg. zeigt Autoklavenasbestzement mit einem Geh. von 50% Quarzsand u. 14% Asbest. Die Erhöhung des Dampfdruckes im Autoklaven von 8 auf 20 atü steigert die chem. Widerstandsfähigkeit der Asbestzementerzeugnisse gegenüber aggressiven mineral. Lsgg. u. die Biegefestigkeit. Durch Anwendung des neuen Verf. verkürzt sich die Herst.-Dauer für Asbestzementrohre von 14 Tagen auf 12—14 Stunden. D. Rost. 6222□

Prüfung der wichtigsten Stoffeigenschaften von Gießharzbeton. Gotthard Franz und Reinhard Bossler. (Betonstein-Ztg. **28,** 49—59, Febr. 1962; Karlsruhe;

dt.) — Von 4 verschiedenen Gießharzbetonmischungen, bei denen das übliche Bindemittel Zement durch Gießharze (ungesätt. Polyester) ersetzt wurde, werden die wichtigsten Stoffeigg. untersucht. Gießharzbetone besitzen eine große Festigkeit u. eine relativ hohe Zugfestigkeit. Die elast. u. plast. Eigg. entsprechen denen normalen Betons. Die Temp.-Empfindlichkeit kann durch chem. Zusätze verbessert werden. H. Noack. 6224

Der Einfluß der Elastizitätsmoduln des Zementmörtels und der Zuschläge auf den Elastizitätsmodul des Betons. Teddy J. Hirsch. (J. Amer. Concrete Inst., Proc. **59,** 427—51, März 1962; Texas Agric. and Mech. Coll. Syst., Coll. Station, Tex.; engl.) — Mit Hilfe einer vom Vf. abgeleiteten allg. Gleichung läßt sich der Elastititäzsmodul des Betons oder Mörtels berechnen. Der Elastizitätsmodul der Zementpaste kann als eine Funktion des Wasser/Zementfaktors u. der Alterung der Paste aufgefaßt werden. Der Grad der Abweichung von obiger Gleichung wird von der quant. Zus. bestimmt. Entsprechend der Labor.-Verss. betragen die Durchschnittsabweichungen $\pm 10\%$, die maximale Abweichung $\pm 35\%$. Als Zuschlagstoffe werden Stahlstanzenschrott, zerstoßenes Glas, Bleiabfälle, Ottawa Sand, gemahlener Kalkstein u. ein kalk- u. quarzhaltiger Flußkies verwendet. H. Schumann. 6224□

Betonschnellerhärtung durch Vorwärmen der Zuschlagstoffe. Horst Georgi. (Bauplan. Bautechn. **17,** 178—80, April 1962; Dresden; dt.) — Zur Beschleunigung des Hydrationsprozesses werden Verss. zur Schnellhärtung durch Vorwärmen der Zuschlagstoffe durchgeführt. Die Mischbeschickung erfolgt zwecks besseren Wärmeausgleiches in der Reihenfolge: vorgewärmter Zuschlagstoff — W. — Zement. Geeignete Zemente ergeben bei einwandfreiem Mischen u. Verdichten des Betons unter Beachtung der Temp.-Entw. u. bei wärmehaltender Schalung schon nach 8 Std. ausreichende Entschalungs- u. Transportfestigkeiten. H. Schumann. 6224□

Hochofenschlacke als Füllstoff für hydrotechnischen Beton. W. W. Stolnikow und I. L. Snatschko-Jaworski. (Строительные Материалы [Baumaterialien] **6,** Nr. 9, 25—28, Sept. 1960; russ.) — Dem Beton mit Zusatz von Sand u. Hochofenschlacke der Korngröße 5—40 u. 5—80 mm wurden Sulfitschlempe (I) mit hydrophiler Wrkg. u. neutrales Abietinharzpulver (II) mit hydrophober Wrkg. beigemengt. Die Verss. dauerten 7—180 Tage u. ergaben, daß die Druckfestigkeit der Proben mit I u. II geringer ist als bei den Proben ohne Zusatz. Dagegen verdoppelt der Zusatz von II die Wasserfestigkeit, während I weniger wirksam ist. J. Lehmberg. 6224

Über die melilithische Phase der Hochofenschlacke italienischer Produktion. Nicola Fratini, Raffaele Marotta und Giovanni Schippa. (Ind. ital. Cemento **32,** 119—26, März 1962; ital.) — Die in der Hochofenschlacke vorherrschende melilith. Phase wird röntgenograph untersucht. Schlacken mit Melilithen, die 70% Åkermanit (hoher MgO-Geh.) enthalten, besitzen gleich gut hydraul. Eigg. wie Schlacken, bei denen im Melilith 48% Åkermanit (niedriger MgO-Geh.) enthalten ist. H. Noack. 6224

Die Gewinnung von Agloporit aus Schiefern auf Kettenrosten. W. W. Werschinina. (Строительные Материалы [Baumaterialien] **5,** Nr. 7, 21—22, Juli 1959.) — Beschreibung der Technologie zur Herst. von *Agloporit* für Leichtbeton aus Schiefern folgender Zus.: 60—62(%) SiO_2, 15—16 Al_2O_3, 3,5—4 Fe_2O_3, 2—6 CaO, 2,5—3,5 MgO, 3—3,5 $Na_2O + K_2O$. D. Rost. 6224□

Über die Eigenschaften von carbonathaltigem Kalk. A. Ss. Pantelejew. (Строительные Материалы [Baumaterialien] **6,** Nr. 9, 16—18, Sept. 1960; russ.) — Auf Grund von Unterss. der Rkk. im Syst. CaO-$CaCO_3$-H_2O wird die Erhärtung von *Carbonatkalk* (I; 30—40% Branntkalk, 70—60% Kalkstein oder Kreide) -Sandmörtel prim. durch eine Hydratation der vorher nicht hydratisierten Kalkinhaltsstoffe u. die Rk. von $Ca(OH)_2$ mit $CaCO_3$ bei möglicher Bindung von 6 Moll. H_2O bedingt. Sek. wird $Ca(OH)_2$ carbonisiert u. neues $CaCO_3$ gebildet, wobei mit dem Kalk ein festes kristallines Konglomerat entsteht. Der Forderung einer gleichmäßigen Vol.-Änderung entspricht ein trockenvermahlter I mit 3% MgO u. 2% $SiO + Al_2O_3 + Fe_2O_3$ nach einer Brenndauer von 2 Std. bei 1200°, ebenso naßvermahlter I beliebiger Zus. u. trockenvermahlter I mit Zusatz von Gips. Kennziffern über Druckfestigkeit u. Dehnung zeigen, daß naßvermahlter I, bes. mit hohem Geh. an MgO, aber auch an Silicaten, Aluminaten u. Ferriten von Ca Vorzüge gegenüber trockenvermahlten Proben aufweisen. Trockenvermahlter I mit über 6% MgO ändert sein Vol. ungleichmäßig u. neigt beim Trocknen zum Zerfall. J. Lehmberg. 6226

Künstliche Carbonisierung als Mittel zur Erhöhung der Aktivität von Dolomitbindemitteln. N. N. Michailow und A. M. Kusnetzow. (Строительные Материалы [Baumaterialien] **6,** Nr. 9, 28—30, Sept. 1960; russ.) — Verss. werden durchgeführt mit *Dolomit*, der bei 900° im Muffelofen gebrannt wird u. danach 44,52% CaO u. 34,65% MgO enthält. Anschließend erfolgt Vermahlung bis auf 0,2 mm, Wasserzusatz von 20–60 u. 100% des Trockengew. des Pulvers, 1tägige Erhärtung der Proben u. Begasung mit CO_2, wobei der Zeitpunkt der Gew.-Konstanz als Ende der Carbonisierung gilt (bei 30 u. 40% Wasser-Geh. in 5 Tagen, bei 20, 50, 60 u. 100% Wasser-Geh. in 14 Tagen). Die heftigste Rk. von CO_2 mit $Ca(OH)_2$ tritt bei Wasserüberschuß ein. Nach 7tägiger Begasung zeigen die Proben, die mit 40–50% W. angemacht wurden, eine Druckfestigkeit von 250–300 kg/cm². J. Lehmberg. 6226

Gasgips mit neuen Arten von Gasbildnern. Ss. Chainer und N. Urjew. (Строительные Материалы [Baumaterialien] **4**, Nr. 11, 34, Nov. 1958.) — Verss. mit Gips der Marke 100 mit 1,2% Kalkstein u. $H_2[SiF_6]$ (I) als Gasbildner zeigen, daß das gewonnene Material eine höhere Festigkeit als Schlamm- oder Gasgips bei Verw. der Gasbildner $Al_2(SO_4)_3$, HCl, H_2SO_4, $NaHCO_3$ mit Kalkstein aufweist, was auf Bldg.von Zellen unlösl. Salze von I u. SiO_2 zurückgeführt wird. Bei Zugabe zu den Ausgangsmaterialien von $Mg[SiF_6]$ u. Kalk erhält man Gips vom Vol.-Gew. 500–550 kg/m³ u. einer Festigkeit von 10–15 kg/cm². Bei den angewandten Gasbildnern läßt sich die Gas-Entw. so regulieren, daß das Ende der Gas-Entw. mit dem Anfang der Abbindung von Gips zusammenfällt. Je nach Verw. läßt sich das Vol.-Gew. von Gips durch Zugabe von Gasbildern (SiF_4, $CaCO_3$) u. Abbindeverzögerern (Sulfitschlempe) variieren. I u. ihre Salze stellen billige Abfall-Prodd. der Superphosphaterzeugung dar.
K. Wekua. 6226

Über den Einfluß der Gipszusätze und des Vermahlungsgrades von Kalk-Schlackenzement auf dessen Aktivität. W. N. Popko. (Строительные Материалы [Baumaterialien] **6**, Nr. 9, 30–32, Sept. 1960; russ.) — Unterss. finden statt an *Kalk-Schlackenzement*-Proben mit 2,5, 5 u. 7,5% Gips u. Proben mit gleichem Kalk-Geh. ohne Gips unterschiedlicher Mahlung mit einer spezif. Oberfläche von 3000, 4000 u. 6000 cm²/g bei verschiedenen Abbindebedingungen. Verwendet wird Branntkalk (I), mit 64,4% CaO + MgO, spezif. Oberfläche 6400 cm²/g u. Staubkalk (II) mit 49,4% CaO + MgO, 4350 cm²/g. Der Naturgips enthält 94% $CaSO_4 \cdot 2\,H_2O$, spezif. Oberfläche 4910 cm²/g. Die Resultate nach 7 u. 28tägiger Lagerung bei Luftfeuchtigkeit zeigen, daß die Druckfestigkeit bei Proben mit II gleichmäßig bei allen Vermahlungsgraden anwächst. Proben mit I sind bei Feinmahlung schnellhärtend, ihre Druckfestigkeit ist bei normaler Teigzähigkeit 1½–2mal größer als bei Proben mit II. J. Lehmberg. 6226

Der Einfluß der Temperatur von Rohschlämmen auf ihre struktur-mechanischen Eigenschaften. P. Budnikow und I. Ssemtschenko. (Строительные Материалы [Baumaterialien] **4**, Nr. 11, 31–32, Nov. 1958.) — Der Einfl. der Temp. auf die strukturmechan. Eigg. der *Lehmschlämme* aus dem Vork. von „Gigant", „Podolsk" u. „Nishni-Tagilsk" wird mit dem Elektronen-Elastoviscosimeter untersucht. Diese Schlämme weisen bei gleicher Viscosität verschiedene Wasser-Geh. (37, 39 u. 45%) auf. Die Unterss. basieren auf der Meth. des konst. Geschw.-Gradienten, der in verschiedenen Stadien der Strukturzerstörung des Schlammes Kennwerte für die struktur-mechan. Eigg. zu ermitteln gestattet. Auf Grund der Vers.-Ergebnisse bzgl. des Einfl. der Temp. auf die Viscosität wird eine optimale Erwärmung der Schlämme zur Erhöhung ihres Fließvermögens bei gleichzeitiger Verringerung der Feuchtigkeit angeführt.
Else Heinemann. 6226

Die Beständigkeit von Autoklaven-Schlacken-Sandmaterialien in aggressiven Medien. A. W. Wolshenski, Je. Ss. Ssilajenkow und T. W. Charina. (Строительные Материалы [Baumaterialien] **5**, Nr. 11, 32–34, Nov. 1959; russ.) — Die Festigkeit von Autoklaven-Schlacken-Sandmaterialien (ASS), die in Leitungswasser lagern, erhöht sich mit der Zeit. Die alkal. Wrkg. von weichem W. auf ASS ist geringer als auf Kalk–Sand- u. Zement–Sand-Erzeugnisse. Hinsichtlich der Festigkeit nach der Lagerung in aggressiven Medien liegen die Werte zwischen denen von Kalk–Sand- u. Zement–Sand-Erzeugnissen. Die größten Festigkeitswerte besaßen Materialien, bei denen gemahlene Hochofenschlacke als Bindemittel verwendet wurde. Durch Zusatz von gemahlenem Sand zu Zement–Sand- u. Kalk–Sand-Materialien erhöht sich die Intensität des Auflösens des zementierenden Stoffes u. damit gleichzeitig die Beständigkeit gegenüber Na_2SO_4 u. H_2CO_3; $MgSO_4$-Lsg. hoher Konz. erniedrigt die Festigkeitswerte. D. Rost. 6228 □

Eigenschaften und Verfahren zur Gewinnung von sich blähendem Perlit aus vulkanischen Gesteinen des Karpatengebietes. A. W. Shukow. (Строительные Материалы [Baumaterialien] **5**, Nr. 11, 19–23, Nov. 1959; russ.) — Die Unterss. ergaben, daß die optimale Blähung des *Perlits* (Ausgangsstoff für Leichtbeton u. Wärme- u. Schallisolierungsmassen) durch Zerkleinerung bis auf 1,5 mm Korngröße u. durch Austreiben des überschüssigen W. mittels therm. Vorbehandlung bis 800° vor dem eigentlichen Blähprozeß oberhalb 1000° erreicht wird. Eine Anlage zur industriellen Produktion geblähten Perlits mittels Schachtofen wird ausführlich beschrieben u. die verschiedenen Verw.-Möglichkeiten des Fertigerzeugnisses werden diskutiert.

D. Rost. 6228 □

Eine Methode zum halbtrockenen Pressen von Dachziegeln. I. A. Ssawkewitsch, W. I. Maltschenko, M. M. Klebanowa und W. D. Osstapenko. (Строительные Материалы [Baumaterialien] **5**, Nr. 11, 27–28, Nov. 1959; russ.) — Die Dachziegel wurden mit 9% Feuchtigkeit gepreßt, der Arbeitsgang des Trocknens konnte eingespart werden. Die maximale Brenntemp. betrug 1020° (3 Std. Halbzeit). Bei Verw. eines mageren Tones ist es erforderlich, einen plast. Ton zuzusetzen, um eine gute Sinterung der Erzeugnisse im Brand zu erzielen. D. Rost. 6228 □

Beitrag zur Bestimmung des Calciums. F. Matouschek. (Zement-Kalk-Gips **15 (51)**, 171–73, April 1962; Roche, Schweiz; dt.) — Es werden Verss. beschrieben, Ca als Ca-Oxalatmonohydrat zu bestimmen (Meth. entspricht der Best. als CaO durch Glühen des Oxalats). Für Mengen über 20% CaO ist ein Korrekturfaktor nötig, da die Resultate des Monohydrats etwas höher liegen. Die Meth. ist für alle Silicate, andere Ca-Lsgg. u. für jede Konz. anwendbar. H. Noack. 6240

Eine neue Methode zur Bestimmung der Gleichmäßigkeit von Glas. W. I. Schelјubski. (Доклады Академии Наук СССР [Ber. Akad. Wiss. UdSSR] **133**, 572–74, 11/7. 1960; Forschungsinst. für elektrotechn. Glas; russ.) — Die Best. beruht auf Messungen der Streuung paralleler monochromat. Lichtbündel durch feinen Glasstaub in Chlorbenzol als Immersionsmedium bei wenig veränderten Temperaturen. Die Best. erfolgt mit dem photoelektr. Colorimeter FEK oder dem Monochromator UM. Als Maß der Gleichmäßigkeit gilt die statist. Streuung, welche die Abweichung der Brechungszahl der kleinen Teilchen vom Mittelwert charakterisiert. J. Lehmberg. 6242

Bemerkungen zur Bestimmung der Alkalibeständigkeit von Gläsern gemäß CSN 700 533. František Trenz. (Sklář a Keram. **12**, 51–55, Febr. 1962; Hradec Královė; tschech.) — Zwecks Aufstellung eines staatlichen Normenvorschlags zur Best. der Alkalibeständigkeit von Gläsern werden verschiedene Prüfverff. an Hand der Unters. von 10 Industriegläsern krit. erörtert. H. Noack. 6242

Verwendung des Flammenmikroskops zur Beurteilung von Kaolinen. Edmund Kanclír und Rudolf Demovič. (Sklář a Kerám. **12**, 100–03, April 1962; Bratislawa; tschech.) — Das Flammenmikroskop Leitz Wetzlar II-A-P wird beschrieben u. seine Verw.-Möglichkeit zur Unters. von Tonen an Hand von Beispielen (6 tschech.-slowak. Kaoline) gezeigt. H. Noack. 6248

Beurteilung der Farbtönung von Kaolinen mittels trichromatischer Koordinaten. Eduard Plško und Edmund Kanclír. (Sklář a Kerám. **12**, 104–06, April 1962; Bratislava; tschech.) — Die Best. der trichromat. Koordinaten mittels des reflektierten Spektrums wird als das einzige objektive Verf. zur Ermittlung des Farbtones, der Farbtiefe u. der Helligkeit von keram. Erzeugnissen angegeben. Von 6 tschech.-slowak. Tonen wird die Abhängigkeit der Brenntemp. vom Fe_2O_3-Geh. im Zusammenhang mit der Farbwrkg. des Oxides bestimmt. H. Noack. 6248

Orientierte Umwandlung von Talk in Protoenstatit (γ-$MgSiO_3$) in gebrannten Preßkörpern von Speckstein. K. von Gehlen. (Ber. dtsch. keram. Ges. e. V. **39**, 155–61, März 1962; Erlangen, Univ., Mineralog. Inst.; dt.) — Die Kornorientierungen des Protoenstatits in gebrannten Preßkörpern aus Speckstein wurden mit Hilfe des *Röntgen-Zählrohr-Texturgoniometers* untersucht. Die bis 1300–1400° aufgeheizten Proben zeigten eine ausgezeichnete Orientierung des Protoenstatits, die beweist, daß dessen Keime durch eine orientierte Umwandlung der einzelnen Talkblättchen in der von Lindemann angegebenen Weise gebildet worden sind. Dabei werden große Teile des Talkkristallgitters von der neuen Phase übernommen. Die Meßergebnisse sprechen außerdem für die von Lindemann ermittelte monokline Kristallstruktur des Protoenstatits gegenüber der von Smith bestimmten rhomboedr. Struktur. N. Peters. 6248 □

Die Röntgenfluorescenz-Spektralanalyse von Zement und Kalk. H. Schmidt-Balve. (Zement-Kalk-Gips **15 (51)**, 174–76, April 1962; Dornap, Vers.-Anstalt der Rhein.-Westfäl.-Kalkwerke; dt.) — Es wird ein vorläufiger Bericht über die Erfahrungen bei der Aufstellung einer Fluorescenzanalysenanlage für Kalk u. Zement gegeben. Die Probenvorbereitung wird beschrieben u. die Eichkurve für MgO in Branntkalk mitgeteilt.

H. Noack. 6252

Die genaue volumetrische Bestimmung von Tonerde in Alumosilicaten. H. Bennett, W. G. Hawley und R. P. Eardley. (Trans. Brit. ceram. Soc. **61**, 201–06, April 1962; British Ceram. Res. Assoc.; engl.) — Zur Best. von Tonerde wird die volumetr.

Meth. mit ÄDTA angewandt, deren Genauigkeit der gravimetr. Oxin-Meth. entspricht. Nach Entfernung von Fe u. Ti durch Kupferron-Chlf. wird überschüssiges ÄDTA zugegeben. Die Tonerde wird durch Einstellung des pH komplex gebunden u. ÄDTA im Überschuß mit Zn u. Dithizon als Indicator zurücktitriert. H. Noack. 6260

Union des Verreries Mécaniques Belges Soc. An., Charleroi, Belgien, *Herstellung elektrisch leitender, durchsichtiger Schichten auf Glas- oder keramischen Gegenständen.* (**E. P. 892 708** vom 9/9. 1958, ausg. 28/3. 1962. Belg. Prior. 17/9. 1957. — C. **1962,** 272 [D. A. S. 1 090 830].)

Carborundum Co., Niagara Falls, N.Y., V.St.A., *Siliciumcarbidkörper.* (**E. P. 892 340** vom 6/8. 1958, ausg. 28/3. 1962. A. Prior. 12/8. 1957. — C. **1961,** 4493 [A. P. 2 907 972].)

Ocrietfabriek N.V. (**Erfinder: Johannes van der Eerde**), Baarn, Niederlande, *Verbesserung der chemischen Beständigkeit von Beton.* (**Schwz. P. 360 334** vom 17/5. 1956, ausg. 30/3. 1962. Niederl. Prior. 21/5. 1955. — C. **1959,** 7924 [Niederl. P. 86 875].)

DEHYDAG Deutsche Hydrierwerke G. m. b. H., Düsseldorf, *Oberflächenschutz für Mörtel- und Zementschichten.* (**E. P. 869 278** vom 13/9. 1957, ausg. 31/5. 1961. D. Prior. 15/9. 1956. — C. **1959,** 5273 [D. A. S. 1 043 552].)

H₇. Agrikulturchemie. Schädlingsbekämpfung

Schnellverfahren zur Herstellung von Humuskompostdünger aus Kernobst- und Beerenobst-Trestern. Ewald Könemann. (Fruchtsaft-Ind. **7,** 9—12, Febr. 1962; Augsburg, Bionom. Forschungsstelle; dt.) — Durch Zusatz des Kompostierungsmittels *Bio-Rotta* (Zus. nicht angegeben) kann die Kompostierung von Obsttrestern erheblich verkürzt werden. M. Winiker. 6294□

Das Kompostieren von Stadtmüll-Abfällen. Wallace H. Fuller. (J. Milk Food Technol. **24,** 385—89, Dez. 1961; Tucson, Ariz., Univ., Dep. of Agric. Chem. and Soils; engl.) J. Lehmberg. 6294□

Der Begriff vom Alter des Bodens. Seine Anwendung auf einige regionale Beispiele. B. Gèze. (Ann. Inst. nat. Rech. agronom., Sér. A **10,** 237—53, Mai/Juni 1959; Paris, Inst. Nat. Agronomique, Labor. d'Agrogéologie; franz.) — An Hand von Beispielen aus verschiedenen Gegenden der Welt schlägt Vf. eine Klassifizierung der Böden vor, die auf ihrem Alter beruht. C. Gottfried. 6300

Bodenstruktur und -gefüge. Ihre Definition und Beschreibung. R. Brewer und J. R. Sleeman. (J. Soil Sci. **11,** 172—85, März 1960; Canberra, C.S.I.R.O., Div. of Soils; engl.) — Um bei der Beschreibung der physikal. Beschaffenheit von Böden eine präzise Terminologie einzuführen, schlagen Vff. die Einführung folgender Definitionen vor (ausgehend von der Gesteinskunde): „Fabric" (Gefüge) kennzeichnet die räumliche Anordnung der Bodenpartikel u. Hohlräume, „Struktur" zusätzlich deren Größe u. Form. „Textur" bezeichnet nicht mehr wie bisher die Korngrößenverteilung, sondern auch den Kristallisationsgrad. Das Gefüge ist somit ein Teil der Struktur u. diese ein Teil der Textur. Bei der Struktur werden 6 Stufen steigenden Ordnungsgrades unterschieden. Struktur-Unterss. im Feld werden mit dem Ausdruck „pedality", Textur-Unterss. mit „field grading" bezeichnet. Wilfried Werner. 6300□

Die Festigung der Oberfläche von Sandböden mit im eigenen Lande (Volksrepublik Ungarn) hergestelltem Solakrol. Béla Kazó. (Agrokémia és Talajtan [Agrochem. u. Bodenkunde] **7,** 141—50, Juni 1958; Budapest, Agrochem. Forsch.-Inst.; ung.) — Durch *Solakrol* kann in der 5—10-cm-Schicht von Sandböden die Ausbildung einer Pseudokrümelstruktur bewirkt werden. J. Plank. 6302

Die Wirkung des pH-Wertes auf die Naßstabilität von Bodenkrümeln. W. W. Emerson und M. G. Dettmann. (J. Soil Sci. **11,** 149—58, März 1960; Harpenden, Herts., Rothamsted Exp. Stat.; engl.) — An synthet. hergestellten reinen Tonkrümeln sowie an Bodenkrümeln wurde in umfangreichen Labor-Verss. gezeigt, daß, entgegen der verbreiteten Ansicht, eine Kalkung die Krümelstabilität erhöht u. die Bindekräfte zwischen den einzelnen Tonteilchen in sauren Böden größer sind als in kalkhaltigen. Dies wird zurückgeführt auf 1. die positiven Ladungen an den Rändern der Tonkristalle u. 2. die an den Ton gebundenen austauschbaren dreiwertigen Kationen. Die stabilisierende Wrkg. von *Flotal* wird zumindest teilweise darauf zurückgeführt, daß dem Sorptionskomplex Fe^{3+}-Ionen zugeführt werden. Es ließen sich keine Hinweise dafür finden, daß die höhere Krümelstabilität im sauren Bereich auf der zementierenden Wrkg. von ausgefälltem $Al(OH)_3$ oder $Fe(OH)_3$ beruhte. Obgleich eine Kalkung eines sauren Bodens die Bindekräfte zwischen den Tonpartikeln vermindert, wird andererseits durch die $CaCO_3$-Zufuhr die Elektrolyt-Konz. u. damit die flockende Wrkg. der Boden-Lsg. erhöht. Wilfried Werner. 6302□

Über physikochemische Charakteristika von Böden auf Grundlage vulkanischer Aschen. 2. Mitt. Untersuchung vulkanischer Böden in den kälteren Waldregionen Japans. Shoichi Tamura. (J. Sci. Soil Manure, Japan [Nippon Dozyô-Hiryô-Gaku

Zasshi] **30,** 567–76, März 1960; Daiko Chikusan Univ.; jap.) — 1. vgl. J. Sci. Soil Manure, Japan [Nippon Dozyô-Hiryô-Gaku Zasshi **29,** [1958], 375. — Vf. vergleicht 4 Typen von *vulkan. Aschenböden* in der höheren Waldregion (mit Gefrierperioden): trockne (oben; TB), gut durchfeuchtbare (FB; mittlere flache Hanglage), nasse (NB) u. übernasse (im Tal; ÜB), bes. die C-Serie (Tabelle mit mechan. Analyse) der Horizonte, auf Grund der physikochem. Eigenschaften. Bei den ÜB sind die konvexen Partien härter u. ärmer an Capillarrissen u. werden durch Eiszapfen-Bldg. im Boden aufgewölbt. Ihre α-Horizonte sind humusreich. In den NB bilden sich an der Grenze der A- u. B/G-Schicht Wasserhorizonte, der Gasraum u. Basen-Geh. ist gering u. Wurzeln können schwer eindringen. Aus der A-Schicht kann der Humus schwer ausgelaugt werden. Von allen **4** Typen ist die B/G-Schicht am stärksten reduktiv u. zeigt das geringste Basenaustauschvermögen (BV). Der FB zeigt den höchsten Geh. an wasserbeständigen Krümeln (WK) mit größten Durchmessern. Er steht den Prärieböden am nächsten. Der TB zeigt am wenigsten organ. Substanz (OS), Ton, lösl. Anteile u. WK. Er leidet stark durch die Frühlingsschmelzwässer u. ähnelt äußerlich den braunen Walderden. Bzgl. Geh. an OS u. Ton bilden TB, FB NB u. UB eine ansteigende Reihe. Mit dem Anstieg an OS ist nicht immer ein solcher an Gesamt-N, C u. W. verbunden. Mit Ansteigen des Ton-Geh. steigt das BV, aber der Sättigungsgrad neigt dazu abzunehmen. Vom ÜB zum TB hin nimmt das wahre spezif. Gew., das Boden-Gew. u. der wahre Geh. an Bodensubstanz ab. Alle **4** Typen zeigen *P*-Mangel u. niedrigen Geh. an lösl. *Mg* u. *Mn*. Lösl. *K* u. *Al* sind hoch. Der Gesamt-Geh. an lösl. Basen ist bei den das Schmelzwasser sammelnden Typen FB u. den konkaven ÜB hoch. L. Schuler. 6304□

Die quantitativen Beziehungen zwischen dem Gehalt des Bodens an organischer Substanz und dem Klima. H. Laudelout, J. Meyer und A. Peeters. (Agricultura [Louvain] [2] **8,** 103–40, März 1960; franz.) — Für die Beziehung zwischen dem Geh. der Böden an organ. Substanz (ausgedrückt als N) u. der mittleren Jahres-Temp. wird für die Tropen eine exponentielle Gleichung abgeleitet, deren Parameter sich von denen der für gemäßigte Zonen gültigen Gleichung unterscheiden. Der Geh. der Böden an organ. Substanz erleidet durch Einw. der Temp. in den Tropen stärkere Veränderungen als bei gemäßigtem Klima. Die beim Übergang von gemäßigtem zu trop. Klima bestehende Diskontinuität zwischen Geh. an organ. Substanz u. Klima sowie die Unterschiede zwischen den Temp.-Parametern werden erörtert. Ein Vgl. der Geschw. der Synth. u. der Zers. von organ. Substanz im Boden bei trop. bzw. gemäßigtem Klima zeigt, daß diese Geschw. bei trop. Klima viel höher sind als bei gemäßigtem Klima.

W. Wesly. 6304□

Die Zersetzungsgeschwindigkeiten von Sägemehl aus kurznadliger Kiefer im Boden bei unterschiedlichen Gehalten an Stickstoff und Kalk. F. E. Allison und R. G. Cover. (Soil Sci. **89,** 194–201, April 1960; Beltsville, Md., US. Dep. of Agric., Agric. Res. Serv., Soil and Water Conserv. Res. Div.; engl.) — Proben eines sandigen Lehms (pH 5,4; 0,05% N; 0,84% C) u. eines Lehmbodens (pH 5,5; 0,122% N; 1,42% C) wurden mit 1% Sägemehl (0,13% N; 45% C) bzw. Weizenstroh (0,4% N; 42,6% C) sowie einer K-, P-, Ca-, Mg-Düngung versetzt u. nach Zugabe von N in verschiedener Form u. Menge als Lsg. in Flaschen bei optimaler Feuchtigkeit u. 30° inkubiert. Als Maß der Zers. der organ. Substanz wurde in unterschiedlichen Abständen die CO_2-Freisetzung gemessen. Grobes Sägemehl versetzte sich ebenso schnell wie feines, an der Oberfläche liegendes ebenso schnell wie in den Boden eingemischtes. Nach **40** Tagen war die organ. Substanz, des Sägemehls zu ca. 32%, nach 160 Tagen zu ca. 43% abgebaut. Eine Anreicherung des Sägemehls mit NH_4NO_3 auf 0,75–1,0% N steigerte die Zers., eine Anreicherung auf 2% N hemmte sie leicht. Die zugesetzten N-Formen beeinflußten die CO_2-Entbindung unterschiedlich, was auf ihren unterschiedlichen Effekt auf die Boden-Rk. zurückgeführt wird. Zugabe von $CaCO_3$ oder $Ca(OH)_2$ stimulierte den Abbau des Sägemehls. Bei optimaler N-Zugabe war nach 160 Tagen der C des Sägemehls zu 58%, der C des Weizenstrohs zu **64**% als CO_2 freigesetzt. Wilfried Werner. 6304□

Untersuchungen über die chemische Zusammensetzung einiger lokaler Unkräuter in landwirtschaftlicher Hinsicht. 1. Mitt. **Die Humifizierung von Blättern von Justicia adhotoda bei konstantem Feuchtigkeitsgehalt und Variation der Kohlenhydratgehalte.** Hans Kumar Jain und Abeni K. Bhattacharya. (Z. Pflanzenernähr., Düng., Bodenkunde **91** (**136**), 233–40, Dez. 1960; engl.) — Die aus *Justicia adhotoda* mit A., kaltem W. bzw. heißem W. extrahierten reduzierenden Zucker wurden zu 100%, 70% bzw. 75% abgebaut, wenn die Blätter allein bei 15% Feuchtigkeit 3 Monate kompostiert wurden. Der Abbau war in allen Fällen 100%, wenn mit Erde kompostiert wurde. Für die nichtreduzierenden Zucker waren die entsprechenden Werte 93,2%; 25,6% u. 21,9% (Kompostieren ohne Erde) u. 97,7%; 33,3% u. 28,1% (Kompostieren mit Erde). Das C:N-Verhältnis nahm während der Humifizierung ab. Die Abnahme war stärker, wenn die Blätter mit Erde vermischt wurden. Die Abbau-Geschw. nahm in folgender Reihenfolge ab: Reduzierende Zucker, nichtreduzierende Zucker, Pektin, Hemicellulosen, Cellulosen u. Lignin. W. Hiller. 6304□

Der Mechanismus der Oberflächen-Nitratanreicherung bei einem Schwarzbracheboden in Uganda. J. R. Simpson. (J. Soil Sci. **11**, 45—60, März 1960; Kampala Uganda, Kawanda Res.-Stat.; engl.) — Umfangreiche Feld- u. Labor.-Unterss. wurden zur Klärung des Mechanismus der NO_3-Akkumulation in einem Rotlehm durchgeführt. Es zeigte sich, daß die Höhe der NO_3-Anreicherung durch folgende Faktoren bestimmt wird: 1. bakterielle Nitrifikation beim langsamen Trocknen des durchfeuchteten Bodens, 2. Wanderung von NO_3-Ionen durch Diffusion oder kapillaren Transport aus der unterliegenden Bodenschicht in den Oberboden, 3. mikrobiolog. Assimilation des angereicherten NO_3 beim Wiederanfeuchten nach der Trockenperiode u. 4. Auswaschung bei starken Regenfällen. Bei Schwarzbrache reicherten sich in der obersten Bodenschicht des Rotlehms in kurzen Trockenwetterperioden NO_3–N-Mengen bis zu 70 ppm an. Wilfried Werner. 6304□

Untersuchungen über den Abbau von Aminosäuren in Böden. 2. Mitt. **Der anaerobe Stoffwechsel.** D. J. Greenwood und H. Lees. (Plant and Soil [The Hague] **12**, 69—80, Jan. 1960; Aberdeen, Univ., Dep. of Biol. Chem. and Soil Sci.; engl.) — 1. vgl. Plant and Soil [The Hague] **7**, [1956], 253. — Im Brut-Vers. wurde der Abbau von 18 Aminosäuren in einem Gartenboden unter anaeroben Bedingungen (H_2-, CO_2- oder N_2-Atmosphäre) während 10 Tagen untersucht. 9 Aminosäuren wurden vollständig, 9 nur langsam abgebaut. Der Abbau war vom Entstehen flüchtiger Fettsäuren u. NH_3 (beim Tryptophan daneben Indol) begleitet. Die „resistenten" Aminosäuren wurden als Komponenten von Casein oder Caseinhydrolysat rasch zersetzt, nicht aber in der Mischung mit anderen Aminosäuren. Weder eine Absorption an Boden, noch eine verminderte Stickland-Rk. erklären den Effekt. Mit Ausnahme von DL-Methionin wirkte zugesetztes Nitrat als H-Acceptor bei der Desaminierung der resistenten Aminosäuren. Glucose bewirkte eine geringe Abbaubeschleunigung. Wilfried Werner. 6304□

Untersuchungen über den Abbau von Aminosäuren in Böden. 3. Mitt. **Der Prozeß des aeroben Aminosäureabbaues und einige Eigenschaften Aminosäuren oxydierender Organismen.** D. J. Greenwood und H. Lees. (Plant and Soil [The Hague] **12**, 175—94, März 1960; engl.) — 2. vgl. vorst. Referat. — Durch einen Gartenboden wurden Aminosäure-Lsgg. perkoliert. O_2-Aufnahme des Bodens u. Zus. des Perkolats wurden gemessen. Unter aeroben Bedingungen wurden die geprüften Aminosäuren ohne anaerobe Prozesse abgebaut. Eine Red. zugesetzten Nitrates fand nicht statt. Der aerobe Abbau erfolgte ohne extrazelluläre Anhäufung lösl. organ. Verbindungen. Im Perkolat wurden keine neuen Aminosäuren gefunden. Beim Leucinabbau traten 40% des C als CO_2 auf, der Rest in mikrobiell festgelegter Form. Wurde eine Vorbehandlung des Bodens mit einer Aminosäure vorgenommen, so erhöhte sich die Abbau-Geschw. im Boden für diese später zugesetzte Aminosäure. Die Mikroorganismen eines Gartenbodens u. zweier Eisenhumuspodsolhorizonte ähnelten einander hinsichtlich ihrer Fähigkeit, Aminosäuren abzubauen. Bei der Trocknung eines mit einer Aminosäure vorbehandelten Bodens blieb dessen erhöhte mikrobielle Aktivität bis zu sehr niedrigen Feuchtewerten erhalten. Die als Folge der Leucinperkolation sich entwickelnden Organismen wurden im Gartenboden stärker als im Podsol u. in dessen oberen Horizonten stärker adsorbiert als in den unteren. Wilfried Werner. 6304□

Phosphatphasengleichgewichte in Böden. L. Lindsay und E. C. Moreno. (Proc. Soil Sci. Soc. America **24**, 177—82, Mai/Juni 1960; Wilson Dam, Ala., TVA, Div. of Agricult. Relations, Soils and Fertilizers Res. Branch; engl.) — Unter Benutzung von Daten aus der Literatur versuchen Vff., Bldg.-Möglichkeiten u. Stabilitäten verschiedener Ca-, Fe- u. Al-Phosphate in Abhängigkeit von anderen Bodenbestandteilen (Fe^{3+}-, Al^{3+}-, Ca^{2+}-, Mg^{2+}-, K^+-, NH_4^+- u. F^--haltigen Phasen) u. vom Boden-pH unter allg. Gesichtspunkten zusammenzufassen. Die Phosphataktivitätsisothermen ($pH_2PO_4^-$/pH) bei 25° sind für Variscit ($AlPO_4 \cdot 2\,H_2O$), Strengit ($FePO_4 \cdot 2\,H_2O$), Fluorapatit, Hydroxylapatit, $Ca_4H(PO_4)_3 \cdot 3\,H_2O$ u. $CaHPO_4 \cdot 2\,H_2O$ (Ca^{2+}-Konz. = konst. = 0,005 m) in einem Löslichkeitsdiagramm wiedergegeben. Einem Schema zur Voraussage der Rkk. u. Nd.-Bldg. in Böden wird die Annahme zugrunde gelegt, daß die Al^{3+}-Aktivität durch die Gibbsit-Löslichkeit; die Fe^{3+}-Aktivität durch die Löslichkeit von Goethit (für den genaue Experimentalwerte fehlen) u. die F^--Aktivität durch die Löslichkeit von Fluorit begrenzt ist. — 41 Literaturangaben. W. Betcke. 6304□

Neue Untersuchungen über den Düngewert in granulierter Form erhaltener Schlacken. M. Lefèvre. (C. R. hebd. Séances Acad. Agric. France **47**, 510—18, 1961; franz.) — An Klee, Roggen, Hafer, Mais, Gerste u. Kartoffeln mit granulierter

Konverterschlacke ausgeführte Düngungs-Verss. ergeben auf P_2O_5-armen Böden Ertragssteigerungen bis zu 400%. W. Wesly. 6304□

Die Wirksamkeit des Thermophosphats als Düngemittel. D. Davidescu, Eugenia Davidescu, V. Nicolae, P. Piţuc, I. Popescu, I. Vines und A. Arfire. (Comun. Acad. Republ. Populare romîne [Bucureşti] **8**, 413—19, April 1958; rum.) — Bei der Herst. von *Thermophosphat* (I) durch Erhitzen von Rohphosphat mit 35% Na_2CO_3 u. 11% SiO_2 in einem Drehrohrofen auf 1100—1200° (30 Min.) wird durch Zusatz von Dampf in geringer Menge (0,04 kg/s) das Zerbröckeln des **I** gefördert. Das feingemahlene **I** enthält 26—28% citratlösl. P_2O_5. Bei Hafer auf braunem Boden bewirkt **I** im Vgl. mit Superphosphat (**II**) nur früheres Reifen. Der Ertrag auf Schwarzerde (Humus) ist mit **I** um 9% höher als mit **II**, bei zusätzlicher N-K-Düngung beträgt er nur 61% des mit **II** erzielten. Verss. mit Spätweizen auf Schwarzerde zeigen keinen wesentlichen Unterschied zwischen **I** u. **II**. Beim Ausbringen von **I** zusammen mit der Aussaat wurde in der Vers.-Station Valul lui Traian keine Dünge-Wrkg. festgestellt. R. K. Müller. 6304□

Der Einfluß verschiedener Formen von Nährstoffen der Mineraldünger auf die natürliche Grasnarbe. Ondrej Tomka. (Pol'nohospodárstvo **8**, 407—14, 1961; Výzk. ústav rastlinnej výroby Pieštany; slowak.) — Für die Verss. [1954—1956] wurde eine Naturwiese in der Ebene des Flusses Vah bei Podoli gewählt. Alljährlich wurde mit 60 (kg/ha) N, 60 P u. 80 K gedüngt, wobei die Düngemittel [N in Form von $Ca(NO_3)_2$, $(NH_4)_2SO_4$ bzw. Cyanamid, P in Form von Superphosphat bzw. bas. Schlacke] u. die Art sowie der Zeitpunkt ihrer Verabfolgung variierten. Als wirksamster N-Dünger erwies sich $Ca(NO_3)_2$. Die beiden Arten von P-Düngern waren wirkungsgleich. Für N-Dünger ist Ausbringung im Frühjahr zu empfehlen. Bei den P- u. K-Düngern spielte der Zeitpunkt der Ausbringung keine wesentliche Rolle. Die Art der Düngerausbringung (Breitwurf, Nest-Verf. usw.) wirkt sich ebenfalls nicht auf die Erträge aus. J. Spinka. 6304□

Stickstoffdüngung zu Winterweizen im Herbst. F. V. Widdowson, A. Penny und R. J. B. Williams. (J. agric. Sci. **57**, 329—33, Nov. 1961; Harpenden, Herts., Rothamsted Exp. Stat.; engl.) — In den Jahren 1958—1960 wurden insgesamt 17 Freilanddüngungs-Verss. zu Winterweizen durchgeführt, in denen die Wrkg. einer Herbst-N-Düngung mit der Wrkg. gleicher N-Gaben im frühen (März) bzw. späten (Mai) Frühjahr verglichen wurde. Ebenso wurde die Aufteilung der N-Menge in Herbst- u. Frühjahrsgaben getestet. Die PK-Düngung erfolgte grundsätzlich im Herbst. Eine Steigerung der N-Düngung von 0,5 oder 0,6 auf 1,0 bzw. 1,2 cwt. N/acre erbrachte an den meisten Standorten Mehrerträge. Bei niedrigem N-Niveau wurden die höchsten Erträge durch eine Kopfdüngung mit der gesamten Gabe im Mai erzielt. Bei hoher N-Düngung wurde 1959 u. 1960 der höchste mittlere Mehrertrag bei geteilter Verabreichung im März u. Mai, 1958 bei einer Aufteilung in Herbst- u. Maidüngung erzielt. Eine Kopfdüngung mit der Gesamt-N-Menge im Mai erbrachte etwas niedrigere Erträge. Der N-Geh. des Korns war bei Verabreichung der Gesamt-N-Menge im Mai am höchsten, im Herbst am niedrigsten. Wilfried Werner. 6304□

Einfluß der Gülle auf die Fruchtbarkeit verschiedener Arten von Grasnarben. Alfréd Fryček. (Pol'nohospodárstvo **8**, 415—24, 1961; Pieštany, Výzk. ústav rastlin. výroby; slowak.) — Die Wrkg. der Gülle wurde im slowak. Bergland auf 3 verschiedenen Bodentypen untersucht. Die Gülle wurde vor der Düngung mit W. verd. (1:10) u. im Herbst ausgebracht. Es zeigte sich, daß die Gülle-Wrkg. sowohl von der Beschaffenheit des Bodens als auch von der Beschaffenheit der Grasnarbe abhängt. J. Spinka. 6304□

Eine Bemerkung über das Vorkommen von nicht-symbiotischen stickstofffixierenden Bakterien in einigen Böden von verbesserten Weiden. D. J. Ross. (New Zealand J. agric. Res. **3**, 245—49, April 1960; Wellington, Soil Bureau, Dep. of Scientific and Ind. Res.; engl.) — Bodenproben von 5 verschiedenen Standorten (sandiger Lehm bzw. Schlufflehm), die seit 50 Jahren als Weide genutzt werden, wurden auf das Vork. von Azotobacterspecies sowie von Clostridium butyricum untersucht. Azotobacter spp. konnten in keinem Fall nachgewiesen werden, was auf die saure Rk. dieser Böden sowie auf andere, nicht bekannte Faktoren zurückgeführt wird. Demgegenüber kamen in 2 Böden N-fixierende Clostridiumbakterien vor. Der Beitrag dieser Anaerobier zur N-Versorgung der Weide ist jedoch nur gering: Auch unter optimalen Bedingungen liegt die fixierte N-Menge unter 1 lb./acre u. Jahr. Wilfried Werner. 6306□

Der Einfluß von Molybdän- und Molybdän-Bor-Düngemitteln auf Veränderungen der Bodenmikroflora. V. Žurovska. (Известия Академии Наук Латвийской ССР [Nachr. Akad. Wiss. LettSSR] **1960**, Nr. 2, 139—44; lett., Auszug: russ.) — Mittelstark podsolierter sandiger Boden enthält größere Mengen Bakterien (auch sporenbildende Knöllchenbakterien u. Aktinomyceten) als der gleich stark podsolierte Sandboden. Für den letzteren ist ein hoher Geh. an Pilzen charakteristisch. Die größte Steigerung der Mikroorganismenmenge im Boden bewirkte die Mo + B-Düngung. Von den untersuchten Anwendungs-Verff. der Spurenelemente zeigten sich als am wirksamsten Gaben in den Boden bzw. die Behandlung des Saatgutes mit Lsgg. von Spurenelementen.

M. Gordienko. 6306□

Die Einflüsse verschiedener Behandlungsweisen auf die Schnittfläche von Saatkartoffeln. Clark H. Livingston. (Amer. Potato J. **39**, 271—81, Juli 1962; Fort Collins, Colo., Colorado State Univ., Colorado Agricult. Exp. Stat.; engl.) — Die Schnittflächen von Saatkartoffeln wurden mit 0,15%ig. *Catechin* (**I**)-Lsg. bzw. mit 0,0001%ig. *Agrimycin 100* (**II**)-Lsg. bzw. mit handelsüblicher Lsg. *Semesan Bel* (**III**; organ. Hg-Deriv.) bzw. mit W. behandelt. Die Behandlung der Saatkartoffeln mit **I**- u. **III**-Lsg. bewirkte eine stärkere Suberin-Bldg., während **III**-Lsg. einen geringeren Effekt zeitigte.

E. Lück. 6312□

Untersuchungen über den Einfluß einiger anorganischer Salze als Herbicide, unter besonderer Berücksichtigung der Weidelandverbesserung. 2. Mitt. **Über die Wirkung von auf Weideland angewandtem Natriumchlorat, -borat und -cyanat.** T. Yamada und T. Tanaka. (Bull. nat. Inst. agric. Sci. [Chiba, Japan] Ser. G **1958,** 205—16, März; jap., Auszug: engl.) — 3. vgl. C. **1962,** 12064. — Bei Verss. zur Unkrautbekämpfung auf Weiden mit *Na-Chlorat* (**I**), *Na-Borat* u. *Na-Cyanat* (**II**) erwies sich **I** als am stärksten, **II** als am wenigsten wirksam. W. Wesly. 6312□

Untersuchungen über Zusatzstoffe zu Schädlingsbekämpfungsmitteln. 16. Mitt. **Der Einfluß von anionischen Netzmitteln auf Nematocide.** Kóki Hirota und Takayasu Yamada. (Botyu-Kagaku [Sci. Insect Control] **23,** 227—29, Nov. 1958; Yasucho, Präfektur Shiga, Sankyo Co. Ltd., Yasugawa Plant; jap., Auszug: engl.) — 15. vgl. Botyn-Kagaku [Sci. Insect Contral] **22,** [1957.] 30. — Labor.-Unterss. über die Bekämpfung von Aphelenchoides besseyi an Reispflanzen durch Octylchlorresorcin (**I**) mit Zusätzen von Dialkylnatriumsulfosuccinaten (mit den Alkylgruppen: Butyl, Isoamyl, 2-Äthylhexyl, Isooctyl, Decyl, Lauryl u. Oleyl) zeigen, daß die **I**-Wrkg. in 0,1—0,001%ig. Lsgg. der Dibutyl- u. Diisoamylester erhöht wird. Die anderen Netzmittel verringern die **I**-Wrkg. entsprechend der Zahl der C-Atome in den Alkylgruppen. Die Toxizität von **I** fällt mit steigender Konz. der Netzmittel u. verschwindet fast völlig bei 1%ig. Netzmittelkonzentration. Die Sterblichkeit der Nematoden wird durch Netzmittel mit einem Hydrophylen–Lyophylen-Gleichgew. $>$12 erhöht. W. Wesly. 6312□

Untersuchungen über Zusatzstoffe zu Schädlingsbekämpfungsmitteln. 17. Mitt. **Der Einfluß von oberflächenaktiven Mitteln der Betainreihe auf die Wirksamkeit von Fungiciden.** Kōki Hirota, Hiroji Sumi und Shizuko Imabayashi. (Annu. Rep. Takamine Lab. **10,** 282—86, Dez. 1958; Sankyō Kabushiki Kaisha, Takamine Kenkysho; jap., Auszug: engl.) — 16. vgl. vorst. Referat. — Infolge ihrer höheren Oberflächenspannung verhindern 0,001%ig. Lsgg. von *N-Stearyl-N.N-dimethyl-N-benzylammoniumchlorid* $>$ *N-Lauryl-N-dihydroxyäthyl-N-carbäthoxyalkylammoniumchlorid* u. *N-Stearyl-N.N-dihydroxyäthylbetain* $>$ *N-Lauryl-N.N-dihydroxyäthylbetain* $>$ *N-Lauryl-N.N-dipolyoxyäthylenbetain* die Sporen-Bldg. von Cochliobolus miyabeanus.

F. Mossner. 6312

Der zweifelhafte Nutzen der gegenwärtigen Methodik der Freilandversuche und anderer Methoden, bei denen die Wechselwirkungen zwischen Boden und Pflanze eine Rolle spielen. N. Collis-George und B. G. Davey. (Commonwealth Bur. Soils, Soils Fertilizers **23,** 307—10, Okt. 1960; Sidney, N.S.W., Univ., School of Agricult.; engl.) — Vff. üben Kritik an der beschränkten Anwendbarkeit von Gefäß- u. Treibhaus Verss., an den schwankenden Ergebnissen bei wiederholten Freiland-Verss., an der beschränkten Brauchbarkeit der Boden-Unters., an der mangelhaften Beziehung zwischen den Ergebnissen von Bodenextrakt-Unterss. u. den erzielten Erträgen sowie den Ergebnissen der Blattdiagnose. Eberhard Müller. 6320□

Pflanzenanalyse als Methode zur Erforschung der Pflanzenernährung. Jindřich Kolářik. (Sbornik československ. Akad. zemědělských Věd, rostlinná Výroba **5 (32),** 1189—1238, Sept. 1959; Ruzyně, ČSAZV, výzk. úst. rostl. výr.) — Vf. vertritt die Auffassung, daß die Ergebnisse von Blatt- u. Pflanzenanalysen nur bedingte Schlüsse auf den Düngerbedarf von landwirtschaftlich genutzten Böden zulassen.

E. Vevera. 6320

Mineralstoffbedürfnisbestimmung und die kutikuläre Exkretion der Pflanzen. Miroslav Zázvorka. (Sborník Vysoké Školy Zemědělské Praze **1959,** 73—86; tschech.) — Vf. beobachtete bei Blättern von Gerste bzw. Luzerne *K*-Verluste von bis zu 21,8 bzw. 34,5% als Folge lang andauernden Regens (8 Stunden) u. vertritt demzufolge die Ansicht, daß Blattanalysen nur eine sehr bedingte Aussagekraft haben. — 17 Literaturangaben. E. Vevera. 6320

Aluminium in Böden. 3. Mitt. Ein Vergleich von Extraktionsmethoden an Böden und Tonen. E. O. McLean, M. R. Heddleson und G. J. Post. (Proc. Soil Sci. Soc. America **23**, 289—93, Juli/Aug. 1959; engl.) — 1. vgl. McLean, Heddleson, Bartlett u. Holowaychuk, C. **1961**, 11111. — Acht Bodenproben mit sehr unterschiedlichem Al-Geh. wurden 3 Monate mit steigenden Gaben von H_2SO_4 bzw. $Ca(OH)_2$ feucht gelagert u. Al mit verschiedenen Lsgg. extrahiert. Dialysierter Bentonit u. Tone (Illit) wurden auf angereichertes u. zugefügtes Al extrahiert, auch unter Verw. von Kationenaustauscherharz (Dowex 50-8X). Aus Böden mit niedrigem pH (unter 5) extrahierten 1n Lsgg. von *NaCl*, $BaCl_2$ u. NH_4*-Acetat* (**I**) bei pH 4,8 vergleichbare Al-Mengen. Jedoch ergaben weniger saure u. verwitterte Böden nach Säurebehandlung mit $BaCl_2$ bei pH 4,8 mehr Al als **I**. Bei Böden mit pH-Werten über 5 wurde durch Extraktion mit **I** bei pH 4,8 mehr Al extrahiert als mit NaCl oder $BaCl_2$. Durch Extraktion mit **I** oder Triäthylamin + $BaCl_2$-Lsg. (Mehlich-Lsg.) bei pH 7,0 wurde relativ wenig Al erhalten. Der pH-Wert des Bodens spielte dabei keine Rolle. Auf Grund der Extrahierbarkeit u. Löslichkeit des Al u. möglicher Wrkgg. auf die Stabilität der Tonkristalle erwies sich **I** bei pH 4,8 den ungepufferten Neutralsalzen u. den bei pH 7,0 gepufferten Lsgg. als überlegen. Das extrahierbare Al schien zum größten Teil austauschbar zu sein, da die extrahierten Mengen die Kationenaustauschkapazität der Böden nicht überstiegen, selbst wenn sie mit dem 0,4—1,2- bzw. 12—28fachen des Austauschäquivalents von H_2SO_4 bzw. $AlCl_3$ zuvor ins Gleichgew. gebracht worden waren. **I**, NaCl u. $BaCl_2$ extrahierten bei pH 4,8 aus sauren Tonen u. Austauscherharz in Kontakt mit Tonen vergleichbare Al-Mengen. Ohne Al-Zusatz wurde aus Bentonit mit Salz-Lsgg. mehr Al als aus anderen Tonen extrahiert, jedoch weniger mit Austauscherharz. Dagegen wurde aus Illit mit Harz weit mehr Al extrahiert als mit Salz-Lsgg. u. als aus anderen Tonen. Die mit H-Harz u. Ca-Harz aus Bentonit u. Putnam-Tonen extrahierbaren Al-Mengen nahmen mit der Zeit in gleichem Maße bei H- wie bei Ca-Tonen zu. Die relativen Al-Mengen, die mit Harz u. nachfolgender Extraktion des Harzes mit Salz-Lsgg. gewonnen wurden, hingen von der Art des Tones ab. Vgl.-Werte für verschiedene Kationen zeigten, daß ihre relative Bindungsstärke an das Harz in folgender Reihenfolge abnahm: $Al > Ca \geqslant Ba > K > Na \geqslant NH_4 > H$. G. Jagnow. 6324□

Allied Chemical & Dye Corp., New York, N.Y., übert. von: **Richard C. Datin**, Petersburg, Va., V.St.A., *Ammoniakalische Superphosphate.* (**Can. P. 555 880** vom 3/9. 1954, ausg. 15/4. 1958. A. Prior. 11/9. 1953. — C. **1961**, 5941 [A. P. 2 874 036].)

Comp. de Saint-Gobain, Paris, übert. von: **Pierre Louis Eugene Langlois**, Grand-Quevilly, Frankreich, *Herstellung von stickstoffhaltigen Mehrnährstoffdüngemitteln.* (**A. P. 3 000 724** vom 4/5. 1956, ausg. 19/9. 1961. F. Prior. 6/5. 1955. — C. **1959**, 7269 [D. A. S. 1 028 140].)

Stauffer Chemical Co., San Francisco, Calif., V.St.A., *Pflanzenvertilgungsmittel.* (**Ind. P. 65 444** vom 6/10. 1958, ausg. 5/1. 1961. Zusatz zu Ind. P. 61 276; C. 1962, 1386. — C. **1961**, 2419 [D. A. S. 1 082 452].)

Fahlberg-List G. m. b. H., Wolfenbüttel, *Herstellung von Saatbeizmitteln.* (**Niederl. P. 100 401** vom 3/9. 1955, ausg. 15/2. 1962. — C. **1958**, 1964 [F. P. 1 138 374].)

Schering Akt.-Ges. (Erfinder: **Ernst Albrecht Pieroh** und **Horst Werres**), Berlin, *Verwendung von Methylsenföl als Bodenentseuchungsmittel.* (**Schwz. P. 358 276** vom 25/9. 1957, ausg. 30/12. 1961. D. Prior. 16/11. 1956. — C. **1958**, 14433 [D. A. S. 1 032 968].)

Farbenfabriken Bayer Akt.-Ges. (Erfinder: **Walter Lorenz** und **Gerhard Schrader**), *Phosphorsäureester.* (**Aust. P. 232 702** vom 4/7. 1958, ausg. 16/3. 1961. D. Prior. 10/7. 1957. — C. **1960**, 3013 [D. A. S. 1 050 331].)

Farbenfabriken Bayer Akt.-Ges., Leverkusen (Erfinder: **Ernst Schegk** und **Gerhard Schrader**, Wuppertal), *Herstellung von Phosphonsäureestern.* (**Schwz. P. 359 440** vom 12/8. 1957, ausg. 28/2. 1962. D. Prior. 23/8. 1956 u. 18/6. 1957. — C. **1959**, 7930 [D. A. S. 1 044 812] u. C. **1960**, 17253 [D. A. S. 1 078 124].)

Farbenfabriken Bayer Akt.-Ges., Leverkusen, *Phosphor-(on, in)-säureester und insekticide Mittel.* (**E. P. 884 613** vom 14/10. 1959, ausg. 13/12. 1961. D. Prior. 17/10. 1958 u. 9/5. 1959. — C. **1960**, 9697 [D. A. S. 1 072 619] u. C. **1961**, 14073 [D. A. S. 1 102 150].)

Badische Anilin- & Soda-Fabrik Akt.-Ges., Ludwigshafen/Rh. (Erfinder: **Harald Schroeder**, **Heinz Pohlemann**, Ludwigshafen/Rh., **Herbert Stummeyer**, Mannheim, und **Heinrich Adolphi**, Limburgerhof), *Ester der Phosphor- und Thiophosphorsäure.* (**Schwz. P. 358 788** vom 11/9. 1957, ausg. 31/1. 1962. D. Prior. 28/9. 1956. — C. **1959**, 8294 [D. A. S. 1 034 612].)

Montecatini Soc. Gen. per l'Industria Mineraria e Chimica, übert. von: **Raffaello Fusco**, **Giuseppe Losco** und **Cesare Augusto Peri**, Mailand, Italien, *Phosphor- und Thiophosphorsäureester des Umbelliferon.* (**A. P. 2 951 851** vom 1/10. 1957, ausg. 6/9. 1960. It. Prior. 3/10. 1956. — C. **1960**, 13170 [Oe. P. 202 156].)

Ciba Ltd., Basel, Schweiz, *Thiophosphorsäureester als Schädlingsbekämpfungsmittel.* (**E. P. 891 735** vom 24/7. 1959, ausg. 21/3. 1962. Schwz. Prior. 8/8. 1958. — C. **1961**, 12977 [D. A. S. 1 105 231].)

Farbenfabriken Bayer Akt.-Ges., Leverkusen (Erfinder: **August Dörken** und **Gerhard Schrader**, Wuppertal), *Thiophosphorsäureester.* (**Schwz. P. 359 146** vom 21/6. 1957, ausg. 15/2. 1962. D. Prior. 10/7. 1956. — C. **1961**, 2763 [D. A. S. 1 035 153].)

Arthur Douglas Hartford, Sunbury-on-Thames, und **Herbert Ward Vernon**, London, England, *Schädlingsbekämpfungsmittel.* (**Ind. P. 64 311** vom 9/6. 1958, ausg. 6/9. 1960. — C. **1959**, 14542 [E. P. 796 436].)

H_8. Metallurgie. Korrosion

Radiochemische Überprüfung von systematischen Fehlern bei den Routine-Analysen der Witwatersrand-Erze. C. H. Coxon, C. J. Verwey und D. N. Lock. (J. South African Inst. Mining Metallurgy **62**, 546—78, Mai 1962; Rand Mines Ltd.; Nat. Physic. Res. Labor.; engl.) — Radiochem. Unterss. mit ^{198}Au u. ^{110}Ag ergaben, daß die üblichen Feuerproben für *Au* um 2% zu niedrige Werte ergeben. F. Vier. 6354□

Untersuchungen über die untergeordneten Elemente in Sulfidmineralien Japans. 2. Mitt. Kiyoshi Takimoto, Taneo Minato und Taizo Okuda. (Suiyokwai-Shi [Trans. Mining metallurg. Alumni Assoc.] **13**, 83—86, Mai 1956; Kyoto Univ.; jap., Auszug: engl.) — 1. vgl. C. **1950/54**, 768 S. — 5 verschiedene Proben von Daikoku-*Pyriten* aus der Chichibu-Mine (Provinz Saitama) werden mkr. u. spektrochem. analysiert, bes. auf *Si, Pb, Ag, Bi, Ca, Cd, In, Cu, Mn, Sb, Fe, Zn, Mg, As, Ti* u. *Se*, u. daraus im Zusammenhang mit der Art des Vork. u. der Paragenese auf die Verschiedenheit der Bldg. u. Ablagerung der Pyrite geschlossen. L. Schuler. 6354□

Mineral-Zusammensetzung von Manganerzen der Minamimata-Mine in der Präfektur Aomori mit besonderer Berücksichtigung des Auftretens von Ramsdellit. Matsuo Nambu und Kokichi Okada. (Bull. Res. Inst. Mineral Dressing Metallurgy, Tohoku Univ. **17**, 1—12, Juni 1961; jap., Auszug: engl.) W. Wesly. 6354□

Über kristallchemische Untersuchungen und magnetische Aufbereitung von Monazit. W. Richartz. (Fortschr. Mineralog. **39**, 53—59, 1961; Bonn; dt.) — Das Mineral *Monazit* weist einen breiten Bereich magnet. Susceptibilität auf; seine Abscheidung bei der magnet. Aufbereitung beginnt bereits bei geringer Feldstärke u. ist erst bei hohen Feldstärken beendet. Zur Aufkärung der unterschiedlichen Susceptibilität der Monazite verschiedener Fraktionen wurden röntgenspektroskop. Analysen angefertigt. In 6 Fraktionen, in denen Monazit Hauptmineralkomponente war, wurden *La, Ce, Pr, Nd, Sm, Eu, Gd, Y, Th, U, Pb, Cu, Ca, Mg, Fe, Mn, Ti, Zr, P* u. *Si* nachgewiesen. Quant. Unters. ergab, daß in den verschiedenen Fraktionen nur Pr einen konst. Betrag von 5 Atom-% aufweist. Die La- u. Ce-Konzz. in den Fraktionen mit steigender Feldstärke der Abscheidung nehmen zu, während die Konzz. an Nd, Sm, Gd u. Y abnehmen. Die ersten La- u. Ce-armen Fraktionen zeigen entsprechend die höhere magnet. Susceptibilität. Die leicht diffusen Reflexe der Röntgendiffraktometeraufnahmen eines noch nicht fraktionierten Monazitkonzentrats entstehen nicht durch partiellen metamikten Zustand, sondern durch unterschiedliche Gitterdimersionen (variabler Geh. an Seltenen Erden) der Mineralien. H. Moenke. 6360□

Gewinnung von Nickel und Kobalt aus lateritischen Eisenerzen. P. M. Heertjes und C. L. van Nes. (Recueil Trav. chim. Pays-Bas **79**, 595—604, Juni 1960; engl.) — Laterit. Fe-Erze mit ca. 50 (%) *Fe*, ca. 1 *Ni* u. 0,2 *Co* werden in einem stufenweisen Prozeß zur Gewinnung von Ni u. Co selektiv chloriert. In einem Fließbett von granuliertem Erz bewirkt eine Mischung von *Wasserdampf* u. *HCl*, daß *NiO* u. *CoO* in die wasserlösl. *Chloride* übergeführt werden. Die HCl-Konzz. im Dampf u. die Temp.-Bereiche für diesen Prozeß sind angegeben. Der Fe-Geh., der unter diesen Bedingungen in der wss. Phase gefunden wird, ist relativ gering. Die Ni- u. Co-Geh. in den Extrakten sind um den Faktor 100 größer als im ursprünglichen Erz. E. Schulte. 6360□

Chemische Behandlung von Wolfram-Erzen und -Konzentraten. K. C. Li. (J. Metals **14**, 413—17, Juni 1962; New York, Wah Chang Corp.; engl.) — Überblick. F. Vier. 6360□

Der Einfluß einiger Faktoren auf die Flotation von Beryll. I. N. Plakssin und G. N. Chashinskaja. (Доклады Академии Наук СССР [Ber. Akad. Wiss. UdSSR] **134**, 389—90. 11/11. 1960; Bergbau-Inst. der Akad. der Wiss. der UdSSR; russ.) — Vff. berichten über die Flotation von *Beryllen* verschiedener Herkunft mit *Oleinsäuren* u. *Na-Oleat*. Die Flotation mit Oleat ist ergiebiger, wobei die besten Ergebnisse mit Oleaten erzielt werden, die einen Na-Unterschuß von 5—15% aufweisen. Die Flotationsfähigkeit von Beryllen ist jedoch außerdem stark von den Beimengungen abhängig. H. Jäger. 6362□

Erprobung von Alkylsulfaten für die Trennung von Baryt, Calcit und Dolomit. G. Je. Ssokolowa und Ss. I. Mitrofanow. (Цветные Металлы [Nichteisenmetalle] **35**, Nr. 1, 16—21, Jan. 1962; russ.) — Bei der Erprobung von *Alkylsulfaten* (**I**) für die Trennung von *Baryt, Calcit* u. *Dolomit* wird festgestellt, daß die wirkungsvollsten Sammler C_{16}-**I** oder Gemische C_{15}—C_{17}-**I**, C_{16}—C_{18}-**I** sind. Diese **I** sind wirksamer als die Oleinsäure für die Flotation von Baryt aus Mirgalimssai-Erzen. Die besten Flotationsergebnisse werden bei einem pH-Wert von 10 u. einem Wasserglasverbrauch von 1,5—2 kg/t sowie einem **I**-Verbrauch von 0,250—0,300 kg/t erzielt. H. Hochstein. 6362□

Die Flotation von Carbonaten aus Uranerzen. Jan Jančárek und Jaroslav Cibulka. (Rudy **9**, Nr. 2, Práce výzkumných Ústavů 1—4, Febr. 1961; Praha, Ústav pro výzk. rud.; tschech.) — Vgl. auch C. **1963,** 6362. — Der *Carbonat*-Geh. von *U*-Erzen vergrößert stark die zum Auslaugen nötige Menge der H_2SO_4. Unterss. der Beseitigung der Carbonate mittels Flotation zeigten, daß der Großteil der Carbonate durch Flotation unter Anwendung von 200—600 g/t *Ölsäure* (geprüft wurden weiter *oxydiertes Petroleum, Spaltsäure* u. *Palmitinsäure*) im Laufe von 20 Min. u. einer Zerkleinerung von 70—80% auf 200 mesh beseitigt werden kann. Ist *Graphit* anwesend, so muß dieses vorher ebenfalls durch Flotierung (650 g/t Petroleum, 800 g/t Wasserglas, 1200 g/t $CHCl{=}CCl_2$ u. 75 g/t Pineöl 4 Min. lang) beseitigt werden. Mittels des beschriebenen Verf. kann das U-Erz mit 6—11% CO_2 auf ein carbonatreiches Prod. (35—40%) mit 15—25% CO_2, Ausbringen 80% u. ein carbonatarmes Prod. (45—64%) mit 1—6% CO_2 getrennt werden. J. Tůmová. 6362□

Ein Versuch zur Verwendung von mit Aluminium legiertem Stahl. N. P. Sawjalow. (Литейное Производство [Giesserei-Betr.] **1958,** Nr. 10, 30. Okt.; russ.) — Auf Grund seiner mechan. Festigkeits-Eigg., seiner Härte sowie seines aus legiertem *Ferrit* u. *Fe–Al*-Verbb. zusammengesetzten Gußgefüges wird ein aus 0,8 (%) *C*, 0,6 *Mn*, 0,29 *Si*, 1,95 *Al*, 0,038 P, 0,027 S, Rest Fe bestehender Stahlguß zur Herst. eines *Ofenherdes* verwendet. Bei seiner Dauer-Verw. bewährte sich dieser Werkstoff infolge seiner hohen Zunderbeständigkeit u. Haltbarkeit. Nach 10 Monaten Dauerbetrieb (Ofen-Temp. von 900—930°) wurde der Herd wegen Verzuges erneuert, dagegen war die Oberflächenoxydation gering, u. Risse traten nicht auf. H. Hochstein. 6370□

Das Windfrischen von nickelhaltigen Kupfersteinen. A. Ss. Smirnow, A. Ju. Malewski und A. W. Wanjukow. (Цветные Металлы [Nichteisenmetalle] **35,** Nr. 1, 31—37, Jan. 1962; russ.) — Beim Windfrischen von *Ni*-haltigem *Cu*-Stein tritt der Übergang von Ni in die Schlacke am Anfang u. Ende der zweiten Periode ein. Zur gleichen Zeit findet auch eine *Cu*-Anreicherung der Schlacke statt. Im Stadium der Cu-Anreicherung im Konverter bleiben die Bestandteile der Schlacke, des Steins u. der metall. Phase sowie die Verteilung des Ni zwischen ihnen unverändert. Die Schlacken enthalten zu dieser Zeit ca. 50% der gesamten Ni-Menge u. besitzen das niedrigste Cu/Ni-Verhältnis. Eine Temp.-Erhöhung des Prozesses verschiebt das Gleichgew. der Oxydations-Rkk. des Ni, wobei der Grad seines Übertritts in die Schlacke abnimmt. Ein wesentlicher Ni-Anteil in der Schlacke wird bei einem Ni/Fe-Verhältnis von 0,5 zu *Ferrit* gebunden. Bei einem höheren Ni/Fe-Verhältnis krist. aus der Schlacke eine feste Lsg. von *NiO* mit *Fe-Oxiden* aus. Die Bldg. fester Phasen — des Ferrits u. der festen Lsg. — bewirkt eine hohe Zähigkeit der Schlacke, welche ihre Entfernung aus dem Konverter bis zum Cu-Abguß unmöglich macht u. die Menge mechan. Einschlüsse des Cu u. des Steins in ihr verstärkt. Die Ferrit-Bldg. ermöglicht eine vollständigere Extraktion des Ni in die Schlacke. Gleichzeitig erhöht die Ggw. von Ni-reichen Schlacken am Ende der Schmelzung den Ni-Geh. im Rohkupfer. Zur Verbesserung der Schmelzführung soll daher eine vollständigere Extraktion des Ni in die Schlacke in der ersten Stufe des Verblasens des Cu-Steins sowie die Entfernung der dabei entstehenden Schlacke aus dem Konverter vor Beginn der Oxydation der Metallphase angestrebt werden. H. Hochstein. 6380□

Anwendungen der statistischen Methoden in der Gießerei. Georges Blanc und Jean-Claude Margerie. (Fonderie **1961,** 301—09, Sept.; Centre techn. des Ind. de la Fonderie; franz.) Nach einem allg. Überblick über statist. Meth. wird die statist. Kontrolle zur Verbesserung der Güte der Gußteile u. zur Leistungssteigerung erörtert. — 25 Literaturangaben. F. Vier. 6382□

Beziehung zwischen Gegendruckhöhlungsoberfläche von Formen und Blasen und Verlauf ihres Wachstums. Kazurō Suzuki und Hiroshi Yamaoka. (Imono, J. Japan Foundrymen's Soc. **34,** 22—27, Jan. 1962; jap., Auszug: engl.) — Wenn man Metall in eine Form guter Durchlässigkeit gießt, ist der als Gegendruck auf die Berührungsfläche der Form wirkende Druck einschließlich des Partialdruckes des ausströmenden Gases unerwartet niedrig; in Grünsandformen mit 4% Feuchtigkeit entspricht der höchste Oberflächengegendruck nur 20—30 mm Wassersäule. Trotz des geringen Gegendrucks bilden sich Blasen. Unterss. über die Veränderungen des Schwerkraft- u. Gegendruckes auf die Formenoberfläche in Abhängigkeit von der steigenden Oberfläche des geschmolzenen Metalls beim Gießen zeigen, daß man die Bldg. von Blasen nicht einfach in Beziehung zum höchsten Gegendruck auf die Oberfläche setzen kann. W. Wesly. 6382□

Technologische Festigkeit der Metalle im Kristallisationsprozeß beim Gießen. N. N. Prochorow. (Литейное Производство [Giesserei-Betr.] **1962,** Nr. 4, 24—27, April; russ.) — Die Theorie der technolog. Festigkeit der Metalle im Kristallisationsprozeß beim Gießen hat vieles gemeinsam mit der Festigkeitstheorie beim Schweißen.

Bes. kann man in beiden Fällen innere Verformungen durch eine Differential-Meth., die Werte der technolog. Festigkeit durch eine zwangsläufige Veränderung der Verformungs-Geschw. u. den Einfl. von konstruktiv-technol. Faktoren auf die technolog. Festigkeit durch die Meth. einer Eichreihe von Legg. bestimmen. H. Hochstein. 6382 □

Der Ursprung der bevorzugten Orientierung in der Stengelzone von Blöcken. D. Walton und B. Chalmers. (Trans. metallurg. Soc. AIME **215,** 447—57, 1959, herausgeg. 1960; Cambridge, Mass., Havard Univ.; engl.) — Eine Vorzugsorientierung tritt häufig in der Zone mit stengelartiger Gefügeausbldg. von Gußstücken auf. Diese Erscheinung wird einer bevorzugten Wachstumsrichtung der Kristalle zugeschrieben. Bei der Unters. des Mechanismus dieser Erscheinung wurde gefunden, daß sich im allg. die beobachteten Vorzugsorientierungen nur entwickeln, wenn die bevorzugten Wachstumsrichtungen sich durch ein dendrit. Wachstum offenbaren. Ein auf diese Voraussetzung gestützter Mechanismus steht in Übereinstimmung mit den Ergebnissen experimenteller Ergebnisse. H. Hochstein. 6382 □

Druckguß in der Kleinserienfertigung. M. L. Sasslawski und A. I. Mamotschkin. (Литейное Производство [Giesserei-Betr.] **1962,** Nr. **4,** 1—3, April; russ.) H. Hochstein. 6382 □

Beitrag zu Untersuchungen des Einflusses von Silicium auf die Diffusion von Aluminium in Eisen. Stanisław Gębalski und A. Zdanowski. (Prace Inst. Mechan. **8,** Nr. 29, 57—64, 1960; Warszawa, Inst. Mechan. prec.; pol.) — *Si* hemmt die Diffusion von *Al* in *Fe,* wobei der Einfl. des Si im Bad (4,6% Si) ausgeprägter ist als im Fe selbst. F. Urban. 6390 □

Flotation von Eisenoxiden im Becken von Kriwoi Rog. F. N. Belasch und O. W. Pugina. (Горный Журнал [Berg-J.] **1960,** Nr. 9, 55—59, Sept.; Kriwoi Rog, Inst. für Bergbau u. Hüttenwesen; russ.) — Vff. erörtern die Ergebnisse der Flotation von *Martit* mit *Na-Linolat* bzw. *-Oleat* sowie mit Seifen aus *Tallöl* u. „*Wetluga*"-*Öl* (schwere Holzteerfraktionen mit 17—29% hochmol. Fettsäuren, 27—32% neutralen Substanzen u. 50% hochmol. Phenolen). Die Kennzahlen der Flotation eines Martit-Quarzgemisches mit Na-Linolat u. -Oleat in Ggw. von H_2SO_4 sowie mit Tallölseife mit oder ohne Zugabe von „AFE" (äthyliertes Monodialkylphenyl) werden angegeben. S. Baryschnikow. 6390

Ein Versuch zur direkten Gewinnung von Eisen aus Erzen in einer Wirbelschicht. N. N. Dobrochotow, K. Je. Machorin und O. Ss. Nitschiporenko. (Известия Высших Учебных Заведений (Москва), Черная Металлургия [Hochschulnachr. (Moskau), Eisenmetallurgie] **1961,** Nr. **4,** 26—30; Inst. für Gasanwendung der Akad. der Wiss. der UkrainSSR; russ.) — Untersucht wird der Einfl. der Temp. u. der Vers.-Dauer auf den *Erzreduktionsgrad* in einer Wirbelschicht. Zur Red. einer Erzfraktion 0,18—1,0 mm kann auf Grund der Vers.-Ergebnisse eine Temp. von 850—880° u. eine Prozeßdauer von 5—7 Min. empfohlen werden. Eine solche Red.-Dauer wird bei einem Geh. von bis 75% Red.-Bestandteilen im Gas erzielt. Die Verw. von *Erdgas* (CH_4) als Red.-Mittel ist möglich, jedoch wird in diesem Falle die Prozeßdauer ungefähr um das 3fache verlängert. H. Hochstein. 6390 □

Renn-Versuch mit portugiesischen Eisenerzen und Kohlen. Luiz de Castro e Solla und J. L. Guimarães dos Santos. (Inst. Hierro Acero **13,** 30—39, 1 Tafel, Jan. 1960; span.) — Mit portugies. *Hämatit* u. *Anthrazit* durchgeführte Verss. in einer halbtechn. Anlage nach dem Renn-Verf. zeigen, daß die Ausgangsstoffe für die Verarbeitung im Drehofen geeignet sind. Auch als Zuschläge für die Schlacken-Bldg. können portugies. Rohstoffe an Stelle von Kalk Verw. finden. R. K. Müller. 6390 □

Bericht über die Herstellung von Schwammeisen in einheimischen Spezialöfen (Kaku-Gama und Nobori-Gama) Japans während des letzten Weltkriegs. 8. Mitt. Hiroshi Sawamura. (Suiyokwai-Shi [Trans. Mining metallurg. Alumni Assoc.] **13,** 79—82, Mai 1956; Kyoto Univ.; jap., Auszug: engl.) — 7. vgl. C. **1956,** 12386. — Weitere Einzelheiten über die in 3 japan. Werken gewonnenen Erfahrungen. L. Schuler. 6394 □

Elektrisches Schmelzen von Roheisen heute und morgen. Fredrik C. Collin. (Tekn. Ukebl. **107,** 803—13, 6/10. 1960; Mo i Rana, A/S Norsk Jernverk; norw.) — Überblick über die neuere Entw. unter bes. Berücksichtigung der Vorred. mit CO-haltigen Gasen. R. K. Müller. 6400 □

Der Einfluß von Vakuum und von Gasen auf die chemische Zusammensetzung und die Struktur von eutektischem Grauguß. I. W. Kusmin und W. P. Tschernobrowkin. (Литейное Производство [Giesserei-Betr.] **1962,** Nr. 5, 34—35, Mai; russ.) — Das Halten von vakuumbehandeltem Gußeisen in einer Atmosphäre aus gereinigtem H_2 ruft die Bldg. von sehr dicken Graphitlamellen hervor, während die Grundmasse vollständig perlit. war. Wenn dasselbe Gußeisen in einer NH_3-Atmosphäre gehalten wird,

so führt diese Behandlung auch zur Bldg. von dicklamellarem Graphit, jedoch sind dessen Lamellen etwas kleiner. Die Grundmasse ist ebenfalls perlitisch. In unter Vakuum erschmolzenen u. in einer O_2-Atmosphäre gehaltenen Proben haben die Graphiteinschlüsse eine groblamellare Form u. die Grundmasse enthält neben 5% Ferrit im übrigen Perlit.
H. Hochstein. 6402□

Untersuchungen über die Warmfestigkeit von S—H-Gußeisen. Über die Eigenschaften der Wachstumsfestigkeit. Masatoshi Tsuda, Akitsu Tomita und Sanzo Nakagawa. (Imono, J. Japan Foundrymen's Soc. **34,** 31—39, Jan. 1962; jap., Auszug: engl.) — Nach 6maliger Erwärmung u. Abkühlung zwischen 600 u. 900° mit 7°/Min. Erwärmungs- u. Abkühlungs-Geschw. beträgt die Wachstums-Geschw. von Gußeisen (GE) mit grobem Flockengraphit 1,46(%), gewöhnlichem grauem GE 1,12, S—H-GE 0,76, perlit. GE 0,55, Kugelgraphit-GE 0,44. Nach 5std. Erwärmung auf 900° mit anschließender Abkühlung (Erwärmungs- u. Abkühlungs-Geschw. 7°/Min.) betragen die Werte (in gleicher Reihenfolge) 1,56, 1,08, 0,45, 0,38, für Kugelgraphit-GE nicht bestimmt. Die entkohlte Schicht besteht aus Ferrit. S—H-GE mit feinem Gefüge hat fast den gleichen Wachstumsgrad wie perlit. u. Kugelgraphitgußeisen.
W. Wesly. 6402□

Über die Bestimmung der Restspannungs-Anfälligkeit in Grauguß. D. Fortino. (Fonderia ital. **9,** 89—94, März 1960; FIAT, Labor. ric., Sez. Fonderie e Fucine; ital.) — Beschreibung der Entw. eines Verf. zur Best. der Anfälligkeit von Grauguß für Restspannungen. Die Unterss. erklärten den Zusammenhang von Restspannungen mit der Guß-Temp., Verweilzeit des Gusses in der Form, der chem. Zus. u. therm. Stabilisierung des Gusses. Weitere Unterss. über die Bedeutung des Abkühlungsgesetzes u. der Vorgänge bei Bldg. von Restspannungen erwiesen die Gefügetransformation Ar_1 als Hauptursache dieser Spannungen. Ausführung, App. u. Auswertung der Prüfung werden an Hand von Diagrammen u. Tabellen näher behandelt. A. Sander. 6402□

Die Löslichkeit von Zementit im Austenit. R. P. Smith. (Trans. metallurg. Soc. AIME **215,** 954—57, 1959, herausgeg. 1960; Monroeville, Pa., U. S. Steel Corp.; engl.) — Hergestellt wurden *FeC*-Legg. mit einem einphasigen Austenitgebiet sowie mit einem zweiphasigen Austenit + Zement-Gebiet bei der gewünschten Temp. durch eine teilweise Aufkohlung von Fe oder durch eine teilweise Entkohlung von aufgekohltem Fe. Jede Probe wurde bei einer bestimmten Temp. so lange gehalten, bis das Gleichgewicht erreicht war. Die Analyse des Austenits für C gab dann die Löslichkeit des Zementits im Austenit an. Solche Löslichkeitsmessungen wurden für den Temp.-Bereich von 734 bis 1012° angestellt. Die hierbei erhaltenen Werte zusammen mit anderen Angaben ergaben 7560 cal für die mittlere Lsg.-Wärme von Zementit im Austenit u. 0,765% C für die eutektoide Austenitzusammensetzung. Die Unters. zeigt, daß Graphit bei allen Temp. zwischen der eutektoiden u. der eutekt. Temp. die stabile Phase ist. Messungen der Löslichkeit von Zementit im Austenit bei 927° u. bei 1011° unter Anwendung einer auf das Gleichgewicht von Fe mit Borzement beruhenden Meth. werden mitgeteilt; die Löslichkeit betrug danach 1,32 bzw. 1,69% C bei 1011°. Die Vers.-Genauigkeit lag bei ca. 0,05% C.
H. Hochstein. 6404□

Der Einfluß von Chrom auf die Zementitstabilität. George Sandoz. (Trans. metallurg. Soc. AIME **215,** 1052—56, 1959, herausgeg. 1960; Washington, U. S. Naval Res. Labor.; engl.) — Durch einen einfachen Diffusions-Kräftepaar-Vers. wird festgestellt, daß *Cr* in genügender Menge die thermodynam. Stabilität der Zementitphase im Gußeisen in bezug auf Graphit u. Austenit bei 175° F bedingt. Es werden die Ergebnisse in Verbindung bekannter Theorien über den Graphitisierungsmechanismus erörtert.
H. Hochstein. 6404□

Der Einfluß von Vanadin auf die Graphitisierungskinetik von weißem Gußeisen. G. Sandoz. (Mod. Castings **41,** Nr. 4, 218—22, April 1962; Washington, D.C., U. S. Naval Labor.; engl.) — Die Einfl. von *V* auf den Verlauf der Graphitisierungs-Rkk. in der ersten u. in der zweiten Stufe, die beim Tempern von weißem Gußeisen auftreten, werden untersucht. Angaben über die Verteilung von V zwischen Zementit u. Austenit während der ersten Graphitisierungsstufe werden zur Erleichterung der Best. des Mechanismus, durch den V die Rk. beeinflußt, erhalten. Die Wirksamkeit von *Cu* in seinem dem V entgegengerichteten Einfl. wird ebenfalls bestimmt. Es zeigt sich, daß V die erste Graphitisierungsstufe, wahrscheinlich durch Erhöhung der thermodynam. Stabilität des prim. Zementits, verzögert. Zu Beginn der ersten Stufe ist der V-Anteil im prim. Zementit ca. 14mal größer als der im Austenit. Während der ersten Graphitisierungsstufe nimmt der V-Geh. des Primärzementits zu u. die Graphitisierungs-Geschw. ab. Der Einfl. des der Pfanne zugesetzten V ist ähnlich dem Einfl. des im Ofen zugesetzten

V. In keinem Falle wird die Kernzahl des Gußeisens durch den V-Zusatz stark beeinflußt. V verzögert die Graphitisierung in der zweiten Stufe, wahrscheinlich durch Beeinflussung der relativen Keim-Bldg.-Tendenz von Ferrit u. Perlit. Der verzögernde Einfl. von V auf die direkte sek. Graphitisierungsstufe wird erhöht, wenn Carbide von einer unvollkommenen ersten Graphitisierungsstufe übrigbleiben. Der Zusatz von 16% Cu neutralisiert den verzögernden Einfl. eines Zusatzes von 0,1% V mit Ausnahme gegen Ende der ersten Graphitisierungsstufe. Der Einfl. von Cu wird auf die Erhöhung der Keimzahl zurückgeführt. H. Hochstein. 6404□

Komplexe Modifizierung von magnesiumhaltigem Gußeisen mit Ferrosilicium und Aluminium. Ju. N. Taran und A. W. Tschernowol. (Известия Высших Учебных Заведений [Москва], Черная Металлургия [Hochschulnachr. (Moskau), Eisenmetallurgie] **1961,** Nr. 4, 134—40; Dnepropetrowsk, metallurg. Inst.; russ.) — Durch Verss. wird nachgewiesen, daß der Effekt einer Modifizierung von *Mg*-haltigem Gußeisen durch *Ferrosilicium* (I) zwecks Beseitigung der weißen Erstarrung in wesentlichem Grade vom *Al*-Geh. im Modifikator abhängt. Für dünnwandigen Guß beträgt der optimale Al-Geh. im I ca. 3,5—4,5%. Mit einer Zunahme der Stärke der Gußstücke kann die Al-Menge verringert werden. Befriedigende Ergebnisse können durch Verw. eines mechan. Gemenges von I u. Al erzielt werden. Jedoch muß berücksichtigt werden, daß eine Erhöhung des Al-Geh. im Modifikator zu einer Zunahme der Gassättigung des Gußeisens u. zu einer Erhöhung der Neigung zur Gasblasen-Bldg. führen, was bes. bei einem Guß in grüne Sandformen auftritt. Bei einem Al-Geh. über 3,5% kann auch seine Menge als Modifikator zur Beseitigung der Hartgußabschreckung verringert werden. H. Hochstein. 6404□

Die Anwendung der Gesetzmäßigkeiten der Entkohlung bei der automatischen Regulierung des Stahlschmelzprozesses. O. D. Sorin. (Известия Высших Учебных Заведений, Черная Металлургия [Hochschulnachr., Eisenmetallurgie] **1960,** Nr. 6, 54—58; Zentr. Forsch.-Inst. für Eisenhüttenwesen; russ.) — Die beobachtete große Verschiedenartigkeit der Entkohlungskurven beim Stahlschmelzen kann man durch die Haupttypen u. verschiedene Kombinationen dieser Typen darstellen. Die Unters. der technolog. Schmelzbedingungen muß mit Gruppierung der Schmelzen nach den Haupttypen der Entkohlungskurven beginnen. Hierdurch wird eine Klassifizierung der Betriebsparameter u. der Einw. verwirklicht, die für die Erreichung des gewünschten Typs der Entkohlungskurve erforderlich ist. Die Gleichungen der Entkohlungskurven können zum Zweck einer automat. Lenkung des Stahlschmelzprozesses während der Schmelzung u. des Fertigmachens der Schmelze verwendet werden. H. Hochstein. 6408□

Eine Schnellbestimmung von Kohlenstoff bei der Herstellung von Bessemerstahl. N. M. Prichodko. (Литейное Производство [Giesserei-Betr.] **1961,** Nr. 8, 37, Aug.; russ.) — Zur Schnellbest.des *C*-Geh. in der Schmelze im Verlauf der Herst. von Stahl wird eine bes. Meth. entwickelt u. eine thermoelektr. Vorr. geschaffen, die in ihrem Aufbau u. ihrer Arbeitsweise beschrieben wird. Sie besitzt eine durch eine Spirale beheizte Warmelektrode, die mit einem Galvanometer verbunden ist. Eine Kaltelektrode ist ebenfalls mit demselben Galvanometer verbunden. Die miteinander durch die zu untersuchende Probe in Verbindung stehenden beiden Elektroden bilden einen Stromkreis in dem eine EMK infolge des Temp.-Unterschiedes zwischen der Warm- u. Kaltelektrode entsteht, die nur vom C-Geh. in der Probe abhängt, sofern der *Si*-Geh. der Probe 0,05% nicht übersteigt. Bei höherem Si-Geh. ist ein Korrekturfaktor anzubringen. Es werden Angaben über die Eichung der Vorr. gemacht. Die Probeabmessungen sind 630 (mm) lang, 565 breit u. 600 hoch. Ihr Gew. beträgt 36 kg. H. Hochstein. 6408□

Über die Gießeigenschaften von graphitisiertem Stahl. A. Je. Kriwoschejew und N. M. Fetissow. (Литейное Производство [Giesserei-Betr.] **1961,** Nr. 11, 30—31, Nov.; russ.) — Graphitisierte Stähle werden zur Unters. ihrer Gießeigg. in einem sauer ausgekleideten Induktionsofen aus Gußeisen *LK-2* u. Stahlschrott mit einer Vordesoxydation im Ofen u. einer Enddesoxydation in der Pfanne unter Zusatz von *Al* oder anderen Desoxydations- oder Modifikatormitteln unter einer aus Glasbruch hergestellten Schlacke erschmolzen u. bei 1480—1600° in die Pfanne gegossen. Die Leichtflüssigkeit dieser Stähle wird in Abhängigkeit von der Gießtemp. des Stahles, der Warmfestigkeit der Gießform u. den Modifizierungsbedingungen festgestellt. Hierbei zeigt sich u. a., daß mit einer Erhöhung der Gießtemp. die Leichtflüssigkeit des Stahles zunimmt. Eine Erhöhung des *C*-Geh. von 1,2 auf 1,5% u. des *Si*-Geh. von 0,8 auf 1,4% bewirkt eine 3- bis 6%ig. Erhöhung der Leichtflüssigkeit. Es wird ferner festgestellt, daß die wärmephysikal. Eigg. der Form einen wesentlichen Einfl. auf die Erniedrigung der Gießeigg. ausüben. Die Gassättigung der Stähle wird sehr stark unter dem Einfl. der Schmelzbedingungen, der Desoxydation u. der Modifizierung beeinflußt. Der graphitisierte Stahl nimmt bzgl. seiner Gießeigg. eine Zwischenstellung zwischen dem unlegierten C-Stahl u. dem weißerstarrten Gußeisen ein, wobei er sich mehr den Werten des niedriggekohlten weißen Gußeisens nähert. H. Hochstein. 6408□

Nicht alternder niedriggekohlter elektrotechnischer Stahl. N. P. Shetwin, W. P. Tunkow und A. I. Paissow. (Металловедение и Термическая Обработка Металлов [Metallkunde therm. Metallbearb.] **1962,** Nr. 5, 21—22, Mai; Werk „Sichel u. Hammer"; Moskau, Inst. für Technol. des Flugzeugbaus; russ.) — Ein niedriglegierter Stahl mit 0,3—0,5 (%) *Si,* < 0,03 *C* u. < 0,025 *S* wird als nichtalternder, magnet. weicher Werkstoff mit einer Koerzitivkraft von < 0,8 Oe für die elektrochem. Industrie empfohlen. H. Hochstein. 6408□

Bildung und Beseitigung von Rissen in Stahlblöcken. W. P. Grebenjuk, W. A. Jefimow und W. N. Ssapko. (Литейное Производство [Giesserei-Betr.] **1962,** Nr. 4, 31—33, April; russ.) — Die Ursachen für die Bldg. von Rissen in Stahlblöcken werden erörtert u. auf Grund theoret. Überlegungen nachgewiesen, daß zur Schaffung der günstigsten Bedingungen für die Kristallisation u. zur Verminderung von Schwindung des Blockes unter Riß-Bldg. die innere Kokillenoberfläche ein welliges Profil haben muß. Hierfür sowie für die maßgebenden Faktoren, wie mittlere Gießgeschw., Geschw. u. Temp. der längs der Kristallisationsfront zirkulierenden Ströme, Abkühlungsintensität werden Angaben gemacht. H. Hochstein. 6408□

Methode zur Abscheidung der Carbidphase eines Kohlenstoffstahls. A. I. Gardin. (Заводская Лаборатория [Betriebs-Lab.] **26,** 1088—90, 1960; Allunions Forsch.-Inst. für Werkzeuge; russ.) — Bei Anwendung eines elektrolyt. Verf. zur Isolierung von *Carbiden* aus unlegierten Stählen, z. B. mit ca. 0,8% *C,* ist eine einwandfreie röntgenograph. Unters. der abgeschiedenen Carbidphase nach einer Umwandlung in der unteren Zwischenstufe möglich. Zweckmäßig wird bei dem Verf. als Elektrolyt eine 5%ig. $FeCl_3$-Lsg. in *Methanol* mit einem Zusatz einer 2%ig. *Citronensäure* verwendet. Die anod. Lsg. wird bei einer Stromdichte von 0,01—0,02 A/cm², einer Elektrolyt-Temp. von —8° u. einer Lösungszeit von 15—45 Min. in Abhängigkeit vom Geh. der Carbidphase durchgeführt. H. Hochstein. 6408□

Bildung von Titan-Carbonitriden in Stahl. Ju. G. Gurewitsch und Je. D. Mochir. (Известия Высших Учебных Заведений [Москва], Черная Металлургия [Hochschulnachr. (Moskau), Eisenmetallurgie] **1961,** Nr. 4, 107—13; Tscheljabinsk, Polytechn. Inst.; Slatoust, Hüttenwerk; russ.) — Bei der Kristallisation von Stahlblöcken dienen die sich im fl. Stahl bildenden *Ti-Nitride* als Kristallisationszentren für *Ti-Carbide.* Als Ergebnis der Wechselwrkg. dieser beiden Phasen werden *Ti-Carbonitride* von wechselnder Zus. erhalten. Bei der Erwärmung u. Abkühlung des Stahles während des Walzens können sich die Ti-Nitride u. Ti-Carbide in Carbonitride umwandeln. Bei dieser Umwandlung bilden sich aus feindispersen Nitrideinschlüssen größere Carbonitride, welche die Verunreinigung des Stahles durch nichtmetall. Einschlüsse erhöhen. Zur Verminderung der Carbonitrideinschlüsse im Stahl darf man keine langsame Abkühlung des Stahles nach dem Walzen zulassen. H. Hochstein. 6410□

Untersuchung der Anlaßsprödigkeit von manganhaltigem Baustahl durch die Methode der inneren Reibung und der Molybdäneinfluß darauf. D. Ja. Wischnjakow, Ju. W. Pigusow und Tin-Zujan Lei. (Известия Высших Учебных Заведений [Москва], Черная Металлургия [Hochschulnachr. (Moskau), Eisenmetallurgie] **1961,** 143—50; Moskau, Stahl-Inst.; russ.) — Ein *Mn*-haltiger Baustahl mit 0,4 (%) *C* u. 1,8 *Mn* neigt zur Anlaßsprödigkeit sowohl bei langsamer Abkühlung nach einem Hochtemp.-Anlassen als auch nach einem 12std. Anlassen bei 500°. Ein Zusatz von 0,54% *Mo* verringert diese Neigung. Die Meth. der inneren Reibung kann mit Erfolg zur Unters. der Anlaßsprödigkeit angewendet werden. Die physikal. Natur der Anlaßsprödigkeit des Mn-Baustahles besteht in einer Ausscheidung von *C* u. *N* aus dem α-Mischkristall (im Zusammenhang mit der Temp.-Abhängigkeit der Löslichkeit) an den Korngrenzen oder Blöcken, was den Ablauf der plast. Verformung vor der Zerstörung erschwert, d. h zu einem Sprödbruch führt. Mo verzögert die Ausscheidung von eingelagerten Atomen aus dem α-Mischkristall u. verringert dadurch stark die Neigung zur Anlaßsprödigkeit des Mn-haltigen Baustahles. H. Hochstein. 6410□

Die Warmfestigkeit von austenitischem, phosphorreichem Stahl. Ss. M. Winarow, M. F. Alexejenko und G. N. Orechow. (Известия Высших Учебных Заведений, Черная Металлургия [Hochschulnachr., Eisenmetallurgie] **1960,** Nr. 6, 106—13; Moskau, Flugfahrt-Inst.; russ.) — Die Leg. von austenit. Stahl mit *P,* die den Alterungseffekt verstärkt, erhöht auch die Festigkeit des Stahles bei Raum-Temp. sowie bei Temp. von 600—700° wesentlich. Die relative Erhöhung der Festigkeit u. bes. der Fließgrenze ist bei hohen Temp. größer als bei Raumtemperatur. So wird bei einem Mo-freien

Stahl durch den P-Zusatz die Festigkeit bei 650° von 18—19 auf 33 (kg/mm²) erhöht; bei einem Stahl mit 0,6—0,7% *Mo* nimmt die Festigkeit von 23 auf 43 (kg/mm²) zu. Es wird für hochlegierte austenit., 7—9% *Ni* enthaltende Stähle der Zusatz von 0,25 bis 0,30% P zur Erhöhung der Warmfestigkeit empfohlen. Es wird angenommen, daß der Einfl. der Verfestigung, der durch P bedingt ist, entweder durch zusätzliche Verzerrungen im festen Zustand oder durch Verringerung der Löslichkeit der anderen Elemente hervorgerufen wird. H. Hochstein. 6410□

Der Einfluß einer Cer-Behandlung von flüssigem Chromnickelstahl auf dessen Kristallisationscharakter. Ja. Je. Goldstein, W. I. Seldowitsch, N. W. Keiss, L. D. Kossowski, O. Ja. Wainstein und K. Ss. Schmatko. (Сталь [Stahl] **22,** 258—61, März 1962; Tscheljabinsk, Forsch.-Inst. für Metallurgie u. metallurg. Werk; russ.) — Der Zusatz von stückigem *Ferrocer* in einer Menge von 0,5—0,6% zu einem fl. Cr–Ni-Stahl *40ChN* auf den Boden der Kokille bewirkt eine Immunität des Stahles gegen Flocken-Bldg. u. beseitigt die Flockenseigerung im Stahl. H. Hochstein. 6410

Ein neuer nichtrostender Stahl 1Ch18N2AG5. D. A. Odesski. (Сталь [Stahl] **22,** 264—67, März 1962; Moskau, Technol. Inst. für Flugwesen; russ.) — Der neu entwickelte austenit.-ferrit. nichtrostende Stahl *1Ch18N2AG5* mit bis 0,10 (%) *C*, 4—6 *Mn*, bis 0,8 *Si*, 17—20 *Cr*, 1,5—2,5 *Ni*, bis 0,030 *S*, bis 0,035 *P*, 0,15—0,25 *N*, in welchem die austenitbildenden Komponenten statt Ni die Elemente N u. Mn sind, besitzt eine hohe Festigkeit, befriedigende technolog. Eigg. u. kann in einigen Fällen als Ersatz für den nichtrostenden austenit. Cr–Ni-Stahl *1Ch18N9T* empfohlen werden. H. Hochstein. 6410

Ein rationelles Verfahren zur Gewinnung von Ferroaluminium. Ss. F. Karp und A. P. Frumkin. (Сталь [Stahl] **22,** 242, März 1962; Inst. für das Eisenhüttenwesen der Akad. der Wiss. der Ukrain SSR; Karl-Liebknecht-Werk; russ.) — Beschrieben wird ein Verf. zur Herst. von *Ferroaluminium* durch Vermischen von fl. *Al* mit fl. *Stahl* oder *Gußeisen*. Al-Barren werden dazu mittels eines Gasbrenners in einer Pfanne eingeschmolzen. Darauf wird in die Pfanne die notwendige Menge beruhigten Stahles aus einer Stahlgießpfanne eingegossen. Nach einer kurzen Durchmischungszeit wird die so erhaltene Leg. in Kokillen oder in metall. unausgekleidete Kästen vergossen. Während der Erstarrung u. Abkühlung platzt die Leg. u. zerfällt in einzelne Stücke, die bei einem Geh. von 40 bis 50% Al verhältnismäßig leicht gebrochen werden. Es werden Angaben über die Verw. von Ferroaluminium bei der Desoxydation von beruhigtem Röhrenstahl gemacht. H. Hochstein. 6418

Die Erzeugung von 75%igem Ferrosilicium in einem Drehherdofen. W. N. Gussarow, B. W. Wosskressenski und M. A. Ryss. (Сталь [Stahl] **22,** 240—42, März 1962; russ.) — Die Verw. eines in seinem Aufbau beschriebenen Drehherdofens zur Erzeugung von 75%ig. *Ferrosilicium* mit einer Ofenleistung von 8500 kVA ermöglicht eine Steigerung des bisherigen Ofenausbringens um 3—6%, eine Abnahme des spezif. Energieverbrauches um 2,5—3,8% u. eine Verbesserung der Rohstoffausnutzung. H. Hochstein. 6418

Untersuchungen der Gesetzmäßigkeiten der dendritischen Seigerung im Zusammenhang mit der Warmbrüchigkeit von Nichteisenlegierungen. I. I. Nowikow und W. Ss. Solotorewski. (Литейное Производство [Giesserei-Betr.] **1962,** Nr. 4, 13—18; russ.) — Überblick. 34 Literaturangaben. H. Hochstein. 6420□

Legieren von Buntmetall-Legierungen zwecks Senkung der Warmbrüchigkeit. I. I. Nowikow. (Литейное Производство [Giesserei-Betr.] **1962,** Nr. 4, 19—24, April; russ.) — Fortschrittsbericht. — 23 Literaturangaben. H. Hochstein. 6420□

Wege der Erhöhung der Stromausbeute bei der Zink-Elektrolyse einer Lösung von Zinksulfat. A. A. Ssalin. (Цветные Металлы [Nichteisenmetalle] **34,** Nr. 8, 28—33, Aug. 1961; russ.) — Die Stromausbeute hängt in der Hauptsache von den Stromverlusten, die mit der Ausscheidung von *H* an der Zn-Kathode verbunden sind, ab. Diese Ausscheidung ist bei der techn. Elektrolyse von $ZnSO_4$-Lsgg. die alleinige Folge der Auflösung des Kathoden-Nd. in dem Elektrolyten. Für die Erhöhung der Stromausbeute an Zn ist die Verminderung von *Co*, *Sb*, *Ni*, *Ge* u. anderer schädlicher Beimengungen im Elektrolyten ein ausschlaggebender Faktor. K. Wekua. 6426

Notizen über mit Lithium behandeltes Kupfer von hoher Leitfähigkeit. A. Azzolini und G. Cogito. (Fonderia ital. **9,** 109—11, März 1960; Sesto S. Giovanni, Metallindustria G.m.b.H.; ital.) — Übersicht über Anwendung u. Eigg. des *Li* als Hilfsmittel zur Reinigung des *Cu* von *O*, *H* u. anderen störenden Fremdelementen bei der Herst. von hochleitfähigem Cu. Auf die Vorteile des Li gegenüber anderen Hilfsmitteln in solchen Cu-Typen, wie *Cu–Cr*, *Cu–Be*, *Cu–Te*, *Cu–Zr* u. a wird hingewiesen. Als bes. geeignete Anwendungsbeispiele für Li werden Cu-Mundstücke von Windleitungen für

Hochöfen sowie alle Hilfseinrichtungen, die Höchsttemp. ausgesetzt u. mit W. gekühlt sind, hervorgehoben. Auch als Leg.-Zusatz in *Pb-Bronzen* u. *Monel*, als Lötmittel für *Ag*, für Legg. zum *Verkupfern* elektr. Kontakte wird Li empfohlen. A. Sander. 6432□

Leitkupferguß. Ernst Brunhuber. (Z. Metallkunde **53,** 149—51, März 1962; München; dt.) — Überblick über die Herst. elektr. u. therm. hochleitfähiger Cu-Gußstücke. F. Vier. 6432□

Kontrolle beim Kokillengießen von Kupferlegierungen durch Probegüsse. Maurice Billing und Jean Parisien. (Fonderie **1961,** 309—16, Sept.; Centre techn. des Ind. de la Fonderie; franz.) — Verss. ergaben, daß Probeformen von 9,8 mm Ø mit kon. zulaufenden Enden sich am besten zur Unters. der mechan. Eigg. von in Kokille gegossenem *Messing* oder einer *Cu–Al*-Leg. eignen. F. Vier. 6432□

Untersuchungen über das Ausscheidungs- und Aushärtungsverhalten übersättigter Kupfer–Titan-Mischkristalle. Ulrich Heubner und Günter Wassermann. (Z. Metallkunde **53,** 152—61, März 1962; Clausthal-Zellerfeld, Bergakad., Inst. für Metallkunde; dt.) — Die Unterss. der kohärenten Entmischung von *Cu–Ti*-Legg. zeigen, daß schon innerhalb des abgeschreckten Mischkristalles Entmischungsvorgänge ablaufen, ehe Seitenbänder im Röntgenbild beobachtet werden. Aus den Isothermen des elektr. Widerstandes u. der Härte wird auf ein kontinuierliches Wachstum der Entmischungszonen des Seitenbandstadiums zu den Teilchen der sich anschließend stetig abscheidenden tetragonalen Übergangsphase β' geschlossen. Die beobachtete Abhängigkeit der Zellwachstums-Geschw. der diskontinuierlichen Ausscheidung der Gleichgewichtsphase steht im Einklang mit der Annahme einer nichtperiod. Gittermodulation während des Seitenbandstadiums — 48 Literaturangaben. F. Vier. 6432□

Beobachtungen über die Zersetzung der δ-Phase in einer Kupfer–Zinn-Legierung. Ronald D. Nelson und D. H. Polonis. (Trans. metallurg. Soc. AIME **215,** 874—75, 1959, herausgeg. 1960; Richland, Wash., Hanford Atomic Works u. Seattle, Univ. of Washington; engl.) — Die Zers. der δ-Phase im *Cu–Sn*-Syst. (in *Cu*-Legg. mit 32,6 Gew.-% *Sn*) in gesinterten Proben verläuft träger als Iball u. Owen angeben, geht aber schneller vor sich, als Wang u. Hansen für Stückproben angenommen haben. Die Zers.-Rk. weist ein deutliches C-Kurven-Verh. für den Beginn der Rk. auf. Metallograph. Beobachtungen in Pulverproben unterstützen die Ansicht von Wang u. Hansen, daß nämlich die überschüssige freie Oberflächenenergie der Teilchen eine schnellere Umwandlungs-Geschw. als in massiveren Proben ermöglicht. H. Hochstein. 6432□

Verbesserung von Federn aus Kupfer-Legierungen. 3. Mitt. Säkulare Veränderungen in Feder-Werkstoffen der Messing-Serie. Osamu Izumi und Masayuki Kawasaki. (Sci. Rep. Res. Inst. Tôhoku Univ., Ser. A **9,** 32—40, Febr. 1957; Res. Inst. for Iron Steel and other Metals; engl.) — 2. vgl. Kawasaki, C. **1961,** 8457. W. Wesly. 6432

Alterung von Ni-Al-Legierungen. Robin O. Williams. (Trans. metallurg. Soc. AIME **215,** 1026—32, 1959, herausgeg. 1960; Oak Ridge, Tenn., Nat. Labor.; engl.) — Es wird nachgewiesen, daß sich Ni_3Al homogen aus *Ni*-reichen *Al*-Legg. in Lamellenform auf den (1 0 0)-Flächen ausscheidet. Vor der effektiven Ausscheidung tritt ein Prozeß ein, der von zunehmender Nahordnung zu sein scheint. Nach der Ausscheidung vergrößern sich die Ni_3Al-Lamellen durch Wachstum. Eine diskontinuierliche Ausscheidung kann gleichzeitig mit dem vorerwähnten Prozeß auftreten. H. Hochstein. 6434□

Legierungsverhalten von Ni_3Al (γ'-Phase). R. W. Guard und J. H. Westbrook. (Trans. metallurg. Soc. AIME **215,** 807—14, 1959, herausgeg. 1960; Schenectady, N.Y., General Electric Res. Labor.; engl.) — Der Einfl. einer Anzahl von Leg.-Zusätzen auf das Gefüge u. die Härte von Ni_3Al (γ'-Phase) wird untersucht. Dabei werden drei allg. Einw. festgestellt: Mischkristallhärtung, Verformungsalterung u. die aus Abweichungen von der Stöchiometrie entstehende Mangelhärtung. Die Mischkristallhärtungserscheinungen werden im Verhältnis zu bin. Endmischkristallen infolge der Möglichkeit einer wirklich unabhängigen Substitution für die Bestandteilelemente u. infolge der Begleit-Wrkg. der Verformungsalterung verwickelt. Die Elemente, die sich substitutionell in Ni_3Al lösen, werden in 3 Gruppen unterteilt, in diejenigen die Ni austauschen, nämlich *Co* u. *Cu*; dann der Austausch für Al, nämlich *Si*, *Ti*, *Mn* u. *V* u. schließlich der Austausch für beide Bestandteilelemente, nämlich *Fe*, *Cr* u. *Mo*. Nur Si u. Ti bewirken eine bedeutende Härtung sowohl bei Raum-Temp. als auch bei erhöhten Temperaturen. Die Gitterspannung spielt eine Hauptrolle in der Mischkristallhärtung. Die Mangelhärtung (oder das Weichwerden bei hohen Temp.) kann von derselben Bedeutung sein wie die Mischkristallhärtung. H. Hochstein. 6434□

Untersuchung einer im gehärteten Zustand verformten Nickel–Chrom–Aluminium–Titan-Legierung. W. G. Tscherny. (Физика Металлов и Металловедение

[Physik Metalle Metallkunde] **8**, 205—10, Aug. 1959; Inst. für Metallphys. der Akad. der Wiss. der Ukrain. SSR; russ.) — Die beim Zerfall von verformten, gehärteten Legg. mit 19,55 (%) *Cr*, 0,59 *Al*, 2,38 *Ti*, Rest *Ni* aus übersätt. Lsgg. entstehenden intermetall. Phasen mit flächenzentriertem kub. Gitter werden im Temp.-Bereich von 550—950° auf den Einfl. der plast. Verformung auf die Alterung der Metalle untersucht. Die Gitterparameter der intermetall. α'-Phase sind mit 3,584 Å erheblich vergrößert gegenüber der ursprünglichen festen Lösung. Eine Festigkeitserhöhung nach Verformung gehärteter Legg. wird durch Bldg. von Submikrostrukturen in der festen Lsg. bei Entstehung von verzerrten Gittern 2. u. 3. Ordnung erklärt. Daneben konnte im Temp.-Bereich von 600 bis 700° die vermehrte Ausscheidung einer hochdispersen zweiten Phase beobachtet werden, welche eine Verformungsfestigkeit gehärteter Proben nach dem Anlassen erzeugt. W.-D. Heußner. 6434□

Neue Legierung „Tungelinvar" vom Elinvar-Typ im ternären System Kobalt–Eisen–Wolfram und Einfluß von Nickelzusätzen auf ihre Eigenschaften. Hakaru Masumoto, Hideo Saitô, Yutaka Sugai und Sadashi Tezuka. (Nippon Kinzoku Gakkai-Si [J. Japan Inst. Metals] **25**, 716—20, 1961; jap., Auszug: engl.) — Auf Grund des Wärmeausdehnungs-Koeff., Steifheitsmoduls u. dessen Temp.-Koeff. der Syst. *Co–Fr–W* u. *Co–Fr–W–Ni* wird gezeigt, daß das tern. Syst. einige Legg. des *Invar-* u. *Elinvar*-Typs aufweist. Bei 10% *Ni*-Zusatz erscheint ein Bereich mit positivem Temp.-Koeff. des Moduls. Mit steigendem Ni-Geh. verringert sich der Mindestwert des Wärmeausdehnungs-Koeff. u. der positive Höchstwert des Temp.-Koeff. des Moduls wird größer u. erreicht unter Verminderung des *Co-* u. *W*-Geh. 36% Ni im Syst. *Fe–Ni*. Die Wrkg. ist die gleiche, als wenn Ni den Legg. von *Co–Fe–Cr*, *Co–Fe–V* u. *Co–Fe–Mo* zugesetzt worden wäre. Diese neuen tern. u. quart. Legg. mit kleinem Temp.-Koeff. des Moduls heißen „*Tungelinvar*". W. Wesly. 6434□

Interkristalliner Bruch beim Kriechen von Chrom und einigen Chromlegierungen. G. R. Wilms. (Trans. metallurg. Soc. AIME **215**, 411—13, 1959, herausgeg. 1960; Australien, Defence Standards Labor.; engl.) — Die Dehnung beim Hochtemp.-Bruch (950° an Luft) von *Cr*-Proben betrug 27%, aber die von Cr-Legg. mit 10% *W* bzw. mit 5% *Mo* war beträchtlich niedriger; bei ihnen trat der Bruch bereits nach 4—8% Dehnung ein. Die geringste Kriech-Geschw. war $3{,}2 \cdot 10^{-4}$ in./in. je Std. für Cr, $0{,}68 \cdot 10^{-4}$ in./in. je Std. für die Cr-Leg. mit 10% W u. $0{,}90 \cdot 10^{-4}$ in./in. je Std. für die Cr-Leg. mit 5% Mo. Es wird eine Erklärung für diese Feststellungen gegeben, welche die mit der Kriechverformung auftretenden Gefügeänderungen berücksichtigt. H. Hochstein. 6436□

Darstellung von für die Metallgewinnung geeignetem Vanadiumoxid aus Rotem Kuchen und Betriebslösungen. C. J. Chindgren, L. C. Bauerle und J. B. Rosenbaum. (U. S. Dep. Interior, Bur. Mines, Rep. Invest. **1962**, Nr. 5937, 1—14; Salt Lake City, Utah, Metallurgy Res. Center; engl.) — Die Zus. des „Roten Kuchens" entspricht etwa dem *Na-Hexavanadat* $Na_2H_2V_6O_{17}$; jedoch ist ein Teil des *Na* meist durch *K* ersetzt. Er ist ein Nebenerzeugnis der U-Gewinnung. V_2O_5 mit ca. 99,5% Reinheit wird daraus gewonnen durch Lösen in Na_2CO_3-Lsg., Ausfällen des NH_4VO_3 mit $(NH_4)_2SO_4$ u. Erhitzen des gewaschenen NH_4VO_3 auf ca. 450°. Durch Umkristallisieren des NH_4VO_3 vor dem Erhitzen kann eine Reinheit von ca. 99,9% V_2O_5 erzielt werden. Aus den U-Fabriklaugen waren unmittelbar nur alkalihaltige *V-Salze* zu gewinnen; diese konnten jedoch auf dem üblichen Wege zu reiner V_2O_5 umgearbeitet werden. F. Hochstetter. 6440□

Erzeugung von Molybdänmetall durch Reduktion von Molybdänoxiden mit Magnesium. T. T. Campbell, F. E. Block und E. R. Andersen. (U. S. Dep. Interior, Bur. Mines, Rep. Invest. **1962**, Nr. 5934, 1—22; Albany, Oreg., Albany Metallurgy Res. Center; engl.) — MoO_3 allein u. in Mischungen mit MoO_2 wurde mit *Mg* (in Form von 0,003—0,007″-Drehspänen) in einer geschlossenen mit MgO ausgekleideten Stahlbombe reduziert. Dabei traten Drücke bis 5000 lbs./sq.in. auf, die jedoch durch *CaO*-Zusatz herabgesetzt werden konnten. Der Druck war bes. hoch, wenn die Mischung 30—60% MoO_2 enthielt. Die besten Ergebnisse bzgl. Druck, Ausbeute u. Reinheit erhielt man bei Mischungen mit 10—30% MoO_2. Vorteilhaft war auch der Zusatz einer kleinen Menge C. Die Ausbeuten betrugen z. T. über 95%. Das über Abschmelzelektroden gewonnene *Mo*-Metall hatte eine Reinheit zwischen 99,2 u. 99,8% u. ließ sich gut bearbeiten. F. Hochstetter. 6440□

Lichtbogenschmelzen von Wolfram. T. E. Butler und R. P. Morgan. (J. Metals **14**, 418—20, Juni 1962; Niagara Falls, N.Y., Union Carbide Metals Co.; engl.) — Bericht über die Reinheit von *W*-Barren u. die Wrkg. von Druckänderungen beim Hochvakuumlichtbogenschmelzen von W. F. Vier. 6440□

Formänderungsvermögen in Beryllium in bezug auf Kornorientierung und Korngröße. J. Greenspan. (Trans. metallurg. Soc. AIME **215,** 153—63, 1959, herausgeg. 1960; Cambridge, Mass., Nuclear Metals, Inc.; engl.) — Die Anisotropie von Bruch u. Gleiten, d. h. die Sprödigkeit u. das Formänderungsvermögen des Be-Einkristalls, ist auch für vielkristallines Be kennzeichnend, in welchem die Körner in einer bevorzugten Art orientiert sind. Be mit Kornorientierungen, die von einer gleichgerichteten oder nach zwei Seiten gerichteten Warmverformung herrühren, ist duktil oder spröde in durch die Anisotropie oder Orientierung der Körner gegebenen Richtungen. Die aus verschiedenen Warmverformungsschritten entwickelten Texturen werden mitgeteilt, u. die Zugfestigkeitswerte werden zu diesen Texturen in Beziehung gesetzt. Nicht nur die Textur, sondern auch eine feine Korngröße ist zur Erzielung einer hohen Zug-Dehnung erforderlich. Die Zerreißfestigkeit u. Bruchdehnung stehen mit dem Korndurchmesser in Beziehung. Von besonderem Interesse ist der Fall, in welchem ungewöhnlich hohe Zug-Dehnungs-Werte von 30—40% erhalten werden, wenn die Basisflächen so orientiert sind, daß sie eine geringe oder gar keine Zugspannung tragen. H. Hochstein. 6442□

Identifizierung von Einschlüssen in Gußteilen aus Magnesiumlegierungen. B. Lagowski und W. A. Pollard. (Mod. Castings **37,** Nr. 1, 7—12, Jan. 1960; Trans. Amer. Foundrymen's Soc. **68,** 7—12, 1960; Ottawa, Canada, Dep. of Mines and Techn. Surv.) — In den Gußstücken der Mg-Legg. *EZ 33A* u. *ZH 62A* wurden bei radiograph., metallurg., Röntgen- u. spektrograph. Unters. 3 Arten von Einschlüssen festgestellt. Danach wurden die Einschlüsse bewirkt; 1. durch Eintreten von Sandkörnern in das Gußstück, 2. durch *Fe–Zr*-Verbb. u. 3. durch *Al–Zr*-Verbindungen. F. Vier. 6444□

Gußlegierungen des Typs Al–Zn–Mg. Cyryl Niewiadomski und Kazimierz Zieliński. (Prace Inst. Mechan. **8,** Nr. 29, 49—56, 1960; Warszawa, Inst. Mechan. Prec.; pol.) — Für den Sand- u. Kokillenguß sind nachst. Al-Legg. geeignet: A: 4,8—5,5 (%) *Zn,* 0,5—0,7 *Mg,* 0,2—0,4 *Cr,* 0,1—0,2 *Ti,* $\leqslant$1 *Fe,* $\leqslant$0,3 *Si.* B: 6,0—7,0 Zn, 0,9—1,1 Mg, 0,2—0,4 Cr, 0,1—0,2 Ti, $\leqslant$1 Fe, $\leqslant$0,3 Si. A hat gute plast. Eigg. neben ausreichenden mechan. Eigg., B hat gute Festigkeit, aber etwas schlechtere plast. Eigenschaften. Sie zeigen Dispersionsselbsthärtung beim Gießen bei Abkühlung auf gewöhnliche Temp., benötigen also keine Nachbehandlung. Ihre mäßigen Gieß-Eigg. erfordern aber andere Gießmethoden. F. Urban. 6446□

Erstarrung von Aluminium-Gußlegierungen. R. E. Spear und G. R. Gardner. (Mod. Castings **37,** Nr. 1, 36—44, Jan. 1960; Trans. Amer. Foundrymen's Soc. **68,** [1960], 36; Aluminum Co. of America.) — Die Erstarrung verschiedener *Al*-Legg. wurde untersucht. Dabei wurde die Bldg. der Grundmasse metallograph. u. mikroradiograph. an kleinen geschmolzenen Proben, die mit verschiedenen Geschw. innerhalb des Erstarrungsintervalls abgekühlt u. dann abgeschreckt wurden, beobachtet. Bei der Erstarrung bildet die Grundmasse zuerst Dendriten aus, deren Aussehen von der Zus. u. der Abkühlungs-Geschw. abhängt. Mit steigender Erstarrungs-Geschw. wird die Korngröße geringer. F. Vier. 6446□

Wärmebehandlung, Umwandlungsreaktionen und mechanische Eigenschaften von einigen hochfesten Zirkonium-Legierungen. H. A. Robinson, J. R. Doig, M. W. Mote und P. D. Frost. (Trans. metallurg. Soc. AIME **215,** 237—45, 1959, herausgeg. 1960; Lake Charles, Cities Service, Inc.; Columbus, Ohio, Battelle Mem. Inst.; engl.) — Der Härtungsvorgang in wärmebehandelbaren *Zr*-Legg. ist analog dem für *Ti*-Legierungen. Zr, das einen relativ großen Zusatz eines die β-Phase stabilisierenden Elements, z. B. *Mo* oder *Nb*, enthält, kann durch folgende Umwandlung gehärtet werden: $\beta_{\text{arm}} \rightarrow \omega + \beta_{\text{angereichert}} \rightarrow \alpha + \beta_{\text{angereichert}}$. Arme Legg., deren Leg.-Geh. zum Zurückhalten der β-Phase bei Raum-Temp. nicht genügt, werden durch folgende Umwandlung gehärtet: $\beta_{\text{arm}} \rightarrow \alpha' \rightarrow \alpha + \beta_{\text{angereichert}}$. Die Anwendung dieser Erkenntnisse auf *Zr–Mo–Sn-* u. *Zr–Nb–Sn*-Legg. ergab Festigkeitswerte von 190000 lbs./sq.in. mit ausreichender Verformbarkeit. H. Hochstein. 6448□

Gewinnung von Thorium aus Erzen in Colorado, Idaho und Montana. S. R. Borrowman und J. B. Rosenbaum. (U. S. Dep. Interior, Bur. Mines, Rep. Invest. **1962,** Nr. 5916, 1—35; Salt Lake City, Utah, Metallurgy Res. Center; engl.) — Die im Labor.-Maßstab vorgenommenen Verss. sollten die etwaige Verw. der Erze vorbereiten. Von den verschiedenen physikal. u. chem. Aufbereitungsmöglichkeiten bewährte sich nur der Aufschluß mit H_2SO_4. In der schwefelsauren Lsg. beträgt der *Fe*-Geh. ein Mehrfaches des *Th*-Gehalts. Nach Red. des Fe^{3+} kann das Th als *Phosphat* gefällt werden. Eine andere Möglichkeit besteht in der fl. Extraktion, z. B. mit einem prim. aliphat. Amin. Die organ. Lsg. wurde mit HCl-haltiger NaCl-Lsg. abgestreift. Aus der anorgan. Lsg. wurde über *Th-Oxalat* bzw. *-Sulfat* ein ThO_2 mit 99% Reinheit erzielt. — 24 Literaturangaben. F. Hochstetter. 6448□

Elektrischer Widerstand als Maßstab des Sintergrades. G. Dan, A. Protopopescu und O. Ivanciu. (Studii Cercetări Metalurgie [Bucureşti] **5,** 343—64, 1960; rum.; Rev. roum. Métallurgie **6,** 89—108, 1961; russ.) — Die Kinetik des Sinterprozesses wurde auf Grund des spezif. Widerstands u. der physikal.-mechan. Eigg. untersucht. Die Proben waren *Elektrolyt-Eisen*, Kormgröße < 0,063 mm, gepreßt mit 0,5; 1; 1,5; 3 u. 5 t/cm^2, u. *Elektrolyt-Kupfer*, Korngröße < 0,063 u. 0,063—0,09 mm, gepreßt, unter einem Druck von 0,5; 1,5; 3 u. 5 t/cm^2. Es wurde in H_2-Atmosphäre bei Temp. von 100—1200° für Fe u. zwischen 100 u. 950° für Cu, von 100 zu 100°, für jeden einzelnen spezif. Widerstand, gesintert. Bei allen Verss. wurde außer dem spezif. Widerstand auch Größe, Gew. u. Härte der Proben bestimmt. Die Ergebnisse bestätigen die schon früher an Hand von wenigen Proben erhaltenen Angaben. A. Braniski. 6474

Fe–Al_2O_3-Materialien. Arno Gatti. (Trans. metallurg. Soc. AIME **215,** 753—55, 1959, herausgeg. 1960; Schenectady, N.Y., General Electric Res. Labor.; engl.) — Über das Syst. *Fe* + Al_2O_3 werden Unterss. angestellt u. dabei werden verschiedene Meth. der Al_2O_3-Verteilung u. verschiedene Al_2O_3-Mengen angewendet. Das Enderzeugnis wird auf sinter-keram. Wege erhalten. Die Mikrogefügeausbldg. u. einige der mechan. Eigg. werden mitgeteilt. Lsgg. mit bis zu 16 Gew.-% Al_2O_3 sind bei allen Prüftemp. verformbar. Die Fe–Al_2O_3-Materialien besitzen eine höhere Streckgrenze u. eine verbesserte Kriechfestigkeit im Vgl. zu reinem Fe. H. Hochstein. 6476□

Beobachtungen über die Struktur und den Sintermechanismus von gesintertem Hartmetall. J. Gurland. (Trans. metallurg. Soc. AIME **215,** 601—08, 1959, herausgeg. 1960; Providence, Brown Univ.; engl.) — Eine experimentelle Unters. über die Struktur von gesinterten *WC–Co-* u. *TiC–Co*-Hartmetallen wurde mittels dilatometr. u. metallograph. Meth. durchgeführt. Dabei wurde festgestellt, daß die Sinterung von solchen Hartmetallen durch einen Transport der Teilchen durch das fl. Bindemittel stattfindet, an dem sich eine Kornvergrößerung u. eine Zusammenballung der Carbidkörner anschließt. Die Struktur ändert sich während des Sinterns durch die Bldg. von Berührungsstellen zwischen den Carbidkörnern. Der Kontinuitätsgrad der Carbidphase ändert sich mit der Zus., Sintertemp. u. -zeit sowie mit der Korngröße. — 26 Literaturangaben. H. Hochstein. 6476□

Gegenüberstellung der Härte nach Meyer und nach Brinell. B. I. Piliptschuk. (Заводская Лаборатория [Betriebs-Lab.] **26,** 1145—48, 1960; Allunions-Mendelejew-Forschungsinst. für Metrologie; russ.) — Vf. bestreitet die Richtigkeit des Befundes von Goresko (vgl. C. **1960,** 14291), wonach 1. die Brinell-Härte bei bedeutenden Eindruckstiefen nicht unter der Härte nach Meyer liegt, u. 2. die Abhängigkeit der Härteschwankungen von der Belastung bei Messungen nach Brinell oder Meyer die gleiche sein soll. Else Heinemann. 6480

Bestimmung der Härte durch Eindrücken einer Kugel. Ss. Ss. Stepanow. (Заводская Лаборатория [Betriebs-Lab.] **26,** 1144—45, 1960; russ.) — Vgl. der Härtewerte nach Brinell, Meyer u. Drosd (vgl. C. **1960,** 8328 u. 9362.) Else Heinemann. 6480

Die Härte von verfestigten Kohlenstoffstählen als Kriterium der Verfestigung bei wiederholter Beanspruchung. M. Ss. Drosd. (Заводская Лаборатория [Betriebs-Lab.] **26,** 1139—43, 1960; Stalingrad, Inst. für Mechanik; russ.) — Bei der plast. Verformung der Stähle erfolgt mit der Verfestigung eine Erhöhung der *Härte* (H.), wobei die für unverfestigte Stähle gültige Abhängigkeit zwischen H. u. der Elastizitätsgrenze auch für verfestigte bei wiederholter Beanspruchung beobachtet wurde. Verfestigte Stahlproben wurden Verformungen, wie Torsion, Dehnung u. Druck unterworfen u. die Beeinflussung der H. graph. dargestellt. Der Vgl. der H. vor u. nach der Verfestigung gibt Aufschluß über die Wirksamkeit vorst. Verformungsverfahren. Else Heinemann. 6480

Schichtdickenmessung mit der magnetisch-induktiven Methode. J. Baczewski. (Prace Inst. Mechan. **8,** Nr. 29, 27—41, 1960; Warszawa, Inst. Mechan. Prec.; pol.) — Übersicht über magnet.-induktive Meßgeräte zur Messung der Schichtdicke nichtmagnet. Stoffe auf magnet. Unterlage. — 14 Literaturangaben. F. Urban. 6480□

Bestimmung der inneren Spannungen in galvanischen Überzügen. Sch. S. Sakirow und Ju. N. Petrow. (Заводская Лаборатория [Betriebs-Lab.] **23,** 1495—96, 1957; Tadshik. Landw. Inst.; russ.) — Zur Unters. wurden Schwarzblechlamellen gleicher Größe bei wechselnder Dicke (o = 0,3—0,5 mm) angewandt, die einseitig mit einer 0,1 mm dicken Schellackschicht isoliert wurden. Die freie Seite wurde mit Petroleum u. Wiener Kalk entfettet, gewaschen, mit HCl 15—20 Min. lang geätzt, gewaschen u. in einer Fe-Wanne „dekapiert“ (10 A/dm^2 15—20 Sek.). Die inneren Endspannungen lassen sich aus einer Formel berechnen. Die gemessenen Werte für *Cr*-Überzüge ergaben prim.

Dehnungsspannungen von 45—60 kg/mm². Andere Autoren fanden niedrigere Werte, da sie die Aufhebung eines Teiles der Spannungen während des Biegevorganges der Kathode nicht in Betracht gezogen hatten. Diese Krümmung der Lamellen beim Überziehen diente vorliegend zur Berechnung der prim. u. der während des Prozesses aufgehobenen Spannungen. A. v. Wilpert. 6480□

Spannungskriterium für den Ermüdungsbruch von Stählen. T. Yokobori. (J. Mechan. Physic Solids **8**, 81—86, Mai 1960; Sendai, Tohoku Univ.; engl.) — Die makroskop. Ermüdungsfestigkeit von Stählen wird mit mkr. Erklärungen der derzeitigen Versetzungstheorie zu erklären versucht. Die Spannungs-Konz. oder der Kerbeffekt an Versetzungsaufstapelungen spielt danach eine bedeutende Rolle beim Dauerbruch von Stählen. Die Übereinstimmung mit den kennzeichnenden Eigentümlichkeiten beim Spannungskriterium für den Dauerbruch von Stählen ist gut. H. Hochstein. 6480□

Einfluß des Mediums auf die Empfindlichkeit der Ultraschalldefektoskopie. A. K. Gurwitsch. (Заводская Лаборатория [Betriebs-Lab.] **26**, 1102—03, 1960; Forsch.-Inst. für Brücken beim Leningrader Inst. für Eisenbahntransport-Ingenieure; russ.) — Durch Unterss. wird nachgewiesen, daß in Ggw. einer *Öl*-Schicht auf der Oberfläche der Probe oder auch bei einer Oberflächenberührung mit W. die Empfindlichkeit der Meth. der Ultraschalldefektoskopie mit einer Zunahme der Reflektionszahl des Ultraschalles abnimmt. Es werden entsprechende Maßnahmen zur Vermeidung dieses Nachteiles vorgeschlagen. H. Hochstein. 6480□

Anwendung des chemischen Polierens in der Metallographie. Jaroslav Kocich. (Sborník vedeckých Prác Vysokej Školy techn. Košiciach **4**, 73—82, 1960; slowak.) — Übersicht über die Grundlagen des chem. Polierens im Vgl. mit dem anod. Polieren mit bes. Berücksichtigung der Herst. von Metallschliffen für die metallograph. Unters.; Rezepte zum Polieren von *Cu* u. Cu-Legg., *Al* u. *Zn*. R. K. Müller. 6482□

Einführung in das Heißpressen. F. St. Germain und S. E. Slosarik. (J. Metals **14**, 421—23, Juni 1962; Sacramento, Calif., Aerojet.-General. Corp.; engl.) F. Vier. 6490□

Die thermomechanische Behandlung von Federstählen und deren Umkehrbarkeit. M. L. Bernstein und A. R. Rachschtadt. (Сталь [Stahl] **22**, 346—48, April 1962; russ.) — Eine thermomechan. Behandlung, bestehend aus Warmwalzen mit einer Abnahme von 25—50%, einem anschließenden Abschrecken u. Anlassen bei 250—300° erhöht wesentlich die Festigkeit u. Formbarkeit des Federstahls *55ChGR* mit 0,53 (%) *C*, 1,0 *Mn*, 0,35 *Si*, 1,1 *Cr*, 0,003 *B*, 0,03 *Ti*; es bleiben diese Kennzeichen unverändert auch nach einem hohen Anlassen, u. einer wiederholten Härtung u. niedrigem Anlassen erhalten, was als Beweis des Einfl. einer Verfestigung gehalten wird H. Hochstein. 6490□

Verformbarkeit einiger Stahlmarken bei hohen Temperaturen. I. Ja. Tarnowski, G. A. Chassin, A. A. Posdejew und L. W. Meandrow. (Известия Высших Учебных Заведений (Москва), Черная Металлургия [Hochschulnachr. (Moskau), Eisenmetallurgie] **1960**, 63—69; Uraler Polytechn. Inst.; russ.) — Die Ergebnisse von Verss. über die Verformbarkeit der Stahlmarken *45, U12A, 60Ss2, 18ChNWA, SchCh15SsG, 1Ch18N9T, 4Ch13, Ch17N2, Ch18N12M2T, Ch18N25Ss2, Ch25105* sowie der Marken *R18, Ch12, Ch23N18, 1Ch13, 4Ch14N14W2M* u. *EJ-481* bestätigen die Ansicht, wonach die unter bestimmten Beanspruchungsbedingungen erhaltenen Merkmale zur Entscheidung prakt., mit der Warmverformung durch Druck zusammenhängender Fragen als Relativwerte verwendet werden können, die den Einfl. der Temp., chem. Zus., Struktur u. der Verformungs-Geschw. auf die Verformbarkeit kennzeichnen. Die mitgeteilten Vers.-Ergebnisse ermöglichen die Feststellung eines optimalen Temp.-Bereiches der Warmverformung der verschiedenen Stahlmarken u. lassen eine Aufteilung der Stähle in verschiedene Gruppen unterschiedlicher Verarbeitbarkeit erkennen. H. Hochstein. 6490□

Induktive Carburisierung von technischem Eisen in flüssigen Medien. Aleksander Moszczyński. (Prace Inst. Mechan. **8**, Nr. 29, 42—48, 1960; Warszawa, Inst. Mechan. Prec.; pol.) — Die Carburisierung von Fe bei induktiver Heizung wird in *Methanol, A.* u. in *Petroleum* durchgeführt. Mit den Alkoholen werden bei vergleichbaren Bedingungen C-haltige Schichten etwa gleicher Dicke u. mit gleicher Struktur erhalten. Mit Petroleum bildet sich zu viel Ruß. Die Carburisierung wird dadurch gehemmt. Die Carburisierung mit *Erdgas* ist dem Induktions-Verf. mit Methanol unterlegen, da sie wegen der tieferen Temp. langsamer verläuft. F. Urban. 6492□

Anlaßtexturen von kaltgewalzten Fe–Si–Al-Legierungen. Isao Gokyu, Hideo Abe, Tan Hashida und Susumu Takahashi. (Nippon Kinzoku Gakkai-Si [J. Japan Inst. Metals] **25**, 712—16, 1961; jap., Auszug: engl.) — Mehrere *Fe–Si–Al*-Legg. mit 3 (Gew.-%) *Si* + *Al*, 3 *Si* + *Fe* u. 3 *Al* + *Fe*, hergestellt durch Schmelzen an der Luft, werden geschmiedet, angelassen, kalt gewalzt, angelassen u. wiederum kalt gewalzt. Dabei ergaben sich 2 Arbeitsweisen; Verf. G.: 65% Dickenabnahme, 1std. Anlassen bei 850° im Vakuum, 65% Dickenabnahme, 1std. Anlassen bei 1050° im Vakuum, Verf. W: 80% Dickenabnahme, 1std. Anlassen bei 1000° in H_2, 80% Dickenabnahme, 2std. Anlassen bei 1000° in H_2. In allen Proben des Verf. W ergibt sich ein größeres Würfel: Goß-Verhältnis in der Endanlaßtextur bes. in Proben mit > 1,2% Al. Die Goß-Textur wird durch das Verf. G entwickelt. W. Wesly. 6492☐

Wechsel der Mikrostruktur beim Anlassen von Nickel-Chrom-Weißguß bei 400° F. J. R. Mihalisin und R. D. Schelleng. (Mod. Castings **37**, Nr. 1, 32—35, Jan. 1960; Bayonne, N.J., International Nickel Co.) — Durch die übliche Warmbehandlung von verschleißfesten Gußteilen aus martensit. *Fe* u. *Stahl* wird das Aussehen der Martensit-Plättchen unter polarisiertem Licht verändert. Elektronenmikrographien zeigen eine Ausscheidung innerhalb der angelassenen Martensitplättchen. Die Elektronenbeugungsanalyse ergibt, daß es sich bei der Ausscheidung um *ε-Carbid* handelt. F. Vier. 6492☐

Vakuum-Hartlöten. Ausrüstung und Arbeitsbedingungen. M. J. Severs. (Aircraft Product. **24**, 218—22, Juni 1962; Weybridge, Surrey, Efco Furnaces, Ltd.; engl.) — Übersicht über Ausrüstung u. Arbeitsbedingungen der Vakuum-Hartlötung, bes. von warmfesten *Ni*-Legg. für Gasturbinen. W. Wesly. 6504☐

Über den Zusammenhang zwischen Eigenspannungen, Textur und Härte in elektrolytisch erzeugten Kupferschichten. Horst Binder und Hellmuth Fischer. (Z. Metallkunde **53**, 161—71, März 1962; Karlsruhe, TH, Inst. f. Physik. Chemie und Elektrochemie; dt.) — Vgl. Fischer, Huhse u. Pawleck, Z. Metallkunde **47**, [1956], 43. — Elektrolyt. auf texturfreiem Walz-Cu hergestellte Cu-Ndd. wurden röntgenograph. mit Cu-K_α-Strahlung untersucht. Die aus der Linienlage errechneten Eigenspannungen von 7,8 kp/mm² stehen in guter Übereinstimmung mit dem kontraktometr. bestimmten Wert $\sigma = 9$ kp/mm². Aus dem Linienprofil wurde für sämtliche Inhibitor-Konzz. eine Teilchengröße von 2500—5000 Å ermittelt. Die Linienbreite als Maß für die inneren Spannungen II. u. III. Art nimmt mit steigender Inhibitor-Konz. zu. Die Eigenspannungen zeigen Erholungserscheinungen bei Zimmer-Temp., die durch Röntgenstrahlen beschleunigt werden. — 90 Literaturangaben. F. Vier. 6516☐

Bestimmung der Kohäsionsfestigkeit von Nickelüberzügen auf Aluminium und seinen Legierungen. N. P. Fedotjew und A. M. Jampolski. (Журнал Прикладной Химии [J. angew. Chem.] **33**, 1844—49, Aug. 1960; russ.) — Eine bes. starke Kohäsionsfestigkeit von *Ni*-Überzügen auf *Al* erzielt man bei Bearbeitung der Oberfläche mit einer Lsg., die 120 (g/Liter) *NaOH* u. 30 Zn^{2+} enthält. Dabei wird ein zweimaliges Bearbeiten empfohlen. Beim ersten Mal beträgt die optimale Haltezeit 30—50 Sek., beim zweiten Mal 8—12 Sekunden. Die gleiche Meth. kann auch beim Aufbringen von Überzügen auf andere Metalle u. Legg. angewandt. werden. — Beschreibung der App. zur Best. der Kohäsionsfestigkeit. H. Treumann. 6520☐

Elektrolytisches Niederschlagen von Metallen bei Anwendung periodischer Wechselströme. 3. Mitt. **Untersuchungen über die Darstellung glänzender Silberüberzüge.** Teresa Chocianowicz-Biestkowa. (Prace Inst. Mechan. **8**, Nr. 29, 13—26, 1 Tafel, 1960; pol.) — 2. vgl. C. **1961**, 2773. — Mit period. Wechselströmen (PR-Meth.) lassen sich aus einem Bad mit 25 (g/Liter) *Ag* u. 7 *KCN* glänzende Ag-Überzüge mit hervorragender Oberflächenglätte erzeugen. Die Glätte entspricht derjenigen mechan. polierter Flächen. Die Geschw. der Abscheidung von Ag ist doppelt so groß wie aus gewöhnlichen Bädern, es wird aber mehr Strom verbraucht. F. Urban. 6526☐

Korrosion bei rostfreien Stählen. L. Améen und B. Andersson. (Stärke **14**, 118—24, April 1962; Nybybruk (Schweden); dt.) — Beschreibung u. Erörterung von Korrosionen rostfreier Stähle: Allg. Korrosion, Lochfraß, Spannungskorrosion, interkristalline Korrosion, Kontaktkorrosion u. Spaltkorrosion (Beispiele). — Diskussion. W. Wesly. 6538☐

Über die Korrosion von zum Teil in Salzlösungen eingetauchten Metalloberflächen. Korrosion am Eintauchrand. F. Achenza. (Rend. Seminario Fac. Sci. Univ. Cagliari **29**, 46—51, 1959; ital.) — Der Einfl. der Korrosions-Wrkg. eines Tropfens einer 0,1n KCl-Lsg. auf Oberflächen von *Weichstahl* u. *Zn* wurde untersucht. In N_2-Atmosphäre konnte ein feiner u. tiefer Korrosionsring längs der Umfangslinie der Oberfläche, auf der der Tropfen sitzt, beobachtet werden. Die Bldg. von *KOH* u. *HCl* als mögliche Korrosions-Wrkg. werden besprochen. Die Metalloberfläche unter dem alkal. Ring bildet die Kathode u. die unterhalb des sauren Rings die Anode. In Ggw. von Luft werden eine Anreicherung an Alkali an der Randzone des Tropfens u. eine fortschreitende Vergrößerung der Schutzoberfläche des Tropfens durch das Lsgm. festgestellt. Die Metalloberfläche unterhalb dieses Rings korrodiert nicht (Abb.). G. Platzer. 6538

Die Wirkung von geschmolzenem Uran auf Graphit. E. L. Swarts. (Trans. metallurg. Soc. AIME **215**, 553—54, 1959, herausgeg. 1960; Cleveland, Ohio, General Electric Co.; engl.) — Bei der Berührung von geschmolzenem *U* mit *Graphit* bedeckt eine kontinuierliche *Carbid*-Schicht den Graphit. Diese Schicht schützt wahrscheinlich den Graphit gegen eine schnellere Korrosion, ist aber selbst gegen geschmolzenes U nicht beständig. H. Hochstein. 6538

Korrosionsermüdung in 2 Warmarbeitsgesenkstählen. D. N. Williams, M. L. Kohn, R. M. Evans und R. I. Jaffee. (Mod. Castings **37,** Nr. 1, 19—25, Jan. 1960; Trans. Amer. Foundrymen's Soc. **68,** 19, 1960; Columbus, Ohio, Battelle Mem. Inst. Groton, Conn., General Dynamics Corp.) — Verss. mit 2 Warmarbeitsgesenkstählen zeigten, daß die im Betrieb wechselnden Temp. auftretenden charakterist. geometr. Rißfiguren u. die mit Oxiden gefüllten Risse auch bei Belastungswechseln bei erhöhten Temp. auftreten. Bei sinkender Prüf-Temp. steigt die Lebensdauer, sie sinkt bei steigender Belastung. Bei 1100—1400° ist sie von der Oxydation fast unabhängig. F. Vier. 6538

Chemische Festigkeit von Werkstoffen aus Kupfer bei Seeklima. M. Couetoux. (Corrosion et Anticorrosion **10,** 107—09, April 1962; Soc. Tréfimétaux, Serv. „Études de Marchés"; franz.) — Übersicht über die Verw. von *Cu* (-Legg.) für elektr. Luftleitungen u. Dachabdeckungen bei Seeklima. W. Wesly. 6538

Zink-Diffusion aus der Dampfphase in Cu–Zn- und Ag–Zn-Legierungen. A. G. Guy. (Trans. metallurg. Soc. AIME **215,** 279—82, 1959; herausgeg. 1960; Lafayette, Ind., Purdue Univ.; engl.) — *Zn*-Dampf aus einem bei niedrigen Temp. gehaltenen Reservoir für fl. Zn diffundierte in *Cu–Zn*-Legg. bei 759° u. bei 870° sowie in *Ag–Zn*-Legg. bei 650° u. 700° hinein. Bei den untersuchten Cu–Zn-Legg. wurde außer einem Cu die Messingsorten 90/10, 80/20 u. 70/30 verwendet. In ähnlicher Weise enthielten die Ag-Legg. neben reinem *Ag* 7,15 u. 20% *Zn*. Es werden Angaben über die Messung der Diffusionstiefe mittels eines natürlichen Pegels gemacht. Das Diffusionsverhältnis der beiden Komponenten u. der chem. Diffusions-Koeff. stimmten mit früher veröffentlichten Werten überein. Die Pegellinie war irregulär u. oft diskontinuierlich, wenn eine Korngrenze durchsetzt wurde. H. Hochstein. 6546

Die Beseitigung industrieller Schlämme. Erich Asendorf. (Galvanotechnik **53,** 228—35, 15/5. 1962; dt.) — Überblick. F. Vier. 6546

Oel- und Chemie-Werk Akt.-Ges., Schweiz, **Bindemittel zum Herstellen von Sandkernen und Formen für Gießereizwecke** besteht aus einem Gemisch eines im wesentlichen *nicht konjugierten Öles* u. *Isanoöl*. Durch Hitzepolymerisation wird eine Viscosität von mindestens 3000 cp/20° eingestellt. (**F. P. 1 220 191** vom 2/2.1959, ausg. 23/5. 1960. Schwz. Prior. 3/2. 1958.) W. Schwarzmaier. 6383

Polygram Casting Co. Ltd., England (Erfinder: John Edward Worthington und James Seward Woodhead), **Warmhärtbares Bindemittel, insbesondere für Gießereiformen.** Ein aus *Zucker* u. Nebenprodd. der Zucker-Herst. bestehender *Syrup* wird eingedickt, bis die Dampf-Entw. aufhört. Nach dem Erkalten muß die Masse pechähnlich fest, mit glattem Bruch u. vermahlbar sein. Dieser Masse können bis zu 20% *Talkum, Stearin, Ton,* auch *Graphit* oder *Diatomeenerde* zugesetzt werden, um die Mahlbarkeit zu verbessern. Zur Steigerung der Bindekraft kann man ferner bis zu 10% *Phenolformaldehyd-, Harnstoffformaldehyd-, Silicon-, Melamin-* oder ungesätt. *Polyesterharze* sowie *Tannin*, schließlich Härter zusetzen. Die in weiten Grenzen variable Masse härtet zwischen 110—150° aus u. ergibt in Mengen von 2—6% dem Sand zugesetzt Formen mit Bindefestigkeiten über 50 kg/cm². (**F. P. 1 222 949** vom 22/4. 1959, ausg. 14/6. 1960. E. Prior. 22/4. 1958.) W. Schwarzmaier. 6383

Borden Co., N.J., übert. von: Harold K. Salzberg, Bainbridge, und Clair R. Barber, Oxford, N.Y., V.St.A., **Kunstharzbinder für Gießereiformsand** besteht aus einer Mischung zweier Stoffe (1) u. (2), wovon (1) eine in W. dispergierbare Mischung hauptsächlich eines einkernigen *Phenolformaldehydresols* u. Kondens.-Prodd. von *Formaldehyd* mit *Harnstoff* u. *Melamin* darstellt, (2) ein *(2)N-Äthanolheptadecenylimidazol* als Salz mit einem seifenbildenden Carboxylsäurerest u. 9—18 C-Atomen im Molekül. Auf 100 Teile der Harzkomponente treffen 1—15 des Amins u. 1—15 der Säure. Zum Beispiel erzielt man mit einer Kernsandmischung bestehend aus 4000 (Gew.-Teile) *Sand*, 45 *Cerealbinder*, 100 fl. *Harnstoffformaldehydharz*, 90 W., 4,4 H_3BO_3, 4,4 *Eisenoxid*, 13 *Kerosin*, 3 *Härter* u. *Trennmittel* nach 3 Min. dielektr. Trocknens mit der frischen

Masse eine Zugfestigkeit von über 250 lbs./sq.in. u. mit einer 3 Std. alten Masse noch etwa eine Zugfestigkeit von 200 lbs./sq.in. (**A. P. 2 953 535** vom 11/9. 1957, ausg. 20/9. 1960.) W. Schwarzmaier. 6383

F. J. Lemaire, Grace-Berleur, Belgien, **Erstarrungsbinder für Gießereiformsand** wird durch Kochen von *Leinöl* bei 260° über 36—48 Std. erhalten. Nach dem Abkühlen auf 100° wird 20% *Co-Naphthenat* zugesetzt. 1,8 Liter dieses Binders auf 100 kg *Sand* reichen aus, um feste Kerne für Stahl- u. Eisenguß zu erhalten, die beim Brennen ihre Form nicht ändern. Zum Beschleunigen des Erhärtens kann man noch Katalysatoren, bes. *Perborate*, zusetzen. (**Belg. P. 555 052** vom 15/2. 1957, ausg. 12/2. 1960.) W. Schwarzmaier. 6383

Croning & Co., Wedel/Holst. (Erfinder: Manfred Lottermoser, Hamburg), **Bindemittel für Preß- und Formmassen, wie Form- oder Kernsande,** besteht aus Kombinationen von *Mono-* u./oder *Disacchariden* u. *Formaldehyd* u./oder Formaldehyd abspaltenden Stoffen. (**D. A. S. 1 106 459** Kl. 31c vom 6/11. 1957, ausg. 10/5. 1961.) W. Schwarzmaier. 6383

Régie Nationale des Usines Renault, Billancourt, Frankreich, **Herstellen von Formschalen aus Sand für Gießereizwecke.** Als Bindemittel wird eine *Glucose-* oder *Saccharose*-Lsg. verwendet, die durch Zusätze von Katalysatoren, z. B. NH_2-Salze, polymerisierbar gemacht wurden. (**F. P. 72 373** vom 8/10. 1957, ausg. 6/4. 1960. **Zusatz zu F. P. 1 150 011; C. 1959. 5291.**) W. Schwarzmaier. 6383

Walther & Cie. Akt.-Ges., Köln/Dellbrück, **Aushärten von Gießereiformen oder Kernen mittels CO_2.** Fl. CO_2 wird aus Flaschen einem beheizten Verdampfer zugeleitet u. dort auf ca. 35° vorgewärmt. Mit dem Gas lassen sich die Gießformen in kurzer Zeit optimal aushärten. (**Belg. P. 569 462** vom 15/7. 1958, ausg. 5/5. 1961. D. Prior. 16/7. 1957.) W. Schwarzmaier. 6383

Leo Petrzela, Tschechoslowakei, **Schlichte für Gießereiformen und Kerne** besteht aus einer Suspension eines feuerfesten Pulvers in einem organ., brennbaren u. flüchtigen Träger, dem zum Eindicken eine Metallseife zugesetzt ist. — Beispiel: 200 (g) *Xylol*, 3 *Al-Seife* (Stearat oder Oleat), 50—150 gemahlener *Graphit* oder gemahlener *Koks*, 0—100 *Schamottemehl*, 10 *Phenolformaldehydharz-* oder *Kolophoniumpulver*. Diese Schwärze läßt sich mit beliebiger Viscosität einstellen u. eignet sich in der beispielsweisen Zus. bes. für Grauguß. (**F. P. 1 241 642** vom 28/11. 1959, ausg. 23/12. 1960. Tschech. Prior. 29/11. 1958.) W. Schwarzmaier. 6383

Vereinigte Leichtmetall-Werke G. m. b. H., Bonn (Erfinder: Peter Nölting, Hannover), **Selbsttätiges Regeln der Metallzufuhr beim Stranggießen** mit Hilfe zweier in den Gießkopf eintauchender Kohlestifte, von denen einer über einen beliebig einstellbaren Zeitgeber das Kippen des Ofens bewirkt, ein zweiter Zeitschalter nochmaliges Kippen des Ofens unterbindet. Die Kontaktstifte können period. auf u. ab bewegt, durch ein Verzögerungsrelais ein Schaltvorgang in der oberen Stellung verhindert werden. An Stelle des Ofens kann auch ein Regelventil gesteuert werden. (**D. A. S. 1 105 568** Kl. 31c vom 7/3. 1956, ausg. 27/4. 1961.) W. Schwarzmaier. 6383

Canadian Nickel Products Ltd., Toronto, Ontario, Canada, übert. von: Harold W. G. Hignett, Edgbaston, Birmingham, England, **Gußeisen** mit verbesserten Graphitstrukturen. Geschmolzenes Fe mit ca. 0,08% S-Geh. wird mit einer *bas. Ca-Schlacke* behandelt, die Schlacke abgetrennt u. die Schmelze mit 0,01—0,04% *Mg* versetzt, wobei man ein graues Gußeisen erhält. (**Can. P. 554 509** vom 27/7. 1949, ausg. 18/3. 1958. E. Prior. 29/7. 1948.) S. Böttcher. 6403

Soc. d'Électro-Chimie, d'Électro-Métallurgie et des Aciéries Électriques d'Ugine, übert. von: René Perrin, Paris, Frankreich, **Entschlackung von Gußeisen,** dad. gek., daß man der Schmelze unter kräftigem Rühren ein starkes *Oxydationsmittel* (Alkalimetalle) zur Oxydation von Si u. ein Red.-Mittel zur Entfernung von S zusetzt, wobei etwas Wärme zugeführt wird. (**Can. P. 555 063** vom 14/12. 1954, ausg. 25/3. 1958. F. Prior. 14/1. 1954.) S. Böttcher. 6403

Canadian Nickel Products Ltd., Toronto, Ontario, Canada, übert. von: Albert P. Gagnebin, Red Bank, und John T. Eash, Westfield, N.J., V.St.A., **Herstellung von Gußeisen** mit sphäroid. Graphit-Geh., dad. gek., daß man einer Gußeisenschmelze Verbb. zusetzt, die 4—25 (%) *N*, bis zu 50, bes. 15—35, *Ni*, bis zu 50, bes. 15—30, *Cu*, bis zu 30 *Fe*, bis zu 1 *Mn*, bis zu 15 *Ca*, 30—75 *Mg* (wobei der N-Geh. 15—30 des Mg-Geh. betragen soll) u. bis zu 25 Si (0,3—2,5 Gew.-% der Schmelze) enthalten u. als graphitierender Impfstoff wirken. (**Can. P. 555 230** vom 28/10. 1955, ausg. 1/4. 1958. E. Prior. 18/4. 1951.) S. Böttcher. 6405

Magnesium Elektron Ltd., übert. von: James H. T. Petch, Clifton Junction, England, **Mg-Legierungen,** die 5—7 (%) *Zn,* 0,2—1 *Seltene Erden,* 0,3—0,7 *Mn,* 0—0,1 *Al,* 0,01—0,1 *Fe,* 0—0,1 *Te* u. 0—0,05 *Be* enthalten, werden von 400° langsam auf 445°, höchstens 465°, erhitzt, in W. abgeschreckt u. 12—50 Std. auf 130—200° erwärmt. (**Can. P. 554 650** vom 9/5. 1955, ausg. 18/3. 1958. E. Prior. 11/6. 1954.) S. Böttcher. 6445

American Smelting & Refining Co., New York, N.Y., übert. von: Yurii E. Lebedeff, Metuchen, und William C. Klein, Menlo Park, N.J., V.St.A., **Reinigung von metallischem Indium,** das *Pb, Sn, Bi* u. *Ag* enthält, dad. gek., daß man das geschmolzene Metall mit so viel Cl_2 versetzt, daß ca. 20—75 (Gew.-%) in eine Chloridschlacke übergehen, die aus ca. 95 *InCl* besteht. Die Schlacke wird vom unverschlackten Metall getrennt u. in dest. W. gelöst, wobei sich 99,99% ig. *In* abscheidet. (**Can. P. 554 854** vom 3/10. 1955, ausg. 25/3. 1958. A. Prior. 7/1. 1955.) S. Böttcher. 6449

Lukens Steel Co., Coatesville, übert. von: Louis K. Keay jun., Glen Moore, Pa., V.St.A., **Verbundmetalle.** Man setzt Metallplatten aus einem Metall, das mit einer Ti-Verkleidung besetzt u. von den übrigen durch eine Fe-Cr-Leg. mit 11—30% Cr getrennt ist, nacheinander zwei Hitze- u. Druckbehandlungen aus: 1. ½—1½ Std. bei 1350—1700° in einer inerten Gasatmosphäre; 2. ½—1½ Std. bei 1550—1650° u. genügendem Druck, um die Verkleidung aufzuschmelzen. — Abbildungen. (**Can. P. 554 649** vom 25/1. 1954, ausg. 18/3. 1958. A. Prior. 3/2. 1953.) S. Böttcher. 6479

Fa. Dr. Th. Wieland (Erfinder: Ulrich Wieland), Pforzheim, **Paste zum Festlegen von zu lötenden Teilen,** die auf Grund ihrer Feuerfestigkeit u. Vol.-Konstanz ermöglicht, die damit festgelegten Teile direkt zu löten, besteht aus *Asbest, Talkum* u. *Wasser.* (**D. A. S. 1 116 138** Kl. 80b vom 30/1. 1959, ausg. 26/10. 1961.) G. Frikell. 6505

Československá Socialisticka Republika (Erfinder: Karl Švarc), Prag, Tschechoslowakei, **Löten von Aluminium mit bleihaltigem Schnellot** unter Anwendung eines leicht lötbaren Metalls (Ni), wobei an der Lötstelle in einem chem. Bad eine Schicht Al_2O_3 zerstört wird, worauf im gleichen Bad an der gleichen Stelle eine Schicht des leicht lötbaren Metalls red. wird. (**Tschech. P. 97 824** vom 13/8. 1959, ausg. 15/12. 1960.) L. Macher. 6505

Union Carbide Corp., New York, N.Y., V.St.A., **Abflammen der Oberflächen von Werkstücken.** Aus einem langen, schmalen, sich quer zur Bewegungsrichtung des abzuflammenden Werkstückes erstreckenden Schlitz strömt ein oxydierendes Gas im spitzen Winkel auf das Werkstück. Auf diesen Gasstrom trifft von oben u. unten aus zahlreichen kleinen, parallel zu dem schmalen Schlitz vorgeordneten Öffnungen ausströmendes *Naturgas* bzw. *Brenngas,* ebenfalls im spitzen Winkel, u. hüllt den Strom des oxydierenden Gases ein, wobei sowohl dieses Gas als auch das abzuflammende Werkstück vorgewärmt werden. (**E. P. 838 481** vom 4/9. 1958, ausg. 22/6. 1960. A. Prior. 5/9. 1957.) H. Baur. 6513

Griffin L. Jones, San Antonio, Tex., V.St.A., **Markierfarbe für Metalle** zur Verw. beim Ätzen wird in 2 Verf.-Schritten hergestellt: Zuerst wird eine Mischung aus *Zr-Oxychlorid* (20 g), $CuCl_2$ (100 g) u. W. (710 ml) hergestellt u. dann wird dieser Mischung *HCl* (300 ml) zugesetzt u. diese geschüttelt, bis alles gelöst ist. (**A. P. 2 962 398** vom 26/6. 1959, ausg. 29/11. 1960.) H. Baur. 6513

E. I. du Pont de Nemours & Co., Wilmington, übert. von: Oven B. Mathre, Wilmington, Del., V.St.A., **Tiefätzen von Aluminium und feinen Legierungen** durch Eintauchen in eine wss. *Alkalihydroxid*-Lsg. bei Temp. zwischen 25 u. 90°, die ein *Alkalimonoperphosphat* in Mengen von 0,2% bis zur Sättigung enthält. (**A. P. 2 965 457** vom 1/5. 1957, ausg. 20/12. 1960.) H. Baur. 6513

Georges Jarry, Fankreich, **Beizen, Entrosten, Entzundern und Passivieren von Eisen** mit Säuren u. entsprechenden Zusätzen, welchen 1500—2000 g *Asbest* in Pulverform auf 1 Liter saure Lsg. zugefügt werden, um eine Paste zur Behandlung zu erhalten. (**F. P. 1 236 269** vom 19/9. 1959, ausg. 16/11. 1960.) H. Baur. 6513

Mark P. Brash, Braintree, Edmund F. Coleman, Worchester, und John F. McMann, Quincy, Mass., V.St.A., **Zinkablösung von verzinktem Eisen** an den Stellen, an welchen geschweißt werden soll, ohne Schaden für die Eisengrundlage, mittels einer wss. Lsg., die ca. 15—20% *HCl* enthält u. so viel $CuCl_2$, daß die Lsg. halb bis ganz an $CuCl_2$ gesätt. ist. Die Lsg. läßt man so lange einwirken, bis das an den zu schweißenden Stellen sitzende Zn durch metall. Cu aus der Lsg. ersetzt ist. — Beispiel: 2 pts. W., 4 pts. HCl (30% HCl in W.), 40 oz. $CuCl_2$. (**A. P. 2 951 768** vom 9/10. 1956, ausg. 6/9. 1960.) H. Baur. 6513

Allis-Chalmers Mfg. Co., übert. von: Lowell W. Bahe, Milwaukee, Wis., V.St.A., **Chemisches Fräsen von Eisen und seinen Legierungen.** Zur Herst. von

Konstruktionsteilen werden entsprechende Flächenteile durch Tiefätzen entfernt durch Eintauchen derselben in ein nichtwss. Lsgm., das im wesentlichen aus *$POCl_3$* besteht. Gleichzeitig läßt man durch das Lsgm. ein oxydierendes Medium (*Cl, Br, J*) durchperlen so lange, bis die gewünschte Ätztiefe erreicht ist. Die Temp. der Lsg. ist 85—100°. (**A. P. 2 938 774** vom 16/4. 1958, ausg. 31/5. 1960.) H. Baur. 6513

Farbenfabriken Bayer Akt.-Ges., Leverkusen (Erfinder: Eberhard Zirngiebl, und Heinz-Günther Klein, Köln), **Bad zum galvanischen Abscheiden magnetisch hochwertiger Metallboranüberzüge,** gek. durch einen Geh. an *Trimethylborazan* in einer Menge von 0,1—10 g/Liter, bes. 0,5—4,0 g/Liter. — Beispiel: 100 (g/Liter) *$CoCl_2$*, 100 *$NiCl_2$*, 50 *NH_4Cl*; pH 4,5, Temp. 40°, 0,5 A Gleichstrom. Nach 8 Min. erhält man bei einem Zusatz von 0,5, 0,75, 1,0 u. 2,0 *Trimethylborazan* verbesserte magnet. Werte. (**D. A. S. 1 128 246** Kl. 48a vom 19/11. 1960, ausg. 19/4. 1962.) H. Hänle. 6517

Anadite, Inc., South Gate, Calif., V.St.A., **Vakuummetallisieren von Stahlteilen** hoher Zugfestigkeit, bes. für Flugzeugteile. Zur Verhütung der H-Brüchigkeit werden die Teile im hohen Vakuum, bes. unter Erwärmen auf 175° F, mit *Cd* bedampft. (**E. P. 861 892** vom 5/2. 1959, ausg. 1/3. 1961. A. Prior. 19/2. 1958.) F. Vier. 6517

National Alloys Ltd., England, **Elektrolytisches Vernickeln von Zinkpreßguß.** Als Elektrolyt dient eine Lsg. von *Ni-Citrat, NaCl* u. *Na-Citrat*, der noch *Ni-Formiat, Formaldehyd* u. *Saccharin* zugesetzt sein können. pH-Wert 7—7,5. Der pH-Wert wird durch Zusatz von *NaOH* eingestellt. (**F. P. 1 248 587** vom 27/1. 1960, ausg. 9/3. 1961. E. Prior. 30/1., 27/10. 1959 u. 13/1. 1960.) F. Markhoff. 6521

Metallgesellschaft Akt.-Ges. (Erfinder: Rudolf Brodt, Karl Lampatzer und Karl-Heinz Schmidt), **Erzeugen von hochtemperaturbeständigen Schutzschichten auf metallischen Oberflächen,** dad. gek., daß man sie mit *Oxiden* u./oder *Hydroxiden* anderer Metalle in Rk. bringt u. anschließend nach der Einbrennmeth. phosphatiert. — Man verteilt auf der Oberfläche eines Stahls eine wss. Suspension, die in 1000 (g) 200 *MgO* u. 15 *Rohrzucker* enthält, trocknet den Aufstrich u. brennt ihn bei 1050° ein, worauf nach dem Abkühlen eine Lsg. von 200 *prim. Ca-Phosphat* u. 37 freiem *P_2O_5* in 1000 W. gleichmäßig aufgebracht, getrocknet u. 2 Min. auf 550° erhitzt wird. (**Aust. P. 232 037** vom 3/6. 1958, ausg. 16/1. 1961. D. Prior. 6/6. 1957.) C. Lüttgen. 6533

United States Borax & Chemical Corp., Los Angeles, Calif., V.St.A., **Herstellung von Borat-Glykolkondensationsprodukten.** Man erhitzt *Alkali-* oder *Erdalkalimetalltetra-* oder *-metaborate* mit *C_{2-6}-Glykolen* oder *C_{2-4}-Alkyl*-Gruppen enthaltenden *Glykolmonoäthern,* wobei die frei werdende Wassermenge im wesentlichen der bei der Kondens. gebildeten Wassermenge u. den Hydrat-Geh. des Borats entspricht, u. erhitzt, wenn gewünscht, bei Unterdruck, bis das Rk.-Prod. homogen ist. — Man erhitzt $Na_4B_2O_7 \cdot 5\,H_2O$ u. Diäthylenglykol im Mol-Verhältnis 1 : 9 bei 18 mm auf 113°, wobei 10 Mol W. entfernt u. kondensiert werden. Man filtriert u. erhält eine gelbliche Fl., die bei ca. 30° gießbar wird. Sie wirkt als *Korrosionsschutz* u. kann Brems-Fll. z. B. aus Äthylenglykolmonobutyl- u. -äthyläther u. Polyalkylenglykolschmiermittel in Mengen von 1—5 Gew.-% zugesetzt werden. (**Jap. A. S. 10 542/1960** vom 5/3. 1958, ausg. 3/8. 1960. A. Prior. 5/3. 1957.) M. Pankow. 6539

Dow Chemical Co., Midland, Mich., übert. von: John F. Eberhard, Tulsa, Okla., V.St.A., **Korrosionsinhibitor** zum Schutz metall. Oberflächen gegen den Angriff durch Säuren besteht aus 1 (Vol.-Teil) *Propargylsulfid* u. 0,25—1 einer S enthaltenden Verb., wie *Äthandithiol, Thioessigsäure, Mercaptoessigsäure, Äthylsulfid, H_2S, FeS.* (**A. P. 2 963 439** vom 18/4. 1958, ausg. 6/12. 1960.) H. Baur. 6539

British Insulated Callender's Cables Ltd., London, England (Erfinder: Richard Laurens Davies und William Thomas King), **Korrosionsschutz für unterirdisch verlegte Rohrleitungen und Kabel** durch eine Umhüllung aus hydratwasserhaltigem *Al-Silicat* (Kaolin, Bentonit, Fullererde) allein oder in Mischung mit *Sand* oder *$CaCO_3$*. Ggf. Zusatz von *Chromaten, Nitraten, Permanganaten, Aminen, Chinolin, Aldehyden, Ketonen, Mercaptanen, Gelatine, Naturgummi, Dextrinen.* — Beispiel: 5—20 (%) hydratwasserhaltiges Al-Silicat in Pulverform, 10—30 $CaCO_3$ in Pulverform, 50—85 Sand. (**E. P. 852 535** vom 25/7. 1957, ausg. 26/10. 1960.) H. Baur. 6539

British Insulated Callender's Cables Ltd., London, England (Erfinder: Richard Laurens Davies und William Thomas King), **Korrosionsschutz für unterirdisch verlegte Rohrleitungen und Kabel** durch eine $BaCrO_4$ enthaltende Umhüllung, die aus Sand, $CaCO_3$, hydratwasserhaltigem Al-Silicat, einer bituminösen oder fetten Verb. oder Mischungen derselben besteht. Die Stoffe können auch auf eine Umhüllung aus Faserstoff aufgebracht werden. — Mischungsbeispiel: 0,1—5 (%) $BaCrO_4$, 0—99,9 hydratwasserhaltiges *Al-Silicat* in Pulverform, 0—30 *$CaCO_3$* in Pulverform oder *Sand.* (**E. P. 852 536** vom 25/7. 1957, ausg. 26/10. 1960.) H. Baur. 6539

General Aniline & Film Corp., New York, N.Y., übert. von: Raymond L. Mayhew, Phillipsburg, N.J., und Earl P. Williams, Pen Argyl, Pa., V.St.A., **Herstellung von Korrosionsschutzmitteln.** Die Rk.-Prodd. aus 1 (Mol) eines *γ-Lactons* (I) mit 1 Mol eines *Diamins* (II) der allg. Formel $RHN-(CH_2)_3-NH_2$ werden bei Drücken von 10—50 mm Hg auf 170—250° erhitzt. Hierbei ist R ein Alkylrest mit 8—23 C-Atomen, u. als I werden bes. *γ-Butyrolacton* u. *γ-Valerolacton* verwendet. An Stelle eines einzigen II können auch die als Handels-Prodd. unter dem Namen „Duomeene" bekannten Gemische verwendet werden. Die Rkk. zwischen I u. II werden durch 2—3 std. Erhitzen zunächst auf 95—100°, dann auf 195—235° (3 Std.) u. 25 mm Vakuum durchgeführt. — Zusatz zu *Schmierfetten* u. *-ölen.* (**A. P. 2 955 137** vom 8/5. 1958, ausg. 4/10. 1960.) A. Kalix. 6539

Pure Oil Co., Chicago, übert. von: Glenn A. Marsh und Edward Schaschl, Crystal Lake, Ill., V.St.A., **Kathodischer Korrosionsschutz von in Wasser oder unter die Erde versenkten eisernen Gegenständen** in mehreren Verfahrensschritten. Zunächst wird mittels einer *Hexametaphosphat*-Lsg. ($Na_6P_6O_{18}$) ein Überzug hergestellt u. getrocknet, sodann wird mittels einer zweiten, H_3PO_4 u. *Alkalisalz* (Alkalichromat oder -dichromat) enthaltenden Lsg. ein weiterer Überzug aufgebracht u. getrocknet. Die derart überzogenen Gegenstände werden nun in den Erdboden oder das W. versenkt u. darin an sie ein elektr. Strom angelegt, dessen Stärke nur einem kleinen Bruchteil der Stromstärke entspricht, die zum kathod. Schutz eines unbehandelten Gegenstandes notwendig ist, nämlich ca. 1 mA/sq.ft. Die erste wss. Lsg. enthält beispielsweise 5—20 (%) $Na_6P_6O_{18}$, die zweite ca. 0,67 $Na_2Cr_2O_7$ u. ca. 0,5 H_3PO_4. (**A. P. 2 927 068** vom 23/12. 1957, ausg. 1/3. 1960.) H. Baur. 6539

Metallgesellschaft Akt.-Ges., Frankfurt/M. (Erfinder: Hans-Walter Schleicher, Chivasso, Italien), **Anodischer Schutz von Gegenständen aus Zirkonium und Zirkoniumlegierungen gegen Korrosion** durch Druckwasser oder durch Wasserdampf. Der Gegenstand wird mit einem in diesem Medium befindlichen, als Kathode wirkenden Edelmetall (*Pd*) in leitende Berührung gebracht, indem er mit dem Edelmetall, ggf. durch Aufdampfen einer dünnen Schicht, plattiert oder mit einem kompakten Edelmetallstück durch Schweißen, Löten oder Nieten verbunden wird. (**D. A. S. 1 125 255** Kl. 48d vom 27/5. 1959, ausg. 8/3. 1962.) H. Baur. 6539

Thos. Firth & John Brown Ltd., übert. von: **Charles Sykes** und **Henry W. Kirkby**, Sheffield, Yorkshire, England, *Austenitischer Stahl.* (**Can. P. 562 039** von 15/11. 1951, ausg. 19/8. 1958. E. Prior. 6/3. 1951. — **C. 1954,** 7510 [F. P. 1 046 137].)

Thos. Firth & John Brown Ltd., übert. von: **Henry W. Kirkby** und **Charles Sykes**, Sheffield, Yorkshire, England, *Austenitischer Stahl.* (**Can. P. 562 040** vom 30/3. 1953, ausg. 19/8. 1958. E. Prior. 28/5. 1952. — **C. 1958,** 2271 [F. P. 64 279].)

Birmingham Small Arms Co. Ltd., Small Heath, Birmingham, übert. von: **Geoffrey T. Harris**, Sheffield, und **Henry C. Child**, Rotherham, England, *Chromstahl.* (**Can. P. 561 648** vom 17/2. 1956, ausg. 12/8. 1958. E. Prior. 28/2. 1955. — **C. 1959,** 9393 [E. P. 795 471].)

American Smelting & Refining Co., New York, N.Y., übert. von: **Max L. Hollander**, Plainfield, und **Yurii E. Lebedeff**, Metuchen, N.J., V.St.A., *Galvanisches Zinkbad.* (**Can. P. 561 642** vom 26/6. 1954, ausg. 12/8. 1958. A. Prior. 29/9. 1953. — **C. 1960,** 14 512 [A. P. 2 772 230].)

Continental Titanium Metals Corp. Soc. An., Luxemburg (Erfinder: **Edward Frank Oswandel**, Union, N.J., V.St.A.), *Herstellung kompakter Preßkörper aus Blechschrott.* (**D. A. S. 1 131 414** Kl. 40a vom 16/4. 1959, ausg. 14/6. 1962. — **C. 1961,** 14089 [A. P. 2 891 286].)

Phoenix-Rheinrohr Akt.-Ges. Vereinigte Hütten- und Röhrenwerke, Deutschland, *Walzschweißlegierung von Stahl mit hochmolybdänhaltigen Legierungen.* (**F. P. 1 143 374** vom 14/3. 1956, ausg. 30/9. 1957. D. Prior. 15/3. 1955. — **C. 1958,** 7889 [D. A. S. 1 010 796].)

Philco Corp., Philadelphia (Erfinder: **George Luther Schnable**, Lansdale), La., V.St.A., *Anbringen eines Lotmetallkörpers am Ende eines dünnen, länglichen metallischen Leiters auf elektrolytischem Wege.* (**D. A. S. 1 125 665** Kl. 40c vom 16/10. 1957, ausg. 15/3. 1962. — **C. 1961,** 12990 [A. P. 2 818 375].)

Air Reduction Co., Inc., New York, N.Y., V.St.A., *Schweißdraht für niedrig legierte Stähle.* (**E. P. 885 727** vom 18/11. 1958, ausg. 28/12. 1961. A. Prior. 26/12. 1957. — **C. 1961,** 7024 [A. P. 2 913 814].)

Union Carbide Corp., New York, N.Y., V.St.A., *Flußmittel für Lichtbogenschweißung.* (**Schwz. P. 360 575** vom 4/3. 1957, ausg. 14/4. 1962. A. Prior. 5/3. 1956. — **C. 1962,** 296 [Aust. P. 221 713].)

Poor & Co., Chicago (Erfinder: **Allen Edward Chester**, Highland Park), Ill., V.St.A., *Beizen von Metallflächen.* (**D. A. S. 1 123 176** Kl. 48d vom 17/9. 1957, ausg. 1/2. 1962. — **C. 1961,** 3142 [Aust. P. 218 220].)

Amchem Products, Inc., Ambler (Erfinder: **John Henry Geyer**, Richboro, und **John Augustine Carroll**, Hatboro), Pa., V.St.A., *Erhöhen des Korrosionsfestigkeit von gelösten Bimetallverbindungen.* (**D. A. S. 1 132 774** Kl. 48d vom 4/1. 1958, ausg. 5/7. 1962. A. Prior. 14/2. 1957. — **C. 1960,** 11466 [Aust. P. 217 574].)

Imperial Chemical Industries Ltd., London, England, *Bäder zur Behandlung von Metalloberflächen.* (**Oe. P. 220 906** vom 25/9. 1957, ausg. 25/4. 1962. E. Prior. 25/9. 1956 u. 30/1. 1957. — **C. 1961,** 5241 [F. P. 1 183 345].)

Acorn Anodising Co. Ltd., London (Erfinder: **John Gilbert Simmons**, Kenton, Middlesex), England, *Glänzen und Glätten von Aluminium- und Aluminiumlegierungsoberflächen.* (**Schwz. P. 360 569** vom 21/6. 1957, ausg. 14/4. 1962. E. Prior. 22/6. 1956. — **C. 1962,** 6575 [Aust. P. 228 046].)

DEHYDAG Deutsche Hydrierwerke G. m. b. H., Düsseldorf, *Galvanisches Abscheiden von Kupferüberzügen*. (**E. P. 884 035** vom 12/2. 1958, ausg. 6/12. 1961. D. Prior. 13/2. 1957. — **C. 1959**, 9047 [D. A. S. 1 030 133].)

DEHYDAG Deutsche Hydrierwerke G. m. b. H., Düsseldorf, *Galvanische Kupferbäder*. (**E. P. 884 036** vom 15/4. 1958, ausg. 6/12. 1961. D. Prior. 16/4. 1957. — **C. 1960**, 16253 [Oe. P. 202 414].)

Harshaw Chemical Co., Cleveland, Ohio, V.St.A., *Galvanisches Abscheiden von Kupferüberzügen*. (**E. P. 880 706** vom 27/11. 1957, ausg. 25/10. 1961. A. Prior. 28/11. 1956 u. 19/2. 1957. — **C. 1961**, 16999 [D. A. S. 1 090 046].)

General American Transportation Corp., Chicago, Ill. (Erfinder: **Gregoire Gutzeit**, Highland, Ind.), V.St.A., *Chemisches Vernickeln*. (**D. A. S. 1 131 067** Kl. 48b vom 15/12. 1953, ausg. 7/6. 1962. A. Prior. 27/8. 1953. — **C. 1959**, 6290 [Oe. P. 193 674].)

Metal & Thermit Corp., Woodbridge, N.J., übert. von: **Frank Passal**, Detroit, Mich., V.St.A., *Galvanisches Abscheiden glänzender Nickelüberzüge*. (**E. P. 886 442** vom 2/12. 1959, ausg. 10/1. 1962. A. Prior. 18/12. 1958. — **C. 1962**, 11359 [F. P. 1 243 631].)

American Cyanamid Co. (Erfinder: **Reginald Marsh Banks**, New York, N.Y., und **Robert Charles Bell**, Stamford, Conn.), V.St.A., *Stromloses Aufbringen eines Metallüberzuges auf öhrlose Nadeln*. (**D. A. S. 1 130 246** Kl. 48b vom 27/3. 1957, ausg. 24/5. 1962. A. Prior. 27/3. 1956. — **C. 1960**, 16587 [E. P. 808 796].)

Sel-Rex Corp., Nutley (Erfinder: **Edwin Cornell Rinker**, Morristown), N.J., V.St.A., *Galvanisches Abscheiden glänzender hellgelber Goldüberzüge*. (**Schwz. P. 360 567** vom 15/10. 1957, ausg. 14/4. 1962. A. Prior. 19/10. 1956. — **C. 1961**, 1363 [F. P. 1 184 396].)

Amchem Products, Inc., Ambler (Erfinder: **Ferdinand Philipp Heller**, Philadelphia), Pa., V.St.A., *Herstellung von Chromatüberzügen auf Magnesium*. (**D. A. S. 1 131 068** Kl. 48d vom 12/9. 1957, ausg. 7/6. 1962. A. Prior. 8/3. 1957. — **C. 1961**, 5243 [E. P. 812 665].)

Amchem Products, Inc., Ambler, Pa., V.St.A., *Herstellung von Schutzüberzügen auf Aluminium und Aluminiumlegierungen*. (**E. P. 891 910** vom 21/8. 1959, ausg. 21/3. 1962. A. Prior. 24/9. 1958. — **C. 1961**, 13347 [A. P. 2 909 455].)

Metallgesellschaft Akt.-Ges., Frankfurt/M. (Erfinder: **Walter R. Cavanagh**, Detroit, und **Robert C. Gibson**, Birmingham, Mich., V.St.A.), *Erleichterung des Kaltwalzens von entzundertem Bandstahl durch Aufbringen eines Phosphatüberzuges*. (**D. A. S. 1 121 902** Kl. 48d vom 19/1. 1957, ausg. 11/1. 1962. A. Prior. 25/1. 1956. — **C. 1960**, 16931 [A. P. 2 884 351].)

Achille Piccinelli, Turin, Italien, *Erzeugen eines rostschützenden Überzuges auf Eisen*. (**D. A. S. 1 130 669** Kl. 48d vom 10/4. 1953, ausg. 30/5. 1962. — **C. 1959**, 1267 [A. P. 2 800 422].)

Standard Oil Co., Chicago, Ill. (Erfinder: **Allen E. Brehm**, Griffith, Ind., **Albert W. Lindert**, Homewood, Ill., und **Jack A. Williams**, Tulsa, Okla.), V.St.A., *Wässerige, korrosionsverhindernde Lösung*. (**D. A. S. 1 130 247** Kl. 48d vom 26/7. 1956, ausg. 24/5. 1962. A. Prior. 27/7., 29/7. u. 23/8. 1955. — **C. 1960**, 16589 [A. P. 2 880 095].)

H₉. Organische Industrie

Algenkultur und ihre industrielle Bedeutung. Rafael Hernández Suárez und Antonio Herrera Expósito. (Ion [Madrid] **22**, 221—25, April **1962**; Consejo Superior de Invest. Cie.; span.) — Auf die Möglichkeit der Gewinnung von Aminosäuren, Alginsäure, Agar-Agar u. Klebstoffen, sowie Zuckern aus marinen *Algen* wird hingewiesen. Die Voraussetzungen für die kontinuierliche Kultur von Algen, bes. von *Chlorella*, unter konst. Bedingungen in techn. Maßstab werden besprochen. Für die Großkultur von Chlorella wird ein Vorschlag gemacht. M. Hagedorn. 6556 □

Die Dehydrierung von Cycloalkanen und Cycloalkenen in Gegenwart von Aktivkohle. N. I. Chouikine und T. J. Narychkina. (Rev. Inst. franç. Pétrole Ann. Combustibles liquides **17**, 170—79, Jan. 1962; Academie des Sci. de L'URSS, Inst. de Chimie organique N. Zelinsky; franz.) — Mit *Aktivkohle* (*AK*) können *Cycloalkane* mit 5- oder 6-Ringen u. *Cycloalkene* mit 5-Ringen dehydriert werden. Bei 600° wird Cyclohexan u. Methylcyclohexan zu 97—100% in *Bzl.* bzw. *Toluol* umgewandelt. Cycloalkan-5-Ringe u. Cycloalken-6-Ringe geben bei 15 Torr die entsprechenden Cyclopentadiene bzw. aromat. Verbindungen. Nach einer Arbeitszeit von 33 Std. fällt die Aktivität der AK um 50%, während zugleich geringe Mengen an Cyclopentan, Cyclohexen u. C_6-Alkanen bei der Verarbeitung von Cyclohexan entstehen. Die Bldg. dieser Verbb. dient als Maß für die Abnahme der AK-Aktivität. Durch überhitzten Dampf oder geringe Oxydation mit Luft bei der Arbeitstemp. wird die AK vollkommen wiederbelebt.
F. Rosendahl. 6582

Druck/Dichte/Temperatur-Werte für Propan und Propylen. Paul Dittmar, Friedrich Schulz und Günther Strese. (Chemie-Ing.-Techn. **34**, 437—41, Juni 1962; Berlin-Dahlem, Bundesanst. für Materialprüf.; dt.) — Beschreibung des von Vff. benutzten Kompensations-Verf., nach dem der *Druck* verflüssigter Gase in Abhängigkeit von *Dichte* u. *Temp.* gemessen werden kann. Meßwerte für C_3H_8 u. C_3H_6 bis 1000 Kp./cm² im Dichtebereich der fl. Phase bei Temp. von 0—140° werden mitgeteilt.
A. Knickenberg. H 500 □

Über Fluorchemie. 8. Mitt. **Darstellung von Chlortrifluormethan in einer Kleinstanlage ohne Destillation.** Herbert Fischer. (Chem. Techn. **14**, 146—50, März 1962; Radebeul, Inst. für Silicon- u. Fluorcarbonchem.; dt.) — 7. vgl. C. **1962**, 16242. —

Chlortrifluormethan (I) wird durch Disproportionierung von Dichlordifluormethan (II) in der Wärme erhalten, wobei außerdem noch CCl_4 entsteht. Der Verf.-Gang wird beschrieben. Beim Trocknen von I über Zeolithen tritt eine Rk. von I nach $2\,I \rightarrow II + CF_4$ ein, so daß I über Alkali u. P_2O_5 getrocknet wird. Die Disproportionierung von II wird dadurch quant., daß II vor dem Erwärmen H_2 zugesetzt wird. Zugleich wird der verwendete Beschleuniger, Al_2Cl_6/Tonerde, in der Lebensdauer verlängert. Ein verbrauchter Beschleuniger konnte mit H_2 nicht regeneriert werden. Überschüssiges H_2 muß durch Überführen in HCl entfernt werden. Auch $CHClF_2$ läßt sich durch Disproportionierung in I überführen. F. Rosendahl. H 510 □

Die Entschwefelung von Propan. H. Nègrerie. (Rev. Inst. franç. Pétrole Ann. Combustibles liquides **17**, 164—69, Jan. 1962; Soc. Nat. des Petroles d'Aquitaine; franz.) — Das aus dem Erdgas von Lacq gewonnene *Propan* enthält neben geringen Mengen CO_2 u. H_2S etwas größere Mengen an COS. Zur Entfernung von COS wird Propan vor der Lagerung mit einer 40%ig. Monoäthanolamin (I)-Lsg. gewaschen, wodurch der COS-Geh. von 300 auf 10 ppm vermindert wird. Die benötigte App. wird beschrieben. COS reagiert mit I teilweise unter Bldg. von N-[β-Hydroxyäthyl]-imidazolidon-(2) (II). Dieses Prod. wird durch Hydrolyse von COS zu CO_2, dessen Rk. mit I u. Weiter-Rk. mit I gebildet. Wird CO_2 als solches angewendet, so reagiert es nicht mit I. F. Rosendahl. H 510

Entwicklung eines Katalysators für die Entfernung des Acetylens aus einer Äthan-Äthylen-Fraktion durch selektive Hydrierung. Hermann Blume, Joachim Münzing und Hans Stürtz. (Chem. Techn. **14**, 214—21, April 1962; Leuna, VEB Leuna-Werke „Walter Ulbricht", Gruppe Katalysatoren; dt.) — Ein geeigneter *Kontakt* (Nr. 7746) auf Pd-Grundlage wird entwickelt. Als Träger dient neben Diatomit auch Kieselsäure, Al_2O_3, Ton, Bimsstein usw.; α-Tonerde erweist sich als bester Träger, da die Reproduzierbarkeit besonders gut ist, denn auch nach Verminderung des H_2/C_2H_2-Verhältnisses auf 2 : 1 ist noch eine ausreichende Selektivität vorhanden. Die Güte der Kontakte auf Pd-Grundlage kann durch Hinzufügen von Fe wesentlich verbessert werden. Eigg., Betriebsbedingungen, Behandlung im Betrieb werden ausführlich dargelegt. Die Dauer einer Betriebsperiode dauert 4—6 Monate, die Lebensdauer des Kontakts mindestens 2 Jahre. F. Rosendahl. H 520 □

Kinetik der katalytischen Dehydratisierung von primären Alkoholen. Donald N. Miller und Robert S. Kirk. (A.I.Ch.E. Journal **8**, 183—89, Mai 1962; Madison, Wis., Univ. of Wisconsin; engl.) — Die *katalyt. Dehydratisierung* von *A.*, *n-Propanol* u. *n-Butanol* wird in einer kleinen kinet. Vers.-App. untersucht. Zunächst werden die relativen Aktivitäten von Kontaktkörnern verschiedener Durchmesser untersucht. Für Körner über 2 mm Ø fällt die zulässige Kontaktbelastung bei einem gegebenen Umsatz linear mit dem Korndurchmesser ab. Die Dehydratisierung wird jeweils bei 3 Temp. u. 3 Drücken durchgeführt. Nach Betrachtung der Anfangs-Geschw. wird gefolgert, daß eine Oberflächen-Rk. mit überlagertem Einfl. der Diffusion innerhalb der Kontaktporen den Rk.-Mechanismus bedingt. Die auf dieser Grundlage abgeleiteten theoret. Beziehungen stimmen mit den Vers.-Ergebnissen gut überein. Es wird gezeigt, daß der gleiche Mechanismus u. die gleiche Kinetik die Dehydratisierung aller 3 Alkohole beschreiben, u. daß die Geschw.-Konst. der 3 Rkk. in einer vorauszuschätzenden Beziehung zueinander stehen. D. Gelbin. H 520 □

Die Pyrolyse von Äthan und Äthylen in einem Schock-Rohr. I. F. Miller und S. W. Churchill. (A.I.Ch.E. Journal **8**, 201—04, Mai 1962; Ann Arbor, Mich., Univ. of Michigan; engl.) — In der gewählten kinet. Vorr. wird das Rohgas durch aneinanderfolgende Heiß- u. Kaltwellen sehr kurze Zeit extrem hohen Temp. ausgesetzt. H_2 oder He werden als Treiber benutzt. Die Rk.-Temp. wird von 1250—2800° K verändert. Im unteren Temp.-Bereich folgt die Rk.-Geschw. für die Spaltung sowohl von *Äthan* als auch von *Äthylen* einer Gleichung 1. Ordnung. Eine starke Verringerung der scheinbaren Aktivierungsenergie deutet auf eine Änderung des Rk.-Mechanismus im höheren Temp.-Bereich hin. Die Prodd. der Äthanspaltung sind H_2, Äthylen u. Acetylen u. die der Äthylenspaltung H_2 u. Acetylen. Es wird festgestellt, daß die Acetylenerzeugung fast ohne Polymerisation u. andere Neben-Rkk. bei sehr hohen Temp. möglich ist. D. Gelbin. H 530 □

β-Butylenchlorhydrin aus β-Butylen [Buten-(2)]. Antonio Z. Zieliński, Jerzy Myszkowski und Anna Czubowicz. (Chem. Techn. **14**, 456—59, Aug. 1962; Szczecin, VR Polen, Politechn. Szczecinska, II. Chem.-techn. organ. Labor.; dt.) — Über die Umwandlung von *Buten-(2)* (I) in *Butylenchlorhydrin* in einem kontinuierlichen Prozeß wird berichtet. Der Aufbau u. die Fahrweise der App., sowie die analyt. Aus-

wertung werden ausführlich beschrieben. Die Ausbeute, bezogen auf I, beträgt 57%· auf Cl_2 91%. Nicht umgesetztes I kann in den Prozeß zurückgeführt werden.
H. Hoffmann. H 560□

Herstellung und Isolierung von Trimethylborat. L. Avogadro und C. Ferraris. (Chim. e Ind. [Milano] **44,** 845—50, Aug. 1962; ital.) — Über die *Herst.* von $B(OCH_3)_3$ aus B_2O_3 oder H_3BO_3 u. CH_3OH oder aus Borat, H_2SO_4 u. CH_3OH wird berichtet. Unter günstigsten Bedingungen liegt die Ausbeute über 90%. Das Rk.-Prod. enthält ein Borat/CH_3OH-Azeotrop, für dessen Trennung 2 Verff. entwickelt werden, bei denen Vaselinöl bzw. H_2SO_4 verwendet wird. Die entsprechenden Dreistoffdiagramme sind angegeben. W. Renker. H 590□

Die Erzeugung synthetischer Fettsäuren durch Paraffinoxydation. Ernst Lübbe. (Freiberger Forsch.-H., Reihe A Heft **221,** 7—21, Febr. 1962; Rodleben; dt.) — Die Technik der *Paraffinoxydation,* die dabei anfallenden Stoffe u. deren Verw. werden beschrieben. — 14 Literaturhinweise. F. Rosendahl. H 800□

Die Zukunft der aromatischen Kohlenwasserstoffe. R. A. Fraser. (Gas & Coke **24,** 328—30, Aug. 1962; Benzole Producers Ltd.; engl.) — Kurze Betrachtungen über die Gewinnung von Aromaten bei verschiedenen Verff. der Gasindustrie (Lurgi-, Degas-ONIA'GEGI-Verff.) u. Verw. der Aromaten zur Synth. von Phenol, Nylon u. Terephthalsäure. Die Herst. von Polycarbonaten, Polystyrol u. a. wird erwähnt.
F. Rosendahl. H 1010

Über die katalytische Aktivität von Platin–Palladium-Mischkatalysatoren. G. M. Pantschenkow und I. M. Kolessnikow. (Известия Высших Учебных Заведений (Баку), Нефть и Газ [Hochschulnachr. (Baku), Erdöl Gas] **5,** Nr. 8, 75—77, 1962; Moskau, Gubkin-Inst. für Erdölchem. u. Gasind.; russ.) — Gemessen wird die Rk.-Geschw. bei der Hydrierung von *Bzl.* in Ggw. von reinem *Pt* u. *Pd* sowie von Pt–Pd-Gemischen bei 200° u. einem mol. Verhältnis von H_2 : Bzl. = **4** : 1. Die Vers.-Ergebnisse werden nach der für die irreversible, in der Gasphase ablaufende heterogene Rk. 2. Grades abgeleiteten kinet. Gleichung ausgewertet. Die scheinbare Konst. der Rk.-Geschw. ist in Ggw. von Pt ca. 3,50mal höher als in Ggw. von Pd, in Ggw. von Pt–Pd-Gemischen ca. 1,8mal höher als in Ggw. von Pd. Geht der Pt-Anteil über 5% hinaus, tritt Aktivitätsminderung ein. J. Lehmberg. H 1010

Über den Reaktionsverlauf der Dehydrierung von Vinylcyclohexen. A. G Juswjak und Ja. M. Pauschkin. (Известия Высших Учебных Заведений (Баку) Нефть и Газ [Hochschulnachr. (Baku), Erdöl Gas] **5,** Nr. 8, 85—89, **1962**; Moskau-Gubkin-Inst. für Erdölchem. u. Gasind.; russ.) — Dehydrierungs-Verss. mit Vinyl cyclohexen werden in Ggw. von 50 (%) Ni u. 50 Al_2O_3 bzw. 0,1 Ni u. 99,9 Al_2O_3 durchgeführt. Die Ausbeute an *Äthylbenzol* (Kp. 135—137°; n_D^{20} 1,4901; $D._4^{20}$ 0,860; Bromzahl 17,8) beträgt im ersten Fall bei 400° u. der Vol.-Geschw. 0,2—0,25 Liter/Liter·h 73% Im zweiten Fall wird bei 550° 52% *Styrol* (n_D^{20} 1,5462; $D._4^{20}$ 0,903; Bromzahl 154) erhalten. J. Lehmberg. H 1010

Untersuchung der Selektivität von Katalysatoren für die Dehydrierung von Isopropylbenzol zu α-Methylstyrol. I. V. Nicolescu und A. Nicolescu-Modestinu. (Rev. Chim. [București] **11,** 452—58, Aug. 1960; București, Univ. „C. I. Parhon", Labor. de cataliză; rum.) — Eine Bewertung von *Katalysatoren* hinsichtlich der Beziehung zwischen *Wirksamkeit, Selektivität, Selektivitätskennzahl* u. *scheinbarer Aktivierungsenergie* der Haupt-Rk. gegenüber der Neben-Rk. am Beispiel von Katalysatoren für die *Dehydrierung* von *Isopropylbenzol* zu *α-Methylstyrol* wird durchgeführt. Ein Katalysator auf der Grundlage von ZnO + Promotor gibt bessere Ergebnisse als ein Katalysator mit Cr_2O_3 oder Fe_2O_3 als Aktivkomponenten. H. Guischard. H 1410□

Die stereospezifische Polymerisation von Isopren. F. Dawans und G. Lefebvre. (Rev. Inst. franç. Pétrole Ann. Combustibles liquides **17,** 110—63, Jan. 1962; Inst. Français du Pétrole; franz.) — Übersicht. — 300 Literaturhinweise.
F. Rosendahl. H 4010

Diamond Alkali Co., Cleveland, übert. von: **James J. Lukes,** Euclid, und **Theodore F. Kuntz,** Painesville, Ohio, V.St.A., *Äthylendichlorid.* **(Can. P. 562 010** vom 17/1. 1952, ausg. 19/8. 1958. A. Prior. 9/2. 1951. — C. **1955,** 5416 [D. B. P. 897 552].)

Phillips Petroleum Co., Bartlesville, Okla., übert. von: **Joseph C. Elgin,** Princeton, N.J., V.St.A., *Aufarbeitung von Äthylen.* **(Can. P. 561 808** vom 3/4. 1951, ausg. 12/8. 1958. A. Prior. 10/4. 1950. — C. **1960,** 7680 [A. P. 2 736 756].)

Research Corp., New York, N.Y., übert. von: **Paul Tarrant,** Gainesville, Fla., und **Dale A. Warner,** Orange, Tex., V.St.A., *Herstellung von Fluoroolefinen.* **(Can. P. 559 797** vom 12/2. 1954, ausg. 1/7. 1958. A. Prior. 16/4. 1953. — C. **1960,** 11469 [A. P. 2 804 484].)

Badische Anilin- & Soda-Fabrik Akt.-Ges., Ludwigshafen, übert. von: **Erwin Lehrer,** Bad Dürkheim, *Herstellung von Acetylen.* **(Can. P. 559 966** vom 10/1. 1955, ausg. 8/7. 1958. D. Prior. 20/1. 1954. — C. **1958,** 5510 [E. P. 767 369].)

Distillers Co. Ltd., Edinburgh, Schottland, übert. von: **Reginald H. Hall**, Sutton, und **David I. H. Jacobs**, Carshalton, Surrey, England, *Herstellung von Trialkoxyalkanen.* (**Can. P. 560 001** vom 9/4. 1953, ausg. 8/7. 1958. E. Prior. 10/4. 1952. — C. **1957**, 1292 [E. P. 735 872].)

Celanese Corp. of America, New York, N.Y., übert. von: **Robert L. Mitchell** und **Ralph M. Pritchett**, Clarkwood, Tex., V.St.A., *Kontinuierliche Herstellung von Pentaerythrit.* (**Can. P. 560 300** vom 20/3. 1954, ausg. 15/7. 1958. A. Prior. 21/5. 1953. — C. **1957**, 7174 [E. P. 757 564].)

General Aniline & Film Corp., New York, N.Y., übert. von: **Llewellyn W. Burnette**, Plainfield, N.J., und **Max E. Chiddix**, Easton, Pa., V.St.A., *N-Acyltauride.* (**Can. P. 562 046** vom 22/11. 1955, ausg. 19/8. 1958. A. Prior. 22/11. 1954. — C. **1958**, 1698 [D. A. S. 1 010 970].)

Esso Research and Engineering Co., Elizabeth, N.J., übert. von: **Joseph K. Mertzweiller**, Baton Rouge, La., V.St.A., *Niederdruckoxosynthese.* (**Can. P. 562 034** vom 21/2. 1956, ausg. 19/8. 1958. A. Prior. 10/3. 1955. — C. **1961**, 12997 [A. P. 2 827 491].)

Distillers Co. Ltd., Edinburgh, Schottland, übert. von: **Reginald H. Hall** und **Edward S. Stern**, Sutton, Surrey, England, *Sauerstoffhaltige Propenderivate.* (**Can. P. 559 618** vom 3/2. 1951, ausg. 1/7. 1958. E. Prior. 11/2. u. 23/6. 1950. — C. **1954**, 4945 [E. P. 695 789].)

Esso Research and Engineering Co., Elizabeth, übert. von: **John Staib**, Plainfield, **Walter R. F. Guyer**, Short Hills, und **Ober C. Slotterbeck**, Clark, N.J., V.St.A., *Ketonsynthese.* (**Can. P. 561 715** vom 3/8. 1955, ausg. 12/8. 1958. A. Prior. 27/8. 1954. — C. **1962**, 3981 [A. P. 2 864 864].)

Montecatini Soc. Gen. per l'Industria Mineraria e Chimica, Mailand, Italien (Erfinder: **Robert Hügel** und **Adolfo Pasetti**), *Herstellung von Diisobutylketon.* (**It. P. 541 915** vom 26/8. 1955. — C. **1951**, 11728 [F. P. 1 155 785].)

Gulf Research & Development Co., übert. von: **Elizabeth L. Fareri** und **John P. Pellegrini jun.**, Pittsburgh, Pa., V.St.A., *Hydrochlorierung.* (**Can. P. 561 750** vom 19/8. 1955, ausg. 12/8. 1958. A. Prior. 1/9. 1954. — C. **1958**, 7894 [E. P. 781 529].)

Minnesota Mining & Mfg. Co., übert. von: **Albert R. Diesslin**, **Edward A. Kauck**, St. Paul, Minn., und **Joseph H. Simons**, State College, Pa., V.St.A., *Fluorcarbonsäuren.* (**Can. P. 561 785** vom 8/7. 1949, ausg. 12/8. 1958. A. Prior. 10/1. 1949. — C. **1953**, 3956 [D. B. P. 836 796].)

Dominion Rubber Co. Ltd., Montreal, Quebec, Canada, übert. von: **Charles H. Stiteler**, Hillsdale, und **Pliny O. Tawney**, Passaic, N.J., V.St.A., *Butantriol-(1.2.4)-ester.* (**Can. P. 561 684** vom 22/5. 1951, ausg. 12/8. 1958. A. Prior. 18/10. 1950. — C. **1952**, 8046 [A. P. 2 578 647].)

Dow Chemical Co., übert. von: **Halbert C. White** und **Don V. Wysong**, Midland, Mich., V.St.A., *Serin.* (**Can. P. 562 019** vom 26/9. 1957, ausg. 19/8. 1958. A. Prior. 9/11. 1953. — C. **1958**, 1699 [A. P. 2 783 274].)

Dow Corning Corp., übert. von: **Arthur F. Gordon**, Midland, Mich., V.St.A., *Halogenierte Organosilane.* (**Can. P. 562 020** vom 9/12. 1954, ausg. 19/8. 1958. A. Prior. 11/1. 1954. — C. **1956**, 7660 [A. P. 2 715 113].)

W. R. Grace & Co., New York, N.Y., übert. von: **Frederick T. Fitch**, Baltimore, Md., V.St.A., *Aminfluorsilicate.* (**Can. P. 561 748** vom 8/7. 1955, ausg. 12/8. 1958. A. Prior. 22/9. 1954. — C. **1957**, 9512 [A. P. 2 759 958].)

Standard Oil Co., Chicago, Ill., übert. von: **Henry C. Thorne jun.**, Whiting, Ind., und **David A. McCaulay**, Chicago, Ill., V.St.A., *m-Xylol.* (**Can. P. 561 841** vom 27/8. 1953, ausg. 12/8. 1958. A. Prior. 26/9. 1952. — C. **1957**, 6283 [F. P. 1 087 554].)

Standard Oil Co., Chicago, übert. von: **David A. McCaulay**, Chicago, Ill., und **Arthur P. Lien**, Highland, Ind., V.St.A., *Isomerisierung von sekundären Alkyltoluolen.* (**Can. P. 561 842** vom 22/10. 1954, ausg. 12/8. 1958. A. Prior. 30/10. 1953. — C. **1959**, 3646 [E. P. 770 221].)

Standard Oil Co., Chicago, Ill., übert. von: **Alistair S. Couper**, Whiting, Ind., und **Andrew Dravnieks**, Park Forest, Ill., V.St.A., *HF-BF_3-Katalyse.* (**Can. P. 561 843** vom 12/12. 1955, ausg. 12/8. 1958. A. Prior. 31/1. 1955. — C. **1961**, 14461 [F. P. 1 145 248].)

General Aniline & Film Corp., New York, N.Y., übert. von: **Albert Bloom**, Summit, und **David E. Graham**, Winfield, N.J., V.St.A., *3-Chlornitrobenzol.* (**Can. P. 562 044** vom 14/3. 1955, ausg. 19/8. 1958.— C. **1957**, 14136 [E. P. 768 076].)

General Aniline & Film Corp., New York, N.Y., übert. von: **Albert Bloom**, Summit, und **David E. Graham**, Winfield, N.J., V.St.A., *Chlornitrobenzol.* (**Can. P. 562 045** vom 14/3. 1955, ausg. 19/8. 1958. — C. **1958**, 5214 [E. P. 768 077].)

Distillers Co. Ltd., Epsom, übert. von: **Godfrey P. Armstrong**, Kingswood, **Thomas Bewley**, und **Maurice D. Cooke**, Epsom, Surrey, England, *Gewinnung von reinem Phenol.* (**Can. P. 560 005** vom 1/12. 1955, ausg. 8/7. 1958. E. Prior. 18/7. 1951. — C. **1956**, 1448 [F. P. 1 065 345].)

Stamicarbon N. V., Heerlen, übert. von: **Jan A. Boss** und **Harm N. Mulder**, Geleen, Niederlande, *Herstellung von Terephthalsäuredialkylestern.* (**Can. P. 559 824** vom 18/4. 1957, ausg. 1/7. 1958. — C. **1961**, 10367 [F. P. 1 186 932].)

E. I. du Pont de Nemours & Co., Wilmington, Del., übert. von: **Joseph L. Vodonik**, Rocky River, Ohio, V.St.A., *Umesterung.* (**Can. P. 561 697** vom 7/1. 1958, ausg. 12/8. 1958. A. Prior. 14/3. 1957. — C. **1959**, 9403 [A. P. 2 829 153].)

Perfogit S. p. A., Mailand, Italien, *Herstellung von aromatischen Aldehydcarbonsäuren.* (**It. P. 541 863** vom 16/5. 1955. — C. **1959**, 3302 [F. P. 1 153 669].)

Koppers Co., Inc., übert. von: **Elmer H. Dobratz**, Pittsburgh, Pa., V.St.A., *Aktiviertes Aluminium.* (**Can. P. 561 767** vom 13/6. 1956, ausg. 12/8. 1958. A. Prior. 13/7. 1955. — C. **1959**, 4970 [E. P. 790 896].)

Olin Mathieson Chemical Corp., Baltimore, Md., übert. von: **Robert E. McClure**, Niagara Falls, N.Y., V.St.A., *Cyclohexanon.* (**Can. P. 561 804** vom 24/9. 1955, ausg. 12/8. 1958. A. Prior. 24/9. 1954. — C. **1959**, 3976 [F. P. 1 131 671].)

Dominion Rubber Co. Ltd., Montreal, Quebec, Canada, übert. von: **Thomas H. Newby**, Middlebury, Conn., V.St.A., *6.6'-Alkyliden-bis-[2-isobornyl-4-methylphenol] als Antioxydans.* (**Can. P. 559 620** vom 23/8. 1951, ausg. 1/7. 1958. A. Prior. 30/11. 1950. — C. **1955**, 2778 [E. P. 687 833].)

Union Carbide & Carbon Corp., New York, N.Y., übert. von: **Benjamin Phillips** und **Paul S. Starcher**, Charleston, W.Va., V.St.A., *Herstellung von Epoxyverbindungen.* (**Can. P. 561 858** vom 24/8. 1955, ausg. 12/8. 1958. A. Prior. 8/9. 1954. — C. **1959,** 2620 [F. P. 1 135 940].)

American Cyanamid Co., New York, N.Y., übert. von: **Johnstone S. Mackay**, Pittsburgh, Pa., V.St.A., *Herstellung von Melamin.* (**Can. P. 560 216** vom 16/12. 1957, ausg. 8/7. 1958. A. Prior. 18/9. 1953. — C. **1957,** 9221 [A. P. 2 760 961].)

H_{10}. Färberei. Organische Farbstoffe

Ladislaus Back und Josef Romhányi, Budapest, Ungarn, **Guanin enthaltende Farbpaste.** Das Guanin erhält man aus den Fischschuppen, indem man die Schuppen mit W. mindestens 5, vorteilhaft 15 Min. kocht, über ein Maschensieb filtriert u. die Guanin u. Fischleim enthaltende Lsg. einer langsamen Abkühlung mit geringer Absetz-Geschw. überläßt. Man trennt die obere Schicht ab, löst die untere Schicht in wenig heißem W. u. extrahiert mehrmals mit einem organ. Lsgm., wie Aceton, Xylol, Bzl., Toluol oder deren Gemisch. Man filtriert die Guaninkristalle, wäscht sie mit Ä. u. anschließend mit Amylacetat. Schließlich wird mit Amylacetat eine haltbare Paste angerührt. (**Ung. P. 145 085** vom 24/1. 1959, ausg. 15/8. 1959.) G. König. 7007

Sherwin-Williams Co., Cleveland, Ohio, übert. von: Joseph M. Kuhn, Haddonfield, N.J., V.St.A., **Textildruckpasten** enthalten eine konz. Farbpaste aus einer Öl-in-W.-Emulsion eines Harzes, das ein Pigment dispergiert enthält, ein wss. Streckmittel mit 0,25—1,3% des Rk.-Prod. aus einem festen linearen, nicht hydrolysierten Copolymeren von Methylvinyläther mit Maleinsäureanhydrid u. so viel Äthanolamin, daß pH 7 erreicht ist. (**Can. P. 554 712** vom 16/12. 1955, ausg. 18/3. 1958. A. Prior. 8/3. 1955.) H.-J. Nitzschke. 7007

American Cyanamid Co., New York, N.Y., übert. von: Arthur F. Klein, Philadelphia, Pa., und Albert Voorhees, Somerville, N.J., V.St.A., **Küpenfarbstoffdruckpasten** mit erhöhter Farbkraft werden erhalten, wenn man den Küpenfarbstoff vor der Einarbeitung in die Verdickung in Ggw. von W. u. einem Red.-Mittel, bes. Na–CH_2O-Sulfoxylat, mit etwa der gleichen Menge der üblicherweise kalt zugesetzten Hilfsmittel Thiodiäthylenglykol, Harnstoff, Diäthylenglykol, Glycerin oder Sorbitol erhitzt, wobei eine Rk. zwischen den genannten Verbb. u. dem Küpenfarbstoff stattfinden soll. (**A. P. 2 995 413** vom 30/7. 1956, ausg. 8/8. 1961.) F. Böhm. 7007

Soc. Rhodiaceta, Frankreich, **Färben von synthetischen linearen Polyestern,** bes. von Polyäthylenterephthalat, mit bas. Farbstoffen. Vor dem Färben wird das Polyestermaterial mit Ozon behandelt, z. B. 2 Std. lang bei 25° mit einem Luftstrom, der 0,3% O_3 enthält. (**F. P. 1 240 103** vom 24/7. 1959, ausg. 20/12. 1960.) M. F. Müller. 7017

Imperial Chemical Industries Ltd., London, England, **Färbeverfahren.** Zu E. PP. 822 500; C. **1961,** 6688 u. 825 912; C. **1962,** 3993 ist nachzutragen: Mittels der beschriebenen Verff. können sämtliche künstlichen Fasern, z. B. auch solche aus Celluloseestern, sowie Naturseide gefärbt werden. Beim Einsatz von Dihalogen-1.3.5-triazin-2-ylaminogruppen enthaltenden Farbstoffen ist das Verf. hier nicht wie im E. P. 825 912 auf die Verw. von Azofarbstoffen beschränkt. (**Belg. P. 558 433** vom 15/6. 1957, ausg. 25/3. 1960. E. Prior. 15/6. 1956 u. 31/5. 1957.) F. Böhm. 7021

B. F. H. Mellbin, Göteborg, Schweden, **Färben von Textilfasermaterial.** Das mit einer Farb-Lsg. behandelte Material wird gleichzeitig mit Glycerin imprägniert u. hierauf in Form eines fortlaufenden Bandes durch eine beheizte Dampfkammer geführt, wobei die Temp. im Innern des Materials über 100° steigen muß. — Abbildung. (**Schwed. P. 172 640** vom 19/2. 1957, ausg. 13/9. 1960.) K. H. Kähler. 7021

Badische Anilin- & Soda-Fabrik Akt.-Ges., Ludwigshafen/Rh., **Kontinuierliches Färben von Textilbahnen mit Küpen- und/oder Schwefelfarbstoffen** bzw. Färben von Textilgarnen mit den genannten Farbstoffen auf Garn- oder Spritzfärbemaschinen. Hierbei haben sich als Red.-Mittel Derivv. von NH_3 bewährt, die mindestens einmal über N gebunden den Rest eines Alkalimetall- oder Ammoniumsalzes einer geradkettigen oder verzweigten Alkylsulfinsäure mit 2—4 C-Atomen enthalten, z. B. die Verb. der Formel I. (**D. A. SS. 1 116 190** Kl. 8m vom 4/6. 1959, ausg. 2/11. 1961 u. **1 116 628** Kl. 8m vom 4/6. 1959, ausg. 9/11. 1961.)

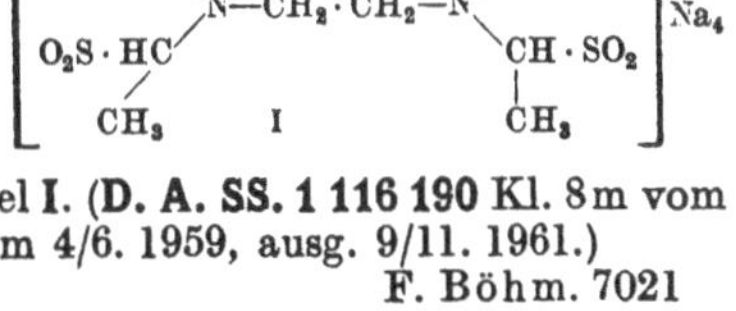

F. Böhm. 7021

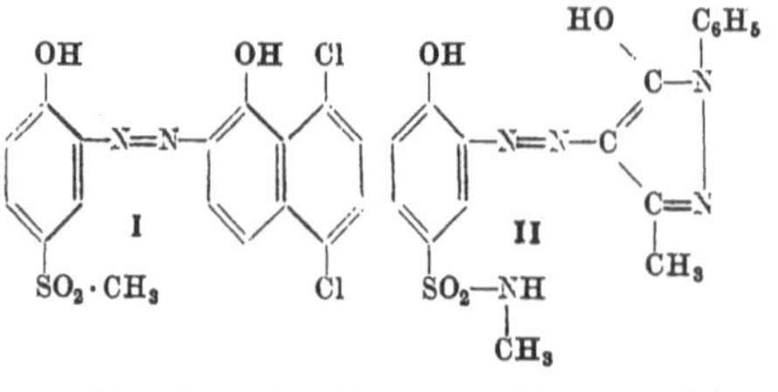

Ciba Soc. An., Schweiz, **Färben von Cellulosetriacetat** in wss. Bädern, welche eine starke Salz-Konz. besitzen, bei $> 100^0$ unter Verw. einer 1 : 2 Cr- oder Co-Komplex-Verb. eines Monoazofarbstoffes z. B. der Formeln **I** u. **II**. (**F. P. 1 241 942** vom 9/11. 1959, ausg. 4/1. 1961. Schwz. Prior. 17/11. 1958.) M. F. Müller. 7021

Vereinigte Glanzstoff-Fabriken Akt.-Ges., Wuppertal (Erfinder: Wolfgang Rösener, Erlenbach/M.), **Färben von Textilien aus Polypropylen.** Man färbt in benzol. Lsgg., welche das Umsetzungs-Prod. von Tetracyanoäthylen u. Indol enthalten, zweckmäßig gleich in der bei der Herst. dieses Farbstoffes anfallenden Lösung. Anschließend folgt eine Behandlung mit Sattdampf. Es entsteht eine ziegelrote Färbung (**D. A. S. 1 111 143** Kl. 8m vom 12/1. 1960, ausg. 20/7. 1961.) F. Böhm. 7021

Comp. Française des Matières Colorantes, Frankreich, **Färben von Polyacrylnitrilfasern** mit Farbstoffen der allg. Formel [R—N=N—R′]—N(R″)(SO_3X), worin R = Rest eines diazotierbaren prim. aromat. oder heterocycl. Amins, R′ = Rest einer Amino-, Hydroxy- oder Ketoenolkupplungskomponente, R″ = H, Alkyl- oder Arylrest, X = H oder Kation. Die Farbstoffe werden hergestellt durch Diazotieren eines prim. Amins NH_2·R—N(R″)(SO_3X) u. Kupplung des Diazotierungs-Prod. mit einer Amino-, Hydroxy- oder Ketoenol-Verb., die keine Sulfamingruppe enthält. — 0,05 (Teile) des Farbstoffes I werden in 200 W. von 50^0 gelöst, dann werden 2 n-H_2SO_4 u.

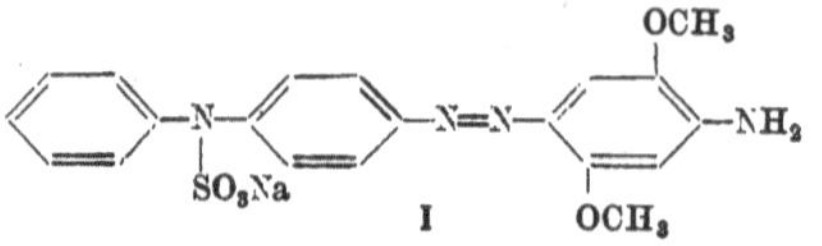

0,2 des Kondens.-Prod. aus Ricinusöl u. Äthylenoxid eingetragen. Die Temp. wird auf 50^0 gesteigert u. nach Zugabe von 5 Polyacrylnitrilfasern wird die Temp. $^3/_4$ Std. bis zum Kp. erhöht. Man erhält eine echte blauviolette Färbung. — Tabelle mit 35 weiteren Farbstoffen. (**F. P. 1 240 628** vom 29/7. 1959, ausg. 20/12. 1960.) M. F. Müller. 7021

Hans J. Zimmer Verfahrenstechnik (Erfinder: Hubert van Loosen), Frankfurt/M., **Färben von Polyacrylnitrilfasern.** Man behandelt die Fasern mit alkal. Lsgg. von der Stärke einer 0,01—20%ig., bes. einer 1—10%ig. K_2CO_3-Lsg. u. unterwirft sie dann einer kurzzeitigen (3—20 Sek.) Erhitzung auf 100—160°. Je nach der Konz. der alkal. Lsg. u. der Dauer bzw. Höhe der Erhitzung entsteht ohne Beeinträchtigung der Faserfestigkeit eine echte gelbe, rote oder braune Oberflächenfärbung. (**D. A. S. 1 110 132** Kl. 8m vom 6/5. 1959, ausg. 6/7. 1961.) F. Böhm. 7021

VEB Filmfabrik Agfa Wolfen, Wolfen (Erfinder: Helmut Lehnert, Wolfen, Eberhard Roth, Dessau, Horst Kröning, Radebeul, und Max Duch, Bitterfeld), **Färben von Gebilden aus Polymeren oder Copolymeren des Acrylnitrils.** Man färbt frisch gefällte, noch nicht getrocknete Fäden, z. B. während oder nach der Verstreckung bzw. während oder nach der Schrumpfung, in vorzugsweise wss. Bädern, welche Farbstoffe oder Verbb., die durch einfache Behandlung Farbstoffe bilden, enthalten u. entfernt dann durch eine Wäsche die im Fadenmantel befindlichen überschüssigen Farbstoffanteile. Anschließend schließt man die Poren der Fäden durch eine Hitzebehandlung bei 105—150°, wodurch die Fixierung der Farbstoffe im Fadeninnern erfolgt. (**D. A. S. 1 119 458** Kl. 29b vom 23/9. 1959, ausg. 14/12. 1961.) F. Böhm. 7021

Comp. Française des Matières Colorantes, Frankreich (Erfinder: René Gangneux und Jacques Le Blanc), **Färben von Polyesterfasern** unter Verw. von Farbstoffen der allg. Formel **I** (X u. Y = Sulfonsäure- oder Carbonsäureamidgruppe, die am N-Atom ggf. durch aliphat. oder aromat. Reste substituiert sind; die Bzl.-Kerne A u. B können einen oder mehrere Substituenten, z. B. Halogene, Alkyl-, Alkoxy-, Hydroxyalkyl- oder Nitrogruppen enthalten). Die Farbstoffe werden hergestellt aus einer diazotierten Base u. einer Kupplungs-

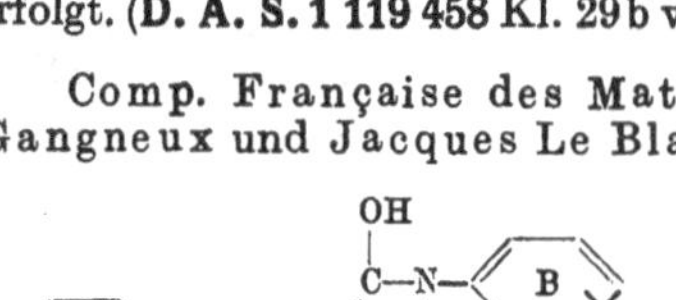

komponente, z. B. aus diazotiertem 3-[N-Phenylsulfonamido]-4-methylaminobenzol u. 1-Phenyl-3-methylpyrazolon-(5) (rötlichgelbe Färbung) oder aus diazotiertem 5-[N-Diäthylsulfonamido]-2-methoxy-1-aminobenzol u. 1-[2′-Chlorphenyl]-3-methylpyrazolon-(5)

(gelbe Färbung) oder aus diazotiertem 3-[N-Phenyl-N-äthylsulfonamido]-4-methyl-1-aminobenzol u. 1-[3'-Sulfonamidophenyl]-3-methylpyrazolon-(5) (hellgelbe Färbung). (**F. P. 73 731** vom 13/6. 1958, ausg. 13/1. 1961. **Zusatz zu F. P. 1 176 871; C. 1960, 7004.**)
M. F. Müller. 7021

Farbwerke Hoechst Akt.-Ges., vormals Meister Lucius & Brüning, Frankfurt/M., **Färben von Fasermaterial aus linearen Polyestern** unter Verw. von Butandiol-(1.4)-pentaglykolätherstearinsäureester oder dessen Verseifungs-Prodd. als Egalisiermittel bei der Färbung, u. zwar während des Färbens, vor oder nach dem Färben oder bei einer anschließenden Reduktivreinigung. Gggf. werden dem Färbebad zusätzlich noch geringe Mengen des Na-Salzes von N-Oleyl-N-methyltaurid zugesetzt. — Eine mit 300—400 g Polyäthylenglykolterephthalat-Endlosmaterial, Titer 100, bewickelte Kreuzspule wird $1^1/_2$ Std. lang bei 125° in 7 Liter enthärtetem W., dem 8 g bromiertes 1.5-Dihydroxy-4.8-diaminoanthrachinon, 0,7 ml H_2SO_4 (96% ig.) u. 21 g Butandiol-(1.4)-pentaglykolätherstearinsäureester zugesetzt waren, gefärbt. Nach dem Färben wird zur Reinigung des Materials im Flottenverhältnis 1 : 20 bei 90° reduktiv nachbehandelt, wobei der Flotte pro Liter 10 ml NaOH (38° Bé), 2 g Na-Dithionit u. 1 g Butandiol-(1.4)-pentaglykolätherstearinsäureester zugesetzt wurden. Man erhält ein leuchtendblau gefärbtes Material. (**Oe. P. 217 427** vom 19/7. 1960, ausg. 10/10. 1961. D. Prior. 21/7. 1959.)
M. F. Müller. 7021

Vereinigte Glanzstoff-Fabriken Akt.Ges., Wuppertal (Erfinder: Wolfgang Rösener, Erlenbach/M.), **Schwarzfärben von Textilien aus Polyamiden oder Polyolefinen.** Man färbt in benzol. Lsgg., welche die Verb., die bei der *Umsetzung von Tetracyanoäthylen mit Pyrrol in Ggw. von S-Pulver* oder S enthaltenden Verbb. entsteht, enthalten, zweckmäßig gleich in der bei der genannten Rk. anfallenden Lösung. Anschließend unterwirft man die Textilien einer Sattdampfbehandlung. (**D. A. S. 1 119 223** Kl. 8m vom 31/12. 1959, ausg. 14/12. 1961.)
F. Böhm. 7021

Ciba Soc. An., Schweiz, **Färben von stickstoffhaltigem Fasermaterial,** z. B. Wolle oder Polyamidfasern aus ε-Caprolactam oder aus Adipinsäure u. Hexamethylendiamin, unter Verw. von Anthrachinon- oder Azofarbstoffen, welche Carbonsäure- oder/u. Sulfonsäuregruppen sowie den Phenylcarbaminsäureesterrest enthalten, der mittels des N-Atoms an das Farbstoff-Mol. gebunden ist. — 2 (Teile) Farbstoff **I** oder **II** werden in 100 W. gelöst, damit wird Wolle imprägniert u. wasch- u.

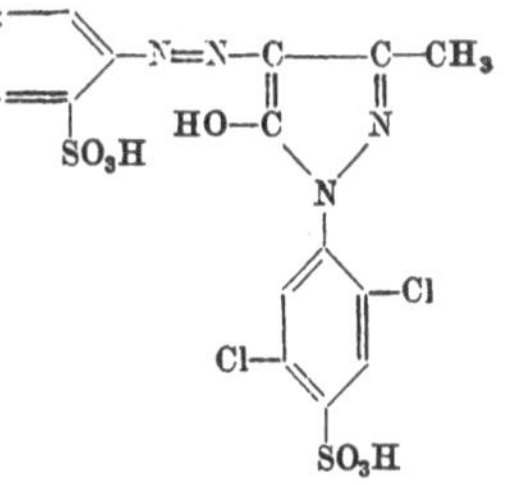

I

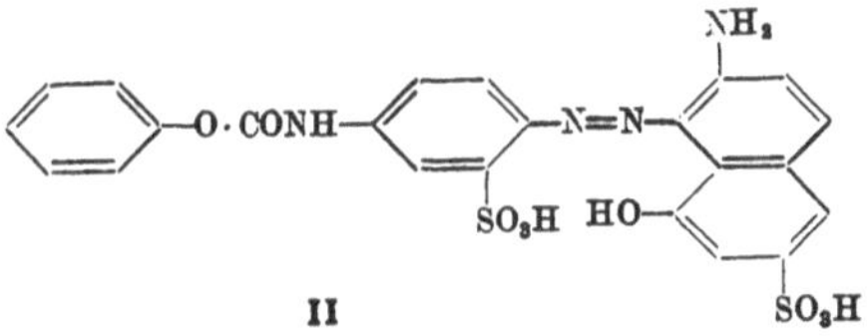

II

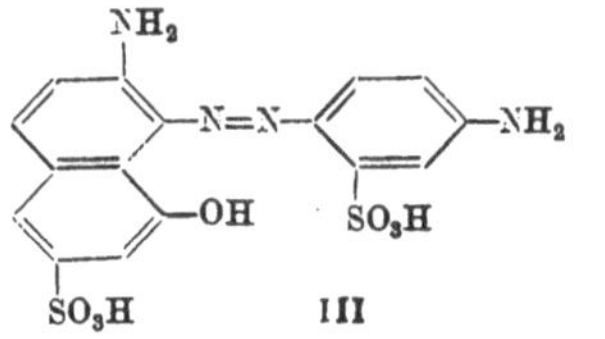

III

lichtecht gefärbt. **II** wird hergestellt aus **III** u. Chlorameisensäurephenylester. **I** färbt gelb, **II** hellrot. (**F. P. 1 240 237** vom 21/10. 1959, ausg. 20/12. 1960. Schwz. Prior. 30/10. 1958.)
M. F. Müller. 7021

E. I. du Pont de Nemours & Co., übert. von: Benjamin F. Skiles, Wilmington, Del., V.St.A., **Herstellung von Phthalocyaninpigmenten auf Textilfasern.** Man imprägniert die Faser mit der Lsg. einer nichtfärbenden Phthalocyaninvorstufe der allg. Formel $M(C_8H_4N_2)_6NH$ (M = Cu oder Ni) in einem organ. Lsgm., bes. einem Monoalkyldiäthylenglykol u. Triäthanolamin, u. red. anschließend in wss. Lsg. bei Raum-Temp. bis 100° mit H_2SO_3. (**Can. P. 559 628** vom 16/8. 1954, ausg. 1/7. 1958. A. Prior. 11/12. 1953.)
L. Großner. 7021

Ciba Soc. An., Schweiz, **Abschließende Behandlung der Färbungen von stickstoffhaltigen Fasern mit sulfonierten Cuprophthalocyaninen** mit Verbb., welche wenigstens ein bas. N-Atom enthalten, an das wenigstens ein Rest mit einer Polyglykolätherkette von wenigstens 3 —C—C—O-Gruppen gebunden ist. Solche Verbb. entsprechen den allg. Formeln I u. II (R = ggf. verzweigter aliphat. KW-Stoff-Rest mit 16—20 C-Atomen; p u. q = ganze Zahlen; p + q ≧ 3, bes. 8—16) u. werden erhalten durch Rk. von 1 Mol eines Amins mit 3—20 Mol eines Alkylenoxids. Geeignete Amine sind: Diäthyl-, Butyl-, Hexyl-, Dodecyl-, Cetyl-, Oleylamin, Octadecyl-, Triäthylen-

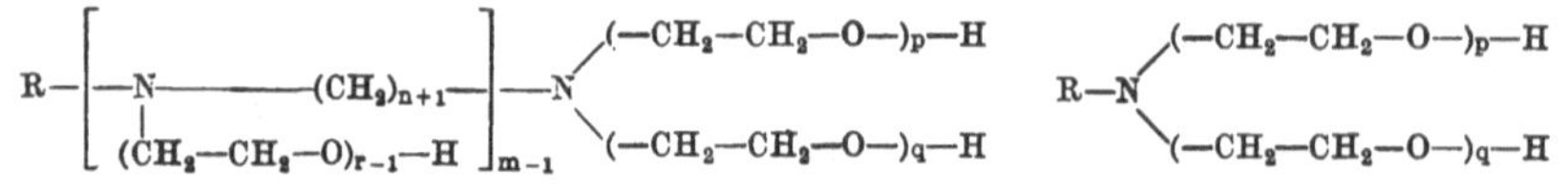

I II

tetramin, Triäthanolamin, Amine der Benzol- u. Naphthalinreihe, Abietylamin u. hydriertes Abietylamin, Laurinsäureamidin. Geeignete Alkylenoxide sind z. B. Äthylen-, Propylenoxid u. Glycid. Durch Zusatz von NH_3 u./oder Hexamethylentetramin wird das Färbebad auf pH 6,5—9 gebracht. (**F. P. 1 242 900** vom 4/8. 1959, ausg. 9/1. 1961. Schwz. Prior. 6/8. 1958.) M. F. Müller. 7021

Badische Anilin- & Soda-Fabrik Akt.-Ges., Deutschland (Erfinder: Alfred Schoelling und Karl Georg Roessler), **Färben und Bedrucken von Fasern, Fäden und Geweben** aus linearen Polyestern mit Farbstoffen der allg. Formel I

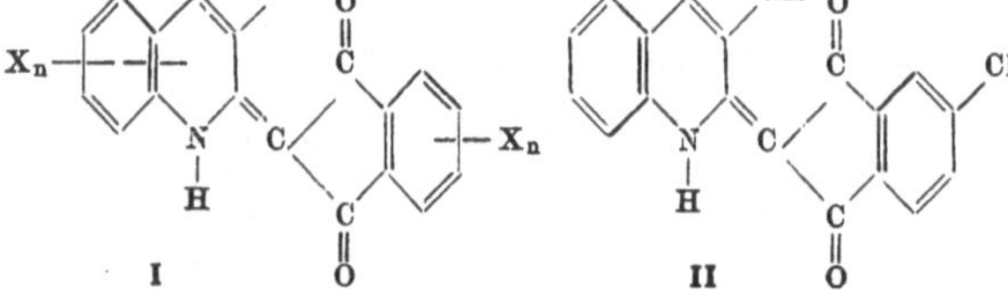

I II

(X = Halogen, Alkyl-, Alkoxy-, Aryl- oder CN-Gruppe; n = 0, 1 oder 2). Die Farbstoffe werden erhalten durch Kondens. von 3- oder 4-Chlor oder -Bromphthalsäure, 3.4-, 3.5- oder 3.6-Dichlor- oder Dibromphthalsäure oder entsprechenden Alkoxy- oder CN-Derivv. mit 2-Methyl-3-hydroxychinolinen, welche Halogen, Alkyl-, Alkoxy-, Aryl- u./oder Cyangruppen in 4-, 5-, 6-, 7- u./oder 8-Stellung enthalten. An Stelle der Phthalsäuren können auch die Anhydride, Amide oder Imide als Ausgangsstoffe verwendet werden. — Polyesterfasern werden mit einem Färbebad, welches 4 (Teile) 2-Hydroxydiphenyl u. 0,3 des Farbstoffes II in 3000 W. enthält, 90 Min. bei Siede-Temp. gelb gefärbt. — Weitere Beispiele. (**F. P. 1 237 957** vom 3/8. 1959, ausg. 28/11. 1960. D. Prior. 2/8. 1958.) M. F. Müller. 7023

Farbwerke Hoechst Akt.-Ges., vormals Meister Lucius & Brüning, Deutschland, **Fixierung von Pigmenten auf Fasermaterial** zum Färben u. Bedrucken. Das Fasermaterial wird mit wss. Lsgg. von in Alkali lösl. kondensierten Harz-Prodd., welche COOH-Gruppen enthalten, behandelt. Diese Harze werden durch Rk. von Polysäuren mit Polyalkoholen erhalten. Sie werden zusammen mit Pigmenten u. Harz-Kondens.-Prodd. aus Phenol, Harnstoff oder Melamin u. Aldehyden, bes. HCHO, angewandt. Danach wird der Faserstoff getrocknet oder ggf. hohen Temp. oder der Einw. von Wasserdampf für kurze Zeit ausgesetzt. Der Behandlungs-Fl. können auch andere natürliche oder synthet. Harze u./oder Weichmachungsmittel zugesetzt werden. — 150 (Teile) eines Farbstoff-Präp., welches 14% Cu-Phthalocyanin u. 25% eines Kondens.-Prod. von Phthalsäure mit Hexantriol-(1.3.5) enthält, u. 70% einer wss. ammoniakal. Lsg., welche 65% des Vorkondens.-Prod. aus Melamin, Äthylenglykol u. HCHO enthält, 20 Triäthanolamin, 760 eines mit 10 einer 30%ig. Lsg. eines Alkylarylpolyglykoläthers emulgierten Verdickungsmittels, 140 W. u. 850 Schwerbenzin werden miteinander gemischt. Die dabei erhaltene Druckpaste wird auf ein Baumwollgewebe aufgebracht, worauf bei 90° getrocknet u. 5 Min. lang bei 140° erhitzt wird. Man erhält einen purpurblauen Druck. — Man mischt 50 eines 40%ig. wss. Pigment-Präp. des aus 1-Amino-2-nitro-4-methylbenzol u. β-Naphthol erhaltenen Azofarbstoffs, 620 einer 10%ig. Paste aus Stärke u. Traganth (1 : 2), 110 einer 30%ig. wss. ammoniakal. Lsg. des Kondens.-Prod. von 1 Mol Hexantriol-(1.3.5) u. 1,25 Mol Phthalsäureanhydrid, 100 einer 65%ig. wss. Lsg. des Vorkondens.-Prod. aus Melamin, Äthylenglykol u. HCHO. Danach werden 20 einer 50%ig. wss. Lsg. von NH_4NO_3 u. 100 W. zugegeben. Mit der erhaltenen Druckpaste wird ein Baumwollgewebe bedruckt. Man erhält einen roten Druck. Dieser wird getrocknet u. 10 Min. bei 140° erhitzt. Der Druck ist wasch- u. abriebfest. (**F. P. 74 210** vom 26/9. 1958, ausg. 6/3. 1961. D. Prior. 26/9. 1957. **Zusatz zu F. P. 1 132 865; C. 1958, 13638.**) M. F. Müller. 7023

Badische Anilin- & Soda-Fabrik Akt.-Ges. (Erfinder: Willibald Ender, Heidelberg, Albrecht Würz, Erich Dreher und Karl Proschuh), Ludwigshafen/Rh., **Färben oder Bedrucken von lineare Polyester, Celluloseester oder Celluloseäther**

enthaltendem oder aus diesen bestehendem Fasergut. Wenig wirksame Färbebeschleuniger, wie Benzoesäure, Salicylsäure u. Hydroxyalkylgruppen enthaltende Phenole, Kresole u. Naphthole, die aber u. a. den Vorteil geringer Toxizität besitzen, können in ihrer Wirksamkeit erheblich verbessert werden, indem man sie mit 5—70% (bezogen auf das Gesamt-Gew. der Wirksubstanzen) *Äthylen-* oder *Propylencarbonat* mischt. (**D. A. S. 1 113 922** Kl. 8m vom 28/4. 1960, ausg. 21/9. 1961.) F. Böhm. 7023

Sandoz Soc. An., Schweiz, **Färben und Bedrucken von Cellulosefasern mit Azofarbstoffen,** die auf der Faser gebildet werden. Das Fasermaterial wird mit wasserlösl. organ. Verbb. behandelt, welche wenigstens einen Di- oder Trihalogenpyrimidylrest, bes. einen Di- oder Trichlor- oder -brompyrimidylrest besitzen u. außerdem eine Gruppe enthalten, die Azofarbstoffe zu bilden vermag. Das Material wird gleichzeitig oder anschließend einer therm. Behandlung in Ggw. eines säurebindenden Mittels unterworfen. Danach werden die auf der Faser fixierten Verbb. in Azofarbstoffe übergeführt. Als Diazotierungskomponenten kommen z. B. die Kondens.-Prod. von 1 Mol 2.4.6-Tri- oder 2.4.5.6-Tetrahalogenpyrimidin mit 1 Mol 1.3-Diaminobenzol-4-sulfonsäure in Betracht. Als Kupplungskomponenten sind die Kondens.-Prodd. von 1 Mol 2.4.6-Tri- oder 2.4.5.6-Tetrahalogenpyrimidin mit 1 Mol 2-Amino-5-hydroxynaphthalin-7-sulfonsäure oder 1-Amino-8-hydroxynaphthalin-3.6- oder -4.6-disulfonsäure genannt. — 2 (Teile) Na-1-Amino-3-[dichlorpyrimidylamino]-benzol-6-sulfonat, 2 Na_2CO_3 u. 5 Harnstoff werden in 100 W. gelöst. Mit dieser Lsg. wird ein Baumwollgewebe imprägniert, auf 75% Feuchtigkeits-Geh. abgepreßt u. getrocknet. Danach wird das Gewebe 4 Min. lang auf 150° erhitzt, gespült u. unter Sieden geseift. Nach dem Diazotieren wird der Farbstoff in einem Bad entwickelt, welches 1 g/Liter Na·1-[2′.5′-Dichlorphenyl]-3-methylpyrazolon-(5)-4-sulfonat u. 5 g/Liter Na-Acetat enthält. Die gelbe Färbung ist wasch- u. reibecht. — Bei Verw. eines Entw.-Bades, welches 1 g/Liter Di-Na-1-Benzoylamino-8-hydroxynaphthalin-3.6-disulfonat u. 2 g/Liter Na_2CO_3 enthält, entsteht eine rote Färbung. (**F. P. 1 247 796** vom 11/2. 1960, ausg. 24/2. 1961. Schwz. Prior. 13/2. 1959.) M. F. Müller. 7023

Farbwerke Hoechst Akt.-Ges., vormals Meister Lucius & Brüning, Deutschland, **Färben und Bedrucken von Polyestertextilien,** bes. aus Polyäthylenterephthalat, unter Verw. von Farbstoffen, welche eine oder mehrere Gruppen $-SO_2-CH{=}CH_2$ oder $-SO_2-CH_2-CH_2X$ enthalten, worin X = Halogen oder $-O\cdot SO_3H$; ausgenommen sind $-SO_3H$ u. COOH am aromat. Ring sowie allg. o-Hydroxyazofarbstoffe. Die Farbstoffe können Azo-, Nitro- oder Anthrachinonfarbstoffe sein. — Ein Gewebe aus Polyäthylenterephthalat wird 1 Std. lang bei 120° mit einem Färbebad gefärbt, das 2% (vom Stoff-Gew.) des Farbstoffes **I**, ferner das Kondens.-Prod. von 2-Naphthol-6-sulfonsäure, Kresol u. HCHO als Dispergiermittel enthält. Danach wird warm gespült u. 10 Min. lang bei 80° mit einer Lsg. eines synthet. Reinigungsmittels, z. B. dem Additions-Prod. aus 1 Mol Nonyl-phenol u. 11 Mol Äthylenoxid behandelt. Man erhält eine sehr echte gelbe Färbung. — Mit dem Farbstoff **II** entsteht analog eine orange Färbung mit guten Festigkeitseigenschaften. — Als Anthrachinonfarbstoff ist **III** genannt. (**F. P. 1 240 494** vom 18/11. 1959, ausg. 20/12. 1960. D. Prior. 18/11. 1958.) M. F. Müller. 7023

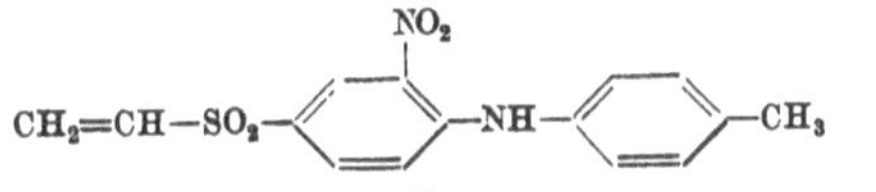

I

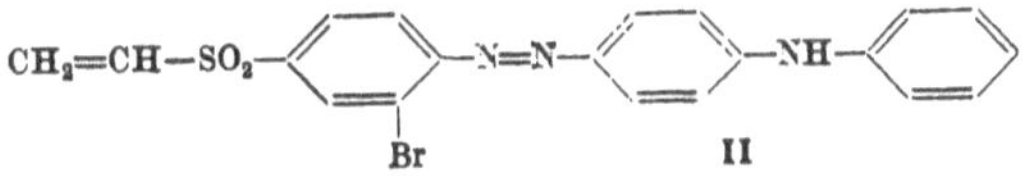

II

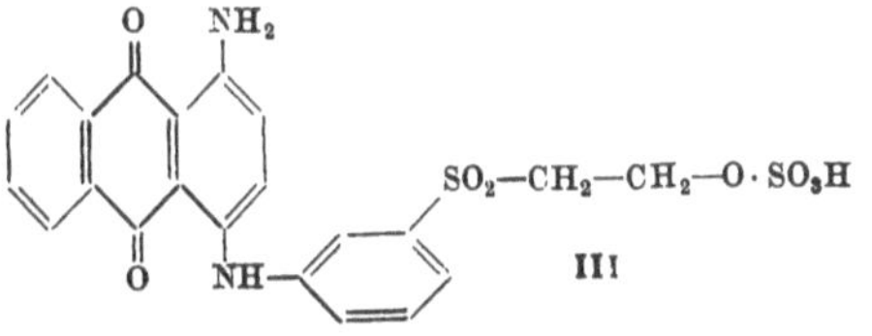

III

Farbenfabriken Bayer Akt.-Ges., Deutschland (Erfinder: Oskar Weissel, Walter Wunder und Roderich Raue), **Färben und Bedrucken von Artikeln aus aromatischen Polyestern, Polyamiden und Polyurethanen** unter Verw. von sulfonsäuregruppenfreien Farbstoffen der allg. Formel I, worin R_1 u. R_2 = Arylreste; R_3 = H, Alkyl, Aralkyl, Aryl, COOH; R_4 = COOH- u. davon abgeleitete Gruppen, z. B. R_1 u. $R_2 = C_6H_5$, R_3 u. $R_4 = COOC_2H_5$; $R_3 = COOC_2H_5$, $R_4 = CH_3$, R_1 u. $R_2 = C_6H_5$ (**II**); $R_3 = CH_3$, R_4 = COOH, $R_1 = p\text{-}CH_3\cdot C_6H_4$, $R_2 = C_6H_5$; $R_3 = CH_3$, $R_4 = CO\cdot NH_2$,

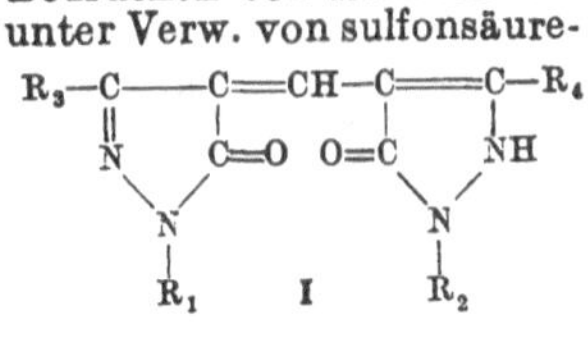

R_1 u. $R_2 = C_6H_5$; $R_3 = COO \cdot C_2H_5$, $R_4 = CH_3$, $R_1 = C_6H_5$, $R_2 = m\text{-}H_2NSO_2 \cdot C_6H_4$. — Beispiel: 0,4 (g) **II**, 4,5 Methylkresolat u. 2 eines Kondens.-Prod. aus Naphthalinsulfonsäure u. HCHO werden in 1 Liter W. gelöst u. mit H_2SO_4 auf pH 4,5 eingestellt. Nach Erhitzen (15 Min. lang bei 98—100°) wird mit dem Bad eine Polyesterfaser aus Polyäthylenterephthalat hell gelbgrün gefärbt. (**F. P. 1 242 601** vom 8/12. 1959, ausg. 6/1. 1961. D. Prior. 9/12. 1958.) M. F. Müller. 7023

Farbenfabriken Bayer Akt.-Ges., Deutschland (Erfinder: Oskar Weissel, Walter Wunder und Roderich Raue), **Färben und Bedrucken von Artikeln aus aromatischen Polyestern, Polyamiden und Polyurethanen** unter Verw. von sulfonsäuregruppenfreien Farbstoffen der allg. Formel **I**, worin R_1 u. R_2 = H, Aryl, Alkyl, Aralkyl

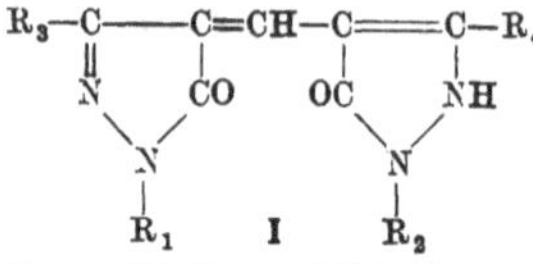

oder ein funktionelles Deriv. einer COOH-Gruppe, R_3 u. R_4 = H, Alkyl, Aryl, Aralkyl, COOH oder COOH-Derivv., z. B. R_3 u. $R_4 = CH_3$, R_1 u. $R_2 = H$; $R_3 = COOC_2H_5$, $R_4 = CH_3$, $R_1 = C_6H_5$, $R_2 = H$; R_3, $R_4 = CH_3$, $R_1 = p\text{-}CH_3 \cdot C_6H_4$, $R_2 = H$ (**II**); $R_3 = CH_3$, $R_4 = p\text{-}CH_3O \cdot C_6H_5$, $R_1 = H$, $R_2 = C_6H_5$; R_3 u. $R_4 = CH_3$, $R_1 = m\text{-}Cl \cdot C_6H_4$, $R_2 = H$; $R_3 = COOH$, $R_4 = CH_3$, $R_1 = C_6H_5$, $R_2 = H$; R_3 u. $R_4 = CH_3$, $R_1 = p\text{-}CH_3 \cdot C_6H_4$, $R_2 = C_2H_4 \cdot CN$. — Beispiel: 0,4 (g) **II**, 4,5 Methylkresolat, 2 eines Kondens.-Prod. aus Naphthalinsulfonsäure u. HCHO werden in 1 Liter W. gelöst, mit H_2SO_4 wird auf pH 4,5 eingestellt. Nach Erhitzen (15 Min. lang bei 98—100°) wird mit dem Bad eine Polyesterfaser aus Polyäthylenterephthalat hell gelbgrün gefärbt. (**F. P. 1 244 583** vom 19/11. 1959, ausg. 23/1. 1961. D. Prior. 9/12. 1958.) M. F. Müller. 7023

Farbenfabriken Bayer Akt.-Ges., Deutschland (Erfinder: Hans-Samuel Bien und Fritz Baumann), **Färben und Bedrucken von Polyester- und Polyamidmaterialien** (Nachtrag zu D. A. S. 1 080 064; C. **1960**, 15581). Die verwendeten Dispersionsfarbstoffe entsprechen den Formeln **I, II** u. **III**. —

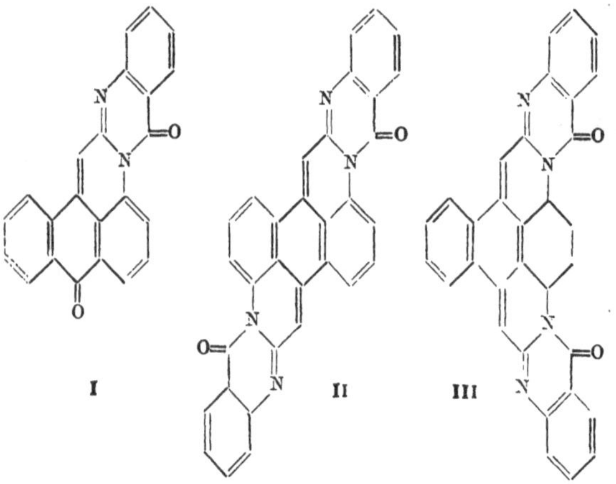

22,3 (Teile) 1-Aminoanthrachinon werden mit 200 Acetanhydrid auf 100° erhitzt, wobei die frei werdende Essigsäure im Vakuum abdest. wird. Nach beendeter Acylierung werden 25 $ZnCl_2$ u. 15 Anthranilsäure zugegeben, worauf auf 100—110° erhitzt u. der gebildete Eisessig abdest. wird: **I**, F. 293—296°, lösl. in konz. H_2SO_4 mit rubinroter Farbe. — An Stelle der Anthranilsäure können äquivalente Mengen Acetanthranilsäure oder 4- oder 5-Chlor- oder 4-Nitroacetanthranilsäure verwendet werden. — In ein Färbebad, welches 0,1 **I**, 400 W. u. 8 Benzoesäure enthält, werden 10 eines Polyesterfasergewebes bei 25—30° eingetragen, worauf die Temp. innerhalb von 20 Min. auf 100° gesteigert u. 1 Std. lang gehalten wird. Danach wird das Gewebe gewaschen u. 20 Min. lang bei 70° mit einer Lsg. von 5 NaOH (38° Bé) in 1000 W. behandelt. Nach dem Säuern u. Waschen mit W. hat das Gewebe eine brillante grünlichgelbe Färbung. (**F. P. 1 244 810** vom 9/1. 1960, ausg. 25/1. 1961. D. Prior. 10/1. 1959.) M. F. Müller. 7023

La Campionatura Tessile S. r. L. Busto Arsizio, Varese, Italien, **Textildruck.** Man befestigt die zu bedruckenden Stücke mit der Rückseite auf einem mit ungereinigtem Wachs oder einem ähnlichen Klebemittel beschichteten Papier oder einem Karton oder einer anderen undurchlässigen Folie u. bedruckt nach dem *Offset-Verf.*, wobei man die Matrizen etwas tiefer einschneidet u. die Druckpaste entsprechend verdünnt. (**It. P. 541 751** vom 23/9. 1955.) K. Koebke. 7023

Farbwerke Hoechst Akt.-Ges., vormals Meister Lucius & Brüning (Erfinder: Hugo Bartl, Erich Feeß und Friedrich Reinhardt), Frankfurt/M., **Herstellung von Weiß- und Buntätzen auf Textilmaterial, das aus aromatischen Polyestern besteht oder diese enthält.** Man bedruckt das Material mit einer Druckpaste, die höchstens 10% an üblicherweise verwendeten Ätzmitteln u. außerdem Anthrachinon oder Anthrahydrochinon oder lösl. Derivv. dieser Verbb. in Mengen von 3—10% u. ggf. Dispersions- oder Küpenfarbstoffe sowie starke organ. Basen, wie Triäthanolamin u.

sonstige übliche Zusätze enthält u. behandelt das bedruckte Material in üblicher Weise ohne Anwendung von Druckdampf weiter. (**D. A. S. 1 116 191** Kl. 8n vom 17/2. 1959, ausg. 2/11. 1961.) F. Böhm. 7023

Imperial Chemical Industries Ltd., England, **Bedrucken von Cellulosetextilien** mit Vielfarbeneffekten mit einer Druckpaste, welche diazotierte prim. aromat. Amine enthält. Nachtrag zu E. P. 843 369; C. **1962**, 5486: Zur Entfernung des überschüssigen diazotierten Amins wird das Textilmaterial kurze Zeit auf 100° erhitzt oder mit einer sd. $NaHSO_3$-Lsg. behandelt. Verwendete diazotierbare Amine sind z. B.: 4-Amino-4'-methoxydiphenylamin, 6-Benzamido-4-methoxy-3-aminotoluol, 3-Nitro-4-aminoanisol, 2-Aminoazotoluol, p-Nitroanilin u. 2.5-Dichloranilin. (**F. P. 74 346** vom 31/10. 1958, ausg. 8/3. 1961. E. Prior. 1/11. 1957 u. 8/10. 1958. **Zusatz zu F. P. 1 182 005; C. 1962, 13 958.**) M. F. Müller. 7023

Gevaert Photo-Producten N. V., Mortsel, übert. von: Jean Marie Nys und Marcel Jan Libeer, Mortsel-Antwerpen, Belgien, **4-Hydroxymethyl- und 4-Acetoxymethyl-2-methyl-Δ^2-thiazoline** der allg. Formel I [B = H, Acetyl; A = H, OH, Acetoxy) werden erhalten durch Ringöffnung eines Oxazolin-Deriv. der allg. Formel II (A' = H, OH) durch Erhitzen mit Thiobenzoesäure (III) in Pyridin-Lsg., saure Verseifung des erhaltenen Thioesters zu den freien Mercaptanen u. anschließende Ringschluß-Rk. durch Kochen mit Essigsäureanhydrid (IV) u. ggf. Verseifung der erhaltenen Verb. von der allg. Formel I (B = Acetyl; A = H, Acetoxy) mit $Ba(OH)_2$-Lsg. zu einer Verb. der allg. Formel I (B = H; A = H, OH). — 12,4 (g) 2-Methyl-4.4-bis-[hydroxymethyl]-oxazolin (hergestellt aus $\beta.\beta'.\beta''$-Trihydroxy-tert.-butylamin u. Essigsäure in der Hitze) werden unter Rühren zu einer Lsg. von 11,8 **III** in 33 ml Pyridin gegeben u. 5 Min. lang auf 95° erhitzt. Nach Kühlen wird mit HCl schwach angesäuert → *N-Acetyl-β-benzoylthio-β',β''-dihydroxy-tert.-butylamin*, F. 147—148° (aus A.). Eine Suspension von 19 der vorst. Verb. in 100 ml 2n-NaOH wird unter Rühren auf 55° erhitzt. Nach Kühlen u. Ansäuern mit HCl wird Benzoesäure abfiltriert u. das Filtrat zur Trockne eingedampft, der Rückstand mit A. extrahiert u. der A. unter N_2 im Vakuum abgedampft. Der ölige Rückstand wird in 35 ml **IV** 1 Std. lang unter Rückfluß erhitzt u. im Vakuum zur Trockne eingedampft → *N-Acetyl-β-acetylthio-β'.β''-diacetoxy-tert.-butylamin*, F. 94° (aus Bzl./Ligroin). Vorst. Prod. wird in einer Fraktionierkolonne erhitzt, die entstandene Essigsäure abdest. u. das Prod. mehrmals im Vakuum rektifiziert → *2-Methyl-4.4-bis-(acetoxymethyl)-thiazolin* (**V**), $Kp._{14}$ 169°, $Kp._2$ 144°, n_D^{20} 1,4942. — Durch Erwärmen von 24,5 **V** in 100 ml W. bei 40° unter portionsweiser Zugabe von 31,5 $Ba(OH)_2 \cdot 8\,H_2O$ werden die Acetylgruppen abgespalten → *2-Methyl-4.4-bis-(hydroxymethyl)-thiazolin*, F. 75° (aus Aceton/Essigester). — Analog werden folgende Thiazoline erhalten: *2.4-Dimethyl-4-acetoxymethyl-*, $Kp._{760}$ 230°, $Kp._5$ 94°, n_D^{20} 1,4927; *2.4-Dimethyl-4-hydroxymethyl-*, F. 40°, $Kp._{8,5}$ 108°. — *Farbstoffzwischenprodukte.* (**A. P. 2 823 207** vom 20/7. 1956, ausg. 11/2. 1958.) F. Hirsch. 7049

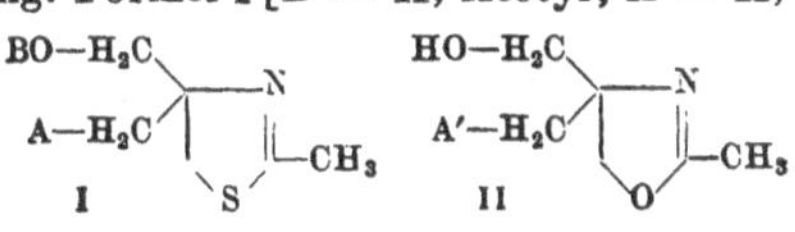

I II

Ilford Ltd., England, **Herstellung von Diazacarbocyaninfarbstoffen** zum *Färben von Textilstoffen*, bes. von *Polyacrylnitrilfasern.* Die Farbstoffe entsprechen der allg. Formel **I**, worin R_1 = H, Alkyl-, Aryl-, Aralkyl-, Hydroxyalkyl- oder Carboxyalkylgruppe, R_2 = Alkyl-, Aryl- oder Aralkylgruppe, Z_1 u. Z_2 (gleich oder verschieden) = Methingruppe oder N-Atom, m u. n = 0 oder 1, D_1 u. D_2 (gleich oder verschieden) = 2wertiger Rest, der einen 5- oder 6-gliedrigen heterocycl. Ring bildet. Die Verbb. **I** werden erhalten durch Kondens. von Hydrazin-Derivv. **II** mit Ketonen **III**. Ausgangsstoffe **II** sind z. B. 1-Methyl-1.2-dihydrochinolinon-(2), 6-Methoxy-, 6-Äthoxy- oder

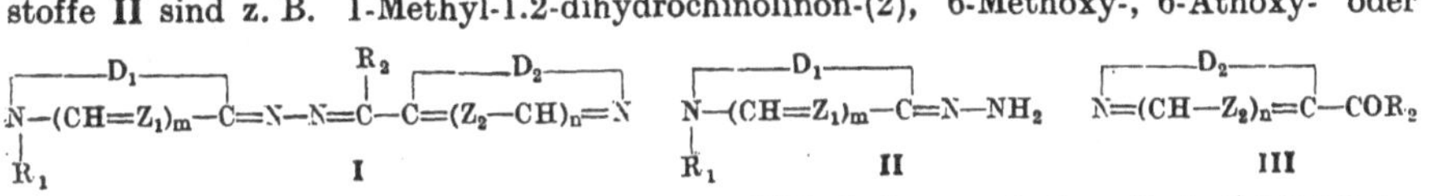

I II III

5.6-Dimethoxy-3-methylbenzothiazolinon-(2), 5-Methylmercapto-3-methyl-Δ^4-1.3.4-thiadiazolinon-(2), 5-Chlor-3-methylbenzothiazolinon-(2), 1-Methyl-1.4-dihydrochinolinon-(4). Verbb. **III** sind z. B. 2-Benzoyl-1-methylbenzimidazol, 2-Acetyl-1-methylbenzimidazol, 2-Acetylchinolin, 2-Benzoylbenzothiazol, 2-Benzoylbenzimidazol, 2-Acetylbenzothiazol, 2-Acetylbenzimidazol, 2-Benzoylpyridin, 4-Benzoylpyridin, 2-Propionylbenzothiazol, 2-Phenylacetylchinolin. — Zu 2,12 (Teilen) 2-Benzoyl-1-methylbenzimidazol u. 1,79 3-Methylbenzothiazolinonhydrazon in 12 A. werden 5 Eisessig zugegeben, 5 Min. wird gekocht. Beim Abkühlen krist. *1-[3-Methylbenzothiazolinyliden-(2)]-2-[α-(1-methylbenzimidazolyläthyliden-(2))]-hydrazin* in schwachgelben Blättchen, F. 188—189°. —

Weitere Beispiele, Tabelle. (**F. P. 1 227 962** vom 24/6. 1959, ausg. 26/8. 1960. E. Prior. 25/6. 1958.) M. F. Müller. 7049

Ciba Ltd., Basel, übert. von: Alphonse Heckendorn, Basel, Alfred Fasciati, Bottmingen, und Heinrich Zollinger, Binningen, Schweiz, **Herstellung von Monoazofarbstoffen** der Formel $X-R_1-N{=}N-R$ (R = Aminonaphthalinsulfonsäureamid mit zur Aminogruppe nachbarständigen Bindung zur Azogruppe; R_1 = Diazokomponente der Benzolreihe; X = Alkyl- oder Arylaminohalogentriazinrest). — Zum Beispiel *2-Amino-5-[3-chlor-5-anilinotriazinylamino]-benzolsulfonsäure* → *2-Amino-8-hydroxynaphthalin-6-sulfonsäurediäthylamid.* (**Can. P. 563 100** vom 26/7. 1955, ausg. 9/9. 1958. Schwz. Prior. 30/6. 1954 u. 27/6. 1955.) Eberhard Riedel. 7053

Ciba Ltd. (Erfinder: Max Schmid und Willy Mueller), **Herstellung von Carbonsäureamidderivaten von Azofarbstoffen** durch Kondens. von 2 (Mol) von Wasserlöslichkeit bewirkenden Resten freien, prim. Monoaminen mit 1 Dihalogenid einer Dicarbonsäure der Formel HOOC—B—N=N—A—N=N—B—COOH (A = Rest einer 2 enolisierbare Ketomethylenreste enthaltenden Kupplungskomponente, B = Arylrest). Folgende Acetoacetylaminobenzole wurden erhalten: *2-Chlor-1.4-bis-*, F. 115 bis 117°; *2.6-Dichlor-1.4-bis-*, F. 124—125°; *2-Methyl-1.4-bis-*, F. 146°; *2.3.5.6-Tetrachlor-1.4-bis-*, F. 142—143,5°; *2-Methyl-5-chlor-1.4-bis-*, F. 190—192°; *2.6-Dimethyl-3.5-dichlor-1.4-bis-*, F. 279°; *2-Methoxy-1.4-bis-*, F. 158—159°; *2-Methoxy-5-chlor-1.4-bis-*, F. 157—158°; *2-Methoxy-5-methyl-1.4-bis-*, F. 154—156°; *2.4-Dimethyl-1.5-bis-*, F. 178—179°; *2.6-Dimethyl-1.3-bis-*, F. 199—220°; *2.5-Dimethoxy-1.4-bis-*, F. 214 bis 216°; *2.3.5.6-Tetramethyl-1.4-bis-*, F. 296°. (**Aust. P. 228 617** vom 8/5. 1958, ausg. 7/7. 1960. Schwz. Prior. 17/5. 1957 u. 17/4. 1958.) K. Demmler. 7053

General Aniline & Film Corp., New York, übert. von: Albert F. Strobel, Albany, Sigmund C. Catino, Castleton, und William W. Williams, New York, N.Y., V.St.A., **Azofarbstoffe.** Beschrieben werden *chromierte Pyrazolonmonoazofarbstoffe* aus Anthranilsäure (**I**) u. in 3-Stellung substituierten 1-[Dichlorphenyl]-pyrazolonen-(5). — Zum Beispiel **I** → *1-[3.4-Dichlorphenyl]-3-methylpyrazolon-(5)*; **I** → *1-[2.5-Dichlorphenyl]-3-carbäthoxypyrazolon-(5)*; **I** → *1-[2.5-Dichlorphenyl]-3-carbamidopyrazolon-(5)*. — *Co-Komplexe von Monoazofarbstoffen* aus 2-Amino-4-[morpholinosulfonyl]-phenol (**II**) u. Acetessigsäureanilid, das im Phenylkern ggf. durch ein oder zwei Reste, bes. Alkylreste, Chloratome, Alkoxy-, Sulfamyl-, Dialkylsulfamyl- oder Morpholinosulfonylreste, substituiert ist. — Zum Beispiel **II** → *Acetessigsäure-2.4-dimethylanilid*; **II** → *Acetessigsäure-2-methoxyanilid.* — *Cr- u. Co-Komplexe von Monoazofarbstoffen* aus **II** u. 1-Phenyl-3-methylpyrazolon-(5), das ggf. am Phenylkern wie vorst. substituiert sein kann. — Zum Beispiel **II** → *1-[m-Sulfamidophenyl]-3-methylpyrazolon-(5), Co-Komplex*; **II** → *1-[m-Morpholinosulfonylphenyl]-3-methylpyrazolon-(5), Cr-Komplex*; **II** → *1-[m-Dimethylaminosulfonylphenyl]-3-methylpyrazolon-(5), Cr-Komplex.* (**Can. PP. 562 048** vom 2/8. 1956, **562 049** u. **562 050** vom 20/8. 1956, alle ausg. 19/8. 1958.) Eberhard Riedel. 7053

Eastman Kodak Co., Rochester, N.Y., übert. von: James M. Straley und David J. Wallace, Kingsport, Tenn., V.St.A., **Metallisierte Azofarbstoffe.** Man kuppelt 2-Aminophenole, die in 4- u. 6-Stellung ggf. Halogenatome, Nitro-, Alkyl-, Sulfonamido- u./oder Halogenalkylgruppen enthalten, oder ihre Alkyläther mit einem ggf. am N-Atom durch Alkyl-, Hydroxyalkyl- oder Cyanalkylreste substituierten 3-Hydroxydiphenylamin, das ggf. veräthert sein oder einen weiteren Alkyl-, Alkoxyrest oder ein Halogenatom enthalten kann, u. metallisiert die gewonnenen Azo-Verbb. mit Cr, Co, Ni, Cu, V, Fe oder Mn. — *o-Amino-p-nitrophenol* (**I**) → *N-[β-Hydroxyäthyl]-3-methoxy-3'-methyldiphenylamin, Ni-Komplex.* — **I** → *N-[β-Cyanäthyl]-3-hydroxy-2'-methoxydiphenylamin, Ni-Komplex.* (**Can. P. 562 028** vom 26/10. 1956, ausg. 19/8. 1958. A. Prior. 4/4. 1956.) Eberhard Riedel. 7053

Farbenfabriken Bayer Akt.-Ges., Leverkusen (Erfinder: Fritz Baumann), **Anthrachinonfarbstoffe,** die in organ. Lsgm. nur wenig lösl. u. als Pigment- u. Küpen-

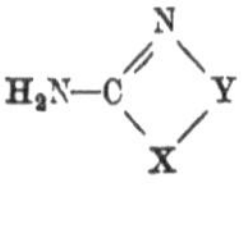

II

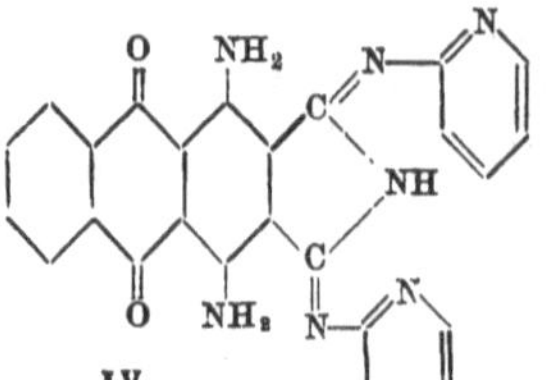

IV

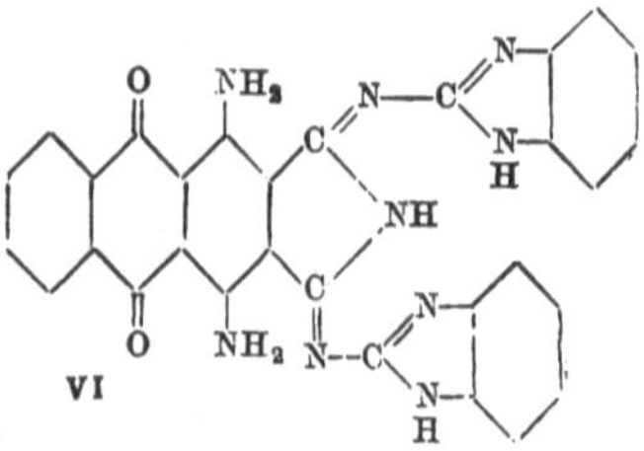

VI

farbstoffe geeignet sind, erhält man durch Rk. von o-Dicyananthrachinonen (**I**) oder Isoindoleninen, die aus **I** z. B. durch Behandeln mit Säuren oder durch Umsetzen mit Alkoholaten, Alkalihydroxiden, Alkalisulfiden, NH_3 oder NH_3-Derivv. erhalten werden können, mit Aminen der allg. Zus. **II** (X = C oder Heteroatome, wie N, O oder S, Y = Rest, der zur Bldg. eines ggf. substituierten 5- oder 6-Ringes erforderlich ist), ggf. in Ggw. von Lsgm. bei 70—230°, vorteilhaft 140—210°, u. ggf. Alkylierung der erhaltenen Farbstoffe. — Durch 6 std. Erhitzen von 3 (Gew.-Teilen) 1.4-Diamino-2.3-dicyananthrachinon (**III**) u. 18 2-Amino-6-äthoxybenzthiazol (**IIIa**) bei 160—170° erhält man braunstichigschwarze Nadeln, in konz. H_2SO_4 rotstichigbraun lösl., färben Baumwolle (**A**) aus smaragdgrüner Küpe grünstichiggrau. Aus 5 **III** u. 50 2-Amino-pyridin erhält man durch 1½ std. Sieden (204—206°) den Farbstoff der Zus. **IV**, in konz. H_2SO_4 olivstichiggelbgrün lösl., blaustichiggrüner bas. Pigmentfarbstoff. 10 des durch Hydrolyse von **III** erhaltenen Isoindolenins erhitzt man mehrere Std. mit 6 2-Amino-benzimidazol (**V**) in 300 Trichlorbenzol (**Va**) bei 200° u. erhält den Farbstoff der Zus. **VI**, in H_2SO_4 gelbstichigbraun lösl., färbt **A** aus kornblumenblauer Küpe olivgrün, mit Dimethylsulfat alkyliert, wird ein Farbstoff erhalten, der auch olivgrüne Färbungen gibt, die aber nicht die Alkaliempfindlichkeit des Ausgangsfarbstoffs zeigen. Erhitzt man 10 **III** u. 10 **V** in 300 **Va** 1 Std. unter Rückfluß bei 200° u. dann 4—5 Std. bei 215—218°, so erhält man unter Abspalten von NH_3 einen Farbstoff, der in konz. H_2SO_4 orangebraun lösl. ist u. **A** aus blauer Küpe kräftig grünstichiggrau färbt u. auch zum Druck geeignet ist; mit p-Toluolsulfonsäuremethylester alkyliert alkalistabiler Farbstoff in Form schwarzer Prismen, in konz. H_2SO_4 rötlichbraun lösl., färbt **A** aus grünstichig-blauer Küpe grauschwarz. Ferner können in ähnlicher Weise Farbstoffe erhalten werden aus: 29 **III** u. 15 **V**, schwarze Kristalle (**VII**), in 96%ig. H_2SO_4 braun lösl., blaue Küpe, kann mit einem zweiten Mol **V** oder anderen Amino-Verbb. umgesetzt werden; **VII** u. **IIIa**, verküpt blaustichiggrün, kann alkyliert werden; 3 **III** u. 18 3-Amino-1.2.4-triazol (durch Verschmelzen der Komponenten), grauschwarze Nädelchen, Küpenfarbe Blau, in konz. H_2SO_4 olivgrün lösl.; 2 **III** u. 4 2-Amino-4-methylpyrimidin (**VIII**), verküpt blau, in konz. H_2SO_4 stumpfolivgrün lösl. (durch 3 std. Verschmelzen von **III** mit überschüssigem **VIII**, schwer verküpbares Präp., in konz. H_2SO_4 schwarzbraun lösl.; 10 1.4-Dihydroxy-2.3-dicyanoanthrachinon u. 50 **V**, schwarzbraune Kristalle, verküpt olivgrün, in konz. H_2SO_4 olivgrün lösl.; 7,2 **III**, 4,5 2-Amino-5-chlorbenzimidazol (**VIIIa**) u. 3,8 **V**, Farbstoff der Zus. **IX**; 5 **III**, 2 **V** u. nach Isolierung des Zwischenprod. 2-Amino-1-(N)-methylbenzimidazol, färbt **A** aus blauer Küpe grau-stichigschwarz; 7,2 **III** u. 10 **VIIIa**; 4 **III** u. 6 2-Amino-3-oder -6-methoxybenzimidazol, grünstichigblaue Küpe, in konz. H_2SO_4 braun lösl., die Naßechtheit kann durch Alkylieren verbessert werden; 6-Chlor- oder 6.7-Di-chlor-**III** u. **V**, kräftige, graue Küpenfarbstoffe; 5.8-Dimethoxy-**III** (in konz. H_2SO_4 grün lösl., Küpen-farbe rotviolett, Herst. im Original durch Formel-bilderschema beschrieben) u. **V**, schwarzes, kristallines Pulver, in konz. H_2SO_4 blaustichiggrün lösl., färbt **A** aus blaustichiggrüner Küpe grau u. nach dem kochen-den Seifen grünstichiggrau; 30 2.3-Dicyananthrachinon u. 60 **V**, orange Kristalle, färbt **A** aus grüner Küpe braun, methyliert rotbraune Prismen, färben **A** orange; 16 Methoxyimino-imid (**X**) der 1.4-Diaminoanthrachinon-2.3-dicarbonsäure (**XI**) u. 10 **V**, in konz. H_2SO_4 blau-stichigrot lösl., färbt **A** aus blauer Küpe grünstichiggrau; 20 **X** der **XI**, das man auch durch 8 std. Erhitzen im Autoklav bei 120° u. 26 at aus **III**, NH_3 u. CH_3OH erhalten kann, u. 120 **IIIa**, in konz. H_2SO_4 braun lösl., Küpenfarbe grün; 2,9 **III** u. 25 2-Aminobenzoxazol, grau-stichigolive Nadeln, in konz. H_2SO_4 rotstichigbraun lösl., färbt **A** aus blaugrüner Küpe kräftig oliv. (**F. P. 1 205 214** vom 12/3. 1958, ausg. 1/2. 1960. **E. P. 879 240** vom 12/3. 1958, ausg. 11/10. 1961. **A. P. 2 945 861** vom 4/3. 1958, ausg. 19/7. 1960. Alle D. Prior. 12/3. 1957.) O. Roick. 7059

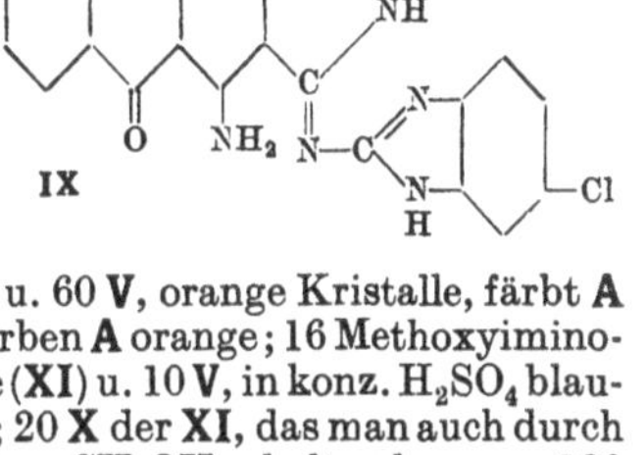

IX

Farbwerke Hoechst Akt.-Ges., vormals Meister Lucius & Brüning, Frankfurt/M., **Lineare Chinacridon-Farbstoffpigmente** erhält man durch Ringschluß von 2.5-Diarylaminoterephthalsäuren oder deren Estern durch Erhitzen mit Polyphosphorsäure (**I**) als Kondens.-Mittel bei Temp. zwischen 80 u. 145° in An- oder Abwesenheit von Lsg.- oder Verdünnungsmitteln. — Die erhaltenen sehr lichtechten Chinacridone eignen sich sehr gut zum Färben *von Lacken* u. *plast. Massen*, z. B. aus Polyvinylchlorid, Polyolefinen oder Polystyrol. — So erhält man durch 1 std. Verrühren von 40 (Gew.-Teilen) 2.5-Dianilinoterephthalsäure in 800 **I** bei 110—120° 30 eines leuchtendblaustichigroten Pulvers. Weitere Chinacridone erhält man aus den folgenden Terephthalsäuren, die wie angegeben färben: 2.5-Bis-(2′-chloranilino)-, rotbraun;

2.5-Bis-(3'-chloranilino)-, rot; 2.5-Bis-(4'-chloranilino)-, rotviolett; 2.5-Bis-(4'-bromanilino)-, braun; 2.5-Bis-(4'-methylanilino)-, rotviolett; 2.5-Bis-(2'-methyl-, -3'.5'-dimethyl- oder -2'-methyl-4'-chloranilino)-, rot; 2.5-Bis-(2'.4'-dichloranilino)-, rosa; 2.5-Bis-(2'-methyl-5'-chloranilino)-, rotbraun; 2.5-Bis-(2'-methoxyanilino)-, bordeaux; 2.5-Bis-(3'-benzoylaminoanilino)-, blaustichigrot; 2.5-Bis-(3'-m-chlorbenzylaminoanilino)-, rot. (**F. P. 1 237 416** vom 2/10. 1959, ausg. 25/11. 1960. **Oe. P. 218 651** vom 2/10. 1959, ausg. 11/12. 1961. Beide D. Prior. 4/10. 1958.) O. Roick. 7061

E. I. du Pont de Nemours & Co., Wilmington, Del., übert. von: Hans B. Gottlieb, Glassboro, N.J., V.St.A., **Chromierbare Azo-Phthalocyaninfarbstoffe** für Cellulosefasern u. Wolle der allg. Formel I (R = Cu-Phthalocyanin, Monochlor- oder Monobrom-Cu-phthalocyanin; M u. M' = H^+, Alkali$^+$ oder NH_4^+; $1 \leq n \leq 3$). Ein grüner Farbstoff wird erhalten durch Rk. von Phthalocyanintetrasulfonylchloriden, $R(SO_2Cl)_4$, mit 1—3 Mol 4-Hydroxybiphenyl-4'-azosalicylsäure in wss. Alkali bei 0—25°. (**Can. P. 561 344** vom 9/11. 1956, ausg. 5/8. 1958. A. Prior. 29/12. 1955.) L. Großner. 7073

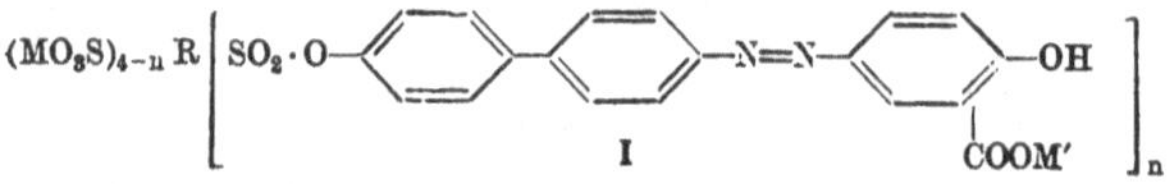

VEB Chemische Fabrik Grünau (Erfinder: **Dieter Hans Selle** und **Angelika Ruhnau**), Berlin, *Erhöhung der Einfärbbarkeit von Polyesterfasern.* (**Ung. P. 145 237** vom 16/8. 1957, ausg. 15/9. 1959. D. Prior. 2/1. 1957. — C. **1959**, 8722 [D. A. S. 1 041 464].)

Ciba Ltd., übert. von: **Emil Krähenbühl**, Basel, Schweiz, *Herstellung von Cu-Komplexen direktziehender Farbstoffe auf der Faser.* (**Can. P. 559 987** vom 6/10. 1954, ausg. 8/7. 1958. Schwz. Prior. 13/10. 1953. — C. **1957**, 5420 [D. B. P. 950 004].)

Ciba Ltd., übert. von: **Hermann Werdenberg, Jules Meyer**, Basel, **Gottfried Dürig**, Muttenz, und **Otto Albrecht**, Neuewelt, Schweiz, *Verbesserung der Reibechtheit von Färbungen und Drucken.* (**Can. P. 559 986** vom 2/2. 1954, ausg. 8/7. 1958. Schwz. Prior. 18/2. 1953. — C. **1958**, 11667 [E. P. 762 510].)

Ciba Ltd., Basel, übert. von: **Otto Albrecht**, Neuewelt, Schweiz, *Aldehydkondensationsprodukte.* (**Can. P. 559 989** vom 8/8. 1955, ausg. 8/7. 1958. Schwz. Prior. 9/8. 1954. — C. **1959**, 16485 [Schwz. P. 326167].)

Ciba Ltd., Basel, übert. von: **Alfred Fasciati**, Bottmingen, Schweiz, *Monoazofarbstoffe.* (**Can. P. 561 668** vom 27/7. 1954, ausg. 12/8. 1958. Schwz. Prior. 10/8. 1953, 1/3. u. 7/7. 1954. — C. **1958**, 11958 [D. B. P. 959 748].)

J. R. Geigy Akt.-Ges., Basel, übert. von: **Hans Ackermann**, Riehen, und **Guido Schetty**, Basel, Schweiz, *Azofarbstoffe.* (**Can. P. 562 389** vom 6/10. 1955, ausg. 26/8. 1958. Schwz. Prior. 8/10. 1954. — C. **1961**, 9214 [D. A. S. 1 061 922].)

J. R. Geigy Akt.-Ges., Basel, übert. von: **Hans Ackermann**, Riehen, Schweiz, *Schwermetallkomplexe von Azofarbstoffen.* (**Can. P. 560 031** vom 3/3. 1955, ausg. 8/7. 1958. Schwz. Prior. 5/3. 1954. — C. **1960**, 12170 [Niederl. P. 92 372].)

J. R. Geigy Akt.-Ges., Basel, übert. von: **Hans Ackermann**, Riehen, und **Guido Schetty**, Basel, Schweiz, *Cr- und Co-Komplexe von Monoazofarbstoffen.* (**Can. P. 560 032** vom 22/2. 1956, ausg. 8/7. 1958. Schwz. Prior. 23/2. 1955. — C. **1960**, 1336 [Niederl. P. 91 283].)

J. R. Geigy Akt.-Ges., Basel, übert. von: **Hans Ackermann**, Riehen, und **Guido Schetty**, Basel, Schweiz, *Monoazofarbstoff-Chromkomplexe.* (**Can. P. 561 724** vom 16/7. 1954, ausg. 12/8. 1958. Schwz. Prior. 20/7. 1953. — C. **1958**, 6973 [F. P. 1 112 715].)

J. R. Geigy Akt.-Ges., Basel, übert. von: **Werner Bossard**, Riehen, Schweiz, und **Paul Dussy**, St. Louis, Frankreich, *Kupferbare Disazofarbstoffe.* (**Can. P. 560 033** vom 19/6. 1956, ausg. 8/7. 1958. Schwz. Prior. 20/6. 1955. — C. **1960**, 17625 [Schwz. P. 340 287].)

Imperial Chemical Industries Ltd., London, England, *Wasserlösliche Anthrachinonfarbstoffe.* (**F. P. 1 230 988** vom 25/7. 1959, ausg. 21/9. 1960. E. Prior. 25/7. 1958 u. 17/6. 1959. — C. **1961**, 18139 [E. P. 852 604].)

Ciba Ltd., übert. von: **Eduard Moergeli**, Basel, Schweiz, *Anthrachinonküpenfarbstoffe.* (**Can. P. 559 990** vom 3/1. 1957, ausg. 8/7. 1958. Schwz. Prior. 20/1. 1956. — C. **1961**, 11152 [Schwz. P. 340 301].)

Durand & Huguenin Akt.-Ges., übert. von: **Walter Oppliger** und **Eduard Peyer**, Basel, Schweiz, *Anthrachinon-Küpenfarbstoffe.* (**Can. P. 562 027** vom 19/2. 1954, ausg. 19/8. 1958. Schwz. Prior. 20/2. 1953. — C. **1958**, 6681 [Schwz. P. 315 597].)

Imperial Chemical Industries Ltd., London (Erfinder: **Gerald Booth** und **Donald Pryce Hudson**, Manchester), England, *Herstellung von wasserlöslichen Farbstoffen.* (**E. P. 830 847** vom 1/11. 1957, ausg. 23/3. 1960. — C. **1963**, 697 [F. P. 1 213 881].)

E. I. du Pont de Nemours & Co., Wilmington, Del., übert. von: **Robert A. Brooks**, Salem, N.J., V.St.A., *Phthalocyaninfarbstoffe.* (**Can. P. 562 353** vom 4/12. 1953, ausg. 26/8. 1958. A. Prior. 21/1. 1953. — C. **1957**, 13487 [E. P. 748 854].)

H_{11a}. Farben. Anstriche. Lacke. Naturharze

Pittsburgh Plate Glass Co., übert. von: George H. Atkinson, Akron, und Franklin Strain, Barberton, Ohio, V.St.A., **Herstellung von Silicatpigmenten.** Man fällt durch Mischen einer wss. Lsg. eines Alkalisilicats u. eines Alkalichlorids einen Teil der SiO_2 des Alkalisilicats als ein Alkalisilicat mit größerem SiO_2-Geh. aus, trennt letzteres aus der wss. Aufschlämmung ab u. bringt es unter Zusatz von W. mit einer Verb., die ein das Alkalimetall des Silicats ersetzendes Kation aufweist, z. B. $CaCl_2$, zur Reaktion. (**A. P. 2 995 422** vom 8/10. 1957, ausg. 8/8. 1961.) K. Demmler. 7093

Atallah Bingly, Libanon, **Herstellung von Silicatfarben** auf der Basis von Alkalisilicat u. $CaCO_3$ mit Zusätzen eines pflanzlichen Öles, z. B. Oliven-, Lein-, Soja-, Baumwollsaat- oder chines. Holzöl, sowie von Pigmenten, wie TiO_2 oder Lithopone. — Beispiel: Man mischt 1 fl. Anteil, bestehend aus 95% einer Na- oder K-Wasserglas-Lsg. von 28—30° Bé u. 5% pflanzlichem Öl, mit 2 festen Anteilen eines Gemisches aus 75% gemahlenem u. gewaschenem $CaCO_3$, 20 gefälltem $CaCO_3$ u. 5 TiO_2 in Anatas- oder Rutil-Form. (**F. P. 1 266 047** vom 15/7. 1960, ausg. 6/11. 1961. Libanes. Prior. 11/11. 1959. M. F. Müller. 7093

Jacobus Carolus Antonius Vossen, Venlo, Niederlande, **Herstellung von Pigmenten aus Titanoxid und Zinkoxid,** wobei ein Gemisch von TiO_2 u. ZnO so hoch u. so lange erhitzt wird, daß sich eine feste Lsg. bildet. Als ZnO wird hexagonales, nadelförmiges, sulfatiertes ZnO mit einem S-Geh. von 0,1 bis zu einigen %, berechnet als SO_3, benutzt; Erhitzungs-Temp. $\leqq 900°$. — 170 g TiO_2 von Rutilstruktur mit 94% TiO_2-Geh. werden mit 330 g sulfatiertem, nadelförmigem Zinkoxyd (0,2% SO_3) mit W. angeteigt u. gut vermischt. Nach dem Trocknen u. Vermahlen wird ½ Std. auf 850° erhitzt. Ein mit diesem Pigment hergestellter Farbfilm besitzt gute Deckfähigkeit, einen hohen Weiß-Geh. u. kreidet nicht ab. (**Oe. P. 219 740** vom 22/9. 1959, ausg. 12/2. 1962. D. Prior. 10/10. 1958.) M. F. Müller. 7093

Československá Socialistická Republiká (Erfinder: Bohumil Svoboda, Pardubice), Tschechoslowakei, **Herstellung stabiler, zur Bereitung von Anstrichmitteln und Kitten geeigneter Lecithin-Dispergatoren.** Lecithin löst man in Aminen oder Aminoamiden bzw. in ihren Harzen oder fettsauren Salzen. Als Amine verwendet man solche der allg. Formel $R—NH_2$ oder $R[NH(CH_2)_n]_mNH_2$, Aminoamide der Formel $RCO[NH(CH_2)_n]_mNH_2$ oder Aminoamidharze der Formel $[RCONH(CH_2)_nNH_2]$, in denen R eine KW-Stoffkette von $C_{12}—C_{20}$, n = 2—4 u. m = 1—4 bedeutet. Diese Amino-Verbb. können einzeln oder gemischt verwendet werden. — Beispiel: 1 (Teil) Sojalecithin mit einem Geh. von 50% Phosphatiden (SZ. 20) löst man bei 40° in 1 techn. Dioleat der Zus. $[CH_3(CH_2)_{16}NH_2(CH_2)_3NH_3]\cdot[C_{17}H_{33}COO]_2$ u. 0,5 Cetylamin. Das Endprod. hat einen F. von ca. 30° u. scheidet beim Lagern keine öligen Anteile aus. (**Tschech. P. 97 643** vom 22/8. 1959, ausg. 15/12. 1960.) L. Macher. 7097

Esso Research and Engineering Co., Del., übert. von: Ralph H. Sehatz, Lewis O. Etherington, Westfield, und Daniel S. Maisel, Union, N.J., V.St.A., **Herstellung synthetischer trocknender Öle.** Man läßt Butadien u. Styrol in Ggw. eines Äthers, z. B. Dioxan, eines Bzn. (Kp. 150—200°) u. von 0,5 bis 10 Teilen eines feinverteilten Alkalimetalls, z. B. Na, polymerisieren. Anschließend läßt man das Polymeröl (**I**) eine Kontaktzone, die eine saure Erde (**II**) mit 5—15% gebundenem W. enthält, passieren, wobei zurückbleibendes Na entfernt wird. Das **I** wird dann von der **II** getrennt. (**A. P. 2 992 180** vom 19/2. 1960, ausg. 11/7. 1961.) M. Böttcher. 7097

E. I. du Pont de Nemours & Co., übert. von: Bernhardt J. Eiseman jun., Wilmington, Edward J. Bennett, Newark, Del., Howard M. Parmelee, und Frank A. Bower, Woodstown, N.J., V.St.A., **Azeotrope Mischungen,** die sich bes. als *Lsg.- u. Reinigungsmittel* eignen. Man verwendet Mischungen aus: 87,5 (Gew.-%) 1.2.2-Trichlor-1.2.2-trifluoräthan (**I**) u. 12,5 Aceton ($Kp._{760}$ der Mischung 45°) oder 93,6 **I** u. 6,4 Methanol ($Kp._{760}$ der Mischung 39°) oder 52 **I** u. 48 Methylenchlorid ($Kp._{760}$ der Mischung 37°). (**A. PP. 2 999 815** vom 11/8. 1960, **2 999 816** u. **2 999 817** beide vom 15/8. 1960, alle ausg. 12/9. 1961.) P. Krug. 7101

Solventol Chemical Products, Inc., Detroit, übert. von: Henry A. Goldsmith, Detroit, und Benjamin Ray, Dearborn, Mich., V.St.A., **Farbenabbeizmittel,** bestehend aus der Mischung eines am Ring chlorierten Phenols der allg. Formel **I** u. wenigstens einer alkal. reagierenden Substanz (Alkalihydroxid oder Alkalisilicat). In **I** bedeuten: R_1 H, Na oder K, R_2 einen Alkyl-, Phenyl-, Alkylphenyl-, Oxyphenyl-, Phenylalkyl- oder einen Oxyphenylalkylrest mit jeweils 1—5 C-Atomen im Alkylrest u. n eine Zahl von 0—3. Eine weitere Verbesserung erzielt man durch Einbau von einem Glykoläther der allg. Formel $R_3O(CH_2CHR_4O)_xR_5$, worin bedeuten: R_3 einen Phenyl-, Cyclohexyl- oder Alkyl-($C_2—C_8$)-Rest, R_4 H oder CH_3, R_5 H oder R_3 u. x 1 oder 2. (**A. PP. 2 971 918** vom 7/1. 1957 u. **2 971 919** vom 27/2. 1958, beide ausg. 14/2. 1961.) P. Krug. 7101

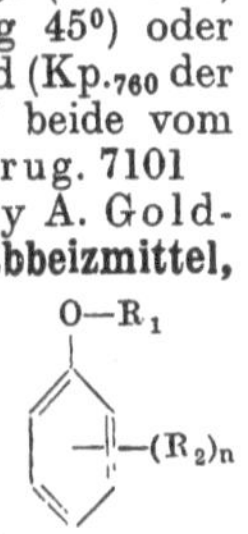

I

Evelyn Ellenson und Richard Galba, New York, N.Y., V.St.A., **Flüssiges Abbeizmittel zur Entfernung von Überzügen,** enthaltend neben einer Mischung aus 95—5 (Vol.-Teilen) Methylenchlorbromid u. 5—95 wenigstens eines anderen halogenierten KW-Stoffs mit 1—3 C-Atomen noch so viel Morpholin, daß der pH-Wert 6—8 beträgt. Man kann bis zu 10 eines Äthylenglykolmonoalkyläthers oder -monoalkylätheracetats zusetzen. (**A. P. 2 969 328** vom 20/6. 1957, ausg. 24/1. 1961.) P. Krug. 7101

Klem Chemicals, Inc., übert. von: William L. Yaroch, Dearborn, Mich., V.St.A., **Abbeizen von Überzügen aus Alkylharzen und Epoxidharzen.** Die Überzüge werden mit einer erhitzten Lsg. behandelt, die neben W. 3—50 (Gew.-%) Alkalimetallhydroxid u. 0,3—10 eines wasserlösl. Gluconats sowie ggf. 0,5—10 Alkalisilicat- oder Alkaliphosphat enthält. Nach vollständiger Erweichung wird mit W. nachgewaschen. Zur Steigerung der Wrkg. kann man der Abbeizlsg. auch noch organ. Stickstoff-Verbb., wie Amine, zusetzen. (**A. P. 2 975 140** vom 27/7. 1954, ausg. 14/3. 1961.) P. Krug. 7101

American Cyanamid Co., New York, N.Y., V.St.A., **Ofentrocknende Lacke und Lackfarben** enthalten 1. 10—40 (%) eines verätherten Melaminharzes mit 1—4 C-Atomen in der Alkylgruppe u. 2. 90—60 eines lösl. Terpolymeren aus a) 40 bis 70 Styrol, Chlorstyrol, Alkylstyrol u. a., b) 5—30 Acryl- oder α-substituierter Acrylsäure (**I**), c) 14—45 eines Alkylesters einer **I**, wobei die Alkylgruppe 2—8 C-Atome aufweist, sowie inerte organ. Lösungsmittel. (**E. P. 875 949** vom 18/3. 1960, ausg. 23/8. 1961. A. Prior. 27/3. 1959.) M. Böttcher. 7107

E. I. du Pont de Nemours & Co., Wilmington, Del., übert. von: Albert R. Hanke, Westfield, N.J., V.St.A., **Lackfarben,** die unabhängig von der späteren Verarbeitung gleiche Farbtönungen ergeben, erhält man durch Vermahlen der *Phthalocyanin-* oder *Dioxazinpigmente in einem Bindemittel* aus einem ölmodifizierten Alkydharz u. Passieren des Mahlgutes durch einen Homogenisator. (**A. P. 2 967 841** vom 25/3. 1957, ausg. 10/1. 1961.) P. Krug. 7107

Harper J. Ransburg Co., V.St.A. (Erfinder: Harper J. Ransburg, Gregg Ransburg, Harold Preston Ransburg und Edwin Marlin Ransburg), **Elektrostatisches Lackieren** durch Zerstäuben, wobei ein elektrostat. Feld zwischen dem Zerstäuber u. dem zu überziehenden Gegenstand erzeugt wird. Nach einer bestimmten Einw.-Zeit wird das elektr. Feld unterbrochen, während der Zeit der Unterbrechung wird ein Lsgm. in den Zerstäuber gegeben u. dann zerstäubt. Anschließend wird die Lsgm.-Zuführung unterbrochen u. das elektr. Feld wiederhergestellt, wenn ein neuer zu überziehender Gegenstand aufgestellt worden ist. — 10 Abbildungen. — Vgl. E. P. 716 957; C. **1950/54,** 2884 S. (**F. P. 1 245 081** vom 20/11. 1959, ausg. 27/1. 1961. A. Prior. 20/11. 1958.) M. F. Müller. 7107

United States of America, Secretary of Navy, übert. von: Glenn A. Greathouse, Orlando, Fla., V.St.A., **Anwuchsverhindernde Schiffsbodenfarbe,** enthaltend in der Lsg. von Nitrocellulose als Bindemittel 1—4 (Gew.-%) *Octachlor-4.7-methantetrahydroindan* sowie 1—3 *N-Trichlormethylthiotetrahydrophthalimid* u./oder 1—3 *Dichlordiphenyltrichloräthan.* (**A. P. 2 978 338** vom 16/6. 1959, ausg. 4/4. 1961.) P. Krug. 7107

Deutsche Solvay-Werke G. m. b. H., Deutschland, **Wässerige Emulsionsanstrichmittel für Holz** aus wss. Emulsionen von filmbildenden synthet. Stoffen, z. B. von Polyvinylacetat oder dem Mischpolymerisat von Vinylacetat u. Vinylchlorid, u. einem öligen Weichmachungsmittel, z. B. Chlornaphthalin oder Gemischen von chlorierten aliphat. KW-Stoffen, ggf. zusammen mit insekticiden u./oder fungiciden Mitteln, wie Phenole, Chlorphenole, chloriertes Diphenyl, 8-Hydroxychinolin, Oleate u. Naphthenate von Schwermetallen, Fluoride, Silicofluoride, Bifluoride, Borsäure, Sulfocyanide, Arsenite, Arsenate, Bichromate, Pentachlorphenolate, Hg-Phenylacetat, Na-β-Naphtholat. — Zum Beispiel werden 100 (g) einer 50—60%ig. wss. Emulsion von Polyvinylacetat mit 25 Chlornaphthalin gemischt, u. damit wird Holz imprägniert; oder man mischt 20 der Polyvinylacetatemulsion mit 5 Pentachlorphenol, 1 Hexachlorcyclohexan, 12,5 Monochlornaphthalin, 5 Methanol, 52,5 W., 2 Na-Pentachlorphenolat, 2 NaF. (**F. P. 1 243 145** vom 11/12. 1959, ausg. 11/1. 1961.) M. F. Müller. 7107

Diamond Alkali Co., V.St.A. (Erfinder: John E. Dereich), **Mittel zum Bedrucken und Anstreichen von Gegenständen aus Polyäthylen,** bes. zum haftfesten Signieren von Verpackungsfolien u. anderen Materialien, aus einer Suspension eines Gemisches von festem, chloriertem Paraffin mit 60—85% Cl-Geh., Polyvinylacetat (**II**) u. geringen Mengen Zusatzstoffen in einem Lsgm. (5—80 Gew.-%), z. B. Toluol, öllösl. Farbstoffe (0,02 mg auf 100 ml Lsg.), ferner Pigmente u. Absorptionsmittel für UV-Strahlen. — Beispiel: 40 (Gew.-Teile) eines Gemisches aus 80 eines chlorierten festen Paraffins (**I**) mit 70% Cl-Geh., 19,5 **II** u. 0,5 eines mit Sojaöl modifizierten Alkydharzes (**III**) werden in 60 Toluol dispergiert. Zu der Lsg. werden auf 100 ml 0,02 mg eines öllösl. Farbstoffs („Ölgelb C 119") gegeben. — Von dem Gemisch aus 79,15 **I**, 18,125 **II**, 1 Butylbenzylphthalat, 0,125 Siliconharz (F-121), 0,5 **III**, 0,25 Pb-Naphthenat u. 0,25 Co-Naphthenat werden 40 in 60 Toluol dispergiert. Auf 100 der Dispersion werden 0,02 mg des öllösl. Farbstoffs „Noir Soudan B" zugefügt. Durch Aufspritzen wird auf Polyäthylen ein festhaftender Farbanstrich hergestellt. (**F. P. 1 225 461** vom 25/5. 1959, ausg. 1/7. 1960. A. Prior. 26/5. 1958.) M. F. Müller. 7107

Edmond Hustinx, Maastricht, Niederlande, **Herstellung von löslichen Reaktionsprodukten von Epoxidharzen.** Man vermischt stark verd. Lsgg. von Wasserglas u. von einem Salz eines mehrwertigen Metalls, z. B. $Al_2(SO_4)_3$, wäscht den abgeschiedenen Nd. u. trocknet ihn bei höchstens 200°, bes. bei 110°, damit die vorhandenen OH-Gruppen erhalten bleiben. Dann setzt man die so gewonnenen Silicate bei 100—200° mit Epoxyharzen um. — Verw. zur Herst. von *Anstrichfarben.* (**Niederl. P. 99 403** vom 4/12. 1957, ausg. 16/10. 1961.) F. Böhm. 7107

Goodyear Tire & Rubber Co., Akron, Ohio, V.St.A., **Mehrfarbige Überzugsmassen in Form von Öl-in-Wasser-Emulsionen,** enthaltend in der Ölphase die Lsg. eines Mischpolymerisats (I) in einem mit W. nicht mischbaren KW-Stofflsgm. u. in der wss. Phase ein Alkylamin-Deriv. (8—40 C-Atome im Alkylrest) von Montmorillonit als Verdickungsmittel sowie ein Schutzkolloid (II). Die Viscosität der wss. Phase beträgt dabei, gemessen in cP, das 0,0002—0,0006fache des Lacks. Bei I handelt es sich um harzartige Prodd. aus 5—15 (Gew.-%) eines konjugierten Diens u. 95—85 eines vinylaromat. KW-Stoffs. Geeignete II sind z. B. Oxyäthyl- oder Methylcellulose, Polyvinylalkohol, Pektin u. koll. Ton. (**E. P. 882 649** vom 22/8. 1960, ausg. 15/11. 1961. A. Prior. 28/8. 1959.) P. Krug. 7107

Farbwerke Hoechst Akt.-Ges., vormals Meister Lucius & Brüning (Erfinder: Werner Doppler, Heinrich Anger und Werner Sommer), **Überzugsmaterial,** bestehend aus ca. 5—60 (Gew.-Teilen) eines Weichmachers, bes. Dioctylphthalat, aus ca. 95—40 eines thermoplast. Pulvers, das 85—100 Gew.-% Vinylchlorid enthält, u. aus 1—5 Gew.-Teilen eines inerten Pigments, bes. TiO_2. (**Aust. P. 231 588** vom 29/9. 1958, ausg. 19/1. 1961. D. Prior. 28/9. 1957.) K. Demmler. 7107

American-Marietta Co., Chicago, Ill., V.St.A., **Herstellung von Mischpolymerisationslösungen,** die als *Überzugsmittel* geeignet sind. Mischpolymerisate, die Vinylacetat u. 50—90 (Gew.-%) Vinylchlorid enthalten, lassen sich in einem Gemisch aus Acetonitril (I) mit Bzl., Toluol u. /oder Xylol lösen, wenn dieses Gemisch 5—65 I enthält. Die untere Grenze wird um p/100·2,5 erhöht, falls Xylol anwesend ist (p = Xylol-Gehalt). (**Niederl. P. 99 348** vom 8/2. 1957, ausg. 16/10. 1961. A. Prior. 9/2. 1956.) F. Böhm. 7107

Glenn Sucetti, Grass Valley, Calif., V.St.A., **Gegen Wärmeverluste isolierende Überzüge bildende Mischungen.** Diese bestehen aus 100 (Gew.-Teilen) geblähtem Vermiculit oder Perlit, 80—350 Asbest, 2,5—10 Na-Carboxymethylcellulose, 25—100 Polyvinylacetat sowie 2,5—10 ounces bas. Al-Acetat per 100 lbs. Füllstoffe, wobei die Feststoffe mit W. zu einer Paste angeteigt werden. (**A. P. 2 993 017** vom 23/10. 1958, ausg. 18/7. 1961.) P. Krug. 7107

Firestone Tire & Rubber Co., Akron, Ohio, übert. von: Albert J. Cole und Floyd L. Edris, Pottstown, Pa., V.St.A., **Herstellung von Pfropfpolymerisaten.** Man polymerisiert eine Mischung aus einem konjugierten Dien u. Acrylnitril, Methacrylnitril oder α-Äthylacrylnitril (Verhältnis 65 : 35 bis 80 : 20) in wss. Emulsion in Ggw. eines wss. Homo- oder Mischpolymerisatlatex von Vinylchlorid (Verhältnis Polymerisat : Monomerenmischung 65 : 35—80 : 20) bei 40—100°. Verw. des erhaltenen Pfropfmischpolymerisatlatex zur Herst. von harten, durchsichtigen *Überzügen.* (**A. P. 2 996 469** vom 14/5. 1958, ausg. 15/8. 1961.) L. Stadelmann. 7107

Rohm & Haas Co., übert. von: John Kucsan, Philadelphia, und Benjamin B. Kine, Levittown, Pa., V.St.A., **Zur Herstellung von Überzügen geeignete wässerige Dispersionen,** enthaltend als Bindemittel ein Additionsmischpolymerisat aus 15—33 (Gew.-%) Acrylsäure- oder Methacrylsäurenitril, 1—5 Acrylsäure oder Methacrylsäureamid u. 86—60 einer Acrylat-Mischung von Äthylacrylat (I) u. mindestens einem weiteren Ester der Acrylsäure mit einem 3—8 C-Atome enthaltenden Alkohol, wobei $^1/_4$—$^3/_4$ der Estermischung auf I entfallen. Die Dispersionen können z. B. auf Papier, Leder, Metalle, Zement u. Textilien aufgebracht u. ggf. auch in pigmentierter Form angewendet werden. Eine Modifizierung ist durch Zusatz von Aminotriazinharzen möglich. (**A. P. 2 994 676** vom 18/4. 1958, ausg. 1/8. 1961.) P. Krug. 7107

General Aniline & Film Corp., New York, N.Y., übert. von: Robert Steckler, Chagrin Falls, Ohio, und Francis J. Prescott, Flushing, N.Y., V.St.A., **Filmbildende Überzugsmassen** erhält man durch Zusatz von 2—20% Polyvinylisobutyläther mit Molgew. 10000—250000, bes. 11000—20000, zu Polyvinylacetat-Emulsionen oder -Lsgg. in Alkoholen, Äthern, Ketonen oder dgl., denen übliche Verdickungsmittel, Pigmente oder Weichmacher zugesetzt sein können. Verw. als wasch- u. abriebfeste *Anstrichmittel.* (**A. P. 2 974 114** vom 16/4. 1958, ausg. 7/3. 1961.) H. Schindler. 7107

Kunstharsfabriek Synthese N. V., Katwijk, Niederlande, **Herstellung von Polyepoxyharzen.** Man veräthert zunächst die Methylolgruppen von nicht ver-

netzten Kondens.-Prodd. aus CH_2O u. einem o- oder p-substituierten Phenol oder einem Gemisch desselben mit einem nicht oder m-substituierten Phenol mit Hilfe einer Verb., die mindestens 2 prim. u./oder sek. OH-Gruppen enthält, wie Äthylenglykol (I) oder Glycerin. Dann setzt man das Rk.-Prod. in an sich bekannter Weise mit Epichlorhydrin (II), Glycerindichlorhydrin oder 2.3-Dichlorbutanol-(1) um. — Zum Beispiel erhitzt man ein Kondensat aus 2 (Mol) CH_2O u. 1 p-tert.-Butylphenol mit 0,5—9 I auf 140° u. kocht das Rk.-Prod. in Ggw. der äquivalenten Menge Lauge in einem Überschuß an II. — Verw. als *Überzugsmittel*. (**Niederl. P. 99 469** vom 23/3. 1959, ausg. 16/10. 1961.)
F. Böhm. 7107

N. V. de Bataafsche Petroleum Mij., Den Haag (Erfinder: Pieter Bruin, Amsterdam), Niederlande, **Herstellung von Alkylharzen aus Epoxyharzen** durch Rk. eines Epoxyharzes (I) in Ggw. eines alkal. Katalysators mit einem fetten Öl u. anschließende Erhitzung mit einer mehrbas. Carbonsäure oder einem Anhydrid davon. Um bei der letzten Stufe dieses bekannten Verf. ein Unbrauchbarwerden des Rk.-Prod. durch Gelierung zu vermeiden, mischt man das I vor oder während der Einw. des fetten Öls, in letzterem Fall jedoch bevor die Mischung hell geworden ist, mit einer Monocarbonsäure mit 2—24 C-Atomen oder mit einem Anhydrid davon. — Zum Beispiel erhitzt man ein Gemisch aus 152 (g) I, 146 Sojafettsäuren, 207 Sojaöl u. 0,25 PbO 1 Std. auf 260°, setzt bei 200° 33,5 Phthalsäureanhydrid zu u. erhitzt nochmals 3 Std. auf 260°. — Verw. zur Herst. von *Überzugsmitteln*. (**Niederl. P. 99 422** vom 27/3. 1958, ausg. 16/10. 1961.)
F. Böhm. 7107

N. V. de Bataafse Petroleum Mij., Den Haag, Niederlande, **Bindemittel und Überzugsmittel,** enthaltend eine Mischung aus a) einem Polyepoxid, z. B. Glycidylpolyäther eines mehrwertigen Phenols mit einem Molgew. 250—900, b) einem Polyamid-Rk.-Prod. einer mehrbas. Säure mit mindestens 7 C-Atomen mit einem aliphat. Polyamin u. c) einem aus Erdöl gewonnenen Bitumen, z. B. Asphalt. Den Massen können > 50% Füllstoffe, zweckmäßig mit einer Korngröße von 0,05—5 mm, zugesetzt werden. Die Massen sind zum Auftragen auf z. B. Beton, Asphalt, Holz u. Stahl geeignet. (**E. P. 865 284** vom 27/4. 1959, ausg. 12/4. 1961. A. Prior. 28/4. 1958.) P. Krug. 7107

Rohm & Haas Co., Philadelphia, Pa., V.St.A., **Überzugsmasse** enthält 40—95 Gew.-Teile eines wasserunlösl., linearen, thermoplast. Mischpolymerisats aus 1—10 (Mol.-%) einer ungesätt. Mono- oder Dicarbonsäure u. 99—9 mindestens eines Alkylesters einer ungesätt. Carbonsäure oder Vinylacetat sowie 60—5 (Gew.-Teile) eines wasserlösl. oder dispergierbaren aliphat. Polyepoxids. Es besteht z. B. aus 100 einer 50%ig. wss. Dispersion des Mischpolymerisats aus 35 (Mol.-%) Methylmethacrylat, 55 Äthylacrylat u. 10 Methacrylsäure u. 10 Gew.-Teilen des Diglycidyläthers der Formel $\underbrace{CH_2-CH}_{O}-CH_2O[CH_2CH(OH)CH_2O]_3-\underbrace{CH_2-CH}_{O}-CH_2$. (**Niederl. P. 99 383** vom 19/8. 1957, ausg. 16/10. 1961. A. Prior. 20/8. 1956.) F. Böhm. 7107

L. A. Sonsthagen, Woodford Green, Essex, England, **Herstellung pigmentierter Überzugsmassen.** Man mischt die Pigmente u. Bindemittel-Lsgg. (I) in einem gegeschlossenen Behälter unter Rühren, gibt einen Überschuß an I zu u. entfernt einen Teil des Lsgm. durch Verdunsten. Die Vorgänge (Zusetzen von I u. Entfernung vom Lsgm.) werden so lange wiederholt, bis eine hinreichende Beständigkeit gegen Agglomeration der Pigmente erzielt ist. Das aufgefangene Lsgm. kann man wieder verwenden. Das Rühren erfolgt bes. unter Anwendung von Scherkräften. (**Belg. P. 569 233** vom 8/7. 1958, ausg. 7/4. 1961. E. Prior. 8/7. 1957 u. 31/3. 1958. **E. P. 845 045** vom 31/3. 1958, ausg. 17/8. 1960.) P. Krug. 7107

Dow Chemical Co., Midland, Mich., V.St.A. (Erfinder: John Francis Vitkuske), **Lufttrocknende Überzugsmassen,** enthaltend in wss. Verteilung als wesentlichen Filmbildner eines Mischpolymerisat aus 2—10 (Gew.-%) einer äthylen. ungesätt. Säure, z. B. Itakonsäure, 30—50 Butadien u. 48—68 einer Mischung aus einem alkenylaromat. Monomeren (10—100) u. Acrylnitril (90—0) sowie ein Pigment. Die Massen haften gut auf Metallen u. Papier. (**E. P. 873 876** vom 12/3. 1959, ausg. 2/8. 1961.)
P. Krug. 7107

E. I. du Pont de Nemours & Co., Wilmington, Del., V.St.A., **Überzugsmassen zur Herstellung heißsiegelbarer Schichten,** enthaltend 20—99 (Gew.-%) eines Petroleumwachses u. 1—80 eines Mischpolymerisates (I), wobei I aus Äthylen u. Vinylacetat im Mol-Verhältnis 4 : 1—16 : 1 hergestellt ist u. dessen innere Viscosität 0,45—1,5, gemessen in 0,25%ig. Lsg. in Toluol bei 30°, beträgt. (**E. P. 879 959** vom 22/1. 1960, ausg. 11/10. 1961. A. Prior. 26/1. 1959.) P. Krug. 7107

Ekco Products Co., Chicago, Ill., V.St.A., **Überzugsmassen,** bes. zur Herst. von das Trennen erleichternden Überzügen mit großem Hitzeabsorptionsvermögen, enthaltend in der Lsg. eines Polyorganosilans u./oder eines Polyorganosiloxans, 0,05—5 Vol.-% feinteiligen C, bes. Ruß, einer Teilchengröße im mμ-Bereich. (**E. P. 884 208** vom 19/5. 1958, ausg. 6/12. 1961. A. Prior. 6/8. 1957.) P. Krug. 7107

Jaroslav Urbanek, London, England, **Feuerhemmende Überzugsmassen,** enthaltend ein alkalikatalysiertes Harnstoff–Dicyandiamid–Phenol–Aldehyd-Mischkondens.-Harz, ein Bindemittel (I), Stärke u. wenigstens 25 Gew.-%, bezogen auf Gesamtgewicht, eines anorgan. Ammoniumsalzes, das bei Flammen-Einw. Ammoniak abgibt, z. B. Monoammonphosphat. I ist z. B. ein Polyvinylacetat- oder Polyvinylalkohol-Emulsion. Die immer vorhandene Stärke kann auch als I dienen, wird dann jedoch in größerer Menge verwendet. Fungicide u. insekticide Wirkstoffe können mitverwendet werden. (**E. P. 864 099** vom 5/3. 1958, ausg. 29/3. 1961.) P. Krug. 7107

Bernard David, Charlottesville, Va., V.St.A., **Metalle gegen den Einfluß hoher Temperaturen schützende Auftragsmassen,** bestehend aus der Suspension von koll. Graphit u. wenigstens einem koll. Metall (Ag, Au oder Pt) in einem fl. Träger, der seinerseits aus der Gruppe der nichttrocknenden pflanzlichen oder mineral. Öle ausgewählt ist. Das Verhältnis von Graphit : Metall beträgt zweckmäßig 7,5—8 : 1. (**A. P. 2 970 927** vom 3/6. 1952, ausg. 7/2. 1961.) P. Krug. 7107

Dow Chemical Co., übert. von: Sherman C. Lashua und William K. Schweitzer jun., Midland, Mich., V.St.A., **Schutzüberzüge auf Metalle.** Man trägt auf die Oberfläche solche Lsgg. auf, die ein thermoplast. Mischpolymerisat (I) eines Molgew. von 150000—500000 enthalten, wobei I aus 80—99 (Gew.-%) eines monoalkenylaromat. Monomeren der Formel $CH_2{=}CRAr$ (R = H oder CH_3 u. Ar = aromat. Rest mit 6—10 C-Atomen) u. 20—1 einer ungesätt. Monocarbonsäure der Formel $H_2C{=}CG{-}COOH$ (G = H, $-CH_3$, —CN oder Halogen) hergestellt ist. Die Trocknung kann an der Luft oder bei erhöhter Temp. erfolgen. (**A. P. 2 970 070** vom 25/4. 1958, ausg. 31/1. 1961.) P. Krug. 7107

Jenolite Ltd., London, England (Erfinder: Frank Stubbs Bricknell), **Überzugsmassen zum Schutz von Metallen,** enthaltend 20—65 (Gew.-%) einer *weichgemachten Polyvinylacetatemulsion* (mit 50—70 Polyvinylacetat), 5—20 Phosphorsäure, 0,2—0,8 Al-Phosphat, 0,3—0,8 Glyoxal, 5—16 eines Alkohols u. 15—40 Wasser. (**E. P. 870 675** vom 15/1. 1958, ausg. 14/6. 1961.) P. Krug. 7107

Dow Chemical Co., Midland, Mich., V.St.A., **Wässerige Überzugsmasse zum Schutz von Metallen,** enthaltend neben einem Acrylmischpolymerisat (I) noch 5—50 (Gew.-%) eines Weichmachers zur hinreichenden Film-Bldg. bei Temp. unterhalb 40°. I ist aus mindestens 50 eines Methacrylsäurealkylester mit 1—12 C-Atomen im Alkylrest, restl. Menge ein Comonomeres aus der Gruppe der Acrylate, Vinylester, Acrylnitril, Styrol u. Vinylidenchlorid, hergestellt. Die Weichmacher können vom flüchtigen Typ, z. B. Hexylenglykol, oder nichtflüchtigen Typ, z. B. n-Butylbenzylphthalat, sein. (**E. P. 865 304** vom 2/4. 1959, ausg. 12/4. 1961. A. Prior. 3/4. u. 28/4. 1958.) P. Krug. 7107

Goodyear Tire & Rubber Co., übert. von: Warren K. Wilson, Akron, Ohio, V.St.A., **Auf Metallen fest haftende Schichten aus Polyestern.** Man trägt auf die auf 100—300° vorerwärmten Metallteile eine auf 150—300° erhitzte Schmelze von linearen Mischpolyester auf u. läßt erkalten. Die Mischpolyester bestehen dabei a) aus Äthylenterephthalat (I)–Äthylenisophthalat (II)-Kondens.-Prodd. mit 80—30 (Gew.-% an I u. 20—70 II oder b) Kondens-Prodd. aus 80—20 I u. 20—80 aus 2.2-Bis-[4-(β-oxyäthoxy)-phenyl]-propanterephthalat. Bei beidseitiger Anwendung auf Folien u. Verkleben kann man dann zu Mehrschichtkörpern kommen. Man kann auch Drähte durch die Schmelze führen u. so kontinuierlich überziehen. (**A. P. 2 967 786** vom 22/8. 1958, ausg. 10/1. 1961.) P. Krug. 7107

Goodyear Tire & Rubber Co. (Erfinder: Charles Woodruff Taylor jun.), **Überziehen von Metall mit linearem Polyestergemischen** aus a) Äthylenterephthalat–Äthylenisophthalat-Gemischen, in denen der Anteil an Äthylenterepthalat 90—20% beträgt, u. b) Äthylenterephthalat-2.2-bis-[4(β-hydroxyäthoxy)-phenyl]-propanterepthalat-Gemischen, in denen der Anteil an Äthylenterepthalat 80—20% beträgt, durch Erhitzen der Metallunterlage auf 125—170°, Aufbringen einer vorgeformten Schicht des Polyestergemischs u. Pressen. (**Aust. P. 231 544** vom 25/2. 1959, ausg. 19/1. 1961. A. Prior. 22/8. 1958.) K. Demmler. 7107

Glidden Co., Cleveland, Ohio, übert. von: Everett D. Hood, St. Louis, Mo., V.St.A., **Überzüge auf Basis von Epoxyharzen.** Verschleißfeste u. lichtbeständige Überzüge, bes. auf Metallen, erhält man durch Auftragen solcher Überzugsmassen, die in der Lsg. des filmbildenden Epoxyharzes (Glycidyläther eines mehrwert. Phenols mit endständigen Epoxygruppen) in organ. Lsgm. noch einen vorvernetzten Katalysator (I) u. 6—30 Gew.-%, auf Epoxyharz bezogen, Styroloxid enthalten. I ist das Rk.-Prod.

aus einem polyfunktionellen organ. Amin u. einem harzartigen Glycidyläther von Phenolen im Verhältnis 2 : 1—1 : 10. Von I wird so viel verwendet, daß 3—15 Gew.-% des Amins auf filmbildendes Epoxyharz vorliegen. (**A. P. 2 967 172** vom 2/11. 1955, ausg. 3/1. 1961.) P. Krug. 7107

Dow Chemical Co., Midland, Mich., übert. von: Christ F. Parks, Tulsa, Okla., V.St.A., **Verschließen der Poren in Metallen.** Man trägt auf das Metall eine Harzmasse auf, entfernt den Überschuß u. härtet bei erhöhter Temp. aus. Die Harzmasse ist durch Mischen u. Umsetzen bei 120—160° während 15—40 Min. von Phenol mit einem Alkylaldehyd (Form-, Acet- oder Butyraldehyd) in Mengen von 0,9—1,05 (Mol) u. einem cycl. Aldehyd (Furfur-, Benz-, Tolyl- oder Salicylaldehyd) in Mengen von 0,45 bis 0,60, jeweils bezogen auf 1 Phenol, in Ggw. von 1% eines sauren Katalysators unter weiterem Zusatz von einem Alkalisalz von Lignin oder Ligninsulfonat hergestellt. Zur Rk.-Mischung wird vor der Anwendung in Mengen von 8—10 Gew.-% ein alkal. Katalysator zugesetzt. (**A. P. 2976176** vom 22/9. 1958. ausg. 21/3. 1961.) P. Krug. 7107

American Viscose Corp., Philadelphia, Pa., V.St.A., **Wässerige Dispersionen von hydratisierter kristalliner Cellulose** werden durch mechan. Zerkleinerung in wss. Medium hergestellt, bes. bei pH 7—11. Verw. bes. als *Überzugsmassen* für Glasfasern u. geformte Gegenstände u. Gerätschaften. (**E. P. 874 945** vom 16/1. 1958, ausg. 16/8. 1961. A. Prior. 28/1. 1957.) W. Overbeck. 7107

General Electric Co., Schenectady, N.Y., V.St.A., **Überzugsmassen zum Verzieren von Mehrschichtkörpern,** enthaltend als Festsubstanz auf 100 (Gew.-Teile) eines wärmehärtenden Harzes, z. B. Melamin- oder Phenolharzes, 5—30 feinteiliger SiO_2 u. 1—40 feinteiligen Cellulosefasermaterials. (**E. P. 874 326** vom 1/4. 1958, ausg. 2/8. 1961. A. Prior. 18/4. 1957.) P. Krug. 7107

Rohm & Haas Co., Philadelphia, Pa., übert. von: George L. Brown, Moorestown, N.J., und Robert W. Percival, Havertown, Pa., V.St.A., **Abriebfeste Überzüge bildende wässerige Auftragsmassen,** enthaltend (**A**) ein Salz eines Mischpolymerisats (Molgew. 500—5000) aus äquimol. Mengen von Maleinsäureanhydrid. u. Diisobutylen mit NH_4OH u. flüchtigen Aminen (**B**), ein wasserunlösl. Linearpolymerisat (**I**) sowie (**C**) ein Wachs (pflanzlicher, tier., mineral. u./oder synthet. Herkunft) in einem Gewichtsverhältnis von 3—6 (Teilen) (**A**) u. (**B**) zusammen je 1 Wachs. Bei **I** handelt es sich um Mischpolymerisate, die a) aus einem Ester der Acrylsäure mit prim. oder sek. Alkoholen mit 5—18 C-Atomen oder Estern der Methacrylsäure mit einem Alkohol von 5—18 C-Atomen mit Styrol, Acryl- bzw. Methacrylnitril, Vinyl- bzw. Vinylidenchlorid oder Alkylmethacrylaten mit 1—3 C-Atomen im Alkylrest oder b) aus Mischpolymerisaten von mindestens 85 (Gew.-%) Acrylnitril oder Styrol mit bis zu 15 Butadien hergestellt worden sind. Die Mittel zeigen eine gute Haftfestigkeit u. können z. B. auf Metalle, Glas, Linoleum, Fußboden u. Holz aufgebracht werden. (**A. P. 2 971 934** vom 23/2. 1956, ausg. 14/2. 1961.) P. Krug. 7107

Sonneborn Chemical & Refining Corp., übert. von: Leo Liberthson, New York, N.Y., und Henry Lipkind, Nutley, N.J., V.St.A., **Auf Mauerwerk wasserabweisende Überzüge bildende Mittel,** enthaltend in der Lsg. der Bindemittel (einem trocknenden Öl u. einem synthet. Harz) einen Zusatz von 25—35% eines inerten Füllstoffes einer Teilchengröße von 30—80 Maschen aus der Gruppe Ca-, Al- oder Mg- (einem trocknenden Öl u. einem synthet. Harz) einen Zusatz von 25—35% eines inerten Silicats sowie SiO_2, wobei der Füllstoff mit einem Alkyl- oder Alkylaryl-Polysiloxan (bis zu 2 C-Atomen im Alkylrest) überzogen ist. (**A. P. 3 006 875** vom 15/3. 1955, ausg. 31/10. 1961.) P. Krug. 7107

Hercules Powder Co. Ltd., London, England (Erfinder: Peter Frederick Bridle), **Abziehbare Schutzüberzüge für Verpackungszwecke.** Den auf üblicher Grundlage (Celluloseester oder Celluloseäther) aufgebauten Massen wird mindestens ein elast. u./oder faseriger Stoff, wie Kork, Holzmehl, Asbest oder Linters, als Füller zugesetzt. Die Menge beträgt zweckmäßig 20—80%, bezogen auf das Trockengewicht der Überzugsmasse. Die Massen können auch Lsgm. enthalten. (**E. P. 867 243** vom 12/6. 1958, ausg. 3/5. 1961.) P. Krug. 7107

Farbenfabriken Bayer Akt.-Ges., Leverkusen, übert. von: Gerhard Kroner, Krefeld, **Feinteilige Glaspoliermittelmischung** auf der Grundlage eines üblichen Schleifmittels, wie Fe-, Ce-, Zr- oder Si-Oxid bzw. Zr-Silicat, mit Zusatz von bes. 0,05—0,5 Gew.-% eines oder mehrerer sauer reagierender Salze (**I**), die während des Polierens in Ggw. von W. keine koll. Fällungen bilden. Geeignete **I** sind: Na-, K- oder NH_4-Bisulfat bzw. NH_4-Chlorid. (**A. P. 2 967 096** vom 11/3. 1958, ausg. 3/1. 1961. **E. P. 840 187** vom 12/3. 1958, ausg. 6/7. 1960. Beide D. Prior. 13/3. 1957.) P. Krug. 7119

Simoniz Co., Chicago, Ill., V.St.A., **Versprühbare Reinigungs- und Poliermittel auf Wachs-Siliconbasis,** bestehend aus 15—25 (Gew.-Teilen) eines feinteiligen, schleifend wirkenden Mittels, 8—16 eines Wachses, 2—12 eines Polydialkylsiloxans, 40—70 eines KW-Stoff-Lsgm., 8—20 eines Treibmittels (z. B. Dichlordifluormethan oder Dichlortetrafluoräthan) sowie 1—3 eines Äthylenglykolmonoalkyläthers mit 1—7 C-Atomen in der Alkylgruppe. (**E. P. 873 230** vom 7/2. 1958, ausg. 19/7. 1961. **Belg. P. 565 147** vom 25/2. 1958, ausg. 15/7. 1960. Beide A. Prior. 26/2. 1957.) P. Krug. 7119

N. V. Philips' Gloeilampenfabrieken, Eindhoven, Niederlande, **Hochglänzendmachen von durchgehärteten Polyesterlackoberflächen,** bes. auf Möbeln. Vor dem Abschaben wird die durchgehärtete Oberfläche des Lackes mit einer organ. Fl., z. B. Aceton, Butanon, Methyläthylketon, Methylisobutylketon, CH_2Cl_2, Chlf., CCl_4, Perchlor-, Trichloräthylen, Methyl-, Äthyl- u. Butylacetat, Tetralin, benetzt. (**Oe. P. 214 549** vom 30/9. 1959, ausg. 10/4. 1961. Niederl. Prior. 4/10. 1958.) W. Wittholz. 7119

H_{11b}. Plaste (Kunstharze. Plastische Massen)

Synthese eines Gemisches von Dicarbonsäuren mit zehn Kohlenstoffatomen in der Kette. P. A. Moschkin, N. I. Kutzenko und L. K. Filippenko. (Пластические Массы [Plast. Massen] **1962,** Nr. 7, 59—60; russ.) — Durch Rk. von *Divinyl, Na* u. CO_2 u. nachfolgender Hydrierung der ungesätt. Säuren wurde für die Herst. von plast. Massen ein Gemisch von Dicarbonsäuren mit C_{10}, SZ. 552, F. 126—128°, erhalten. Eine Trennung des Gemisches wurde nicht vorgenommen. J. v. Schroeder. 7170□

Bauplaste, ihre Herstellung und Anwendung. B. A. Kisselew. (Успехи Химии [Fortschr. d. Chem.] **29,** 796—80, Juni 1960; russ.) — Übersicht über Plaste als Baumaterialien. — 21 Literaturangaben. K. Wekua. 7170□

Grenzschmiermittelschichten auf der Oberfläche von Plasten. A. A. Kutkow und G. W. Winogradow. (Пластические Массы [Plast. Massen] **1961,** Nr. 7, 38—41; russ.) — Mit Hilfe von elektronograph. Aufnahmen von Folien aus *Polycaprolactam* u. einem *Polyamid*-Copolymeren 60—40, auf deren Oberfläche dünne Schichten von Schmierölen mit polaren Mol. aufgetragen wurden, konnte festgestellt werden, daß an dieser Oberfläche orientierte Grenzschichten der oberflächenakt. Substanz entstehen. Die Temp.-Beständigkeit dieser Orientierung wird durch den F. der Polyamide bestimmt. 23 Literaturangaben. T. Lukanoff. 7170□

Bestimmung der Rißfestigkeit durchsichtiger Plaste an Keilproben. M. I. Bessonow, W. Ss. Waschtschenko und Je. Kuwschinski. (Заводская Лаборатория [Betriebs-Lab.] **26,** 1390—91, 1960; Inst. für hochmol. Verbb. der Akad. der Wiss. der UdSSR; russ.) — Vff. schlagen eine Modifizierung der Meth. von Axilrod u. Sherman vor (vgl. C. **1956,** 1746). C. Kozák. 7172□

Extraktion von Benzin und anorganischen Beimengungen aus Polyäthylen durch Rotoren. A. M. Ginstling und A. A. Baram. (Химическая Промышленность [Chem. Ind.] **1961,** 615—20, Sept.; russ.) — Auf Grund von Vorverss. über den Einfl. der einzelnen Bedingungen wird eine halbtechn. Anlage zur Befreiung des Polyäthylens (**I**) von Bzn. (Lsgm.) u. anorgan. Beimengungen (Resten u. der als Katalysator verwendeten Umsetzungs-Prodd von $TiCl_4$ u. Al-Alkylen) entwickelt. In zylindr. stehenden Gefäßen rotiert auf einer senkrechten Welle ein mit Öffnungen versehener Körper (Rotor) u. bewirkt die Durchmischung von **I**-Pulver mit dem zunächst kalt eingeführten W.; 3 solcher Gefäße sind kaskadenförmig angeordnet, wobei das 2. Gefäß mit heißem W. auf oben 70—80°, unten 40—50°, das 3. Gefäß mit Dampf auf 80—90° erhitzt wird. Das Bzn. dest. mit dem Dampf ab; die anorgan. Anteile werden vom W. gelöst oder hydrolysiert. Das Verf. ermöglicht eine kontinuierliche Reinigung von Niederdruck-**I**. Für eine techn. Anlage ist die Anordnung von 3 Rotoren übereinander in einem Behälter vorgesehen. R. K. Müller. 7172□

Über die optimalen Verarbeitungsbedingungen von Thermoplasten. W. I. Buchgalter und Je. D. Ssewerowosstokowa. (Пластические Массы [Plast. Massen] **1960,** Nr. 2, 44—47; russ.) — Um die optimalen Verarbeitungsbedingungen für Polymere zu erreichen ist es notwendig, die Abhängigkeit ihres Schmelzprozesses von Struktur, Druck u. Temp. zu kennen. Hoch- u. Niederdruck-*Polyäthylen* wurden mittels einer beheizbaren Schneckenpresse durch verschiedene Düsen bei wechselndem Druck u. 250° gepreßt. Auf Grund der Vers.-Resultate kann die Abhängigkeit der Schub-Geschw. S von der Schupspannung τ bei konst. Schmelztemp. durch die Formel $S = A \cdot \tau^K$ ausgedrückt werden, wobei A u. K Konst. der Schmelze sind. Die Abhängigkeit der „scheinbaren Viscosität" der Schmelze von ihrer Temp. ist durch $\eta = B \cdot e^{\beta t}$ gegeben. B u. β sind empir. Konst. für ein gegebenes Polymer. Ditmar Wolter. 7172□

Bedrucken von Polyäthylenfilmen. A. A. Ssinegub-Lawrenko. (Пластические Массы [Plast. Massen] **1962,** Nr. 7, 37—40; russ.) — Die gewöhnlichen, im polygraph. Gewerbe benutzten Farben sind zum Bedrucken von Polyäthylenfilmen unbrauchbar. Farben auf Grundlage von *Polyamidharzen S-6* u. *No. 548* können zum Bedrucken vorher hydrophil gemachter Polyäthylenfilme benutzt werden. J. v. Schroeder. 7172□

Vakuumformung von thermoplastischen Materialien. W. W. Lapschin und P. Ja. Iwachnenko. (Пластические Массы [Plast. Massen] **1961,** Nr. 7, 22—26; russ.) — Ergebnisse über die Vakuumformung von *Vinidur* (I), *Polymethylmethacrylat* (**II**) u. schlagfestem *Polystyrol* (**III**) werden mitgeteilt. Es stellt sich heraus, daß **III** für diese Meth. am besten geeignet ist, während **II** u. **I** nur unter bes. Bedingungen u. lediglich für kleine u. flache Erzeugnisse verwendet werden können. T. Lukanoff. 7172□

Perester als Initiatoren für die Polymerisation von Vinylverbindungen. G. A. Nossajew, R. N. Stepanowa und O. P. Ssamarina. (Пластические Массы [Plast. Massen] **1961,** Nr. 7, 8—12; russ.) — Untersucht wurde die initiierende Aktivität von *Perestern* bei der Suspensionspolymerisation von *Styrol* bei 90 u. 110°. Die Aktivität dieser Initiatoren nimmt bei 90° in folgender Reihenfolge ab: tert.-Butylperacetat, tert.-Butylpercinnamat, tert.-Butylperhydrocinnamat, tert.-Butylpermethacrylat, tert.-Butylmethylperoxycarbonat, tert.-Butylper-p-chlorbenzoat, tert.-Butylper-o-chlorbenzoat, tert.-Butylperlaurat, tert.-Butylperstearat, tert.-Butylperbenzoat, tert.-Butyl-m-nitroperbenzoat, tert.-Butylperchloracetat. Das Molgew. der hergestellten Polymere lag wesentlich höher als bei der Polymerisation in Ggw. von *Benzoylperoxid*. Die Polymerisations-Geschw. bei 110° war durschchnittlich 2mal höher als bei 90°. Bei der Durchführung der Polymerisation in Ggw. von Luft–O_2, statt im N_2-Strom sank die Aktivität der Perester stark ab. T. Lukanoff. 7172□

Gewinnung und Eigenschaften von Blockcopolymeren, welche sich bei der Plastifizierung von Gemischen aus Kautschuk und Polystyrol bilden. A. A. Berlin und I. M. Gilman. (Каучук и Резина [Kautschuk u. Gummi] **19,** Nr. 12, 1—3, Dez. 1960; russ.) — Es wurden die grundlegenden physikal.-mechan. Eigg. der bei der Plastifizierung von Polystyrol (**I**)-Gemischen mit verschiedenen Elastomeren entstehenden Plasten untersucht. Plasten mit hoher spezif. Schlagfestigkeit u. großem Widerstand gegen stat. Biegung kann man mittels gemeinsamer Plastizierung von **I** mit 20—25% synthet. Kautschuk SKS-3 bzw. SKN-8 herstellen. Die Einführung einiger Farbstoffe u. Radikal-Acceptoren kann zu einer bedeutenden Erniedrigung der Dauerhaftigkeit des Materials führen (wahrscheinlich infolge einer teilweisen Inaktivierung der Makroradikale, die sich beim mechan. Abbau der Polymerketten bilden). — 6 Literaturangaben.
C. Kozák. 7172□

Vinyläther synthetischer Alkohole des Schebkino-Kombinats, ihre Polymeren und Copolymeren. R. E. Keller, A. G. Rytschkowa und Je. K. Prudnitschenko. (Журнал Прикладной Химии [J. angew. Chem.] **33,** 2801—02, Dez. 1960; Woronesh, Forsttechn. Inst.; russ.) — Aus festen Erdölparaffinen erhaltene säurefreie Alkoholfraktionen lassen sich zu 50% vinylieren. Der mit C_2H_2 vinylierte Anteil liefert 3 Fraktionen von *Vinyläthern*: I. (35,8%) mit Kp. 165—210°, n_D^{20} 1,4390, Molgew. 172,0 u. im Mittel 9 C-Atomen; II. (26,6%) mit 211—244°, 1,4465, 224,9 u. 13 C-Atomen; III. (37,6%) mit 247—276°, 1,4488, 250,6 u. 15 C-Atomen. Das Vinyläthergemisch u. die Fraktionen I—III polymerisieren leicht mit $FeCl_3$ u. copolymerisieren mit *Vinylbutyl-*, *Vinylamyl-*, *Vinylfurfuryläther* u. a. Vinyläthern. Die Copolymerisation mit *Styrol* in Ggw. von *Benzoylperoxid* gelingt bei 32 std. Erhitzen auf 60° u. liefert beim Mol-Verhältnis 1 : 1 fl., bei Styrolüberschuß viscose, halbfl., zu Fäden ziehbare Copolymere.
R. K. Müller. 7172□

Über ungesättigte Polyester auf Grundlage von Cyclohexandiol-(1.2). Z. Ordelt und Z. Hudeček. (Пластические Массы [Plast. Massen] **1962,** Nr. 7, 20—23; russ.) — Ungesätt. Polyester auf Basis *Cyclohexandiol-(1.2)* haben einen hohen Erweichungspunkt u. die Fähigkeit, leicht mit Styrol zu reagieren. Einige Polyester–Styrol-Syst., die durch organ. Peroxide initiiert wurden, erhärten an der Luft unter Bldg. fester, nichtklebriger glänzender Filme. Ein hoher Geh. an cycl. Prodd. bedingt Brüchigkeit. Beim Modifizieren einiger gewöhnlicher Harze verschlechtert Cyclohexandiol einige Eigenschaften.
J. v. Schroeder. 7176□

Synthese phosphorhaltiger Polyester mit freien Hydroxylgruppen. A. Juldaschew, Je. L. Gefter und P. A. Moschkin. (Пластические Массы [Plast. Massen] **1962,** Nr. 7, 60—62; russ.) — Durch Polykondens. von *Vinylphosphinsäuredichloranhydrid* mit

Pentaerythrit oder Polyumesterung von *Di-β.β'-chloräthylester* der Vinylphosphinsäure mit Pentaerythrit wurden niedrigmol. P-haltige Polyester mit freien Hydroxylgruppen erhalten. J. v. Schroeder. 7176□

Erhärten des Epoxidharzes mit Cholinderivaten. P. M. Fadejew, G. N. Schibanow und Ja. I. Gussarowa. (Пластические Массы [Plast. Massen] **1962,** Nr. 6, 59—60; russ.) — *Epoxid*-Harze können mit schweren Pyridinbasen der Koksindustrie, die aus einem Gemisch von Chinolin, Isochinolin, Methyl- u. Dimethylchinolin bestehen, gehärtet werden. Durch Erwärmen auf 60—80° kann die Festigkeit erhöht werden, oder auch durch Zugabe von ca. 2—5% Polyäthylenpolyamin bei gewöhnlicher Temperatur. Die Mischung bleibt 48 Std. gebrauchsfertig. J. v. Schroeder. 7176□

Hochmolekulares Polycaprolactam. N. I. Antropowa, K. N. Wlassowa, G. I. Pawlowa, A. W. Ssamochwalow und A. W. Scharowa. (Пластические Массы [Plast. Massen] **1961,** Nr. 7, 17—19; russ.) — Bei der alkal. Polymerisation (Pol.) von Caprolactam in Ggw. von Acetylcaprolactam als Cokatalysator u. im CO_2-Strom wurden hochmol. *Caprolactame* hergestellt, deren mechan. Eigg. (bei Pol. in Blöcken) besser waren als diejenigen des Polymerisats aus der hydrolyt. Polymerisation. Die Pol. konnte auch in Ggw. von verstärkenden Materialien, wie Metallplatten (Al, Cu, Stahl), Graphit, Keramik usw. durchgeführt werden. Bei Pol. in Ggw. von Na oder KOH, jedoch ohne Cokatalysator, wurde die Viscositätsstabilisierung selbst bei einer Erhitzung bis 250 bis 260° innerhalb von 4—6 Std. dadurch erreicht, daß das fertige Polymere mit schwacher Mineralsäure u. Ammoniak nachbehandelt wurde. Das so behandelte Polymere kann durch Spritzguß, Extrudieren u. a. Verf. verarbeitet werden. T. Lukanoff. 7180□

Über die Gewinnung von linearen Polyurethanen ohne Lösungsmittel. Einige Gesetzmäßigkeiten der Reaktion von Hexamethylendiisocyanat mit 1.4-Butandiol in der Schmelze. W. W. Korschak, Ju. A. Strepichejew und A. F. Moissejew. (Пластические Массы [Plast. Massen] **1961,** Nr. 7, 13—16; russ.) — Als optimale Bedingung für die Synth. von *Polyurethan* aus *Hexamethylendiisocyanat* (I) u. *1.4-Butandiol* (II) in der Schmelze wird eine Anfangs-Temp. von 80—90°, End-Temp. 200—210° u. Dauer der I-Zugabe von mindestens 30 Min. bezeichnet. Die Stabilität der Schmelze wird nur in Abwesenheit von Luft-O_2 erreicht. Ein maximales Molgew. des Polymeren erhält man bei einem stöchiometr. Verhältnis von I zu II. Beim Überschuß von II erfolgt Glykolyse des Polymeren, während in Ggw. von I-Überschuß unlösl. u. unschmelzbare Prodd. entstehen. Eine Regelung des Molgew. kann auch durch Zusatz von monofunktionellen Verbb., wie Heptylalkohol oder Pyperidin, erreicht werden.
T. Lukanoff. 7180□

Physiko-mechanische Eigenschaften des elastischen Schaumpolyurethans. Abhängigkeit der Deformationseigenschaften des elastischen Schaumpolyurethans von der Temperatur. Ju. N. Poljakow und O. G. Tarakanow. (Пластические Массы [Plast. Massen] **1962,** Nr. 6, 34; Nr. 7, 45—48; **1962,** russ.) — Die Deformation des *Schaumpolyurethans* (I) bei konst. Temp. hat S-ähnliche Form. Die Deformation bei konst. Belastung hat bei 60 g/cm² fast linearen Charakter bei Temp.-Änderungen von —40 bis 200°, bei höheren Belastungen steigt sie anfangs stärker, bei niedrigeren schwächer als linear an. Bei 200° schneiden sich die Kurven. J. v. Schroeder. 7180□

Neue Polymere der katalytischen Polymerisation von Organosiloxanen. K. A. Andrianow, Ss. I. Dshentschelskaja und Ju. K. Petraschko. (Пластические Массы [Plast. Massen] **1960,** Nr. 3, 20—23; russ.) — Die katalyt. Polymerisation (Pol.) von cycl. Prodd., die durch Rk. von *Phenyltrichlorsilan* (**I**) mit *Phenylmethyldichlorsilan* (**II**) erhalten werden u. von cycl. Prodd. mit *Dimethylsiloxan*-Gruppen (**III**) im Ring wird untersucht. Als Katalysator fungiert Äthylschwefelsäure. Die Pol. wird bei verschiedenen Mol-Verhältnissen bei 120 bzw. 90° durchgeführt. Der Verlauf der Pol. wird nach der Änderung der Viscosität einer 10%ig. Lsg. des Polymeren in Toluol verfolgt. Verss. ergaben, daß sich bei der Rk. von I mit II oder derselben Prodd. mit III Ringe bilden, die z T. nur unter Wrkg. des sauren Katalysators bei erhöhten Temp. polymerisieren. Bei der Pol. geht eine Abspaltung von Phenylgruppen unter Bldg. von Polymeren mit verzweigter Struktur u. niedrigem Molgew. vor sich. Die Anzahl von Phenylradikalen am Si-Atom wird spektrophotometr. bestimmt. K. Wekua. 7188□

Über die katalytische Polymerisation von Polyalumoorganosiloxanen. K. A. Andrianow, Ss. I. Dshentschelskaja und Ju. K. Petraschko. (Пластические Массы [Plast. Massen] **1961,** Nr. 7, 20—21; russ). — Vgl. vorst. Referat. — Die Polymerisation von *Polyalumoorganosiloxanen* (**I**) in Ggw. von sauren u. bas. Katalysatoren verläuft wesentlich schneller als diejenige von *Polyorganocyclosiloxanen* (**II**). Der Übergang aus dem lösl. in den unlösl. Zustand erfolgt bei I im Gegensatz zu II allmählich unter Ausfällung von Gelpartikeln. Mittels IR-Spektren konnte nachgewiesen werden, daß die Polymerisation von I in Ringöffnung mit anschließender Vernetzung besteht.

T. Lukanoff. 7188□

Untersuchung der Abhängigkeit der Zusammensetzung und der Eigenschaften flüssiger Polyorganosiloxane von der Art der Synthese. 1. Mitt. Untersuchung der Zusammensetzung und der Eigenschaften von Polymethylphenylsiloxanen, die nach der Meth. der Cohydrolyse hergestellt wurden. M. A. Kleinowskaja, M. W. Ssobolewski und N. M. Sharkowa. (Пластические Массы [Plast. Massen] **1962,** Nr. 7, 27–31; russ.) — Bei der Rk. von 3 Moll. Methylphenyldichlorsilan u. 2,2 Moll. Trimethylchlorsilan bildet sich im sauren Medium unter nachfolgender Stabilisierung als Haupt-Prodd. eine Mischung von *Polymethylphenylsiloxanen* von linearer Struktur der allg. Formel. $(CH_3)_3Si[OSiCH_3C_6H_5]_nOSi(CH_3)_3$ mit n = 1–5. Das Prod. enthält 3–9% Methylphenylcyclosiloxane. Gleichzeitig bilden sich bis 25% nicht destillierende Polymere mit anscheinend der gleichen Formel mit einem n > 5. 4 Polymethylphenylsiloxane linearer Struktur wurden dargestellt, von denen 3 nicht in der Literatur beschrieben sind: 1.1.1.3.5.7.7.7-Oktamethyl-3.5-diphenyltetrasiloxan; 1.1.1.3.5.7.9.9.9-Nonamethyl-3.5,7-triphenylpentasiloxan; 1.1.1.3.5.7.9.11.11.11-Dekamethyl-3.5.7.9-tetraphenylhexasiloxan,

J. v. Schroeder. 7188□

Über den Charakter der Viscositätsänderung von Lösungen von Polyäthylphenylsiloxanharz beim Altern. A. F. Moissejew. (Пластические Массы [Plast. Massen] **1960,** Nr. 2, 24–26; russ.) — Die Viscositätsänderung von *Polyäthylphenylsiloxanharz* (I) in Toluol beim therm. Altern bei 60° u. UV-Bestrahlung bei 50–55° wird untersucht. Die Darst. von I erfolgt durch Kondens. der Hydrolysen-Prodd. eines Gemisches aus 0,4 Mol *Diäthyldichlorsilan*, 0,6 Mol *Äthyltrichlorsilan* u. 0,33 Mol *Phenyläthoxysilanen* (in Umrechnung auf *Phenyltriäthoxysilan*). Alle Ausgangs-Prodd. wurden durch Grignard-Rkk. hergestellt. Untersucht wurden 1. 43–44% ig. Lsgg. von I in Toluol, u. 2. die gleiche Lsg. mit Zusatz von 6% *Pb-Mn-Linoleat.* Die Viscositätsmessungen wurden im Ostwald-Pinkewitsch-Viscosimeter bei 20° durchgeführt. Die Viscosität sinkt beim therm. Altern u. bei UV-Bestrahlung durch eine Verminderung der Assoziations- u. Solvatationskräfte. Das stärkere Absinken der Viscosität bei Lsg. 1 gegenüber Lsg. 2 ist auf die Anlagerung der Linoleat-Moll. an die polymeren Ketten-Moll. u. die dadurch bedingte Verkleinerung der intermol. Bindungskräfte zurückzuführen. — Graph. Darst. der Ergebnisse.

Ditmar Wolter. 7188□

Über die Reaktionen von Fluorphenylmagnesiumbromiden mit Alkylchlorsilanen und Alkyläthoxysilanen. S. Ss. Schaschkowa, K. P. Grinewitsch und K. A. Andrianow. (Пластические Массы [Plast. Massen] **1962,** Nr. 6, 18–19; russ.) — Durchgeführt wurden 1. Rkk. von p-Fluorphenylmagnesiumbromid (I), 2.4-Difluorphenylmagnesiumbromid (II) u. 3.5-Difluorphenylmagnesiumbromid mit Methyltrichlorsilan u. Dimethyldichlorsilan. Dargestellt wurden: Methyl-(2.4-difluorphenyl)-dichlorsilan (Kp. 187–188°), Dimethyl-(2.4-difluorphenyl)-chlorsilan (Kp. 178–180°), Methyl-(3.5-difluorphenyl)-dichlorsilan (Kp. 187–187,5°), Dimethyl-(p-fluorphenyl)-chlorsilan. 2. Rkk. von I u. II mit Methyltriäthoxysilan. Dargestellt wurden: Methyl-(2.4-difluorphenyl)-diäthoxysilan ($Kp._{17}$ 96–97°), Methyl-bis-[2.4-difluorphenyl]-äthoxysilan ($Kp._{13}$ 119 bis 121°), Methyl-bis-[p-fluorphenyl]-äthoxysilan ($Kp._{27}$ 127°). Die Spektren wurden aufgenommen.

J. v. Schroeder. 7188□

Die Bestimmung von Hydrochinon in dunkelgefärbtem Polyesterakrylaten. E. A. Nawjashskaja und W. Ss. Sporychina. (Лакокрасочные Материалы и их Применение [Lacke Farben Anwend.] **1960,** Nr. 2, 44–45; russ.) — 1–2 g des *Polyesters* werden in *Toluol* gelöst u. im Meßkolben auf 50 ml gebracht. 2–10 ml davon werden im Tropftrichter mit 2 ml 10% ig. *NaOH* geschüttelt. Nach Absitzen wird die untere hydrochinonhaltige Schicht in einen 100 ml Kolben abgelassen, u. es werden 5 ml HCl u. 5 ml 15% ig. Na_2CO_3 zugefügt. Hinzu kommen 10 ml frischbereitete *Diazo-p-nitroanilin.* Die Färbung wird sofort in einem Photocolorimeter gemessen, wozu eine kalibrierte Kurve benutzt wird. Die Empfindlichkeit beträgt 0,0005 mg/ml u. der relative Fehler der Meth. ± 1,5%.

J. v. Schroeder. 7210□

Ein Elastometer für die Bestimmung der mechanischen Eigenschaften von polymeren Materialien. I. F. Kanawetz und L. G. Batalowa. [Пластические Массы [Plast. Massen] **1960,** Nr. 2, 64–72; russ.) — Das von den Vff. entwickelte neue Tischgerät erlaubt die Unters. von Polymeren bei verschiedenen Temp., in verschiedenen Medien u. besitzt eine neue Vorr. zur Unters. von Folien. Bei der Registrier-Meth. der Ergebnisse werden Fehler, die durch die Deformation der App. hervorgerufen werden könnten, vermieden, da die Belastung nicht auf die App.-Teile übertragen wird. Zeichnung u. genaue Beschreibung des Gerätes sowie der Zusatz-App. u. Berechnungs-Meth. für folgende Unterss. sind gegeben: Prüfung auf Druckfestigkeit, Best. der Elastizität, Best. der Härte, der Festigkeit u. Dehnung bei Zug, der elast. Eigg. bei Dauerbelastung, der Festigkeit von Klebstellen, Prüfung auf stat. Biegefestigkeit u. Kältebeständigkeit.

Ditmar Wolter. 7210□

Dynamit-Akt.-Ges. vormals Alfred Nobel & Co., Deutschland, *Emulsionspolymerisation.* **(F. P. 1 227 039** vom 11/6. 1959, ausg. 18/8. 1960. D. Prior. 14/11. 1958. — C. **1960**, 14533 [D. A. S. 1 066 356].)

Farbwerke Hoechst Akt.-Ges., vormals Meister Lucius & Brüning (Erfinder: **Karl Heinz Kahrs, Anton Staller, Johann Wolfgang Zimmermann** und **Werner Ehmann**), Frankfurt/M., *Herstellung von Pfropfpolymerisaten.* **(F. P. 1 222 944** vom 14/4. 1959, ausg. 14/6. 1960. **Jap. A. S. 14 945/1960** vom 15/4. 1959, ausg. 10/10. 1960. Beide D. Prior. 15/4., 3/7. u. 17/12. 1958. — C. **1961**, 3501 [D. A. SS. 1 077 430 u. 1 081 230] u. C. **1962**, 13966 [D. A. S. 1 084 917].)

Rohm & Haas Co., V.St.A. (Erfinder: **William Edward Goode** und **Roger Kenneth Graham**), *Herstellung von Blockpolymeren.* **(F. P. 1 179 529** vom 3/7. 1957, ausg. 26/5. 1959. A. Prior. 3/7. 1956. — C. **1962**, 1047 [Belg. P. 558 911].)

Standard Oil Co., V.St.A. (Erfinder: **Arnold N. Wennerberg**), *Reinigen von Polymeren.* **(F. P. 1 187 980** vom 15/11. 1957, ausg. 17/9. 1959. A. Prior. 19/11. 1956. — C. **1961**, 9224 [A. P. 2 914 453].)

Chemische Werke Hüls Akt.-Ges., Deutschland, *Behandeln von Polyolefinen.* **(F. P. 1 218 697** vom 8/1. 1959, ausg. 12/5. 1960. D. Prior. 16/1. 1958. — C. **1961**, 7769 [D. A. S. 1 077 869].)

Bergwerksgesellschaft Hibernia Akt.-Ges., Deutschland, *Katalysator für die α-Olefinpolymerisation.* **(F. P. 1 228 829** vom 13/11. 1958, ausg. 2/9. 1960. D. Prior. 20/11. 1957. — C. **1961**, 7769 [Oe. P. 208 074].)

Union Carbide Corp., V.St.A. (Erfinder: **William Wilbur McGauchy** und **Fréderick Hoffman Roberts**), *Reinigen von rohen Polyolefinen.* **(F. P. 1 180 178** vom 26/7. 1957, ausg. 2/6. 1959. A. Prior. 30/7. 1956. — C. **1961**, 4536 [Belg. P. 559 664].)

Standard Oil Co., V.St.A., *Herstellung von Polystyrol.* **(F. P. 1 186 455** vom 31/10. 1957, ausg. 25/8. 1959. — C. **1959**, 8726 [A. P. 2 813 089].)

Chemische Werke Hüls Akt.-Ges., Deutschland, *Herstellung von schlagfestem Polystyrol.* **(F. P. 1 213 183** vom 13/11. 1958, ausg. 29/3. 1960. D. Prior. 14/3. 1958. — C. **1960**, 7701 [D. A. S. 1 059 179].)

Badische Anilin- & Soda-Fabrik Akt.-Ges., Deutschland (Erfinder: **Ernest Guenther Kastning** und **Klaus Bronstert**), *Polymerisieren von α-Methylstyrol.* **(F. P. 1 219 985** vom 16/4. 1959, ausg. 20/5. 1960. D. Prior. 16/4. u. 10/5. 1958. — C. **1960**, 14883 [D. A. S. 1 065 611] u. C. **1961**, 1747 [D. A. S. 1 066 742].)

Chemische Werke Hüls Akt.-Ges., Deutschland, *Stabilisierungsmittel für Polyvinylchlorid.* **(F. P. 1 217 476** vom 24/2. 1959, ausg. 4/5. 1960. D. Prior. 19/7. 1958. — C. **1962**, 11753 [D. A. S. 1 122 247].)

General Aniline & Film Corp., New York, N.Y., übert. von: **Harry D. Anspon**, Easton, und **Frank E. Pschorr**, Phoenixville, Pa., V.St.A., *α-Chloracrylatpolymere.* **(Can. P. 555 639** vom 25/3. 1954, ausg. 8/4. 1958. A. Prior. 1/6. 1953. — C. **1959**, 5312 [F. P. 1 107 898].)

Deutsche Gold- und Silber-Scheideanstalt vormals Roessler, Deutschland, *Herstellung makromolekularer Polyacroleine.* **(F. P. 1 216 043** vom 5/2. 1959, ausg. 21/4. 1960. D. Prior. 5/2. 1958. — C. **1961**, 4903 [D. A. S. 1 062 937].)

Rohm & Haas Co., V.St.A. (Erfinder: **Guy Charles Murdoch** und **Henry Joseph Schneider**), *Herstellung und Polymerisation ungesättigter Glycidyläther.* **(F. P. 1 172 221** vom 6/2. 1957, ausg. 6/2. 1959. A. Prior. 6/2. 1956. — C. **1962**, 7350 [D. A. S. 1 077 873].)

Deutsche Gold- und Silber-Scheideanstalt vormals Roessler, Deutschland, *Herstellung von polymeren Hydroxycarbonsäuren.* **(F. P. 1 227 740** vom 18/6. 1959, ausg. 24/8. 1960. D. Prior. 3/7. 1958. — C. **1960**, 15238 [D. A. S. 1 054 714].)

Badische Anilin- & Soda-Fabrik Akt.-Ges., Deutschland (Erfinder: **Herbert Willersinn**), *Herstellung von Mischpolymerisaten.* **(F. P. 1 213 533** vom 25/8. 1958, ausg. 1/4. 1960. D. Prior. 27/8. 1957. — C. **1960**, 5994 [D. A. S. 1 060 590].)

Badische Anilin- & Soda-Fabrik Akt.-Ges., Deutschland (Erfinder: **Erich Kuehn, Gerd Louis, Ernst Penning, Rudolf Senninger** und **Hans Wilhelm**), *Herstellung hochpolymerer Formaldehydäther.* **(F.P. 1 227 617** vom 12/6. 1959, ausg. 22/8. 1960. D. Prior. 14/6. 1958. — C. **1961**, 15219 [D. A. S. 1 091 750].)

Bergwerksverband zur Verwertung von Schutzrechten der Kohlentechnik G. m. b. H., Deutschland, *Herstellung modifizierter Epoxyharze.* **(F. P. 1 215 551** vom 18/12. 1957, ausg. 19/4. 1960. D. Prior. 19/12. 1956. — C. **1961**, 4539 [E. P. 823 183].)

Union Carbide & Carbon Corp., V.St.A. (Erfinder: **Fritz Hostettler** und **Leland Clarence Shriver**), *Herstellung von Lactonadditionsprodukten.* **(F. P. 1 174 205** vom 12/4. 1957, ausg. 9/3. 1959. A. Prior. 13/4. 1956. — C. **1962**, 7716 [E. P. 859 643].)

Dr. Beck & Co. G. m. b. H., Hamburg, *Herstellung von Polymerisationsprodukten auf Polyestergrundlage.* **(Ind. P. 66 371** vom 9/1. 1959, ausg. 11/3. 1961. — C. **1961**, 8496 [F. P. 1 229 732].)

Elektrochemische Werke Akt.-Ges., Deutschland, *Polymerisieren von ungesättigten Polyesterharzen.* **(F. P. 1 228 630** vom 16/6. 1959, ausg. 31/8. 1960. D. Prior. 10/7. 1958. — C. **1960**, 7702 [D. A. S. 1 070 819].)

B. F. Goodrich Co., New York, N.Y., übert. von: **Louis Cohen**, Cleveland, **David C. Spaulding** und **John F. Jones**, Cuyahoga Falls, Ohio, V.St.A., *Vernetzte, unlösliche Maleinsäurepolymere.* **(A. P. 2 988 539** vom 6/2. 1958, ausg. 13/6. 1961. — C. **1961**, 18524 [D. A. S. 1 099 737].)

Farbwerke Hoechst Akt.-Ges., vormals Meister Lucius & Brüning, Frankfurt/M., *Härtbares, quaternäre Gruppen enthaltendes Kondensationsprodukt.* **(Jap. A. S. 14 793/1960** vom 8/11. 1957, ausg. 6/10. 1960. D. Prior. 8/11. 1956. — C. **1961**, 18896 [F. P. 1 185 865].)

Dynamit-Akt.-Ges. vormals Alfred Nobel & Co., Deutschland, *Herstellung von Melaminharzen.* **(F. P. 1 210 161** vom 4/9. 1958, ausg. 7/3. 1960. D. Prior. 14/9. 1957. — C. **1961**, 12289 [D. A. S. 1 090 855].)

J. R. Geigy Akt.-Ges., Basel, Schweiz, *Herstellung künstlicher Polypeptide.* **(Jap. A. S. 14 950/1960** vom 11/6. 1959, ausg. 10/10. 1960. Schwz. Prior. 12/6. 1958. — C. **1961**, 11547 [Oe. P. 209 482].)

P. Beiersdorf & Co. Akt.-Ges., Deutschland, *Herstellung von Polyamiden.* (**F. P. 1 202 919** vom 12/3. 1958, ausg. 14/1. 1960. D. Prior. 14/3. 1957. — C. **1960**, 9397 [D. A. S. 1 068 010].)

Badische Anilin- & Soda-Fabrik Akt.-Ges., Deutschland (Erfinder: **Otto von Schickh, Robert Gehm** und **Manfred Paul**), *Herstellung von Polyamiden.* (**F. P. 1 229 205** vom 1/7. 1959, ausg. 5/9. 1960. D. Prior. 5/7. 1958. — C. **1962**, 7719 [E. P. 869 079].)

Dunlop Rubber Co. Ltd., London, England, *Kontinuierliche Herstellung von Polyurethanschaumstoffen.* (**Ind. P. 66 666** vom 6/2. 1959, ausg. 4/1. 1961. E. Prior. 6/2. 1958. — C. **1961**, 12662 [F. P. 1 220214].)

Purdue Research Foundation, Lafayette (Erfinder: **Gustave B. Backmann**, West-Lafayette, Ind., und **Ted J. Logan**, Cincinnati, Ohio), V.St.A., *Herstellung von Nitrohalogenpolymeren.* (**Jap. A. S. 14 933/1960** vom 14/2. 1959, ausg. 10/10. 1960. **F. P. 1 228 858** vom 10/2. 1959, ausg. 2/9. 1960. Beide A. Prior. 14/2. 1958. — C. **1961**, 2810 [A. P. 2 913 423].)

Goodyear Tire & Rubber Co., übert. von: **Thomas H. Rogers jun.**, Akron, **Newell R. Bender**, Cuyahoga Falls, und **Theodore R. Ten Broeck**, Hudson, Ohio, V.St.A., *Dehnbare Massen.* (**Can. P. 555 978** vom 23/3. 1955, ausg. 15/4. 1958. A. Prior. 26/10. 1954. — C. **1959**, 2981 [E. P. 775 938].)

Comp. de Saint-Gobain Soc. An., Neuilly-sur-Seine, Frankreich, *Herstellung harter synthetischer Harze.* (**Niederl. P. 100 429** vom 2/7. 1956, ausg. 15/2. 1962. F. Prior. 27/7. 1955. — C. **1959**, 322 [F. P. 1 138 559].)

Union Carbide Corp., V.St.A. (Erfinder: **William Thomas Black, Donald Leroy Bailey** und **Victor Bird Jex**), *Herstellung von Organosiliciumverbindungen.* (**F. P. 1 189 989** vom 11/10. 1957, ausg. 8/10. 1959. A. Prior. 12/10. 1956. — C. **1962**, 4743 [A. P. 2 957 899].)

Farbenfabriken Bayer Akt.-Ges., Leverkusen (Erfinder: **W. Simmler**), *Herstellung von Trialkylsiloxyarylsiloxanen.* (**Belg. P. 570 364** vom 14/8. 1958, ausg. 8/9. 1961. D. Prior. 17. u. 20/8. 1957. — C. **1959**, 11421 [D. A. S. 1 046 049].)

Union Carbide & Carbon Corp., V.St.A. (Erfinder: **Milton Leon Dunham jun.** und **Clarence Lloyd Bitner jun.**), *Vulkanisieren von Siliconelastomeren.* (**F. P. 1 174 406** vom 30/4. 1957, ausg. 11/3. 1959. A. Prior. 30/4. 1956. — C. **1961**, 6703 [Belg. P. 557 114].)

Titaan N. V., Rotterdam, Niederlande, *Herstellung organischer Titanverbindungen.* (**Niederl. P. 100 434** vom 20/7. 1956, ausg. 15/2. 1962. A. Prior. 25/8. 1955. — C. **1960**, 1694 [D. A. S. 1 035 129].)

Rohm & Haas Co., V.St.A. (Erfinder: **Seymour Solonon Feuer**), *Thermoplastische Mischung.* (**F. P. 1 197 987** vom 28/1. 1958, ausg. 3/12. 1959. A. Prior. 30/1. 1957. — C. **1961**, 13741 [D. A. S. 1 100 290].)

Badische Anilin- & Soda-Fabrik Akt.-Ges., Deutschland (Erfinder: **Herbert Willersinn** und **Gerhard Dietrich**), *Herstellung halogenierter Polyesterharze.* (**F. P. 1 237 082** vom 7/10. 1959, ausg. 25/11. 1960. D. Prior. 7/10. 1958. — C. **1960**, 14887 [D. A. S. 1 074 259].)

Cassella Farbwerke Mainkur Akt.-Ges., Deutschland, *Verbesserung des Fließens von Aminotriazinformaldehydkondensationsprodukten.* (**F. P. 1 223 837** vom 6/5. 1959, ausg. 20/6. 1960. D. Prior. 9/5. 1958. — C. **1961**, 4540 [D. A. S. 1 075 825].)

Badische Anilin- & Soda-Fabrik Akt.-Ges., Deutschland (Erfinder: **Hans Scheuermann** und **Johann Lenz**), *Aminoplast gebundene Faserplatten.* (**F. P. 1 204 852** vom 13/10. 1958, ausg. 28/1. 1960. D. Prior. 19/10. 1957. — C. **1960**, 1694 [D. A. S. 1 055 806].)

Agfa Akt.-Ges. für Photofabrikation, Leverkusen (Erfinder: **Wilhelm Abeck**, Köln-Stammheim, **Armin Ossenbrunner, Helfried Klockgether, Julius Geiger**, Leverkusen, und **Hermann Schnell**, Krefeld-Uerdingen), *Magnetogrammträger.* (**Jap. A. S. 14 240/1960** vom 2/11. 1957, ausg. 28/9. 1960. D. Prior. 3/11. 1956. — C. **1960**, 14537 [Oe. P. 205 253].)

H_{12}. Kautschuk

Die Ozon- und Lichtbeständigkeit von Filmen auf Grundlage von Latex L-7 bei zweidimensionaler Dehnung. N. N. Snamenski, L. Ss. Fomina und W. W. Tschernaja. (Каучук и Резина [Kautschuk u. Gummi] **21**, Nr. 6, 6—8, Juni 1962; Forschungs-Inst. für Gummi- u. Latexprodukte; russ.) — Der Dehnungsgrad ist bei der zweidimensionalen Dehnung von größerem Einfl. auf die Ozonbeständigkeit als bei der eindimensionalen. Die beste Schutz-Wrkg. gegen Ozon haben Filme mit Plastificatoren, die 3% *Ni-Dibutyldithiocarbamat*, u. gegen Licht-Ozonalterung, die *Ni-Isopropylxanthogenat* enthalten. J. v. Schroeder. 7222□

Die Eigenschaften von Äthylphenylsiloxankautschuken. Ss. N. Borissow, A. W. Karlin, L. M. Tschudessowa, F. A. Galil-Ogly und L. M. Tschebyschewa. (Каучук и Резина [Kautschuk u. Gummi] **21**, Nr. 6, 3—6, Juni 1962; Allunions-Lebedew-Forschungsinst. für synthet. Kautschuk; Wiss. Forschungs-Inst. der Reifenindustrie; russ.) — Bei der Vulkanisation von *Äthylphenylsiloxan*-Kautschuken (I) wird weniger Benzoylperoxid oder Dicumylperoxid verbraucht als bei der Vulkanisation von Methylphenylsiloxankautschuken (II). Die I-Vulkanisate sind widerstandsfähiger gegen Abbau in geschlossenen Syst. als die II-Vulkanisate u. formbeständiger nach gleichzeitiger Einw. hoher Temp. u. Belastungen. Der aus I gewonnene Kautschuk ist im Intervall von -100 bis $+250^{\circ}$ den II-Vulkanisaten in bezug auf Hitze- u. Kältebeständigkeit gleichwertig. J. v. Schroeder. 7228□

Der Schutz von Kautschukmischungen vor Untervulkanisation mit Hilfe von organischen chlorhaltigen Verbindungen. A. Je. Grinberg, W. F. Tschertkowa und A. A. Potaschnik. (Каучук и Резина [Kautschuk u. Gummi] **21**, Nr. 6, 9—11, Juni 1962; Forschungs-Inst. für Gummi- u. Latexprodukte; russ.) — Sehr wirksame Inhibitoren der Untervulkanisation von Mischungen aus Natur- u. Butadien-Styrolkautschuken sind: *Trichlormelamin, Trichlorcyanursäure, Cyanurchlorid* u. das *Na*-Salz der Dichlorcyanursäure. J. v. Schroeder. 7228□

Der Einfluß von Weichmachern auf die Festigkeit des Regenerats. Je. M. Zwetajewa. (Каучук и Резина [Kautschuk u. Gummi] **21,** Nr. 6, 16—21, Juni 1962; Forschungs-Inst. der Reifenind.; russ.) — Auf die Reißfestigkeit von Regeneraten wirkt Polarität, Carbonisationsgrad, Skelettisomerie des Weichmachers sowie seine Veränderlichkeit während der Vulkanisation. Bei gleicher Natur der polaren Gruppen u. nahem Verhältnis von C/H ist die „verstärkende Wrkg.“ von Weichmachern, die zur Vulkanisation geeignet sind u. keine scharfe Änderungen während der Regeneration zeigen, eine Funktion des %-Geh. von Heteroatomen im Weichmacher. Die Berechnung dieser Parameter kann auf nach verschiedenen Meth. erhaltenen rußgefüllten Kautschuken auf Basis *SKS-30 ARM, SKS-30 A, SKB* u. Naturkautschuk in Ggw. der meisten, in der Praxis bekannten Weichmacher angewendet werden. J. v. Schroeder. 7232□

Anwendung der Ultraviolettspektroskopie zur Analyse von 2-Mercaptobenzthiazol (Kaptax). Ja. A. Gurwitsch und W. P. Kosstikowa. (Журнал Бсесоюзного Химического Общества имени Д. И. Менделеева [J. chem. Allunions-Mendelejew-Ges.] **7,** 231—32, 1962; Dorogomilow, Chem. Fabr.; russ.) — Auf spektrophotometr. Wege im UV läßt sich der Vulkanisationsbeschleuniger *2-Mercaptobenzthiazol* (I) quant. bestimmen. Im Gebiet von $\lambda > 300$ mμ absorbieren dem I (Kaptax) beigemengte *Stearinsäure, Ölsäure* u. *Triäthanolamin* prakt. nicht. Ebenfalls stören harzige Beimengungen nicht. Um Störungen durch Tautomerieerscheinungen bei I auszuschließen, empfiehlt es sich, das Na-Salz in wss. Puffern (pH 9,15) zu verwenden. Hier liegt das Maximum auf der kurzwelligen Seite bei $\lambda = 309$ mμ (statt bei 325 mμ). Im Gebiet von $0{,}5\cdot10^{-2}$ bis $2\cdot10^{-2}$ g/Liter besteht zwischen opt. Dichte u. Konz. lineare Abhängigkeit. M. Ulmann. 7248□

Die Analyse von Siloxankautschuken und Fertigwaren daraus. S. Ss. Sadoroshnaja und N. P. Karassewa. (Каучук и Резина [Kautschuk u. Gummi] **21,** Nr. 6, 51—53, Juni 1962; Swerdlowsk, Fabrik techn. Gummiprod.; russ.) — Das Gesamt-*SiO_2* wird durch Erwärmen der Probe von 0,3—0,4 g in konz. H_2SO_4 gelöst. Nach 20 Min. gibt man 10 ml HNO_3 (1,4), nach weiteren 20 Min. 1 g NH_4SO_4, 3 g NH_4NO_3 u. 10 ml HNO_3 hinzu. Dann werden 20 ml 5%ig. HNO_3 zugefügt, filtriert u. gewaschen, das Filter getrocknet, verascht u. gewogen. Der *weiße Ruß* (SiO_2) wird bestimmt durch Behandlung der Probe (0,3—0,4 g) im Polyäthylenbecherglas mit 8 g KF, 10 ml HF (50%ig.) u. 10 ml konz. HCl im Wasserbade bei 45—50° im Lauf von 5—6 Stunden. Dann setzt man 20 ml A. hinzu u. filtriert nach 3 Stunden. Nach Waschen mit 50%ig. A., gesätt. mit KCl, wird noch mit W. gewaschen. Das Filter wird zusammen mit dem Spülwasser aus dem Polyäthylenbecherglas in einen Kolben gebracht u. mit 0,5n NaOH titriert (Phenolphthalein), erwärmt u. nochmals titriert bis zu konstanter Rotfärbung. — Die Berechnung wird angegeben. J. v. Schroeder. 7248□

Ein neues Verfahren zur Bestimmung von Aluminium, Eisen, Calcium, Magnesium und Zink in der Asche von Gummi unter Verwendung der chromatographischen und komplexometrischen Analysenmethode. N. M. Witalskaja und N. F. Pantajewa. (Каучук и Резина [Kautschuk u. Gummi] **21,** Nr. 6, 53—56, Juni 1962; Jaroslawl, Technol. Inst.; russ.) — Nach Veraschung der Gummiproben wird die Asche in 50 ml HCl (1:1) gelöst, *Al* u. *Fe* mit NH_3 gefällt u. das Filtrat durch eine Anionitkolonne EDE-10 P zur Trennung vom *Zn* geschickt. *Ca* u. *Mg* werden aus der Kolonne mit 2n Trilon B (Indicator Murexid), titriert. Die Summe Ca + Mg wird bei pH 10 mit Trilon (Indicator Chromogenschwarz) bestimmt. Das mit W. ausgewaschene Zn-haltige Filtrat der Kolonne wird mit NH_3 neutralisiert u. ebenfalls mit Trilon B u. Chromogenschwarz titriert. Bei größeren Mengen Al u. Fe wird die saure Lsg. der Asche durch die Anionitkolonne filtriert, wodurch Trennung von Zn erfolgt. Das Filtrat wird mit 2% Zucker (10—15 ml) versetzt, neutralisiert u. mit Trilon B zur Ca-Best. (Indictaor Chromogenschwarz) bis zum Umschlag von Lila nach Blau titriert. Die Summe Ca + Mg wird gesondert bestimmt, wobei Fe u. Al mit Triäthanolamin maskiert werden. Fe u. Al werden in einer gesonderten Probe wie üblich bestimmt. J. v. Schroeder. 7248□

Gasometrische Methode zur Bestimmung der Feuchtigkeit von Gummi. E. D. Michlin, (Заводская Лаборатория [Betriebs-Lab.] **23,** 1466—71, 1957; Forschungsinst. für Massengummiartikel; russ.) — Während Metallhydride ($LiAlH_4$) für die Wasser-Best. in unvulkanisiertem Kautschuk ungeeignet sind (sie reagieren damit chem.), kann CaC_2 verwendet werden. Man füllt das zerkleinerte Gummigut in den unteren Teil eines Rundkolbens, das CaC_2, jedoch in ein Reagensröhrchen, das am Kolbenhals des Kolbens schräg absinkend angeschmolzen ist, verschließt den Kolben mit einem Stopfen, durch den ein Gummischlauch mit dem oberen Teil einer Meßbürette verbunden ist, während der untere Teil dieser Bürette mit dem unteren Teil einer anderen offenen Bürette verbunden ist u. mit einem Niveaugefäß kommuniziert, das eine an C_2H_2 gesätt. NaCl-Lsg. enthält. Man prüft mit dem Niveaugefäß, ob die App. luftdicht ist, dann erhitzt man den Kolben im Wasserbad, nimmt ihn gelegentlich aus dem Bad, schüttelt behutsam, bis in den Büretten die NaCl-Lsg. die gleiche Höhe beibehält. Durch Umwenden des Kolbens läßt man das CaC_2 in den Kolben gleiten u. mißt nach dem Wiedereintauchen des Kolbens bei erreichter Gleichgewichts-Lage in den Büretten die ausgeschiedene Menge C_2H_2 (= V). Man überzeugt sich durch Zugabe von 2—3 Tropfen W., daß im Kolben genügend CaC_2 noch nachgeblieben ist. Das verwendete Bzl., über CaC_2 entwässert, war wasserfrei. Die Berechnung des Wasser-Geh. ist sehr einfach. Jedoch ändert sich die Wassermenge K, die 1 ml C_2H_2 entspricht, mit der Menge des angewandten Bzl.: die experimentell erhaltenen K-Werte liegen fast 2mal höher als die für K berechneten Werte, wenn reines CaC_2 + W. ohne Bzl. angewandt wird; das kann von der Güte des Carbids sowie von der Lsg. eines Teiles des CaC_2 im Bzl. bedingt sein. Daher verwendet man zu den Best. stets dieselbe Benzolmenge. Dann kann Bzl. ohne Störung zur gasometr. Best. des W. in Gummierzeugnissen mit CaC_2 verwendet werden. Das Bzl. dient zur Auflösung des Kautschuks u. somit zur völligen Austreibung des W., während ohne Bzl. sich Klümpchen bilden, die die Best. stören. A. v. Wilpert. 7248□

Esso Research and Engineering Co., Elizabeth, N.J., V.St.A., **Abtrennen von Polymerisaten,** bes. des Butylkautschuks, aus den bei der Polymerisation anfallenden Aufschlämmungen in einem nicht lösenden Alkylhalid als Verdünner. Es wird der Dampf eines KW-Stoffs eingeleitet, dessen Kp. höher als der des Nichtlösers ist, bis von letzterem soviel entfernt ist, daß sich das Polymerisat löst. (**E. P. 867 996** vom 7/11. 1957, ausg. 10/5. 1961. A. Prior. 15/5. 1957.) W. Overbeck. 7225

Chemische Werke Albert (Erfinder: Arnold Giller), Wiesbaden, **Vulkanisation von Natur- und Kunstkautschuk** mit harzartigen Rk.-Prodd. aus Alkylphenolharzen u. Ansolvosäuren bildenden Metallhalogeniden, wie $SnCl_2 \cdot 2\,H_2O$ oder $FeCl_2 \cdot aq.$, bes. im Verhältnis von 10 (Gew.-Teilen) Alkylphenolharz zu 1—10 Metallhalogenid. Zur Herst. eines solchen Vulkanisationsmittels löst man 606 (g) p-Octylphenol in 400 10% ig. NaOH bei 80—90°, gibt bei 60° 45—60 30% ig. wss. HCHO-Lsg. zu u. kondensiert bei 60—70° ca. 3—4 Std. lang, bis alles HCHO angelagert ist, kühlt ab, neutralisiert mit verd. H_2SO_4, entwässert das ölige Rk.-Prod. nach dem Waschen bei 80° im Vakuum u. verharzt bei 150° u. normalem Druck. 180 des Harzes, in 30 Aceton bei 50° gelöst, werden mit 60 $SnCl_2 \cdot 2\,H_2O$ in 30 Aceton versetzt u. 30 Min. lang auf 80° erwärmt: karamelfarbenes Harz, von dem 15 mit 100 Butadien–Styrol-Mischpolymerisatkautschuk, 1 Stearinsäure, 50 Ruß u. 2 Mineralöl 45 Min. bei 154° vulkanisiert werden. (**Oe. P. 219 845** vom 14/5. 1959, ausg. 26/2. 1962. D. Prior. 3/9. 1958.) M. Pankow. 7229

Union Carbide Corp., New York, N.Y., V.St.A. (Erfinder: Francis Martin O'Connor und Tudor Lloyd Thomas), **Schnellvulkanisation von Neoprenkautschuk.** Um eine Anvulkanisation zu vermeiden, gibt man zu der Neoprenmischung ein aktiviertes krist. Zeolith-Molekularsieb-Material (I) u. einen Vulkanisationsbeschleuniger G-C(:S)—N(R)R^1 [R u. R^1 = H, Alkyl-, Aryl-, Cycloalkyl-, Aralkyl-, Alkaryl- oder Alkenylrest, G = H, R oder —N(R)R'] oder I, das den Beschleuniger gebunden enthält. Bei der Vulkanisations-Temp. wird der Beschleuniger freigesetzt. — Eine Mischung aus 100 (Teilen) Neopren W, 44 $CaCO_3$, 1 Phenyl-α-naphthylamin, 1,5 ZnO, 1,5 Stearinsäure, 6 MgO, 1,5 1.3-Diäthylthioharnstoff u. 6 Na-Zeolith-X-Pulver wird 7 Min. lang bei 153° vulkanisiert. — Statt synthet. kann man auch natürliche Zeolithe, wie Faujasit oder Gmelinit, verwenden. — Zur Herst. der Zeolith-Beschleuniger-Mischung mischt man z. B. 85 des Zeoliths mit 15 Diisopropylthioharnstoff 90 Min. lang bei Raum-Temp. in der Kugelmühle; die Mischung kann vor Gebrauch noch auf 75—150° erhitzt werden. (**Oe. P. 214 633** vom 20/4. 1959, ausg. 25/4. 1961. **F. P. 1 223 010** vom 28/4. 1959, ausg. 14/6. 1960. Beide A. Prior. 2/5. 1958.) M. Pankow. 7229

Esso Research and Engineering Co., Elizabeth, N.J., V.St.A., **Mischverfahren.** Mischungen aus einer Hauptmenge Butylkautschuk, einer kleineren Menge Chlorbutylkautschuk (0,1—10% Cl-Geh.) u. Ruß werden 3 Min. lang bis 12 Std. auf 200—500° F erhitzt, worauf auf übliche Misch-Temp. abgekühlt wird, die restlichen Zusätze ausgemischt werden u. wie üblich weiterverarbeitet wird. (**E. P. 868 108** vom 28/5. 1958, ausg. 17/5. 1961. A. Prior. 4/6. 1957. **Zusatz zu E. P. 849 007; C. 1962, 8093.**) W. Overbeck. 7231

Goodyear Tire & Rubber Co., Akron, Ohio, V.St.A., **Kautschuk-Ruß-Mischungen** erhalten einen geringen Zusatz eines tert. Amin-N-oxids der allg. Formel

N(R)(R')(R'')O, in der R, R' u. R'' = Alkyl mit 1—9 C-Atomen, Cycloalkyl mit 6—9 C-Atomen, Aryl oder Aralkyl mit 7—16 C-Atomen ist, werden unter Mastikation auf ≧ 250° F erhitzt u. dann wie üblich mit den gebräuchlichen Zusätzen versehen u. weiterverarbeitet. Es können auch Pyridin-N-oxide der allg. Formel I verwendet werden. Die $R_{(1-5)}$ können H, Alkyl mit 1—9 C-Atomen, Cycloalkyl mit 6—9 C-Atomen, Aryl, Aralkyl mit 7—16 C-Atomen eine Nitrogruppe, ein Halogen oder ein carbocycl. Rest sein u. zwei benachbarte R können einen an den Pyridinring ankondensierten zweiten Benzolring bilden. — Beispiele: Trimethylamin-N-oxid, Dimethylanilin-N-oxid, Pyridin-N-oxid, Chinolin-N-oxid u. viele andere. (**E. P. 864 669** vom 25/8. 1959, ausg. 6/4. 1961. A. Prior. 10/2. 1959.)

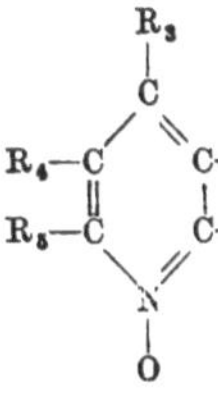

I

W. Overbeck. 7231

Dunlop Rubber Co. Ltd., London, England (Erfinder: Wilfrid Henry Hogg und Donald Whitworth Pounder), **Überzüge auf Kautschuk.** Während oder nach der Fertigung wird auf die geformten Erzeugnisse das Rk.-Prod. aus a) einer organ. Verb. mit ≧ 2 —NCX-Resten (X = O oder S) u. b) einem Polyäther oder Polythioäther mit ≧ 2 OH-Gruppen aufgetragen, wobei soviel a) verwendet wird, daß freie —NCX-Gruppen verbleiben, aber kein Vernetzungsmittel hierfür, worauf durch Luft- u./oder Wärme-Einw. vernetzt wird. — 9 Beispiele. (**E. P. 867 509** vom 17/4. 1957, ausg. 10/5. 1961.) W. Overbeck. 7231

Dunlop Rubber Co. Ltd. (Erfinder: Andrew McAlpine und Douglas Ronald Henson), London, England, **Verstärkte Elastomere** erhält man aus Natur- oder synthet. Kautschuk (Arylnitril–Butadiencopolymere) u. Nylon im Verhältnis 100/50 bis 100 bei Temp. >F. des Nylons u. <Zers.-Temp. des Gummis oder Nylons, Abkühlen auf ca. 80, unter O_2-Ausschluß, u. Zusatz von Vulkanisationsmitteln u. -beschleunigern (Mercaptobenzthiazol, Dibenzthiazyldisulfid, Benzthiazyl-2-monocyclohexylsulfonamid, Tetramethylthiuramdisulfid u. Schwefel). Füllstoffe (ZnO, Ruß, Antioxydantien u. Stearinsäure) werden bei ca. 50° vor dem Nylonzusatz vermischt mit dem Kautschuk. Der F. des Nylons kann durch vorheriges Plastifizieren, z. B. mit o- oder p-Toluolsulfonamid, bzw. deren Gemischen red. werden. (**E. P. 866 479** vom 6/4. 1957, ausg. 26/4. 1961.) E. Dörfel. 7231

Shell Internationale Research Mij. N.V., Den Haag, Niederlande, **Schaumkautschukdispersionen** von Natur- oder Synthesekautschuk erhalten vor dem Verschäumen einen Zusatz von monovalenten Kationen (I) in Mengen von 0,05—0,5% (auf Kautschuk) u. ggf. weiterem freien Alkali zur Erzielung eines pH-Wertes von 8—10,5, zur Verbesserung der Standfestigkeit des Schaumes. Solche **I** sind Alkali- oder NH_4-Seifen oder -Salze, z. B. NaCl, NH_4Cl, $(NH_4)_2SO_4$, NH_4NO_3, Na-Oleat, Na-Stearat, Na-Laurat u. entsprechende Li- u. Cs-Verbindungen. (**E. P. 862 114** vom 7/10. 1959, ausg. 1/3. 1961. A. Prior. 9/10. 1958.) W. Overbeck. 7231

Canadian Industries Ltd., Montreal, Canada, **Verstärken von Kautschukartikeln.** Zur Verbesserung der Haftung von Fasermaterial aus hochpolymeren Polymethylenterephthalat an Kautschuk bringt man auf das Fasermaterial zunächst eine Schicht aus einer Polyvinylchlorid- oder Polyvinylidenchloridmischung, die auch Amin-Verbb., z. B. Kondens.-Prodd. aus polymerisierter Linolsäure u. Äthylendiaminen, sog. „Versamid", oder Triallylcyanurate, die dabei polymerisiert werden, enthalten können, erhitzt diese Schicht u. bringt auf sie eine solche aus einem Latex, bes. aus Polyvinylpyridin in einer wss. Resorcin–HCHO-Lsg., deren pH nach der Art des verwendeten Kautschuks eingestellt wird, trocknet die Schicht u. bringt das Fasermaterial mit dem Kautschuk zusammen. — Man überzieht Polyäthylenterephthalat-Cord mit einer Mischung aus 40 (Teilen) 50%ig. Polyvinylchloridemulsion, 5 Versamid 125, 12 Dioctylphthalat, 4 Polyäthylenoxid-Kondens.-Prod. Catanar-SP, 0,6 Stearamidpropyldimethylhydroxyäthylammoniumdihydrogenphosphat, erhitzt danach 2 Min. lang auf 220° u. streckt den Cord dabei zu 3% in der Längsrichtung, taucht ihn zu einer Mischung aus 38 Polyvinylpyridinlatex, dem man eine Lsg. von 56 W., 2,2 Resorcin u. 3,5 37%ig. HCHO zugesetzt u. dessen pH man auf 9 eingestellt hatte u. das man 24 Std. lang hatte altern lassen, u. trocknet 30 Sek. lang bei 150°, worauf man den Cord in Kautschuk vulkanisiert. (**F. P. 1 237 948** vom 28/7. 1959, ausg. 28/11. 1960. E. Prior. 28/7. 1958 u. 29/4. 1959. **Oe. P. 216 211** vom 27/7. 1959, ausg. 10/7. 1961. E. Prior. 28/7. 1958.) M. Pankow. 7231

„Semperit" Österreichisch-Amerikanische Gummiwerke Akt.-Ges., Wien, Österreich, **Herstellung von Förderbändern und Treibriemen.** Auf den Gewebekern, z. B. aus mehreren Gewebelagen, in welche Kautschukplatten eingelegt sind, kommt ein weitmaschiges Gewebe mit einer Haftschicht, die Naturkautschuk, S u. einen langsam wirkenden Beschleuniger enthält, auf diese Schicht nach Anvulkanisation eine oder mehrere Schichten, die synthet. Kautschuk, S u. einen Ultrabeschleuniger enthalten, hierauf ggf. eine Zwischenschicht aus Chlorbutadienpolymerisat u. Metalloxid u. schließlich thermoplast. Deckschichten, z. B. aus Polyvinylchlorid, worauf das Ganze unter Druck u. Hitze vereinigt wird. (**Oe. P. 219 840** vom 11/7. 1958, ausg. 26/2. 1962.) M. Pankow. 7231

United States Rubber Co., New York, N.Y., übert. von: Lawrence E. Daly, South Bend, Ind., V.St.A., **Schuhsohlenmischung,** bestehend aus (A) einem Butadien–Styrol-Copolymerisat aus 60—95 (%) Butadien u. 40—5 Styrol, (B) einem Pfropfpolymerisat aus (1.) 20—75 Butadien–Styrol-Copolymerisat mit $\leqq$40 Styrol u. (2.) 80—25 Styrol–Acrylsäurenitril-Harz aus 25—90 Styrol u. 75—10 Acrylsäurenitril, wobei zumindest $^1/_4$ von (2) als Monomere in die wss. Dispersion von (1) eingemischt u. darin pfropfpolymerisiert wurde, u. (C) einem Harz-Copolymerisat aus 86 Styrol u. 14 Butadien. Die Mengen von (A):(B):(C) betragen 100 A:20—25 (B):20—25 (C). Ferner enthält die Mischung auf 100 (A) 10—200 eines mineral. Füllstoffes u. die für die Weichkautschukvulkanisation erforderlichen Vulkanisiermittel. — 5 Figuren. (**A. P. 2 972 593** vom 10/11. 1955, ausg. 21/2. 1961.) W. Oberbeck. 7231

Deutsche Gold- und Silber-Scheideanstalt vormals Roessler, Deutschland, **Herstellung von Schichtstoffen aus mindestens zwei verschiedenartigen halogenierten Natur- oder Kunstkautschuken.** Man behandelt die miteinander zu verbindenden Schichten aus verschiedenen halogenierten Kautschukarten, bes. aus Poly-2-chlorbutadien, chlorsulfoniertem Polyäthylen oder chloriertem Naturkautschuk oder auch aus Polychlortrifluoräthylen, Polyhexafluorpropylen oder Polyvinylidenfluorid, mit Wärme u. bzw. oder Druck in Ggw. eines Di- oder Polyisocyanates, wie Hexamethylen- oder Toluylendiisocyanat, Triphenylmethantriisocyanat oder Methylen-bis-[phenyl-4-isocyanat], eines Rk.-Prod. aus einem Di- oder Polyamin, wie Dimethylen- oder Dipropylentriamin oder Tetraäthylenpentamin, u. einem Aldehyd u. bzw. oder Keton, wie Acetaldehyd, Acrolein, Salicylaldehyd, Furfurol, Acetylaceton, Methyläthylketon, Acetophenon oder Cyclohexanon, oder eines Rk.-Prod. aus einem Di- u. bzw. oder Polynitroso-Deriv. u. z. B. Acetylaceton oder -acetat oder Malonsäureester u. bzw. oder einer beliebigen Dimethylol-Verb., wobei ferner auch noch Zusatzstoffe, bes. Füll- u. bzw. oder Farbstoffe oder auch Vulkanisationsmittel, wie S u. bzw. oder organ. S-Verbb. mitverwendet werden können. Die Schichtstoffe können ferner mit Trägerstoffen, z. B. aus Baumwolle, Seide, Celluloseumwandlungs-Prodd., Polyamidestern oder Polyestern, in Form von Geweben, Filzen oder Vliesen versehen sein; schließlich können die Schichtstoffe auch noch Zwischenschichten aus den erfindungsgemäß verwendeten Bindemitteln enthalten. — Tabelle. (**F. P. 1 261 222** vom 3/3. 1960, ausg. 8/9. 1961. D. Prior. 3/3. 1959.) W. Raetz. 7231

United States Rubber Co., New York, N.Y., V.St.A., **Reifen mit Nylongewebeeinlagen** werden hergestellt aus Kautschuk, Resorcin u. einem Kondensations-Prod. von 1.3-Diarylguanidin mit CH_2O. Die Vulkanisation erfolgt bei ca. 180° F. — 6 Abbildungen. (**E. P. 860 913** vom 27/11. 1959, ausg. 15/2. 1961. A. Prior. 8/1. 1959.) F. Koch. 7231

Firestone Tire & Rubber Co., Akron, Ohio, V.St.A., **Bänder aus parallelen Kautschukfäden** werden hergestellt, indem die z. B. aus Kautschukmilch hergestellten Fäden in paralleler Lagerung mit Äthylcellulose (aus Lsg. in Methylenchlorid) überzogen werden. Die Fäden können vorher mit Polyalkylenglykol (aus wss. Lsg.) überzogen werden. — 3 Zeichnungen. (**E. P. 865 015** vom 19/6. 1958, ausg. 12/4. 1961. A. Prior. 2/8. 1957.) W. Overbeck. 7231

„Semperit" Österreichisch-Amerikanische Gummiwerke Akt.-Ges. (Erfinder: Johann Schwab und Leopold Rippel), Wien, Österreich, **Verbesserung der Faserhaftung an Natur- und/oder Kunstkautschuk** durch Behandlung des Gewebes mit Triphenylmethan-Verbb., die keine Isocyanatgruppen im Mol. enthalten. Solche Verbb. sind Triphenylmethanfarbstoffe oder deren Carbinol-Verbb., wie Triaminotriphenylcarbinol, deren Acetylierungs-Prodd. oder Rk.-Prodd. mit Rhodaniden, Ferrocyaniden oder Aldehyden oder Aldehyd-Verbb. (Phenolaldehyde u. a.), wobei diese Rk.-Prodd. auch auf der Faser hergestellt werden können. — 4.4'-Diaminotriphenylmethan wird mit der 10fachen Menge Harnstoff bzw. Thioharnstoff bei 140° umgesetzt, mit verd. HCl gereinigt u. aus A. umkrist. u. in 1%ig. Lsg. zum *Imprägnieren von Fäden* verwendet, die bei 150° getrocknet in Kautschukmischungen eingelegt werden. (**Oe. P. 218 237** vom 5/1. 1959, ausg. 27/11. 1961.) M. Pankow. 7231

Československá Socialistická Republika (Erfinder: Jan Brodský und Miroslav Mačka, Gottwaldov), Tschechoslowakei, **Bestimmung der Monomeren im Latex (I)** durch Erhitzen auf eine spezif. Temp. von 60—150°, bei der die Monomeren in die Dämpfe übergehen u. Leiten dieser Dämpfe über ein intensiv W. entziehendes Mittel ($MgClO_4$). Die Monomerdämpfe werden über eine chromatograph. Säule mit Kieselgur als Trägersubstanz geleitet, u. die als fl. Phase Triäthanolamin (für **I**, die als Monomere Butadien, Styrol, Isopren, Pyridin, Acroylnitril u. Isobutylen enthalten) oder Dimethylglykolphthalat (für **I**, die als Monomere Chloropren, Vinylchlorid, Vinylacetat, Metacrylsäure u. Acrylsäure enthalten) aufweist. (**Tschech. P. 98 830** vom 19/6. 1959, ausg. 15/3. 1961.) L. Macher. 7249

Plantations des Terres Rouges, Douala, Kamerun, *Kautschukmilch-Konservierung*. (**E. P. 881 500** vom 30/5. 1958, ausg. 1/11. 1961. F. Prior. 5/6. 1957. — C. **1962**, 4748 [F. P. 1 177 179].)

Farbenfabriken Bayer Akt.-Ges., Leverkusen, *Polychloropren-Dispersionen*. (**E. P. 878 736** vom 17/12. 1959, ausg. 4/10. 1961. D. Prior. 19/12. 1958. — C. **1961**, 14854 [D. A. S. 1 103 569].)

Montecatini Soc. Gen. per l'Industria Mineraria e Chimica, Mailand, Italien, *Vulkanisierverfahren*. (**E. P. 883 524** vom 13/6. 1958, ausg. 29/11. 1961. It. Prior. 18/6. 1957. — C. **1961**, 2816 [Oe. P. 205 740 u. F. P. 1 207 461].)

Columbian Carbon Co., New York (Erfinder: **Harold Anthes Braendle**, Garden City), N.Y., V.St.A., *Herstellung von Kautschuk-Ruß-Mischungen*. (**F. P. 1 206 152** vom 12/5. 1958, ausg. 8/2. 1960. **Jap. A. S. 14 393/1960** vom 6/6. 1958, ausg. 30/9. 1960. Beide A. Prior. 6/6. 1957. — C. **1960**, 13867 [E. P. 825 819].)

Columbian Carbon Co., V.St. A. (Erfinder: **Harold Anthes Braendle**), *Herstellung einer Kautschukmischung*. (**F. P. 1 204 612** vom 23/4. 1958, ausg. 27/1. 1960. A. Prior. 21/5.1957. — C. **1961**, 3507 [E. P. 829 850].)

Farbenfabriken Bayer Akt.-Ges., Deutschland (Erfinder: **Theo Kempermann, Friedrich Lober** und **Helmut Klappert**), *Mastiziermittel für Kautschuk*. (**F. P. 1 209 471** vom 8/8. 1958, ausg. 2/3. 1960. D. Prior. 13/8. 1957. — C. **1962**, 5125 [E. P. 835 391].)

UCLAF, Paris, Frankreich, *Methylendithioglykolsäureester*. (**E. P. 880 421** vom 29/7. 1958, ausg. 18/10. 1961. F. Prior. 2/8. 1957. — C. **1961**, 18156 [F. P. 1 186 268].)

Goodyear Tire & Rubber Co., Akron, Ohio, V.St.A. (Erfinder: **Robert Brandt Knill** und **Charles Newton Meier**), *Kautschukvulkanisation*. (**Aust. P. 230 391** vom 14/11. 1958, ausg. 13/10. 1960. A. Prior. 28/4. 1958. — C. **1962**, 5501 [E. P. 849 050].)

Hercules Powder Co., V.St.A. (Erfinder: **William Dean Willis**), *Vulkanisieren von Kautschuk*. (**F. P. 71 455** vom 2/4. 1957, ausg. 5/1. 1960. A. Prior. 15/5. 1956. Zusatz zu F. P. 1 156 819; C. 1961, 18532. — C. **1960**, 3061 [A. P. 2 845 411].)

Revertex Ltd., London, übert. von: **Geoffrey Stott**, Harlow, Essex, England, *Behandlung von Latex*. (**Can. P. 555 718** vom 1/6. 1954, ausg. 8/4. 1958. E. Prior. 12/6. 1953. — C. **1957**, 6609 [F. P. 1 101 996].)

H_{16}. Nahrungs-, Genuß- und Futtermittel

Shell Internationale Research Mij. N. V., Den Haag, Niederlande (Erfinder: Kenneth Dean Zwahlen, Modesto, Calif., V.St.A.), **Konservieren von Pflanzenmaterial.** Hierzu werden *Adenin*-Derivv. u. bzw. oder deren Salze der allg. Formel **I** verwendet, worin R eine Aryl-, Aralkyl oder eine heterocycl. Gruppe, R′ eine niedrige Alkylgruppe oder ein H-Atom darstellt, mindestens eine der R′-Gruppen aber eine niedrige Alkylgruppe sein soll. (**D. A. S. 1 132 784** Kl. 53c vom 29/3. 1961, ausg. 5/7. 1962. A. Prior. 31/3. 1960.) H. Maaß. 7635

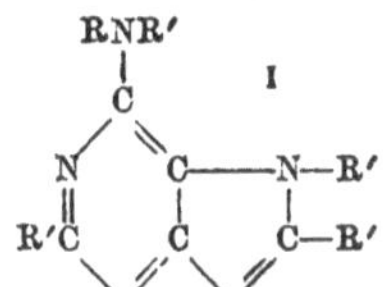

Monsanto Chemical Co. (Erfinder: Eli Siefter), **Verbessern des Geschmacks von Früchten und Vegetabilien**, dad. gek., daß man den Pflanzen Saccharin (**I**), Na-**I**, Na- oder Ca-Cyclohexylsulfonat in Form wss. Lsgg. zuführt. (**Aust. P. 230 864** vom 17/12. 1957, ausg. 17/11. 1960. A. Prior. 21/12. 1956.) C. Lüttgen. 7689

General Foods Corp., White Plains, N.Y., übert. von: Harry M. Barnes, Florham Park, und Hubert M. Cole jun., West Belmar, N.J., V.St.A., **Stabilisierte Geschmacksstoffe.** Den durch Sprühtrocknung erhaltenen, Benzaldehyd enthaltenden öligen Kirschessenzen werden Butylhydroxyanisole u. -hydroxytoluole als Stabilisatoren zugesetzt. (**Can. P. 554 597** vom 27/12. 1955, ausg. 18/3. 1958. A. Prior. 6/1. 1955.) S. Böttcher. 7715

Council of Scientific & Industrial Research, Neu Delhi (Erfinder: Vaidyanathaiyer Subrahmanyan, Baghwan Sanwaisingh Lulla und Dyal Singh Johar, Mysore), Indien, **Proteinreiche, pastenförmige Speisewürze**, enthaltend Peptone, Vitamine, Aminosäuren u. Mineralstoffe, stellt man her durch biolog. Abbau von eiweißhaltigem Material (I), z. B. Sojabohnen-, Baumwollsamen-, Sesamsamenmehl oder deren Preßkuchen, mittels Kulturen von Aspergillus oryzae, flavus oder niger, Zygosaccharomyces-Arten oder Lactobacillus delbrueckii. Dem **I** können auch Kohlenhydrate zugesetzt werden, oder man geht von kohlenhydrathaltigem **I** aus, wie z. B. Weizenmehl, Weizenkeime, Tapioka, Reis usw. (**Ind. P. 64 226** vom 29/5. 1958, ausg. 16/3. 1960.) C. Lüttgen. 7715

Ajinomoto Kabushiki Kaisha und Sanraku Shuzo Kabushiki Kaisha, Tokyo, Japan (Erfinder: Seiji Tada und Oki Nakayama), **Herstellung eines Würzmittels** mit hohem Glutaminsäuregehalt. Eine Nährlsg., enthaltend Zuckerstoffe, z. B. Melasse, u. als N-Quelle z. B. ein Ammoniumsalz, Harnstoff, ein Nitrat oder Nitrit wird mit einem Mikroorganismus des Genus *Pseudomonas*, *Acetobacter*, *Aerobacter*, *Serratia*, *Escherichia*, *Bacillus*, *Gluconobacter*, *Acetogluconobacter*, *Gluconoacetobacter*, *Saccharomyces* oder *Aspergillus* beimpft u. bei 10—50° fermentiert. Die N-Quelle muß mengenmäßig höher liegen, als zur Kultivierung des Mikroorganismus erforderlich ist. — Beispiel: 10% $(NH_4)_2SO_4$ werden einer wss. Lsg., enthaltend 10% Melasse, zugegeben. Die Lsg. wird mit Aerobacter cloacae u. Pseudomonas fluorescens beimpft u. 7 Tage bei 33° fermentiert. Das Nährsubstrat wird filtriert u. konzentriert. (**E.P. 864 562** vom 16/8. 1957, ausg. 6/4. 1961.) W. Kranz. 7715

Merck & Co., Inc., Rahway, übert. von: Edward J. Hanus, Palisade, und John W. Carr, Cranford, N.J., V.St.A., **In Wasser vollständig lösliche Tablette zum Pökeln von Fleisch,** bestehend aus Na-Isoascorbat, Isoascorbinsäure, $NaHCO_3$, Citronensäure u. einem festen Polyäthylenglykol mit einem Molgew. von mindestens 1500. Der Anteil von Na-Isoascorbat + Isoascorbinsäure beträgt mindestens 75% des gesamten Tablettengewichtes. (**A. P. 2 977 235** vom 27/3. 1958, ausg. 28/3. 1961.) H. Maaß. 7751

Spofa, Sdružení Podniků pro Zdravodnickou Výrobu, Tschechoslowakei (Erfinder: **Josef Hoffmann, Milos Herold** und **Jirina Capkova**), *Zeitweilige Konservierung von Lebensmitteln.* (**F. P. 1 231 317** vom 20/7. 1959, ausg. 28/9. 1960. Tschech. Prior. 5/8. 1958. — C. **1962**, 17965 [E. P. 869 448].)

General Foods Corp., White Plains, N.Y., V.St.A. (Erfinder: **Frank George Miller**), *Stabilisieren von Backpulver.* (**E. P. 879 408** vom 21/3. 1960, ausg. 11/10. 1961. — C. **1961**, 5643 [A. P. 2 933 396].)

N. V. Philips' Gloeilampenfabrieken, Eindhoven (Erfinder: **Harmannus Koopman** und **Jasper Daams**, Weesp), Niederlande, *Mittel zur Beeinflussung des Pflanzenwachstums.* (**D. A. S. 1 133 176** Kl. 451 vom 3/11. 1958, ausg. 12/7. 1962. Niederl. Prior. 5/11. 1957 u. 25/7. 1958. — C. **1962**, 1453 [Niederl. P. 97 486].)

Friedrich-Karl Marcus, Geesthacht/Elbe, *Herstellung von Alginsäure.* (**A. P. 3 012 892** vom 5/10. 1959, ausg. 12/12. 1961. D. Prior. 3/11. 1958. — C. **1960**, 7034 [D. A. S. 1 070 910].)

H₁₇. Fette. Seifen. Wasch- und Reinigungsmittel

Die Umesterung der Fette. P. A. Artamonow. (Журнал Прикладной Химии [J. angew. Chem.] **33**, 1449—65, Juli 1960; russ.) — Übersicht an Hand der Literatur. — 139 Literaturangaben. H. Treumann. 7876□

Die Wirksamkeit von 3.5-Bis-[tert.-butyl]-4-hydroxytoluol und Propylgallat als Antioxydans für Schweinefett. D. G. Knorre, Ju. N. Ljasskowskaja, W. I. Piulskaja und N. M. Emanuel. (Журнал Прикладной Химии [J. angew. Chem.] **32**, 1359—63, Juni 1959; Inst. Chem. Physik der Akad. der Wiss. der UdSSR u. Allunions-Forsch.-Inst. der Fleischind.; russ.) — Es wurde die Wirksamkeit (Verhältnis der Zeiten bis zur Erreichung der Peroxidzahl 0,1) von *Bis-[tert.-butyl]-hydroxytoluol* (**I**) u. *Propylgallat* (**II**) als Antioxydans für Schweinefett bestimmt. Sie betrug bei einem Geh. von 0,01% **I** bzw. **II** 3,2 bzw. 7,9. Die Aktivierungsenergie der Oxydation in Ggw. von **II** u. **I** beträgt 20,6 bzw. 21,0 kcal für eine Fettprobe mit einer Aktivierungsenergie der nichtinhibierten Oxydation von 21,4 kcal. Diese u. frühere Unterss. lassen darauf schließen, daß die Aktivierungsenergie des Oxydationsvorganges nur von der Fettprobe abhängt, nicht aber von Ggw. u. Art des Antioxydans. H. Treumann. 7896□

Luminescenzmethode der Gossypol-Bestimmung. Ss. N. Wilkowa und A. L. Markman. (Журнал Прикладной Химии [J. angew. Chem.] **31**, 1548—53, Okt. 1958; Mittelasiat. Polytechn. Inst.; russ.) — Die Meth. beruht auf der partiellen Auslöschung des Luminescenzspektrums von Fluorescein (**I**) durch *Gossypol* (**II**). 1 bzw. 2 ml des zu untersuchenden Baumwollsaatöls, 5 ml einer 0,01%ig. **I**-Lsg. in 0,25n NaOH u. 1 g NaCl werden 1 Min. im Scheidetrichter geschüttelt. Das Spektrum der abgeschiedenen wss. Schicht u. das einer Vgl.-Lsg. von reinem **I** werden vergleichend photometriert. Die Ermittlung des **II**-Geh. im Prod. erfolgt nach der aufgenommenen Eichkurve. S. Baryschnikow. 7932

Festlegung der Stabilitätstestes für Öle und Fette. 2. Mitt. **Der Einfluß von einigen Metallen und anderen Faktoren auf die Beschleunigung der Oxydation von Ölen und Fetten.** Stanisław Mroczkowski und Aldona Ossowska. (Prace Inst. Lab. badawczych Przemysłu spożywczego **11**, Nr. 3, 1—14, 1961; Inst. Przem. tłuszcz.; pol.) — Die Best. der Stabilität von Fetten u. Ölen kann auf die Hälfte der Zeit verkürzt werden, wenn entweder Cu^{2+} (0,0013%) der Probe zugegeben wird, oder wenn die

Temp. von 60° auf 98 ± 0,5° erhöht wird. Die letzte Meth. ist einfacher u. sicherer. Fe^{3+} u. Co^{2+} oder auch Cu^{2+} + Fe^{3+} sind weniger wirksam als Cu^{2+} allein. — 14 Literaturangaben. F. Urban. 7932□

Die Bestimmung der Zusammensetzung von technischen Fraktionen synthetischer Fettsäuren C_5-C_9 mit Hilfe der Gas-Flüssigkeits-Chromatographie. P. M. Schtscherbakow, B. P. Kotelnikow und Ju. W. Ganin. (Химия и Технология Топлив и Масел [Chem. Technol. Brennstoffe Öle] **6**, Nr. 9, 62—65, Sept. 1961; russ.) — Die Zus. der Fraktionen der synthet. Fettsäuren C_5–C_6 u. C_7–C_9 wird mit Hilfe eines Gas-Fl.-Chromatographen mit Ionisationsdetektor untersucht. Die Genauigkeit der Best. wird durch Vgl. der SZ. der Fraktionen mit der nach der chem. Meth. gefundenen ermittelt. Die nach der chem. Meth. erhaltene SZ., beträgt für vorst. Fraktionen 438 u. 371 mg KOH, nach der chromatograph. Meth. 445 u. 367,6. Der relative Fehler bei der Analyse der Säurefraktion C_5-C_6 beträgt 1,5%, bei C_7-C_9 0,8%. J. Lehmberg. 7936

H_{18a}. Holz. Cellulose. Zellstoff. Papier. Papierdruck. Celluloid. Linoleum

Die Verteilung der Bestandteile von Holzkreosot im System nicht mischbarer organischer Lösungsmittel. G. M. Judkowitsch. (Гидролизная и Лесохимическая Промышленность [Hydrolysen- u. holzchem. Ind.] **13**, Nr. 2, 13, 1960; russ.) — Nach Verss. des Vf. werden die *Phenole* von *Holzkreosot* bei der Extraktion durch ein Gemisch von Bzn. u. Methanol in der Methanolschicht angereichert.
J. v. Schroeder. 7950□

Charakteristik der Diffusion von gelösten Chemikalien in Holzschnitzeln. Josef Schmied. (Sborník výskumných Prác Odboru Celulózy Papiera **4**, 73—87, 1959; tschech.) — Die Zeitabhängigkeit der *Diffusion* von *Chemikalien* in *Holz* (**A**), dessen Capillaren vollkommen mit W. gefüllt sind, wird untersucht u. im Hinblick auf die Diffusionsstrecke u. der Menge des über die Makrophasengrenze Lsg./A übergeführten Stoffes beurteilt. Die analyt. Verff. zur Best. der Diffusionsfunktionen werden beschrieben u. deren Vor- u. Nacheile angegeben. Es wird darauf hingewiesen, daß die üblichen, durch Integrieren des Gesetzes von Fick erhaltenen, Zeitgleichungen nicht die Diffusion von Stoffen in die Schnitzel erfassen. Die Abhängigkeit der Diffusion von der Zeit wird neu abgeleitet u. deren charakterist. Koeff. experimentell mit genügender Genauigkeit u. Empfindlichkeit ermittelt. Der Koeff. der Stoffaufnahme als Maßstab der chem. oder physikal. Sorption durch die **A**-Struktur wird definiert. G. Reisner. 7952□

Über die Struktur der Hoftüpfel und ihre Bedeutung bei der Penetration. J. Janči, M. Karhánek und J. Fellegi. (Sborník výskumných Prác Odboru Celulózy Papiera **4**, 89—99, 1959; slowak.) — Die *Hoftüpfelstruktur* wird weder durch extrem hohe Drücke noch durch Druckpulsationen zerstört. Das wird auch durch Imprägnierungs-Verss. mit Fichtenwürfeln (2 cm Kantenlänge) aus gesunden u. mit *Trametes pini* infiziertem Holz (teilweise zerstörte Hoftüpfelstruktur) bewiesen. Die Druckimprägnierung von nativem u. infiziertem Holz verlaufen unbefriedigend; die Druckpulsations-Meth. sind bei nativem Holz etwas, bei infiziertem Holz wesentlich günstiger, was indirekt bestätigt, daß bei dieser Meth. keine Zerstörung der Hoftüpfelstruktur erfolgt. Infiziertes Holz ist beim beschriebenen Imprägnierungs-Verf. besser imprägniert als natives, das erst nach längerer Zeit (30—45 Min.) gründlich imprägniert wird. Die Hoftüpfel bilden kein objektives Hindernis für die drucklose Imprägnierung, sie verlangsamen sie nur.
G. Reisner. 7952□

Die morphologische und chemische Zusammensetzung von Schilfzellstoff. F. F. Derbenzew. (Бумажная Промышленность [Papier-Ind.] **36**, Nr. 10, 6—8. Okt. 1961; Ukrain. Forsch.-Inst. der Zellstoff- u. Papierind.; russ.) — Durch eine H_2SO_4-Vorhydrolyse des Schilfs (Sf) wird die Epidermis u. die mit dieser verbundene Schutzschicht der Cuticula zerstört. Der resultierende Zellstoff enthält weniger Epidermisgewebe, mineral. Bestandteile sowie etwas kürzere Fasern. Bei der Bleiche mit *ClO_2* (**I**) ist ein geringerer Abbau zu verzeichnen, als im Falle der Hypochloritbleiche. Für die Erzeugung von Chemie- u. hochwertigem Papierzellstoff aus Sf ist es zweckmäßig, dieses einer sauren Vorhydrolyse zu unterwerfen u. den nach der Kochung erhaltenen Zellstoff mit **I** zu bleichen, mit Lauge zu behandeln u. mit H_2SO_3 abzusäuern. Die Ausbeute an Vorhydrolysesulfatzellstoff beträgt 330 kg/t Sf, wobei noch bis zu 100 kg Futterhefe mit einem Eiweiß-Geh. von mindestens 45% anfallen. R. Wittwer. 7956□

Zur Frage der Löslichkeit von Zellstoff in Lauge. Eugen Oltus. (Sborník výskumných Prác Odboru Celulózy Papiera **4**, 143—56, 1959; slowak.) — Die Löslichkeit von *Zellstoff* (**A**) in *NaOH-Lsg.* wird bes. durch Anzahl u. Festigkeit intermol. Kräfte (bes. H-Brücken) beeinflußt. Es bestehen Beziehungen zwischen den intermol. Kräften u.

der Löslichkeit von Cellulose mit verschiedenem Polymerisationsgrad (Pg). Aus dem Pg der gelösten Fraktion können Schlüsse über den strukturellen Abbau von **A** gezogen werden. Die strukturellen Veränderungen der Faser bei Sulfitaufschluß, Hypochloritbleiche u. mechan. Einfl. werden durch Pg-Best. in 10%ig. NaOH verfolgt. Der strukturelle Abbau bei pH 7 erfolgt bei der Hypochloritbleiche schneller als beim chem. Abbau. Mit abnehmender Faserlänge steigt die Löslichkeit von **A** in 10%ig. NaOH u. der Pg der gelösten Fraktion. Durch starke Schwächung bzw. volle Aufhebung der intermol. Kräfte soll eine große Rk.-Fähigkeit von **A** bei geringem chem. Abbau erreicht werden. G. Reisner. 7956□

Besonderheiten der Bleiche von veredelter Cellulose. F. P. Komarow. (Бумажная Промышленность [Papier-Ind.] **36**, Nr. 12, 11—12, Dez. 1961; Allunions-Forsch.-Inst. der Zellstoff- u. Papierind.; russ.) — Unterwirft man chlorierten Sulfitzellstoff vor der Hypochloritbleiche einer alkal. Behandlung bei 90 bis 95° (Alkaliverbrauch $\geqq$ 1%), so läßt sich die Bleiche leichter u. besser durchführen. Die Cu-Zahl eines so behandelten, gebleichten Zellstoffs ist niedriger, als ohne Alkalibehandlung oder bei Behandlung unter milderen Bedingungen (20—60°, Alkaliverbrauch 0,5%). Die Tendenz zur Vergilbung nimmt mit niedrigerer Cu-Zahl ebenfalls ab. R. Wittwer. 7956□

Kiefern-Wurzelhalsholz ein vollwertiger Rohstoff. N. A. Guritsch, W. I. Lissow, A. Ja. Plotnikow, N. F. Komschilow, Je. Ja. Worobjewa, A. N. Baletow und W. N. Petronio. (Бумажная Промышленность [Papier-Ind.] **36**, Nr. 10, 16, Okt. 1961; Zentr. Forsch.-Inst. der holzchem. Ind.; Karel. Filiale der Akad. der Wiss. der UdSSR; Kombinat Segesha; russ.) — Der Einsatz von Wurzelhalsholz in der Sulfatzellstofferzeugung bewirkt bei unveränderter Technologie, Ausbeute u. Qualität des Zellstoffs eine annähernde Verdopplung der *Tallöl-* u. *Terpentinausbeute.* Die Holzenden sollen mindestens 0,7 bis 1 m lang sein, da im Falle von kürzeren Klötzen beim Hacken der Anteil an schlecht aufschließbaren großen Spänen zu groß wird. R. Wittwer. 7960□

Einige Untersuchungen des Sulfataufschlusses mit Vorhydrolyse. Ján Gajdoš. (Sborník výskumných Prác, Odboru Celulózy Papiera **4**, 133—42. 1959; slowak.) — Optimale Bedingungen bei der Herst. von ungebleichtem *Hochqualitätsbuchensulfatzellstoff* mit *Wasservorhydrolyse* werden beschrieben. Der Holzverlust bei der Vorhydrolyse muß ca. 20% betragen. Der Sulfataufschluß muß einen Zellstoff mit einer Viscosität (1%ig. Lsg. in Schweizer-Reagens) von 30 cP liefern. Das sich bildende *Furfurol* übt auf die Kondens. von Lignin (**A**) bei der Vorhydrolyse einen Einfl. aus. Zwischen dem Grad der **A**-Kondens. u. dem Geh. an relativem β-Cellulose im ungebleichten Zellstoff besteht eine lineare Beziehung. Der Rk.-Verlauf der Vorhydrolyse u. des Sulfataufschlusses wird diskutiert. G. Reisner. 7960□

Einige Faktoren, die die Kraftzellstofferzeugung aus Kiefernholz beeinflussen. H. A. Reid. (APPITA-J. Austral. Pulp Paper Ind. **15**, 102—10, März 1962; Austral. Paper Manufact. Ltd.; engl.) — Einige Zusammenhänge zwischen Art, Standort u. Alter des *Kiefernholzes* sowie *Kochbedingungen*, Zellstoffestigkeit u. Ergiebigkeit bei der Zellstoff-Herst. werden geprüft. G.-D. Gollnisch. 7960□

Verringerung der Löslichkeit der in Zellstoffablauge gelösten Kieselsäure durch Absorption von Kohlendioxid. László Kuna und Lea Kuna-Gráber. (Magyar Kémiai Folyóirat [Ung. Z. Chem.] **68**, 316—24, Juli 1962; Budapest, L. Eötvos Univ., Lehrstuhl Chem. Techn.; ung.) — Im Labor.- u. halbtechn. Maßstab werden Verss. durchgeführt zur Verringerung der *SiO_2-Konz.* in der aus dem Aufschluß von Reisstroh mit Na_2S stammenden *Zellstoffablauge* durch Einführen von konz. *CO_2-Gas* bzw. auf 10% CO_2 angereicherter Luft. Aus Meßwerten der jeweiligen CO_2-, SiO_2^- u. Na^+-Konzz. wird ein Zusammenhang graph. festgestellt, aus dem sich ergibt, daß die zur Verringerung der SiO_2-Konz. bis zu einen bestimmten Wert benötigte CO_2-Konz. mit der Na^+-Konz. linear zunimmt. Eine theoret. Auslegung der Ergebnisse auf Grund der Annahme, daß die Konz. der Anionen (mit Ausnahme von SiO_2, CO_4 u. OH^-) der Na^+-Konz. proportional ist, wird gegeben. Die Proportionalität wird durch potentiometr. Titration der Ablauge allg. bestätigt; geringe Abweichungen ergeben sich aus der verschiedenen Sulfidität der Lauge. P. Tolnay. 7960

Sulfitzellstoff aus Abfallspänen. Je. A. Bassmanowa und A. M. Ssasanowa. (Бумажная Промышленность [Papier-Ind.] **36**, Nr. 10, 17, Okt. 1961; Okulowka, Kombinat; russ.) — Vff. stellen fest, daß es nicht notwendig ist, die beim Hacken anfallenden Feinspäne auszusortieren. Probekochungen im Betriebsmaßstab mit aussortierten Abfallspänen u. mit normalen Hackspänen mit einem Zusatz von 2% Feinspänen ergaben, daß die Anforderungen an ungebleichten Sulfitzellstoff nach GOST eingehalten werden. R. Wittwer. 7962□

Der Einfluß von physikalisch-chemischen Faktoren auf die Bildung von Sulfatinkrustierungen bei der Eindickung von Sulfitablaugen. Ladislav Balhar und Vojtech Stanik. (Sborník výskumných Prác. Odburo Celulózy Papiera **4,** 119—32, 1959; slowak.) — Die Menge der aus *$CaSO_4$* bestehenden, sich aus *Sulfitablauge* abscheidenden *Inkrustierungen* in einer Labor.- u. einer Betriebseindampfanlage werden 1. bei verschiedener Temp. der einzudampfenden Ablauge, 2. unter Zumischen von $CaSO_4$ u. bei verschiedener Temp. der einzudampfenden Ablauge u. 3. unter Änderung der Menge des zur Ablauge u. zur teilweise eingedampften Ablauge beigemischten $CaSO_4$ untersucht. Das Gew. der Inkrustierungen wird im Labor. durch Wägen des Wärmeaustauschrohres u. im Betrieb durch Wägen der auf rostfreien Stahlblechen angesetzten Inkrustierungen bestimmt. G. Reisner. 7962□

Wiedergewinnung von Chemikalien aus Natriumbasen enthaltenden Sulfitablaugen durch Carbonisieren und Sulfitieren. V. Kubelka und J. Hojnoš. (Sborník výskumných Prác Odboru Celulózy Papiera **4,** 101—18, 1959; slowak.) — Vgl. C. **1963,** 354. — Ein neues Verf. zur *Wiedergewinnung* von *Chemikalien* bei der Erzeugung von *Neutralsulfithalbzellstoff* wird beschrieben, das gegenüber den bisher beschriebenen Verff. viele Vorteile bietet: Es ist nur 1 *Carbonisierungsstufe* (Rauchgas) nötig; erhaltenes H_2S weist eine Konz. von 70—80 Vol.-% auf; es entstehen keine schädlichen Abfallstoffe; 97—99% der Na-Salze u. ca. 90% von in der Grünlauge enthaltenem S können wiedergewonnen werden u. der Na-Verlust im Kochprozeß kann durch Na_2SO_4 ersetzt werden. Die hergestellten Kochlaugen enthalten ≤ 20 g/Liter $Na_2S_2O_3$. Das wenig abgeänderte Verf. kann zur Chemikalienwiedergewinnung bei der $NaHSO_3$-Zellstofferzeugung verwendet werden. Das Verf. wird mit Erfolg im Labor., in einer Vers.- u. einer Betriebsanlage geprüft. Optimale Bedingungen der einzelnen Stufen werden festgelegt u. Berechnungs-Meth. für die Kapazität einzelner Anlagen ausgearbeitet u. geprüft. G. Reisner. 7962□

Untersuchung der Acetylierung von Lignin. Jozef Farkaš. (Sborník výskumných Prác Odboru Celulózy Papiera **4,** 157—66, 1599; slowak.) — Bei der Unters. der *Acetylierung* von *Sulfatlignin* (**A**) mit $(CH_3CO)_2O$ (**I**) in Pyridin unter verschiedenen Rk.-Bedingungen wird festgestellt, daß verschiedene Sekundär-Rkk. auftreten können. Mit wachsender **I**-Menge u. zunehmender Rk.-Dauer wächst die Menge an gebundenen CH_3CO-Gruppen zunächst an; nach Überschreiten eines Maximums wird jedoch ein Teil wieder verseift. Bei Raum-Temp. kann weder durch Verlängerung der Rk.-Dauer, noch durch Wiederholung der Rk. eine vollständige Acetylierung aller HO-Gruppen von **A** erreicht werden. Bei höherer Temp. werden Benzofuran- bzw. -pyranringe von **A** unter Bldg. neuer HO-Gruppen gesprengt u. CH_3O-Gruppen teilweise abgespalten. Die neuentstandenen HO-Gruppen können unter gewissen Temp.-Bedingungen ebenfalls acetyliert werden. Die Acetylierung ist daher zur Best. von HO-Gruppen in **A** nicht geeignet. Der HS-Geh. bleibt unter bestimmten Bedingungen konst., was im Gegensatz zu den CH_3CO-Gruppen auf eine stabile Bindung mit **A** hinweist. G. Reisner. 7966□

Der Einfluß der Ammoniumbase und der Härte des Zellstoffes auf die Eigenschaften der Laugen und die Alkoholgewinnung. G. A. Kalisstratow, S. Ja. Skworzowa und O. P. Golubewa. (Бумажная Промышленность [Papier-Ind.] **36,** Nr. 10, 12 bis 13, Okt. 1961; Kombinat. Sokol; russ.) — Die Vergärbarkeit der Ablaugen wird durch den Charakter der Base nicht beeinflußt, dagegen aber durch den Rest-*SO_2*-Geh., der im Fall von reiner oder gemischter Ammoniumbase nicht über 0,032% liegen darf. Mit zunehmender Härte des Zellstoffs verringert sich der Geh. der Ablauge an reduzierenden Stoffen demzufolge auch die Alkoholausbeute (um 0,05—0,1%). R. Wittwer. 7966□

Einflüsse von Nebenprodukten, Spurenelementen und ähnlichen Verbindungen in Viscose auf deren Reifung. Marie Easterwood und W. A. Mueller. (J. appl. Polymer Sci. **5,** 375—83, Juli/Aug. 1961; Memphis, Tenn., Buckeye Cellulose Corp.; engl.) — Vgl. C. **1962,** 12144. — Na_2CO_3, Na_2CS_3 u. NaCl scheinen keinen Einfl. auf die *Viscosereifung* (VR) auszuüben; Na_2S verzögert sie. H_2O_2 u. Na_2S_x beschleunigen, Na_2SO_3 verzögert die VR. Die VR wird nicht beeinflußt durch Na_2SO_4, $(CH_3)_2SO$, $KClO_3$ u. Na_2BH_4. Hydroxide oder Carbonate scheinen die VR nicht zu beeinflussen. Unlösl. Sulfide bildende Salze erhöhen anfangs die Geschw. der VR; später verläuft die VR normal. $FeCl_3$, $BiCl_3$ u. Na_3AsO_3 scheinen die VR zu verzögern. Die Geschw. der VR fällt mit steigendem Oxydationspotential des angewandten Elementes. Na-Zinkat verzögert die VR u. läßt eine mögliche Vernetzung von Xanthogenat (**I**) u. S oder von 2 **I**-Gruppen erkennen. Sn- u. Cr-Salzzusätze (0,5%) führen in 30 Min. zur Gelierung der Viscose. W. Wesly. 7970□

Entwicklung und Fabrikation von Schliffzellstoff in Scheibenmahlanlagen. Walter F. Holzer, John T. Henderson, William B. West und Kenneth F. Byington. (Tappi **45,** 208—13, März 1962; Pulp Paper Mag. Canada **63,** Nr. 3, techn. Sect. **T** 192—**T** 197, März 1962; San Francisco, Calif., Crown Zellerbach Corp.; Camas, Wash.;

Crown Zellerbach Corp.; Central Res. Div., Manufact. Serv.; West Linn, Oreg., Crown Zellerbach Corp.; engl.) — Die Entw. der Erzeugung von Schliffzellstoff (**A**) in Scheiben-Refinern im Labor. bis zum halbtechn. Maßstab wird beschrieben. Verwendet werden Doppelscheibenmühlen von verschiedenen Riffelmustern. Verss. im Ein- u. Zweistufenmahlen bei verschiedener Energieverteilung auf die Stufen, sowie das Reinigen in Zentrifugalreinigern statt über Siebe führen zur optimalen Arbeitsweise: Mahlen in 2 Stufen, wobei in der 1. Stufe 30—50% der Gesamtenergie aufgewendet werden; die Stoffdichte beträgt > 15% bei abs. gleichmäßiger Stoffzuführung. Derart hergestelltes **A** ist dem in Steinmühlen geschliffenen **A** an Festigkeit überlegen. Geeignetere Riffelmuster können weitere Verbesserungen bringen. M. Hagedorn. 7976□

Das Vermahlen von Cellulose mit Hilfe akustischer Mittel. D. Ss. Dobrowolski, A. W. Bywschew und B. D. Lewin. (Бумажная Промышленность [Papier-Ind.] **36,** Nr. 9, 26—27, Sept. 1961; russ.) — Ein hydrodynam. Generator für Schallschwingungen wird entwickelt, der speziell dem Vermahlen von *Cellulose* für die Papier- u. Karton-Herst. angepaßt ist. Die Arbeitsweise einer halbtechn. Anlage (nutzbares Fassungsvermögen 200 Liter) wird kurz beschrieben. Papier aus einem nach diesem Verf. gemahlenen Stoffbrei besitzt eine höhere Festigkeit, als Papier, das unter Anwendung des klass. Mahlverf. erhalten wurde. Der Mahlgrad liegt beim hydrodynam. Verf. bei 45° SR u. kann durch mehrfache Wiederholung des Prozesses reguliert werden.

R. Wittwer. 7976□

Laboratoriumsuntersuchung über den Zusammenhang zwischen den konventionellen Holzschliff-Kennzahlen und der Bedruckbarkeit. Otto Brauns und Olle Swanberg. (Pulp Paper Mag. Canada **63,** Nr. 3, techn. Sect. T 181—T 187, März 1962; Swed., Paper Mills, Central Labor.; engl.) — An 100 *Schliffproben* aus 27 Fabriken werden die üblichen Kennzahlen von *Schliff* u. von *Papier* bestimmt u. *Druck-Verss.* auf einer Labor.-Druckmaschine ausgeführt. Das um die Standortsangaben des Holzes vermehrte Zahlenmaterial wird in 49 unabhängigen oder wechselnd abhängigen Variabeln angeordnet u. im Elektronenrechner der multiplen Regressionsanalyse unterworfen, um Zusammenhänge zwischen der Bedruckbarkeit u. der Qualität des Schliffs aufzufinden, wie letztere in den konventionellen Kennzahlen zum Ausdruck kommt. Das Ergebnis ist im Hinblick auf einen solchen Zusammenhang nicht ermutigend. Bedeutung für ihn scheinen Oberflächenrauhheit, Öladsorptionszeit u., stärker noch, Helligkeit u. Opazität zu haben. Für die mechan. Verarbeitung auf der Papiermaschine u. in der Druckerei müssen die Festigkeits- u. Wasserdurchlässigkeitszahlen des Schliffs beachtet werden.

M. Hagedorn. 7988□

Manresa Associates, Inc., V. St.A., **Trocknen und Konservieren von grünem Holz,** welches dabei gleichzeitig wasserwiderstandsfähig, feuerfest u. insektenabwehrend wird. Zunächst wird das Holz, z. B. in geschnittener Form in einer geschlossenen Kammer mit strömendem Wasserdampf behandelt, danach wird das erhitzte Holz mit einer mit W. nicht mischbaren Fl. gekocht, deren Kp. > 100° liegt, z. B. mit CCl_4 oder höhersd. Mineralölen (Kp. 120—230°). Dabei wird das in Holz befindliche W. als Wasserdampf entfernt. Um das Holz wasserabweisend zu machen, wird der Koch-Fl. eine geringe Menge Wachs, F. > 80°, zugesetzt. Ebenso können noch insekticide Mittel, Farbstoffe u. a. zugesetzt werden. — 4 Zeichnungen. (**F. P. 1 237 782** vom 20/6. 1959, ausg. 25/11. 1960.) M. F. Müller. 7953

Vazgen Jacopian und Paul Schorning, Teltow-Seehof, **Herstellung von Chemiezellstoffen.** Der Aufschluß wird in 2 Phasen durchgeführt, wobei das Ausgangsmaterial, z. B. Holz oder Stroh in der 1. Phase einem Halbzellstoffaufschluß, z. B. in Form einer Behandlung mit Na_2SO_3-haltiger Lauge bzw. mit alkoholhaltigem, z. B. methanolhaltigem W. in Ggw. von Na_2SO_3 u. SO_2, unterworfen u. in der 2. Phase durch Chlorierung u. Bleichveredelung zu *Zellstoff* verarbeitet wird. (**D. P. [DDR] 21 844** Kl. 55b vom 17/6. 1959, ausg. 7/9. 1961 [Wirtschaftspatent].) W. Wittholz. 7957

Crossett Co., übert. von: Lloyd T. Sandborn und William B. Stengle, Crossett, Ark., V.St.A., **Wiedergewinnung von Säuren** aus Mutterlaugen des alkal. Celluloseaufschlusses, z. B. *Ameisen-*, *Essig-*, *Milch-* u. *Glykolsäure* bzw. deren *Na-Salze*, dad. gek., daß man sie mit Methanol (I), A. oder Propanol (II), Gemischen von **I** mit A., **II** oder Butanol (III), **II** oder **III** mit A. extrahiert, filtriert, ansäuert u. aus wss. Lsg. die Säuren voneinander trennt. (**Can. P. 555 604** vom 2/11. 1953, ausg. 8/4. 1958. A. Prior. 3/11. 1952.) S. Böttcher. 7959

Crossett Co., übert. von: Lloyd T. Sandborn und William B. Stengle, Crossett, Ark., V.St.A., **Wiedergewinnung von Säuren** aus Mutterlaugen des Alkaliaufschlusses von Cellulose, z. B. *Ameisen-*, *Essig-*, *Milch-* u. *Glykolsäure,* die als Na-Salze vorliegen, dad. gek., daß man mit Methanol extrahiert, filtriert, das Filtrat mit Butanol behandelt, die entstehenden Phasen trennt, aus dem Methanol–Butanol–W.-Gemisch Methanol abdest., die wss. Phase ansäuert u. die Säuren voneinander trennt. (**Can. P. 555 605** vom 2/11. 1953, ausg. 8/4. 1958. A. Prior. 3/11. 1952.) S. Böttcher. 7959

Crossett Co., übert. von: Kenneth G. Chesley, Lloyd T. Sandborn, Crossett, Ark., und Charles W. Montgomery, Baton Rouge, La., V.St.A., **Gewinnung von Säuren** wie *Ameisen-*, *Essig-*, *Milch-* u. *Glykolsäure*, dad. gek., daß man ein Gemisch von Cellulose u. wss. NaOH, wobei das Verhältnis W.: Alkali 10:25 u. W.: Cellulose 7:10 beträgt, im geschlossenen Gefäß auf 260—280° erhitzt u. das Rk.-Gemisch ansäuert. (**Can. P. 555 606** vom 2/11. 1953, ausg. 8/4. 1958. A. Prior. 3/11. 1952.) S. Böttcher. 7959

Sterling Drug, Inc., New York, N.Y., übert. von: Eugene W. Schoeffel und Daniel M. Barton, Rothschild, Wis., V.St.A., **Wiedergewinnung von Alkalisulfiden** aus Schwarzlauge, die NaOH, Na_2S, Na_2SO_4 u. Na_2CO_3 enthält, dad. gek., daß man die Lauge mit O_2 auf $>240^0$ unter Druck erhitzt, die fl. Bestandteile abtrennt, mit $Ca(OH)_2$ behandelt, vom $CaCO_3$ abfiltriert, das Alkalifiltrat mit BaS umsetzt u. vom $BaSO_4$ abfiltriert. (**Can. P. 555 739** vom 18/10. 1954, ausg. 8/4. 1958. A. Prior. 12/11. 1953.) S. Böttcher. 7961

Enso-Gutzeit O/Y, Helsingfors, Finnland (Erfinder: G. Sivola), **Herstellung von Zellstoff durch Sulfitaufschluß bei gleichzeitiger Wiedergewinnung von Chemikalien.** Die nach Sulfitaufschluß mit Alkali versetzte Kochlauge wird eingedampft u. die alkal. Ablauge verbrannt. Die alkal. Schmelze wird aufgelöst u. CO_2 durch die Lsg. geleitet, wobei Alkalicarbonat u. Alkalisulfid in Alkalibicarbonat u. H_2S umgewandelt u. wiedergewonnen werden. — 5 schemat. Zeichnungen. (**Schwed. P. 172 615** vom 15/11. 1947, ausg. 30/8. 1960.) K. H. Kähler. 7963

Stora Kopparbergs Bergslags A/B, Falun, Schweden (Erfinder: K. N. Cederquist), **Verbrennen von Sulfitablaugen** mittels O_2-haltiger Gase unter Druck bei 180—360°. Die Verbrennung wird in zwei Stufen vorgenommen, wobei der Katalysator erst in der zweiten Stufe zugesetzt wird, nachdem etwa vorhandene Katalysatorgifte wie S oder Sulfide bereits in der ersten Stufe beseitigt worden sind. (**Schwed. P. 172 223** vom 5/5. 1956, ausg. 26/7. 1960.) K. H. Kähler. 7963

British Celanese Ltd., London, übert. von: Arthur Hodge, John Downing und James G. N. Drewitt, Spondon, England, **Herstellung von Cellulose** aus Holz u. Stroh durch Erhitzen mit 10—100% einer einfach ungesätt. aliphat. Dicarbonsäure mit $\leqq 7$, bes. 4 C-Atomen, ggf. unter Zusatz der 9fachen Menge CH_3COOH auf 80—190°, Verdampfen der Fl. u. Erhitzen des Rückstands mit 2—20%ig. wss. Alkali auf 70—100°. (**Can. P. 560 276** vom 28/9. 1951, ausg. 15/7. 1958. E. Prior. 10/10. 1950.) L. Grossner. 7965

Joseph E. Fleury, Three Rivers, Quebec, Canada, **Gewinnung von Inhaltsstoffen der Sulfitablaugen** durch Zusatz von 8—12% H_3BO_3 zu den Ablaugen, Erhitzen auf 95° u. schnelles Abkühlen auf 45—50°, wobei *Lignoborsalze* u. SO_2 erhalten werden. (**Can. P. 560 515** vom 8/9. 1955, ausg. 22/7. 1958.) L. Gro ßner. 7967

A/B Kemisk-Teknisk Apparatur, übert. von: Gunnar Baecklund, Stockholm, Schweden, **Gewinnung von Äthanol aus verbrauchter Sulfitlauge.** Die Sulfitlauge wird in einer Verdampferanlage, die aus einer Reihe hintereinandergeschalteter Eindampf-, Reinigungs-, Rektifizier- u. Entmethanolisierkolonnen besteht, eingeengt, die anfallenden Dämpfe werden in einem oder mehreren Kalandern der mehrstufigen Anlage kondensiert. In der Eindampf- u. in der Rektifizierkolonne wird unter Druck gearbeitet. — Verf.-Schema. (**Can. P. 562 250** vom 8/10. 1953, ausg. 26/8. 1958. Schwed. Prior. 18/10. 1952.) Eberhard Riedel. 7967

Karl Schiel, Goslar/Harz, **Kontinuierliche Oxydation flüchtiger Schwefelverbindungen in industriellen Abwässern,** bes. *Schwarzlaugen der Zellstoff-Fabrikation.* Dem in einer Rohrleitung unter 0,5—8 at strömendem Abwasser wird bei 60—180° laufend Luft zugeführt u. die Fl. über ein Druckminderventil in einem Abscheider entspannt, wodurch eine wirkungsvolle Entschäumung erreicht wird. Über einen Cyclon werden freiwerdende Gase bzw. Luft von der Fl. getrennt. — Schema der Anlage. (**Oe. P. 216 479** vom 11/4. 1956, ausg. 25/7. 1961.) W. Wittholz. 7967

Canadian International Paper Co., Montreal, Quebec, übert. von: William R. Saxton, Hawkesbury, Ontario, Canada, **Herstellung von gealterter Alkalicellulose.** Metall. Alterungsbeschleuniger enthaltende Alkalicellulose wird mit einer Hydroxycarbonsäure, bes. 0,01—0,90% Glucon- oder Muconsäure, versetzt, zerschnitzelt u. durch oxydative Depolymerisierung unter definierten Temp.- u. Zeitbedingungen gealtert. (**Can. P. 563 087** vom 10/9. 1954, ausg. 9/9. 1958. A. Prior. 3/9. 1954.) Eberhard Riedel. 7971

Svenska Cellulosa Aktiebolaget, Schweden, **Verarbeitung von Sulfatzellstoff,** welcher nur wenig Harz oder Wachs enthält, zur *Papierherstellung.* Dem Stoffbrei werden Netzmittel, bes. Alkyltrimethylammoniumchlorid, zugesetzt, u. zwar in Mengen von 0,05—0,2% vom Trockengew. des Zellstoffs. (**F. P. 1 239 851** vom 6/11. 1959, ausg. 9/12. 1960. Schwed. Prior. 8/11. 1958.) M. F. Müller. 7975

Vita Mayer & Co., Mailand, Italien, **Kontinuierliche Gewinnung von Cellulosebrei für die Papierherstellung.** Holz von Pappeln oder anderen Laubbäumen wird in Zylindermühlen unter wechselndem Druck u. bei unterschiedlicher Umdrehungs-Geschw. der jeweils sich gegenüberstehenden Mahlzylinder in Ggw. der 8fachen Menge einer Lauge mit 10—100 g NaOH/Liter u. 0,05% eines nichtion. Netzmittels (Polyäthylenkondensat) bei 20—40° vermahlen. — Vorr., Zeichnung. (**It. P. 546 464** vom 16/12. 1955.) K. Koebke. 7975

Arne Johan Arthur Asplund, Bromma, Schweden, **Herstellung von Papierstoff und ähnlichen Erzeugnissen aus lignocellulosehaltigem Material.** Das kontinuierliche Verf. umfaßt eine Tränk- u. wenigstens eine Kochstufe u. ggf. eine mechan. Zerteilungsstufe, wobei die Tränkstufe als mechan. Zusammenpressung u. darauffolgendes Ausdehnenlassen des Materials, während es sich unter der Oberfläche einer Chemikalien-Lsg. befindet, durchgeführt wird. Die Ausdehnung des Materials in der Fl. erfolgt, während diese sich unter einem äußeren Überdruck (Dampf) befindet. Die Tränk- u. Kochstufen werden in verschiedenen, am Oberteil miteinander in Verbindung stehenden Behältern durchgeführt, wobei das Material durch den Tränkbehälter in Richtung nach oben u. durch den mit Chemikalien-Lsg. gespeisten Kochbehälter in Richtung nach unten hindurchgeht. — 3 Abbildungen. (**D. P. [DDR] 22 058** Kl. 55b vom 14/9. 1959, ausg. 6/10. 1961 [Ausschließungspatent]. Schwed. Prior. 16/9. 1958.) W. Wittholz. 7979

Portals Ltd., England (Erfinder: Harold Malcolm Gordon Williams), **Herstellung von in feuchtem Zustande zerreißfestem Papier** aus einem Papierstoff, der neben Cellulosefasern wenigstens 10% synthet., bes. Nylonfasern enthält. Als Leimungsmittel werden 1—15% eines in A. lösl. Methylmethoxy-Deriv. von Nylon verwendet. Nach dem Leimen wird die Papierbahn mit einem weiteren Mittel, z. B. Form- oder Acetaldehyd, Oxalsäure, Harnstoff oder Thioharnstoff, in Ggw. von H_2SO_4 behandelt, um transversale Bindungen zwischen den Bindemittel-Moll. hervorzurufen. (**F. P. 1 231 969** vom 23/7. 1959, ausg. 4/10. 1960. E. Prior. 24/7. 1958 u. 9/7. 1959.) M. F. Müller. 7979

Food Machinery & Chemical Corp., V.St.A., **Bleichen von Zellstoff,** z. B. von Sulfit-, Kraft-, Natron- oder halbchem. Zellstoff, mittels eines wasserlösl. Red.-Mittels, wie Na- oder Zn-Hydrosulfit, Na- oder Zn-Formaldehydsulfoxylat, $NaHSO_3$ u. SO_2. Der Zellstoff wird in Form einer Paste, die wenigstens 20% W. enthält, gebleicht. — Eine Sulfitzellstoffpaste (50% Wasser-Geh.) wird mit 0,5 (%) Na-Hydrosulfit u. 1 $NaHPO_4$ (berechnet auf das Trockengew. Zellstoff) versetzt. Nach dem Durchtränken wird mit einem Luftstrom bei Raum-Temp. getrocknet. (**F. P. 1 237 785** vom 20/6. 1959, ausg. 25/11. 1960.) M. F. Müller. 7979

Sandoz Soc. An., Schweiz (Erfinder: Fritz Fleck), **Optische Bleichmittel für Papierstoff** sind Stilben-Verbb. der allg. Formel **I** (X u. Y = Reste aromat. oder prim.

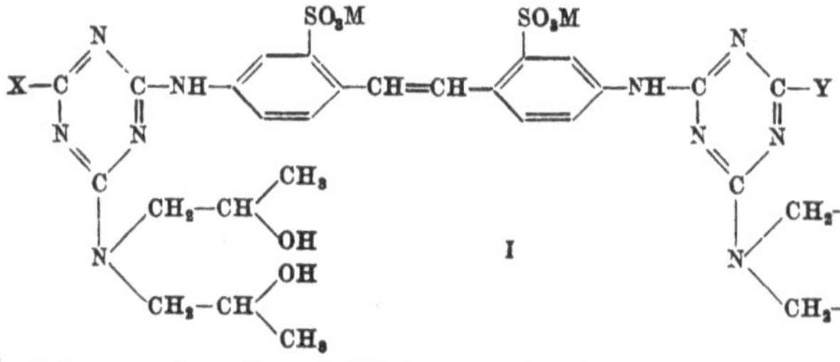

I

oder sek. aliphat. Amine, die ggf. Hydroxy- oder Alkoxygruppen enthalten, oder NH_2-Gruppen; M = Kation, z. B. H). Die Verbb. I werden hergestellt aus 1 (Mol) Cyanurchlorid, 1 4.4'-Diaminostilben-2.2'-disulfonsäure, 1 HX, 1 HY u. 2 Diisopropanolamin (**II**) oder aus 1 Cyanurchlorid, 1 4-Amino-4'-nitrostilben-2.2'-disulfonsäure, 1 HX u. 1 **II**, wobei die Nitrogruppe anschließend zur NH_2-Gruppe red. u. ein zweites Mol Cyanurchlorid zur Rk. gebracht wird, danach Rk. mit HY u. 1 **II**. — 355 (Teile) Di-Na-4.4'-Bis-[2.4-dichlor-1.3.5-triazinyl-(6)-amino]-stilben-2.2'-disulfonat werden in 4000 W. suspendiert, bei 5° 75 1-Aminopropanol-(3) in 200 W. zugefügt u. bei 40—45° 400 10%ig. NaOH eingetropft. Nach 3 Std. langem Rühren u. Zusatz von 133 **II** wird 4 Std. bei 98—100° gehalten, während 400 einer 10%ig. NaOH zugetropft werden, um den pH-Wert zwischen 7,5 u. 8,5 zu halten. Das gebildete *Di-Na-4.4'-Bis-[2-(γ-hydroxypropylamino)-4-diisopropanolamino-1.3.5-triazinyl-(6)-amino]-stilben-2.2'-disulfonat* wird ausgesalzen, abgesaugt u. im Vakuum getrocknet. (**F. P. 1 242 434** vom 3/11. 1959, ausg. 4/1. 1961. Schwz. Prior. 5/11. 1958.) M. F. Müller. 7979

Columbia-Southern Chemical Corp., V.St.A. (Erfinder: Louis Byron Taylor), **Leimen von Papier** unter Verw. einer stärkehaltigen feinen Ca-Silicatdispersion, welche Teilchen von $<0,3\ \mu$ enthält. (**F. P. 1 229 760** vom 4/2. 1959, ausg. 9/9. 1960. A. Prior. 17/2. 1958.) M. F. Müller. 7979

Nippon Shokubai Kagaku Kogyo Kabushiki Kaisha (Erfinder: Masao Nikki, Eiichi Ajisaka und Shigeru Sakuyama), Suita, Japan, **Herstellung ungesättigter Polyesterharzpräparate** zur *Oberflächenbehandlung von Verstärkungsmaterial*, wie Natur- oder Kunstfasermaterial. Ungesätt. Polyester aus mehrwertigen Alkoholen u. α.β-ungesätt. zweibas. Säuren enthaltenden organ. zweibas. Säuren läßt man mit Ti-Säureestern, Ti-Chelat-Verbb. oder acylierten Ti-Verbb. reagieren u. verd. das Prod. mit Lsgm., die auch polymerisierbare Vinyl-Verbb. enthalten können. — 3 (Mol) Dipropylenglykol, 8,5 Propylenglykol u. je 5 Fumarsäure u. Phthalsäureanhydrid werden unter CO_2 4 Std. unter Wasserentfernung bei 210° bis zur SZ. 40 polykondensiert. 1900 Teile des Polyesters werden bei 140° langsam mit 380 Tetra-[n-butyl]-titanat versetzt u. 1 Std. bei dieser Temp. unter Kühlung mit dem anfallenden Alkohol, der nicht abdest. wird, gehalten, dann wird bei $\leqq 160°$ Butylalkohol bis zu $^1/_3$ der berechneten Menge entfernt u. die Rk. beendet. Das Rk.-Prod. wird in 11700 Gew.-Teilen Aceton gelöst u. dient zur *Imprägnierung von Asbestpapier*, worauf 30 Min. bei 130° getrocknet wird. (**Jap. A. S. 16 586/1960** vom 5/10. 1957, ausg. 31/10. 1960.) M. Pankow. 7987

Aniello Bocci, Italien, **Wiedergewinnung von Paraffin aus paraffinhaltigem Papier** durch Extraktion mit einem Lsgm., z.B. Trichloräthylen, Verdampfen des Lsgm. u. Rückführung im Kreisprozeß. — Schemat. Abb. der Anlage. (**F. P. 1 237 232** vom 16/6. 1959, ausg. 23/11. 1960.) M. F. Müller. 7987

American Cyanamid Co., New York, N.Y., übert. von: Lucius H. Wilson, Valdosta, Ga., und Sewell T. Moore, Stamford, Conn., V.St.A., **Asbestfaserpapier** erhält man durch Zusatz von 0,01—5% eines Linearpolymeren mit Carboxyl- u. Amidgruppen im Verhältnis 3 : 97 bis 40 : 60 in wss. Dispersion zu einer Asbestfasersuspension, ggf. Zusatz eines mehrwertigen Metallsalzes, so daß auf eine Carboxylgruppe 1,5 Metallatome entfallen, Formen u. Trocknen der Fasern. (**Can. P. 559 951** vom 27/1. 1955, ausg. 8/7. 1958. A. Prior. 11/3. 1954.) L. Großner. 7987

Bergstein Packaging Trust, V.St.A., **Überziehen von Papier oder Karton mit mineralischem Material,** um der Oberfläche einen hohen Glanz zu geben. Als mineral. Material werden Ton, TiO_2 u./oder $CaCO_3$ u. als Bindemittel Casein, ein α-Protein u./oder polymere Acryl-Verbb. verwendet. (**F. P. 1 231 467** vom 27/7. 1959, ausg. 29/9. 1960.) M. F. Müller. 7987

Dow Corning Corp., V.St.A. (Erfinder: Joseph W. Keil), **Herstellung von mit einem Siloxanüberzug versehenem Papier,** wobei der Überzug eine große Haftfestigkeit besitzt, so daß er sich beim Abrollen des Papiers von der Rolle nicht ablöst. Das Papier ist bes. zur Herst. von Behältern aus Papierblättern, die sich leicht voneinander trennen lassen, geeignet. Als Ausgangspapiere dienen z. B. mit Harzen geleimte Papiere, poröse Papiere, Pergamentpapier u. Gewebe daraus. Der Siloxanüberzug wird hergestellt durch Auftragen einer wss. Dispersion eines Gemisches, welches 0,1—5 Gew.-% Methylhydrogenpolysiloxan u. 95—99,9 eines Siloxans (Viscosität >100 cP) der Formel $(CH_3)_xSiO_{4-x/2}$ ($x = 1,9$—2) enthält. Außerdem enthält die Dispersion einen Vulkanisationsbeschleuniger. Nach dem Auftragen der Dispersion wird der Überzug getrocknet u. dabei das Siloxan vulkanisiert. — In den Beispielen wird ein Gemisch aus 3% eines fl. Methylhydrogenpolysiloxans, welches am Ende der Kette Trimethylsiloxyreste enthält u. 97% Dimethylpolysiloxan verwendet. (**F. P. 1 237 633** vom 16/10. 1959, ausg. 25/11. 1960. A. Prior. 28/11. 1958.) M. F. Müller. 7987

W. R. Grace & Co., Cambridge, übert. von: Norman J. Hayes, Arlington, und William C. Ross, Winchester, Mass., V.St.A., **Behandlung von Latex-Papier mit Isocyanaten** durch Imprägnieren mit einer $>0,01$%ig. Lsg. von Di- u. Triisocyanaten, bes. m-Tolylendiisocyanat, so daß die Konz. an letzterem im Papier $>0,005$% beträgt. (**Can. P. 561 016** vom 19/8. 1955, ausg. 29/7. 1958.) L. Großner. 7987

Hercules Powder Co., Wilmington, Del., übert. von: Gerald I. Keim, Oxford, Pa., V.St.A., **Saugpapier.** Zu einer wss. Suspension eines Cellulosematerials wird ein partiell polymerisiertes, hydrophiles, kation. Harnstoff–HCHO–Polyalkylen-polyamin-Harz aus 1,9—2,1 Mol HCHO, 0,9 Mol Harnstoff u. 3—30% Amin mit einer Viscosität K (Gardner-Holdt-Skala, 44% ig. wss. Lsg./25°) zugesetzt. Vom Cellulosematerial werden bis zu 15% Harz absorbiert. Das so präparierte Papier wird zur Härtung des Harzes erhitzt. — Diagramm. (**Can. P. 563 306** vom 30/9. 1953, ausg. 16/9. 1958. A. Prior. 12/3. 1953.) Eberhard Riedel. 7987

S. D. Warren Co., Boston, Mass., übert. von: Robert T. Hart, Gorham, Maine, V.St.A., **Herstellung wasserunlöslicher Proteinüberzüge auf Substraten wie Papier.** Man verteilt ein Protein, z. B. Casein oder Sojaprotein, in einem alkal. wss. Medium u. vermischt mit der Lsg. eines inneren Komplexsalzes eines mehrwertigen Metalls, z. B. Fe oder Al, mit Hydroxycarbonsäuren, z. B. Weinsäure oder Citronensäure. Die Mischung wird auf den Träger aufgebracht u. dabei im Zuge der Trocknung das Protein in situ in eine unlösl. Form übergeführt. (**A. P. 2 849 334** vom 4/11. 1954, ausg. 26/8. 1958.) P. Krug. 7987

Minnesota Mining & Mfg. Co., V.St.A. (Erfinder: Thomas G. Wartman), **Kopierpapier für thermographische Reproduktion.** Es enthält ein Ag-Salz (**I**) als Substanz, die unter dem Einfl. von Wärme chem. reaktionsfähig wird, u. ein Harz als inertes Material. Als **I** sind *Ag-Behenat* u. eine Seife aus Ag-Behenat u. Behensäure sowie Ag-Stearat u. andere höhermol. fettsaure Ag-Salze genannt. Als Bindemittel dient Polyvinylacetat. (**F. P. 1 238 083** vom 19/10. 1959, ausg. 30/11. 1960. A. Prior. 20/10. 1958.) M. F. Müller. 7989

Maurice Rambault, Frankreich, **Behandlung von Papier für ferrogelatinographische Druckverfahren** zur Verhinderung des Durchschlagens der Drucke bei Verw. von fetten Druckerschwärzen. Das Papier wird auf der Seite, welche bedruckt werden soll, mit einem Firnis versehen, der einen wasserundurchlässigen, durchsichtigen u. fette Druckfarben aufnahmefähigen Film erzeugt. Der Firnis enthält z. B. Cellulose-Derivv., Polyvinylalkohole oder Polyester. (**F. P. 1 243 948** vom 11/9. 1959, ausg. 18/1. 1961.) M. F. Müller. 7989

Mergenthaler Linotype Co., V.St.A. (Erfinder: Robert G. Paterson und Yoshikazu Yamada), **Wässerige Druckfarbendispersion für Relief-Druckklischees.** Weitere Ausbildung des Verf. des Hauptpatents, darin bestehend, daß als weiteres Zusatzmittel 0,015—0,75% (bezogen auf HNO_3) eines Alkylarylsulfonats, dessen Alkylrest 2—18 C-Atome enthält, zugegeben werden. Genannt sind z. B. Na-Dodecylbenzolsulfonat, Na-Butylnaphthalinsulfonat, Na-Monobutylbiphenylsulfonat. — Beispiel: 350 (ml) HNO_3 (42° Bé), 170 Kerosin, 3,75 7-Äthyl-2-methylundecan-4-sulfonat (25% ig. wss. Lsg.), 1,25 eines Gemisches von 13.16-Dimethyloctacosin-(14)-diol-(13.16) u. 15.18-Dimethyldotriacontin-(16)-diol-(15.18) (in Form einer 50% ig. Lsg. in Äthylenglykol) u. 1870 Wasser. (**F. P. 73 952** vom 11/7. 1958, ausg. 3/3. 1961. A. Prior. 27/1. 1958. **Zusatz zu F. P. 1 183 817; C. 1961, 294.**) M. F. Müller. 7991

Monsanto Chemical Co., V.St.A. (Erfinder: Francis Thomas Buckley, Lionel Norman Finch und Ira Lee Seldin), **Herstellung von wärmebeständigen Druckfarben,** bes. zum *Bedrucken von Polyvinylbutyralfolien,* unter Verw. eines Farbstoffes, der 2—4 cycl. Ringe im Mol. enthält, oder von Gemischen solcher Farbstoffe sowie von Harz-Lsgm. u. Wärmestabilisatoren, z. B. Alkylaminen, Alkylphenolen, Alkylthioharnstoffen, Phosphiten oder Gemischen davon. Davon sind genannt: 2.2-Bis-[4-hydroxyphenyl]-propan, 2.6-Di-[tert.-butyl]-p-kresol, Bis-[2-hydroxy-3-(tert.-butyl)-5-äthylphenyl]-methan, 1.3-Dimethylthioharnstoff, Triisooctylphosphit, 2-[Äthyl-n-butylamino]-äthylamin, N.N-Diäthyl-N'-methyläthylendiamin. — Eine Druckfarbe wird hergestellt durch Lösen von 4,1 (Teilen) Polyvinylbutyral u. 1,7 Triäthylenglykol-di-[2-äthylbutyrat] in 70 Propylendichlorid u. 30 Butanol u. Zugabe von 4,5 Farbstoff „Ero Blue" u. 1,6 Farbstoff „Oil Yellow". (**F. P. 1 240 889** vom 16/11. 1959, ausg. 20/12. 1960. A. Prior. 17/11. 1958.) M. F. Müller. 7991

A. B. Dick Co., V.St.A. (Erfinder: Clarence Jay Shoemaker und Tadeusz Hoffmann), **Magnetische lithographische Druckfarbe,** die 20—60 (Gew.-%) Firnis, 20—75 magnet. Fe-Oxid, 0—20 Pigment u. 0—15 eines oberflächenakt. Mittels enthält. — Beispiel: 37 eines Firnis auf Pentaerythritalkydbasis, 10 Leinöl, 1 Lecithin, 1 Ruß, 1 Pariser Blau u. 50 Fe-Oxid. (**F. P. 1 236 393** vom 23/9. 1959, ausg. 16/11. 1960. A. Prior. 14/10. 1958.) M. F. Müller. 7991

Henkel & Cie. G. m. b. H. (Erfinder: Helmut von Freyhold), Düsseldorf, **Herstellung weitgehend wasserbeständiger Verklebungen von Papier und Pappe,** bes. von Wellpappe. Man verwendet solche Wasserglas-Lsgg. als Klebstoffe, welche Komplex-

Verbb. des Al mit organ. Hydroxysäuren (z. B. Citronen-, Äpfel-, Milch- u. bes. der Weinsäure) oder deren wasserlösl. Salze enthalten. Nach dem Aufbringen der Wasserglas-Lsgg. werden die Papierbahnen in üblicher Weise auf beheizten Walzen erwärmt. (**D. B. P. 975 058** Kl. 22i vom 2/7. 1954, ausg. 27/7. 1961. Anmeldung bekanntgemacht 26/4. 1956.) P. Krug. 7993

Cellulose du Pin, Paris (Erfinder: **René Henri Berthier**, Biganos), Frankreich, *Geruchsbeseitigung beim Sulfatprozeß*. (**Schwz. P. 361 973** vom 1/2. 1957, ausg. 30/6. 1962. F. Prior. 3/2. 1956. — C. **1958**, 7295 [F. P. 1 142 526].)

Celanese Corp. of America, New York, N.Y., übert. von: **Leonard J. Rosen, Adam J. Pikor** und **Blanche B. White**, Summit, N.J., V.St.A., *Celluloseester*. (**Can. P. 560 299** vom 11/12. 1952, ausg. 15/7. 1958. A. Prior. 10/1. 1952. — C. **1956**, 4594 [E. P. 726 428].)

Henkel & Cie. G. m. b. H., übert. von: **Hans-Hellmut Grun** und **Joachim Schmidt**, Düsseldorf, *Kontinuierliches Vermischen von Alkalicellulose mit Verätherungsmitteln*. (**A. P. 2 982 765** vom 23/6. 1958, ausg. 2/5. 1961. D. Prior. 25/6. 1957. — C. **1959**, 13974 [D. A. S. 1 054 442].)

American Cyanamid Co., New York, N.Y., übert. von: **Lennart A. Lundberg** und **Walter F. Reynolds jun.**, Stamford, Conn., V.St.A., *Geleimtes Papier*. (**Can. P. 562 264** vom 19/5. 1955, ausg. 26/8. 1958. A. Prior. 10/6. 1954. — C. **1959**, 5000 [A. P. 2 801 169].)

American Cyanamid Co. (Erfinder: **Norman Thorndike Woodberry**), *Papier mit verbesserter Trockenfestigkeit*. (**Aust. P. 233 129** vom 11/2. 1959, ausg. 27/4. 1961. A. Prior. 17/2. 1958. — C. **1961**, 14507 [E. P. 845 349].)

American Cyanamid Co., New York, N.Y., übert. von: **Lucius H. Wilson**, Riverside, Conn., V.St.A., *Verhütung des Flockens kationischer Cellulosefasern bei Imprägnierung in wässeriger Suspension*. (**Can. P. 559 948** vom 23/2. 1953, ausg. 8/7. 1958. A. Prior. 14/5. 1952. — C. **1958**, 2310 [A. P. 2 769 711].)

American Cyanamid Co., New York, N.Y., übert. von: **Lucius H. Wilson**, Riverside, Conn., V.St.A., *Asbestpapier*. (**Can. P. 559 949** vom 11/1. 1954, ausg. 8/7. 1958. A. Prior. 27/3. 1953. — C. **1958**, 2310 [A. P. 2 769 713].)

Gevaert Photo-Producten N. V., Belgien (Erfinder: **Karel Frans Marcel de Troeyer** und **Paul Maria Cassiers**), *Entwicklung von latenten elektrostatischen Bildern*. (**F. P. 1 247 519** vom 1/12. 1959, ausg. 2/3. 1961. E. Prior. 2/12. 1958. — C. **1962**, 14725 [D. A. S. 1 114 832].)

International Minerals & Chemical Corp., Chicago, übert. von: **William A. Monterman**, Berwyn, Ill., V.St.A., *Drucktinte*. (**Can. P. 561 756** vom 10/12. 1953, ausg. 12/8. 1958. A. Prior. 16/12. 1952. — C. **1959**, 5994 [A. P. 2 798 000].)

H_{18b}. Textilfasern

Deutsche Gold- und Silber-Scheideanstalt vormals Roessler (Erfinder: Peter Ney und Walter Kuhnmünch), Frankfurt/M., **Bleichen von Faserstoffen** aller Art, bes. aus Cellulose. Man tränkt das Bleichgut mit einer Flotte, die Alkali- oder Erdalkalichlorite oder ClO_2 u. Peressigsäure (**I**) oder ihre Salze oder solche bildende Stoffe enthält, u. erhitzt, bes. mit Wasserdampf. Die Bleichflotte soll zweckmäßig je 1 (Mol) Chlorit 0,5—10 **I** enthalten u. einen pH-Wert von 4—6 aufweisen. (**D. A. S. 1 110 129** Kl. 8i vom 10/10. 1959, ausg. 6/7. 1961.) F. Böhm. 8027

Félix Kauer, Frankreich, **Leimungs- und Klebemittel für Textilfasern**, um sie für die maschinelle Trockenreinigung widerstandsfähig zu machen. Es wird ein Klebmittel verwendet, das in dem bei der Textilreinigung verwendeten Lsgm., z. B. Perchloräthylen, Solventnaphtha oder Bzn., unlösl. ist. Es besteht aus synthet. Elastomeren, z. B. aus Polymeren von Butadien oder Chloropren, u. einem Diisocyanat, z. B. Tolylen-, Phenylen-, Hexamethylen- oder Tetramethylendiisocyanat. (**F. P. 1 237 921** vom 26/6. 1959, ausg. 28/11. 1960.) M. F. Müller. 8033

A. E. Staley Mfg. Co., Decatur, Ill., V.St.A., **Chemisch modifizierte Stärkeprodukte** erhält man bei der Rk. von granuliertem stärkehaltigem Material mit Äthylenbindungen enthaltenden Monomeren in Ggw. eines oxydierend wirkenden Polymerisationskatalysators, wie H_2O_2, organ. Peroxide u. Hydroperoxide, ggf. unter Zusatz eines Aktivators (Ferroammoniumsulfat, Formaldehydsulfoxylat) u. eines Inhibitors, wie Hydrochinon. Die Äthylenbindungen enthaltenden Ausgangsstoffe können Substituenten, wie —CN, —CO, Acyloxy-, Pyridin-, Pyrrolidon-, Phenylreste, aufweisen. Als Ausgangsstoffe eignen sich bes. die monomeren Acryl-Verbb., wie Äthylmethylacrylat, Acrylamid, Acrylsäureester des Diäthylaminoäthylalkohols oder der Methacrylester des Diäthylaminoäthylalkohols. Die Rk. kann in Ggw. von Lsgm., bes. von W., welches in Mengen $>$10 Gew.-% der trocknen stärkehaltigen Substanz vorhanden sein kann, erfolgen. Verw. in der *Textilausrüstung*, als Bindemittel in der Papierindustrie, zur Herst. formbarer plast. Massen. (**E. P. 869 501** vom 26/2. 1960, ausg. 31/5. 1961. A. Prior. 13/3. 1959.) G. König. 8033

Deering Milliken Research Corp., übert. von: Dmitry Michael Gagarine, Pendleton, S.C., V.St.A., **Modifizieren von Cellulose enthaltenden Garnen oder Geweben**, die im Durchschnitt 1,8 OH-Gruppen pro Anhydroglucose aufweisen, erfolgt durch Behandlung im gequollenen Zustand mit höchstens 130% Wasser-Geh., auf trockene

Cellulose bezogen, in Ggw. eines Alkalihydroxids (1%ig. Lsg. vom pH mindestens 10) oder in Ggw. von Ammoniumhydroxid, mit organ. Verbb., die mindestens 3 C-Atome u. die allg. Formel aufweisen: $(R_1)(R_2)CX—Z—R_3$; $R_1—Z—Z—R_3$ oder $R_1—Z—R_4—Z—R_3$, wobei X = Halogen, R_1, R_2 u. R_3 = H oder einwertige, nicht funktionelle organ. Gruppen, R_4 = 2wertiger verbindender Rest u. Z ein Rest der Formel $—C(X)(R_5)—C(OH)(R_6)—$ oder $—(R_5)C—R(R_6)—$ (über O verbrückt), R_5 u. R_6 = H oder einwertige, nicht funktionelle organ. Gruppen bedeuten. Der Geh. an Alkalien, als trockenes NaOH berechnet, soll zwischen 2 u. 30 Gew.-% des gesamten W. betragen. An Stelle von Alkalihydroxid können auch Alkalisalze, wie Na-Silicat, Na_2S, verwendet werden. Die so behandelten Gewebe oder Garne werden durch eine Chlorbleiche nicht verfärbt. Bevorzugte Einw.-Prodd. auf Cellulose sind 1.3-Dichlor-2- oder 2.3-Dichlor-1-propanol bzw. die entsprechenden Brom-Verbb. oder Verbb. **II** u. **III**. Die so ausgerüsteten Textilien sind formbeständig. (**E. P. 855 547** vom 18/3. 1957, ausg. 7/12. 1960. A. Prior. 3/4. 1956. **Aust. P. 232 915** vom 1/8. 1958, ausg. 30/3. 1961. **A. P. 2 985 501** vom 3/4. 1956, ausg. 23/5. 1961.) G. König. 8033

II III

Deutsche Gold- und Silber-Scheideanstalt vormals Roessler (Erfinder: Karl Vieweg und Peter Ney), Frankfurt/M., **Entschlichten und Bleichen von Textilwaren.** Man behandelt das Gewebe zunächst mit einer wss. Flotte, die ein Entschlichtungsmittel (I), z. B. Pankreasamylase, u. ein Alkali- oder Erdalkalichlorit enthält u. setzt nach durchgeführter Entschlichtung eine Säure, bes. Essigsäure oder Ameisensäure oder einen Aktivator zu oder man behandelt erst mit I u. Säure bzw. Aktivator enthaltender Flotte u. setzt später das Chlorit zu. Die Entschlichtung findet zweckmäßig bei normaler oder mäßig erhöhter Temp., die Bleichung bei 40—100° statt. (**D. A. S. 1 110 130** Kl. 8i vom 15/6. 1960, ausg. 6/7. 1961.) F. Böhm. 8033

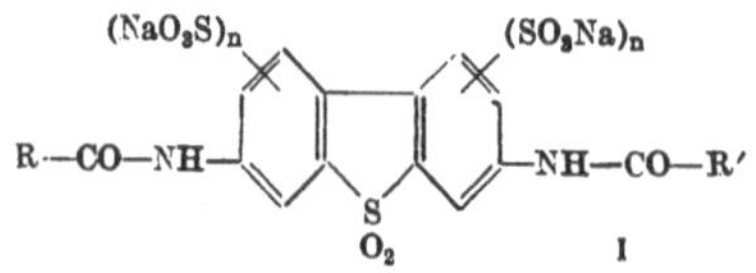

I

American Cyanamid Co., New York, N.Y., übert. von: Edwin I. Stearns, Wilmette, Ill., Caroline Butler und Frederick G. Villaume, Martinsville, N.J., V.St.A., **Trockenbleichmittel** auf Hypochloritbasis für Gewebe enthalten 0,001—1% einer fluorescierenden Verb. der allg. Formel **I** (R, R' = p-Methoxyphenyl oder β-Naphthyl; n = 0 oder 1, wenn n = 0, enthält R oder R' eine Sulfonsäuregruppe). (**Can. P. 560 574** vom 5/4. 1955, ausg. 22/7. 1958. A. Prior. 6/4. 1954.) L. Großner. 8033

American Cyanamid Co., New York, N.Y., übert. von: Robert S. Long, Bound Brook, und John E. Pretka, Somerville, N.J., V.St.A., **Optische Bleichmittel** aus 1. 4-Methyl-7-dialkylaminocumarin-3.4-dihalogeniden (4-Methyl-7-dimethylaminocumarin-3.4-dibromid) oder 3-Halogen-4-methyl-7-dialkylaminocumarinen u. 2. einer rötlicher blau als 1. fluorescierenden Verb., z. B. aus 25—50 (Teilen) 3-Brom-4-methyl-7-diäthylamino- u. 100 4-Methyl-7-diäthylaminocumarin. (**Can. P. 555 889** vom 13/6. 1955, ausg. 15/4. 1958. A. Prior. 16/6. 1954.) S. Böttcher. 8033

Badische Anilin- & Soda-Fabrik Akt.-Ges. (Erfinder: Robert Gehm, Johannes Dehnert und Magnus Rosenkranz), Ludwigshafen/Rh., **Optische Aufheller** guter Licht- u. Waschechtheit sind Derivv. des Aminostilbens, die, mindestens einmal über einen 1.3.5-Triazinring gebunden, den Rest eines ggf. substituierten

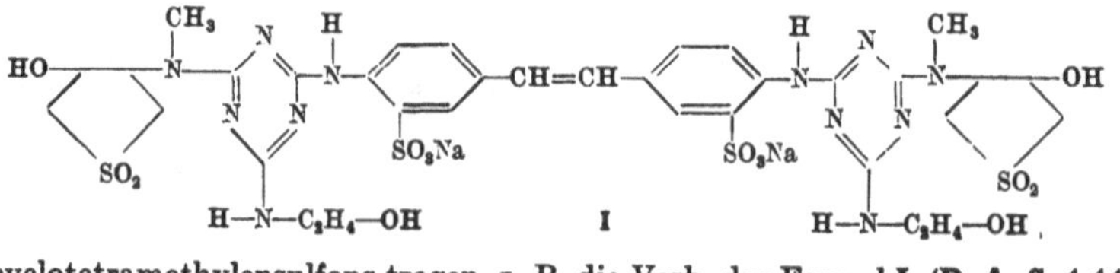

I

Aminocyclotetramethylensulfons tragen, z. B. die Verb. der Formel **I**. (**D. A. S. 1 114 162** Kl. 8i vom 25/3. 1960, ausg. 28/9. 1961.) F. Böhm. 8033

J. R. Geigy Akt.-Ges., Basel (Erfinder: Reinhard Zweidler, Basel, und Ernst Keller, Binningen), Schweiz, **Herstellung von Stilbyltriazolverbindungen.** Eine in Nachbarstellung zu einer NH_2-Gruppe kuppelnde Azo-Verb. der Benzol- oder Naphthalinreihe wird mit einer diazotierten 4-Aminostilben-Verb. gekuppelt, die in mindestens einer der Stellung 2' oder 4' des Stilbenrestes einen in wss. Lsg. nicht sauer abdissoziierenden Substituenten mit der Atomgruppierung $—SO_2R$ enthalten. Hierbei ist R eine Alkyl-, Aryl-, Aralkyl-, Alkenyl-, Arylester oder ggf. organ. substituierte NH_2-Gruppe. Die Kupplungs-Prodd. werden dann zu den entsprechenden 1.2.3-Triazolen oxydiert, wobei die Komponenten so gewählt werden müssen, daß die Triazole keine farberzeugenden Substituenten enthalten. — Beispiele: 4-Aminostilben-2'-sulfonsäuredimethylamid wird diazotiert u. mit 2-Aminonaphthalin gekuppelt; der erhaltene Azofarbstoff wird in Pyridin gelöst u. mit einer wss. Lsg. von $CuSO_4 + NH_3$ bei 90—95° oxydiert. Man erhält 2-(Stilbyl-4'')-(naphtho-1'.2':4.5)-1.2.3-triazol-2'''-sulfonsäuredimethylamid, braunstichiggelbes Pulver, F. 136—138°, in analoger Weise werden hergestellt: 2-(Stilbyl-4'')-(1-naphtho-1'.2':4.5)-1.2.3-triazol-2'''-sulfonsäurecyclohexylamid, bräunlichgelbes Pulver, F. 168—170°; weiterhin das entsprechende Sulfonsäure-di-(n-butylamid) u. Sulfonsäuremorpholid als gelbe Pulver, ferner 2-(Stilbyl-4''')-naphtho-1'.2':4.5)-1.2.3-triazol-2'''-sulfonsäurephenylester als gelbliches Pulver, F. 157 bis 159°, sowie der entsprechende Sulfonsäurekresylester; weiterhin: 2-(Stilbyl-4'')-(naphtho-1'.2':4.5)-1.2.3-triazol-2'''-methylsulfon, gelbliches Pulver, F. >300°, u. das entsprechende 2'''-n-Butylsulfon. Die aromat. Ringe können nichtchromophore, bes. nichtionogene Substituenten enthalten, bes. Halogenatome, Alkyl-, Alkoxy-, Aryloxy-, Alkylendioxy-, Acylamino-, Phenyl- u. CN-Gruppen. — Verw. zur *opt. Aufhellung* von polymeren Kunststoffen, Fetten, Ölen u. Wachsen u. anderen hydrophoben Stoffen. (**Schwz. P. 357 727** vom 24/9. 1954, ausg. 15/12. 1961.) A. Kalix. 8033

Upson Co., übert. von: Walter P. Ericks, Lockport, N.Y., V.St.A., **Dimensionsstabilisierung von Cellulosematerialien** gegen den Einfl. wechselnder Feuchtigkeit durch Imprägnieren mit 2—50% Polyhydroxycarbonsäure, bes. Dihydroxystearinsäure (I), u. NH_3 oder einem niedermol. aliphat. Amin, Kp. <100°, oder dem NH_4-Salz von I, ggf. unter Zusatz von 5—50 Harnstoff–Melamin- oder Phenol–CH_2O-Harzen, oder dem NH_4-Salz partieller Ester mehrwertiger Alkohole u. Polycarbonsäuren u. Erhitzen unter Austreibung von NH_3. (**Can. P. 561 532** vom 14/4. 1955, ausg. 5/8. 1958. A. Prior. 29/4. 1954.) L. Großner. 8037

Dow Corning Corp., übert. von: Firth L. Dennett, Midland, Mich., V.St.A., **Wasserabstoßende und fleckenfeste Imprägnierung organischer Gewebe.** Man imprägniert mit 0,1—5 (%) einer Mischung von 5—75 in KW-Stoffen lösl. Polysiloxan (I) u. 25—95 hydroxyliertem Polysiloxan (II). In I sind an jedes Si-Atom 0,5—1 H-Atom gebunden, die restlichen Valenzen sind durch O-Atome, aliphat. KW-Stoff-Reste mit <6 C-Atomen u. ≦0,1 Arylrest besetzt; vorzugsweise ist I ein fl. Copolymeres von Trimethylsiloxan u. Methylhydrogensiloxan u. II ein hydroxyliertes Methylpolysiloxan mit 1,4—2 Methylgruppen je Si-Atom u. einer Viscosität $<10^6$ cSt bei 25°. — Vgl. A. P. 2 807 601; C. **1959**, 13038. (**Can. P. 560 009** vom 10/1. 1957, ausg. 8/7. 1958. A. Prior. 29/4. u. 7/9. 1954.) L. Großner. 8037

Minnesota Mining & Mfg. Co., St. Paul, Minn., V.St.A., **Herstellung von Triazinen, die durch fluorierte Kohlenwasserstoffe substituiert sind.** Verbb. der allg. Formel I erhält man durch Rkk. zwischen halogenierten Triazinen u. Verbb. vom Typus RF—Q—W oder zwischen Halogen-Derivv. der letzteren u. Triazinen. Hierbei ist RF ein perfluorierter Alkylrest mit 4—12 C-Atomen, Q ist ein —CO , $—SO_2$- oder $—CH_2$-Rest. Wenn Q = SO_2 ist, dann ist W = $—NH(CH_2)_n—NH$ oder NR, wobei n = 1 bis 12 u. R ein H-Atom oder ein Alkylrest mit 1—6 C-Atomen ist. Wenn Q = CO ist, dann ist W = —NH— oder $—NH(CH_2)_m—NH$ (m = 0—12); wenn Q = CH_2 ist, dann ist W = $—(CH_2)_mO$ oder $(CH_2)_m—NH$. — Beispiele (**II** = 1.3.5-triazin): Durch 2std. Kochen

I 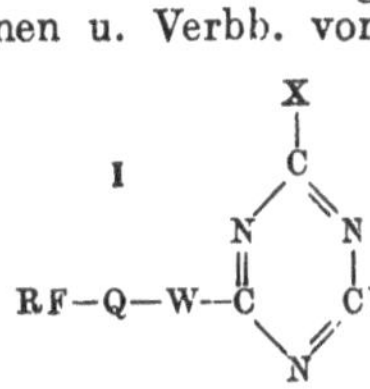

eines Gemisches von 2.4-Diamino-6-chlor-II u. 1.1-Dihydroperfluoroctylalkohol in Ggw. von NaOH erhält man 2.4-Diamino-6-(1.1-dihydroperfluoroctoxy)-II, (aus A.) F. 174—175°. In analoger Weise werden die entsprechenden Pentoxy-, Nonoxy- u. Dodecoxy-Derivv. erhalten, weiterhin 2.4-Diamino-6-(N-methylperfluoroctansulfonamido)-II, $C_{12}H_7F_{17}N_6O_2S$, F. 182—184°, aus Methanol; 2.4-Diamino-6-(N-methylperfluorbutansulfonamido)-II, F. 150°, aus Methanol; 2.4-Dihydrazino-6-(1.1-dihydroperfluorhexylamino)-II, $C_9H_9F_{11}N_8$, F. 193—208°; 2.4-Diamino-6-(perfluoroctanoylhydrazido)-II, F. 259—260°; 2.4-Diamino-6-(6-perfluoroctansulfonamidohexylamino)-II, F. 175°, aus A.; 2.4-Diamino-6-(5-perfluoroctylamylamino)-II. Verw.: Die Rk.-Prodd. lassen sich leicht mit CH_2O kondensieren u. machen in dieser Form *Gewebe jeder Art öl- u. wasserabstoßend.* (**E. P. 867 279** vom 6/6. 1958, ausg. 3/5. 1961. A. Prior. 11/6. 1957.) A. Kalix. 8037

General Electric Co., Schenectady, übert. von: David A. Lupfer, Syracuse, N.Y., V.St.A., **Wasserbeständige Cellulosematerialien** mit verbesserten elektr. Eigg. erhält man durch Behandeln mit einem Organosiloxan der allg. Formel $(R)_3SiY$

(R = KW-Stoff-Rest; Y = OH-, OR- oder weitere Silicongruppe) bei Raum-Temp. in schwach saurem Medium u. anschließend mit einem dielektr. Material, wie KW-Stoffe oder substituierte KW-Stoffe. (**Can. P. 555 646** vom 8/9. 1955, ausg. 8/4. 1958.) S. Böttcher. 8037

American Cyanamid Co., V.St.A. (Erfinder: Frank J. Arthen jun., Ralph A. Colemann und William B. Hardy), **Schutz von polymeren Kunst- und Naturfaserstoffen** (Nylon, Wolle, Seide, Polyvinyl-Verbb.) gegen die Einw. von UV-Strahlen durch Behandlung mit UV-Absorptionsmitteln der allg. Formel X—CO—Y, worin X ein o-Hydroxyphenylrest u. Y ein o-Carboxyphenylrest ist. Solche Verbb. sind z. B. *2-Hydroxy-5-chlor-*, *2-Hydroxy-4-methoxy-*, *2.4-Dihydroxy-*, *2-Hydroxy-4-methoxy-3'.4'.5'.6'-tetrachlor-*, *2-Hydroxy-4-butyl-*, *-4-brom-* oder *-5-methyl-2'-carboxybenzophenon*. Diese Mittel werden z. B. einer Färbelsg. oder einem polymerisierbaren Gemisch zugesetzt. (**F. P. 1 239 049** vom 17/10. 1959, ausg. 7/12. 1960. A. Prior. 20/10. 1958.) M. F. Müller. 8041

Lanificio Piana Clerico & Figli, Vallemosso, Vercelli, Italien, **Behandlung von Pflanzen- und Cellulosefasern.** Um die Haltbarkeit von Fasern nach der Entfärbung zu steigern, behandelt man die Fasern 10 Min. bei 100° mit NaOH in Ggw. von Hydrosulfit. (**It. P. 542 468** vom 10/10. 1955.) K. Koebke. 8043

Upson Co., übert. von: Walter P. Ericks, Lockport, N.Y., V.St.A., **Imprägnierungsmittel** für *Cellulosefasern* enthalten 5—60 Gew.-% eines hitzebeständigen lösl. Harzes u. den Monoester aus einem Glykol mit einer Dicarbonsäure der allg. Formel HO·CRR·CRR·O·R'·COOH (R = H oder Alkylrest; R' = Acylrest) in W., einem aliphat. Alkohol mit 1—3 oder Keton mit 3—5 C-Atomen. (**Can. P. 556 124** vom 24/2. 1955, ausg. 15/4. 1958. A. Prior. 27/5. 1949.) S. Böttcher. 8043

Comp. Française des Matières Colorantes, Seine, Frankreich (Erfinder: Xavier Bilger), **Herstellung von Phosphorverbindungen zum Feuerfestmachen von Cellulosefasern** durch Rk. von CH_3OH (I) danach NH_3 mit P-Verbb. der allg. Formel $P_nN_{n-1}Cl_{2n+3}$. Cellulosefasern werden mit den so gewonnenen Prodd. in wss. Lsgg. getränkt, getrocknet u. bei ±100° therm. behandelt. — Beispiel: 417 (Teile) PCl_5, 92 NH_4Cl (II) u. 150 $C_2H_2Cl_4$ werden auf Temp. zwischen 90 u. 155° erhitzt: gelbe Kristalle. Nach Abkühlen auf 0° vorsichtige Zugabe von 320 abs. I bei 0—10°, Einleiten von trockenem NH_3, Abtrennen von gebildetem II, Abdestillieren von restlichem I u. Verdünnen mit W.: gelbbraunes viscoses Prod. der Zus.: $P_4N_3Cl(OCH_3)_5(NH_2)_5$. (**F. P. 1 225 073** vom 13/2. 1959, ausg. 29/6. 1960.) H. Meltzer. 8043

Soc. d'Électro-Chimie, d'Électro-Métallurgie et des Aciéries Électriques d'Ugine, Frankreich, übert. von: Deutsche Gold- und Silber-Scheideanstalt vormals Roessler, **Bleichen von Textilien,** bes. von *Baumwolle* u. anderen Cellulosematerialien, mittels wss. Lsgg. von Erdalkali- oder Alkalichloriten, welche einen in W. lösl. aliphat. Di- oder Polyalkohol enthalten, der wenigstens eine Doppel- oder Dreifachbindung zwischen 2 C-Atomen enthält, z. B. Butindiol-(1.4). (**F. P. 1 241 678** vom 3/12. 1959, ausg. 28/12. 1960. D. Prior. 24/12. 1958.) M. F. Müller. 8045

Paula Zell geb. Streibl (Erfinder: Reinhold Geiss), München, **Aufbereitung von Flachsstroh** ohne bakteriolog. Röstprozeß. Der von Rinde u. anderen Beimischungen mechan. befreite Bast wird bei genauer Einhaltung der Anfangs-Konz. 1 Std. in 1—3%ig. $NaHCO_3$-Lsg. gekocht u. dann ohne Zwischentrocknung unter W. zur Erzielung eines gleichgerichteten Vliesbandes mittels zahlreicher verschiedenartig gestalteter u. bewegter Walzenpaare einer Zug-, Quetsch- u. Reibbehandlung unterworfen. Das so gewonnene Vlies wird anschließend einer Trocken- u. Lockerungs-Vorr. zugeführt. (**D. A. S. 1 116 341** Kl. 29b vom 13/6. 1959, ausg. 2/11. 1961.) F. Böhm. 8051

Alexander Smith, Inc., Yonkers, übert. von: Patrick A. Florio, Elmhurst, N.Y., V.St.A., **Behandlung von keratinhaltigen Fasern.** Die Füll-Eigg. von Geflügelfedern werden verbessert durch ½ std. Behandlung mit einer H_2SO_4-, HCl- oder H_3PO_4-sauren Lsg., pH 0,1—0,85, von Fe-, Mg-, Cu- oder Cr-Alaun, Na_2- oder $K_2Cr_2O_7$, Ca- oder Fe-Phosphat oder $CuCl_2$ bei 95—105° F, Neutralisieren mit Alkali, Waschen u. Trocknen im Luftstrom. — Abbildungen. (**Can. P. 560 134** vom 3/11. 1955, ausg. 8/7. 1958. A. Prior. 8/11. 1954.) L. Großner. 8067

Ladislaus Nemes, Nyergesújfalu, Ungarn, **Verkürzte Viscoseherstellung** erfolgt durch Zugabe einer die Diffusions-Geschw. steigernden Fl., bes. niedrigviscoser Mineralöle, in Mengen von 1,15 Gew.-Teilen, bezogen auf die Cellulose u. die gleichzeitige Zugabe eines Netzmittels, bes. von sulfoniertem Ricinusöl, zu der Alkalilauge, die der zerkleinerten Cellulose zugesetzt wird. Die weitere Verarbeitung, wie Xanthogenierung Lsg. u. Reifung erfolgt in an sich bekannter Weise. Man erreicht durch diese Arbeitsweise eine Zeitersparnis von etwa der Hälfte bei bisher geübten Verfahren. (**Ung. P. 145 053** vom 25/7. 1955, ausg. 31/7. 1959.) G. König. 8075

American Viscose Corp., Philadelphia, Pa., V.St.A., **Gekräuselte Viscosestapelfasern,** erhält man bei der Behandlung von Cellulosepulpe mit nicht mehr als 0,05 Gew.-% an mit Ae. extrahierbaren festen Bestandteilen mittels kaust. Soda, wonach der Geh. an Hemicellulose <0,8 Gew.-% liegen soll. Man xanthogeniert, löst das Cellulosexanthat in kaust. Soda u. koaguliert die erhaltene Viscose in ein 5—8 Gew.-% H_2SO_4 enthaltendes Bad. Die Fäden werden im Bad auf 60—85% gestreckt u. zu Stapelfasern geschnitten. Die Fasern werden bei pH 9—12 mittels in W. lösl. Hypochloriten gebleicht u. mit einer 0,01—0,3 Gew.-% enthaltenden Lsg. eines Polyoxyäthylenmonoäthers des Sorbitanmonolaurates mit ca. 20 Äthylenoxideinheiten pro Mol nachbehandelt. Die Spinnlsg. kann neben H_2SO_4 noch 15—22 Gew.-% Na_2SO_4 oder K_2SO_4 u. 0,75 bis 1,5 Gew.-% $ZnSO_4$ enthalten. (**E. P. 869 387** vom 15/4. 1959, ausg. 31/5. 1961. A. Prior. 17/4. 1958.) G. König. 8075

Cassella Farbwerke Mainkur Akt.-Ges. (Erfinder: Konrad Mix), Frankfurt/M., **Herstellung spinngefärbter Gebilde aus Regeneratcellulose.** Man verleibt der Viscose vor der Verformung Mono- oder Dinitroarylhydrazone ein, welche mindestens drei, ggf. auch direkt oder über Brückenglieder miteinander verbundene Phenylkerne im Mol. enthalten u. noch weitere chromorphe Reste sowie beliebige Substituenten, mit Ausnahme von bas. Aminoresten, Carboxyl-, Sulfonsäure- u. phenol. Hydroxylgruppen tragen können, z. B. die Verb. der Formel I. Die bezeichneten Nitroarylhydrazone verändern in der stark alkal. Spinnlsg. ihren Farbton nicht u. man erhält in klaren gelben, orangefarbenen, roten bis braunen Nuancen gefärbte Gebilde. (**D. A. S. 1 114 610** Kl. 29b vom 23/3. 1960, ausg. 5/10. 1961.) F. Böhm. 8075

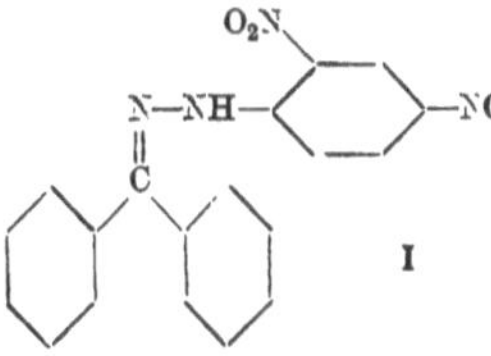

I

N. V. Onderzoekingsinstituut Research, Arnheim, Niederlande, **Herstellung von Fäden und Folien aus Viscose.** Um Prodd. mit ausschließlich Hautstruktur zu erhalten, setzt man der Viscose eine Verb. mit mindestens einer Thioharnstoffgruppe, bes. der allg. Formel $H[HN-(CH_2)_m-NH-CS]_x-NH-(CH_2)_n-NH_2$ (m, n = 2—20; x = 1—10), z. B. 0,2% Phenylthioharnstoff, zu u. verspinnt in ein Bad mit einer derartigen Säure-Konz., daß das Verhältnis von Säure-Geh. im Spinnbad zum Alkali-Geh. in der Viscose 1,3—0,8 beträgt. Vgl. Niederl. P. 95 671; C. **1962,** 1465. (**Belg. P. 556 618** vom 11/4. 1957, ausg. 26/2. 1960. Niederl. Prior. 26/6. 1956.) F. Böhm. 8075

VEB Thüringisches Kunstfaserwerk „Wilhelm Pieck" Schwarza, Rudolstadt (Erfinder: Kurt Heide, Saalfeld), **Mattieren von regenerierter Cellulose,** erfolgt in Weiterbildg. des Verf. des Hauptpatentes, indem man der Lsg. oder Suspension der Kunststoff-Lsg. weiße oder farbige Pigmente zusetzt. (**Ung. P. 145 066** vom 21/5. 1957, ausg. 31/7. 1959. D. Prior. 10/8. 1956. **Zusatz zu Ung. P. 144943; C. 1962, 17266.**) G. König. 8075

Badische Anilin- & Soda-Fabrik Akt.-Ges., Deutschland (Erfinder: Adolf Diebold und Heinz Dietrich), **Herstellung gefärbter Celluloseesterfäden.** Man mischt Lsgg. von Celluloseestern zu organ. Lsgm. mit wss. Pigment-Präpp., die bis zu 25% oberflächenakt. Mittel enthalten, u. verspinnt. — Man stellt in der Kugelmühle aus 100 (Gew.-Teilen) Ruß, 213 W. u. 7 des mit Dimethylsulfat quaternisierten Oleylamin-Äthylenoxid-Kondens.-Prod. eine Paste her, verd. 4 der Paste mit 458 26,2%ig. aceton. Acetylcellulose-Lsg., läßt die Mischung entlüften u. verspinnt: gleichmäßig gefärbter *Faden.* (**F. P. 1 211 589** vom 25/8. 1958, ausg. 17/3. 1960. D. Prior. 27/8. 1957.) M. Pankow. 8077

British Celanese Ltd., London, übert. von: Dennis Grady, Harold Bates und James W. Fisher, Spondon, England, **Herstellung von Celluloseesterfasern nach dem Schmelzspinnverfahren.** In ein Cellulosetriacetat (**A**) mit pH < 7,5 wird ein Puffer mit pH 6—7, bes. ein Alkali-Phosphat, -Citrat oder -Tartrat, in einer Menge von 0,01 bis 0,03% Na, bezogen auf **A,** eingetragen u. nach dem Schmelzspinn-Verf. ein Faser-Prod. mit pH 6—7,5 gewonnen. — Vgl. E. P. 787 899; C. **1959,** 2657. (**Can. P. 562 289** vom 18/4. 1955, ausg. 26/8. 1958. E. Prior. 28/4. u. 9/12. 1954.) Eberhard Riedel. 8077

Toho Reyon Kabushiki Kaisha, Tokyo (Erfinder: Kikuzo Miyazaki, Shigeru Sugata, Kiyoyuki Suzue und Takashi Tateiwa, Tokushima), Japan, **Acetylierung von Cellulosefäden** durch Tauchen in eine wss. Lsg. von Alkalimetallnitrit, Trocknen u. Acetylieren mit Essigsäureanhydriddämpfen. — Man taucht 100 g hochfeste Zellwolle 1 Min. bei Raum-Temp. in eine 150 g/Liter $NaNO_2$-Lsg., zentrifugiert, trocknet bei 100—105° bis 2% Wasser-Geh. u. bringt das trockene Prod. bei 130° mit Essigsäureanhydriddämpfen 30 Min. zusammen: Essigsäurewert 50%. (**Jap. A. S. 13 849/1960** vom 26/12. 1958, ausg. 21/9. 1960.) M. Pankow. 8077

Agency of Industrial Science & Technology, Japan, **Verbesserung der Eigenschaften von synthetischen Fasern, Geweben, Filmen** durch Bestrahlung mit Strahlen von großer Energie (>10^4 r) in Ggw. von monomeren heterocycl. Verbb. der

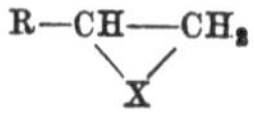

I

allg. Formel I (R = H oder Alkyl; Y = O, S oder N—R'; R' = H oder, Alkyl), z. B. Äthylenoxid, -sulfid oder -imin, Propylenoxid oder -sulfid, Epichlorhydrin, 2.4.6-Triäthylenimino-1.3.5.-triazin- u. Polymethylen-N.N'-bis-äthylenharnstoff. Als synthet. Materialien kommen in Betracht: Polyvinylchlorid, -äthylen, -propylen, -styrol, -acrylnitril, -vinylalkohol, -vinylidenchlorid, -tetrafluoräthylen, -ester, -urethan, hochpolymere Polyamide. (**F. P. 1 229 071** vom 28/4. 1959, ausg. 2/9. 1960. Jap. Prior. 28/4., 2/10., 17/11. 1958 u. 6/3. 1959.) M. F. Müller. 8081

Montecatini Soc. Gen. per l'Industria Mineraria e Chimica, Italien (Erfinder: Cornelio Caldo und Giuseppe Cantatore), **Herstellung von Textilfasern** aus einem Gemisch von Polyolefinen u. Polyalkyleniminen in Ggw. eines Dispergiermittels, z. B. Cetyl- u. Stearylalkohol, Stearin- u. Terephthalsäure, Benzoin, Furoin, Vinylstearat, Glycerinmono- -di- u. -tristearat, Monoäthanolaminstearat, Stearinsäureamid, N.N-Diäthanollaurinsäureamid, höhermol. aliphat. Amine (C_6—C_{30}) u. andere. — Ein Gemisch aus 96 (g) krist. Polypropylen, 3 Polyäthylenimin u. 1 Stearinsäure wird zu einem Fasermaterial verarbeitet, das mit einem sauren Faserstoff, z. B. Gelb 2 G oder Alizarinblau SE, gefärbt wird. — Weitere 15 Beispiele. (**F. P. 1 248 765** vom 15/2. 1960, ausg. 10/3. 1961. It. Prior. 17/2. 1959.) M. F. Müller. 8081

Farbwerke Hoechst Akt.-Ges., vormals Meister Lucius & Brüning, Deutschland, **Herstellung von Fäden und Folien erhöhter Bruchfestigkeit aus Niederdruckpolyäthylen** durch eine Vorstreckung bei 65—120° im Verhältnis 1:4,5 bis 7,5 des ursprünglichen Länge u. einer weiteren Streckung bei 80—135° bei einer Gesamtstreckung von 1 : 9—16 der ursprünglichen Länge, wobei man zweckmäßig in Wasserbädern arbeitet. (**F. P. 1 206 570** vom 7/11. 1958, ausg. 10/2. 1960. D. Prior. 7/11. 1957.) M. Pankow. 8081

Union Carbide Corp., New York, N.Y., V.St.A., **Herstellung von Fäden und Fasern aus Polymerisaten von 4-Methyl-1-penten (I)** durch Polymerisation von **I** in Ggw. eines Katalysators, der aus einem Gemisch von $TiCl_3$ u. Triisobutyl-Al besteht, bes. in Ggw. eines inerten Verdünnungsmittels, bes. Kerosin u. Verformen des geschmolzenen Polymerisats, das einen Schmelzindex von 0,1—40 aufweist, bei 260—350° zu *Fäden* oder *Fasern*, die bei 50—220° auf das 2—8fache ihrer Länge getreckt werden. (**Ind. P. 64 147** vom 22/5. 1958, ausg. 18/12. 1959.) C. Lüttgen. 8081

Kurashiki Reyon Kabushiki Kaisha (Erfinder: Yasutsugu Ono und Noriichi Tanabe), Kurashiki, Japan, **Herstellung animalisierter Kunstfäden aus Polyvinyllakohol.** Man behandelt den Polyvinyalkohol mit Aldehyden oder Acetalen mit quatern. Ammoniumgruppen der Formel $A\overset{+}{N}(R^1)(R^2)R^3 \cdot R^4$ (A = Aldehyd- oder in solche überführbare Gruppe; R^1—R^3 = organ. Reste; R^4 = anion. Gruppen, wie OH', CH_3SO_4, ½ SO_4''). — Man rührt 150 (g) Polyvinylalkoholpulver in 700 W., das 6% H_2SO_4, 25% Na_2SO_4 u. 0,2% p-Formylbenzoltrimethylammoniumsulfat enthält, 30 Min., filtriert das erhaltene, teilweise acetalisierte Polyvinylalkoholpulver ab u. gibt 850 W. u. verd. NaOH zu, so daß eine 15%ig. Lsg. mit pH 7 entsteht, die zu Fäden versponnen u. wärmebehandelt wird, z. B. in einer wss. Lsg. mit 3% HCHO, 12% H_2SO_4 u. 15% Na_2SO_4 40 Min. auf 70° erhitzt wird. Verbesserte Färbbarkeit, fest gegen sd. Wasser. (**Jap. A. S. 15 390/1960** vom 14/7. 1958, ausg. 14/10. 1960.) M. Pankow. 8081

Farbwerke Hoechst Akt.-Ges., vormals Meister Lucius & Brüning, Frankfurt/M., **Herstellung von nicht oder wenig schrumpfenden Polyvinylalkoholfäden.** Man imprägniert die Fäden, die im Anschluß an ihre Herst. einer üblichen Hitzebehandlung unterworfen wurden, mit einer wss., sauren, salzhaltigen CH_2O-Lsg., quetscht ab oder zentrifugiert, u. setzt sie dann in einem Druckbehälter oder kontinuierlich einer Wärmebehandlung bei 50—100° aus. Die Verf.-Bedingungen sollen so gewählt werden, daß die Schrumpfung der Fäden in sd. W. <10, bes. 0,5—2% beträgt. Eine verfahrensgemäß benutzte Imprägnier-Fl. enthält z. B. 14,2 (%) CH_2O, 19,7 H_2SO_4 u. 23,3 Na_2SO_4. (**E. P. 879 193** vom 21/7. 1958, ausg. 4/10. 1961. D. Prior. 19/7. 1957.) F. Böhm. 8081

British Celanese Ltd., London, übert. von: Noel A. Hampson, John Downing und James G. N. Drewitt, Spondon, England, **Lösungen von Acrylnitrilpolymeren** u. deren faserbildenden acetonunlösl. bin. Copolymeren mit ca. 15 Gew.-% einer anderen Vinyl-Verb. werden in einem Gemisch aus 50—90 (%) Nitromethan u. 50 bis 5 eines Polyphenols (Resorcin, Brenzcatechin) erhalten. (**Can. P. 555 576** vom 16/11. 1951, ausg. 8/4. 1958. E. Prior. 5/12. 1950.) S. Böttcher. 8081

VEB Filmfabrik Agfa Wolfen, Wolfen (Erfinder: Max Duch, Bitterfeld, und Helmut Lehnert, Wolfen), **Verspinnen von Fäden aus hochviscosen Lösungen,** z. B. von *Polyacrylnitrilen* oder mindestens 85% Polyacrylnitril enthaltenden Mischpolymerisaten. Die Lsg. verspinnt man in ein wss. Fällungsbad, das ca. 5—60% eines Lsgm. für die zu fällenden Polymerisate enthält. Vorteilhaft wird dem Fällungsbad Dimethylformamid in Mengen von 10—30% zugesetzt. Die Spinndüse wird beim Spinnvorgang auf Temp. zwischen 100 u. 200° gehalten. (**Ung. P. 145 104** vom 5/10. 1955, ausg. 15/8. 1959. **Zusatz zu Ung. P. 143 314; C. 1961. 15251.**) G. König. 8081

Phrix-Werke Akt.-Ges., Hamburg (Erfinder: Günter Trautmann, Einfeld, Wilhelm Irion, Neumünster, Richard Pfluger, Krefeld, und Werner Saar, Neumünster), **Herstellung von Fäden und Fasern durch Verspinnen von schwefelsauren Lösungen von Acrylnitrilpolymerisaten,** die ggf. noch ein Mischpolymerisat von Vinyl-Verbb. enthalten, in H_2SO_4-haltige Fällbäder. Damit hierbei gut verstreckbare, für Textilzwecke brauchbare Fäden erhalten werden, müssen die Fällbäder einen H_2SO_4-Geh. von 48—56, bes. 50—55%, aufweisen. (**D. A. S. 1 119 457** Kl. 29b vom 22/6. 1960, ausg. 14/12. 1961.) F. Böhm. 8081

Hans J. Zimmer Verfahrenstechnik (Erfinder: Hubert van Loosen), Frankfurt/M., **Naßspinnen von Polyacrylnitrillösungen in Dimethylsulfoxid** (I). Man erhält hochwertige, bes. zur Herst. von Stapelfasern geeignete Fäden, wenn man ein Fällbad verwendet, das zu 30—85 (%) aus I u. zu 70—15 aus W. besteht u. vorzugsweise eine Temp. von 10—95°, bes. 65°, besitzt. Die Spinnlsg. soll zweckmäßig einen Geh. von 20—25, bes. 22, Polymerisat u. eine Temp. von 60—120°, bes. 80°, aufweisen. (**D. A. S. 1 110 816** Kl. 29b vom 4/2. 1960, ausg. 13/7. 1961.) F. Böhm. 8081

Crylor, Seine, Frankreich, **Beständige Appretur für Textilien aus Polymeren,** die $\geqq$85% Acrylnitril enthalten. Das Gewebe wird in eine Lsg. getaucht, die z. B. 20 g/Liter Polyacrylnitril in Dimethylformamid enthält, anschließend zentrifugiert u. erst bei 60°, dann bei 120° getrocknet. Appreturmittel u. Gewebe sind in demselben Lsgm. löslich. Eine Bruchdehnung des behandelten Gewebes gegenüber unbehandeltem tritt kaum ein. (**F. P. 1 224 889** vom 2/2. 1959, ausg. 28/6. 1960.) H. Meltzer. 8081

Chemstrand Corp., V.St.A., **Antistatischmachen von Polyacrylfasern** aus z. B. Copolymeren von 94% Acrylnitril (I) u. 6% Vinylacetat mit einem anderen Copolymeren von 50% I u. 50% Methylvinylpyridin durch Behandeln der Gewebe mit Antistatica im wss. Bad bei pH 6,5—9 u. 70—100°; Tränkzeit 5—30 Minuten. Als Puffer dienen: Na_2CO_3, $NaHCO_3$, Harnstoff oder $NaH_2PO_4 + Na_2HPO_4$. (**F. P. 1 224 696** vom 20/5. 1959, ausg. 27/6. 1960. E. Prior. 21/5. 1958 u. 2/3. 1959.) H. Meltzer. 8081

Dow Chemical Co., übert. von: Alfred T. Look und Joseph N. McDonald jun., Midland, Mich., V.St.A., **Copolymerisat** zum Schmelzspinnen aus 80—98 (%) Polystyrol u. 20—2 eines tern. Copolymeren aus 35 Styrol, 30 Acylnitril u. 35 α-Methylstyrol. (**Can. P. 555 933** vom 24/12. 1954, ausg. 15/4. 1958.) S. Böttcher. 8081

Kanegafuchi Boseki Kabushiki Kaisha, Tokyo (Erfinder: Keizo Ueda, Nishinomiya, Tsuneo Okawara, Osaka), Japan, **Herstellung linearer Polyamide** mit Piperazinringen durch Kondens. von aliphat., aromat. oder alicycl. Dicarbonsäuren oder deren Ester mit Diaminen der Formel I (R^1 u. R^2 = aliphat. C_{1-3}-KW-Stoff-Reste). — Je 1 (Mol) N.N'-Di-[γ-aminopropyl]-piperazin u. Dimethylterephthalat werden im CO_2-Strom 3 Std. bei 120° u. normalem Druck gerührt, dann 3 Std. bei 260° u. 10 mm gehalten: Leicht gelbes Prod. mit F. 245°, das im Schmelzspinn-Verf. zu *Fäden* geformt wird, die gut färbbar sind. Die Polyamide können auch als *Klebemittel, Anstrichmaterial* u. *Verdickungsmittel*, z. B. für Appreturen verwendet werden. (**Jap. A. S. 14 794/1960** vom 9/4. 1958, ausg. 6/10. 1960.) M. Pankow. 8081

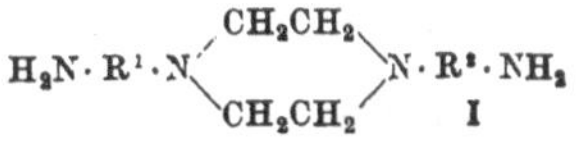

I

Union Carbide Corp., New York, N.Y., V.St.A., **Herstellung linearer Polyamide** mit den sich wiederholenden Einheiten $-HN(CH_2)_6CO-$ durch Erhitzen von 7-Aminoheptansäureestern mit W., Abdestillieren von W. u. entstandenem Alkohol aus dem Vorpolymerisat u. Erhitzung des Vorpolymerisats auf $\geqq$240°, wobei durchgehend bei normalem Druck u. in Ggw. eines indifferenten Gases gearbeitet wird. — 200 (Gew.-Teile) Äthyl-7-aminoheptanoat (I) u. 200 W. werden 3 Std. auf 100—110° erhitzt, wobei ein langsamer N_2-Strom vom Gefäßboden aus durch die Rk.-Masse mit 0,1 Liter/Min. geleitet wird. Es entsteht eine Mischung aus I, 7-Aminoheptansäure u. niedrigmol. Polyamid. Man steigert die Temp. auf 200°, entfernt in 2 Std. W. u. A., erhitzt dann auf 260°, wobei man die N_2-Geschw. bei 2—3 Liter/Min. hält, u. erhält hochmol. *Nylon* 7 mit F. 224°, das man zu streckbaren *Fäden* verspinnen oder auf *Folien* verarbeiten kann. (**Jap. A. S. 14 547/1960** vom 15/9. 1958, ausg. 3/10. 1960.) M. Pankow. 8081

E. I. du Pont de Nemours & Co., übert. von: John Anthony Cuculo, Wilmington, Del., V.St.A., **Herstellung von Fasern, Fäden und ähnlichen Gebilden** aus kristallisierbaren synthet. linearen Polymeren (I), bes. Polyhexamethylenadipinsäure- u. -sebacinsäureamid, Polycaprolactam u. linearem Polyäthylen, durch Verformen des geschmolzenen I, dad. gek., daß man die gebildeten Fäden usw. in unbelastetem Zustand, also unter einer Zugbelastung von 0, auf eine Temp. erhitzt, bei der das Maximum der Kristall-Bldg. liegt, u. zwar so lange, daß große Menge Kristalle sich bilden, bes. 5 bis 60 Sek. auf 160—210°, worauf eine Streckung in kaltem Zustand erfolgt. — Verf.-Schema. (**A. P. 2 880 057** vom 22/1. 1958, ausg. 31/3. 1959.) C. Lüttgen. 8081

Chemstrand Corp., Decatur, Ala., V.St.A., **Schmelzbare Copolymerisate.** 6-Aminocapronsäure oder Caprolactam wird mit einem aliphat. prim. oder sek. Diamin, in dem die Aminogruppen durch eine 2—20atomige C-Kette getrennt sind, u. mit Harnstoff auf 100—300° erhitzt, bis eine viscose Schmelze entstanden ist, aus der kaltgestreckte *Fäden* herzustellen sind. — Mischungsbeispiel: 2 (Teile) Caprolactam, 8,4 Hexamethylendiamin u. 3,1 Harnstoff. (**E. P. 877 967** vom 25/1. 1960, ausg. 20/9. 1961. A. Prior. 28/1. 1959.) W. Overbeck. 8081

Farbwerke Hoechst Akt.-Ges., vormals Meister Lucius & Brüning, Deutschland, **Herstellung wasserunlöslicher Kondensationsprodukte** mit wenigstens 50% polymerem Äthylenoxid. Man kondensiert Verbb. mit Polyglykolresten oder polymerem Äthylenoxid u. wenigstens 2 prim. endständigen Amingruppen mit Polyepoxiden mit wenigstens 2 Epoxidgruppen pro Mol., wobei man die Rk. auf Textilmaterial durchführen kann. — Verw. der Rk.-Prodd. zum *Appretieren von Textilmaterial* u. als *antistat. Überzug.* — Ein Gewebe aus Polyäthylenglykolterephthalat wird mit einer Lsg. von 5 (Gew.-Teilen) Triglycidcyanurat in 89 Chlorbenzol u. danach mit einer Lsg. von 9 $\omega.\omega'$-Diaminopolyglykol in 111 W. imprägniert; man trocknet bei 60° u. erhält ein wasserunlösl. Kondensationsprodukt. (**F. P. 1 226 159** vom 1/6. 1959, ausg. 8/7. 1960. D. Prior. 31/5. 1958.) M. Pankow. 8081

Farbwerke Hoechst Akt.-Ges., vormals Meister Lucius & Brüning, Frankfurt/M., **Herstellung von Aminkondensationsprodukten** durch Rk. von Verbb., die Polyäthylenglykolreste oder Polyäthylenoxide u. wenigstens 2 endständige prim. Amingruppen enthalten, mit 1.3.5-Triacrylhexahydro-symm.-triazin (I), so daß das Endprod. wenigstens 50% Äthylenoxidpolymere enthält. — Das Rk.-Prod. dient zum *Imprägnieren* oder *Überziehen von Textilien,* auf denen es vernetzt wird, u. dient dabei zum *Fixieren von Pigmenten,* zur *Appretierung* u. zum *Antistatischmachen.* — 60 (Gewichtsteile) $\alpha.\omega$-Diamin (aus Polyglykol mit Molgew. 600 durch Ersatz der beiden End-OH-Gruppen durch NH_2-Gruppen) in 300 W. werden nach Zusatz von CH_3COOH bis pH 7—8 mit 12 I in 95 Aceton u. 65 W. versetzt; mit der Lsg. imprägniert man Gewebe aus Polycarbonsäureamid u. trocknet bei 80°, wobei das Prod. polykondensiert. Das Imprägnierbad bleibt einige Tage unverändert. (**F. P. 1 226 160** vom 1/6. 1959, ausg. 8/7. 1960. **Jap. A. S. 16 246/1960** vom 27/5. 1959, ausg. 26/10. 1960. Beide D. Prior. 31/5. 1958.) M. Pankow. 8081

Kunoshima Kagaku Kogyo Kabushiki Kaisha (Erfinder: Yoshinori Kiyotoshi und Toshihisa Tachikawa), Miharashi, Japan, **Herstellung hochmolekularer Amide.** Durch Rk. von Terephthalonitril mit HCHO in H_2SO_4 zu in H_2SO_4 lösl., sonst unlösl. Verbb. $[-CH_2NHCOC_6H_4CONHCH_2NHCOC_6H_4CONH-]_n$ mit Erweichungs-Temp. $>300°$, die man in der Rk.-Lsg. oder nach Zusatz von konz. H_2SO_4 in W. als Fällbad verspinnt. — 5,7 (kg) Terephthalonitril u. 1,5 Paraformaldehyd werden in 59 95%ig. H_2SO_4 bei 0° umgesetzt, aus der viscosen Fl. im Vakuum Blasen entfernt, worauf die Fl. in ein Wasserbad zu transparenten *Fäden* versponnen wird, die gestreckt werden können. (**Jap. A. S. 15 044/1960** vom 1/4. 1958, ausg. 11/10. 1960.) M. Pankow. 8081

Vetreria Italiana Balzaretti Modigliani S. p. A., Mailand, Italien, **Herstellung von endlosen Glasfäden,** dad. gek., daß man die Glasmasse im pastösen Zustand zu Primärfäden von 1—6 mm Ø auszieht u. im kontinuierlichen Verf. bei geeigneten Temp. zur endgültigen Stärke verformt. — Vorr., Zeichnung. (**It. P. 545 248** vom 1/12. 1955.) K. Koebke. 8083

L. O. F. Glass Fibers Co., Toledo, übert. von: Dominick Labino, Waterville, Ohio, V.St.A., **Glas für hochfeste Fasern** aus 52—56 (%) SiO_2, 6—16 CaO, 12—16 Al_2O_3, 5—15 ZnO u. 8—13 B_2O_3, Flußspat u. Na_2O, jedoch ≤ 1 Na_2O u. ≤ 2 Flußspat, bes. 54,95 SiO_2, 10 CaO, 1065 B_2O_3, 14,3 Al_2O_3, 9,75 ZnO u. 0,35 Na_2O oder 53 SiO_2, 12 CaO, 11 B_2O_3, 16 Al_2O_3 u. 8 ZnO. (**Can. P. 561 411** vom 21/7. 1952, ausg. 5/8. 1958. A. Prior. 7/5. 1952.) L. Großner. 8083

L. O. F. Glass Fibers Co., übert. von: Dominick Labino, Toledo, Ohio, V.St.A., **Glas für Filterpapiere** aus 52—56 (%) SiO_2, 6—16 CaO, 12—16 Fe_2O_3, 5—15 ZnO u. 8—13 B_2O_3, Flußspat u. Na_2O, jedoch ≤ 1 Na_2O u. ≤ 2 Flußspat, bes. 54,6 SiO_2, 14,8 CaO, 10,4 B_2O_3, 0,38 Na_2O, 14,32 Fe_2O_3 u. 5,4 ZnO oder 52,6 SiO_2, 10,2 CaO, 12,5 B_2O_3, 15,05 Fe_2O_3 u. 9,75 ZnO. — Vorrichtung. (**Can. P. 561 413** vom 31/3. 1954, ausg. 5/8. 1958. A. Prior. 11/2. 1954.) L. Großner. 8083

Purex Corp. Ltd., South Gate, übert. von: **Robert C. Ferris**, Downey, Calif., V.St.A., *Bleichmittel*. (**Can. P. 560 118** vom 28/10. 1955, ausg. 8/7. 1958. — C. **1960**, 13888 [E. P. 816 882].)

Dow Corning Silicones Ltd., Toronto, Ontario, Canada, übert. von: **Firth L. Dennett**, Midland, Mich., V.St.A., *Wasserabstoßende Imprägnierung*. (**Can. P. 560 010** vom 16/4. 1955, ausg. 8/7. 1958. A. Prior. 9/3. 1950. — C. **1954**, 7552 [F. P. 1 032 744].)

Mo och Domsjö Aktiebolag, Ornskoldsvik, übert. von: **Hans O. Samuelson**, Göteborg, Schweden, *Cellulose*. (**Can. P. 562 115** vom 24/3. 1955, ausg. 19/8. 1958. Schwed. Prior. 26/3. 1954. — C. **1960**, 14562 [A. P. 2 902 481].)

Rohm & Haas Co., Philadelphia, Pa., übert. von: **Frad B. Shippee**, East Greenwich, R.I., und **Melvin D. Hurwitz**, Huntingdon Valley, Pa., V.St.A., *Textilappretur*. (**Can. P. 560 122** vom 30/5. 1955, ausg. 8/7. 1958. A. Prior. 14/6. 1954. — C. **1958**, 6710 [F. P. 1 132 921].)

Montecatini Soc. Gen. per l'Industria Mineraria e Chimica, Mailand, Italien, *Herstellung von ternären, färbbaren Vinyl-Mischpolymeren*. (**It. P. 521 883** vom 20/9. 1954. — C. **1959**, 8749 [F. P. 1 131 303].)

Montecatini Soc. Gen. per l'Industria Mineraria e Chimica, Mailand, Italien, *Herstellung von färbbaren, ternären Vinyl-Mischpolymeren*. (**It. P. 521 884** vom 20/9. 1954. — C. **1960**, 17659 [E. P. 782 321].)

Eastman Kodak Co., Rochester, N.Y., übert. von: **Harry W. Coover jun.** und **Joseph B. Dickey**, Kingsport, Tenn., V.St.A., *Polymerisation von Acrylnitril*. (**Can. P. 561 701** von 4/10. 1952, ausg. 12/8. 1958. — C. **1960**, 15955 [It. P. 503 614].)

British Celanese Ltd., London, übert. von: **Ernest J. Kowolik** und **James W. Fisher**, Spondon, England, *Polyacrylnitrillösungen*. (**Can. P. 560 278** vom 27/4. 1955, ausg. 15/7. 1958. E. Prior. 13/5. 1954. — C. **1958**, 2020 [E. P. 771 810].)

Imperial Chemical Industries Ltd., London, übert. von: **Evan I. Jones** und **Leonard Wood**, Manchester, Lancashire, England, *Polyacrylnitrile*. (**Can. P. 560 061** vom 19/5. 1955, ausg. 8/7. 1958. E. Prior. 21/5. 1954. — C. **1958**, 2020 [E. P. 766 364].)

Distillers Co. Ltd., Edinburgh, Schottland, übert. von: **Johann J. P. Staudinger**, Penmark, und **Howard Williams**, Barry, Glamorganshire, Wales, England, *Bindemittel aus ungesättigten Polyestern, aromatischen Monovinylverbindungen und Polyvinylchlorid*. (**Can. P. 560 003** vom 6/11. 1954, ausg. 8/7. 1958. E. Prior. 18/11. 1953. — C. **1957**, 12047 [D. B. P. 960 504].)

H_{19}. Brennstoffe. Erdöl. Mineralöle

Salimuzzaman Siddiqui, Karachi, Pakistan, und Mohammed N. Ahmed, London, England, **Entschwefeln und Entharzen von Steinkohle.** Die gepulverte Steinkohle mit einer Teilchengröße von 30—100 Maschen B.S.S. wird bei 200—330° in Ggw. von alkal. Katalysatoren, wie NH_3, NaOH, CaO, mit überhitztem Dampf behandelt u. einer magnet. Abtrennung von paramagnet. S u. hochaschehaltigen Kohlefraktionen unterworfen. — Vgl. E. P. 746 486; C. **1957**, 5153. (**Can. P. 561 579** vom 20/4. 1954, ausg. 12/8. 1958. E. Prior. 21/4. 1953 u. 25/2. 1954.) Eberhard Riedel. 8135

Houilleries du Bassin de Lorraine, Merlebach/Mosel, Frankreich, **Herstellung von Koks** für metallurg. Zwecke aus Kohlen mit hohem Geh. an flüchtigen Anteilen, dad. gek., daß man diese mit Koksgries u. Teer beliebiger Herkunft zu einer Paste mischt, verformt u. verkokt. (**Ind. P. 65 398** vom 30/9. 1958, ausg. 9/5. 1960.) C. Lüttgen. 8145

F. P. Iwanowski, G. Je. Braude und T. A. Ssemenowa, **Katalysator zur Tieftemperaturkonversion von CO** mit H_2O bei 250—300° der Zus. $ZnO \cdot Cr_2O_3 \cdot 0{,}15\,CuO$ u. $ZnO \cdot Cr_2O_3 \cdot 0{,}5\,CuO$ durch Fällen einer 15%ig. wss. Lsg. von Zn-, Cr- u. Cu-Nitraten mit NH_4OH bei 80° u. pH 6,4—6,9, Waschen des Nd. mit W. von 80°, Trocknen bei 105—110°, 3std. Glühen bei 350° u. Tablettieren. (**UdSSR. P. 123 523** vom 6/2. 1959.) L. Großner. 8153

Pure Oil Co., Chicago, übert. von: Donald C. Bond, Crystal Lake, und George G. Bernard, Chicago, Ill., V.St.A., **Kaustische Behandlung von Ölsanden.** Zur Erhöhung der Permeabilität von Kieselformationen wird eine 5%ig. gesätt. Alkalihydroxid-Lsg. von 200—400° F eingeleitet, danach eine der alkal. Lsg. zu 10—25% äquivalente mineralsaure Lsg., wobei die zurückströmende Fl. bei $> 220°$ F u. pH $< 3{,}5$ gehalten wird, um Ausfallen von Silicaten zu vermeiden. Es kann auch umgekehrt verfahren u. zuerst die saure Lsg. eingeleitet werden. (**Can. P. 560 117** vom 15/9. 1949, ausg. 8/7. 1958. A. Prior. 18/9. 1948 u. 12/7. 1949.) L. Großner. 8191

Lignosol Chemicals Ltd., übert. von: Gerald J. Byrd, Quebec, Ontario, Canada, **Bohrflüssigkeiten.** Eine Sulfitlauge mit 50 (%) Feststoff u. pH 7 wird unter Verschluß auf 270—300° F erhitzt, durch Einleiten von Luft wird oxydiert u. auf pH 4

bis 4,5 gebracht, danach wird 5—25 (bezogen auf Feststoff) Alkalidichromat zugesetzt u. das Prod. unter Vermeidung von Gel-Bldg. sprühgetrocknet. Mindestens 1 (lbs.) dieses Prod. wird zu 1 barrel Tonerdeaufschlämmung gegeben, die noch 5 $Ca(OH)_2$, 2 NaOH u. ggf. 3 $CaSO_4$ enthält. (**Can. P. 560 071** vom 6/6. 1956, ausg. 8/7. 1958.)
L. Großner. 8191

Texaco Development Corp., Wilmington, Del., übert. von: Charles F. Teichmann und Clifford G. Ludeman, New York, N.Y., V.St.A., **Stabilisieren von Quebracho-Bohrflüssigkeiten.** Die einer alkal. Trübe zur Viscositätserniedrigung zugesetzten Tannine werden durch Zusatz von 0,005—0,5 lbs./barrel HCHO, Acetaldehyd, deren Polymere, Benzaldehyd u. Furfurol gegen Oxydation geschützt. (**Can. P. 560 149** vom 26/3. 1953, ausg. 8/7. 1958. A. Prior. 2/4. 1952.) L. Großner. 8191

Esso Research and Engineering Co., Elizabeth, N.J., übert. von: Richard A. Salathiel, Houston, Tex., V.St.A., **Zementieren von Ölquellen** mit einer Aufschlämmung von Portlandzement unter Zusatz von 0,2—2,5% eines wasserlösl. Salzes eines Kondens.-Prod. aus sulfoniertem monocycl. Phenol u. HCHO sowie einer zur kurzzeitigen Abbindung unzureichenden Menge Na_2SO_4; das Sulfonat hat in 7,15%ig. wss. Lsg. eine Viscosität von 5 cP bei 26°. — Zeichnung. (**Can. P. 560 338** vom 14/3. 1952, ausg. 15/7. 1958. A. Prior. 20/10. 1951.) L. Großner. 8191

Marvin Gambill, Hobbs, N.Mex., V.St.A., **Mittel gegen die Abscheidung von Kesselstein in Ölquellen** aus Alkalipolyphosphat, einer chelatbildenden Polyaminocarbonsäure u. Kaktusextrakt im Verhältnis 1 : 1 : 1 bis 10 : 1 : 0,1, bes. aus 200 (Teilen) Polyphosphat, 50 Na-Äthylendiamintetraacetat oder Na-Monoäthanolamintriacetat u. 4 wasserfreiem Kaktusextrakt. — Diagramme. (**Can. P. 560 233** vom 28/9. 1955, ausg. 15/7. 1958. A. Prior. 8/10. 1954.) L. Großner. 8191

Esso Research and Engineering Co., Elizabeth, übert. von: Minor C. K. Jones, Mountainside, N.J., V.St.A., **Emulgieren von Rohöl** mit einem Stockpunkt $< 30^0$ F u. einer Viscosität bei Raum-Temp. $>$ 800 SSU zum besseren Transport in Ölleitungen durch Einw. von mechan. Scherkräften von 800—5000, bes. 2000—5000 lbs./sq.in. auf ein Gemisch von Öl mit 30—55% W., wobei das Öl auf 1—5 μ emulgiert wird. — Zeichnung. (**Can. P. 561 353** vom 10/8. 1953, ausg. 5/8. 1958. A. Prior. 20/11. 1952.)
L. Großner. 8193

Esso Research and Engineering Co., Elizabeth, N.J., übert. von: Keith P. Lanneau und Elphege M. Charlet, Baton Rouge, La., V.St.A., **Abtrennung mehrwertiger aromatischer Kohlenwasserstoffe** aus Erdölfraktionen mit Kp. $>400^0$ F, dad. gek., daß man die Fraktion an Silicagel adsorbiert, nacheinander die nichtaromat. u. aromat. Bestandteile desorbiert, die letzteren in mehrere Fraktionen zerlegt u. jede einzelne Fraktion in Al_2O_3-Säulen mit niedermol. Paraffinen wäscht. — Verf.-Schema. (**Can. P. 555 629** vom 3/12. 1951, ausg. 8/4. 1958. A. Prior. 10/5. 1951.)
S. Böttcher. 8195

Sun Oil Co., Philadelphia, übert. von: Ivor W. Mills, Glenolden, und William A. Gallup, Media, Pa., V.St.A., **Behandlung von Naphthensäuren.** Zur Entfernung Verfärbung verursachender Verbb. behandelt man Petroleum-Naphthensäuren mit einem C_{4-30}-, bes. C_{8-16}-Olefin im Mol-Verhältnis 40 : 1 bis 2 : 1 bei 150—350° F mit einem festen H_3PO_4-Katalysator oder bei 100—200° F mit mindestens 95%ig. H_2SO_4, wobei die Verunreinigungen alkyliert u. nach unvollständiger Neutralisation des Rk.-Gemisches von der Naphthensäureschicht abgetrennt werden. — Verf.-Schema. (**Can. P. 559 830** vom 10/12. 1955, ausg. 1/7. 1958.) L. Großner. 8195

Texaco Development Corp., Wilmington, Del., übert. von: James L. Meadows, Port Arthur, Tex., V.St.A., **Regenerierung organischer Alkalihydroxidlösungen,** die zur Abtrennung von Mercaptanen aus KW-Stoffen gebraucht wurden. Die von Oxydationskatalysatoren befreiten Lsgg. werden in einem abwärtsfließenden dünnen Strom durch einen mit Raschig-Ringen aus Metall oder Keramik gefüllten Turm geleitet u. mit einem oxydierenden Gas behandelt. Die entstehenden Disulfide werden aus der Rk.-Lsg. isoliert. — Als Kontaktmaterial enthält der Turm einen 18% Cr u. 8% Ni enthaltenden Stahlkatalysator. (**Can. PP. 562 987** vom 10/6. 1953, ausg. 9/9. 1958. A. Prior. 19/6. 1952 u. **563 032** vom 8/6. 1956, ausg. 9/9. 1958. A. Prior. 20/7. 1955.)
Eberhard Riedel. 8195

Esso Research and Engineering Co., Elizabeth, übert. von: Henry Ernst jun., Westfield, und Robert P. Cahn, Elizabeth, N.J., V.St.A., **Verkokung von schweren KW-Stoffölen in Ggw. von Koks (A)** in einem dichten Wirbelbett. Dem Rk.-

Gemisch werden im Rk.-Raum zur Verhinderung der Ausbildung größerer **A**-Teilchen kontinuierlich 3—10% (bezogen auf **A**) Al_2O_3-Teilchen mit einer Größe von 75—100 μ, z. B. Al_2O_3 aus der Bauxitreinigung, beigemischt. Zum Wärmeaustausch wird die Koksschicht von der Rk.-Kammer über eine Erhitzungszone, in der ein Teil des **A** verbrannt wird, geführt. — Skizze. (**Can. P. 562 375** vom 28/4. 1955, ausg. 26/8. 1958. A. Prior. 2/6. 1954.) Eberhard Riedel. 8197

Esso Research and Engineering Co., Elizabeth, übert. von: Eger V. Murphree, Summit, N.J., V.St.A., **Verkoken von Kohlenwasserstoffölen.** Die mit Leichtöl verd. Rückstände der ersten Rohöl-Dest. werden unter Zusatz von feinteiligem Koks im Fließbett therm. gecrackt unter Gewinnung von *tiefsd. KW-Stoffen* u. Schlamm. Letzterer wird einer Klärbehandlung unterworfen; das erhaltene Öl wird katalyt. gecrackt, der eingedickte Schlamm verkokt, wobei die flüchtigen Prodd. ebenfalls katalyt. gecrackt werden u. der anfallende Koks in die therm. Crackzone zurückgeführt wird. — Verf.-Schema. (**Can. P. 559 634** vom 12/5. 1952, ausg. 1/7. 1958. A. Prior. 29/5. 1951.) L. Großner. 8197

Esso Research and Engineering Co., Elizabeth, übert. von: Frank T. Barr, Summit, James W. Brown, Elizabeth, und Charles E. Jahnig, Red Bank, N.J., V.St.A., **Behandlung von Kohlenwasserstoffen.** Schwerölrückstände werden im Fließbett bei 900—1300° F verkokt u. gecrackt, die erhaltenen gasförmigen Prodd. werden im Gegenstrom mit dem eingespeisten Öl u. danach mit einer Aufschlämmung der im Fließbett verwendeten Partikel in Öl gewaschen u. anschließend zur Entfernung harzbildender Stoffe raffiniert. — Verf.-Schema. (**Can. P. 559 635** vom 26/5. 1952, ausg. 1/7. 1958. A. Prior. 19/6. u. 29/6. 1951.) L. Großner. 8197

Esso Research and Engineering Co., Linden, N.J., übert. von: Leonard C. Carlsmith und Edward W. Nicholson, Baton Rouge, La., V.St.A., **Katalytische Umsetzung von Kohlenwasserstoffen.** Ein KW-Stoff-Gasstrom wird in einer Rk.-Kammer mit einer Dispersion feinteiliger Crackkatalysatorteilchen in engen Kontakt gebracht, das Katalysator/Gas-Gemisch wird in eine Entspannungskammer geleitet, das Rk.-Gas vom Katalysator abgetrennt, der Katalysator durch Verblasen mit einem Gas von anhaftenden Rk.-Gasen befreit u. in den Rk.-Cyclus zurückgeführt. — Zeichnung. (**Can. P. 562 031** vom 7/7. 1942, ausg. 19/8. 1958. A. Prior. 12/7. 1941.) Eberhard Riedel. 8197

M. W. Kellogg Co., Jersey City, übert. von: Percival C. Keith, Peapack, und Joseph W. Jewell, Summit, N.J., V.St.A., **Kontinuierlicher Crackprozeß.** Hochsd. KW-Stoffe werden mit einer Fluß-Geschw. von 0,5—6 ft./s von unten in einen mit feinteiligen Crackkatalysatoren (Teilchengröße 1—100 μ) gefüllten Rk.-Turm eingebracht, das Katalysator/KW-Stoff-Gemisch, das ein Gew.-Verhältnis von 1 : 1 oder 2 : 1 haben soll, wird in kräftiger Wirbelbewegung gehalten u. die mit den Crack-Prodd. übergehende Katalysatormenge durch ständige Neuzufuhr einer entsprechenden Menge akt. Katalysators in den Rk.-Turm von unten ersetzt. Die Dichte der Masse im Rk.-Raum soll nicht geringer als 5 pounds/ft.^{3} sein. — Zeichnung. (**Can. P. 562 103** vom 15/7. 1942, ausg. 19/8. 1958. A. Prior. 24/4. 1941.) Eberhard Riedel. 8197

Phillips Petroleum Co., übert. von: Eugene V. Mathy und Carl J. Helmers, Bartlesville, Okla., V.St.A., **Katalytisches Cracken von Öl,** dad. gek., daß man ein KW-Stofföl bei 800—1400° F u. 10—300 lbs./sq.in. mit einer Geschw. von 0,1 bis 10 (Vol.-Teilen)/h über 1 einer katalyt. Masse aus Bauxit mit 0,1—10 (Gew.-%) B_2O_3 u. 0,1—10 P_2O_5 leitet. (**Can. P. 556 072** vom 6/8. 1948, ausg. 15/4. 1958. A. Prior. 10/11. 1947.) S. Böttcher. 8197

Shell Development Co., New York, N.Y., übert. von: John A. Marshall, Ferguson, Mo., Frederick Kunreuther, Gordon J. Reno, Houston, Tex., und Charles A. Rehbein, New York, N.Y., V.St.A., **Gewinnung von Benzin.** Höhersd. KW-Stofföle (**A**) werden mit einem feinteiligen, frisch regenerierten Crackkatalysator durch eine auf 1000° F erhitzte erste Rk.-Zone geleitet, in der die Verweilzeit des Katalysators $<$ 12 Sek. beträgt u. die Fluß-Geschw. von **A** so gehalten wird, daß wenigstens 40% zu einem Zwischenprod. aufgespalten werden, das abdest. u. zusammen mit dem vorher verwendeten Katalysator in eine zweite, auf 850—975° F erhitzte Rk.-Zone eingebracht wird, in der der Katalysator wenigstens 2 Min. verweilt u. 10 bis 40% des eingebrachten Öls zu Bzn. aufgespalten werden. — Schema der Anlage. (**Can. P. 562 472** vom 6/6. 1955, ausg. 26/8. 1958. A. Prior. 11/6. 1954.) Eberhard Riedel. 8197

Shell Development Co., New York, N.Y., übert. von: Frederick Kunreuther, Houston, Tex., und Richard P. Trainer, Babylon, N.Y., V.St.A.,

Katalytisches Cracken von Kohlenwasserstoffölen. KW-Stofföle werden in einer ersten Rk.-Zone in Ggw. eines frisch regenerierten Crackkatalysators auf 1000—1200° F, anschließend in einer zweiten Rk.-Zone in Ggw. eines Teiles des zuvor gebrauchten Katalysators auf 850—975° F erhitzt. Der gebrauchte Katalysator wird dann in einer Zwischenzone bei Temp. zwischen denen der 1. u. 2. Rk.-Zone gereinigt u. in einer Regenerierzone bei 1100—1300° F regeneriert. — Verf.-Schema. (**Can. P. 563 182** vom 10/5. 1955, ausg. 9/9. 1958. A. Prior. 16/6. 1954.) Eberhard Riedel. 8197

Sun Oil Co., Philadelphia, übert. von: Henry E. Reif, Drexel Hill, und Herbert L. Johnson, Media, Pa., V.St.A., **Kohlenwasserstoffumwandlung.** KW-Stoffe mit Kp. < 840° F werden im Gemisch mit H_2 bei 700—925° F u. 400—5000 lbs./sq.in. zu 30—80% in tiefsd. KW-Stoffe übergeführt, wobei ein mit 0,5—10% Fe_2O_3 belegter, auf 30% der Anfangsaktivität verbrauchter Crackkatalysator werwendet wird. (**Can. P. 559 829** vom 2/12. 1955, ausg. 1/7. 1958. A. Prior. 26/5. 1955.) L. Großner. 8197

Sun Oil Co., Philadelphia, übert. von: Alfred E. Hirschler, Springfield, und Edward J. Janoski, Philadelphia, Pa., V.St.A., **Kohlenwasserstoffumwandlung.** KW-Stoffe vom Kp. 375—500° F werden bei 450—540° in Ggw. eines Katalysators aus 70—94 (%) SiO_2, 6—20 Al_2O_3 u. 0,5—10 Ce-Phosphat zu *hochoctanigem Gasolin* gecrackt. (**Can. P. 560 141** vom 21/7. 1955, ausg. 8/7. 1958. A. Prior. 29/12. 1954.) L. Großner. 8197

W. R. Grace & Co., Norwalk, Conn., übert. von: James N. Pryor, Baltimore, Md., V.St.A., **Katalysator für die Benzingewinnung.** Man mischt ein 11,4% SiO_2 enthaltendes Hydrosol mit 0,69 n Überschußacidität mit einer 20,5% MgO enthaltenden Aufschlämmung, läßt absitzen, wäscht das gebildete Hydrogel mit W. vom pH 7—8 u. trocknet. — Verf.-Schema. (**Can. P. 561 745** vom 12/12. 1946, ausg. 12/8. 1958. A. Prior. 5/4. u. 17/4. 1946.) Eberhard Riedel. 8197

Ja. W. Mirski und Je. M. Emmanuilowa, **Herstellung von mikrosphärischem Crack-Katalysator** aus aktiviertem Askanit-Ton. Der Wasser-Geh. des filtrierten Tons wird durch Zusatz von trockenem Katalysator um 10—12% herabgesetzt, danach wird der Ton unter Strukturverfestigung gewalzt, mit W. angeteigt u. trockengesprüht. (**UdSSR. P. 122 741** vom 4/11. 1958.) L. Großner. 8197

Nalco Chemical Co., Chicago, Ill., V.St.A., **Herstellung eines Kieselsäure-Magnesia-Crackkatalysators.** Ein synthet. Hydrogel wird mit MgO u. krist. Tonmineral, wie Kaolin, gemischt u. getrocknet, so daß der fertige Katalysator 4—30 Gew.-% MgO, bezogen auf das trockene Gew. des synthet. Hydrogels, enthält u. der Geh. an Kaolin 20—30 Gew.-% ausmacht. (**E. P. 884 633** vom 26/4. 1960, ausg. 13/12. 1961. A. Prior. 30/4. 1959.) E. Kahles. 8197

Esso Research and Engineering Co., Elizabeth, N.J., übert. von: Fred J. Buchmann, William J. Mattox und Alexis Voorhies jun., Baton Rouge, La., V.St.A., **Niederdrucksynthese von Kohlenwasserstoffen.** Durch Luftoxydation von Naturgas erhaltenes Synth.-Gas wird bei 550—650° F unter 50—100 lbs./sq.in. in Ggw. eines Katalysators aus C, 15 (%) Fe u. 0,5 K_2CO_3 im Fließbett unter Bldg. fl., olefinreicher KW-Stoffe umgesetzt. — Verf.-Schema. (**Can. P. 560 337** vom 26/4. 1950, ausg. 15/7. 1958. A. Prior. 1/6. u. 16/6. 1949.) L. Großner. 8201

Hydrocarbon Research, Inc., New York, übert. von: Paul W. Garbo, Freeport, N.Y., und Earl W. Riblett, Tenafly, N.J., V.St.A., **Stufenweise CO-Hydrierung.** Zur Gewinnung von *KW-Stoffen* u. oxydierten KW-Stoffen wird ein Fe-Feststoffkatalysatoren enthaltender H_2/CO-Strom bei $\geq$ 700° F mit einer Verweilzeit von $\leq$ 1 Sek. durch eine erste Rk.-Zone geführt, wobei nicht mehr als 10% CO umgesetzt werden u. sich die Oberfläche des Katalysators mit Methylengruppen belädt. In zweiter Stufe wird die Rk. im Fließbett bei gegenüber der ersten Stufe erniedrigter Temp. u. verlängerter Verweilzeit zu Ende geführt, wobei die adsorbierten Methylengruppen unter Bldg. des Rk.-Prod. polymerisieren. Der Katalysator wird in die 1. Rk.-Stufe zurückgeführt. — Vorrichtung. (**Can. P. 559 692** vom 28/6. 1951, ausg. 1/7. 1958.) L. Großner. 8201

Pan American Petroleum Corp., übert. von: Scott W. Walker, Tulsa, Okla., V.St.A., **Synthese höhermolekularer Kohlenwasserstoffe** aus H_2 u. CO im Vol.-Verhältnis 2 : 5 bei 550—700° F u. 100—600 lbs./sq.in. im Fließbett unter Verw. eines Katalysators aus Hammerschlagblättchen, die bei 1200—1400° F in Ggw. von H_2 gesintert u. mit 0,5—2% Alkali aktiviert wurden. (**Can. P. 560 418** vom 12/4. 1954, ausg. 15/7. 1958. A. Prior. 26/8. 1947.) L. Großner. 8201

Rheinpreussen Akt.-Ges. für Bergbau und Chemie, Homberg, übert. von: Herbert Kölbel, Moers, und Robert Langheim, Homberg/Ndrh., **Hydrierung von CO,** dad. gek., daß man das H_2 u. CO enthaltende Synthesegas durch Düsen, deren ∅ 7 mm bis zu 50% des Reaktordurchmessers beträgt, in eine Suspension eines Fe-Katalysators in einer KW-Stofffraktion einbläst. (**Can. P. 555 719** vom 1/12. 1953, ausg. 8/4. 1958. D. Prior. 27/12. 1952.) S. Böttcher. 8201

American Cyanamid Co., New York, N.Y., V.St.A., **Herstellung eines Chromoxid- auf Aluminiumoxid-Katalysators.** Durch Vermischen von Lsgg. von Alaun u. Aluminat wird Al_2O_3 gefällt, abfiltriert, in wss. Aufschlämmung mit Chromsäure u./oder K-Chromat-Lsg. imprägniert u. sprühgetrocknet. Nach Anteigen mit noch nicht getrocknetem Katalysatorbrei u. Zugabe eines Schmiermittels (Graphit) wird stranggepreßt u. calciniert. Man erhält einen abriebfesten, akt. Katalysator mit 70—90 (%) Al_2O_3, 10—30 Cr_2O_3, ggf. 1—3 K_2O u. 2—6 SiO_2 als Aktivatoren. Geeignet bes. für *Dehydrierung* u. *Reformierung.* (**E. P. 870 761** vom 2/10. 1958, ausg. 21/6. 1961. A. Prior. 3/10. 1957.) H. Roos. 8201

Esso Research and Engineering Co., Elizabeth, N.J., übert. von: Edward W. S. Nicholson, Baton Rouge, La., V.St.A., **Hydroformierung mit inversem Temperaturgradienten.** Bei der Hydroformierung von Schwerbenzin werden Katalysator u. Wärmeüberträger zwischen der Rk.- u. einer Regenerierungszone im Kreislauf gehalten; die aus der Regenerierungszone kommenden Katalysator- u. Wärmeüberträgerpartikel werden in einer Schlämmzone getrennt, der Katalysator wird nach Rückleitung in die Regenerierungszone in die Haupt-Rk.-Zone geführt, der Wärmeüberträger direkt in den oberen Teil der Rk.-Zone, so daß dort eine höhere Temp. als in der Haupt-Rk.-Zone herrscht. — Verf.-Schema. (**Can. P. 560 022** vom 29/9. 1952, ausg. 8/7. 1958. A. Prior. 26/12. 1951.) L. Großner. 8201

Esso Research and Engineering Co., Elizabeth, übert. von: Edward J. Goronowski, Cranford, und Wilson C. Rich jun., Mountainside, N.J., V.St.A., **Hydroformieren.** Der Katalysator (40—150 μ) wird aus dem Fließbett der Rk.-Zone in eine Regenerierungszone geführt u. bei 1100—1175° F mit O_2-haltigen Gasen behandelt, die gewonnene Wärme wird von einem hier zugesetzten Wärmeüberträger aus Cu, Fe, rostfreiem Stahl, Monelmetall, Mullit, Al_2O_3 oder TiO_2 (Partikelgröße 400 bis 600 μ) aufgenommen. Das Gemisch von regeneriertem Katalysator u. Wärmeüberträger wird in einer Heizzone mit aus der Rk.-Zone entnommenem Katalysator zusammengebracht, wobei letztere ohne Kontakt mit O_2-haltigen Regenerierungsgasen aufgeheizt wird; nach Abtrennung des Wärmeüberträgers wird der Katalysator in die Rk.-Zone zurückgeführt. — Verf.-Schema. (**Can. P. 560 023** vom 4/6. 1953, ausg. 8/7. 1958. A. Prior. 1/11. 1952.) L. Großner. 8201

Esso Research and Engineering Co., Elizabeth, N.J., übert. von: Robert J. Fritz, Baton Rouge, La., V.St.A., **Wärmegesteuertes Hydroformieren** von KW-Stoffen des Naphtha- u. Motorenbenzinsiedebereichs im Fließbett mit Katalysator- u. Wärmeüberträgerpartikeln im Gew.-Verhältnis $\geqq 4:1$, bes. 10 : 1, durch Abziehen eines Teiles der Feststoffe am Boden des Fließbettes, Anreichern des Wärmeüberträgers auf 3—4 : 1 Katalysator unter Rückführung des letzteren in die Rk.-Zone, Abbrennen u. Rückführung des Gemisches von regeneriertem Katalysator u. aufgeheiztem Wärmeüberträger in die Rk.-Zone, wobei die Verweilzeit des Katalysators im Rk.-Raum 3—4 Std. u. die des Wärmeüberträgers 20 Min. bis 1 Std. beträgt. — Verf.-Schema. (**Can. P. 560 024** vom 29/7. 1953, ausg. 8/7. 1958. A. Prior. 20/12. 1952.) L. Großner. 8201

Esso Research and Engineering Co., Elizabeth, übert. von: Donald D. MacLaren, Scotch Plains, N.J., Alexis Voorhles jun., Edward W. S. Nicholson und Worth W. Boisture, Baton Rouge, La., V.St.A., **Hydroformieren** von Schwerbenzinen mit > 0,08—0,1% S mit Metalloxiden der VI. Gruppe des Period. Systems. Der aus dem Rk.-Fließbett kommende Katalysator wird durch Abbrennen bei 1050—1200° F unter 50—500 lbs./sq.in. während $^1/_2$—5 Std. regeneriert. — Vorrichtung. (**Can. P. 560 671** vom 22/6. 1953, ausg. 22/7. 1958. A. Prior. 29/8. u. 3/10. 1952.) L. Großner. 8201

Esso Research and Engineering Co., Elizabeth, übert. von: Homer Z. Martin, Cranford, N.J., Lloyd A. Nicolai und Lawrence E. Swabb jun., Baton Rouge, La., V.St.A., **Kohlenwasserstoff-Umwandlung.** Motoren- u. Schwerbenzine werden in Ggw. von bes. Pt/Al_2O_3- u. MoO_3/Al_2O_3-Katalysatoren u. einer kleineren Menge Wärmeüberträger, dessen Dichte u. Partikelgröße größer als die des Katalysators sind, im Fließbett hydroformiert. Unter der Rk-Zone ist eine Klärzone mit geringerem Querschnitt angeordnet, aus der ein überwiegend Wärmeüberträger enthaltendes Partikelgemisch abgezogen wird, das nach Abbrennen in den oberen Teil der Rk.-Zone eingeführt wird. — Verf.-Schema. (**Can. P. 560 673** vom 29/11. 1954, ausg. 22/7. 1958. A. Prior. 4/1. 1954.) L. Großner. 8201

Shell Development Co., New York, N.Y., V.St.A., übert. von: Willem F. Angel, Amsterdam, Niederlande, **Katalytische Reformierung** von Benzinfraktionen. Der für die Reformierung verwendete Pt-Katalysator wird nach der üblichen Red. durch Umsetzung mit < 5%, bes. 0,005—0,1%, H_2S enthaltendem H_2 bei 300—550°, bes. 400 bis 500°, u. bei dem Reformierungsprozeß analogen Drücken vorbehandelt. — Verf.-Schema; Diagramm. (**Can. P. 563 183** vom 30/8. 1955, ausg. 9/9. 1958. Niederl. Prior. 24/9. 1954.) Eberhard Riedel. 8201

Esso Research and Engineering Co., Elizabeth, übert. von: Eugene S. Corner, Maplewood, und Charles S. Lynch, Plainfield, N.J., V.St.A., **Katalysatoren zur Olefinpolymerisation.** Silicagel oder Kieselgur wird ≧2 Std. auf 400 bis 1250° F erhitzt u. mit H_3PO_4 auf einen Geh. von 50—95% H_3PO_4 gemischt. Das Gemisch wird ggf. mit 1—5% Cu- oder Ni-Salzen versetzt, bei 375—425, bes. 395—405° F, getrocknet u. bei 600—1000° F calciniert. — Verf.-Schema. (**Can. P. 560 670** vom 1/3. 1951, ausg. 22/7. 1958. A. Prior. 27/4. u. 20/5. 1950.) L. Großner. 8201

British Petroleum Co. Ltd., London, England, übert. von: John Habeshaw und Robin W. Rae, Grangemouth, Stirlingshire, Schottland, **Herstellung von Kohlenwasserstoffpolymeren** durch Erhitzen einer Cyclopentadien enthaltenden Petrol-KW-Stoff-Fraktion vom Kp. 15—30° bis 50—70° auf 70—120°, Abtrennen des *Dicyclopentadiens* durch Dest., erneutes Erhitzen des Destillats auf eine höhere Temp. als die der 1. Stufe u. Fraktionierung unter Gewinnung einer Gasolinfraktion u. einer Polymerfraktion vom Kp. 130—190° bis 210—300°. (**Can. P. 561 274** vom 30/10. 1956, ausg. 5/8. 1958. E. Prior. 3/7. 1953.) L. Großner. 8201

California Research Corp., San Francisco, Calif., V.St.A., **Motortreibstoff.** Dieser besteht aus einem gebleiten Leichtbenzin, welches einen Geh. an Paraffinen nicht über 95 Vol.-% aufweist u. eine Octanzahl über 90 hat. Der Treibstoff enthält eine Menge von 3—60 Mol je Grammatom Pb im Leichtbenzin einer organ. Verb., die weder S noch Cl oder Br enthält, mit dem Alkylblei nicht reagiert u. bei der Verbrennung im Motor eine Carbonsäure bildet, die keine Metallchelate bildet u. therm. stabil bis 200° ist. (**E. P. 880 457** vom 30/6. 1959, ausg. 25/10. 1961. A. Prior. 15/7. 1958.) E. Kahles. 8205

Esso Research and Engineering Co., Elizabeth, N.J., V.St.A., **Motorbenzin** mit einem Geh. von 0,001—2 Gew.-% eines Mischpolymeren von 1—30 Gew.-% eines *N-Vinylpyrrolidons* u. von 70—99 Gew.-% eines *Alkylacrylats oder Methacrylats*, in denen die veresterten Alkylreste 1—24 C-Atome aufweisen. (**E. P. 883 427** vom 11/4. 1960, ausg. 29/11. 1961. A. Prior. 22/4. 1959.) E. Kahles. 8205

Shell Development Co., New York, N.Y., übert. von: Lawrence B. Scott, Lafayette, und Rupert C. Morris, Berkeley, Calif., V.St.A., **Gasolingemisch** für Otto-Motoren enthält eine kleinere Menge durch organ. C_{1-10}-Reste N-substituiertes Borazol, bes. *N-Tris-[propyl-(2)]-borazol.* (**Can. P. 561 492** vom 12/11. 1956, ausg. 5/8. 1958. A. Prior. 14/11. 1955.) L. Großner. 8205

Shell Oil Co., übert. von: Alan C. Nixon, Berkeley, und Harry B. Minor, Orinda, Calif., V.St.A., **Motortreibstoff.** Dieser besteht aus Leichtbenzin u. weist einen geringen Geh. eines Antioxydationsmittels auf, welches aus einem Gemisch von 25—75 Gew.-% 2.6-Di-tert.-butyl-4-methylphenol u. 75—25 Gew.-% 2-tert.-Butyl-4-methylphenol besteht. — Zeichnung. (**A. P. 2 980 519** vom 16/12. 1955, ausg. 18/4. 1961.) E. Kahles. 8205

Standard Oil Co., Cleveland, übert. von: Everett C. Hughes, Shaker Heights, Ohio, und John D. Bartleson, Franklin, Mich., V.St.A., **Gebleiter Motortreibstoff** für Otto-Motoren enthält ≦5% mit Borsäure gesätt. Alkohol mit ≦5 C-Atomen, die Gesamt-Konz. an B beträgt ≦0,45%. (**Can. P. 559 825** vom 1/10. 1953, ausg. 1/7. 1958. A. Prior. 8/10. 1952.) L. Großner. 8205

Esso Research and Engineering Co., Elizabeth, übert. von: Edward D. Reeves, Cranford, N.J., V.St.A., **Entionisierungsmittel.** Gebleites Gasolin enthält im Kern monobromierte Isomerengemische von C_8-Aromaten, bes. Monobromxylole, in solchen Mengen, daß ein Mol-Verhältnis Br:Pb = 0,8—1,6:1 eingehalten wird. (**Can. P. 560 020** vom 17/5. 1948, ausg. 8/7. 1958. A. Prior. 8/9. 1947.) L. Großner. 8205

Gulf Research & Development Co., Pittsburgh, übert. von: Elizabeth L. Fareri und John P. Pellegrini jun., Blawnox, Pa., V.St.A., **Stabilisatoren für Mischöle (Treibmittel)**, die aus Spalt- u. Natur-Prodd. bestehen, bilden die Additions-Prodd. aus 0,5—1 Mol 1.3-Diaminopropanen (I) vom Typus $RHN-(CH_2)_3-NH_2$ mit 1 Mol eines mono-, di- oder trisubstituierten ein- oder 2wertigen Phenols oder eines davon abgeleiteten öllösl. Bis-phenolsulfids oder Alkan-Deriv. (**II**). Hierbei ist R ein Alkyl-, Alkenyl- oder Alkadienylrest mit 8—30 C-Atomen, u. die Substituenten der Phenole sind Alkyl- oder Arylreste mit 1—9 C-Atomen. Die Rk.-Prodd. bilden sich aus den Komponenten bereits bei normaler Temp., ggf. muß diese bis auf 150° erhöht werden. Als I können auch Gemische verwendet werden, wie sie bei Herst. der I aus Natur-Prodd., z. B. Ricinus-, Soja-, Cocos- u. Tallöl erhalten werden. Beispiele für **II**: Bis-(2-hydroxy-3.5-diamylphenyl)-sulfid, 2.2-Bis-(4-hydroxy-5-methylphenyl)-propan, 1.1-Bis-(2-hydroxy-3.5-dimethylphenyl)-isobutan, 1.1-Bis-(2-hydroxy-3-tert.-butyl-5-methylphenyl)-äthan u. -methan. Dosierung: 0,005—1,000 Gew.-% Stabilisator auf ein Gemisch aus 9:1 bis 1:9 Teilen Natur- u. Spalt-Prodd.; diese Zusätze stabilisieren die Mischöle gegen die Bldg. von Niederschlägen. (**A. P. 2 942 028** vom 12/8. 1954, ausg. 21/6. 1960.) A. Kalix. 8205

E. I. du Pont de Nemours & Co., Wilmington, Del., übert. von: Charles B. Biswell, Woodstown, N.J., V.St.A., **Stabilisieren von Benzin** durch einen Zusatz von 0,0001—0,05% eines N-[sek.-C_{3-11}-Alkyl]-N'-phenyl-p-phenylendiamins, bes. *N-[sek.-Butyl]-* oder *N-Isopropyl-N'-phenyl-p-phenylendiamin.* (**Can. P. 562 359** vom 7/4. 1955, ausg. 26/8. 1958.) Eberhard Riedel. 8205

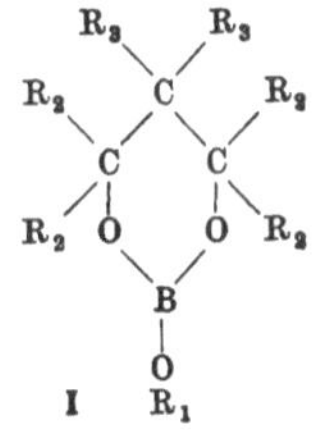

I

Shell Development Co., Emeryville, Calif., V.St.A., übert. von: Philip J. Garner, Hooton, Cheshire, England, **Treibstoffzusatz.** Gebleites Gasolin enthält 0,001—0,02% B als Verb. der allg. Formel I (R_1 = Alkyl, Cycloalkyl, Aryl, Aralkyl oder Alkaryl mit $\leq$8 C-Atomen; R_2 u. R_3 = H, Alkyl, Cycloalkyl, Aryl, Aralkyl oder Alkaryl mit zusammen $\leq$17 C-Atomen). (**Can. P. 560 442** vom 17/2. 1958, ausg. 15/7. 1958. E. Prior. 21/2. 1952.) L. Großner. 8205

Esso Research and Engineering Co., Elizabeth, N.J., V.St.A., **Raketentreibstoff.** Dieser besteht aus einem Gemisch von *Alkylcyclohexanen,* deren Alkylreste 4—5 C-Atome aufweisen. Der Gefrierpunkt ist unter —100° F u. der Geh. an Aromaten <1%. — Zeichnung. (**E. P. 881 630** vom 19/1. 1960, ausg. 8/11. 1961. A. Prior. 13/2. 1959.) E. Kahles. 8205

Montecatini Soc. Gen. per l'Industria Mineraria e Chimica, Mailand, Italien, **Herstellung von ternären Blei-Natrium-Kalium-Legierungen** für die *Gewinnung von Bleitetraäthyl.* Man bringt eine äquiatomare Pb-Na-Leg. oder ein entsprechendes Gemisch von Pb u. Na bei 450—480° in der Schmelze zur Rk. mit wasserfreiem KOH. (**It. P. 543 661** vom 21/10. 1955.) K. Koebke. 8209

Esso Research and Engineering Co., Elizabeth, N.J., übert. von: Charles N. Kimberlin jun. und C. F. Gray, Baton Rouge, La., V.St.A., **Verkoken von Schwerölrückständen.** Den Rückständen werden je barrel 15—100 lbs. auf 5—250 μ zerkleinerter Koks u. ein Naphthaverdünnungsmittel vom Kp. 100—650° F zugesetzt, das Gemisch wird während 5—60 Min. bei 800—850° F u. 1000—3000 lbs./sq.in. zu 50—90% konvertiert, wobei es zur Vermeidung von Wandablagerungen in Turbulenz gehalten wird. Das Rk.-Prod. wird unter Gewinnung von *Gasöl* u. Naphtha fraktioniert, letzteres wird zusammen mit dem im Rückstand erhaltenen Koks z. T. dem Ausgangs-Prod. zugesetzt. — Verf.-Schema. (**Can. P. 559 863** vom 1/5. 1952, ausg. 1/7. 1958. A. Prior. 17/5. 1951.) L. Großner. 8213

British Petroleum Co. Ltd., London, England, **Dieselöl** mit einem geringen Geh. von einem Ester einer höheren Fettsäure u. einem Mono- oder Polysaccharid. (**E. P. 884 246** vom 28/7. 1960, ausg. 13/12. 1961. D. Prior. 30/7. 1959.) E. Kahles. 8213

Texaco Development Corp., Wilmington, Del., übert. von: Stanley R. Newman, Beacon, und Herbert E. Vermillion, Wappinger Falls, N.Y.,

V.St.A., **Zusatzölgemisch für kaltstartende Dieselmotore** aus 5—50, bes. 5—30(%) Ae. u. 50—95, bes. 70—95, Diäthylglykol oder Diäthyldiglykol. (**Can. P. 559 846** vom 2/7. 11954, ausg. 1/7. 1958. A. Prior. 28/8. 1953.) L. Großner. 8213

Shell Internationale Research Mij. N. V., Den Haag, Niederlande (Erfinder: Charles Edwin Francis, Martinez, Calif.), V.St.A., **Hydraulische Flüssigkeit und Schmiermittel auf der Basis einer Wasser-in-Öl-Emulsion** mit 55—80% Ölphase, dad. gek., daß die Ölphase ein Mineralöl mit einem Viscositätsindex von mindestens 80 ist, welche (1) einen Monoester einer Fettsäure mit mindestens 8 C-Atomen u. eines Alkitans (= verestertes Sorbitan, Mannitan, Xylitan, Dulcitan usw.) in einer Menge von 1—4 Gew.-% u. (2) ein Alkylphenoxy-(polyalkylenoxy)-alkanol der Formel R–phenyl–O–$(R'O)_n$–R''OH, wobei n eine ganze Zahl von 2—6, R einen Alkylrest mit 4—20 C-Atomen u. R' u. R'' Alkylengruppen darstellen, in einer Menge von 0,5—3, vorzugsweise 1—2, Gew.-% gelöst enthält, wobei die Mengen auf den Mineralölanteil bezogen sind. — Beispiel: Gemisch aus 2 (Gew.-%) Sorbitanmonooleat, 1 Diisobutylphenoxy-$(\text{äthoxy})_4$-äthanol, Rest Mineralschmieröl (Viscositätsindex 93, Viscosität bei 37,8° 21,5 cSt). (**D. A. S. 1 122 656** Kl. 23c vom 2/5. 1960, ausg. 25/1. 1962. **E. P. 882 763** vom 2/5. 1960, ausg. 22/11. 1961. Beide A. Prior. 4/5. 1959.) E. Drews. 8221

Badische Anilin- & Soda-Fabrik Akt.-Ges., Ludwigshafen/Rh. (Erfinder: Hans Engel, Heidelberg, und Walter Simon, Neckargemünd), **Schmierölzusatzstoffe.** Das bekannte Verf. zur Herst. von Schmierölzusatzstoffen durch Rk. von Erdalkali–Alkylphenolaten (**I**) mit S bei erhöhter Temp. in Ggw. von Lsgm. wird dadurch verbessert, daß man die Umsetzung der **I**, ggf. zusammen mit Alkylphenylestern, mit S in Ggw. einer mindestens der Summe der Rk.-Partner etwa gleichen Menge an einwertigen mit W. nicht mischbaren, 5—12 C-Atome im Mol. enthaltenden Alkoholen als Lsgm. bei 100—250°, bes. 150—230°, durchführt, u. das Lsgm. nach beendeter Rk. ganz oder weitgehend abdest., u. zwar ggf. nach Zusatz von an sich bekannten Schmieröladditiven, wie sie aus P-Sulfiden u. reaktionsfähigen organ. Verbb. u. anschließende Einw. von Erdalkalihydroxiden oder -oxiden in der Wärme gewonnen werden. — Man dest. z. B. eine Lsg. von 225 (Gew.-Teilen) Octylphenol in 700 Nonylalkohol (**II**), der man 172 $Ba(OH)_2 \cdot 8\,H_2O$ zugesetzt hat, bis kein W. mehr übergeht, führt den übergegangenen u. vom W. getrennten **II** zurück, entfernt unlösl. Bestandteile durch Dekantieren, gibt 273 Octylphenylessigsäureester u. 76 S zu u. erhitzt das Ganze unter Durchleiten von N_2 3 Std. auf 210° unter Rückfluß, entfernt unlösl. Anteile durch Dekantieren, setzt 400 eines Prod. zu, das durch Rk. von 82 P_2S_5 mit 335 Tridekanol bei 120—140°, Behandlung mit 42 ZnO u. Filtrieren erhalten wurde, erhitzt die Mischung nach Zusatz von 40 $Ca(OH)_2$ u. 30 W. auf 110—120°, bis alles W. übergegangen ist, zentrifugiert die warme Lsg. u. entfernt das Lsgm. durch Dest. im Vakuum. Man erhält einen Schmierölzusatzstoff, der in Mengen von 2—3% Mineralschmierölen Hochleistungsqualität erteilt. (**D. A. S. 1 138 403** Kl. 12q vom 2/12. 1958, ausg. 25/10. 1962.) A. Mohr. 8221

Puget Sound Pulp & Timber Co., Bellingham, Wash., übert. von: Carl Adolphson und Ellis Gray King, Bellingham, Wash., V.St.A., **Modifizierte Ligninsulfonsäure.** Man setzt Ligninsulfonsäure enthaltende Lsgg., bes. Sulfitablauge (**I**) bei ca. 40 bis 120°, bes. 70—95°, bei pH 7—10 mit einem bas. Mittel um, dessen OH-Ionen-Konz. mindestens ca. 10 beträgt, bes. NaOH, KOH, NH_4OH, Ca-, Mg-, Sr- oder Ba-Hydroxid, Na-Carbonat, Na-Acetat, Na-Phosphat, Na-Tetraborat u. deren Mischungen. **I** ist bes. durch Fermentation von Kohlenhydraten (**II**) befreit. — 100 (Teile) **I**, die von **II** befreit wurde, 47,5% Feststoff-Geh. u. einen pH-Wert von 4 aufweist, wurde auf 80° erhitzt, 7,36 50%ig. NaOH-Lsg. zugegeben u. die Mischung 20 Std. auf 80° gehalten. Die Lsg., die einen pH-Wert von 7,9 hatte, wurde im Trommeltrockner oder durch Sprühtrocknung zu einem braunen Pulver eingedampft. — *Zusatz für Bohrschlamm.* (**A. P. 3 007 910** vom 6/11. 1957, ausg. 7/11. 1961.) A. Jahn. 8221

United States of America, Secretary of Army, übert. von: Arthur M. Shapiro, Philadelphia, Pa., V.St.A., **Hilfsmittel zum Schneiden und Schleifen von Ti** bestehen aus 3 (%) Na-Fluorid, 95,9 W., 0,05 einer hochmol. Imidazolin-Verbb., 0,05 Harzamin–Äthylenoxydaddukt u. 1 Morpholin-, Methylamin-, Dibutylamin-, Anilin- oder NH_4-Silicofluorid. (**A. P. 2 990 369** vom 16/10. 1959, ausg. 27/6. 1961.) E. Drews. 8221

Esso Research and Engineering Co., Del., übert. von: Arnold J. Morway, Clark, und Jeffrey H. Bartlett, New Providence, N.J., V.St.A., **Schmiermittel, die Salze von Organophosphorsäuren enthalten.** Man neutralisiert eine Dispersion von Fettsäuren mit 7—12 C-Atomen, bes. Palmitin-, Stearin-, Dihydroxystearin-,

Behen-, Montan-, Linol-, Linolen-, Arachidon-, Ricinol-, Ölsäure, hydriertes Fischöl, Tallölsäuren, u. 1-Hydroxyalkylphosphon(in)-säuren der allg. Formel (R) (R')C(OH)—P(:O)(OH)X (R = H, Alkylrest mit 1—4 C-Atomen; R' = H oder Alkylrest mit 1—5, bes. 0—3 C-Atomen, bes. 1-Hydroxy-1-methyläthyl-, -äthyl-, -1-methylpropyl-, -2-methylpropylphosphonsäure; 1-Hydroxy-, -butyl-, -methyl-, -1-äthylpropyl-, -3-methylbutyl-, -propylphosphinsäure, mit einer Metallbase, bes. Li-, K-, Na-, Ca-, Sr-, Ba-Hydroxide, -Carbonat oder -Oxid, u. erhitzt die Mischung dann auf 400—700°. — Zu 72,7 g eines Mineralschmieröls (Naphthenöl mit der Viscosität 55 S.U.S. bei 210° F) gibt man 4 g 1-Hydroxy-1-methyläthylphosphonsäure u. 20 g hydrierte Fischölsäuren u. erhitzt die Mischung auf ca. 150° F. Dann gibt man 5,3 g 40%ig. wss. NaOH-Lsg. zu, erhitzt auf 460° F u. kühlt dann um 5° F je Min. auf 200° F ab. Zuletzt gibt man noch 1 g α-Naphthylamin zu, homogenisiert die Mischung u. kühlt auf Normaltemp. ab. — *Schmiermittel.* (**A. P. 3 001 938** vom 1/4. 1958, ausg. 26/9. 1961.) A. Jahn. 8223

United States of America, Secretary of Navy, übert. von: Francis F. Sullivan, Oxon Hill, und Hayward R. Baker, Hyattsville, Md., und Curtis R. Singletterry, Arlington, Va., V.St.A., **Halbflüssiges Schmiermittel,** bestehend aus einem fl. Polysiloxan von Schmierölviscosität, einem Metallphthalocyanin als Verdicker u. 0,1—7 Gew.-% Acetylenruß zur Verhinderung der vollständigen Gelierung der Mischung. (**A. P. 2 929 779** vom 31/10. 1956, ausg. 22/3. 1960.) E. Drews. 8223

United States of America, Secretary of Army, übert. von: Kurt R. Fisch, Philadelphia, Pa., V.St.A., **Herstellung halbflüssiger Schmierfette** zur Verw. bei 300 bis —76° F. Man bildet ein Gemisch von 80—89 (Gew.-%) Estern der Adipin-, Pimelin-, Suberin-, Azelain- u. Sebazinsäure (Viscosität 10—14 cst/100° F u. < 12000/—65°), 1 saurem Diisopropylphosphit, 1,5 Ba-Petroleumsulfonat u. 0,5 2.6-Ditert.-butyl-p-kresol, dispergiert 8—17 Verdicker, z. B. Li-Stearat, erhitzt auf 185—195° C, schreckt sofort auf —30° C ab (pro Min. auf 25° C,) u. bearbeitet scherend die erhaltene thixotrope Mischung um ein halbfl. Endprod. zu erhalten. (**A. P. 2 991 247** vom 18/12. 1957, ausg. 4/7. 1961.) E. Drews. 8223

California Research Corp., San Francisco, übert. von: Frank A. Stuart, Orinda, William T. Steward, El Cerrito, und Warren Lowe, Berkeley, Calif., V.St.A., **Zusatz zu Schmiermitteln für Verbrennungskraftmaschinen.** Er besteht aus einem Copolymeren, einem höheren Methacrylat mit 3—30 C-Atomen in der Alkylgruppe (a) u. einem Carbonsäureester, z. B. einem Ester der Metacrylsäure oder dem Halbester der Maleinsäure (b) mit einem Polyhydroxyalkylalkohol wie Pentaerythrit, Dipentaerythrit oder Tripentaerythrit. Außerdem soll das Copolymere Methacrylsäure (c) enthalten. Das Verhältnis der Komponenten zueinander soll sein: ca. 1—20 Monomeren-Einheiten der Gruppe a auf jede Einheit der Gruppe b u. die Säure-Komponente c. Der Zusatz löst bes. die bei der Verbrennung entstehenden Oxydations-Prodd. u. vermindert die Abnutzung der Maschinenteile. (**A. P. 2 993 032** vom 3/2. 1956, ausg. 18/7. 1961.) F. Markhoff. 8223

United States Atomic Energy Commission, übert. von: Robert O. Bolt, San Rafael, und James G. Carroll, Martinez, Calif., V.St.A., **Gegen Atomstrahlen strahlenbeständiges Schmiermittel,** dessen Viscosität sich bei der Bestrahlung nur unwesentlich ändert. Es besteht aus Gemischen von Alkylaromaten vom Molgew. 200 bis 400 mit bis zu 35 C-Atomen insgesamt in den Seitenketten u. 10—70% Poly-(propenoxiden) (I) der Formel $R[OCH_2CH(CH_3)]_nOR_1$, in welcher R u. R_1 Alkyl-, Aryl-, Alkarylreste oder H bedeuten u. n eine Zahl zur Herst. eines Molgew. von 200—2000 ist. I wird durch Atomstrahlen in seiner Viscosität im gleichen Maße erniedrigt wie die Viscosität der Alkylaromaten bei gleicher Bestrahlung erhöht wird. (**A. P. 2 943 056** vom 29/6. 1956, ausg. 28/6. 1960.) E. Drews. 8223

Československá Socialistická Republika (Erfinder: Václav Beneš und Jaroslav Buchta, Pardubice), Tschechoslowakei, **Verarbeitung von sauren Abfallharzen auf Mineralöle, Asphalt und verdünnte Schwefelsäure** durch Ausnützung des abfallenden Brenzcatechinpeches als Lsgm., Verdünnungsmittel u. Deemulgator der Abfallharze. (**Tschech. P. 98 654** vom 9/1. 1960, ausg. 12/2. 1961.) L. Macher. 8229

H_{20}. Schieß- und Sprengstoffe. Zündmittel

United States of America, Secretary of Navy, übert. von: Julius M. Komarmy, Fayetteville, Ark., V.St.A., **Reinigen von Bleistyphnat** (I). Das als explosiver Bestandteil von *elektr. Initialzündern* verwendbare techn. I reinigt man dadurch, daß man es vorzugsweise in nicht gemahlenem Zustand in Glycerin (II) einträgt (1—2 g I je 200 cm³ II), das Gemisch unter Rühren auf ca. 80° bis zur Bldg. einer Lsg. erhitzt (1—2 Std.), W. zugibt, um eine Vorfällung zu bewirken, die durch Filtrieren entfernt wird, das Filtrat dann mit Aceton (III) zur Ausfällung des reinen I versetzt u. I abfiltriert, mit W. u. III wäscht u. trocknet. (**A. P. 2 988 561** vom 2/3. 1954, ausg. 13/6. 1961.) A. Mohr. 8309

Aerojet-General Corp., Azusa, übert. von: Karl Klager, Monrovia, Calif., V.St.A., **Ungesättigte Nitroaldehyde** der allg. Formel $R-CH_2-C(=CH_2)-CHO$ (R = Nitroalkylrest) erhält man durch Rk. eines gesätt. Nitroaldehyds der allg. Formel $R-CH_2-CH_2-CHO$ (I) mit HCHO in Ggw. eines sek. Aminsalzes einer Mineralsäure, bes. Dimethylamin- oder Piperidinhydrochlorid. I erhält man durch Addition eines Nitroalkans an Acrolein. — Eine Mischung aus jeweils 6 Mol abs. A., Dimethylaminhydrochlorid, Paraformaldehyd u. 4.4-Dinitropentanal wird zunächst auf 75—80°, dann auf 85—90° (2 Std.) erhitzt u. nach dem Aufarbeiten 635 g (60% Ausbeute) *2-Methylen-4.4-dinitropentanal*, $Kp._{0,018}$ 96°, n_D^{25} 1,4773, erhalten, dessen *Semicarbazon*, F. 204°. — Analog erhält man: *2-Methylen-4.4.4-trinitrobutanal*, *2-Methylen-4.4-dinitrooctanal*, *2-Methylen-4-nitrobutanal*, *2-Methylen-4.4-dinitrohexanal*, *2-Methylen-4-nitro-4-methylhexanal*. — *Zwischenprodd. für Raketentreibstoffe*. (**A. P. 3 000 959** vom 22/1. 1957, ausg. 19/9. 1961.) A. Jahn. 8311

Aerojet-General Corp., Azusa, übert. von: Milton B. Frankel, Pasadena, Calif., V.St.A., **N.N'-Bis-nitroalkyloxamide** der allg. Formel $R\cdot C(NO_2)_2\cdot A\cdot NH\cdot CO\cdot CO\cdot NH\cdot A\cdot C(NO_2)_2\cdot R$, worin R = H, NO_2, Alkyl oder Nitroalkyl u. A = Alkylen, verwendbar als *explosiver Treibsatz* in *Geschossen* u. *Raketen*, erhält man durch Kondens. eines geminalen Polynitroamins mit einer Oxalyl-Verb. nach $2\,R\cdot C(NO_2)_2\cdot A\cdot NH_2 + R'\cdot CO\cdot CO\cdot R' \rightarrow R\cdot C(NO_2)_2\cdot A\cdot NH\cdot CO\cdot CO\cdot NH\cdot A\cdot C(NO_2)_2\cdot R$, worin R u. A die oben angegebene Bedeutung haben u. R' = Halogen oder Alkoxy ist. — Zu einer auf 5° gekühlten Suspension von 219 g 3.3.3-Trinitropropylamin in Ae. gibt man tropfenweise eine Lsg. von 35,5 g Oxalylchlorid in 150 ml Ae., rührt 1 Std. bei 5° u. filtriert den abgeschiedenen weißen Nd. ab, der nach Trocknen über KOH u. Umkrist. aus Methanol 56 g *N.N'-Bis-(3.3.3-trinitropropyl)-oxamid*, F. 195—197°, liefert. Analog entsteht *N.N'-Bis-(3.3-dinitrobutyl)-oxamid*, weiße Kristalle, F. 190—191°, aus 3.3-Dinitrobutylamin in Chlf. u. Oxalsäureäthylester. Weiter können *N.N'-Bis-(3.3-dinitropentyl)-oxamid*, *N.N'-Bis-(4.4-dinitrobutyl)-oxamid*, *N.N'-Bis-(5.5.7.7-tetranitroheptyl)-oxamid* u. *N-(3.3-Dinitrobutyl)-N'-(4.4-dinitrobutyl)-oxamid* hergestellt werden. (**A. P. 3 000 945** vom 30/10. 1957, ausg. 19/9. 1961.) A. Mohr. 8311

Redaktionsschluß: 4. Januar 1963

Herausgeber: Prof. Dr. Heinrich Bertsch, Berlin, u. Prof. Dr. Dr. h. c. Wilhelm Klemm, Münster. Chefredakteure und verantwortlich für den Inhalt: Dr. Eugen Klever, Berlin 30, Geisbergstraße 39, Fernsprecher: 249541, u. Prof. Dr.-Ing. Eberhard Leibnitz, Berlin N 4, Schiffbauerdamm 19, Fernsprecher: 425571.

©

Verlag: Akademie-Verlag GmbH, Berlin W 8, Leipziger Str. 3—4 (Fernsprecher: 220441, Telex-Nr. 011773, Postscheckkonto Berlin 35021), und Verlag Chemie, GmbH, Weinheim/Bergstr. (Fernsprecher: Weinheim 3635 [Sammelnummer]; Fernschreiber: 0465516 chemieverlwhn; Postscheckkonten: Frankfurt/M. 145314 u. Berlin [West] 7430). Bestellnummer: 1007/134. Das Chemische Zentralblatt erscheint wöchentlich. Preis des Jahrganges einschl. Autoren-, Patent-, Sach- u. Formelregister: DM 1200,—; einseitig bedruckte Ausgabe: DM 1350,—. Abgabe der Zeitschrift nur mit sämtlichen Registern. Abbestellungen nur bis spätestens 6 Wochen vor Ablauf des Kalenderjahres.

Satz u. Druck: VEB Leipziger Druckhaus, Leipzig, III/18/203. III. 63.
Veröffentlicht unter der Lizenznummer 1273 des Presseamtes beim Vorsitzenden des Ministerrates.
Printed in Germany.

Kolibri 360 GmbH
Ferdinand-Jühlke-Straße 7
99095 Erfurt, Deutschland
produktsicherheit@kolibri360.de